更新知识地图　拓展认知边界

人类学
Anthropology

第13版

13th Edition

Carol R. Ember
Melvin Ember
Peter N. Peregrine

[美]卡罗尔·恩贝尔
[美]梅尔文·恩贝尔
[美]彼得·佩里格林
著

周云水 杨秋月 李天静
译

中信出版集团 | 北京

图书在版编目（CIP）数据

人类学：第 13 版 /（美）卡罗尔·恩贝尔,（美）梅
尔文·恩贝尔,（美）彼得·佩里格林著；周云水，杨秋
月，李天静译 . -- 北京：中信出版社，2023.9（2025.1重印）
ISBN 978-7-5217-5709-5

I.①人… II.①卡… ②梅… ③彼… ④周… ⑤杨
… ⑥李… III.①人类学 IV.① Q98

中国国家版本馆 CIP 数据核字（2023）第 108371 号

人类学：第 13 版

著者：　　　[美]卡罗尔·恩贝尔　　[美]梅尔文·恩贝尔　　[美]彼得·佩里格林
译者：　　　周云水　杨秋月　李天静
出版发行：中信出版集团股份有限公司
　　　　　（北京市朝阳区东三环北路 27 号嘉铭中心　邮编　100020）
承印者：北京利丰雅高长城印刷有限公司

开本：889mm×1194mm　1/16　　　　　印张：48.5　　　字数：1133 千字
版次：2023 年 9 月第 1 版　　　　　　　印次：2025 年 1 月第 3 次印刷
京权图字：01-2023-3592　　　　　　　　书号：ISBN 978-7-5217-5709-5
定价：268.00 元

版权所有·侵权必究

如有印刷、装订问题，本公司负责调换。

服务热线：400-600-8099

投稿邮箱：author@citicpub.com

献给梅尔文

乐观的他相信，存在支配人类行为的规律，

只要足够努力地去思考、去研究，

并根据人类学记录来检验想法，我们就能发现这些规律。

1933—2009

目录
Content

推荐序
PREFACE

余和云水博士相识多年，他耗时许久悉心完成恩贝尔夫妇主笔的《人类学》新修订版本的翻译，嘱我作序，余感其精诚所至，乃欣然应允。

这本概论在人类学界享有盛誉，我在国外教书的时候，也会选用书中的很多章节。每一章前面有提要，后面有提纲挈领的小结，对我们这些教书匠来说太方便了，当然刚入门的学生更不例外。

人类学发展到今天，已经成为绕不过去的学科，衣食住行需要它，商贸往来需要它，扶贫工作需要它，医疗卫生需要它，难民事务需要它，处理好民族关系和国际关系更需要它。中国和世界上其他国家的人民都进入了新时代，各种语言和文化都对这个"新时代"有各自的认知，特定的时空情境制约着各个人群的认知行为，而他们的认知行为又反馈到特定的时空情境之中，这是一个吉登斯式的结构化过程。在我们的社会中，人人都需要有一点人类学常识，懂得"千灯互照""美美与共"的道理，懂得为他人着想、从他人角度看问题的重要性。当然，为他人着想、从他人角度看问题，并不意味着他人就对，他人就掌握了真理。对于这一点费孝通先生早就提出了"进得去、出得来"的重要性。

虽然人类学的道理明明白白，但实践起来确实有难度，我们都是悬挂在自己编织的意义之网上的蜘蛛，这张"潜网"无声无息地束缚着我们，而我们并不察觉。只有通过学习人类学，通过参与式观察，通过他者的文化棱镜，我们才能更好地、更加立体地观察自己，实现文化自觉。文化自觉是文化他觉的必然结果，而这恐怕也是新时代构建"人类命运共同体"的必经过程。

恩贝尔夫妇的写作风格平易近人，语句短小精悍，言简意赅，行文绝不拖泥带水；各章节之间逻辑严谨，论说有据，让阅读成为一种享受。云水博士带领的团队专业知识扎实，翻译水平高，文笔流畅，为这个"再创造"的作品增色不少，也把自己的学养和功底"不经意地"呈现出来，愿他产出更多的此类佳作！

纳日碧力戈

2019 年 7 月 5 日

《人类学》出版以来经过多次修订，本书是第 13 版，也是自第 10 版以来最重要的版本。第 10 版更强调生物人类学和四分支学科的整体观，并将其作为人类学这一学科的核心。在第 11 版和第 12 版中，我们扩展了人类学整体观的视野，增加了应用人类学（有人称之为人类学的第五个分支学科）的内容。

在这次的第 13 版中，我们更加强调应用或实践人类学的重要性，在每章中都添加了关于应用的专题框，在正文中也加入了更多关于应用的内容。此外，通过彻底修正我们呈现人类学方法与理论的方式，我们进一步整合了对四个分支领域的讨论。我们没有将文化人类学、体质人类学和考古学的方法独立成篇，而是用单独的一章来呈现科学发展框架内的人类学研究。我们也没有将文化人类学和其他分支领域的理论方法分开来讨论，而是只用一章来呈现人类学家整体使用的重要理论视角。我们将这两个新的章节放在本书的前部，为的是强调方法和理论对理解人类学这一学科的重要性。

为了突出文化变迁与全球化的影响，这一版中专门加入了一章"文化和文化变迁"。在涉及这个主题的相关章节中，我们也列举出文化变迁的具体案例。

这一版较之第 12 版篇幅稍短，将原来的 31 章缩短为 28 章。我们将某些章节合并，并将应用人类学的材料整合到其他章节中。例如，原来医学人类学是独立成篇，现在将其纳入"应用、实践与医学人类学"一章，而关于医学人类学的信息也可在书中其他相关的地方找到。

我们一直在尽力解释人类的过去和现状，而且力图探究不同的人为何会这样，而不仅仅是描述。这一版也不例外。本书此版有很多不同。文本更新的重要方面是寻找新的解释，我们也试图传达，有必要在现有证据的基础上，合理评价这些新的解释。本书始终坚持的原则是，若缺乏可能会得出相反结论的支撑性验证，哪怕是教科书里提出的观念，我们也不应该贸然接受。

本书结构

第一部分　绪论

我们把人类学视为一门统一的学科，它结合了民族志学者、语言学家、考古学家和体质人类学家的真知灼见，以期对人类进行整体的理解。在这部分内容中，我们介绍人类学的学科体系，勾勒人类学的历史及其主要的理论视角，并对人类学家使用的方法进行综合论述。

第一章　什么是人类学？

这一章向学生介绍人类学。我们讨论人类学整体的独特性，以及各个分支领域的特点。本章概述各个分支领域与其他学科的关系，比如生物学、心理学和社会学。我们关注"应用人类学"的重要性，以及在当今更全球化的世界里理解他者的重要性。对民族志学者、考古学家和体质人类学家这三种人类学家及其工作，我们还分别做了专题介绍。

第二章　人类学理论史

本版新增的这一章节结合了之前更早版本中多个章节的内容，对人类学家在过去和现在使用的主要理论方法进行介绍。本章开篇讨论进化论思维方式的演进过程——至少就其后来的表现形式而言，本书中呈现的大量人类学研究都是以这种方法为基础的。我们会描述人类学研究中使用的较老的进化论方法和非进化论方法。接着，我们概述当前的理论方法，并说明它们是如何影响当今的人类学研究的。我们还会说明，较老的方法不见得一定要抛弃。一些早期使用的方法，尤其是和进化论有关的那些，经受住了时间的考验。本章的第二个专题框以一个关于新几内亚阿贝拉姆人〔Abelam〕的研究问题为例，展现了不同理论方法导向的不同答案。另一个专题框为本版新增的应用专题，描述理论与实践的关系，阐述人类学家如何运用理论去解决研究时遇到的问题。

第三章　人类学研究方法

在这个本次修订新增的章节里，我们先讨论人类学的解释意味着什么，以及评估解释时需要哪几类证据。然后，我们描述人类学研究的主要类型——民族志、文化内的比较、区域比较、全球跨文化比较和历史研究。之后，我们会简要介绍考古学家和生物人类学家使用的独特方法，最后探讨人类学研究的伦理。本章第一个专题框讨论美国东南部古贝丘文化中性别角色的变化。本版新增的"应用人类学"专题框则描述考古人类学家在马其顿辨认腓力二世〔Philip II〕遗骸的工作。

第二部分 人类进化

这一部分关注从早期哺乳动物到现代人类的进化。我们强调，进化是人类学的基础性视角，也有成为统一视角的潜力。我们也强调，在体质和文化方面，人类仍然在对周遭环境做出适应性变化。因此，如果要准确理解人类，人类学就必须结合生物和文化的理解。

第四章 遗传学与进化

本章讨论进化理论在包括人类在内的所有生命形式上的应用。在广泛回顾包括自然选择及其意义在内的遗传和进化理论之后，我们接着讨论自然选择如何在行为性状上起作用，以及文化演化与生物进化的区别何在。我们就神创论和智能设计论进行了充分讨论。一方面需要吸收人类遗传学方面的大量新信息，另一方面要为学生提供综述，本次修订的关键任务之一是在这两者之间求得平衡。本章新增的"应用人类学"专题框主要讨论"谁拥有你的DNA（脱氧核糖核酸）？"这个新出现的问题。第二个专题框分析了支持突然演化而非缓慢稳定演化的证据。

第五章 人类变异与适应

基于评论者的建议，本次修订更新了这一章的内容。我们先讨论人类的遗传与进化，分析现有人群的体质差异，看体质人类学家如何研究与解释这些差异。我们探讨物质和文化环境在人类体质差异方面如何发挥重要作用。在有关"种族"与种族主义的部分，我们讨论为何很多人类学家认为将"种族"概念应用于人类在科学上并无作用。我们讨论种族主义的神话，分析为什么说人类的"种族"主要是个社会范畴。新增的"应用人类学"专题框探讨"种族"在体质人类学中的使用，还有一个专题框分析本土人群及移民之间的体质差异。

第六章 现存的灵长目动物

这一章描述非人类灵长目动物及其多样性，以此为背景理解普遍的灵长目动物进化与特殊的人类进化。在描述各种灵长目动物之后，我们讨论人科动物相对于其他灵长目动物的独有特征。对于灵长目动物之间在体型、脑容量、社会群体规模、雌性性征等方面的区别，本章结尾处讨论了几种可能的解释。本章的"应用人类学"专题框分析了很多灵长目动物濒临灭绝的情况和原因，以及保护它们的途径。另一个专题框描述了一位灵长目动物学家和她所做的一些工作。

第七章 灵长目的进化：从早期灵长目动物到人科动物

本章以早期灵长目动物的出现开篇，结尾处讨论我们关于中新世类人猿的知识或猜测，在（已知或未知的）中新世类人猿中，有一种是直立行走人科动物的先祖。我们将灵长目动物进化的趋势与更大范围内的环境变迁联系到一起，环境的变化可能带来有利于新特征的自然选择。这次修订中，我们增加了关于灵长目动物起源和进化的遗传证据的材料。第一个专题框试图揭示理论产生和修正的过程，讲述了一位古人类学家重新审视自己提出的灵长目动物起源论的故事。讨论当前研究的专题框描述了与第一批人类生活在同时代的巨猿，以及它们最终灭绝的原因。本次修订新增的"应用人类学"专题框讨论了研究从古到今灵长目动物对于理解地球生物多样性的重要性。

第八章 最早的人科动物

本章讨论双足直立行走特征的演化，这是包括人属及其直系祖先南方古猿属在内的群体的最重要特征。我们会讨论南方古猿的各种类别及相应的进化方式。本章经过了较大范围的修订，将讨论一些关于物种和人科动物进化的新理论。我们还会比较详细地讨论南方古猿纤细种。本章有两个专题框。新增的"应用人类学"专题框描述人体测量学——用于测量古代和现代人类的方法，以及这种方法如何用于研究和工业界。第二个专题框讨论关于南方古猿的新发现，以及这些发现可以如何纳入我们目前对人类演化的理解。

第三部分 文化的演化

运用文化适应新的或变化的物质及文化环境，这是人类特有的能力。我们在本部分讨论关于文化何时与如何演化的证据，以及逐渐促成较复杂文化发展的可能因素。在文化适应的框架内，我们探讨农业、定居社区和复杂的政治经济制度的出现。

第九章 文化的起源和人属动物的出现

本章会分析文化行为的第一个清晰证据——石器，也会讨论其他一些暗示早期人科动物在约 250 万年前已经开始发展文化的线索。在这一版里，我们对文化是什么、如何演化做了更多的讨论。我们也会谈到人属（Homo）最早那批可能留下了早期文化行为标志的成员，以及直立人（Homo erectus）——最早走出非洲，也是第一批表现出复杂文化行为的人科动物。新增的"应用人类学"专题框说明了考古学家和古人类学家如何通过石器辨识出需要用历史保护法来保护的遗址。第二个专题框讨论关于人科动物最早何时走出非洲的研究。

第十章 智人的出现

本章探讨直立人向智人（*Homo sapiens*）的转变，以及样貌与现代人相似的人类出现的过程。我们专门讨论了尼安德特人及其与现代人类的关系。在这个版本中，我们收入了来自尼安德特人古 DNA 的新证据，相关证据表明尼安德特人属于与现代人类不同的物种，但具有一些我们熟悉的迷人特征，比如红头发。我们平衡呈现关于现代人类起源的不同模型，同时也提出来自遗传学和化石的新证据，这些证据似乎说明，"走出非洲"模型或该模型的扩展版本是关于现代人类起源的最佳模型。"应用人类学"专题框描述法医人类学家如何重构早期人类的面部。第二个专题框探讨尼安德特人的生长发育模式，这是评估其幼儿期有多长的一种方式。

第十一章 旧石器时代晚期的世界

本章主要考察农业发展之前，即在 4 万年前到 1 万年前之间的现代人类的文化。我们分析了当时的工具、经济和艺术——人类制作的首件艺术品。在这个版本中，我们更多讨论了与人类定居南北美洲的时间和过程相关的遗传学和语言学证据。第一个专题框探讨旧石器时代晚期艺术中的妇女形象。新增的"应用人类学"专题框谈到一些证据，证据表明首个定居美洲的群体可能已经消亡，其与现代美洲土著可能只有遥远的关系。

第十二章 食物生产和定居的起源

本章讨论世界各地广谱采集和定居生活的出现，以及动植物的驯化。中美洲及近东地区因相关发展而闻名于世，我们主要讨论这些地区出现此类发展的原因与结果，但我们也会探讨东南亚、非洲、南北美洲及欧洲的发展情况。新增的"应用人类学"专题框讲述考古学家如何在安第斯山脉及其他地区再造古代农业生产体系，以帮助当地人群生产更多的食物。本章中的第二个"当前研究和问题"专题框描述研究者如何借助对骨骼和牙齿的化学分析，来探索古代人的饮食习惯。

第十三章 城市与国家的起源

本章讨论世界各地文明的出现，以及关于具国家性质的政治制度发展的种种理论。我们关注考古学家最熟悉的中美洲及近东地区城市与国家的演化，也会谈到南美洲、南亚、中国、非洲等地城市与国家的出现。我们会讨论国家如何影响生活在其中及周边的人群。本章结尾处的话题是国家的衰落和崩溃。本章有好几个专题框。新增的"应用人类学"专题框描述如何借助考古资料建立关于环境长期变化的模型，研究城市与国家对当地环境的影响。"移居者与移民"专题框讨论帝国主义、殖民主义和国家之间的联系。

第四部分　文化变异

在此后的大部分章节里，我们试图用世界各地的民族志案例来表现文化差异的范围。在有可能的情况下，我们会探讨不同社会的某些文化特征相似或不同的可能原因。如果某些差异人类学家还无法解释，我们也会如实呈现。而如果我们觉得某些条件可能与某种差异有关，即便还不知道为何有关，我们也会加以讨论。如果希望学生超过我们，我们就不仅要将自认为知道的教给他们，还要告诉他们有哪些是自己还不知道的。

第十四章　文化和文化变迁
本章此次做了大量修订，强调文化始终在变化这一特点。上一版结尾处讨论了文化变迁、族群形成和全球化，这一版将相关材料往前提，纳入了本章。文化变迁的经济、政治、宗教等具体方面则归入相应的章节。本章介绍文化的概念，对围绕文化概念的争议也做了讨论。我们不想简单地定义文化，而是试图去理解文化是什么。我们在本章中讨论具体的差异，以及此类差异是否可能带来新的文化模式。我们也讨论有碍于文化研究的态度、文化相对主义、人权、文化模式、文化和适应、文化变迁机制等问题，而后会分析新文化的兴起及全球化的影响。第一个专题框讨论中国文化的变与不变，包括政府影响下的变化与不变。第二个专题框介绍了一位"应用人类学"家对贝都因人（Bedouin）不愿定居的原因的分析。第三个专题框讨论移民对世界各国文化多样性的影响。

第十五章　交流和语言
本章以人类和其他动物的交流开篇。我们加入了对非语言交流形式的讨论，包括肢体语言和副语言。对于围绕人类和非人类灵长目动物语言能力差异程度的争议，我们也做了描述。我们讨论语言的起源，以及克里奥尔人和孩童的语言习得如何有助于我们理解语言的起源。我们对涉及克里奥尔语的部分做了扩充，将皮钦语也纳入讨论。我们介绍描写语言学的基本概念以及语言分化的过程。在讨论语言与文化其他方面间的关系之后，我们介绍话语民族志以及不同地位、性别和族群在话语上的差异。我们讨论不同族群和文化之间的交流，展现语言学家在帮助人们改善跨文化交流方面的作用。在本章末尾，我们讨论书写和读写能力。本章的"应用人类学"专题框讨论语言的灭绝和一些人类学家为此所做的事情。第二个专题框探讨为什么一些移民群体能比其他群体保持"母语"更久。为了激发人们思考语言对思维的可能影响，我们在最后一个专题框中提出了英语是否会加剧性别歧视思维这个问题。

第十六章 食物获取

本章讨论不同社会中食物获取方式的差异及其历时性变化，以及这种差异可能如何影响其他方面的文化差异，包括经济制度、社会分层和政治生活的差异。我们加入了对"市场觅食者"的讨论，强调现代市场经济中的大多数人实际上都不是食物生产者。此次修订，我们扩充了对复杂社会中觅食者的讨论。我们在第一个专题框中探讨了具体的食物从哪里来，以及不同的食物和菜肴如何随着人们迁徙而在全世界传播。尽管人们通常认为工业化要对环境的一些负面情况负主要责任，但第二个专题框分析了前工业化时期灌溉、放牧和过度狩猎对环境产生的负面影响。

第十七章 经济制度

我们此次对本章进行了大幅修订，为了突出近期的变迁，我们将原本分散在各章中的文化变迁材料整合到了一起。我们讨论商品化时，谈到了劳务迁徙和侨汇、非农产品的商品化生产、补充性经济作物、商品化和工业化农业。本章开篇讨论不同社会在以下方面的差异：分配资源（对"财产"和所有权的定义）、通过劳动力将资源转换为有价物品、分配和交换物品及服务的方式。我们还研究货币对分享的影响，并讨论非正式的银行体系。本章的第一个专题框此次修订做了更新，分析了集体所有权是否会导致经济灾难这个有争议的问题。第二个专题框讨论在国外务工和寄钱回家的影响。"应用人类学"专题框也做了更新，阐述世界体系对地方经济的影响，特别提及亚马孙河流域的森林砍伐。

第十八章 社会分层：阶级、族群和种族主义

本章探讨社会分层程度的差异，以及不同形式的社会不平等是如何形成的。我们讨论平等主义的社会如何努力防止支配的出现，以及牲畜为个人所有的畜牧社会算不算平等主义社会。我们接着讨论社会阶级的识别，以及美国人通常如何否认阶级的存在。我们还丰富了"种姓制度"一节的内容，增加了对非洲职业种姓制度的讨论。本版大幅修订了涉及卢旺达的内容，以呈现阶级、种姓和族群之间有时很复杂的关系。本章结尾处详细讨论了"种族"、种族主义和族群的概念，以及它们如何与资源的不公平分配联系在一起。我们增加了对拉丁美洲完全不同的"种族"概念的讨论。经过修订的第一个专题框讨论全球层面的社会分层——贫穷与富裕国家之间的差距如何扩大，以及造成这种趋势的原因可能有哪些。第二个专题框讨论非裔和欧裔美国人在因病死亡方面的差异的可能原因。

第十九章　文化与个体

人类学关注文化，似乎忽视了个体。此次我们对这一章做了大量修订（之前版本里的章名为"心理学与文化"），我们将谈到，理解个体和心理过程是很重要的，能够增进我们对文化变迁等现象的人类学理解。本章开篇讨论心理发展的一些普遍现象，强调需要将心理研究纳入对世界各地人类的研究。在有关童年人类学的新增部分，我们谈论童年这个阶段的重要性，在这个很长的阶段里，孩童需要依靠父母和父母之外的人来学习，我们也主张，有必要把儿童当作行为者，而这一点总是被忽视。我们会谈到一些可能影响个性的更宏观过程，比如民族理论（ethnotheories）、适应，以及遗传或生理可能造成的影响。然后，我们转向理解更加具体的育儿差异，还增加了讨论亲子游戏的内容。在讨论成年人在感觉、认知、行为上的某些差异之后，我们转向理解心理过程如何帮助我们理解文化差异。本章结尾处新增的内容探讨个体在文化变迁中的作用。"应用人类学"专题框涉及对日本、中国和美国学龄前儿童的比较，讨论学校会如何有意或无意地传授价值观。第二个专题框讨论男女在自我认知和道德感方面的不同。

第二十章　性、性别与文化

本章第一部分讨论不同文化中的性别概念，包括认为性别不止两种的文化。我们还加入了对跨性别的讨论。我们分析不同文化中的性与性别有何不同、为何不同。除了讨论主要和次要生计活动中依照性别进行的劳动分工，我们还增加了关于女猎手的材料，并讨论这对劳动性别分工理论的影响。本章也讨论性态度与性实践方面的差异。此次修订增加了婚内和婚外性行为方面的内容，对同性恋的讨论也有所扩展，包括了女性和女性之间的关系。第一个专题框涉及关于为何有些社会允许妇女参战的跨文化研究。第二个专题框讨论的是，为什么说在美国华盛顿州西部和加拿大英属哥伦比亚的海岸萨利什语族社区中，妇女可能会越来越多地参与政治。最后的"应用人类学"专题框讨论经济发展对妇女地位的影响。

第二十一章　婚姻与家庭

我们修订了关于婚姻普遍性的部分，新增了对中国摩梭人特殊婚姻形式的讨论。在讨论探究婚姻普遍性的原因的各种理论之后，我们分析结婚方式、婚姻限制、婚配对象、配偶数量等方面的差异。本章末尾处讨论家庭形式的多样性。我们讨论了近期对哈德扎人（Hadza）的研究，该研究能支持其中一种关于婚姻的理论。然后，我们讨论配偶选择一起居住的现象，修订了针对一夫多妻和一妻多夫的讨论。本次修订增加了讨论收养的内容。为了帮助学生更好地理解后续章节里的亲属图表，我们新加入了一张说明家庭结构类型的图表。第一个专题框讨论包办婚姻，以及英美国家的南亚移民如何改变这种现象。有些关于夫妻关系的问题才刚开始得到研究，为了介绍这些问题，第二个专题框分析了爱情、亲密及性嫉妒方面的差异。第三个专题框本次也做了更新，讨论为何在美国之类的国家里单亲家庭在增多。新增的"应用人类学"专题框讨论扩展家庭和社会保障的问题。

第二十二章　婚后居住与亲属关系

本章做了重新排列，将对各个类型居住方式的说明放到了一起。我们希望调整后的探讨亲属关系的内容能变得顺畅一些。除了说明婚后居住方式、亲属结构、亲属称谓等方面的差异，本章还强调理解婚后居住方式对理解社会生活的重要性。我们修改了表现亲属称谓的插图，希望读者理解起来会容易一些。第一个专题框讨论青少年叛逆与婚后新居（neolocality）之间可能的关系。第二个专题框讨论华人宗族在支持移民及其谋生方面的作用。第三个专题框涉及居住方式和亲属关系差异对妇女生活的影响。新增的"应用人类学"专题框讨论的是，对从妻居和从夫居社会中房屋面积的跨文化研究，能如何帮助考古学家了解过去的状况。

第二十三章　社团与利益集团

本章讨论社团在很多地区的重要性，区分它们是非自愿的（常见于更平等的社会）还是自愿的，这在现代世界日益重要。社团之间也有差异，有的社团基于普遍的先赋特征（比如年龄和性别），有的基于可变的先赋特征（比如族群），有的基于自致的特征。新增的"应用人类学"专题框讨论非政府组织在地方和国际层面带来的改变。第二个专题框本次修订做了更新，提出的问题是单独的妇女社团能否提升妇女的地位和权力。第三个专题框讨论街头帮派何以形成、为何往往发展为暴力组织。最后一个专题框讨论北美唐人街族群社团的作用。

第二十四章　政治生活：社会秩序与失序

我们讨论不同社会在政治组织程度上的差异、人们成为领导者的不同途径、人们参与政治的程度，以及解决冲突的和平或暴力手段。我们增加了有关不同国家类型的新材料，有的类型专制程度较高，有的专制程度较低，更依赖集体行动，其领导者也会避免扩大个人权势。我们也围绕和平社会做了更多讨论。我们还讨论殖民如何改变了法律系统和决策方式，也更多讨论了帝国。第一个专题框涉及城市发展过程中移居者的角色，第二个专题框讨论不同国家、不同文化中经济发展与民主之间的关系。第三个专题框讨论巴布亚新几内亚阿贝拉姆人新的地方法庭如何允许妇女就性方面的纠纷提出诉讼。

第二十五章　宗教与巫术

本次修订突出了文化变迁方面的内容，与此相应，我们在本章末尾处加入了一节关于宗教变迁的内容。我们先讨论为什么说宗教可能具有文化普遍性，而后借助更广泛的案例讨论宗教信仰和行为的差异。我们扩充了对死后生活和占卜的讨论，也更多讨论了为什么进入附身型出神状态的主要是妇女。最后，我们探讨宗教变迁。在此次新增的这个部分中，我们会谈到改变宗教信仰的可能原因、复兴运动和宗教激进主义运动。在新增的"应用人类学"专题框中，我们提出的问题是，宗教能在多大程度上促进道德行为、合作与和谐。第二个专题框探讨殖民主义在宗教变迁中的作用。最后一个专题框讨论新宗教的出现，并指出几乎所有主要宗教最初都是处于少数地位的教派。

第二十六章　艺术

本章先讨论艺术的定义和最早出现的艺术，接着讨论视觉艺术、音乐、民俗的差异，然后评论如何解释这些差异。就艺术随时间推移而发生的变化而言，我们讨论了"更单纯"族群的艺术不受时间限制这一神话，也谈及与欧洲人的接触如何改变了艺术。对于西方博物馆及艺术评论家看待较简单文化中视觉艺术时的族群优越感，我们专门做了讨论。在谈及人体装饰的部分，我们讨论永久或暂时的身体标志与政治制度的关系。"应用人类学"专题框讨论古代及较晚近时期的岩石艺术，以及有助于保存这些岩石艺术的方法。第二个专题框分析艺术中的普遍符号，概述了近期针对面具展现的情感的研究。最后一个专题框讨论流行音乐在全球的传播。

第五部分　运用人类学

人类学不是以纯粹研究为主的学科；大部分人类学家认为，只有当自己的工作能用于改善他人的生活时，工作才有意义。在这个部分里，我们可以看到人类学知识如何应用于不同的环境，并产生各种各样的结果。

第二十七章　应用、实践与医学人类学

本章此次做了大量修订，纳入了医学人类学方面的内容。应用或实践人类学这

个领域非常丰富。本章开篇关注一般的议题：伦理、评估计划变革的效果以及执行变革时的困难。在讨论过程中，我们谈到了一些项目，大部分是发展项目。然后，我们转向其他类型的应用：文化资源管理、很多政府或私人项目所需的"社会影响"研究，以及法医人类学——利用体质人类学帮助辨识人类遗骸和协助破案。我们对讨论法医人类学的部分做了相当大的修订，以呈现鉴别与年龄、性别和"种族"有关的特征时的困难。上一版中讨论海地造林的专题框在这一版里并入了文本。本章结尾处详细讨论了人类学知识能如何用于对健康和疾病的研究。三个"应用人类学"专题框分别谈及人类学家对企业的帮助，评估一个应用项目无法奏效的原因，探讨进食障碍、生物学和美的文化建构。

第二十八章　全球问题

本章开篇讨论基础与应用研究的关系，以及人类学研究如何为全球各种社会问题提出可能的解决之道，问题包括自然灾害和饥荒、无家可归、犯罪、家庭暴力、战争和恐怖主义。关于家庭暴力的部分做了更新，纳入了关于体罚和电视对儿童影响的新研究。本章有四个专题框。第一个讨论全球变暖和我们对石油的依赖。第二个是"应用人类学"专题框，探讨体罚儿童的问题及阻止体罚的方法。第三个讨论族群冲突，以及族群冲突是否不可避免。最后一个专题框描述难民问题如何成为全球问题。

本版特色

在各章中加入"应用人类学"专题框。人类学并非聚焦于纯粹研究的学科。大部分人类学家都希望自己的工作能得到积极使用,对他人有所帮助。在我们这个彼此间联系日益密切的世界,人类学知识对于理解他者越来越有价值。基于以上的原因,我们决定在此次修订时加入更多关于应用人类学的内容,希望学生们能从各章的"应用人类学"专题框中了解到能用人类学知识来协助解决的大量问题。

本版延续的特色

"当前研究和问题"专题框。这些专题框讨论当前的研究、学生们可能在新闻上听过的热点话题,以及人类学界中的争议。举几个例子,此类专题框讨论的问题包括夫妻关系中的爱情、亲密和性嫉妒等方面的差异,国家间的不平等是否正在加剧,族群冲突是不是体现了自古就有的仇恨,以及人权和文化相对主义之间的关系。

"移居者与移民"专题框。这些专题框讨论人类的迁徙,也分析人口迁移如何影响了近现代社会的生活。举几个例子,此类专题框讨论的话题包括一些移民群体能比其他群体保持"母语"更久的原因,近代以来食物的传播,移民社群中的婚姻缔结,以及难民问题。

"性别新视角"专题框。这些专题框涉及人类学及日常生活中的性与性别问题。一些专题框讨论了语言中的性别歧视、单独的妇女社团与妇女地位及权力的关系,以及男女道德感的差异。

第一部分 绪论

第一章

什么是人类学？

本章内容

人类学的研究范围
整体研究的方法
人类学的好奇心
人类学的分支学科
专业化
人类学的意义

人类学是一门对人类怀着无限好奇心的学科。anthropology（人类学）这个词源于希腊文 anthropos 和 logos，分别表示"人类"和"学问"的意思。关于人类的种种问题，人类学家都想寻求答案。他们对人群的共性与差异都感兴趣。他们想要发现人类何时、何地以及为何出现在地球上，人类如何变化、为何变化，现代人类的生物和文化特征有何差异、为何会有差异。人类学也有实用的一面。应用人类学家将人类学方法、信息和结果投入实践，旨在解决实际问题。

然而，将人类学定义为研究人类的学科还不是很合适，其他一系列学科也研究人类，比如社会学、心理学、政治学、经济学、历史学、人体生物学，也许还包括哲学与文学之类的人文学科。这些学科的从业者肯定也不会乐意自己的学科被归为人类学的分支。毕竟，前述学科大多比人类学历史悠久，也都有自己的特色。因此，人类学能够发展成一门独立的学科，并在其诞生至今的百余年内保持其独立性，必然是因为它具有某些与众不同的特征。

人类学的研究范围

人们通常认为，人类学家不是到世界上鲜为人知的角落去研究具有异国情调的族群，就是去发掘深埋于地下的残遗化石，或是很久以前生活在那里的人们留下来的工具和坛坛罐罐。这些看法虽属刻板印象，却道破了人类学与其他有关人类的学科之间的区别。人类学的研究范围，不论是从地理还是历史的角度看，都比其他学科更广。人类学直接、明确地研究世界各地不同的人群，而不是仅仅关注周围的或有限区域内的人。人类学家还关心所有时期的人，从生活在数百万年前的最早的人类开始，一直到生活在当代的人们。人类学家对世界上任何曾经有过人类居住的地方都感兴趣。

人类学家并不是从一开始就像今天这样关心全世界、各方面的事务。传统的人类学集中研究非西方文化，至于研究西方文明和类似的复杂社会，以及这些社会中有文字记载的历史，则是其他学科的任务。然而，近年来这种学科之间的分工界限消失了。现在，人类学家也会研究自己所处的社会和其他复杂社会。

那么，是什么因素让人类学家去选择这么广泛的研究课题呢？一部分原因是他们为一个信念所推动，这个信念认为任何有关人类文化和生物学特征的可能解释，都应能同样适用于生活在不同时代、不同地区的人类。如果无法证明一种概括或解释可以广泛应用，人类学家就有资格而且必须对其产生怀疑。在缺乏有说服力的证据时，保持怀疑态度能让我们不至于去接受有关人类的错误观念。

例如，20 世纪 60 年代，美国的教育工作者发现非裔学童很少喝牛奶，他们推断这是缺乏教育或金钱的结果，但人类学方面的证据却提供了另一种不同的解释。人类学家很多年前就已发现，在世界上很多养殖奶畜的地区，人们并不喝鲜奶，而是将其做成酸奶或奶酪。现在已经很清楚他们为何这样做。许多人缺乏分解牛奶中乳糖所需的乳糖酶。这些人喝普通牛奶的话，消化系统就会受到影响。他们无法消化乳糖，也较难吸收牛奶中的其他营养物质；不少人喝牛奶后会腹痛、胀气、腹泻、恶心。研究指出，世界上很多地方的人都有乳糖不耐受的情况。[1] 在亚洲人、南欧人、阿拉伯人、犹太人、西非人、因纽特人、北美洲和南美洲土著居民以及非裔美国人中，这种情况非常普遍。人类学家熟悉各式各样地理、历史环境下的人类生活，因此常常能够纠正人们对不同人群的错误看法。

整体研究的方法

在全球和历史视野之外，人类学还有一个显著特征，就是对人类进行整体、多方面的研究。人类学家不仅研究各种各样的人群，还研究人类经验的各个方面。例如，人类学家在描述一个人类群体时，可能会论及这些人所生活地区的自然环境、历史、家庭生活组织方式、语言的一般特征、定居模式、政治经济体制、宗教、艺术和服饰的风格等。人类学家不满足于分别研究它们，而是希望去理解物质和社会生活各个方面之间的联系。读者在本书中将会看到，许多特征模式往往一起出现。人类学家不仅想发现这样的模式或规律，还希望予以解释。

过去，单个的人类学家会努力掌握尽可能多的学科。如今，和其他很多学科一样，由于积累下来的信息极其丰富，人类学家往往会专门研究一个主题或领域。比如说，一位人类学家去研究史前人类祖先的某些体质特征，另一位人类学家则研究环境在不同时期对某个人群的生物学特征的影响，还有位人类学家集中研究某个人群的众多风俗习惯。尽管有这些专业分工，但人类学这个学科依然保持整体研究的定位，将人类学的各个领域结合起来，就能描述过去和现在的人类生存的多个面向。

人类学的好奇心

现在我们知道，与其他研究人类的学科相比，人类学在历史和地理方面的研究范围更广，在方法上具有整体性。但这么说的话，人类学好像就是一门包罗万象的学科。那么，人类学究竟在哪些方面真正与其他学科有所不同呢？我们认为，人类学的特点主要在于它唤起的特殊的好奇心。

在研究人群时，人类学家总是关心该人群的一些**典型**特征（特点、习俗）：很多社会都依赖农业，

为什么？人类最早在何时何地开始务农？为什么一些人群的肤色比其他人群的深？为何有些语言比其他语言包含更多的基本颜色词？有些社会为何比其他社会的政治参与程度更高？个人可以提供信息给人类学家，但人类学的好奇心往往集中在人群的典型特征上，关注如何去理解和解释这些特征。例如，经济学家也许会把货币制度的存在视为理所当然并进而研究其如何起作用，而人类学家却要问：货币制度有多常见？为什么有不同的货币制度？为什么在过去几千年里，只有某些社会使用了货币？并不是说人类学家不关心人类群体内的差异。在研究政治制度时，人类学家可能会想知道为何某些人更容易成为领袖，或者为什么乡村社群与城市社区的运作方式不同。人类学家也会研究某个体质特征上的差异和对某种疾病的易感性有什么关系。不过，人类学与其他学科的主要差别，还是在于人类学主要研究人群的典型特征——全球各地、历世历代的人群及其特征有何不同、为何不同。

人类学的分支学科

不同的人类学家关注社会的不同特征。有的主要关注人群的**生物学**或**体质特征**，有的则对**文化特征**感兴趣。因此，人类学可划分为两大领域，**生物人类学**（又称**体质人类学**）和**文化人类学**。生物人类学是人类学的一个主要分支，而文化人类学又可划分为三个主要分支学科——考古学、语言人类学和民族学。研究近代文化的民族学，如今常常沿用它的母学科的名称，被称为"文化人类学"（见图1-1）。横跨这四个分支学科的是第五个分支学科——**应用人类学**或**实践人类学**。

---

1. Harrison 1975; Durham 1991, 228 – 237.

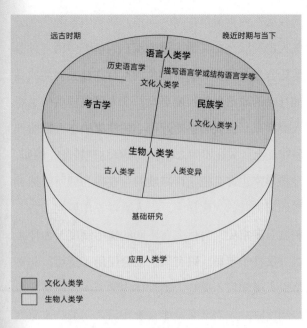

图 1-1　人类学的四大分支领域（粗体字表示）可以根据研究主题
（生物学或文化）和研究时期（远古时期或晚近时期与当下）来分类。
四个分支领域中都有应用人类学的实践

生物人类学

生物（体质）人类学力图回答两组不同的问题。第一组涉及人类的出现和后来的进化（相关学科被称为**古人类学**）。另一组涉及当代人类群体在生物学上的差异及存在差异的原因（相关研究被称为**人类变异**研究）。

为了重建人类进化史，古人类学家搜寻并研究人类、类人猿以及相关动物的化石——埋在地下、变硬了的遗体、遗迹。例如，古人类学家已在东非发掘出了生活在超过 400 万年以前的类人动物的化石。利用这些发掘成果，人们就可以推测出大概在什么时候人类的祖先开始直立行走，发展出灵活的双手和较大的脑容量。

古人类学家在力图阐明进化关系时，不仅依靠化石记录，还会利用关于气候、环境和动植物种群演替的地质学信息。此外，在重建人类历史时，古人类学家也会关注哺乳动物中人的近亲——原猴亚目动物、猴和猿，它们和我们一样，都属于**灵长目**。专门研究灵长目动物的人类学家、心理学家和生物

学家被称为**灵长目动物学家**。研究灵长目各物种的工作在野外和实验室里同时进行着。其中特别热门的课题是对黑猩猩的研究。黑猩猩与人在行为和体质特征上都有惊人的相似之处——血液的化学成分相似，可能罹患的疾病有许多重合。现已证明黑猩猩与人类的基因存在 99% 的相似性。[2]

生物人类学家力图通过对灵长目动物的研究，来发现一些为人类所独具而非灵长目动物共有的特征。有了这方面的知识，他们就有可能推测出我们的祖先是什么样子。通过研究灵长目动物而得出的推论，可以用出土的化石标本加以验证。这样，从地下一点点地发掘出来的证据，就和对人类近亲的科学观察联系在一起了。总之，生物人类学家把从几个不同信息源得来的研究成果拼合在一起，提出种种理论，用以解释观察到的化石的变化，然后对照一种证据和另一种证据，以便对理论做出评价。因此，古人类学和许多学科有重合之处，比如地质学、古脊椎动物学（特别是灵长目动物学）、比较解剖学和灵长目动物行为学等。

生物人类学的第二大研究领域是对人类变异的研究，探讨当代人类族群在体质或生物学特征上有什么差异，以及存在这些差异的原因。现在世界上的所有人都属于智人种，然而不同人群之间又存在很大差别。研究人类变异的学者会提出这样的问题：为什么有些人身材高大而有些人却很矮小？人类族群在体质上是怎样去适应环境的？是不是某些人（如因纽特人）的体质生来就比其他族群更耐寒？是不是深色皮肤的色素对热带阳光有着特殊的抵抗能力？

为了搞清现代人群中存在的生物特征差异，生物人类学家要利用至少三个其他学科的原理、概念和技术：人类遗传学（研究人种遗传特征）、种群生物学（研究环境对种群特征的影响，以及环境和种群特征间的相互作用）、流行病学（研究疾病对不同

比鲁特·高尔迪卡（Biruté Galdikas）在加里曼丹岛与两只红毛猩猩在一起
（图片来源：Spooner/Redmond-Callow/ZUMA Press-Gamma）

种群产生的不同影响以及存在这些差异的原因）。因此，对人群差异的研究常常和其他学科的研究相交叠。然而，生物人类学家主要关心的还是人类群体及其生物特征上的差异。

文化人类学

文化人类学研究过去和现在的文化如何及为何不同或相似。但文化是什么呢？文化是人类学的核心概念，我们会用一章的篇幅来讨论文化这个概念和文化变迁。简单地说，**文化**指的是特定人群或社会的思维方式和行为特征。一个社会群体的文化包括多种事物——人们使用的语言、抚养孩童的方式、性别角色、宗教信仰和实践、音乐偏好等等。人类学家对这一切都感兴趣，也关注那些在群体内已获得普遍认同或成为习俗的习得行为和观念。文化人类学可划分为三大分支学科：**考古学**（主要通过物质遗存来研究过去的文化）、**语言人类学**（对语言的人类学研究）和**民族学**（对现存和晚近的文化的研究）。现在人们通常用"文化人类学"这个母学科的名称来指代民族学。

考古学

考古学家不仅力图重建古代人群的日常生活与习俗，而且设法追溯这些人群的文化变迁，并对这些变迁提出可能的解释。考古学家关心的问题与历史学家类似，但考古学家研究的时间跨度却远远超过了历史学家。历史学家只研究留下了文献记录的社会，研究范围仅限于距今5 000年以内的人类历史。然而，人类社会已存在了100多万年，即使在近5 000年里，绝大多数社会也没有文字。对所有这些没有留下文字记录的社会而言，考古学家充当了历史学家的角色。由于没有可供研究的文字记录，考古学家必须设法通过人类文化的遗存来重建历史。有些历史遗存雄伟壮丽，发现于墨西哥尤卡坦州奇琴伊察的玛雅神庙就是如此。然而更多的遗存却异常平凡，比如坛坛罐罐的碎片、石器和垃圾堆。

大部分考古学家研究有文字记录之前的**史前史**。但是在考古学范围内被称为**历史考古学**的专业，研究的却是晚近有文字记录的人群留下的遗存。这个专业一如其名，采取考古学家和历史学家的方法，研究那些留下了考古和历史资料的晚近社会。

考古学家在人类遗址中搜集各种遗存，力图借此弄清随着时间的推移，世界不同地区的生活方式发生了什么变化，以及为什么会发生这些变化。这些遗址通常被深埋于地底。然后，基于通过发掘和其他方式搜集到的遗存，考古学家便提出各式各样的问题：人类特有的工具制造最早出现在什么地方、什么时间，为什么会出现？农业起源于何时何地，为什么会发展出农业？人类在什么地方最先住进城市，是在什么时候，为了什么？

为了搜集有助于回答种种问题的资料，考古学家不仅要利用人类学家对晚近和当代文化的研究，还要借助其他学科的技术和成果。例如，为了估测能发掘到早期工具制造证据的遗址，考古学家可能需要地质学家来告诉他们，在接近地表的哪些地方，由于侵蚀和地壳隆起的作用，早期人类居住的遗址

2. Chimpanzee Sequencing and Analysis Consortium 2005.

在城市新建筑开工前，往往需要考古学家来发掘和记录历史遗存的信息，比如图中的纽约（图片来源：Robert Brenner/PhotoEdit Inc.）

更容易找到。考古学家如果想要推断农业起源的时间，则必须借助化学家发明的方法，来对相关出土遗存进行年代测定。考古学家要想知道为什么会出现城市，就需要依靠历史学家、地理学家和其他学科的学者提供的信息，以便了解近现代城市与其邻近的腹地地区在经济政治上有什么关联。如果能够发现近现代城市的共性，也许就能从中推测出城市最初兴起的原因。因此，考古学家会利用当代和晚近时代的信息，来帮助自己理解古代的历史。

语言人类学

语言人类学是文化人类学的另一个分支。语言学，即对语言的研究，是一门比人类学历史更加悠久的学科，但早期的语言学家主要研究早已形成书面文字的语言——比如英语这种已有上千年书写历史的语言。语言人类学家则开始在语言尚未形成书面文字的地方做田野调查。这意味着人类学家无法靠字典或语法书去学习当地的语言。他们得自己去编写字典和语法书，然后才能研究这门语言的结构和历史。

语言人类学家和生物人类学家一样，关注古往今来的差异，也关注同时代的差异。有些语言学家关注语言的出现，以及千百年来语言的分化。研究语言如何随时间变迁及语言之间有什么联系的学问被称为**历史语言学**。语言人类学家也研究当代的各种语言有什么不同之处，特别是对语言结构上的差异感兴趣，研究此类问题的学问通常被称为**描写语言学**或**结构语言学**。研究语言在实际社会环境中的运用的学问则是**社会语言学**。

古人类学家和考古学家可以借助物质遗存来重建古往今来的变迁过程，相形之下，历史语言学家只能研究语言——而且往往是无文字语言。（要知道，书写的历史仅仅5 000年左右，而且过去5 000年里的大部分语言都是没有书面文字的。）由于无文字语言必须靠听和说来传承，一旦说这种语言的人全都过世，语言也就不会留下任何痕迹。因此，重建无文字语言历史的语言学家必须从现在开始，从与当代语言的比较入手。基于这些比较，他们便可对过去可能发生的语言变化类型做出推断，而且还可以解释现在所观察到的语言的异同。历史语言学家常常提出的问题包括：某两种或两种以上的当代语言，是不是从一种共同的语言中分化出来的？如果它们有亲缘关系，那又是从什么时候开始出现差别的呢？

与历史语言学家不同，描写（结构）语言学家主要致力于发现和记录语言规则，这些规则决定了言语活动中语音与词语的组合方式。例如，描写语言学家可能会告诉我们，在某种语言中，t与k这两个音可以互换使用，而不会造成词义的差别。在美属萨摩亚群岛，人们用Tutuila或Kukuila来称呼群岛中最大的那个岛屿。也许除了初来乍到、还不懂萨摩亚语的人类学家之外，岛上任何人都明白，这两种叫法指的是同一个岛屿。

社会语言学家关注语言的社会方面，包括人们谈论什么，交谈时如何互动，对说其他方言或语言的人是什么态度，以及人们在不同的社会语境下说话的方式有什么不同。例如，说英语的人跟不同伊丽莎白·M. 布伦菲尔（Elizabeth M. Brumfiel）曾是美国西北大学的人类学教授，她还在读本科时就对社会不平等的起源问题产生了兴趣。考古学家之前发现，家庭之间财富悬殊的情况是（考古学意义上）比较晚近，也就是大约 6 000 年前才出现的现象。财富不平等的考古学标志很明显——有些家族的墓葬精美、陪葬品价值不菲，不同家族的房屋和财产也存在巨大的差别。然而，为什么会出现这样的转变，原因却不甚清楚。布伦菲尔在密歇根大学读博士时，通行的解释是不平等对社会是有益的（比如，首领财富增加后，大部分人的生活水准也会提

高），但她无法接受这种说法。因此，布伦菲尔在墨西哥中部开展博士论文研究时，尝试在一个地区检验"不平等有益说"，这个地区原本在政治上是独立的，后来成为阿兹特克帝国的一部分。她研究了该地区的地表物质遗存和欧洲人及阿兹特克贵族用文字记录的历史档案。她的研究结果驳斥了社会不平等有益于社会的说法，她发现当地人在被阿兹特克帝国统治之后，生活水准根本没有什么提升。

布伦菲尔研究的另一个重要方面是妇女的生活。阿兹特克帝国的扩张对她们产生了什么样的影响？她们的工作有何变化？艺术作品如何描绘

在科尔特斯和蒙特祖玛 1519 年的会议中，图中右边的玛利亚（Dona Maria）正在翻译，像玛利亚这样的妇女在阿兹特克文化中的地位应该很高（图片来源：The Granger Collection, New York）

妇女？在来自阿兹特克帝国的首都特诺奇蒂特兰（Tenochtitlán）的艺术品中，随着帝国的扩张，体现尚武和男子气概的图像越来越多，妇女的雕像则往往表现她们工作时的姿势（比如跪姿）。然而，在布伦菲尔从事田野调查的地区，妇女的形象却没有

改变。例如，该地区成为阿兹特克帝国的一部分之后，大部分妇女雕像还是站姿，而不是跪姿。

和其他许多人类学家一样，布伦菲尔也会问自己能给所研究的社群做出怎样的贡献。她决定策划一个展览，来表现在该地区生活了 1 200 年的人们的成就。这个展览让观众知道了她所研究的哈尔托康人（Xaltocan）。

布伦菲尔一直在研究不平等的起源和妇女地位问题，如果将来有人认为她的说法错了，并愿意自己去通过考古学研究寻找答案的话，她也会很欣喜的。

（资料来源：Brumfiel 2009.）

的人打招呼的方式是不一样的。跟朋友打招呼，我们会直呼其名，说"Hi, Sandy"（嗨，桑迪）。而见医生的时候，直呼医生的名字可能会让我们不太自在，所以我们可能会说"Good Morning, Dr. Brown"（早上好，布朗医生）。这类语言使用方式的差异是由被称呼者的社会地位决定的，而这正是社会语言学家关注的问题。

民族学（文化人类学）

民族学家或文化人类学家力图弄清近现代人群惯有的思维方式和行为方式有什么异同，以及为什

么会有这些异同。他们也会关注文化发展及变化的过程和原因，以及文化的某个方面如何影响其他方面。文化人类学家会问这样的问题：为何几乎所有文化中都有婚姻？为什么某些社会里家庭成员与亲属住得近，而另一些社会却不是如此？之前没有商品经济的社会引入货币之后有何变化？家庭成员去远方务工，对社会关系有何影响？遭受自然灾害或暴力冲突之苦的社会中会发生些什么？民族学家与考古学家的研究目标大体一致，但民族学家的资料一般来自对现存人群的观察和记录，考古学家则必须研究过去文化的碎片遗存，在此基础上对史前人

群的风俗习惯进行推断。

有一类民族学家被称为**民族志学者**，他们通常要花一年左右的时间生活在所研究的人群之中，与当地人交谈，观察他们的生活。这种田野工作为详细描述该人群惯有的行为及思维方式（**民族志**）提供了资料。不同的民族志学者，对文化和社会生活考察的全面程度不同。早期民族志学者往往通盘考察某一人群的生活方式；新近的民族志学者则倾向于聚焦在窄一些的领域中，比如治疗仪式、人与环境的互动、现代化或全球化的影响、性别问题等。民族志学者通常不满足于描述，而是可能会提出当

代人类学的问题，或是尽力去解释文化的某些方面。

许许多多的文化在近期都发生了大量变化，因此有必要了解变化发生之前人们的生活状态。民族志学者会向老人家询问他们年轻时如何生活，了解那些不是由人类学家书写的历史文献中的信息。**民族史学者**（ethnohistorian）研究特定人群的生活方式如何随时间推移发生变化。他们研究的是书面文献，比如传教士的论述、商人和探险家的报告以及政府的记录等，以便弄清文化变迁的来龙去脉。与民族志学者主要凭自己实地观察和访谈不同，民族史学者依靠的是其他人的报告。他们往往得设法

当前研究和问题
特伦斯·E. 海斯的研究工作

在书和文章里，研究结果呈现得很直接：这是问题，这是答案，等等。然而，根据经验，许多研究者都知道知识并不总是来得那么简单。美国罗得岛学院（Rhode Island College）的教授特伦斯·E. 海斯（Terence E. Hays）的研究就经历了兜兜转转。他在巴布亚新几内亚东部高地省的纳敦坝（Ndumba）做田野研究。他一开始研究的问题是，不同的人群（比如男人和女人）所掌握的植物知识是否有差异，他们给植物分类的方法是否有所不同。（关注动植物分类的学问，即民族生物学，和语言学研究的关系很近。）他在 1972 年的首度田野工作中，见证

了 10~12 岁男性的成年礼。那是一种戏剧化、会留下创伤的通过仪式，包括让鼻子出血的肉体创伤，以及遭妇女"袭击"、被隔绝在丛林中的社会创伤。这个仪式中有各种各样的象征，解释两性为何要相互回避。他为自己的民族生物学研究搜集到了关于植物的故事和神话，

也在这些故事里发现了暗示男女结合危险的主题。

这些仪式和神话激起了海斯的好奇心。神话在维持文化主题的方面作用有多大？其他也有男性独居屋的社会里，是不是也有类似的神话？他从田野点返回家里后，发现许多社会都有类似的故事。这

些故事是否通常与成年礼和两性的隔离有关？回答这些问题需要进行比较，于是他开始向在新几内亚高地其他社会中做过调查的同事搜集神话和民间故事。在搜集这些比较材料的过程中，他意识到自己获得的民族志信息还不够，于是重新返回田野工作。正如海斯所言："作为民族志工作者，我总要面对这个问题：你怎么知道哪些是真的？而就算我好不容易得到证据，能够相信某件事对纳敦坝人而言是真实的，第二个问题又来了：如果不通过比较，你怎么能知道这在其他地方也是真的？"

（资料来源：Hays 2009.）

特伦斯·海斯在新几内亚做田野调查（图片来源：Terence Hays）

把非常分散，甚至看起来相互矛盾的资料拼到一起，弄清它们的含义。可以说，民族史学者的研究和历史学家很像，不过民族史学者更关注的是自身没有留下书面记录资料的人群的历史。民族史学者试图重构特定人群晚近的历史，也可能会探讨人群生活方式发生某些变化的原因。

民族志和民族史的研究都耗时耗力，所以很少有一个人能够研究多种文化。**跨文化研究学者**（可能是文化人类学家或其他社会科学家）则致力于发现文化特征的一般模式——哪些文化特征是共通的，哪些是在不同文化中有差异的，为什么会有差异，差异带来了什么样的结果。他们可能会问这样的问题：为何某些社会的性别不平等比其他社会更严重？家庭暴力与生活其他方面的攻击性有关吗？生活在一个不可预知的环境里面会有什么后果？在验证可能的答案时，跨文化研究者会使用来自文化个案的资料（最初往往是民族志学者的描述），以发现对多种文化都适用的解释或关系。跨文化研究的发现可能有助于考古学家推断过去发生了什么，特别是在发现能体现文化差异的物质遗存时。

因为民族学家可能对惯有行为及思维方式的很多方面都感兴趣，包括经济行为、政治行为、艺术风格、音乐和宗教等等，所以民族学和其他一些关注人类生活特定领域的学科有交叉，比如社会学、心理学、经济学、政治学、艺术、音乐和比较宗教学。但是，文化人类学的独特之处在于关注人类生活的方方面面在不同社会、不同历史时期、全球的不同地区中有什么差异。

应用人类学

所有的知识可能都会有用。在物理学和生物科学里，如果没有大量基础研究去揭示物理和生物世界的自然规律，就不可能有技术的突破，比如 DNA 剪接、飞船在太空的对接、微小化计算机芯片的发展等。如果不理解基本的原理，人类就不可能取得这么多我们引以为荣的技术成果。很多时候，研究者只是出于纯粹的好奇心来做研究，并不去想研究会走向哪里，因此这种研究有时被称为"基础研究"。社会科学亦是如此。如果研究者发现竞技体育发达的社会容易发生更多的战争，就可能会进一步调查这两种攻击性之间的关系。我们获取的知识最终会引导我们去发现纠正社会问题（比如家庭暴力和战争）的方法。

基础研究可能最终会解决实际的问题，而应用研究的实践目标则更为明确。当前，有一半以上的职业人类学家是应用或实践人类学家。[3] 应用或实践人类学很明确地想要让人类学知识变得有用。[4] 应用人类学家可能在人类学任何或全部的分支学科内接受训练。较之于在大学、学院和博物馆工作的基础研究者，应用人类学家往往受雇于传统学术界之外的组织，包括政府机构、国际发展机构、私人咨询公司、商业公司、公共卫生组织、医学院、律师事务所、社区发展机构和慈善基金会。

生物人类学家可能在法庭上出示法医证据，也可能在公共卫生机构工作，或者按照人体解剖学原理设计衣服和装备。考古学家可能为博物馆保存或展示史前古器物，或者承包发现和保护因建设或发掘而面临破坏的文化遗址的工程。语言人类学家可能参与双语教育项目，或从事改善交流沟通方式的工作。民族学家可能参与多种应用工程，包括社区发展、城市规划、卫生保健、农业改良、个人与组织管理、评估变革项目对人们生活的影响等等。[5] 本书各章都会设置应用人类学专题框，在最后一部分还有人类学的应用案例呈现。

3. Nolan 2003, 2.
4. Van Willigen 2002, 7.
5. Kedia and van Willigen 2005; Miracle 2009.

应用人类学
让发展项目注意到妇女对农业的贡献

20世纪70年代，当安妮塔·斯普林（Anita Spring）首次在赞比亚开展田野调研时，她对农业并没有特别的兴趣，她感兴趣的是医学人类学。她的田野工作关注传统的医疗行为，特别是和妇女儿童有关的那些。她去的那年年底，一群妇女对她说，她根本不知道什么才叫当个女人，她十分惊讶。她们说："当女人就是要种地。"斯普林承认，自己过了好一阵子才注意到妇女在农业上承担的角色，从那以后，她开始想办法为她们提供技术帮助。

和其他许多关注妇女在发展中的角色的人一样，斯普林意识到，太多的发展项目轻视了妇女对农业的贡献。

如何改变以男性为中心的态度和实践？一种方法是记录下妇女对农业活动的贡献有多大。在埃斯特·博赛拉普（Ester Boserup）富有影响力的著作《妇女在经济发展中的角色》（*Woman's Role in Economic Development*, 1970）出版之后，学者开始谈到在撒哈拉以南非洲、加勒比海和东南亚部分地区，妇女们是首要的

农业劳动力。而且，随着农业越来越复杂，需要在农田里花费更多的劳动时间，妇女对农业的贡献也就增加了。另外，越来越多的男人外出务工，妇女不得不接过以前由男人干的农活。

20世纪80年代，在美国国际开发署妇女办公室的资助下，斯普林设计和主导了在马拉维（Malawi）的"农业发展中的妇女"项目。这个项目不是只关注妇女，而是搜集关于从事农业的男性和女性的资料，了解发展项目如何对待他们。该项目

不仅搜集资料，还帮助设立和评估了一些小型项目，将成功的培训技术传递给在其他地区的发展机构。斯普林指出，项目之所以成功，不仅仅是因为设计得好，主要还是归功于马拉维人民自己愿意做出改变。联合国和其他慈善组织越来越关注妇女，这当然有好处。改变需要许多人的努力。越来越多像安妮塔·斯普林这样的应用人类学家开始从头到尾跟进项目，参与从设计、执行到评估的全过程。

（资料来源：
Spring 1995; 2000b.）

专业化

随着学科的壮大，越来越多的专业领域会发展出来。由于知识积累和方法的改进，单个人能够掌握的东西有限，这样的趋势可能无法避免。因此，除了我们已经概述过的几大分支外，人类学家往往有各自不同的专业领域。人类学家通常有专门研究的地理区域，区域范围有大有小，大至旧大陆或新大陆，小至美国西南部。研究过去的人类学家（考古学家或古人类学家）可能有自己专门探索的时期。民族学家通常对特定题材以及一两个文化区域学有专长。本书大部分章节涉及学科专业，一些民族学家也可能认为自己是经济人类学家、政治人类学家或者心理人类学家。还有一些学者是根据理论取向定位的，比如文化生态学家就是关注文化和自然及

社会环境之间关系的人类学家。不过，这些专业领域并不互相排斥。例如，文化生态学家也可能关注环境对经济、政治行为或育儿方式的影响。

专业化会把一位人类学家和其他类型的研究隔绝开吗？并不一定。有些专业需要从人类学之内和

法医人类学是应用人类学的一种。图为法医人类学家凯茜·赖克斯（Kathy Reichs）在医检办公室工作（图片来源：© Christopher J. Morris/Corbis）

之外的多个领域获得信息。比如，医学人类学家研究人类健康与疾病的文化和生物背景。因此，他们需要理解经济、饮食和社会交往的模式，以及人们对疾病与健康的态度和信念。他们也需要关注人类遗传、公共卫生和医疗方面的研究成果。

人类学的意义

人类学是一门相对年轻的学科。19 世纪初，人类学家才开始去到遥远的地方与那里的人们住在一起。较之于我们对自然规律的认识，我们对人类自身的了解要少得多，比如人们的行为方式及其原因。人类学和其他涉及人类的科学只是在相对较近的时期内才开始发展，但这并不是我们对自身的了解少于自然科学的充分理由。我们追寻各类知识，却为何会耽搁对自身的研究如此之久呢？莱斯利·A. 怀特（Leslie A. White）认为那些离我们最远的现象和人类行为最次要的决定因素是首先被研究的对象。他猜测其中的原因是人类喜欢将自己视为自由意志的城堡，不需要服从于任何自然规律，那样的话，就没有必要将我们自身当作需要解释的对象了。[6]

一些人认为，人类行为无法用科学来解释，或是因为我们的行动和信念具有个体独特性，也太过复杂，或是因为人类只能用超脱于现实世界的观念来理解。这样的观点是自我实现的预言。如果我们不相信存在能够解释人类行为的原理，又不想去探索，我们就不可能发现这样的原理。结果从一开始就确定了。不相信人类行为能用原理解释的人，是找不到这样的原理的，越是找不到原理，他们就越相信原理不存在。我们如果想要增进对人类的认识，就必须首先相信认识人类是可能的。

我们如果志在理解人类，就要对所有时空范围内的人展开研究。我们必须研究古代和现代的人类，还必须研究他们的文化和生物学特征。否则，我们

如何真正理解一般意义上的人类和人群之间的差异呢？我们如果仅仅研究自身所处的社会，就只能得到仅适用于某种文化的解释，而不能获得具有普遍性或适用于大部分人的解释。就帮助我们理解各地的人群而言，人类学是很有用的。

此外，人类学的意义还体现在它有助于避免不同人群之间的误解。如果能够理解其他人群和我们之间存在差异的原因，我们就不会有那么多理由来为在我们看来古怪的行为责备他们了。然后，我们就有可能逐渐意识到，人群之间的许多差异都是体质和文化适应不同环境的结果。比方说，如果我们对 20 世纪 50 年代居住在非洲南部卡拉哈迪（Kalahari）沙漠的昆人（!Kung）了解不多，就很可能会断定昆人是"落后"的人群（昆人名称 !Kung 前面的感叹号表示的是昆人语言中的咔嗒音，用舌头发声）。他们几乎赤身裸体，没有什么财产，住在简陋的棚屋中，也没有收音机、电脑之类的技术设备。然而让我们设想一下，如果处于昆人所处的环境中，一群典型的北美人会如何反应呢？这些人会发现那里没有可耕地和牧场，根本不可能进行农牧业生产，这时他们也许不得不考虑游动无定的生活方式。接着，他们就可能抛弃许多财物以便自由迁徙，从而充分利用不断变化的水源和食物来源。由于气候异常炎热，又没有多余的水来洗涤衣物，他们也许会觉得几乎不穿衣服比穿衣服更实惠些。毫无疑问，他们会发现不可能建造精巧的住宅。作为社会保障措施，他们可能会在群体内部共享食物。如果这个社群能生存下来，这些人从外表到行为都会变得更像昆人，而不像典型的北美人。

体质上的差异也可以看作适应环境的结果。例如，美国人羡慕身材修长的人。然而，这样的人如果生活在北极圈内，也许就会巴不得拿自己的修长

---

6. White 1968.

身材去和那些身材粗短的人换，因为矮小粗壮的体型能更有效地保持体温，可能也更能适应寒冷的气候。

学习人类学，有助于消除不同文化群体之间由下意识的微妙原因而生的一些误解。例如，不同文化对不同情况下人们的姿势和人与人之间的距离有着不同的概念。阿拉伯人认为要和别人靠得近到能闻到对方的气味才合适。[7] 而从体香剂在北美文化中的受欢迎程度可以推测，美国人在人际交往中喜欢保持一定的嗅觉距离。如果有人靠得很近，美国人可能会觉得过于亲密。然而，我们别忘了一个人只是在具体的情形下，做出了在特定文化观念中恰当的行为。如果造成我们偏狭的一部分原因是不理解人群之间为何有差异，那么人类学家提供的知识也许能让我们对别人宽容一些。

世界各地的联系越来越密切，全球化程度加深，理解并尽力尊重文化和体质差异也变得越来越重要。小小的误解有可能很快升级为更严重的问题。有能力的国家自认为在提供帮助时，可能会表现出其他国家低一等的意思。它们可能在不知不觉中鼓励了对其正在帮助的人群无益的行为。在极端情况下，误解可能引向暴力对抗。在当今的世界，用具有大规模杀伤性的现代武器打仗，可能导致更多的人死亡。

理解和尊重文化与体质差异就够了吗？尽管教育毫无疑问有用处，但很多人类学家认为要在全球和地方层面上解决真正的现实问题，还需要更直接的行动。在全球层面，我们需要应对暴力冲突、环境恶化、贫富国家间不平等加剧等问题，还要处理对健康构成主要威胁的因素。在地方层面，我们需要辨别具体的发展项目是否真的有益，还需要探索如何改善特定社会的营养与健康状况。一种方案未必适合解决所有问题——对一些人有好处的，未必对不同情境下的其他人有好处。要确定一些变化是

大量来自敖德萨（Odessa）等黑海地区城镇的移民，
居住在纽约布鲁克林附近的布莱顿海滩。移民和类似于
"小敖德萨"的移民社区，正在日益成为人类学研究的焦点
（图片来源：© Mark Peterson/SABA/CORBIS，All Rights Reserved）

否有利，还需要仔细研究。许多伦理问题也浮现出来。干涉他人的生活是否道德？而在他人受苦或求助时，不去干涉他们的生活又是否道德？

认识人类的过去既能让人谦卑，又能给人以有所成就的自豪感。如果我们打算解决这个世界所面临的问题，就必须明白人类的脆弱，只有这样才不会觉得问题会自行解决。但是，我们也需要对人类的成就有足够的认识，相信我们能找到解决问题的办法。我们遇到的很多麻烦，可能都是妄自尊大和自认为坚不可摧造成的——简言之，是由于缺乏谦卑感。懂得一点人类进化史，可能会有助于我们理解和接受自己在生物界的地位。和其他任何形式的生物一样，没有哪个人群能保证永远存续下去，甚至人类这个物种也是如此。地球在变，环境在变，人类自身也在变。今天幸存下来而且兴旺发达的事物，明天也许就会消亡和衰败下去了。

人类是脆弱的，但我们也不应感到自己无能为力。我们有很多理由对未来充满信心。想想人类已经取得的成就吧！借助木棍与石块制造工具和武器，使我们可以猎取比我们庞大、强壮得多的野兽；我们发明了取火的方法，学会了用火取暖与烧煮食物；我们栽培植物、驯养动物，从而获得了对食物供应的更大控制权，能够建立永久性的居留地；我们采

掘矿石，学会了冶炼，以便制成更耐用的工具；我们建立了城市和灌溉系统，竖起了纪念碑，建造了船只；我们能在一天之内从一个大陆飞行到另一个大陆；我们战胜了一部分疾病，延长了人类的寿命。

总之，在历史发展的过程中，人类及其文化发生了巨大的变化。人类群体很多时候都有能力适应环境的变化。希望人类在现在和将来都能继续适应挑战。

小结

1. 按照字面意思，人类学是研究人类的学科。它与其他研究人类的学科的不同之处在于研究的范围更广。人类学研究全球各地的人群（而不是只研究离我们比较近的地方的人），探索百万年来人类的进化和文化的发展。

2. 人类学的另一个特征是它对人类研究所持的整体观。人类学家不仅研究各种各样的人群，还研究那些人群经历的方方面面，以及这些方面有何联系。

3. 人类学家通常着眼于辨识和解释特定人群的典型特征（风俗和特质）。

4. 生物人类学或体质人类学是人类学的主要分支领域之一。生物人类学研究人类的出现以及后来在体质方面的进化（相关领域称为古人类学），也研究当代不同人群的生物差异及其成因（相关领域称为人类变异研究）。

5. 人类学的另一大分支是文化人类学。它包括三个领域，即考古学、语言人类学和民族学（现在人们通常用"文化人类学"这个母学科的名称来指代民族学），几个领域都关注人类文化的各个方面，也就是特定社会中观念和行为的固有模式。

6. 考古学家不仅致力于重构史前人类的日常生活和习俗，还探索其文化变迁，并为文化变迁提出解释。也就是说，考古学家试图借助人类文化遗存来重构历史。

7. 语言人类学家关注语言的出现及其随时间推移发生的分化（这样的学科称为历史语言学）。他们也研究当代的语言差异，包括语言结构（描写或结构语言学）和实际使用（社会语言学）的差异。

8. 民族学家（现在通常称为文化人类学家）试图理解现代及晚近时代的人群之间在思维和行为方式上有何异同，以及这些异同背后的原因。民族学家之中，有一类是民族志学者，他们通常会花一年左右的时间和特定的人群生活在一起，观察他们的日常习俗。之后，民族志学者会撰写详细的报告（民族志），描述所研究人群社会生活和文化的各个方面。另一类民族学家是民族史学者，他们调查有文字记载的档案，以便弄清楚特定人群的生活方式随时间如何变化。第三类民族学家是跨文化研究者，他们研究民族志学者和民族史学者搜集的特定文化样本的数据资料，并试图发现对特定习俗的哪种解释可以通用。

9. 人类学的四大分支学科都涉及应用人类学，应用人类学家运用人类学知识达成更实际的目标，通常在传统学术界之外的组织中工作。

10. 人类学有可能让人变得更加宽容。人类学研究能让我们了解，为什么其他人在文化和体质上会那样。那些在我们眼中不恰当或无礼的习俗或行为，可能来自他们对特定环境和社会条件的适应。

11. 人类学的价值还在于它能让我们了解人类的过去，将谦卑感和成就感带给我们。与其他生命形式一样，没有哪个人群一定会永久存续下去。而知道人类在过去取得了哪些成就，则能让我们有信心去解决未来要面对的问题。

---

7. Hall 1966, 144 – 153.

第二章
人类学理论史

研究人类学史的学者经常将该学科的诞生追溯到 16 世纪欧洲人和非洲、美洲土著相遇的时候。在欧洲人眼中，这些土著和他们的实践很奇怪，似乎也不符合理性，但为了与他们一起生活和工作，还是有必要理解他们的文化。跨文化理解的需求是人类学的源头之一。另一个源头是当时兴起的对进化的关注。人们意识到物种不是稳定不变的，而是会随时间推移发生变化，随之出现的是社会也随着时间推移而变化的观点。这些观点放到一起，促成了这样的观念：其他文化是可以改变的，可以也应该得到"教化"。16—19 世纪，欧洲人"教化"他者的行动对文化多样性造成了破坏，但也催生了人类学这个领域。正如我们将要看到的，我们能了解那些被致力于"教化"的欧洲探险家和殖民者改变或者破坏的文化，很大程度上是因为早期的人类学家所做的努力。

尽管人类学的诞生可能有很强的殖民主义背景，但今天的绝大多数人类学家都倾向于认可其他生活方式的价值，并试图扶助曾遭列强殖民或统治的族群。

在我们回顾人类学思想的历史时，请记住，尽管早期的许多观点后来受到摒弃和被其他观点取代，但并不是所有的早期观点都是这样。举进化论为例，尽管该理论经过了重大的修正，但达尔文在 19 世纪中叶提出的自然选择理论大部分得到了经验证据的支持，经受住了时间的考验。同样要记住，我们讨论的一些观念与其说是理论，不如说是理论取向。理论取向是对于现象应该如何解释的大致概念；而理论是可以被经验证据验证的更加具体的解释，对此我们在之后的一章中会详细讨论。

进化论的演化

西方关于自然界生物的古老观点和查尔斯·达尔文的进化论区别很大，进化理论认为不同物种经历很长的时间，从一个发展到另一个。公元前5世纪到公元前4世纪，希腊哲学家柏拉图和亚里士多德认为动物和植物按不同的完美程度构成一个连续的梯级。人类当然被放在这个梯级的顶端。后来的希腊哲学家补充说，造物主先将生命或"荣光"（radiance）赋予人类，而在随后的每一次创造中，这种本质都丢失了一些。[1] 马克罗比乌斯总结了普罗提诺的思想，使用了一个将流传千百年的意象，也就是后来人们所说的"存在之链"："细心的观察者将发现各部分的联系，从至高的神到事物最后的残渣，相互联系，没有间断。这就是荷马所说的，神从天堂投掷到人间的金链。"[2]

与对存在之链的信仰相伴随的，是动物或植物物种不会灭绝的信念。实际上，所有的事物在一个链条上环环相扣，每一个环节都是必要的。此外，灭绝的观念会威胁到人们对上帝的信仰；上帝的一种创造物可以整个群体完全消失，这是不可想象的。

"存在之链"的观念流传了很长时间，但哲学家、科学家、诗人和神学家直到18世纪才开始广泛地讨论它。这些讨论为进化论铺平了道路。具讽刺意味

的是，虽然存在之链中没有进化的空间，但其中蕴含的自然有秩序的观点促进了博物学和比较解剖学的研究，推动了进化观念的形成。人们也有了动力去寻找从前未知的生物。此外，当博物学家提出人类与类人猿很接近时，人们并不感到震惊。这个见解与存在之链的概念不谋而合；猿类被认为只是没有人类那么完美的物种。

18世纪初，颇有影响力的科学家卡尔·林奈（Carolus Linnaeus, 1707—1778）将植物和动物放在一个自然系统中分类，该系统将人类与猿和猴归入同一目（灵长目）。林奈没有提出人类和猿之间存在进化关系，他基本上接受的是所有物种都由上帝创造，而且形态固定的观点。因此，林奈经常被认为是反进化论的，这并不奇怪。但林奈按照界、门、纲、目、科、属、种由大到小的等级分类的方案，为人类、猿和猴有共同祖先的观点提供了一个框架。

另一些人并不认为物种的形态是固定不变的。让-巴蒂斯特·拉马克（Jean-Baptiste Lamarck, 1744—1829）认为，后天获得的特征可以遗传，因此物种可以进化；在其一生中发展出有助于生存的特征的个体将把这些特征传给后代，从而改变物种的身体结构。例如，拉马克提出，长颈鹿的长脖子是连续几代长颈鹿为够到高处的树叶而把脖子伸长的结果。使脖子伸长的肌肉和骨骼以某种方式传给

了伸长脖子的长颈鹿的后代，最终所有的长颈鹿都有了长长的脖子。但是，由于拉马克和后来的生物学家未能提出证据来支持后天特征可以遗传的假说，这种关于进化的解释现在普遍不被接受。[3]

到了 19 世纪，一些思想家开始接受进化的观念，而另一些人则试图反驳进化的观点。乔治·居维叶（Georges Cuvier，1769—1832）就是进化观念的主要反对者。居维叶的灾变说认为，地球和化石记录的变化是由一系列快速的灾变引起的。大灾难和像大洪水这样的剧变杀死了已有的生物，每出现一次这样的灾变，就会有新的生物取代原有的生物。

地质学思想的重大变化发生在 19 世纪。在那之前，地质学家詹姆斯·赫顿（James Hutton，1726—1797）曾对灾变说提出疑问，但他的工作在很大程度上被忽视了。相比之下，查尔斯·赖尔（Charles Lyell，1797—1875）在赫顿早期著作基础上写成的《地质学原理》（*The Principles of Geology*），则一经问世就受到好评。他们主张的均变说认为，在漫长的时间里，自然力量一直在塑造和重塑着地球。赖尔还讨论了地质地层的形成和古生物学，他用动物化石来定义不同的地质时代。在现在很出名的"小猎犬号"航行之前和期间，查尔斯·达尔文热切地阅读赖尔的作品。两人还通信并成了朋友。

查尔斯·达尔文（1809—1882）在研究了植物、动物化石以及各种家鸽和野鸽的变化之后，否定了每个物种都是在同一时间以固定形态被创造出来的观点。他认为，他的研究结果清楚地表明，物种是通过自然选择机制进化的。达尔文写作关于这个主题的书期间，博物学家阿尔弗雷德·拉塞尔·华莱士（Alfred Russel Wallace，1823—1913）给他寄来了一份手稿，其中得出了与达尔文自己的进化论相似的关于物种进化的结论。[4] 1858 年，两人在伦敦林奈学会的一次会议上向同行介绍了这一惊人的自然选择理论。[5]

长颈鹿的长脖子很适合吃离地面很高的树叶。当食物匮乏时，脖子长的长颈鹿会比脖子短的长颈鹿得到更多的食物，繁殖也会更成功；在这种环境下，自然选择倾向于长脖子的长颈鹿（图片来源：Ben Mikaelsen/Peter Arnold, Inc.）

1859 年，当达尔文出版《物种起源》[6]一书时，他写道："我确信物种不是不变的，那些所谓同属的物种都是另一个已普遍灭绝的物种的直系后代，正如任何一个物种的公认变种是那个物种的后代一样。"[7] 他的结论激怒了那些相信《圣经》中创世论的人，引发了持续至今的激烈争论。[8]

1. Lovejoy 1964, 58 – 63.
2. Lovejoy 1964, 63.
3. Mayr 1982, 339 – 360.
4. Wallace 1858/1970.
5. Mayr 1982, 423.
6. 出版时英文书名更长，为 " *The Origin of Species by Means of Natural Selection Or the Preservation of the Favoured Races in the Struggle for Life* "（通过自然选择的物种起源，又名在生存竞争中优势种类的保存）。达尔文的"生存竞争"概念经常被误解为意指一切对一切的战争。尽管动物有时会为了获取资源而互相争斗，但达尔文主要指的是它们与环境的"斗争"，尤其是为了获取食物而进行的斗争。
7. Darwin 1970/1859.
8. Futuyma 1982 概述了这一长期争议。

达尔文的《人类的由来》于 1871 年出版，在那之前，他一直避免明确指出人类源自非人类的生命形式，但他理论的含义是显而易见的。人们立即开始站队。1860 年 6 月，在英国科学促进会的年会上，威尔伯福斯主教（Bishop Wilberforce）看到了一个攻击达尔文主义者的机会。演讲结束时，他向达尔文主义的主要倡导者托马斯·赫胥黎（Thomas Huxley）问道："他声称自己是猴子的后代，那么，究竟是祖父那边是猴子，还是祖母那边是猴子呢？"赫胥黎回应："如果问我，我宁愿自己的祖父是只可怜的猿猴，也不希望他是一个有天分、有手段、有影响力，却只用它们来嘲笑严肃的科学讨论的人——我会毫不犹豫地选择猿猴。"[9]

虽然赫胥黎对威尔伯福斯主教的反驳既幽默又机智，但它并没有很好地回答主教的问题。更好的回答是，达尔文主义者称人类来自猿猴，并不是说我们的祖父或祖母是猿猴，而是说，人类和猿猴都源自生活在很久以前的共同祖先，对此我们将在讨论遗传学与进化的一章中详述。达尔文主义者会进一步主张，通过自然选择的过程，共同祖先的身体和基因形态分化为猿猴和人类。

早期的人类学理论

人类学和任何学科一样，其思想都在不断地变换更迭。一种理论取向兴起并成为主流，直到有人提出与之相反的理论取向。很多时候，新的理论取向会利用先前理论取向忽略或淡化的那些方面。我们将大致按照历史顺序，概述自人类学这门专业学科出现以来的许多理论取向。谈到每个学派时，我们都会指出该学派倾向于（如果有的话）将哪类信息或现象当作解释因素。其中一些理论取向已经成为历史，而另一些则继续吸引着追随者。

早期进化论

达尔文主义对早期的人类学理论产生了很大影响。当时流行的观点是，文化通常以一种统一、渐进的方式发展（或进化），就像达尔文所认为的物种那样。人们认为，大多数社会都会经历一系列相同的阶段，最终达到一个共同的目标。一般认为，文化变迁的根源从一开始就根植于文化之中，因此最终的发展过程是由内部决定的。活跃于 19 世纪

尽管达尔文关于自然选择进化的观点在首次发表时受到了激烈的挑战（特别是图中展示的这种人类和灵长目有共同祖先的观点），但它经受住了严格的考验，成了许多人类学理论的基础

（图片来源：National History Museum, London, UK/Bridgeman Art Library）

THE PROGRESS OF THE CENTURY.

的人类学家爱德华·B. 泰勒（Edward B. Tylor, 1832—1917）和路易斯·亨利·摩尔根（Lewis Henry Morgan, 1818—1881）的著作，就是文化以统一、渐进方式发展的理论的体现。

泰勒认为，文化从简单向复杂演进，所有社会都会经历三个基本的发展阶段，从蒙昧到野蛮再到文明。[10] 因此，所有文化都有可能"进步"。为了解释文化差异，泰勒和其他早期进化论者提出，同时代的不同社会可能处于不同的进化阶段。根据这一观点，当时"较简单"的人群还没有发展到"较高"的阶段。泰勒认为，所有族群在精神上具有统一性，因此在不同文化传统中会出现平行的进化序列。换句话说，由于各个族群有这些基本的相似之处，不同的社会往往为解决同一批问题而独立地找到相同的办法。泰勒还指出，文化特质可以通过简单的传播（diffusion）从一个社会扩散到另一个社会——"传播"指的是两种文化接触后，一种文化借得另一种文化的特质的现象。

摩尔根是19世纪另一位主张文化以统一、渐进方式发展的学者。摩尔根是纽约州北部的一名律师，他对当地的易洛魁人产生了兴趣，并在一宗土地出让案件中为他们的保留地进行了辩护。出于感激，易洛魁人将摩尔根"收养入族"。

在他最有名的著作《古代社会》一书中，摩尔根提出了人类文化进化的几个序列。例如，他推测，家庭进化有六个阶段。人类社会一开始是"杂交的群体"，没有性禁忌，也没有真正意义上的家庭结构。接下来的一个阶段，一群兄弟和一群姐妹结婚，允许兄弟姐妹婚配。第三阶段是群婚阶段，但不允许兄弟姐妹之间婚配。第四阶段的特征是一男一女松散配对，但仍然与其他人一起生活。然后出现了以丈夫为主导的家庭，在这类家庭中，丈夫可以同时拥有多个妻子。最后的文明阶段是以一夫一妻制家庭为特征的，家庭中夫妻的地位相对平等。[11] 然而，自那以后搜集的大量民族志资料，都不支持摩尔根提出的家庭进化序列。例如，没有哪个近代社会是普遍实行群婚或允许兄弟姐妹婚配的。（在"婚姻与

---

9. Huxley 1970.
10. Tylor 1971/1958.
11. Morgan 1964/1877.

家庭"一章中，我们会讨论近现代不同文化中婚姻习俗的差异。）

泰勒、摩尔根等19世纪学者的进化观点在今天基本上被否定了。首先，他们的理论不能很好地解释文化差异。他们用来解释平行进化的"人类精神统一"或"思想萌芽"并不能解释文化差异。其次，早期进化论者的另一个弱点是，他们无法解释一些社会倒退甚至消亡的原因。最后，一些可能已经进步到"文明"阶段的社会，并没有经历所有的发展阶段。这样看来，早期的进化理论并不能解释今天人类学所揭示的文化演进和文化差异的种种细节。

"种族"理论

进化论还影响了人类学理论的另一个分支，该分支认为，人类文化在行为上的差异是因为它们代表了人类的不同亚种或"种族"。这种观点还受到这样一个事实的影响：至少在19世纪，很少有文化符合欧洲人的"文明"标准。一些人没有把这归因于文化传统的力量，而是把它归因于人们与生俱来的能力——换句话说，归因于他们的"种族"。"未开化种族"的成员，就其本性而言，是无法"开化"的。这样的观点在19世纪末和20世纪初得到了广泛的认同和支持，我们将看到，在证明"种族"理论在很多情况下缺乏说服力方面，美国人类学发挥了重要作用。不幸的是，"种族"理论在一些学科中仍然存在。

"种族"理论的根源很容易追溯。[12] 如前文所述，把植物和动物分成不同的生物类群始于林奈的工作。在他的《自然系统》中，人类被分为四个不同的"种族"（美洲人、欧洲人、亚洲人和非洲人），不仅各有不同的身体特征，还有不同的情感和行为特征。生物人类学领域的创始人约翰·布卢门巴赫（Johann Blumenbach，1752—1840）将人类分为五个"种族"（高加索人、蒙古人、马来亚人、埃塞俄比亚人

和美洲人）。值得注意的是，他提出的每一个种族都与新近被殖民地区的族群有关，布卢门巴赫明确表示，他提出这些分类，为的是帮助人们给当时欧洲殖民者遇到的各样人群分类。

美国费城的医生塞缪尔·莫顿（Samuel Morton，1799—1851）是第一个明确将"种族"与行为和智力联系起来的人。莫顿搜集并测量了美洲土著的头骨，并在《美洲人的颅骨》（*Crania Americana*，1839）一书中得出结论：美洲土著不仅是一个独立的"种族"，而且他们与欧裔美国人的行为差异源于他们大脑的物理结构。他将研究范围扩展到古埃及人的头骨，并在《埃及人的颅骨》（*Crania Aegyptiaca*，1844）一书中得出结论称，"种族"差异是古老而不变的。

"种族"差异固定不变的说法，不仅被用来辩称殖民主义和奴隶制的剥削关系是正当的，还被用来反对达尔文的进化论。如果上帝以固定而稳定的形式创造了世界，那么"种族"也应该是固定的。因此，毫不奇怪，哈佛博物学家路易斯·阿加西（Louis Agassiz，1807—1873）既是进化论在19世纪最激烈的批评者之一，也是19世纪"种族"理论最大胆的支持者之一。1863年至1865年间，阿加西对数千名内战士兵进行了测量，并利用他得到的数据来主张，非裔和欧裔之间存在着显著而稳定的差异。他暗示，这些差异说明了人类的"种族"是上帝的造物。

到20世纪初，"种族"理论被用于塑造社会结构。英国科学家弗朗西斯·高尔顿（Francis Galton，1822—1911）发起了一场社会政治运动，意在通过选择具有理想特征的人来生儿育女，并防止具有不理想特征的人繁衍后代，来操纵"种族"。这个运动被称为优生学（eugenics），它当时在欧洲被广泛接受，在美国也有热情的支持者，直到今天还有人支持。例如，在《钟形曲线》（*The Bell*

种族理论被用来为奴隶制和殖民主义的剥削关系辩护。在这幅 19 世纪的广告画中，一个奴隶正在收集可可豆，以制成巧克力供欧洲人食用
（图片来源：Musee Nat. des Arts et Traditions Populaires, Paris, France/The Bridgeman Art Library）

Curve，1994）中，理查德·赫恩斯坦（Richard Herrnstein）和查尔斯·默里（Charles Murray）断言智商存在"种族"差异（因此，生活中的成功也是如此），并建议社会政策不要鼓励属于被认为智商低的"种族"的人生太多孩子。

第二次世界大战之后，"种族"理论在学术上的应用急剧减少，战争期间，纳粹对被他们视为劣等的"种族"进行种族灭绝，暴露出这个概念可能有多么危险。与此同时，生物人类学的进步开始让人们看到，作为分析概念的"种族"其实没什么用处。到了 20 世纪 70 年代，生物学家们已经能够证明，无法单纯通过基因明确识别出人类的种族，因此种族概念并不适用于人类。[13] 然而，"种族"理论还没有完全消失。[14]

传播论

19 世纪末、20 世纪初，虽然泰勒和摩尔根的

文化进化论仍然流行，"种族"理论也处于鼎盛时期，但传播论已经开始得到一些地方人类学家的认可。持传播论观点的两大学派是英国学派和德奥学派。

英国传播论学派的主要代表是 G. 艾略特·史密斯（G. Elliott Smith）、威廉·J. 佩里（William J. Perry）和 W. H. R. 里弗思（W. H. R. Rivers）。史密斯和佩里主张，高等文明的大多数方面都是先在埃及发展起来（由于农业发展得早，埃及相对先进），然后随着其他民族与埃及人的接触而传播到世界各地。[15] 他们认为，人天生缺乏创造力，总是喜欢借用其他文化的发明，而不是发展自己的思想。这一观点从未被广泛接受，现在已被彻底抛弃。

受到弗里德里希·拉采尔（Friedrich Ratzel）的启发，弗里茨·格雷布纳（Fritz Graebner）和

12. Peregrine 2007a.
13. Lewontin,1972.
14. Ceci and Williams 2009.
15. Harris 1968, 380 – 384; Langness 1974, 50 – 53.

威廉·施密特（Wilhelm Schmidt）神父领导了 20 世纪初的德奥传播论学派。这个学派同样主张，人们之所以向其他文化采借，是因为缺乏创造力。英国学派的史密斯和佩里认为，所有的文化特征都起源于一个地方（埃及），然后传播到世界各地的文化中，与之不同，德奥学派认为有几个不同的文化圈（cultural complexes，德语中复数为 Kulturkreise）存在并向外传播。[16] 然而，和英国的传播学派一样，文化圈学派也没有提供太多文献来说明它所假定的历史关系。

克拉克·威斯勒（Clark Wissler）和阿尔弗雷德·克鲁伯（Alfred Kroeber）领导了美国的传播论学派，该学派也在 20 世纪头几十年兴起，但其主张较为温和。美国的传播论者将一个文化区域的特征归因于地理性的文化中心，这些特征首先在这个中心形成，然后向外扩散。基于这一理论，威斯勒提出了年代区域原则（age-area principle）：如果某个特征从一个单一的文化中心向外扩散，那么在这个文化中心周围发现的分布最广的特征一定是最古老的特征。[17]

尽管今天大多数人类学家承认特征会通过传播扩散，但很少有人会用传播来解释文化发展和差异的主要方面。传播论者只以非常肤浅的方式看待文化特征如何从一个社会转移到另一个社会的问题。这是一个严重的失败，因为我们需要解释的是，为什么一个文化会接受、拒绝或调整它的邻居所具有的特征。此外，即使可以证明一种特征如何以及为何会从文化中心向外扩散，我们仍然无法解释这种特征最初如何或为何在文化中心内发展出来。

晚近的人类学理论

20 世纪初，进化论在文化人类学中的统治地位宣告终结。它的主要反对者是弗朗兹·博厄斯（Franz Boas, 1858—1942），他不同意进化论者关于一切人类文化都受普遍规律支配的观点。博厄斯指出，这些 19 世纪的人缺乏足够的资料（博厄斯本人也是如此）来得出那么多具有一般性意义的结论。博厄斯还强烈反对"种族"理论，为关于人类变异的研究做出了重大贡献。他的研究表明，所谓的"种族"和所谓的生物学特征，实际上与一个人成长的环境息息相关。博厄斯几乎是凭一人之力造成了"种族"理论在美国的衰落，他还培养了第一代美国人类学家，其中包括阿尔弗雷德·克鲁伯、罗伯特·洛伊（Robert Lowie）、爱德华·萨丕尔（Edward Sapir）、梅尔维尔·赫斯科维奇（Melville Herskovits）和玛格丽特·米德（Margaret Mead）。[18]

历史特殊论

博厄斯强调文化差异的巨大复杂性，也许正是由于这种复杂性，他认为构想普遍规律还为时过早。他认为单个的文化特征必须在其出现的社会背景中研究。1896 年，博厄斯发表了一篇题为《人类学比较方法的局限性》（The Limitation of the Comparative Method of Anthropology）[19] 的文章，论述了他对进化论方法的反对。他在书中指出，人类学家应该少花时间在发展基于不充分资料的理论上。他们应该做的是在文化消失之前（许多文化在与外来社会接触之后已经消失），尽可能快地搜集尽可能多的资料。他主张，只有在搜集了这些资料之后，才能做出有效的解释和提出理论。

博厄斯的设想是，在搜集大量资料之后，主导文化差异的规律就会从大量的信息中浮现出来。根据他所提倡的方法，科学的本质是不相信任何预期，只依赖事实。但是，即使是最勤勉的观察者记录下来的"事实"，反映出来的也只是那个人认为重要的东西。没有初步理论构想和预期想法的记录是没有意义的，因为最重要的事实可能被忽略，而不相关的事实可能被记录下来。尽管博厄斯对之前"扶手椅上的理论构想"（armchair theorizing）的批评是恰当的，但他对多如牛毛的当地细节的关注很难让人相信，人类学家观察到的那些主要文化差异是有可能得到解释的。

心理学方法

20 世纪 20 年代，一些美国人类学家开始研究文化与人格之间的关系。尽管关于文化与人格学派的起源众说纷纭，但西格蒙德·弗洛伊德（Sigmund Freud）和其他精神分析学家的著作无疑影响深远。爱德华·萨丕尔是博厄斯最早的学生之一，他研究过精神分析学著作，似乎也影响了博厄斯的另外两位学生——鲁思·本尼迪克特（Ruth Benedict）和玛格丽特·米德，这两位学生后来成了心理学取向的早期支持者。[20]

在 20 世纪 30 年代和 40 年代哥伦比亚大学的研讨会上，人类学家拉尔夫·林顿（Ralph Linton）和精神分析学家艾布拉姆·卡丁纳（Abram Kardiner）提出了关于文化与人格研究的重要观点。卡丁纳认为，每一种文化中都有一种基本人格（basic personality），这种人格产生于初级制度（如家庭类型、生存方式和抚养子女的做法）。换句话说，正如儿童的后期性格可能是由他们早期的经历塑造的一样，社会中成年人的性格也应该是由共同的文化经历塑造的。基本人格又相应地催生了其他制度（如艺术、民俗、宗教），这些制度被称为次级制度（secondary institutions），被认为是基本人格的投射。约翰·怀廷（John Whiting）和欧文·蔡尔德（Irvin Child）后来各自独立提出了类似的理论框架，他们的理论框架要更复杂一些。[21] 如果不同社会中存在类似的初级制度，那么可以预测，相似的人格和相似的次级制度也会出现。事实上，正

父亲是否参与对心理发展有着重要的影响，一些社会中父亲对家庭的参与比其他社会要多许多。图为南太平洋岛屿上一位汤加父亲和他的家人在一起

如我们将在"文化与个体"一章中看到的，许多后续的跨文化研究都支持这些联系。

随着时间的推移，心理学研究方法关注的领域逐渐拓宽和多样化。人们开始更多关注社会内部的人格多样性和不同人类社会体现的普遍性。关注普遍性的人类学家研究了人类从婴儿期到青春期的发展，以及其思维过程和情感反应，借此了解人类的本性。对文化差异的兴趣并没有消失，但学者更关注具体社会中的文化差异，尤其是民族心理学（当地人的心理观念和理论），或者是自我和情感观念。[22]

如果要概括文化人类学的心理学方法，我们可

---

16. Ibid.
17. Langness 1974, 53–58; Harris 1968, 304–377.
18. Langness 1974, 50.
19. Boas 1940, 270–280.
20. Langness 1974, 85–93; Bock 1980, 57–82.
21. Kardiner and Linton 1946/1939; Whiting and Child 1953; Whiting and Whiting 1975.
22. Bock 1996, 1044.

以说，这种方法明确运用了心理学的概念和方法来帮助我们理解文化的异同。[23] 在"文化与个体"一章中，我们将更详细地讨论心理学方法。

功能主义

在欧洲，人们对进化论的反应并不像在美国那样强烈，但在 20 世纪 30 年代，传播论者和后来被称为功能主义者的人之间出现了明显的分歧。社会科学中的**功能主义**寻找文化或社会生活的某些方面在维持文化系统中所起的作用（功能）。在两位英国人类学家——布罗尼斯拉夫·马林诺夫斯基（Bronislaw Malinowski，1884—1942）和阿瑟·雷金纳德·拉德克利夫-布朗（Arthur Reginald Radcliffe-Brown，1881—1955）——的带领下，两个颇为不同的功能主义学派兴起了。

马林诺夫斯基的功能主义认为，所有的文化特征都是为社会中**个体**的需要服务的，也就是说，它们满足了群体成员的一些基本或派生的需求。基本需求包括营养、生殖、身体舒适、安全、放松、运动和生长。文化的某些方面满足这些基本需求后，又产生了也需要得到满足的派生的需求。例如，满足对食物基本需求的文化特性，又带来了在食物采集或生产方面进行合作的派生需求。社会将相应地发展出各种政治组织和社会控制形式，以确保所需的合作能够实现。马林诺夫斯基是如何解释宗教和巫术的呢？他认为，人类总是生活在一定程度的不确定性和焦虑之中，需要稳定和连续性，宗教和巫术的功能就在于它们能满足这些需求。[24]

与马林诺夫斯基不同，拉德克利夫-布朗认为社会行为的各个方面是在维持一个社会的**社会结构**，而不是满足个体的需要。所谓社会结构，指的是一个社会中现存的全部社会关系网络。[25] 拉德克利夫-布朗的研究取向常被称为"结构功能主义"。在解释不同的社会如何处理婚姻中可能产生的紧张关系时，拉德克利夫-布朗提出，社会可能会有两种处理方法：人们可能制定严格的规则，禁止相关人员面对面交流 [比如，纳瓦霍人（Navajos）要求男人避开岳母]；人们也可能允许姻亲之间互相不尊重和取笑。拉德克利夫-布朗提出，回避可能出现在不同世代的姻亲之间，取笑更可能出现在同世代的姻亲之间。[26] 他认为，回避和戏弄都是避免真正冲突的方法，有助于维持社会结构。（美国人关于婆婆和丈母娘的笑话也有助于缓解紧张情绪。）

马林诺夫斯基功能主义的主要反对者认为，它不能很好地解释文化差异。他指出的大多数需求，例如对食物的需求，都是普遍的：所有想要存续下去的社会都必须处理好这些需求。因此，虽然功能主义方法可能告诉我们为什么所有的社会都会设法获取食物，但它不能告诉我们为什么不同的社会获取食物的实际方式不同。换句话说，功能主义并不能解释为什么当一种需求可以通过多种文化模式满足时，特定社会使用了某一种文化模式来满足需求。

结构功能主义方法的一个主要问题是，很难确定某个习俗是否确实具有维持社会制度的功能。在生物学中，一个器官对动物健康或生命的贡献可以通过移除这个器官来评估。但是，我们不能用从社会中去除一种文化特质的方法来判断这种特质是否真的有助于维系这个群体。可以想象，社会中的某些习俗可能无助于甚至有碍于社会的维系。此外，我们不能仅仅因为社会目前正在运转，就假定社会中的所有习俗都是起作用的。即使我们能够评估某一习俗是否具有功能，这种理论取向也无法解释，为什么特定社会要选择用这种特定的方式来满足其结构需求。一个问题不一定只有一种解决方式。我们仍然需要解释，为什么这个社会在诸多解决问题的方式中选择了那一种。

新进化论

解释文化差异的进化理论并没有随着 19 世纪的过去而消亡。从 20 世纪 40 年代开始，莱斯利·A. 怀特（1900—1975）抨击了博厄斯的历史特殊论，主张进化论的研究取向。

尽管怀特很快就被贴上了"新进化论者"的标签，但他拒绝使用这个词，坚持认为自己的方法与 19 世纪的进化理论并没有太大区别。怀特对经典进化论的补充在于他提出了文化作为能量获取系统的概念。根据他的文化进化"基本定律"，"其他因素不变，文化随每年人均利用能量的增加而进化，或随开发并将能量付诸使用的技术手段的效率的增长而发展"。[27] 换句话说，当更先进的技术让人类得以控制更多的能量（包括来自人类、动物、太阳等的能量）时，文化也会随之扩张和改变。

怀特的理论取向受到了批评，其理由与批评泰勒和摩尔根观点的理由一样。在描述人类文化的进化过程时，他假定文化的进化完全由文化内部的条件（尤其是技术条件）决定。也就是说，他明确否认环境、历史或心理因素对文化进化的影响。这种取向的主要问题是：它无法解释为什么有些文化在进化，而另一些文化要么没有进化，要么消亡了。怀特的能量获取理论回避了这样一个问题：为什么只有一些文化能够增加所获取的能量？

朱利安·H. 斯图尔德（Julian H. Steward, 1902—1972）是后来的另一位进化论者，他将进化思想分为三派：单线进化论、普遍进化论和多线进化论。[28] 斯图尔德认为摩尔根和泰勒的理论体现了文化进化的单线观点，这是 19 世纪的经典理论取向，试图将特定文化置于进化阶梯之中。而像莱斯利·A. 怀特这样的普遍进化论者关注的是广义上的文化，而不是个体文化。斯图尔德将自己归类为多线进化论者：研究特定文化的进化，而且只研究不同地区平行文化变化的序列。

斯图尔德关心的是解释具体文化的差异和相似性。因此，他对怀特模棱两可的概括和对环境影响的漠视提出了批评。而怀特则断言斯图尔德陷入了历史特殊论的陷阱，过分关注具体的案例。

马歇尔·萨林斯（Marshall Sahlins, 1930—2021）和埃尔曼·瑟维斯（Elman Service, 1915—1996）都是怀特和斯图尔德的学生兼同事，他们结合了怀特和斯图尔德的观点，提出了关于两种进化的理论，即特殊进化和一般进化。[29] 特殊进化（specific evolution）是指特定社会在特定环境中的特定变化和适应序列。一般进化（general evolution）是指人类社会的一种普遍进步，在这种进步中，较高的形式（具有更高的能量获取能力）从较低的形式中产生并超越较低的形式。可以说，特殊进化类似于斯图尔德的多线进化论，而一般进化类似于怀特的普遍进化论。虽然这种综合确实有助于把这两种观点结合起来，但它没有提供解释一般进化发生原因的方法。但是，与早期进化论者不同的是，一些后来的进化论者确实提出了一种机制来解释特定文化的进化，那就是对特定环境的适应。

结构主义

克劳德·列维-斯特劳斯（Claude Lévi-Strauss, 1908—2009）是结构主义文化分析方法的主要倡导者。列维-斯特劳斯的结构主义不同于拉德克利夫-布朗的结构主义。拉德克利夫-布朗关注的是社会要素如何作为一个系统发挥作用，列维-斯特劳斯则更关注系统本身的起源。他认为，以艺术、仪式、日常生活模式等为表达的文化，是人类思维潜在结

23. Bock 1996, 1042.
24. Malinowski 1939.
25. Radcliffe-Brown 1952.
26. Ibid.
27. White 1949, 368 – 369.
28. Steward 1955b.
29. Sahlins and Service 1960.

构的表面呈现。以他对人类学家所说的半偶族系统（moiety system）的阐释为例。据说，一个社会如果被分成两大相互通婚的亲族（一个亲族就是一个"半偶族"，可能源自法语单词 moitié，意为"一半"），就会存在这样一个系统。列维-斯特劳斯说，半偶族系统反映了人类以二元对立（一种事物和另一种事物之间的对比）的方式思考和行动的倾向。[30] 很明显，半偶族系统包含了二元对立：你出生在两个群体中的一个，然后和另一个群体的人结婚。列维-斯特劳斯对半偶族的解释存在一个问题，那就是他用一种假设的常量——人类据说是二元论的思维方式——来解释一种并非普遍存在的文化特征。半偶族系统只存在于少数社会中，一个普遍的道理怎么能解释一件不普遍的事情呢？

列维-斯特劳斯对文化现象的解释（往往比刚才描述的例子更加复杂和难以理解）集中在推定的人们的认知过程上，也就是人们对周围事物的感知和分类方式。他在《野性的思维》（*The Savage Mind*）、《生食和熟食》（*The Raw and the Cooked*）等研究中提出，即使是使用的技术很简单的群体，也常常会建立复杂的动植物分类系统，这不仅是为了实用，也是出于对智力活动的需要。[31]

结构主义不仅影响了法国的思想界，也影响到了英国。但是，英国的结构主义者，如埃德蒙·利奇（Edmund Leach）、罗德尼·尼达姆（Rodney Needham）和玛丽·道格拉斯（Mary Douglas），并没有像列维-斯特劳斯那样，在人类思想中寻找泛人类的或普遍的原则。他们主要是将结构分析应用到特定的社会和特定的社会制度中。[32] 例如，玛丽·道格拉斯谈到了发生在她家的一场关于汤算不算"合适的"晚餐的争论。她认为（在她的家庭和文化相似的家庭中）餐食有一定的结构原则。一餐饭里有热和冷、淡和浓、液体和半液体等对比，还有各种质地，必须包括谷物、蔬菜和动物蛋白。道格拉斯

的结论是，提供的食物如果不符合这些原则，就不能被认为是一餐饭。[33]

一些结构主义作品因过于注重深奥的理论分析，忽视了观察和证据而受到批评。例如，我们并不总能清楚地看出列维-斯特劳斯的某个结构主义解释是如何推导出来的，而且，相关的解释缺乏系统性搜集的证据支持，读者只能自己去判断这种解释是否可信。因此，许多人认为列维-斯特劳斯的研究过于含糊，无法验证，是自成体系的知识观念，没有什么解释力。此外，即使文化现象背后的确有一些普遍的模式，普遍性或常量也无法解释文化差异。

民族科学与认知人类学

列维-斯特劳斯的结构主义方法涉及直观地把握可能构成特定文化基础的思维规则。一种被称为民族科学的民族志方法试图通过合理分析民族志材料来得出这类规则，所用的民族志材料尽可能不受观察者自身文化偏见的影响。民族科学家不是根据一套预先确定的人类学范畴（客位视角）搜集数据，而是试图从人们自己的视角（主位视角）来理解他们的世界。民族科学家使用系统的启发式技术研究当地人的语言，以找出文化领域的规则。这些规则被认为与产生语言正确用法的语法规则相当。研究通常集中在亲属关系术语、植物和动物分类、疾病分类等方面。民族科学是一种早期的认知人类学。[34] 后来，研究人员发展出一些技术，用于验证这些规则是否会被社会中的其他成员遵循，以及在这些规则上有多少"文化共识"。（稍后我们将看到，评估文化共识的技术也能帮助学者找到最佳的访谈对象，找到那些可能最了解当地文化的人。）认知人类学家还将研究范围拓展到了决策、文化目标和动机，以及话语分析。[35]

许多民族科学家认为，如果能发现产生文化行为的规则，就能在很大程度上解释人们的行为和行

为背后的原因。也许个人确实会根据内化的有意识和无意识的规则来行事，但我们仍然需要理解为什么某个社会发展出了那样的文化规则。就像语法不能解释一门语言是如何形成的一样，对一种文化中规则的民族科学发现也不能解释这些规则是如何形成的。

文化生态学

一些人类学家主要关注环境对文化的影响。朱利安·斯图尔德是最早倡导文化生态学研究的人之一，文化生态学分析的是文化与所在环境之间的关系。斯图尔德认为，文化差异的某些方面可以在社会适应其特定环境的过程中找到解释。但斯图尔德并非仅仅提出关于环境决定或不决定文化差异的假说，而是希望通过经验研究来解决这个问题，也就是说，他希望通过调查来评估他的观点。[36]

不过，斯图尔德认为，文化生态学必须与生物生态学分开，生物生态学是研究生物体与所在环境之间关系的学科。后来的文化生态学家，如安德鲁·旺达（Andrew Vayda）和罗伊·拉帕波特（Roy Rappaport），希望将生物生态学的原理纳入文化生态学的研究，使生态科学成为统一的学科。[37] 在他们看来，文化特征就像生物特征一样，可以分为适应的和不适应的。文化生态学家认为，文化适应涉及自然选择的机制——适应得好的，就有更多生存和繁衍的机会。环境，包括自然环境和社会环境，影响着文化特征的发展，因为"行为方式不同的个体或群体在生存和繁殖方面成功的程度不同，所以，不同行为方式在代代相传方面的成功程度也不同"。[38]

想想居住在新几内亚内陆的僧巴珈人的文化和环境是如何相互影响的。[39] 僧巴珈人的主要食物是种植在自家菜园里的根茎作物和绿色蔬菜。他们也养猪，但很少吃猪肉，而是利用猪来消耗垃圾，以保持居住区的清洁，猪也会拱土觅食，让田地更适

合种植。少量的猪很容易饲养，几乎不需要照顾；它们白天自由奔跑，晚上回来吃主人从每天的收获中挑出来的劣质根茎。但是当猪群变大时，问题就出现了。劣质根茎不够，得从人类的口粮中分出一些来喂猪。此外，大群的猪很可能会闯进菜园。如果一个人的猪闯进了邻居的菜园，菜园的主人通常会报复，杀死闯入的猪，而被杀的猪的主人又可能会杀死菜园主人、菜园主人的妻子或他的一头猪。随着这种争斗的增加，人们开始尽可能地隔开自己的猪和别人家的菜园。

拉帕波特认为，为了解决生猪数量过剩的问题，僧巴珈人发展出了一系列复杂的仪式，在仪式中宰杀大量过剩的生猪。猪祭或猪宴的文化实践可以被看作对产生了过剩的猪群的环境因素的一种适应。但是，对于生猪数量过剩这个问题，猪祭是否比其他解决方案更具适应性，目前还很难说。例如，定期屠宰和食用猪，以免猪群过大，这个方案可能更具适应性。如果无法对比不同解决方案的效果，研究单一社会的文化生态学家可能会发现，很难找到证据来证明既有的某种习俗比其他可能的解决方案更具适应性。

后来的生态人类学家批评早期文化生态学家，认为他们研究与外界隔绝的有限文化后得出的观点过于狭隘，后来者认为，应该在更宏观的语境中研究环境——不是只考虑当地的生态系统，而是要考虑国家甚至国际层面的系统。[40] 正如我们即将讨论的，地球上几乎没有人不受更大的政治、社会和环境力量的影响。

30. Lévi-Strauss 1969a, 75.
31. Lévi-Strauss 1966; Lévii-Strauss 1969b.
32. Ortner 1984.
33. Douglas 1975.
34. Colby 1996.
35. Ibid.
36. Steward 1955a, 30－42.
37. Vayda and Rappaport 1968. 生态人类学的一些新研究，请参阅 Bates and Lees 1996。
38. Vayda and Rappaport 1968, 493.
39. Rappaport 1967.
40. Kottak 1999.

有时会出现猪群过大的问题。猪宴解决了这个问题，并维持或建立了群体间的密切联系。图为新赫布里底群岛的坦纳岛上，人们正在准备一场猪宴
（图片来源：Kal Muller/Woodfin Camp & Associates, Inc.）

政治经济学

　　与文化生态学一样，政治经济学学派认为，可以用外部力量来解释社会变化和适应的方式。不过，政治经济学方法关注的重点并不是自然环境或一般意义上的社会环境，而是强大的国家社会（主要是西班牙、葡萄牙、英国和法国）的社会和政治影响。这些国家在 15 世纪中期之后通过殖民和帝国扩张改变了世界，促成了世界经济或世界体系的形成。[41] 学者们现在认识到，帝国扩张的历史至少有 5 000 年；最早的文明中，大部分甚至全部都有帝国的特质。最早一批国家社会的帝国式扩张与商业扩张和买卖的增长有关。[42] 当然，今天世界各地在商业上都联系到了一起。可以想到，随着资本主义在全球范围内的扩张，政治经济学这个理论取向变得越来越重要。

　　最早在人类学中采用政治经济学方法的学者中，有一些是在哥伦比亚大学接受学术训练的，那时朱利安·斯图尔德是该校的教授。在当时那些学生看来，斯图尔德的文化生态学对近代世界史不够关注。例如，埃里克·沃尔夫（Eric Wolf）和西敏司（Sidney Mintz）认为，他们所研究的波多黎各社群之所以发展出了那样的面貌，是因为殖民扩张后建立了向欧洲和北美供应糖和咖啡的种植园。[43] 研究拉布拉多蒙塔格奈−纳斯卡皮（Montagnais-Naskapi）印第安人的埃莉诺·利科克（Eleanor Leacock）提出，他们的家族狩猎领地体系并不是与欧洲人接触之前就存在的一个古老特征，而是在印第安人早期参与欧洲人引入的毛皮贸易后发展起来的。[44]

　　人类学中政治经济学方法后来的不断发展，要归功于两位政治社会学家安德烈·贡德·弗兰克（André Gunder Frank）和伊曼纽尔·沃勒斯坦（Immanuel Wallerstein）在 20 世纪六七十年代发表的一些著作。弗兰克认为，一个区域（例如欧

洲）的发展有赖于对其他区域（例如新大陆和非洲）发展的抑制或其他区域的不发达。他指出，如果我们想要了解一个国家为什么仍然不发达，我们就必须了解发达国家是如何剥削它的。[45] 弗兰克关注不发达世界的情况。沃勒斯坦则更关注资本主义是如何在少数幸运的国家发展起来的，以及资本主义国家的扩张主义要求如何导致世界体系出现。[46]

政治经济学或世界体系观点促使许多人类学家更积极地去研究历史，探索外部政治和经济进程对不发达世界中局部地区事件和文化的影响。过去，当人类学家刚开始在遥远的角落进行田野调查时，他们还可以想象自己正在研究或重建的文化与外部影响和外部力量或多或少是隔绝的。而在现代世界，这种隔绝几乎是不存在的。政治经济学的方法提醒我们，无论是好是坏，世界的各个部分都是相互关联的。

人类学理论的新发展

近年来，出现了一系列新的人类学研究方法。这些方法中有许多来自其他学科，比如进化生物学和文学批评。对于人类学家感兴趣的很多问题，这些方法提供了更广的思路。

进化生态学方法

本节讨论的各种方法都认可的观点是，自然选择可以作用于群体的行为或社会特征，而不是仅仅作用于身体特征。如果是这样的话，我们观察到的一些人类行为，包括那些因社会而异的行为，也许就可以用进化原理来解释。两部由生物学家撰写的重要著作将这样的观点引入了人类学：爱德华·O. 威尔逊（Edward O. Wilson）的《社会生物学：新的综合》（*Sociobiology : The New Synthesis*）和理查德·D. 亚历山大（Richard D. Alexander）

的《寻找行为的普遍理论》（*The Search for a General Theory of Behavior*）。[47] 这种进化论方法被称为**社会生物学**。近来，学者们从不同方面对理论做了修正。主要的理论视角有行为生态学、进化心理学和双重继承理论。[48]

在讨论这些理论取向之间的差异前，让我们先看看进化生态学（特别是行为生态学和进化心理学）与文化生态学之间的差异。虽然这两种取向都假定了自然选择在文化进化中的重要性，但它们在许多重要方面存在差异。文化生态学主要关注生物学家所说的**群体选择**，文化生态学家主要讨论特定的行为或社会特征如何能让某个群体或社会适应特定的环境。（新出现的具有适应性的行为或社会特征可能通过文化传播传给下一代。）相比之下，进化生态学更多地关注生物学家所说的**个体选择**，进化生态学家谈论的主要是具体的特征如何能让个体适应特定的环境。[49] 适应性意味着个体将基因遗传给后代的能力。这一观点暗示，行为会以某种方式（通过基因或学习）传递给与你有相同基因的人（通常是后代）。[50] 如果具有某种行为特征能让个体适应特定的环境（或让这些个体能在特定的历史环境中繁殖更多后代），那么随着具有这些特征的个体数量的增加，这种行为将在未来的世代中更加普遍。像拉帕波特这样的文化生态学家可能会考虑猪祭对僧巴珈人整体的适应意义，而进化生态学家则会坚持认为，要谈论适应性，就必须表明猪祭是如何使个体及其近亲受益的。

行为生态学通常试图理解人类行为与环境的关

---

41. Ortner 1984, 141 – 142.
42. Sanderson 1995.
43. Roseberry 1988, 163；也可参阅 Wolf 1956 and Mintz 1956。
44. Roseberry 1988, 164；也可参阅 Leacock 1954。
45. Roseberry 1988, 166；也可参阅 Frank 1967。
46. Roseberry 1988, 166 – 167；也可参阅 Wallerstein 1974。
47. Gray 1996.
48. Gray 1996; Boyd and Richerson 1996; Richerson and Boyd 2005.
49. Irons 1979, 10 – 12.
50. Low 2009.

系。[51] 除了个体选择的原则，行为生态学家还指出了分析实用权衡的重要性，因为个体拥有的时间和资源有限。我们将在后面关于经济的章节中看到，最优觅食理论被用来解释近现代狩猎采集者的决策行为。相比之下，进化心理学更关注普遍的人类心理。有人认为，人类心理主要适应的是人类在历史上大多数时期中所处的环境——狩猎采集的生活方式。[52] 与其他进化观点相比，双重继承理论更重视文化，将其视为进化过程的一部分。双重继承指的是基因和文化在向后代传递性状方面发挥着不同但都很重要的作用。[53]

行为生态学方法在人类学研究中引起了广泛的关注。然而，这些方法也引起了相当大的争议，特别是，一些文化人类学家并不认为生物学的因素对理解文化有太多帮助。

女性主义方法

女性在人类学历史上发挥了重要作用。众多女性为这一学科做出了持久的贡献，玛格丽特·米德、鲁思·本尼迪克特和玛丽·道格拉斯只是其中几位。然而，对其他文化中的女性及其扮演的角色的研究相对较少，到了20世纪60年代，女性人类学家开始提出为什么研究不够关注女性这个问题。这与美国的女权运动发生在同一时期并非偶然。一些学者认为，女性在所有文化中都处于从属地位，因此对研究文化的人类学家而言，女性在很大程度上是"隐形的"。另一些人认为，虽然在许多文化中，妇女在历史上具有权力和权威，但殖民主义和资本主义的影响使她们陷入了从属地位。无论是哪种情况，这些学者都清楚地认识到，集中精力研究女性角色是必要的，女性主义人类学应运而生。

女性主义人类学是一个高度多样化的研究领域。女性主义人类学家都关注女性在文化中扮演的角色，但研究这一共同关注点的方式各有不同。一些女性主义人类学家表现出更明显的政治姿态，他们认为自己的任务是辨识出女性被剥削的方式，并努力解决剥削问题。另一些人只是试图了解女性的生活及其与男性的生活的不同之处。尽管存在多样性，但女性主义人类学对传统学术都采取批判性的态度，都认识到理解权力的重要性。[54] 在这些方面，女性主义人类学与政治经济学和后现代主义有许多共同之处，我们稍后将加以讨论。在某些情况下，女性主义的研究方法让人们对其他文化有了全新的理解。例如，安妮特·韦纳（Annette Weiner）研究了马林诺夫斯基在特罗布里恩群岛研究过的文化，她发现马林诺夫斯基完全忽视了一个由女性主导的经济体系。[55] 同样，萨利·斯洛克姆（Sally Slocum）指出，研究人类起源的古人类学家重点关注狩猎活动，却很少讨论通常由女性承担的野生食物采集工作，尽管在近代一些人群的饮食中，采集来的食物比狩猎得来的食物更重要。斯洛克姆的工作促使古人类学家去考虑采集食物的作用，进而考虑女性在人类进化中的作用。[56]

女性主义研究对人类学的重要影响之一是让学者们认识到，对其他文化的认知是由观察者的文化和

近来，女性在人类学研究中获得了更多的关注。图为巴布亚新几内亚特罗布里恩岛上的一名妇女在山药收获节堆放山药
（图片来源：Caroline Penn/CORBIS, All Rights Reserved）

应用人类学
理论和实践的关系

美国的应用人类学可以追溯到 19 世纪晚期，当时的美国政府希望"应用民族学"能帮助管理与印第安人有关的项目，但直到大萧条和第二次世界大战期间及之后，应用人类学才明显有了更多的用途。这一时期的应用工作通常包括研究和咨询，但在带来实际改变方面没有起到积极作用。20 世纪 50 年代及之后，应用人类学家开始更多直接参与到社会变迁之中。

应用人类学是在人类学重新发现理论重要性的同时走向成熟的。博厄斯和历史特殊论的影响力减弱后，美国人类学家开始探索理论的新领域，并开始与生态学家、经济学家和其他领域的学者合作，发展出各种各样影响力持续至今的理论观点。应用人类学家在运用人类学的过程中，借鉴了一些理论取向和这些取向中的具体理论。对此，我们用营养人类学为例来说明，该领域吸引了来自人类学各大分支学科的人类学家。

应用营养人类学家积极参与公共卫生事务，参与的问题包括婴儿的喂养和养育、食物获取方面的性别不平等、饮食不足、严重营养不良和饥饿。其中三个最重要的理论观点涉及生态学、进化适应和政治经济学。生态学观点不仅强调物质环境和社会环境对人们的生长、所使用的技术和消费模式的影响，还探讨这些模式对环境的影响。适应可能涉及基因变化，例如一些群体消化鲜奶的能力，也可能涉及文化适应，例如开发加工技术，使某些植物（比如加工前含有有毒氰化物的苦味木薯）变得可以食用。政治经济学的观点指出，营养方面的不平等源自社会内部的阶级和地位差异，以及世界各地发达社会和不发达社会之间日益扩大的差距。在以改善营养状况为目标的变革项目中，应用人类学家必须脚踏实地，去努力寻找能帮助他们理解并解决相关问题的理论。他们经常与来自不同领域的实践者一起工作，不太可能拘泥于某个理论取向。

应用人类学家并不认为自己只是简单地借用理论，他们认为自己的工作对理论建设非常重要。首先，应用人类学家的工作为评估理论提供了一个"自然实验室"，用实证来检验假说。其次，在应用理论的新方面或挑战该理论时，那些在偏学术或纯研究环境中不会遇到的问题往往会暴露出来。最后，由于理论与方法紧密相连（因为某个理论看重的信息将决定研究人员搜集信息的方式），应用人类学家往往走在方法论创新的前沿。

（资料来源：
Eddy and Partridge 1987;
C. Hill 2000; Himmelgreen
and Crooks 2005; Pelto
et al. 2000; Van Willigen
2002, 25-30.）

观察者在田野中的行为塑造的。对于一部分妇女发挥的作用，男性研究人员可能无法询问或观察到，女性研究人员对于一部分男人发挥的作用也是如此。更宽泛地说，女性主义人类学研究提出，科学方法只是研究其他文化的一种方法，研究其他文化的不同方法可能带来不同的理解。从这一见解中生发出了两个强有力的理论议程，其影响力持续至今。

其中一个议程源于女性主义研究，提出科学本质上以男性为导向，导致女性受到进一步压制。但女科学家们应该会强烈反对这种观点：科学既不是男性的，也不是女性的。第二个议程没有第一个那么激进，它主张在研究和描述其他文化时，应该尝试其他的方法，给研究对象更多的发言权，并允许观察者的情感、观点和见解在人类学写作中得到公开表达。许多女性主义人类学家用个人叙述、讲故事甚至诗歌来表达他们对所研究文化的理解。[57]

---

51. Richerson and Boyd 2005, 9.
52. Gray 1996; Richerson and Boyd 2005, 9.
53. Boyd and Richerson 2005, 103 – 104.
54. Lamphere 2006, x; Stockett and Geller 2006, 17.
55. Weiner 1987.
56. Slocum 1975.
57. Behar and Gordon 1995.

阐释方法

人类学出现了"文学转向",人类学家开始尝试将小说、个人见解甚至诗歌当作民族志的形式,女性主义人类学并非这一转向的唯一源头。自20世纪60年代以来,文学批评领域的作品促进了文化人类学中各种"阐释"(interpretive)方法的发展,尤其是在民族志方面。[58] 克利福德·格尔茨(Clifford Geertz, 1926—2006)普及了这样一种观点:文化就像文学文本,可以经由民族志学者的阐释,通过分析来获得意义。在格尔茨看来,民族志学者在调查其他文化的过程中,会选择自己感兴趣的事物加以阐释并得出意义,然后将自己对文化意义的理解传达给本文化的人。因此,格尔茨认为,民族志学者是有选择性的跨文化翻译者。[59]

对许多阐释人类学家来说,人类学研究的目标是理解在特定文化中人何以为人,而不是解释文化间为何存在差异。这些学者主张,要完成理解意义的任务,不能靠科学的方式,而是需要借助文学分析的方法。其中最重要的是**诠释学**——对意义的研究。人类学家可以利用诠释学来研究某种行为,他们仔细观察人们之间的互动、他们使用的语言和运用的符号(包括身体上的和语言上的),从而理解这种行为对行为者意味着什么。一个很有名的例子是格尔茨对印度尼西亚巴厘岛斗鸡的分析,他认为斗鸡活动反映了巴厘岛人的世界观,我们也能借此理解他们的世界观。[60]

阐释性分析的一个关键之处在于,分析者明确表示分析是主观的和个人的。格尔茨对巴厘岛斗鸡的阐释既不正确也不错误——这是他的看法。同样的现象,另一位人类学家可能会做出完全不同的阐释。阐释人类学家认为这是人类本性的一部分。他们认为,没有哪两个人看待世界的方式是完全相同的,因此,对人类行为的阐释不会也不应该相同。如此看来,人类学不仅是对其他族群的描述,也是对人类学家的思考的反映。许多人类学家因为这种以自我为中心的方

法而不认同阐释人类学,而另一些人类学家则认为只有阐释人类学的工作方法是真诚的。

一些人类学家认为,阐释是文化人类学中唯一可以实现的目标,因为他们认为不可能以客观、无偏见的方式描述或衡量文化现象(以及涉及人类的其他事物)。对此科学人类学家不会同意。可以肯定,阐释性民族志能提供一些见解。但阐释无论有多优美,都不足以让我们必须相信。(这类阐释很少给出相应的客观证据。)科学研究者已经开发出许多技术来最小化偏差、提升测量的客观性。那些认为不可能通过科学来理解人类行为和思维的阐释人类学家,可能不知道对文化现象的科学研究已经取得了多大的进展,我们将在后面的章节中介绍这些进展。

正如丹·斯珀伯(Dan Sperber)所指出的,文化人类学中阐释的任务显然不同于解释。[61] 阐释的目的是传达对特定文化中人类经验的直觉理解("直觉"的意思是不需要有意识的推理或系统的探究方法)。因此,阐释民族志学者更像小说家(或文学批评家)。相比之下,解释的目的是提供对文化现象的因果性和一般性的理解(因果性理解是指说明某一人群的共有特性产生的机制,一般性理解是指能适用于若干类似情况)。

阐释与解释的目标是互斥的吗?我们不这么认为。我们同意斯珀伯的观点,阐释和解释不是彼此对立的目标,而是不同类型的理解。事实上,直觉阐释如果能用因果性和一般性的语言来描述,又经过科学的检验,就可能成为有效力的解释。

后现代主义方法

广义上的后现代主义拒绝"现代主义"。艺术、文学、哲学、历史和人类学等领域,都有各自的后现代主义运动。在人类学领域,"后结构主义"是一个与之密切相关的术语。由于后现代主义本身拒绝权威的定义,也不承认对事件只有一种叙述方

式，因此很难概括出人类学中的后现代主义是什么。[62] 根据后现代的观点，知识不仅是主观的，而且是由当时的政治力量积极塑造的。法国哲学家米歇尔·福柯（Michel Foucault, 1926—1984）是最有影响力的后现代理论家之一。福柯认为，拥有政治权力的人能够塑造公认真理的定义方式。在现代，真理是通过科学来定义的，而科学又受到西方政治和知识精英的控制。[63] 因此，科学不仅是一种理解世界的方式，也是一种控制和支配世界的方式。许多对后结构主义或后现代主义有影响的人也是重要的法国知识分子，例如皮埃尔·布尔迪厄（Pierre Bourdieu）、罗兰·巴特（Roland Barthes）、雅克·拉康（Jacques Lacan）和雅克·德里达（Jacques Derrida）。结构主义暗含着比较的意味，在深层结构中寻找相似之处，而后结构主义强调的是文化之间以及文化内部极端的相对性。

后现代主义对整个民族志事业提出了挑战。民族志被认为是"建构的"，几乎和虚构作品无异。[64] 一些人类学家接受了对科学的后现代看法，他们认为人类学只是另一种被强权用来控制他人的工具。"客观"地研究他人，是把被研究的人非人化了。把人变成研究对象，会让他们也成为可以被当权的政治力量塑造和利用的对象。后现代人类学家并没有放弃关于其他文化的写作，而是尝试了不同风格的民族志，比如让不同的人为自己发声。[65]

后现代人类学运动实际上质疑了从过去到现在的所有描述性著作，也质疑了验证和评估理论的种种尝试，可想而知，这在人类学中制造了影响延续至今的严重分裂。如果人类学的努力会导致对他人的统治和控制，那么它如何能够继续存在？后现代学者的回答是，人类学必须转变成一门纯粹的激进学科，让被支配者的声音得到表达，而不是研究或阐释他们。人类学应该成为被剥夺权利者和受压制者发声的渠道。即便如此，人类学就不能同时具有科学性吗？

实用主义方法

许多人类学家，也许是大多数人类学家，并没有一个特定的理论方向来推动他们的研究议程。如果要诚实表明自己的研究取向，那么我们认为自己属于这一类。我们相信人类学可以在追求人文理解的同时具有科学性。我们的首要任务是研究问题。无论你的研究问题是什么，都有必要看看别人对这个问题的看法。不同的理论可能来自不同的理论取向，但重要的不是想法来自哪里，而是它们能将你带到哪里，以及你能预测到什么。同样，在我们看来，正确的研究方法不是只有一种。不同的策略各有长短，从不同的角度审视各种理论最有可能带来进步。可以肯定的是，任何一位研究者都不可能完全接受所有的观点。因此，不同的研究者用不同的视角来解决相同的研究问题格外重要。

在很大程度上，对人类行为的科学研究依赖于这样一种信念：关于人类的种种谜题，我们是有可能找到答案的。如果你不相信有答案，你就不会浪费时间去寻找。我们相信可以用科学的方法来研究人类及人类文化，我们已经发现了许多模式，这可以支持这一信念。尽管后现代方法、阐释方法和一些女性主义方法挑战了人类学的基础，但人类学作为一门学科仍在蓬勃发展。这在一定程度上是因为人类学家从认同女性主义、阐释和后现代方法的学者的著作中吸取了重要的教训。比如说，今天已经不会有哪位人类学家忽视女性的作用了；我们不可能继续忽视人类中的一半（女性）。理解意义和解释差异已经成了人类学研究的并行目标。人类学家

58. Clifford 1986, 3.
59. Geertz 1973c, 3 – 30, 412 – 453；也可参阅 Marcus and Fischer 1986, 26 – 29。
60. Geertz 1973b.
61. Sperber 1985, 34.
62. Bishop 1996, 993.
63. Foucault 1970.
64. Rubel and Rosman 1996.
65. Bishop 1996; Rubel and Rosman 1996.

在巴布亚新几内亚的阿贝拉姆人中间做调查时,理查德·斯格里昂(Richard Scaglion)很困惑:为什么他们要花这么多精力种植用于仪式的巨型山药(这种山药有的能长到 3 米长)?为什么他们在山药生长的 6 个月里要禁欲?当然,为了理解,我们需要更多地了解阿贝拉姆人的生活方式。斯格里昂读过关于他们的书,和他们住在一起,与他们交谈过,但是,正如许多民族志学家所发现的那样,这些问题的答案并不会从这些活动中自动产生。答案,至少是试探性的答案,往往

来自理论取向的指点,理论提示人们如何或去哪里寻找答案。斯格里昂考虑了几种可能性。唐纳德·图津(Donald Tuzin)在研究附近的一个群体——平原阿拉佩什人(Plains Arapesh)时提出,山药可能是群体共有的文化认识的符号或象征。(寻找符号的意义是对民族志材料的一种阐释方法。)阿贝拉姆人认为山药有喜欢平静的灵魂。山药也有家族;结婚时,阿贝拉姆人会在同一个菜园里种下成行的山药,以此象征不同家族的结合。在山药生长周期中(记住山药喜欢平静),致

命的战争和冲突大多被引导到有竞争性但不会致命的山药种植竞赛中。因此,山药的种植可能有助于促进和谐。

此外,仪式性的山药种植,可能会带来适应性的生态影响。僧巴珈人的猪祭可能有助于人口数量与资源匹配,斯格里昂认为,仪式性的山药种植也起到类似的作用。不断扩大的猪群会破坏菜园和制造冲突,而在具有竞争性的山药仪式上,人们也会把猪送出去,这样猪群就变小了。被捕获的野生动物也有机会被放归,因为在山药的生长周期中是不

鼓励狩猎的。

正如斯格里昂的讨论所表明的,理论取向有助于研究人员得出多种解释。解释不一定是"对立的",即一个对一个错;可用于解释同一现象的理论可能不止一种。但是,我们不能仅仅因为一个理论听起来不错,就认为它是有助于我们理解的正确理论。评价理论需要更进一步,这很重要。正如我们在下一章所讨论的,我们必须找到用证据来检验理论的方法。在我们这么做之前,我们真的不知道有多少或者有没有理论可用。

(资料来源:Scaglion 2009a.)

认识到,他们对他人的认识可能是主观的、不完善的,但这并不意味着科学地研究人类及其文化是不可能的。

人类学理论的未来

很难预测未来的人类学理论会是什么样子。有些想法可能会被抛弃或忽视,而另一些则会得到修正。专业学科和理论在很大程度上是它们所处时代的产物,我们需要去理解思想发生变化的过程和原因。但是,一些理论方法和理论能带来更好的理解,因为它们对我们周围世界的预测力更强。在下一章,我们将探讨解释和证据的逻辑,以及如何通过人类学研究来检验理论。

小结

1. 人类学家选择人类生活的哪些方面加以研究,通常能反映出他们的理论取向、研究旨趣或首选的研究方法。

2. 理论取向通常指在如何解释文化现象这个问题上的总体态度。

3. 进化的观点花了很长时间才站稳脚跟,因为它们与《圣经》中对事件的看法是矛盾的;根据《圣经》的观点,造物主创造物种之后,物种的形态就固定了下来。但在 18 世纪和 19 世纪初,越来越多的证据表明进化论是一种可行的理论。在地质学中,均变论的概念表明,地球在漫长的历史中不断受到

自然力量的塑造和重塑。在这一时期，许多思想家开始讨论进化及其可能发生的过程。

4. 19世纪人类学主流理论取向背后的信念是，文化通常以统一和进步的方式发展，也就是说，学者们认为大多数社会都经历了一系列相同的阶段，最终达到一个共同的目标。这种早期文化进化理论的两位倡导者是爱德华·B. 泰勒和路易斯·亨利·摩尔根。

5. 在19世纪末和20世纪初流行的传播论方法是由两大学派——英国学派和德奥学派——发展起来的。一般来说，传播论者认为，高等文明的很多方面都发源于文化中心，然后从文化中心向外扩散。

6. 20世纪初，进化论方法的主要反对者是弗朗兹·博厄斯，他的历史特殊论否定了早期进化论者认为普遍法则支配着所有人类文化的观点。博厄斯强调有必要去搜集尽可能多的人类学资料，有了这些资料，主导文化差异的规律就会自己浮现出来。

7. 人类学的心理学取向始于20世纪20年代，探讨的是心理因素和过程如何帮助我们解释文化实践。

8. 社会科学中的功能主义寻找文化或社会生活的某些方面在维持文化系统中所起的作用（功能）。功能主义有两个颇为不同的流派。马林诺夫斯基的功能主义认为，所有的文化特征都是为社会中**个体**的需要服务的。拉德克利夫-布朗认为社会行为的各个方面维持着一个社会的**社会结构**，而不是满足个人的需要。

9. 20世纪40年代，莱斯利·A. 怀特复兴了文化发展的进化论方法。怀特认为，技术发展，或者说人均利用的能量，是文化进化的主要驱动力。朱利安·H. 斯图尔德、马歇尔·萨林斯和埃尔曼·瑟维斯等人类学家也提出了进化论观点。

10. 克劳德·列维-斯特劳斯是结构主义的主要倡导者。列维-斯特劳斯认为，以艺术、仪式、日常生活模式等为表达的文化，是人类思维潜在结构的表面呈现。

11. 列维-斯特劳斯的结构主义方法通过直觉来把握可能构成某一文化基础的思维规则，而一种叫作民族科学的民族志方法则试图从对资料的逻辑分析中得出这些规则，尤其关注人们用来描述自己活动的词汇。通过这种方式，民族科学家试图阐明在特定文化中产生可接受行为的规则。认知人类学起源于民族科学。

12. 文化生态学试图理解文化与其自然、社会环境之间的关系。文化生态学家研究某一文化特征如何适应其所处的环境。

13. 被称为政治经济学的理论取向着重研究外部政治和经济进程的影响，特别是与殖民主义和帝国主义有关的外部政治和经济进程对不发达地区的事件和文化的影响。政治经济学方法提醒我们，无论是好是坏，世界的各个部分都是相互关联的。

14. 进化生态学将生物进化原理应用于包括人类在内的动物的社会行为。

15. 女性主义方法的产生，是因为学者们意识到对其他文化中的女性及其扮演的角色的研究相对较少。一些女性主义人类学家表现出更明显的政治姿态，他们认为自己的任务是辨识出女性被剥削的方式，并努力解决剥削问题。另一些人只是试图了解女性的生活及其与男性的生活的不同之处。

16. 对许多阐释人类学家来说，人类学的目标是理解在特定文化中人何以为人，而不是解释文化间为何存在差异。这些学者主张，理解意义的任务不能通过科学方法来完成，只能借助文学分析的形式来完成。

17. 后现代主义者认同阐释人类学的观点，认为所有的知识都是主观的，他们进一步主张知识是被当时的政治力量积极塑造的。

18. 有些人类学家并不遵循某个理论取向，也不倾向于某一主题或研究方法。这些人类学家认为自己具有实用主义取向，用不同的方法和理论来回答不同的研究问题。

第三章

人类学研究方法

在 17 世纪中叶发展出科学的知识分子非常清楚，人类对世界的认识可能是有偏见的和不完整的。科学的奠基人并没有像后现代人类学家和阐释人类学家那样否认客观理解的可能性，而是创造了一种基于对观点的严格检验来产生理解的方法。人类学家菲利普·萨尔兹曼（Philip Salzman）解释道：

> 科学方法是科学的核心，之所以发明出科学方法，是因为人们知道，人为的错误、一厢情愿、欺骗、不诚实和软弱通常会扭曲研究结果。科学上的要求是，必须详细说明所有研究的过程，以便其他人能够重复这些研究，而在其他场景下由其他科学家来重复研究结果，则是为了尽量减少追求知识过程中人的主观性和道德弱点造成的扭曲。[1]

许多人类学家仍然相信，可以借助科学来获得客观知识。然而，如果人类学的目标是像阐释人类学家所认为的那样，理解在不同的文化背景下作为一个人意味着什么，那么科学及其对解释的追求可能不是适合所有人类学研究的方法。阐释和解释的任务是不同的。

（左图图片来源：
Jose Azel/Aurora Photos, Inc.）

1. Salzman 2001, 135.

解释

解释是对"为什么"问题的回答。解释有很多种，其中一些比另一些更令人满意。举个例子，假设有这么一个问题：为什么一个社会中产后性禁忌的时间很长？我们可以猜测，也许是那个社会里的人希望在孩子出生后一年左右的时间里禁欲。这是一种解释吗？是的，因为它确实表明人们在实践这一习俗时是有目的的，也在一定程度上回答了"为什么"的问题。但这样的解释不是很令人满意，因为它没有指出这一习俗的目的可能是什么。有人提出，人们在产后很长一段时间内都忌讳性生活，因为这是他们的传统，这种说法如何呢？这是一种解释，但也不令人满意，原因在于它属于**同义反复**，也就是说，用需要得到解释的事物（禁忌）的存在来解释这个事物本身。用"这是传统"来解释某件事，就相当于说人们做这件事是因为他们已经在做了，这并不能带来什么新的信息。那么，什么样的解释更令人满意呢？在科学领域，研究者致力于两种解释：关联和理论。

关联或关系

解释某事（观察、行动、习惯）的一种方法是说它如何符合一般原则或关系。所以，在解释为什么放在外面的水盆里的水结冰了的时候，我们会说昨晚很冷，水在 0℃ 结冰。水在 0℃ 时凝固（变成冰）的说法表述的是两个**变量**之间的关系或联系——"变量"即会发生变化的事物或量。在我们所说的这个例子里，水的状态（液态或固态）的变化与空气温度（高于或低于 0℃）的变化有关。这种关系的真实性是通过反复观察得出的。在自然科学中，当几乎所有的科学家都接受这种关系时，这种关系就被称为**定律**。这样的解释令人满意，因为它们能帮助我们预测未来会发生什么，或者理解过去经常发生的事情。

在社会科学中，关联通常从概率的角度表述；也就是说，我们说两个或两个以上的变量倾向于以一种可预测的方式关联，这意味着通常存在一些例外。例如，要解释为什么一个社会中产后性禁忌的时间很长，我们可以借助约翰·怀廷在世界范围内的社会样本中发现的关联（或相关性）：采取低蛋白饮食的社会往往有很长时间的产后性禁忌。[2] 我们把低蛋白饮食和性禁忌之间的关系称为**统计关联**，这意味着观察到的这种关系不太可能是偶然的。

理论

定律和统计关联通过将需要解释的事物与其他事物联系起来进行解释，而我们还是想知道更多：

水在 0℃ 时变成冰的说法表明了两个变量（水和温度）之间的关联。理论解释了为什么存在关联（图片来源：© Tetra Images/CORBIS）

为什么存在这些定律或关联？为什么水在 0℃ 结冰？为什么采取低蛋白饮食的社会往往有很长时间的产后性禁忌？因此，科学家们试图建立理论来解释观察的关系（定律和统计关联）。[3]

理论是对定律和统计关联的解释，比它们所要解释的那些观察到的关系要复杂得多。理论是什么是很难精确说明的。让我们再回到为什么某些社会产后性禁忌的时间更长这个问题上。我们已经看到，一个已知的统计关联有助于解释这个问题。一般来说（但并非总是如此），一个社会如果采取低蛋白饮食，产后性禁忌的时间就会比较长。但大多数人会进一步追问：为什么低蛋白饮食能解释这种禁忌？低蛋白饮食社会形成长时间产后性禁忌的机制是什么？理论就是用来回答这类问题的。

怀廷的理论是，长期的产后性禁忌可能是对某些情况的适应。特别是在主食中蛋白质含量较低的热带地区，婴儿容易患上蛋白质缺乏病，即夸希奥科病（kwashiorkor）。但如果婴儿接受母乳喂养的时间更长，就更有可能活下来。怀廷的理论认为，产后性禁忌的习俗可能是一种适应，因为它增加了婴儿存活的可能性。也就是说，如果母亲推迟生育下一个孩子的时间，这一个孩子就可以接受更长时间的母乳喂养，就更有可能生存下去。怀廷提出，父母可能有意识或无意识地感觉到，过早生育下一个孩子可能会危及这一个孩子的生存，因此他们可能会认为在这一个孩子出生后的一年多时间里禁欲比较好。

正如这个关于理论的例子所说明的，理论和关联是有区别的。理论更复杂，包含一系列的陈述。关联通常只会简单说明两个或多个测量到的变量之间存在关系。另一个不同之处在于，尽管理论可能会提到一些可以观察到的事物，比如长时间的产后性禁忌，但理论中有些部分是很难或不可能直接观察到的。以怀廷的理论为例，很难观察到人们是不是真的因为认识到产后性禁忌能让婴儿有更好的生存机会，而有意或无意地决定实行长时间的产后性禁忌，此外，适应性的概念——某些特征能让繁衍更成功——也很难验证，毕竟很难判断个体或群体的繁殖率不同，是不是因为有些实行了据信具有适应性的习俗，而另一些没有实行。因此，理论中的一些概念或含义是（至少在目前）不可观测的，只有一些方面是可以观测到的。相比之下，统计关联或定律完全是建立在观察的基础上的。[4]

2. Whiting 1964.
3. Nagel 1961, 88 – 89.
4. Ibid., 83 – 90.

为什么理论不能被证明

许多人认为他们在物理课或化学课上学到的理论已经被证明了。可惜，许多学生之所以有这种印象，是因为他们的老师以权威的姿态讲授"课程"。现在，科学家和科学哲学家们普遍认为，没有一种理论能够被证明或毫无疑问是正确的，尽管有些理论可能有相当多的证据支持。这是因为理论中的许多概念和观念是不能直接观察到的，因此也无法直接验证。例如，科学家可能试图通过假设光由光子组成，来解释光的运动，但是即使用最强大的显微镜也无法观察到光子。所以，光子到底是什么样子，它是如何工作的，仍然是无法证明的。光子是一种**理论概念**（theoretical construct），不能直接观察或验证。因为所有的理论都包含这样的概念，所以不能完全或绝对肯定地证明理论。[5]

那么，如果我们不能证明理论是正确的，我们又何必费心去研究理论呢？也许理论作为一种解释的主要优势在于它可能带来新的理解或知识。一个理论可以指出新的关系或提供新的预测，这些关系或预测可能会在新的研究中得到支持或证实。例如，怀廷关于长时间产后性禁忌的理论有可供专家研究的含义。该理论提出长时间产后性禁忌可能有适应作用，那么，某些变化有可能使得该禁忌消失，比如人们开始采用机械节育方法，或者开始给婴儿补充高蛋白食物。采用节育方法后，就可以在不禁欲的情况下拉开生育间隔，所以预计产后禁欲的习俗有可能因此消失。此外，如果能给婴儿补充蛋白质，婴儿就不那么容易得夸希奥科病，产后禁欲的习俗也可能随之消失。怀廷的观点还可能促使人们去研究，在蛋白质供应不足的地区，父母是否有意识地察觉到生育间隔过短的问题。

虽然不能证明理论，但我们可以拒斥理论。**证伪**（表明理论可能是错误的）是评判理论的主要方法。[6] 如果理论是正确的，那么科学家们就可能得出正确的推论或预测。例如，怀廷预测，有长期产后

性禁忌习俗的社会将更多分布在热带而非温带地区，而且这些地区的食物供应可能蛋白质不足。这种对可能发现的现象的预测被称为**假说**（hypothesis）。如果预测不正确，那么研究人员就得推断，理论可能有问题，或者检验理论的方法有问题。没有被证伪的理论暂时得到接受，因为现有的证据似乎与它们一致。但是请记住，无论现有的证据有多支持某种理论，我们都不能确保它是正确的。总有这样一种可能性，即该理论的某些含义或由该理论衍生出的某些假说，在未来不会得到证实。

检验解释

在任何研究领域，理论通常都是最不缺的，这可能是因为人类总是试图去理解世界。因此，我们有必要制定一些程序，以便从现有的众多理论中选择可能更正确的理论。"正如突变是自然产生的，但并不都是有益的，假说（理论）也是自然产生的，但并不都是正确的。因此，如果要取得进展，我们不仅需要额外的假说，还需要一个选择机制。"[7] 换句话说，仅仅产生理论或解释是不够的。我们需要一些可靠的方法来检验某个理论是否可能正确。如果一个理论是不正确的，它可能会使我们误以为问题已经解决，从而影响我们理解问题的效力。

科学中的各种检验方法，其策略都是先预测假如某个理论正确会有什么结果，再进行调查，看看预测是否与数据一致。如果预测不被支持，研究者就有义务接受理论错误这种可能性。然而，如果预测是正确的，那么研究人员就有权说证据支持这个理论。因此，通过对理论预期的检验，研究者可以至少暂时排除一些理论，接受另一些理论。

操作化和测量

我们检验由理论衍生出的预测，看看这个理论

巴西的亚诺马米（Yanomamö）印第安人以根茎作物为食，饮食中蛋白质含量较低，而努纳武特（Nunavut）因纽特人主要以海洋哺乳动物和鱼类为食，饮食中蛋白质含量较高（图片来源：DOC WHITE/Nature Picture Library）

是否有可能正确，看看它是否与现实世界中可观察到的事件或条件一致。如果某个理论或由该理论衍生出的预测提到的事件或条件是无法测量的，那么理论和相关的预测就没有用处。如果没有办法将理论与可观察到的事件联系起来，那么这个理论不管听上去有多好，都不能算是有用的科学理论。[8] 为了将理论预测转化为可验证的陈述，研究者会对预测中提到的每个概念或变量提供一个**操作定义**。操作定义是对用来测量变量的过程的描述。[9]

怀廷预测，低蛋白饮食的社会中产后性禁忌的时间更长。饮食中的蛋白质含量是一个变量：一些社会的饮食中蛋白质含量较高，另一些社会则较低。产后性禁忌时间的长短是一个变量：不同社会中禁忌的时间有长有短。怀廷用主食种类给第一个变量"饮食中的蛋白质含量"下了操作定义。[10] 例如，如果一个社会中的主要食物是根茎作物和木本植物的果实（如木薯和香蕉），怀廷就将这个社会标为低蛋白饮食社会。如果一个社会的主要食物是谷类作物（如小麦、大麦、玉米、燕麦），他就将其标为饮食蛋白质含量中等的社会，因为谷类作物比根茎作物和木本植物果实的蛋白质含量高。如果一个社会主要依靠狩猎、捕鱼或放牧来获取食物，就标为高蛋白饮食社会。怀廷预测中的另一个变量是"产后性禁忌时间"，被操作

定义如下：夫妻会在孩子出生后超过一年的时间内避免性交的社会，属于产后性禁忌时间长的社会；夫妻在孩子出生后避免性交的时间等于或短于一年的社会，则属于产后性禁忌时间短的社会。

明确各个变量的操作定义是非常重要的，只有这样，其他研究者才有办法去验证该研究的结果。[11] 科学有赖于**复制**，即对结果的重复。只有当许多研究人员都观察到某种关联时，我们才能把这种关联或关系称为定律。提供操作定义非常重要，还因为这能让其他人评估测量是否合适。我们需要知道是怎么测量的，才能判断测量得对不对。在科学领域，公开说明测量方法非常重要，如果一个研究者说不出测量变量的方法，我们就必须对研究结论保持怀疑。

测量某事物，就是根据某种变化尺度，说明其与其他事物的比较情况。[12] 人们通常认为测量仪器就是物理仪器，比如天平或尺子，但是物理仪器并不是测量的唯一方法。**分类**也是一种测量形式。把

5. Ibid., 85. 也可参阅 McCain and Segal 1988, 75 – 79。
6. McCain and Segal 1988, 62 – 64.
7. Caws 1969, 1378.
8. McCain and Segal 1988, 114.
9. Ibid., 56 – 57, 131 – 132.
10. Whiting 1964, 519 – 520.
11. McCain and Segal 1988, 67 – 69.
12. Blalock 1972, 15 – 20; and Thomas 1986, 18 – 28. 也可参阅 M. Ember 1970, 701 – 703.

人分为男性和女性、在职和失业，就是把他们归入多个**集合**。决定人们属于哪个集合是一种测量，因为我们可以通过这样做对他们进行比较。我们还可以通过判断一些研究对象中某种物质含量的多少（例如饮食中蛋白质含量的多少）来测量事物。在自然科学中使用的测量方法通常基于允许我们为每种情况分配的数字的尺度；例如，我们以米为单位测量身高，以千克为单位测量体重。无论我们如何测量变量，我们可以测量变量的事实都意味着我们可以验证我们的假说，看假说所预测的关系是否至少在大多数情况下真的存在。

抽样

在决定如何测量某些预测关系中的变量之后，研究人员就得决定选择什么样的个案来确定所预测的关系是否成立了。如果说所预测的关系和人们的行为有关，那么关于抽样的决定就涉及观察哪些人。如果预测和社会习俗之间的联系有关，那么关于抽样的决定就涉及研究哪些社会。研究人员不仅要决定选择哪些，还要决定选择多少个案。没有人能调查所有可能的情况，所以必须做出选择。有些选择比其他的好。最好的样本几乎都是随机样本（random sample）。**随机样本**是指所有被选择的个案被纳入样本的机会相同。几乎所有用于评估研究结果的统计检验都需要随机抽样，因为只有基于随机抽样的结果才能被认定为可能适用于更大范围的个案或总体。

在研究人员进行随机抽样之前，他们必须指定**抽样总体**，即要抽样的个案的列表。假设人类学家在一个社会中进行田野调查。除非社会非常小，否则将整个社会作为抽样总体通常是不现实的。由于大多数田野调查者希望在一个社区中停留相当长的一段时间，因此该社区往往成为抽样总体。如果一个跨文化研究者想要检验一种解释，就有必要对世界各地的社会进行抽样调查。但是，我们并没有对从古到今世界上所有社会的描述。因此，样本通常来自已发表的描述社会的列表，这些列表往往根据标准的文化变量进行了分类或编码，[13] 或者来自人类关系区域档案（Human Relations Area Files，即 HRAF）中的民族志报告集——该档案收集了超过 400 个世界各地古今社会的原始民族志图书和文章全文，而且每年都会补充新的资料。[14] 档案中的大部分内容见于 eHRAF World Cultures 网站，另有考古方面的档案，见于 eHRAF Archaeology。

随机抽样的方法在人类学中不是很常用，但只要研究人员不是按个人喜好去选择要研究的个案，非随机抽样仍然可以具有相当的代表性。我们对那些可能反映了研究者自身偏见或兴趣的样本特别采取怀疑的态度。例如，如果研究人员只挑选与他们关系好的人，样本就值得怀疑。如果研究人员选择某些样本个案（社会、传统等），是因为关于这些个案的书碰巧在他们的书架上，那么这种样本也很可疑。设计抽样程序，应该以获得公平、不偏不倚的代表性样本为目的。如果我们想提升样本的代表性，就需要使用随机抽样程序。为了做到这一点，我们可以对统计领域中的个案进行编号，然后使用随机数字表来选取样本个案。

统计评估

测量了所有样本案例中的相关变量后，研究人员就可以查看所预测的关系是否真的存在于数据中。记住，结果有可能并不像理论预测的那样。有时，研究人员构建一个列联表，如表 3-1 所示，以查看变量是否如预测的那样相关联。在怀廷的 172 个社会样本中，每个个案都根据两个相关变量的测量值被置于表格中的一个框或单元格中。例如，产后性禁忌时间较长、采取低蛋白饮食的社会放在"长期"这一列的第三行（在怀廷的样本中，有 27 个这样的社会，见表 3-1），产后性禁忌时间较短、采取低蛋白饮食的社会放在"短期"这一列的第三行（样本中有 20 个这样的社会）。统计问题是：表格中 6 个中心单元格内的案例分布方式是否符合怀廷的预测？只看着表格的话，我们可能不知道该怎么回答。许多案例似乎与预期一致。例如，高蛋白饮食的社会大多（62 例中有 47 例）禁忌期较短，而低蛋白饮食的社会大多（47 例中有 27 例）禁忌期较长。但也有很多例外（例如，20 个社会中的食物蛋白质含量低，性禁忌时间也短）。因此，虽然许多情况似乎与预期一致，但也有许多例外。这些例外情况是否意味着预测无效？例外情况的数量要达到多少，才会迫使我们拒绝这个假说？这就是**统计显著性检验**的意义所在。

表 3-1　蛋白质的可获得性与产后性禁忌持续时间的关系

蛋白质的可获得性	产后性禁忌持续时间		
	短期 （0~1 年）	长期 （1 年以上）	总数
高	47	15	62
中	38	25	63
低	20	27	47
总数	105	67	172

（资料来源：基于 Whiting 1964, 520）

统计学家设计了各种各样的检验，这些检验告诉我们一个结果要有多"完美"，才能让我们相信相关变量之间可能存在关联，即一个变量通常能预测另一个变量。从本质上讲，每一个统计结果都是以相同的客观方法进行评估的。我们的问题是：结果完全出于偶然，两个变量之间没有任何联系，出现这种情况的可能性有多大？虽然回答这个问题的一些数学方法很复杂，但答案总是涉及**概率值**（probability value，或称 **p 值**）——观察到的结果或更强的结果仅是出于偶然的可能性。怀廷使用的统计检验对观察结果给出了小于 0.01 的 p 值

（p < 0.01）。换句话说，观察到的这种关系纯粹出于偶然的概率不到百分之一。p 值小于 0.01，就算是很小的概率了。按惯例，大多数社会科学家都同意将 p 值为 0.05 或更小（百分之五或更小的概率）的结果称为**统计显著**，或者有较大可能性是真实的。我们在本书余下部分描述的关系或关联，大多是已发现具有统计显著性的结果。

但是，为什么很可能成立的关系会有例外呢？如果一个理论是正确的，难道不是适用于所有的情况吗？基于很多原因，我们永远不能期待一个完美的结果。首先，即使一个理论是正确的（例如，低蛋白饮食确实能让人们倾向于实行长期的产后性禁忌），也可能还有其他我们尚未调查到的原因。有些采用了高蛋白饮食的社会也可能实行长期的产后性禁忌。例如，主要依靠狩猎来获取食物，并由此被归类为高蛋白饮食的社会，在把婴儿从一个营地带到另一个营地时可能存在麻烦，因此人们可能实行长期产后性禁忌，以确保一个家庭不需要同时带着两个婴儿迁徙。

所预测关联的例外也可能来自**文化堕距**（cultural lag）。[15] 当文化的一个方面发生变化，但另一方面的变化还需要时间时，文化堕距的情况就会出现。可能有这样一个社会，其作物种类最近发生了改变，因而不再是低蛋白饮食的社会，但在这个社会中仍然实行性禁忌。这个社会将是所预测关联的一个例外，但如果几年后该社会不再实行性禁忌，那么这个社会仍然可能符合这个理论。测量不准确是例外的另一个来源。怀廷测量饮食中的蛋白质含量，依据的是主要食物来源，但这并不能精确测量饮食中的蛋白质含量。该方法没有考虑到，以"木本植物

13. 例子可参阅 Murdock 1967 及 Murdock and White 1969, 329 – 369。
14. 目前，世界上有 400 多所大学和研究机构存有纸质或微缩胶片格式的人类关系区域档案。参见 HRAF 网站 www.yale.edu/hraf。
15. Ogburn 1922, 200 – 280.

果实"为主食的社会，也可能通过捕鱼或养猪获得大量蛋白质。因此，一些被认为是低蛋白饮食的社会可能被错误分类了，这可能是表 3-1 中表示"短期产后性禁忌"和"低蛋白饮食"的单元格里有 20 个案例的原因之一。测量误差通常会产生例外。

从理论中可以预测到的具有显著性的统计关联为理论提供了初步支持。但还需要更多工作，才能让我们对理论有足够的信心。我们需要重复，以确认其他研究人员是否能够使用其他样本重现预测。应该从这个理论中推导出其他的预测，看看它们是否也得到了支持。我们还应该将这个理论与其他解释进行比较，看哪个理论更有效。如果其他的解释也能预测出这种关系，那么我们可能就得将多个理论结合起来。因此，科学研究的过程需要时间和耐心，或许最重要的是，研究人员需要保持谦卑。无论自己的理论看起来多么美妙，都有必要认识到它有可能是错的。我们如果不承认这种可能性，就不会有动力去检验我们的理论。如果不去检验我们的理论，我们就不可能分出理论的好坏，只能永远背负自己

的无知。在科学中，知识或理解就是可解释的差异。因此，我们如果想要获得更多的理解，就必须不断地用可能与我们信念相悖的客观证据来检验我们的信念。

人类学研究的类型

人类学家使用多种方法进行研究。这些方法在生成和检验解释方面各有优势和劣势。人类学研究的类型可以根据两种标准划分。一是研究的空间范围（例如，分析单个社会，分析一个区域中的多个社会，或者分析世界范围的社会样本）；二是研究的时间范围，包括历史的与非历史的。两种标准的组合如表 3-2 所示。

本节主要讨论文化人类学的研究策略。然而，如表 3-2 所示，这些策略大多与考古学和生物人类学的研究策略有相似之处。考古学和生物人类学有特殊的研究方法，我们将在本章后文专门讨论其中的一些方法。

表 3-2　人类学研究的类型

范围	非历史的	历史的
个案	民族志 / 田野调查*	民族史*
	考古遗址发掘*	文化史*
	单一物种研究 / 田野调查*	物种演化史*
	语言研究 / 田野调查*	语言史
区域	控制比较	控制比较
	考古遗址或其他地点的区域比较	考古遗址或其他地点的区域比较
	跨物种比较	跨物种比较
	语系比较	语系比较
全世界的样本	跨文化研究	跨历史研究
	跨考古学研究	跨考古学研究
	跨物种比较	跨物种比较
	跨语言比较	历史比较语言学

* 所有这些也包括对研究环境中不同的个体、社会群体或人群进行比较。

民族志

大约在 20 世纪初，人类学家认识到，如果要创造有科学价值的东西，就必须深入研究课题。为了更准确地描述文化，他们开始与他们研究的人生活在一起。他们观察甚至参与这些社会中的重要事件，向人们仔细询问本土习俗的情况。这种方法被称为**参与式观察**。参与式观察总是涉及**田野调查**，这样才能获得关于被研究对象的第一手经验，但田野调查也可能涉及其他方法，如进行人口普查或调查。[16]

田野调查是现代人类学的基石，是获取大多数人类学信息的手段。不管人类学家可能采用什么其他方法，进行一年或更长时间的参与式观察都是最基础的。与旅行者和冒险家的随意描述不同，人类学家的描述会记录、描绘、分析并最终形成相关文化的图景，或至少是其中一部分的图景。[17] 在进行田野调查之后，人类学家可能会写下民族志，即对单一社会的描述和分析。

人类学家如何在另一种文化中进行长期的参与式观察，更重要的是如何将它做好，答案并不简单。这在很大程度上取决于个人、文化以及两者之间的互动。毫无疑问，这种经历对身体和心理的要求都很高，常常堪比成人礼。尽管在去之前学习当地的语言有很大的帮助，但通常这是不可能做到的，所以大多数人类学家不得不一边努力弄清如何举止得体，一边艰难地与人交流。参与式观察本身就有矛盾性。参与意味着像被研究的人一样生活，试图通过做他们所做的事情来主观地理解他们的想法和感受，而观察意味着一定程度的客观和超然。[18] 由于参与式观察是一种个人经历，人类学家自然开始意识到，反思他们的经历，反思他们与当地人之间的互动，是理解这项事业的一个重要部分。

参与式观察过程的重要一环是找到一些有知识又愿意合作的人（人类学家称之为"报道人"），请他们帮忙阐释你所观察到的东西，将你可能没机会了解或没有权利看到的文化方面讲给你听。例如，在一个 200 人的村庄里，你不太可能在一两年的田野调查时间里看到很多婚礼。那么，你怎么知道谁会是好的报道人呢？显然，重要的是找到容易交谈，又了解你需要什么信息的人。但是你怎么知道谁是有知识的呢？你不能想当然地认为与你相处得好的人就是有知识的。（此外，知识往往是专门的，一个人对某些主题的了解可能比其他人多得多。）你必须至少尝试接触好几个人，才能比较他们对某个主题的了解程度。如果他们不同意怎么办？你怎么知道谁更值得信赖或者谁说得更准确？幸运的是，已经有了一些形式化的方法来帮助人类学家选出最有知识的报道人。一种被称为"文化共识模型"的方法基于这样一个原则：大多数报道人都认同的事物很可能是文化的。你可以就某个文化领域设计出一些问题，然后用这套问题来向不同的报道人提问，从而确定哪些事物是文化的，在那之后，你就能轻易判断出哪些报道人最可能给出与文化共识相匹配的答案了。这些人最有可能是相关领域中最博学的人。[19] 听起来似乎有些矛盾，但最有知识、最有帮助的人不一定是"典型"的人。许多人类学家指出，关键报道人很可能在他们自己的文化中比较边缘。否则，他们为什么愿意花这么多时间与来访的人类学家在一起呢？[20]

参与式观察对于理解文化的某些方面是很有价值的，尤其是那些最公开、人们最喜欢谈论也最广泛认同的方面。但是，更系统的方法也很重要，包括测绘、挨家挨户的人口普查、行为观察（例如，确定人们如何使用自己的时间），以及对报道人样本的焦点小组访谈。

---

16. Bernard 2001, 323.
17. Peacock 1986, 54.
18. Lawless et al. 1983, xi – xxi; Peacock 1986, 54 – 65.
19. Romney et al. 1986.
20. Bernard 2001, 190.

人类学家玛格丽特·基弗（Margaret Kieffer）在危地马拉访问一位玛雅妇女
（图片来源：Peggy and Yoram Kahana/Peter Arnold, Inc.）

民族志和关于特定主题的民族志文章为文化人类学的各种研究提供了许多必要的资料。为了比较某一地区或全世界的社会，人类学家需要很多社会的民族志材料。就产生理论这个目标而言，民族志以其深入、第一手和长期的观察为研究人员提供了涵盖广泛现象的大量描述性材料。因此，民族志可能会激发人们去对文化不同方面之间、文化与环境特征之间的关系做出阐释。身处田野的民族志学者有机会了解社会习俗的背景，他们可以直接向人们询问这些习俗的情况，也能观察与习俗相关的现象。此外，对某些习俗做出可能解释的民族志学者可以通过搜集与之相关的新信息来验证自己的猜测。从这个意义上说，民族志学者与试图理解病人为何会出现某些症状的医生很相似。

虽然民族志对产生解释很有帮助，但是对单

一地点的实地研究通常不能提供足够的资料来验证一个假说。例如，一个民族志学者可能认为，某个社会实行一夫多妻制（一个男人同时与两个或两个以上的女人结婚），是因为这个社会的女人比男人多。但是，除非对一批社会样本的比较研究结果表明大多数一夫多妻制社会中的女性多于男性，否则民族志学者无法合理地肯定这种解释是正确的。毕竟，一个社会同时具备这两种条件，可能是源于历史上的偶然，而不是这两种条件之间某种必然联系的结果。

文化内比较

如果民族志学者想要比较的对象是个人、家庭、家族、社群或地区，他们可以在一个社会中检验一种理论。自然存在的变化性可用于创建比较。假设我们想验证怀廷的假设，即在低蛋白饮食的社会中，较长的产后性禁忌时间能够提高婴儿的存活率。尽管在这样的社会中，几乎所有的夫妇都会因为习俗而在产后长期不进行性生活，但有些夫妇可能不会始终遵守这一禁忌，有些人在禁忌解除后可能不会很快怀孕。所以我们预计生育间隔会有一些变化性。如果我们记录每位母亲的分娩情况和每次分娩后婴儿的存活情况，我们就能够比较在母亲上一次怀孕后不久出生的儿童与间隔较长时间出生的儿童的存活率。如果间隔时间较长的新生儿存活率显著提高，那么怀廷的理论将获得支持。如果一个社会中的一些群体比其他群体能获得更多的蛋白质，情况会如何？如果怀廷的理论是正确的，那么在能获得更多蛋白质的群体中，婴儿的存活率也应该更高。如果在产后性禁忌的时间长度上有差异的话，那么饮食中蛋白质含量较高的群体，性禁忌时间应该较短。

我们能否设计出文化内的测试来检验假说，取决于假说中的变量在该文化中是否有足够的变化性。有足够变化性的情况还是比较多见的，我们可以利用变化性来在一种文化内检验假说。

区域控制比较

在区域控制比较中，人类学家比较从某一区域的社会中获得的民族志信息——这些社会可能有相似的历史，所处的环境也相似。做区域比较研究的人类学家往往熟悉与该区域有关的复杂的文化特征。这些特征可能有助于人们理解需要解释的现象的背景。人类学家对研究区域的了解可能不如民族志学者对单一社会的了解那么深，不过，做区域比较研究的人类学家对当地细节的了解，还是比在世界范围内做比较研究的学者多。全球比较的范围太大，研究人员不太可能对所涉及的社会有太多的深入了解。

区域控制比较不仅有助于产生解释，而且有助于检验解释。在人类学家比较的社会中，一些社会可能具有某种需要解释的特征，而另一些则没有，人类学家可以借此确定假说提到的条件是否（至少在那个地区）真的彼此相关。然而，我们必须记住，两个或两个以上的条件在某个地区彼此相关，也可能是出于该地区特有的理由。因此，适用于一个地区的解释不一定适用于其他地区。

跨文化研究

人类学可以在世界范围内比较的基础上生成阐释，方法是寻找具有和缺乏某种特征的社会之间的差异。但是，就世界范围内的比较而言，其最常见的用途是检验解释。一个例子是怀廷对产后长期性禁忌的适应性功能理论的检验。回想一下怀廷的假说，如果他的理论是正确的，那么由成人饮食中蛋白质供应的变化应该可以预测产后性禁忌持续时间的变化。跨文化研究者会先找出若理论正确则普遍相关的一组条件，然后查看世界范围内的社会样本，看看预期的关联是否普遍成立。虽然跨文化研究人员可以选择任何一组社会来检验理论和假说，但在选择样本社会时最好避免个人偏见。如果你用的方法是从自己的书架上选几部民族志（你书架上的收藏不太可能是通过随机的方式来的），那选出的就是非常糟糕的样本。正如我们在讨论抽样的章节中所指出的，大多数跨文化学者会选择一套不为检验特定假说而构建的公开发表的社会样本。人们用得最多的两个样本库是包含 186 个社会的标准跨文化样本（Standard Cross-Cultural Sample，即 SCCS），以及每年会补充新资料的人类关系区域档案（HRAF）民族志报告集。因为 HRAF 收集的是民族志全文，而且每段都有主题索引，所以研究人员可以相当快地找到信息，基于大量社会的数据给新变量编码。相比之下，SCCS 收集的不是民族志本身，而是指向民族志的提示。不过，其他研究者已经基于这个样本库给数千个变量做了编码，所以想要使用他人编码的数据的研究人员往往会使用这个样本库。[21]

跨文化研究的优势在于，如果用于测试的样本或多或少是随机选择的并因而具有代表性，那么从中得出的结论可能适用于大多数社会。换句话说，跨文化研究的结果很可能适用于大多数社会和大多数地区，而区域比较的结果不一定适用于其他地区。

我们已经知道，一项研究涉及的社会越多，研究人员就越难对相关社会有详细的了解。因此，如果跨文化检验不支持某个解释，研究人员就可能因为对样本社会了解不够而不知道该如何修改解释或提出新的解释。在这种情况下，人类学家可能会重新审视一个或多个社会的细节，以期形成新的想法。作为产生和检验解释的手段，跨文化研究的另一个局限在于，只能检验那些所需信息在民族志中普遍可得的解释。如果想要解释一些未被普遍描述的东西，研究者就得借助其他研究策略来搜集资料了。

历史研究

民族史学是基于对单个社会在多个时间点的描述性材料的研究。它为所有类型的历史研究提供了必要的材料，就像民族志为所有非历史类型的研究提供了必要的资料一样。民族史学的资料来源不限于由人类学家撰写的民族志报告，可能还会包括探险者、传教士、商人和政府官员的记述。和历史学家一样，民族史学家不能简单地认为他们发现的所有档案描述的就是事实；那些资料是由不同的人写下的，他们有不同的意图和目的。因此，民族史学家需要仔细区分哪些是事实，哪些是推测性的阐释。在试图重现一种文化在数百年间如何变化，但当地人留下的书面记录很少或缺失的情况下，人类学家可能会去寻找旅行者的记录和其他由非当地人写下的历史档案。玛丽·赫尔姆斯（Mary Helms）决定在尼加拉瓜的米斯基托人（Miskito）中间进行田野调查，重建他们在欧洲殖民统治下的生活时，就不得不借助其他材料。她尤其想要探究的是米斯基托人能够保持相当程度政治独立的原因。[22]

在产生和检验假说方面，对单一社会历史研究的局限性，往往与对单一时期、单一社会的研究相同。与对单一社会的非历史研究一样，专注于不同时期单个社会的研究可能会产生不止一个假说，但很难通过此类研究来合理判定哪些假说是正确的。跨文化历史研究（这样的研究目前还不是太多）的局限性则相反。跨文化历史研究通过比较提供了充足的方法来检验假说，但跨文化研究只能借助二手资料，因此从可用资料产生假说的能力十分有限。

民族史学家需要分析各种来源的信息片段，比如欧洲探险家的记述。这张图片描绘了 16 世纪晚期一群罗阿诺克印第安人捕鱼的情景，有助于民族史学家了解这些人如何捕鱼

（资料来源：John White / Copyright The British Museum）

然而，任何类型的历史研究都有一个优势。文化人类学理论的目标是解释文化模式的差异，即明确哪些条件更有利于一种文化模式而不是另一种。这种规范要求我们预设假定的因果关系或有利条件先于要解释的模式。因此，理论或解释意味着随时间推移的一系列变化，而这是历史的材料。因此，如果我们想更深入地了解我们正在研究的文化差异的成因，我们应该研究历史序列。它们将帮助我们确定，我们认为导致各种现象的条件是否真的先于这些现象，如果是，这些条件就更有可能是导致这些现象的原因。研究历史序列也许能够帮助我们避免倒果为因。

历史研究的主要障碍在于，搜集和分析历史资料——尤其是来自探险家、传教士和商人的零散记录的材料——往往非常耗时。可能更有效率的办法是，先从非历史的角度来检验种种解释，排除掉一部分，然后从通过了非历史方式检验的解释出发，寻找历史资料，看假定的序列是否成立。考古证据能提供一些答案，因为许多考古遗址包含了那个地方的一些文化的证据。即使在遗址只包含一段时间的证据的情况下，也可以通过比较不同时代的遗址来研究历史趋势。

研究遥远的过去

考古研究的一个目标是描述或重建过去发生的事情。考古学家试图确定人们在特定的时间、特定的地点是如何生活的，以及他们的生活方式是何时以及如何改变的。当然，另一个有趣的问题是，是否有新的人口带着新的文化来到这里，或者是否有特定文化的人离开了特定的地区。关于文化及其随时间变化的历史被简单地称为**文化史**（culture history）。直到 20 世纪 50 年代，研究文化史都还是考古学的首要目标。[23]

考古研究的另一个主要目标，也是在 20 世纪 50 年代以后成为首要目标的一个目标，是检验关于人类进化和行为的具体解释。在某种程度上，这种关注焦点的变化源于我们对过去的了解的增加——许多领域的文化史在今天都是广为人知的。但这种变化也是人类学整体上的变化带来的。正如我们在上一章中讨论的，历史特殊论在 20 世纪 50 年代之前一直主导着美国人类学界。该学派认为，人类文化的差异要通过考虑特定文化的特定历史发展来解释。与历史特殊论的目的一样，文化史的目的也是追溯历史发展。20 世纪 50 年代以后，人类学界出现了各种各样的新方法，其中大多数都关注环境以及人类如何积极地利用环境塑造文化，这在很大程度上解释了文化的多样性。考古学成了一个关键工具，帮助人类学家通过人类利用环境方式的变化来理解人类文化的变化。对假说检验和人类利用环境方式的关注，带来的成果之一是关于农业起源的研究，我们将在关于食物生产和定居生活起源的一章中讨论这一问题。另一个成果是对城市和国家的兴起的关注，这从根本上改变了人类利用环境的方式，我们也将专门用一章来讨论这个问题。

对人类学研究而言，除了检验解释之外，考古学的另一个重要作用在于它试图识别和理解人类生物和文化进化的一般趋势和模式。正如我们前面讨论的，跨文化研究（比较民族志）也有这个目标。但是，只有考古学能够透视漫长的时间，并直接研究进化趋势。在本书后面的章节中，我们将追溯人类和人类文化的发展历程。我们将看到，古人类学的一个重点是展示人类生物进化的长期趋势和模式。这些趋势和模式能帮助我们理解，我们是如何以及

21. 对 SCCS 样本的介绍，参见 Murdock and White 1969；对 HRAF 民族志报告集的介绍，请访问 www.yale.edu/hraf；对许多不同的跨文化样本库的介绍，请参见 C. R. Ember and M. Ember 2009。
22. Helms 2009.
23. Trigger 1989.

越南考古学家发现了保存在河内这座现代化城市地下的古城堡遗迹（图片来源：Richard Vogel/AP Wide World Photos）

为什么成为现在的我们的。

考古学家和古人类学家依靠四种证据来了解过去：人工制品（artifact）、生态物（ecofact）、化石（fossil）和遗迹（feature）。

人工制品

任何经由人类制造或改进的东西都是**人工制品**。你现在读的书、坐的椅子、记笔记用的笔都是人工制品。事实上，我们周遭都是人工制品，其中大部分都会被我们遗失或丢弃。物品就是这么进入我们所谓的"考古记录"的。想想看：你一天能产生多少垃圾？你会扔掉什么东西？可能大部分是纸，但也有木头（你午餐吃的雪糕里的雪糕棍）、塑料（比如昨晚没墨了的那支笔），甚至金属（你剃须刀上的钝刀片）。这些东西会被当作垃圾扔掉，然后被运到垃圾场或垃圾填埋场。在合适的条件下，这些物品中的许多将会保存下来，供未来的考古学家去发现。考古记录中的大部分人工制品都是这类普通的垃圾——考古学家发现并考察这些日常生活中积累的垃圾，然后重新构建很久以前的日常生活。到目前为止，发现的过去的人工制品中，最常见的是石制工具，考古学家称之为**石器**。事实上，石器是唯一一种在99%的人类历史中都有的人工制品。

生态物

生态物是人类使用过或影响过的自然物。一个很好的例子是人们吃过的动物的骨头。这些骨头有点像人工制品，但它们不是由人类制造或改变的，只是被人类使用后丢弃了。另一个例子是在考古遗址发现的花粉。因为人类把植物带回家里使用，所以考古遗址中总会发现很多植物的花粉。这些花粉可能不是来自同一个地方，它们在一起的唯一原因是人类使用它们，把它们放在了一起。其他例子包括与人类有关的昆虫和动物的残骸，比如蟑螂和老鼠。它们的残骸之所以能在遗址中找到，是因为它们与人类有联系，并利用人类创造的条件生存下来。它们的存在部分是由人类的存在引起的，因此它们也被认为是生态物。

化石

化石虽然稀有，但承载了极其丰富的关于人类生物进化过程的信息。**化石**可能是昆虫或树叶在现在是石头的泥泞表面留下的印记。化石也可能由动物骨骼结构的实际硬化遗骸组成。动物死亡后，构成它身体的有机物开始变质，用不了多久，遗骸就只剩下牙齿和骨骼这类主要由无机盐组成的物质。在大多数情况下，这些部分最终也会变质。但有的环境有利于保存化石，例如，火山灰、石灰石或高度矿化的地下水可能会形成高矿物质环境。如果遗体被埋在这种环境中，地下的矿物质可能会与牙齿或骨骼结合，使之硬化，减少其变质的可能性。

但是，我们并没有过去所有生物的化石，有时我们只能发现一个或几个个体的碎片。因此，化石记录是非常不完整的。例如，罗伯特·马丁（Robert Martin）估计，地球上可能有过 6 000 种灵长目动物，但只有 3% 的物种被发现。灵长目古生物学家不能确定早期和晚期物种之间的大多数进化联系，也就不那么令人惊讶了。这项任务对小型哺乳动物的研究者来说尤其困难，比如早期灵长目动物就比大型动物更难被保存在化石记录中。[24] 我们将在后面的章节中详细讨论人类进化的化石证据。

遗迹

遗迹是一种人工制品，但考古学家将它们与其他人工制品区分开来，因为遗迹不能轻易地从考古遗址中移除。灶（hearth）就是很好的例子。当人类在光秃秃的土地上生火时，土壤就会变热并发生变化——水都从土壤中被排出，其晶体结构就会被分解和改造。考古学家发现灶时，发现的是什么？是一种坚硬、略带红色甚至略带磁性的土壤，往往被木炭和灰烬包围。这是人工制品——人类制造的物品，但是，考古学家要想把灶带回实验室，像研究石器或陶瓷一样进行研究，即便不是完全不可能，也是非常困难的。灶实际上是该遗址的一个固有特性（intrinsic feature），因此这类物品被称为遗迹（feature）。

灶是比较常见的遗迹，而目前为止最常见的遗迹被称为"灰坑"（pit）。灰坑就是人类挖的洞，后来填满了垃圾或受侵蚀的土壤。它们通常是相当容易区分的，因为填充灰坑的垃圾或土壤往往与坑内部土壤的颜色和质地不一样。另一种常见的遗迹是"活动地面"（living floor）。这些是人类生活和劳作的地方。这些地方的土壤通常通过人类活动被压实，并充满了微小的垃圾碎片——种子、小石片、珠子等等嵌入了地面。很大或很深的此类区域被称为"废丘"（midden）。废丘通常是垃圾堆或长时间重复使用的区域（比如洞穴）的遗存。最后，考古遗址中还有一种常见的遗迹，就是建筑。建筑的范围很广，从曾经支撑帐篷两侧的石环的遗迹，到用石头建造的宫殿，这些石头都是经过塑形和组装的。甚至木结构的房屋（或部分）也能在一定条件下保存下来。遗迹是可以提供关于过去的大量信息的各种各样的东西。

寻找过去的证据

过去的证据就在我们身边，但发现它们并不总是那么轻而易举。考古学家和古人类学家通常把搜索范围限制在遗址（site）内。**遗址**是包含着过去人类活动记录的已知的或疑似的地点。遗址可以是小的，比如人类可能只扎营一晚的地方，也可以是

---

24. Martin 1990, 42.

性别新视角
古贝丘文化中的女性

对性别感兴趣的考古学家关注的一个主要问题是：我们如何认识和理解史前文化中的性别角色？性别角色似乎不可能在考古学的背景下进行研究。性别如何能保存在考古记录中？如何寻回从前关于性别角色的知识？如果我们能意识到特定种类的物质文化与特定的性别角色在民族志上是如何关联的，以及这种关联如何随着时间而变化，那么关于性别角色的信息是可以寻回的。考古学家认为，这种意识不仅能让人们更好地理解史前时期的性别，还能让人们更全面地了解史前文化。

谢丽尔·克拉森（Cheryl Claassen）关于田纳西河谷古贝丘文化（Shell Mound Archaic culture）的作品就是一个例子。这个古贝丘中有大约 5 500 年到 3 000 年前生活在今天美

国田纳西州和肯塔基州所在地的人类的遗存。他们是狩猎采集者，住在小村庄里，可能会随季节迁徙，在夏季和冬季住在不同的地方。这个贝丘遗址最显著的特征是人们为埋葬死者而建造的大型贝冢。成千上万的贝壳堆积在一起形成了这些贝丘。然而，大约在 3 000 年前，贝类捕捞和建造贝丘的行动突然停止了。克拉森想知道为什么。

已有的解释包括气候变化、贝类的过度捕捞，以及捕捞贝类的人们迁出该地区。事实证明，这些解释都不充分。在当代文化中，捕捞贝类的通常是妇女和儿童，克拉森想知道考虑性别角色的方法是否可能更有效。她决定从妇女工作量的角度来处理这一问题，因为妇女很可能是捕捞贝类的人。不再捕捞贝类，意味着妇女

多出了很多可以用在其他事上的空闲时间。是什么样的改变让妇女停止了采贝？是不是其他一些活动变得更重要了，需要更多妇女劳力来完成？

妇女的劳动可能用到了种植作物上。考古证据表明，大约 3 000 年前，几种需要密集劳动的高产作物得到了广泛种植。例如，新作物中比较丰产和有营养的藜属植物（cheno-podium），其种子很小，需要投入大量的劳动来收割、清洁和加工。妇女很可能是这些工作的承担者。她们不仅要收割作物，还要负责加工和准备食物。因此，农业经济的出现将要求妇女从事食物生产和加工方面的新工作，这很可能迫使她们停下其他的工作，例如采贝，特别是在新工作能带来更多食物供应的情况下。

农业活动的发展也可

能带来仪式和礼仪方面的变化。贝冢显然是古贝丘文化中死亡仪式的核心。采集贝壳和建造这些贝冢需要相当多的劳动力，其中大部分是妇女。该地区后来的社会将死者埋葬在土丘中。这是否反映了泥土在新兴的农业经济中的重要性？如果是这样，女性在死亡和葬礼上扮演了什么角色？如果她们不再是葬礼所需材料的供应者，这是否意味着妇女在整个社会中的地位发生了变化？

我们可能永远无法确切地知道为什么古贝丘消失了，或者妇女的工作和社会角色是如何改变的。但是，正如克拉森所指出的，从性别的角度出发，可以让我们在寻求答案的过程中获得新的视角，并产生有趣的新问题。

（资料来源：Cheryl Claassen 1991; 2009.）

大的古城。

当人类活动的遗存被某种自然过程覆盖或掩埋时，遗址就形成了。最引人注目的过程是火山活动。最令人印象深刻的例子非庞贝古城莫属，公元 79 年，整个城市都被维苏威火山的喷发物掩埋。今天，考古学家们正在挖掘这座城市，寻找这座城市中火山爆发前古代生活的遗存。[25] 一些自然过程的戏剧性

没那么强，比如泥土堆积和侵蚀。风或水携带的土壤和碎片可以迅速（如在洪水中）或逐渐覆盖一个地点，从而将人工制品、生态物、化石和人类留下的遗迹保存下来。最后，土壤在堆积过程中还可能掩埋人工制品、生态物、化石和遗迹，以待日后的考古学家发现。例如，在森林中，落叶可能覆盖人类宿营的地方，随着时间的推移，树叶腐烂并形成

考古学家正在检查伊拉克尼普尔出土的一面墙。墙壁上的粗白线是建筑的灰泥层，区分了两个不同的分层。在同一地层上发现的物品都可以假定为同一时间的物品，而在该地层下发现的物品则可以假定为更早时间的物品（图片来源：George Gerster/Photo Researchers, Inc.）

土壤，经过多年的时间，缓慢而完全地覆盖人类营地的遗留。

因为人类经常重复使用合适的地点来居住和劳作，所以许多遗址中留下了很多批人类多次使用的遗迹。对考古学家和古人类学家来说，最有价值的遗址是那些掩埋过程足够快，以至于各次使用该遗址的遗存彼此间能明显区分开的遗址。这类遗址称为**分层遗址**：人类每次使用的痕迹是分开的，就像千层蛋糕的分层一样。分层的遗址不仅使考古学家或古人类学家能够区分不同人群使用遗址的顺序，而且地层本身也提供了一种了解使用遗址的相对年代的方法——较早使用的地层总是低于较晚使用的地层。

寻找遗址没有单一的方法，事实上很多遗址都是偶然发现的。但是当考古学家和古人类学家去寻找遗址时，他们通常采用两种基本方法之一：徒步踏查和遥感。徒步踏查，顾名思义就是四处走动，寻找遗址。但是，考古学家和古人类学家可以使用抽样和系统的测量方法来缩小徒步踏查需要覆盖的面积。遥感技术能帮助考古学家和古人类学家从远

处，通常是埋藏考古沉积物的当前地表，找到考古沉积物。大多数遥感技术都是从勘探地质学中借来的，地质学家也用同样的技术来寻找矿物或石油矿床。它们通常涉及测量地球磁场或引力场等现象的微小变化，或测量进入地面的电流或能量脉冲的变化。当这些被称为"异常"的细微变化被确定后，就可以进行更详细的勘探，以绘制出埋藏的考古沉积物的范围和深度。

无论是通过徒步踏查还是遥感识别，一旦发现考古沉积物，就只有一种获取方法，那就是发掘。**发掘**本身是一个复杂的过程，它有两个目标：一是找到关于某一遗址过去的每一个证据细节（或具有统计代表性的样本），二是精确地记录该证据的水平和垂直位置。为实现这两个目标，考古学家和古人类学家发展出许多发掘策略和技术，但所有这些都涉及以下几点：小心搬运考古沉积物，从埋藏这些沉积物的土壤中取得人工制品、生态物、化石和遗迹，详细记录每一件人工制品、生态物、化石和遗迹在

---

25. Etienne 1992.

现场的位置。

到目前为止，还没有人找到可以在不破坏遗址的情况下从遗址中取得人工制品、生态物、化石和遗迹的方法，这对考古研究是一个奇怪的讽刺。正如我们即将讨论的，考古学家最感兴趣的是人工制品、生态物、化石和遗迹之间的关系，而当考古学家将它们从遗址中移走时，这些关系恰恰被破坏了。正因如此，如今大多数由专业考古学家进行的发掘工作，只有在遗址可能受到破坏的情况下才会展开，而且只能由训练有素的人员使用严格的技术进行发掘。考古学家和古人类学家搜集资料的方式基本相同，但有一个重要的区别。考古学家最关心的是取得不受破坏的遗存，而古人类学家最关心的是取得不受破坏的化石。因此，他们搜集材料的方法有所不同，特别是在寻找材料的地点上。考古学家倾向于寻找未受干扰的遗址，在那里有可能找到不受破坏的遗迹。相比之下，干扰对古人类学家来说是一个有利因素，因为在受过干扰的地点可能更容易发现化石——它们可能因地表侵蚀而显露出来，不需要挖掘就很容易发现。这并不意味着考古学家从来没有发掘过被破坏的遗址，因为他们确实发掘过。古人类学家有时也能通过发掘未受干扰的遗址而取得重大发现。[26]

把一切都放在背景中

从我们的讨论中，你可能已经获得了这样的印象：考古学家和古人类学家将人工制品、生态物、化石和遗迹作为单独的对象进行分析，它们彼此分离。然而这并非事实。实际上，把这些材料放在一起研究才是考古学和古人类学的真正意义所在。**背景**说明了人工制品和其他材料如何以及为什么相关。人工制品、生态物、化石和遗迹本身可能是美丽或有趣的，但只有当它们与遗址上发现的其他材料放在一起时，我们才能"阅读"并讲述过去的故事。

为了说明这一点，让我们来设想一组分别被发现的字母：A、E、G、I、M、N、N。它们按字母顺序排列，就好像有的博物馆会把一组美丽的人工制品按大小顺序排列一样。这样排列能告诉我们些什么吗？不能。如果我们知道这些字母之间的关系呢？例如，如果我们知道 M 是第一个被发现的字母，M 的旁边是 A 和 E，但 E 先被发现，然后才是 A，接着，人们在 E 和 I 之间发现了一个 N，又在 I 和 G 之间发现了另一个 N，这时会怎么样呢？知道这些字母被发现的背景，我们就能知道这些字母应该这样排列：MEANING。而意义正是由背景赋予人工制品、生态物、化石和遗迹的。

确定过去证据的年代

将人工制品和其他材料放入背景，至关重要的一步是将它们按时间顺序来排列。例如，要重建灵长目动物的进化史，就必须知道灵长目动物化石的年代。曾经，相对年代测定法是唯一可用的方法。在过去的半个世纪里，绝对年代测定法取得了重要的进展，其中包括确定灵长目动物进化最早阶段年代的技术。**相对年代测定法**用于测定一个样本或沉积物相对于另一个样本或沉积物的年代。**绝对年代测定法**，或称**测时年代测定法**，用于测定样本或沉积物的年代。

发展最早的，也是最常用的相对年代测定法以**地层学**为基础，研究不同的岩石或土壤结构是如何在连续的层或地层中形成的（见图 3-1）。老层通常比新层更深或更低。指标人工制品或生态物被用来建立地层序列，以确定新发现的地层的相对年代。**指标人工制品或生态物**是一些人类制造的物品或动植物的遗存，它们或是在短时间内广泛传播，或是消失或变化得相当快。在世界上不同的地区，不同的人工制品和生态物被用作相对年代的指标。在非洲，大象、猪和马在建立地层序列方面尤其重要。图 3-1 为发现

26. Isaac 1997.

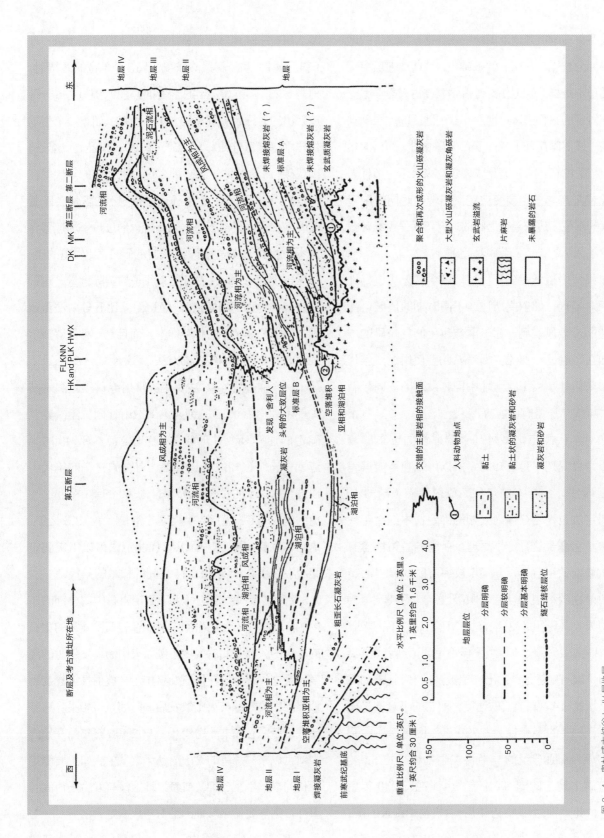

图 3-1 奥杜威主峡合 I—IV 层地层

注意这四层地层是多么复杂——每一层都有许多层土壤和岩石。指标化石，特别是猪的化石，还有一系列钾-氩年代的测定，使研究人员能够确定该遗址的四个主要地层，它们对应于人类主导的四个主要时期（经剑桥大学出版社许可转载，版权 © 1965 年）（资料来源：Leakey 1965）

早期人类化石的重要遗址奥杜威峡谷地层。这里的地层划分部分建立在猪化石的基础上。[27] 连续地层中猪的种类是不一样的，这使得考古学家或古人类学家能够根据发现的猪种来区分地层。一个地区的地层确立后，同一或不同遗址上两种不同化石或遗迹的相对年代就由相关的指标人工制品或生态物来表示。指标人工制品或生态物的主要变化定义了地质时期的纪元和更大的单位。这些单位之间的边界年代是用绝对年代测定法估计的，下一节将对此进行描述。

如果一个遗址受到干扰，地层学就无法很好地确定相对年代。如前文所述，不同时期的遗骸可能被水冲刷或被风吹到一起。滑坡也可能将较早的一层叠加在较晚的一层上。尽管如此，使用绝对年代测定法来估计在受干扰遗址中同时发现的不同化石的相对年代，还是有可能的。

绝对年代测定法多是基于放射性同位素的衰变。因为衰变速率是已知的，所以可以在可能误差的范围内估计出样本的年代。**放射性碳（碳-14）年代测定法**也许是最广为人知的确定样本绝对年代的方法。它基于这样一个原理：所有的生物都含有一定数量的放射性碳。氮-14 被宇宙射线轰击后产生的放射性碳被植物从空气中吸收，然后被吃植物的动物吸收（见图 3-2）。有机体死亡后就不再吸收任何放射性碳。碳-14 以缓慢但稳定的速度衰变（衰变指的是碳-14 每分钟发出一定数量的 β 射线），然后还原为氮-14。碳衰变的速度，即它的**半衰期**是已知的：碳-14 的半衰期为 5 730 年。换句话说，有机物中碳-14 原含量的一半将在生物体死亡 5 730 年后分解，剩下的碳-14 中有一半将在 5 730 年后分解。依此类推，大约 5 万年后，有机物中剩余的碳-14 含量将小到无法进行可靠的年代测定。

为了发现一个有机体的死亡时间，也就是通过确定这个有机体还剩下多少碳-14 来确定其年代，我们要么计算每克物质每分钟放射出的 β 射线的数量，

要么用粒子加速器测量样本中碳-14 的实际含量。现代碳-14 每克材料每分钟放射出 15 个单位的 β 辐射，但是 5 730 年（碳-14 的半衰期）前的碳-14 每分钟放射出的射线只有现在的一半。所以，如果一个生物体样本每克每分钟发出 7.5 个单位的 β 辐射，这只是现代碳-14 辐射的一半，那么这个生物体的年代就在 5 730 年前。同样，由于样本中碳-14 的含量会随着时间的推移而缓慢下降，因此可以通过粒子加速器将样本中的原子按重量分开（较轻的碳-12 比较重的碳-14 加速得更快），并测量每个原子的实际含量。这种方法被称为加速器质谱法（AMS），比 β 辐射法更精确，只需要非常小的材料样本，而且是一种能够测定长达 8 万年的标本年代的方法。[28]

另一种基于放射性衰变的常用绝对年代测定技术使用钾-40（^{40}K），钾元素的放射性同位素，其以确定的速率衰变并形成氩-40（^{40}Ar）。钾-40 的半衰期是一个已知的量，所以含有钾的材料的年代可以通过钾-40 的量和它所含的氩-40 的量来测量。[29] 放射性钾（钾-40）的半衰期非常长，为 13.3 亿年。这意味着**钾-氩（K-Ar）年代测定法**可以用来测定距今在 5 000 年到 30 亿年之间的样本的年代。

钾-氩年代测定法可用于测定岩石中富含钾的矿物的年代，而不是用来测定可能在岩石中发现的化石的年代的。非常高的温度，例如火山活动发生时的温度，会把材料中的任何原始氩排走。放射性钾衰变后积累的氩的数量与火山爆发后的时间直接相关。这种年代测定法在东非十分有用，自 2 400 万年前开始的中新世以来，那里的火山活动频繁发生。如果要测定年代的材料不富含钾，或者该地区没有发生任何高温事件，则需要使用其他的绝对年代测定方法。

钾-氩年代测定法的一个问题是必须在不同的岩石样品上测量钾和氩的含量，研究人员必须假设钾和氩在某一特定地层的所有岩石样品中分布均匀。研究人员通过开发**氩-40/氩-39 测年法**解决了这个

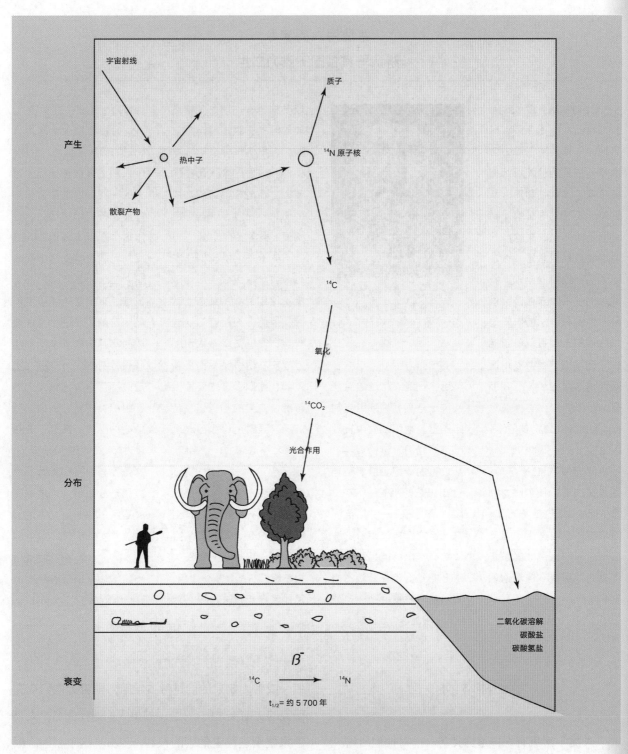

图 3－2 碳-14 的循环（资料来源：Taylor and Aitken 1997）

问题。在测量了氩-40 的量后，用核反应堆将另一种氩-39 转化为钾，这样就可以从同一样本中测量钾氩比。[30]

　　绝对年代测定还有许多其他方法，事实上，新方法在不断开发中。

27. Leakey 1965, 73～78.
28. F. H. Brown 1992.
29. Gentner and Lippolt 1963.
30. F. H. Brown 2000, 225.

辨认马其顿国王腓力二世

迈索内之围（the siege of Methone）进行得很顺利，马其顿国王腓力二世——在公元前4世纪把马其顿（今希腊北部）从分裂的王国变成了统治希腊世界的强权的男人——决定检查攻城装备。这是一个几乎致命的错误。城墙上的一名敌方弓箭手射中了他的右眼。箭牢牢地扎进他的上颌骨，导致他的眼球塌陷，腓力被迅速带到围城线的后方，在那里，一位名叫克里托波洛斯（Kritoboulos）的著名医生拔出了箭和他的眼睛，开始治疗那可怕的伤口。克里托波洛斯救了腓力的命，但腓力却永远毁容了，而且显然在心理上也留下了创伤——据说他光是听人提到"眼睛"这个词就会感到疼痛。

马其顿的腓力二世的石像
（图片来源：IZ' Ephorate of Prehistoric and Classical Antiquities）

在腓力受伤2 300多年后，一组火化过的骨头从位于马其顿中部维吉纳的王室墓地第二墓中发掘出来。它们是谁的骨头？从坟墓的情况可以清楚地看出，它们属于一位贵族，而且是一位重要人物，但究竟是谁呢？这些骨头有几个可能是线索的奇怪特征。首先，脸右侧的骨头似乎扭曲了，可能还萎缩了——这是焚烧造成的吗？右眼眼窝明显受损，但损伤是什么时候发生的？这是这个人死亡的原因，还是在他死后造成的伤害？显然，这些都是法医人类学家的问题。

英国一个由解剖学家和考古学家组成的小组承担了鉴定骨头的任务。首先，他们仔细检查了这些骨头，发现焚烧不太可能造成左右两侧头骨的显著差异，因此，这些差异很可能是生前的一些伤害造成的。眼窝上边缘的一个大洞和下眼窝的一个裂缝，显示出这种损伤的证据。这些已经治愈多年，因此肯定不是死亡的原因。当时的结论是，这些骨头显然属于一名男子，他在失去右眼、右脸受重伤之后，又过了许多年才去世——就像腓力一样。

间接证据表明这些火化过的骨头是腓力二世的，但人们怎么能确定呢？腓力的一些画像是在古代制作的，研究小组认为，还原这个在第二墓中的人的面部可能是将这些骨头与腓力二世联系起来的最后证据。事实证明还原工作是困难的。受伤和焚烧造成的不寻常的解剖结构使颅骨重建成为一项挑战。法医不仅要重建骨头上的软组织，还要尝试模拟死亡前的损伤。最后，一张经过精心还原的脸出现了，这张脸与现存的腓力二世肖像十分相似。这是拼图的最后一块。马其顿的腓力二世被发现了。

（资料来源：Musgrave, Neave, and Prag 1984; Prag 1990.）

人类学研究的伦理

人类学家负有许多道德义务——对他们所研究的人，对他们的人类学同事，对公众和世界，甚至对他们的雇主、他们自己的国家和研究对象所在的国家，也都负有道德义务。但是，人类学家一致认为，如果伦理义务之间发生冲突，最重要的义务是保护他们所研究的人的利益。根据职业的伦理规范，人类学家应该把和研究相关的内容告诉田野点的人们（或者，如果他们是考古学家，则告诉他们正在研究的史前人类的后代），如果人们选择匿名，人类学家就应该尊重他们的权利。[31] 由于这个原因，报道人经常被化名或使用假名，许多人类学家已经将这一原则扩展到为社区使用假名。但是，在很多情况下，为社区编一个假名字的决定是值得怀疑的。[32] 首先，人类学家往往"引人注目"，对任何感兴趣的人来说，弄清他们在哪里生活和工作都不难。人类学家可能需要获得政府的研究许可，这意味着政府知道人类学家将在哪里进行田野调查。其次，被研究的人经常为他们的家乡和风俗感到自豪，如果他们的社区被用其他名字来称呼，他们可能会觉得受到了侮辱。再次，重要的地理信息对于了解社区通常是至关重要的。你必须说明它是位于两条主要河流的交汇处，还是该地区的贸易中心。最后，如果社区被用假名掩盖，未来的人类学家就可能很难进行后续研究。当然，如果一个社区真的处于危险之中，那么毫无疑问，人类学家有义务保护它。

对社会大众和对被观察的群体而言，做出诚实、客观的报道也是人类学家的义务。但是，假如一个对于被观察的社区而言是完全合理的习惯或特征被外人认为是令人反感的，那该怎么做？此类习俗的范围很广，包括杀婴这样在外人看来是犯罪的行为，以及像吃狗肉这样可能引起外人反感的行为。考古学家提出的证据表明，在古代人类中存在食人行为，这引起了人们的愤慨。[33] 人类学家可能认为公开信息会给相关群体带来伤害。当金·希尔（Kim Hill）和玛格达莱娜·乌尔塔多（Magdalena Hurtado）意识到他们在南美洲研究的群体中杀婴率很高时，他们就面临着这种情况。他们不想夸大自己的发现，也不想掩饰。在与社区领袖会面讨论情况后，他们同意不以西班牙语发表调查结果，以尽量减少当地媒体或邻近团体得知他们的调查结果的可能性。[34]

一些日常的决定，例如怎样为占用人们的时间做出补偿，也不容易做出。如今，许多（甚至大多数）报道人都希望得到报酬或礼物。但在人类学研究的早期，在一些地方，钱并不是当地经济的重要组成部分，付钱给人的决定并不是一个明确的伦理选择。如果钱是稀缺的，那么给报道人钱就会增加钱在当地经济中的重要性。即使是非金钱的礼物也会加剧不平等或引发嫉妒。然而，不采取任何补偿措施似乎也不对。一些人类学家会考虑其他的做法，

比如找到一些他们可以提供帮助的社区项目——这样，每个人都能受益。这并不是说人类学家必然是社区的负担。人们往往喜欢谈论自己的习俗，他们可能希望别人欣赏自己的生活方式。人类学家通常很有趣。他们可能会问一些"滑稽"的问题，当他们试图说或做一些习俗上的事情时，他们经常会弄错。每一位人类学家大概都在田野中被嘲笑过。

考古学家在进行研究或报告其研究结果时，必须始终注重职业伦理。考古学不只是简单地描述过去的文化，它还有可能对生活在当代的族群产生深刻的影响。例如，许多人认为考古学家挖掘、清理和保存自己祖先遗骸的做法是无礼的。因此，考古学家必须对他们研究对象的后代的愿望和信仰保持敏感。此外，艺术和文物收藏者对一些古代文化的人工制品有巨大的需求，如果考古学家不注意如何以及向谁报告他们的发现，考古发现可能会导致难以控制的掠夺行为。例如，在中国的一些地区，对古代墓地的大规模洗劫之所以发生，是因为新的考古发现使得中国文物越来越受到收藏家的欢迎，因此对那些能够发现它们的人来说，文物意味着越来越高的价值。[35]

虽然考古学家有道德责任与后代群体进行磋商，并对如何报道考古发现保持谨慎，但考古学家也有道德责任向公众展示他们的工作成果。公布考古成果能提升公众对过去和历史保护的重要性的认识。如果人们知道考古记录的重大价值，他们就不太可能去破坏它，也不太可能去支持那些为了个人利益而破坏它的人。当然，考古学家发掘遗址时，也难免破坏遗址中的一些人工制品、生态物、化石和遗迹。但是，他们也会留下一些遗址不去发掘，

31. American Anthropological Association 1991.
32. Szklut and Reed 1991.
33. Lambert et al. 2000, 405.
34. Hill and Hurtado 2004.
35. Waldbaum 2005.

考古学家必须意识到他们的工作对后代群体的影响。例如，许多人认为挖掘他们祖先的遗骸是一种冒犯（图中文字意为"重新安葬我的祖先"）
（图片来源：Lincoln Journal Star/AP Wide World Photos）

这是为了（至少部分）保存它们，以待将来调查。为了抵消他们造成的部分破坏，考古学家有伦理上的义务去公布他们的研究成果。因此，报告考古研究结果在考古研究和考古伦理中都很重要。

小结

1. 科学家们试图实现两种解释——关联（两个或多个变量之间观察到的关系）和理论（对关联的解释）。

2. 理论比关联更复杂。理论中的某些概念或含义是不可观测的，关联则完全建立在观察的基础上。

3. 理论永远不能被绝对肯定地证明。理论的一些意涵和衍生的假说可能无法被将来的研究证实，这种可能性总是存在的。

4. 一个理论可以通过证伪的方法被拒斥。科学家以理论正确为假设前提衍生出一些预测。如果这些预测被证明是错误的，科学家们就不得不认为这个理论可能有问题。

5. 为了做令人满意的检验，我们必须在操作上详细说明我们如何测量与我们期望存在的关系相关的变量，以便其他研究人员复制或重复我们的结果。

6. 检验预测时应使用具有代表性的样本。获得有代表性样本最客观的方法是随机抽取样本。

7. 检验结果由统计学方法评估，并将概率值赋给结果。这些值使我们能够区分结果更有可能是正确的还是仅仅出于偶然。

8. 人类学家使用几种不同的方法进行研究。每种方法在生成和检验解释方面都有一定的优缺点。人类学研究的类型可以根据两个标准分类：研究的空间范围（分析单个案例，分析一个区域中的多个案例，或分析世界范围的案例样本），以及研究的时间范围（历史与非历史）。案例可能是社会、考古传统、语言、遗址或物种。在文化人类学中，基本的研究方法是民族志田野调查和民族史学、历史和非历史的区域对照比较、历史和非历史的跨文化研究。

9. 考古学家和古人类学家研究过去时，有四个基本的证据来源：人工制品、生态物、化石和遗迹。人工制品是人类制造的任何物品。生态物是人类使用或改变的自然物。化石是古代动植物的遗存。遗迹是无法从考古遗址中移除的人工制品。

10. 考古遗址是关于过去的证据被埋葬和保存的地方。人们可以通过徒步踏查或遥感发现遗址，发掘出人工制品、生态物、化石和遗迹。发掘的关键是对背景（人工制品、生态物、化石和遗迹之间的关系）的保护。

11. 通过对考古材料的分析可以获得大量的信息，但材料本身并不是分析的重点。使考古学家或古人类学家能够了解过去的，反倒是人工制品、生态物、化石和遗迹之间的相互关系。

12. 将考古材料放在背景中考虑，关键的一步是准确地确定材料的年代。人们使用了许多种测年方法。相对年代测定技术测定考古材料相对于其他已知年代材料的年代。绝对年代测定技术测定考古沉积物或材料本身的年代。

13. 伦理对所有人类学家都很重要。人类学家必须将自己的工作和目的告知他们正在研究的人（或者如果他们正在研究一种考古文化，则是他们的研究对象的后代）。人类学家必须确保他们的工作没有危害，并确保与他们一起工作的人的机密性受到保护。

第二部分　人类进化

第四章

遗传学与进化

天文学家们估算出宇宙已经存在了 150 亿年左右，偏差在正负几十亿年。为了让这段令人敬畏的历史更容易理解，卡尔·萨根（Carl Sagan）设计了一个日历，将这段时间压缩为一年。[1] 萨根以 24 天代表 10 亿年，1 秒代表 475 年，按照这个比例，从 1 月 1 日的"宇宙大爆炸"，即宇宙的起源开始，直到 5 月 1 日，银河系才诞生。在这个系统中，9 月 9 日是太阳系形成的日子，地球上的生命起源于 9 月 25 日。12 月 31 日晚 10:30，第一批类人的灵长目动物才终于出现。萨根对历史的压缩呈现，为我们比较人类存在的短时间跨度与宇宙的总时间跨度提供了一种简易的方法。在 12 个月的时间里，类人生物只存在了大约 90 分钟。在这本书中，我们关注的是那一年最后几个小时里发生的事情。

大约在 5 500 万到 6 500 万年前，第一批灵长目动物出现了。它们是所有现存灵长目动物的祖先，包括猴子、猿和人类。早期灵长目动物是否生活在树上无法确定，但它们有灵活的手指，能够抓东西。后来，大约 3 500 万年前，第一批猴子和猿类出现了。大约 1 500 万年前，在猴子和猿类出现大约 2 000 万年之后，人类直接的类人猿祖先可能出现了。大约 400 万年前，第一个类人生物出现了。现代长相的人类大约在 10 万年前才进化出来。

我们如何解释人类的生物和文化进化？灵长目动物的出现、人类及其文化进化的细节将在后面的章节中详细介绍。在这一章中，我们将重点讨论现代进化论是如何发展的，以及它的解释在历史发展中如何变化。

1. Sagan 1975.

自然选择的原则

在"人类学理论史"一章中，我们讨论了查尔斯·达尔文和进化论的发展。我们注意到，达尔文并不是第一个从进化论的角度看待新物种产生的人，但他最先为进化的发生方式提供了一个全面的、证据充分的解释——自然选择。自然选择是随时间推移增加适应性性状的主要过程。自然选择的运作涉及三个条件或原则。[2] 第一个是变异或差异：每个物种都是由各种各样的个体组成的，其中一些个体比其他个体更能适应环境。多样性很重要，没有它，自然选择就没有任何依据；没有变异或差异，就不会有一种特性优于另一种特性的情况。自然选择的第二个原则是遗传可能性：至少在某种程度上和以某种方式，后代从亲代那里继承到一些特性。自然选择的第三个原则是差别化的繁殖成功率：因为适应性较强的个体通常能比适应性较弱的个体在几代内产生更多的后代，出现适应性性状的频率会在它们的后代中逐渐增加。当生物特性或地理障碍的变化导致种群的繁殖发生阻隔时，将会产生一个新的物种。

当我们说某些性状是适应性的或有优势的，我们的意思是它们在特定环境中会带来更高的繁殖成功率。"特定环境"一词非常重要。尽管随着时间的推移，一个物种可能会更适应特定的环境，但我们不能说，一个适应其环境的物种比另一个适应不同环境的物种"更好"。例如，我们可能认为自己比其他动物"更好"，但人类显然比鱼类更不适应生活在水下，比蝙蝠更不适应捕捉飞虫，比浣熊更不适应生活在郊区的垃圾堆中。

尽管自然选择理论表明，不利或不利于适应的特性通常会减少，甚至最终消失，但这并不一定意味着所有这样的特性都会消失。毕竟，物种源自具有特定结构的先前形态。这意味着并非所有的改变都是可能的；这也意味着一些特性与其他特性相关联，而那些特性的优点可能大于缺点。窒息对任何动物来说都是非常不利于适应的，然而所有脊椎动物都有窒息的能力，因为它们的消化系统和呼吸系统在喉咙里交叉。这种特性是一种遗传的遗产，可能是从一些祖先有机体的消化系统组织发展出呼吸系统的时候开始的。显然，窒息的倾向是无法通过进化纠正的。[3]

当环境发生变化或某个物种的部分成员进入新环境时，这个物种也可能发生变化。随着环境的变化，不同的特性变得更具适应性。具有更多适应性特征的物种形态将会变得更多，而有些物种形态的特征会使其在变化的环境中更难甚至无法继续生存，那么这些物种形态将最终消失。

我们可以看一下自然选择理论是如何解释长颈

鹿的长脖子的。最初，长颈鹿的脖子长短不一，就像种群中几乎所有个体的生理性状都有差异一样。在食物匮乏的时期，那些脖子较长的长颈鹿可以够到较高的树叶，也许能够更好地生存和哺育后代，因此它们会比脖子较短的长颈鹿留下更多的后代。由于遗传的原因，脖子长的长颈鹿的后代更有可能有长脖子。最终，脖子短的长颈鹿的数量会减少，脖子长的长颈鹿的数量会增加。由此产生的长颈鹿种群在脖子长度上仍然会有个体差异，但平均而言脖子会比以前的种群更长。

自然选择并不能解释特征频率的所有变化。特别是，它没有解释中性特征频率的变化——中性特征指似乎没有给其携带者带来任何优势或劣势的特征。中性特征频率的变化可能是由影响孤立种群基因频率的随机过程——遗传漂变——或种群间的交配——基因流——造成的。我们将在本章后面讨论这两种过程。

自然选择的观察案例

自然选择是一个我们可以在当今世界上看到的过程。这是一个已经在实验室和自然界中被研究过的过程，而且大多数科学家认为这个过程已经得到了充分理解。然而，正如所有的科学努力一样，随着人们获得新信息，理解也会发生增进和变化。我们今天对自然选择的理解与达尔文最初提出的有很大的不同。一个半世纪的研究极大地增加了达尔文理论无法忽视的信息，而且出现了全新的领域，比如群体遗传学。有了这些新信息，我们就知道了达尔文没有意识到的一些事情。例如，很明显，自然选择并不总是一个连续的过程，而是可能走走停停和出现跳跃。达尔文当初提出的理论已经发生了变化，而且随着新研究的完成还在发生变化，但这并不意味着达尔文是错的，只是说，达尔文的思想是不完整的。我们的知识日复一日地积累，我们对自

然选择的理解也越来越全面。由于自然选择的过程可能涉及几代人之内几乎无法察觉的渐变，因此通常很难直接观察到。然而，由于一些生命形式繁殖迅速，在不断变化的环境中，一些自然选择的例子在相对较短的时间内可以被观察到。

例如，科学家们认为他们已经在英国飞蛾身上观察到了自然选择的作用。1850 年，一只几乎是黑色的蛾子首次在曼彻斯特被发现。这很不寻常，因为当时大多数蛾子都是斑驳的灰色。一个世纪后，英国工业地区 95% 的飞蛾是黑色的，而只有在农村地区的蛾子才大多是灰色的。这怎么解释呢？情况似乎是这样的：在农村地区，灰斑蛾落在树皮上的地衣上时，很难被鸟类捕食者发现；但是在工业地区，地衣因污染而消损殆尽。这些带有灰色斑点的蛾子一度很好地适应了它们的环境，而如今在没有地衣的树木的深色背景下却变得清晰可见，更容易成为鸟类的猎物。相比之下，以前不适应浅色树皮环境的深色蛾子，则能在新的环境中生存下去。它们的深色成了一种优势，后来深色蛾子成为工业地区的主要品种。

我们怎么能确定自然选择是造成这种变化的机制呢？一致的证据来自 H. B. D. 凯特尔韦尔（H. B. D. Kettlewell）所做的一系列实验。他将带有特殊标记的黑色和灰色飞蛾释放到英格兰的两个地区（一个城市工业地区和一个农村地区），然后设置灯光陷阱来捕捉它们。捕回的两种飞蛾的比例让我们看到了不同的生存方式。凯特尔韦尔发现，在城市工业地区，捕回的黑蛾比灰蛾更多，农村地区的情况恰恰相反，从比例上来看，捕回的灰蛾更多。[4] 最近有人对凯特尔韦尔实验过程的合理性提出了疑问。[5] 然而，这一基本结论在随后的研究中同样得到了证实。[6]

---

2. Brandon 1990, 6 - 7.
3. G. Williams 1992, 7.
4. J. M. Smith 1989, 42 - 45.
5. Hooper 2002.
6. Grant 2002.

同样的转变也发生在其他 70 种蛾类，以及甲虫和千足虫等物种中。这种转变不仅发生在英国，也发生在其他污染严重的地区，包括德国的鲁尔地区和美国的匹兹堡地区。此外，在匹兹堡地区发现，过去 50 年的反污染措施明显导致黑蛾的数量再次减少。[7]

飞蛾这个例子体现的自然选择类型被称为**定向选择**（directional selection），因为某个特征似乎受到积极的偏爱，并且平均值随着时间的推移向适应性特征转移。但是，还有一种类型叫**常态化选择**（normalizing selection），在这种类型的选择中，平均值不变，但是自然选择消除了极端情况。婴儿的出生体重就是一个例子。非常低的出生体重和非常高的出生体重都是不利的，将不被选择。定向选择和常态化选择都假定自然选择要么有利于基因，要么不利于基因，但还有第三种可能性——**平衡选择**（balancing selection）。当等位基因的杂合（不同的）组合得到肯定的支持，而纯合（成对的基因是相同的）组合则不被选择时，平衡选择就发生了。在第五章中，我们将讨论一个明显涉及平衡选择的性状——镰状细胞贫血，这是在有西非血统的人和其他人群中发现的。

另一个观察到的自然选择著名例子是家蝇对杀虫剂滴滴涕（DDT）的获得性抗性。从 20 世纪 40 年代开始，滴滴涕被用来杀死昆虫，而后家蝇进化出了几种新的耐滴滴涕品种。在早期使用滴滴涕的环境中，许多家蝇被杀死，但存活下来的家蝇得以继续繁殖，它们的抗性性状逐渐在家蝇种群中变得普遍。令医务人员困扰的是，细菌也有类似的耐药性。某一种抗生素在广泛使用后可能会因为新的耐药菌株的出现而失效。由于自然选择，这些新菌株将比原来的菌株更常见。如今在美国，有一些菌株对市面上所有的抗生素都有耐药性，这一事实让医生们感到担忧。想要解决这个问题，一个可能的方法是停止使用抗生素几年，这可能会让对这些抗生素的

耐药性停止发展或只是缓慢发展。

自然选择理论回答了许多问题，但它也提出了至少一个达尔文和其他人都没有解决的问题。有益性状的出现可能有助于生物体的生存，但当生物体与不具有这种新变异特征的物种成员交配、繁殖时，会发生什么呢？如果后代与缺乏这种特质的个体交配，这种新的适应性特征最终会不会消失？达尔文知道变异是通过遗传传递的，但他没有提出明确的遗传模式模型。孟德尔在遗传学方面的开创性研究为这种模型提供了基础，但他的发现直到 1900 年才被广泛知晓。

遗传

孟德尔的实验

格雷戈尔·孟德尔（Gregor Mendel, 1822—1884）是一名修士，也是业余植物学家，他生活的地区现在属于捷克共和国。他培育了几种豌豆植株，并对它们的后代进行了详细的观察。他选择只有一种明显性状不同的植物来杂交，例如，高大的植株与矮小的植株杂交，结黄色豌豆的植株与结绿色豌豆的植株杂交。

将结黄色豌豆植株的花粉传到结绿色豌豆的植株上后，孟德尔观察到一个奇怪的现象：所有的第一代后代都长出了黄色的豌豆。绿色的性状似乎消失了。但是，第一代的种子杂交后，同时产生了结黄色和绿色豌豆的植株，黄色和绿色的比例为三比一（见图 4-1）。孟德尔推断，绿色性状可能并没有消失或改变；黄色性状为**显性**，绿色性状为**隐性**。孟德尔在其他性状上也观察到了类似的结果。相对于矮，高的性状是显性；相对于皱粒，圆粒的性状是显性。在每一个杂交品种中，三比一的比例都在第二代出现。然而，自体受精却产生了不同的结果。结绿色豌豆的植株总是产生结绿色豌豆的植株，而

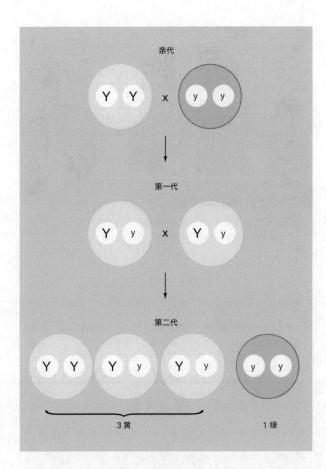

图 4-1 当孟德尔将一株有两个黄豌豆基因的植株（YY）与一株有两个绿豌豆基因的植株（yy）杂交时，每个后代的豌豆都是黄色的，但同时携带一个黄豌豆基因和一个绿豌豆基因（Yy）。豌豆是黄色的，因为黄色的基因是显性的，绿色的基因是隐性的。将第一代杂交植株再次杂交，就产生了三种结黄色豌豆的植株与一种结绿色豌豆的植株

矮的豌豆植株总是产生出矮的豌豆植株。

从数值结果，孟德尔得出结论，一些结黄色豌豆的植株是纯的（纯合的），而另一些结黄色豌豆的植株也带有结绿色豌豆的因素（杂合的）。也就是说，虽然两种植株长出的可能都是黄色的豌豆，但其中一种植株的后代可能结出绿色的豌豆。在这种情况下，基因组成，即**基因型**，不同于可观察到的外观，即**表型**。

基因：遗传性状的传递者

孟德尔的遗传单元就是我们现在所说的**基因**。他的结论是，对于每一种性状，这些单元都是成对出现的，后代从亲代双方各继承一对单元中的一个。基因对中的每一个基因都被称为**等位基因**。如果一

个性状的两个基因或等位基因是相同的，那么这个生物体的该性状就是**纯合**的；如果某一性状的两个基因不同，那么这个生物体的该性状是**杂合**的。含有一对黄色基因的豌豆植株是这种性状的纯合子。一种结黄色豌豆的植株，其显性基因为黄色，隐性基因为绿色，尽管表型为黄色，但具有杂合基因型。孟德尔证明，隐性绿色基因可以在后代中重新出现。但是孟德尔并不知道基因的组成，也不知道基因从亲本传到后代的过程。此后多年的科学研究已经让我们获得了许多当时未知的信息。

高等生物体（不包括细菌和原始植物，如蓝藻）的基因位于该生物体每一个细胞的细胞核内被称为**染色体**的绳状体上。染色体和基因一样，通常成对出现。每个特定性状的等位基因都由相应染色体在相同位置携带。例如，决定孟德尔实验中豌豆颜色的两个基因在一对染色体上是相对的。

有丝分裂和减数分裂

每一种植物或动物的体细胞都携带着与其物种相应的染色体对。人类有23对染色体，即46条染色体，每对染色体都携带着数倍的基因。每一个新的体细胞在细胞繁殖或**有丝分裂**过程中都会接收到这个数目的染色体，因为每对染色体都是自我复制的。

但是，当精细胞和卵细胞结合形成一个新的有机体时会发生什么呢？是什么阻止人类婴儿接收到两倍于其物种染色体数量的染色体——从精子获得23对，从卵子获得23对？生殖细胞形成的过程中，**减数分裂**确保了这不会发生（见图 4-2）。每一个生殖细胞含有该物种染色体数目的一半。每个卵子或精子只携带染色体对中的一条。在受精过程中，人类胚胎通常从母亲那里得到23条染色体，从父亲那里得到相同数量的染色体，加起来就是23对染色体。

7. Devillers and Chaline 1993, 22 – 23.

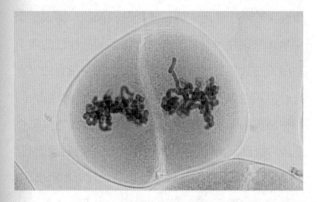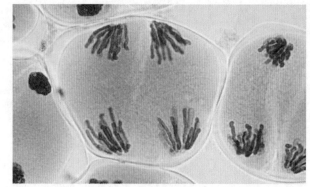

植物细胞的减数分裂。左图显示的是中期。请注意染色体（染成暗红色）是如何靠在一起，甚至是重叠在一起的。右图显示的是后期，此时染色体分离，细胞准备分裂（图片来源：© Clare A. Hasenkampf/Biological Photo Service）

DNA

正如前文所说，基因位于染色体上。每个基因都携带在其化学结构中编码的一组指令。正是从这些携带在基因中的编码信息中，一个细胞制造了它所有其余的结构部件和化学机制。看来，在大多数生物体中，遗传都是由 DNA（脱氧核糖核酸）这种化学物质控制的。人们进行了大量研究以了解 DNA——它的结构是什么，它在繁殖过程中是如何自我复制的，以及它是如何传达或指导一个完整有机体的形成的。

理解人类发展和遗传学最重要的关键之一是 DNA 的结构和功能。1953 年，美国生物学家詹姆斯·沃森（James Watson）和英国分子生物学家弗朗西斯·克里克（Francis Crick）提出，DNA 是一种长的双螺旋状的双链分子（见图 4-3）。遗传信息存储在碱基的线性序列中；不同的物种有不同的序列，每个个体与其他个体略有不同。注意，DNA 分子中的每个碱基都有相同的相对碱基；腺嘌呤和胸腺嘧啶配对，胞嘧啶和鸟嘌呤配对。这种模式的重要性在于，两条链携带相同的信息，因此，当双螺旋展开时，每条链都可以形成一个模板，用于新的互补碱基链。因为 DNA 储存了构成有机体细胞所需的信息，所以它被称为生命的语言。正如乔治

（George）和穆丽尔·比德尔（Muriel Beadle）所说：

> DNA 密码的破译揭示出我们拥有比象形文字古老得多的语言，和生命本身一样古老的语言，一种最为鲜活的语言——尽管它的字母是无形的，但它的单词都深埋在我们身体的细胞中。[8]

人们了解到基因是由 DNA 构成的之后，就开始齐心协力地绘制 DNA 序列及其在不同生物体染色体上的位置。一个名为人类基因组计划的项目旨在绘制完整的人类基因图谱。2000 年 7 月，人类基因组的初步绘制完成。[9] 这是一个重大的成就，让我们在理解遗传密码的功能方面取得了一些突破。[10] 例如，研究人员最近的报告发现，有两种基因似乎对疟疾具有部分抗性，但不具有镰状细胞基因的破坏性影响。这些新发现的基因似乎是不久前才进化出来的，也许进化只是发生在几千年前。如果研究人员能够发现这些基因帮助其携带者抵御疟疾的方式，将有助于医学界发现预防或治疗这种毁灭性疾病的方法。[11]

---

8. Beadle and Beadle 1966, 216.

9. Golden et al. 2000; Hayden 2000; Marshall 2000; Pennisi 200; Travis 2000.

10. Daiger 2005.

11. Olsen 2002.

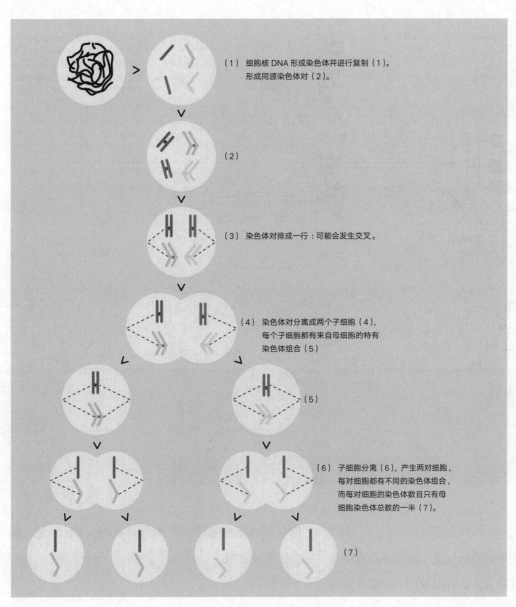

(1) 细胞核 DNA 形成染色体并进行复制（1）。
形成同源染色体对（2）。

(2)

(3) 染色体对排成一行：可能会发生交叉。

(4) 染色体对分离成两个子细胞（4），
每个子细胞都有来自母细胞的特有
染色体组合（5）

(5)

(6) 子细胞分离（6），产生两对细胞，
每对细胞都有不同的染色体组合，
而每对细胞的染色体数目只有母
细胞染色体总数的一半（7）。

(7)

图 4－2 减数分裂（生殖细胞）

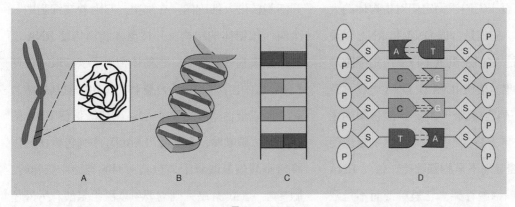

图 4－3 DNA

染色体由 DNA 构成（A），DNA 由两个螺旋的糖-磷酸骨架（B）组成，由含氮碱基腺嘌呤、鸟嘌呤、胸腺嘧啶和胞嘧啶（C）连接。
当 DNA 分子复制时，碱基分离，螺旋链展开（D）。因为腺嘌呤只能与胸腺嘧啶结合，胞嘧啶只能与鸟嘌呤结合，所以每一条
原链都是一个模板，新的互补链依着这个模板形成

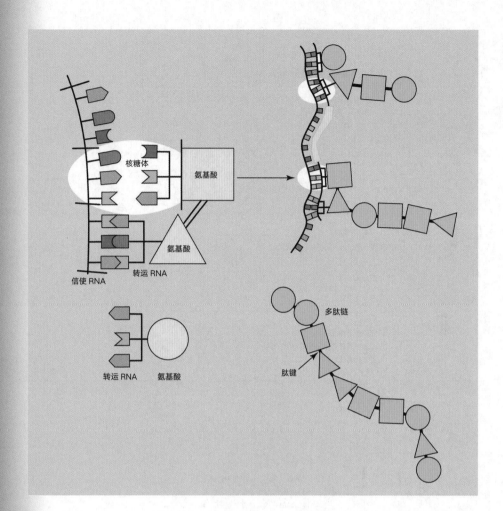

图 4-4 转译与蛋白质合成
细胞 DNA 的信使 RNA 复制体被
核糖体"读取"，核糖体将氨基酸
与相应的转运 RNA（tRNA）连接
到一个不断增长的氨基酸链（称
为多肽链，因为氨基酸通过肽键
连接在一起）上

信使 RNA

DNA 储存了制造细胞的信息，但它并不直接影响细胞的形成。**信使 RNA**（mRNA）是核糖核酸（RNA）的一种，它从 DNA 的一部分复制而来，并转移到细胞核外，以指导蛋白质的形成。蛋白质有如此多的功能，以至于人们认为它们对生物体的大部分性状都有作用。它们是合成 DNA 和 RNA 以及细胞活动的催化剂，它们还贡献了许多决定细胞形状和运动的结构元素。信使 RNA 像 DNA 一样，有一个线性的碱基序列连接到一个糖-磷酸骨架的主链上，但它们在化学上略有不同。一个区别是信使 RNA 的碱基是尿嘧啶而不是胸腺嘧啶。信使 RNA 也有一个不同的糖-磷酸骨架，它是单链而不是双链的。当双链 DNA 分子展开并形成信使 RNA 模板时，信使 RNA 就形成了。复制一段 DNA 后，信使 RNA 从 DNA 中释放并离开细胞核，DNA 的双螺旋结构被重组。

蛋白质合成

一旦信使 RNA 从 DNA 中释放出来，它就会离开细胞核进入细胞内。在那里，它附着在细胞中一个叫作**核糖体**的结构上，核糖体利用信使 RNA 上的信息来制造蛋白质。核糖体相当于"读取"信使 RNA 上的化学基，命令核糖体将特定的氨基酸结合起来形成蛋白质（见图 4-4）。例如，信使 RNA 的腺嘌呤、腺嘌呤、鸟嘌呤（AAG）序列告诉核糖体将氨基酸赖氨酸置于该位置，而腺嘌呤、腺嘌呤、胞嘧啶（AAC）序列则需要氨基酸组氨酸。另外还需要信使 RNA 的指令，告诉核糖体何时开始和何时停止构建蛋白质。因此，复制到信使 RNA 上的

谁拥有你的 DNA ？

在本章中，我们已经展示，你的 DNA 是构成你身体的蛋白质的蓝图。在某种程度上，你的 DNA 就是你自己。当你献血或做活检时，你的 DNA 会发生什么变化？它是否不再是你自己或你的蓝图？你是否将你的一部分给了出去，还是说，由于它是你的本质，你便总是控制着你的 DNA ？这些问题在伦理上变得越来越重要，因为从血液和身体细胞中提取 DNA 和对 DNA 进行测序变得更容易了，特别是因为医学研究发现，一些 DNA 来源作为设计新药的实验工具和结构非常有价值。

以海里埃塔·拉克丝（Henrietta Lacks）为例。她于 1951 年死于宫颈癌。拉克丝太太的癌症特别严重，这些癌细胞的生长速度比约翰斯·霍普金斯大学（Johns Hopkins University）的医生们此前所见过的任何人类细胞都要快。她的癌细胞样本被培养出来，由于繁殖速度非常快，一些样本又被送到了其他机构的研究人员那里，在那里它们成了数十年间医学研究的对象，促进了医学治疗研究的发展。海里埃塔·拉克丝去世半个多世纪后，她的细胞仍然存活，在每个大洲的实验室里生长，每天都与成千上万的科学家互动。这些细胞是海里埃塔·拉克丝吗？她获得了某种不朽吗？还是说，这些细胞仅仅是高毒性癌症组织的样本？值得注意的是，拉克丝太太没有允许她的细胞被以这种方式使用，这也不需要获得她的许可。在 1951 年时，和如今一样，通过手术或医疗获得的细胞被认为是提取细胞的医生或机构的财产。

人类学家玛格丽特·埃弗雷特（Margaret Everett）年幼的儿子杰克（Jack）被诊断出患有一种遗传病，后来死于这种疾病，这时，"个人的 DNA 由谁控制"就成了她研究的首要问题。尸检提取了杰克的 DNA 样本。埃弗雷特博士后来得知，这些样本正在英格兰和意大利的实验室中被使用，并且已有几篇关于它们的研究论文发表。当她谈到其中一篇文章时，说她"很快就意识到自己在细读整篇文章，在一系列表格中描述的一些样本里寻找杰克"。但是，杰克在那里吗？通过对俄勒冈州一项法律的影响进行研究，埃弗雷特博士了解到许多人也有和她一样的问题和担忧。俄勒冈州的这项法律规定，基因信息是个人财产。她发现，俄勒冈人希望控制对自己 DNA 的获取，并认为在采集样本时，需要保障被采集者的隐私并获得同意。

在非西方文化中，情况可能变得更加复杂。在美国，我们认为个人是自主和自我定义的。我们通过自己的工作和对社区的贡献进行自我创造。但正如我们将在后面的章节中看到的，你是谁不仅取决于你的工作和活动，还取决于你的亲属关系和社会阶层。在许多文化中，"你是谁"可能主要由别人来定义，而不是你自己。在这种情况下，确保隐私和同意可能意味着对整个社区的位置或身份保密，或者除了个人之外，还要获得亲属团体领袖的同意。正如埃弗雷特博士所说，"财产从来就不是一件东西——它是嵌入社会关系中的多种权利"。这一点在 DNA 所有权问题上显得格外突出。

（资料来源：Everett 2007; Landecke 2000.）

DNA 编码为核糖体构建那些组成生物体结构和驱动生命过程的蛋白质提供了所有必要的信息。

变异的来源

只有当种群中的个体发生变异时，自然选择才会发生。新的变异有两种遗传来源：遗传重组和突变。变异在种群中也有两种过程：基因流和遗传漂变。学者们最近开始考虑另一个变异的潜在来源：杂交。

遗传重组

特征由父母到孩子的遗传因孩子而异。毕竟，兄弟姐妹长得并不完全一样，也不是每个孩子都一半像母亲、一半像父亲。这种变异发生的原因是，精子或卵子形成时接收到的是成对染色体中的哪一条，这是偶然的。因此，每个生殖细胞都携带着随

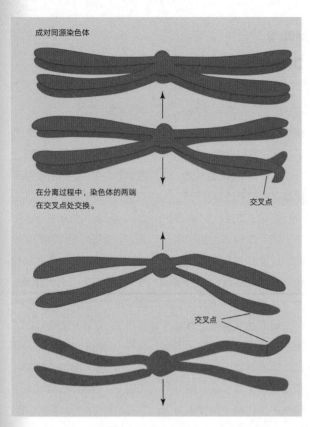

成对同源染色体

在分离过程中，染色体的两端在交叉点处交换。

交叉点

交叉点

图 4-5 交换（资料来源：Boaz and Almquist 1997）

机组合的染色体及其各自的基因。受精时，结合在一起的卵细胞和精细胞不同于母亲所携带的其他卵细胞和父亲所携带的其他精细胞。因此，父母的基因经过"洗牌"，产生了一个独特的后代。其原因之一是减数分裂中染色体的随机**分离**（segregation）。可以想象，一个人有可能获得父本和母本染色体的各种组合。亲代遗传重组的另一个原因是**交换**（crossing-over），即染色体片段在一个染色体和另一个染色体之间交换（见图 4-5）。因此，在减数分裂之后，卵细胞和精细胞不只是接受完整的父本染色体和母本染色体的随机混合物；由于交换，它们也接受了一些局部可能已被替换的染色体。

每个生物体所表现出来的性状，并不仅仅是孟德尔假设的那种显性和隐性基因组合的结果。就人类而言，大多数性状都受到许多基因活动的影响。例如，肤色是几个遗传性状的结果。偏棕的肤色来自一种叫作黑色素的色素，皮肤颜色有多深，很大程度上取决于黑色素的数量及其在皮肤层中的分布。另一个影响人类皮肤颜色的因素是位于皮肤外层的血管中流动的血液。人类携带至少 5 种能产生黑色素的不同基因，还有许多与影响肤色的其他因素有关的其他基因。事实上，人类几乎所有的身体性状都是许多基因协同作用的结果。有些性状与性别有关。X 染色体（连同 Y 染色体的存在与否决定性别）也可能携带血友病基因或色盲基因。这两个性状的表达取决于生物体的性别。

遗传重组产生的差异对自然选择的运作非常重要。然而，最终变异的主要来源是突变。在进化中，不适应的变异被自然选择排除，物种的差异性随之减少，而突变则让差异性更加丰富。突变也会在无性繁殖的生物体中产生多样性。

突变

突变是 DNA 序列的改变。这样的变化会产生一个被改变的基因。大多数突变被认为是来自组成 DNA 的化学碱基的偶然错配。正如打字员在复制手稿时会犯错误一样，DNA 在复制自身时也会偶尔改变其编码。这样的错误会导致突变。有些突变的后果比其他突变更为严重。假设误差出现在一个 DNA 链的一个碱基上。误差的影响取决于这部分 DNA 控制的是什么。如果相关产物对生物体几乎没有影响，那么误差的影响就非常小。而如果改变发生在 DNA 调控许多蛋白质生产的地方，对生物体的影响就可能是非常严重的。

尽管很难估计有害、中性或有益的突变的比例，但毫无疑问，某些突变有致命的后果。我们只能根据突变基因的物理、文化和遗传环境来讨论它的相对优缺点。例如，半乳糖血症是由隐性突变基因引起的，通常会导致智力低下和失明，但人们可以通过从小开始的饮食限制来预防发病。在这种情况下，

果蝇的一种突变导致腿长在了触角应该长在的地方。
尽管大多数突变要么是中性的，要么是有害的（就像这个），
但有些突变可以适应环境，并在种群中迅速扩散
（图片来源：Oliver Meckes/Nicole Ottawa/Photo Researchers, Inc.）

人类文化的干预可以抵消突变基因的影响，让相关个体过上正常的生活。因此，一些文化因素可以通过使有害的突变基因永久存在来改变自然选择的影响。患有半乳糖血症的人如果能够正常生活并繁衍后代，就可能将其中一种隐性基因遗传给他们的孩子，而如果没有文化的干扰，自然选择将阻止这种繁殖。通常，自然选择只保留那些有助于生存的突变。

尽管大多数突变可能不是适应性的，但适应性的突变会通过自然选择在种群中相对较快地扩散。正如特奥多修斯·杜布赞斯基（Theodosius Dobzhansky）所说的：

> 持续有用的突变在有害的突变中，就好像针在干草堆里一样，在草堆中寻针是很难找到的，即使你可以肯定它就在那里。但如果针是有价值的，那么点燃草堆，在灰烬中寻找，就更容易找到针。这个寓言中的火起到的作用，就是自然选择在生物进化中所扮演的角色。[12]

1850 年在曼彻斯特发现的黑蛾，很可能是变异的产物。如果树干是浅色的，那只蛾子或它的后代可能已经灭绝了。但是随着工业化的发展和树干颜色变深，曾经不适应环境的性状变成了适应环境的性状。

遗传重组和突变是新变异的来源，但进化生物学家也确定了另外两个重要的来源：遗传漂变和基因流。

遗传漂变

遗传漂变指的是在相对孤立的小群体中影响基因频率的各种随机过程。遗传漂变也被称为赖特效应，以遗传学家休厄尔·赖特（Sewall Wright）的名字命名，他率先注意到了这一过程。随着时间的推移，在一个小群体中，遗传漂变可能会偶然地导致一个中性或接近中性的基因出现得越来越频繁。

有一种被称为"建立者效应"（founder effect）的遗传漂变，当较大种群中的一小群生物迁移到一个相对孤立的地方时，就会发生这种效应。如果一个特定的基因在迁移群体中偶然缺失，如果这个小群体始终保持孤立，那么迁移者的后代也很可能缺乏这种基因。同样，如果最初迁移群体的所有成员都碰巧携带某个特定基因，那么他们的后代也很可能共享这种基因。物理原因可能会导致隔离，例如当一群人迁移到以前无人居住的地方而不返回时。白令陆桥原本连接起亚洲和北美洲，海平面上升后，那些跨过白令陆桥迁徙的人就难以返回了。这也许可以解释为什么美洲土著中 O 型血的比例比其他人群要高——可能碰巧 O 型血的人在第一批移民中占多数。

社会原因也会导致隔离。18 世纪初，一个被称为"登卡尔派"（Dunkers）的再洗礼派从德国移

---

12. Dobzhansky 1962, 138–140.

民到美国。这 50 个最早移民的家庭不与外人交往，这可能解释了为什么他们后代中的一些基因频率与在德国和美国普通人群中发现的不同。[13]

基因流

基因流（gene flow）是基因通过交配和繁殖，从一个种群传递到另一个种群的过程。自然选择和遗传漂变的其他过程通常会增加不同环境中种群之间的差异，而基因流的作用则趋向相反的方向——它会减少种群之间的差异。同一个基因在一个区域两端的两个种群中可能具有不同的频率，但由于基因流的作用，在位于二者之间的种群中，该基因的频率可能介于前述两个种群之间。基因频率从这一区域的一端到另一端的变化称为**渐变群**（cline）。例如，在欧洲，B 型血的分布有一个渐变群，从东到西逐渐减少。[14]

从一个区域到另一个区域，大多数由基因决定的人类性状出现的频率会逐渐变化或梯度变化。比起遥远分离的区域，邻近区域的基因频率更相似。但是，这些渐变群并不总是重合的，这使得"种族"这个概念在理解人类的生物差异时并不十分有用。[15] 我们将在关于人类变异的章节中更详细地讨论这一点。

基因流可能发生在遥远的群体之间，也可能发生在相近的群体之间。为了贸易、劫掠或定居而进行的远距离的人口流动，可能会带来基因流，但是并不总是产生基因流。

杂交

物种指的是能相互繁殖并产生可育和可存活后代的个体组成的群体。一般来说，由于基因和行为的差异，一个物种内的个体无法与另一个物种内的个体成功交配。如果不同物种的成员交配，受精通常不会发生，即使受精，胚胎也难以存活。即使这

杂交是一些植物物种变异的一个重要来源，例如这些南非勋章菊
（图片来源：Geoff Bryant/Photo Researchers, Inc.）

种交配产生了后代，后代也通常是不育的。然而，最近的研究表明，**杂交**，即从两个不同的物种中产生一个合格的后代，其可能性比以前认为的要大。杂交可能是某些种群新变异的重要来源。

达尔文将科隆群岛上的雀类作为自然选择的证据，我们在专题"进化是缓慢稳定的，还是快速突然的？"中也会提到这些雀，它们就是杂交的例子。许多雌性仙人掌地雀（*Geospiza scandens*）在严重干旱期间死亡，留下大量雄性仙人掌地雀。对配偶的争夺过于激烈，导致了一些雌性中嘴地雀（*Geospiza fortis*）与雄性仙人掌地雀交配，这在一般情况下是不会发生的。这种交配产生了具有独特性状的杂交后代。这些杂交品种，不管是雄性和雌性，都只与仙人掌地雀交配，因为它们幼鸟时期铭印了雄性仙人掌地雀的鸣叫声。最终结果是中嘴地雀的基因一次性地涌入仙人掌地雀种群，为自然选择提供了新的变异。[16]

物种起源

达尔文理论中最具争议的一点是，一个物种可以随着时间的推移进化成另一个物种。一个物种如何进化成另一个物种？这种分化能如何解释？在有共同祖先的情况下，一组生物是如何变得与另一组生物极为不同，从而构成了一个全新的物种的？如果一个物种的一个亚群处于一个完全不同的环境中，就可能发生**物种形成**。在适应各自的环境时，这两个种群可能会经历足够多的遗传变化，以至于即便恢复接触，也无法相互繁殖。许多因素可以阻止基因的交流。生活在同一地区的两个物种可能在一年中的不同时间繁殖，或者它们在繁殖过程中的行为——求爱仪式——可能是不同的。亲缘关系密切的物种在身体结构上的差异本身可能就阻止了相互繁殖。地理上的障碍也同样是相互繁殖最常见的障碍。

新物种从祖先到它们现在的分化是快还是慢？古生物学家对物种形成的速度意见不一。传统的观点是，随着时间的推移，进化发生得非常缓慢；新物种逐渐出现。另一些支持"间断平衡论"的人则认为，物种在很长一段时间内是非常稳定的，但当分化发生时，它是迅速的。（参见专题"进化是缓慢稳定的，还是快速突然的？"）

物种形成与创造

但是有些人，尤其是那些自称为"科学神创论者"的人认为，尽管自然选择可以在物种内部产生变异（通常被称为微观进化），但它不能产生新物种（通常被称为宏观进化）。神创论者认为上帝创造了所有的生物，而进化只是在很小的程度上改变了这些生物，并没有创造出新的生物种类。神创论面临的主要问题是，物种形成有可靠的经验证据。例如，威廉·赖斯（William Rice）和乔治·索尔特（George Salt）证明，如果他们根据果蝇的环境偏好（如光照强度和温度）对果蝇进行分类，然后将分类后的果蝇单独繁殖，那么他们可以在短短 35 代内培育出不能相互繁殖的果蝇，也就是独立的物种。[17] 化石记录包含了许多物种形成的例子，甚至有些全新物种的发展记录。例如，化石记录清晰地证明了从陆地生物进化而来的鸟类的发展历程。[18] 尽管许多神创论者贬低物种形成的证据，但这些证据是丰富多样的，我们在世界各地的博物馆都可以看到。

在化石记录和实验观察中都发现了物种形成的丰富证据，于是神创论者最近提出了一个新的论点，来说明自然选择在物种形成过程中并不重要。该新论点认为，总的来说，生命，尤其是物种，是非常复杂的，而像自然选择这样的随机、无方向的过程永远不可能创造出它们。这些神创论者认为，生命的复杂性一定源于"智慧设计"。在解释物种起源时诉诸智慧设计，实际上是一种被普遍质疑的老观念。在 1802 年出版的《自然神学》（*Natural Theology*）一书中，威廉·佩利（William Paley）写道："假设我在地上发现了一只表，应该问问它是怎么在那个地方出现的……我们认为，如此推断是不可避免的：这只表肯定有一个创造者……"[19] 佩利的意思是，如果我们发现世界上有一种复杂的机制在运作，比如手表，我们就必会得出存在一个制造者的结论。佩利将这一论点扩展到生命的复杂性，并推论说，生命必然源于一位智慧的设计者——上帝。

达尔文在《物种起源》一书中所写的，在一定程度上是对佩利的回应，自那以后，达尔文主义者一直在回应。但近年来，"智慧设计"运动，或如支

13. Relethford 1990, 94.
14. G. A. Harrison et al. 1988, 198 – 200.
15. Brace 1996.
16. Grant and Grant 2002.
17. Rennie 2002, 83.
18. Chatterjee 1997.
19. Paley 1810.

进化是缓慢稳定的，还是快速突然的？

达尔文的进化论认为，随着时间的推移，新的物种会逐渐出现。通过自然选择，性状出现的频率会慢慢改变，最终会出现一个新的物种。但是达尔文没有解释为什么会有这么多物种形成。如果性状频率只是随着时间的推移而逐渐改变，后代群体难道不会继续相互繁殖，从而始终属于同一物种吗？

在 20 世纪 30 年代和 40 年代，生物学家和遗传学家提出了后来被称为"现代综合论"的进化理论，理论补充了遗传学中关于遗传的知识。基因的突变和重组为基因多样性提供了条件。变化的驱动力仍然是通过自然选择来适应环境，一个群体的基因频率可能随着适应性性状（由

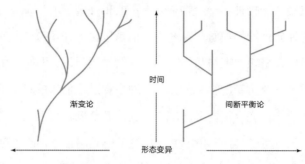

图 4-6 渐进的与间断的进化变化的图形化描述

于现有的基因或突变）的增加和适应不良性状的减少而缓慢变化。在物种形成、不同物种的发展和分化方面，现代综合论假定，当亚种群因地理障碍而被孤立，或当不同的亚种群遇到不同的气候条件或迁移到新的生态位时，就会发生这种情况；这些环境隔离过程最终将导致生殖隔离的发展，从而产生新的物种。

奈尔斯·埃尔德里奇（Niles Eldredge）和斯蒂芬·杰伊·古尔德（Stephen Jay Gould）在 1972 年挑战了这种进化的渐变论观点。他们提出的另一种进化模型被称为"间断平衡论"。他们仍然认为自然选择是进化变化的主要机制，但他们对进化速度的看法与前人截然不同。在他们看来，新物种进化得很快；但一旦一个成功的物种出现，它的性状很可能在很长一段时间内几乎不会改

变。因此，与现代综合论不同，埃尔德里奇和古尔德并不认为世界上的物种逐渐转变为后代物种的过程是一种常态。相反，他们认为，物种的诞生或多或少是突然的，它们在生存期内不会发生太大的变化，直到灭绝。埃尔德里奇和古尔德以北美三叶虫和百慕大蜗牛的历史为例。就这两组动物而言，似乎不同的物种在很长一段时间（有的物种是数百万年）内都没有发生变化，但随后某些物种似乎很快被附近地区的相关物种所取代。简而言之，埃尔德里奇和古尔德认为，一个物种接一个物种的演替，更多的是外部的更替，而不是随着时间的推移而逐渐变化。

进化不一定像间断平衡

持者所称的"楔入"运动，有力地把佩利的想法带了回来。事实上，这一运动是一种活跃的政治力量，其明确目的是"扭转唯物主义世界观令人窒息的主导地位，用一种与基督教和有神论信念相一致的科学来取代它"。[20] 智慧设计的核心是一场政治运动。然而，问题是智慧设计不能以科学的方式解释物种形成。智慧设计的支持者提出的核心论点很简单，即我们在世界上看到的东西太复杂，无法用自然选择来解释，但它们没有提出其他的自然机制。他们

认为，如果自然选择不能解释物种形成的所有情况，那么唯一的可能就是神的干预。显然，这种推理是有缺陷的。我们不能仅仅因为今天不理解一些事情，就扔掉我们所知道的一切。科学的方法是要继续研究尚未得到解释的现象，以更多地了解它们。

智慧设计的支持者也未能回答批评者的问题，批评者指出，自然选择能够而且已经解释了哪怕是最复杂的性状，比如翅膀和眼睛，因此，智慧设计的论点实际上缺乏基础。智慧设计和其他神创论学

模型所设定的那样发生，但今天大多数进化论者都同意，变化可能发生得比较快。最近的研究表明，地球历史上一些相对较快的气候变化导致了物种甚至整个科物种的大规模灭绝，随后，新物种的数量呈指数增长。例如，有相当多的证据表明，在大约6 500万年前的地质时期白垩纪末期，一颗大型陨石与地球相撞。路易斯·阿尔瓦雷斯（Louis Alvarez）和他的同事提出，撞击向大气中释放的大量尘埃导致地球被黑暗笼罩了几个月，甚至更长时间。一些研究人员现在认为，陨石撞击可能还引发了大量的火山活动，即使是在地球的另一边，也会减少地球表面的太阳辐射。不仅恐龙在6 500万年前消失了，许多海洋动物和植物也

消失了。后来，地球上出现了许多其他种类的动物，如鱼、蜥蜴、鸟类、哺乳动物以及开花的树木。我们将在有关灵长目动物进化的章节中看到，人类所在的目——灵长目——便被认为是在那个时候出现的。

彼得·格兰特（Peter Grant）近期研究了科隆群岛上的雀类，这些雀类曾经在一定程度上启发了达尔文的理论。但是，与达尔文不同的是，格兰特有机会看到自然选择的作用，而且发现其速度快得惊人。研究项目的核心是将彩带绑在每只鸟身上，以便于从远处识别。1977年，在这个项目进行到一半时，有一半的鸟被绑上了带子，却发生了严重的干旱。在这个岛上的两个主要雀

种——仙人掌地雀和中嘴地雀中，只有仙人掌地雀能够繁殖，但它们没有幸存的后代。在接下来的18个月里，85%的成年中嘴地雀消失了。那些幸存下来的雀往往比那些死去的雀体型更大，喙也更大。为什么会有大的嘴？这两种雀都主要食用种子，但在干旱的时候，由草和草本植物产生的小种子很少，更大的种子更容易获得。因此，在干旱条件下的自然选择似乎更青睐喙更大的雀，这种雀更善于剥开大种子的外壳。

如果在多年的干旱中没有出现有利于体型较小的雀类生存的潮湿的年头，那么我们可能会看到新雀类物种的快速进化。据估计，20次干旱足以产生一

种新的雀类。科隆群岛的雀类并不是间断平衡的例子（没有外部的替代发生），但它们确实表明进化的变化可能比达尔文想象的要快得多。

关于进化是缓慢稳定的还是快速突然的争论仍在继续。但包括古尔德在内的许多学者指出，没有必要拿一种模型去与另一种模型竞争。在不同的情况下，两者都有可能成立。无论如何，还需要对进化顺序进行更多的研究，我们才能评估相互竞争的理论模型。

（资料来源：Devillers and Chaline 1993; Grant 1991, 82–87; Tattersall 2009; Weiner 1994.）

者所援引的关键事实是《圣经》的事实。但重要的是，大多数《圣经》学者不同意神创论的论点。正如神学家厄南·麦克马林（Ernan McMullin）所言，《圣经》"应该被理解为传达了自然世界和人类世界依赖于造物者的基本神学真理，而不是解释这些世界最初是如何形成的"。[21] 另一方面，科学中没有任何东西能绝对排除自然世界中的超自然干预，因为超自然活动超出了科学解释的范围。例如，尽管我们现在知道患有多毛症的人满脸毛发，是因为X染色体

上的一个突变。但科学不能排除这样一种可能性：突变是"狼人的诅咒"或神对罪的惩罚。[22] 科学不能排除这样的可能性，是因为它们不能被观察、测量或用实验测试。科学和宗教应该被看作理解世界的不同方式，前者依靠证据，后者依靠信仰。

---

20. Center for Renewal of Science and Culture, "The Wedge Strategy," cited in Forrest 2001, 16.
21. McMullin 2001, 174.
22. Rennie 2002.

行为性状的自然选择

到目前为止，我们已经讨论了自然选择是如何改变一个种群的生理性状的，比如蛾子的颜色或者长颈鹿的脖子长度。但是自然选择也可以作用于种群的行为性状。这一想法并不新鲜，但现在正受到越来越多的关注。这些方法被称为**社会生物学**[23]、行为生态学[24]、进化心理学[25]和双重继承理论[26]，它们涉及将进化原理应用于动物和人类的行为。行为生态学研究各种行为与环境的关系，社会生物学研究社会组织和社会行为，进化心理学着眼于进化如何在人类行为、互动和感知世界的方式上产生持久的变化，双重继承理论着眼于有益的文化性状如何得到选择和传播。一个物种的典型行为被认为是适应性的，是通过自然选择进化而来的。例如，为什么相关的物种，即使它们来自一个共同的祖先物种，会表现出不同的社会行为？

拿狮子和猫比较来说。虽然猫科动物通常都是独居动物，但狮子生活在叫作狮群的社会群体中。为什么？乔治·沙勒（George Schaller）认为狮子的社会群体的进化主要是因为群体狩猎更有利于在开阔地带捕获大型哺乳动物。他发现，一群狮子不仅比单独的狮子更容易捕获猎物，而且一群狮子更有可能捕捉并杀死危险的大型猎物，如长颈鹿。此外，幼崽在群体中通常比和母亲单独在一起时更安全，不容易受捕食者的伤害。因此，狮子的社会行为的进化，可能主要是因为群体为狮子在野外环境中的活动提供了选择性优势。[27]

记住，自然选择作用于个体的表现性状或表型，这很重要。在蛾子的例子中，蛾子的颜色是其表型的一部分，受自然选择的影响。行为也是一种表现出来的性状。如果群体狩猎（一种行为性状）能给你带来更多的食物，那么在群体中狩猎的个体会过得更好。但我们也必须记住，自然选择要求性状是

可遗传的。遗传力的概念是否可以应用于习得行为，而不仅仅是遗传传递的行为？更有争议的是，如果遗传力的概念可以包括学习，那么它也可以包括文化学习吗？最近对家犬的研究表明，这是可能的。家犬似乎天生就能理解人类使用的社交暗示，比如指向某物，而狼却不能。这些发现表明，动物文化学习的某些方面可能是遗传的。[28]

早期的社会生物学和行为生态学理论似乎强调行为的遗传部分。例如，爱德华·O.威尔逊在他的著作《社会生物学：新的综合》中将社会生物学定义为"对行为的生物学原因的系统研究"。[29]但是博比·洛（Bobbi Low）指出，尽管"生物学"一词可能被解释为"遗传的"，但大多数生物学家都明白，表达出来的或可观察到的性状是基因、环境和生命史相互作用的结果。行为是三者的产物。如果我们说某些行为是可遗传的，我们的意思是孩子的行为更有可能像父母的行为而不是其他人的行为。[30]向父母学习可能是后代与父母相似的重要原因之一。如果孩子更像父母而不是别人，那么，即使这种相似性完全是从父母那里学来的，它也是可以遗传的。

社会生物学方法在人类学界引起了相当大的争议，可能是因为它似乎在强调人类行为的决定因素是基因，而不是经验和学习。人类学家认为，一个社会的习俗可能具有不同程度的适应性，因为文化行为也会产生繁殖后果，而不是只有个体的行为才可能产生繁殖后果。那么，自然选择在文化进化中也起作用吗？许多生物学家不这么认为。他们说，生物进化和文化进化之间存在着巨大的差异。文化

23. Barash 1977.
24. Krebs and Davies 1984; 1987.
25. Badcock 2000.
26. Boyd and Richerson 2005.
27. Schaller 1972.
28. Hare et al. 2002.
29. E. O. Wilson 1975.
30. B. Low 2009.

家犬比狼更能理解人类的社交暗示（图片来源：Tim Ridley © Dorling Kindersley）

进化和生物进化如何比较？要回答这个问题，我们必须记住，自然选择的运作需要三个条件，正如我们已经指出的：变异、遗传力或在后代中复制性状的机制，以及由于遗传差异而导致的差异繁殖。这三个要求是否适用于文化行为？

在生物进化中，变异来自遗传重组和突变。在文化进化中，变异来自习得行为的重组和发明。[31]文化不像物种那样是封闭的或孤立繁殖的。一个物种不能借用其他物种的基因性状，但是一个文化可以借用其他文化的新事物和行为。这种现象的一个例子是，种植玉米的习俗已经从新大陆传播到其他许多地区。关于遗传力的要求，虽然习得性状明显不是单纯通过遗传传给后代的，但表现出适应性行为性状的父母更有可能将这些性状"复制"给子女，子女可能通过模仿或父母的教导而习得这些行为性状。儿童和成人也可能复制他们在家庭以外的人身上看到的适应性性状。最后，就差异繁殖的要求而言，所讨论的性状是遗传的还是后天习得的，或者两者兼而有之，都无关紧要。正如亨利·尼森（Henry Nissen）所强调的那样："行为无能会导致灭绝，任何重要器官的形态失衡或缺失也必然如此。行为与体型或对疾病的抵抗力一样，受选择的影响。"[32]

许多理论家对将自然选择理论应用于文化进化的想法感到满意，但其他人在处理不完全依靠遗传传递的性状时，更喜欢使用不同的术语。例如，罗伯特·博伊德（Robert Boyd）和彼得·里彻森（Peter Richerson）认为人类行为涉及"双重继承"。他们将通过学习和模仿实现的文化传播与遗传传递区分开来，但他们强调，理解两者及两者之间的互动都很重要。[33]威廉·德拉姆（William Durham）也单独看待文化传播，他用"模因"（meme，类似基因）这个词来表示文化传播的单位。他把我们的注意力引向基因和文化之间的相互作用，称之为"共同进化"，并提供了例子，表明基因进化和文化进化如何带来彼此的变化，如何相互促进，如何相互对立。[34]

因此，人类的生物进化和文化进化可能不是彼此完全独立的过程。正如我们将要讨论的，人类的一些最重要的生物学性状——比如我们相对较大的大脑——可能是因为我们的祖先制造了作为文化性状的工具，才被自然选择青睐。反过来说，非正规教育和正规教育的文化性状可能受到自然选择的青睐，是因为人类长期处于不成熟状态，而这种不成熟状态是一种生物学性状。

只要人类物种继续存在，社会和自然环境继续变化，就有理由认为，生物和文化性状的自然选择也将继续下去。然而，随着对遗传结构的了解越来越多，人类将变得更有能力治愈由基因引起的疾病，甚至改变进化的进程。如今，基因研究人员能够诊断胎儿发育过程中的基因缺陷，而父母往往能够决定是否终止妊娠。不久，基因工程也许能让人类修复缺陷，甚至"改善"正在发育的胎儿的遗传密码。人类是否应该以及可以在多大程度上改变基因无疑将是人们持续争论的话题。无论我们最终对基因工程做出什么样的决定，它们都将影响人类生物和文化进化的进程。

31. D. Campbell 1965.
32. Nissen 1958.
33. Boyd and Richerson 1996/1985.
34. Durham 1991.

小结

1. 达尔文和华莱士提出了自然选择机制来解释物种的进化。自然选择理论的基本原则是：（1）每一个物种都由大量的个体组成，其中一些个体比其他个体能更好地适应环境；（2）子代至少在某种程度上继承了亲代的性状；（3）由于适应性较强的个体通常能比适应性较弱的个体在繁殖中产生更多的后代，因此适应性性状的频率会在后代中增加。这样，自然选择使得具有优势性状的个体比例增加。

2. 孟德尔及其后的遗传学研究，以及我们对 DNA 和 mRNA 结构和功能的理解，有助于我们理解遗传性状代代相传的生物学机制。

3. 自然选择有赖于种群内部的变异。生物变异的主要来源是遗传重组、突变、遗传漂变、基因流和杂交。

4. 物种形成，即新物种的发展，可能发生在一个亚群与其他亚群分离的情况下。在适应不同的环境后，即使这些亚群重新建立了联系，它们也可能已经有了足够的遗传变化而无法杂交繁殖。人们认为，一旦物种分化发生，进化过程就不可逆转。

5. 所谓的"科学神创论者"和"智慧设计"理论的支持者认为，物种的起源不能通过自然选择来解释。这种观点忽略了大量能表明自然选择如何创造新物种的证据，包括实验、化石和野外数据方面的证据。

6. 自然选择也可以作用于种群的行为性状。社会生物学和行为生态学等方法涉及将进化原理应用于动物行为。自然选择理论在多大程度上可以应用于人类行为，尤其是文化行为，存在很多争议。人类的生物进化和文化进化可能会相互影响，对此人们已有一些共识。

第五章
人类变异与适应

在任何特定的人群中，个体的外部特征（如肤色和身高）和内部特征（如血型和对疾病的易感性）都各不相同。如果你在不同的人群中测量这些特征出现的频率，你通常会发现不同人群之间存在平均差异。例如，一些人群的皮肤颜色通常比其他人群深。

为什么会存在这些物理差异？这在很大程度上可能是基因差异的产物。这很可能是由于他们无论是身体上还是文化上都在特定的环境中长大。这可能是环境因素和基因相互作用的结果。

我们首先研究的是在不同人群中或单独或共同产生身体特征的不同频率的过程。然后我们讨论外部和内部特征的具体差异，以及如何解释它们。最后，我们会批判性地讨论种族分类，看看它是有助于还是有碍于对人类变异的研究。

人类变异和适应的过程

突变，即基因结构的变化，是所有遗传变异的最终来源。由于不同的基因或多或少地决定了生存和繁殖的机会，自然选择的结果是，随着时间的推移，在一个群体中，有利基因变得更加常见。我们将这个过程称为适应。适应是一种基因变化，变化基因的携带者比生活在相同环境中没有基因变化的个体有更好的生存和繁殖机会。当然，是环境有利于某些性状的成功复制。

基因或性状的适应性取决于环境，在一个环境中适应的东西在另一个环境中可能不适应。例如，在"遗传学与进化"一章中，我们讨论了在英国某些地区工业化时，深色蛾子相对于浅色蛾子的优势。捕食者不容易发现趴在新变黑的树干上的深色蛾子，这类蛾子的数量很快就超过了颜色较浅的种类。同样，人类生活在各种各样的环境中，所以我们预计自然选择在这些不同的环境中有利于不同的基因和特征。我们将看到，自然选择在不同环境中的运作机制至少可以部分地解释某些特征，皮肤颜色和身体构造的差异就属于此类特征。

通过自然选择的适应并没有解释中性特征（不会给携带者带来优势或劣势的特征）频率的变化。人类群体中性特征的频率有时不同，有时相似，这可能是由遗传漂变或基因流造成的。正如我们在"遗传学与进化"一章中所讨论的，遗传漂变是指由于随机过程，如隔离（"建立者效应"）、交配模式和减数分裂期间染色体的随机分离等而出现的种群变异。基因流涉及群体间基因的交换。遗传漂变和基因流都不是适应性过程。遗传漂变可能增加种群间的差异。基因流则相反，倾向于减少种群之间的差异。

气候适应

自然选择可能会因为特定的物理环境而偏爱特定的基因，就像英国蛾子的例子说明的一样。但是，即使没有基因变化，物理环境有时也会产生变异。我们将看到，气候可能会影响人体生长发育的方式，因此，人类的某些变异在很大程度上可能可以解释为环境变异的作用。我们称这个过程为气候适应（acclimatization）。气候适应涉及个人对环境条件的生理调整。气候适应可能有潜在的遗传因素，但其本身并不是遗传的。气候适应是在个体的一生中发展的，而不是与生俱来的。

许多气候适应是随着环境的变化而出现和消失的简单生理变化。例如，当我们感到寒冷时，我们的身体会通过使肌肉活动来产生热量，这时的发抖是我们对所在环境的生理反应。长期暴露在寒冷的天气中会提高我们的代谢率，从而产生更多的内热。

这两种生理变化都是气候适应，一种是短期的（发抖），一种是长期的（代谢率提高）。

正如我们在本章后面讨论的，一些长期的气候适应很难与适应（adaptation）区分开来，因为它们已经成为正常的过程，甚至在个人进入与最初培养气候适应的环境不同的环境之后，它们可能还会继续存在。此外，一些气候适应过程与遗传适应密切相关。例如，晒黑（浅肤色人群暴露在太阳辐射较大的环境中时的气候适应）很可能发生在适应了通常太阳辐射较小环境的浅肤色人群中。

文化环境的影响

人类不仅通过适应和气候适应来接受环境的影响，而且，正如我们将在关于食物生产和国家的章节中看到的那样，人类也可以对所处的环境产生显著影响。文化允许人类改变环境，而这种改变可能会降低发生遗传适应和生理气候适应的可能性。例如，住在房子里，利用能源产生热量，穿衣服御寒，这些文化特征可能会改变寒冷的影响。通过这些文化方式，我们改变了我们的"微环境"。用铁锅烹饪的文化特点可以克服缺铁的问题。如果一个自然环境中缺乏某些营养物质，人们可能通过以物易物的文化来获得它们，比如盐的贸易在世界历史上很普遍。文化也可以影响自然选择的方向。我们将看到，乳品业的文化环境似乎增加了让成年人消化奶的基因的频率。[1]

此外，个别文化中的一些行为可能会让其成员之间以及不同文化的成员之间出现身体差异。例如，许多安第斯高地社会（例如印加社会）的精英们都会裹头。精英阶层的儿童的头部被用布紧紧地绑着。随着孩子们的成长，这种束缚迫使头骨呈现出拉长的、几乎是圆锥形的形状。由此，这种文化实践使得个体之间出现了身体上的差异，其目的是识别精英群体的成员。[2] 许多文化都有类似的做法，目的是

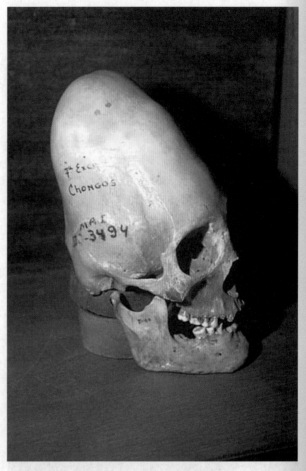

来自秘鲁史前帕拉卡斯（Paracas）文化的头盖骨，显示出头部束缚痕迹
（图片来源：© Charles & Josette Lenars/CORBIS, All Rights Reserved）

创造身体上的差异，使本文化的成员有别于其他文化的成员。例如，《圣经》讲述了亚伯拉罕如何受神的指示，要给他自己和他所有的男性后裔行割礼，作为他们与神立约的记号。[3] 因此，亚伯拉罕的男性后裔传统上有一种由文化因素引起的身体差异（没有包皮），以表明他们属于同一个群体。

在下一节中，我们将讨论人类（身体）差异的一些方面，这些方面的解释涉及刚才描述的一个或多个过程。

---

1. 关于基因与文化间关系的详细讨论，可参见 Durham 1991, 154 – 225。
2. Stewart 1950.
3. 《圣经·创世记》第 17 章第 9—14 节。

人类群体的身体差异

在人群中最明显的身体差异是外在的差异，如体型、面部特征、肤色和身高差异。同样重要的是内在的差异，例如对不同疾病的易感程度和产生某些酶的能力的差异。

我们先来看一些身体特征，这些特征似乎与气候变化，特别是温度、阳光和海拔高度的变化密切相关。

体型和面部结构

科学家们提出，许多鸟类和哺乳动物的体型可能会随着它们生活环境的温度而变化。伯格曼（Bergmann）和艾伦（Allen）这两位 19 世纪的

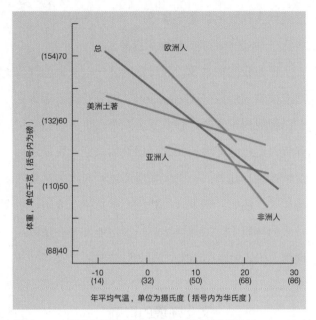

图 5-1　4 个主要地理种群中男性体重与年平均气温的关系（Roberts 1953）

这些来自肯尼亚的桑布鲁人（Samburu people）体现了伯格曼和艾伦法则。他们有赤道地区的人常有的四肢细长的纤瘦身材。这种体型增加了相对于身体质量的表面积，从而可能有利于身体散热
（图片来源：Tim Davis/Corbis RF）

博物学家提出了一些关于动物的一般规则，但是研究人员直到 20 世纪 50 年代才开始研究这些规则是否适用于人类。[4] **伯格曼法则**（Bergmann's rule）描述了体型和温度之间的一般关系：同一个物种中，体型较小的种群往往生活在物种分布范围内较为温暖的地方，而体型较大的种群则生活在较冷的地方。

D. F. 罗伯茨（D. F. Roberts）在气温差异很大的地区对人口平均体重变化的研究，为伯格曼的理论提供了支持。[5] 罗伯茨发现，在年平均气温最高的地区，居民的体重最轻，反之亦然。图 5-1 为 4 个地理种群中男性体重与年平均气温的关系。虽然每一组的斜率略有不同，但趋势是相同的——温度越低，体重越重。从人口的总体趋势来看（见"总"线），我们可以看到，年平均气温约为冰点（0°C）的地区，男性的平均体重约为 65 千克；在年平均气温约为 25°C 的地区，男性的平均体重约为 50 千克。

艾伦法则（Allen's rule）涉及鸟类和哺乳动物身体构造的另一种变化：在较冷的区域中活动的物种，其突出的身体部位（如四肢）比在较暖的区域

中活动的物种短。比较人类群体的研究倾向于支持艾伦的理论。[6]

这些理论背后的基本原理是，在赤道地区常见的四肢细长、瘦削的体型提供了相对于身体质量更多的表面积，从而有利于身体热量的散发。相比之下，在寒冷地区居民中常见的四肢较短、较胖的体型，则有助于身体热量的保持，因为相对于身体质量而言，身体表面积减少了。因纽特人的体型似乎是伯格曼和艾伦法则的例证。因纽特人较大的身体和较短的腿可能是对他们生活环境中寒冷温度的适应。

目前尚不清楚，群体间体型的差异是否完全是对不同基因在不同冷热条件下的自然选择所致。其中一些变异可能是在个体生命周期中发生的气候适应。[7]阿方斯·里森费尔德（Alphonse Riesenfeld）提供的实验证据表明，在个体生长和发育的过程中，极端寒冷会影响身体比例。在极冷条件下饲养的老鼠通常表现出与寒冷环境中的人类相似的变化特征。

这对因纽特人父子体现了伯格曼和艾伦法则。他们的身体都比较胖，四肢较短，这有助于他们在寒冷的气候中保持体温
（图片来源：© David Hiser/Stone Allstock/Getty Images, Inc.）

这些与寒冷有关的变化包括长骨缩短，这与艾伦法则一致。[8]

和体型一样，面部结构也可能受到环境的影响。里森费尔德通过实验发现，在低温下，老鼠的面部宽度增加，鼻孔变小。[9]由于在寒冷环境中长大的老鼠与在温暖环境中长大的老鼠在基因上是相似的，我们可以有把握地得出结论：是环境而不是基因导致了老鼠的这些变化。我们还不清楚环境在多大程度上直接影响人类面部的差异。我们知道气候的变化与面部的差异有关。例如，生活在潮湿热带地区的人往往有宽、短、扁的鼻子，而生活在低湿度气候（无论气温高低）中的人往往有长而窄的鼻子。要在空气干燥的环境中生活，窄鼻子可能比宽鼻子更有利。[10]

肤色

人类群体的平均肤色明显不同。许多人认为肤色是"种族"最重要的标志，有时仅仅根据肤色来区别对待别人。但是，人类学家除了对偏见持批判态度外，还注意到肤色并不是判断祖先的好指标。例如，黑皮肤在撒哈拉以南非洲很常见。然而，印度南部的当地人的皮肤和许多非洲人一样黑，甚至更黑。不过，无论是在基因上还是历史上，这些人与非洲人都没有密切的关系。

我们如何解释世界各地人群肤色的差异？一个人的肤色既取决于皮肤中黑色素的含量，也取决于皮肤小血管中血液的含量。[11]尽管关于肤色的遗传学仍有许多需要探索的内容，但我们可以解释这方

4. Hanna, Little, and Austin 1989, 133 – 136; G. A. Harrison et al. 1988, 504 – 507.
5. D. F. Roberts 1953，转引自 Garn 1971, 73。也可参见 Roberts 1978。
6. D. F. Roberts 1953.
7. G. A. Harrison et al. 1988, 505.
8. Riesenfeld 1973, 427 – 459.
9. Riesenfeld 1973, 452 – 453.
10. J. S. Weiner 1954, 615 – 618; Steegman 1975. 也可参见 Larsen 2009。
11. G. A. Harrison et al. 1988, 308 – 310.

人类肤色的差异非常大，格洛格尔律将这种差异解释为对气候的适应。对于人类来说，阳光的强度是肤色变化的一个关键因素
（图片来源：Hans Neleman/Getty Images, Inc.）

面的许多差异。

皮肤中的黑色素含量似乎与一个人所处的气候有关。格洛格尔律（Gloger's rule）指出，生活在温暖气候中的鸟类和哺乳动物比生活在寒冷地区的同种鸟类和哺乳动物有更多的黑色素，因此，皮肤、皮毛或羽毛也就更黑。总的来说，这种与气候的联系不仅适用于其他哺乳动物和鸟类，也适用于人类。

深色皮肤的人类确实主要生活在温暖的气候中，特别是阳光充足的气候中。在阳光充足的气候条件下，深色皮肤似乎至少有一个特别的优势。黑色素能保护皮肤敏感的内层免受阳光中紫外线的伤害；因此，生活在阳光充足地区的深色皮肤的人比浅色皮肤的人更安全，不容易被晒伤或患皮肤癌。在热带环境中，深色皮肤还可能带来其他重要的生物优势，比如对热带病有更强的抵抗力。[12]

那么，浅色皮肤有什么好处呢？总的来说，在某些环境中肯定会有一些好处；否则，所有人的皮肤都会较黑。虽然浅色皮肤的人更容易被晒伤和患皮肤癌，但是浅色皮肤吸收的紫外线也有助于身体产生维生素 D。维生素 D 有助于身体吸收钙，因此对骨骼的正常生长和维护是必要的。然而，过多的维生素 D 会导致疾病。因此，浅色皮肤在温带地区能最大限度地吸收紫外线，这也许能保证身体健康所需的维生素 D 的产量，而深色皮肤在热带地区则能最大限度地防止紫外线穿透，这也许能防止过多的维生素 D 对身体造成伤害。[13] 在较冷的环境中，浅色皮肤还能带来另一个好处：不容易被冻伤。[14]

我们现在有直接的证据证实太阳辐射和肤色之间的联系。人类学家尼娜·雅布隆斯基（Nina Jablonski）和乔治·查普林（George Chaplin）利用美国国家航空航天局（NASA）卫星的数据，确定了人们在世界不同地区接收到的平均紫外线辐射量。他们将这些平均辐射量与皮肤反射率数据（肤色越浅，反射的光越多）进行了比较，发现在紫外线辐射越强的地方，深色皮肤越普遍。似乎有一个值得注意的例外：美洲土著的肤色往往比预期的浅。雅布隆斯基和查普林认为，这是因为他们是比较晚近的时候才来到新大陆的移民，他们的肤色还没有适应他们在美洲遇到的不同程度的紫外线辐射，就像欧洲殖民者的肤色还没有适应一样。[15]

适应高海拔

氧气占我们在海平面呼吸的空气的 21%。在高海拔地区，空气中氧气的比例是相同的，但由于气压较低，我们每次呼吸吸入的氧气较少。[16] 我们呼吸得更快，心跳得更快，所有的活动都更加困难。最终的结果是身体不适，即我们所知的缺氧或氧气不足。

如果高海拔给许多人带来了这样的困难，那么在海拔 1 800 米、3 600 米甚至 5 000 米的地方，数以百万计的人口是如何健康而多产地生活下去的呢？喜马拉雅山脉和安第斯山脉的居民已经适应了他们所处的环境，并没有表现出低海拔居民在暴露于高海拔时所表现出的症状。此外，高海拔地区的居民已经在生理上适应了极端寒冷、营养不良、强风、崎岖地形和强烈的太阳辐射。[17]

早期对安第斯高海拔地区居民的研究发现，他们与低海拔地区居民在生理上存在某些差异。与低海拔地区的居民相比，高海拔地区的安第斯印第安人有更大的胸腔和肺活量，以及更大的肺毛细血管表面积（这被认为有助于氧气向血液的转移）。[18] 早期的研究人员认为基因的改变使安第斯人在高海拔低气压环境下可以最大限度地吸收氧气。然而，最近的研究对该结论提出了一些疑问。现在看来，其他生活在高海拔地区的人口并没有表现出安第斯人的生理差异模式。例如，在喜马拉雅山脉，低海拔和高海拔地区居民的胸围和肺的大小没有差异，尽管这两类人都表现出足够强的肺功能。[19]

因此，目前的研究并没有表明高海拔生活需要纯粹的遗传适应。事实上，一些证据表明，在高海拔环境中长大的人可能会随年龄增长而在有生之年适应缺氧。例如，出生在海平面高度，但在高海拔地区长大的秘鲁人，他们的肺活量与一生都生活在高海拔地区的人相当。[20] 与假定的环境影响相一致的是，生活在高海拔地区的秘鲁人的子女，如果生长在低海拔地区，则不会发育出更大的胸腔。早期的研究人员眼中的高原安第斯族群的遗传适应性，实际上是一种气候适应，这种气候适应能力在童年早期就开始形成，并持续一生。与其他已被研究的特征一样，身体的成长似乎受到生活经历的深远影响。

身高

对同卵双胞胎的研究以及对父母和孩子身高的比较表明，遗传在决定身高方面起着相当大的作用，[21] 因此，遗传差异至少在一定程度上解释了人群平均身高的差异。但是，如果平均身高能在几十年内大幅增长，就像 1950 年至 1980 年间的日本，以及最近其他许多国家一样，[22] 那么环境影响可能也很重要。

人类群体平均身高的巨大差异可能部分是由温

近年来，平均身高有了显著增长，这可能是由于一个或多个环境因素。图中这位华裔美国女孩比她妈妈高，几乎和她爸爸一样高
（图片来源：© Ken Huang/Image Bank/Getty Images, Inc.）

度差异造成的。欧洲的荷兰人是世界上平均身高最高的群体之一，而非洲中部的姆布蒂人（Mbuti）是世界上平均身高最矮的群体之一。[23] 我们已经知道体重与年平均气温有关（伯格曼法则），体重也与身高有关（高的人可能更重）。因此，考虑到较高（较重）的荷兰人生活在较冷的气候中，人口身高的一些差异似乎与对热和冷的适应有关。[24] 然而，除了温度之外，一定还有其他因素在起作用，因为在世界上大部分地区都能找到高个子和矮个子的人。

12. Polednak 1974, 49 – 57. 也可参见 Branda and Eaton 1978。
13. Loomis 1967.
14. Post, Daniels, and Binford 1975, 65 – 80.
15. Holden 2000; Jablonski and Chaplin 2000.
16. Stini 1975, 53.
17. Mazess 1975.
18. Greksa and Beall 1989, 223.
19. Greksa and Beall 1989, 226.
20. Frisancho and Greksa 1989, 204.
21. Eveleth and Tanner 1990, 176 – 179.
22. Ibid., 205 – 206.
23. Bogin 1988, 105 – 106.
24. G. A. Harrison et al. 1988, 300.

许多研究者认为，营养不良和疾病会导致身高和体重下降。在世界上的许多地方，社会地位较高的儿童的平均身高比社会地位较低的儿童要高，[25] 这种差别在经济状况较差的国家更为明显，[26] 这些国家中不同社会阶层的财富和健康水平差别尤其大。在战争时期和营养不足的情况下，儿童的身高往往会下降。例如，在第二次世界大战期间的德国，7 至 17 岁儿童的身高与前几个时期相比有所下降，尽管身高一般随时间而增加。[27]

关于营养不良和疾病影响的更有说服力的证据来自对同样个体的长期的纵向研究。例如，雷纳尔多·马托雷尔（Reynaldo Martorell）发现，在危地马拉，经常腹泻的儿童在 7 岁时平均比不经常腹泻的儿童矮超过 2.5 厘米。[28] 虽然营养不良或患病的儿童可能在成长过程中赶上健康儿童，但对危地马拉儿童的后续研究表明，如果发育不良发生在 3 岁之前，18 岁时的身高仍然会比较低。[29]

一组有争议的研究将一个非常不同的环境因素与人类身高的变化联系起来。这个因素是婴儿期身体上和情感上的应激。[30] 与任何一种应激都有害的观点相反，似乎婴儿时期的一些应激经历与更高的身高和体重有关。老鼠实验研究为研究应激对身高的可能影响提供了最初的灵感。实验表明，被实验者用身体接触过（抚摸）的老鼠比没有被抚摸过的老鼠长得更长、更重。研究人员最初认为，这是因为被抚摸的老鼠得到了"温柔的关爱"。但有人注意到，当被人类抚摸时，被抚摸的老鼠似乎很害怕（它们会撒尿和排便），这表明这种抚摸可能会带来应激。后来的研究表明，与没有应激经历的老鼠相比，更明显的应激经历，如电击、振动和极端温度，也会使老鼠的骨架更长。

托马斯·兰道尔（Thomas Landauer）和约翰·怀廷认为，人类婴儿时期的应激经历可能同样会带来成年后更高的身高。许多文化都有可能给婴儿带来身体应激的习俗，包括割礼（circumcision），用锋利的物体在皮肤上刻印，在鼻子、耳朵或嘴唇上穿孔以插入装饰品，为美容目的塑造和拉伸头部和四肢，以及接种疫苗。此外，舒拉米斯·冈德斯（Shulamith Gunders）和约翰·怀廷认为，刚出生就把孩子和母亲分开是另一种应激。怀廷和他的同事进行的跨文化比较研究[31] 显示，发生在两岁之前的身体应激和母婴分离，似乎都预示着成年后更高的身高；这样社会中的男性平均要高 5 厘米。（值得注意的是，这里说的应激持续时间很短，往往是一次性的，并不会构成长期的应激或虐待，而后者可能产生相反的效果。）

由于跨文化的证据是联想性的，而不是实验性的，前述研究结果可能是由某些与婴儿应激混淆的因素造成的。也许有婴儿应激的社会有更好的营养，或者那里的气候有利于婴儿的身高发展。最近，J. 帕特里克·格雷（J. Patrick Gray）和琳达·沃尔夫（Linda Wolfe）通过新的跨文化比较，试图评估不同人群之间身高差异可能的预测因素。比较的预测因子为营养、气候、地理、身体应激和母婴分离。格雷和沃尔夫分析了这些因素中哪些可以独立地预测成年身高。结果表明，地理区域、气候带和婴儿应激都是身高的重要独立预测因子。[32] 所以现在的研究结果清楚地表明，婴儿应激的影响是不可忽视的。

应激假说的有力证据也来自肯尼亚的一项实验研究。[33] 兰道尔和怀廷安排了随机抽取的儿童样本，让他们在两岁之前接种疫苗。其他孩子在两岁后不久就接种了疫苗。几年后，他们对两组人的身高进行了比较。与应激对身高可能产生影响的跨文化证据相一致，两岁之前接种疫苗的儿童明显高于后来接种疫苗的儿童。两岁之前接种疫苗的儿童是随机选择的，因此两组儿童的身高差异不太可能是营养或其他方面的差异造成的。

移居者与移民
本土人群和移民之间的身体差异

19 世纪晚期的体质人类学家对"种族"这个概念非常着迷。体质人类学家在职业生涯中主要是识别和描述使人类的一个"种族"有别于其他"种族"的特征。当时并没有今天这种围绕人类"种族"是不是生物学现实的辩论,"种族"存在这个观念在当时所有人看来都是正确的。人是不同的,这些不同可以被识别、测量和比较,以表明特定的变化在一组人中比在另一组人中更常见。19 世纪一些最伟大的科学家——路易斯·阿加西、保罗·布洛卡(Paul Broca)、弗朗西斯·高尔顿、卡尔·皮尔逊(Karl Pearson)——对人类"种族"的识别和描述做出了贡献。

然而,有一个问题。所谓"种族"特征的稳定性未经检验。人们简单地认为,用来分类"种族"的特征,如脸部的宽度和头部的圆度,在很长一段时间和不同的环境条件下是稳定的。如果不是的话,这些所谓的"种族"特征可能只是短暂的特征的集合,而不是现代人类在地球上扩散时形成的人类群体的固定特征。

美国人类学创始人弗朗兹·博厄斯认为,利用19 世纪末大量涌入美国的移民的数据,有机会检验"种族"特征的稳定性。博厄斯说服美国移民委员会,使其相信对移民及其子女进行大规模研究将有助于联邦政府更好地为这些新公民服务。他得到资金,对数千个移民家庭进行了全面的身体研究,并在几年的时间里搜集了近 1.8 万人的数据。

博厄斯的研究结果令人惊讶。他发现移民和他们的孩子之间的差异虽小,但在统计上却很显著。特别是,他发现颅骨的形状并非像当时人类学家所假设的那样一成不变,而是可以在一代人的时间内改变。变化的方向并不总是相同的。意大利移民的头相对较长,东欧犹太移民的头相对较圆,而这两类移民在美国生下的第一代子女的头型更像彼此,而不像他们的父母。是什么造成了这样的情况?

博厄斯没有给出明确的答案,不过他指出,所有这些孩子成长的环境是类似的,即他们都成长于纽约,这可能发挥了作用。事实证明,博厄斯对移民的研究非常有争议。当时,他质疑了"种族"特征稳定不变的假设,并以此质疑半个世纪来指导体质人类学的整个"种族"概念。值得注意的是,博厄斯的研究至今仍有一些争议。2003 年,两组学者发表了对博厄斯原始数据的再分析,得出了截然相反的结论。一组人声称博厄斯错了——博厄斯夸大了他的发现,事实上,"种族"特征非常稳定;另一组人则声称,尽管博厄斯能得到的统计分析相对有限,但他基本上是正确的。然而,两方都同意博厄斯的观点,即所谓稳定的"种族"特征可能在一代人的时间内发生改变。

(资料来源:
Brace 2005; Gravlee,
Bernard, and Leonard 2003;
Sparks and Jantz 2003.)

正如我们之前所指出的,世界上许多地区的人们的身高都在增长。是什么引发了最近的身高增长趋势?可能涉及几个因素。一些研究人员认为,这可能是营养改善和传染病发病率降低的结果。[34] 但也有可能是由于在医院分娩,婴儿的应激增加了。医院通常将婴儿与母亲分开,并对新生儿进行医学测试,包括采血。各种疫苗的注射在婴儿时期也变得更加普遍。[35]

简而言之,人类体型的差异似乎同时是适应和气候适应的结果,又受到营养和应激等文化因素的影响。

25. G. A. Harrison et al. 1988, 198.
26. Huss-Ashmore and Johnston 1985, 482 – 483.
27. G. A. Harrison et al. 1988, 385 – 386.
28. Martorell 1980, 81 – 106.
29. Martorell et al. 1991.
30. Landauer and Whiting 1964; 1981; Gunders and Whiting 1968; Gray and Wolfe 1980.
31. Landauer and Whiting 1964; 1981; Gunders and Whiting 1968.
32. Gray and Wolfe 2009.
33. Landauer and Whiting 1981.
34. Eveleth and Tanner 1990, 205.
35. Landauer 1973.

对传染病的易感性

某些人群似乎已经发展出对特定传染病的遗传抗性。也就是说，在过去被某些疾病反复侵扰的人群中，能够减弱这些疾病影响的遗传特质出现的频率会比较高。正如阿诺·莫图尔斯基（Arno Motulsky）所指出的，如果有某些基因可以保护人们在被当地流行的某种疾病感染时免于死亡，那么这些基因将会在后代中变得更加普遍。[36]

对家兔传染性多发性黏液瘤的研究支持了这一理论。当导致这种疾病的病毒首次被引入澳大利亚的兔群中时，95% 以上受感染的动物死亡。但在经历过多次多发性黏液瘤流行而幸存的家兔的后代中，死于这种疾病的家兔的比例逐年下降。这些兔子的祖先经历的流行次数越多，当前这代兔子死于这种疾病的比例就越小。因此，这些数据表明，兔子对多发性黏液瘤具有遗传抗性。[37]

传染病在人群中似乎也遵循类似的模式。当结核病首次侵袭以前从未接触过它的人群时，这种疾病通常是致命的。但有些人似乎获得了能让他们不至于因结核病而死的遗传抗性。美国的德系犹太人（他们的祖先来自中欧和东欧）就是一个例子。在从前居住过的拥挤的欧洲犹太人聚居区中，他们的祖先与结核病有过多年接触而幸存下来。尽管美国犹太人和非犹太人的结核病感染率相同，但美国犹太人的结核病死亡率明显低于美国的非犹太人。[38] 在考察了有关这一主题的其他数据后，莫图尔斯基认为："目前西方人群对结核病相对较高的抵抗力可能是与结核病长期接触后自然选择的基因条件决定的。"[39]

我们一般认为麻疹是一种儿童疾病，基本上不会致人死亡，而且现在我们还有针对麻疹的疫苗。但是，麻疹病毒最初侵袭人群时，曾造成大量的死亡。1949 年，巴西的图帕里印第安人大约有 200 人。到 1955 年，已有 2/3 的图帕里人死于该地区橡胶采集者带入部落的麻疹。[40] 在 1846 年的法罗群岛、

1848 年的夏威夷、1874 年的斐济群岛，以及最近的加拿大因纽特人中，有很多人死于麻疹。有些地区的麻疹死亡率较低，这可能是因为那里的人群获得了让他们不至于因这种疾病而死的遗传抗性。[41]

为什么某个群体会对某种疾病易感？流行病学家弗朗西斯·布莱克（Francis Black）认为，缺乏抗性基因并不是问题的全部答案。群体中高度的遗传同质性也可能增加易感性。[42] 在一个宿主体内生长的病毒会预先适应基因相似的新宿主，因此在新宿主中可能更致命。例如，麻疹病毒会适应个体宿主，当病毒复制时，宿主无法杀死的病毒形式最有可能存活下来并继续复制。当病毒传给具有相似基因的新宿主时，预适应病毒很可能导致新宿主死亡。而如果下一个宿主的基因非常不同，适应过程就会重新开始；病毒一开始就不会那么致命，因为宿主可以杀死它们。

新近来到一个地区的人群，如果建立者的人数较少（第一批美洲土著和最先在太平洋许多岛屿定居的波利尼西亚水手可能就是这样），这样的人群就往往具有高度的遗传同质性。因此，由欧洲人带入的流行病（如麻疹）很可能在与之接触后的最初几年里杀死许多当地人。据估计，与欧洲人接触后，新大陆有多达 5 600 万人死亡，主要原因是天花和麻疹等传入疾病。同样，由此引起的人口减少在太平洋地区也广泛发生。[43]

一些研究人员认为，非遗传因素也可能部分解释了对传染病的不同抵抗力。例如，文化习俗可能部分解释了在委内瑞拉和巴西的亚诺马米印第安人中流行麻疹的原因。亚诺马米人经常访问其他村庄，加上没有把病人隔离，这种疾病因而迅速蔓延。由于许多人同时患病，没有太多健康的人来喂养和照顾病人；患有麻疹的母亲甚至不能给她们的婴儿喂奶。因此，文化因素可能增加人暴露于疾病的可能性，并使疾病对人群的影响恶化。[44]

长期定居和人口密度高使疾病能够迅速传播并形成流行。这里展示的是印度尼西亚班达亚齐的本那央（Peunayong）市场。
在这样的市场上，鸡和人之间的密切接触为致命的 H5N1 禽流感毒株的进化提供了机会
（图片来源：© James Robert Fuller/CORBIS, All Rights Reserved）

只有当许多人住得很近时，传染病才可能流行。狩猎采集者通常生活在分散的小群体中，他们的社区内和周边没有那么多人来让疫情蔓延。没有足够的人感染，导致或携带疾病的微生物就会灭绝。相比之下，在农耕社区中，社区内外有更多的人会受到疾病传播的影响。永久定居点，特别是城市定居点，可能伴随着恶劣的卫生条件和受污染的水。[45] 有的传染病虽然早就存在，但直到出现了定居的和更大的社区之后，才开始导致大量人口死亡，肺结核就是一个例子。[46]

镰状细胞贫血

另一种生物变异是红细胞的异常，即镰状细胞贫血。正常的圆盘状红细胞在缺氧时呈新月形（镰刀状）。镰状红细胞不像正常细胞那样容易在体内移动，这会进一步导致供氧不足，对心脏、肺、大脑和其他重要器官造成损害。此外，镰状红细胞往往更快"死亡"，贫血因而更加严重。[47]

36. Motulsky 1971, 223.
37. Motulsky 1971, 226.
38. Motulsky 1971, 229.
39. Motulsky 1971, 230.
40. Motulsky 1971, 233.
41. Ibid.
42. Black 1992.
43. 对欧洲人传播的流行病的研究可以在 J. Diamond 1997a 第 11 章中找到。
44. Neel et al. 1970; Patrick Tierney；帕特里克·蒂尔尼（Patrick Tierney）在《埃尔多拉多的黑暗》（Darkness in El Dorado）（纽约：诺顿出版社，2000 年版）中指责尼尔（Neel）研究小组通过使用一种有害的麻疹疫苗，在亚诺马米人中引发了麻疹疫情。然而，科学证据表明蒂尔尼是错的。尼尔和他的同事使用的疫苗经过了广泛的预先测试，疫苗不可能导致这种流行病。麻疹已经在亚马孙地区蔓延，所以才会启动疫苗接种计划。见 Gregor and Gross 2004。
45. Relethford 1990, 425–427.
46. Merbs 1992.
47. Durham 1991, 105–107.

镰状细胞贫血是由血红蛋白基因指令的变异引起的，血红蛋白是红细胞中携带氧气的蛋白质。[48]镰状细胞贫血患者从父母双方都遗传了相同的等位基因（Hb^S 等位基因），因此该基因在他们身上是纯合的。只从父母一方获得这种等位基因的个体是杂合的，他们有一个 Hb^S 等位基因和一个正常血红蛋白（Hb^A）等位基因。杂合个体一般不会表现出镰状细胞贫血的全部症状，尽管在某些情况下可能会有轻微的贫血。一个杂合个体有 50% 的可能性将镰状细胞等位基因遗传给孩子。如果这个孩子长大后与另一个人繁衍后代，而那个人也是镰状细胞等位基因的携带者，那么他们的孩子有 25% 的可能性会患上镰状细胞贫血。如果没有先进的医疗救护，大多数带有两个 Hb^S 等位基因的人都活不了太久。[49]

为什么镰状细胞的等位基因在不同的人群中持续存在？如果镰状细胞贫血患者通常无法活到生育年龄，那么可以预计，常态化选择过程会让 Hb^S 的频率降低到接近于零。但是，镰状细胞等位基因在世界上的一些地方相当常见，这些地方包括希腊、西西里和印度南部、非洲热带地区，特别是在非洲潮湿的热带地区，Hb^S 出现的频率可能在 20% 到 30% 之间。[50]

由于镰状细胞基因在这些地方出现的频率远高于预期，20 世纪 40 年代和 50 年代的研究人员开始怀疑，杂合个体（携带一个 Hb^S 等位基因）可能在疟疾环境中具有繁殖优势。[51]如果杂合个体比正常血红蛋白的纯合个体（从父母双方都获得 Hb^A 等位基因的纯合个体）对疟疾的攻击更具抵抗力，那么杂合个体将更有可能存活和繁殖，因此，在人群中，隐性 Hb^S 等位基因将以高于预期的频率持续存在。这种结果是平衡选择的一个例子。[52]

许多证据支持这种"疟疾理论"。第一，地理比较显示，镰状细胞等位基因往往出现在疟疾发病率高的地方。第二，随着热带地区的土地开始被用于种植山药和水稻，镰状细胞等位基因出现的频率也在增加。事实上，最近的研究表明，疟疾可能是随着这些地区农业的发展而演变的。[53]原因似乎是，疟疾主要由冈比亚按蚊（*Anopheles gambiae*）传播，而随着热带森林被更开阔的土地取代，蚊子可以在温暖、阳光充足的池塘里滋生，疟疾也变得更加流行。事实上，即使在具有相似文化背景的人群中，镰状细胞等位基因的频率也会随着降水量的增加和水资源的过剩而增加。第三，感染后，与纯合的正常个体相比，镰状细胞特征杂合的儿童体内疟原虫的数量更少，儿童更有可能存活。[54]镰状细胞这个特征不一定能防止人们感染疟疾，但它能大大降低疟疾的死亡率——从进化的角度来看，总体效果是一样的。[55]第四，如果因为疟疾不再出现而不再有平衡选择，我们应该会发现镰状细胞贫血的发病率迅速下降。事实上，我们发现在有非洲血统的人口中出现了这种下降。生活在新大陆无疟疾区的人比生活在新大陆疟疾疫区的人患镰状细胞贫血的概率要低得多。[56]

Hb^S 并不是唯一与疟疾有关的异常血红蛋白。由于杂合子具有抗疾病的优势，许多异常血红蛋白可能会广泛存在。例如，另一种异常血红蛋白——Hb^E——常见于疟疾流行的印度、东南亚和新几内亚，但 Hb^S 在那些地方并不常见。为什么 Hb^E 杂合子对疟疾有抗性？一种可能性是，疟原虫在血红蛋白部分正常部分异常的情况下，在个体血液中存活的能力较差。异常血红蛋白细胞更脆弱，生命更短，因此它们可能不容易让疟原虫存活。[57]

乳糖酶缺乏

当美国教育工作者发现非裔美国学生总是不喝牛奶时，他们最初认为这是由于缺乏资金或教育。这些假设为在全国范围内建立学校牛奶项目提供了动力。然而，现在人们发现，在婴儿期过后，许多

图中二人在美国马萨诸塞州巴恩斯塔尔挤牛奶。自然选择可能有利于乳糖酶的产生，这是一种使牛奶在远离赤道的乳业人口中易于消化的遗传方式（图片来源：S.D. Halperin/Animals Animals/Earth Scenes）

肯尼亚一名马赛妇女正在挤牛奶。自然选择可能青睐牛奶的酸化，这是一种可以让靠近赤道的乳业人口消化牛奶的文化方式（图片来源：Irven DeVore/Anthro-Photo File）

人都缺乏乳糖酶，而乳糖酶是将牛奶中的糖分解成能被血液吸收的更简单的糖的必要条件。[58] 因此，没有乳糖酶的人不能正常消化牛奶，喝牛奶可能会导致腹胀、腹痛、胃胀气和腹泻。巴尔的摩对在两所小学一年级至六年级就读的 312 名非裔美国儿童和 221 名欧裔美国儿童进行的一项研究表明，85%的非裔美国儿童和 17% 的欧裔美国儿童对牛奶不耐受。[59]

最近的研究表明，乳糖不耐常见于世界上许多地区的成年人中。[60] 这种情况在东南亚和东亚、印度、地中海和近东、撒哈拉以南非洲以及北美和南美土著中很常见。乳糖不耐如此广泛存在并不令人惊讶。婴儿期过后，哺乳动物通常都会停止生产乳糖酶。[61]

如果哺乳动物成年后乳糖不耐是合理的，我们就需要理解为什么只有一些人在成年后还有能力产生乳糖酶并消化乳糖。为什么这种基因能力的自然选择存在于某些人群，而在另一些人群中却没有呢？20 世纪 60 年代末，F. J. 西姆斯（F. J. Simoons）和罗伯特·麦克拉肯（Robert McCracken）指出了乳糖吸收和乳品业（养牛产奶）之间的关系。他们认为，

随着乳品业的出现，具有在成年期产生乳糖酶的遗传能力的个体将获得更大的生育成功；因此，有乳品业人群中有很大比例的个体具有分解乳糖的能力。[62] 但是在一些有乳品业的社会中，人们在成年后不会产生乳糖酶。然而，他们似乎已经创造了一种解决乳糖酶缺乏问题的文化方法；他们将牛奶做成奶酪、酸奶、酸奶油和其他低乳糖奶制品。为了制造这些低乳糖产品，人们把乳糖乳清从凝乳中分离出来，或者用一种分解乳糖的细菌（乳酸菌）来加工牛奶，从而使缺乏乳糖酶的人能够消化牛奶。[63]

48. Ibid.
49. Ibid.
50. G. A. Harrison et al. 1988, 231.
51. 对早期研究的综述，见 Durham, 1991, 123 - 127. 所讨论的疟疾形式是由恶性疟原虫（Plasmodium falciparum）引起的。
52. 有关 Madigral 的研究报告和对早期研究的回顾，请参见 Madigral 1989.
53. Pennisi 2001a.
54. Durham 1991, 124 - 145.
55. Motulsky 1971, 238.
56. J. Diamond 1993.
57. Molnar 1998, 158; Pennisi 2001b.
58. Durham 1991, 230.
59. Brodey 1971.
60. Durham 1991, 233 - 235.
61. Relethford 1990, 127.
62. McCracken 1971；还可参阅在 Durham 1991, 240 - 241 中提到的 F. J. Simoons 的工作。
63. McCracken 1971; Huang 2002.

那么，为什么自然选择在一些有乳品业的社会中更倾向于生物解决方案（成年后产生乳糖酶）而不是文化解决方案呢？威廉·德拉姆搜集的证据表明，在距离赤道较远的有乳品业的社会，自然选择可能青睐生物解决方案。该理论认为，乳糖的生物化学性质类似于维生素 D，它可以促进钙的吸收——但只有产生乳糖酶的人才可以吸收乳糖。由于生活在温带地区的人接触不到很多阳光（特别是在冬天），因此他们的皮肤中产生的维生素 D 更少，自然选择可能倾向于产生乳糖酶吸收膳食钙的方式。[64] 换句话说，在高纬度地区（那里阳光较少），自然选择可能有利于在成年期产生乳糖酶，也有利于较浅的肤色。

这是一个说明文化如何影响自然选择对某些基因的偏爱的例子。如果没有乳品业，自然选择可能不会偏爱产生乳糖酶的遗传倾向。这种倾向是又一个例子，体现了基因、环境和文化相互作用带来人类变异的复杂方式。

种族和种族主义

幸运的是，像乳糖酶缺乏这样的内部差异从来没有与群体间的紧张关系联系在一起，也许是因为这种差异并不是很明显。不幸的是，一些更明显的外部差异，如肤色，则很容易引起群体间的紧张关系。

在大部分人的记忆中，从打架斗殴到大规模骚乱和内战，无数的攻击行为都源于不同群体之间的紧张关系和误解，这些群体通常被称为"种族"（races）。"种族"已经成为一个普遍到我们大多数人都将其视为理所当然而不去考虑其含义的术语。我们可以谈论"人类"（human race），这意味着所有的人类都属于同一个繁殖群体。然而，我们经常被要求在自己所属的"种族"的方框中打钩。我们先讨论生物学家有时如何使用"种族"这个术语，

然后我们来看看为什么大多数生物人类学家现在得出的结论是，种族的概念不适用于人类。我们讨论种族分类如何在很大程度上是一种社会建构，被用来为歧视、剥削，甚至灭绝某类人辩护。

作为生物学建构的种族

生物变异在任何物种中都不是均匀分布的。尽管一个物种的所有成员都有可能与其他成员相互繁殖，但大多数交配都发生在较小的群体或繁殖群体中。通过自然选择和遗传漂变的过程，居住在不同地理区域的种群将表现出一定的生物特征差异。当一个物种内部的差异变得足够明显时，生物学家可能会将不同的种群划分为不同的品种或种族。如果"种族"这一术语被理解为生物学家描述一个物种内部微小的种群变异的一种简写或分类方式，那么种族的概念可能就不会引起争议。不幸的是，在人类身上，种族分类常常与种族主义混淆在一起，种族主义认为某些"种族"天生不如其他"种族"。对"种族"一词的误用和误解及其与种族主义思维的联系，是许多生物人类学家和其他人建议不将种族一词用于人类生物差异的原因之一。

不应将种族分类应用于人类的第二个原因是，人类群体间相互繁殖的情况很多，以至于不同人群无法被清晰划分为可以根据特定生物特征的存在或不存在来定义的分离群体。[65] 因此，许多人认为"种族"在描述人类生物变异方面没有科学价值。通过比较分类者提出的"种族"数量，可以明显看出使用种族分类的困难。人类的"种族"分类有不同的方式，所分出的类别从 3 个到 37 个不等。[66]

如果大多数适应性生物特征从一个区域到另一个区域都呈现出渐变群或梯度的差异，那么人类群体如何能被清晰地划分为"种族"呢？[67] 皮肤颜色是一个很好的梯度变异的例子。在埃及周围的尼罗河流域，肤色从北向南呈梯度变化。一般来说，越

应用人类学

种族在法医人类学中的应用

在本章中，我们指出人类"种族"不是有效的生物实体。所谓"种族"内部的遗传变异实际上比不同"种族"间的更多，而用来定义"种族"的特征主要是视觉上的——皮肤颜色、头发形态、眼睛形状等等。大多数人类学家（根据最近的一项调查，超过70%的人类学家）不同意"智人物种中有生物种族"的说法。尽管如此，许多法医人类学家仍然把"种族"作为鉴定骨骼遗骸的类别之一，这似乎有些奇怪。

戴安娜·斯梅（Diana Smay）和乔治·阿梅拉戈斯（George Armelagos）认为，法医人类学家仍然使用"种族"这个概念，主要有三个原因。首先，这表明一些法医学人类学家确实相信"种族"是一种有用的分析工具。在这些人类学家看来，任何人都可以很容易地将他人归类为某一"种族"，该事实意味着这个概念有一定的真实性。事实上，一些法医人类学家认为，他们可以通过骨骼遗骸来确定"种族"，准确率达到80%（尽管其他人认为，在缺乏关于发现遗骸的具体地理位置的明确信息的情况下，准确率下降到了不及20%）。这就引出了法医人类学家继续使用"种族"概念的第二个原因——这对他们很有用。至少在当地，受过良好训练的法医人类学家可以确定一具骨架是否来自某个主要的"种族"群体。但正如法医人类学家玛德琳·欣克斯（Madeleine Hinkes）所解释的那样："有时候，人类学家只是凭经验认为，骨架中有某种说不清的'东西'，让他们认为骨架的主人属于某一个种族。"这对于"种族"的分析效用并不是一个很有说服力的论据。

斯梅和阿梅拉戈斯认为，许多法医人类学家继续使用"种族"概念的第三个原因是：他们被要求这么做。正如斯坦利·莱茵（Stanley Rhine）所指出的："比如，如果法医人类学家能够告诉官员，一个未知的头骨是西班牙裔的，这就可以为缩小搜索范围提供有用的信息。"相比之下，如果法医人类学家向地方官员发表了一场关于人类种族不存在的哲学演讲，他们就不太可能再被委以重任。但是，这是一个使用"种族"概念的好理由吗？是否有更好的方式来向警方和其他官员提供信息，帮助他们识别一组人类遗骸？爱丽丝·布鲁斯（Alice Brues）认为，法医人类学家应该把重点放在我们知道确实存在的人群之间的地方和地理差异上，并避免把重点放在我们知道实际上不存在的宽泛"种族"范畴。例如，法医人类学家可能可以在阿拉斯加区分因纽特人和阿留申人的遗骸，或者区分在加利福尼亚的华人、日本人和波利尼西亚人的遗骸。布鲁斯认为，如果将这些当地人口中存在的真正差异与定义的"种族"类别混为一谈，法医人类学家就限制了自己利用完整变异范围来发现独特的、可能对识别人类遗骸有用的本地变异的能力。

（资料来源：Brues 1992; Hinkes 1993, 51; Lieberman et al. 2003; Rhine 1993, 55; Smay and Armelagos 2000.）

靠近赤道（南部）的人皮肤颜色越深，越靠近地中海的人皮肤颜色越浅。但其他适应性特征可能没有南北渐变，因为环境预测因子的分布可能不同。比如，鼻子形状随湿度的变化而变化，但湿度的渐变并不总是与纬度的变化相对应。因此，肤色的渐变和鼻子形状的渐变是不一样的。因为适应性特征倾向于呈阶梯分布，所以在世界地图上没有一条线可以直接将"白人"与"黑人"或"白人"与"亚洲人"区分开来。[68] 只有在自然选择方面是中性的性状才会倾向于（由于遗传漂变）聚集在某些区域。[69]

种族分类是有问题的，这也是因为有时在被称为"种族"的单个地理群体（如"非洲人"）内部，体格、生理和遗传方面的多样性比不同"种族"之

64. Durham 1991, 263-269.
65. Marks 1994; Shanklin 1993, 15-17.
66. Molnar 1998, 19.
67. Brace et al. 1993.
68. Brooks et al. 1993.
69. Brace et al. 1993.

间的多样性更为丰富。非洲人之间的差异比他们与其他地方的人之间的差异更大。[70] 对所有人类群体的分析表明，93% 至 95% 的遗传变异是群体内部的个体差异造成的，而只有 3% 至 5% 的遗传变异是主要人类群体之间的差异造成的。[71] "种族"一词用于描述人类时，往往是一个社会范畴，而不是科学范畴。

种族和文明

许多人持有种族主义的观点，认为某些群体（他们一般将这些群体归为某个"种族"）在生物学上低人一等，这反映在他们文化的"原始"性质上。他们会辩称："发达"国家是"白人"国家，而"欠发达"国家不是。（我们把"白人"等表示种族类别的术语放在引号中，以表明这些类别本身是有问题的。）但这样的论点忽视了很多历史事实。今天许多所谓的欠发达国家——主要在亚洲、非洲和南美洲——早在欧洲国家扩张并获得相当大的权力之前就已经发展出了复杂而精细的文明。中国的商朝、中美洲的玛雅社会和非洲的加纳帝国等先进社会都是由"非白人"建立和发展起来的。

在公元前 1523 年至公元前 1028 年间，中国拥有复杂的政府、军队、金属器具和武器，以及生产和储存大量粮食的设施。早期的中华文明也有文字和复杂的宗教仪式。[72] 从公元 300 年到公元 900 年，玛雅社会人口众多，经济繁荣。玛雅人建造了许多美丽的大城市，其中有宏伟的金字塔和豪华的宫殿。[73] 据说，西非的加纳文明是在公元 2 世纪形成的。到了公元 770 年，桑尼基（Sonniki）统治者统治时期，加纳已发展出两座首都城市，一座是穆斯林城市，另一座是非穆斯林城市，每座城市都有自己的统治者，并主要由加纳利润丰厚的黄金市场支撑。[74]

考虑到欧洲北部的城市和中央政府是晚近才发展起来的，一些"白人"把非洲人、美洲土著和其他人贴上"历史成就落后"的标签，或者说他们在生物学上低人一等，不具备文明能力，这似乎有些奇怪。但是，种族主义者，无论是"白人"还是"非白人"，都有意忽视许多族群在文明方面都有重要成就这一事实。最关键的是，种族主义者拒绝相信他们可以在不以任何方式贬低本群体成就的情况下，坦然承认另一个群体的成就。

种族、征服和传染病的作用

有人认为，欧洲人在过去几百年间之所以能在世界大部分地区殖民，是因为他们高人一等。但现在看来，欧洲人之所以能够占据统治地位，至少在一定程度上是因为许多土著居民容易受到他们带来的疾病的影响。[75] 在上文中，我们讨论了持续接触

早在欧洲人到来之前，非洲的金属匠人就创造出了这个伟大的艺术品——来自加纳的金质头颅（图片来源：Dorling Kindersley/Geoff Dann © By kind permission of the Trustees of the Wallace Collection, London）

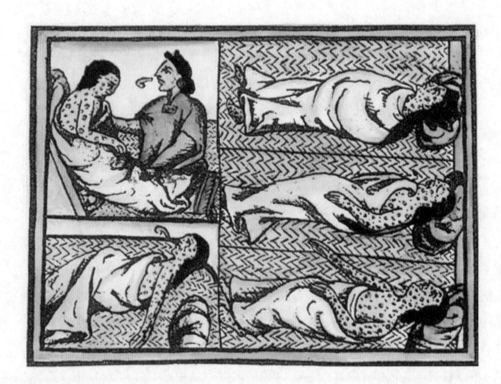

征服阿兹特克人的过程中，西班牙人传染的天花起到了很大作用，天花至少夺去了阿兹特克人一半的人口
（图片来源：The Granger Collection, New York）

一些流行性传染病，比如结核病和麻疹，如何让后代获得免于因这类疾病死亡的遗传抗性。天花在欧洲和非洲有着悠久的历史，遗传抗性最终使其成为一种基本不致死的儿童疾病。但在新大陆，情况就完全不同了。科尔特斯和征服者在试图打败墨西哥的阿兹特克人的过程中，无意中得到了天花的辅助。1520 年，科尔特斯军队的一名成员无意间将天花传染给了当地居民。天花迅速蔓延，造成至少 50% 的人口死亡，因此阿兹特克人在与西班牙人的战斗中处于相当不利的地位。[76]

一两个世纪后，天花的多次暴发导致北美的土著居民大量死亡。19 世纪早期，马萨诸塞印第安人和纳拉甘塞特印第安人（原人口分别为 3 万人和 9 000 人）因天花而减少到几百人。在 19 世纪，乌鸦部落、黑脚部落和其他美洲土著群体的死亡率也非常高。单凭微生物理论可能无法完全解释这些流行病；欧洲人可能故意向当地人分发带有病菌的毯子，从而助长了天花这种当地以前没有的疾病的传播。莫图尔斯基把天花的传播称为"生物战的早期例子"。[77]

种族与行为

早期，为了证明劣等"种族"的文化"原始"，一些学者试图证明"种族"之间存在行为差异。其中最活跃的是心理学家 J. 菲利普·拉什顿（J. Philippe Rushton），他 1995 年出版的《种族、进化与行为》（*Race, Evolution, and Behavior*）一书声称：在性行为、养育子女、社会异常行为和家

70. Brooks et al. 1993.
71. M. King and Motulsky 2002.
72. Goodrich 1959, 7 – 15.
73. Coe 1966, 74 – 76.
74. Thompson 1966, 89.
75. McNeill 1976.
76. Motulsky 1971, 232.
77. Ibid.

庭结构等方面，"黑人"、"高加索人种"和"蒙古人种"之间存在行为差异。

拉什顿认为，这些行为有遗传基础，源于对特定环境的适应。他认为，"黑人"适应了东非温暖的环境，在那里人类首先进化，他们的繁衍策略是个体有很多后代，但很少把精力放在孩子的养育和照顾上。这种策略在进化理论中被称为"r选择"，在鱼类、爬行动物甚至一些哺乳动物（例如兔子）中都得到很好的记录。[78] 拉什顿进一步指出，当人类离开非洲时，他们通过更多采用"K选择"的繁衍策略来适应亚洲"较冷"的气候，这种策略包括生育较少的后代，但将大量精力放在养育和照料上。K选择策略在动物世界中也有很好的例证，值得注意的是，类人猿（和人类）经常被当作K选择程度很高的物种的例子。[79]

拉什顿用来支持其论点的数据几乎完全来自现代国家，其中许多国家有种族歧视的历史（如南非、日本和美国）。但是，如果这三个"种族"之间确实存在行为上的遗传差异，这些差异源于超过10万年前现代人类从非洲迁徙而来之时，那么这些差异应该在世界上所有的文化之间都很明显。也就是说，"黑人"文化应该有与"高加索人"文化明显不同的行为，"高加索人"文化应该有与"蒙古人"文化明显不同的行为，等等。那么，这种差异真的存在吗？

本书作者利用186种构成标准跨文化样本的文化信息来检验拉什顿的观点是否站得住脚。[80] 我们研究了26种不同的行为，拉什顿预测这些行为在不同的"种族"中会有所不同。与拉什顿的预测相反，大多数的行为都没有显示出所谓的"种族"群体之间的差异。其中只有1种行为显示出拉什顿预测的那种差异，另外5种行为则显示出与拉什顿预测相反的模式。因此，拉什顿将人类大致划分为三个"种族"，这并不能预测人类行为的差异。他的观点显然是错误的，也无法证明区分人类"种族"在科学上有用。[81]

种族与智力

人们尝试记录所谓种族间智力的差异已有相当长的历史。19世纪，欧洲白人至上主义者认为"黑人"带有遗传而来的智力低下，并试图找到相关的科学依据。他们找到的方法是测量头骨。当时人们认为，头骨越大，脑容量越大，大脑也就越大（因此，也就越好）。尽管测量头骨的狂热很快就消失了，也不再被认为是一种测量智力的方法，但人们又用其他"事实"来证明"白人"所谓的智力优势——智力测试的数据。

美国第一次大规模的智力测试始于1917年美国加入第一次世界大战时。数千名新兵接受了所谓的阿尔法和贝塔智商测试，以确定派给他们的军事任务。后来，心理学家根据"白人"和"黑人"这两类"种族"对测试结果进行了排序，然后发现了他们所期望的结果："黑人"的得分始终低于"白人"这一结果被认为是"黑人"天生智力低下的科学证据，并被用来为军队内外对他们的进一步歧视辩护。[82]

奥托·克林伯格（Otto Klineberg）随后对智商测试结果的统计分析表明，来自北方各州的"黑人"得分高于来自南方各州的"黑人"。尽管顽固的种族主义者解释说，这种差异是由于天生聪明的"黑人"向北方迁移，但大多数学者将这一结果归因于北方优越的教育和更趣味盎然的环境的影响。当进一步的研究表明，北方的"黑人"得分高于南方的"白人"时，"北方的教育更好"的理论得到了支持，但种族主义者再次辩称，这样的结果是更聪明的"白人"向北方迁徙造成的。

为了进一步验证他的结论，克林伯格对生于南方、长于南方，然后在纽约市待过不同时长的"黑人"女学生进行了智商测试。他发现，这些女孩在北方待的时间越长，她们的平均智商就越高。除了支持"黑人"并不比"白人"天生低一等的观点外，这些发现还表明，文化因素能够而且确实影响智商得分，而且智商不是一个固定的数值。

1969 年，阿瑟·詹森（Arthur Jensen）再次挑起了关于种族和智力的争论。[83] 他指出，尽管美国"黑人"的智商与"白人"的智商有相当的重叠，但"黑人"的平均智商比"白人"低 15 分。智商得分可能与遗传因素有关，因此"黑人"的平均得分较低，詹森认为这暗示着"黑人"在遗传上不如"白人"。詹森的观点在理查德·赫恩斯坦和查尔斯·默里 1994 年合著的《钟形曲线》一书中得到了进一步发展。赫恩斯坦和默里想要表明，一个人的智力在很大程度上是遗传的，并且在整个生命周期中都是不可改变的，而一个人的成功很大程度上又是基于智力的，因此非裔美国人很可能会一直留在社会的最底层，因为他们的智力低于欧裔美国人。[84] 尽管赫恩斯坦和默里援引了大量研究来支持他们的论点，但他们的论点仍然是错误的。

如果你只看许多标准智力测试的平均分数，你可能会像种族主义者一样得出这样的结论：非裔美国人不如欧裔美国人聪明。两组人的平均分数不同，非裔美国人通常得分较低。但这种平均分数的差异意味着什么呢？赫恩斯坦和默里，也包括詹森和他们之前的一些人，都混淆了测量方法（比如某个智商测试）和要测量的东西，即智力。如果这项测试并不能完美地衡量它所声称要衡量的东西，那么较低的平均智商分数就仅仅意味着在这一个智商测试中的分数较低，而并不一定代表智商较低。[85] 有很多原因可以解释为什么有些聪明人在某些智商测试中表现不好。例如，测试的管理方式可能会影响表现，对格式、对象不熟悉，以及经验不足，都有可能影响测试结果。智商测试也可能无法测量特定类型的智力，比如社交"智慧"和创造力。

如果非裔美国人真的不那么聪明，那么低于平均水平的将不只是他们的平均智商。他们个人分数的整体频率分布也应该更低——他们中应该天才更

少，而智障人士更多。也就是说，显示他们的分数分布的钟形曲线应该比其他美国人的曲线要低，而且非裔美国人的分数也应该按比例减少。但这两种预期都没有得到证实。[86] 批评人士指出，《钟形曲线》一书中的证据还存在许多其他问题。但是，与所有试图利用平均智商分数的差异来判断不同群体能力的尝试一样，最根本的问题是：智商测试可能无法充分测量它们所要测量的东西。

首先，现在人们普遍认识到，智商测试可能不是衡量"智力"的标准方法，因为它们可能偏向那些构建测试的人的亚文化。也就是说，考试中的很多问题都和"白人"中产阶级孩子所熟悉的东西有关，这给了这些孩子优势。[87] 到目前为止，还没有人提出一个"文化公平"或无偏见的测试。人们一般的共识是：尽管智商测试可能无法很好地衡量"智力"，但它可以预测学业上的成功，或者一个孩子在以"白人"为主的学校体系中的表现。[88]

单纯从遗传角度来解释智商差异的第二个主要问题是：许多研究表明，智商分数可能受到社会环境的影响。经济困难的孩子，无论是"黑人"还是"白人"，通常得分都低于富裕的"白人"或"黑人"孩子。智商分数低的儿童经过训练后，测试得分能得到明显提高。[89] 桑德拉·斯卡尔（Sandra Scarr）和她的同事提供了更引人注目的证据。被富裕的"白人"家庭收养的"黑人"孩子的智商测试得分高于"白人"的平均水平。而那些有更多欧洲血统的"黑人"的智商测试得分并

78. MacArthur and Wilson 1967.
79. Johanson and Edey 1981.
80. Peregrine et al. 2000; 2003.
81. Lieberman 1999.
82. Klineberg 1935; 1944.
83. Jensen 1969.
84. Herrnstein and Murray 1994.
85. Kamin 1995.
86. Grubb 1987.
87. M. W. Smith 1974.
88. Dobzhansky 1973, 11.
89. Dobzhansky 1973, 14–15.

没有更高。[90] 因此，"黑人"和"白人"智商测试分数的平均差异不能归因于所谓的基因差异。据我们所知，15 分的平均差异可能完全是由于环境差异或测试偏差造成的。新的研究表明，社会环境对考试和学习成绩有非常微妙的影响。在考试前简单地提醒"黑人"他们的"种族"会让他们考得更差。奥巴马当选总统后，"黑人"和"白人"在研究生入学考试中的分数差距消失了。这些结果和其他结果似乎表明，普遍存在的"黑人"表现不如"白人"的刻板印象（尤其是在奥巴马当选之前）导致"黑人"的表现更差。[91]

遗传学家特奥多修斯·杜布赞斯基提醒我们，只有当所有人都有平等的机会发展自己的潜能时，才能就智商测试成绩表现出不同水平的原因下结论。他强调必须建立一个在民主理想下运作的开放社会，在这种社会中，所有人都有平等的机会发展他们所拥有的任何天赋或才能，并选择发展的目标。[92]

在所有人都享有平等的教育和机会之前，我们不可能肯定谁比谁更聪明
（图片来源：Don Hamerman）

人类变异的未来

实验室受精，随后的胚胎移植，以及成功的生产已经在人类和非人类身上实现。克隆——通过细胞组织对个体进行精确的复制——已经在青蛙、绵羊和其他动物身上实现了。基因工程——用一些基因替代另一些基因——在非人类有机体中越来越多地得到应用。可以被诱导成任何组织类型的干细胞，目前正处于可供人类使用的临床试验阶段。这种做法对人类基因的未来有什么影响？真的有一天，我们可以控制物种的基因构成吗？如果变成这样，带来的影响会是积极的还是消极的呢？

推测"完美人类"的发展是一件值得关注的事情。除了像谁可以决定完美人类应该是什么样子这样严肃的伦理问题以外，还有一个严肃的生物学问题：从长远来看，这样的发展是否会对人类物种有害？因为完全适应一个物理或社会环境的东西可能完全不适应另一个。在 21 世纪早期可能是"完美"的身体、情感和智力特征在 22 世纪可能是不合适的。[93] 正如我们已经看到的，即使是镰状细胞这样的缺陷在某些条件下也可能带来优势。

从长远来看，遗传变异的持续存在可能比创造"完美"而不变的人类更有利。在世界环境发生急剧变化的情况下，人类物种的绝对一致可能是进化的死胡同。如果有利于适应新条件的基因或文化变异的情况不再在人类物种中出现，这种一致性就可能导致人类灭绝。也许我们尽可能增加生存机会的最大希望来自宽容甚至鼓励许多方面的人类生物和文化变异的持续存在。[94]

90. Sandra Scarr 及其他人的研究，见 Boyd and Richerson 1985: 56。
91. Nisbett 2009.
92. Dobzhansky 1962, 243.
93. Haldane 1963.
94. Simpson 1971, 297 – 308.

小结

1. 不同人群之间的生理差异——生理性状的频率的差别——是一个或多个因素作用的结果，这些因素包括一般适应、气候适应，以及社会或文化环境的影响。

2. 人类群体的一些生理变异涉及遗传变异；一些变异，包括体型、面部结构和肤色，可能是适应气候的变化；还有一些变异，如乳糖酶的产生能力，可能一定程度上是适应了文化环境的变化。

3. 如今，大多数生物人类学家都认为，"种族"并不是一种描述人类生物方面差异的有用说法，因为人类种群并不是由一组特定的生物特征所界定的分离群体。具有适应性的身体特征在临床上各不相同，这使得将人类划分为彼此分离的"种族"实体变得毫无意义。可以说，"种族"分类主要是社会类别，只是被假定具有生物学基础。

4. 也许种族歧视最具争议性的地方是"种族"类别和智力之间的关系。人们曾试图通过智商测试和其他手段来显示一个"种族"在先天智力上优于另一个"种族"。但是，无法证实智商测试是否可以公平地衡量智力。因为有证据表明，智商测试的分数受基因和环境的双重影响，只有在所有被比较的人都有平等的机会发展他们的潜力时，才能得出关于智商测试分数差异的原因的结论。

第六章

现存的灵长目动物

本章内容

灵长目的共同特征

灵长目动物的分类

不同的灵长目动物

人科动物的特征

灵长目动物的适应性

灵长目动物学是研究灵长目动物的学科，其目的是了解不同的灵长目动物是如何在解剖学和行为上适应环境的。这些研究结果可能有助于我们了解人类这种灵长目动物的行为和进化。

但是，像黑猩猩这样的现存的灵长目动物，怎么能告诉我们关于人类或作为人类祖先的灵长目动物的信息呢？毕竟，每一种现存的灵长目动物从早期的灵长目动物分化后，都有不同的进化史。所有现存的灵长目动物，包括人类，都是从现已灭绝的早期灵长目动物进化而来的。尽管如此，通过观察人类和其他灵长目动物之间的差异和相似之处，我们或许能够推断出人类是如何以及为什么会与其他灵长目动物分化的。

结合化石证据，对现存灵长目动物的解剖学和行为比较也许能帮助我们重建早期灵长目动物的样子。例如，如果我们知道现代灵长目动物在树间摇摆时有一种特殊的肩骨结构，我们就可以推断出类似的骨骼化石可能属于一种也在树间摇摆的动物。现存灵长目动物的不同适应性也可能解释为什么在灵长目动物进化过程中会出现某些分化。如果我们知道哪些特征属于人类，而且只属于人类，那么这一知识或许可以解释，为什么进化出人类的这一支灵长目动物，会从进化出黑猩猩和大猩猩的灵长目动物中分化出去。

在本章中，我们首先研究现存灵长目动物的共同特征。接下来，我们将介绍灵长目动物的不同种类，重点介绍每种主要类型的特点。然后，我们讨论使人类有别于其他灵长目动物的特征。最后，我们探讨可以如何解释不同灵长目物种所表现出的不同适应性。本章的目的是帮助我们更多地了解人类。因此，在灵长目动物的解剖学和行为特征中，我们强调可能对人类进化影响最大的那些特征。

灵长目的共同特征

所有灵长目动物都属于哺乳纲，它们有哺乳动物的所有共同特征。除人类外，灵长目动物的身体都覆盖着起隔热作用的浓密毛发或皮毛。即使是人类也在一些身体部位长有毛发，尽管也许不都是起隔热的作用。哺乳动物是温血动物，也就是说，其体温或多或少是持续温暖的，通常比周围的空气温度高。几乎所有的哺乳动物都是在母体内发育得比较大后才出生的，出生后，幼崽通过吸吮母亲的乳腺分泌的乳汁来获得营养。幼崽出生后，对成年动物有一段相对长的依赖期。这段时期也是学习的时期，因为成年哺乳动物的很多行为是后天习得的，而不是天生的。正如我们将在本章后面看到的，游戏是哺乳动物幼时常见的一种学习技巧，对灵长目动物尤其重要。

灵长目动物有许多生理和社会特征，使它们有别于其他哺乳动物。

生理特征

灵长目动物的单个生理特征都不是灵长目动物所独有的，其他目的动物也具有下列特征中的一种或多种。但是，只有灵长目动物拥有下列所有生理特征。[1]

灵长目动物的许多骨骼特征反映出**树栖**的生存方式。所有灵长目动物的后肢结构都主要是为了提供支持，但大多数灵长目动物的"脚"也能抓东西（见图 6-1）。一些灵长目动物，例如红毛猩猩，可以用后肢悬吊。灵长目动物的前肢特别灵活，能够承受推力和拉力。每个后肢和前肢的上部各有一根骨头，下部各有两根骨头（眼镜猴除外）。自最早的灵长目祖先以来，这一特征几乎没有改变。它在现代灵长目动物中仍然存在（而许多别的哺乳动物已经失去了这一特征），因为双骨为手臂和腿的旋转提供了极大的灵活性。

灵长目动物的另一个特征结构是锁骨。锁骨也给灵长目动物很大的运动自由，让其可以上下左右移动肩膀。虽然人类显然不把这种灵活性用于树上活动，但人类确实把它用于其他活动。没有锁骨，我们就不能扔矛或扔球；如果我们没有可转动的前臂，我们就不能制造任何精细的工具，也转动不了门把手。

灵长目动物通常是**杂食性**的，也就是说，它们吃各种各样的食物，包括昆虫和小动物，还有水果、种子、树叶和树根。灵长目动物的牙齿反映了这种杂食性饮食。咀嚼用的牙齿——臼齿和前臼齿——与其他动物（如食草动物）相比，是没有特殊功能的。前牙——门齿和犬齿——通常有特殊作用，这主要

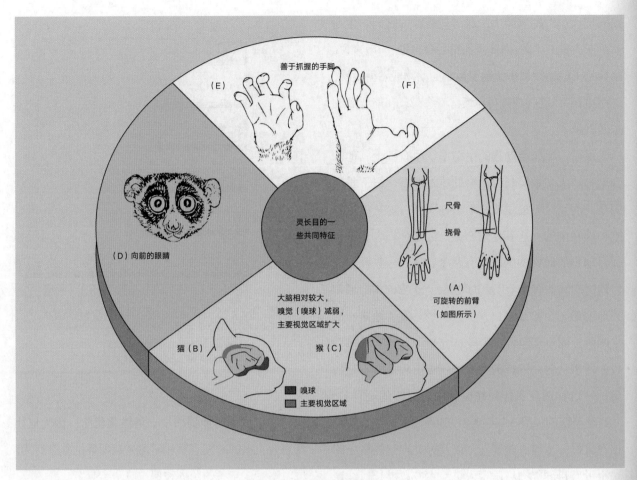

图 6-1 灵长目的一些共同特征

[资料来源：(A) From Wolff 1991, 255. Reprinted with permission of D.C. Heath; (B, C) from Deacon 1992, 110; (D) from Cartmill 1992b, 25; and (E,F) from Cartmill 1992b, 24.]

体现在低等灵长目动物中。例如，在许多原猴亚目动物那里，细长、紧密排列的下门齿和犬齿形成了一个"牙梳"，动物们用其梳理毛发或从树干上刮下硬化的树胶（树胶是它们的食物）。[2]

灵长目动物的手非常灵活。所有灵长目动物都有善于抓握的手脚，可以环绕在物体上。灵长目动物的手脚上都有五根指头（某些动物的其中一根指头可能是粗短的一截），除了少数例外，它们的指甲都又宽又平，不像爪子。这种构造使它们能够抓住物体。手指、脚趾、脚后跟和手掌上无毛、敏感的软垫也能帮助他们握紧。大多数灵长目动物有**对生拇指**，这一特征使得它们的抓握更加精确和有力。

视觉对灵长目动物的生活非常重要。与其他哺乳动物相比，灵长目动物大脑相对较大的部分与视觉而非嗅觉有关。灵长目动物往往有立体视觉。它们的眼睛是朝前的，而不是像其他动物那样朝向两边，这一特征使它们能够同时用两只眼睛盯着一个物体（昆虫、其他食物或远处的树枝）。大多数灵长目动物也有色觉，这或许是为了识别植物性食物何时可以食用。

灵长目动物的另一个重要特征是大脑的尺寸相对于身体较大。也就是说，灵长目动物的大脑通常

---

1. 对灵长目动物共有特征的经典描述，可参见 Napier and Napier 1967。灵长目动物的社会组织，可参见 Smuts et al. 1987。
2. Bearder 1987, 14.

比同样大小的动物要大，这可能是因为它们的生存有赖于大量的学习，对此我们稍后会讨论。一般来说，脑容量大的动物似乎比脑容量小的动物成熟得更慢，寿命更长。[3] 动物成熟得越慢，寿命越长，能学到的东西就越多。

最后，灵长目动物的生殖系统也有别于其他哺乳动物。大多数灵长目动物的雄性都有一根下垂的阴茎，而且并不通过皮肤附着在腹部，这是包括蝙蝠和熊在内的一些其他动物共有的特征。大多数灵长目动物的雌性的胸部都有两个乳头（一些原猴亚目动物的雌性有两个以上的乳头）。子宫的构造通常只能容纳一个胎儿（只有狨猴和绢毛猴才通常一次生两只），而不是像大多数其他动物一样一次生一窝。我们可以认为，这样的生殖系统更重质量而不是数量——这种适应可能与在树林中生活的危险有关，尤其是坠落的风险。[4] 灵长目幼崽在出生时往往发育相对较好，尽管人类婴儿，以及猿类和一些猴子的幼崽没有自理能力。除了人类，大多数灵长目幼崽从出生起就能依附在母亲身上。灵长目动物通常需要很长时间才能成熟。例如，猕猴要到 3 岁左右才性成熟，黑猩猩要到 9 岁左右才性成熟。

社会特征

灵长目动物大多是群居动物。与善于抓握的手和立体视觉等身体特征一样，它们的许多社会行为模式可能也是随着对环境的适应而发展起来的。对大多数灵长目动物，特别是昼行性（在白天活动）动物而言，群居生活可能对生存至关重要，我们将在本章后面看到这一点。

社会环境中的依赖和发展

在灵长目动物相当长的依赖期中，社会关系首先从与母亲和其他成年者的接触开始。（灵长目动物的依赖期为婴儿期和幼年期，见图 6-2。）幼猴和幼

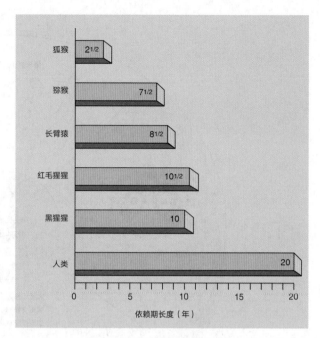

图 6-2 灵长目后代依赖期比较
（资料来源：Jolly 1985, 292）

猿的长期依赖可能提供了一种进化优势，因为这让幼崽有更多的时间观察和学习生存所需的复杂行为，同时享受成年者的照顾和保护。

灵长目动物如果与母亲或其他个体没有和睦的社会关系，似乎就不会发展出适当的社会互动模式。在一系列以恒河猴为实验对象的经典实验中，哈里·哈洛（Harry Harlow）研究了被母亲忽视和孤立对后代的影响。[5] 他发现，由于缺乏母亲照料或与其他幼崽隔离，一些猴子无法过正常的社交生活。它们发展出异常的性行为，甚至在年幼时就行为不良。哈洛将缺乏社交能力的雌性猴子与适应良好的雄性猴子交配。这些雌性分娩后，行为一点也不像母亲，它们经常完全拒绝自己的孩子。它们的异常行为证明了养育孩子不仅仅是出于本能。哈洛的实验强调了母亲关怀对猴子的重要性，并由此推论出母爱对人类的重要性。

在许多灵长目动物群体中，并不是只有母亲照顾幼崽。在灰叶猴群体中，幼崽的出生和随后的抚养吸引了群体中大多数雌性成员的注意力。[6] 在一些

在哈里·哈洛的实验中，一只小恒河猴依附在（用电线和布做成的）"代母"身上。哈洛证明，社会互动对灵长目动物的正常发育而言是必要的（图片来源：Martin Rogers/Woodfin Camp & Associates, Inc.）

灵长目动物群体中，父亲照顾幼崽的时间可能和母亲一样长。[7]

玩游戏的灵长目动物

哈洛的研究为年幼灵长目动物的社会学习提供了其他信息。实验揭示了母亲照顾对恒河猴幼崽的重要性，也揭示出游戏是依赖期正常发育的另一个关键因素。没有母亲抚养的猴子成年后会表现出不正常的行为，有母亲抚养但没有同伴一起玩耍的猴子在成年后也会表现出不正常的行为。事实上，当一些没有母亲抚养的猴子被允许定期和同伴玩耍时，它们中的许多表现得更正常了。随后的研究支持哈洛的发现。[8]

游戏对学习很重要，通过游戏，可以练习成年

后必要或有用的身体技能。[9]例如，小猴子在树林中以最快的速度奔跑，它们的协调性越来越好，如果以后有捕食者追赶它们，这可能会挽救它们的生命。游戏也是学习社交技能的一种方式，尤其是在与群体中其他成员的互动和沟通中。一些支配关系似乎部分是通过年龄较大的幼崽玩的混战游戏建立起来的，在这种游戏中能否获胜，取决于体型、力量和敏捷性等因素。是否具备这些品质，可能会影响个体在整个成年生活中的地位。（其他因素也有助于决定个体的地位。例如，在一些灵长目动物群体中，母亲的地位被证明是非常重要的。[10]）

向他者学习

我们知道，灵长目动物，无论是人类还是非人类，都在社会群体中学习很多东西。人类的孩子经常模仿别人，而成年人经常有意教导小孩子。在英语中，我们会说："Isn't it cute how Tommy 'apes' his father?"（汤米"猿猴/模仿"他的父亲，多可爱啊！）但是，猿类（和猴子）会模仿他者吗？还是说，它们只是在学习做类似的事情，而不是在观察模仿？在非人类灵长目动物中，模仿和自主学习的比例有多大，研究人员对此尚有争议。更有争议的是，刻意教学是否会发生在非人类灵长目动物中。[11]

一些野外工作者认为黑猩猩可能通过模仿来学习使用工具。珍·古道尔（Jane Goodall）举了一个例子：一只患有腹泻的母猩猩用一把树叶擦屁股时，两岁大的幼崽仔细地看着，然后两次拿起树叶

---

3. Richard 1985, 22ff.
4. R. Martin 1975, 50. 负鼠不是灵长目动物，生活在树林中，一次生多个幼崽，是一种有袋类动物，可以将初生的幼崽装在袋子里。
5. Harlow et al. 1966.
6. Nicolson 1987, 339.
7. 一些研究试图解释灵长目动物中雄性抚育幼崽程度的差异，Gray 1985（144—163）对此做了回顾。
8. Russon 1990, 379.
9. Dohlinow and Bishop 1972, 321 – 325.
10. Sade 1965; Hausfater et al. 1982.
11. Visaberghi and Fragaszy 1990, 265; Tomasello 1990, 304 – 305.

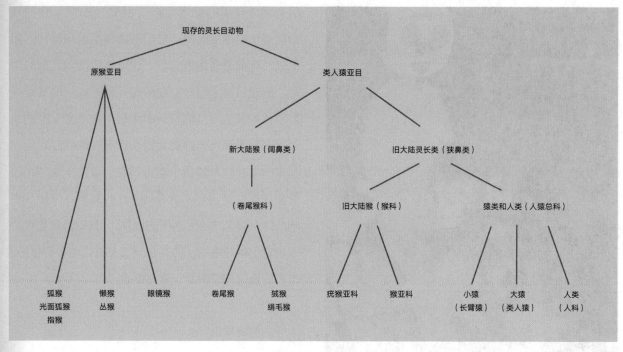

图 6-3　现存灵长目动物的简化分类

擦拭自己，把身后擦得干干净净。[12]"钓"白蚁——用树枝把白蚁从白蚁堆里捞出来——可能是黑猩猩使用工具的最著名的例子。在野外，人们观察到未成熟的黑猩猩会聚精会神地观察，并在其他黑猩猩钓白蚁时捡起树枝。黑猩猩母亲在钓白蚁的时候，也会让幼崽抓着"钓竿"。但是，一些观察者认为这些报告并不是明确的模仿或教学的证据。即使母亲让幼崽抓住"钓竿"，幼崽也还是在和母亲一起做这个活动，而不是在观察之后很快就独立地重复该活动。[13]

灵长目动物的分类

分类提供了一种有用的方法来指称在生物学上重要的方面相似的物种群。有时分类方案会有所不同，因为不同的分类者会强调相似性和差异性的不同方面。例如，一种分类强调导向今天的灵长目动物的进化分支，另一种分类强调共有特征的数量。

还有一种方法考虑进化过程，也考虑特征的相似性和差异性，但并不是所有特征都具有同等的权重。这种方法一般强调在进化过程中发展出的更"高级"和更专门的特征。[14] 图 6-3 是遵循最后一种方法的分类方案。[15]

尽管有不同的分类方法，但对于如何对各种灵长目动物进行分类，研究者基本上没有太多分歧。正如我们将在讨论各种灵长目动物的基本状况时看到的，大多数分歧围绕着眼镜猴和人类的分类。

灵长目通常分为两个亚目：原猴亚目和类人猿亚目。原猴亚目包括狐猴、懒猴和眼镜猴等。类人猿亚目包括新大陆猴、旧大陆猴、小猿（长臂猿、合趾猿）、大猿（红毛猩猩、大猩猩和黑猩猩）和人类。

不同的灵长目动物

既然我们已经讨论了它们的共同特征，让我们关注一下现存灵长目动物的一些差别。（灵长目动物

一只环尾狐猴驮着它的幼崽。像环尾狐猴这样的原猴比类人猿更依赖嗅觉。原猴亚目的动物还有更灵活的耳朵、胡须，更长的鼻子，以及相对固定的面部表情
（图片来源：
© Kevin Schafer/Image Bank/Getty Images, Inc.）

有一些地理差异，生活在欧洲、亚洲和非洲的灵长目动物与生活在美洲的灵长目动物之间存在很大的差异。）

原猴亚目

原猴亚目比类人猿更像其他哺乳动物。例如，原猴亚目的动物比类人猿更依赖嗅觉来获取信息。

与类人猿相比，它们通常有更灵活的耳朵、胡须，较长的鼻子和相对固定的面部表情。原猴亚目还表现出许多所有灵长目动物都具有的特征，包括善于抓握的手脚、立体视觉和大脑视觉中心的扩大。

狐猴型

狐猴及其近亲光面狐猴和指猴，只见于非洲东南海岸外的两个岛屿地区——马达加斯加岛和科摩罗群岛。这些灵长目动物的体型各异，小的有鼠狐猴，大的有 1.2 米长的光面狐猴。狐猴群体的成员通常一胎只生一只幼崽，尽管一胎生两只或三只幼崽在某些

物种中很常见。这个群体中的许多物种都是**四足动物**——用四肢行走的动物，它们在树上和地上都用四肢行走。一些物种，比如光面狐猴，以一种被称为"垂直攀爬和跳跃"（vertical clinging and leaping）的运动模式，只用后肢从一个垂直的位置行进到另一个垂直的位置。狐猴大多食素，吃水果、树叶、树皮和花。狐猴的种群大小差异很大。许多狐猴种类，特别是**夜行**（夜间活动）的狐猴，在活动的时候是独行的。另一些则更具社交性，其群体规模从小家庭到多达 60 只不等。[16] 狐猴型灵长目动物的一个不同寻常的特征是，雌性常常支配雄性，尤其是在获取食物方面。在大多数灵长目动物和其他哺乳动物中，很少能观察到雌性占优势的现象。[17]

12. van Lawick-Goodall 1971, 242.
13. Visaberghi and Fragaszy 1990, 264 – 265.
14. R. Martin 1992, 17 – 19; Conroy 1990, 8 – 15.
15. 这一经过简化的灵长目分类图表改编自 R. Martin 1992, 21 中的内容。
16. Doyle and Martin 1979; Tattersall 1982.
17. Richard 1987, 32.

丛猴是一种小型的树栖原猴，既吃水果也吃昆虫。
丛猴是一种精力充沛的夜行动物，通过垂直攀爬和跳跃来移动
（图片来源：© Clem Haagner, Gallo Images/CORBIS）

懒猴型

在东南亚和撒哈拉以南非洲都发现了懒猴群，它们都是夜行动物，生活在树上。它们吃水果、树胶和昆虫，通常一胎生一只幼崽。[18] 懒猴型有两个主要的科，懒猴科和丛猴科。它们表现出很大的行为差异。丛猴是一种敏捷、活跃的动物，它们在树枝和树干之间跳来跳去，采用垂直攀爬和跳跃的运动模式。在地面上，它们经常像袋鼠那样跳跃。懒猴的速度要慢得多，它们四足着地，前后肢交替，安静地沿着树枝行走。

通过使用探照灯和无线电跟踪等技术辅助手段，野外研究人员对这些夜行灵长目动物有了很多了解。例如，我们知道在丛猴群体中，雌性，尤其是母亲和年轻的成年雌性，会形成小群体生活，而雄性则分散生活。幼崽出生在巢中或树洞中（有关系的雌性可能共同住在这些地方），母亲会定期回来照顾它们。幼崽出生几天后，母亲可

能会用嘴叼着幼崽到附近的树上，在进食的时候将幼崽放在上面。[19]

眼镜猴

生活在树上的夜行眼镜猴，现在只见于菲律宾和印度尼西亚的岛屿上，是唯一一种完全依赖动物性食物的灵长目动物。它们通常以昆虫为食，但有时也捕食其他小动物。它们具备良好的夜视能力，拥有巨大的眼睛、非凡的视力和大脑中扩大的视觉中心。眼镜猴的英文是 tarsier，得名于它们细长的跗骨（tarsal bone），这使它们获得了长距离跳跃的巨大优势。眼镜猴非常擅长垂直攀爬和跳跃。它们生活在由一对配偶及其后代组成的家庭中。像一些高等灵长目动物一样，雄性和雌性眼镜猴每天晚上一起唱歌来宣示它们的领地。[20]

眼镜猴的分类存在一些争议。一些分类不像我们在这里所做的，把它们和原猴亚目放在一起，而是把眼镜猴和类人猿放在一起。根据那种分类方案，灵长目的亚目是原猴亚目（strepsirhines，包括狐猴和懒猴）和类人猿亚目（haplorhines，包括眼镜猴和类人猿）。眼镜猴的染色体与其他原猴亚目动物相似，它们的一些脚趾上也有用来梳理毛发

夜间活动的树栖眼镜猴，比如这只菲律宾的眼镜猴，是唯一一种完全依赖动物性食物的灵长目动物。它们巨大的眼睛使它们能够在夜间发现昆虫和其他猎物。它们细长的跗骨使它们非常擅长垂直攀爬和跳跃
（图片来源：©Tom McHugh/Photo Researchers, Inc.）

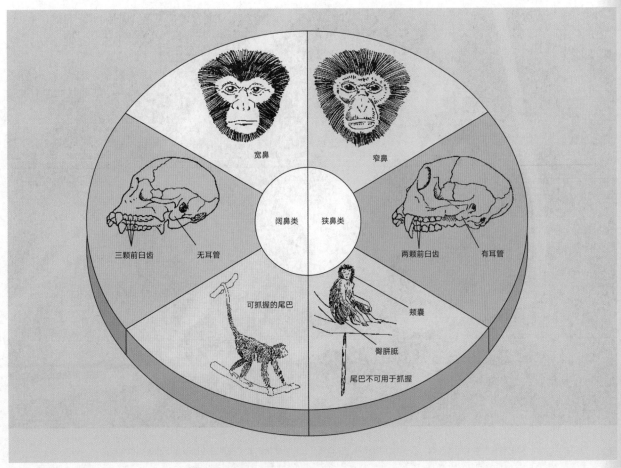

图 6-4 阔鼻类和狭鼻类的特征（资料来源：Boaz and Almquist 1999）

的爪子，有超过两个的乳头，子宫的形状像其他原猴亚目动物（双角子宫）。眼镜猴像丛猴一样，通过垂直攀爬和跳跃来移动。在其他方面，眼镜猴更像类人猿。它们对嗅觉的依赖性没有那么高；眼镜猴不仅鼻子更小，而且没有狐猴那种像狗一样的潮湿鼻子。与类人猿一样，它们的眼睛离得比较近，并得到眼眶骨骼的保护。在生殖方面，眼镜猴和类人猿一样有胎盘，可以让母亲的血液和胎儿的血液接触。[21]

类人猿亚目

类人猿亚目包括人类、猿和猴子。大多数类人猿亚目的动物有一些共同特征，只是程度不同：脑壳呈圆形；外耳较小且不能活动；脸相对较小，比

较扁平，没有突出的口鼻（muzzle）。它们有高效的生殖系统，手也非常灵巧。[22] 类人猿亚目分为两大类：**阔鼻类**和**狭鼻类**（见图 6-4）。这两类得名于不同的鼻子形状，但我们将会看到，它们在其他特征上也有所不同。阔鼻类有宽而平的鼻子，鼻孔朝外；这些猴子只在新大陆的中美洲和南美洲被发现。狭鼻类的鼻子窄，鼻孔朝下。狭鼻类包括来自旧大陆（非洲、亚洲和欧洲）的猴，以及猿和人类。

18. Bearder 1987, 13.
19. Charles-Dominique 1977, 258；另可参见 R. Martin and Bearder 1979; Bearder 1987, 18－22。
20. MacKinnon and MacKinnon 1980.
21. Cartmill 1992a, 28; Fleagle 1999, 118－122.
22. Napier and Napier 1967, 32－33.

松鼠猴和所有阔鼻类一样，几乎从不离开树。它非常适合树栖生活方式，注意它是如何用手和脚抓住树枝的
（图片来源：MICHAEL & PATRICIA FOGDEN/Minden Pictures）

新大陆猴

除了鼻子的形状和鼻孔的位置外，新大陆猴（阔鼻类）与狭鼻类还有其他一些解剖学上的差异。新大陆的物种有三颗前臼齿，而旧大陆的物种有两颗。一些新大陆猴有可以抓握的尾巴，旧大陆的猴子则没有。所有新大陆猴都是完全树栖的，它们的群体大小差异很大，食物包括昆虫、花蜜、树汁、水果和树叶。[23]

传统上认为，新大陆猴有两个科。狨科（callitrichids）包含狨猴和绢毛猴；卷尾猴科（cebids）包含所有其他新大陆猴。虽然学者们认识到这种划分有一些问题，但它能帮助我们对新大陆猴有一个基本的了解。狨科动物非常小，有爪子而不是指甲，一胎生两只幼崽，幼崽大约两年后就会成熟。也许因为一胎两只的情况普遍，而且幼崽必须被抱着，所以狨科动物的母亲不能独自照顾幼崽。经常可以

看到父亲和哥哥姐姐抱着幼崽。事实上，雄性可能比雌性更经常抚养后代。狨科群体可能包含一雌一雄（一夫一妻制）或一只雌性与多只雄性（一妻多夫制）。它们吃很多水果和树的汁液，但是和其他非常小的灵长目动物一样，它们所需的蛋白质很大一部分来自昆虫。[24]

卷尾猴科动物通常比狨科动物更大，需要大约两倍的时间才能成熟，而且往往一胎只生一个幼崽。[25]卷尾猴科的动物在规模、群体组成和饮食结构上差异很大。例如，松鼠猴重约 1 千克，而绒毛蛛猴重超过 7 千克。一些卷尾猴科动物组成雌雄成对的小群体，另一些卷尾猴科动物的群体则由多达 50 只个体组成。一些最小的卷尾猴科动物以树叶、昆虫、花朵和水果为食，而另一些则主要以水果为食，对种子、树叶或昆虫的依赖较少。[26]

旧大陆猴

旧大陆猴，或称猴科动物（cercopithecoids），与人类的关系比与新大陆猴更为密切。它们的牙齿数量与猿类和人类相同。旧大陆猴的物种并不像新大陆猴那样多样化，但它们的栖息地更为多样。有些既在树上也在地面上活动，还有些物种，比如狮尾狒，则完全是陆栖的（生活在地面上）。猕猴生活在热带丛林和白雪覆盖的山上，从直布罗陀巨岩到非洲，再到印度北部、巴基斯坦和日本都有分布。旧大陆猴有两个主要亚科。

疣猴亚科（Colobine Monkeys）疣猴亚科包括亚洲叶猴、非洲疣猴和其他一些物种。这些猴子基本生活在树上，主要以树叶和种子为食。它们的消化道能够从高纤维素饮食中获得最多的营养；它

像所有的狭鼻类一样，这只叶猴的鼻子相对窄，鼻孔向下。叶猴是疣猴亚科的亚洲成员，主要以树叶为食（图片来源：Newman and Associates/Phototake NYC）

们的胃呈囊状，为分解植物性食物提供了很大的表面积，其肠道也很大。

疣猴亚科最显著的特征之一是新生幼崽特有的艳丽毛发。例如，有个物种，暗灰色毛发的母亲会生下亮橙色毛发的幼崽。[27] 观察性研究表明，在（除人类外的）灵长目动物中，疣猴亚科也是不寻常的，因为母亲会让其他成员在幼崽出生后不久照顾它们。但是，不属于本群体的雄性对幼崽来说是危险的；据观察，试图进入并接管一个群体的雄性会杀死幼崽。虽然这样描述可能会让人觉得，疣猴亚科动物的典型群体结构是单雄性群体，但对于特定的物种来说，似乎不存在典型的群体模式。对一个物种的多个位点进行研究，既能发现单雄性群体，也能发现多雄性群体。[28]

猴亚科（Cercopithecine Monkeys）比起旧大陆猴的其他亚科，猴亚科包括了更多的陆栖物种。这些物种中有许多表现出明显的**两性异形性**（雌性

梳理毛发是旧大陆灵长目动物的一项重要活动。图为两只猕猴互相梳理毛发（图片来源：Mattias Klum/National Geographic Image Collection）

23. Richard 1985, 164–165.
24. Cartmill 1992a, 29; Goldizen 1987, 34; also Eisenberg 1977; Sussman and Kinzey 1984; Fleagle 1999, 168–174.
25. Eisenberg 1977, 15–17.
26. Robinson, Wright, and Kinzey 1987; Crockett and Eisen_berg 1987; Robinson and Janson 1987.
27. Hrdy 1977, 18.
28. Hrdy 1977, 18–19.

埃塞俄比亚的一群狒狒，它们大部分时间都在地面上活动（图片来源：Michael Nichols /National Geographic Image Collection）

和雄性看起来非常不同）；雄性体型较大，犬齿较长，比雌性更具攻击性。与疣猴亚科动物相比，猴亚科动物更依赖水果，在干旱和随季节而变化的环境中生存能力更强。[29] 猴亚科动物可以用双颊内侧的囊状物来储存食物，以备之后食用和消化。这些猴子的一个不寻常的生理特征是臀胼胝（ischial callosities），这是一种适应，使它们能够长时间舒适地坐在树上或地面上。[30]

对狒狒和猕猴的研究表明，亲缘关系密切的雌性会成为本地群体的核心。在较大的群体中（猕猴通常会形成较大的群体），许多社会行为似乎是由生物亲缘程度决定的。例如，一个个体最有可能坐在与母亲关系密切的个体旁边，给它梳洗，或者帮助它。[31] 此外，当大群体分裂时，亲缘关系近的子群体可能会继续保留下来。[32]

人猿总科：猿类和人类

人猿总科（hominoid）包括三个不同的科：小猿，或长臂猿科（hyblobates，长臂猿和合趾猿）；大猿，或猩猩科（pongids，红毛猩猩、大猩猩和黑猩猩）；人科（hominids）。人猿总科动物与其他灵长目动物有几个特征不同。人猿总科动物的大脑相对较大，尤其是与数据整合能力相关的大脑皮层区域。所有的人猿总科动物都有相当长的手臂、短而宽的躯干，没有尾巴。人猿总科动物的腕部、肘部和肩关节使其能有比其他灵长目动物更大的活动范围。人猿总科动物的手比其他灵长目动物的更长、更强壮。这些骨骼特征可能是随着人猿总科特有的悬吊运动能力进化而来的。其他类人猿是在地面或树枝上四足行走的，与之不同的是，人猿总科动物经常悬吊在树枝下，在树枝间来回摆动或凯瑟琳·米尔顿（Katharine Milton）是加州大学伯克利分校环境科学、政策与管理系的教授，对围绕猴子的科学研究有着浓厚的兴趣，但这与她最初的兴趣相去甚远。米尔顿出生在亚拉巴马州，就读于弗吉尼亚的斯威特布赖尔学院。她在大学主修英语，后来在艾奥瓦大学获得了英语硕士学位。直到后来，她到阿根廷居住时，才发现自己对动物行为，尤其是灵长目动物非常感兴趣。

她从纽约大学获得了博士学位，博士论文的主题是巴拿马吼猴的"经济学"。之后，她幸运地开始研究绒毛蛛猴——一种生活在巴西东南部的鲜为人知的濒危猴种。由于人们对绒毛蛛猴知之甚少，她的研究从对它们的饮食和行为做基本概述开始。绒毛蛛猴看起来像蜘蛛猴，所以人们想当然地认为绒毛蛛猴也是吃水果的。但米尔顿通过一年多的系统观察发现，这种"常识"的观点是错误的。正如她所说："很显然，没有人把圈养绒毛蛛猴的短暂寿命与一个事实联系起来，那就是，也许，仅仅是也许，它们吃错了食物。动物园，记住，如果你们有幸得到一两只绒毛蛛猴，一定要给它们多吃叶子多的食物，而不是成熟的含糖水果！"

米尔顿的大部分研究都致力于理解饮食对非人类灵长目动物和人类的影响。与以水果为食的灵长目动物相比，以树叶为食的灵长目动物通常体型较大，需要的进食区域较小，大脑也相对较小。这是为什么呢？米尔顿认为，尽管大脑更大会消耗能量，但要记住分散的高质量食物（例如水果，按重量计算能比树叶提供更多营养）的位置在智力上要求更高，因此这有利于以水果为食的灵长目动物获得更好的智力发展。

（资料来源：Milton 1988; 2002; 2009.）

攀爬。[33] 这种悬吊的姿势也转化成在地面上移动的姿势，所有的人猿总科动物都能至少偶尔双足直立行走，对此我们将在讨论最早的人科动物的章节中详谈。

人猿总科动物的齿系也显示出一些独有的特征（见图 6-5）。与其他类人猿的臼齿相比，人猿总科动物的臼齿又平又圆，下臼齿呈被称为"Y-5"的齿形，也就是说，下臼齿上有五个尖头，在它们之间有 Y 形的槽，开口朝向脸颊。其他类人猿的臼齿齿形被称为双脊形齿（bilophodont）——它们的臼齿有两个脊状突起，垂直于脸颊。除人类外的人猿总科动物都有长长的犬齿，其长度超过对面牙齿的顶端，在相对的颌上则有与犬齿相应的空间，叫作齿隙（diastema），当上下颌闭合时，犬齿就进入齿隙。上犬齿和下颌的第三前臼齿接触，形成锋利的切削刃，部分原因是前臼齿被拉长以适应犬齿。[34] 这些牙齿特征与人猿总科动物的饮食有关，其饮食通常包括纤维植物和较软的水果，纤维植物放在细长的前臼齿上，用锋利的犬齿切断，较软的水果可以用宽而平的臼齿有效地咀嚼。

人猿总科动物共有的骨骼和牙齿特征说明其有共同的祖先。人猿总科动物的蛋白质和 DNA 也有很多相似之处。这种基因相似性在黑猩猩、大猩猩和人类之间尤为明显。[35] 因此，灵长目动物学家认为，比起小猿和红毛猩猩，黑猩猩和大猩猩在进化上与

---

29. Napier 1970, 80 – 82.
30. Fedigan 1982, 11.
31. Fedigan 1982, 123 – 124.
32. P. Lee 1983, 231.
33. Fleagle 1999, 302.
34. LeGros Clark 1964, 184.
35. Pennisi 2007.

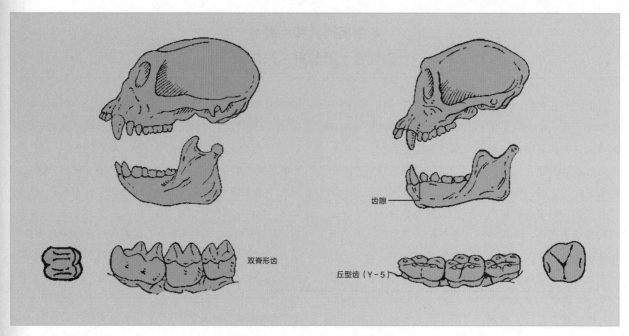

图 6-5　旧大陆猴（左）和猿类（右）的齿系差异

旧大陆猴下臼齿的牙尖形成两个平行的脊；猿类的臼齿则有五个牙尖，形成 Y 形的图案。猿类的下犬齿和第一前臼齿之间还有一个空间，叫齿隙

（改编自 Boaz and Almquist 1999, 164）

人类更接近。我们将在下一章讨论支持与红毛猩猩分化较早的化石证据。

长臂猿和合趾猿

敏捷的长臂猿和它们的近亲合趾猿生活在东南亚的丛林中。长臂猿体型较小，体重仅在 5 千克到 7 千克之间。合趾猿体型稍大，但体重不超过 12 千克。长臂猿和合趾猿大多吃水果，但也吃树叶和昆虫。它们非常擅长**臂行**（brachiation），靠长长的手臂和手指在树林中双手交替荡来荡去。[36] 长臂猿向前荡一次可以移动 9 米多。

长臂猿和合趾猿的家庭群体很小，群体成员包括一对看起来是终身伴侣的成年配偶，以及它们的一两个未成年后代。后代成年后，会被成年配偶赶出家门。长臂猿和合趾猿中几乎没有两性异形的现象——雄性和雌性在大小和外貌上没有差异，也没有哪个性别主导的明显模式。这些小猿也具有很强的领地意识：成年配偶通过唱歌来宣示自己的领地，

一只白掌长臂猿展示了它的臂行能力

（图片来源：Peter Oxford/Nature Picture Library）

还会驱赶其他猿类以保卫领地。[37]

红毛猩猩

红毛猩猩现在仅存于加里曼丹岛和苏门答腊岛。与长臂猿和合趾猿不同的是，红毛猩猩的性别非常容易辨认。雄性不仅体重几乎是雌性的两倍（最重的有 90 千克），而且还有大大的脸颊垫、喉囊、胡须和长毛。[38] 像长臂猿和合趾猿一样，红毛猩猩主要吃水果，而且是树栖动物。它们是树栖灵长目动物中最重的一种，也许正是因为这个原因，它们在树间移动时才如此缓慢而费力。红毛猩猩在高等灵长目动物中很不寻常，除了母亲和它们的幼崽，成年红毛猩猩大部分时间都是独处的。然而，一些研究人员发现了群体行为的证据。一项对苏门答腊红毛猩猩的实地研究发现，多达 10 只成年红毛猩猩在同一棵树上一起进食。[39] 不同的研究人员把关于红毛猩猩行为的信息汇集到一起后发现，其行为似乎存在着区域差异，可能存在着地方性的红毛猩猩文化。[40] 没有不同的群体，就不可能产生文化差异。

对于生活在加里曼丹岛山区的红毛猩猩的独居习性，人们提出了不同的观点。一种观点是，一棵树上或一片活动范围内的食物，可能不足以养活一只以上的成年红毛猩猩，毕竟红毛猩猩是一种相当大的动物。为了在不穿越大片区域的情况下每天获得足够的食物，红毛猩猩可能会独自生活而不是成群结队。[41] 另一种观点认为，易受捕食的动物往往是群居的，而红毛猩猩体型庞大，可能不会受到大多数动物的攻击，因此独自生活是可行的选择。[42] 第三种观点从表面上看似乎与第二种观点相反，该观点认为独居可能是对人类大量捕食红毛猩猩的一种适应。红毛猩猩对付人类最好的办法可能是独自躲在树上。[43]

大猩猩

大猩猩生活在西非赤道地区的低地以及刚果、乌干达和卢旺达的山区。[44] 与主要以水果为食的其他猿类不同，大猩猩主要吃植物的其他部分——茎、芽（比如竹笋）、髓、叶、根和花。大猩猩吃水果的数量差别很大。许多群体中的大猩猩很少吃水果，而对于另一些大猩猩群体而言，水果是日常饮食中很常见的一部分。[45] 大猩猩是现存猿类中体型最大的。自然栖息地中的成年雄性可重达 250 千克，雌性可重达 114 千克。为了支撑巨大胸部的重量，大猩猩主要在地面上四肢着地行走，采用的方式被称为"指关节着地走"（knuckle-walking）：它们行走时，用带有厚垫的指关节着地。大猩猩的胳膊和腿，尤其是幼年大猩猩的胳膊和腿，非常适合攀爬。成年大猩猩的身体很重，攀爬会比较危险。[46] 它们一般睡在地上，或睡在用不是食物的植物做成的盆状窝里。[47]

大猩猩倾向于群居，群体包括占统治地位的雄性银背大猩猩、其他成年雄性、成年雌性和未成年的后代。雄性和雌性在成熟后，似乎都会离开自己出生的群体，加入其他群体。占统治地位的雄性往往是群体的中心；它是群体的主要保护者，也是决定群体下一步走向的领导者。[48]

黑猩猩

也许是因为黑猩猩更友善，也更容易被发现，所以人们对黑猩猩的研究远远多于大猩猩。黑猩猩生活

36. Preuschoft 1984.
37. Carpenter 1940; Chivers 1974, 1980.
38. Rijksen 1978, 22.
39. Normile 1998.
40. van Schaik et al. 2003.
41. Galdikas 1979, 220 – 223.
42. Cheney and Wrangham 1987, 236.
43. Rijksen 1978, 321.
44. Fossey 1983, xvi.
45. Tuttle 1986, 99 – 114.
46. Schaller 1963; 1964.
47. Fossey 1983, 47.
48. Harcourt 1979, 187 – 192.

一只年轻的大猩猩用指关节着地行走。后脚平放在地上，只有"手"的指节触地（图片来源：© Kennan Ward/CORBIS, All Rights Reserved）

长在地面上活动，它们从树上下来，当它们想要走很远的距离时，它们会用指关节着地行走。偶尔，它们会直立行走，通常是在穿越草很高的草丛或试图看清远处时。黑猩猩睡在它们精心准备的树巢里，每次睡觉的时候都有一堆树叶作为枕头。[50]

与其他大猿相比，黑猩猩（包括倭黑猩猩）在性别方面的差异较小。雄性平均体重略高于 45 千克，雌性略轻，但雄性的犬齿较长。

有一段时间，人们认为黑猩猩只吃植物性食物。虽然大多数黑猩猩的日常饮食都是素食，但也有相当一部分是肉类。在坦桑尼亚贡贝国家公园和其他地方进行了 30 年的研究之后，研究人员发现，普通黑猩猩不仅吃昆虫、小蜥蜴和鸟类，还会主动捕猎和杀死更大的动物。[51] 除了体型较小的猎物外，人们还观察到黑猩猩会捕食猴子、小狒狒和羚羊。在贡贝，红疣猴是目前所知最常被黑猩猩猎杀的动物。

在非洲西至塞拉利昂、东至坦桑尼亚的森林地区。

黑猩猩属有两个物种，即黑猩猩（*Pan troglodytes*）和倭黑猩猩（*Pan paniscus*）。尽管它们有许多共同的特征（事实上，直到 1929 年，黑猩猩和倭黑猩猩才被认为是不同的物种），但倭黑猩猩往往比普通黑猩猩更苗条，四肢和指头更长，头更小，脸更黑，毛发向两边分开。与普通黑猩猩不同的是，倭黑猩猩的齿系和骨骼结构似乎并没有性别差异。更重要的似乎是社会行为的差异。倭黑猩猩比普通黑猩猩更合群，群体也更稳定。群体倾向于以雌性为中心，而不是雄性。[49]

尽管黑猩猩主要以水果为食，但它们与近亲大猩猩有很多相似之处。它们都是树栖和陆栖的。和大猩猩一样，黑猩猩也擅长攀爬，尤其是在年轻的时候，它们会在树上待很长时间。但是，它们最擅

倭黑猩猩细长的四肢、黝黑的脸和分向两边的毛发是它们区别于普通黑猩猩的一些特征（图片来源：Karen Bass/Nature Picture Library）

黑猩猩虽然在树上待的时间很长，但在地面上也能移动得很快（图片来源：Anup Shah/Nature Picture Library）

因此，威胁其他灵长目动物的不仅仅是人类（参见专题"濒危的灵长目动物"）；在黑猩猩密集捕猎的地区，红疣猴的数量非常少。狩猎似乎更多地发生在食物匮乏的旱季。[52] 猎物主要由雄性捕获，它们要么单独捕食，要么成群结队。然后，多达15只黑猩猩会在长达9个小时的友好社交聚会上分享猎物，或者更准确地说，是请求捕猎者分享猎物。[53]

尽管进行了大量的观察，我们对黑猩猩社会群体组织的认识仍然不清楚。普通黑猩猩群体通常是多雄性和多雌性的，但群体的规模可能从几只到100只左右不等。在贡贝，雄性通常一生都待在自己出生的群体中，而雌性则经常加入邻近的群体。但是，在几内亚的雄性黑猩猩并不倾向于留在自己出生的群体中。[54] 一般而言，黑猩猩会根据食物的可获得性和被捕食的风险等因素，选择是聚集在一起还是分散开来。[55] 最近，学者们比较了来自9项对黑猩猩社会组织和行为的长期研究的信息，并得出结论：黑猩猩的某些行为是特定群体特有的。这些行为，包括习惯性使用工具、梳理毛发和求偶等，似乎并不是由环境决定的，因此这些行为被一些学者解释为文化行为。[56]

人科动物

根据我们在这里使用的分类，我们称为人科动物的人猿总科动物只包括一个现存物种——现代人类。人类有许多区别于类人猿和其他人猿总科动物

49. Susman 1984; White 1996.
50. Goodall 1963; van Lawick-Goodall 1971.
51. Teleki 1973.
52. Stanford 2009.
53. Stanford 2009.
54. Normile 1998.
55. Tuttle 1986, 266–269.
56. Whiten et al. 1999.

的特征，因此，许多人将人类归入与猩猩科类人猿不同的类别。（本书余下的大部分篇幅都在讨论这些特征。）然而，另一些人认为，差异并没有大到足以为人类划分出一个单独的人科类别。例如，人类、黑猩猩和大猩猩的蛋白质和 DNA 非常相似。人们普遍认为，人类、黑猩猩和大猩猩的祖先也许是在500 万到 600 万年前从同一个祖先分化出来的。[57]我们强调的是人类和猿之间的相似性还是差异性，并不那么重要；重要的是我们需要去理解产生这些相似之处和差异的原因。

人科动物的特征

现在我们来看看我们——人科动物——区别于其他灵长目动物的特征。虽然我们喜欢认为自己是独一无二的，但我们在这里讨论的许多特征，都是从原猴亚目到猿类的连续统一体的延续。

身体特征

在所有灵长目动物中，只有人科动物始终直立行走。长臂猿、黑猩猩（尤其是倭黑猩猩）和大猩猩（还有一些猴子）有时可能会用两只脚站立或行走，但时间很短。所有其他灵长目动物都需要厚实的肌肉来支撑它们的头部；人科动物的身体并没有这种构造，因为我们的头部一般可以通过脊柱保持平衡。盘状骨盆（人科动物特有）、脊柱的腰曲、笔直的下肢，以及有足弓而不能抓握的脚都与直立行走有关。由于人科动物完全直立行走，我们可以在不影响行进效率的情况下携带物体。

虽然许多灵长目动物有能够用于抓取和检查物体的对生拇指，但人科动物拇指的长度和灵活性使我们能够更灵巧地摆弄物体。我们既能握紧大的或重的物体，又能精确地握紧小的或精细的物体，而不会把它们弄掉和摔碎。我们也有出色的手眼协调

能力，以及非常复杂的大脑。

人科动物的大脑大而复杂，尤其是大脑皮层，那是语言和其他高级心智活动的中枢。现代人类成年人的平均脑容量超过 1 300 立方厘米，而大猩猩的脑容量为 525 立方厘米，大猩猩是脑容量仅次于人类的灵长目动物。人科动物大脑的额叶区域也比其他灵长目动物的大，因此人科动物的前额比猴子或大猩猩更突出。人科动物的大脑有专门负责言语和语言的特殊区域。人科动物庞大的大脑需要大量的血液，而血液被运送到大脑和离开大脑的方式也是人科动物独有的。[58]我们将在关于人属动物出现的章节中更多地讨论人科动物的大脑及其进化。

人科动物的牙齿反映了我们的杂食性饮食，而牙齿并不是非常特化，这可能反映了我们使用工具和炊具来加工食物的事实。正如前面所讨论的，其他人猿总科动物有长犬齿和齿隙，而人科动物的犬齿通常不会伸出超过对面牙齿的顶部。这样，人科动物在咀嚼的时候，下颌就可以垂直和水平移动，而其他人猿总科动物牙齿的水平移动会被长长的上犬齿阻碍。比起其他人猿总科动物的臼齿，人科动物的臼齿有更厚的牙釉质，而水平移动和牙釉质更厚的臼齿可能与饮食中有更多粗粮和种子有关，对此我们将在"最早的人科动物"一章中进一步讨论。人科动物的下颌形状像抛物线拱，由相对较薄的骨头和较轻的肌肉组成，而猿类的下颌则是 U 形的。现代人类有下巴，其他灵长目动物则没有。

人科动物的另一个特征是女性的性特征，她们可以在一年中的任何时候性交，大多数其他灵长目动物的雌性只在排卵期前后才会有周期性的性行为。[59]

---

57. M. Goodman 1992.
58. Falk 1987.
59. 雌性倭黑猩猩和人类女性性交的频率几乎相同。参见 Thompson-Handler et al. 1984。

濒危的灵长目动物

与许多相对于资源而言数量过于庞大的人类群体不同，许多非人类灵长目动物种群濒临灭绝，因为它们的数量不够多。人类人口过剩和非人类灵长目动物灭绝这两种趋势是相关的。如果没有人类在世界上许多地方的扩张，生活在这些栖息地的非人类灵长目动物就不会濒临灭绝。马达加斯加的各种狐猴和其他原猴亚目物种，非洲的山地大猩猩和红疣猴，以及巴西的狮狨猴都是灭绝风险极大的物种。

许多因素导致了非人类灵长目动物所面临的困境，但大多数困境是直接或间接由人类活动造成的。也许最大的问题是农业和畜牧业侵占及木材产品砍伐造成的热带雨林的破坏，而热带雨林是大多数非人类灵长目动物的栖息地。生活在这些地区的人们对非人类灵长目动物的危险处境负有部分责任——人口增长的压力，让更多森林被砍伐和烧毁以用于农业的可能性增加了，甚至在一些地区，非人类灵长

目动物是狩猎食物的重要来源。但是，全球市场的力量可能更为重要。快餐店对"美式"汉堡的需求日益增长，加快了人们寻找廉价牛肉产地的步伐。对热带森林木材产品的需求也很大，日本从热带雨林进口的木材有一半用于胶合板、硬纸板、纸张和家具。

有些人认为保护所有物种都很重要。灵长目动物学家提醒我们，保护灵长目动物的多样性尤其重要。其中一个原因是科学上的，我们需要这些灵长目群体来研究和理解人类是如何相似和不同的，以及为何如此。另一个原因在于非人类灵长目动物在关于人类疾病的生物医学研究中的作用，我们和我们的灵长目亲戚有很多共同的疾病和基因。（正如我们在第一章中提到的，黑猩猩 99% 基因与人类相同。）电影《人猿星球》告诉我们，动物园里的灵长目动物可能就是我们自己。

那么，如何保护非人类灵长目动物不受我们的

伤害呢？实际上只有两种主要的方法：要么在许多地方抑制人口增长，要么在受保护的公园和动物园里将大量的非人类灵长目动物保护起来。两者都是困难的，但人类是有可能

做到的。

（资料来源：Mitteraeier and Sterling 1992, 33－36; Nishida 1992, 303－304.）

金狮狨猴（图片来源：©Tom & Pat Leeson/Photo Researchers, Inc.）

在灵长目动物中，人科动物的两性缔结现象也是特殊的。[60] 稍后，在讨论文化的起源时，我们会谈及一些理论，这些理论试图解释两性缔结现象（现代人类称之为"婚姻"）形成的原因。过去人们认为，雌性或多或少持续的性活动可能与两性缔结现象有关，但对哺乳动物和鸟类的比较研究与这一观点相矛盾。在性活动更频繁的哺乳动物和鸟类中，出现两性缔结关系的可能性并没有更高。

那么，为什么雌性人科动物的性行为与大多数其他灵长目动物不同呢？一种说法是，由至少几个成年雄性和成年雌性组成的当地群体建立，两性缔结关系形成后，雌性一定程度上连续的性活动获得了选择优势。[61] 更具体地说，群体生活和两性缔结——在灵长目动物中，这种组合是人科动物所独有的——可能有利于从普通高等灵长目动物周期性的雌性性活动模式，转变为一定程度上连续的雌性性活动模式。这种转变在人科动物中可能是受欢迎的，因为在多个雄性和多个雌性组成的群体中，周期性的而不是连续的雌性性活动会破坏男女缔结关系。[62]

对非人类灵长目动物的实地研究表明，雄性通常会尝试与任何准备好交配的雌性交配。如果与雄性有缔结关系的雌性在某些时候对性不感兴趣，而群体中的其他雌性对性感兴趣，那么雄性很可能会试图与其他雌性交配。频繁的"婚外恋"可能会破坏两性缔结关系，从而降低生育成功率。因此，如果人科动物已经有了群体生活（以及"婚外恋"的可能性）和婚姻关系这种组合，那么自然选择可能会或多或少地偏向雌性的持续性活动。如果有缔结关系的两性成年个体像长臂猿那样独自生活，那么不连续的雌性性活动就不会威胁到缔结关系，因为"婚外"性行为不太可能发生。同样，季节性繁殖也不会对雄性和雌性之间的关系构成什么威胁，因为所有的雌性都在差不多一样的时间有性活动。[63] 因此，只有人科动物同时具有群体生活和两性缔结关

系，这一事实或许可以解释为什么连续的雌性性活动会在人科动物中发展起来。雌性倭黑猩猩确实全年都有性行为，但是倭黑猩猩没有两性缔结关系，雌性倭黑猩猩也不像人类女性那么频繁地产生对性的兴趣。[64]

行为能力

与其他灵长目动物相比，人科动物的行为有很大一部分是后天习得并受文化塑造的。就像许多身体特征一样，我们可以看到灵长目动物学习能力的梯度。包括红毛猩猩、大猩猩和黑猩猩在内的类人猿，在学习能力上可能差不多。[65] 新大陆猴和旧大陆猴在学习测试中表现比较差，意想不到的是，长臂猿的表现比大多数猴子都差。

工具制造

同样的梯度也体现在创造性和工具制造方面。没有证据表明有类人猿之外的非人类灵长目动物使用工具，尽管有几种猴子会使用"武器"——从树上用树枝、石头或水果砸在地面上的捕食者。野外的黑猩猩既会制造也会使用工具。正如前文谈过的，黑猩猩会从树枝上摘去树叶，然后把树枝伸入白蚁的丘状巢穴中"钓"白蚁。它们会用树叶清扫白蚁、吸水、擦身。实际上，黑猩猩使用工具的情况差异很大，因此灵长目动物学家克里斯托弗·伯施（Christophe Boesch）提出，各地黑猩猩群体在使用工具方面存在文化差异。[66]

黑猩猩使用工具的一个例子说明它们是有计划性的。在西非的几内亚，观察人员发现一些黑猩猩会用两块石头砸开油棕榈果。被用作"平台"的石头有一个凹处，另一块石头则是用来砸的。观察人员认为这些石头是黑猩猩带到棕榈树下的，因为附近原本没有像这样的石头，而且，观察人员看到，黑猩猩砸开果子后，会把用于击打的石头放在用作

野生黑猩猩使用工具。图为黑猩猩用一块石头砸开油棕榈果。然而，据我们所知，它们不会像人类那样使用工具来制造其他工具
（图片来源：C. Bromhall/Animals Animals/ Earth Scenes）

平台的石头的上面或附近。[67] 西非其他地区的观察人员也报告了黑猩猩用石头来砸开坚果的事。在利比里亚的一个地方，似乎先是一只具有创新精神的雌性黑猩猩开始用石头砸坚果，然后在几个月内，就有另外 13 只原本对此不太关注的黑猩猩模仿了这种做法。[68]

圈养环境中的黑猩猩也会制作工具。人们观察到，一只母猩猩会用树枝做成的工具检查和清洁幼崽的牙齿，甚至拔掉了幼崽一颗即将脱落的乳牙。[69]

人科动物一度被认为是唯一会制造工具的动物，但上述观察让我们看到，有必要修改工具制造的定义。如果我们给工具制造下的定义是"为特定目的而修整自然物体"，那么至少一些类人猿也是工具制造者。也许更准确地说，人科动物是唯一一种

经常性制造工具的动物，就像我们说人科动物是唯一一种经常性直立行走的人猿总科动物一样，尽管其他人猿总科动物都能而且确实会偶尔直立行走。然而，据我们所知，人科动物的独有能力在于能够用一种工具制造另一种工具。

60. 我们说"两性缔结"，意思是至少有一方是"忠诚的"，也就是在一个发情期、月经周期或繁殖期内只与一个异性性交。注意这种缔结不一定是一夫一妻的，一个个体可能与多于一个异性个体形成缔结关系。参见 M. Ember and C. R. Ember 1979。

61. M. Ember and C. R. Ember 1979, 43，也可参见 C. R. Ember and M. Ember 1984, 203 – 204。

62. C. R. Ember and M. Ember 1984, 207。

63. C. R. Ember and M. Ember 1984, 208 – 209。

64. de Waal and Lanting 1997。

65. Rumbaugh 1970, 52 – 58。

66. Boesche et al. 1994。

67. 观察转引自 A. Jolly 1985, 53。

68. Hannah and McGrew 1987。

69. *Newsweek*, "The First Dentist," March 5, 1973, 73。

语言

只有现代人类才有口语和符号语言。但是，就像制造工具的能力一样，现代人类语言和其他灵长目动物之间交流的分界线并不像我们曾经认为的那么清晰。在野外，长尾猴会针对不同的捕食者发出不同的警报。观察人员在播放这些叫声的录音时发现，猴子对这些叫声的反应因叫声的不同而有所区别。猴子如果听到代表"老鹰"的叫声，就会抬起头，如果听到代表"豹子"的叫声，就会跑到高高的树上。[70]

在野外，普通黑猩猩也善于使用手势和许多声音交流。研究人员利用这种"天生的才能"在实验环境中教会了黑猩猩使用符号语言。在他们的开创性工作中，比阿特丽斯·T.加德纳（Beatrice T. Gardner）和R.艾伦·加德纳（R. Allen Gardner）养了一只名叫瓦苏（Washoe）的雌性黑猩猩，并训练它使用美国手语手势，瓦苏以惊人的效率掌握了这样的交流方式。[71]经过一年的训练，瓦苏已经能够将手势与特定的活动联系起来。例如，如果渴了，瓦苏会发出"喝"的信号，然后发出"给我"的信号。随着进一步的学习，指令变得越来越详细。它如果只是想要水，就只会示意"喝"。但是，如果它想喝汽水，就会先发出代表"甜"的信号，即用手指快速触摸舌头，然后再示意"喝"。后来，加德纳夫妇在训练另外四只黑猩猩方面取得了更大的成功，训练这些黑猩猩的是熟练使用美国手语的聋哑人。[72]

有充分证据表明，倭黑猩猩能像两岁的人类一样理解简单的语法"规则"。一只名为坎兹（Kanzi）的倭黑猩猩可以指着表示不同特殊含义的图形符号，用一系列符号来表达意思。例如，它会指向一个表示动词的符号（"咬"），然后指向一个表示物体的符号（"球"、"樱桃"或"食物"）。[73]

其他人科动物特征

尽管许多灵长目动物是杂食动物，除了吃植物外，它们还吃昆虫和小型爬行动物，有些甚至捕食小型哺乳动物，但是，只有人科动物会捕食体型很大的动物。此外，人科动物是少数完全生活在地面上的灵长目动物之一。我们甚至不像其他生活在地面上的灵长目动物那样睡在树上。也许我们的祖先在森林退化的时候失去了栖身之所，或者也许像武器、火之类的文化进步让他们无须在树上寻找夜间庇护所。此外，正如前文提到的，我们是所有灵长目动物中依赖父母时间最长的，我们需要20年左右的父母的照顾和支持。

最后，与几乎所有其他灵长目动物都不同的是，人科动物在成年后会按性别分工获取食物和分享食物。在非人类灵长目动物中，雌性和雄性成熟后都自己觅食。人科动物的性别角色专门化程度更高，这可能是因为雄性不需要一直照顾婴儿和幼儿，可以更自由地狩猎和追逐大型动物。

灵长目动物的适应性

到目前为止，我们已经讨论了灵长目动物的共同特征，并介绍了现存的不同灵长目动物。现在，让我们来看看，对于现存的灵长目动物（而不是化石灵长目动物，我们将在下一章讨论化石灵长目动物）如何适应不同的环境，研究者提出了哪些可能的解释。

体型

现存的灵长目动物体型差异很大，体型小的灰鼠狐猴平均体重约57克，而体型大的雄性大猩猩，平均体重约159千克。是什么导致了这种巨大的差异？有三个因素似乎可以预测体型大小——该物种在一天中活动的时间、活动的地点（树上还是地上），以及它们所吃的食物的种类。[74]所有夜间活动的灵长目动物都很小；在白天活动的灵长目动物中，树栖动物往往比陆栖动物小。主要吃树叶的物种往往比主要吃水果和种子的物种体型更大。

为什么这些因素可以预测灵长目动物的体型大小？一个重要的考虑因素是哺乳动物体重和能量需求之间的一般关系。一般来说，体型较大的动物需要的绝对能量更多，而体型较小的动物相对于体重所需的能量更多。正因如此，较小的动物（包括小型灵长目动物）需要更多能量丰富的食物。昆虫、水果、树胶和树汁都有较高的热量，在小型灵长目动物的饮食中往往更重要。树叶的能量相对较低，所以吃树叶的动物必须通过大量进食来获得足够的能量，它们还需要较大的胃和肠道来吸收所需的营养，而更大的内脏就需要更大的骨骼和身体。[75] 以昆虫和其他高热量食物为食的小型灵长目动物可能会与鸟类争夺食物。但是，大多数非常小的灵长目动物是夜行动物，而大多数生活在森林中的鸟类是白天活动的。因此，小型灵长目动物和鸟类之间几乎没有竞争。

能量需求也可以解释为什么树栖灵长目动物通常体型较小。在树间移动通常需要垂直和水平运动。垂直攀爬所需的能量与体重成正比，体型较大的动物需要更多的能量来攀爬。但是，在地面上水平移动需要的能量与体重间没有比例关系，因此体型较大的动物在地面上比在树上能更有效地利用能量。[76] 另一个需要考虑的因素是小树枝所能承受的重量，水果等食物大多位于小树枝上。小动物可以比大动物更安全地走到小树枝上。此外，居住在地面上的动物体型更大，这可能是因为较大的体型能让它们不容易被捕食。[77]

大脑的相对大小

一般来说，灵长目动物的体型越大，大脑也越大。但所有类型的较大动物通常都会有较大的大脑（见图6-6），因此，灵长目动物学家感兴趣的是大脑的相对大小，即大脑大小与身体大小的比例。

也许因为人科动物的大脑相对来说是所有灵长目动物中最大的，所以我们倾向于认为大脑越大越"好"。然而，更大的大脑是需要付出"成本"的。从能量的角度来看，较大的大脑的发育需要大量的代谢能量；因此，除非收益大于成本，否则大的大脑不应该被自然选择所青睐。[78]

吃水果的灵长目动物往往有比吃树叶的灵长目动物相对更大的大脑。这种差异可能是由于自然选择倾向于更好的记忆力，因此吃水果的动物有相对较大的大脑。吃树叶的动物可能不需要那么好的记忆力，因为它们的食物在时间和空间上更容易获得，可能不需要记住在哪里能找到食物。相比之下，吃水果的动物需要更好的记忆力和更大的大脑，这可能是因为它们的食物在不同的时间和不同的地方成熟，它们必须记住这些才能找到食物。[79] 大脑的运行需要大量的氧气和葡萄糖。树叶的葡萄糖含量不如水果，因此以树叶为食的灵长目动物可能没有足够的能量储备来支持相对较大的大脑的运行。[80]

群体规模

灵长目动物的群体规模各不相同，构成群体的从单独的雄性和雌性带着幼崽（红毛猩猩），到少数个体和幼崽（例如长臂猿），再到100多个个体（旧大陆猴）。[81] 是什么因素导致了这样的差异？

就灵长目动物而言，夜间活动不仅是小体型的

70. Seyfarth et al. 1980.
71. Gardner and Gardner 1969.
72. Gardner and Gardner 1980.
73. Greenfield and Savage-Rumbaugh 1990.
74. Clutton-Brock and Harvey 1977, 8 – 9.
75. Aiello 1992; A. Jolly 1985, 53 – 54.
76. Aiello 1992.
77. A. Jolly 1985, 53 – 54.
78. Parker 1990, 130.
79. Milton 1981; Clutton-Brock and Harvey 1980.
80. Milton 1988.
81. A. Jolly 1985, 119.

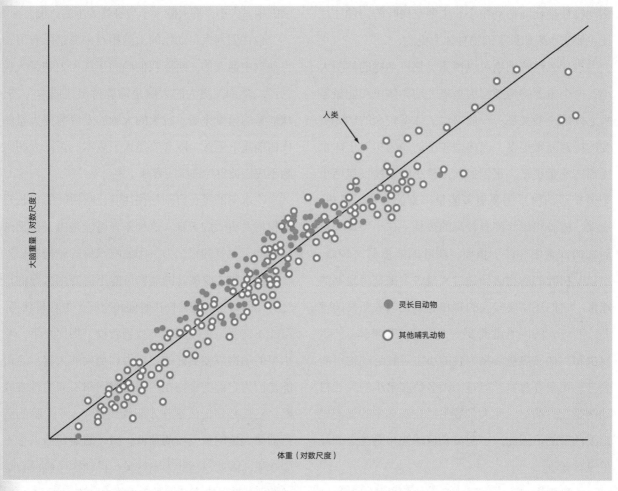

图 6-6　如图表所示，体型较大的动物通常大脑也较大。相对于体重而言，灵长目动物的大脑比一般情况还要大。请注意，大多数灵长目动物（如绿色圆形所示）的体重都在图中表示大脑重量和体重之间关系的直线上方。灵长目动物的大脑重量大约是同等体重的非灵长目哺乳动物的两倍
（资料来源：Deacon 1992, 111）

重要预测因子，也是小群体的重要预测因子。夜行灵长目动物往往单独或成对进食。[82] 约翰·特伯格（John Terborgh）注意到，大多数夜行食肉动物都是通过声音来捕猎的，因此夜行动物最好通过保持沉默来避免受到攻击。[83] 群体是嘈杂的，因此夜行动物通过独居或结对可能可以更好地生存。

相比之下，大群体可能在白天提供优势。白天，群体里的个体数量越多，它们通过看、听、闻，就可以越容易地发现潜在的捕食者，也许还能因此避免遭到攻击。此外，更大的群体将会有更大的力量来恐吓或围攻捕食者。[84] 这样的推理容易使我们得出预测：所有白天活动的陆栖物种，群体规模都比

较大。然而，并非全然如此，也有其他因素在起作用。一个因素是食物的数量和密度。如果食物资源很少，而且分布在不同的地方，那么只有小群体才能获得足够的食物；但是，如果一个地区有大量食物，就会有足够的食物来支持大群体。[85] 另一个因素可能是对资源的竞争。有观点认为，充足但分散的资源块可能会导致竞争，因此生活在更大群体中的个体更有可能获得这些资源。[86]

在研究了我们独有的特征、我们与其他灵长目动物共有的特征，以及灵长目动物适应不同环境的一些可能方式之后，我们需要问：是什么选择力量促成了灵长目动物的出现？什么力量促成了导向最

早人科动物的分化？什么力量让人属得以出现？这些问题是接下来几章的主题。

小结

1. 虽然现存的灵长目动物中没有人类的直接祖先，但我们与其他现存的灵长目动物有着共同的进化史。研究我们现存的近亲的行为和解剖学特征可能帮助我们推断灵长目动物的进化过程。研究人类的独有特征可能有助于我们理解，为什么导向人类的灵长目动物分支会从导向黑猩猩和大猩猩的灵长目动物分支中分化出去。

2. 没有一种特征是灵长目独有的。然而，灵长目动物有如下共同特征：腿的下部和前臂各有两块骨头，有一对锁骨，手脚灵活、可抓握，具有立体视觉，大脑相对较大，一胎只生育一个（有时是两个）后代，幼崽的成熟时间长，高度依赖社会生活和学习。

3. 灵长目分为两个亚目：原猴亚目和类人猿亚目。与类人猿亚目相比，原猴亚目的动物更依赖嗅觉来获取信息。它们有更灵活的耳朵、胡须，更长的鼻子，以及相对固定的面部表情。类人猿亚目动物的脑壳呈圆形；外耳较小且不能活动；脸相对较小，比较扁平；它们的手非常灵巧。

4. 类人猿亚目分为两大类：阔鼻类（新大陆猴）和狭鼻类。狭鼻类又细分为猴科（旧大陆猴）和人猿总科（类人猿和人类）。类人猿包括长臂猿科或小猿（长臂猿和合趾猿），以及猩猩科或大猿（红毛猩猩、大猩猩和黑猩猩）。

5. 除了大猩猩，黑猩猩的蛋白质和 DNA 也与人类非常相似，在解剖学和行为上也与人类相似。野生黑猩猩会制造和使用工具，修整自然物体以实现特定的目的。黑猩猩和大猩猩学习手语的能力也证明了它们有很强的概念能力。

6. 人科动物和其他类人猿之间的差异展现了人类这个物种的独特之处。人科动物完全是直立行走的，用两条腿走路，不需要借助手臂来行进。人科动物的大脑，尤其是大脑皮层，是最大最复杂的。与几乎所有其他灵长目动物的雌性不同，人科动物的雌性在一年中的任何时候都可能有性活动。按比例来说，人科动物后代的依赖期更长。与其他灵长目动物相比，人科动物大部分的行为是后天习得的，并形成了文化模式。口语、符号语言和使用工具制造其他工具是现代人类特有的行为特征。人科动物在成年后通常也有食物获取和食物分享的分工。

7. 环境的变化、活动模式的差异和饮食的变化可能解释灵长目动物的许多不同特征。夜行灵长目动物往往体型较小，或是独居，或是在很小的群体中生活。在昼行性动物中，树栖灵长目动物往往比陆栖灵长目动物体型更小，生活在更小的社会群体中。吃水果的动物的大脑比吃树叶的动物的大脑相对要大。

82. Clutton-Brock and Harvey 1977, 9.
83. Terborgh 1983, 224 – 225.
84. A. Jolly 1985, 120.
85. A. Jolly 1985, 122.
86. Wrangham 1980.

第七章

灵长目的进化：
从早期灵长目动物到人科动物

灵长目古生物学家和古人类学家关注灵长目进化的各种问题。灵长目动物是多久以前出现的？它们长什么样？什么条件对它们有利？在那之后，早期灵长目动物是如何分化的呢？不同的灵长目动物占据了什么样的生态位？尽管作为人类学家，我们主要关注的是人类的出现，以及导向人类的祖先谱系中的灵长目动物，但我们必须记住，进化没有目的，也不是为了产生任何特定的物种而进行的；进化的过程涉及的是生物适应或不适应它们所处的环境。因此，灵长目动物化石记录具有多样性，也记录下了明显的物种灭绝历史。也许，过去的大多数灵长目谱系没有留下任何后代。[1]

1. Ciochon and Etler 1994, 33, 37 – 67.

虽然灵长目动物的许多进化情况还不为人知或仍有争议，但我们对此确实已经了解了不少。我们知道，在大约 5 500 万年前开始的始新世早期，具有现代原猴亚目某些特征的灵长目动物已经出现。具有猴子和类人猿特征的灵长目动物出现在始于约 3 400 万年前的渐新世。在始于 2 400 万年前的中新世，出现了许多不同种类的猿类。我们从化石中了解的古代灵长目动物具有今天灵长目动物的一些特征，但与今天的灵长目动物看起来都不相似。

在这一章和接下来的章节中，通过对从灵长目的起源到现代人类的起源的梳理，我们描述当前关于灵长目进化的理论和证据的主要特征。在本章中，我们将讨论直立行走的人科动物出现之前的历史。本章概述的阶段开始于大约 6 500 万年前，结束于大约 500 万年前的中新世末期（见图 7-1）。

要重建灵长目动物的进化过程，需要先找到化石残骸。虽然已经发现了许多化石，而且还在继续发现，但化石记录仍然很不完整。如果古代灵长目动物生活的地区的地质地层没有隆起、没有暴露在侵蚀之下，或者没有其他途径，古人类学家就无法获得它们的化石。所发现的化石也通常是破碎的或受损的，对生物体外貌的判断可能基于一块或几块化石。想要去拼凑灵长目动物的进化史，需要的远不只是化石残骸。从现存物种的解剖研究中获得的

知识，可以让我们推断出可能与化石特征相关的身体和行为特征。地质学、化学和物理学中发展起来的年代测定技术也被用来估算化石残骸的年龄。对古代动植物、地理和气候的研究可以帮助我们重建古代灵长目动物生活的环境。

古生物学家（研究人类或其他物种）可以从一种已灭绝的动物的骨骼或牙齿化石中获得很多信息，但这些知识的基础远不是只有化石记录本身。古生物学家依靠比较解剖学来帮助重建缺失的骨骼碎片以及附着在骨头上的软组织。电子显微镜、CAT（计算机轴向断层）扫描和计算机辅助生物力学建模等新技术，提供了许多关于生物移动、骨骼和牙齿的微观结构以及生物体发育的信息。对骨骼化石的化学分析可以说明这种动物通常吃什么。古生物学家对发现化石的环境也很感兴趣，随着地质学、化学和物理学方法的发展，古生物学家可以利用周围的岩石来确定有机体死亡的时间。此外，对相关动植物群的研究可以揭示古代气候和栖息地的情况。

尽管如此，灵长目动物进化的大部分证据来自牙齿，牙齿（连同上下颌）是作为化石保存下来的最常见的动物器官。动物的齿系（dentition）各不相同，齿系指的是牙齿的数量、种类、大小和在口腔中的排列等。齿系为进化关系提供了线索，因为具有相似进化历史的动物往往有相似的牙齿。例如，

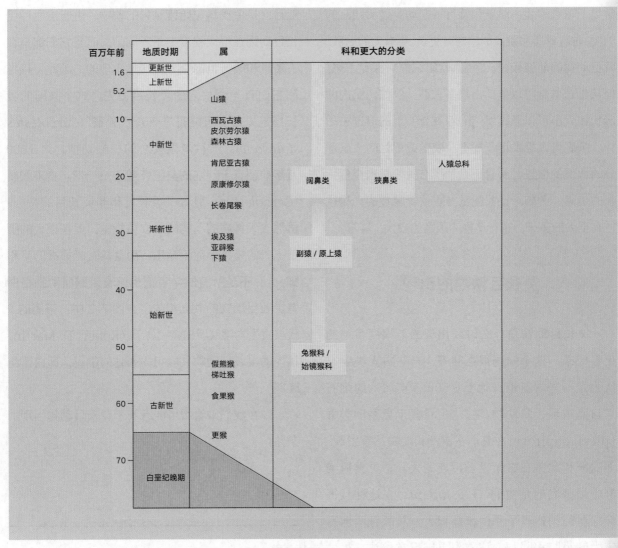

图 7-1 灵长目动物的进化

无论是现存的还是已灭绝的灵长目动物，颌部的四个部分中每部分的门齿都不多于两个。这一特征连同其他特征，将灵长目动物与早期哺乳动物区分开来，早期哺乳动物颌部的四部分中的每个部分都有三个门齿。齿系还能提示动物的相对大小，也经常提供有关其饮食的线索。例如，对现存灵长目动物的比较表明，以水果为食的动物有较平和较圆的牙尖，不像以树叶和昆虫为食的动物那样有更尖的牙尖。[2] CAT 扫描方法可以帮助古生物学家给牙齿内部成像，让他们了解牙釉质厚度等方面的信息，牙釉质厚度能体现生物的饮食习惯（吃种子和坚果的

生物牙釉质更厚）。电子显微镜能揭示骨骼和牙齿的不同生长模式，不同物种有不同的生长模式。[3]

古生物学家能从动物骨骼的碎片中看出很多关于动物姿态和运动的信息。树栖四足动物的前肢和后肢长度接近；因为四肢比较短，所以它们的重心靠近它们移动的树枝。它们用于抓握的手指和脚趾往往很长。陆栖四足动物更适应快速运动，所以它们的四肢更长，手指和脚趾更短。不成比例的四肢

2. Kay 2000a.
3. B. Wood 1994.

常见于垂直攀爬、跳跃和臂行（摆动穿过树枝）的动物。垂直攀爬和跳跃的动物有更长、更有力的后肢，臂行动物的前肢较长。[4] 虽然软组织没有保存下来，但从化石本身可以推断出很多东西。例如，肌肉的形状和大小可以通过肌肉附着在骨头上的痕迹来估计。颅底可以提供用于视觉、嗅觉或记忆的大脑部分的比例的信息。头骨还显示了有关嗅觉和视觉特征的信息。例如，比起视觉，更依赖嗅觉的动物往往有更大的鼻子，夜行动物的眼窝比较大，等等。

灵长目动物的出现

灵长目动物是什么时候出现的？根据目前的化石记录，这个问题很难回答。一些古人类学家认为，一些**古新世**（始于6 500万年前）的化石来自远古灵长目动物。这些化石属于更猴形类群（plesiadapiform），它们在欧洲和北美都有发现，而欧洲和北美在古新世是相连的大陆。更猴形类群中最著名的是更猴（*Plesiadapis*）。这种长得像松鼠的动物鼻子和门齿都很大。其颅骨两侧有较大的鼻腔和眼眶，这表明更猴嗅觉发达，很少或没有立体视觉（深度知觉）。更猴的指端有爪，手和脚似乎难以做出抓握动作。这些特征表明更猴不是灵长目动物。然而，更猴的肘关节和踝关节显示出很大的灵活性，而牙齿则显示出一种类似灵长目的杂食性饮食，尽管门齿很大。更猴的内耳结构也与现代灵长目动物相似。由于具有这些灵长目的特征，一些学者认为更猴形类群属于远古灵长目动物。[5]

另一些古人类学家则认为，更猴形类群和后来显然属于灵长目的动物之间的相似之处非常少，因此不应该将更猴形类群归入灵长目。[6] 然而，对于约5 500万年前**始新世**早期的化石，人们没有任何争议。这些明确属于灵长目的最古老动物属于原猴亚目，是兔猴科和始镜猴科的动物。由于这两种灵长目动物在很大程度上是不同的，而且它们都是在古新世和始新世的交界处突然出现的，因此可以推测它们有一个共同的灵长目祖先。这个共同的灵长目祖先最有可能是辛普森氏果猴（*Carpolestes simpsoni*），一种老鼠大小的树栖动物，约5 600万年前栖息于现在的美国怀俄明州一带。**食果猴属**（*Carpolestes*）混合了灵长目和非灵长目的特征。虽然食果猴属的动物缺乏立体视觉，但在很大的脚趾上长的是指甲而不是爪，而且具有能抓握的手和脚。[7] 并不是所有的学者都相信食果猴属动物是所有灵长目动物的共同祖先，在图7-2中，带圈的 P 代表古生物学家罗伯特·马丁（Robert D. Martin）认为的灵长目动物共同祖先所处的位置，即白垩纪晚期。

现在我们来看看可能有利于灵长目动物出现的条件。

辛普森氏果猴的复原图，这是一种来自古新世晚期的树栖动物，可能是灵长目动物的共同祖先（图片来源：© Doug M. Boyer/Appearing in Sargis, E.J. 2002. Primate Origins Nailed. *Science* 298: 1564 – 1565）

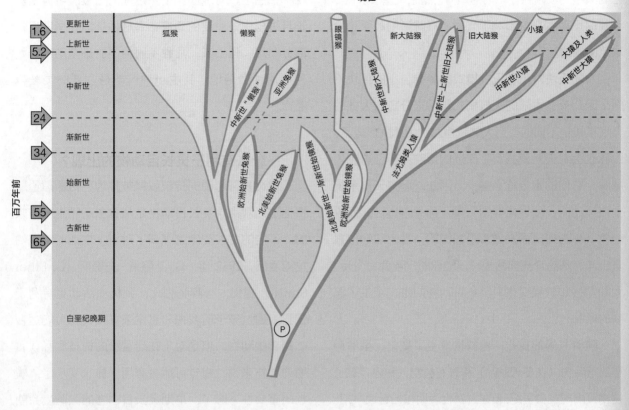

图 7-2 关于早期灵长目动物与现存灵长目动物进化关系的一种观点，根据罗伯特·马丁的观点绘制而成。没有延续到今天的灵长目谱系表明可能的灭绝。从一个共同的"茎"分出的枝条支表明从一个共同的祖先分化。ⓟ代表所有灵长目动物未知的共同祖先（资料来源：Martin 1990；古新世、始新世，渐新世，以及中新世开始的年代来自 Berggren et al. 1992, 29–45；中新世结束、上新世、更新世的年代来自 Jones et al. 1992）

环境

人们普遍认为，最早的灵长目动物可能出现在 6 500 万到 5 500 万年前的古新世，或者在更早的白垩纪晚期。那时候的环境是什么样的？古新世的开始标志着一个重大的地质转变，地质学家称之为从中生代到新生代的转变。大约 75% 生活在中生代末期（白垩纪晚期）的动植物在古新世早期灭绝了，其中最著名的是恐龙的灭绝。[8]

白垩纪的气候几乎都是潮湿温和的，但气温在白垩纪晚期开始下降。在古新世开始前后，温度上的季节波动和地理波动开始出现。许多地区的气候变得干燥，大片的沼泽地消失了。古新世的气候一般比白垩纪晚期略冷，但算不上寒冷。森林和热带稀树草原在高纬度地区生长得很好。亚热带气候区在阿拉斯加一直延伸至北纬 62°。[9]

造成过去气候差异的一个重要原因是大陆漂移。在白垩纪早期（约 1.35 亿年前），大陆实际上被分成两个大陆块或"超级大陆"——包括今天北美洲和欧亚大陆的劳亚古陆，以及包括今天非洲、南美洲、印度、澳大利亚和南极洲的冈瓦纳大陆。到了古新世之初（大约 6 500 万年前），冈瓦纳大陆已经分裂，南美洲从非洲向西漂移，印度向东漂移，澳大利亚和南极洲向南漂移。随着大陆位置的改变，

4. Conroy 1990.
5. Gingerich 1986; Szalay 1972; Szalay, Tattersall, and Decker 1975.
6. Fleagle 1994; Ciochon and Etler 1994, 41; Cartmill 2009.
7. Block and Boyer 2002.
8. Conroy 1990, 49–53.
9. Conroy 1990, 53.

它们漂移到气候条件不同的地方。然而，更重要的是，大陆的运动本身就影响了气候，有时影响甚至是全球范围内的。[10]

大陆板块对风和天气模式的影响与小的板块不同，因此劳亚古陆的天气模式与后来分离的大陆的天气模式是不同的。当大陆碰撞时，山脉就形成了，山脉也会对天气模式产生深远的影响。当云遇到山脉时，它们的水分就会减少，因此，远离天气系统主流运动的一侧通常非常干燥，称为雨影区，而另一侧（称为迎风面）通常是潮湿的。当大陆的位置阻止洋流从热带流向两极时，地球的气候就会变冷。大陆漂移和气候变化对灵长目动物的进化产生了深刻的影响。[11]

随着气候的变化，植被也发生了变化。虽然最早的落叶树（在冬天落叶）和开花植物（称为"被子植物"）出现在白垩纪，但在古新世晚期和始新世早期，长有大果实和大种子的大树也变得普遍起来。[12] 随着气候和环境的变化，进化出了新的物种。虽然有些哺乳动物可以追溯到白垩纪，但古新世见证了许多不同类型哺乳动物的进化和多样化，落叶树木和开花植物的扩张和多样化可能在哺乳动物的扩张和多样化中发挥了很大的作用。事实上，灵长目古生物学家认为，灵长目动物从这些哺乳动物的适应辐射（radiation，大规模多样化发展）之一开始进化，可能就是从哺乳动物中的**食虫目**开始的，现代的鼩鼱和鼹鼠就属于这个目，这些动物吃的昆虫是依赖新出现的落叶树和开花植物生存的。

简单地说，新的植物种类为新的动物形式开辟了食物和保护的来源。更重要的是，新的植物为昆虫提供了丰富的食物。结果，昆虫在数量和种类上都激增，而食虫动物——吃昆虫的哺乳动物——的数量也随之增加。食虫动物的适应能力很强，能够利用许多不同的栖息地——地下、水中、地上，以及地面以上的栖息地，包括有灌木、藤蔓和树木的森林栖息地。对地面以上栖息地的适应，可能是灵长目进化中最重要的适应。森林栖息地在早期只被部分利用。但后来，几种不同种类的小型动物开始利用这种栖息地，其中一种可能是古老的灵长目动物。

什么有利于灵长目动物的出现？

对灵长目起源的传统解释被称为"树栖理论"。根据这一观点，灵长目动物是从食虫动物进化而来的。不同的古人类学家强调了对树上生活的不同的可能适应。1912 年，G. 艾略特·史密斯（G. Elliot Smith）提出，与嗅觉相比，到树上活动更有利于视觉。通过鼻子的嗅探和感觉来寻找食物可能适合陆栖食虫动物，但是对于在迷宫般的树枝中寻找食物的动物来说，视觉可能更有用。鼻子变小了，嗅觉的重要性下降了，早期灵长目动物的眼睛就会朝前。1916 年，弗雷德里克·伍德·琼斯（Frederic Wood Jones）强调了手和脚的变化。他认为爬树有利于发展出能够抓握的手和脚，而后肢则主要起支撑和推进的作用。1921 年，特雷彻·柯林斯（Treacher Collins）提出，早期灵长目动物的眼睛之所以朝前，不仅仅是因为鼻子变小了。他认为，双目立体视觉之所以受到青睐，是因为在树枝间跳跃的动物如果能够准确判断开阔空间的距离，生存的可能性就会更大。[13] 1968 年，弗雷德里克·斯扎雷（Frederick Szalay）提出，饮食的转变——从昆虫转向种子、水果和树叶——可能在灵长目动物与食虫动物的分化中起到了重要作用。[14]

树栖理论仍然有一些支持者，但马特·卡特米尔（Matt Cartmill）强调了该理论的一些关键的不足之处。[15] 他认为，生活在树上并不能很好地解释灵长目动物的许多特征，因为有些生活在树上的哺乳动物似乎没有灵长目动物特征也生活得很好。卡特米尔说，最好的例子之一就是树松鼠。松鼠的眼睛不是朝前的，与其他啮齿动物相比，松鼠的嗅觉没有减弱，松鼠有爪子而不是指甲，而且没有对生拇指。然而，松鼠在树上生活得很好。它们能准确地从一棵树跳到另一棵树上，能在小树枝上或下行走，也能在垂直表面上下移动，它们甚至可以用后腿悬挂在空中，拿取下面的食物。此外，其他动物也有灵长目动物的一些特征，但它们不像灵长动物那样生活在树上或在树上活动。例如，猫、鹰、猫头鹰等食肉动物有朝前的眼睛；爬行动物变色龙，以及澳大利亚一些捕食灌木丛中昆虫的有袋类哺乳动物，则有着可以抓握的手和脚。

于是，卡特米尔认为，在树上活动之外的一些因素可能是灵长目动物出现的原因。他提出，早期灵长目动物可能基本上是食虫动物，而立体视觉、可抓握的手脚以及缩小的爪子可能是在热带森林的灌木丛中形成的，这些给了它们在纤细的藤蔓和树枝上捕食昆虫的选择优势。立体视觉可以让昆虫捕食者精确地测量猎物的距离。可抓握的脚能让捕食者悄悄地爬上狭窄的支撑物，然后用手抓住猎物。卡特米尔认为，用爪子很难抓住非常细的树枝。嗅觉会减弱，不是因为它不再有用，而是因为眼睛长在脸部前部，给鼻子留下的空间就少了。（参见专题"马特·卡特米尔重新审视他的灵长目起源理论"，以了解卡特米尔最近针对批评所做的修正。）

罗伯特·萨斯曼（Robert Sussman）的理论建立在卡特米尔的视觉捕食理论和斯扎雷关于饮食方式转变的观点之上。[16] 萨斯曼接受了卡特米尔的观点，即早期灵长目动物可能主要在小树枝上进食和活动，而不是像松鼠那样在树干和大树枝上活动。如果它们是这样的，那么可抓握的手和脚，以及指甲而不是（松鼠那样的）爪子，将是有利于它们生存的特征。萨斯曼还接受了斯扎雷的观点，即早期灵长目动物可能以新的植物为食（花、种子和水果），

随着开花的树木和其他植物遍布世界各地，这类食物变得丰富起来。但萨斯曼提出了一个重要的问题：如果早期灵长目动物主要吃植物性食物，而不是行动迅速的昆虫，为什么它们变得更依赖视觉而不是嗅觉？萨斯曼认为，这是因为早期灵长目动物很可能是夜行动物（和现在许多原猴亚目动物一样）：如果要在昏暗的光线下发现和拿取细长树枝末端的小食物，它们就需要更好的视力。

我们仍然没有关于最早的灵长目动物的化石证据。有关食果猴属动物的研究说明，可抓握的手和脚可能是最先进化出来的，时间是在古新世晚期，而立体视觉的进化则要晚一些。当有更多的化石可用时，我们也许能更好地评估各种各样的关于灵长目动物起源的解释。

早期灵长目动物的样子

无争议的灵长目动物最早可以追溯到始新世，它们在大约 5 500 万年前突然出现在现在的北美、欧洲和亚洲所在地。当时，由北美和欧亚大陆组成，连到格陵兰岛的超级大陆劳亚古陆仍然是一个陆块，尽管到始新世中期就会开始分裂。非洲当时还没有与欧亚大陆相连，印度也没有，但两地都在渐新世末期与欧亚陆块接触，引发了剧烈的气候变化，对此我们将在稍后讨论。始新世的初期比古新世温暖，季节性较弱，有大量的热带森林。[17]

对不同始新世灵长目动物的解剖学研究表明，它们已经具备了现代灵长目动物的许多特征——有指甲而不是爪子，有可抓握的、对生的第一趾，眼

10. Habicht 1979.
11. Vrba 1995.
12. Sussman 1991.
13. Richard 1985, 31; Cartmill 1974.
14. Szalay 1968.
15. Cartmill 1974；较新的说法参见 Cartmill 1992b; Cartmill 2009。
16. Sussman and Raven 1978.
17. Conroy 1990, 94 – 95; Bowen et al. 2002.

当前研究和问题
马特·卡特米尔重新审视他的灵长目起源理论

马特·卡特米尔最初设想了一种视觉捕食理论来解释灵长目动物的起源，因为他认为树栖理论的解释力不够。为什么其他动物，比如树松鼠，即使没有灵长目动物的特征，也能很好地在树上生活呢？卡特米尔的理论招致了一些批评。他是如何回应的呢？

J. 奥尔曼（J. Allman）提出的批评是，如果视觉捕食是预测眼睛朝前的一个重要因素，那么为什么一些视觉捕食者没有这样的眼睛呢？猫和猫头鹰有朝前的眼睛，但是猫鼬和知更鸟没

松鼠是树栖动物，但缺乏灵长目动物的许多特征。马特·卡特米尔认为，灵长目动物的特征适应于树木末端细长的树枝，而松鼠的特征则适应于树干和主枝（图片来源：Gary W. Carter/CORBIS- NY）

有。来自保罗·加伯（Paul Garber）的另一个批评是，如果爪子不利于在细长的树枝上移动，为什么至少有一种小型灵长目动物——巴拿马绢毛猴——以小树枝和藤蔓中的昆虫为食，但它五趾中的四趾上都有爪子呢？罗伯特·萨斯曼指出，大多数小型夜行原猴亚目动物吃的食物中水果比昆虫多。萨斯曼认为，需要精确的手指操作来抓住小树枝末端的小水果和花朵，同时用后脚悬挂，这可能有利于无爪手指和可抓握四肢的形成。

卡特米尔承认了这些

问题的存在，并对其理论进行了修正。他还指出新的研究将能如何检验修正后理论的一些含义。

关于前向眼睛的问题，卡特米尔说，奥尔曼自己的研究提出了一个解决方案：前向眼睛有利于在昏暗的光线下更清楚地看到前方的东西。日间捕食者的瞳孔会收缩，以便更清楚地看到前方，所以完全朝前的眼睛对于日间捕食来说是不必要的。依靠视觉的夜行食肉动物的眼睛更有可能是朝前的，因为晚上瞳孔缩小对它们不利。因此，卡特米尔现在认为最早的灵长目动物可能是夜行动物。他现在认为，正如萨斯曼所言，（除了昆虫）它们可能也吃水果，就像许多现代的夜行原猴亚目动物一样。如果它们吃小树枝和小树枝末端的水果和昆虫，那爪子可能对它们是不利的。巴拿马绢毛猴并不是一个反例；它们有爪子，这是肯定的，但它们吃的是所攀缘的树干上的树胶，像树松鼠一样使用爪子。

卡特米尔认为他的修正理论比萨斯曼的理论更好地解释了灵长目动物视觉上的变化。例如，在解释早期灵长目动物的立体前视眼睛这个问题上，萨斯曼说，早期的灵长目动物是吃水果的，但卡特米尔指出，立体、朝

前的眼睛对寻找不动的水果来说是没有必要的，而朝前的眼睛是捕捉昆虫的必要条件。

卡特米尔指出，未来对其他树栖哺乳动物的研究可能会帮助我们回答一些关于灵长目起源的遗留问题。例如，树栖有袋类动物往往具有可抓握的后脚，第一个脚趾没有爪，而且许多这类动物其他脚趾和手指上的爪子变小了。树栖有袋类动物的眼睛也比较靠近（当然，没有灵长目动物的眼睛那么靠近）。其中有袋类动物的一个属——南美洲的绵毛负鼠属（Caluromys），就有许多类似灵长目的特征，包括大脑较大，眼睛更向前，鼻子短，每次产下的后代数量较少。塔布·拉斯穆森（Tab Rasmussen）的研究表明，绵毛负鼠既符合卡特米尔的理论，也符合萨斯曼的理论，因为它既吃末端树枝上的水果，也捕捉昆虫。对有袋类动物和其他具有灵长目习性或特征的动物进行更多的实地研究，可以告诉我们更多。新发现的化石同样对研究有着贡献。

（资料来源：

Cartmill 1992a; 2009;

Rasmussen 1990;

Sussman 1991.）

窝周围有一根骨棒。[18] 垂直攀爬和跳跃可能是它们常见的运动方式。始新世的原猴类不仅像现代原猴类一样活动，有些在骨骼上也与现在的原猴类相似。

始新世早期的灵长目动物：
始镜猴科和兔猴科

始新世早期，出现了两组原猴亚目动物。其中一组是**始镜猴科**，具有眼镜猴的许多特征；另一组是**兔猴科**，有类似狐猴的许多特性。始镜猴体型非常小，不比松鼠大；兔猴则是小猫或成年猫的大小。

始镜猴被认为形态上与眼镜猴类似，因为它们眼睛大、跗骨长，而且体型很小。大眼睛表明它们在晚上很活跃，较小的始镜猴可能以昆虫为食，较大的始镜猴可能更多吃水果。[19] 大多数始镜猴具有现代原猴亚目动物的牙齿特征：下颌两侧各有两个门齿和三个前臼齿，而不是早期哺乳动物的三个门齿和四个前臼齿。[20] 在始新世始镜猴科梯吐猴属（*Tetonius*）的头骨化石中，我们可以看到视觉的重要性。头骨上的印记表明，大脑有较大的枕叶和颞叶，这些区域与感知和视觉记忆的整合有关。[21]

像狐猴的兔猴在白天更活跃，更依赖树叶和果实植被。与始镜猴相比，兔猴的遗骸体现出犬科动物中常见的那种明显的两性异形性。它们还保留了早期哺乳动物特有的四颗前臼齿（尽管门齿数量较少）。[22] 从发现的丰富化石中，我们了解到一种适应环境的动物——假熊猴（*Notharctus*）。它们的脸小而宽，具有完整的立体视觉和缩小的口鼻。它们似乎生活在森林里，有长而有力的后腿，可以从一棵树跳到另一棵树。[23]

始新世哺乳动物的多样性很大，灵长目动物也不例外。在那个时期，进化似乎进行得很快。始镜猴科和兔猴科的一些特征表明它们与后来出现在渐新世的类人猿之间有联系，但并没有共识认为从这两类动物中进化出了类人猿。[24] 虽然始镜猴与现代

这幅复原图描绘的是始新世一种类似狐猴的灵长目动物——假熊猴
（图片来源：Dorothy Norton/Pearson Education/PH College）

眼镜猴有一些相似之处，兔猴与狐猴和懒猴也有一些相似之处，但古人类学家并不确定现代原猴类的祖先是不是这两类动物之一。但是，人们普遍认为狐猴、懒猴和眼镜猴的祖先确实出现在始新世，甚至出现在更早的古新世晚期。[25]

类人猿的出现

今天的类人猿亚目动物——猴子、猿和人类——是现存最成功的灵长目动物，包括超过150个物种。不幸的是，可以提供关于类人猿出现的线索的化石记录质量差别非常大。今天旧大陆猴

18. Conroy 1990, 99.
19. Fleagle 1994, 22 – 23.
20. Conroy 1990, 119.
21. Radinsky 1967.
22. Conroy 1990, 105; Fleagle 1994, 21.
23. Alexander 1992; Conroy 1990, 111.
24. Kay, Ross, and Williams 1997.
25. Martin 1990, 46; Conroy 1990, 46.

（狭鼻类）活动最多的两个地区是撒哈拉以南非洲和东南亚的热带雨林，但两地都没有明确的相关化石记录。[26] 一些古人类学家认为，最近在中国、东南亚和阿尔及利亚发现的始新世灵长目动物与类人猿有亲缘关系，但学者对它们的进化地位并没有明确的共识。[27]

无争议的早期类人猿亚目动物的遗存年代较晚，是在始新世晚期和渐新世早期，来自大约 3 400 万年前的遗存发现于埃及开罗西南的法尤姆（Fayum）地区。法尤姆出土的最早的灵长目化石之一是渐新猿科的下猿（Catopithecus），年代约在 3 500 万年前。最近的一些发现使下猿成为最著名的始新世晚期灵长目动物之一。下猿和现代狨猴或松鼠猴差不多大。齿系说明其食物里有水果也有昆虫。下猿的眼睛很小，这表明它们在白天很活跃（属于昼行动物）。所发现的少量骨骼化石表明这是一种敏捷的树栖四足动物。下猿最有可能是最早的类人猿，尽管其与其他灵长目动物的关系仍然存在争议。[28]

渐新世类人猿

今天的法尤姆是一片人烟稀少的沙漠荒地，但此地已经发现了一系列早期类人猿化石。在 3 400 万到 2 400 万年前的渐新世，法尤姆是一片非常靠近地中海海岸的热带雨林。该地区气候温暖，有许多河流和湖泊。事实上，法尤姆比当时的北方大陆更具吸引力，因为在渐新世期间，北美和欧亚大陆的气候都开始变冷。这种普遍的降温似乎导致了北方地区灵长目动物的消失，至少在一段时间内看是这样的。

法尤姆的渐新世类人猿主要分为两类：与猴相近的**副猿**（parapithecid）和与猿相近的**原上猿**（propliopithecid）。副猿和原上猿的年代在 3 500 万到 3 100 万年前，从其特征来看，足以毫无疑问地将其归类为类人猿。

副猿

与猴相近的副猿上下颌四部分各有三个前臼齿，大多数原猴类和新大陆猴也是如此。它们与现代类人猿相似，眼窝后面有骨隔板，门齿宽大，犬齿突出，臼齿牙尖低而圆。但他们的前臼齿与原猴类相近，大脑也比较小。副猿体型较小，一般体重不到 1.4 千克，很像现在生活在美国南部和中部的松鼠猴。[29] 它们较小的眼窝表明它们不是夜行动物，牙齿表明它们主要吃水果和种子。其运动性体现于副猿科的亚辟猴（Apidium），亚辟猴是一种树栖四足动物，运动中有相当多的跳跃。[30] 副猿是最古老的无争议的类人猿亚目动物，尽管古人类学家之间仍有分歧，但大多数人认为类人猿的出现先于新大陆猴（阔鼻类）和旧大陆猴（狭鼻类）的分化。[31]

副猿可能是新大陆猴（阔鼻类）的祖先，这带来了关于灵长目进化的有趣谜题：新大陆猴的起源问题。类似于现代松鼠猴的食果小猴长卷尾猴（Dolichocebus）等类人灵长目动物，在 2 500 万年前突然出现在南美洲，而且没有任何明显的祖先。[32] 由于副猿比类人猿在南美洲出现的时间要早，而且在许多方面与类人猿相似，因此将它们视为新大陆猴的祖先之一似乎是合理的。[33]

但是，类人猿是如何从非洲来到南美洲的呢？尽管在渐新世晚期，灵长目动物首次出现在南美洲时，大陆之间的距离比现在更近，但南美洲和非洲之间也至少相隔 3 000 千米。在渐新世晚期，由于海平面降低，大陆架和岛屿的延伸使得从非洲到南美洲跨越 200 千米海域进行"岛屿跳跃"成为可能，但对于树栖灵长目动物来说，这仍然是一段很长的距离。

从非洲到欧洲和北美洲（欧洲和北美洲在渐新世晚期还处于合并状态），也不太可能走这条路。北美洲和南美洲直到大约 500 万年前才连接在一起，所以即使新大陆猴的祖先到达北美洲，它们仍然需要穿越大片的海域才能到达南美洲。一种说法是,新大陆猴的祖先是利用大片植被构成的"筏子"横渡大洋的。这种由植物、树根和土壤组成的"筏子"从主要河流的河口处分离出来,面积可能非常大。这似乎是一个不太可能的场景,但许多学者相信这种漂浮的植被应该是把类人猿带到南美洲的手段。[34]

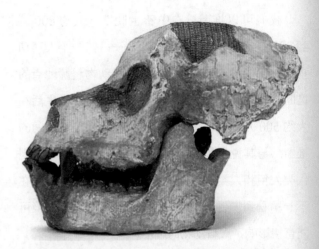

来自的埃及法尤姆的埃及猿头骨化石。由于其齿系、有骨隔板的眼窝和较大的大脑,人们认为埃及猿是旧大陆猴和猿的明确祖先

(图片来源:Harry Taylor © Dorling Kindersley, Courtesy of the Natural History Museum, London)

原上猿

原上猿是在法尤姆发现的另一种类人猿,具有现代狭鼻类的牙齿构造。这一特征清楚地将原上猿与狭鼻类放在一起。[35]与有三个前臼齿(上下颌四部分各有三个)的副猿相比,原上猿只有两颗前臼齿,现代猿类、人类和旧大陆猴也是如此。原上猿与副猿一样,具有类似类人猿的牙齿特征,包括宽大的下门齿、突出的犬齿和牙尖低圆的下颌臼齿。而且,就像副猿一样,原上猿的眼窝后面也有一个骨隔板。

埃及猿(Aegyptopithecus)是最著名的原上猿,可能在树上以四足行走,体重约6千克。其臼齿很低,顶端很大,门齿也相对较大,这表明埃及猿主要吃水果。它们的眼睛相对较小,因此可能是在白天活动的。埃及猿的鼻子较长,大脑较小。颅腔模型显示,埃及猿大脑中有相对较大的视觉区域和相对较小的嗅觉区域。埃及猿的头骨显示出相当大的两性异形性,随着年龄的增长,个体也会发生巨大的变化,沿着头骨顶部和后部形成了骨脊,很像现代类人猿。尽管牙齿、下颌和头骨的某些部分与猿类相似,但埃及猿的其余骨骼却与猴子相似,[36]大多数学者将它们归类为原始的狭鼻类。因为原上猿缺少生活在旧大陆的猴子和猿(狭鼻类)的特性,但有着狭鼻类的牙齿结构,一些古人类学家认为原上猿包括了旧大陆猴和人猿总科动物(猿和人类)的祖先。[37]

中新世类人猿:猴、猿和人科动物(?)

在2 400万到520万年前的中新世,猴和猿在外貌上明显分化,在欧洲、亚洲和非洲出现了许多种类的猿。中新世早期的气温比渐新世高得多。从中新世早期到晚期,气候变得更加干燥,尤其是在东非。其原因还是与大陆漂移有关。大约1 800万年前,非洲与欧亚大陆接触,将非洲与欧亚大陆分开的特提斯海对两大洲气候的调节作用就此结束。非洲和印度与欧亚大陆的接触使得山峰开始产生,这改变了既定的气候模式。总的影响是,欧亚大陆南部和东非变得比以前干旱得多。这些变化似乎再次对灵长目动物的进化产生了重大影响。

26. Kay, Ross, and Williams 1997; Fleagle and Kay 1985, 25.
27. Jaeger et al. 1999.
28. Simons 1995; Simons and Rassmussen 1996.
29. Kay 2000b, 441.
30. Kay 2000b, 441 – 442; Conroy 1990, 156.
31. Fleagle 1999, 404 – 409.
32. Rosenberger 1979.
33. Fleagle and Kay 1987.
34. Aiello 1993; Hartwig 1994.
35. Andrews 2000a, 486.
36. Fleagle and Kay 1985, 25, 30; Conroy 1990, 160 – 161.
37. Fleagle 1999, 413 – 415; Fleagle and Kay 1983, 205.

我们可以推断，在中新世晚期，大约800万到500万年前，人类的直接祖先——第一个人科动物——可能出现在非洲。关于人科动物起源地点的推断是基于一个事实，即无争议的人科动物生活在大约500万年前的东非。关于人科动物出现时间的推断，与其说是基于化石证据，不如说是基于对现代类人猿和人类的比较分子和生化分析。我们将在下一章看到，更干燥的气候和更开放的草原环境可能直接影响了人科动物的进化。

其中一种中新世猿类（已知或未知）是人科动物的祖先，所以我们这里讨论的主要是中新世早期原始猿类（proto-ape，具有一些猿类特征的类人猿）和中新世中后期确定的猿类。在我们讲到猿类之前，我们应该谈谈中新世的猴子和原猴类。但可惜，中新世早期的猴化石非常稀少。在新大陆，中新世化石记录整体上相当少。在哥伦比亚和阿根廷只发现了少数灵长目动物化石，它们与现在的南美猴子有着密切的关系。在旧大陆，中新世早期的猴子化石只在北非发现过。中新世中后期的情况有所不同：旧大陆的猴子化石比猿类化石丰富得多。[38] 至于原猴类，中新世的化石很稀少，但我们知道，至少有一些兔猴类存活下来，活动在中新世中期的印度和中新世晚期的中国一带。[39] 在中新世，一些类似于懒猴的原猴出现在东非、巴基斯坦和印度一带。[40]

中新世早期的原始猿类

大多数中新世早期的化石被描述为原始猿类。它们主要是在非洲被发现的。最著名的属是**原康修尔猿**（*Proconsul*），发现于肯尼亚和乌干达的遗址，大约有2 000万年的历史。[41]

所有已知的原康修尔猿物种都比渐新世的类人猿要大得多，其体型，小的与长臂猿相当，大的与雌性大猩猩相当。[42] 它们没有尾巴，而没有尾巴是人猿总科动物最为确定的特征之一，大多数古人类学家现

在都同意，原康修尔猿肯定是人猿总科动物，但与现存的猿类都大不相同。现代人猿总科动物有许多适应悬挂（臂行）运动的解剖学特征，例如肩膀，肘部，手腕和手指。悬挂显然不是原康修尔猿常用的活动方式。它的肘部、手腕和手指可能允许臂行，[43] 但和渐新世类人猿一样，原康修尔猿主要是一种树栖四足动物。一些体型较大的原康修尔猿有时可能在地面上活动。从牙齿判断，大多数原康修尔猿物种似乎是吃水果的，但体型较大的物种可能也吃树叶。[44]

中新世早期有许多具有人猿总科特征的灵长目动物，原康修尔猿可能是其中最有名的，而东非最近的一些发现表明，还存在其他类型的原始猿类。但是，这些其他的发现是零碎的，并没有明确的分类。原康修尔猿可能是后来的猿和人类的祖先，也可能不是，但考虑到它结合了猴和猿的特征，它可能看起来很像猿和人类的共同祖先。

中新世中期的猿

所发现的最早的像猿的动物来自中新世中期，距今1 600万到1 000万年。皮尔劳尔猿（*Pierolapithecus*）可以追溯到1 300万年前，其化石最近在西班牙巴塞罗那附近被发现。[45] 在肯尼亚的马博科岛和附近地区发现了另一种人猿总科动物——肯尼亚古猿（*Kenyapithecus*）——的化石。[46]

皮尔劳尔猿和肯尼亚古猿都有原康修尔猿的许多特征，但它们的牙齿和面部都与现代的人猿总科动物更相似。与原康修尔猿相比，肯尼亚古猿可能更多在地面上活动。其牙齿的牙釉质很厚，下颌强健，这表明其饮食中含有坚硬的食物，或者食物中可能含有大量的砂砾，因为肯尼亚古猿主要生活在地面上。肯尼亚古猿是不是后来的猿类和人类的祖先，还是个谜，因为它的四肢没有表现出所有后来猿类特有的臂行能力。[47] 然而，皮尔劳尔猿的腕部和椎骨有利于臂行，而它的手指也像现代猴子一样比较

原康修尔猿复原图，这是一种中新世的原始猿类
（图片来源：
© Dorling Kindersley）

短。皮尔劳尔猿可能大部分时间都生活在树上，像猴子一样在较大的树枝上行走，也像猿一样在较小的树枝间活动。[48] 因此，皮尔劳尔猿很有可能是后来居住在森林里的猿类的祖先。

中新世晚期的猿

从中新世中期结束到中新世晚期，猿类开始多样化，并向许多地区迁移。相关化石在欧洲和亚洲很丰富，在非洲就不那么丰富了。这并不意味着猿比猴子多。事实上，化石记录表明，在中新世末期，旧大陆猴的数量与猿相比越来越多，这种趋势一直延续到今天，现在猴子比猿多得多。在中新世这段时期里，气候变得越来越凉爽和干燥，这可能有利于细胞壁更厚、更耐旱的植物。现代猴子比猿更适应吃树叶，所以猴子可能在中新世晚期以及之后不

肯尼亚古猿的头骨类似于现代非洲猿类的头骨
（图片来源：Meave Leaky, Fred Spoor/Kenya National Museum）

38. Conroy 1990, 248 – 249.
39. Conroy 1990, 56.
40. R. Martin 1990, 56.
41. Begun 2002.
42. Conroy 1990, 206 – 211.
43. Begun 2002.
44. Andrews 2000b, 485.
45. Begun 2002.
46. Zimmer 1999; Ward et al. 1999.
47. Begun 2002; Kelley 1992, 225.
48. Moyà-Solà et al. 2004.

研究生物多样性

中新世晚期被称为猿的时代。当时，欧洲和亚洲的森林里生活着几十种猿类。为什么会有那种程度的多样性？为什么今天猿类物种的数量如此之少？我们将在下一章看到，关于人类，我们可能会问同样的问题。200 万年以前，非洲至少有 4 种人科物种，但是今天只剩下了 1 种。是什么导向了物种的多样性，又是什么让这种多样性减少？这些是研究生物多样性的应用人类学家关注的核心问题。

生物多样性是指特定区域内基因、物种和生态系统的丰富程度。一般认为，生物多样性较高的区域比生物多样性较低的区域更健康、更稳定。然而，生物多样性也存在着广泛的地理差异，热带地区的生物多样性普遍较高，极地地区的生物多样性较低。随着时间的推移，生物多样性也发生了变化，大规模灭绝时期大大降低了全球生物多样性。尽管从灵长目动物化石记录（以及许多其他物种的化石记录）中可以清楚地看出，生物多样性是通过自然过程随时间而变化的，但许多学者现在认为，人类对生物多样性的影响比以往任何时候都更为剧烈和迅速。大多数学者认为这是一个需要解决的重要问题。

生物多样性至少在三个方面有益于人类。首先，维持植物和动物物种的遗传变异为提高作物产量和抗病能力等的农业创新提供了条件。其次，维持物种多样性为建筑材料和药物等方面的新资源或新技术提供了来源。最后，也许最重要的是，生物多样性似乎是环境健康和稳定的一种衡量标准，因此，努力维持生物多样性也可能有助于维持稳定和健康的环境。

从事生物多样性研究的应用人类学家倾向于关注生物多样性的两个相关方面。首先，他们记录了当地的生物多样性知识。其次，他们记录了有助于维护生物多样性的地方实践。例如，特伦斯·海斯（第一章的专题框中有关于他的内容）职业生涯的大部分时间都花在记录巴布亚新几内亚的纳敦坝人对植物的知识上。海斯和其他人类学家的研究帮助学者们更全面地了解新几内亚高地的生物多样性。同样，特伦斯·特纳（Terence Turner）记录了巴西卡亚颇人（Kayapo）的政治斗争，他们与伐木公司和矿工斗争，以保护他们生活的雨林环境。特纳希望，卡亚颇人的例子可以成为其他努力保护家园生物多样性的土著群体的榜样。

即使我们对古老灵长目动物起源的研究似乎对当今世界几乎没有影响，应用人类学家也已经认识到，了解生物多样性的进化模式对于确定现代世界的趋势是至关重要的，这些趋势指出了人类对地球生命系统造成的破坏。

（资料来源：Hays 2009; Orlove and Brush 1996; Turner 1993; 1995.）

断变化的环境中具有优势。[49]

山猿（Oreopithecus）是欧洲中新世晚期的猿中比较有名的一种，年代在大约 800 万年前。山猿特别引人关注，是因为其化石很多，包括保存在坚硬煤层中几乎完整的化石，但它的分类仍然是个谜。山猿显然已经适应了生活在茂密的森林沼泽地。山猿有非常长的手臂、手和活动关节，可能是灵活的臂行动物。齿系表明它们的食物主要是树叶。然而，山猿的牙齿和头骨也有一些特征，表明其与一些旧大陆猴有亲缘关系。简而言之，山猿有像猿一样的身体和像猴子一样的头。由于山猿的悬挂运动和其他猿类的特征，今天大多数学者认为山猿是一种早期的猿，尽管是特殊的。[50]

大多数古人类学家将中新世后期的猿分为至少两大类：西瓦古猿（以西瓦古猿属的动物为代表，主要分布在西亚和南亚）和森林古猿（以森林古猿属的动物为代表，主要分布在欧洲）。

西瓦古猿

曾经，西瓦古猿被认为是人科动物的祖先，它的历史可以追溯到大约 1 300 万到 800 万年前。与其他中新世猿类相比，西瓦古猿的臼齿扁平，牙釉质厚，犬齿较小，两性差异较小，而且根据一些（现在被认为是有缺陷的）重建，西瓦古猿的牙弓是抛物线状的——所有这些都是人科动物的特征。西瓦古猿还生活在林草混合的环境中。牙齿上的磨损表明它们以粗糙的草和种子为食，很像后来早期人科动物的饮食（尽管有些学者认为西瓦古猿的饮食主要是果核粗糙的水果，而不是草和种子）。然而，随着更多的化石材料被发现，学者们认识到，西瓦古猿与现代红毛猩猩的面部非常相似，现在人们认为它是红毛猩猩的祖先。[51]

与其亲缘关系密切的巨猿（*Gigantopithecus*）在牙齿上与西瓦古猿相似，但是，正如名字所暗示的那样，巨猿体型巨大，可能有 3 米高。一些古人类学家认为，巨猿的体重超过 270 千克，体型在其存在的近 1 000 万年里越变越大。[52]（参见专题"巨猿怎么了？"）巨猿生活在东南亚的森林里，被认为以竹子为主食。

森林古猿

森林古猿大约出现在 1 500 万年前，是一种黑猩猩大小的猿，生活在欧亚大陆的森林中。它主要生活在树上，可能是杂食性的。森林古猿的牙釉质比西瓦古猿的薄，颌部更轻，臼齿更尖。森林古猿的腭部、颌部和面中部与非洲猿和人类相似。然而，与后来的人科动物不同，森林古猿的脸很短，眉骨也比较小。[53]

森林古猿和西瓦古猿的手指和肘部表明它们比早期人科动物的悬挂能力强得多。西瓦古猿可能比森林古猿在地面上活动得更多，但两种动物可能大部分时间都在树上活动。[54] 实际上，最近发现的森林古猿的手、臂、肩和腿骨有力地表明，森林古猿可能非常擅长悬挂运动，而且很可能像现代红毛猩猩一样在树上活动。

我们仍然很难明确从中新世猿到现代猿和人类的具体进化路线。我们只知道红毛猩猩与中新世晚期的猿类西瓦古猿有联系，因此推测这个谱系可能一直延续到现代。[55] 森林古猿在大约 1 000 万年前从化石记录中消失，没有留下后代，可能是因为降雨量减少和季节性增加导致它们生活的森林面积减少。[56]

人科动物的分化

人们所知的中新世晚期的猿类主要来自欧洲和亚洲。直到近期，人们几乎还没有在非洲发现 1 350 万至 500 万年前的类人动物化石。[57] 近期在肯尼亚发现的图根原人（*Orrorin tugenensis*，约 600 万年前）化石，以及在乍得发现的乍得沙赫人（*Sahelanthropus tchadensis*，约 700 万年前）化石，提供了类人动物在这一时期进化的部分证明，我们将在下一章中讨论。然而，年代在 1 350 万到 500 万年前之间的化石仍然不足，这不利于我们了解人类进化的情况，因为无争议的最早的直立行走灵长目动物（人科动物）于上新世初期，也就是约 400 万年前出现在非洲。要了解中新世猿类与非洲人科动物之间的进化关系，我们就需要更多来自非洲中新世晚期的化石证据。

然而，尽管化石数量少，但我们确实对朝向人科动物的过渡过程有一些了解。根据对各种现代灵

49. Conroy 1990, 185, 255.
50. T. Harrison 1986; T. Harrison and Rook 1997.
51. Ward 1997.
52. Ciochon, Olsen, and James 1990, 99 – 102.
53. Begun 2002.
54. Begun 2002.
55. Fleagle 1999, 480 – 483.
56. Bilsborough 1992, 65.
57. Simons 1992: 207.

巨猿怎么了？

在研究人类进化时，我们倾向于关注可能是和现代人类最近的灵长目近亲的祖先的谱系。然而，还有其他灵长目谱系似乎没有留下后代，但一度非常成功，因为它们延续了数百万甚至千万年。最古老的无争议灵长目动物是始镜猴科和兔猴科，最早出现在始新世早期，它们存续了超过 2 000 万年，比直立行走的人科动物已经存在的时间要长得多。为什么有些灵长目物种能存续这么长时间，这个问题很重要，为什么它们会灭绝，这个问题也很重要。为了理解进化，我们不仅需要研究为什么某些物种能够存续一段时间；我们还需要调查它们为什么会灭绝。例如，有史以来最大的灵长目动物巨猿身上发生了什么？

古人类学家拉塞尔·乔昆（Russell Ciochon）和考古学家约翰·奥尔森（John Olsen）一直在寻找线索，以理解巨猿的灭绝，巨猿似乎没有留下存活至今的后代。乔昆和奥尔森认为，最大的巨猿——步氏巨猿（G. blacki）至少存续了 500 万年，直到 25 万年前才灭绝。如果算上早期巨猿的种类，这个属可能存续了近 1 000 万年。乔昆和奥尔森认为，巨猿和直立人（外形很像现代人类的人科动物）很可能在 25 万年前在亚洲的至少两个地区（分别位于现在的中国和越南）相遇。与直立人的接触可能是巨猿灭绝的部分原因。

巨猿长什么样子？重建需要一些猜测，重建巨猿尤其如此，因为我们只有一些牙齿和颌骨碎片。但是，我们可以从现存猿类和更完整的已灭绝猿类化石残骸的身体比例推断出巨猿的一些特征和测量值。因此，我们估计巨猿有 3 米高，超过 270 千克重。

巨猿吃什么？乔昆的猜测是，巨猿主要吃竹子，当时存在茂密的竹林。它下颌的巨大尺寸、牙齿上的磨损模式，以及大型灵长目动物主要吃含有大量纤维素的食物这一情况，都说明它们的饮食可能以竹子或类似的东西为主。另一种证据也指向同样的结论。一个学生曾建议乔昆在巨猿牙齿化石上寻找植硅体（phytolith）。植硅体是在植物细胞中形成的二氧化硅的微小颗粒。植物腐烂后，植硅体仍然存在。不同的植物有不同形状的植硅体。

于是，研究人员在显微镜下观察了巨猿的牙齿化石，希望找到植硅体。除了一种水果的植硅体，他们还发现了一种禾本科植物的植硅体。竹子属于禾本科，所以在巨猿牙齿上发现的植硅体是符合食用竹子和水果这种情况的。牙齿还揭示了其他一些东西。许多巨猿的牙釉质出现点蚀（细胞减生），这表明巨猿周期性地遭受营养不良的折磨（细胞减生是由饮食不足引起的。）

竹林在中国和东南亚几乎随处可见，但由于一些尚未被了解的原因，它们每 20 年左右就会减少一次。如果巨猿以竹子为食，那么每 20 年左右，巨猿就要

长目动物的分子生物学研究，我们推测出人类和与人类最近的灵长目动物——黑猩猩——的最后一个共同祖先可能生活在什么时候。

分子钟

1966 年，基于对不同现存灵长目动物血液蛋白的生化比较，文森特·萨里奇（Vincent Sarich）和阿兰·威尔逊（Allan Wilson）估计，长臂猿大约在 1 200 万年前分化出来，红毛猩猩是在 1 000 万年前，其他猿类（大猩猩和黑猩猩）在 450 万年前才分化出来。这些估计是基于这样一种假设，即不同灵长目动物的血液蛋白在化学成分上越相似（例如，比较黑猩猩和人类），这些灵长目动物在进化时间上就越接近。换句话说，相关物种的血液蛋白越相似，分化的时间就越晚。[58]

但是，知道物种在分子水平上很接近并不意味着进化时间接近，除非假设分子变化以恒定的速度发生。毕竟，一个可靠的"分子钟"不应该一段时

面对一次竹子减少的严重问题，这与它们的细胞减生情况是一致的。巨猿的灭绝是否与竹林发生的某些事情有关？也许是的。大熊猫几乎完全以竹子为食，由于人类在中国和东南亚的扩散，大熊猫面临灭绝的危险。人类使用竹子建造住所、船只，制作工具，还把竹笋作为食物，导致竹林急剧减少。在它们的时代，直立人可能也导致了竹林的减少，从而最终导致了巨猿的灭亡。直立人也有可能以巨猿为食。这种可能性的猜测成分很大，但近现代的许多人类社会都会猎杀非人类的灵长目动物作为食物。和大熊猫一样，巨猿可能行动非常缓慢，很容易捕猎，大多数大型食草动物也是如此。

不同地方的人们都有关于巨大、多毛的类人生物的传说，比如北美西北部的大脚怪或大脚野人，喜马拉雅山脉的雪人。巨猿是不是有可能还存在？乔昆和奥尔森指出，最近没有发现巨猿的骨头，因此巨猿不太可能还存在。但也许是因为人类在不太久远的过去遇到了巨猿，所以才会继续相信它们的存在。毕竟，澳大利亚土著讲的故事仍然与3万多年前发生的事件有关。

我们所知道的是，巨猿存续了很长时间，直到人类出现。研究人员从非常零碎的遗骸中了解到大量关于巨猿的信息。如果将来能发现更多的化石，我们就有望获得更多关于这种巨型猿类的知识。

（资料来源：Ciochon, Olsen, and James 1990.）

巨猿可能主要以竹子为食。巨猿是我们已知的最大的灵长目动物。这种物种存续了大约1 000万年，直到25万年前才灭绝。这里展示的是比尔·芒斯（Bill Munns）和拉塞尔·乔昆重建的巨猿模型
（图片来源：Russell L. Ciochon, University of Iowa）

间走得慢，一段时间走得快。为了最大限度地提高分子在恒定速率下发生变化的可能性，研究人员试图研究在适应性方面可能是中性的分子特征。（当某个特征非常有利或非常不利时，自然选择可能加快分子的变化速度。）中性特性的变化率是通过年代能绝对确定的一些分化的时间计算出来的。例如，如果我们知道两个谱系在2 000万年前分化，并且我们知道每个谱系的当代代表之间的分子差异程度，我们就可以估计产生这种差异程度的变化的速度。

有了这种估算出的变化（特定的特征的变化）速度，我们就可以估计出其他相关物种彼此分化后经过的时间。[59]

1987年，丽贝卡·卡恩（Rebecca Cann）和她的同事利用现存人群之间的遗传差异来确定现代人类与我们最近的祖先分离的时间（我们将在后面

58. Sarich and Wilson 1966; Sarich 1968; Lewin 1983a.
59. Jones, Martin, and Pilbeam 1992: 293; R. Martin 1990, 693–709.

的章节中详细讨论）。卡恩研究依赖的基因来自我们所有真核细胞中都有的微小结构——线粒体。线粒体产生能量生产所需的酶，它们有自己的 DNA，当细胞复制时，DNA 也会复制，但人们认为它们不会受到自然选择的压力。[60]

线粒体 DNA（通常称为 mtDNA）变化的唯一来源是随机突变。动物的线粒体 DNA 只遗传自母亲；线粒体 DNA 不会通过精子被带入卵细胞，而是聚集在精子的尾部，被留在卵子的外面。这些独有的特性使得使用线粒体 DNA 来测量两个物种之间的亲缘程度成为可能，甚至可以用其来判断这两个物种分化的时间。[61] 两个物种分离的时间越长，它们的线粒体 DNA 差异就越大。人们认为，线粒体 DNA 的变异速度相当稳定，大约为每百万年 2%。因此，两种生物体的线粒体 DNA 之间的差异数量可以转换为一个估计的年代，就是两种生物体不再属于同一个繁殖群体的年代。尽管学者仍在争论线粒体 DNA 发生突变的具体方式和原因，以及线粒体 DNA 在确定绝对分化年代时的准确程度，但大多数学者认为，线粒体 DNA 是检验物种间亲缘关系相对程度的有用工具。[62]

线粒体 DNA 分析的结果表明，人科动物与其他人猿总科动物的分化发生在大约 500 万年前。[63] 最近，黑猩猩和猕猴的基因组已得到测序，研究者将它们的核 DNA 与人类的核 DNA 进行比较后，证实人科动物与黑猩猩和大猩猩的分化可能比较晚近。[64] 虽然不同的技术得出的估计略有不同，但结果并没有那么大的差异。最近的大多数比较研究表明，这种分化比萨里奇和威尔逊的估计稍早一些，但差距并不大。[65]

那么，根据化石证据，人科动物最早出现在何时何地？图根原人和乍得沙赫人似乎符合分子数据的分析。它们都表现出人科动物和其他人猿总科动物的混合特征，都来自非洲，年代都在 600 万到 700 万年前。我们将在下一章讨论早期人科动物。

小结

1. 我们不能确定灵长目动物是如何进化的。但是化石、对古代环境的了解，以及对比较解剖学和行为的理解为我们提供了足够的线索，让我们对灵长目动物何时、何地以及为何出现和分化有了初步的了解。

2. 现存的灵长目动物——原猴、新大陆猴、旧大陆猴、猿和人类——被认为是最初生活在陆地上的小型食虫动物（食虫目动物包括现代的鼩鼱和鼹鼠，它们适应了以昆虫为食）的后代。然而，还不能确定共同的祖先及其出现的年代。

3. 无争议的灵长目动物的化石可以追溯到始新世早期，大约 5 500 万年前。它们似乎可以分为两大类：始镜猴科和兔猴科。这两种灵长目动物在一些重要的方面有差别，它们都是在古新世和始新世的交界处突然出现的，所以它们的共同祖先应该出现得更早，可能是在古新世。

4. 什么条件可能有利于灵长目动物的出现？昆虫数量的激增使得食虫动物数量增加。食虫动物是哺乳动物，以昆虫为食，有些食虫动物生活在地面上，生活在有灌木、藤蔓和树木的森林栖息地。最终，有大型花果的树进化出来。对森林栖息地的利用可能是导向灵长目动物出现的关键变化。

5. 关于灵长目动物进化的传统观点是，树栖可能有利于发展出灵长目动物的许多共同特征，包括独特的齿系、更依赖视觉而非嗅觉、双目立体视觉和可抓握的手脚。另一种理论认为，一些灵长目动物特有的特征具有选择优势，能让它们在遍布于林下灌丛的细长藤蔓和树枝上更好地捕食昆虫。还有一种理论认为，灵长目动物的独有特征（包括更依赖视觉而非嗅觉）之所以受到青睐，是因为早期灵长目动物是夜行动物，以花朵、水果和种子为食，它们必须在昏暗的光线下找到纤细枝条上的食物。

6. 埃及出土的早期类人猿化石可以追溯到渐新世早期（距今 3 400 万年）。它们包括像猴子的副猿和牙齿像猿的原上猿。

7. 在中新世（2 400 万到 520 万年前），猴子和猿类的外貌明显出现了分化，欧洲、亚洲和非洲出现了许多种类的猿类。大多数中新世早期的化石被描述为原始猿类。从中新世中期结束时到中新世晚期，猿类在地理上呈多样化分布。大多数古人类学家将中新世晚期的猿类至少分为两大类：主要在欧洲发现的森林古猿和主要在西亚和南亚发现的西瓦古猿。

8. 化石记录并没有告诉我们多少关于最早的人科动物的信息，但是对现代猿类和人类的生化和遗传分析表明，人科动物和猿类的分化发生在中新世晚期（距今至多 500 万年）。因为无争议的人科动物出现在大约 400 万年前的东非，所以最早的人科动物可能出现在非洲。

60. Cann 1988.
61. Cann 1988.
62. Vigilant et al. 1991.
63. Ruvolo 1997.
64. Pennisi 2007.
65. Takahata and Satta 1997.

第八章
最早的人科动物

双足直立行走是人科动物的关键特征。无争议的直立行走的人科动物生活在大约 400 万年前的东非（见图 8 - 1）。这些人科动物，以及后来可能生活在非洲东部和南部的其他人科动物，通常被归为南方古猿属。在这一章中，我们将讨论我们所知道或猜想的从人猿总科动物到人科动物的转变过程、南方古猿的出现，以及它们与后来包括我们人类在内的人科动物的关系。

双足直立行走的进化

也许早期人科动物进化中最重要的变化是双足直立行走（bipedal locomotion）。我们从化石记录中得知，其他重要的生理变化，包括大脑变大，女性骨盆改变以娩出脑容量更大的婴儿，以及脸、牙齿、颌部的缩小，都发生在大约 200 万年前，双足直立行走出现之后。人类的其他特征，如婴儿和儿童长期的依赖性，以及肉食的增加，也可能是在那个时期之后形成的。

我们不知道双足直立行走是迅速还是逐渐发展出来的，因为 800 万至 400 万年前的化石记录非常少。但我们可以肯定的是，根据骨骼解剖，许多中新世类人猿能够采取直立的姿势。例如，它们在臂行时身体可以直立，用可抓握的手脚在树上攀爬时也是如此。[1] 原始人科动物也有可能像许多现代猴子和猿类那样，偶尔用双足直立行走。[2]

从现有的化石记录看，无争议的直立行走的人科动物出现在非洲。直立行走的人科动物的出现，与大片热带森林变成小片森林和开阔地区的转变发生在同一时期。[3] 大约 1 600 万到 1 100 万年前，出现了一直持续到上新世的干燥趋势。由于缺乏足够的湿度和降雨，非洲热带雨林的面积逐渐缩小了；热带稀树草原和分散的落叶林地变得更加普遍。栖息在树上的灵长目动物并没有完全失去它们习惯的栖息地，因为一些热带森林仍然存在于较为湿润的地区，自然选择仍然对森林地区的树栖动物有利。但是，这种更开放的新地形可能更欢迎一些适合生活在地面上的灵长目动物和其他动物。在导向人类进化的过程中，相关变化包括直立行走的发展。

关于直立行走进化的理论

什么特别的因素使直立行走的人科动物得以出现？对于这种发展有几种可能的解释。一种观点认为，直立行走是对草长得很高的热带草原的适应，因为直立的姿势能让动物更容易发现地面捕食者和潜在的猎物。[4] 然而，这一理论并不能充分解释直立行走的发展。狒狒和其他一些旧大陆猴也生活在热带草原的环境中，尽管它们能直立，偶尔也会直立，但它们还没有完全进化出双足直立行走的能力。最近的证据表明，早期人科动物在东非生活的地区并不主要是热带草原，而可能是林地和开阔地的混合。[5]

其他理论强调解放双手的重要性。如果动物在运动时，某些手部活动是至关重要的，那么自然选择可能更倾向于双足直立行走，因为这样可以让双手腾出来，同时进行其他活动。哪些手部活动可能如此重要？

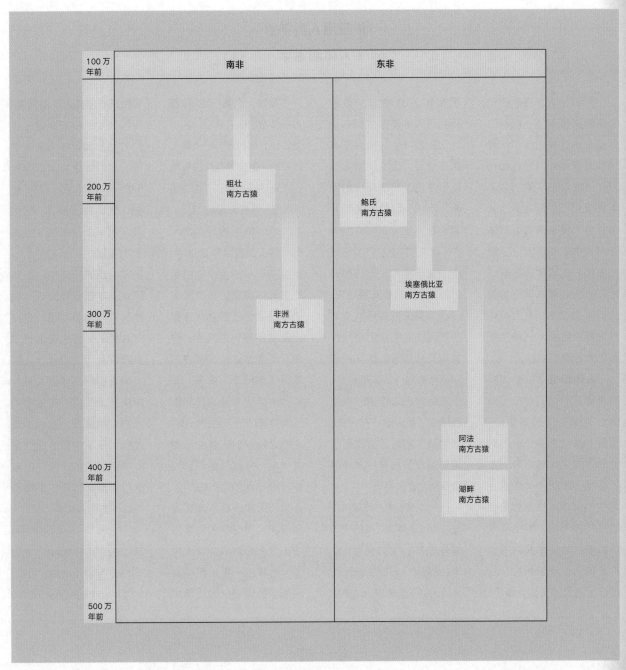

图 8-1　南方古猿的进化

戈登·休斯（Gordon Hewes）认为，用手拿食物是重要的活动；如果有必要把食物从一个地方带到另一个地方，那么只靠后肢移动是具有适应性的变化。[6] 休斯强调了携带猎杀或捡来的肉的重要性，但许多古人类学家现在都在质疑早期人科动物会不会猎杀动物，甚至食腐。[7] 然而，将食物带到不受捕食者侵扰的地方的能力可能是直立行走动物比较重要的优势之一。欧文·洛夫乔伊（Owen Lovejoy）认为，携带食物很重要，可能还有另一个原因。如

1. Thorpe, Holder, and Crompton 2007.
2. Rose 1984.
3. Bilsborough 1992, 64–65.
4. Oakley 1964.
5. Kingston, Marino, and Hill 1994.
6. Hewes 1961.
7. Shipman 1986; Trinkaus 1987a.

人体测量学

关于人体测量学的一个有趣的事实是，同样的测量方法既被用于了解我们最遥远祖先的外貌和行为，也被用于了解当今人类外貌和行为的差异。从事**骨学**（骨头研究）的体质人类学家通常专注于研究古代人类留下的遗骸或化石，但从事人体测量的体质人类学家，则会用许多同样的测量方法和技术来研究活着的人类。

人体测量学这个词指的是测量人体的尺寸，但这个领域的范围要更广，涵盖了从个人身份识别到创造高效工作场所等一系列话题。体质人体学家今天使用人体测量学做什么工作呢？例如，给士兵设计衣服。美国军方进行了广泛的人体测量研究，以设计出合适的头盔、靴子、

手套和其他物品。他们还利用人体测量数据来设计飞机座椅，并确保工具易于使用。企业使用人体测量学也是出于同样的原因。例如，服装制造商可能会在美国（人们体型较大）和日本（人们体型较小）生产不同尺码的服装出售。许多公司开展研究，以确保员工或使用其生产的产品的人不会因重复作业而受到伤害。这样的研究通常被称为人体工程学，目的是提高工作的效率或舒适度。可以说，在今天，当需要了解人们的体型和运动差异的时候，人体测量学就派上了用场。

人体测量学对理解生长发育也很重要。人类的生长是有规律的，通过测量和记录世界各地人口的生长情况，体质人类学家能够帮助医生

评估营养、健康、疾病和压力的情况。很多时候，医生发现幼儿可能患有使人衰弱的疾病，是因为儿童没有按照既定的模式成长，这就告诉医生，儿童可能有问题。

人体测量的基本方法有两种：类型学和度量学。类型学测量确定个体特征的形式或类型。一个常见的例子是，是否有与颌部皮肤紧密相连的耳垂。体质人类学家还设计了许多类型学系统来对鼻子、耳朵、眼睛，甚至乳房和臀部等特征的形态进行分类。人们之所以对这样的分类感兴趣，是因为他们认为外表和行为之间会有联系。但是，这种联系还没有得到证明，类型学的测量方法在今天已经很少有人用了。更常见、更有用的是度量学的测量，即记录相

关特征长度或大小的度量。手指长度、腿长、坐高和站高都是度量学测量的例子。它们往往比类型学的测量更有用，因为它们能更详细地揭示差异，它们可以用来创建指标，用数学术语描述特征的形状或形式。正如前文所说，体质人类学家已经发现，对差异的度量学测量，对绘制儿童生长图表或设计工具等很有用。因此，人体测量和指标在体质人类学中被广泛使用，在骨学领域中尤其重要，因为，正如我们在本章和后面的章节中所展示的，同样的测量可以用来检查和比较不同物种的远古人类。

（资料来源：
Gay 1986; Gordon and Friedl 1994; Larsen 1997; White and Folkens 2000.）

果雄性能通过将食物带回住地来为雌性和后代提供食物，雌性就可以免去长途跋涉来节省能量，因此也就有可能生产和照顾更多的后代。[8] 因此，无论携带食物的好处是什么，原始人科动物的直立行走能力越强，繁殖的可能性就越大。

但是，解放双手的好处可能不限于携带食物或为家庭提供给养，解放双手后，食物摄取本身可能会更有效率。克利福德·乔利（Clifford Jolly）认为，直立行走可以让早期人类有效地收获小种子和坚果，

两只手都可以拿取食物并将食物直接送进嘴里。[9] 自然选择不会仅仅因为移动方便就偏向直立行走，有效觅食也是因素之一。在东非变化的环境中，森林正在被更开阔的林地和稀树草原所取代，在寻找小种子和坚果方面的优势很可能对生存很重要，因此受到自然选择的青睐。

直立行走受到自然选择的青睐，因为手的解放使原始人科动物能够使用甚至制造出移动时可以随身携带的工具。考虑一下使用工具可能带来的好处。

舍伍德·沃什伯恩（Sherwood Washburn）指出，当代一些生活在地面上的灵长目动物会挖根茎来吃，"它们如果能用石头或棍子，就能多找到一倍的食物"。[10] 戴维·皮尔比姆（David Pilbeam）也提出，更开阔地区的灵长目动物对工具的使用，可能显著增加了它们可以吃的植物食物的种类和数量。草原地区的许多植物在吃之前，可能需要借助工具来做剁碎、碾碎等处理。[11] 工具也可能被用来猎杀和屠宰作为食物的动物。没有工具光凭身体的话，灵长目动物一般都无法常规狩猎，甚至食腐也很难做到。它们的牙齿不够锋利，颌骨不够有力，行进速度也不够快。因此，使用工具猎杀和屠宰猎物可能进一步扩大了它们利用现有食物供应的能力。

最后，工具可能被用作对付掠食者的武器，生活在地面上的原始人科动物防御能力比较弱，掠食者是巨大的威胁。在米尔福德·沃尔波夫（Milford Wolpoff）看来，正是能**持续携带武器**的优势使偶尔的直立行走变成了完全的直立行走。[12] 苏·萨维奇-鲁姆博（Sue Savage-Rumbaugh）特别提出，外展或扭动手腕的能力让早期人类可以"完善投掷和击打岩石（以制造工具）的技能，从而发展出一种比猿更有效的捕食者防御系统"。[13]

但是，一些人类学家质疑使用和制造工具有利于直立行走出现的观点。他们指出，石器最早的明确证据的年代在直立行走出现200多万年**之后**。那么，怎么能说制造工具是直立行走出现的原因呢？沃尔波夫给出了一个答案。尽管直立行走比石器至少早200万年，但原始人科动物使用由木头和骨头制成的工具也并非不可能，而这两种工具都不可能像石器那样保存在考古记录中。此外，考古记录中存在的未经打磨的石器可能不会被识别为工具。[14]

一些研究人员对直立行走的运动机制进行了更深入的研究，以确定在资源可能较为分散的热带草原及森林环境中，直立行走是不是更有效的行进方式。与黑猩猩等灵长目动物的四足行进相比，直立行走似乎更适合长距离行进（见图8-2）。[15] 但是，为什么要长距离行进呢？如果人类的祖先具有现代黑猩猩的操纵能力和使用工具的能力（例如用石头砸开坚果），这些祖先又必须在一个更加开阔的环境中活动，那么，能够有效地长距离行进以利用资源的个体可能会更有优势。[16]

最后，在中新世末期和上新世初期，在东非日益炎热和干燥的环境中，直立行走作为一种调节体温的方式可能受到自然选择的青睐。彼得·惠勒（Peter Wheeler）认为，直立的姿势能减少直接暴露在阳光下的身体面积，尤其是在正午最热的时候。[17] 直立的姿势也有利于对流散热，热气会上升并远离身体，而不是被困在身体下面。（我们通过头部将大量身体热量散发出去。）通过汗液蒸发来降温也可以通过直立的姿势来实现，因为更多的皮肤区域将暴露在凉风中。因此，自然选择可能倾向于直立行走，因为它在东非变暖的环境中减少了热应激。

所有关于直立行走起源的理论都是推测性的。还没有直接的证据表明我们所讨论的因素实际上与直立行走有关。上述因素中的一个或几个都可以解释从偶尔双足直立的原始人科动物向完全直立行走的人科动物的转变。

直立行走的"代价"

我们需要记住，直立行走也有"代价"。直立行走使得克服重力为大脑提供足够的血液变得更加困

8. Lovejoy 1981.
9. C. Jolly 1970.
10. Washburn 1960.
11. Pilbeam 1972, 153.
12. Wolpoff 1971.
13. Savage-Rumbaugh 1994.
14. Wolpoff 1983.
15. Zimmer 2004.
16. Zihlman 1992.
17. Wheeler 1984; 1991.

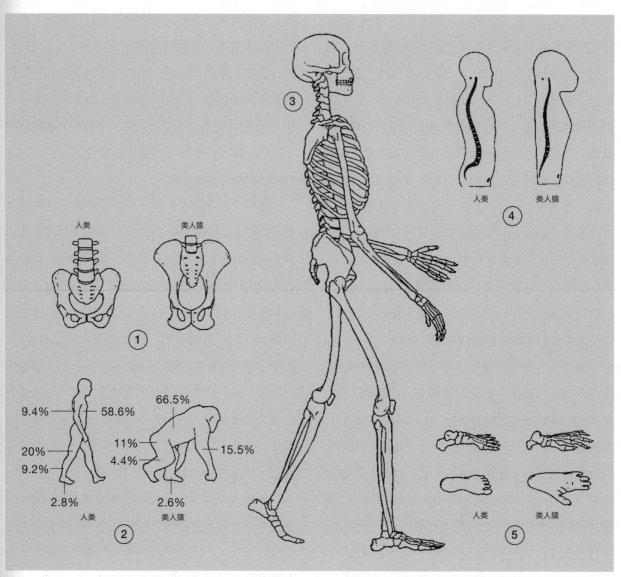

图8-2 直立行走的骨骼证据

由于人类只能靠腿行走，因此人类的骨骼与类人猿的骨骼不同。人的头部多或少地在脊柱上保持平衡（参见图中标记为③的特征）。人类的后颈肌肉没有必要像类人猿的那么强而有力。人的脊柱（见④）在颈部和下背部各有一个弯曲。这两处额外的弯曲，加上背部中部的弯曲，使得脊柱的动作更像弹簧，这对人是有利的，因为腿必须承受所有的重量，而且每走一步都需要单腿平衡。直立行走使人类的骨盆（见①）比猿的骨盆更低更宽。与类人猿不同，人类的腿比手臂长，占体重的比例也较大（见②）；这种变化降低了身体的重心，有利于直立行走。对直立行走最明显的适应是人类的脚（见⑤）。与其他灵长目动物不同的是，人类的大脚趾并不与其他脚趾相对，脚也不再能够抓握。当我们走路时，在腿向前摆动之前，大脚趾是与地面接触的最后一个点，这就解释了为什么大脚趾与其他脚趾在同一平面上（资料来源：Jones, Martin, and Pilbeam 1992, 78）

难，[18] 而骨盆和下肢上方的身体重量给臀部、下背部、膝盖和脚带来了更大的压力。就像阿德里安娜·齐尔曼（Adrienne Zihlman）指出的，女性下半身承受了更大的压力。[19] 女性在怀孕期间要负担额外的体重，孩子出生后通常还要负责抱或背着哺乳期的婴儿。因此，无论直立行走的优势是什么，优势肯定比劣势要大很多，否则我们的祖先就永远不会成为直立行走的动物。

我们还必须记住，直立行走的进化，意味着祖先猿的骨骼发生了很大的变化。尽管今天的猿类能够而且确实会用两只脚走路，但它们无法高效或长时间直立行走。为了持续性地直立行走，祖先猿的骨骼必须变化，而使早期人科动物成为完全直立行走的动物的重要变化主要发生在头骨、骨盆、膝盖和脚上。[20] 让我们来看看每一个变化（见图 8-2）。

古猿和现代猿的脊柱都是从头骨后侧连到头骨的，这是合理的，因为猿通常用四肢行走，脊柱大致与地面平行。而直立行走的人科动物的脊柱，则通过一个叫**枕骨大孔**的孔连到头骨的底部。因此，当人科动物变成直立行走的动物时，头骨的位置是在脊柱的顶端。

古猿和现代猿的骨盆形状与直立行走人科动物的有很大的不同。猿的骨盆又长又扁，在背部下部形成一块骨板，腿的肌肉附着在上面。直立行走的人科动物的骨盆呈碗状，支撑着内脏器官，也降低了身体的重心，从而使腿部获得更好的平衡。人科动物的骨盆附着的肌肉也不同，股骨（上腿骨）的方向从骨盆的侧面转到了前面。这些变化使得人科动物能够在跨步时将腿向前移动（还能做出踢足球一类的动作）。相比之下，猿类（直立行走时）只能通过左右移动骨盆来移动它们的腿，而不是像我们那样交替向前踢腿。[21]

与人科动物向前踢腿的能力相关的另一个变化是"膝内翻"姿势。猿类的腿从骨盆上笔直地垂下来。而人科动物的腿向内倾斜。这种姿势不仅能帮助我们的腿向前移动，还能帮助我们将重心保持在身体中线，这样当我们走路或跑步时，重心就不会从一边移到另一边。

最后，与猿类相比，直立行走人科动物的脚有两个主要的变化。第一，人科动物的距骨增大了，形成了结实的脚跟，能够承受由于持续双足直立行走而施加在脚上的巨大力量。第二，人科动物有足弓，这也有助于吸收直立行走时脚承受的力量。我们知道足弓对于持续双足直立行走的能力至关重要，因为缺乏足弓的"扁平足"患者往往有足部、脚踝、膝盖和背部的慢性问题。[22]

这些变化是什么时候发生的？我们不能确定，但是来自东非（埃塞俄比亚、坦桑尼亚、肯尼亚）

的化石清楚地表明，400 万到 500 万年前，甚至更早，直立行走人科动物就生活在那里。

从类人动物到人科动物的转变

在位于非洲中北部的乍得西部及其多风的沙漠中，似乎不太可能发现猿类或人科动物的化石，但古人类学家米歇尔·布鲁内特（Michel Brunet）不这么认为。[23] 乍得西部在古时曾被湖泊覆盖，在几百万年的时间里，这里一直是包括灵长目在内的森林哺乳动物聚集的地方。大约 700 万年前，一种叫**乍得沙赫人**的灵长目动物生活在湖边。2001 年，布鲁内特和同事在湖边发现了它的骨骼化石。以一个几乎完整的头骨为代表的乍得沙赫人，独特地混合了人猿总科的类人动物和人科动物的特征。虽然头骨本身像类人动物，大脑小，眉脊大，脸宽，但

复原的乍得沙赫人头骨，乍得沙赫人可能是最早的人科动物，可追溯到近 700 万年前

（图片来源：© Patrick Robert/MPFT/CORBIS, All Rights Reserved）

18. Falk 1988.
19. Zihlman 1992, 414.
20. Lovejoy 1988.
21. Aiello and Dean 1990, 268 – 274.
22. Aiello and Dean 1990, 507 – 508.
23. Gibbons 2002.

牙齿更像人科动物，特别是犬齿，并没有突出到牙列以下。[24] 可惜，没有证据表明乍得沙赫人是直立行走的。目前，我们必须等待更多的证据，才能知道乍得沙赫人是不是最早直立行走的猿。

然而，有一个证据表明，另一种可能的早期人科动物——**图根原人**——是直立行走的。图根原人化石于 1998 年由布利吉特·森努特（Brigitte Senut）及其同事在肯尼亚西部发现，化石包括 19 个颌骨、牙齿、手指、手臂和包括股骨顶部的腿骨标本。[25] 根据布赖恩·里奇蒙（Brian Richmond）和威廉·容格斯（William Jungers）的研究，图根原人的股骨显示出对直立行走的适应，包括一个长而有角度的"头"（或顶部）。[26] 图根原人可以追溯到 580 万到 600 万年前，所以如果进一步的研究支持图根原人直立行走的观点，那么图根原人就可能是最早的人科动物。

1992 年，由人类学家蒂姆·怀特（Tim White）领导的一个研究小组开始调查埃塞俄比亚中阿瓦苏地区阿拉米斯的一个 440 万年前的化石沉积层。在那里，他们发现了 17 块化石，这些化石可能属于最早的人科动物（后来人们又发现了更多化石，其中一些碎片的年代可能早在 580 万年前）。尽管最初被认为是一种新的南方古猿物种，怀特和同事们还是认为，这些新发现的化石（种名定为 *ramidus*，始祖种）与南方古猿区别很大，应该属于一个新的属——地猿属（*Ardipithecus*）。[27]

始祖地猿的独特之处在于，其齿系与猿类相似，同时有证据表明始祖地猿直立行走，骨架整体上接近于人科动物。与猿类一样，地猿的颊齿较小，牙釉质较薄，犬齿则较大。然而，始祖地猿的臂骨看起来像人科动物，头骨底部显示出头骨下方的枕骨大孔，就像无争议的直立行走人科动物一样。[28] 地猿的脚似乎也能适应直立行走。[29] 虽然还需要更多的证据来证实，但地猿可能是迄今发现的最早的人科动物。

南方古猿：最早的无争议的人科动物

虽然对于地猿是不是人科动物的一个属，人们还有一些疑问，但毫无疑问，南方古猿［南方古猿属（*Australopithecus*）的成员］是人科动物。它们的牙齿具有人科动物的基本特征，犬齿较小，臼齿扁平、牙釉质厚、牙弓呈弧形，而且有明确的证据表明，即使是最早的南方古猿也是完全直立行走的动物。不仅它们的骨骼体现出直立行走的特征，而且在坦桑尼亚的莱托利，还有大约 360 万年前的 50 多个类似人类脚印的脚印化石，明确证实了生活在那里的人科动物已完全直立行走。南方古猿直立行走，并不意味着这些最早的无争议的人科动物一直生活在地面上。所有的南方古猿，包括后来的那些，似乎都有能力在树上攀爬和移动，这可以从手臂和腿的长度以及其他骨骼特征来判断。[30]

大多数学者将各种南方古猿物种分为两类，纤细型南方古猿和粗壮型南方古猿。[31]

纤细型南方古猿包括湖畔南方古猿（*Australopithecus anamensis*）、阿法南方古猿（*Australopithecus afarensis*）和非洲南方古猿（*Australopithecus africanus*）。它们的牙齿都比粗壮型南方古猿的小，面部肌肉组织也更纤细。湖畔南方古猿可能有 420 万年的历史，是最早的南方古猿，其化石只在肯尼亚北部发现过。在东非发现的其他 400 万到 300 万年前的人科动物被大多数古人类学家归类为阿法南方古猿。一些古人类学家认为这些人科动物不应该被归为一个单独的物种，因为它们与后来的人科物种非洲南方古猿相似，非洲南方古猿生活在大约 300 万到 200 万年前，主要生活在非洲南部。但是，这些动物在时间和空间上距离让许多古人类学家认为它们是不同的物种。

过去几十年在东非发现的新化石表明，可能还有其他物种的纤细型南方古猿。大多数学者认为两组化石尤其可能代表新的南方古猿物种，分别是羚羊河南方古猿（*Australopithecus bahrelghazali*）和惊奇南方古猿（*Australopithecus garhi*）。羚羊河南方古猿目前只有一个颌骨碎片化石，惊奇南方古猿只有少数头骨和肢骨碎片化石。尽管这些发现很有趣，但在发现更多的化石之前，我们无法知道这两种物种有多重要，也无法知道它们将如何改变我们对早期人类进化的理解。

在距今约 250 万年的岩石中发现的惊奇南方古猿特别值得关注，因为其与其他南方古猿物种相似，但并不明显属于任何一种。惊奇南方古猿的臼齿比阿法南方古猿的大，但是没有粗壮型南方古猿的大脸和大颌骨。惊奇南方古猿的大脑也不像早期人属物种的那么大。在同一岩层中发现了几块肢骨，这些肢骨确实很像阿法南方古猿。这样看来，惊奇南方古猿是与阿法南方古猿相似的动物，但是臼齿要大得多。[32] 它可能代表了阿法南方古猿的一种变异，也可能代表了对吃坚硬食物的适应，类似于粗壮型南方古猿的适应，我们将很快讨论这一点。

然而，值得注意的是，被宰杀动物的遗骸与惊奇南方古猿的遗骸是在同一岩层中发现的。在惊奇南方古猿化石附近发现的几块骨头上有清晰的切割痕迹和被石器砸碎的痕迹。可惜没有发现石器，但宰杀的证据表明惊奇南方古猿一定使用过石器。由于在该地区还没有发现其他人科物种的化石，因此有理由认为制造工具和宰杀动物的是惊奇南方古猿。化石的发现者贝尔哈内·阿斯富（Berhane Asfaw）认为，惊奇南方古猿生活的年代、地点，以及身体和行为特征，都足以让人认为它是早期人属动物的直接祖先。[33]

同样值得关注的是羚羊河南方古猿，这并不是因为其身体特征，而是因为羚羊河南方古猿的化石是在更远的西部，也就是现在的乍得中部被发现的。羚羊河南方古猿是在东非大裂谷（东非的一个狭长

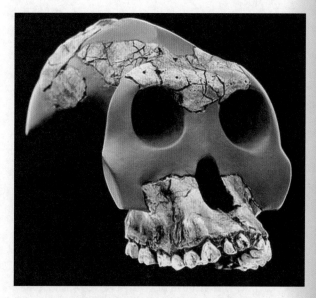

复原的南方古猿头骨，臼齿很大，但脸比较小
（图片来源：Original housed in National Museum of Ethiopia, Addis Ababa. © 1999 David L. Brill Atlanta.）

的山谷，那里的地面裂开，露出数百万年前的化石）之外发现的第一种早期人科动物——在那之前，几乎没有人认为在东非大裂谷之外有早期人科动物活动。羚羊河南方古猿的化石可以追溯到大约 300 万年前，与同时期东非大裂谷的阿法南方古猿化石非常相似。它与阿法南方古猿在某些方面有明显的不同（例如，羚羊河南方古猿前臼齿的牙釉质更薄、牙根更清晰），但重要的区别在于羚羊河南方古猿生活的地方。大多数学者认为，早期的人科动物体现了对东非大裂谷的一种特殊适应。在东非大裂谷以西约 2 500 千米处发现的早期南方古猿，则构成了对这一假设的挑战。[34]

24. Brunet et al. 2002; Wong 2003.
25. Aiello and Collard 2001; Pickford et al. 2002; Wong 2003.
26. Richmond and Jungers 2008.
27. White et al. 1995.
28. White et al. 1994.
29. Hailie-Selassie 2001.
30. Susman et al. 1985; Rose 1984.
31. Conroy 1990, 274; Culotta 1995; Wilford 1995.
32. Brunet et al. 1995.
33. Asfaw et al. 1999.
34. Brunet et al. 1995.

一些学者认为，与之相关的一个人科的属肯尼亚平脸人（*Kenyanthropus platyops*）是另一种南方古猿（因此不应被视为一个单独的属）。出土于肯尼亚西部的肯尼亚平脸人头骨化石几乎完整，已有 350 万年的历史。米芙·利基（Meave Leakey）和她的同事认为，头骨的特征表明，其与生活在同一时期的南方古猿不同。肯尼亚平脸人的脸更小更平，臼齿也比南方古猿的小。[35] 利基认为肯尼亚平脸人可能与人属物种有直接的联系，但其他人并没有她那么确定。头骨是变形的，学者们不认为其特征超出了南方古猿的范围。在发现更多化石之前，关于肯尼亚平脸人与南方古猿之间关系的争论将会继续下去。

粗壮型南方古猿比纤细型南方古猿有更大的牙齿，脸和颌骨都很大。一些健壮的个体在头顶上有一个叫矢状脊的骨脊；骨脊为它们巨大的牙齿和颌骨固定了强大的肌肉系统。最早的粗壮型南方古猿是埃塞俄比亚南方古猿（*Australopithecus aethiopicus*），生活在 270 万到 230 万年前的东非。大多数古人类学家认为，生活在 230 万至 100 万年前的较晚的粗壮型南方古猿包括两个物种：东非的鲍氏南方古猿（*Australopithecus boisei*）和南非的粗壮南方古猿（*Australopithecus robustus*）。

从这篇对南方古猿的简短概述中，我们可以看到一幅多样化的图景。南方古猿似乎有很多不同的物种，甚至在物种内部的差异程度似乎也比较高。[36] 这些南方古猿在非洲东部和南部的生活环境相似，但这些环境是多样化和不断变化的。森林被开阔的林地和草原取代。东非大裂谷的抬升和火山活动形成了巨大的湖泊，然后这些湖泊又分裂成小湖泊。气候持续变暖，直到大约 160 万年前的上新世末期。南方古猿的多样性可能反映了直立行走人科动物对这些动态环境条件的适应辐射（分散和分化）。[37] 而蒂姆·怀特认为，以我们对南方古猿的了解，还不足以判断它们到底有多少种。他还指出，一些差异可能是石化过程本身造成的。[38] 无论原因是什么，当我们想到南方古猿时，多样性似乎是关键词。让我们仔细看看纤细型和粗壮型南方古猿的不同物种。

纤细型南方古猿

湖畔南方古猿

最早的南方古猿是湖畔南方古猿，其化石在肯尼亚北部的几个地方出土过，年代在 390 万到 420 万年前。[39] 尽管人们对包括湖畔南方古猿在内的一些标本仍有争议，但总体上说，湖畔南方古猿是一种小型的直立行走人科动物，牙齿与后来的阿法南方古猿相似。[40] 更有争议的标本中有长的骨头，这表明它们已充分发展出直立行走的能力，但它们的肘关节和膝关节看起来更像后来的人属动物，而不像任何其他南方古猿物种。有人说，湖畔南方古猿"颈部以上的部分像阿法南方古猿，颈部以下的部分像人"。[41]

阿法南方古猿

阿法南方古猿或许是化石最多的南方古猿物种。在坦桑尼亚的莱托利出土了至少 24 具遗骸。尽管遗骸主要是牙齿和颌骨，但毫无疑问，莱托利的这些人科动物是直立行走的，因为在莱托利发现了现在已经很著名的脚印化石。[42] 360 万年前，两个并肩直立行走的人科动物在地上留下了它们的脚印。在埃塞俄比亚的另一遗址哈达尔，人们发现了至少 35 具遗骸。哈达尔的发现因其完整性而引人注目。古人类学家通常只能发现头骨和颌骨的一部分，而在哈达尔还发现了骨骼的许多其他部分。例如，古人类学家唐纳德·约翰森（Donald Johanson）发现了一具女性人科动物骨骼的 40%，他根据披头士乐队（Beatles）的歌曲《露西在缀满钻石的天空》（*Lucy in the Sky with Diamonds*），将其命名为"露西"。[43]

对在莱托利发现的人科动物遗骸的测年表明，那里的人科动物生活在 380 万至 360 万年前。[44] 尽管露西和在哈达尔发现的其他人科动物曾经被认为和莱托利人科动物的年代差不多，但最近的测年数据显示，它们的年代要近一些，在不到 320 万年前。露西可能生活在 290 万年前。[45] 露西生活的环境是半干旱的高地稀树草原，有雨季和旱季。[46]

有了如此广泛存在的化石记录，唐纳德·约翰森和蒂姆·怀特等古人类学家得以对这种远古人科物种进行研究。阿法南方古猿是一种小型人科动物，但像大多数现存的类人猿一样，是两性异形的。雌性体重约 30 千克，身高略高于 1 米；雄性体重超过 40 千克，身高约 1.5 米。[47]

相对于体型，阿法南方古猿的牙齿比较大，而且臼齿的牙釉质较厚。它们也有猿类一样的大犬齿，一些标本的犬齿突出在相邻的牙齿之外。然而，即使是较长的犬齿，也不会与下牙摩擦，不会插入齿隙，因此也不会阻止下颌左右移动。[48] 这是很重要的，因为下颌的左右移动让阿法南方古猿可以有效地咀嚼小种子和坚果。臼齿上厚厚的牙釉质和臼齿牙冠的磨损模式表明，阿法南方古猿的饮食中，又小又硬的食物占了很大一部分。[49] 通过阿法南方古猿的颅骨，我们可以了解其齿系。阿法南方古猿因为牙齿和颌骨都很大，所以脸部向前突出，头骨底部较大，为颈部的大块肌肉提供附着区域，以支撑沉重的脸部。大脑很小，大约 400 立方厘米，但相对于体型来说算是比较大的。[50]

阿法南方古猿的手臂和腿差不多长，手指和脚趾的骨头是弯曲的，这表明它们肌肉发达。大多数学者认为，四肢比例和强壮的手脚体现了阿法南方古猿部分树栖的生活方式。[51] 换句话说，似乎阿法南方古猿有很多时间是在树上的，可能是为了觅食、睡觉和躲避地面上的捕食者。然而，阿法南方古猿的骨盆和腿骨表明，它们在地面上是直立行走的。

玛丽·利基（Mary Leaky）的探险队在坦桑尼亚的莱托利发现了一行约 65 米长，年代在 360 万年前的脚印化石。图中是这两个明显是直立行走的成年动物留下的一部分足迹。从脚印看，它们已有发育良好的足弓和向前的大脚趾
（图片来源：John Reader/Science Photo Library/Photo Researchers, Inc.）

骨盆很宽，向周围伸展，但与所有后来的人科动物一样呈碗状。[52] 它们的腿向内倾斜，脚上有足弓和脚踝，很像后来的人科动物。对莱托利脚印的详细分析表明，阿法南方古猿的步幅可能比现代人短，效率也低一些。[53]

35. Leakey et al. 2001.
36. Fleagle 1999, 511 – 515.
37. Fleagle 1999, 528.
38. White 2003.
39. Culotta 1995.
40. Leakey et al. 1995.
41. Tattersall and Schwartz 2000, 93.
42. Simpson 2009; White et al. 1981; Johanson and White 1979.
43. Johanson and Edey 1981, 17 – 18.
44. Johanson and White 1979.
45. Lewin 1983b.
46. Conroy 1990, 291 – 292; Simpson 2009.
47. Fleagle 1999, 515 – 518.
48. Fleagle 1999, 515, 520.
49. Grine 1988a.
50. Kimbel et al. 1984.
51. Jungers 1988a; Clarke and Tobias 1995.
52. Lovejoy 1988.
53. Tattersall and Schwartz 2000, 88 – 89; Clarke and Tobias 1995.

虽然阿法南方古猿是化石最多的南方古猿，但它并不是第一个被发现的南方古猿物种——这一荣誉属于非洲南方古猿。

非洲南方古猿

1925 年，南非约翰内斯堡威特沃特斯兰德大学的解剖学教授雷蒙德·达特（Raymond Dart）首次提出证据，证明双足直立行走的人科动物存在于上新世。当达特从卡拉哈迪沙漠边缘汤恩洞穴中发现的基质材料中分离出骨头时，他意识到他看到的

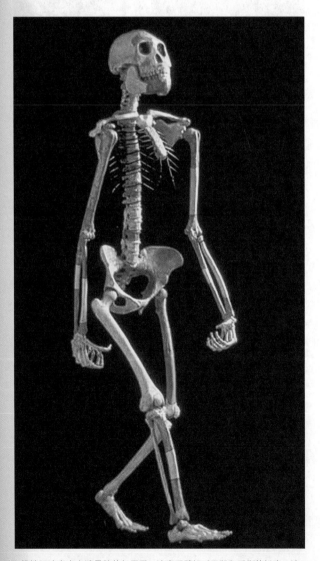

雌性阿法南方古猿骨骼的复原图。注意手臂相对于腿和手指的长度。这表明阿法南方古猿至少是部分树栖的（图片来源：Dr. Owen Lovejoy and students, Kent State University. © 1985 David L. Brill）

不是猿的遗骸。他描述了这次经历：

> 1924 年 12 月 23 日，岩石裂开了。我可以从正面看到那张脸，虽然右边还嵌在岩石里。拥有这么大的大脑的生物，不可能是像大猩猩那样的类人猿。出现的是一张幼儿的脸，乳牙已经长齐，恒白齿正要萌出。[54]

通过牙齿，达特认为这具化石是一个 5 至 7 岁儿童的遗骨（尽管后来的电子显微镜分析显示，这名儿童的年龄不超过 3.5 岁[55]）。他把这个标本命名为"非洲南方古猿"。达特确信这是一个直立行走的动物的头骨。他的结论是基于枕骨大孔向下的事实，这表明头部直接位于脊柱上方。此外，汤恩幼儿的门齿和犬齿都很短，因此肯定与人类而非猿类更接近。

达特的结论遭到了广泛的质疑和反对。最重要的问题是，当时的科学家认为人科动物起源于亚洲。但可能还有其他原因：达特只发现了一块化石；那是个幼儿，而不是成人；当时在非洲还没有发现其他人科动物化石。其他南方古猿的化石直到 20 世纪 30 年代才被发现，当时罗伯特·布鲁姆（Robert Broom）在约翰内斯堡附近的斯特克方丹洞穴中发现了一些化石。达特和布鲁姆的结论直到 1945 年后才开始被人们接受，当时牛津大学的解剖学教授威尔弗雷德·勒·格罗斯·克拉克（Wilfred Le Gros Clark）提出了证明他们发现的化石属于人科动物的观点。[56]

自 20 世纪 20 年代发现汤恩幼儿化石以来，在南非的斯特克方丹和马卡潘斯盖的洞穴里又出土了数百具类似的南方古猿的遗骸。从这些丰富的证据中，我们可以对非洲南方古猿有一个相当完整的认识："颅骨呈圆形，前额发育较好。中等大小的眉脊位于突出的脸上方。"[57] 在汤恩和斯特克方丹出土的化石，估计脑容量在 428 到 485 立方厘米之间。[58]

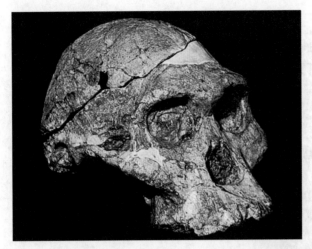

罗伯特·布鲁姆 1947 年发现于斯特克方丹洞穴的非洲南方古猿（STS 5）的头骨化石，绰号"普莱斯夫人"（图片来源：Gallo Images/Corbis）

就像阿法南方古猿一样，非洲南方古猿的体型很小；成年非洲南方古猿身高 1 米至 1.4 米，体重 27 千克至 60 千克，是两性异形的。[59]非洲南方古猿的下巴很短，这与阿法南方古猿相似，但非洲南方古猿的一些牙齿特征与现代人类相似，比如宽门齿和小而短的犬齿。尽管非洲南方古猿的前臼齿和臼齿比现代人类的大，但其形状和现代人类的非常相似。功能和用途可能也很相似。

从南非石灰岩洞穴中发现的南方古猿化石，在年代测定方面有些困难，因为无法使用任何一种绝对年代测定技术。但是相对年代测定是可能的。将相关地层中发现的动物群与其他地方发现的动物群进行比较后，人们推断，非洲南方古猿生活在 300 万至 200 万年前。当时的气候可能是半干旱的，与今天的气候没有太大的不同。[60]

粗壮型南方古猿

粗壮型南方古猿生活在约 270 万年到 100 万年前的非洲东部和南部，它们与纤细型南方古猿非常不同。事实上，一些古人类学家认为这些化石是如此不同，它们应该被归为一个不同的属，他们称其为"傍人属"（Paranthropus），字面意思是"在人类旁边"。

粗壮型南方古猿的化石最早是在南非的洞穴里被发现的，洞穴位于科罗姆德拉伊（Kromdraai）和斯瓦特科兰斯（Swartkrans），后来在东非，在埃塞俄比亚的奥莫盆地，在肯尼亚的图尔卡纳湖东部和西部，以及坦桑尼亚的奥杜威峡谷都发现了化石。[61]大多数古人类学家将约 180 万到 100 万年前的南非粗壮型南方古猿归类为粗壮南方古猿，将 230 万到 130 万年前的东非粗壮型南方古猿归类为鲍氏南方古猿。[62]第三个粗壮种，埃塞俄比亚南方古猿（A. aethiopicus）甚至更早，可以追溯到 250 多万年前，可能是鲍氏南方古猿的祖先。（参见专题"早期'粗壮型'南方古猿令人费解"。）

与纤细型南方古猿相比，粗壮型南方古猿的颌骨更厚，臼齿和前臼齿更大，门牙更小，咀嚼用的肌肉组织更发达，矢状脊和骨脊发育良好，能支持大量咀嚼活动。[63]此外，粗壮南方古猿和鲍氏南方古猿的脑容量（490 到 530 立方厘米）比任何一种纤细型南方古猿都大一些。

过去人们认为粗壮型南方古猿比其他南方古猿要大得多，因此才有了"粗壮"这个词。但最近的计算表明，这些南方古猿的体重或身高与其他南方古猿并无本质区别。它们"粗壮"的地方在头骨和颌骨，最引人注目的是牙齿。如果粗壮型南方古猿的体型更大，那么它们略大的脑容量也就不足为奇了，因为体型较大的动物通常拥有更大的大脑。然而，粗壮型南方古猿的体型与非洲南方古猿相似，所以粗壮型南方古猿的大脑相对来说要比非洲南方古猿的大。[64]

54. Dart 1925.
55. Bromage and Dean 1985; Smith 1986.
56. Eldredge and Tattersall 1982, 80 – 90.
57. Pilbeam 1972, 107.
58. Holloway 1974.
59. Szalay and Delson 1979, 504.
60. Conroy 1990, 280 – 282.
61. Conroy 1990, 294 – 303.
62. McHenry 2009.
63. Szalay and Delson 1979, 504; Wood 1992.
64. McHenry 1988; Jungers 1988b.

雌性非洲南方古猿和孩子在树上采浆果的复原图。与阿法南方古猿一样，非洲南方古猿可能也有部分时间生活在树上，以觅食和躲避捕食者

（图片来源：© Christian Jegou/Photo Researchers, Inc.）

当前研究和问题
早期"粗壮型"南方古猿令人费解

粗壮型南方古猿有着巨大的颌骨和骨质的头骨脊，它们在人类进化的过程中处于什么位置？古人类学家一致认为，粗壮型南方古猿是人类进化的一个分支，但它们是什么时候与人属发生分化的呢？古人类学家亨利·麦克亨利（Henry McHenry）表示，东非一些粗壮型南方古猿化石的年代较早，这令人困惑。这些化石被归类为埃塞俄比亚南方古猿，年代可能在 270 万年前。如果后期的粗壮南方古猿和鲍氏南方古猿是埃塞俄比亚南方古猿的后代，如果通往人属的谱系已经从早期的南方古猿中分离出来，为什么晚期粗壮型南方古猿更像直立人，而不像可能是它们祖先的南方古猿呢？

晚期粗壮型南方古猿就像直立人一样，拥有相对较大的大脑（与非洲南方古猿相比）、较低的前颌（面部不那么突出）和较大的下颌关节。如果它们是较晚才与人属发生分化的，那么其与人属的相似性就不会构成一个谜。但如果粗壮型南方古猿谱系的分化时间更早，就像 270 万年前的埃塞俄比亚南方古猿所展示的，那么晚期的粗壮型南方古猿应该与人属有更大的差异。毕竟，谱系分化的时间越早，后代的差异应该就越大。

我们怎么解释晚期粗壮型南方古猿和人属之间的一些相似之处呢？麦克亨利提出了两种可能的解释，都涉及趋同。他指出，趋同现象，即不同谱系中相似结构的独立出现，可能会模糊共同祖先出现的时间。蝙蝠、鸟类和蝴蝶都有翅膀，但它们之间没有密切的联系——它们的共同祖先在进化上很远。对于晚期粗壮型南方古猿和人属之间的相似性，一种可能的解释是，晚期粗壮型南方古猿是早期粗壮型南方古猿的后代，但由于趋同，它们与直立人相似。第二种可能性是，晚期粗壮型南方古猿与人属有一个更晚近的、尚未被发现的祖先；如果确实如此，那么早期粗壮型南方古猿就不是晚期粗壮型南方古猿的祖先。趋同，而不是关系近的共同祖先，可能解释了晚期和早期粗壮型物种之间的相似性。

麦克亨利倾向于第二种可能性。在分析特征相似性的基础上，麦克亨利认为，南方古猿的两个晚期粗壮型（粗壮南方古猿和鲍氏南方古猿）有一个共同的祖先，但那个祖先不是早期的粗壮型南方古猿——埃塞俄比亚南方古猿。在许多方面，晚期的粗壮型南方古猿与埃塞俄比亚南方古猿并不十分相似。埃塞俄比亚南方古猿最好的化石证据之一是一个近乎完整的头盖骨（"黑色头骨"）。它无疑是粗壮型的。它有巨大的前臼齿和臼齿，还有一个巨大的矢状脊。但在其他方面，它很像阿法南方古猿：突出的嘴、较小的下颌关节和小脑壳。麦克亨利认为，趋同进化产生了早期和晚期粗壮型南方古猿之间的相似性，这种趋同的发生是由于在咀嚼方面强烈的选择压力。进化谱系离人类很远的其他灵长目动物也进化出了适合咀嚼食物的特征。拥有巨大前臼齿和臼齿的巨猿就是这样一种灵长目动物。因此，尽管麦克亨利仍然认为晚期粗壮型南方古猿是人属谱系的一个旁支，但他的分析表明，粗壮南方古猿和鲍氏南方古猿并不像之前认为的那样离人属很远。

蒂莫西·布罗米奇（Timothy Bromage）研究化石面部发育，兰德尔·萨斯曼（Randall Susman）研究人科动物的拇指，他们对粗壮型南方古猿有其他的看法。布罗米奇用扫描电子显微镜研究化石面部的图像，特别是研究从婴儿期到成年期的可能的面部发育过程。成熟的面部形状的变化是由某些部位的骨沉积和其他部位的骨吸收共同作用的结果。例如，当前部发生骨沉积，后部发生骨吸收时，下颌会突出。扫描电镜可以显示骨的沉积或再吸收。布罗米奇发现粗壮型南方古猿和非洲南方古猿的生长模式不同。非洲南方古猿，以及甚至是早期人属动物的化石，在模式上都比后期粗壮型南方古猿更像猿。

萨斯曼研究了拇指骨和附着的肌肉组织，以了解制作工具需要哪些特征。现代人类的拇指比猿类长，但比猿类结实，因此他们能够进行制造工具所需的精确抓取。早期的人科动物有这样精确的抓握能力吗？萨斯曼认为，大约 250 万年前之后的所有南方古猿，包括粗壮型南方古猿，都有制造工具的能力。这并不意味着它们制造了工具，只是它们有这个能力。

粗壮型南方古猿有着小小的额头、极其平坦的脸颊和巨大的下颌，可能看起来与人属的形态非常不同，但它们在进化上可能比我们曾经认为的更接近我们。

（资料来源：McHenry 2009; Susman 1994, 1570－1573.）

埃塞俄比亚南方古猿

埃塞俄比亚南方古猿是年代最早的，也是最不为人知的粗壮型南方古猿。埃塞俄比亚南方古猿以在肯尼亚北部和埃塞俄比亚南部发现的一小群化石为代表，这些化石的年代在 230 万到 270 万年前之间，其中包括一项惊人的发现——1985 年发现的一个近乎完整的头骨（由于其颜色较深而被称为"黑色头骨"）。[65] 尽管我们只有很少的化石，但很明显，埃塞俄比亚南方古猿与其他南方古猿有很大的不同。它们与来自大致相同地区，也许生活在同一时期的阿法南方古猿的化石不同，埃塞俄比亚南方古猿的牙齿要大得多，尤其是臼齿，颧骨巨大，有突出的盘状（圆形和扁平）脸，有巨大的矢状脊。但在大多数方面它们与阿法南方古猿相似。总的来说，埃塞俄比亚南方古猿与阿法南方古猿相似，只是牙齿和相关的组织成倍"放大"了。[66]

粗壮南方古猿

1936 年，南非德兰士瓦博物馆的古脊椎动物馆馆长罗伯特·布鲁姆开始到采石场去为博物馆寻找化石，尤其是可能支持雷蒙德·达特较早发现的"汤恩幼儿"的人科动物化石。1938 年，一个采石场经理给了布鲁姆一块人科动物的颌骨，这块颌骨是在附近一个叫科罗姆德拉伊的洞穴里发现的。布鲁姆立刻开始在洞穴中挖掘，并在几天内拼出了一个头骨，后来人们知道，头骨代表了一个新的南方古猿物种——粗壮南方古猿。[67]

布鲁姆原以为他发现的会是非洲南方古猿的头骨（他在 1936 年发现了一个非洲南方古猿的头骨），但这一个不同。与非洲南方古猿相比，这个头骨的牙齿更大，颌骨巨大，脸更平。实际上，经过进一步的研究，布鲁姆认为这块化石代表了人科的一个全新的属：傍人属。[68] 布鲁姆的命名在当时并没有被广泛接受（学者们认为这个标本代表了南方古猿

的一个物种），但是正如我们之前提到的，今天的许多学者认为粗壮南方古猿非常独特，足以被归入单独的傍人属。

20 世纪 40 年代，布鲁姆为德兰士瓦博物馆添加了许多新的非洲南方古猿和粗壮南方古猿的化石藏品。但他的发现也带来了一个问题。两个截然不同的人科物种是如何在相同的环境中进化出来的？1954 年，约翰·T. 罗宾逊（John T. Robinson）提出非洲南方古猿和粗壮南方古猿具有不同的饮食适应性。非洲南方古猿是杂食动物（吃肉类和植物），而粗壮南方古猿只吃植物，这需要大量咀嚼。罗宾逊的观点多年来一直备受争议。来自电子显微镜的证据支持罗宾逊的观点：粗壮南方古猿主要吃小而硬的东西，如种子、坚果和块茎。但是，非洲南方古猿在这方面有多不同呢？最近的分析表明，非洲南方古猿的咀嚼能力也相当强。[69]

一项相对较新的化学技术质疑了粗壮南方古猿只吃植物的观点。这项技术通过分析牙齿和骨骼中的锶钙比来估计饮食中植物和动物食物的比例。这种新的分析表明粗壮南方古猿是杂食动物。[70] 因此，粗壮南方古猿可能需要大牙齿和大颌骨来咀嚼种子、坚果和块茎，但这并不意味着它们不吃其他东西。

那么，粗壮南方古猿是否适应了比非洲南方古猿生活地更干燥、更开阔的环境呢？这是一种可能性，但证据存在争议。无论如何，大多数古人类学家认为粗壮南方古猿在距今不到 100 万年前的时候灭绝了，[71] 并不是我们人属动物的祖先。[72]

鲍氏南方古猿

传奇古人类学家路易斯·利基（Louis Leakey）从 1931 年开始在坦桑尼亚西部的奥杜威峡谷寻找人类祖先。直到 1959 年，他的努力才有了回报，他发现了鲍氏南方古猿［以一位捐助者查尔斯·博

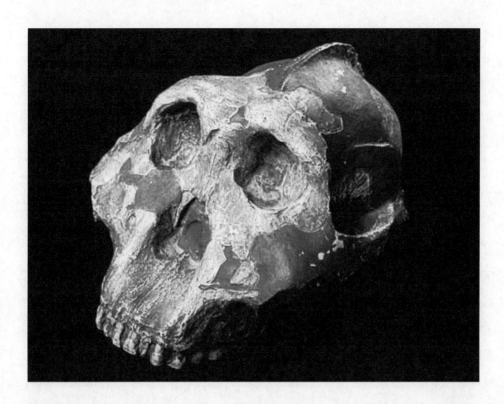

路易斯和玛丽·利基于 1959 年
发现了鲍氏南方古猿的头骨化石。
注意它巨大的脸、牙齿和矢状脊
（图片来源：GOETGHELUCK/
Photo Researchers, Inc.）

伊斯（Charles Boise）的名字命名]。路易斯·利基、他的妻子玛丽·利基和他们的孩子 [包括古人类学家理查德·利基（Richard Leakey）] 在奥杜威工作了将近 30 年，才发现了鲍氏南方古猿。利基一家搜集了大量非人科动物的化石，对该地区的古代环境形成了详细的了解。[73] 正如我们在下一章会讨论的，他们还搜集了大量古代石器。因此，在 7 月一个炎热的早晨，玛丽·利基冲过去告诉卧床休息的路易斯，她发现了他们一直在寻找的人科动物时，利基夫妇立即把他们的发现放入了丰富的环境和文化背景中。

鲍氏南方古猿的发现尤其重要，因为它证明了早期人科动物也存在于东非。在利基一家发现鲍氏南方古猿之前，人们一直认为南非是人科动物的家园。事实上，利基最初将鲍氏南方古猿归入一个新的属——Zinjanthropus（东非原人），以凸显它所在的位置（zinj 在阿拉伯语中是"东非"的意思）。今天，我们知道最古老的人科动物化石都是在东非发现的，但是，在 1959 年，仅仅在东非发现一个

人科动物化石就已经很了不起了。

鲍氏南方古猿长什么样？与粗壮南方古猿相比，鲍氏南方古猿的特征更为突出，它们具有巨大的咀嚼器官——巨大的臼齿和看起来像臼齿的前臼齿，又粗又深的巨大颌骨，粗颧骨，更明显的矢状脊。[74] 实际上，鲍氏南方古猿曾被称为"超级粗壮"的南方古猿，这个名字确实体现了这个物种的特性。

鲍氏南方古猿生活在 230 万到 130 万年前。和粗壮南方古猿一样，鲍氏南方古猿似乎生活在干燥、开阔的环境中，吃颗粒很粗的种子、坚果和根茎。而且，大多数古人类学家认为鲍氏南方古猿和粗壮南方古猿一样，都不是人属动物的祖先。[75] 我们不

65. Fleagle 1999, 522.
66. Grine 1993; Walker and Leakey 1988.
67. Broom 1950.
68. Fleagle 1999, 522.
69. McHenry 2009.
70. Ibid.
71. Grine 1988b.
72. Stringer 1985.
73. M. Leakey 1971; 1979.
74. McHenry 2009.
75. Fleagle 1999, 529.

确定鲍氏南方古猿是不是利基在奥杜威发现的石器的制造者，因为，我们将在下一章中了解到，鲍氏南方古猿与至少另外两个人科物种——能人（*Homo habilis*）和直立人（*Homo erectus*）——生活在一起，而能人和直立人可能更有可能是石器制造者。

人类进化的一个模型

现在，你可能很想知道以上这些物种之间的关系。图8-3显示了古人类学家对已知化石之间可能的关系提出的一个模型。古生物学家之间的主要分歧在于，南方古猿的哪些物种是现代人类的祖先。例如，图8-3所示的模型表明非洲南方古猿并不是人属动物的祖先，而只是一种粗壮型南方古猿的祖先。阿法南方古猿被认为是粗壮型南方古猿和现代人类的祖先。那些认为阿法南方古猿是图8-3所示的所有人科动物谱系的最后一个共同祖先的人提出，朝向人属的分化发生在300多万年前。[76]

尽管对于什么物种是人属的祖先，还存在着不确定性和分歧，但古人类学家对早期人科物种进化的其他方面是有广泛共识的：（1）在300万至100万年前，至少有两个独立的人科物种谱系；（2）粗壮型南方古猿不是现代人类的祖先，而是在大约100万年前灭绝的；（3）能人（以及后来的人属动物）是现代人的直接祖先。在下一章，我们将讨论我们的直系祖先——人属的第一批成员。

小结

1. 始于约1 600万至1 100万年前的气候干燥趋势，使非洲的雨林面积逐渐缩小，形成了稀树草原和零散的落叶林地。更开阔的新地形可能更有利于一些灵长目动物发展出适应地面生活的特征。在导向人类的进化过程中，这些适应性特征包括了直立行走。

2. 早期人科动物进化的一个重要变化是直立行走的发展。关于直立行走，有几种理论：它可能增强了新出现的人科动物在热带稀树草原上行走时看到捕食者和潜在猎物的能力；直立行走解放了双手，可以用手携带食物从一个地方转移到另一个地方；腾出双手后才能使用工具，工具使用可能促进了直立行走的发展；直立行走可能使长距离行进更有效率。

3. 乍得沙赫人、图根原人和地猿可能是最早的人科动物。它们最早可以追溯到600万年前，可能是直立行走的。生活在400万年前的无争议的人科物种，其化石是在东非发现的，这些直立行走的人科动物现在通常被归入南方古猿属。

4. 至少有6种南方古猿已被发现，它们通常被分为两类：纤细型和粗壮型。纤细型南方古猿有相对较小的牙齿和颌骨，包括湖畔南方古猿、阿法南方古猿和非洲南方古猿。粗壮型南方古猿有相对较大的牙齿和颌骨，比纤细型南方古猿更强壮。粗壮型南方古猿包括埃塞俄比亚南方古猿、粗壮南方古猿和鲍氏南方古猿。

---

76. Wood 1992.

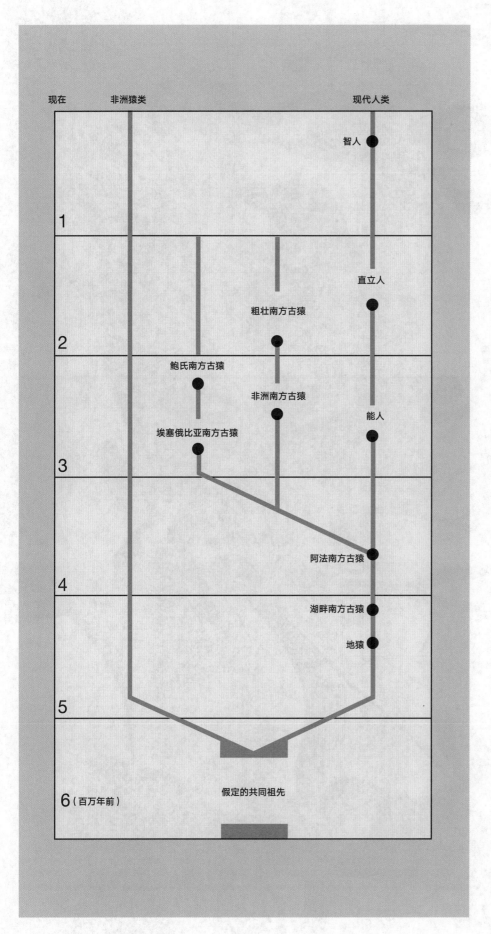

图 8-3 种系发生时间线
（改编自 The New York Times,
September 5, 1995,p. C9。年代
做了微调，以体现近期重新测年
的成果）

现在　　　非洲猿类　　　　　　　　　　　现代人类

智人

1

直立人

粗壮南方古猿

2

鲍氏南方古猿

非洲南方古猿

能人

埃塞俄比亚南方古猿

3

阿法南方古猿

4

湖畔南方古猿

地猿

5

6（百万年前）　　　　假定的共同祖先

第三部分　文化的演化

第九章

文化的起源和人属动物的出现

我们在上一章讨论了直立行走的起源，以及这种人科动物的基本行进方式是如何在南方古猿中出现和发展起来的。在本章中，我们将讨论人科动物进化过程中的一些其他趋势，包括日常使用模式化或接近标准化的石器，这被认为是文化出现的标志。我们认为（但并非定论），这些模式化的石器是由我们所在的属——人属——的第一批成员制造的，因为我们首先在人属中看到了一些可能由持续制造和使用石器而来的进化趋势——大脑扩大，女性骨盆改变以适应脑容量更大的婴儿，牙齿、面部和颌部缩小。

尽管在东非的许多地方都发现了早期人属动物出现的年代之前的石器，但大多数人类学家推测，制造这些石器的是早期的人属物种，而不是南方古猿（见图9-1）。毕竟，早期人类的脑容量比南方古猿要大近三分之一。但事实上，最早的石器中没有一件明显与早期人属动物有关，所以目前还无法知道是谁制造了这些石器。[1] 我们接下来会讨论那些最早的石器，以及考古学家和古人类学家对石器制造者——生活在 250 万到 150 万年前的人科动物（无论是哪种）——的生活方式的推断。

左图为画家对一群直立人生活的
重构，这群直立人正把掠食者从
羚羊尸体上赶走
（图片来源：Mauricio Anton/
Photo Researchers, Inc.）

1. Susman 1994.

早期人科动物的工具

迄今为止发现的最早可辨认的石器来自东非的一些不同遗址，其年代大约在 250 万年前，[2] 甚至更早。大约有 3 000 件最古老的工具是在埃塞俄比亚的戈纳发现的，从非常小（拇指大小）的石片（flake）到拳头大小的石核（core）都有。[3] 这些早期的工具看起来是用另一块石头敲击石头制成的，这种技术被称为 **砸击法剥片**（percussion flaking）。锋利的石片和石核（石片被移走后留下的石头部分）都可能被用作工具。

最早的石器是用来做什么的？它们能提供给我们关于早期人科动物生活方式的什么信息？可惜，发掘出最早工具的遗址并不能让我们推断出关于生活方式的信息，因为遗址中除了工具什么也没有。相比之下，在坦桑尼亚奥杜威峡谷发现的时期较晚的工具组合提供了丰富的文化信息。奥杜威遗址是在 1911 年被偶然发现的，当时一位德国昆虫学家跟随一只蝴蝶进入峡谷，发现了化石残骸。正如我们在上一章所讨论的，路易斯和玛丽·利基从 20 世纪 30 年代开始在峡谷中寻找早期人类进化的线索。关于奥杜威遗址，路易斯·利基写道：

> 它是化石猎人的梦想，因为那里的地层有

300 英尺［1 英尺 ≈ 0.3 米］深，像巨大的千层蛋糕一样，一层又一层地记录着地球的历史。在我们触手可及的范围内，埋藏着无数的化石和人工制品，要不是断层作用和侵蚀作用，这些化石和人工制品就会被封存在厚厚的固结岩层之下。[4]

来自奥杜威（地层 I）最古老的文化材料可以追溯到更新世晚期（大约 160 万年前）。那里发现的石器包括石核和锋利的石片，以石片工具为主。在石核工具中，砍砸器（chopper）较为常见。砍砸器是被剥去部分石片的石头，其侧面可能被用于砍切。还有一些石器，一边经过了剥片，有一个平刃，被称为刮削器（scraper）。如果一块石头的切削刃只有一面经过了剥片，我们就称它为 **单边工具**（unifacial tool）；如果石头有两面都经过剥片，则称为 **双边工具**（bifacial tool）。虽然在早期的石器组合中有一些双边工具，但它们并不像后来发现的石器那样丰富和精细。在 I 层和在一定程度上较晚（较高）的地层中发现的工具组合被称为 **奥杜威石器**（见图 9-2）。[5]

---

2. Ibid.
3. Holden 1997.
4. Leakey 1960.
5. Clark 1970, 68; Schick and Toth 1993, 97 – 99.

图 9-1　人属物种的早期演化

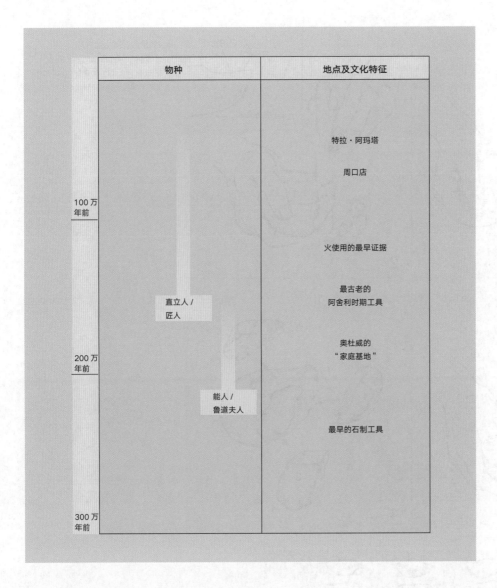

物种	地点及文化特征

特拉·阿玛塔

周口店

火使用的最早证据

最古老的
阿舍利时期工具

奥杜威的
"家庭基地"

最早的石制工具

100 万
年前

200 万
年前

300 万
年前

直立人 /
匠人

能人 /
鲁道夫人

位于坦桑尼亚的奥杜威峡谷。发现早期人类文化证据的地层 I 位于峡谷的最底部
（图片来源：© John Reader/
Photo Researchers, Inc. ）

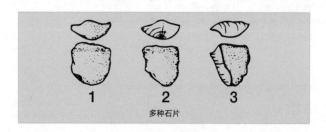

图 9-2 简易奥杜威砍砸器石核的制作及产生的石片
（资料来源：Freyman 1987. Reprinted by permission of the artist, Ed. Hanson）

早期人科动物的生活方式

考古学家从奥杜威和其他遗址推测早期人科动物的生活方式。其中一些推测来自对工具功能的分析、对工具磨损情况的显微镜分析，以及对工具在骨头上留下的痕迹的检查；还有一些推测则是基于与这些工具同时被发现的其他东西。

考古学家已经对奥杜威工具的功能进行了实验。石片看起来有非常多的用途：可以用来切割动物的皮，肢解动物，并把木头削成尖木棍（木矛或挖掘棒）。较大的石头工具（砍砸器和刮削器）可以用来砍断树枝或砍断坚硬的动物关节。[6] 一些研究人员会制作石片并试图用石片实现各种目的，石片的锋利和多用让他们印象深刻，甚至他们怀疑，大多数石核也许并不是真的工具，只是在所需的石片被打下之后石头剩下的部分。[7]

考古学家推测，也有许多用木头和骨头制成的早期工具，但这些东西在考古记录中没有保存下来。现代的一些群体会使用尖头的挖掘棒从地里挖块根和块茎；当他们需要把木头削尖以方便使用时，石片是非常有效的工具。[8]

早期的石器中没有一件可以被认为是武器。因此，如果制造工具的人科动物使用武器狩猎或自卫，就必须使用木矛、棍棒或把未经加工的石头作为弹丸。后来，奥杜威的工具组合还包括经过剥片并打制成圆形的石头。未经加工的石头和被加工成各种形状的石头可能是致命的弹丸。[9]

通过实验，我们可以知道工具能用来做什么，但无法知道当时这些工具**实际上**有什么用途。其他技术，如对工具磨损情况的显微镜分析，提供了更多的信息。早期的研究着眼于工具被以不同的方式使用时形成的微小划痕。工具被用于锯切时，往往会形成与工具的刃平行的划痕；与刃垂直的划痕则表示工具曾被用于削或刮。[10] 劳伦斯·基利（Lawrence Keely）在对工具的实验研究中使用了高能显微镜，他发现，当工具在不同的材料上使用时，会产生不同种类的"抛光"痕迹。切肉工具的抛光与削木头工具的抛光是不同的。基利和同事对图尔卡纳湖东侧出土的 150 万年前的工具进行了显微镜观察，他们得出的结论是，早期的工具中，至少有一些可能被用来切割肉类，一些被用来切割或削木头，还有一些被用来切割植物茎秆。[11]

20 世纪 50 年代和 60 年代，奥杜威峡谷出土了奥杜威工具，以及许多不同动物的断骨和断牙的遗骸。多年来，人们一直认为"人科动物是狩猎者而其他动物是猎物"的观点比较合理。但是，因为埋葬学（taphonomy）这个研究领域的出现，考古学家不得不重新审视这一假设，埋葬学研究的是能够改变和扭曲骨头聚集方式的过程。例如，流水可以把骨头和人工制品聚集在一起，这很可能发生在 180 万年前的

用一个奥杜威石器的复制品砍开一大块骨头，以提取营养丰富的骨髓。很少有动物的颌部强壮到能咬开大型哺乳动物的骨头，但早期人类借助石器就可以做到（图片来源：© Pictures of Record, Inc.）

奥杜威峡谷。（现在峡谷所在的地区当时与一个浅湖的湖岸相邻。）其他动物，如鬣狗，也可能把动物尸体带到人科动物待过的地方。埋葬学要求考古学家考虑物品一起出土的所有可能的原因。[12]

但是，可以确定的是，人科动物在不到 200 万年前开始切割动物尸体食用。显微镜分析表明，动物骨头上的刻痕是石片工具造成的，对石片工具上抛光痕迹的显微镜分析表明，这些痕迹是在屠宰过程中形成的。我们目前还不能确定奥杜威峡谷周围的人科动物是主要食腐（取食被其他动物猎杀的动物的肉），还是也会主动狩猎。

帕特·希普曼（Pat Shipman）分析了奥杜威峡谷地层 I 出土的骨头的痕迹，她认为，200 万至 170 万年前生活在那里的人科动物主要靠食腐而非狩猎来获取肉类。例如，石器的切割痕迹通常（但不总是）在食肉动物的牙印之上。这表明，那些人科动物经常取食其他动物猎杀后吃剩的肉。然而，在有些情况下，切割痕迹是先于牙印留下的，希普

6. Schick and Toth 1993, 153 – 170.
7. Ibid.,129.
8. Ibid., 157 – 159.
9. Isaac 1984.
10. Whittaker 1994, 283 – 285.
11. Schick and Toth 1993, 175 – 176.
12. Speth 2009.

曼因此认为，那些人科动物有时也会狩猎。[13] 但是，先留下的切割痕迹可能只表明，在捕猎的食肉动物还没来得及吃掉猎物的时候，那些人科动物就把肉取走了。

来自奥杜威的地层 I 和地层 II 下部的人工制品和动物遗骸，体现了那里生活方式的一些其他方面。第一，那些人科动物似乎在一年中四处迁移；根据对奥杜威峡谷出土的动物骨骼种类的分析，现在奥杜威峡谷的大部分遗址似乎只在旱季使用过。[14] 第二，早期的奥杜威人科动物不管是狩猎还是食腐，显然都食用了大量的动物。尽管大部分骨头来自中等体型的羚羊和野猪，但大象和长颈鹿等大型动物似乎也曾被当作食物。[15] 因此，很明显，奥杜威的人科动物靠食腐或狩猎取得肉类，但我们还不知道肉类在他们的饮食中有多重要。

关于如何描述包含石制工具和动物骨骼的奥杜威遗址，人们还没有达成共识。在 20 世纪 70 年代，有一种观点认为它们是一些人科动物（可能是雄性）带回肉类（可能是与哺乳的雌性和年幼的后代）分享的基地。事实上，玛丽·利基认为，早期人科动

物在两个地点建造了简单的建筑（见图 9-3）。其中一处是一个石圈，她认为这是一个小灌木防风林的基础。另一处是一个发现了密集残骸的圆形区域，区域之外几乎没有残骸。利基认为，这片没有残骸的区域可能代表了一圈带刺的灌木丛的位置，早期的人科动物用这些灌木包围自己的营地，以抵御捕食者——就像今天生活在该地区的牧民一样。[16] 但是，今天的考古学家们并不确定这些遗址是否曾是基地。第一，食肉动物也经常光顾这些地方。对于人科动物来说，到处都是肉骨头的地方可能不是那么安全。第二，遗址出土的动物遗骸显示，那些动物并没有被完全肢解和宰杀。如果这些地点是人科动物的基地，那么那些动物的尸体应该会得到更完整的处理。[17] 第三，像树木生长这样简单的自然过程，也可以创造出利基认为是建造出来的那种环状残骸区域，在没有更好证据证明早期人科动物建造了这些区域的情况下，我们不能确定这些残骸区域是建造而成的。[18]

这些遗址如果不是基地的话，会是什么？一些考古学家开始认为，这些出土了许多动物骨骼和工

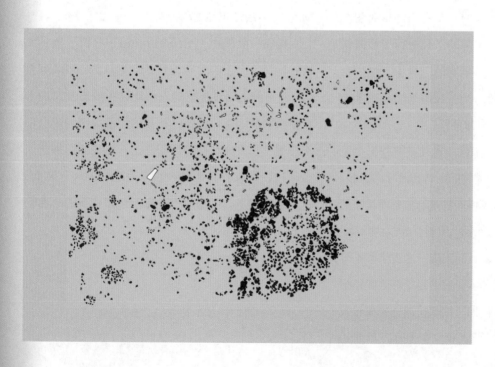

图 9-3 奥杜威"小屋"
在奥杜威峡谷的地层 I 发现了一圈石头和骨头，玛丽·利基将其解释为一座古老小屋的遗迹

应用人类学
石器和历史保护

当今世界上大多数国家的历史保护法都保护考古材料。这意味着，未经允许，人们不能将人工制品、生态物或化石带出该国，也不能挖掘遗址或遗迹。许多专业考古学家和古人类学家以应用人类学家的身份为政府工作，保护和在必要时发掘考古沉积物，以防止它们遭到破坏。在我们讨论奥杜威峡谷和其他地方的早期人科动物遗址时，我们触及了历史保护中的一个难题——如何从自然干扰中辨别一个遗址？更具体地说，古人类学家如何区分早期石器和普通石头？这并不容易。

为了说明石核不是自然剥落的石头，古人类学家通常会寻找三个可以显著区分二者的特征。首先，工具必须由合适的石头制成。做工具的石头必须既可以剥片又耐用。例如，页岩会剥落，但并不耐用。许多变质岩是耐用的，但你没有办法剥片，因为变质岩的裂隙太多。大多数石器是用黑曜石、石英、燧石或黑硅石制成的。其次，古人类学家会看石头上有没有双侧剥落（bilateral flaking）的情况。双侧剥落是指从石头的两侧剥薄片，形成锋利的刃。自然过程可能让石头的一侧有石片剥落，但很少会有另一侧也剥落的情况。最后，古人类学家会看石头有没有经过修整（retouching）。修整指的是对已有工具进行额外剥片，以使工具重新变得锋利，自然过程可能会从石头的一侧剥落下一系列薄片，但很少会产生类似经过修整的切削刃的东西。

古人类学家也可能会看石片上有没有打击台面（striking platform），打击台面指的是石片从石核剥落时受击打的地方，从石核上砸落石片后，会留下一个石片疤，击打石核另一侧剥片时，可以用这个石片疤当台面。在人类制造的石片上，打击台面通常是先前剥落的石片留下的疤。就像双侧剥落在自然界是罕见的一样，显然，会被用作打击台面的石片疤也是罕见的。

基于上述特征，古人类学家通常能将自然剥落的石头与石器区分开来。但人们并不是总能做出区分，许多古人类学家都犯过错误。事实上，最著名的错误之一是路易斯·利基犯下的，他是最早发现早期人科动物工具的古人类学家之一。20世纪60年代末，利基声称加利福尼亚一个叫卡利科山的地方藏有早期的人类工具。这一说法遭到了质疑，因为在北美从未发现过前现代人类的证据，而且，正如我们在关于旧石器时代早期世界的章节中讨论的那样，有充分证据表明，有现代人长相的人类是这片大陆上的第一批居民。然而，由于提出这种说法的是利基，这件事必须被认真对待。一群受人尊敬的古人类学家应利基的要求在该遗址会面，以做出决定。他们的结论是什么呢？结论是，这些所谓的石器是自然物，而不是人类制造的。

卡利科山的故事为我们们敲响了警钟。你怎么知道一块石头是被原始人修整过的，因此需要受到历史保护法的保护？除了工具的物理特征，古人类学家还必须考虑它被发现的环境。如果发现所谓工具的地方，并没有原始人生活过，也没有其他关于石器使用的明确证据（卡利科山就是一个例子），而且背景表明这里不可能有工具，那么古人类学家应该对是否真的存在工具提出疑问。

（资料来源：Andrefsky 1998; Haynes 1973; Patterson 1983.）

具的早期遗址，可能只是人科动物加工食品的地方，而不是居住的地方。为什么那些人科动物会多次回到某个地点？理查德·波茨（Richard Potts）提出了一个可能的原因：那些人科动物把石器和制作工具用的石头藏在不同的地方，以方便重复进行的食物采集和加工活动。[19] 未来的研究可能会告诉我们更多关于早期人科动物生活的信息。它们是有自己

13. Shipman 1986. 有观点认为，即使对原始人科动物来说，食腐也可能是一种获取食物的重要策略，该观点可参见 Szalay 1975。
14. Speth and Davis 1976; Blumenschine et al. 2003.
15. Isaac 1971.
16. M. Leakey 1971.
17. Potts 1988, 253 – 258.
18. Potts 1984.
19. Potts 1988, 278 – 281.

的基地，还是只是在加工地点之间往来？它们如何保护自己不受捕食者的伤害？它们显然没有火来驱赶掠食者。它们爬树是为了躲藏还是睡觉？

石器与文化

不管这些问题的答案是什么，模式化的石器的存在都意味着这些早期人科动物可能已经发展出了**文化**。考古学家认为行为模式是文化行为的标志，比如一群人共享和习得的某种制造工具的方法。当然，工具制造并不意味着早期人类拥有像今天人类那样复杂的文化。黑猩猩也有似乎是共享和习得的使用和制造工具的模式，但它们并没有什么文化行为。

究竟是什么使得人类文化与其他动物的行为模式如此不同？人类学家花了一个多世纪的时间试图回答这个问题，但至今仍没有一个被广泛接受的答案。然而，有一点是毋庸置疑的：文化必须被理解为一组相互关联的过程，而不是单独的一件事。[20] 构成文化的过程是怎样的？让我们考虑一些比较重要的过程。

第一，文化不仅是**共享的**，也是**习得的**。这是文化和大多数其他动物行为方式的根本区别。文化不是先天固有的行为，而是一套后天习得的行为。文化是个体在一生中随着成熟和与他人互动而获得的东西。互动是关键，因为文化行为不仅是后天习得的，也是通过与他人的互动、教育和共同经历获得的。因此，文化是一个社会过程，而不是个体的过程。除了行为，文化还包括态度、价值观和理想。

第二，文化通常是**适应性的**。这意味着构成一种文化的大多数习得的和共享的行为之所以能通过一群人发展和传播，是因为文化行为帮助这群人在特定的环境中生存。因此，文化行为可能会像基因一样受到自然选择的青睐。人类文化在多大程度上是自然选择的产物，对此人们还在激烈争论，但很

少有人类学家会否认文化是人类适应的一个关键方面。文化与其他动物行为系统的不同之处在于：由于文化是后天习得和共享的，而不是天生的，人类可以快速发展新的行为，相对容易地适应各种变化的环境。因此，适应可能是文化最重要的过程。

变化是文化的第三个主要过程，因为文化总是**变化**的。随着新的有益的适应手段得到发展和共享，文化的变化经常发生。但是，人类学家也假设，新的行为或思想发展起来后，往往会与已有的行为或思想整合到一起。也就是说，当新事物与现有事物相冲突时，其中一个会发生变化。例如，一群早期的人类不可能既拾取腐肉，又禁止吃不是他们自己杀死的动物的肉。这样的情况会产生矛盾，因此一些事情很可能不得不改变。处理非常有益的新行为和已经确立但不太有益的行为之间的矛盾，可能是文化如此具有活力的原因之一。（关于文化的概念，后面的章节将做更多讨论。）

很明显，早期人科动物和其他灵长目动物一样，是社会性的生物。从考古记录中也可以清楚地看出，早期人科动物经常制作和使用石器。工具被发现时，经常是分散的小堆，还往往与动物骨头和人类活动的其他遗存放在一起。而且，正如前文提到的，一些古人类学家认为，这种残骸集中的情况可能代表那里是营地，甚至是小的避难所。某种程度上的家庭基地可能是早期人科动物文化的一部分。

无论那些地方是不是基地，在不同的地方都发现了大量的动物骨头和工具，这些堆积物表明，在一段时间内，有一群人使用过这些地方。在这种情况下，食物的共享是很有可能的。如果说一些个体有意把食物带回共同的场所，却只是为了自己吃，这种做法似乎有违直觉。尽管我们不得不只靠推测，但亲缘关系密切的个体，如父母、孩子和兄弟姐妹，比亲缘关系较远的个体更有可能相互联系和分享食物，这样的推测似乎确实是合理的。这一推测得到

了类似事实的支持：当黑猩猩之间分享食物时，通常是在关系密切的个体之间分享。[21] 因此，早期人科动物社会活动的古代遗址可能是家庭群体存在的证据。为一群有亲缘关系的个体创造一个共同的聚会、休息和分享食物的生活场所，这样一种社会行为系统是如何进化而来的呢？让我们考虑一个模型。

文化进化的模型

早期人类（人属动物）的大脑几乎比南方古猿大三分之一。正如我们在稍后关于人科动物进化趋势的章节中所讨论的，大脑扩大的一个可能后果是出生时成熟程度的降低。婴儿出生时更不成熟这一事实，至少在一定程度上可以解释人科动物婴幼儿依赖期的延长。与其他动物相比，我们在一生中处于依赖状态的时间在生命周期中占比更大，绝对时间也更长。婴幼儿的长期依赖性可能在人类文化进化中具有重要意义。根据特奥多修斯·杜布赞斯基的说法：

> 正是这种无助和长期依赖父母及其他人照料的情况，有利于……发展出社会化和学习过程，而这是文化传播所需要的。人类在进化过程中形成的这种成长模式，可能具有压倒性优势。[22]

过去人们认为，南方古猿和现代人类一样，幼崽或婴儿的依赖期也很长，但它们牙齿的发育方式似乎表明，早期南方古猿的发育模式更像猿类。因此，成熟期延长可能是相对晚近才有的，但究竟有多晚还不清楚。[23]

一些用于挖掘、防御或食腐的工具可能影响了直立行走的发展，而完全的直立行走可能让工具制造更高效，从而使有效的觅食成为可能。正如我们所见，有考古迹象表明，早在上新世晚期，早期人科动物就可能有取食被其他动物猎杀的动物的肉的行为（也许还会狩猎）。事实上，我们有相当充分的证据表明，大约 200 万年前，早期人科动物就开始屠宰并食用大型猎物了。

不管人科动物从何时开始寻找被其他动物猎杀的猎物或有规律地捕猎，寻找猎物的过程都需要它们长距离行进。在早期人类群体中，更长的婴幼儿抚养时间可能促进了家庭基地或至少是聚集场所的建立。分娩和照顾新生儿的需求可能使早期人类中的母亲在生育后一段时间内难以迁徙。显然，母亲带着需要哺乳的孩子长途跋涉去打猎是很困难的。虽然也许可以用背带背着婴儿，但如果有一个需要关注、可能会吵闹的孩子在身边，成功狩猎可能就不那么容易了。因为早期人类中的男性（和可能还有没有小孩的女性）可以更自由地在离家更远的地方游荡，所以他们很可能成为觅食者或猎人。带着小孩的妇女可能会在离基地或聚集地点不远的小范围内采集野生植物。

早期人类群体建立家园或聚集场所，也许增加了食物共享的可能性。如果有幼儿的母亲只能在相对较小的区域内采集植物性食物，那么确保她们和她们的孩子能够获得完整饮食的唯一方法就是分享从其他地方获得的食物。这种分享会在哪些人之间进行？最有可能是近亲。与近亲共享食物会使后代更有可能存活下来并继续繁衍。因此，如果早期人类有自己的家庭和基地，这些特征可能会促进我们称之为文化的学习和共享行为的发展。[24] 显然，这只是一个猜测的起源故事，一个我们可能永远无法证明真的发生过的故事。然而，这是一个符合考古记录的故事。[25]

20. Wolf 1984.
21. Boyd and Silk 2000, 249–250.
22. Dobzhansky 1962, 196.
23. Bromage and Dean 1985; B. H. Smith 1986; Gibbons 2008.
24. Chapais 2008.
25. Gowlett 2008.

人科动物的进化趋势

在早期人属物种出现之前，是没有模式化的石器的。在早期人属物种中，我们看到了人科动物一些进化趋势的开端，这些趋势似乎反映了模式化石器的制造和使用——大脑的扩大、女性骨盆为适应脑容量更大的婴儿而发生的改变，以及牙齿、脸部及颌部的普遍缩小。

大脑的扩大

南方古猿的脑容量较小，为 380~530 立方厘米，并不比黑猩猩大多少。而在大约 230 万年前，接近模式化石器首次出现的时间，一些人科动物显示出脑容量增大的迹象。这些人科动物，即早期人属物种，其脑容量平均为 630~640 立方厘米，约为现代人类脑容量的 50%（现代人类脑容量平均略大于 1 300 立方厘米）（参见图 9-4）。人属的一个较晚的成员，直立人，可能最早出现于 180 万年前，直立人的脑容量平均为 895~1 040 立方厘米，约为现代人类脑容量的 70%。[26]

南方古猿体型较小，发现的最早的人属动物体型也不大，所以随着时间的推移，大脑体积的增长可能很大程度上是后来人科动物体型变大的结果。然而，对体型进行校准后，我们发现大脑的体积在200 万年前不仅在绝对意义上增大了，而且也相对于体型增大了。在大约 400 万年前到 200 万年前之间，大脑的相对大小保持不变。而在过去的 200 万年里，人科动物的大脑在相对大小上就翻了一番，在绝对大小上扩大了两倍。[27]

是什么促使了大脑体积的增大？正如我们之前所指出的，许多人类学家认为这种扩大与大约 250 万年前石制工具的出现有关。其理由是石器制造对我们祖先的生存很重要，因此自然选择更倾向于大脑较大的个体，因为它们有运动和概念技能，能更好地制造工具。根据这一观点，大脑的扩大和更复杂的工具制造应该是共同发展的。还有一些人类学家认为，大脑的扩大可能受到其他因素的影响，比如战争、狩猎、寿命延长和语言。[28] 一个有趣的理论是，生活在复杂的社会群体中需要更高的智力和更强的记忆力，而家庭基地和家庭群体的建立可能促进了人科动物大脑的扩大。[29] 无论什么因素有利于大脑变大，大脑扩大都让人类获得了更好的文化能力。因此，与直立行走一起，大脑的扩大标志着人类进化的分水岭。

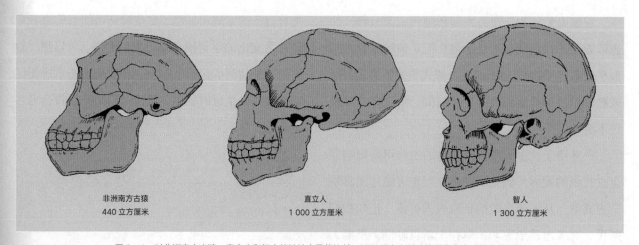

非洲南方古猿
440 立方厘米

直立人
1 000 立方厘米

智人
1 300 立方厘米

图 9-4 对非洲南方古猿、直立人和智人估计脑容量的比较，可以看出人科动物进化中大脑扩大的趋势
（资料来源：估计脑容量出自 Tattersall et al. 2000. Reproduced by permission of Routledge, Inc., part of the Taylor& Francis Group）

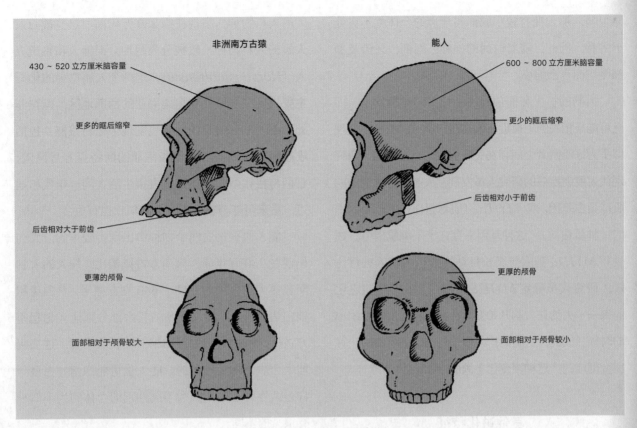

非洲南方古猿   能人

430 ~ 520 立方厘米脑容量   600 ~ 800 立方厘米脑容量

更多的眶后缩窄   更少的眶后缩窄

后齿相对大于前齿   后齿相对小于前齿

更薄的颅骨   更厚的颅骨

面部相对于颅骨较大   面部相对于颅骨较小

图 9-5 非洲南方古猿和能人的比较

随着人科动物大脑的扩大，自然选择也倾向于女性骨盆的扩大，以娩出大脑更大的婴儿。[30] 但是，骨盆能够扩大到什么程度，并且仍然能够适应直立行走，可能是有限度的。必须有所取舍，而"舍"的部分就是人类婴儿出生时的身体发育程度——例如，人类婴儿出生时颅骨可塑性很强，可以重叠。因为分娩发生在颅骨硬化之前，所以尽管人类婴儿的大脑相对较大，但还是可以通过母亲骨盆的开口。人类婴儿出生在相对较早的发育阶段，在许多年里都需要完全依赖父母。正如前文所说，婴儿的长期依赖可能是文化进化的一个重要因素。

面部、牙齿及颌部的缩小

就像大脑一样，人科动物面部、牙齿及颌部的实质性变化直到大约 200 万年前才出现在进化过程中。南方古猿的颊齿相对于所估计的它们的体重来说都非常大，这可能是因为南方古猿的饮食中含有大量的植物，[31] 包括小而坚硬的物体，如种子、坚果和根茎。南方古猿的颌骨很厚，这可能也与它们的咀嚼需要有关。南方古猿有相对较大的面部，眼睛以下部分突出。而观察人属物种时，我们会发现面部、臼齿及颌部的尺寸减小了（见图 9-5）。似乎倾向于更大更强的咀嚼器官的自然选择要求变得宽松了。其中一个原因可能是人属成员开始吃更容易咀嚼的食物。这些食物可能包括根茎、水果和肉。正如我们稍后讨论的，可能是习惯性使用工具的发展和对火的控制使人属成员改变了饮食，开始吃更容易咀嚼的食物，包括肉类。如果食物煮熟了，容

26. McHenry 2009; 2009; Tobias 1994.
27. McHenry 1982.
28. McHenry 1982.
29. Dunbar and Shultz 2007; Herrmann et al. 2007; Silk 2007.
30. Simpson et al. 2008.
31. Pilbeam and Gould 1974.

易咀嚼，那么拥有较小颌部和牙齿的个体就不会处于劣势，因此，随着时间的推移，面部、牙齿及颌部平均而言会缩小。[32]

大脑的扩大和面部的缩小几乎同时期发生，而且可能是相关的。最近在人类遗传学方面的一项发现似乎为证明两者之间存在关联提供了直接证据。研究现代人肌肉疾病的研究人员发现，人类有一种独特的肌球蛋白基因，叫 *MYH16*（肌球蛋白是肌肉组织中的一种蛋白质），这种基因只存在于下颌肌肉中。通过将 *MYH16* 基因与灵长目动物的相关基因进行比较，研究人员确定 *MYH16* 大约在 240 万年前进化而来——大约在大脑开始变大、面部和颌部开始缩小的时候。因此，大脑的扩大似乎是由肌球蛋白的一种突变促成的，这种突变让下颌肌肉缩小了。[33]

其他进化特征

我们将在本章后面和下一章讨论的化石证据表明了人科动物大脑大小，以及面部、牙齿和颌部发生变化的年代和地点。而人科动物进化过程中的其他变化，其发生年代和物种还不能确定。例如，我们知道与其他现存的灵长目动物相比，现代人的毛发相对较少。但是我们不知道人科动物是什么时候变得毛发相对较少的，因为骨化石不能告诉我们它们的主人是否有毛。另外，我们怀疑，人类其他典型特征中的大多数是在大脑开始变大之后，在人属的进化过程中形成的。

有什么证据表明我们一直在讨论的生理和行为变化发生在人属进化的过程中？我们现在将考虑最早的人属物种化石，以及它们与大脑扩大和面部、颌部和牙齿缩小的关系。

早期人属物种

大脑在绝对和相对意义上都比南方古猿的大脑

大的人科物种，出现在约 230 万年前。这些被归入人属的人科物种一般被分为两种，即能人和鲁道夫人（*Homo rudolfensis*）。这两个人属物种的化石主要出现在肯尼亚和坦桑尼亚的西部地区，但在非洲东部和南部的其他地方也发现了化石残骸，包括埃塞俄比亚的奥莫盆地和南非的斯特克方丹洞穴。它们与粗壮型的鲍氏南方古猿生活在同一年代和地点，后来可能与直立人生活的年代也有重合。

能人似乎是这两个物种中出现得较早的，大约出现在 230 万年前。与南方古猿相比，能人的大脑明显更大，平均为 630 ～ 640 立方厘米，[34]臼齿和前臼齿减少。[35]能人骨骼的其余部分则让人想起南方古猿，包括有力的手和相对较长的手臂，这表明能人至少是部分树栖的。能人也可能像南方古猿一样是两性异形的，因为不同性别的个体的大小似乎有很大的不同。

鲁道夫人与能人大致生活在同一年代，具有许多相同的特征。事实上，许多古人类学家并不区分

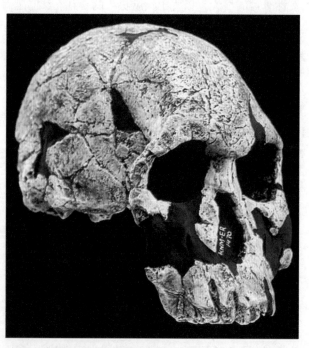

1972 年，理查德·利基发现了能人 / 鲁道夫人（ER-1470）的头骨。注意它的高额头和大脑壳（图片来源：Original housed in National Museum of Kenya, Nairobi. © 1994 David L. Brill）

这两个物种，而是把鲁道夫人归为能人。那些认为鲁道夫人是独特物种的人指出，鲁道夫人有更大、牙釉质更厚的颊齿，脸更宽更平，四肢比例更接近现代人类。虽然牙齿更大，脸也更宽，但鲁道夫人与南方古猿相比，牙齿数量明显更少，而且鲁道夫人和能人一样，大脑比南方古猿大三分之一。

不管是能人还是鲁道夫人，颅下骨骼化石都还几乎未被发现，所以我们无法判断女性骨盆是否发生了变化。但是，由于它们的大脑平均比南方古猿大三分之一，很有可能女性骨盆已经发展出一些变化，使大脑更大的婴儿得以顺利出生。我们知道，直立人女性骨盆为适应脑容量更大的婴儿而发生了变化，而直立人正是我们接下来要研究的物种。

直立人

直立人是大约在 180 万年前，在能人之后不久进化而来的。直立人是旧大陆广泛分布的第一个人科物种。直立人最早在爪哇被发现，后来在中国、非洲也陆续被发现（见专题"第一批移居者"）。大多数古人类学家认为，人类的一些祖先在某个时候从非洲迁到了亚洲。直到最近，人们还认为是直立人发生了迁徙，因为直立人大约在 160 万年前生活在东非，但直到大约 100 万年前才生活在亚洲。[36] 然而，最近的重新测年表明，爪哇的直立人可能年代更早，在大约 180 万年前。[37] 来自欧洲东南部国家格鲁吉亚德马尼西的直立人化石最近被确定为至少有 170 万年的历史。[38] 如果这个年代的界定是准确的，那么早期的人科动物可能更早就离开了非洲。事实上，2001 年在德马尼西发现的一个保存完好的头骨具有一些让人联想到能人的特征——大脑容量只有约 600 立方厘米，犬齿相对较大，眉脊相对较细。[39] 尽管挖掘人员将这一头骨归类为直立人，但其出土确实让人想到，首先离开非洲的，也许是能人或是能人和直立人之间

在肯尼亚纳利奥克托米发现的直立人 / 匠人（*Homo erectus/ergaster*）男孩的头骨。虽然死时还是个青少年，但已经有 1.68 米高了（图片来源：Brill Atlanta）

的过渡物种。

还有一个问题：是只有一种直立人，还是我们所说的直立人其实包含几个不同的物种？一些学者发现亚洲和非洲直立人种群之间存在着很大的差异，他们认为应该分出两个不同的物种，亚洲的称为直立人（*Homo erectus*），非洲的称为匠人（*Homo ergaster*）。此外，在欧洲也发现了直立人（或匠人）化石。但是，一些古人类学家认为，在欧洲发现的通常被归类为直立人的化石，实际上是智人的早期

32. Leonard 2002.
33. Stedman et al. 2004.
34. McHenry 2009; Tobias 1994.
35. Simpson 2009.
36. Rightmire 2000.
37. Swisher et al. 1994.
38. Balter and Gibbons 2000; Gabunia et al. 2000.
39. Vekua et al. 2002; Gore 2002.

样本。[40] 另一些人认为，在欧洲发现的化石和在非洲南部和近东发现的类似的化石应该归为一个不同的物种——海德堡人（Homo heidelbergensis）。此外，还有佛罗里斯人（Homo floresiensis），这是一种矮小的人科物种，似乎是只在印度尼西亚孤立的佛罗里斯岛上进化而来的小型直立人。这一切有些混乱。稍后我们将设法把这些疑团弄清楚。

直立人的发现

1891 年，荷兰解剖学家尤金·杜布瓦（Eugene Dubois）在爪哇挖掘时发现了他称为 Pithecanthropus erectus（意思是"直立猿人"）的化石。（我们现在称这种人科物种为"直立人"）。这并不是第一个被发现的类人化石；我们将在下一章讨论的尼安德特人，早在许多年前就已经为人所知。但是包括杜布瓦自己在内，当时没有人能确定在爪哇发现的化石是猿还是人。

实际发现的化石包括头骨和股骨。许多年里，人们一直认为头骨和股骨甚至不是来自同一种动物。头骨太大，不可能是现代猿类的头骨，但比普通人类的头骨要小，其脑容量介于猿类的 500 立方厘米和现代人类的 1 300 立方厘米之间。头骨和股骨真的属于同一类个体吗？多年以后，氟分析解决了这个问题。如果同一沉积层中发现的化石含有相同数量的氟，那么它们的年代就是相同的。研究者对杜布瓦发现的头骨和股骨进行了氟含量检测，发现它们的年代相同。

孔尼华（G. H. R. von Koenigswald）20 世纪 30 年代中期在爪哇的一项发现，不仅证实了杜布瓦早期的推测，拓展了我们对直立人生理特征的认识，还让我们更好地了解了这种早期人类所处的年代。从那以后，在爪哇发现了更多的直立人化石。当时人们认为，这些爪哇直立人的年代距今不超过 100 万年。[41] 现在氩-氩年代测定法把一些爪哇标本的年

代追溯到大约 180 万年前。[42]

在杜布瓦和孔尼华的发现之间，在中国北京任教的加拿大解剖学教授步达生（Davidson Black）着手调查周口店附近的一个大洞穴，那里发现了一颗牙齿化石。他确信这颗牙齿来自人科一个仍不为人知的属，于是他筹集了资金，对该地区进行了广泛的挖掘。经过两年的挖掘，他和同事们在石灰岩中发现了一个头骨，他们称之为"北京人"。步达生于 1934 年去世，基于他的研究成果，魏敦瑞（Franz Weidenreich）继续深入探索。

直到 20 世纪 50 年代，直立人的化石才在北非被发现。从那时起，东非有了很多有关直立人的发现，尤其是坦桑尼亚的奥杜威峡谷和肯尼亚的图尔卡纳湖地区。在图尔卡纳湖西侧的纳利奥克托米发现了一具距今约 160 万年的几乎完整的男孩骨架。另外，在奥杜威峡谷发现了距今约 120 万年的化石。[43]

直立人的身体特征

直立人的头骨总体上又长又低，骨壁厚，前额平坦，眉脊突出。从后面看，它呈独特的五边形，部分是由一个叫作**矢状隆起**（sagittal keel）的圆形脊形成的，它沿着头骨的顶部延伸。在头骨的后面还有一个水平排列的骨脊，叫作**枕圆枕**（occipital torus），它增加了头骨的整体长度（见图 9-6）。[44]

与早期人属动物相比，直立人的牙齿相对较小。直立人是第一种拥有第三臼齿的人科物种，第三臼齿比第二或第一臼齿小，就像现代人类那样。直立人的臼齿有扩大的牙髓腔，称为**牛牙样牙**（taurodontism），这样的牙齿可能比现代人类的牙齿能承受更多的使用和磨损。直立人的颌骨比早期人属物种或南方古猿的颌骨更轻更薄，而且上下颌的前突（prognathic）比较少。

直立人的脑容量平均为 895 ～ 1 040 立方厘米，这比任何南方古猿或早期人属物种的大脑都要大，

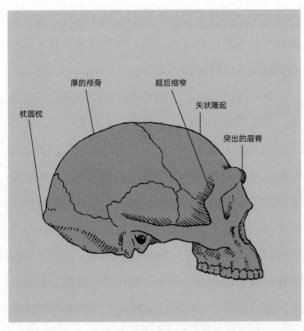

图 9-6 直立人的特征

但比现代人类的平均脑容量要小。[45] 颅腔模型提供了大脑表面的图像，表明直立人大脑的结构更像现代人类的大脑，而不是南方古猿的大脑。

直立人的鼻子突出高挺，与南方古猿扁平、不突出的鼻子形成对比。[46] 在脖子以下，直立人与智人几乎没有区别。与同一时期生活在东非的较小的南方古猿和早期人属物种相比，直立人的体型与现代人相当。在纳利奥克托米发现的几乎完整的男孩骨架大约有 1.68 米高，死时大约 8 岁；研究人员估计，如果活到成年，其身高将超过 1.82 米。大约 160 万年前，纳利奥克托米地区可能是一片开阔的草原，大部分树木生长在河边。[47] 东非的直立人与今天生活在同样开放、干燥环境中的非洲人体型相似。[48] 直立人的两性差异也比南方古猿或早期人属物种要小。直立人的两性异形程度与现代人类相当。

那些将非洲种群归为另一个物种——匠人——的学者，指出了其与其他直立人种群的几个不同之处：匠人颅骨的比例不同；眉脊较细，且在眼窝上方呈拱形；其眼窝更圆；其面部在头骨下方的方向

更垂直；等等。而另一些学者认为，直立人与现代人之间的差异还不够大，不足以被认定为不同的物种，他们认为直立人应该被归为智人。[49] 这些争论不会很快得到解决，为了避免混淆，本书将沿用单一的分类单元——直立人。

佛罗里斯人

无论非洲和亚洲的直立人是不是可以归为不同的物种，大多数学者都认为**佛罗里斯人**是一个与直立人关系密切的独立物种。佛罗里斯人只在印度尼西亚的佛罗里斯岛上发现过，到目前为止，只发现了少量的个体。它们的体型很小（大约有 0.9 米高），大脑也非常小，大约 380 立方厘米。[50] 然而，从大脑结构看，佛罗里斯人似乎与直立人关系很近，二者头骨的结构也非常相似。[51] 换句话说，佛罗里斯人似乎是直立人的缩小版本。佛罗里斯人甚至制造出了与直立人相似的工具，某些工具看起来甚至更加复杂。所以，佛罗里斯人尽管身材矮小，大脑也非常小，但在文化和智力上似乎都与直立人相似。[52]

佛罗里斯人的身体看起来也像直立人，也许甚至像能人。佛罗里斯人的手腕不像现代人类或尼安德特人的手腕，而像类人猿和南方古猿的手腕（可惜没有发现直立人或能人的手腕，所以无法进行比较）。[53] 同样，佛罗里斯人的脚与直立人及早期人科物种的脚相似，而与现代人类的脚则不同。[54] 这再次印证，佛

40. Wolpoff and Nkini 1988. 也可参见 Rightmire 2000; Balter 2001。
41. Rightmire 1990, 12 – 14.
42. Swisher et al. 1994.
43. Rightmire 2000.
44. Fleagle 1999, 534 – 535; Day 1986, 409 – 412; Kramer 2009.
45. Rightmire 2000; Tobias 1994.
46. Franciscus and Trinkaus 1988.
47. Feibel and Brown 1993.
48. Ruff and Walker 1993.
49. Wolpoff et al. 1993.
50. Morwood et al. 2004; Brown et al. 2004.
51. Falk et al. 2005
52. Diamond 2004.
53. Tocheri et al. 2007.
54. Jungers et al. 2009.

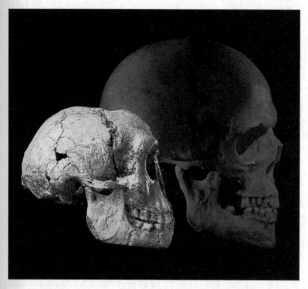

矮小的佛罗里斯人的头骨与现代人的头骨放在一起。注意相比之下它是多么小（图片来源：National Geographic Image Collection）

罗里斯人似乎是缩小版的直立人。

缩小版的直立人是如何进化而来的？答案是侏儒症和巨人症在孤立的种群中都是常见的现象。侏儒症似乎是一种适应性反应，它发生在捕食者很少的时候——如果没有捕食者的威胁，一个孤立的种群就可能在个体体型变得更小的同时，还保持较大的种群数量。这可能就是发生在佛罗里斯岛上的事情。[55] 值得注意的是，岛上除了佛罗里斯人之外，还有许多矮小的物种，包括矮象，它似乎是佛罗里斯人最喜爱的食物之一。也许更值得注意的是，佛罗里斯人可能一直延续到 1.2 万年前才消亡——那时，现代人类已经在印度尼西亚生活了。现代人类和矮小的佛罗里斯人是否在遥远的过去见过面？这是一个很有意思的可能性，但还没有证据可以告诉我们答案。

直立人的进化

直立人的进化延续了我们之前讨论过的一般进化趋势。它们的大脑继续扩大，比早期人属物种扩大了三分之一以上（就像早期人属物种的大脑比南方古猿的大三分之一以上一样）。面部、牙齿和颌部继续缩小，呈现出一种近乎现代人类的形态。直立人越来越多地使用各种各样的工具，这可能促使大脑进一步发展。直立人吃肉，可能还会烹饪，这可能使得牙齿和颌部进一步缩小。

直立人的另一个变化是两性异形的程度明显降低，几乎达到了现代人类的水平。回想一下，南方古猿和早期人属物种两性的差异是很大的。直立人的两性异形程度则不如那些人科动物高。是什么带来了这种变化？在其他灵长目动物中，两性异形似乎与社会体系有关。在它们的社会体系中，由于体型和能力，雄性处于统治等级的顶端，而处于顶端的雄性控制着与群体中多个雌性的性接触。相比之下，在对偶结合（pair bonding）的动物中，两性异形则没有那么明显；对偶结合指的是一个雄性和一个雌性形成了能够持续很长一段时间的繁殖伴侣关系（我们将在后面的章节中学习到，在现代人类文化中，有几种不同的男女结合的变体）。[56] 直立人是否已经形成了对偶结合关系？似乎是的。

前文提到，早期人属物种可能已经发展出人类文化的一些基本元素，包括家庭基地或聚集场所、家庭团体和彼此分享。晚近的人类文化的另一个基本要素是婚姻，它存在于几乎所有已知的文化中。婚姻是社会公认的两个人之间（通常是一男一女）的性关系和经济关系的缔结，其目的是形成延续一生的关系，并生育社会所认可的孩子。它是一种特殊的对偶结合，带有一系列行为、期望和义务，不仅涉及相结合的个体，也延伸到双方的家庭。因此，随着婚姻的发展，男性之间为接近女性而展开的竞争可能已经减弱，两性异形的重要性也随之降低。但是，为什么直立人会发展出婚姻呢？

在雌性能在生产后养活自己和后代的动物中，对偶结合的情况很少见。但在雌性不能同时养活自己和后代的物种中，对偶结合现象很常见。我们认为，这是因为稳固的两性纽带为解决母亲的饮食需求和照顾新生儿之间的不协调问题提供了一个很好的解

移居者与移民
第一批移居者

人科动物在非洲进化而来，然而今天在每个大陆都能发现人科动物。谁是第一批离开非洲的人科动物？是什么时候离开的？在许多年里，明确的答案都是：直立人是最早离开非洲的，它们也许在70万到100万年前离开了非洲。近年来，新的发现和证据使学者们对这一既定答案提出了疑问。

第一个新发现来自地球化学家卡尔·斯威舍（Carl Swisher），他在20世纪90年代中期重新测定了发现直立人化石的爪哇遗址的年代，并认为其年代可能是180万年前。因为非洲最早的直立人化石与之年代相近，这就产生了一个问题：直立人为什么会几乎同时出现在爪哇和非洲？就在人们思考这个问题的时候，在格鲁吉亚的德马尼西发现了一组引人注目的新直立人化石。这些化石的年代可追溯到170万年前，它们清楚地表明，直立人在进化形成后很快就离开了非洲。在德马尼西发现了类似能人的化石，在巴基斯坦的里瓦特（Riwat）和中国的龙骨坡发现了类似奥杜威文化的工具，这表明能人可能是最早离开非洲的，直立人则沿着先行者开辟的道路前进。如果在直立人之前已有过迁徙，这就可以解释为什么直立人能够如此迅速地穿越亚洲。

关于人科动物最早离开非洲的时间，一个更不寻常的信息来源是它们携带的寄生虫。所有的类人科动物都被虱子所困扰，但寄生在人类身上的是一个独特的物种 —— 人虱（ *Pediculus humanus* ）。遗传学家戴维·里德（David Reed）和同事们发现，大约560万年前，人虱与其他虱子发生了分化——此时大约是最早的人科动物出现的时候。而更有趣的是，里德和同事们发现，人虱有两个亚种，似乎是在120万年前分化的。一个亚种广泛存在于今天的世界范围内，另一个只在新大陆才有。里德和同事们认为，这可以证明至少有一些人科动物（可能是直立人）在至少120万年前迁徙到了亚洲并成为孤立的群体，其身上的虱子与其他人科动物群体中的虱子发生了分化，过了很久，才随着现代人类移居者最终定居新大陆。

那么，谁是第一批人科移居者呢？可能是能人，也可能是早期的直立人。人科动物最早离开非洲是什么时候？也许不到200万年前，但它们离开非洲之后，迁徙的速度很快，距离也很远。160万年前，已有直立人生活在西亚和南亚，到120万年前，四处迁徙的直立人已经发展到种群间彼此隔绝的程度。不管直立人是不是第一批走出非洲的移居者，它们的迁徙都是又快又远的。

（资料来源：Reed et al. 2004; Tattersall 1997）

决方案。当母亲去获取食物时，雄性伴侣可以带来食物和/或在母亲去觅食时照看新生儿或幼崽。[57] 但是，大多数灵长目动物没有对偶结合的情况。这可能是因为灵长目幼崽在出生后不久就能抓住母亲身上的毛，这样母亲就能腾出手来觅食。人类婴儿在出生后的最初几周也会多少表现出这种本能的依附能力。这叫作莫罗反射（Moro reflex）。如果人类婴儿感觉到自己在向后跌倒，就会本能地张开双臂，握紧拳头。[58]

我们无法知道直立人是否像其他灵长目动物一样有毛，但我们认为可能没有，因为我们认为直立人可能穿了衣服，对此我们稍后会讨论。直立人的大脑也可能已经扩大到这种程度：直立人的婴儿（就像现代人类的婴儿一样）即使能抓住母亲的毛，也无法充分支撑头部。无论如何，早期的人科动物开始靠食腐和狩猎来取得食物（以及用兽皮制作衣服）之后，带着新生儿从事觅食活动就很困难也很危险了。婚姻应该是解决这个问题的有效方法，因为父母双方都可以在对方外出觅食时帮助保护婴儿。（关

---

55. Wong 2005; Weston and Lister 2009.
56. Fleagle 1999, 306.
57. M. Ember and C. R. Ember 1979; cf. Lovejoy 1981.
58. Clayman 1989, 857 – 858.

这只小黑猩猩可以和它的母亲一起出行，因为它可以紧紧地抓住母亲身上的毛。直立人的母亲可能没有毛，所以只能抱着婴儿
（图片来源：？KRISTIN MOSHER/DanitaDelimont.com）

于这一理论的进一步探讨，请参阅讨论婚姻的章节。）

直立人进化的另一个重要方面是非洲东部和南部人口的迁移。随着两性异形现象的减少，文化创新似乎是让直立人进入新环境的关键。为什么？因为在进入新环境后，直立人将面临新的（通常更冷的）气候条件，新的、不同的工具原料来源，以及新的可以作为食物的植物和动物。所有的动物都是通过自然选择来适应这种变化的，但是自然选择通常需要较长的时间，也需要适应环境的生物发生身体变化。直立人能够很快地适应新环境，而且没有明显的身体变化。这表明，直立人适应环境的主要机制是文化机制，而非生物学机制。

直立人可能做出了哪些文化适应呢？火可能是适应寒冷气候的重要文化因素。正如我们稍后会讨论的，有足够的证据表明直立人使用过火。但是，火只能在人们定居的状态下提供温暖，当人们外出采集食物的时候就没有帮助了。为了在更冷的气候中活动，直立人可能已经开始穿动物皮毛保暖。一些直立人的工具看起来就像现代人类群体使用的皮革处理工具，[59] 而且，如果直立人没有穿衣服，就似乎不太可能在出土了其化石的东欧和亚洲的寒冷地带存活下来。如果直立人穿着皮毛保暖，那么直立人一定从事了狩猎。直立人不可能靠食腐来获取皮毛——食肉动物肢解尸体时，首先会破坏猎物的皮。直立人如果想要完整的皮毛来做衣服，就必须自己杀死带皮毛的动物。

正如我们之前提到的，化石本身并不能提供关于直立人有没有毛发的证据。但科学家们发现，现代人的基因可能为我们的祖先何时变得无毛提供线索。例如，与头发和皮肤的颜色直接相关的主要基因 MC1R，在现代深色皮肤的非洲人中表现出一致性，但在非洲之外的人群中表现出多样性。艾伦·罗杰斯（Alan Rogers）和同事们最近提出，非洲人这种基因的一致性表明，比较晚近的时候，偏向深色皮肤的自然选择压力变得很大，而在体毛脱落后抵御热带阳光的需要可能是原因之一。这种选择压力是什么时候开始的？罗杰斯和同事们估计这至少是 120 万年前的事了。[60]

值得注意的是，在东非，直立人至少与一种其他的人科动物共存（鲍氏南方古猿），也可能与多达三种其他的人科动物共存（鲍氏南方古猿、非洲南方古猿和能人／鲁道夫人）。为什么直立人幸存下来并蓬勃发展，而其他物种却灭绝了？答案可能与文化因素有关。鲍氏南方古猿似乎是一种特化的草原物种。巨大的臼齿和强有力的牙齿结构使它们能够吃坚硬的草籽和其他人科动物无法咀嚼的粗糙食物。然而，它们不得不与许多其他同样依赖这些植物的草原动物竞争，那些动物繁殖得更快，而且奔跑速度更快，这能够帮助它们逃离捕食者。早期人科动物显然会使用工具，至少部分靠食腐和狩猎获取食物，但与直立人相比，早期人科动物的技术是粗糙的，其群体可能也没有那么好的组织能力来协调食腐、狩猎和保护自己免受食肉动物的伤害等任务。这些文化上的差异可能为直立人提供了优势，使早期的人科动物走向灭绝。

以上情节，就像前文提出的早期人属物种进化过程一样，只是一个猜测的起源故事，可能是真的，也可能是假的。但它确实符合我们现在对直立人及其发生进化的区域的了解。不管这个故事的具体细节如何，有一点是毫无疑问的，那就是更复杂文化的发展对直立人的进化至关重要。

旧石器时代早期的文化

直立人的石器传统一般被称为**旧石器时代早期**（Lower Paleolithic）。这些石器传统涉及"石核"工具技术，在这些技术中，作为成品工具的基本原材料的是石核，而不是石片（我们稍后将更多讨论旧石器时代早期的石器技术）。因为石器是这些远古族群考古记录中最常见的文化材料，所以直立人的整个文化通常被称为"旧石器时代早期文化"，我们在这里遵循这种叫法。

考古发现的工具和其他的文化人工制品可以追溯到 150 万年前到 20 万年前，这些文化产品被认为是直立人制造的。但是，这些材料通常并不与人科动物化石关联在一起。因此，这一时期的一些工具有可能是由直立人以外的人科动物制造的，如先于直立人的南方古猿和晚于直立人的智人。但是，从 150 万年前到那之后 100 多万年的所谓阿舍利工具组合彼此非常相似，直立人是唯一跨越整个时期的人科物种。因此，传统上认为，直立人制造了大部分（甚至是全部）我们所说的阿舍利工具。[61]

阿舍利文化

被称为**阿舍利文化**的石器传统是以法国圣阿舍利（St. Acheul）遗址命名的，那里是最早发现阿舍利石器的地方。但是迄今发现的最古老的阿舍利工具来自东非坦桑尼亚的佩宁伊河，可以追溯到 150 万年前。[62] 与奥杜威文化不同，阿舍利工具中有更多根据标准化设计或形状制作的大型工具。奥杜威工具的刃是通过几次打击造成的。阿舍利的工匠们则会在石刃附近敲掉更多的石片来塑造石头的形状。这些工具中有许多是用大片的石片制成的，石片是从非常大的石核或巨石上敲击下来的。

阿舍利工具中最具特色和最常见的工具之一是**手斧**，它是一种泪滴状的双边工具，有一个很薄的

---

59. Bordes 1968, 51 – 97.
60. Rogers et al. 2004.
61. Phillipson 1993, 57.
62. Schick and Toth 1993, 227, 233.

尖头。其他还有类似于劈刀和镐的大型工具。此外，还有很多种类的石片工具，如宽刃的刮削器。

早期的阿舍利工具似乎是用坚硬的石头击打而成的，但后来的工具更宽更平，可能是用骨头或鹿角制成的**软锤**加工而成。[63] 这种用软锤制作石器的技术是一项重要的创新。用**硬锤**技术(石头敲击石头)制成的工具，在锋利程度和形状上都有限制，因为用硬锤技术只能做出又大又厚的石片(除非敲击石器的工匠非常熟练，而且所使用的石头具有独特的品质)。用软锤剥下的石片比用硬锤剥下的薄得多，也长得多，工匠也通常能更好地控制石片的大小和形状。这意味着通过这种技术可以制作更薄、更锋利、形状更复杂的工具。手斧用这两种方法都可以制作，因为它们的形状很简单，但是用软锤制作的手斧的刃要更薄、更锋利。[64]

手斧是用来砍树的吗？我们不能确定它们被用来做什么，但对它们的实验表明，手斧不适合用来砍伐树木，而是似乎更适用于屠宰大型动物。[65] 劳伦斯·基利在显微镜下观察了一些阿舍利手斧，发现它们的磨损情况更符合屠宰动物的行为。手斧也可能被用于做木工，特别是挖空和削尖木头，手斧也很适合挖掘。[66] 威廉·加尔文(William Calvin)甚至认为，手斧可以被像铁饼一样抛到一群动物中间，以伤害或杀死动物。[67]

阿舍利工具广泛存在于非洲、欧洲和西亚，但双边手斧、劈刀和镐在东亚和东南亚并不常见。[68] 因为在旧大陆的所有地区都发现了直立人，所以工具的传统文化在东西方似乎有所不同，这一点令人费解。一些考古学家认为，东亚和东南亚缺乏大型的双边工具，可能是因为亚洲的直立人有更好的制作工具的材料——竹子。竹子晚近在东南亚有许多用途，包括被制作成挖掘和切割用的非常锋利的箭头和棍棒。杰弗里·波普(Geoffrey Pope)的研究表明，有竹子分布的，正是亚洲那些缺少手斧和其他大型双边工具的地区。[69]

食用大型猎物

在阿舍利文化的一些遗址中发现了食用大型猎物的证据。弗兰西斯·克拉克·豪威尔(Francis Clark Howell)在西班牙托拉尔瓦和安布罗纳发掘出大量大象遗骸，以及可以明确证明人类存在的工具。豪威尔认为，曾在这些遗址上活动的人类用火把大象吓进泥泞的沼泽，使它们无法逃离。[70] 为了以这种方式捕猎大象，人类必须在相当大的群体中进行计划和合作。

但是，这些大中型动物骨骼和工具的同时发现，是否说明人类肯定是大型动物狩猎者？一些考古学家重新分析了来自托拉尔瓦的证据，他们认为，大型动物是死后才被当时的人类取得并食用的。因为托拉尔瓦和安布罗纳遗址靠近古老的河流，所以许多大象可能已经自然死亡，它们的骨头由于水流作用而在某些地方堆积起来。[71] 目前似乎比较清楚的是，人类有意屠宰了不同种类的猎物——在不同种类的动物附近发现了不同种类的工具。[72] 人类是否在托拉尔瓦和安布罗纳遗址狩猎大型猎物这一点是有争议的；到目前为止，我们所能确定的是，人类食用大型猎物，并且可能狩猎较小的猎物。

火的使用

一般认为直立人狩猎的方式之一是靠**火力驱赶**——这一技术在近代仍被狩猎采集人群使用。这种方法非常有效：人们用火将动物从藏身之处和家园逼出来，然后埋伏在火势下风处将动物杀死。今天大多数使用这种技术的人都是故意放火的，但人们也可能利用闪电引起的火。直立人像这样放过火吗？由于直立人是在旧大陆各处和冬天寒冷的地方被发现的第一个人科物种，大多数人类学家认为直立人已经学会了控制火，至少将火用于取暖。在一

直立人食用（也很可能是狩猎）
大型猎物，它们也可能已经学会
了控制火
（图片来源：© Christian Jegou/
Photo Researchers, Inc.）

些早期遗址发现了用火的考古证据，但火也可能是自然事件引起的。因此，直立人是否已经可以有意使用火这一点还不能确定。[73]

在东非的肯尼亚发现了具有暗示意义但并非决定性的直立人有意使用火的证据，该证据的历史超过 140 万年。[74] 关于人类控制火的更有说服力的证据距今近 80 万年，来自以色列的亚科夫女儿桥（Gesher Benot Ya'aqov）遗址。在那里，研究人员发现了烧过的种子、木头和石头等证据，此外，烧过的物品聚集在一起，说明那里可能有灶。[75] 在欧洲发现的直立人主动使用火的证据年代要晚近一些。遗憾的是，在亚科夫女儿桥遗址和欧洲遗址发现的用火证据，与直立人的化石没有关联，因此主动使用火和直立人之间的联系还不能绝对确定。[76] 当然，缺乏明确的证据并不意味着直立人不使用火。毕竟，直立人确实迁徙到了寒冷的地区，很难想象如果不使用火，它们如何能在那里生存。如果直立人相对来说毛发较少，又没有通过狩猎获得可以保暖的动物皮毛，这样的迁徙也是难以想象的。

因此，衣服可能是必要的，但火可能更为重要，因为火不仅仅是为了取暖。有了火，烹饪成为可能。对火的控制是增加人类能控制的能量的重要一步。烹饪会使所有的食物（不仅仅是肉类）更容易被安全消化，因此火也更有用。[77] 火也有助于驱赶掠食者，考虑到掠食者数量众多，对火的控制是一个很大的优势。

营地

阿舍利遗址通常靠近水源，附近有茂盛的植被和大量食草动物。一些营地是在洞穴中发现的，但

63. Ibid., 231 – 233; Whittaker 1994, 27.
64. Bordes 1968, 24 – 25; Whittaker 1994, 27.
65. Schick and Toth 1993, 258 – 60; Whittaker 1994, 27.
66. Lawrence Keeley 的分析见于 Schick and Toth 1993, 260，该页分析了所使用的工具。
67. Calvin 1983.
68. Yamei et al. 2000.
69. Ciochon et al. 1990, 178 – 83; Pope 1989.
70. Howell 1966.
71. Klein 1987; Binford 1987.
72. L. G. Freeman 1994.
73. 一个很好的例子是关于周口店的山洞里使用火的争论，详见 Weiner et al. 1998.
74. Isaac 1984, 35 – 36. 其他有意使用火的证据来自南非的斯瓦特科兰斯洞穴，其年代可追溯到 100 万至 150 万年前；参见 Brain and Sillen 1988.
75. Goren-Inbar et al. 2004.
76. Binford and Ho 1985.
77. Leonard 2002.

大多数是在被简陋的防御工事或防风林包围的开阔地区。非洲的一些遗址上布满了直立人带来的碎石，这可能既是为了保护防风林，也是为了在面对突然袭击时有"弹药"可用。[78]

在被认为是营地遗址的地方，出土了各种各样的工具，这表明营地是许多群体功能的中心。在营地之外还发现了更多有专门用途的遗址。这些遗址的特征是一种特殊类型的工具占主导地位。例如，坦桑尼亚的一个屠宰遗址里有被肢解的河马尸体和罕见的重型粉碎和切割工具。工场是另一种常见的有专门用途的遗址。工场遗址中往往有很多的工具碎片，它们一般靠近便于制造工具的天然石材库。[79]

法国里维埃拉地区的尼斯附近的特拉·阿玛塔（Terra Amata）遗址发掘出一个营地。从人类粪便化石中发现的花粉来看，这个营地似乎是在春末夏初的时候使用的。据发掘者描述，那里有插入沙子的桩孔，大致成排成列的石头，这可能是人们建造长约 9 米、宽约 4.6 米的小屋的地点（见图 9-7）。小屋的基本特征是带有一个中央灶，灶东北角外建有一堵可能用于防风的小墙。证据表明，特拉·阿玛塔的居民采集了牡蛎和贻贝等海鲜，也会捕鱼，并在周围狩猎。动物的遗骸表明，那里的人们得到了很多大大小小的动物（但大多是较大动物的幼崽），如雄鹿、大象、公猪、犀牛和野牛。一些小屋里有可辨认出的工具制造者的工作区域，因为那里散落着工具碎片；偶尔，动物毛皮的印记能显示出工具制造者当时坐在哪里。[80]

宗教与仪式

到目前为止，我们已经讨论了旧石器时代早期和上新世晚期（见上一章）群体的生活方式，但是我们还没有讨论生活中物质性不那么强的方面，比如宗教和仪式。直立人对周围的世界有什么看法？它们参加仪式了吗？直立人有宗教信仰吗？可用于回答这些问题的资料是有限的，但有一些迹象表明，仪式和宗教可能是旧石器时代早期文化的一部分。

在旧石器时代早期的一些遗址上发现了红色赭石（氧化黏土）的遗留。[81] 这可能具有重要意义，因为在许多后来的文化中，甚至在现代文化中，赭石被用于各种仪式，以代表血液或更广泛意义上的生命。赭石似乎在葬礼仪式中尤为重要，在世界上许多地方都发现了撒有赭石的人类遗骸，其历史可以追溯到旧石器时代中期（约 20 万年前）。然而，没有证据表明直立人埋葬了死者，也没有证据表明赭石被用于宗教仪式。赭石可能被用来装饰身体，或者仅仅是为了防止昆虫或晒伤。

更重要的也更有争议的是，周口店（位于中国北方）的发掘人员提出，那里的一些直立人遗骸可能显示出食人仪式的证据。[82] 一些标本的枕骨大孔被专门扩大，另一些标本的面骨被刻意从颅骨上折断。一个可能的原因是大脑被从那些头骨中取出，以便在宗教仪式上食用。关于现存人群中仪式性的同类相食已有广泛报道，因此古代群体里有这种情况也是很有可能的。但是，学者们指出，头骨中那些似乎是被故意扩大（以取出大脑）的部分，也是头骨上最脆弱的部分，其损毁有可能是几千年里的朽坏或破坏造成的。

目前，对于旧石器时代晚期的文化中是否有宗教和仪式，我们还无法简单地下结论。

小结

1. 迄今为止发现的最早可辨认的石器来自东非的不同遗址，其年代大约在 250 万年前。其中，石片工具占主导地位，但砍砸器也很常见。砍砸器是被剥去部分石片的石核，其侧面可能用于砍砸。这些早期的石器被称为奥杜威石器。

2. 考古学家对奥杜威的工具进行了实验。石片看起来用途非常多，它们可以用于切割动物的皮，肢解动物和削木头。砍砸器可以用于砍断树枝，或者砍断

图 9–7　对特拉·阿玛塔的椭圆形小屋的重构。这些小屋场长 9 米，宽约 4.6 米（资料来源：Copyright © 1969 by Eric Mose）

坚硬的动物关节。200 万年前左右，原始人类就开始将动物尸体切块食用，而那些动物的肉大多得自食腐而非狩猎。

3. 一些年代早至 200 万年前的考古遗址中含有大量石器和动物骨骼。一些学者认为这些可能是早期人科动物的基地，另一些学者则有不同看法。这些地点如果不是基地的话会是什么？一些考古学家认为，这些出土了许多动物骨骼和工具的早期遗址，可能只是它们加工食品的地方，而不是居住地。

4. 石器的存在，也许还有基地的存在，都表明早期人科动物有自己的文化。文化是一个习得、共享、综合所做与所思的动态适应过程。

5. 早期人科动物的重要生理变化导向了人属的进化，这些变化包括大脑的扩大，女性骨盆为娩出大脑更大的婴儿而发生的改变，以及面部、牙齿和颌部的缩小。这些身体上的变化可以在能人和鲁道夫人身上看到，这两个物种都可以追溯到大约 230 万年前。早期的人属物种似乎使用过工具，它们食腐，也可能自己打猎，因此文化，或文化行为的进化，也可能在这些身体变化中起了作用。

6. 直立人在约 180 万到 160 万年前出现。直立人拥有比能人更大的大脑容量和基本上很像现代人类

的颅下骨骼。直立人与现代人类最大的区别在于头骨的形状，直立人的头骨又长又低浅，眉脊突出。

7. 直立人是广泛分布于旧大陆的第一个人科物种。直立人生活在东欧和亚洲的一些相当寒冷的地方，它们能够通过文化来适应这些往往更冷的新环境。一些学者把生活在非洲以外的种群称为"直立人"，把生活在非洲的种群称为"匠人"。在非洲以外，至少还有一种人科物种——佛罗里斯人。

8. 约 150 万到 20 万年前的旧石器时代早期的工具和其他文化制品，很可能是由直立人制造的。"阿舍利"是这个时期最著名的工具传统的名称。阿舍利工具包括小型石片工具和大型工具，手斧和其他大型双边工具是其特色。

9. 虽然人们认为直立人已经学会了在寒冷的冬天里用火生存，但没有确切的证据表明直立人能控制火。在一些遗址中发现了食用大型猎物的证据，但那些猎物是否为直立人所猎杀还存在争议。几乎没有证据表明直立人有仪式行为。

78. Clark 1970, 94–95.
79. Ibid., 96–97.
80. de Lumley 1969.
81. Dickson 1990, 42–44.
82. Dickson 1990, 45; Tattersall and Schwartz 2000, 155.

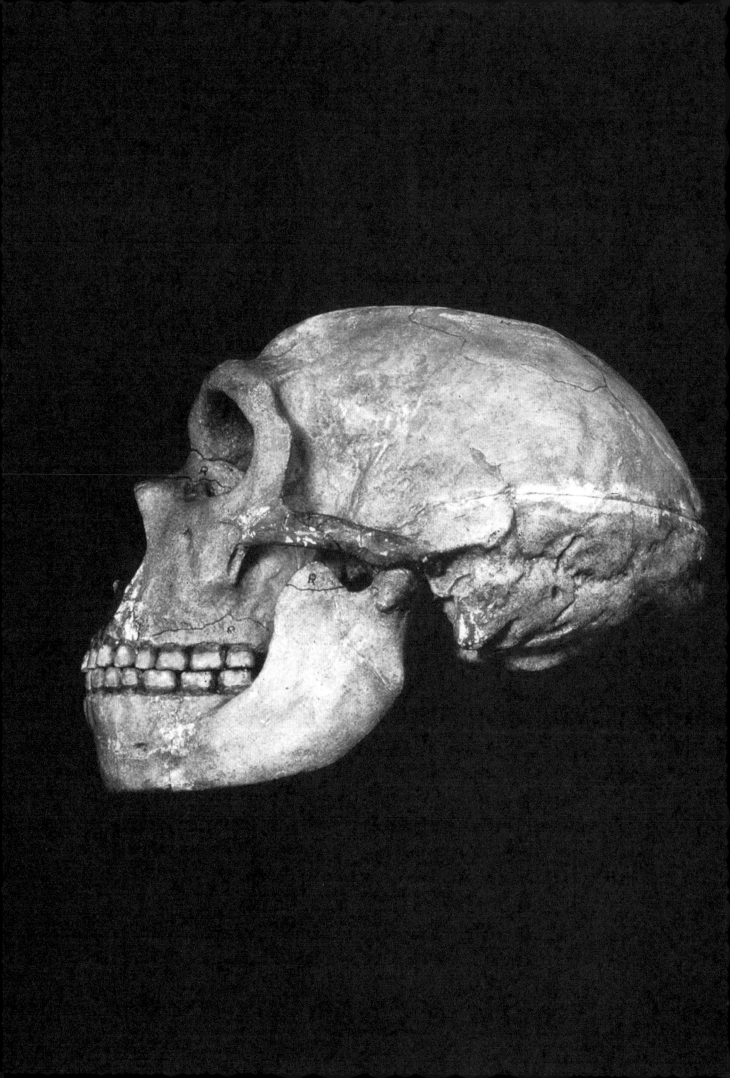

第十章

智人的出现

最近在非洲的发现表明，智人也许在16万年前就已经存在（见图10-1）。长相完全像现代人晚期智人（*Homo sapiens sapiens*），出现于约5万年前。古人类学家克里斯托弗·斯特林格（Christopher Stringer）将晚期智人描述为"拥有圆顶头骨、下巴、短的眉毛和眉骨，以及相当弱小的骨骼"。[1] 我们中的一些人可能不喜欢被称为弱小，但除了拥有更大的大脑，大多数现代人与直立人，甚至与早期智人相比，都无疑是弱小的。我们在几个方面相对弱小：我们的骨头更细、更轻，牙齿与颌部也更小。

在这一章中，我们将讨论有关直立人向现代人过渡的化石证据以及其中的争议，直立人向现代人的过渡可能始于50万年前。我们还会讨论关于约30万到4万年前旧石器时代中期文化的考古学知识。

左图为尼安德特人的头骨
（图片来源：
© E.R. Degginger/Photo
Researchers, Inc.）

1. Stringer 1985.

从直立人到智人的转变

大多数古人类学家都认为，智人是从直立人进化而来的，但对于这种转变发生的过程及地点，他们的意见并不一致。对于如何给一些约 50 万到 20 万年前的化石分类，他们也存在分歧，因为这些化石兼有直立人和智人的特征。[2] 同样的化石，一些人类学家可能称其为"直立人"，而另一些则称之为"古智人"。而且，正如我们将要看到的，还有一些人类学家认为，由于直立人与智人之间有很强的连续性，把二者视为完全不同的物种是武断的。根据这些人类学家的说法，直立人和智人可能只是同一物种的早期和晚期品种，因此都应该被称为智人。（如果照这样说的话，直立人就是智人直立亚种。）

海德堡人

近年来，一些学者提出，这些"过渡性"化石标本具有共同的特征，它们实际上可能代表一个独立的种——**海德堡人**。海德堡人是以 1907 年在德国海德堡附近的莫尔村（the village of Mauer）发现的一块下颌骨化石命名的。[3] 其他被认为属于该物种的标本已在世界上许多不同的地方发现，包括非洲的博多（Bodo）、霍普菲尔德（Hopefield）、恩杜图（Ndutu）、埃兰兹方丹（Elandsfontein）和拉巴特（Rabat），欧洲的比尔津斯勒本（Bilzingsleben）、彼得拉罗纳（Petralona）、阿拉戈（Arago）、施泰因海姆（Steinheim）和斯旺斯科姆（Swanscombe），亚洲的大荔和梭罗（Solo，昂栋）。最近在西班牙阿塔普埃尔卡（Atapuerca）地区发现的"过渡性"标本被归类为不同的物种，即**先驱人**（*Homo antecessor*），但许多学者认为这些标本应该被归类为海德堡人。[4] 为了简化问题，我们将所有这些"过渡性"标本称为海德堡人。

海德堡人与直立人的不同之处在于，其牙齿及颌骨较小，大脑更大（1 300 立方厘米），头骨缺乏矢状隆起和枕圆枕，双眼上有两道分开的拱形眉脊，此外，海德堡人的骨骼更加粗壮（见图 10-2）。海德堡人与智人的不同之处在于：海德堡人的脸仍然大而突出，牙齿及颌骨相对较大，有眉脊和长而低的颅顶，前额倾斜，骨骼更粗壮。[5]

许多学者提出疑问：海德堡人是代表了更新世中期（Middle Pleistocene）的一个还是多个人科物种？海德堡人究竟是不是一个独立的物种？许多

---

2. Ibid.
3. Rightmire 1997.
4. Carbonell et al. 2008.
5. Rightmire 1997; Fleagle 1999, 535 – 537.

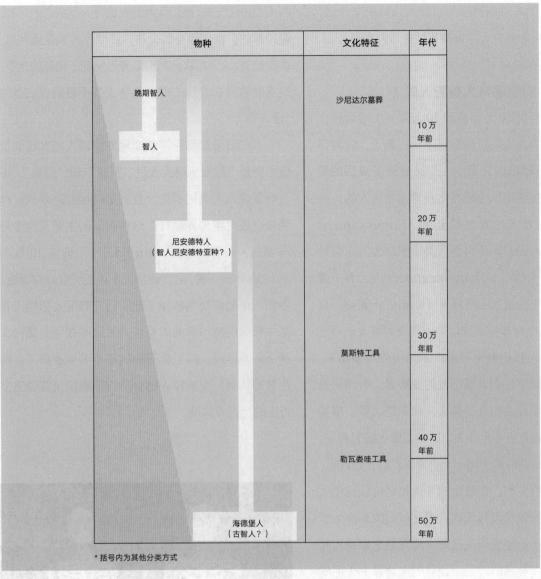

物种	文化特征	年代
晚期智人	沙尼达尔墓葬	
智人		10 万年前
		20 万年前
尼安德特人 （智人尼安德特亚种？）		
	莫斯特工具	30 万年前
	勒瓦娄哇工具	40 万年前
海德堡人 （古智人？）		50 万年前

* 括号内为其他分类方式

图 10-1 现代人类出现的时间线

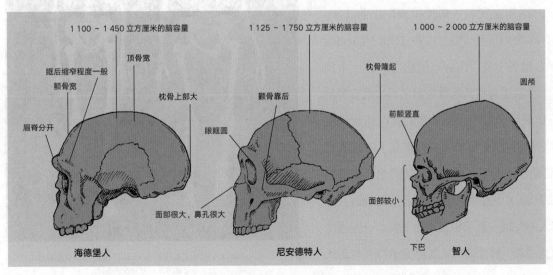

1 100～1 450 立方厘米的脑容量　　　1 125～1 750 立方厘米的脑容量　　　1 000～2 000 立方厘米的脑容量

眶后缩窄程度一般　顶骨宽　枕骨隆起　圆颅
额骨宽　枕骨上部大　颧骨靠后　前额竖直
眉脊分开　眼眶圆　面部较小
面部很大，鼻孔很大　下巴

海德堡人　　　　　　尼安德特人　　　　　　智人

图 10-2 比较海德堡人、尼安德特人、智人的头骨，可以发现重要的差异

人认为海德堡人应该被视为古智人。如前文所述，一些学者也认为直立人应该被包括在智人之中。

尼安德特人是智人吗？

对于如何对 50 万年前至 20 万年前的混合特征化石进行分类，人们可能意见不一，最近，针对许多不到 20 万年前的化石，人们又展开了激烈的辩论。一些人类学家认为那些化石肯定是智人的，并将其归类为智人尼安德特亚种（Homo sapiens neandertalensis）。还有些人类学家认为，它们是人属的另一个种——Homo neandertalensis，或者更普遍的叫法是尼安德特人（Neandertals）。自 1856 年第一个标本被发现以来，尼安德特人一直是令人困惑的人科动物化石群。不知何故，多年来，尼安德特人成了它们卡通形象的受害者，卡通形象通常把它们误传为粗壮的猿人，而不是人类。事实上，它们可能在当今世界人口的剖面图上被忽视了。尼安德特人和我们属于同一个物种吗？有一段时间，答案似乎是肯定的。但最近的考古和遗传证据使大多数人对尼安德特人与现代人类之间的关系产生了怀疑，而今天的潮流似乎已转为反对尼安德特人和我们同属一个物种的观点。让我们来看看关于尼安德特人的研究的历史。

1856 年，达尔文发表《物种起源》之前 3 年，在德国杜塞尔多夫附近尼安德尔山谷（the Neander Valley，tal 在德语中是"山谷"的意思）的一个洞穴里发现了一个头盖骨和其他骨头的化石。尼安德尔山谷的化石是最早出土的一批学者们可以初步认定为早期人科动物的化石。（被归类为直立人的化石直到 19 世纪后期才被发现，南方古猿属的化石则直到 20 世纪才被发现。）达尔文的革命性著作发表后，关于尼安德特人的发现引起了相当大的争议。一些进化论学者，如托马斯·赫胥黎，认为尼安德特人与现代人类并没有多大不同。其他一些人则认为尼安德特人与人类进化无关；他们认为尼安德特人是病态的怪物，是特殊的、疾病缠身的个体。然而，后来在比利时、南斯拉夫、法国和欧洲其他地方也发现了类似的化石，这意味着最初发现的尼安德特人并不是难以归类的"怪人"。[6]

人们对最初和后来类似尼安德特人的发现的反应主要是：尼安德特人太过"野蛮"和"原始"，不可能是现代人类的祖先。直到 20 世纪 50 年代，这种观点还在学术界盛行。这种观点的主要支持者是马塞兰·布勒（Marcellin Boule），他在 1908 年至 1913 年间声称，尼安德特人不可能完全直立行走。然而，布勒错误地解释了他所研究的尼安德特人骨骼中弯曲的腿和弯曲的脊柱——这些在尼安德特人身上并不常见，只是他研究的那个个体患病了。现在普遍认为尼安德特人的骨骼特征是完全符合直立行走的行进方式的。

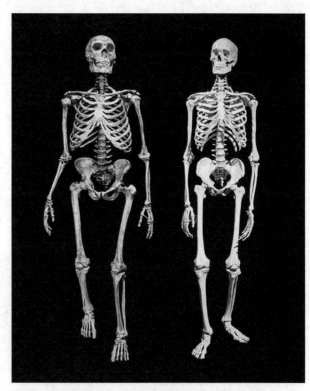

尼安德特人与现代人类骨骼的比较。注意二者多么相似，但尼安德特人看起来更加粗壮

（图片来源：© Bettmann/CORBIS, All Rights Reserved）

也许更重要的是，当更古老的南方古猿和直立人化石在 20 世纪 40 年代和 50 年代被认定为人科动物化石时，人类学家意识到尼安德特人与现代人类并没有太大的不同——尽管尼安德特人有倾斜的额头，巨大的眉脊，扁平的脑壳，巨大的颌骨，几乎没有下巴（见图 10-2）。[7] 毕竟，尼安德特人的大脑(平均超过 1 450 立方厘米)确实比现代人类的(略大于 1 300 立方厘米) 大。[8] 一些学者认为，尼安德特人的脑容量很大，这表明它们可能具备现代人类的全部行为特征。然而，尼安德特人的骨骼确实体现出一种与大多数现代人类明显不同的行为特征：从身体上看，尼安德特人显然经常剧烈运动。[9]

过了近 100 年的时间，学者们才接受尼安德特人与现代人类并无太大区别，也许可以归为智人的观点。在过去几十年里，人们激烈争论西欧的尼安德特人是否就是距今约 4 万年时出现在西欧的现代人类的祖先。尼安德特人也生活在西欧以外的其他地方。来自中欧的大量化石与来自西欧的化石非常相似，尽管有些特征存在细微差别，如面部不是那么立体。[10] 在亚洲西南部（以色列、伊拉克）和中亚（乌兹别克斯坦）也发现了尼安德特人化石。尼安德特人化石最集中的地方之一是伊拉克东北部山区的沙尼达尔（Shanidar）洞穴，拉尔夫·索莱茨基（Ralph Solecki）在那里发掘出 9 具尼安德特人的骸骨。[11]

是什么改变了学者们对尼安德特人的看法，以至于现在人们普遍认为尼安德特人不属于智人？

1997 年，一组来自美国和德国的研究人员发表的研究结果迫使人们重新思考尼安德特人与现代人类的关系。这些学者报告说，他们已经能够从 1856 年发现的原始尼安德特人样本中提取线粒体 DNA。[12] 尼安德特人的线粒体 DNA 和现代人类的线粒体 DNA 有多相似？二者的线粒体 DNA 没有很多学者想象的那么相似。在现代人类个体中，这些美国和德国研究人员检测到的线粒体 DNA 序列通常有 5 到 10 个差异。在现代人类和尼安德特人之间，则有 25 个差异，差不多是现代人之间的 3 倍（见图 10-3）。这表明，现代人类和尼安德特人的祖先可能在 60 万年前就已经分化了。[13] 如果我们和尼安德特人最后的共同祖先生活在很久以前，那么尼安德特人与现代人类的亲缘关系将比我们之前认为的要远得多。这项研究已经被其他尼安德特人化石的线粒体 DNA 所证实。[14]

但是，线粒体 DNA 只是这个故事的一部分。在线粒体 DNA 测序成功后，人类遗传学家斯万特·佩博（Svante Pääbo）和同事们开始尝试从尼安德特人身上取得和测序核 DNA（nuclear DNA）。在经历了几次挫折之后，佩博与合作者在 2009 年宣布，他们成功地对两个尼安德特女性的核 DNA 进行了测序。[15] 对尼安德特人 DNA 的分析仍在进行，但目前为止，研究人员已发现尼安德特人和现代人类拥有相同版本的 *FOXP2* 基因，这表明一些尼安德特人可能具有与现代人类相似的语言能力。[16] 尼安德特人的肤色较白，至少有一些的头发是红色的。[17]

然而，尼安德特人与现代人类的核 DNA 也有一些显著的差异。例如，尼安德特人显然缺乏属于现代人类的新版本的微脑磷脂（microcephalin）基因，这种基因与大脑发育有关。[18] 对核 DNA 的初步分析表明，现代人类的祖先和尼安德特人在 50 多

6. Spencer 1984.
7. Trinkaus 1985.
8. Stringer 2000.
9. Trinkaus and Shipman 1993a; 1993b.
10. F. Smith 1984, 187.
11. Trinkaus 1984, 251－253.
12. Krings et al. 1997.
13. Ibid.
14. Ovchinnikov et al. 2000; Green et al. 2008.
15. Pennisi 2009.
16. Krause et al. 2007.
17. Lalueza-Fox et al. 2007.
18. Pennisi 2009.

面部重建

你有没有想过我们是如何知道早期人类是什么样子的？这本书的好些地方都附上了相关的图片，但是艺术家们是如何决定雕塑或绘画内容的呢？答案就在法医人类学领域，尤其是面部重建（facial reconstruction）领域。

面部重建的基础是对头部肌肉组织和软组织厚度的了解，相关知识在许多年里（第一次这样的分析是在 1895 年完成的）来自对尸体的研究，近年来对活着的人进行的磁共振图像分析也有所贡献。通过这些测量，法医人类学家确定了颅骨上 21 到 34 个地方的软组织平均厚度。面部重建的第一步是在要重建的颅骨的模型上标记这些位置，插上与该位置肌肉和软组织厚度相同长度的钉子。然后，人们用黏土覆盖头骨，覆盖厚度就是这些钉子的长度（面部肌肉系统首先在更复杂的重建中建模，然后人们按照钉子的长度用黏土来代表软组织）。

鼻子的大小和形状是根据鼻口的大小和形状重建的。嘴唇和耳朵的大小和形状较难确定，而头骨本身几乎不能告诉法医人类学家关于头发或眼睛颜色的任何信息，也无法体现这个人是

否有面部毛发，头发是如何修剪的。面部重建的这些方面需要一些艺术直觉，了解这个人的一些信息是有帮助的，比如性别、年龄和种族。

但是，古人类呢？用现代人类头骨重建面部的标准测量方法不一定适用于古代人类的头骨。对此，法医人类学家必须回到面部重建的基础——肌肉和软组织。当重建古人类的面部时，法医人类学家首先要仔细重建头部肌肉组织，通常要借助现代类人猿的比较解剖学。一旦肌肉就位，腺体、脂肪组织和皮肤就被添加进来，面部就开始成形。从鼻口的大小和形状来看，古人类鼻子的大小和形状与现代人类非常相似。然而，嘴唇、耳朵、眼睛和头发就几乎只能靠猜测了——我们真的无法知道我们的祖先有多少毛发，嘴唇是像我们一样丰满还是像其他类人猿一样薄，耳朵是大还是小。

尽管其基于对化石中可能存在的肌肉解剖学的研究，以及对现代人类和类人猿的比较解剖学的研究，我们还是应该认识到重建古代面孔在一定程度上是一种艺术行为。例如，我们永远无法确定直立人到底长什么样。我们不知道它们有多少毛发，也不知道它们是如何"设计发

型"的。我们不知道它们的耳朵是否和我们的一样。我们不知道它们眼睛或皮肤的颜色。这就是为什么对远古人类的重建方式各不相同。我们看到重建的图像时，需要记住，那些是基于知识的猜测，可能

带有偏见，不一定是对古代人类的真实描绘。

（资料来源：
Prag and Neave 1997；
Moser 1998.）

1929 年在芝加哥菲尔德博物馆（Field Museum）展出的布勒对尼安德特人的重建，说明了化石重建是多么主观。该重建错误地暗示尼安德特人不能伸直膝盖，比我们今天所知道的要原始得多
（图片来源：Photo by Ian Tattersall. Courtesy Dept. of Library Services, American Museum of Natural History）

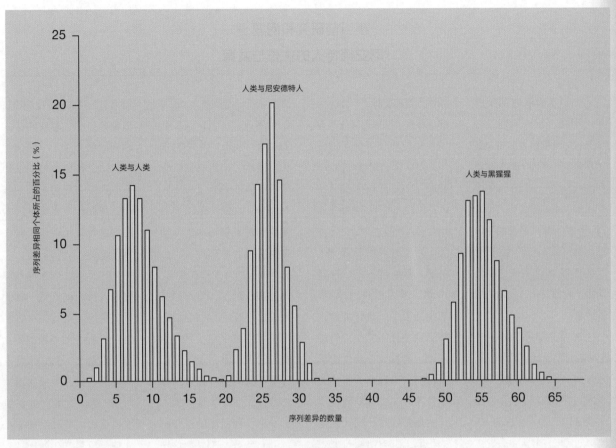

图 10-3　人类、尼安德特人和黑猩猩线粒体 DNA 序列的差异
横轴表示序列差异的数量，纵轴表示拥有相同数量序列差异的个体所占的百分比（资料来源：Krings 1997, 25）

万年前开始分化，此后两个群体几乎没有混合。[19]

　　来自欧洲和近东的考古发现似乎也表明尼安德特人和现代人类是不同的物种。几十年来，人们已经知道，在黎凡特（Levant）地区的一些相同地点发现了现代人类和尼安德特人的化石，而最近年代测定技术的进步和新发现的化石更清楚地表明，这两种人科动物曾经共存。事实上，以色列迦密山（Mount Carmel）地区的几个洞穴中既有现代人类的活动痕迹，也有尼安德特人的活动痕迹。这两个人科群体在近东也许共存了 3 万年之久，而且没有杂交，也没有在工具技术方面进行共享，这充分说明二者属于不同的物种。[20] 欧洲的发现可能证实了这一判断。早期现代人类移居欧洲后，似乎取代了生活在那里的尼安德特人。随着被认为与现代人类

有关的石器遗址的范围的扩大，欧洲各地与尼安德特人有关的石器遗址消失了。[21] 值得注意的是，欧洲最晚被现代人类定居的地区（伊比利亚）出土了迄今发现的最晚的尼安德特人化石，其年代在大约 3 万年前。[22]

　　既然所有这些证据都指向尼安德特人和现代人类不属于同一物种，那么，为什么人们还在争论呢？在某种程度上，这是因为还没有出现决定性的证据，而且很多证据可以用另外的方式解释。也有证据表明，尼安德特人与现代人在生理上并

19. Serre et al. 2004; Hodgson and Driscoll 2008.
20. Tattersall 1999, 115 – 116; Gibbons 2001.
21. Mellars 1996: 405 – 419.
22. Mellars 1998.

尼安德特人的生长与发育

许多学者认为尼安德特人不属于智人的理由之一是，尼安德特人的物质文化不像生活在同一时期的早期现代人类那么复杂。考虑到当代人类的很多行为都是在漫长的婴幼儿依赖期习得的，尼安德特人是不是比现代人类成熟得更快，因而可用于习得文化行为的时间较少？

古人类学家南希·米努–珀维斯（Nancy Minugh-Purvis）决定通过研究尼安德特人头骨和面部的生长发育来验证这一观点。米努–珀维斯对尼安德特人生长发育的研究之所以可行，很大程度上是因为尼安德特人可能对死者进行了埋葬。在考古记录中，青少年和婴幼儿的骨骼非常罕见，而且往往保存得不好。青少年和婴幼儿的许多骨骼还在生长，因此相对比较脆弱。青少年和婴幼儿的骨头也比成年人的骨头要小，尸体更容易被食腐动物吃掉。但是，由于尼安德特人可能埋葬了尸体，因此现在有一些保存完好的青少年和婴幼儿骨骼可供研究。事实上，米努–珀维斯找到了100多具尼安德特人的骨骼，其年龄从新生儿到年轻人不等。

为了记录尼安德特人从婴儿期到成人期的头骨和面部发育过程，米努–珀维斯用了一套标准的人体测量指标来测量现有的化石。她发现，新生的尼安德特人与现代人类的差别并不大，但尼安德特婴儿的颅骨往往比现代人类的更厚，肌肉组织可能也更发达。成年尼安德特人的许多更引人注目的特征——大脸，突出的鼻子，眉脊和长长的头骨——在婴儿中并不存在。到了儿童期，这些典型的尼安德特人特征开始出现。例如，来自比利时昂日（Engis）遗址的一名4岁的尼安德特人已经有了眉脊。来自法国拉昆塔（La Quinta）遗址的一名7岁儿童不仅有眉脊，而且鼻子和脸都大而突出，头骨也很长。最后，来自乌兹别克斯坦特希克-塔什（Teshik-Tash）遗址的一名10岁儿童具有尼安德特人的所有典型特征，除体型外，与成年尼安德特人基本相同。

简而言之，尼安德特人出生时与现代人类相似，但在大约10岁时，尼安德特人已经发展出了与现代人类不同的所有惊人的身体特征。尼安德特人的生长发育让我们知道了些什么？米努–珀维斯认为这与现代人类的成长轨迹很像。事实上，她认为尼安德特人的面部和头骨与现代人类的许多生理差异，其原因可能不是遗传差异，而是行为差异。尼安德特人的牙齿显示出磨损，这表明它们曾将牙齿用作工具，尤其是在用手工作的时候可能会用牙咬着东西。它们的牙齿与颌部显然承受着相应的巨大压力。米努–珀维斯认为，尼安德特人面部的颌部突出、肌肉组织发达，是因为它们从幼年时期就将牙齿与颌部当作工具使用，而不是因为尼安德特人和现代人类在发育过程中有差异。

然而，尼安德特人与现代人类之间还有一些差异，是无法用行为来解释的。从米努–珀维斯的研究中可以看出，尼安德特人确实比现代人类成熟得稍微快一些。但是，成熟速度是否足以解释尼安德特人缺少复杂文化的现象？尼安德特人是因为成长得太快而没有足够时间习得文化吗？米努–珀维斯认为这些差异并没有那么显著，必须寻找其他因素来解释尼安德特人和现代人类在文化复杂程度上的差异。

（资料来源：Minugh-Purvis 2009; Trinkaus 1987b; Stringer and Gamble 1993.）

没有太大的不同（参见专题"尼安德特人的生长与发育"）。然而，也许更重要的是，尼安德特人文化——通常根据当时的主要工具技术被称为"旧石器时代中期"的文化——的一些特征与早期现代人类的文化相似。

旧石器时代中期的文化

与欧洲和近东尼安德特人有关的文化史时期传统上被称为**旧石器时代中期**（Middle Paleolithic），该时期的年代在约30万至4万年前。[23] 对于非洲同

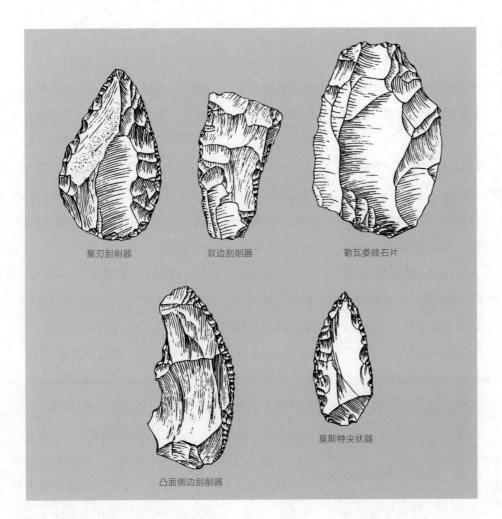

图 10 - 4　典型的莫斯特文化石器 石片得到了小心的修整，通常在两面都做修整。莫斯特工具与尼安德特人有关，是考古学家所称的旧石器时代中期文化的一部分，距今约 20 万到 3.5 万年

聚刃刮削器　　　　双边刮削器　　　　勒瓦娄哇石片

凸面侧边刮削器　　　　　　莫斯特尖状器

一时期的文化，人们则用"石器时代中期"（Middle Stone Age）来指代，不用"旧石器时代中期"。这一时期的工具组合在欧洲和近东被普遍称为"莫斯特文化"（Mousterian），在非洲被称为"后阿舍利文化"（post-Acheulian）。

工具组合

莫斯特文化

人们在法国西南部多尔多涅（Dordogne）地区勒穆斯捷（Le Moustier）的一个岩棚中发现了一系列工具，"莫斯特工具组合"因此得名。与阿舍利工具组合相比，莫斯特工具组合的手斧、劈刀等大型石核工具所占比例较小，刮削器等小型石片工

具所占比例较大。[24] 虽然有许多石核上砸落的石片被"按原样"使用，但莫斯特文化的石片往往经过了改变或"修整"（见图 10-4）。[25] 对刮削器磨损情况的研究表明，许多刮削器是用来剥兽皮或加工木头的。某些工具（特别是尖状器）的一边经过了磨薄或塑形，这表明它们可能有柄或把手。[26]

在阿舍利时代末期，一种技术的发展使工具制造者能够根据预先设定的尺寸生产出石片工具，而不是只能从石核上胡乱剥下石片。这种技术被称为"勒瓦娄哇技术"（Levalloisian method），工具制

23. Strauss 1989.
24. Schick and Toth 1993, 288 - 292.
25. Klein 1989, 291 - 296.
26. Schick and Toth 1993, 288 - 292; Whittaker 1994, 30 - 31.

造者先把石核敲打成一定形状，在一端形成"打击台面"，然后，预先设定的标准尺寸的石片就可以被敲下来。尽管一些勒瓦娄哇石片的历史可以追溯到40万年前，但勒瓦娄哇石片更常见于莫斯特文化的工具组合中。[27]

一些遗址中出土的工具组合可以被描述为莫斯特工具，但一个遗址中的刮削器、尖状器等工具可能多于或少于另一个遗址。许多考古学家提出了形成这种差异的可能原因。例如，莎莉·宾福德（Sally Binford）和路易斯·宾福德（Lewis Binford）认为不同的遗址可能被用于不同的活动。有些遗址可能是屠宰动物的场所，有些则可能是营地；因此，在不同的遗址中发现的工具类型应该有所不同。[28]保罗·菲什（Paul Fish）认为，一些遗址中之所以有更多使用勒瓦娄哇技术制造的工具，可能是因为那里有较多大块的燧石。[29]

非洲的后阿舍利文化

像莫斯特工具一样，非洲石器时代中期的许多后阿舍利工具都是采用勒瓦娄哇技术，从经过塑形的石核上剥离石片制成的。工具组合中，最多的还是各种类型的石片工具。人们对南非南部海岸的克莱西斯河（Klasies River）河口附近地区的这类工具进行了详细的描述。这片区域内有早期和晚期智人居住的岩棚和小洞穴。其中一个洞穴中最古老的文化遗存可以追溯到12万年前。[30]这些最早的工具包括双侧平行的石片（可能被用作刀）、尖状石片（可能被用作矛尖）、雕刻器（类似凿子的工具），以及刮削器。在南非边境洞穴（Border Cave）发现的类似工具可能是20万年前使用的。[31]

住宅遗址

在欧洲和近东出土的旧石器时代中期的住宅遗址大多位于洞穴和岩棚中。在撒哈拉以南非洲出土的

石器时代中期的住宅遗址也是如此。我们可能因此得出结论，认为尼安德特人（以及许多早期现代人类）主要生活在洞穴或岩棚中。但是，这个结论可能是不正确的。在考古记录中，洞穴和岩棚的作用可能被高估了，因为它们比那些原本在野外，但现在被数千年的数米深的沉积物所掩盖的遗址更容易被发现。随着时间推移，沉积物由尘土、碎屑和腐烂物堆积而成；正如我们掸去家具上的灰尘并用吸尘器吸地板一样，我们也需要清除被掩盖的遗址上的沉积物。

尽管如此，我们知道许多尼安德特人一年中至少有一段时间住在洞穴里。例如，在法国的多尔多涅河沿岸就有这种情况存在。这条河在那个地区的巨石上冲刷出深深的山谷。悬崖下面是岩棚，有悬挑的洞顶和深深的洞穴，其中许多是在旧石器时代中期被占据使用的。即使居民没有整年都待在这里，这些岩棚似乎也年年得到使用。[32]虽然有证据表明在早期文化中使用过火，但旧石器时代中期的人类似乎更依赖火。在许多岩棚和洞穴中都有厚厚的灰层，也有证据表明灶曾被使用以提高用火的效率。[33]

很多尼安德特人的居所位于开阔区域。在非洲，露天遗址位于泛滥平原、湖泊边缘和泉水附近。[34]在欧洲，特别是东欧，发现了许多露天遗址。位于摩尔多瓦的一个著名遗址的居住者住在河谷的房屋里，房屋的框架是木制的，外面覆盖着兽皮。猛犸象（现已灭绝的大型大象）的骨头环绕着灶的遗迹，可能是用来固定兽皮的。尽管当时附近的冰川边缘在冬季很冷，但仍然有动物可以捕猎，因为动物吃的植物并没有被深雪掩埋。

猎人们很可能在夏天搬到河谷间地势较高的地方。高地很可能是大群动物的牧场，那些动物是摩尔多瓦猎人们的主要肉食来源。在冬季河谷遗址，考古学家发现了狼、北极狐和野兔的骸骨，它们的爪子都不见了。这些动物的皮毛可能被用来制作衣服。[35]

获取食物

尼安德特人和早期现代人类获取食物的方式可能因环境而异。在非洲，其生活环境是稀树草原和半干旱的沙漠。在西欧和东欧，尼安德特人和早期现代人类必须适应寒冷；在冰川扩张期间，其生活环境大部分是草原和苔原。

与今天北方国家的苔原带相比，那一时期欧洲环境中的动物资源丰富得多。实际上，尼安德特人居住时期的欧洲环境中充满了大大小小的猎物。苔原和高山动物包括驯鹿、野牛、马、猛犸象、犀牛和鹿，以及熊、狼和狐狸。[36] 在一些欧洲遗址也发现了鸟类和鱼类的遗骸。例如，在德国北部的一个夏季营地里，留下了猎杀天鹅和鸭子，以及捕捞鲈鱼和梭子鱼的痕迹。[37] 然而，对于欧洲尼安德特人可能食用的植物，我们知之甚少；植物的遗存不太可能在非干旱环境中保存数千年。

在非洲，早期智人获取食物的方式也不尽相同。例如，我们知道，生活在南非克莱西斯河河口的人们会吃贝类，也吃小型食草动物（如羚羊）和大型食草动物（如大羚羊和野牛）的肉。[38] 但是，克莱西斯河畔的居民在开始入住那里的洞穴时是如何获得肉食的，考古学家们的看法不一。

理查德·克莱因（Richard Klein）认为早期智人既捕猎大型动物，也捕猎小型动物。克莱因推测，由于在克莱西斯河遗址的洞穴 1 中发现了各个年龄段的大羚羊的残骸，当时的人很可能是把大羚羊赶到畜圈或其他陷阱中猎杀的，在那里，各个年龄段的动物都可以被杀死。克莱因认为捕猎野牛的方式是不同的。野牛喜欢冲撞攻击者，因此很难被赶到陷阱中。克莱因认为，洞穴中发现的大多是幼年和老年野牛的骨头，由此可见，猎人只能跟踪并杀死最脆弱的动物。[39]

路易斯·宾福德认为，克莱西斯河畔的人们只捕猎小型食草动物，并捡食已经死去的野牛、大羚

尼安德特人似乎狩猎过各种各样的猎物。这幅重建图描绘的是两个尼安德特人正在袭击一头被困在坑里的乳齿象
（图片来源：Dallas and John Heaton/Stock Connection）

羊等大型食肉动物的肉。他认为，遗址应该包含所有或几乎所有被猎杀的动物的骨头。宾福德主张，由于在遗址中只发现了比较完整的小型动物的骨骼，一开始的时候，克莱西斯河畔的居民吃的动物并不都是捕猎来的。[40]

但是，有证据表明，人类早在 40 万年前就开始狩猎大型动物。在德国发现的古老的木制长矛，是与石器和十几匹被宰杀的野马的遗骸放在一起的。这些重矛有点像现代的空气动力标枪，这表明它们可能被扔向马等大型动物，而不是小动物。这一新的证据有力地表明，狩猎行为，而不只是食腐，可能比考古学家曾经认为的还要古老。[41]

27. Klein 1989, 421 – 422.
28. Binford and Binford 1969.
29. Fish 1981, 377.
30. Butzer 1982, 42.
31. Phillipson 1993, 63.
32. 关于多尔多涅河流域的居民是否全年都住在基地的争论，参见 Binford 1973.
33. Schick and Toth 1993, 292.
34. Klein 1977.
35. Klein 1974.
36. Bordes 1961.
37. T. Patterson 1981.
38. Phillipson 1993, 64.
39. Klein 1983, 38 – 39.
40. Binford 1984, 195 – 197. Klein, 1983 解释了缺乏大型动物完整骨架的原因，他认为猎人可能在其他地方宰杀了大型动物，因为只能将小块的肉带回家。
41. Wilford 1997.

葬礼和其他仪式？

一些尼安德特人似乎是被专门埋葬的。在勒穆斯捷发现了一具十五六岁男孩的骨架，手旁边有一把造型优美的石斧。在拉费拉西（La Ferrassie）洞穴，五名儿童和两名成人显然被一起葬在一个家庭墓地里。这些发现，连同伊拉克沙尼达尔洞穴的一些发现，引发了人们对存在葬礼仪式的可能性的猜测。

沙尼达尔洞穴最重要的证据是一个人身体周围和上面的花粉。花粉分析表明，这些花包括现代麝香兰、矢车菊、蜀葵、千里光的祖先形式。约翰·法伊弗（John Pfeiffer）就这些发现推测道：

> 经过特殊的仪式，一个颅骨严重破碎的人被深埋在洞穴里。大约 6 万年前的一个春日，

他的家人到山里去采摘野花，把花铺在地上，以此作为逝者的安息之所。他的墓上可能还放着别的花，还有一些似乎是用一棵松树的树枝编成的花环。[42]

我们能肯定这些是事实吗？并不能。我们实际上只知道在遗体周边有花粉。这可能是因为人类在坟墓里放了花，也可能是因为其他原因，甚至是出于偶然。一些学者认为，沙尼达尔的其他墓葬实际上是由于岩崩而被困在洞穴里至死的人的遗骸——根本不是有意的埋葬，而完全是意外。[43]

尼安德特人可能也参与过其他仪式，但是，就像葬礼一样，相关的证据是模糊的。例如，在瑞士阿尔卑斯山脉的德拉肯洛奇（Drachenloch），人们发现了一个石砌的洞穴，里面有七只洞熊的骨头

堆叠在一起，这些骨头与尼安德特人的居住地有关。为什么要保存这些头骨？原因之一可能是尼安德特人将其用于安抚或控制洞熊的仪式。洞熊体型巨大，大约有 2.7 米高，它们与尼安德特人争夺主要的洞穴栖息地。也许尼安德特人在洞穴中保存杀死的洞熊的头骨，是为了纪念或安抚洞熊或它们的灵魂。但是，就像葬礼仪式一样，这样的证据并不完全具有说服力。在我们的社会里，有些人可能会在没有任何相关仪式的情况下把鹿或麋鹿的头挂在墙上。目前，我们还不能确定尼安德特人是否有仪式行为。[44]

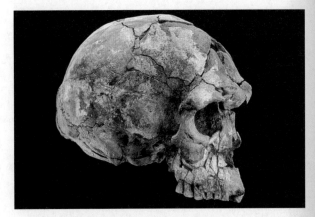

图为在埃塞俄比亚发现的智人头骨，这是目前发现的最古老的智人化石，年代在 16 万年前（图片来源：© 2001 David L. Brill/Atlanta）

现代人类的出现

大约 3.5 万年前出现在西欧的**克罗马农人**，曾经被认为是现代人类或晚期智人的最早实例。（克罗马农人的名字来源于 1868 年首次发现相关化石的法国岩洞。[45]）但我们现在知道，长相现代的人类在更早的时候就出现在欧洲以外的地区了。到目前为止，被无争议地归类为智人的最古老化石来自埃塞俄比亚，其年代大约在 16 万年前。[46] 在南非克莱西斯河河口洞穴中发现的一些化石可能有 10 万年的历史。[47] 在南非的边境洞穴中还发现了其他年代大致相同的智人化石。[48] 在以色列的斯虎尔（Skhul）和卡夫扎（Qafzeh）两个遗址发现的解剖学意义上的现代人类（晚期智人）的遗骸，可能有 9 万年的历史。[49] 在加里曼丹岛的尼亚（Niah），也发现了解剖学意义上的现代人类，距今约 4 万年；而在澳大利亚的蒙哥湖（Lake Mungo）发现的现代人类，距今约 3 万年。[50]

这些长相现代的人类与尼安德特人和其他早期智人的不同之处在于，其额头更高、更鼓，骨头更细、更轻，脸及颌部更小，有下巴（脸部不再突出后留下的骨突起），只有较细的眉脊（或者根本没有眉脊，见图 10-2）。

有关现代人类起源的理论

人类学家围绕关于现代人类起源的两种理论争论不休。其中一种理论可以称为"单地起源理论"，持这种观点的人认为现代人类起源于旧大陆的一个地区，然后扩散到其他地方，取代了尼安德特人。（一般认为非洲是现代人类的起源地。）第二种理论被称为"多地起源理论"，持这种理论的人认为，直立人走出非洲后，旧大陆的不同地区都进化出了现代人类。[51]

单地起源理论

根据单地起源理论，尼安德特人并没有进化成现代人类，而是在 3 万年前灭绝，被现代人类取代。多年来，随着新化石的发现，人们推测的现代人类的起源地发生了变化。在 20 世纪 50 年代，人们认

42. Pfeiffer 1978, 155.
43. Trinkaus 1984.
44. Chase and Dibble 1987.
45. Stringer et al. 1984, 107.
46. Singer and Wymer 1982, 149.
47. Gibbons 2003.
48. Bräuer 1984, 387 – 389, 394; Rightmire 1984, 320.
49. Valladas et al. 1988.
50. Stringer et al. 1984, 121.
51. 支持单地起源理论的论据，请参阅 Günter Bräuer, F. Clark Howell, and C. B. Stringer et al., in F. Smith and Spencer 1984 中的相关论述。支持多地起源理论的论据，请参阅同一卷中 C. L. Brace et al., David W. Frayer, Fred H. Smith, and Milford H. Wolpoff et al. 的相关论述。

为源种群（source population）是近东的尼安德特人——"广义的"或"先进的"尼安德特人。后来，在非洲发现早期智人的化石后，古人类学家假设现代人类首先出现在非洲，然后迁移到近东，再从那里迁移到欧洲和亚洲。单地起源论者认为，最初的一小群智人具有某种生物学或文化上的优势，或者两者兼而有之，因此可以扩散开来并取代尼安德特人。

单地起源理论的主要证据来自现存人类的基因。1987年，丽贝卡·卡恩和同事们提出证据，证明来自美国、新几内亚、非洲和东亚的人的线粒体DNA存在差异，这表明他们的共同祖先仅生活在20万年前。卡恩和同事们进一步提出，由于个体之间线粒体DNA的差异在非洲人口中最大，所有人的共同祖先都生活在非洲。[52]（通常情况下，生活在本土的人群表现出的差异比任何移民人群的后代都要大。）由此诞生了被媒体称为"线粒体夏娃"和"夏娃假说"的现代人类起源故事。当然，并不是只有一个"夏娃"；她这一代中肯定不止一个人有类似的线粒体DNA。

早期的线粒体DNA研究存在许多问题，但研究者多年来对这些问题进行了修正，并进行了新的、更好的线粒体DNA分析。现在大多数学者同意，现代人的线粒体DNA差异程度非常小（事实上，还不到大多数黑猩猩种群间差异的一半），这有力地表明我们都有一个非常近的共同祖先。[53]通过更详细地分析现代人线粒体DNA的多样性，学者们得以确定世界各地当代人口的祖先，这些分析还指出现代人类起源于东非，随后扩散到不同地区。[54]

现代人类起源于东非而后扩散，这种说法的证据也来自对Y染色体差异的研究。Y染色体是决定一个人是不是男性的染色体。女性从母亲和父亲那里都继承了X染色体，而男性从母亲那里继承了X染色体，从父亲那里继承了Y染色体。只有男性有Y染色体，因为一个男性身上只有一个拷贝，所以Y染色体是唯一不会发生重组的核染色体，就像线粒体DNA一样。虽然Y染色体可能会受到选择的影响，但人们认为Y染色体的大多数变异，正如线粒体DNA的变异，都是由随机突变引起的。因此，Y染色体的变异可以用与线粒体DNA变异非常相似的方法来分析。[55]

针对Y染色体变异的研究结果在很大程度上呼应了线粒体DNA的变异情况。对Y染色体变异的分析表明，非洲是现代人类的发源地，现代人类从非洲向各处迁徙。线粒体DNA研究和那些使用Y染色体的研究之间的一个主要区别，在于对最近的共同祖先的年代测定。如前文所述，对线粒体DNA的研究表明，人类最近的共同祖先生活在大约20万年前，而对Y染色体的研究表明，人类最近的共同祖先生活在大约10万年前。[56]更多的研究，包括针对核DNA变异的新研究，可能有助于解决这些分歧。然而，就目前而言，似乎很清楚的是，现代人类基因库只有一个来源，而且是最近才出现的，那就是非洲。[57]

对尼安德特人的线粒体DNA的分析，以及表明尼安德特人与现代人类在欧洲和近东没有明显互动的考古证据，都倾向于支持单地起源理论。来自非洲埃塞俄比亚的15万至20万年前的智人骨骼材料进一步支持了单地起源理论。[58]然而，这些证据并不一定与人类多地起源理论相矛盾。

多地起源理论

根据多地起源理论，旧大陆不同地区的直立人逐渐进化成解剖学意义上的现代人类。少数继续支持这一理论的学者认为，"过渡性"或"古"智人和尼安德特人代表着朝向更"现代"的解剖学特征逐步发展的阶段。事实上，正如前文提到的，这些学者中有一些人认为直立人与现代人类之间有很强的连续性，因此把直立人归为智人直立亚种。

连续性是多地起源论者用来支持其立场的主要证据。在世界上的一些地方，直立人和智人的一些骨骼特征似乎有明显的连续性。例如，与世界其他地方的标本相比，来自中国的直立人化石的脸更宽，颧骨更平，这些特征也出现在现代中国人口中。[59]多地起源论者认为，东南亚提供了更有说服力的证据。在那里，一些特征——相对较厚的颅骨、向后退缩的前额、连续的眉脊、前突的面部、相对较大的颧骨和相对较大的臼齿——似乎从直立人一直延续到现代人类（见图10-5）。[60]但也有人认为，不能仅凭这些特征就认为直立人到现代人类的独特连续性出现在东南亚，因为这些特征在世界各地的现代人类身上都有发现。还有一些人认为这些特征并

不像多地起源论者所宣称的那样相似。[61]

为了佐证他们的观点，多地起源论者提出，线粒体 DNA 和 Y 染色体证据支持现代人类的多区域进化理论，而非单地起源理论，由现代人类的遗传变异可知，当时离开非洲迁徙的是直立人，而不是智人。这一解释意味着线粒体 DNA 和 Y 染色体的公认突变率都是错误的，实际上两者的变异速度都比目前认为的要慢得多。[62]然而，这一解释并不符合已知曾在特定时间点定居新几内亚和澳大利亚的人类群体的线粒体 DNA 差异之间已确立的相关性，这些差异似乎符合公认的突变率，而人类与猿类分化的年代似乎也符合公认的更快的线粒体 DNA 突变率。

为了解释为什么人类的进化会在旧大陆的不同地方逐步朝着相同的方向发展，多地起源论者指出，旧大陆各地都发生了切削工具和烹饪技术的文化进步。这些文化上的进步，可能让先前对头部厚重骨骼和肌肉组织的自然选择放松了一些。他们的论点是，许多动植物食品如果不被切成小块并在高温中彻底煮熟，就很难咀嚼和消化，因此人类原本需要强壮的颌骨和厚重的头骨来支撑大块肌肉，才能咬开和咀嚼食物。但在人们开始更有效地切割和烹饪之后，强健的骨骼和肌肉就不再必要了。[63]

中间理论

对于现有的化石记录，并不是只有单地起源和多地起源理论这两种可能的解释。还有一种中间的

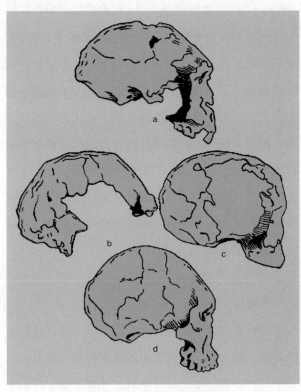

图10-5　区域连续性的化石证据

东南亚和澳大利亚群体的连续性：（a）直立人的头骨化石，（b）早期智人的头骨化石，（d）现代智人的头骨化石，都来自东南亚和澳大利亚，这些化石有类似的额头、眉脊、枕骨和面部形状；而来自非洲的头骨化石［在图中以早期智人头骨（c）为代表］则形态各异。50 多万年里东南亚和澳大利亚群体的相似之处更支持区域连续性的观点，而不是种群更替的观点

52. Cann et al. 1987.
53. Vigilant et al. 1991.
54. Stoneking 1997.
55. Hammer and Zegura 1996.
56. Hammer and Zegura 2002.
57. Cavalli-Sforza and Feldman 2003.
58. Stringer 2003.
59. Wolpoff 1999, 501–504, 727–731; Frayer et al. 1993.
60. Wolpoff 1999, 735–743; Frayer et al. 1993.
61. D. Lieberman 1995.
62. Templeton 1993.
63. Trinkaus 1986.

解释是：可能有一些种群被其他种群取代，有一些维持局部的持续进化，走出非洲的早期现代人类群体与在北非、欧洲和亚洲遇到的群体之间也发生了一些杂交。[64] 正如生物学家艾伦·坦普尔顿（Alan Templeton）所指出的，关于单地起源与多地起源的争论

> 是基于这样一种神话，即化石系列中物理特征的更替，只会发生在一个种群取代另一个种群（比如通过消灭来取代）时，然而，此类化石模式反映的，也可能是一种基因型通过基因流和自然选择取代另一种基因型的过程。在研究可以相互杂交的种群时，形态更替不应被等同于种群更替。[65]

值得注意的是，有关虱子遗传多样性的数据似乎支持人类起源的中间理论。正如在前一章关于早期人类毛发减少的讨论中提到的，唯一一种寄生在人类身上的虱子物种是人虱，它恰好有两种不同的遗传谱系。一种分布在世界各地，另一种只分布在美洲。这两种虱子的遗传谱系似乎在100多万年前就已经分化了。如果现代人类是在不到20万年前进化而来的（世界范围内的虱子谱系表明，虱子在大约10万年前经历了一些戏剧性的变化，这可能与现代人类离开非洲有关），那么，另一个谱系是如何延续的？一种解释是，那些虱子从亚洲一个原本孤立的直立人种群那里转移到了现代人类身上。[66] 但如果是这样的话，就意味着现代人类和古人类曾发生过非常密切的接触——要么是身体接触，要么是共用衣服。

尼安德特人经历了什么？

无论哪种理论（单地起源、多地起源或中间理论）是正确的，很清楚的都是，尼安德特人与现代人类（晚期智人）在欧洲和近东共存了至少2万年，甚至可能共存了6万年。尼安德特人经历了什么？我们假设了三个答案。第一，尼安德特人与现代人类杂交，独特的尼安德特人特征慢慢从杂交种群中消失。第二，尼安德特人被现代人类杀死了。第三，尼安德特人在与现代人类的竞争中灭绝。让我们来分别看看这些场景。

杂交

杂交似乎是最有可能的，但支持它的证据薄弱。如果现代人类和尼安德特人杂交，我们应该能够在化石记录中找到"杂交"个体。事实上，一群学者认为，一具来自葡萄牙的旧石器时代晚期的骨骼综合了现代人类和尼安德特人的特征。[67] 然而，这一发现仍然存在争议，因为这是一具儿童骨骼（大约4岁），其尼安德特人的特征尚未得到其他学者的证实。更重要的是，如果杂交假说是正确的，那么我们在本章讨论过多次的线粒体DNA分析一定是错误的。不过，最近对尼安德特人工具的研究表明，一些尼安德特人群体采用了被认为与现代人类有独特关联的工具制造新技术（我们将在下一章详细讨论这些技术）。[68] 如果尼安德特人曾向现代人类学习，那么两个群体间可能有过杂交，而尼安德特人可能被吸收进现代人类的群体的观点，其可信度就增加了。

大屠杀

现代人类对尼安德特人大行杀戮，导致其灭绝的场景，作为一个耸人听闻的故事很有吸引力，但几乎没有证据。从来没有发现过"被谋杀"的尼安德特人的骨骼化石，而且，尼安德特人如此强壮，相比之下现代人类那么纤弱，如果发生冲突，哪边能占上风还很难说。

灭绝

尼安德特人因竞争不过现代人类而灭绝的场景，似乎拥有最好的考古证据。正如我们之前讨论过的，在伊比利亚半岛上似乎存在着尼安德特人"难民"，其生活年代距今仅 3 万年左右。尼安德特人从近东、东欧以及西欧的"撤离"似乎佐证了"难民论"。[69] 更重要的是，体质人类学家埃里克·特林考斯（Erik Trinkaus）根据尼安德特人骨骼的物理特征及其可能的行为模式提出，尼安德特人的狩猎和采集效率不如现代人类。[70] 尼安德特人不仅在获取食物的效率上不如现代人类，而且可能需要更多的食物。史蒂夫·丘吉尔（Steve Churchill）认为，拥有结实身体和巨大肌肉的尼安德特人可能比现代人需要多 25% 的热量。[71] 如果这是真的，那么现代人类群体将能够比同一区域的尼安德特人更容易生存和繁殖，这可能会把尼安德特人赶走。当没有新的领土可去时，尼安德特人就会灭绝——这正是考古记录所显示的。[72]

但是，现代人类及其文化真的比旧石器时代中期的文化更有效吗？我们将在下一章看到，旧石器时代晚期似乎确实是人类文化演化的一个分水岭，这个时期的文化演化允许人类将物理边界拓展到世界各地，将智力边界拓宽到艺术和仪式领域。

小结

1. 大多数人类学家认为，直立人在大约 50 万年前开始进化成智人。但是，关于转变如何发生、在哪里发生，学者们仍有分歧。过渡性化石的混合特征包括较大的脑容量（完全在现代人类的范围内），以及较低的额头和较大的眉脊等直立人标本的特征。最早的无争议的智人出现在大约 16 万年前，他们看起来并不完全像现代人。

2. 在旧大陆的许多地方，包括非洲、亚洲和欧洲，都发现了智人的化石。其中一些智人的年代可能比生活在欧洲的尼安德特人更早。关于生活在西欧的尼安德特人是灭绝了，还是幸存下来并成为大约 4 万年前生活在西欧的现代人类的祖先，仍然存在争议。

3. 与欧洲和近东尼安德特人有关的文化史时期传统上被称为旧石器时代中期，该时期的年代在约 30 万至 4 万年前。对于非洲同一时期的文化，人们则用"石器时代中期"来指代。这一时期的工具组合在欧洲和近东被普遍称为"莫斯特文化"，在非洲被称为"后阿舍利文化"。与阿舍利工具组合相比，莫斯特工具组合的手斧、劈刀等大型石核工具所占比例较小，刮削器等小型石片工具所占比例较大。一些莫斯特文化的遗址显示出有意埋葬的迹象。

4. 在非洲、近东、亚洲、澳大利亚以及欧洲都发现了外观完全像现代人类的智人化石。这些化石中最古老的是在东非发现的，可能有 16 万年的历史。

5. 人类学家围绕关于现代人类起源的两种理论争论不休。一种是单地起源理论，该理论认为现代人类起源于旧大陆的一个地区（一开始说的是近东，近来，非洲已经成为公认的起源地），随后扩散到旧大陆的其他地方，取代了尼安德特人。另一种是多地起源理论，该理论认为现代人类起源于旧大陆的不同地区，后来成为我们今天所见的各类人群。

---

64. Eswaran 2002.
65. Templeton 1996. 另可参见 Ayala 1995; 1996。
66. Reed et al. 2004.
67. Duarte et al. 1999.
68. Bahn 1998.
69. Tattersall 1999, 198 – 203.
70. Trinkaus 1986；另可参见 Trinkaus and Howells 1979.
71. Culotta 2005.
72. Klein 2003.

第十一章
旧石器时代晚期的世界

欧洲、近东和亚洲被称为"旧石器时代晚期"（Upper Paleolithic）的文化史时期（见图 11－1）始于大约 4 万年前，终于新石器时代（新石器时代始于约 1 万年前，在不同地区开始的时间有所不同）。在非洲，与旧石器时代对应的文化史时期被称为"石器时代晚期"（Later Stone Age），可能开始得更早。在北美洲和南美洲，相应的时期始于人类首次进入新大陆，大约是在 1.2 万年前［这些定居者通常被称为"古印第安人"（Paleo-Indians）］，该时期一直持续到大约 1 万年前所谓"古代期传统"（Archaic traditions）出现的时候。为了简化术语，我们使用"旧石器时代晚期"来指代旧大陆这一时期所有地区的文化发展。

在许多方面，旧石器时代晚期的生活方式与之前时代的相似。人们仍然主要是通过狩猎、采集和捕鱼生存，可能生活在较小的游群（band）中。他们或是在露天场所搭建有皮毛遮蔽的茅屋，或是在山洞和岩棚中安营扎寨。他们继续制造石器，生产出的石器越来越小。

但是，旧石器时代晚期也有许多新的发展。其中最引人注目的是艺术的出现——在洞穴壁和石板上的绘画，以及用骨头、鹿角、贝壳和石头制成的雕刻工具、修饰物和个人装饰品。（也许出于这个以及其他目的，人们开始从遥远的地方获取材料。）由于旧石器时代晚期的考古遗址比以往任何时期都要多，而且一些旧石器时代晚期的遗址似乎比以往任何时期的都要大，许多考古学家认为，在旧石器时代晚期，人类人口有了相当大的增长。[1] 新的发明，如弓和箭、长矛投掷器，以及安装在手柄上的可更换的小石叶，也首次出现了。[2]

左图为艺术家重建的早期现代人类在洞穴壁上绘画的场景
（图片来源：American Museum of Natural History）

1. R. White 1982.
2. Strauss 1982.

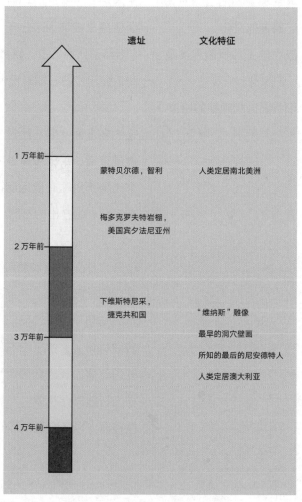

末次冰期

旧石器时代晚期的环境与今天大不相同。当时
地球处于末次冰期，冰川在欧洲覆盖的区域南至柏
林和华沙，在北美洲覆盖的区域南至芝加哥。这些
冰川前缘往南是苔原带，在欧洲延伸到阿尔卑斯山，
在北美洲延伸到欧扎克山脉（Ozarks）、阿巴拉契
亚山脉，直至大平原。在环境方面，当时的欧洲和
北美洲可能都与当代的西伯利亚和加拿大北部相似。
世界其他地方的气候环境没有那么极端，但仍然与
今天大为不同。[3]

首先，气候是不同的。当时的年平均气温比现
在低 10 摄氏度，洋流的变化也会使气温对比（夏季
和冬季月份气温的差异）更加极端。洋流的变化也
改变了天气模式，欧洲每年都要经历大雪。并非世
界各地都很寒冷；尽管如此，北方巨大冰原的存在
仍旧改变了全世界的气候。例如，当时的北非似乎
比今天更加湿润，而南亚则更加干燥。各地的气候
似乎变化都很大。[4]

旧石器时代晚期的动植物适应了这种极端的
环境。其中最重要、最引人注目的是大型狩猎动
物，它们统称为"更新世巨动物群"（Pleistocene
megafauna）。[5] 顾名思义，这些动物比它们生活在
当代的后代要大很多。例如，在北美，大地懒有 2.4

到 3 米高，重达几千磅（1 磅 ≈ 0.45 千克）。西伯
利亚猛犸象是在地球上生活过的最大的大象，它们
有的高达 4.3 米。在东亚，有披毛犀和大角鹿等物种。

图 11－1 旧石器时代晚期的地点与事件

旧石器时代晚期的欧洲

由于巨型动物有大量的肉以供食用，旧石器时代晚期的许多文化都依赖狩猎也就不足为奇了，这一点在欧洲旧石器时代晚期的人类身上表现得尤为明显。他们的生活方式代表了整个旧大陆的一种共同模式。但是，当人类开始在他们的环境中使用更加多样化的资源时，对当地资源的利用使得旧石器时代晚期的许多人类比他们的祖先更加倾向于定居生活。他们还开始与邻近的部落进行贸易，以获取自己领地上无法获得的资源。[6]

与已知的旧石器时代中期遗址的情况一样，大多数已发掘的旧石器时代晚期遗址都位于洞穴和岩棚中。在法国西南部，一些早期人类群体似乎用石头铺好了部分岩棚的地面。他们在一些洞穴中建造了帐篷状结构，这可能是为了御寒。[7]一些露天营地遗址也被挖掘出来。

位于现在的捷克共和国的下维斯特尼采（Dolni Vestonice）遗址可以追溯到大约 2.5 万年前，它是可以绘制出完整定居点示意图的最早的遗址之一。[8]这个定居点似乎由四个帐篷状的小屋组成，它们很可能是用兽皮做的，中间有一个巨大的露天灶。外面是猛犸象的骨头，一些猛犸象的骨头被打进了地里，这说明小屋周围可能有墙。骨头堆包括了大约 100 头猛犸象的骨头。每个小屋可能居住着一组彼此有亲属关系的家庭，人数在 20 到 25 人之间。（每个小屋长约 14 米，宽约 8 米，有 5 个灶，可能是每家一个。）每个小屋容纳 20 到 25 人，假设所有 4 个小屋同时被使用，这个定居点的人口将会是 80 到 100 人。

在离定居点不远的山上，有第五间不同类型的小屋。它是在地下挖出来的，里面有一个烤炉和 2 300 多片被火烧过的动物雕像碎片。这间小屋里还发现了一些中空的骨头，可能是乐器。这个定居点另一个值得注意的特征是，人们在那里发现了一个被埋葬的女人，其颜面已被损毁。她可能是一位特别重要的人物，因为人们发现定居点中央灶附近的一个象牙饰板上刻有她的样貌。

旧石器时代晚期的工具

旧石器时代晚期的工具制造似乎源于莫斯特文化和后阿舍利文化的传统，因为在许多旧石器时代晚期的遗址中都发现了石片工具。但是，旧石器时代晚期工具的特点是有大量的**石叶**（blade）工具；此外，还发现了雕刻器（burin）、骨器、鹿角工具和细石器（microlith）。另外，出现了两种新的工具制造技术——间接打击法（indirect percussion）和压制剥片法（pressure flaking）。石叶是在旧石器时代中期的工具组合中发现的，但直到旧石器时代晚期才得到广泛使用。虽然石叶可以用多种方法制作，但在旧石器时代晚期，使用锤子击打的**间接打击法**很常见。工具制造者将石核塑造成锥体或圆柱体后，将用鹿角、木头或其他坚硬材料制成的棒子放在要击打的位置上，然后用物体击打棒子。这样做很容易控制力道，因此工具制造者能够砸下形状一致的石叶，这些石叶的长是宽的两倍多。[9]（见图 11-2）

旧石器时代晚期也以生产大量的骨头、鹿角和象牙工具而闻名；由骨头制成的针、锥和鱼叉首次出现。[10]这些工具的制造可能由于许多种类的雕刻器的发展而变得更容易。**雕刻器**是用于雕刻的凿子状石器；骨针、鹿角针、锥子和石制抛掷尖物都可以用它们来制作。[11]在旧石器时代中晚期的遗址中

3. Dawson 1992, 24 – 71.
4. COHMAP 1988.
5. Martin and Wright 1967.
6. Mellars 1994.
7. T. Patterson 1981.
8. Klima 1962.
9. Whittaker 1994, 33; Schick and Toth 1993, 293 – 299.
10. Whittaker 1994, 31.
11. Bordaz 1970, 68.

图 11 - 2 从石核上剥取石叶的一种方法是间接打击法。
受到击打的物体是由骨头或角制成的棒子
（资料来源：Fagan 1972）

一些考古学家认为，之所以采用石叶技术，是因为这样可以更经济地使用燧石。巴黎人类博物馆（Musée de l'Homme）的安德烈·勒鲁瓦-古朗（André Leroi-Gourhan）计算出，采用古老的阿舍利技术，用一块 0.9 千克重的燧石能制造出约 40 厘米的切削刃，只能制作两把手斧；如果使用更先进的莫斯特技术，同样大小的石块能做成 1.8 米的切削刃；用旧石器时代晚期的间接打击法，则可以制造出 23 米的切削刃。[14] 采用新技术，同样数量的材料可以生产出数量多得多的工具。在缺乏大型燧石矿床的地区，从一种宝贵的资源中获取最大的价值可能是特别重要的。而且，如果人口在增长，这本身就意味着需要生产更多的工具和更多的切削刃。

雅克·博尔达（Jacques Bordaz）认为，随着工具制造技术的不断发展，人们可以从一块燧石中

都发现了雕刻器，但种类繁多的大量雕刻器只见于旧石器时代晚期的遗址。

压制剥片法也出现在旧石器时代晚期。压制剥片法不是像以前的技术那样使用敲击法去剥落石片，而是通过在工具边缘用骨头、木头或鹿角工具施加压力来去除小石片。压制剥片通常会用在修整工具的最后阶段。[12]

随着时间的推移，在旧大陆各地，越来越小的石叶工具被生产出来。其中非常小的工具叫作细石器，经常被装在把手上，人们一次使用一片或几片，将其用作矛、扁斧、刀和镰刀。要把石叶装在把手上，就需要发明一种方法来修整石叶的后部边缘，使其变钝，不再锋利。这样，石叶在被插入把手时就不会破坏把手；经修整后变钝的石叶，让不用把手的使用者也不至于割伤自己。[13]

旧石器时代晚期的骨针和矛或鱼叉尖。旧石器时代晚期的人们比他们的祖先制造了更多种类的工具

获得更多可用的切削刃，这一点意义重大，因为这样一来，人们就能在没有燧石的地区停留更久。采用石叶工具制造技术的另一个原因可能是，这一技术让工具维修变得容易了。例如，一个工具的切削刃可能由一排像剃刀一样的细石器组成，这些细石器被固定在一块木头上。如果切削刃上的一个细石器断了或被削掉了，工具就无法使用。但是，如果使用者随身携带一个事先准备好的小石核，就能利用石核敲击出一个同样大小的细石器，用它来代替丢失或损坏的细石器，修好这个工具。矛尖丢失了，也可以用同样的方法修复。因此，石叶工具制造技术的主要目的可能不是更经济地使用燧石，而是使损坏的石叶易于更换。[15]

当时的人如何使用这些工具？

理想情况下，对工具的研究不仅应该揭示工具是如何制作的，而且应该揭示工具是如何使用的。探索某个工具在过去的用法的方法之一，是观察近代或当代社会的成员使用类似工具的方式，特别是生存活动和环境与古代工具制造者类似的社会成员使用类似工具的方式。这种研究方法被称为**民族志类比**（ethnographic analogy）推理。然而，这种推理的问题是显而易见的：我们不能确定工具的最初使用方式是否与当前使用的方式相同。在选择可以提供最翔实和准确比较的近代或当代的文化时，我们应该尽量选择那些源于我们想要研究的古代文化的文化。如果被比较的文化在历史上有所关联，例如美国西南部的史前文化和近期的普韦布洛文化（Pueblo cultures），那么这两个群体更有可能以相似的方式、为相似的目的而使用某种特定的工具。[16]

另一种探索工具用途的方法是，将史前工具上肉眼可见和显微镜下可见的磨损痕迹与当代类似工具上的磨损痕迹进行比较，那些当代工具是研究人员制造出来并在实验中使用的。这种方法背后的道理是，不同的用途会留下不同的磨损痕迹。S. A. 谢苗诺夫（S.A. Semenov）是这方面研究的先驱之一，他重新制造了史前石器，并以多种方式使用它们，以找出不同使用方法留下的不同磨损痕迹。例如，通过用他重新制作的石刀切肉，刀刃上产生了抛光，这种抛光就像在西伯利亚史前遗址出土的石叶上发现的抛光一样。基于这一发现，谢苗诺夫推断西伯利亚的石叶可能也被用来切肉。[17]

旧石器时代晚期的人们制造的工具表明，比起祖先，他们能更有效地捕猎和捕鱼。[18] 在旧石器时代晚期，可能首次出现了用长矛投掷器而不是用手臂投掷长矛的做法。我们之所以知道这一点，是因为在一些地方发现了骨头和鹿角做的**梭镖投射器**（atlatl，阿兹特克语中"投矛器"的意思）。从凹槽板上推出的矛能以更大的力量发射到空中，使矛飞得更远，打击力更重，投掷者也会更省力。在旧石器时代晚期，弓箭也得到了广泛使用；另外，既可以用来捕鱼，也可能用来狩猎驯鹿的鱼叉，就是在那个时期发明的。

尽管旧石器时代晚期的人们已经可以通过使用新工具和武器实现更有效的狩猎和捕鱼，但是该时期的人们仍然可能通过寻找动物遗骸来食腐。奥尔加·索弗（Olga Soffer）认为，旧石器时代晚期的人们可能特地将居住地安置在许多猛犸象自然死亡的地方附近，以便利用猛犸象的骨头来建造房屋（见图 11-3）。例如，在摩拉维亚，猛犸象可能会舔食方解石和其他含镁和钙的物体，特别是在资源短

12. Whittaker 1994, 33.
13. Phillipson 1993, 60.
14. Bordaz 1970, 68.
15. 我们感谢 Robert L. Kelly（私人沟通）让我们注意到这种可能性。也可参见 J. D. Clark 1977, 136。
16. Ascher 1961.
17. Semenov 1970, 103. 近期关于采用这种策略的研究的讨论，可参见 Keeley 1980。
18. Klein 1994, 508.

图 11-3 这里我们看到的是大约 1.5 万年前在东欧平原上用猛犸象骨骼建造的棚子。棚子基础由猛犸象的象牙、长骨和部分木制框架构成，上面覆盖着兽皮。此外，有多达 95 个猛犸象的下颌骨以人字形排列在外周

缺、死亡率高的春末夏初。猛犸象的骨头上很少有人类留下的痕迹，这与人类可能没有杀死那么多猛犸象的观点是一致的。例如，在下维斯特尼采发现了约 100 头猛犸象的骨头，这些骨头上很少有屠宰留下的切割痕迹，也很少有骨头是在小屋里被发现的。相比之下，遗址上散落着野牛、马和驯鹿的骨头，这表明人类有意杀掉了这些动物取食。如果我们所发现的是人类杀死的猛犸象的遗骸，那么他们为什么还要猎杀这么多其他动物呢？[19]

旧石器时代晚期的艺术

最早发现的艺术痕迹是旧石器时代晚期遗址中的小珠子、雕刻物和绘画。我们可能认为早期的艺术作品是粗糙的，但西班牙和法国南部的洞穴壁画表现出了相当程度的技巧。在南非出土的石板上的自然主义绘画也是如此。其中一些石板上的绘画似乎是在 2.8 万年前画的，这表明非洲的绘画和欧洲的绘画一样古老。[20] 但是，绘画的历史可能比目前所知的更古老。早期的澳大利亚人可能至少在 3 万年前，甚至可能在 6 万年前就在岩壁和悬崖上作画了。[21] 在南非

的布隆博斯洞穴（Blombos Cave），红色赭石雕刻作品的历史可以追溯到 7.7 万年前。[22]

彼得·乌科（Peter Ucko）和安德烈·罗森菲尔德（Andrée Rosenfeld）确定了西欧洞穴中发现绘画的三个主要地点：（1）明显有人居住的岩棚和洞穴的入口——艺术作为装饰或"为艺术而艺术"；（2）有人居住的洞穴附近的"长廊"；（3）洞穴内部，由于洞穴内部难以进入，一些人认为这可能表明人们曾在那里进行巫术宗教活动。[23]

这些画的主题大多是动物。它们被画在光秃秃的墙上，没有背景或环境装饰。也许，就像许多当代群体一样，旧石器时代晚期的人们相信，绘制人类形象可能会导致死亡或受伤。如果这确实是他们的信仰，那也许可以解释为什么洞穴艺术中很少描绘人类。对于绘画以动物为主的情况，另一种解释是，这些人试图获得狩猎方面的好运气。这一观点是由画中图像的碎片为证据提出的，有学者认为这些碎片可能是由扔向画的长矛造成的。但是，如果狩猎巫术是画这些画作的主要动机，那么很难解释为什么只有少数几幅画显示出被刺穿的迹象。也许恰巧

那时这些画的灵感来自增加动物供应的需要。洞穴艺术似乎在旧石器时代晚期达到了顶峰，值得注意的是，当时的猎物数量正在减少。

帕特里夏·赖斯（Patricia Rice）和安·帕特森（Ann Paterson）的统计研究结果，或许更清楚地揭示了法国西南部洞穴壁画的特殊象征意义。[24] 资料表明，洞穴壁画中描绘的动物大多是绘画者更喜欢的肉类和兽皮等材料的来源。例如，野牛和野马被描绘的次数比我们想象的要多，这可能是因为它们比相同环境中的其他动物更大、更重（肉更多）。此外，这些画也描绘了不少绘画者可能最害怕的动物，那些动物可怕，可能是因为体型、速度、长牙和角等自然武器，以及其行为的不可预测性。也就是说，更常出现在画中的是猛犸象、牛和马，而不是鹿和驯鹿。因此，这些画符合"艺术与狩猎在旧石器时代晚期经济中的重要性有关"这一观点。[25] 研究人员表示，与此观点相一致的是，旧石器时代晚期之后的文化时期的艺术似乎也反映了人们是如何获得食物的。在那个时期，当获取食物不再依赖狩猎大型猎物（因为它们正在灭绝）时，艺术就不再专注于描绘动物。

旧石器时代晚期的艺术并不局限于洞穴绘画。许多矛杆和类似的物品上都饰有动物的图案。亚历山大·马尔沙克（Alexander Marshack）对旧石器时代晚期的一些雕刻作品做了值得注意的解释。他认为，早在 3 万年前，猎人可能就使用了刻在骨头和石头上的符号系统来标记月相。如果这是真的，这将意味着旧石器时代晚期的人们能够进行复杂的思考，并有意识地认识他们所处的环境。[26] 此外，在旧石器时代晚期的遗址中还发现了以夸张形式代表人类女性的雕像。这些雕像被称为"维纳斯"，表现的是拥有丰乳肥臀的女性。

维纳斯雕像象征着什么，至今仍有争议。大多数学者认为这些雕像是女神或生育能力的象征，但

法国肖维洞穴（Chauvet Cave）的野马画。像这样的洞穴壁画展示了旧石器时代晚期艺术家非凡的技巧（图片来源：Ministere de la Culture et de la Communication. Direction Regionale des affaires Culturelles de Rhone-Alpes. Service Regional de l'Archeologie）

这种观点并不是公认的。例如，勒罗伊·麦克德莫特（LeRoy McDermott）认为，维纳斯雕像根本就不是一种象征物，而是孕妇的自塑像。她们夸张的胸部、臀部和腹部都是扭曲的，这可以归因于人低头看自己时的视角，许多雕像缺乏面部细节，原因也在于此。[27] 另一些人则认为，这些雕像是早期男性为性满足或性教育而制作的色情作品。还有人认为，它们是由女性制作的，用于指导年轻女性怀孕和分娩。[28]

围绕维纳斯雕像的争议让我们了解到考古学的一个基本问题：通常很少或没有证据可以让我们完全接受或拒绝某一种的解释（参见专题"旧石器时代晚期艺术中对女性的描绘"）。在大多数情况下，我们必须在资料和解释之间取得平衡，做出有根据

19. Soffer 1993, 38 – 40.
20. Phillipson 1993, 74.
21. Morell 1995.
22. Henshilwood et al. 2002.
23. Ucko and Rosenfeld 1967.
24. Rice and Paterson 1985; 1986.
25. Rice and Paterson 1985, 98.
26. Marshack 1972.
27. McDermott 1996.
28. 概述可参见 Dobres 1998。

莱斯普格（Lespugues）的维纳斯，最著名的维纳斯雕像之一
（图片来源：© ANCIENT ART & ARCHITECTURE/DanitaDelimont.com）

时代晚期的出现可以作为语言的直接考古证据。实际上，古人类学家理查德·克莱因将旧石器时代晚期艺术和仪式的突然出现视为现代人类大脑形成的证据。他认为，大约在5万年前，人类发生了一些关键的突变，这激发了我们大脑中抽象和象征性思维的潜能。克莱因解释说：

> 这种突变可能起源于东非的一个小种群，它所带来的进化优势将使种群得以增长和扩大。这是因为它允许其拥有者从自然中获取更多的能量，并将其投入社会。它还使人类得以在新的、富有挑战性的环境中定居。也许这种神经变化最关键的方面是它使一种快速发音的音位语言成为可能，这种语言与我们今天所知的文化密不可分。[29]

我们将在"交流和语言"一章中更详细地讨论语言的起源。目前，我们只能说，文化的象征性方面在旧石器时代晚期蓬勃发展，并为我们今天复杂的文化生活奠定了基础。语言的出现很可能是旧石器时代晚期文化繁荣的一个关键方面。

非洲和亚洲旧石器时代晚期的文化

欧洲并不是旧石器时代晚期人类兴盛的唯一地区。例如，在北非，旧石器时代晚期的人们在当时覆盖该地区的草原上猎杀大型动物。他们在小群体里生活，附近有水和其他资源，他们经常搬家，可能是为了跟随畜群迁徙。当地群体之间会进行贸易，特别是交换用于制造工具的高质量石材。[30]在非洲东部和南部，一种被称为"石器时代晚期"的生活方式发展了起来，这种生活方式在一些地区一直持续到近现代。人们生活在小的、流动的群体中，猎捕大型动物，采集各种各样的植物性食物。

的判断，同时认识到，随着新资料的发现，我们的判断可能会发生变化。

语言

在此之前，我们一直避免讨论人类语言是何时出现的，因为从考古学的角度探索人类语言的困难众所周知。一些学者认为，直立人一定已经有了语言，才能发展出广泛共享的阿舍利工具传统。还有人认为 FOXP2 基因与语言直接相关，因为尼安德特人与现代人都拥有这种基因，所以尼安德特人一定有语言。但这些都不是关于语言的直接证据。

如果我们把语言（无论是口头的还是书面的）看作一个共享的符号系统，那么符号艺术在旧石器

性别新视角
旧石器时代晚期艺术中对女性的描绘

人们普遍错误地认为旧石器时代晚期艺术中对人体的刻画仅限于维纳斯雕像。事实并非如此，该时期还有许多其他的关于人体的刻画，其对象包括女性和男性，从婴儿到老年人各个年龄段的人。像维纳斯雕像那样肥胖或怀孕的女性形象，只是众多女性形象中的一种，许多对女性形象的刻画是准确的，而不是风格化的。

在对旧石器时代晚期

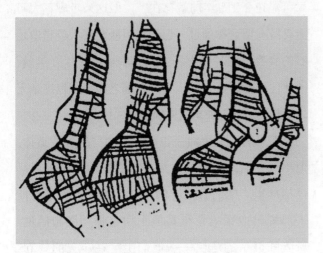

来自根讷斯多夫洞穴的四个女性形象
（资料来源：Duhard 1993）

艺术的一次调查中，让－皮埃尔·迪阿尔（Jean-Pierre Duhard）发现，艺术品刻画了各种身材、体型和年龄段的女性。事实上，他认为艺术品表现了一系列的女性身体类型。例如，莱茵河上根讷斯多夫（Gönnersdorf）洞穴的雕刻人像描绘了四个女人。其中三个体型差不多，第四个的体型要小一些，胸部也更小——她可能处于青春期。在三个体型较大

的女人中，有一个似乎在背上背了个孩子，她的乳房大而圆，而另外两个女人的乳房则较平较尖。迪阿尔认为，这是对四名妇女的准确刻画，其中一名妇女正在哺乳期。

迪阿尔还认为，虽然旧石器时代晚期的艺术中对女性的描绘很常见，但对男性和儿童的类似描绘相对较少。他认为这种差异可能反映了旧石器时代晚期社会中女性的地位。大多数作品表现的都是女性作为母亲的角色——怀孕、分娩或抱着婴儿（也可能是和大一些的孩子一起散步）。迪阿尔认为，女性作为母亲的角色可能使她们在旧石器时代晚期的社会中享有一种特殊的地位，因此，作为母亲的女性是旧石器时代晚期艺术最常描绘的主题。

与此相似，帕特里夏·赖斯认为，维纳斯雕像准确地反映了旧石器时代晚期社会中女性的重要

性。众多维纳斯雕像表现的妇女体型和年龄各异，她主张，维纳斯雕像表现的是各个年龄层的真实女性，而不仅仅是孕妇，所以它们应该被视为"女性"的象征，而不是"母亲"的象征。赖斯说，维纳斯雕像的广泛分布及其对旧石器时代晚期人们的显著重要性，反映出旧石器时代晚期的社会普遍认可妇女的重要地位。

奥尔加·索弗也持同样的观点，她仔细研究了一些维纳斯雕像所穿的衣服。索弗和同事们发现，编织的物品是最常得到表现的，他们认为，由于这些编织物品在旧石器时代晚期社会中具有很高的价值，因此它们在一些维纳斯雕像上的出现表明，一些女性在旧石器时代晚期的社会中拥有很高的地位。

（资料来源：Duhard 1993; Rice 1981; Soffer et al. 2000.）

这些游群之间经常交流。在他们的人种学上已知的后代中，个体会定期地从一个游群转换到另一个游群。[31]

在南亚，旧石器时代晚期，人们的定居生活方式沿着淡水溪流的河岸发展。南亚旧石器时代晚期的人们将狩猎、捕鱼和采集与随季节迁徙结合起来，

以利用丰富的季节性资源。[32] 在东亚和东南亚，海洋资源对沿海居民至关重要，而内陆居民主要生活

29. Klein and Edgar 2002, 24.
30. Hawkins and Kleindienst 2001.
31. Peregrine 2001a.
32. Jayaswal 2002.

在洞穴中，在当地环境中广泛狩猎和采集。这些地点中有许多似乎被占用了很长一段时间，表明存在某种程度的定居（sedentism）。旧石器时代晚期，来自亚洲的人群也分布到了澳大利亚、新几内亚和西美拉尼西亚的一些岛屿上，这清楚地证明了这些人具备在海上航行和利用海洋资源的能力。[33]

新大陆上最早的人类及其文化

到目前为止，在本章中，我们只讨论了旧大陆——非洲、欧洲和亚洲——的情况。那么新大陆，也就是北美洲和南美洲呢？人类在那里生活了多久，他们最早的文化是什么样的？

由于在北美洲和南美洲只发现了晚期智人的化石，因此人类向新大陆的迁移一定是在晚期智人出现之后的一段时间内发生的。但是，这些迁徙究竟是什么时候发生的，尤其是人们是什么时候到达阿拉斯加南部地区的，还不能确定。根据牙齿形状和血型等生物特征的相似性，以及可能存在的语言关系，人类学家一致认为，美洲土著最初来自亚洲。传统的假设是，他们从西伯利亚来到北美洲，走过一座陆桥（白令陆桥），这座陆桥现在位于西伯利亚和阿拉斯加之间的水下（白令海峡）。周期性覆盖世界大部分高纬度地区的冰盖或冰川包含了世界上如此多的水［有些地方的冰原厚达数千立方英尺（1 立方英尺 ≈ 0.03 立方米）］，以至于白令海峡在多个时期都是旱地。曾经在很长时间里有一座陆桥，它直到约 1 万年前才开始消失。从那以后，大部分冰川融化，白令"桥"被更高的海平面完全覆盖。

直到最近，普遍的观点还是人类直到 11 500 年前才出现在阿拉斯加南部。现在，由智利一个叫作蒙特贝尔德（Monte Verde）的考古遗址可知，现代人类至少在 1.25 万年前到达了南美洲南部，甚至也许早至 3.3 万年前。蒙特贝尔德遗址包括 700 多

件石器、覆有兽皮的小屋的遗存，还有灶旁一个孩子的脚印。[34] 该遗址的发现表明，在距今 11 500 年这个年代以前，至少有一拨人类移民通过步行和 / 或乘船进入新大陆。即使在末次冰期冰川最多的时候，也有一条人类可以穿过的小无冰走廊。早些时候也有其他一些无冰走廊。

从地质学的角度来说，人类在不同的时期进入新大陆是可能的，他们也可以乘船旅行（参见专题"谁是最早的美洲人？"）。白令陆桥的部分区域估计在 6 万至 2.5 万年前就暴露出来了。直到 2 万至 1.8 万年前，陆桥露出的面积才达到了最大。最后一座陆桥是什么时候消失的？人们过去普遍认为，陆桥在大约 1.4 万年前被洪水淹没，但最近的证据表明，直到大约 1 万年前，人们仍有可能步行穿过白令陆桥。在劳伦泰德冰盖和科迪勒兰冰盖之间的无冰走廊可能在 2.5 万年前就存在了，但这条走廊不太可能支持大型动物通过，也不太可能允许人类猎取足够的食物，这种情况一直持续到大约 1.4 万年前。因此，一些调查人员认为，在那之前，穿越这条无冰走廊到达现在加拿大南部是不太可能的。[35]

那里的人们可能会也可能不会狩猎大型猎物，但不久之后，有人类生活在现在巴西一带的亚马孙丛林里，他们肯定不像同时代的北美克洛维斯人那样猎取猛犸象和其他大型猎物。换句话说，新大陆最早的居民——他们生活在今天的智利、巴西和北美洲——有着不同的文化。亚马孙人以采集水果、坚果，捕鱼和狩猎小猎物为生。他们住在洞穴里，在洞壁上留下了绘画艺术作品，他们还留下了 3 万块制作长矛、飞镖或标枪的尖端时打下的石片。[36]

大约 1.1 万年前，有人类生活在今加拿大南部所在地，对此人们并无异议。克洛维斯人（以美国新墨西哥州克洛维斯附近的一个考古遗址命名）在北美的许多地方留下了形状精美的矛尖。人们也发

应用人类学
谁是最早的美洲人？

在美国，保护考古材料的法律的一个关键要素是：后代群体有权决定如何对待考古遗址出土的人类遗骸和神圣物品。许多后代群体要求将这些物品归还给他们或重新埋葬在它们不会受到干扰的地方。但是，围绕第一批美洲人及其与当代人群间的关系，出现了一个重大问题。正如我们在文中所讨论的，关于人类进入新大陆的方式，最被广泛接受的说法是早期人类步行穿越白令陆桥，白令陆桥在末次冰期结束时连接起了亚洲和北美洲，当时的海平面比现在的低。无论是考古学还是地质学，都有充足的证据支持这个假说。但也有一些问题。有些遗址的年代似乎早于冰川消融到

足以让人类步行进入北美洲的时间。此外，南美洲的一些遗址可能比北美洲最古老的遗址还要古老，这似乎与人类从北向南进入新大陆的模型相矛盾。

有学者提出了人类进入新大陆的替代模型，解决了白令陆桥模型的一些问题。这个观点认为，一些人是从亚洲乘船来到新大陆的。这些人可能沿着冰川的边缘迁徙，捕食鱼类和海洋哺乳动物。一旦越过冰川，他们要么沿着海岸向南迁徙，也许一直走到南美洲的顶端，要么向内陆进入北美洲。其中一小群人可能多次进行过这样的航行，而且很可能他们没能建立一个可以延续几代人以上的社区。

一些学者认为，少数年代非常早的考古遗址可能

是这些早期探险家留下的遗迹。因为遗址数量很少，只留下个别的考古记录，所以没有发现更多的材料也就不足为奇了。人类早期占据的遗址与较晚占据的遗址被没有人类存在迹象的土壤层分隔开来，这一事实可能说明，早期曾有一批探险者，只是这个群体后来消亡了。最近，对现在位于白令海深处的古代海岸线的考古探索，为海岸迁移模型提供了更多的支持。考古学家在末次冰期时的沿海地区发现了石器。

非常早期的美洲人的骨骼也表明，可能有一些早期的群体消亡了，因为许多骨骼的特征更像东亚人，而不是当代美洲土著。如果人类在美洲的定居不像白令陆桥模型所显示的那么简单，考古学家如何

确定后代群体呢？如果那批人没有后代留下来，怎么办？目前的历史保护法律使情况变得复杂，许多诉讼已经涉及第一批美洲人是不是当代美洲土著的直接祖先的问题。这些法律案件中最著名的一个，是关于一具 9 300 年前的骨架的，它是在华盛顿州肯纳威克（Kennewick）附近的哥伦比亚河（Columbia River）沿岸发现的。经过近 10 年的官司，联邦法院裁定，根据现行法律，这具骨架并非"美洲土著"。其他案件悬而未决，国会可能会介入，以明确第一批美洲人的法律地位。

（资料来源：Dillehay 2000; Powell 2005; Thomas 2000.）

现了 1.1 万年前的人类骨骼。现在蒙特贝尔德遗址的年代已经确定，因此我们知道，在克洛维斯人来到新墨西哥州之前，加拿大以南已经有人类居住。可能还有一些前克洛维斯人（pre-Clovis）使用过的遗址。[37] 例如，美国弗吉尼亚州的仙人掌山（Cactus Hill）遗址、得克萨斯州的高尔特（Gault）遗址和密苏里州的施莱弗（Shriver）遗址，都有埋藏着石叶和其他石器的地层，而且这样的地层位于含有克洛维斯工具的古印第安地层下方。在宾夕法尼亚州西部的梅多克罗夫特（Meadowcroft）岩棚，有着

报道最为细致的北美前克洛维斯人使用地。[38] 在距今 19 600 年至 8 000 年的地层底部的三分之一处，梅多克罗夫特遗址显示出被人类占据的明显迹象——里面包含一小块人类骨骼碎片、一个矛头，以及打制的刀和刮削器。如果年代测定准确，这些工具大约有 12 800 年的历史。

---

33. Peregrine and Bellwood 2001.
34. McDonald 1998.
35. Hoffecker et al. 1993.
36. Gibbons 1995; Roosevelt et al. 1996.
37. Goebel et al. 2008.
38. Dillehay 2000.

在美国弗吉尼亚州的仙人掌山遗址，发现了克洛维斯和前克洛维斯石器。现在，许多遗址表明，在克洛维斯文化出现之前不久，北美就有人类存在
（图片来源：Kenneth Garrett/Kenneth Garrett Photography）

在俄勒冈州南部的佩斯利（Paisley）洞穴，人们意想不到地发现了美洲前克洛维斯人的物质证据。在这里发现了年代在14 400年前的人类粪化石。由于粪化石中含有人类DNA，而且放射性碳样本直接取自粪化石，因此，似乎有确凿的证据表明，至少有一小群人早于克洛维斯人1 000多年生活在北美。[39]

比较语言学家约瑟夫·格林伯格（Joseph Greenberg）和梅里特·鲁伦（Merritt Ruhlen）认为，曾有三波进入新大陆的移民潮。[40] 他们比较了北美洲和南美洲的数百种语言，将其分成三个不同的语系。由于这些语系与亚洲语系的关系都比与其他新大陆语系的关系更为密切，因此，可能有三批来自亚洲的不同移民。第一批到达美洲的人所讲的语言，

随着时间的推移，逐渐分化出新大陆上的大多数语言，即美洲（Amerind）语系；这些相关语言的使用者逐渐占据了南美洲及中美洲全境，以及北美洲的大部分地区。接着到来的是纳–德内（Na-Dené）语系语言使用者的祖先，今天属于这个语系的语言包括在美国西南部使用的纳瓦霍语（Navajo）和阿帕奇语（Apache），以及在美国加利福尼亚州北部、俄勒冈州沿海地区、阿拉斯加和加拿大西北部使用的各种阿萨帕斯坎语（Athapaskan languages）。最后，大约在4 000年前，因纽特人和阿留申人（阿留申人后来占领了阿拉斯加西南面和邻近大陆的岛屿）的祖先来到了这里，他们说的语言属于因纽特–阿留申语系。

克里斯蒂·特纳（Christy Turner）对新大陆

牙齿的研究结果支持格林伯格和鲁伦提出的有三次不同迁徙的观点。特纳研究了新大陆人口中铲形门齿的比例，铲形门齿是一种常见的亚洲人特征。根据铲形门齿所占的比例，新大陆人口可以分为三个不同的组，与语言学家们提出的三组吻合。[41] 但是，基因分析表明，新大陆的人口构成可能更为复杂。新大陆可能有四批来自旧大陆的亚洲不同地区的移民；也可能只有一次迁徙，只是在人类到达后，语言和基因发生了分化。[42]

古印第安人

在美国、墨西哥和加拿大发现了新大陆早期猎人的考古遗存，他们被称为"古印第安人"。他们生活在末次冰期冰川的南部边陲，落基山脉以东被称为高地平原（High Plains）的地区，那里到处都是猛犸象、野牛、野骆驼和野马。与被猎杀的猛犸象一起出土的工具被称为克洛维斯工具组合（Clovis complex），它包括克洛维斯的石制抛掷尖物、石制刮削器和刀具，以及骨器。克洛维斯人的石制抛掷尖物很大，呈叶状，两面都被磨成薄片，中间有一个很宽的凹槽，大概是为了把尖物固定在木制的矛柄上。[43] 因为在一头猛犸象身上发现了 8 个克洛维斯矛头，所以毫无疑问，克洛维斯人是会猎杀大型猎物的。[44] 克洛维斯遗址的年代大多在距今 11 200 年至 10 900 年之间。[45]

猛犸象大约在 1 万年前消失了，古印第安人狩猎的最大的动物变成了现已灭绝的大型动物直角野牛（straight-horned bison）。猎野牛的人使用了一种叫作弗尔萨姆尖状器（Folsom point）的石制抛掷尖物，它比克洛维斯尖状器小得多。还有一些工具与许多其他种类的动物遗骸一起被发现，动物包括狼、乌龟、兔子、马、狐狸、鹿、骆驼，可见猎杀野牛的猎人也猎杀其他动物。[46] 在格兰德河（Rio Grande）河谷，弗尔萨姆工具制造者一般会在低矮的沙丘脊上建立营地，俯瞰大池塘和开阔的牧场。如果我们假设池塘为牛群提供了水源，那么营地里的人就处于观察牛群的最佳位置。[47]

随着现在是美国西南部的地区的气候变得更加干旱，动物和人类的文化适应也发生了一些变化。大约 9 000 年前，体型较小的现代野牛取代了早期直角野牛。[48] 营地选址逐渐远离池塘和牧场，靠近溪流。如果池塘在干旱时期不再是可靠的水源，动物们可能就不会再经常光顾这些池塘，这就解释了为什么猎人不得不改变他们营地的位置。对于这些古印第安人所开发的植物性食物，我们所知甚少，但在沙漠边缘采集植物可能是至关重要的。在内华达州和犹他州，考古学家发现了用于加工植物性食物的磨石和其他人工制品。[49]

科罗拉多州发掘出的奥尔森–查伯克遗址（Olsen-Chubbuck site）显示，当时这里的人群可能参与了猎杀野牛的活动。[50] 在一个年代在公元前 6500 年的干涸峡谷里，人们发现了 200 头野牛的遗骸。其底部是完整的骨架，顶部是完全被宰杀的动物。这一发现清楚地表明，古印第安猎人故意将这些动物赶到一个天然的陷阱中，可能是旱谷或侧面陡峭的干涸沟壑。前面的动物可能是被后面的动物推到旱谷中的。乔·本·惠特（Joe Ben Wheat）估计，猎人从这样一次捕杀中可以获得 2.5 万千克的肉。如果我们从 19 世纪的平原印第安人（经他们加工的

---

39. Gilbert et al. 2008.
40. Greenberg and Ruhlen 1992, 94 – 99.
41. Turner 1989；另可参见 Kitchen et al. 2008，这是对美洲定居三阶段的遗传和语言证据的较新再分析。
42. McDonald 1998; Turner 2005.
43. Wheat 1967.
44. Fagan 1991, 79.
45. Hoffecker et al. 1993.
46. Jennings 1968, 72 – 88.
47. Judge and Dawson 1972.
48. Wheat 1967.
49. Fagan 1989, 221.
50. Wheat 1967.

古印第安猎人用长矛和投矛器（梭镖投射器）杀死猛犸象。一些学者认为，对猛犸象和其他更新世巨型动物的过度捕猎可能导致了它们的灭绝
（图片来源：Chase Studio/Photo Researchers, Inc.）

野牛肉可以保存一个月）的情况来判断，并估计每人每天吃 0.45 千克的肉，那么在奥尔森-查伯克遗址宰杀的野牛可以养活 1 800 多人一个月（他们可能并非全年都住在一起）。猎人的组织一定很严密，不仅是为了驱赶，也是为了宰杀。巨大的动物尸体可能得被搬到平地上才能完成宰杀工作。此外，他们还需要把 2.5 万千克的肉和兽皮运回营地。[51]

虽然大型动物在高平原上可能是最重要的，但其他地区的人们表现出了不同的适应性。例如，现在美国所在区域的林地上的古印第安人似乎更依赖植物性食物和小型猎物。在一些森林地区，鱼类和贝类可能是饮食的重要组成部分。[52] 在太平洋沿岸地区，一些古印第安人更依赖鱼类。[53] 在其他地区，比如伊利诺伊河（Illinois River）下游，古印第安人依靠狩猎和采集野菜为生，他们住在 100 到 150 人的永久村落里，并设法获得足够的食物。[54]

人类在美洲定居后，形成了与旧大陆上旧石器时代晚期非常相似的生活方式，这种生活方式通常以狩猎大型猎物为基础。随着时间的推移，当地群体之间的互动变得频繁，人们也更加倾向于定居生活。

旧石器时代晚期的结束

大约 1 万年前，冰川开始消失，随之而来的还有其他的环境变化。冰川融化导致海平面上升，随着海水向内陆流动，海水淹没了一些最肥沃的生产食物的海岸平原，形成了岛屿、湖湾和海湾。随着冰川的消退和气温的升高，其他地区也被人类占领。[55]寒冷无树的平原、苔原和草原最终被茂密的混交林所取代，这些混交林主要由桦树、橡树和松树组成，而更新世巨型动物走向灭绝。温暖的水域开始充满鱼类和其他水生资源。[56]

考古学家认为，这些环境变化促使一些群体改变了获取食物的策略。苔原和草原消失后，猎人不能再像旧石器时代晚期那样，仅仅靠守在大群迁徙动物附近就能获取大量的肉。即使有鹿和其他猎物，动物的密度也已经减少，而且猎人很难去跟踪和杀死躲藏在茂密树林里的动物。因此，在许多地区，人们似乎已经从依赖大型猎物转向集中采集野生植物、软体动物，以及捕获鱼类和小型猎物，以弥补他们曾经依赖的大型动物的灭绝带来的损失。

北欧的马格尔莫斯文化

在被考古学家称为马格尔莫斯人（Maglemosians）的北欧定居者的文化遗存中，可以看到一些对环境变化的适应。他们得名于发现他们遗骸的泥炭沼（magle mose 在丹麦语中意为"大沼泽"）。

为了适应森林更茂密的新环境，马格尔莫斯人用石头制作了斧头和扁斧来砍伐树木，并用木头做

成各种各样的物品。大的木材似乎被砍开，用于建造房屋；树被挖空做成独木舟；小块一些的木头被做成桨。这些独木舟可能是为旅行而造的，也可能是为在冰期后的湖泊和河流上捕鱼而造的。

我们不知道马格尔莫斯人有多依赖野生植物，但有很多不同种类的植物可供食用，如榛子。尽管如此，我们还是知道马格尔莫斯人生活方式的许多其他方面。虽然从梭子鱼和其他鱼类的骨头以及鱼钩的频繁出现可以看出，捕鱼是相当重要的，但是这些人显然还是主要依靠狩猎来获取食物。猎物包括麋鹿、野牛、鹿和野猪。除了许多渔具、扁斧和斧头外，马格尔莫斯人的工具包还包括弓和箭。他们的一些工具上雕刻着精美的图案。与工具无关的装饰也出现在琥珀和石头吊坠以及小雕像中，比如麋鹿头的雕像。[57]

和在马格尔莫斯的发现一样，许多欧洲旧石器时代晚期的遗址都位于湖泊、河流附近和海滨。但是，这些地方可能并不是全年都有人居住；有证据表明，至少有一些群体季节性地从一个定居点迁移到另一个，他们也许是在沿海和内陆地区之间迁徙。[58]研究者有了一些发现，比如厨房中的贝丘（成堆的贝壳），是旧石器时代晚期过后几个世纪中吃海鲜的人类丢弃的，而捕鱼设备、独木舟和船只的残骸表明，这些人比旧石器时代晚期的祖先更依赖捕鱼。

北美东部的古代期文化

在冰期末期居住在北美东部的人群中，可以看到一些与之相关的适应环境变化的方法。随着气候变

51. Ibid.
52. Fagan 1989, 227.
53. Fagan 1991, 192.
54. Fagan 1989, 227.
55. Collins 1976, 88 – 125.
56. Chard 1969, 171.
57. G. Clark 1975, 101 – 161.
58. Petersen 1973, 94 – 96.

图为一些来自北美东部的古代期磨石木工工具（木柄是复制品）。显然，古代期的人群比古印第安人更广泛地使用木材
（图片来源：
Michel Zabe © CONACULTA-INAH-MEX. Authorized reproduction by the Instituto Nacional de Antropologia e Historia）

得越来越温暖和干燥，北美的动植物发生了变化。这里的巨型动物和世界其他地方的一样灭绝了，取而代之的是较小的哺乳动物，尤其是鹿。肉类的供应大大减少——猎人只可以指望带着几千克而不是几吨的肉回家。适应气候变化的植物取代了之前适应寒冷气候的植物，并被用作食物，以取代不再充足的肉类。与适应寒冷气候的植物相比，适应温暖气候的植物更适合作为人类的食物资源，因为在适应温暖气候的植物上，可食用的种子、水果和坚果更常见，而且往往

更丰富，更容易获得。因此，北美古代期的人群开始食用更加多样化的植物和动物。[59]

　　像欧洲的马格尔莫斯人一样，北美的古代期的人群开始采取定居的生活方式。有两种古老的聚落形式似乎是典型的。一种是居住营地，几个很可能有血缘关系的家庭季节性地住在居住营地里。另一种是有专门用途的营地，这是特定资源附近的短期住所，也可能是一群猎人短期使用的地方。[60] 例如，在大西洋沿岸，个别群体可能沿主要河谷进行季节

性迁移，在山麓建立夏季营地，在海岸附近建立冬季营地。全年里，人们成群结队地离开营地，去狩猎和采集特殊的资源，比如用来制作工具的石头，有专门用途的营地也随之建立起来。[61]

古代期人群的创新之一是磨石木工工具（ground stone woodworking tools）的发展。斧子、扁斧和研磨种子及坚果的工具在工具包中越来越常见。[62]这可能说明北美冰川消退后出现了更大面积的森林，但也表明人们对森林产品更为依赖，而且很可能更多地使用木材和木制品。在一些地区，人们也开始依赖鱼和贝类，这也反映出古代期的人群对冰期末期不断变化的环境做出了调整和适应。

然而，无论在新大陆还是在旧大陆，最持久、最重要的创新都是驯化动植物技术的发展。在这两个地方，冰期末期的人群开始尝试种植植物。大约在 1.4 万年前的旧大陆和 1 万年前的新大陆，一些物种得到了驯化。我们将在下一章讨论食物获取方式的根本变化——农业的发明。

小结

1. 欧洲、近东和亚洲被称为"旧石器时代晚期"的文化史时期，或者在非洲被称为"石器时代晚期"的文化史时期，始于大约 4 万年前，终于 1.4 万至 1 万年前。在此期间，世界处于冰期，北欧和北美大部分地区都被冰川覆盖，年平均气温比现在低 10 摄氏度。

2. 旧石器时代晚期工具组合的特点是以石叶为主，此外还有雕刻器、骨器和鹿角工具，以及（后来的）细石器。在许多方面，旧石器时代晚期人类的生活方式与之前人类的生活方式相似。人们仍然主要是猎人、采集者和渔民，他们可能生活在高度流动的群体中。他们在旷野、山洞、岩棚中安营扎寨。

3. 旧石器时代晚期也有许多新发展：新的工具制造技术，艺术的出现，人口的增长，以及一些新的发明，如弓、箭、梭镖投掷器和鱼叉。

4. 在新大陆上只发现了智人的遗骸。人们普遍认为，人类是通过西伯利亚和阿拉斯加之间现为白令海峡的陆桥迁徙到新大陆的。直到最近，人们还认为人类直到 11 500 年前才出现在阿拉斯加南部。现在，从智利一个叫蒙特贝尔德的考古遗址上发现，现代人类至少在 1.25 万年前，甚至也许早在 3.3 万年前就到达了南美洲南部。

5. 在冰期末期，大约 1.4 万年前，气候变得更加温和。旧石器时代晚期的人类赖以为生的许多大型动物都灭绝了，与此同时，适应气候变化的新植物给人类提供了丰富的新食物来源。在世界各地，人们开始食用更多的植物，利用更广泛的资源。在世界上许多地方，人们开始尝试驯化动植物。

59. Daniel 2001.
60. Sassaman 1996, 58 – 83.
61. Ibid.
62. J. Brown 1983, 5 – 10.

第十二章

食物生产和定居的起源

在旧石器时代晚期，人们的大部分食物似乎来自捕猎迁徙中的大型动物，如野牛、羚羊和猛犸象。这些狩猎采集者很可能有很高的流动性，能够随着动物的迁徙而迁徙。大约从 1.4 万年前开始，一些地区的人们开始减少对大型狩猎动物的依赖，而更多地依赖相对固定的食物资源，如鱼类、贝类、小型猎物和野生植物（见图 12-1）。在某些地区，特别是欧洲和近东，人们对当地相对固定的资源的开发，可能是他们的生活方式日益趋向定居的原因。产生这些发展的文化时期在近东通常被称为后旧石器时代（Epipaleolithic），在欧洲则被称为中石器时代（Mesolithic）。世界上其他地区也出现了类似的转变，即所谓的广谱食物采集（broad-spectrum food-collecting），但这个时期人群的生活方式并不都向定居发展，中美洲就是一个例子，中美洲相应的时期被称为古代期（Archaic）。

朝向食物生产转变的明确证据可追溯到大约公元前 8000 年的近东，食物生产即植物的培育和动物的驯化。[1] 这种转变被考古学家 V. 戈登·柴尔德（V. Gordon Childe）称为"新石器时代革命"，在接下来的几千年里，这种转变很可能独立地发生在新旧大陆的其他地区。在旧大陆，公元前 6000 年左右，中国、东南亚（包括现在的马来西亚、泰国、柬埔寨、越南等地）和非洲都有了独立的驯化中心。[2] 在新大陆，中美洲的高地（约公元前 7000 年）、秘鲁周围的安第斯山脉中部（约公元前 7000 年）和北美东部的林地（约公元前 2000 年，但也许更早）都是农耕和驯化的中心。[3] 世界上大多数主要的食用植物和动物都是在公元前 2000 年以前被驯化的，那时还发展了耕作、施肥、休耕和灌溉技术。[4]

在本章中，我们将讨论食物生产和**定居生活**（sedentarism）的可能起源——不同地方的人培育、驯化动植物并永久居住在某个村落里的过程和原因。**农业**（这里指所有类型的家庭植物种植）和定居生活并不一定同时发展。在世界上的一些地区，人们在驯化动植物之前就生活在永久性的村庄里，而在另一些地区，人们种植农作物，却并没有就此定居下来。

---

1. N. Miller 1992.
2. Crawford 1992; Phillipson 1993, 118; MacNeish 1991, 256; 268.
3. Flannery 1986, 6 – 8; Pearsall 1992; B. Smith 1992a.
4. Hole 1992.

前农业社会的发展

我们在这里的讨论主要集中在近东和中美洲，因为关于导向食物生产和定居生活的种种发展，我们在考古上对这两个地区了解得最多。然而，我们也会尽力指出，来自其他地区的资料如何不同于或类似于近东和中美洲的模式。

近东

在旧石器时代晚期的近东，人们的生活方式似乎发生了从游猎到广泛利用自然资源的转变，类似于我们在上一章末讨论的欧洲发生的变化。[5]有证据表明，人类依靠各种资源生存，包括鱼类、软体动物和其他水生生物，野鹿、绵羊和山羊，还有野生谷物、坚果和豆类。[6]人们越来越多地利用野生谷物等固定食物来源，这可能在一定程度上解释了为什么近东的一些人在后旧石器时代过上了定居生活。

即使在今天，旅行者经过土耳其安纳托利亚高原和近东的其他山区时，可能也还会看到茂密的野生小麦和大麦，它们的生长密度就像它们被耕种过一样。[7]通过石镰等工具，旧石器时代晚期的人们很容易就能从这样的野生麦丛中收获大量的农作物。在复制史前环境的实验中，这些资源的生产力得到了证明。研究人员使用旧石器时代晚期的人使用的那种石镰，能够在一个小时内收获略多于900克的野生谷物。一个四口之家，只在收获季节的几周内工作，可能就能收获比他们全年所需更多的小麦和大麦。[8]

实验中收获的野生小麦数量促使肯特·弗兰纳利（Kent Flannery）得出这样的结论："几乎可以肯定，这样的收获需要某种程度的定居——毕竟，带着一吨左右的小麦，他们能去哪里呢？"[9]此外，用于研磨的石头设备也是一个沉重的负担。部分收获的小麦可能会被直接食用，人们将其先磨碎，然后烤熟或煮熟。剩余的将被储存起来，作为当年剩余时间内的食物。因此，谷物饮食可能是一些前农业时代的人建造烘烤及研磨器具和贮藏坑的动力，也可能是他们建造永久性坚固住房的动力。一旦村庄建成，人们可能就不愿意放弃它了。我们可以想象最早的史前聚落聚集在那些自然资源丰富的地区周围，考古证据也表明确实如此。

近东的纳图夫人

1.1万年前，居住在现在以色列和约旦所在地的纳图夫人（Natufians）在以色列的迦密山山坡上建造了洞穴和岩棚，并建造了村庄。在岩棚的前方，他们在岩石上凿出凹坑，可能是将其用作储藏坑。在以色列的埃南遗址（Eynan site）也发现了纳图

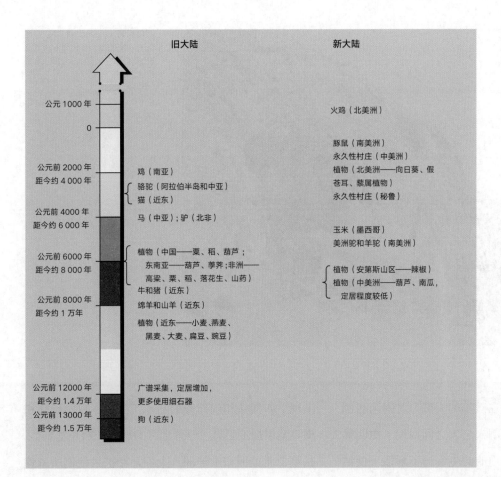

图 12 - 1 驯化的发展
（资料来源：动物驯化的年代来自
Clutton-Brock 1992）

旧大陆

新大陆

公元 1000 年

火鸡（北美洲）

0

豚鼠（南美洲）

公元前 2000 年
距今约 4 000 年

鸡（南亚）
骆驼（阿拉伯半岛和中亚）
猫（近东）

永久性村庄（中美洲）
植物（北美洲——向日葵、假
苍耳、藜属植物）
永久性村庄（秘鲁）

公元前 4000 年
距今约 6 000 年

马（中亚）；驴（北非）

玉米（墨西哥）
美洲驼和羊驼（南美洲）

公元前 6000 年
距今约 8 000 年

植物（中国——粟、稻、葫芦；
东南亚——葫芦、荸荠；非洲——
高粱、粟、稻、落花生、山药）
牛和猪（近东）

植物（安第斯山区——辣椒）
植物（中美洲——葫芦、南瓜，
定居程度较低）

公元前 8000 年
距今约 1 万年

绵羊和山羊（近东）
植物（近东——小麦、燕麦、
黑麦、大麦、扁豆、豌豆）

公元前 12000 年
距今约 1.4 万年

广谱采集，定居增加，
更多使用细石器

公元前 13000 年
距今约 1.5 万年

狗（近东）

夫人的村庄。

　　埃南遗址是一个分层的遗址，包含了三个村庄的遗迹，一个在另一个之上。每个村庄由大约 50 个圆形地穴屋（pit houses）组成。每座屋子的地板都在地下几英尺处，所以屋子的墙壁一部分是地面以下的泥土，一部分是地面以上的石头。地穴屋比建在地面上的房屋保温时间更长。村子里似乎有石头铺砌的路，圆形的石头铺在可能是永久性的灶周围，死者被埋葬在村落的墓地里。

　　出土的工具表明，纳图夫人密集地收割野生谷物。从他们的村庄中出土的镰刀有一种特殊的光泽，实验表明燧石击打草茎会产生这种效果，镰刀可能是用来收割谷物的。纳图夫人是已知的最早的后旧石器时代群体，他们储存了充足的农作物。在石墙房子的地板下，他们建造了灰泥仓库。除了野生谷

物，纳图夫人还开发了许多其他资源。[10] 许多野生动物的遗骸在纳图夫人的遗址被发现；纳图夫人似乎主要捕猎瞪羚，他们会将整群瞪羚包围起来进行狩猎。[11]

　　纳图夫人，以及当时其他地区的觅食者，表现出许多与早期觅食者不同的地方。[12] 不仅纳图夫人觅食时更密集地利用了野生谷物等固定资源，而且考古证据表明，其社会的复杂程度也在不断提升。纳图夫遗址的平均规模是该地早先村落遗址的 5 倍。

5. Binford 1971.
6. Flannery 1973a.
7. Simcha et al. 2000.
8. Harlan 1967.
9. Flannery 1971.
10. Mellaart 1961.
11. Henry 1989, 214 - 215.
12. Brown and Price 1985.

哈约尼姆（Hayonim）洞穴是纳图夫人建造的众多相对永久性定居的洞穴之一。考古学家正在其遗址上进行发掘工作
（图片来源：
© Kenneth Garrett. All Rights Reserved）

即使不是全年，该社区在一年的大部分时间里也都有人居住。埋葬模式表明人与人之间出现了更明显的社会差异。虽然可食用的野生谷物资源似乎使纳图夫人能够生活在相对固定的村庄里，但他们的饮食似乎也受到了影响。他们的牙釉质显示出营养缺乏的迹象，而且随着时间的推移，他们的身材变得越来越矮小。[13]

中美洲

在大约 1 万年前的古印第安时代末期，新大陆也发生了类似的变化，逐渐向更广谱的狩猎和采集生计方式转变。和在旧大陆一样，气候变化在这里似乎也很重要。随着北美冰川的退却以及整体气候的变暖和变湿，整个北美洲和中美洲的动植物群落出现了巨大的变化。更新世的巨型动物，如猛犸象、乳齿象、犀牛、大地懒等，以及各种较小的狩猎动物，比如马，都在相对较短的时间内灭绝了。[14] 人们改变了狩猎策略，开始捕猎范围更广的物种，特别是鹿、羚羊、野牛和小型哺乳动物。与此同时，落叶林地和草原面积扩大，提供了一系列可供开发的新植物。

出现了如斧头和扁斧等磨石木工工具，以及研钵和杵等坚果加工工具。一些地区的居民开始开发贝类。在整个北美洲和中美洲，人们开始扩大他们所依赖的动植物的范围。[15]

中美洲高地的古代人

在墨西哥中部和南部山区的中美洲高原，我们也看到了人们的生计方式从狩猎大型猎物转向更广泛地使用资源，发生这种转变的部分原因是气候变化，那时的气候很接近今天。由于不同的海拔高度有着不同的动植物资源，海拔成为影响狩猎和采集方式的一个重要因素。山谷中有灌木丛生的草原植被，丘陵地带和山区有仙人掌和多肉植物组成的旱生林，而海拔较高、湿度较高的高地则广泛分布着橡树和松树林。这种垂直的地带分布意味着在相对接近的地方有大量的植物和动物——不同的环境相距很近。古代期的人群利用这些不同的条件来采集狩猎各种各样的资源。[16]

大约 8 000 年前，中美洲古代期的人群似乎随着季节变化而在两种不同规模的社区之间迁徙：一种是居住着 15 至 30 名居民（大游群）的大营地，另一种是只有 2 至 5 名居民（小游群）的小营地。大游群的营地位于季节性资源丰富的地区附近，这类资源包括橡子、豆科灌木豆荚等。当这些资源充足的时候，几个家庭就会聚在一起，利用这些资源，他们会一起工作，一起收割，这样的团体行为也许是为了举行仪式，也许只是为了社交。当群体没有聚集成大游群时，人们也会季节性地居住在小营地，一个小营地可能只有一个家庭居住。这些小营地的遗迹经常在洞穴或岩棚发现，从营地向上或向下（垂直）移动，就可以利用各种环境的资源。[17]

与近东的纳图夫人不同，没有证据表明中美洲高地古代期的人群之间存在社会差异。他们最大的社会单位——大游群——可能是由有亲缘关系的家庭团体组成的，这些团体的领导方式可能是非正式的。位于瓦哈卡山谷（Valley of Oaxaca）的大营地盖奥什（Gheo-Shih）可能是仪式性舞蹈的场地，除此之外，那里几乎找不到有仪式行为的证据。简而言之，尽管中美洲高地古代期的人群向更广泛的觅食策略过渡，但他们的生活方式仍与古印第安人简单而平等的生活方式非常相似。

其他地区

世界上其他地区的人们在开始从事农业生产之前，也从狩猎大型动物转向采集多种食物。目前较为稀少的考古记录表明，这种变化发端于亚洲东南部，那里可能是原始动植物驯化的重要中心之一。[18]那里内陆地区的动物群遗骸表明，同一批营地利用了许多不同的食物来源。例如，在这些营地里，我们同时发现了来自高山山脊和低地河谷的动物，来自附近森林的鸟类和灵长目动物，来自洞穴的蝙蝠和来自溪流的鱼的遗骸。为数不多的几个海岸遗址表明，人们采集了许多种类的鱼类和贝类，并猎杀了鹿、野牛和犀牛等动物。[19]东南亚的前农业社会

就像前农业时代的人们一样，乍得的这些威拉富尔贝（Fulbe-Waila）女孩正在采集种子（图片来源：Frank Kroenke/Das Fotoarchiv/Peter Arnold, Inc.）

的发展可能是对气候和环境变化（包括气候变暖、湿度增加和海平面上升）的适应。[20]

在非洲，前农业时期的特点是环境变得温暖潮湿。这种环境下，数量众多的湖泊、河流和其他水体提供了丰富的鱼类、贝类和其他水生资源，这些资源显然可以让人们比以前更长久地定居下来。例如，过去在撒哈拉沙漠南部和中部有湖泊，人们在那里捕鱼，狩猎河马和鳄鱼。这种广谱的食物采集模式似乎也是撒哈拉以南和以北地区的特点。[21]埃及西部沙漠的达赫拉绿洲（Dakhleh Oasis）就体现出越来越明显的定居生活方式。在 9 000 至 8 500 年前，那里的居民住在河湖岸边的圆形石屋里。骨制鱼叉和陶器在那里和其他地区都有发现，这些地区的范围从尼罗河流域延伸到撒哈拉中部和南部，西至现在马里的所在地。捕鱼似乎让人们得以在一年中的大部分时间里都待在河湖边。[22]

---

13. Henry 1989, 38 – 39, 209 – 210; 1991. 有关纳图夫遗址社会复杂程度的一些问题，请参见 Olszewski 1991。
14. Martin and Wright 1967.
15. 最近关于这些变化的分析可以参见 Kuehn 1998，也可参见 J. Brown 1985.
16. Marcus and Flannery 1996, 49 – 50.
17. Ibid., 50 – 53.
18. Balter 2007; Jones and Liu 2009.
19. Gorman 1970.
20. Chang 1970; Gorman 1970.
21. J. Clark 1970, 171 – 172.
22. Phillipson 1993, 111 – 112.

为什么广谱采集会发展起来？

前农业时代，转向广谱采集的趋势在世界各地似乎相当普遍。气候变化可能至少在一定程度上促使人们开发新的食物来源。例如，冰川融化带来的全球海平面上升可能增加了鱼类和贝类的供应。气候变化也可能是大型猎物，尤其是大型兽群数量减少的部分原因。此外，有人指出，其数量减少的另一个可能原因是人类活动，特别是对其中一些动物的过度捕杀。[23] 证据表明，过度捕杀造成了新大陆许多更新世巨型动物的灭绝，如猛犸象，其灭绝与人类从白令海峡地区进入美洲的迁徙同时发生。[24]

在新大陆上，不仅是哺乳动物，鸟类也出现了灭绝的情况，基于这一事实，过度捕杀的假设受到了质疑。在北美更新世的最后几千年里，大量的鸟类物种也灭绝了，很难说所有这些灭绝都是人类猎人造成的。由于鸟类和哺乳动物的灭绝同时发生，很可能大部分或几乎所有的灭绝都是气候和其他环境变化造成的。[25] 此外，新西兰恐鸟的例子可能具有启发意义。在人类于这些岛屿定居后不久，恐鸟就灭绝了。恐鸟的繁殖率很低；计算机模拟显示，它们的种群数量很容易受到成年个体死亡率上升的影响。由于恐鸟等许多大型动物的繁殖率较低，人类的过度捕猎可能也是它们灭绝的原因。[26]

大型猎物的减少可能促使人们去开发新的食物资源。但是，人们转向更广泛的资源可能还有另一个原因——人口增长（见图 12-2）。正如马克·科恩（Mark Cohen）所指出的，狩猎采集者正在"填满"当时的世界，他们可能不得不寻找也许不那么理想的新的食物来源。[27]（我们可能认为贝类比猛犸象更好，但这仅仅是因为我们不需要采集就能得到这些食物。必须对许多贝类进行采集、去壳和烹煮，才能产生一头大型动物所能提供的动物性蛋白质。）

广谱采集可能涉及开发新的食物来源，但这并不一定意味着人们吃得更好。身高下降通常意味着饮食变差。前农业时期，在旧大陆的许多地方（希腊、以色列、印度、北欧和西欧），人们的身高可能下降了 5 厘米。[28] 这种下降可能是营养减少的结果，但也可能是对更高身高的自然选择压力变小了，因为在大型狩猎活动减少后，投掷长矛等活动不再那么普遍。（更长的四肢，以及相应的更高的身高，使猎人在投掷长矛的时候力气更大，从而投掷得更远。[29]）在世界其他地区（如澳大利亚和美国中西部）出土的骨骼证据也表明，随着广谱采集的兴起，人们的总体健康水平下降了。[30]

广谱采集和定居

向广谱采集的转变，能否解释前农业时代世界各地越来越普遍的定居生活方式？能，也不能。在世界上的一些地区，如欧洲、近东、非洲和秘鲁的一些遗址，定居变得更加长久。而在另一些地区，如中美洲的半干旱高地，转向广谱采集与定居程度增加无关。即使在开始种植植物之后，中美洲高地的人们仍然没有住在永久性的村庄里。[31] 这是为什么呢？

似乎并不能简单地说，向广谱采集的转变是许多地区定居程度提高的原因。对秘鲁海岸聚落的比较研究表明，较固定的聚落位于离食物来源更近的地方，一般在 5 600 米的范围内，即使不是靠近全部类型的资源，也是靠近可以在一年中利用的各种食物资源的大部分。没有全年性聚落的社区似乎依赖分布范围更广的资源。因此，定居的因素，可能是与广谱资源的接近程度[32] 或广谱资源的高可靠性和产量，[33] 而不是广谱资源本身。

定居和人口增长

尽管在世界历史的整个狩猎和采集阶段，无疑都出现了人口增长，但一些人类学家认为，人们定居下来之后，人口可能急剧增加。这个观点的证

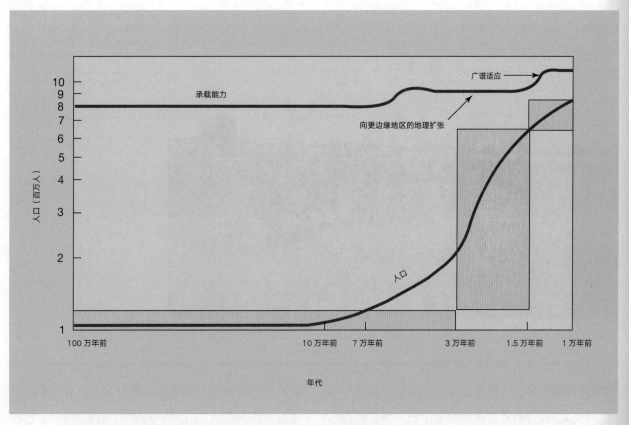

图 12-2　更新世期间世界人口增长和承载能力重构。对人口的估计表明，人口的大量增加先于人口向更边缘的地区迁移。进一步的人口增长先于广谱采集的出现（资料来源：Hassan 1981）

据很大程度上来自对晚近游牧和定居的昆人的比较研究。

　　游牧群体定居之后，一般的生育间隔可能会缩短。[34] 游牧的昆人家庭，平均每隔四年有一个孩子出生；相比之下，晚近过上定居生活的昆人家庭，其生育间隔大约为三年。为什么生育间隔会随着定居生活而改变？有几种可能性。

　　生育间隔可以通过多种方式形成。在缺乏有效避孕措施的情况下，拉长生育间隔的一种方法是在孩子出生后长期禁欲，也就是产后性禁忌，这在晚近的人类社会中很常见。另一种方法是堕胎或杀婴。[35] 由于带着年幼孩子行动不便，游牧群体可能会有拉长生育间隔的动机。对他们而言，带着一个小孩已经很不容易，同时带两个负担就太重了。因此，定居人群的生育间隔可以更近，因为人们不需要总是带着孩子奔波。

　　虽然一些游牧族群可能会通过节欲或杀婴来刻意延长生育间隔，但没有证据表明这种做法可以解释为什么游牧的昆人要将生育间隔控制在四年。可能还有另一种解释，涉及婴儿喂养方式无意中带来的影响。南希·豪威尔（Nancy Howell）和理查德·李（Richard Lee）提出，在定居、从事农业的昆人群体中，除母乳外的婴儿食品的存在，可能是其生育

23. Alroy 2001.
24. Martin 1973.
25. Grayson 1977; 1984. 也可参见 L. G. Marshall 1984; Guthrie 1984; Barnosky et al. 2004。
26. Holdaway and Jacomb 2000.
27. Cohen 1977b, 12.
28. Cohen 1989, 112-113.
29. Frayer 1981.
30. Cohen 1989, 113-115.
31. Flannery 1973b.
32. Patterson 1971.
33. G. Johnson 1977; D. Harris 1977.
34. Sussman 1972; Lee 1972.
35. 关于杀婴社会的例子，参见 D. Harris 1977。

一个昆人群体在迁徙。狩猎采集者迁徙时，必须带着孩子和所有的财产。生育间隔平均四年有助于确保妇女不必同时带着两个以上的孩子

（图片来源：Anthro-Photo File）

间隔缩短的原因。[36] 现在已经确定的是，母亲用母乳（而非辅食）喂养婴儿的时间越长，恢复排卵可能就越晚。游牧的昆人妇女几乎没有什么软的、易消化的食物给她们的孩子吃，婴儿在两到三年内主要依靠母亲的乳汁。但是，定居的昆人母亲可以给宝宝吃软的食物，比如谷物粥（由人工种植的谷物制成）和家养动物的奶。喂养方式的这种改变可能让分娩后恢复排卵的时间提前，从而缩短生育间隔。在前农业时期定居的社区中，用野生谷物制成的婴儿食品可能也有同样的效果。因此，单就这个原因而言，人口甚至可能在人们开始耕种或放牧之前就已经增长了。

定居的昆人妇女比游牧的昆人妇女生育更多孩子的另一个原因与身体脂肪和体重的比例有关。一些研究人员怀疑，排卵需要体脂率达到一定的程度。定居的昆人妇女可能比游牧的昆人妇女拥有更多的脂肪组织，后者每天需要走很多路去采集野生植物，还经常带着孩子。因此，定居的昆人妇女可能会在生完孩子后更早恢复排卵，因此，仅仅因为这个原因，她们的生育间隔就可能更短。如果一定程度的脂肪是排卵所必需的，这就可以解释为什么在我们社会中身体脂肪很少的女性——比如长跑运动员、体操运动员和芭蕾舞演员——有许多排卵不太规律。[37]

细石器技术

从技术上讲，这些前农业文化与旧石器时代晚期的文化并没有根本的不同。[38] 工具轻便化的趋势仍在延续。细石器，也就是在旧石器时代晚期的那种一两厘米长的小石叶，此时被大量使用。欧洲、亚洲和非洲的前农业时期的人们用复合工具（composite tools，由多种材料制成的工具）来代替全由燧石制成的工具。

细石器太小，不能直接使用，不过可以装在骨头或木头上的凹槽里，制成箭、鱼叉、匕首和镰刀。例如，镰刀是通过在木柄或骨柄上的凹槽中插入几个细石器制成的。树脂被用于固定石叶。坏掉的细石器可以像现代剃刀的刀片一样被替换。细石器除了有多种用途外，也可由多种石材制成。细石器不同于需要大块石头来制作的石核和石片工具，使用细石器的人可以用小块的石头来制作小石叶。[39]

用细石器做的镰刀（图片来源：Steve Gorton © Dorling Kindersley）

动植物的驯化

"新石器时代"（Neolithic）一词，最初指的是人类发明陶器和磨制石器的文化阶段。然而，我们现在知道，陶器和磨制石器更早的时候就有了，因此我们不能仅仅根据这两种器具的存在来定义新石器时代的文化状态。现在，考古学家一般根据驯化动植物的存在来定义新石器时代。在这种文化中，人们开始生产食物，而不仅仅是采集食物。

当人们开始种植农作物和饲养动物时，食物采集和食物生产之间的界限就出现了。我们如何知道这种转变发生于何时？事实上，在考古学上是无

法得知食物生产开始的时间的；只有当驯化的植物和动物表现出与它们的野生品种不同时，我们才能看到相关的迹象。当人们种植农作物时，我们把这个过程称为栽培（cultivation）。只有当所栽培的作物和所饲养的动物被改变，变得与野生品种不同的时候，我们才会把相关过程称为动植物的**驯化**（domestication）。

如果特定地点的植物遗迹具有不同于同类型野生植物的特征，我们就知道，该地可能已经发生驯化（见图12-3）。例如，野生大麦和小麦的穗轴（茎结出种子的部分）很脆弱，容易脱落。驯化作物的穗轴则比较坚韧，不易脱落。此外，野生大麦和小麦的籽粒的外壳坚硬，可以防止种子过早暴露，而驯化作物籽粒的外壳易碎，可以很容易地分离，这有利于将种子磨成面粉。

驯化植物与野生植物的区别是什么？驯化的植物显然需要人为的选择，不管是有意还是无意。想

图12-3 野生和驯化小麦的种穗。注意：驯化小麦的籽粒更大更多（资料来源：Feder 2000）

---

36. Howell 1979; Lee 1979.
37. Frisch 1980; Howell 1979.
38. Phillipson 1993, 60-61.
39. Semenov 1970, 63; 203-204; Whittaker 1994, 36-37.

想小麦和大麦的穗轴是如何变化的。正如前文所说，野生谷物成熟时，穗轴很容易碎裂，种子也会脱落。这种特性在野外条件下具有选择性优势，这是该物种自然繁殖的方法。因此，穗轴坚韧的植物在自然条件下繁殖的可能性很小，但它们更适合种植。当人类带着镰刀和连枷采集野生的谷物时，收获的种子中可能很大一部分是穗轴比较坚韧的突变体，因为这些突变体最能承受收割过程中的粗糙处理。如果将所收获的种子种下，长出来的可能是穗轴坚韧的植株。假设在接连多次收获中，最有可能留下来的都是来自穗轴坚韧植株的种子，那么穗轴坚韧的植株将逐渐占主导地位。[40]

驯养的动物也不同于野生的动物。例如，近东野生山羊的角的形状不同于家养山羊的角。[41]但生理特征的差异可能不是驯化的唯一指标。一些考古学家认为，某些遗址中动物遗骸的性别和年龄比例失衡，这表明相关的地点发生过驯化。例如，在伊拉克的扎维凯米–沙尼达尔（Zawi Chemi Shanidar）遗址的残骸中，幼羊相较于成年羊的比例远高于野生羊群中幼羊相较于成年羊的比例。一个可能的推论是，这些动物被驯化了，成年羊被留下来用于繁殖，而幼羊则被吃掉。（如果大多数动物在幼年被吃掉，只有少数动物可以长大，那么在遗址中发现的大部分骨头将来自被宰杀的幼年动物。[42]）

近东的驯化

有段时间，大多数考古学家认为新月沃地是最早的动植物驯化中心之一。新月沃地从以色列和约旦河流域一直延伸到土耳其南部，然后向下延伸到伊朗扎格罗斯山脉的西坡。我们知道，大约在公元前8000年以后，那里的人开始种植几种驯化的小麦，还有燕麦、黑麦、大麦、扁豆、豌豆，以及各种水果和坚果（杏、梨、石榴、枣、无花果、橄榄、杏仁和开心果）。[43]动物最早可能是在近东被驯化的。

狗的驯化发生在公元前13000年左右，农业兴起之前［参见专题"狗（和猫）驯化自己了吗？"］，山羊和绵羊的驯化是在公元前7000年左右，牛和猪则是在公元前6000年左右被驯化的。[44]

让我们来关注近东的两个新石器时代早期遗址，看看在人类开始以驯养的动植物为食之后，生活可能是什么样的。

阿里科什

在今伊朗西南部阿里科什（Ali Kosh）的分层遗址上，我们看到了一个大约建立于公元前7500年的群落的遗存，那时的人们主要以野生动植物为食。在接下来的2000年里，一直到约公元前5500年，农业和畜牧业变得越来越重要。公元前5500年以后，出现了两项革新，即灌溉和家畜的驯养，这似乎在接下来的那个千年里引发了人口增长的小高峰。

从公元前7500年到公元前6750年，阿里科什的人们会从地上挖出生黏土，切成板子，用来建造小型的多室建筑。考古学家挖掘出的房间的大小很少超过0.1米×0.25米，也没有证据表明这些建筑肯定是人们真正居住的房子，它们更可能是储藏室。不过，在世界上其他地区，人们发现了一些房间还要小的房子，因此在最早的阶段，阿里科什的人可能确实住在那些泥土未经加工的小房子里。有一些证据表明，阿里科什的居民可能是在夏天（带着他们的山羊）搬到了附近多草的山谷，那里离这里只有几天的步行路程。

我们有很多关于阿里科什人所吃食物的证据。他们的食物主要来自人工栽培的二粒小麦（emmer

40. Zohary 1969.
41. Flannery 1965.
42. Ibid. 有一种观点认为，大量未成熟的动物并不一定意味着驯化，参见 Collier and White 1976.
43. Hole 1992; MacNeish 1991, 127–128.
44. Clutton-Brock 1992; Chessa et al. 2009.

当前研究和问题
狗（和猫）驯化自己了吗？

关于狗和人类亲近关系的早期证据来自以色列北部一个距今近1.2万年的考古遗址。考古学家在该遗址发现了一个老年妇女的墓穴，遗体向右侧卧，腿部蜷起，左手下有一条狗。

本书作者恩贝尔家的狗总是在主人回家时上前迎接，它能找东西，相当于一个报警系统，能追踪气味，会吃掉在地上的食物。这些特性中，有没有哪些能解释，为什么世界各地的人都在距今1.5万年到1万年的这段时间里驯化了狼的后代？

狗很可能是人类最早驯化的动物，其驯化时间在约1.5万年前，比植物、山羊、绵羊的驯化早了几千年。当时，人类开始在半永久的营地和村落定居，不那么依赖大型猎物（追踪大型猎物可能需要行进很远的距离），而是更依赖较为静态的食物来源，比如富含碳水化合物、蛋白质、油脂的鱼类、贝类、小型猎物和野生植物。

为什么人类在那个时候会想到要驯化狼？一种理论认为，人类的捕猎对象从大型动物变为小型动物，需要狗来追踪受伤的猎物，从水中或林下灌木丛里寻找猎物的尸体。食肉动物接近时，狗可能可

以起到警报的作用。还有，狗吃垃圾，这能让营地保持干净。

恩贝尔认为，基于狗的最后一种作用，可以提出另一种关于狗驯化的理论。也许不是人类驯化了狗，而是一些狼总在人类营地附近逗留，从而驯化了自己。为什么狼会对那些最早定居下来的人类感兴趣？不是因为它们想拿人类饱餐一顿，那要往回再推几百万年才可能实现。也许是别的什么把狼吸引到了早期定居营地和村落附近。那些早期聚落有什么不同呢？在人类历史上，这是第一次可以在一个地方停留比较长的时间（每次好几个月，年复一年），因为人类可以靠"收获"该地区的野生资源过活。人类如果在一个地方定居多年，哪怕定居只是季节性的，最终也将面临垃圾的问题。

最大的问题在于食物残渣。食物残渣不仅会产生异味，还可能引来啮齿类动物，使人类的健康和儿童面临更大的威胁。人类能怎么办呢？就像今天的露营者所知道的那样，人类可以把垃圾埋起来，让垃圾的气味不至于引来不速之客。但最终，定居点内或附近的垃圾坑会不

够用。当然，他们可以换一个地方定居，但也许他们不想。毕竟他们已经花了很多时间精力来建造永久房屋，那些房屋冬季防寒，还能让他们不致被雨淋湿，房子里还储存了很多东西。那么，他们该怎么办？

他们也可能什么都不用做。那些在附近游荡的狼可能为我们的祖先解决了问题——它们会吃人类剩下的食物，就像大部分的狗（特别是与最初被驯化的狗更接近的大型犬）会很自然也很有效率地做的那样。恩贝尔家的狗几乎什么都吃（没加调料的生菜除外）。因此，就算只有几匹比较温顺的狼或几条被驯化的狗，也足以防止垃圾坑或垃圾堆变臭，让垃圾不至于堆积太多。而制造垃圾的人类也可以在同一个地方停留更长时间，而不至于被臭气、害虫、疾病侵扰。狗可能是自我驯化的，因为这样对它们和前农业时代的人类都有好处。

类似的理论也可以用来解释猫的驯化。猫很擅长捉老鼠和杀老鼠。在农业出现以后形成的近东遗址内，出土了大量鼠类（家鼠）遗骸，遗骸位于房屋的地下室内。人类可能有意尝试驯养猫来捉老鼠，但更有可能的是，猫驯化

了自己，过上了适应粮仓的生活。当然，人类在驯化过程中可能也起了一点作用，他们杀掉了被吸引到定居点的比较凶猛的野猫，可能也杀掉了被吸引到垃圾堆旁的比较凶猛的狼。就算人类一开始并不想把这些定居点附近的犬科动物或猫科动物当宠物，也不会想要被它攻击。生活在野外的狼群有支配和服从的等级结构，因此狼可能已经对听从"支配方"人类有了预适应；不够服从的狼则会被人类杀掉。

这种关于猫狗驯化的理论该如何验证呢？如果狗为了吃人剩下的食物而自我驯化，那么考古学家应该只能在人类在多年间每年大部分时间内定居的遗址上发现狗驯化的证据（解剖学上的变化），只有在这种定居情况下，垃圾才会成为问题，狗才能成为解决方案。与此类似，猫驯化的证据，应该只能在长年储存粮食的遗址内发现。只有在那样的地方，啮齿类动物才会成为问题，猫才能成为解决方案。我们希望考古学家将来能做出这样的验证。

（资料来源：Budiansky 1992; Driscoll et al. 2007; 2009; Clutton-Brock 1984; Robinson 1984.）

wheat)、一种大麦和大量的家养山羊。我们知道山羊是驯养的,是因为该地区似乎没有野山羊的踪迹。此外,在该遗址几乎没有发现老山羊的骨头,可见这些山羊是被驯化的,而不是被捕猎的。此外,从该遗址发现的角心（horn cores）来看,大多数年轻的公山羊是被吃掉的,所以母山羊很可能是被饲养来繁殖和挤奶的。虽然有这些刻意生产食物的迹象,但有大量证据——确切地说,有成千上万的种子和骨头碎片——表明,早期在阿里科什的人们主要以野生植物（豆科及禾本植物）和野生动物（包括瞪羚、野牛和野猪）为食。他们还捕捞了鲤鱼、鲇鱼等鱼类,贻贝等贝类,在一年中的某些时候也捕捉过迁徙至该地区的水鸟。

阿里科什早期阶段使用的燧石工具种类繁多,数量众多。这一时期发现的工具包括数以万计的小石叶,有些只有几毫米宽。考古学家发现的被剥片的石头中,约有1%是黑曜石,也就是火山玻璃（volcanic glass）,它们来自几百千米外的今土耳其东部地区。因此,在阿里科什的早期阶段,那里的人肯定与其他地方的人有过接触。他们种植的二粒小麦在该地区没有野生的品种,这也是他们与其他地方的人有接触的佐证。

从公元前6750年到公元前6000年,人们更多食用栽培的植物;留在灶边和垃圾区的种子中,有40%是二粒小麦和大麦。野生植物在食物中的占比大大降低,可能是因为栽培植物与野生植物的生长季节和所需土壤种类相同。山羊和绵羊的放牧也可能是该地区饮食中野生植物减少的原因。村子的面积不一定变大了,但多房间房屋的面积肯定变大了。房间的大小此时约有0.25米×0.25米,墙厚了许多,黏土板砖用泥灰浆粘了在一起。此外,墙壁两边通常覆有一层光滑的灰泥。屋内的泥砖地板上可能曾铺有蒲垫或芦苇垫（可以看到它们的印迹）。院子里有圆顶的砖炉和砖砌的烤坑。由于该地区夏季炎热,

没有在房子里发现烤炉也很正常。

尽管这个村子里可能只有不到100个人,但它参与了一个广泛的贸易网络。海贝很可能产自波斯湾,那里离该地南部有一段距离;铜可能来自今伊朗中部地区;黑曜石可能也是来自今土耳其东部地区;而绿松石则以某种方式从今伊朗和阿富汗边境地区来到这里。其中一些材料被用作人们佩戴的装饰品——至少从埋在房屋地下的尸体残骸看起来是这样的。

大约在公元前5500年以后,阿里科什周围的地区出现了人口大量增加的迹象,这可能是由于农业技术更加复杂,比如使用灌溉和用家畜拉犁。在接下来的1 000年里,到公元前4500年,这个地区的人口可能增加了两倍。这种人口增长可能是促成近东城市文明兴起的文化发展的一部分。[45] 对此我们将在下一章讨论。

驯化技术出现后,阿里科什及周边地区的人口可能出现了增长,但并非近东所有地区都是如此。例如,近东最大的早期村庄之一艾因·加扎勒（'Ain Ghazal, 位于今约旦安曼郊区）的人口和生活水平随着时间的推移而下降,这可能是因为艾因·加扎勒周围的环境无法长久支持一个大村庄。[46]

加泰土丘

在土耳其南部一个多风的崎岖高原上,有一个泥砖小镇的遗址,名叫加泰土丘（Çatal Hüyük）。Hüyük是土耳其语,指的是由一系列聚落形成的土丘,一个建在另一个上方。

大约公元前5600年,加泰土丘是一个土砖小镇。那里发掘出约200座房屋,它们以普韦布洛文化的方式相互连接（每座平顶建筑中有多个家庭居住）。居民们用富有想象力的壁画装饰房屋的墙壁,用具有象征意义的雕像装饰他们的神龛。壁画描绘的似乎是宗教场景和日常事件。考古学家在剥落壁画时

发掘于加泰土丘的新石器时代普韦布洛式建筑（图片来源：© Yann Arthus-Bertrand/CORBIS）

发现了一层又一层的壁画，这表明旧壁画曾被刷上灰泥，以便绘制新的壁画。有几个房间很可能是放置神龛的地方，里面有许多大型公牛壁画和泥牛雕塑，墙上有与实际尺寸相当的牛头泥像。还有一些"神龛室"壁画分别用红色和黑色颜料描绘了生与死的场景。在这些房间里还发现了一些泥塑雕像，形象是孕妇和骑在公牛上的大胡子男子。

加泰土丘的农业发展得很好。扁豆、小麦、大麦和豌豆的大量种植使得粮食非常充裕。考古学家发现了种类惊人的手工艺品，包括镇上居民制作的雕刻精美的木碗和盒子。该地也出土了黑曜石和燧石制成的短剑、矛头、刮削器、锥子和镰刀刀片。碗、锅铲、刀、长柄勺和短勺等是用骨头做的。房子里有用骨头制成的带钩、栓扣、别针等物件。证据还表明，那里的男女会佩戴用骨头、贝壳和铜制成的珠宝，使用黑曜石做成的镜子。[47]

由于加泰土丘所在地并没有什么原料，该地丰富多样的原料供应显然来自与其他地区的交流。贝壳是从地中海运来的，木材是从山上运来的，黑曜石是从 80 千米外运来的，大理石则来自今土耳其西部地区。

中美洲的驯化

中美洲的驯化模式截然不同。在这里，半游牧的古代期狩猎采集生活方式在人类最初驯化植物之后依然延续了很长时间。[48]为什么会出现这种情况？

45. Hole et al. 1969.
46. Simmons et al. 1988.
47. Mellaart 1964.
48. Flannery 1986, 3 – 5; Pringle 1998.

难道人们不需要在庄稼附近定居以照顾它们吗？他们驯化植物后，难道没有停止采集野生植物吗？确实没有。在中美洲，人类种下了各种各样的植物，但他们还是继续进行季节性的狩猎和采集，之后再回来收获他们所播种的东西。在中美洲，许多最早被驯化的植物虽然对人类有用，但并不是维持生存所需的。古代期的人类驯化植物，可能是为了让他们觉得有用的植物在生活环境中更容易得到。例如，中美洲最早被驯化的植物之一是葫芦。葫芦不是用来吃的，而是用来装水的。乔伊斯·马库斯（Joyce Marcus）和肯特·弗兰纳利提出的假说是，人们专门驯化葫芦，在它们以前不能自然生长的地方种植葫芦，这样，人们经过这些地区时就能得到能装水的葫芦了。[49]

葫芦只是许多早期驯化自中美洲高地的植物之一。其他植物包括西红柿、棉花、各种豆类和南瓜，还有也许最重要的，玉米。最早被驯化的玉米可以追溯到公元前 5000 年，是在墨西哥的特瓦坎（Tehuacán）发现的。对玉米的遗传学研究表明，它是从墨西哥类蜀黍（teosinte）驯化而来的，墨西哥类蜀黍是一种高大的野生禾本植物，现在在墨西哥仍然广泛生长（参见图 12-4）。[50]事实上，遗传研究表明，相较于墨西哥类蜀黍，玉米只在两个基因上发生了变化，一个与玉米粒的颖片（kernel glumes）（外壳）有关，另一个与茎的形状有关。[51]现代玉米的基因早在 4 000 到 6 000 年前就已经存在了。

墨西哥类蜀黍与玉米在许多重要方面都有区别，但主要的表型变化只是微小的遗传变化引起的。玉米的遗传可塑性可能是它成为地球上非常重要的驯化作物的一个原因。墨西哥类蜀黍的茎确实看起来很像玉米，但墨西哥类蜀黍的"穗子"上，只有 7 到 12 个呈单行排列的种子，不像玉米穗子上有很多成行的种子。单颗墨西哥类蜀黍的种子都有一层脆壳，而玉米穗的外部则覆盖有一层坚硬的外壳。早期玉米与现代玉米也有很大的不同。最古老的玉米穗轴（年代在 7 000 年前）很小，只有 2.5 厘米长。穗轴上只有六行种子，每一粒种子都很小。关于古代和现代玉米的一个有趣的事实是，其繁殖几乎完全依赖人类——从有脆壳的种子到外壳坚硬的玉米穗，这样的转变意味着，必须有人在不破坏种子的情况下打开外壳，才能让种子分散和繁殖。[52]

像玉米和葫芦一样，豆类和南瓜很可能是通过简单的方法从野生品种驯化的。例如，红花菜豆（runner bean）自然生长在岩棚和洞穴外斜坡上的土壤中。可以想象，古代期的人类会采集这种豆子（一开始可能是为了它们的根，因为其种子很小，可能没人吃），然后有选择地种植那些具有人们所需品质（比如种子颗粒大）的豆子。同样，古代期的人类可能只吃野生南瓜的种子，因为野生南瓜的瓜肉气味不好闻，味道也不怎么样。但人们可能有选择地种植了瓜肉味道比较好、种子比较大的突变体，最终培育出驯化的品种。[53]

通常认为，生活在中美洲和墨西哥的人们发明了在同一块地里同时种植玉米、豆类和南瓜的种植策略。这样的种植策略带来了重要的优势。玉米从土壤中吸收氮，豆类把氮释放回土壤中。玉米的茎可以让豆科植物缠绕，矮生的南瓜可以在高大的玉米植株根部周围生长。豆类为人们提供了玉米中没有的氨基酸赖氨酸。这样，有了玉米和豆类，人类需要从食物中获得的必需氨基酸就都有了。墨西哥类蜀黍可能为这种独特的组合提供了模型，因为在自然环境中，野生的红花菜豆和野生南瓜经常生长在墨西哥类蜀黍附近。[54]

圭拉那魁兹

20 世纪 60 年代，肯特·弗兰纳利发掘出了圭拉那魁兹（Guila Naquitz）洞穴，这一发现有助于我们了解中美洲高地早期驯化的图景。在约 2 000 年的

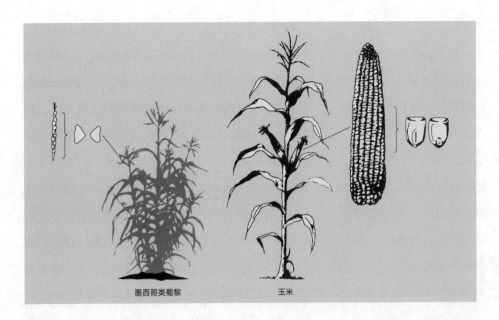

图 12-4 墨西哥类蜀黍的植株、穗轴和种子，以及玉米的植株、穗轴和种子。请注意，玉米的穗轴和种子与墨西哥类蜀黍的相比要大得多
（资料来源：Feder 2000）

墨西哥类蜀黍　　　　　玉米

时间里（大约公元前 8900 年—公元前 6700 年），一直有一小群人（可能一次只有一个家庭）间歇性（可能是季节性）地住在这里，这段时间里，植物得到了驯化。该洞穴位于瓦哈卡山谷上面山麓的荆棘林中。圭拉那魁兹的居民们用长矛和长矛投掷器捕猎鹿和西貒（peccary，一种类似野猪的野生动物），用陷阱捕捉兔子等小型动物。他们还采集周围地区的植物性食物，特别是来自洞穴上方森林的仙人掌果实、樱桃、橡子和松子，以及龙舌兰心、洋葱，还有来自各种荆棘丛的坚果和水果。[55]

在圭拉那魁兹洞穴中还发现了驯化植物的遗迹，包括葫芦和几种南瓜。这些东西怎么会在洞里？居民们在地里种植南瓜吗？也许情形和今天人们想象的种地不同。南瓜是中美洲高地常见的野生植物，可以在洞穴外那种扰动土壤（disturbed soils）中茁壮成长。当时的情形可能是，圭拉那魁兹洞穴的居民知道南瓜在洞穴附近很容易生长，因此他们会主动种下一些瓜肉味道更好或种子更大的南瓜。[56]植物驯化和驯化后植物的用途都比较随意，驯化植物只是对已经比较丰富的动植物性食物的补充。这里的情况似乎与近东的阿里科什和加泰土丘等遗址

大不相同。圭拉那魁兹的驯化似乎是由猎人和采集者完成的，他们用一些他们想要的植物来补充他们的基本饮食（例如瓜肉美味的南瓜）；这里没有发生使人们依赖驯化植物的革命性改变。

世界上其他地区的驯化

南美洲和美国东部

在中美洲之外，植物独立驯化的证据至少来自新大陆的两个地区：南美洲和美国东部。首先在新大陆驯化的是葫芦科（cucurbit family）植物，它们可能都是在公元前 7500 年以后被驯化的。除了这些和其他在中美洲驯化的植物外，还有超过 200 种在南美洲安第斯山脉地区驯化的植物，包括马铃薯、利马豆、花生、苋菜和藜麦（quinoa）。已明

49. Marcus and Flannery 1996, 64 - 66.
50. Flannery 1986, 6 - 8.
51. Fedoroff 2003.
52. Flannery 1986, 8 - 9; Marcus and Flannery 1996, 66 - 67.
53. Marcus and Flannery 1996, 65 - 66.
54. Ibid., 66 - 68.
55. Flannery 1986, 31 - 42.
56. Ibid., 502.

确的最早被驯化的植物是南瓜和葫芦，驯化年代可能在公元前 8000 年，如此看来，安第斯山脉地区的驯化和中美洲一样早，甚至可能更早。[57] 木薯和甘薯等块根作物的起源不太确定，但这些作物可能起源于南美洲的热带低地林区。[58]

许多生长在北美的植物，如玉米、豆类和南瓜，可能是从中美洲引进的。然而，在北美，至少有三种种子植物可能是在早期被独立驯化的——向日葵、假苍耳和藜属植物。向日葵和假苍耳的种子含有丰富的蛋白质和脂肪；藜属植物的淀粉含量高，与玉米的食用价值相似。[59] 假苍耳富含钙，只有青菜、贻贝和骨头可以与之媲美。它也富含铁（优于牛肝）和维生素 B_1。[60] 这些植物可能是在公元前 2000 年左右开始在今天美国肯塔基州、田纳西州和伊利诺伊州南部所在的地区种植的（玉米是在公元 200 年左右引入该地区的）。

很多在玉米之前被驯化的植物都比玉米有更高的营养价值。那么，为什么在过去的 1 000 年里，北美的人们转而依赖玉米呢？[61] 用考古学家布鲁斯·史密斯（Bruce Smith）的话来说："除了向日葵，北美并没有什么家喻户晓的种子作物。"[62] 玉米的产量必须非常高，才能超过其他作物的产量，因此关键因素可能是收获的时间和所需的工作量。例如，藜属植物的营养价值与玉米相当，但收获和储存藜属植物需要大量的工作，而且也必须在秋天完成，这恰是一年中人们集中猎鹿的时候。因此，也许是因为藜属植物收获和猎鹿的时间冲突，而玉米容易收获和储存，所以人们开始依赖玉米。[63]

总的来说，驯养动物在新大陆不如在旧大陆的许多地方那么重要。在北美，在西班牙人到来之前，狗和火鸡是主要的家养动物。北美洲和南美洲的狗可能是随着第一批定居美洲的人到来的，因为所有的家养犬似乎都有共同的亚洲祖先。[64] 在美国西南部的普韦布洛村庄发现了大约公元 500 年的驯养火

鸡的遗骸。[65] 火鸡的羽毛被用来做箭、装饰品和织布，骨头被用来做工具；但火鸡似乎很少在北美洲被当作食物。然而，在墨西哥和中美洲，火鸡是一种重要的食物；火鸡在墨西哥可能是被独立驯化的。科尔特斯（Cortes）1519 年到达墨西哥时，发现了大量的家养火鸡。[66]

安第斯山脉中部是新大陆上唯一一个动物在经济中占重要地位的地区。早在公元前 5000 年，安第斯山区的人们就驯养了美洲驼和羊驼（骆驼科动物），以利用它们的肉、毛和运输能力。[67] 啮齿类动物豚鼠（其英文名称 Guinea pig 是个错误命名，因为它既不是猪，也不来自几内亚），后来在安第斯山区得到了驯化。而在被驯化之前，豚鼠就已经是重要的食物来源了。[68] 豚鼠被驯化后就一直养在人类的住所里。

新大陆的动物驯化不同于旧大陆，因为分布于两个半球的野生物种不同。旧大陆的平原和森林是我们今天所知的牛、绵羊、山羊、猪和马的野生祖先的家园。在新大陆，更新世的马群、乳齿象群、猛犸象群和其他大型动物早已灭绝，因而那里的人们几乎没有机会驯养大型动物。[69]

东亚

驯化种子作物的考古记录比驯化肉果类作物更常见，因为肉果类作物不好保存。在近东以外地区，已明确的最早种植谷物的证据来自中国。在中国北方，发现了公元前第六千纪晚期种植粟的地方。贮藏坑、贮藏罐和大量的磨石表明，粟是一种极其重要的食物。已经发现的野生动物的骨头以及狩猎和捕鱼的工具表明，即使有家养的猪（以及狗），人们仍然在一定程度上依赖狩猎和捕鱼。在中国南方，考古学家在一个小湖边发现了一个大约同一时期的村庄，人们在那里种植水稻、葫芦、荸荠和枣。中国南方的人们还饲养水牛、猪和狗。而且，和中国

香蕉和芋头是近 7 000 年前在新几内亚驯化的。香蕉现在生长在许多热带地区，包括图中的加纳（图片来源：Ron Giling/Lineair/Peter Arnold, Inc.）

北方的遗址所体现的一样，这里的人们也通过狩猎和捕鱼来获得食物。[70]

东南亚大陆驯化动植物的时间可能和近东地区一样早。东南亚开始驯化的具体年代尚不清楚；可能有驯化证据的最古老遗址是泰国西北部的神灵洞（Spirit Cave），其年代估计在公元前 9500 年到公元前 5500 年之间。在神灵洞中发现的一些植物与野生品种并没有明显的区别，但其他一些植物，如葫芦、槟榔果、槟榔叶和荸荠，很可能是被驯化的。[71]

东南亚大陆的早期栽培似乎大多发生在河流周围的平原和低地，不过早期栽培者很可能主要以附近水域的鱼类和贝类为食。第一批被驯化的植物可能不像在近东那样是谷物。事实上，一些早期栽培的作物可能根本没有被用作食物。特别是，竹子可能被用来制作切割工具和建筑工具，葫芦可能被用作容器或碗。我们还不知道水稻是什么时候开始被驯化的，但有明确的证据表明，在公元前 4000 年以后，泰国种植了水稻。

香蕉和芋头可能最早是在新几内亚被驯化的。最近对库克沼泽（Kuk Swamp）考古沉积物的土壤分析发现，那里香蕉和芋头中的植硅体（植物细胞之间形成的小硅晶体，是特定植物物种特有的）可以追溯到近 7 000 年前。[72] 考古学家已经知道，新几内亚具备土丘和灌溉特征的农田有着悠久的历史，可以追溯到 1 万年前。关于早期芋头和香蕉栽培的新发现表明，新几内亚可能是这些植物最初被驯化的地方。其他在东南亚驯化的主要食用植物包括山药、面包果和椰子。[73]

非洲

一些动植物最早是在非洲被驯化的。大多数早

57. Piperno and Stothert 2003.
58. MacNeish 1991, 37, 47; Hole 1992.
59. B. Smith 1992b, 163, 287.
60. Asch and Asch 1978.
61. B. Smith 1992a; 1992b, 39, 274 - 275, 292.
62. B. Smith 1992b, 6.
63. Ibid., 180.
64. Savolainen et al. 2002.
65. Clutton-Brock 1992.
66. Crawford 1984.
67. Clutton-Brock 1992.
68. Müller-Haye 1984.
69. Wenke 1984, 350, 397 - 398.
70. Chang 1981; MacNeish 1991, 159 - 163.
71. MacNeish 1991, 267 - 268.
72. Neumann 2003; Denham et al. 2003.
73. Hole 1992.

期驯化可能发生在撒哈拉以南和赤道以北广阔的林地-稀树草原地带。在谷类作物中，高粱最早可能是在这一地带的中部或东部被驯化的，西部分布有珍珠粟（bulrush millet）和一种水稻（与亚洲水稻不同），东部有龙爪稷（finger millet）。落花生和山药最早是在西非被驯化的。[74] 我们知道，公元前6000年之后，农业在非洲的北部广泛存在；研究人员仍在争论那里最早种植的作物是本土的还是从近东传播而来的。然而，毫无疑问，一些植物性食物最初是在撒哈拉以南非洲得到驯化的，因为那里有它们的野生品种。[75] 今天非洲许多重要的家畜，尤其是绵羊和山羊，最早是在旧大陆的其他地方被驯化的，但是有一种牛，以及驴和珍珠鸡（guinea fowl），可能最早是在非洲被驯化的。[76]

苏丹的一位农民正在检查他的高粱作物。高粱是在非洲驯化的几种植物之一（图片来源：Sebastian Bolesch/Das Fotoarchiv/Peter Arnold, Inc.）

为什么食物生产得以发展？

我们知道，大约1万年前，随着人们开始驯化动植物，世界上许多不同的地区开始了经济转型。但是，为什么驯化会发生呢？为什么在几千年的时间里，驯化在许多不同的地方独立发生？考虑到人类在数百万年里只依赖野生动植物，驯化在不同地区首次出现的确切年代的差异似乎很小。栽培植物在旧大陆的传播似乎比在新大陆更快，这可能是因为旧大陆的传播更多沿着东西轴线（向撒哈拉以南非洲的传播除外），而新大陆的传播则更多是南北方向的。向北和向南传播的作物可能需要更多的时间来适应白昼长度、气候和疾病的变化。[77]

围绕食物生产发展起来的原因，人们提出了许多理论，大多数人都试图解释新月沃地驯化的起源。戈登·柴尔德提出的理论在20世纪50年代广为流行，他认为，气候的剧烈变化是近东地区发展出驯化的原因。[78] 柴尔德认为，后冰期的特点是近东和北非的夏季降雨量减少。随着降雨的减少，人们被迫撤退到被沙漠包围的食物资源越来越少的地方。柴尔德说，野生资源的减少促使人们开始栽培谷物和驯养动物。

罗伯特·布雷德伍德（Robert Braidwood）从两个方面批评柴尔德的理论。首先，布雷德伍德认为气候变化可能没有柴尔德想象的那么剧烈，因此"绿洲动机"可能不存在。其次，最后一批冰川消退后近东地区发生的气候变化可能也发生在间冰期早期，但此前从未发生过类似的食物生产革命。因此，布雷德伍德认为，对于人们开始生产食物的原因，肯定需要比简单的气候变化更多的解释。[79]

布雷德伍德和戈登·威利（Gordon Willey）认为，直到人们对环境有了更多的了解，直到他们的文化进化到足以让他们处理这样的事情时，他们才开始驯化。他们指出："为什么食物生产没有更早出现呢？我们目前唯一的答案是，当时的文化不具备实现这一目标的条件。"[80]

但是，现在大多数考古学家认为，我们应该试着解释为什么人类没有更早地"准备好"实现驯化。路易斯·宾福德和肯特·弗兰纳利都认为，一定是外部环境的某些变化导向了或有利于向食物生产的转变。[81] 正如弗兰纳利所指出的，没有证据表明狩猎采集者成为食物生产者是受强烈经济动机驱动的。

事实上，一些当代的狩猎采集者用比许多从事农业者少得多的劳动获得了足够的营养。那么，是什么促使食物采集者成为食物生产者呢？

宾福德和弗兰纳利认为，人们之所以驯化动植物，可能是因为想在最富饶或最适合狩猎采集的地区繁殖大量的动物和植物。由于最适合狩猎采集的地区的人口出现了增长，一些人可能迁移到了周围野生资源较少的地区。在这些边缘地区，人们可能首先转向食物生产，以获得他们曾经拥有过的东西。

宾福德-弗兰纳利模型似乎与黎凡特的考古记录相符，黎凡特位于新月沃地的西南部，那里的人口增长确实早于驯化的最初迹象。[82] 但是，正如弗兰纳利所承认的，在一些地区，如伊朗西南部，在驯化出现之前，最适合狩猎采集的区域并没有出现人口增长。[83]

宾福德-弗兰纳利模型关注小区域的人口压力，认为这是转向食物生产的动力。马克·科恩的理论是，全球范围内的人口压力解释了为什么世界上这么多的人在几千年的时间里转向了农业。[84] 他认为，世界各地的狩猎者和采集者的数量逐渐增加，因此到大约1万年前，世界各地的狩猎采集者都多少饱和了。因此，人们无法再通过迁移到无人居住的地区来缓解人口压力。为了养活日益增多的人口，他们不得不扩大野生食物种类的范围，将原本不那么可口的也包括在内；换句话说，他们需要转向广谱采集，或者通过除草、除虫，或许还包括有意种植产量最高的植株，来提高最理想的野生植物的产量。科恩认为，人们可能尝试过各种各样的策略，但最终都发现，栽培才是能让更多人生活在一个地方的最有效的方式。

最近，一些考古学家又开始支持气候变化（不是柴尔德设想的那种极端变化）可能在农业的出现中起了作用的观点。从现有的证据来看，近东的气候在大约1.3万到1.2万年前变得更具有季节性：夏天变得比以前更热、更干燥，冬天变得更冷。这些气候变化可能有利于一年生野生谷物的出现，在近东的许多地区都有此类谷物大量扩散的考古学证据。[85] 像纳图夫人这样的人群集中利用季节性谷物，开发了精巧的储存和加工谷物的技术，并放弃了以前的游牧生活。向农业的过渡可能发生在定居者的觅食活动不再能为人口提供足够资源的时候。这可能是由于定居后人口增加，资源短缺，[86] 或者是由于人们在永久村庄定居后，当地的野生资源变得枯竭。[87] 在纳图夫人居住的以色列和约旦地区，一些人可能为了增加食物供应而转向了农业，另一些人则因为野生食物供应减少而回归了游牧生活。[88]

气候变得更加季节分明，这也可能导致觅食者缺乏某些营养物质。在干旱的季节，一些营养物质会更少。例如，食草动物在牧草不充足的时候就会变瘦，因此在干旱的季节，通过狩猎能得到的肉就变少了。尽管这似乎令人惊讶，但最近一些狩猎采集者在只能依赖瘦肉的情况下遭遇了饥荒。他们如果能以某种方式增加碳水化合物或脂肪的摄入量，就更有可能度过猎物变瘦的时期。[89] 因此，过去的一些狩猎采集者种植作物，可能是为了在干旱季节猎物、渔获和可采集的食物供应不足时，获得足够的碳水化合物和脂肪，以避免饥荒。

74. Phillipson 1993, 118.
75. MacNeish 1991, 314.
76. Hanotte et al. 2002; Clutton-Brock 1992.
77. Diamond 1997a; 1997b.
78. 转引自 MacNeish 1991, 6。
79. Braidwood 1960.
80. Braidwood and Willey 1962.
81. Binford 1971; Flannery 1973a.
82. Wright 1971.
83. Flannery 1986, 10 – 11.
84. Cohen 1977a; 1977b, 279.
85. Byrne 1987，在 Blumler and Byrne 1991 中有所提及；也可参阅 Henry 1989, 30 – 38; McCorriston and Hole 1991。
86. Henry 1989, 41.
87. McCorriston and Hole 1991.
88. Henry 1989, 54.
89. Speth and Spielmann 1983.

应用人类学
培高田地农业技术

今天，美洲的大多数农业系统要么依靠畜力，要么依靠大型机器来耕种土地和收获粮食。但在过去，人们没有牵引动物或机器来帮助农业生产。古代美洲农民是如何耕种土地和收割庄稼的？答案是，他们使用了人力。在大多数情况下，动物或机械的力量比人类的力量更有效，在同样面积的土地上能生产出更多的粮食。然而，考古学家发现，一些古老的人力农业系统实际上更适合当地环境，而且能比现代的机械化系统生产更多的食物。这些考古学家已经开始利用他们对古代食物生产的知识来帮助现代社会的人们改善生活。

考古学家克拉克·埃里克森（Clark Erickson）称这项工作为"应用考古学"，自 20 世纪 80 年代初以来，他一直在南美洲从事应用考古学工作。他最重要的项目之一是在秘鲁高原的的喀喀湖附近的华塔（Huatta）社区重建培高田地（raised fields）。那里的环境比较恶劣。20 世纪 60 年代的农业发展项目试图提高华塔周围土地的生产力，但以失败告终。但是，埃里克森认识到，社区周围的大部分地区曾经是高产的农田，他想知道重建古老的农业结构是否会对社区有帮助。

培高田地是通过将土壤堆积成长土堆形成的，取出土壤堆成土堆后，土堆周围会形成一条沟。随着时间的推移，沟里会存上水，水生植物也在其中生长。人们每年收获一次水生植物，将其作为肥料放在土堆上。沟里的水既能让土堆内的土壤保持湿润，又有助于控制土壤温度。作为一个系统，培高

的的喀喀湖流域的培高田地农业（图片来源：Courtesy Clark Erikson）

田地形成了一个自给自足的农业微环境。其主要缺点是机械设备在这些土墩和沟渠上不易使用，因此常常需要大量的人力。

1981 年，埃里克森开始与华塔社区的成员一起重建一些古老的培高田地。到 1986 年，人们已经很清楚地看到，培高田地农业非常适合该地区。人工培育的农田所需的劳动力并不像最初设想的那样多，而且这种农田和附近土壤较好的农田一样多产。更重要的是，来自水生植物的"肥料"保持并逐渐改善了培高田地的土壤质量。因此，尽管劳动密集程度更高，但培高田地能够将原本贫瘠的土地完全用于农业生产。今天，的的喀喀湖盆地的大片地区已经恢复了培高田地耕作。

（资料来源：Erickson 1988；1989；1998.）

中美洲的情况则非常不同，因为早期的驯养动物对生存并不重要。有关人口压力和营养短缺的理论似乎不太适合中美洲。然而，理想的植物，比如葫芦，供应还是不足，当人类主动播种这些理想的植物时，驯化很可能就发生了。这个模型和前述模型的不同之处在于，中美洲的人类显然不是因为气候变化或人口压力而被迫开始驯化的，他们主动转向驯化，是为了获得更多他们需要或认为有用的植物物种。最值得注意的例子是玉米，玉米在首次被驯化大约 2 500 年或更久之后才成为主食。为什么玉米会成为主食？可能既因为它是一种合适的主食作物（尤其是像前面讨论过的，与豆类和南瓜混种时），也因为人们喜欢玉米而大量种植。随着时间的推移，也许是由于冲突、人口压力和其他与可能促使近东出现驯化的力量类似的力量，中美洲以及后来北美和南美的人们开始以玉米为主食。

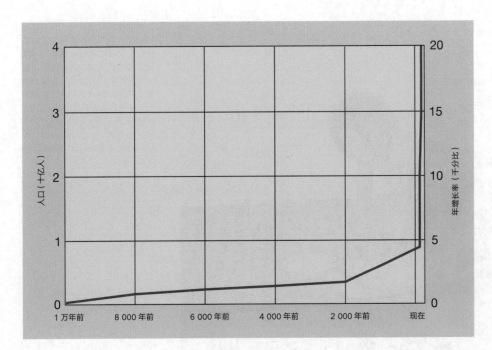

图 12-5　1 万年前以来的人口增长

1 万年前，农业和畜牧业出现后，人口增长速度加快。近年来，增长速度变得更快

（资料来源：Coale 1974）

食物生产兴起的结果

我们知道集约农业（长期耕作而不是游耕）的发展可能是对人口压力的反应，但我们不确定动植物驯化是否在一开始就受到人口压力的影响。尽管如此，食物生产兴起之后，人口增长肯定会加速（见图 12-5）。食物生产也带来了其他方面的影响。矛盾的是，人们的健康水平似乎下降了。不过，人们所用的物品变得更加精致。

人口加速增长

正如我们所看到的，定居可能（甚至在粮食产量增加之前就）提高了人口增长率。但是，在农业和畜牧业出现之后，人口增长无疑加快了，这可能是因为生育间隔进一步缩短，因此生育率（平均每个母亲生育的孩子的数量）增加了。生育率提高可能是有利的，因为儿童在农业和畜牧经济中具有更高的价值；最近的人口研究表明，儿童对经济的贡献越大，生育率越高。[90]

不仅父母希望更多的孩子帮忙做家务，而且母亲工作量的增加也可能（无意中）缩短生育间隔。母亲越忙，哺乳的频率就越低，她的孩子更有可能被交给其他照顾者（如哥哥姐姐）来用辅食喂养。[91]较少的哺乳[92]和孩子对母乳以外食物的更多依赖，可能会让女性分娩后更早恢复排卵。（农民和牧民可能用动物奶喂养婴儿，人们也有可能将谷物煮成软烂的粥。）因此，食物生产兴起，母亲变得更加忙碌后，生育间隔可能会缩短（每位母亲所生育子女的数量也会增加）。

健康水平下降

虽然食物生产的兴起可能提高了生育率，但这并不意味着人们的健康状况普遍得到了改善。事实上，随着向食物生产的过渡，健康水平似乎至少在一些时候有所下降。这两种趋势看似矛盾，但如果每位母亲生育的孩子多了，即使有些孩子因疾病或营养不良而夭折，人口也会迅速增长。

90. B.White 1973；也可参见 Kasarda 1971。
91. C. R. Ember 1983.
92. Konner and Worthman 1980.

正如这幅重建图所示，将谷物磨成粉是一项"日常的研磨工作"，这给研磨者的背部和膝盖下部带来了很大的压力。对新石器时代女性骨骼的研究显示，骨头和关节上有应力的痕迹，这可能是她们长时间从事研磨工作造成的（图片来源："The Eloquent Bones of Abu Hureyras"，Roberto Osti. Courtesy of Scientific American, Aug. 1994, p. 73 top）

对史前人类骨骼和牙齿在食物生产出现之前和之后的对比研究表明，食物生产出现之后，人们的健康水平有些时候会下降（参见专题"人如其食：骨骼和牙齿的化学分析"）。营养问题和疾病的表现包括牙釉质发育不全、非意外骨损伤、身高变矮、预期寿命下降。研究发现，与农业出现之前生活在同一地区的人群相比，许多很大程度上依赖农业的史前人群似乎缺乏足够的营养，感染率也更高。[93]一些农业人口身材较矮，预期寿命较低。

尚不清楚这些人群健康水平下降的原因。较严重的营养不良可能是过度依赖缺乏必要营养成分的主食造成的。过分依赖少数食物来源也可能增加饥荒的风险，因为主食作物越少，由天气引起的作物歉收对食物供应造成的威胁就越大。但是，造成一些或大多数营养问题的可能是社会和政治因素，特别是不同社会经济阶层的出现，以及群体之间和群体内部获得食物和其他资源的机会不平等。[94]

食物生产兴起之后，可能出现了社会分层或相当程度的社会经济不平等。在人类健康水平上，社会分层和政治统治的影响也许体现在了一些史前印第安人的遗骸上。这些史前印第安人在公元950年和公元1300年之间死于今美国伊利诺伊州所在地，该地区在这个时段内从狩猎采集社会转向了农业社会。迪克森土丘（Dickson Mounds，一处墓地，迪克森是其最早发掘者的名字）一带农业人口的健康状况显然比他们从事狩猎采集的祖先差得多。但奇怪的是，考古证据表明他们仍然在狩猎和捕鱼。他们显然有可以获得均衡饮食的机会，但谁吃了这些丰富的食物呢？可能是180千米外卡霍基亚（Cahokia）的精英们，那里估计住着1.5万到3万人，他们得到了大部分的肉和鱼。在迪克森土丘附近采集肉和鱼的人可能从卡霍基亚的精英那里得到了像贝壳项链这样的奢侈品，但很多埋在迪克森土丘里的人显然没有从与卡霍基亚的关系中获得营养丰富的食物。[95]

物品的精细化

在大约1万年前食物生产兴起后建立的定居村

当前研究和问题
人如其食：骨骼和牙齿的化学分析

考古学家研究古代饮食有几种方式，大多数都是间接的。他们可以间接地从所发现的食物垃圾中推断出一些古人吃了什么。例如，如果你发现很多玉米棒，很有可能人们吃了很多玉米。植物和动物性食物可以在烧焦的烹饪物的残骸中找到，也可以在古人的粪便或粪化石中找到。这样的推论通常偏向于硬的食物，如种子、坚果和谷物（它们很可能可以保存下来）；很少有像香蕉或根茎这样的软食物的遗存被发现。考古学家还可以从他们发现的人工制品中间接推断出食物，尤其是那些我们可以非常确定用于获取或加工食物的人工制品。所以，举个例子，如果你发现一块石头的表面是平的或凹的，看起来像人们在某些地方用来磨玉米的东西，那么很可能古人也会磨谷物（或其他坚硬的东西，如种子）作为食物。但植物残骸或工具并不能告诉我们人类对特定食物来源的依赖程度。

有一个更直接的方法来研究古代饮食。人类学家已经发现，在很多方面，"人如其食"。因此可以对骨骼和牙齿做化学分析，骨骼和牙齿是在挖掘过程中发现的最常见的遗骸，它们可以揭示通过代谢进入骨骼和牙齿的食物的独特痕迹。

一种有价值的化学分析涉及骨骼中锶与钙的比值。这种分析可以表明饮食中植物和动物性食物的相对含量。例如，我们从对骨头的锶分析中知道，在近东谷物农业兴起之前，人们吃了很多植物性食物，可能是集中采集的野生谷物。然后，这种采集的数量出现了暂时的下降，这表明人们可能对野生资源过度开发，或者至少它们的可用性在下降。这一问题大概是通过谷物的栽培和驯化（改良）解决的。

碳同位素比值也能告诉我们人类吃的是哪种植物。树木、灌木和温带禾本科植物（如水稻）具有不同于热带和亚热带禾本科植物（如小米和玉米）的碳同位素比值。大约7 000到8 000年前，中国的人们非常依赖谷物，但是北方和南方的谷物并不相同。与我们的预期相反，碳同位素比值告诉我们，中国南部亚热带地区的主食是一种原本属于温带的谷物（水稻）；在气候较为温和的北方，一种原本属于热带或亚热带的植物（粟）最为重要。北方对粟非常依赖。据估计，在公元前5000年至公元前500年间，人们的饮食中有50%至80%来自小米。

在新大陆，向日葵、假苍耳和藜属植物等种子作物在北美东部被驯化很久之后，从墨西哥引进的玉米才成为主食。我们从考古发现中了解到，早期种子作物的遗迹比玉米的遗迹更古老。玉米原属亚热带植物，其碳同位素比值不同于早期温带种子作物的碳同位素比值。因此，公元800年至公元900年后碳同位素比值的变化告诉我们，玉米已经成为主食。

体质人类学家和考古学家传统上使用对人类骨骼和牙齿的非化学分析来研究不同地理区域的人之间（包括现有人群和其可能的化石祖先之间、现有人群和其他现存灵长目动物之间）的异同。很多研究都涉及表面测量，尤其是头骨的表面测量（包括外部和内部）。近年来，体质人类学家和考古学家开始研究骨骼和牙齿的"内部"。这里提到的新型化学分析就是这种趋势的一部分。用N. J. 范德梅尔韦（N. J. van der Merwe）精练的话说就是："人类进化研究的重点在于……从只关注大脑转向也关注胃。"

（资料来源：
van der Merwe 1992;
Larsen 2002, 2009.）

庄里，房屋变得更加精致舒适，建筑方法也得到了改进。建筑所用的材料取决于当地是否有木材或石头，或者是否有能晒干泥砖的强烈阳光。现代建筑师可能会惊讶地发现，气泡形（bubble-shaped）

93. Roosevelt 1984；也可参见 M. N. Cohen and Armelagos 1984b, 585 – 602; Cohen 1987; 2009. 有关向食物生产过渡与健康水平下降一般没有关系的证据，参见 Wood et al. 1992; Starling and Stock 2007.
94. Roosevelt 1984.
95. Goodman and Armelagos 1985；也可参见 A. H. Goodman et al. 1984; Cohen 2009.

的房屋早在新石器时代的塞浦路斯就已经有了。岛上基罗基蒂亚（Khirokitia）镇的居民住在像蜂房一样的大圆顶圆形住宅里，用石头做地基，用泥砖砌墙。通常情况下，人们会在室内做隔层，或者用牢固的石灰柱子搭建二楼，以获得更多的空间。

在欧洲，人们在多瑙河畔和高山湖边建起了结构坚固的山墙木屋，形成了规模可观的村落。[96] 多瑙河地区的许多山墙木屋都是长方形结构，可能每个木屋里都居住着几个家庭。这些新石器时代的长屋里，门、床、桌子和其他家具与现代社会的家具很相似。我们知道这些人有家具，是因为在他们的遗址上发现了黏土小模型。其中一些椅子和沙发似乎是带有木制框架和软垫的家具的模型，这表明新石器时代的欧洲工匠制造了相当精细的家具。[97] 要造出这样的家具，需要有掌握先进的工具技术的人们定居在一个地区，这样他们才能花时间制作和使用家具。

纺织服装在这个时期首次出现。这种发展不仅仅是亚麻、棉花和产毛绵羊驯化的结果。这些纤维

像这个有 5 000 年历史的中国殡葬瓮这样的高级陶器最早出现在新石器时代，体现出了物品的精细化
（图片来源：Dagli Orti/Picture Desk, Inc./Kobal Collection）

来源本身不能生产布料。使纺织品成为可能的，是新石器时代纺纱机和织布机的发展。的确，纺织品不需要织布机也可以手工编织，但手工编织缓慢、费力，对生产服装来说是不切实际的。

新石器时代早期的陶器与一些前农业时代的陶器相似，包括用于储藏谷物的大瓮、杯子、锅和盘子。近东的陶匠可能是最早给陶器的多孔表面上釉的，为的是让容器能更好地存住液体。后来，新石器时代的陶器变得更具艺术性。设计者将黏土塑造成优美的形状，并在容器上绘上五颜六色的图案。

在人类完全定居下来之前，这些建筑和技术创新几乎不可能发生。过狩猎和采集生活的游牧民族很难携带许多物品，尤其是陶器这样的易碎物品。只有当人类在一个地方定居下来，这些物品才会提供优势，使村民们能够更有效地烹饪和储存食物，并住得更舒服。

我们已经注意到，新石器时代也有远距离贸易的证据。来自土耳其南部的黑曜石被出口到伊朗扎格罗斯山区，以及黎凡特地区今天以色列、约旦和叙利亚所在地。大量黑曜石出口到距产地约 300 千米的地点，那些地区的居民使用的工具 80% 以上都是用这种材料制成的。[98] 大理石从土耳其西部运往东部，从海岸运往遥远的内陆地区。这种贸易表明，新石器时代的各个地区之间有相当多的接触。

大约公元前 3500 年，近东首次出现了城市。这些城市有政治集会、国王、抄写员和专门的作坊。物品和服务的专业化生产得到了周边农村的支持，农村把农产品送到城市中心。在相对较短的时间内，发生了令人眼花缭乱的变化。人们不仅定居下来，而且变得"文明"，或城市化（civilized 一词的字面意思是"城市化"）。城市社会似乎首先在近东发展起来，然后在地中海东部、印度西北部的印度河流域、中国北方、墨西哥和秘鲁发展起来。在下一章，我们将讨论这些最早的文明的兴起。

小结

1. 在植物和动物被驯化之前，世界上许多地区似乎已经发生了一种转变，即减少了对大型狩猎动物的依赖，而更多地依赖所谓的广谱采集。广谱的可利用资源往往包括水生资源，如鱼类和贝类，以及各种野生植物和鹿等猎物。气候变化可能是促进广谱采集的部分原因。

2. 在欧洲、近东、非洲和秘鲁的一些地区，向广谱采集的转变似乎与更趋向定居的社区的发展有关。在其他地区，如中美洲的半干旱高地，永久性的定居点可能是在动植物驯化之后才出现的。

3. 向植物栽培、动物驯养的转变被称为新石器时代革命，这种转变可能独立地发生在许多地区。目前发现的驯化的最早证据来自公元前 8000 年左右的近东。旧大陆其他地区最早出现驯化的年代并不是那么清楚，但是不同驯化作物在不同地区的存在表明，大约在公元前 6000 年。在中国、东南亚（包括现在的马来西亚、泰国、柬埔寨和越南）、新几内亚、非洲有独立的驯化中心。在新大陆，似乎有几个早期的耕作和驯化地区：中美洲高地（约公元前 7000 年），秘鲁周围的安第斯山脉中部（约公元前 7000 年，但可能更早），以及北美东部的林地（约公元前 2000 年）。

4. 关于食物生产起源的理论仍然存在争议，但大多数考古学家认为，一定的条件促使人们从采集食物转向生产食物。一些可能的因素包括：（1）野生资源丰富的地区的人口增长（一些人可能被迫搬到边缘地区，试图通过生产食物来获得曾经拥有过的东西）；（2）全球人口增长（人们占据了世界上大部分可居住区域，可能不得不去利用更广泛的野生资源，并驯化动植物）；（3）夏季更热、更干燥，冬季更冷（这可能有利于人们定居在季节性野生谷物的生长地附近，这些地区的人口增长可能迫使人们种植农作物和饲养动物来养活自己）。

5. 不管食物生产的起源为何，它都对人类生活产生了重要的影响。植物和动物被驯化后，种群数量普遍大幅度增加。尽管并非所有早期的耕种者都是定居的，但随着人们对农业的依赖程度加深，采用定居生活方式的人群确实有所增多。有些令人惊讶的是，一些非常依赖农业的史前人群的健康状况似乎不如早期依赖觅食的人群。在食物生产兴起后建立的更长久的村庄里，房屋和家具变得更加精致，人们开始制作纺织品和彩陶。这些村庄的遗址也出土了长距离贸易增多的证据。

---

96. Clark and Piggott 1965, 240 – 242.
97. Ibid., 235.
98. Renfrew 1969.

第十三章
城市与国家的起源

从农业的兴起到公元前 6000 年左右，近东的人们生活在相当小的村庄里。在此期间，各个家庭在财富和地位上没有什么不同，而且似乎并没有高于村庄的政府权力。也没有证据表明这些村庄有公共建筑或手工艺专家，某个社区的规模与邻近社区也没有很大的不同。简而言之，这些聚落没有我们通常认为的"文明"特征。

但是，公元前 6000 年左右在近东的部分地区，以及后来在其他地方，人类生活的质量和规模似乎发生了巨大的变化。我们第一次看到了家庭地位差异的证据。例如，有些家庭比其他的大得多。社区开始在规模上有所不同，有的专攻某些手艺。有迹象表明，一些官员已经获得了对几个社区的权力，人类学家所称的"酋邦"出现了。

稍晚一些，大约在公元前 3500 年，许多甚至全部通常被认为代表文明的特征已经出现：最早的铭文或文字、城市、各类专职手工艺匠人、纪念性建筑、财富和地位的巨大差异，以及我们称之为国家的那种强大、等级森严、中央集权的政治体系（见图 13 - 1）。

在人类历史上，这种转变在很多地方发生过很多次。最古老的文明出现在公元前 3500 年左右的近东，公元前 2500 年左右的印度西北部和秘鲁，公元前 1750 年左右的中国北方，公元前几百年的墨西哥，以及稍晚一些的热带非洲。[1] 这些文明中至少有一些是独立于其他文明而发展起来的——例如，新大陆和旧大陆的文明发展就彼此独立。为什么会发展出文明？哪些条件有利于集中式、国家式政治体系的形成？哪些条件有利于城市的建立？最后一个问题要单独考虑，因为考古学家并不能确定所有的古代国家社会在最初发展出中央集权政府时都有城市。在这一章中，我们将讨论考古学家对古代文明发展的一些了解或怀疑。我们讨论的内容主要集中在近东和墨西哥，因为考古学家对这两个地区的文化发展次序了解得最多。

1. Wenke 1990; Connah 1987; Service 1975.

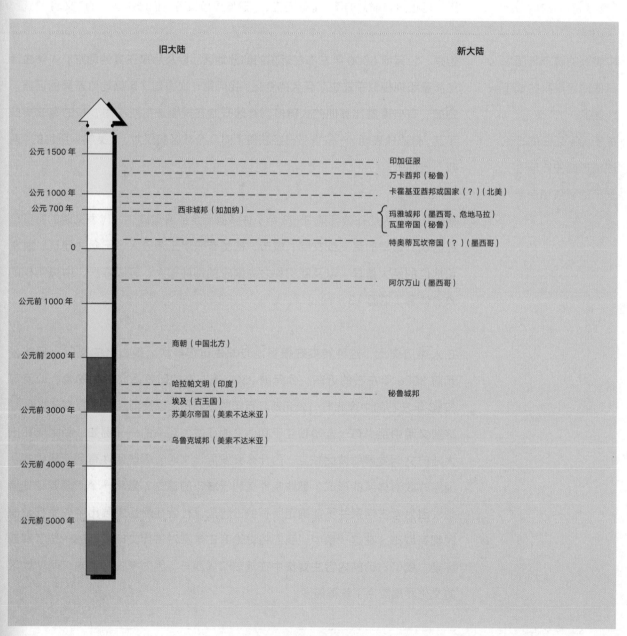

图13-1 文明的出现

关于文明的考古推论

研究最古老的文明的是考古学家而不是历史学家，因为这些文明诞生在文字出现之前。考古学家是如何推断出，在没有文字的过去，某群人拥有社会阶层、城市或中央政府的呢？

如前文所述，新石器时代最早的社会似乎是平等的，也就是说，人们在财富、声望或权力上没有太大的差别。一些后来的社会显示出不平等的迹象，这可以从墓葬中看出。考古学家普遍认为，死亡的不平等反映了生活的不平等，至少是地位的不平等，或许还有财富和权力的不平等。因此，如果一个社会中只有一些人有特殊的物品随葬，比如珠宝或装满食物的罐子，我们就能在相当程度上确定，那个社会中人们的地位有所不同。而我们如果在儿童的坟墓中发现明显的差异，就能在相当程度上确定，较高的社会地位是在出生时就决定的，而不是在后来的生活中获得的。例如，公元前5500年至公元前5000年在伊拉克的索万遗址（Tell es-Sawwan），公元前800年左右在墨西哥的拉本塔（La Venta），有些（但不是全部）儿童的坟墓里就摆满了雕像和装饰品，这表明有些儿童从出生起就享有很高的地位。[2] 但是，墓葬表现出社会地位的差异，未必意味着社会财富有显著差异。只有在考古学家们发现了其他实质性的差异时，比如房子大小和家具的差异，我们才能确定社会上有属于不同社会经济阶层的人。

一些考古学家认为，国家最早产生于约公元前3500年的大美索不达米亚地区（greater Mesopotamia），该地区包括现在的伊拉克南部和伊朗西南部。考古学家们对国家如何定义并没有形成统一意见，但大多数人认为影响大量人口的等级化、集中化决策是定义国家的关键标准。还有一些特征是大部分但并非全部早期国家都有的。早期国家通常有城市，城市中有很大一部分人口并不直接参与食物的采集或生产（这意味着城市居民在很大程度上依赖其他地方的居民），有全职的宗教及手工艺专家，有公共建筑，往往还有官方的艺术风格。社会结构是分等级的，最上层是精英阶层，领导者就是从这个阶层中产生的。政府试图垄断暴力的使用。（当代美国这个国家社会宣称，公民没有"把法律掌握在自己手中"的权利。）国家使用暴力或以使用暴力相威胁，对其人民征税，征召人民参加劳动或战争。[3]

一位史前秘鲁国王墓地的重建图，该国王被称为"西潘王"（Lord of Sipan）。注意精心布置的木坟墓、华丽的布料和与死者一起埋葬的黄金物品。考古学家认为这种特殊待遇表明了墓主的精英地位
（图片来源：Nigel Hicks © Dorling Kindersley, Courtesy of Museo Tumbas Reales de Sipan）

2. Flannery 1972.
3. Flannery 1972; Redman 1978, 215–216.

性别新视角
帝国统治对妇女地位的影响

考古学家，特别是女性考古学家，已经开始注意考古材料的性别含义。在被发掘出的房屋里发现的东西，是否能说明女人和男人在他们生活的地方所做的事？在房屋和其他地方的发现能否体现性别分工？考古学能帮助我们知道女性在该文化中的地位和地位的变化吗？最近的研究表明，有一些发现是与性别有关的。正如一本新书的书名所示，性别视角能够催生一种新的考古学。例如，考古学家凯茜·科斯廷（Cathy Costin）研究了印加帝国对被征服地区妇女地位的影响。

科斯廷参与了一个研究项目，研究秘鲁高原亚纳马卡山谷（Yanamarca Valley）的文化变迁。该项目的重点是公元 1300 年至 1470 年土著族群万卡（Wanka）酋邦的发展，以及在那个时期结束时印加征服产生的影响。根据考古研究的说法，在印加征服之前，大多数万卡人都是农民，但也有一些家庭专门从事陶器、石器和纺织品的生产。西班牙人到达后写下的文件表明，万卡人在公元 1300 年左右建立了酋邦，这可能是各

群体之间战争加剧的结果。从定居点的位置和结构可以推断出当时的冲突程度很高：大多数人住在山谷地面上加强防御（有墙）的社区中。根据文献资料，万卡酋长之所以能当上酋长，是因为能在战斗中率领军队获胜。

我们从文献中得知，印加人在帕卡库蒂（Pachakuti）皇帝统治时期（约公元 1470 年）征服了万卡人。万卡地区成为印加帝国的一个省，来自首都库斯科（Cuzco）的官僚们开始统治万卡。印加征服者，包括军事人员，组成了山谷中的最高阶层。万卡酋长成了印加帝国的附庸，模仿印加文化，他们使用印加风格的陶器，在原有房屋的基础上进行印加风格的扩建。亚纳马卡山谷的经济变得更加专业化，这显然是为了满足印加帝国的需要。有些村子里的人仍以务农为主，但其他村子里的大多数家庭则专门生产陶器、石器和其他手工艺品。骨骼遗骸表明，在印加征服后，万卡的平民变得更健康、更长寿。

印加征服是如何影响妇女地位的？发掘出的数千个穿孔的圆形陶制物品是回答该问题的一个关键。那些物品是用来保持纺线

紧密和均匀的锭盘（spindle whorls）。纺线（来自美洲驼和羊驼的毛）被制成布料，成为印加帝国接管万卡后的主要的赋税形式。每个村庄都必须生产一定数量的布料交给税务人员。收集到的布料被用来制作军队士兵的衣服，并"支付"给其他政府工作人员。生产这种布料的重担落在了传统的纺纱工和织工身上，我们从后西班牙时代的文献中得知，纺纱工和织工是各个年龄段的女性。

印加征服前夕，所有家庭出土的物品里都有锭盘，这表明所有家庭中的女性都纺线和织布。房子所在的山越高，发现的锭盘就越多，这表明，住得离饲养大美洲驼和羊驼的高地草场比较近的妇女，纺的线比离得远的妇女多。我们可能会认为精英阶层的女性承担的工作会比较少，但其实她们生产的布料似乎比普通家庭的女性还要多，这是从家庭中锭盘的数量来判断的。

印加征服之后，家庭生产的纱线数量可能达到了征服之前的两倍，因为发掘出的该时期的锭盘数量是此前的两倍。没有任何考古或文献证据表明，妇女们不用做其他工作而

专门纺线，因此，看来在印加帝国的统治下，妇女们不得不更加努力地工作，以生产线和布。但生产者似乎并未从布料产量的增加中获益。所生产的布料大多被从村庄运出，运到印加帝国首都的仓库，然后在那里重新分配。

除了为印加帝国承担更多工作外，女性的营养状况似乎比男性差。克莉丝汀·哈斯托夫（Christine Hastorf）对印加时期坟墓里的遗骸进行的化学分析表明，女性吃的玉米比男性少。似乎男性比女性更喜欢"在外面吃饭"。人们会用玉米酿成奇恰酒（chicha beer），而奇恰酒是国家举办的宴会的一个关键组成部分，参加宴会的男性可能多于女性。男性也更多地在国家组织的农业和生产项目中工作，在这些项目中，他们可能会因为国家服务而得到肉类、玉米和奇恰酒的奖励。

因此，在印加帝国统治下，万卡妇女不得不生产更多的东西，得到的却更少。这是帝国统治的普遍后果吗？如果是，为什么会这样？

（资料来源：Brumfiel 1992; Costin 2009; Gero and Conkey 1991.）

考古学家如何从物质遗存提供的信息中判断一个社会是不是一个国家？这在一定程度上取决于用什么作为国家的标准。例如，亨利·赖特（Henry Wright）和格雷戈里·约翰逊（Gregory Johnson）将国家定义为至少有三个行政层级、权力集中的政治等级制度。[4] 但是，考古学家如何推断出在某些地区存在这样的等级制度呢？赖特和约翰逊认为，聚落大小的差异是一个迹象，可以表明一个地区有多少个层级的行政管理系统。

在乌鲁克文化早期（公元前 3500 年之前），在今伊朗西南部所在地，大约有 50 个聚落，从规模上看，似乎可以将它们分为三组。[5] 大约有 45 个小村庄，三四个"镇子"，还有一个大的中心城市，即苏萨（Susa）。这三种类型的聚落似乎属于三个行政层级，因为许多小村庄如果不通过规模中等的聚落，就无法与苏萨城进行贸易。由于包含三个层级的等级制度是赖特和约翰逊判定国家的标准，因此他们认为早在乌鲁克文化早期，该地区就有了国家。

乌鲁克文化中期的证据更明确地证明，国家已经出现。证据来自可能用于贸易的黏土封印。[6] 商品封印（commodity sealing）是为了确保货物在到达目的地之前都处于密封状态，信息封印（message sealing）则用于记录货物的发送和接收情况。在苏萨发现的黏土封印中，有许多是信息封印和印章（bullae），它们在货物交接时起提货单的作用。相比之下，在村庄中只发现了很少的信息封印和印章。这样的发现也表明，苏萨管理着区域内货物的流动，苏萨可能是国家的"首都"。

现在让我们谈谈促使国家在今伊拉克南部所在地形成的文化发展的主要特征。

伊拉克南部的城市与国家

在伊拉克南部干旱的低地平原，没有发现比最早的国家更古老的农业社群。该地区被称为苏美尔，一些早期的城市和国家就是在那里发展起来的。也许底格里斯河和幼发拉底河的泥沙覆盖了它们。或者，正如有人提出的，苏美尔人可能直到学会排水和灌溉后才定居下来，因为河谷的土壤要么太潮湿，要么太干燥，不适合耕种。无论如何，新石器时代早期，苏美尔北部和东部山区都出现了部分依赖农业的小型社区。后来，大约在公元前 6000 年，这些地区发展出了畜牧业和农业混合的经济生活方式。

形成时期

埃尔曼·瑟维斯把约公元前 5000 年到公元前 3500 年这段时期称为形成时期（formative era），他认为这个时期汇聚了许多可能有助于城市和国家发展的变化。瑟维斯认为，随着小规模灌溉的发展，有河流的低地开始吸引定居者。河流不仅可以提供灌溉用水，还提供贝类、鱼类和水鸟等食物。此外，河流还是通道，可以运送苏美尔缺乏的硬木和石头等原材料。

这段时期的变化表明社会和政治生活日益复杂。人们地位的不同体现在儿童墓葬中的雕像、装饰品等随葬品上。不同的村庄专门生产不同的商品，有些生产陶器，有些生产铜器和石器。[7] 神庙建在某些地点，这些地点可能是几个社区的政治和宗教权威中心。[8] 此外，一些人类学家认为，那时已经发展出了能管辖多个村庄的酋邦。[9]

4. Wright and Johnson 1975.
5. 本节其余部分的讨论来自 Wright and Johnson 1975；也可参见 G. Johnson 1987。
6. Wright and Johnson 1975.
7. Flannery 1972.
8. Service 1975, 207.
9. Service 1975; Flannery 1972.

苏美尔文明

到公元前 3500 年左右，苏美尔地区已经有了相当多的城市。这些城市大多数有围墙，周边是农业区。大约公元前 3000 年，苏美尔被统一在一个政府之下。在那之后，苏美尔成了一个帝国。那里有很大的城市中心。宏伟的神庙通常建在人工土丘上，俯瞰着城市。在瓦尔卡（Warka）城，神庙的土丘有 45 米高。苏美尔帝国非常复杂，包括复杂的司法系统、精心编纂的法律、专门的政府官员、专业的常备军，城市甚至还有下水道系统。帝国的专门手工艺包括制砖、制陶、木工、珠宝、制皮、冶金、编篮、石工和雕塑。苏美尔人学会了制造和使用有轮推车、帆船、马拉战车、矛、剑和青铜盔甲等工具。[10]

随着经济专业化的发展，社会分层变得更加精细。苏美尔文献描述了一个社会阶层体系，包括贵族、祭司、商人、工匠、冶金者、官僚、士兵、农民、自由公民和奴隶。奴隶在苏美尔很常见，往往是在战争中俘虏来的。

关于文字的最早证据的年代在公元前 3000 年左右。苏美尔人最早的文字是为了记账，记录保存在神庙中的物品，以及神庙拥有或管理的牲畜或其他物品。苏美尔文字是楔形文字（cuneiform），是用笔压在潮湿的泥板上写下的。写有合同和其他重要文件的泥板则会通过烧制来长期保持。埃及象形文字（hieroglyphics）大约在同一时期出现。象形文字写在纸莎草茎秆制成的纸上，英语中 paper（纸）这个词就是从 papyrus（纸莎草）衍生而来的。

中美洲的城市与国家

中美洲（墨西哥和美洲中部）的城市与国家出现得比近东晚。中美洲文明的较晚出现，可能与上一章所述新大陆农业兴起较晚有关，也可能与中美洲几乎没有牛、马之类可驯化的大型动物有关。[11] 我们主要关注导向特奥蒂瓦坎（Teotihuacán）城邦崛起的种种发展，特奥蒂瓦坎城邦在公元元年后不久进入鼎盛时期。特奥蒂瓦坎位于一个与其同名的山谷中，位于墨西哥大山谷的东北部。

形成时期

在特奥蒂瓦坎地区（公元前 1000 年至公元前 300 年）的形成时期，一开始，特奥蒂瓦坎山谷以南的山坡上分散着多个小村庄。每个村庄可能都有几百人，这些分散的群体可能是政治自治的。大约在公元前 500 年之后，似乎出现了人口向谷底转移的定居趋势，这可能与灌溉的使用有关。在公元前 300 年到公元前 200 年之间，小的"精英"中心出现在山谷中，每个中心都有一个用泥土或石头搭建的平台。平台上原本是用柱子和茅草搭建的住宅或小神庙。一些人，特别是居住在精英中心的人，被埋葬在特殊的坟墓里，里面有装饰品、头饰、雕刻的碗和大量的食物，这体现出一定程度的社会不平等。[12] 精英中心可能表明当时已经有了酋邦。

特奥蒂瓦坎的城市与国家

公元前 150 年左右，只有几千人居住在特奥蒂瓦坎山谷的分散村庄里。公元 100 年，这里有了一座 8 万人口的城市。到公元 500 年，这个城市中的人口已超过 10 万，约占整个山谷人口的 90%，他们可能是被吸引或强迫而来的。[13]

特奥蒂瓦坎城的布局显然经过规划，这表明该山谷从一开始就统一在权力集中的国家之下。地图

---

10. 这种对苏美尔文明的描述见 Kramer 1963。
11. Diamond 1989。
12. Helms 1975, 34 – 36, 54 – 55; Sanders et al. 1979。
13. Millon 1967。

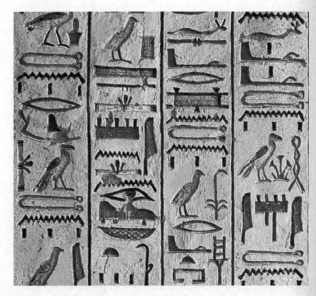

两种最早的书写系统，左边是楔形文字泥板，右边是象形文字板的一部分

特奥蒂瓦坎城在公元 500 年达到顶峰，它是一个建立在网格模式上的城市。其中心是太阳金字塔，在图片中位于左侧远景处

（图片来源：Neil Beer/Getty Images, Inc.- Photodisc./Royalty Free）

显示，街道和大部分建筑都是按照超过 57 平方米的基本模块单元以网格形式布局的。住宅通常是按照这种尺寸建造的方形建筑，许多街道的间距是基本单元的倍数。甚至流经城市中心的河流也被引开，以符合网格模式。也许这座城市最突出的特点是其庞大的建筑规模。月亮金字塔和太阳金字塔这两座宏伟的金字塔俯瞰着这座大城，太阳金字塔的基座与埃及基奥普斯大金字塔的相当。

公元 300 年后建造的成千上万座住宅都遵循标准模式。狭窄的街道将这些一层楼的建筑分开，每栋建筑都有不带窗户的高墙。室内采光依靠天井和竖井。房间的布局表明，每栋建筑内部可能分为多个套间；可能有超过 100 人住在这样的院落里。不同院落的房间大小和室内装饰精细程度都有差异，可见财富差异相当大。[14]

在其鼎盛时期（公元 200 年至公元 500 年），特奥蒂瓦坎大城的面积比帝国时期的罗马还大。[15]中美洲的大部分地区似乎受到了特奥蒂瓦坎的影响。考古学上，特奥蒂瓦坎风格的陶器和建筑元素的广泛传播表明了它的影响。毫无疑问，特奥蒂瓦坎有大量的人从事远距离贸易的生产和经营工作。这座城市大约 25% 的人口从事各种各样的专业手艺，包括用火山黑曜石来制造抛掷尖物，以及切割和刮削工具。特奥蒂瓦坎靠近主要的黑曜石矿床，中美洲大部分地区显然都对黑曜石有需求。在坟墓中发现的材料表明，有大量的外来商品流入这座城市，包括宝石、热带低地鸟类的彩色羽毛和棉花。[16]

阿尔万城

特奥蒂瓦坎可能不是中美洲最早的城邦。早在公元前 500 年，在墨西哥南部的瓦哈卡山谷就有了政治统一的证据，其中心是阿尔万城。阿尔万城与特奥蒂瓦坎形成了有趣的对比。特奥蒂瓦坎似乎完全控制了所在山谷中的人群，包括几乎所有的居民

和工匠，但阿尔万城并没有这样。瓦哈卡山谷的各个村庄似乎从事不同的手工艺，而阿尔万城并没有垄断手工艺品的生产。山谷政治统一后，阿尔万城以外的城镇仍然很重要；阿尔万城的人口只增长到 3 万左右。与特奥蒂瓦坎不同，阿尔万城并不是一个重要的商业或市场中心，它没有以网格的形式布局，它的建筑与山谷中的其他定居点也没有太大的不同。[17]

阿尔万城没有特奥蒂瓦坎城那样的资源。它位于山谷中心一座山的山顶，远离肥沃的土壤和可用于灌溉的永久水源，即使是找饮用水也很困难。它的附近没有可用于贸易的自然资源，也没有多少证据表明阿尔万城曾被用作仪式中心。这座位于陡峭高山山顶的城市，也不太可能成为山谷贸易的中心市场。

那么，为什么阿尔万城会成为中美洲文明的早期中心之一呢？理查德·布兰顿（Richard Blanton）认为，它最初可能是在形成时期晚期（公元前 500 年至公元前 400 年）建立的。阿尔万城是一个中立的地方，山谷中不同政治单元的代表可以居住在这里，共同协调影响整个山谷的活动。因此，阿尔万城可能与巴西利亚、华盛顿特区和雅典一样，最初都建在"中立"、非生产性的地区。此类缺乏明显资源的中心，至少在初期不会威胁到其周围的各个政治单元。这样的城市后来可能会成为大都市，统治一个政治上更加统一的地区，就像阿尔万城在瓦哈卡山谷中的地位一样。[18]

中美洲文明的其他中心

除了特奥蒂瓦坎和瓦哈卡，还有其他发展得稍晚一些的中美洲国家社会。例如，在今危地马拉所在地区的高地和低地，以及今属墨西哥的尤卡坦半岛上，有许多纪念性的建筑，想必是由讲玛雅语的人建造的。从表面状况看，玛雅的中心并不像特奥

蒂瓦坎或阿尔万城那样人口稠密。但现在已有证据表明，玛雅中心的人口密度和对集约化农业的依赖程度都比人们过去认为的要高，[19] 而且，最近对玛雅图画文字的翻译表明，玛雅文字比以前人们认为的要发达得多。[20] 现在看来，玛雅的城市化和文化复杂程度被低估了，很可能是因为玛雅文明的大部分地区现在被茂密的热带森林覆盖。

其他地区最早的城市与国家

到目前为止，我们已经讨论了伊拉克南部和中美洲地区城市与国家的出现，关于这两个地区发展情况的考古学研究虽不完美，却是最完备的。但是，在世界上其他许多地区，可能也独立产生了国家社会。所谓"独立"，是指这些国家社会似乎是在没有被其他国家殖民或征服的情况下产生的。

几乎与苏美尔帝国同一时期，尼罗河流域的埃及开启了伟大的王朝时代。埃及的古王国时期，或王朝时代早期，开始于公元前 3100 年，首都是孟菲斯（Memphis）。关于最初几百年的考古证据有限，但当时的大多数人口似乎生活在基本上自给自足的村庄。许多宏伟的金字塔和宫殿建于公元前 2500 年左右。[21]

非洲其他地方也出现了国家。在今天的埃塞俄比亚所在地，阿克苏姆（Axum 或 Aksum）国从公元第一千纪早期开始发展，最终成为非洲和阿拉伯半岛之间的贸易和商业中心。阿克苏姆的独特成就之一是建筑风格统一的多层石屋。而且，阿克苏姆也许是世界上第一个正式的基督教国家。[22]

公元 800 年，在撒哈拉以南非洲，西非的稀树大草原和森林地带相继出现了城邦。其中一个被称为加纳，后来成为地中海世界黄金的主要来源（后来被称为"黄金海岸"的其他国家也是如此）。[23] 在刚果河流域，一个强大的王国在公元 1200 年已经

考古学家在埃及古都孟菲斯的阿布希尔（Abusir）遗址中研究象形文字
（图片来源：Kenneth Garrett/NGS Image Collection）

形成，据说，那里的城市中有成千上万的住宅；16 世纪早期的葡萄牙国王认为那里国王的地位与自己是平等的。[24] 公元第二千纪早期，可能有多个国家在更远的南方兴起；其中一个国家留下了今天称为"大津巴布韦"的大型环形石头建筑群。[25]

在印度西北部的印度河流域，一个大型的国家

---

14. Millon 1976.
15. Millon 1967.
16. Helms 1975, 61–63; Weaver 1993.
17. Blanton 1981; J. Marcus 1983.
18. Blanton 1976; 1978.
19. B. Turner 1970; Harrison and Turner 1978.
20. Houston 1988.
21. Wenke 1984, 289.
22. Connah 1987, 67.
23. Fagan 1989, 428–430.
24. Connah 1987, 216–17.
25. Vogel 2009.

社会在公元前 2300 年就已经发展起来了，那就是哈拉帕文明。哈拉帕文明并没有留下金字塔、宫殿那样的纪念性建筑，在其他方面也不同寻常。这个国家可能控制着面积超过 100 万平方千米的大片领土。那里有不是一座，而是许多座大城市，每座城市都按照相似的模式建造，并配有市政供水和排污系统。[26]

中国北方的商朝（一说兴起于公元前 1750 年）一直被认为是远东最早的国家社会。但最近的研究表明，更早的夏朝可能出现在公元前 2200 年的同一地区。[27] 无论如何，商朝拥有国家的所有特征：一个分层的、专业化的社会，宗教、经济、行政上的统一，以及独特的艺术风格。[28]

在南美洲，早在公元前 2500 年，在秘鲁利马北部的苏佩（Supe）和帕蒂维尔卡（Pativilca）山谷就出现了一批彼此不同的国家社会。山谷里有很多似乎相互依存的大城市——沿海城市为内陆城市提供鱼，而内陆城市则是政治和经济中心。这些城市包含广场区域和大型金字塔，这些可能是与神庙有关的建筑。[29] 公元前 200 年后，从安第斯山脉到大海的主要河谷地区发展出了依赖灌溉的复杂农业系统。一些独立但相似的国家参与了一个叫作查文（Chavín）的广泛的宗教象征信仰体系。这些国家包括著名的莫切（Moche）和纳斯卡（Nazca）。莫切人创造了非凡的陶像，纳斯卡人在高原沙漠的坚硬地面上留下了巨大的地画(刻下的图案和线条)。到公元 700 年，这些区域性的国家合并成一个庞大的尚武帝国，称为瓦里（Wari 或 Huari）。[30]

在北美，有一个包含有 100 多个土丘的庞大聚落（其中的蒙克土丘是墨西哥以北地区最大的前哥伦布时代建筑），占地面积超过 13 平方千米，该聚落在公元第一千纪晚期形成于今天美国的圣路易斯（St. Louis）附近。这个遗址叫作卡霍基亚（Cahokia），无疑曾是一个强大的酋邦的中心。至于它是否达到了国家的组织水平，尚有争议。有证据表明，卡霍基亚有宗教和手工艺专家，有明确的社会分层，但尚不清楚卡霍基亚社会的领导人是否能够通过暴力统治。[31]

关于国家起源的理论

如前文所述，世界上的许多地区都出现了国家。为什么国家在那些时间兴起于那些地点？对此人们提出了许多理论。以下是考古学家经常讨论的一些理论。[32]

灌溉

灌溉似乎在许多发展出早期国家社会的地区都很重要。灌溉使中美洲、伊拉克南部、尼罗河流域、中国和南美洲部分地区的土地变得适合居住或生产。有人认为，维护灌溉系统所需的劳动力和管理使得政治精英形成，政治精英是灌溉系统的监督者，最终成为社会的管理者。[33] 这一观点的支持者认为，城市和文明都是灌溉系统行政管理要求的产物。

批评人士指出，这一理论似乎并不适用于所有独立形成了城市和国家的地区。例如，在伊拉克南部，早期城市的灌溉系统规模比较小，可能不需要大量的劳动力和管理。大规模的灌溉工程通常直到城市

艺术家对哈拉帕古城的重建。尽管有像这样的大型水利工程，哈拉帕却很少有宏伟的建筑。与其他许多古代文明不同，哈拉帕的所有城市都是按照同样的基本设计规划的

（图片来源：Chris Sloan/J.M Kenoyer/Harappa）

卡霍基亚辉煌时期的艺术重建图
（图片来源：Cahokia Mounds State Historic Site, painting by Michael Hampshire）

完全建成后才会开始建设。[34] 因此，灌溉不可能是苏美尔城市和国家发展的主要动力。即使在灌溉理论提出者所讨论的中国，也没有证据表明商代有大规模的灌溉系统。[35]

虽然大规模灌溉系统的出现未必早于最初的城市和国家，但即使是小规模灌溉系统也可能导致获得高产土地的机会不均，从而促进分层社会的发展。[36] 此外，灌溉系统可能会引发相邻群体之间的边界和其他争端，从而促使人们集中在城市进行防御，并刺激军事和政治控制的发展。[37] 最后，正如罗伯特·亚当斯（Robert Adams）和埃尔曼·瑟维斯所指出的，无论规模大小，灌溉的主要意义可能都在于使生产集约化，继而间接刺激了手工艺专业化、贸易和行政官僚体系的发展。[38]

人口增长、限制和战争

罗伯特·卡内罗（Robert Carneiro）曾提出，国家可能形成于物质或社会条件有限，但人口出现增长的地区。这种情况下的竞争和战争可能导致战败群体落入从属地位，不得不向更强大的群体纳贡并服从其控制。[39] 卡内罗通过描述秘鲁北部海岸可能的国家形成过程来说明他的理论。

那个地区的人们定居下来并在村子里过上农业生活后，人口以缓慢而稳定的速度增长。一开始，随着人口的增长，形成了新的村庄。但是，在被高山阻隔、临海、被沙漠包围的狭窄沿海山谷中，不可能无限制地分裂出新的村庄。在卡内罗看来，结果就是土地短缺和村庄间争夺土地的冲突日益加剧。由于高山、大海和沙漠的阻隔，失败者无法逃跑，他们别无选择，只能屈服于政治统治。就这样，当最强大的村庄发展到能控制整个山谷时，酋邦就可能成为王国。当酋长的权力范围扩大到多个山谷时，就可能产生国家和帝国。

卡内罗指出，物理或环境限制可能不是促成国家兴起的唯一因素。社会限制可能同样重要。生活在高密度地区中心的人们可能会发现，周围的定居点对他们迁移的影响，并不比山脉、大海和沙漠的小。

马文·哈里斯（Marvin Harris）提出了一种稍有不同的限制。他认为，最早一批拥有强制权力的国家只能出现在这样的地区：该地区本身可以支持集约化粮食农业（而且有生产大量食物的可能性），

26. Wenke 1984, 305 – 320.
27. Chang 1981.
28. Chang 1968, 235 – 255.
29. Solis et al. 2001; Haas et al. 2004.
30. 更多观点，参见 Lumbreras 1974。
31. M. Fowler 1975.
32. 对现有理论的更全面回顾，请参阅 Cohen and Service 1978；也可参见 Zeder 1991。
33. Wittfogel 1957.
34. Adams 1960; H. T. Wright 1986.
35. Wheatley 1971, 291.
36. Adams 1960.
37. Adams 1981: 244.
38. Adams 1981, 243; Service 1975, 274 – 275.
39. Carneiro 1970; Sanders and Price 1968, 230 – 232.

同时其周边区域无法支持集约化粮食农业。在这样的地方，人们可以忍受国家的强制性权力，因为他们如果搬走，生活水平将大幅下降。[40]

卡内罗认为，他的理论适用于秘鲁北部海岸以外的许多地区，包括伊拉克南部、印度河流域和尼罗河流域。在中国北方或尤卡坦半岛的玛雅低地等地区不存在地理障碍，而国家能在这些地区形成，可能是社会限制的结果。卡内罗的理论似乎在伊拉克南部得到了支持，那里有人口增长、限制和战争的考古证据。[41] 有证据表明，在特奥蒂瓦坎山谷出现国家之前，那里的人口就在增长。[42]

但是，人口增长并不一定意味着人口压力。例如，特奥蒂瓦坎和瓦哈卡山谷的人口增长可能发生在国家形成之前，但没有证据表明当时的人口已接近当地资源承受力的极限。这两个地方能承载更多的人口。[43] 在早期国家出现的地区，人口增长未必都与国家形成有关。例如，根据赖特和约翰逊的研究，在伊朗西南部出现国家之前很久，那里的人口就在增长，但在国家即将形成的时候，人口数量反而下降了。[44]

此外，卡内罗的限制理论没能解答一个重要的逻辑问题：为什么在战争中获胜的一方会留下战败者，让他们向自己纳贡？如果战胜方一开始就这么想要土地，他们为什么不干脆消灭战败者，自己占领土地呢？毕竟在历史上，这样的事发生过许多次。

本地及长距离贸易

有人认为贸易是促成早期国家出现的因素。[45] 赖特和约翰逊的理论是，为出口而生产产品、重新分配进口产品、保护贸易方都需要组织能力，而这促进了国家的形成。[46] 考古证据支持这一理论吗？

在伊拉克南部和玛雅低地，长距离贸易路线可能确实刺激了官僚组织的发展。正如我们所看到的，在伊拉克南部的低地，人们需要木头和石头来建造房屋，他们与高地人交换这些物品。在玛雅低地，文明的发展似乎是以长距离贸易为先导的。低地的农民与遥远的地方进行贸易，以获得盐、制作石叶所需的黑曜石，以及制作磨具所需的坚硬石头。[47] 在伊朗西南部，直到苏萨成为国家社会的中心后，长距离贸易才变得非常重要，但短距离贸易可能在国家的形成过程中发挥了同样的作用。

张光直对中国国家起源也提出了类似的理论。他认为黄河流域的新石器时代社会在公元前4000年左右发展出一个长距离的贸易网络，他称之为"相互作用圈"。在相互作用圈中，文化元素通过贸易在不同社会间传播，使得一些文化元素成为相关社会所共有的。这些社会渐渐成为相互依赖的贸易伙伴和文化伙伴，大约公元前第二千纪，它们在商朝治下统一为单一的政治单元。[48] 因此，张光直将中国的政治统一视为既存的贸易和文化互动体系的产物。

对各种理论的评价

国家为什么会形成？到目前为止，似乎没有一种理论能适用于所有已知的情况。原因可能是，在不同地方，有利于集权政府出现的条件不同。毕竟，从定义上讲，国家意味着有能力为集体目的而组织起大量人口。在一些地区，组织的目的可能是进行本地或远距离贸易。在另一些地区，国家可能是在受限制地区控制战败方的一种方法。还有一些情况下，各种因素的结合可能促进了国家型政治制度的发展。[49]

国家形成的影响

我们讨论了形成早期国家的几个地区，以及解释国家起源的一些理论。但是，对于生活在这些社会中的人们来说，国家形成带来了什么样的影响？变化似乎是戏剧性的。

图为印度斋普尔老城的一条街道。国家的崛起使人口密集的城市得以发展，城市及其人口创造出许多可能性，也产生了许多问题

（图片来源：© Paul Harris/Stone/Getty Images, Inc.）

国家对人们生活方式的改变之一是，国家让数量更多、更密集的人口居住在一起。[50] 正如我们已经看到的，农业本身使人口具备增长的潜力，而国家的形成则扩大了这种潜力。为什么？因为国家有能力建设灌溉系统、道路、市场等基础设施，让农产品的生产和分配都更有效率。国家也能够协调信息，并利用信息管理农业生产周期，预测或管理干旱、枯萎病或其他自然灾害。国家还能（通过法律和军队）控制对土地的使用权，从而既能把农民留在土地上，又能防止（来自国家内外的）其他人把土地上的农民赶走或妨碍他们生产食物。

随着农业生产和分配效率的提高，国家也将社会上的许多人（甚至大多数人）从食物生产中解放出来。这些人成为工匠、商人、艺术家，以及官僚、士兵和政治领袖。人们也可以远离农田居住，因此人口密集的城市就会出现。城市也可能出现在不适合农业，但适合贸易（如美索不达米亚南部河畔的

城市）或防御（如阿尔万城）的地方。艺术、音乐和文学往往在这样的环境中蓬勃发展，而这些往往也是国家兴起的结果。有组织的宗教也通常是在国家出现之后发展起来的。因此，我们认为与文明有关的种种特征都可以看作国家发展的结果。[51]

国家的发展也会带来一些负面影响。国家形成后，人们有可能受到武力统治，再也不能对首领说"不"。警察和军队可能成为镇压的工具。[52] 在不那么明显的层面上，国家的阶级分层造成了下层阶级在获得资源、接受教育和身体健康方面与中上层阶级的差异。人口集中在城市使健康状况恶化，因为疫病在城市环境中更有可能流行。[53] 由于无法直接获得食物供应，如果食物生产和分配系统失效，城市居民还将面临营养不良或饥荒的威胁。[54]

国家似乎都有扩张的倾向，国家战争和征服的出现可能是国家演变中最显著的消极影响之一。事实上，与任何其他单一因素相比，国家扩张导致的人类苦难可能都更多。为什么国家会扩张？一个基本原因可能是它们有能力扩张（参见专题"帝国主义、殖民主义和国家"）。各国都有常备军，可以随时投入战斗或去征服敌人。国家扩张的另一个原因可能与饥荒和疾病的威胁有关，而饥荒和疾病有可能与集约化农业

40. M. Harris 1979, 101 – 102.
41. T. C. Young 1972.
42. Sanders and Price 1968, 141.
43. Blanton et al. 1981, 224. 关于特奥蒂瓦坎河谷似乎没有人口压力的情况，参见 Brumfiel 1976。关于瓦哈卡山谷，参见 Feinman et al. 1985。
44. Wright and Johnson 1975. 然而，持相反观点的 Carneiro 1988 认为，在伊朗西南部出现国家之前，人口刚刚开始增长。Frank Hole（1994）认为，无论人口是否减少，大约在那个时期的气候变化都可能迫使当地人口迁移，其中一些迁移到后来成为城市中心的地方。
45. Polanyi et al. 1957, 257 – 262; Sanders 1968.
46. Wright and Johnson 1975.
47. Rathje 1971.
48. Chang 1986, 234 – 294.
49. 有关政治动态如何在国家形成中发挥重要作用的讨论，请参阅 Brumfiel 1983。
50. Johnson and Earle 1987, 324 – 326.
51. Childe 1950.
52. Service 1975, 12 – 15, 89 – 90.
53. J. Diamond 1997a, 205 – 207.
54. Dirks 1993.

移居者与移民
帝国主义、殖民主义和国家

最早的城邦可能产生于公元前第四千纪的乌鲁克时期，这些城邦位于美索不达米亚南部的河谷地带，就是现在的伊拉克南部。从一开始，这些城邦就有"对外贸易"。这种贸易也许是必不可少的：虽然在经过排水和灌溉后，河流周边的环境有利于食物生产，但这样的环境中缺乏硬木、石头等必要的原材料。与其他地区的贸易有可能是平等双方进行的和平、平衡的交易。毕竟，如果一个地区有另一个地区想要的东西，两边的人就有可能通过讨价还价来自愿交换，以满足彼此的需要。但是，从乌鲁克文明之前的考古证据，以及之后不久的文献证据可知，美索不达米亚的第一批城邦从一开始就有了帝国主义和殖民主义的行为。

最初到北美进行勘探和贸易的英国人和法国人经常使用武力来保护他们的定居点和获得贸易物品的通道，而乌鲁克城邦似乎也控制着它们周边欠发达的贸易"伙伴"。例如，在公元前3000年以前，美索不达米亚北部的河流交汇处就有一些驻防的城镇，里面有乌鲁克风格的陶器和与行政相关的人工制品。乌鲁克人为什么去

那里？一种可能性是，他们有意建立前哨，以确保获得兽皮、肉干等他们需要的货物。

实施这种帝国主义和殖民主义行为的并不是单一的国家。美索不达米亚南部（苏美尔）直到公元前3000年以后才在政治上统一起来。在乌鲁克时期，底格里斯河和幼发拉底河流域的政治体之间似乎竞争激烈。城市周围的城墙表明它们随时都可能受到敌人的攻击。这幅场景让人想起修昔底德笔下的希腊城邦。这也很像墨西哥南部及周边玛雅城邦（公元300年至公元800年）的象形文字所体现的画面，那些文字将历史和宣传混杂在一起，颂扬了多位争强好胜的统治者的胜利。当然，我们也都知道英国、西班牙、荷兰和法国在新大陆发现前后是如何相互竞争的。

我们之所以知道希腊城邦会进行帝国主义殖民，是因为我们有相关的历史证据。来自雅典和其他政治体讲希腊语的人在地中海各地建立了殖民地，包括西西里的叙拉古和法国的马赛。但是乌鲁克城邦呢？我们如何得知它们也进行帝国主义殖民？考古学家吉列尔莫·阿尔加兹（Guillermo Algaze）最近对相关证据进行了研究。首先是对伊朗西南部平

原的殖民，人们可以通过步行或驴队在7到10天内从美索不达米亚南部到达那里。然后，也许在向伊朗西南部的扩张的同一时期，乌鲁克的政治体在北部和西北部建立了前哨站，或是接管了已经存在的定居点，这些定居点位于现在伊拉克和叙利亚北部的平原上；后来的这些定居点可能都位于水路和陆路要道的交界处。

阿尔加兹认为，乌鲁克诸城邦在美索不达米亚南部以外的飞地和前哨符合比较历史学家菲利普·柯廷（Philip Curtin）所说的贸易移居（trade diaspora）现象。柯廷认为，这种现象是在城市出现后发展起来的，而城市人口比较脆弱。（城市人口是脆弱的，因为从定义上讲，城市居民获取食物主要依赖住在城外的人。）移居有多种形式，但它们都是组织起资源互补地区之间交换的方式。不同移居形式的政治组织程度不同。有的几乎或根本不涉及政治组织，比如商业专家离开原有的社会，移居到其他地方；有的则政治组织程度很高，不断扩张的政治体从一开始就参与前哨站的建立，以确保所需的贸易顺利进行。

阿尔加兹认为，乌鲁克扩张是由于美索不达米亚南

部缺乏资源。但这是一个完整的解释吗？当时和以后，世界上都有其他缺乏资源但并没有进行帝国主义殖民的地方。那么，除了需要外部资源之外，还有什么可以解释乌鲁克的扩张？我们如何解释扩张最终停止的原因？阿尔加兹指出，当乌鲁克定居者进入伊朗西南部时，该地区的人口并不密集，所以他们可能只遇到了很小的阻力。事实上，美索不达米亚南部以外的乌鲁克时期飞地和前哨站，明显比那些地方原有的社区更大、更复杂。可见，帝国主义和殖民主义也许只能在不平等的世界中存在。

多年前，人类学家斯坦利·戴蒙德（Stanley Diamond）提出："帝国主义和殖民主义与国家一样古老。"这是不是说，国家如果能不受惩罚，就会实施帝国主义和殖民主义？还是说，只有某些条件才会使国家倾向于帝国主义和殖民主义？帝国主义和殖民主义与国家组织的联系有多紧密？是什么使人道的国家成为可能？也许未来的研究，特别是跨文化和跨历史的研究，会告诉我们答案。

（资料来源：Algaze 1993；Curtin 1984；Diamond 1974；Marcus 2009；Zeder 1994, 97-126。）

有关。[55] 卡罗尔·恩贝尔和梅尔文·恩贝尔发现，在近现代的社会中，资源的不可预测性与较高的战争频率密切相关，担心资源短缺的国家可能会提前诉诸战争，将战争当作获取更多资源（或规避资源的不可预测性）的一种手段。[56] 对于国家为何倾向于扩张这个问题，第三个答案可能是，好战是国家的本性。国家往往是通过军事手段产生的，而不断展现军事力量对于某些国家的继续存在可能是至关重要的。[57] 不论原因为何，战争和征服都是国家形成的结果。国家往往也要接受在战争中失败的命运。

国家的衰落和崩溃

我们在本章中谈及了一些古代国家，如阿尔万、特奥蒂瓦坎、苏美尔、法老时代的埃及，它们有一个共同点：最终，这些国家都崩溃了，没有一个国家能在历史上一直保持其权力和影响力。为什么？这是一个重要的问题，因为如果崩溃是许多（甚至所有）国家最终的命运，那么我们自己的国家最终也有可能崩溃。或许，了解其他国家如何以及为何衰落，能够阻止（或至少减缓）我们自己国家的衰落。

对国家衰落和崩溃的一种解释是环境退化。如果说国家最初形成得益于有利于集约农业发展的环境，这种环境里的粮食收成足以支持社会分层、官员和各类政治系统，那么也许环境退化、土壤生产力下降、持续干旱等因素就会导致古代国家崩溃。考古学家哈维·韦斯（Harvey Weiss）认为，持续的干旱是导致近东地区古阿卡德帝国灭亡的原因之一。到公元前 2300 年，阿卡德人已经建立起一个绵延 1 300 多千米的帝国，从波斯湾（今伊拉克一带）一直延伸到幼发拉底河的源头（今土耳其一带）。但一个世纪后，阿卡德帝国就崩溃了。韦斯认为，长期干旱导致了阿卡德帝国以及同时期其他文明的衰落。许多考古学家对是否发生过范围如此之广的干

旱表示怀疑，但新的证据表明，阿卡德人的北部要塞荒废的时候，正是过去 1 万年中最严重的干旱开始的时候。[58] 从波斯湾海底打捞到的沉积物中有风吹作用产生的灰尘，这一证据表明，那场干旱持续了 300 年。其他地球物理方面的证据表明，那场干旱是全球性的。[59]

环境退化也可能是玛雅文明崩溃的原因之一。[60] 玛雅人从约公元 250 年开始在墨西哥的低地和尤卡坦半岛建造大型神庙建筑群，但在公元 750 年之后，建造工作停止了，到公元 900 年左右，神庙建筑群几乎荒废。湖泊沉积物表明，玛雅人居住的地区经历了长时间的干旱，持续时间估计从公元 800 年至公元 1000 年。玛雅人依靠降雨农业维持生计，长期干旱期间，他们可能无法在神庙周围地区生产足够的食物来养活当地居民。为了生存，人们被迫迁移到人口较少的地区，神庙建筑群则逐渐被废弃。[61]

自然事件之外的原因也可能造成环境退化，比如人类行为。以卡霍基亚为例，这座拥有至少 1.5 万人口的城市在密苏里河和密西西比河交汇的地区繁荣了一段时间。12 世纪的卡霍基亚有大型的公共广场、由大约 2 万根原木建造的城墙，以及巨大的土丘。但不到 300 年，这里就只剩下土丘了。洪水带来的泥沙覆盖了以前的农田和定居地区。地理学家比尔·伍兹（Bill Woods）认为，在燃料、建筑和防御方面过度使用木材导致了森林滥伐、洪水和持续的农作物歉收。结果就是卡霍基亚的荒废。针对该地区出土的木炭的研究也表明，当时有木材耗竭的情况。随着时间的推移，用于建筑的木材的质

---

54. Dirks 1993.
55. Johnson and Earle 1987, 243 – 248, 304 – 306.
56. C. R. Ember and M. Ember 1992.
57. Ferguson and Whitehead 1992.
58. Weiss et al. 1993.
59. Kerr 1998; Grossman 2002.
60. Haug et al. 2003.
61. DeMenocal 2001; Haug et al. 2003; Hodell et al. 2001.

应用人类学
关于环境崩溃问题的考古学研究

哲学家乔治·桑塔亚纳（George Santayana，1905）在《理性的生活》（The Life of Reason）中写道："忘记过去的人注定重蹈覆辙。"长期以来，考古学家们一直在试图帮助政府机构记住过去，这样错误就不会重演。如今，世界各国政府都在努力解决环境退化和全球变暖的问题，而这对考古学家来说并不新鲜。国家总是会破坏甚至毁灭其所在的环境，然后要么找到解决办法，要么任凭环境崩溃。

20世纪90年代，欧洲联盟（欧盟）认为，考古学视角将有助于了解欧洲的土地退化问题。一个由考古学家、地理学家、环境科学家等组成的团队为欧盟开发了古奥梅德斯项目（ARCHAEOMEDES project），其明确目的是从长期视角看待土地退化问题。目前，该研究小组已经完成了针对四种土地退化情况的案例研究，案例的年代从青铜时代到当代都有，该小组还计划进行更多的研究。

法国东南部的罗讷河流域就是一个例子。在公元初的几个世纪里，罗讷河流域主要在罗马的殖民统治之下。数百座新城拔地而起，交通和水资源管理系统得到建立，数千英亩（1英亩≈0.4公顷）土地被用于农业生产。大部分农业生产是面向市场的，尤其是橄榄油和葡萄酒。但是，到公元5世纪，那里的大部分地区已经荒废，农业用地已经退化（主要是由于侵蚀），有些至今都没有得到恢复。发生了什么事？

古奥梅德斯研究小组发现答案很复杂。轻微的气候波动增加了降水量和阿尔卑斯山的径流，造成周期性的洪水，农民不得不放弃罗讷河泛滥平原的大部分地区。罗马人建立的水利控制系统让问题更加严重，洪水漫延到其他地区，造成了严重的侵蚀。

古奥梅德斯研究小组的结论是，罗讷河流域公元初几个世纪里的环境危机在很大程度上源于政治和经济因素。罗马殖民者强加给罗讷河流域的改变引发了土地退化，因为基础设施只能在繁荣时期维持。当降雨过多时，洪水无法得到控制，整个系统就崩溃了。教训似乎很明显。崩溃的并不是环境本身；只是人类对环境的改变无法适应气候的"正常"波动，继而引发了环境危机。古奥梅德斯研究小组希望欧洲各国政府能够牢记这一教训。

（资料来源：Redman 1999; van der Leeuw 1998; van der Leeuw et al. 2002.）

量似乎在下降，这表明优质树木越来越少。[62]

卡霍基亚只是人类行为可能导致的退化的一个例子。另一个例子是土壤的盐碱度增加，这是长期灌溉农田的水蒸发造成的，今伊拉克南部所在地就是如此。

有时，文明衰落是因为人类行为增加了疾病发病率。如前文所述，许多玛雅低地城市在公元800年至1000年间荒废了，原因可能是干旱，但也有可能是黄热病发病率的增加。森林的砍伐和随之而来的蚊子繁殖地的增加，可能有利于黄热病从中美洲更南部的地区传播至此。玛雅人在城市里种植某些种类的树木，也可能增加了城市中有黄热病的猴子的数量（黄热病再通过蚊子传播给人类）。[63]

一些国家崩溃的另一个原因可能是过度扩张。这通常被认为是罗马帝国衰落的原因之一。帝国从2世纪开始扩张，到开始衰落时，帝国已经扩张到整个地中海地区和欧洲西北部。疆域可能扩大到了无法管理的地步。帝国无法抵御"蛮族"对其外围地区的侵犯，因为守卫遥远的边境地区困难很大，成本也很高。有时，蛮族的侵犯会演变成大规模的入侵，而饥荒、瘟疫、领导不力又让帝国雪上加霜。到公元476年最后一位罗马皇帝被废黜的时候，帝国几乎已经凋零。[64]

最后，领导人管理不善或剥削引发的内部冲突也可能是国家崩溃的原因。例如，彼得·查拉尼斯（Peter Charanis）主张，拜占庭帝国（罗马帝国的东半部）崩溃的原因在于，帝国允许大地主接管了太多小地主的土地，从而形成了一群赋税过高、饱受剥削的农民，他们无意维护帝国。当土地所有者

以弗所城的历史很能说明国家和帝国的兴衰。以弗所位于今天土耳其的西部，如今已沦为废墟。从公元前 1000 年到公元前 100 年，这座城市先后被希腊人、吕底亚人、波斯人、马其顿人和罗马人等控制
（图片来源：© Wolfgang Kaehler/CORBIS, All Rights Reserved）

开始与皇帝争夺权力时，内战爆发，帝国内部分裂，很容易被外敌征服。[65]

　　对于国家崩溃的原因，人们提出了许多其他的观点，从灾难到"社会堕落"这样近乎神秘的因素都有，但是，就像关于国家起源的理论一样，似乎没有哪一种解释是适用于大多数（更不用说所有）情况的。我们还不清楚是哪些具体条件促成了早期文明中心国家的形成或崩溃，而国家形成和衰落的原因仍是今天的研究热点。希望现在和未来的研究能给出更好的答案。

小结

1. 考古学家并未就国家的定义达成一致，但大多数人似乎同意，影响大量人口的等级制集中决策是定义国家的关键标准。大多数国家的城市里有公共建筑、专职工匠和宗教专家，有官方的艺术风格，以及精英阶层位于顶端的社会结构。大多数国家通过垄断对暴力的使用来维持权力。国家使用暴力或以使用暴力相威胁，对其人民征税，征召人民参加劳动或战争。

2. 早期的国家社会出现在近东，即现在的伊拉克南部和伊朗西南部一带。伊拉克南部，或称苏美尔，在公元前 3000 年之后不久统一在一个政府之下。苏美尔有文字、大型城市中心、宏伟的神庙、编纂的法律、常备的军队、广泛的贸易网络、复杂的灌溉系统和高度专业化的工艺。

3. 中美洲最早的城邦可能于公元前 500 年左右在瓦哈卡山谷建立，首都在阿尔万。后来，在墨西哥河谷的东北部，特奥蒂瓦坎城邦发展起来。在公元 200 年至 500 年的鼎盛时期，特奥蒂瓦坎城邦的影响力似乎遍及中美洲的大部分地区。

4. 在新大陆的其他地方，城邦很早就出现了，比如在今天的危地马拉、秘鲁、墨西哥的尤卡坦半岛，可能还有美国的密苏里州圣路易斯附近。在旧大陆，早期的国家是在非洲、印度的印度河流域和中国北方发展起来的。

5. 关于国家产生的原因有几种理论。灌溉理论认为，维持广泛灌溉系统的行政需要可能是国家形成的动力。限制理论认为，当在受限制地区的竞争和战争导致战败群体落入从属地位，不得不服从更强大群体的控制时，国家就会出现。涉及贸易的理论认为，生产出口商品、重新分配进口商品和保护贸易各方的组织要求将促进国家的形成。哪个观点是正确的？目前，没有哪一种理论能够解释所有国家的形成。也许不同领域的不同组织要求都有利于集权政府的形成。

6. 国家出现后会产生巨大的影响。人口增长并集中到城市。农业变得更有效率，许多人可以不再从事食物生产。国家提供了我们通常所说的文明——艺术、音乐、文学和有组织的宗教——可以发展和繁荣的环境。但国家也可能成为战争和政治恐怖的温床。国家中的社会分化形成了下层阶级，即穷人和通常不健康的人。国家容易受到流行病和周期性饥荒的威胁。

7. 所有的古代国家最终都崩溃了。对于国家崩溃的原因，我们还没有很好的答案，但对这个问题的研究可能有助于延长我们现代国家体系的存续时间。

62. Holden 1996.
63. Wilkinson 1995.
64. Tainter 1988, 128 – 152.
65. Charanis 1953.

第四部分 文化变异

第十四章

文化和文化变迁

（左图图片来源：Greg Girard/
Contact Press Images Inc.）

我们可能都会认为自己是独特的个体，有一套自己的观点、喜好、习惯和怪癖。的确，我们每个人都是独一无二的，但是，我们大都与所在社会的大多数人共享许多情感、观念和习惯。例如，居住在北美的人，有很多都会感到不该吃狗肉，相信细菌或病毒会带来疾病，习惯于在床上睡觉。对于自己与社会中其他人相同的观念和习俗，大部分人都不会去思考，而是认为这些是"自然而然的"。人们共有的这些观念和习惯，就属于人类学家所说的"文化"。当发现其他人在情感、信仰和习俗等方面和我们存在差异时，我们才会意识到我们自己的文化。如果不知道一些社会里的人常吃狗肉，北美人可能根本就想不到吃狗肉的可能性。如果不知道一些社会里的人把巫术和恶鬼邪神视为生病的原因，北美人就不会意识到病菌致病的观念是一种文化的产物。不知道在很多社会里人们是睡在地板上的，北美人就无从体会在床上睡觉是自己社会中的习惯。人们在拿自己与其他社会的人相比较时，才会意识到人们在文化方面的相同和差异，而实际上他们也就开始了人类学的思考。欧洲人在开始探险并深入距他们十分遥远的地区时，就不得不面对有时会让他们十分震惊的文化差异。

我们大部分人都能意识到"时代变了"，特别是在将自己的生活与父母那代人进行比较时。在对待性与婚姻、妇女的角色及技术变革的态度方面，已经发生了极为剧烈的变化。但这种文化变迁并非不同寻常。在历史上的各个时期，人类都会根据需要来改变自己习惯的行为和态度。正如没有人能长生不老那样，没有哪一种文化模式能永远不变。人类学家想弄清楚文化变迁的方式和原因。文化变迁可能缓慢，也可能迅速。在最近 600 年以内，变迁的步伐已经加快，其主要的原因是不同社会之间的接触、探险、殖民、商贸以及最近的多国贸易。全球化让世界越发紧密地联系在一起。在本章末尾，我们将讨论文化多样性的未来。

文化的定义

在日常生活用语中，一谈到文化，我们所想到的往往是通过经常看戏、听音乐、参观艺术博物馆和美术馆获得的那种令人羡慕的品质。然而，人类学家对文化却有不同的定义，正如拉尔夫·林顿所言：

> 文化指的是特定社会中的总体生活方式，而不仅仅是指该社会认为的更高级或更受人喜欢的生活方式。因此，文化应用于我们自己的生活方式时，就和弹奏钢琴及阅读勃朗宁的诗毫无关系了。对于社会科学家而言，这类活动仅仅是文化这个整体中的要素。作为整体的文化还包括洗碗、开车之类的日常行为，就文化研究而言，这些日常行为和那些高妙雅致的行为没有高下之分。因此，在社会科学家看来，不存在没有文化的社会，甚至也不存在没有文化的个体。每个社会都有文化，无论这种文化有多简单；每个人都受文化的影响，因为人人都参与了某种文化。[1]

因此，文化指的是生活的方方面面，包括很多我们习以为常的事情。林顿强调日常的习惯和行为

在他看来都是文化，而日常生活的总和不仅包括人们所做的事情，还包括他们日常的感觉和思考。我们在此将**文化**定义为习得的行为和观念（包括信仰、态度、价值观和理想），这些行为和观念是特定社会或社会群体的特征。行为可以产生物质文化——房屋、乐器和工具等都是日常行为的产物。

各种不同的群体都具有文化。人们互相交流并观察彼此，由此形成了相似的行为和观念。尽管从家庭到社会的各种群体都有文化特征，但人类学家传统上更为关注社会的文化特征。大部分人类学家认为**社会**就是占有一定领土、具有共同语言的一群人，他们与附近的群体一般语言不通。按照这个定义，社会并不一定与国家相对应。很多国家，特别是新兴国家，其领土内会有语言彼此不通的群体。根据我们对社会的定义，这样的国家是由不同的社会和文化组成的。照此定义，有些社会甚至可能包括不止一个国家。例如，我们不得不承认，美国与加拿大同属一个社会，因为两国的居民都讲英语，居住的地域相连，而且有许多行为和观念是共通的。这也是为何我们会在本章中使用"北美文化"这个词。"文化"与"社会"这两个词并不同义。社会指的是一个人群，而文化指的是群体成员普遍拥有的习得的行为、信念和特征。我们很快会谈到，在描述文化时需要界定其时间段，不同时代的文化特征可能是不同的。

文化是普遍共有的

如果只有一个人在想某个问题或做某件事，那么这类行为只能代表个人的习惯，而不是文化模式。这是因为，文化观念或行为必须是某个社会群体的成员普遍共有的。我们与族群或地域背景、宗教信仰、职业相似的人有一些共同的文化特征。我们与所在社会中的大多数人在一些行为和信念方面是相似的。其他社会中那些跟我们兴趣（比如国际体育赛事的规则）相近或传统相似（各个英语国家的人就是如此）的人，我们也与他们共享一些文化特征。

当我们讲到某个社会所共有的习俗时，所指的就是某种文化，这正是传统上文化人类学家研究的主要对象。当我们讲到某个社会中的某个群体共有的特征时，所指的是某种**亚文化**，这是社会学家研

一个小女孩模仿母亲给玩偶扎辫子
（图片来源：Kathy S Ioane/Photo Researchers, Inc.）

究的重点，而且对人类学家也日益重要。（亚文化不等同于族群，我们在之后讨论社会分层、族群和种族主义的章节中会进一步探讨族群概念。）当研究某个包含了不同社会的群体所共有的习俗时，我们所研究的现象无法用单个词概括，只能使用诸如"西方文化"（指欧洲社会或来源于欧洲社会的文化特征）和"贫困文化"（假定全世界穷人所共有的文化特征）这样的复合词。

需要记住，人类学家所谓的文化，也是有个体差异的，也就是说，社会中并不是人人都共享该社会的文化特征。例如，北美社会的一个文化特征是成年子女离开父母居住。但并非所有的成年人都这样，也不是所有的成年人都想那样做。这个习俗之所以被视为美国文化，是因为大多数美国成年人都这样做。在人类学家研究的各个社会（无论有多简单或多复杂）中，个体的想法和做法都不是千篇一律的。[2] 实际上，个体差异是新文化出现的主要动力。[3]

文化是习得的

一个群体中普遍共有的事物并不都属于文化范畴。群体中典型的头发颜色就不是文化，吃也不属于文化范畴。被视为文化的事物不仅是共有的，而且一定是通过后天习得的。典型发色（染发除外）是由遗传决定的，所以不属于文化范畴。人吃东西是因为不吃就不能生存，但吃什么、什么时候吃和怎么吃都是后天习得的，在不同的文化中就有不同的表现。大部分北美人不认为狗肉可以吃，甚至想到吃狗肉都会感到惊恐；然而在其他一些社会里，狗肉却被视为美味佳肴。在北美的文化里，许多人将熏火腿当作假日餐桌上的美食；不过，在中东的

1. Linton 1945, 30.
2. Sapir 1938, cited by Pelto and Pelto 1975, 1.
3. Pelto and Pelto 1975, 14 – 15.

某些社会里，包括埃及和以色列在内，宗教典籍明文规定不能吃猪肉。

所有的动物都在某种程度上表现出习得的行为，此类行为可能是一个群体中大多数个体所共有的，所以可以认为是文化行为。然而，就不同的动物而言，共有行为究竟是习得的还是本能的，存在着程度上的差异。比如说，尽管喜欢群居的蚂蚁有许多模式化的社会行为，但这些行为恐怕不能算是文化行为。蚂蚁会分工劳动、建造巢穴、组成袭击队列、搬走同伴的尸体，但这些行为都不是教会的，也不是通过模仿其他蚂蚁而学会的。与我们亲缘关系最近的猴子与猿类，不仅能够自己学会各种行为，还能够互相学习。在习得的行为中，有的很基本，比如抚养后代，有的很琐碎，比如喜欢吃糖果。弗朗斯·德瓦尔（Frans de Waal）回顾了对黑猩猩的 7 项长期研究，辨别出至少 39 种习得的行为。[4] 群体成员共有的习得行为，就可以被称为文化行为。

幼年期在动物一生中所占的比例，大体上可以反映动物生存对习得行为的依赖程度。相较于其他动物，猴子和猿类的幼年期较长。人类的幼年期在所有动物中是最长的，可见我们极度依赖后天习得的行为。尽管人类可以像猴子和猿类一样通过试错和模仿习得大量行为，但人类的大多数观念与行为是从他人那里学来的，其中大部分是在说出来的符号语言的辅助下习得的。我们会在后面的章节中讨论语言。通过语言，父母可以告诉孩子蛇是危险的动物，应该避开。倘若没有符号语言，父母就只能在孩子真正看到蛇的时候，通过实例向孩子示意应该避开这种动物。如果没有语言，我们就无法快速有效地传递和接收信息，也就无法继承这么丰富多彩的文化。

总之，如果一个社会或社会群体的大多数成员共有一种习得的行为或观念（信仰、态度、价值观和理想），我们就可以说这种行为或观念属于文化的范畴。

关于文化概念的争议

我们解释了我们对文化的定义，也给出了大部分人类学家所使用的文化定义，但有些人还是不会赞成这种定义。分歧之一是文化的概念是仅仅指行为背后的规则或理念，还是应该像我们给出的定义那样，也包括行为或行为的产物。[5]

认知人类学家很可能会说，文化是行为背后的规则和理念，因此文化存在于人们的头脑中。[6]

尽管每个人基于自身的独特经历对文化的建构略有不同，但同一个社会中的人还是会有很多共同的经历，并因此有一些相同的观念——人类学家将这些共同观念描述为文化。这种观点认为社会中存在个体差异，个体差异是新文化的源泉。

人类生活的观察者常常谈到"文化"的力量，即文化可以对生活在社会群体中的个体产生深刻的影响。正如我们在下一节讨论义化制约时会谈到的那样，社会制约力似乎意味着文化存在于个体之外。根据这种观点最极端的，也是过去广为接受的版本，文化本身有自己的"生命"，研究文化时可以不用考虑个体。[7] 持这种观点的人认为，人降生时如同一块白板，文化会给每一代人留下烙印。个体在成长过程中可以获取文化，但理解心理过程并不是理解文化的前提。

认为文化自有其"生命"，这会带来一系列问题。首先，文化究竟寓居何处？其次，如果个体不起作用，那么文化变迁的机制是什么？最后，如果心理过程与此无关，那么不同文化为什么会有许多相似之处？

我们在下一节中会谈到，人们身处群体之中时，可能会做出自己先前想象不到的行为。暴民行为虽是极端现象，但可以作为生动的实例。因此，我们在描述一种文化的时候，既要看人们头脑里的理念或规则，也要看人们的行为。要解释人们为何在不同社会群体中有不同的行为，并不需要假定文化本

美国老人孤独度日和日本老人三代同堂。我们对很多事情持有族群中心主义的观点，因此很难评价我们自己的习俗，有些习俗在另一个社会的成员看来令人震撼。左图为一个美国老人在孤独度日（图片来源：N. Martin Haudrich/Photo Researchers, Inc.），右图是三代同堂的日本老人（图片来源：James L. Stanfield/National Geographic Image Collection）

身有其生命。人是社会的人，能够对彼此做出回应。因此，与许多认知人类学家的做法不同，我们在描述文化时会将行为和行为的产物包括在内。但是，与认知人类学家一样，我们相信在描述文化时必须考虑个体差异，这样才能分辨出哪些是个体的，哪些又是共有的。那些共有和习得的行为与观念，就是文化的组成部分。

文化制约

法国著名社会学家埃米尔·涂尔干（Émile Durkheim）强调文化是我们身外的事物，对我们有很强的约束力。我们往往会按照所在文化的要求思想和行事，因此很多时候感受不到文化的制约力量。社会科学家把关于可接受行为的标准或规则称为"规范"。通过社会成员对违反规范的行为所做出的反应，我们可以判断规范的重要程度。

文化制约分为直接的和间接的两大类。当然，直接制约更为明显。假如你穿着一条休闲短裤出席婚礼，就有可能遭受嘲笑和一定程度的社会孤立。而如果你选择在别人婚礼上一丝不挂，就可能受到一种更激烈和直接的制约——会因为有伤风化被逮捕。

文化制约的间接形式虽然不如直接形式明显，但也同样有效。涂尔干举例说明这一观点时写道："没有谁强迫我非得同本国人说法语，或非要使用合法货币不可，但我却不可能有其他的选择。如果我试图摆脱这种必然性的话，只会以悲惨的失败告终。"[8] 换句话说，如果涂尔干决定不说法语，而说冰岛语，谁也不会阻止他这样做，但谁也听不懂他在说些什么。虽然他不会因为用冰岛货币去买东西而被捕入狱，但要说服当地商贩把食品卖给他却相当困难。

4. de Waal 2001, 269.
5. de Munck 2000, 22.
6. Ibid.
7. Ibid., 8.
8. Durkheim 1938/1895, 3.

通过一系列关于从众的经典试验，所罗门·阿施（Solomon Asch）揭示出了社会强制作用的威力。阿施指导一群大学生中的大部分人，让他们故意对涉及可见刺激的一些问题做出错误的回答。这群人中唯一没被指导过的学生，即"关键被试"，并不知道其他学生会故意对大家共同看到的证据做出错误的解释。阿施发现，在1/3的实验中，"关键被试"给出的始终是错误答案，似乎允许自己正确的感受被他人明显错误的说法所歪曲。在另外40%的试验中，关键被试只是在一些时候屈从于群体的观点。[9]这项实验在美国和其他地方重复进行。尽管不同社会显示出不同的从众程度，但大部分研究都表明了从众效应。[10]许多个体并未屈服于大部分人的意愿，但最近一项使用磁共振成像技术的研究却表明，如果参与者为了与他人一致而有意识地改变自己的答案，他们的认知实际上是会发生变化的。[11]

妨碍文化研究的态度

许多第一次去往遥远地区的欧洲人，都对所观察到的习俗感到厌恶或震惊，有这种反应并不奇怪。这是因为人们通常认为自己的传统行为和态度是正确的，而那些生活模式不同的人则是不道德的、低级的。[12]使用自己的文化去判断其他文化的人是族群中心的，也就是说，他们抱持着族群中心主义的态度。例如，大部分北美人抵触吃狗肉或吃昆虫，但对于吃牛肉这件事却欣然接受。对于童婚或捡拾遗骨的二次葬，他们也同样抵触。

其他社会的人在观察北美人的习俗和观念时，也会觉得这样的习俗和观念稀奇古怪，很不文明。比如说，印度的印度教徒会认为吃牛肉的习惯令人反感。在他们的文化中，牛是神圣的动物，不能屠宰为食。在很多社会里，婴儿都需要专人背着、抱着或睡在大人身边。[13]这类社会里的人如果看到北美人让婴儿独自玩耍或将其关在类似笼子（婴儿床或幼儿护栏）的装置里，可能会觉得这么做非常残忍。从外部视角看，哪怕是最普通的习惯，哪怕是公认为理所当然的日常生活习惯，也可能显得很荒唐。初到美国的人很可能会将美国人认为再普通不过的行为当作奇闻记录，这可以理解，下面这段摘录就反映了这种情况：

在每人每天必须举行的洁身仪式中，包括一项口腔仪式。尽管这些人对口腔护理可谓一丝不苟，但仪式中却包含了许多使未曾参与这种活动的陌生人深感厌恶的做法。据我所听到的报告，该仪式的过程是先把一小束猪毛与一些魔粉一起塞进嘴里，然后用一系列高度形式化的姿势来摆动这束毛。除了这种个人口腔仪式以外，人们每年还得去找圣嘴先生一至二次。这些圣嘴先生有一套给人深刻印象的随身工具，包括各式各样的钻孔器、锥子、探针和签子。这些东西被用来驱除口中的邪魔。在这个过程中，圣嘴先生对受术者施以令人难以置信的折磨。他撑开受术者的嘴，用前面所提到的工具，把牙齿上任何受到腐蚀的洞加以扩大，然后把一些魔物填进洞内。如果牙齿上没有自然生成的洞，便要把一个或几个牙齿的好的部分凿开，以便把这些魔物放进去。在受术者看来，这项服务的目的是阻止牙齿继续腐坏和吸引朋友。这种仪式极端神圣，具有深远的传统力量，其表现就是，尽管这些本地人的牙齿老在不断腐坏，他们却还是年复一年地跑到圣嘴先生那里求助。[14]

我们可能会提出反对意见，表示在理解特定社会（如上文中的美国社会）的行为时，观察者应该弄清那个社会里的人们对自己的行为到底有什么看法，为什么要这样做。比如说，上例中的观察者可能会发现，定期拜访"圣嘴先生"并不是为了求助于巫术，而是为了治病。实际上，观察者在问了一些问题之后就会发现，口腔仪式根本没有神圣的或宗教的内涵。写下那段关于"圣嘴先生"的话的霍勒斯·迈纳（Horace Miner）其实是美国人，他这么写，是为了说明外来的观察者可能如何看待相关的行为。

族群中心主义既妨碍我们理解他人的习俗，也妨碍我们理解自身的习俗。我们如果认为自己所做的都是最好的，可能就不会去思考为什么我们要按我们的办法行事，更不会去想为什么"别人"会按"他们"的办法行事。

我们并不总是赞美自己的文化，有时候其他人的生活方式看起来更有吸引力。每当我们对文明生活的复杂性感到厌倦的时候，就会向往一种"更接近自然"或"更纯朴"的生活方式。父母不得不打两三份工才能勉强糊口的美国年轻人，可能会暂时被20世纪50年代卡拉哈迪沙漠里昆人的生活方式吸引。昆人彼此分享食物，因此在一天中的大部分时间里都有闲暇。他们所有的食物都来自男人狩猎、女人采集野生植物。由于他们没有冷冻设备，分享刚捕杀来的动物显然要比贮藏一堆很快就会腐烂的肉明智得多。此外，分享的做法对昆人来说是一种社会保障体系。某天没能打到猎物的猎手，可以从游群中的其他人那里为自己和家人分得食物。而在他猎到了动物的日子里，他也要把猎物分给一无所获的猎手及其家属。这个体系还能确保没有能力采集食物的老人和儿童也得到食物。

那么，我们就要向昆人学习吗？或许在某些方面我们要向他们学习，但我们不应该美化他们的生活方式，或者认为他们的生活方式很容易引入我们的社会。昆人生活的其他方面对许多美国人来说不会有什么吸引力。比如说，过着游牧生活的昆人决

定迁徙的时候，妇女们必须负责搬运家庭的全部财物，包括数量可观的食物和水，以及所有四岁或五岁以下的儿童。不论路程远近，这个负担都是十分沉重的。游牧的昆人每年要迁徙大约2 500千米，因此每家的财产都比较少就可以理解了。[15] 对于昆人生活方式的许多方面，大部分北美人都不太可能羡慕。

不管是族群中心主义，还是与之相对的对其他文化的美化，都不利于有效的人类学研究。

文化相对主义

正如我们在前面有关人类学理论史的章节里讨论的那样，早期的进化论者倾向于认为西方文化是最高等的，或者说处于最先进的进化阶段。这类早期观念不仅缺乏世界民族志方面的证据，而且是对西方文化的族群中心主义式赞颂。

最具影响力的人类学家弗朗兹·博厄斯和他的许多学生，比如鲁思·本尼迪克特、梅尔维尔·赫斯科维奇和玛格丽特·米德，就不接受前述观念。[16] 他们强调，早期的进化论者既不完全理解他们理论涉及的文化的细节，也不理解相关习俗出现的背景。博厄斯一派的学者挑战了那种认为西方文化高出一等的态度，认为对于一个社会中的习俗和观念，应该进行客观描述，并结合相关社会中的问题和机会来理解。这种态度就是文化相对主义。文化相对主义是否意味着我们不应去评判我们自己或其他社会

---

9. Asch 1956.
10. Bond and Smith 1996.
11. Berns et al. 2005.
12. M. F. Brown 2008, 372.
13. Hewlett 2004.
14. Miner 1956, 504–505，经美国人类学学会允许使用。虽然迈纳不是外来访客，但他的这段描述展现的是外来者对这些行为的可能看法。
15. Lee 1972.
16. M. F. Brown 2008, 364.

的行为？坚持客观性，是否意味着人类学家不应对所观察到并试图解释的文化现象做出道德判断？这是否意味着人类学家不应该推动变化？未必。尽管文化相对主义的概念仍是一个重要的人类学信条，但人类学对文化相对主义的准则有不同的解释。

文化相对主义的最强硬版本认为所有的文化模式同样正当，许多人类学家对此感到不安。如果某种文化实行奴隶制，对妇女实施暴力，采取酷刑，或者施行种族灭绝，该怎么看待呢？按照文化相对主义的强立场，我们不需要评判这些文化行为，也不应该试图去消除这些做法。而文化相对主义的较温和版本则认为，人类学家在描述一个群体时需要追求客观性，在理解文化行为的原因时要避免肤浅或匆忙的论断。宽容和容忍应该是基本的行为模式，除非有充分理由不去容忍。[17] 文化相对主义的温和版本并不排斥人类学家做出评判并试图改变他们认为有害的行为。但是，评判不必然也不应该妨碍人类学家对文化做出精确的描述和解释。

人权与相对主义

被西方国家认为是侵犯人权的行为在新闻报道中日益增多，相应的案例涉及监禁、限制表达政治主张、种族灭绝等等。但是，面对来自西方国家的批评，非西方地区的许多人主张，西方国家不应该将自己关于人权的观念强加给其他国家。实际上，很多国家都表示自己有不同的道德标准。西方国家坚持自身的文化观念并将其应用到全球其他地方，这是不是族群中心主义的态度呢？我们是不是应该根据文化相对主义的强版本，从其自身的视角出发看待其他文化？如果我们这样做，就不可能形成普适的人权标准。

我们知道的是，所有的文化都有道德标准，但所强调的方面是不同的。例如，一些文化强调个体的政治权利，另一些文化则强调政治秩序。有些文化强调对私有财产的保护，另一些文化则强调资源的公平分配或共享。美国人拥有持异议的自由，但如果他们没钱，就会失去健康保险或得不到食物。在少数族群和妇女拥有平等权利的程度方面，各种文化也有着显著的差异。在某些社会里，妇女在丈夫去世或违背父兄的意志时，很可能会被杀死。

有些人类学家坚决反对文化相对主义。例如，伊丽莎白·泽亨特（Elizabeth Zechenter）认为，文化相对主义者宣称不存在普遍的道德原则，但又坚持对所有的文化都持宽容的态度。如果宽容是一项普遍原则，那为什么不能有其他的普遍原则呢？此外她指出，文化相对主义的概念往往会被一个社会中拥有权势的统治者用来证明自己想要的传统是合法的。她谈及 1996 年发生在阿尔及利亚的一个案例，两个十几岁的女孩被人强奸并杀害，原因是她们违背了不允许女子上学的极端主义法令。女孩们不也和极端主义者一样，是该文化的一部分吗？如果大部分阿尔及利亚妇女都支持凶手，结果会有何不同？那会让谋杀行为成为正当吗？泽亨特认为诸如《世界人权宣言》之类的国际条约，并不是要把一致性强加给不同的文化，而是要规定一条任何社会都不应该突破的底线。[18]

文化相对主义的概念是否能与关于人权的国际准则的概念调和？也许并不能完全调和。保罗·罗森布拉特（Paul Rosenblatt）承认这是两难的问题，但他认为有必要阻止酷刑和"种族清洗"等行为。他主张："如果你能理解他人的观点和价值观，就能更容易说服他人，在这个意义上，文化相对主义可以成为推动变革的工具……文化相对主义者能认识到他人的价值观，理解精英，因此更容易知道什么样的论点比较有说服力。例如，在一个注重群体远胜过个体的社会里，如果能够表明对个体权利的尊重将有利于群体，论点将更具说服力。"[19]

对文化的描述

我们在前文讨论了文化人类学家在开展田野工作时采用的参与式观察和其他研究方法。在这里，我们要集中讨论另外一个问题：如果个体都是独一无二的，文化内部也存在着差异，那么人类学家怎样才能知道哪些可算得上文化呢？理解何谓文化涉及两个方面：区分共有的和个体差异极大的事物，判断共有行为和观念是不是通过后天习得的。

为了弄清人类学家如何理解多种多样的文化行为，让我们来考察一下美国职业橄榄球赛体现出的多样性。当赛场上响起美国国歌时，观众的表现各有不同。同样是站着听国歌，一些人摘下帽子，一个小孩子嘴里还嚼着爆米花，一名退伍军人立正，十几岁的小伙子在人群中寻找朋友，教练则利用这最后的机会吟诵咒语，希望削弱对方的力量。然而，尽管存在着这些个体差异，但球场中的绝大多数人都表现出基本相似的态度：几乎每个人都面向国旗安静站立。此外，如果多去几场橄榄球赛就能注意到，各场球赛在许多方面显得十分相似。虽然比赛过程各有不同，但比赛规则是完全一样的；虽然球队队服的颜色各有不同，但队员们都绝对不会穿着泳衣上场。

虽然从理论上说，不同个体对某一刺激的反应有无穷无尽的可能性。但实际上，个体的反应往往局限于一个较易识别的范围。小孩在听国歌时可能还会继续嚼爆米花，但不大可能跳起祈雨舞来。教练在听国歌的时候也不大可能跑上球场去拥抱歌手。由此可见，行为差异总是在社会所容许的限度之内，而人类学家的目标之一就是去发现这些限度。比如说，人类学家可能会注意到，有些对行为的限制具有实用价值，如果有个别观众跑到球场上去游荡，干扰了比赛，就会被人赶走。而其他一些限制则纯粹是传统性的。在我们的社会中，觉得太热而把外

人类学家在确定文化行为时，会寻找共同点，同时也认识到存在大量的差异。北美文化允许甚至鼓励未婚情侣花时间在一起，但不同情侣打发时间的方式不同（图片来源：上图 Michael Newman/PhotoEdit Inc.，下图 © Doug Menuez/Photodisc/RF Getty Images, Inc.）

衣脱掉是恰当的行为；但如果有个人因为太热而把裤子脱了，其他人肯定会皱起眉头来。人类学家通过观察和访谈来发现所研究社会的习俗和可被接受的行为的范围。

同样，想要描述美国社会中求爱与婚姻的人类学家，首先会碰上各式各样的行为。情侣们约会的地点各不一样（咖啡厅、电影院、餐馆或保龄球馆），约会时的行为不同，在约会多久后会分开或走向更严肃的关系，这方面也有所不同。如果他们决定结婚，结婚仪式则可能简单也可能复杂，可能是世俗婚礼，也可能有宗教的性质。尽管存在这些差异，人类学

17. Hatch 1997.
18. Zechenter 1997.
19. Rosenblatt 2009.

人们之间的谈话距离在不同的文化中是不同的。印度的拉其普特人（Rajput）谈话时脸之间的距离，就要比右图美国妇女交谈时的距离更近
（图片来源：左图 © Jeremy Horner/Bettmann/CORBIS, All Rights Reserved；右图 © Jonathan Blair/Bettmann/CORBIS, All Rights Reserved）

家还是能发现求爱实践中的一些规律。虽然不同的情侣在首次约会和之后的交往中所做的事各有不同，但几乎都是自己安排约会时间，在约会时尽量避开父母，约会结束时总是设法两人独处，还会经常把嘴唇碰到一起，等等。一男一女在一系列间隔越来越短的接触之后，可能会公开宣布情侣关系，有些会宣布订婚，有些则透露他们已经同居或打算同居。最后，这对恋人如果打算结婚，就必须以某种方式向民政机构登记。

在一个社会里，想要结婚的人不可能全然不顾传统的求爱模式。如果一个男人在街上看见一位女子，并决定娶她为妻，我们满可以想象他可能采取一种比一般约会进展更迅速、更直接的行动。他可能骑上一匹快马，驰向那位姑娘的家，把她抓上马背，然后飞奔而去。在西西里，直到几十年前，以这种方式结合的男女仍被视为具有合法婚姻关系，哪怕姑娘此前从未见过那个男子，甚至从未有过结婚的念头。但在美国，任何采取这种行动的男子，都可能因犯下绑架的罪行而被捕入狱，还可能被怀疑为精神有问题。尽管个体行为存在差异，但大部分社会行为都在文化上可以接受的范围之内。

在观察和访谈过程中，人类学家也会尽力区分实际的行为与关于人们在特定场合应该如何感知和行事的理念。在日常用语中，我们把这些理念称为"理想"，人类学用语则是"理想的文化特征"。一些理想的文化特征与实际行为有所不同，可能是因为理想是以社会过去的情况为基础的。（比如"自由企业"这一理想，其主张产业界应完全脱离政府的控制。）还有一些理想特征则可能从来不是可以付诸实践的模式，而仅仅代表人们乐意看到并视为正当的行为。长期被美国人钟爱的一种理想型信念是"法律面前人人平等"，也就是每个人在警察和法庭面前都应当得到同样的对待。当然，我们知道这并不是事实。例如，犯下同样罪行的富人的服刑期可能较短，去的监狱条件也更好。然而，这样的理想仍是美国文化的组成部分，而且大部分人仍然相信法律应该一视同仁。

当分析一个社会中明显或非常显眼的习俗（比如送孩子去学校读书的习俗）时，调查者可以通过直接的观察和对少数有知识的人进行访谈，来判定这些行为的存在。但如果所分析的行为领域可能有较多的个体差异，或者被研究者并未意识到自己的行为模式因而无法做出回答，那么人类学家可能就需要从较多的个体样本中搜集信息，才能确认文化特征。

有些文化特征是社会中大多数人意识不到的，人们交谈时的距离就是一个例子。然而，完全有理由相信，一种人们意识不到的文化规则控制着这种行为。在与所采用的规则不同的人接触时，这些规则就变得明显起来了。当一个人站得离我们太近（意味着很亲密）或太远（表示不友好）时，我们都可能感到非常不舒服。爱德华·霍尔（Edward Hall）指出阿拉伯人习惯彼此靠得很近，正如我们前面所说的那样，近到足以闻到别人身上的气味。阿拉伯人与北美人交谈，阿拉伯人往往越靠越近，北美人则越退越远。[20]

如果想要找出关于偶然相遇的熟人之间的谈话距离的文化规则，我们可以对社会中的个人进行抽样研究，并确定众数反应或众数。"众数"是一个统计学术语，表示在一系列反应中出现频率最高的反应。要确定美国人随意交谈时的距离的模式，我们可以把每对被观察的谈话者之间的实际距离标绘出

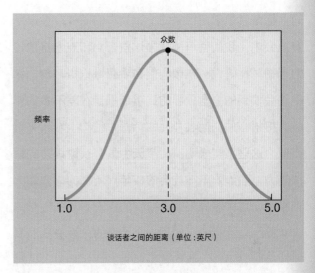

图 14-1 频率分布曲线图

来。有些谈话者之间的距离可能是 2 英尺，有些可能是 2.5 英尺，还有些可能是 4 英尺。如果观察者统计出所观察到的各个距离出现的次数，就能得出所谓的频率分布。出现频率最高的距离就是众数。频率分布通常呈钟形曲线，如图 14-1 所示。

在图中，横轴代表所测量的特征（在本例中是谈话双方的距离），纵轴代表所观察到的距离出现的次数（频率）。如果我们画出美国人谈话距离的抽样分布图，就可能得到一个峰值为 3 英尺的钟形曲线。[21] 这样一来，我们对"保持一臂距离"这个习语就不会感到奇怪了。

我们可以通过访谈和观察发现，某种行为、思想或情感在某个社会中是人们所共有的，但我们怎样才能确定它们是习得的，因此可以被视为文化？要确定某种事物是不是通过学习得来的可能有很多困难。由于孩子的成长总是与成年人的照看分不开，因此孩子通过遗传得来的那部分行为与他们从周围人那里学到的行为之间并没有明显的界限。我们通常认为，某些行为和观念如果在不同社会中各有不

20. Hall 1966, 159–160.
21. Ibid., 120.

同，那么就是学习得来的；如果它们同样存在于所有社会中，我们就可能认为这些行为和观念是遗传的产物。比如说，就像我们在后面讨论语言的一章中将会谈到的，全世界的儿童似乎是在差不多的年龄习得语言的，而且早期的话语在结构上看起来很相似。这些事实表明，儿童天生具有获取语言的语法能力。然而，不同社会的成年人所讲的语言却大相径庭。这种差异表明，特定的语言必须通过学习来掌握。与此相似，如果一个社会的求爱模式同其他社会明显不同，我们就可以相当肯定地说，这种求爱模式是习得的，因此也是文化的。

文化是整合的

人类学家一直认为文化并非由毫无关联的行为与观念组成的大杂烩——文化通常是整合的。文化是整合的，意思是组成文化的特征或要素不仅仅是习俗的随机组合，而是在大多数情况下相互适应或和谐一致的。

文化倾向于整合，还有心理上的原因。文化的观念储存在个体的大脑里。社会心理学研究认为，人们倾向于自觉改变那些从认知和概念的角度看来与其他信息不一致的信念或行为。[22] 我们不能指望文化完全整合，就像我们不能期待个体完全自治那样。但是，如果人类中普遍存在这种认识趋于一致的倾向，那么可以料想文化的某些方面会由于这个原因而整合起来。不难想象这种一致性的压力如何发挥作用。比如说，儿童似乎能记住父母说过的**所有事情**。儿童想做什么而父母不答应时，他们可能会说："但你昨天说了我可以做啊！"这种一致性压力可能会让父母改变主意。当然，并非人们想做的任何事情都和其他愿望一致，但是的确存在趋向一致性的内外压力。

人类也有能力做出理性的决定；人类可以判断出，由于他们所做的其他一些事情，有的事情是不容易做的。比方说，在有长期产后性禁忌（夫妇在孩子出生后禁欲一年的习俗）的社会中，大部分人可能会判断出，如果丈夫和妻子不睡在同一张床上，禁忌就更容易得到遵守。在英国等驾车靠左行驶的地方，人们驾驶右舵的车辆会更容易、更安全，因为驾驶员坐在右侧，能更准确地判断来车的距离。

文化特征的一致性和整合也经由人们不大能意识到的心理过程产生。我们将在讨论文化与个人、宗教、巫术及艺术的章节中谈到，人们可能会将自己的经验从一个生活领域推及（转移到）另一个领域。例如，人们教导小孩不能向亲友发脾气，而这与小孩听到的民间故事是相符的；在民间故事里，主人公只会向陌生人发火和进攻，而不会针对家人和朋友。似乎愤怒这种情绪过于令人不安，即便在民间故事里，也不能向亲友表达。

文化特征具有整合性的另一个主要原因是对环境的适应。会让生存机会减少的习俗很难延续。人们要么坚持这类习俗，和习俗一起走向消亡，要么就改变习俗，以更好地生存下去。不管是哪种情况，**适应不良的习俗**（导致生存和繁衍机会减少的习俗）最终可能都会消失。能够增加生存和繁衍机会的习俗就是**适应良好的习俗**，这样的习俗更具持续性。因此，假如一个社会能够延续到被载入人类学年谱（"民族志记录"）的程度，就可以认为这个社会的大部分甚至全部文化要素都具有适应性，或者曾经具有适应性。

然而，当我们说一种习俗具有适应性时，意思是它适应特定的自然和社会环境。适应一种环境的习俗到了另一种环境中可能会不适应。因此，我们探讨某个社会为何会有某种特殊的习俗时，实际要讨论的是这种习俗是不是对该社会所在环境条件的适应。如果某些习俗在特定环境中更具适应性，那么，在条件相似的环境中，一般都能发现相关的一系列文化特征。前文提到的昆人就是一个例子，他们以猎取野兽和采集野生植物为生。由于猎物是活动的，不同植物的成熟期不同，昆人的游牧式生活可能是一种适应性策略。这种获取食物的策略无法在一个地区养活大量人口，因此小群体比大社群更合理。由于他们频繁迁徙，保留较少财物的做法具有更强的适应性。我们将会看到，在人们依靠狩猎与采集获取食物的地方，通常能看到前述一系列文化特征。

我们要记住，并非文化的所有方面都是一致的，社会也不是一定要让其文化适应不断变动的周遭情况。即使是在变动的环境里，人们也可以选择不改变自己的习俗。比如说，巴西中部的塔皮拉佩人（Tapirapé）在与欧洲人的接触以及疾病的影响下，人口锐减，但即使这样，他们也没有改变限制人口的习俗。塔皮拉佩人的人口从 1 000 多人降到了不足 100 人。塔皮拉佩人显然正在走向消亡，但他们却继续崇尚小家庭。他们不仅认为妇女不应该生 3 个以上的孩子，还采取特殊的措施来实现这种限制。如果生了双胞胎，或者第三个孩子与前两个孩子的性别相同，或者在妇女妊娠期间以及婴儿出生后不久，其丈夫触犯了某些禁忌，他们就实行杀婴的习俗。[23]

当然，即使人们试图改变自己行为，其行为也可能仍是不适应环境的。虽然人们可以按照自己觉得有用的方式改变行为，但他们认为有用的未必具有适应性。因此，激发文化整合趋势的可能是认知、情感，也可能是适应性。

文化变迁的方式和原因

分析一个社会的历史时，很容易发现文化会随着时间推移而变迁。一些共有的行为和观念在某一时期很普遍，在另一个时期却有了调整或被取代。这就是为什么我们在描述文化时，需要知道描述只适用于特定的时期。（另外，在很多大型社会里，对文化的描述仅仅适用于特定的亚群体。）例如，20 世纪 50 年代的昆人主要以采集野生植物和狩猎动物为生，迁徙也很频繁，但是后来，为了从事雇佣劳动，昆人更多采取了定居的生活方式。我们究竟应该关注过去的行为方式还是当代的行为，取决于我们想要回答什么问题。如果我们想要尽可能多地了解文化差异，比如宗教信仰和行为方面的差异，那么就需要关注对某个族群在皈依全球主要宗教之前的早期描述。而如果我们想要理解为何一个族群会采纳一种新的宗教信仰，或者他们在面临压力时如何改宗或拒绝改宗，我们就需要探讨历史上的变迁。

本章剩余的部分将讨论文化变迁的方式和原因，并简要评述近期在大范围内发生的某些文化变迁。总体上，变迁的动力可能来自社会内部，也可能来自外部。从内部看，如果足够多的人想调整旧的行为和观念，那么追求一致性的有意识或无意识压力就会促成文化变迁。如果人们试图发明更好的做事方式，文化变迁也可能发生。迈克尔·奇布尼克（Michael Chibnik）认为，人们面对新问题时会进行思考"实验"或小规模的"实验"，以决定行为方式。这些实验可能带来新的文化特征。[24] 外部环境的变化可能引发大量文化变迁。例如，移居到干旱地区的人们要么放弃农耕，要么发展出灌溉系统。在现代世界，与自然环境的变化相比，社会环境变化引发的文化变迁更多。例如，在 1973 年和 1974 年中东石油供应缩减之后，很多北美人开始严肃地思考节能问题，并考虑利用石油之外的其他能源。在最近的几百年内，由于西方社会对世界其他

---

22. R. Brown 1965, 549 – 609.
23. Wagley 1974.
24. Chibnik 1981, 256 – 268.

中国的文化变迁与延续

新中国成立初期，中国的家庭生活发生了很多变化。祖先崇拜和宗族组织受到批判。然而，官方的行为并不能完全改变家庭生活。

政府试图限制家庭和宗族的力量，但对公共健康和饥荒救济的投入降低了人口死亡率，从而巩固了家庭纽带。婴儿死亡率下降，更多的孩子可以活过适婚年龄，长寿者更为常见——这些发展使得社会各阶层的人比在 1949 年之前有了更为复杂和广泛的亲属关系。的确，政府的政策削弱了宗族内家长的权力和威望。但是，新的卫生和经济条件有利于形成规模更大的多代家庭，也加强了人们和其他亲戚的社会联系。

随着更多海外的人类学家和其他研究者来到中国，许多调研者开始研究中国家庭生活的差异性和相似性。大部分研究关注人口占优势的汉族（汉族人口占中国总人口的 90% 以上），一些研究者也关注 55 个少数民族的文化。美国人类学家巴博德（Burton Pasternak）及加拿大社会学家珍妮特·萨拉福（Janet Salaff）和中国的社会学家一起，对四个汉族社群进行了研究，这些社群早期迁徙到长城以外，在内蒙古自治区一带定居。研究结果表明，尽管有来自政府的压力，但其文化的变迁和延续所反映的，主要是生态和经济方面的可能性。在水源不足的情况下，传统的集约式农业生产无法存续。独生子女政策也无法消除家庭对更多孩子的需求。

汉族农民迁徙到长城之外，是为了寻找更好的生活。尽管许多人因发现土壤和气候条件不利而折返回家，但另外一些人却做出了调整，留在当地适应草原的生活。有些人在草原边缘继续从事农耕，另一些人则进入草原放牧。从事放牧的汉族人在很多方面更像蒙古族的牧民，而不太像汉族或蒙古族的农民。内蒙古的汉族牧民按照性别分工的情况要比汉族农民更为突出，因为男子需要到很远的地方放牧。牧民的小孩对于放牧没有多大帮助，因为一旦出错就可能付出高昂的代价，因此他们比农民的小孩更可能在校长期学习。或许是由于小孩在耕种方面能发挥更大的作用，汉族农民家庭的孩子数量要比牧民家庭的更多。当然，内蒙古的汉族农民与牧民每户都不是只有一个孩子。较之于内蒙古的汉族农民，牧民所需的合作劳动较少，因此更有可能远离（传统）大家庭中的亲戚，一家人独自居住。总之，这些汉族社群来到草原后做出的调整，可以从生态需求而非族群传统的方面得到更好的解释。

越来越多的汉族人在适应放牧生活方面更像蒙古族人，与此同时，很多蒙古族人也适应了城市的生活方式，远离了放牧的生活。政府最初鼓励非蒙古族的人们迁到内蒙古自治区，特别是欢迎他们迁到首府呼和浩特。许多蒙古族的人也从草原迁入城市。虽然汉族人口占多数，但政府也鼓励少数民族发扬传统文化。因此，呼和浩特的建筑物和纪念物里，充满了传统畜牧文化的意象。

正如曾在内蒙古自治区首府呼和浩特调研的人类学家姜克维（William Jankowiak）所言，虽然在很多方面，城市里的蒙古族人已经离开传统的生活方式，融入城市文化，但生态的力量远超过传统。许多居住在城市里的蒙古族人不再说蒙古语。因为住房稀缺，所以蒙古族人口很难在城市中聚在一起居住，甚至也很难像以往那样和亲戚住得很近。与周围都是亲戚的农村生活相比，城市的生活需要人们既同亲戚，也同陌生人打交道。实际上，亲戚之外的人比亲戚对你更为重要。正如一个受访的人对姜克维说的那样："我们可以躲开亲戚，却没法回避朋友。"

（资料来源：Davis and Harrell 1993; Pasternak 2009; Jankowiak 2004）

地区的帝国扩张，很多地方出现了快速而激烈的文化变迁。例如，美洲印第安人在遭受驱逐并被赶进保留地之后，被迫彻底改变了自己的生活方式。

发现和发明

源于社会内部与外部的发现和发明，最终是所有文化变迁的根源，但它们并不一定会带来变迁。

如果发明或发现被人忽视，文化变迁就不会发生。只有在社会接受发明或发现并经常使用它们时，才谈得上文化变迁。

发现或发明的新事物可以是物体，如车轮、犁或计算机，也可以涉及行为和理念，如买卖、民主或一夫一妻制。根据林顿的说法，发现增添新的知识，发明则是对知识的新的应用。[25] 比如，一个人发现如果把食物同对儿童有吸引力的某个假想人物联系在一起，就容易劝说儿童吃营养丰富的食物。接下来，另一个人便可以利用这一发现，发明出一个名叫大力水手（Popeye）的卡通人物，他是系列动画片中的主角，靠吃下菠菜罐头来变得力大无穷。

无意识发明

在讨论发明过程的时候，我们需要区分不同类型的发明。一类发明是社会为实现特定目标而产生的结果，如消灭肺结核、把人送上月球等。另一类发明则没有那么强的目的性。第二类发明通常被称为偶然的巧合或无意识发明。林顿认为，有些发明，特别是史前时期的发明，很可能是"无意识"的发明者们许许多多微小创新的结果，这些发明者也许在数百年的时间里做出了各自微小的贡献，而并不知道自己在轮子、更好的手斧等发明的诞生中起到的作用。[26] 我们可以拿儿童在倒下的原木上玩耍当例子，儿童在滚动的原木上走动并保持平衡，在某个时候，需要从岩洞中搬走一块花岗岩的人可能会受到启发。儿童的游戏可能会让他们想到拿原木当滚筒的主意，由此开始的一系列发展，让人们最终发明出了车轮。

然而，在重建史前的发明过程时我们应该十分小心，在回顾祖先的发明时，不能因我们有高度发达的技术而沾沾自喜。我们在报章杂志的科学栏目中，几乎每天都能看到关于惊人的新发现和新发明的报道，对此我们已经习以为常。在我们看来，像车轮这么简单的发明，竟然花费了这么多个世纪的时间，简直不可思议。这会诱使我们得出结论，认为早期人类比我们智力差。然而，由于人类大脑的容量或许 10 万年来都没有变化，因此，认为车轮的发明者智力不如我们，是毫无根据的。

有意识发明

有些发现和发明是在对新观念或新事物的有意追求中产生的。这种创新似乎是对人们已经觉察到的需求的回应。例如，工业革命期间，人们迫切需要可以提高生产力的发明。18 世纪英国的詹姆斯·哈格里夫斯（James Hargreaves）就是为响应现实需要而从事发明工作的发明家。纺织品制造商吵吵闹闹地要求大量供给棉纱，而用脚操作纺车的农舍劳工早已无法满足他们的需求。哈格里夫斯意识到，能够发明在短时间内纺出大量棉纱的方法的人将会名利双收，于是他便着手工作，终于发明了珍妮纺纱机。

但是，看得见的需要和给革新者的经济回报却不能说明为什么只有某些人热衷于革新。我们对于为什么有些人富有革新精神这个问题了解较少。革新能力可能部分地取决于智力水平和创造性等个人特征，但创造性可能会受到社会条件的影响。

一项针对加纳阿散蒂（Ashanti）艺术雕刻者创新的研究表明，一些社会经济群体比其他群体更有可能产生创新。[27] 有些雕刻者只按传统图样生产，而有些却从传统出发创立了"新"的雕刻风格。研究发现，创新最多的是两个群体——最富有的和最贫穷的雕刻者。这两个群体可能比社会经济情况处于中等的群体更能承担风险。雕刻上的创新是要冒

25. Linton 1936, 306.
26. Ibid., 310 – 311.
27. Silver 1981.

一名来自圣马丁希洛特佩克（Jilotepeque）的玛雅妇女在使用背带织布机织布。20 世纪 90 年代，纺织图案趋于个体化和复杂化
（图片来源：Dorling Kindersley © Jamie Marshall）

些风险的，因为可能需要多花时间，产品还可能卖不出去。富裕的雕刻者担得起风险，而且如果他们的创新受到了赞赏，就不仅能获得收入，还能获得声望。穷人不管怎样日子都不好过，因而搞点新的尝试也不会失去什么。

有些社会比其他社会更加鼓励创新，在不同时期的情况也可能相当不同。帕特里夏·格林菲尔德（Patricia Greenfield）和同事们描述了墨西哥恰帕斯州（Chiapas）兹那坎特（Zinacantán）地区一个玛雅社区内纺织业的变化。[28] 在 1969 年和 1970 年，创新并不受重视，人们认为传统才有价值。人们遵循古老的方式行事，着装也不例外。当时只有 4 种简单的纺织图案，几乎所有的男人都穿着同样款式的斗篷。但到了 1991 年，已经有了样式繁多的斗篷，村民们开发出了精美的编织与绣花图案。在大约 20

年的时间里，创新性大大增强。另外两个方面也发生了变化：经济更加商品化，纺织品与其他商品都可以买卖；在编织手艺的教导上，学习者受到的限制也没有过去多了。过去，母亲教女儿编织时，会下达高度结构化的指令，而且往往是两个人的四只手都放在织布机上；后来，女孩们可以更多地通过摸索来自己学习，更加抽象和多变的图案由此产生。

谁在采纳创新？

发现或发明产生后，还要考虑其他人会不会采纳这样的创新。许多研究者对"早期采纳者"的特征进行了研究。这样的人往往受过良好的教育，具有较高的社会地位，能够向上流动，其中的有产业者往往拥有大型农场和公司。最需要技术改进的个体（不太富裕的人）往往最后才采纳创新。原因在

肯尼亚的马赛人从肯尼亚平原给家里或世界各地打电话（图片来源：© Joseph Van Os/Image Bank/Getty Images, Inc.）

于只有富人才能承担采用新方法的重大风险。因此，在技术快速革新的年代，富人与穷人之间的差距会拉大，因为富人采纳创新比穷人更快，也能因此获得更大的利益。[29]

这是否意味着采纳创新的可能性与采纳者的财富数量是一种简单的函数关系呢？并不必然。弗兰克·坎西安（Frank Cancian）回顾了多项研究，发现中上阶层的个体比中下阶层的个体更加保守。坎西安认为在风险未知时，中下阶层的个体更容易接受创新，因为他们可能失去的东西更少。随着更多的人采纳创新，在风险更明确时，中上阶层在采纳创新方面会赶上中下阶层。[30] 所以，就像阿散蒂艺术雕刻家创新的例子那样，接受创新的可能性和社会经济地位的关系并不是线性的。

采纳创新的速度部分依赖于新行为和新观念在社会上传播的通常方式，尤其有关系的是"教导者"数量的多寡。如果儿童的大部分知识都是从父母或相对较少的成年人那里学到的，那么创新在整个社会上的传播速度就会很慢，文化变迁也会很慢。如果个体生活在众多教导者和其他能迅速影响许多人的"领路人"中间，创新的传播速度就会更快。我们的同伴越多，就能从他们那里学到越多。[31] 或许，这就是当今变迁步伐如此之快的原因。在类似北美的社会中，以及日益工业化的其他社会中，人们可以从老师、专业领袖和同伴那里学到很多知识。

28. Greenfield et al. 2000.
29. Rogers 1983, 263 – 269.
30. Cancian 1980.
31. Hewlett and Cavalli-Sforza 1986; Cavalli-Sforza and Feldman 1981.

成本与收益

技术先进的创新未必会被采用。个体和大规模工业要考虑成本和收益的问题。就拿计算机键盘为例。如今的计算机都在使用一种名为"QWERTY"（数字键下方一行左侧的英文字母）的键盘。发明这个奇怪的字母排列，实际上是为了降低打字速度。较早的打字机用的是机械按键，如果打字员打字过快，键就会卡住。[32] 由于计算机键盘不存在这个问题，因此其实可以采用更利于快速打字的键盘。实际上，字母排列方式不同的键盘已经被发明出来，但它们并未得到应用。人们仍然使用原来形式的键盘，或许是因为不愿意耗时耗力去做出改变。

在大规模工业中，落实技术创新的成本可能很高。采用新产品或新方法，可能需要整个改造制造或服务设施，工人也得重新培训。在做出改变之前，人们通常会掂量成本与收益。如果新产品的市场更大，企业家就有可能会投产。如果企业家判断新产品的市场较小，收益就不足以促使他们做出改变。公司也会根据竞争对手能否复制来判断创新的价值。如果创新产品很容易被复制，尝试创新的公司就可能认为该产品不值得投资。尽管市场很大，但如果其他公司无须研发就可以快速生产同类产品，尝试创新的公司就无法掌控市场份额。[33]

文化扩散

一个社会中新的文化要素也可能来源于另一个社会。一个群体向另一个社会借取文化要素，将其融合进自己的文化之中，这样的过程就叫作扩散（diffusion）。有时，借取能让一个群体绕过某种方法或制度发展过程中的错误。比如说，19世纪的德国通过技术借取避免了英国、比利时这两个竞争对手曾犯过的很多错误，从而加速了工业化进程。日本在稍后不久也是如此。实际上近年来，有些最早的工业化国家在某些生产领域已经落后于它们的模仿者，比如汽车、电视、照相机和计算机。

在一段著名的文字中，林顿通过描写20世纪30年代一个美国男子一天中头几个小时的活动，表现了文化扩散的深远影响：

> 这个男人醒了过来。他躺着的这张床的式样起源于近东，但在传入美国之前在北欧经过了调整。他掀开被子，被子可能是用在印度首先栽培的棉花制成的，也可能是用在近东首先栽培的亚麻制成的，还可能是用中国人首先发现其用途的丝绸制成的。所有这些都用在近东发明的方法纺织而成……他脱下在印度发明的睡衣，用古代高卢人发明的肥皂清洁身体。然后刮胡子，这种近乎受虐狂的礼仪似乎最初产生于苏美尔或古埃及。
>
> 在出去吃早饭之前，他透过窗子向外看了看。窗子是用在埃及发明的玻璃镶制的。如果下雨，他就要穿上用中美洲印第安人发现的橡胶做成的雨鞋，并带上在东南亚发明的雨伞……
>
> 在去吃早饭的路上，他停下来买了一张报纸，是用古代吕底亚人发明的硬币付的款……他吃饭所用的盘子是用中国发明的制陶术制成的。他的刀是钢的，这是印度南部发明的一种合金，叉子是中世纪意大利的发明，勺子的原型源自罗马……他吃完水果（非洲西瓜）和喝了第一杯咖啡（一种阿比西尼亚植物）之后……他可能会吃在中南半岛驯养的一种鸟下的蛋，或者吃在东亚驯养的一种动物的肉，这种肉又是用在北欧创造的方法腌制和烟熏过的……
>
> 他一边抽烟（美洲印第安人的一种习俗），一边读着当天报纸上的新闻，新闻是用在德国发明的方法把古代闪米特人发明的符号印刷在中国人发明的材料上的。读完关于外国动乱的报道，他（如果是保守派的话）可能会为自己

是个纯粹的美国人而用印欧语言来感谢一位希伯来神。[34]

文化扩散的模式

文化扩散的三种基本模式为直接接触、间接接触和刺激扩散。

其一，直接接触。一个社会的文化要素可能首先被邻近社会吸收，然后逐渐向更遥远的地方传播。造纸术就是通过直接接触而广泛扩散的一个很好的例证。纸要归功于中国人蔡伦在公元105年的发明。此后不到50年，中国中部的很多地方都开始造纸了。尽管造纸术作为秘密被保存了500年，纸却作为商品通过撒马尔罕的市场流通到阿拉伯世界的大部分地区。公元751年，唐朝进攻撒马尔罕，唐朝战俘被迫建立了一个造纸作坊。很快，造纸术就传到了阿拉伯世界的其他地方。公元793年，巴格达开始造纸，接着是公元900年左右的埃及和公元1100年的摩洛哥。12世纪，造纸术经由阿拉伯人通过意大利的港口传入欧洲。1150年，摩尔人建立了欧洲的第一间造纸作坊。之后，造纸技术传遍了欧洲，1276年意大利建立造纸厂，法国、德国和英国分别在1348年、1390年和1494年设立造纸厂。[35]总的来说，这些地方接受借取得来的发明的模式都相同。纸最先被当作奢侈品输入各个地区，然后成为进口数量不断扩大的主要商品，最后，通常是在100到300年之内，当地就开始生产纸了。

其二，间接接触。通过间接接触进行的扩散要经过第三方。通常是商人把起源于某个社会的文化特征带到另一个群体之中。例如，腓尼基商人把闪米特人发明的字母表传到了希腊。有时，士兵也是某种文化特征扩散的媒介。欧洲的十字军军团，比如圣殿骑士团和圣约翰骑士团，起到了双向的媒介作用：他们把基督教文化带到非洲北部的伊斯兰社会，把阿拉伯文化带回欧洲。19世纪，西方传教士在世界各地鼓励当地人穿上西方服装。因此，在非洲、太平洋群岛和其他许多地方，到处都可以见到身着短裤、西装上衣、衬衫、领带以及其他典型的西方衣物的当地人。

其三，刺激扩散。在刺激扩散中，关于其他文化某个特征的知识刺激当地人发明或发展出对等的事物。刺激扩散的经典例子就是一个名叫塞阔雅（Sequoya）的印第安人创造了切罗基（Cherokee）音节文字体系，从此这个族群便有了书面语言。塞阔雅是在与欧洲人的接触中产生这一想法的。然而，他没有采用英语书写体系，事实上他根本就没有学过书写英语。他的办法就是采用一些英语字母符号，对另一些符号略加改动，再加上一些新符号，他所用的所有符号都是表示切罗基音节的，一点都没有模仿英语字母的用法。换句话说，塞阔雅吸取了英语字母的观念，并赋予其切罗基语言的新形式。刺激源自欧洲人，而最终的结果则是切罗基人特有的文字。

文化扩散的选择性特征

虽然人们倾向于把文化扩散的动态视为类似于石头在平静的水面上激起的同心圆波纹，但这过度简化了实际的传播模式。文化特征既不像我们前面提到的那么容易被借取，通常也不会以规整的同心圆模式向外扩散。与此相反，扩散是有选择性的过程。比如说，日本接受了中国文化的许多特征，但也排斥了许多其他特征。深受中国人喜爱的有节奏的韵律诗、过去的科举制度，还有裹小脚的陋习，就没有被日本人借取。韵律诗的形式与日语结构不相适应，科举在具有根深蒂固的权力的日本贵族看来是

32. Valente 1995, 21.
33. W. Cohen 1995.
34. Linton 1936, 326 – 327.
35. *Britannica Online* 1998; *Academic American Encyclopedia* 1980.

没有必要的，缠足则不为他们接受。

可以预料到，社会不仅会排斥与自己的文化不相容的来自其他社会的东西，还可能排斥那些不能满足某些心理、社会或文化需要的观念和技术。人毕竟不是海绵，不会自动地把周围的东西通通吸进去。如果真是那样，那么世界各地的文化差异将微乎其微，而这显然不符合事实。扩散具有选择性，还因为文化特征在可传播程度上有所不同。像机械加工工艺、技术这样的物质文化，以及体育运动等文化特征，表现出来并不难，因此仅凭其自身的优缺点就会得到其他文化的接受或受到排斥。但是，一旦超出了物质范围，真正的问题就来了。林顿用下面这段话解释了这个问题：

> 虽然完全有可能把这样一个文化要素描述成理想的婚姻模式……但无论如何也无法像描述编织篮子的过程那样完美……即使是最完善的词语也难于表达与婚姻模式相关联的那一系列联想和已形成条件反射的感情上的反应，而正是这些因素使婚姻模式在我们的社会里具有意义和活力。对于那些只能通过言语传达，而很难用行为直接表现出来的抽象概念来说，更是如此……有那么一个故事，说的是一个受过教育的日本人花了很长时间和欧洲朋友讨论三位一体的问题，最后冒出这么一句话来："哦，我现在明白了，这是一个委员会。"[36]

最后，扩散具有选择性，还因为决定某个特征是否会被接受的，往往是其表现形式，而不是实际上的功能和意义。比如说，20 世纪 20 年代在北美许多地方大受追捧的波波头短发，就从未在加利福尼亚州西北部的印第安人中受到过欢迎。对于美国妇女来说，短发是妇女自由的象征；对于按照传统只在居丧期间才剪短发的印第安妇女来说，这只会让她们联想到死亡。[37]

我们可以看到，扩散的过程有多个不同模式。我们知道文化借取是有选择性的而不是自动的，我们可以描述某个被借取的文化特征在接受它的文化中得到了怎样的调整。但是，我们目前还无法确定这些结果中的某一个将在什么时候出现，在什么条件下会出现扩散，以及为什么以这种方式而不是其他方式出现。

涵化

从表面上看，被称为涵化或文化适应（acculturation）的变迁过程似乎包括了我们在扩散的名目下所论述的大部分内容，因为涵化指的是不同文化群体深入接触时所发生的变化。和文化扩散一样，在文化涵化的过程中，新的文化要素来源于其他社会。但是，人类学家在使用"涵化"这个词时，往往描述的是在相互接触的多个社会中，有一个比其他社会要强大得多的情形。因此，我们可以说，涵化是存在支配-从属关系的社会之间的广泛的文化借取。[38]这种借取有时可能是双向的，但一般说来都是从属的或不那么强大的社会借取得多。

文化变迁的外部压力的形式多种多样。最直接的外部压力形式是征服或殖民，处于支配地位的群体动用武力或以武力相威胁，迫使另一个群体发生文化变迁。比如说，西班牙征服墨西哥后，征服者强迫很多印第安群体接受天主教的教义。尽管这种直接压力并不都是在征服的情况下施加的，但被支配的族群除了改变之外几乎没有选择的余地。在美国的印第安人的历史上，在间接强迫下发生文化变迁的实例屡见不鲜。联邦政府虽然没有直接强迫印第安人接受美国文化，但把许多印第安群体逐出了原本的家园，这些群体因而不得不放弃许多传统的生活方式。为了生存，他们只能接受白人的许多文化特征。当政府要求印第安儿童到讲授白人社会价值观的美国学校上学的时候，涵化的过程就加速了。

即便没有直接或间接的压力，从属社会也可能会适应支配社会的文化。受支配的社会察觉到占支配地位的社会的成员享受着更有保障的生活条件时，就可能认同占支配地位的文化，希望这样做会分享到些好处。受支配的社会也可能因为认识到一些文化要素的优点而加以采用。比如说，在北极地区，在没有任何强制的情况下，许多因纽特人和拉普人（Lapp）热衷于用机动雪橇取代狗拉雪橇。[39]有证据表明因纽特人权衡了机动雪橇与狗拉雪橇各自的优势和劣势，并逐步转向了机动雪橇。同样，因纽特人认识到步枪是一种重要的技术改进，能提高狩猎的成功率，但他们并未完全放弃传统的狩猎方式。最近，因纽特人也尝试利用全球定位系统来导航。[40]

影响涵化过程的因素包括强势社会的意愿、弱势社会的态度，以及是否有选择的余地。较强势的社会并不总是希望来自其他文化的个体完全融入主流文化，而是更希望看到和提倡文化多元的社会。多元文化主义可能是自发自愿的，也可能源于有意的隔离。较弱势群体虽然会受到要求其接受主流群体某些文化特征的压力，但也可以至少在相当一段时间内抵制甚至拒绝那些文化要素。

但是，数百万人在接触到欧洲人之后，连涵化的机会都没有。他们都死了，有的直接死在征服者手下，但很可能更多人死于欧洲人带来的新疾病。麻疹、天花和肺结核等新的疾病导致的人口锐减，在南北美洲和太平洋岛屿尤为常见。这些地区从前一直与欧洲人以及我们所谓旧大陆（欧洲、亚洲和非洲的大陆块）上的疾病相隔绝。[41]加利福尼亚州一个名叫雅希（Yahi）的印第安群体的最后一位幸存成员伊西（Ishi）的故事，就是与欧洲人接触后的灾难的例证。在22年的时间里，雅希人的人口从几百人减到了几乎为零。这一人口减少事件的历史记录表明，每有一个欧洲人被杀，欧洲人就要杀死30到50个雅希人，但在欧洲人到来后的10年里，也许有60%的雅希人是死于欧洲人带来的疾病。[42]

如今，许多强国——并不只是西方国家——在改善从前被征服的族群以及其他发展中族群的生活时，所采取的方法似乎有了更多人道主义的考虑。不管出发点是好是坏，这些过程仍然是外部压力的表现形式。所采用的策略可能是说服而不是强迫，但这些计划大部分还是为使这些族群向占支配地位的社会的文化的方向涵化而设计的。比如说，正规学校的教育只会有助于灌输可能与其原有传统文化模式相矛盾的新价值观。而且，即使是保健计划也可能因削弱萨满和其他人的权威，以及使人口增加到传统方式无法维持的水平而破坏传统的生活方式。把人们限制在"保留地"里或使用其他直接力量并不是占支配地位的社会进行涵化的唯一方式。

涵化过程也适用于移民，至少在今天，他们中的大部分人是选择离开一个国家而前往另一个国家的。移民往往是在他们新进入的国家中占少数的群体，因而处于从属的地位。如果移民文化发生变化，则往往是朝主流文化的方向变化。不同移民群体采纳新文化的程度和速度有很大不同，其在居住的新社会中承担的角色也不同。一个重要的研究领域是解释群体在涵化与同化（assimilation）方面的差异。（"同化"这个概念与"涵化"很接近，但"同化"往往被社会学家用来描述个体获取社会角色和优势族群文化的过程。）为何有些移民群体比其他移民涵化或同化得更快呢？就像我们将在讨论语言的

---

36. Linton 1936, 338 – 339.
37. G. M. Foster 1962, 26.
38. Bodley 2008.
39. Pelto and Müller-Wille 1987, 207 – 243.
40. Aporta and Higgs 2005.
41. Bodley 2008.
42. T. Kroeber 1967, 45 – 47.

应用人类学
为何贝都因人不容易定居

当今世界的大部分国家都希望"发展"——增加粮食产量和出口额,建造交通干道和灌溉设施,并实现工业化。研究发展的人类学家指出,很多发展计划失败了,部分原因是没有充分考虑到可能受计划影响的人的文化。因此,负责贷款的国际机构越来越多地向人类学家寻求建议,以帮助规划和评估项目。

政府经常认为传统的生活方式不好,没有认识到传统生活方式可能具有适应性。因为文化是一个整体,所以不能指望人们改变具有核心地位的文化方面。如果项目规划不能很好地与当地人生活方式的其他方面整合到一起,当地人就很可能不会接受这种变化。

在中东的很多国家,政府想让在半干旱草原游牧的贝都因人定居下来。然而,政府采用强迫或激励手段的定居计划往往以失败告终。那些计划会失败并不令人意外。贝都因人还是会在新建的定居点附近放牧,但这往往会人为导致定居点附近土地沙漠化,定居点不得不被废弃。贝都因人传统的放牧方式依赖迁徙。畜群吃光某个地方上层的草后,贝都因人就得迁徙到另外一个地方;一个地方水源枯竭后,畜群也得迁徙到他处。在定居点附近过度放牧和在半干旱环境下耕种,可能会迅速侵蚀土壤,导致植被流失。很多定居计划失败之后,政府可能尽力鼓励他们重返传统的放牧方式。

当然,贝都因人也不是在所有方面都墨守成规。在交通方面,很多贝都因人乐意放弃骆驼,改用卡车。卡车虽然是一种现代的产品,但可以让他们保持流动性。现在,贝都因人从井中取水,并将水用卡车运输给牲畜饮用。使用卡车也改变了贝都因人生活的其他方面。卡车可以将小型动物运到新的放牧点,因此许多贝都因人放弃了对骆驼的依赖,转而饲养绵羊和山羊。由于买车、加油和维修都需要钱,贝都因人需要花更多的时间打零工挣钱。

20世纪80年代,阿曼政府邀请唐·查蒂(Dawn Chatty)协助设计一个项目,以便在不强制改变贝都因人生活方式的情况下为他们提供社会服务。政府一般不资助针对受影响民众需求的深入研究,但查蒂说服阿曼政府相信研究是项目的第一步。在联合国的资助下,她开始在阿曼南部的哈拉希(Harasiis)牧民当中做研究,评估他们的需求。由于政府想要马上有所动作,这个项目很快被合并到一个流动的健康机构里,并开始针对麻疹、百日咳和脊髓灰质炎提供基础治疗和疫苗接种服务。在经过一段评估期之后,项目团队也提出了关于每年帐篷分配量的建议,建了宿舍供学生住校,还设立了新的饮用水体系,提供兽医服务和销售辅助服务。

可惜的是,发展项目结项后,往往无法确保继续提供卫生与其他服务。查蒂发现,实现长期变化并不像短期变化那样容易。她和其他应用人类学家一样,将持续推动迈克尔·切尔内亚(Michael Cernea)所说的"以人为本"的工作。

(资料来源:Chatty 1996; Cernea 1991, 7.)

那一章中所看到的那样,罗伯特·施劳夫(Robert Schrauf)进行的比较研究对进入北美的移民群体保留母语的程度做了评估。他关注的因素包括:移民群体是否生活在紧密结合的社区中,是否保留宗教仪式,是否有单独的学校和特别的节日,是否会回家乡访问,是否在群体内通婚,是否与族群的成员一起工作。所有这些因素可能对保留母语(或其他文化模式)都有作用,但仅仅是生活在一个紧密结合的社区中和保留宗教仪式,就足以让他们的母语保留很长一段时间了。[43]

文化变迁和适应

我们在本章前面讨论文化的整合性时,提到对环境的适应是一些文化特征会集中出现的原因之一,因为不止一种的文化特征可能在特定环境中具有适应性。我们假定大部分文化的通常行为具有适应性，或者至少不会不适应其所在的环境。虽然习俗是通过后天习得的，而不是先天遗传的，但文化适应在某些重要方面还是类似于生物适应。如果某些遗传特质能够增加其携带者生存和繁衍的机会，那么渐渐地，其出现的频率就会增加。同样，如果新习得的行为能够大大提高某个群体生存和繁衍的可能性，那么这种行为出现的频率就会逐渐增加，也会成为该群体中的习俗。

文化演化和遗传进化最重要的差别在于，个体可以决定是否接受和遵循父母的思考和行为方式，但无法决定是否继承某些基因。当足够多的个体改变他们的行为与观念时，我们就说文化发生了变迁。因此，文化变迁的速度可能比遗传变化快得多。

有意识文化变迁的一个著名案例，是在肯尼亚北部沙漠中放牧骆驼、山羊和绵羊的游牧族群朗迪耶人（Rendille）对赛帕德（sepaade）习俗的采纳和抛弃。按照赛帕德的传统，有些妇女必须等到她们的兄弟全部结婚之后才能结婚。这些女子可能要一直等到 40 多岁才能结婚。朗迪耶人说这个传统是 19 世纪中期他们与博拉纳人（Borana）激烈战争的结果。在马背民族博拉纳人的袭击下，男性战士顾不上照看骆驼，而受到惊吓的骆驼则四处逃跑。某个年龄段的男性的女儿们被指派去照看骆驼，于是形成了赛帕德传统。1998 年，在他们与博拉纳人之间的战争停息很长时间之后，长老们决定废除赛帕德习俗，让女孩子不再推迟她们的婚期。20 世纪 90 年代对朗迪耶人的访谈表明，许多人完全知道一开始形成这种传统的原因。他们说，现在和平了，没有必要延续赛帕德传统了。[44]

对赛帕德习俗的采纳是变动环境中文化变迁的实例之一。但如果环境稳定不变又会怎样呢？出现文化变迁的可能性是更大还是更小？罗伯特·博伊德和彼得·里彻森对此做了数学推算，结论是当环境相对稳定而个体犯错的成本较高时，遵循（往往从父母那里传承下来的）传统行为模式要比改变行为模式更具有适应性。[45] 但是，如果环境尤其是社会环境发生变化，情况会如何？在现代世界有很多这样的案例：人们迁入新的地方工作；医疗护理使得人口增长而土地更为稀缺；人们失去部分土地，不得不依靠较少的土地谋生；等等。

环境变化时，个体可能尤其会尝试那些与父母传授的不同的观念和行为。大部分人想要采纳更适应当前环境的行为，但他们怎么才能知道哪种行为更好呢？有多种方式。一种方式是通过实验，尝试各种新的行为。另一种方式是评估别人的实验结果。如果有人尝试新行为后取得成功，可以预料其他人会加以模仿，我们也可以预料，尝试新行为后获得成功的人，也会继续这样的行为模式。最后，人们也可以去做大部分人在新环境里面决定要做的事情。[46]

为何选择这个而不是那个？这种选择部分是权衡创新的风险或成本的结果。例如，比较新引进的铁斧和原有的石斧哪个砍树更快，还是相对容易的。像铁斧这样的创新自然也会较快地传播开来，因为做比较很容易，结果也很清楚。但是，如果引进创新的风险很大，情况会如何？假定创新涉及一组你之前从未实践过的农耕新方式。你可以去尝试，但一旦失败，就可能落入没有食物的境地。正如我们较早时讨论的那样，只有能够承受风险的人才可能去尝试有风险的创新。然后，其他人会对他们的成功做出评估，如果这种新的策略有发展前景，他们就会采纳。同样，如果你移居到新的地方，比如从多雨的地区移到干旱地区，就可能要环顾四周看看新地方的大部分人在做些什么，较干旱地区的人可

---

43. Schrauf 1999.
44. Roth 2001.
45. Boyd and Richerson 1996/1985, 106.
46. Ibid., p. 135.

能会有适应当地环境的习俗。

因此，我们可以预计个人做出的选择往往具有适应性。但也有必要知道，采纳一个社会里某人的创新，或者从另一个社会里采借一种创新，在短期或长期来看并不一定有益。首先，人们可能会判断错误，特别是在某些新的行为看起来可以满足一种生理需要的时候。例如，既然香烟和毒品会减少人的生存机会，为何它们仍能四处扩散呢？其次，即使人们对短期内收益的判断是正确的，他们在判断长期收益时仍有可能失误。一种新的农作物在连续五年的栽种期内，可能会比老的农作物产量更高，但是到了第六年，仍有可能因为降雨量少或土壤肥力耗尽而出现歉收的糟糕局面。最后，人们可能迫于强势者的压力而做出改变，哪怕改变对自己没有什么好处。

无论人类改变行为的动机如何，根据自然选择的原理，一种新行为如果具有危害繁衍的后果，就不可能成为文化或在数代之内保留文化的特性，就好像一种可能产生危害的基因突变不会在一个人群中成为常态一样。[47] 不过，我们还是可以看到许多似乎不利于适应的文化变迁的实例，比如改用奶瓶而不是母乳喂养婴儿（如果使用的水不干净，就可能导致传染病扩散），以及饮用含酒精的饮料（可能导致酗酒或寿命缩短）。

革命

最剧烈和迅速的文化变迁，往往是革命的结果——通常是用暴力推翻所在社会的统治者。历史资料和每天的报纸都表现出，反抗和叛乱总是存在的。叛乱或起义如果发生，几乎总是发生在有明确的统治精英的国家社会中。叛乱或起义的形式有统治者和被统治者之间的斗争、征服者和被征服者之间的斗争，或者外国殖民势力的代表与土著社会各部分之间的斗争。叛乱或起义者并不一定都能推翻统治者，而且叛乱或起义也不一定导向革命。即使叛乱或起义成功，也不见得就会出现文化变迁；单个统治者可以变换，但习俗或制度不容易改变。革命的根源可能大部分是内部的，比如法国革命；革命也可能多少出自外部原因，例如 1973 年美国支持的反对智利总统阿连德的叛乱。

18 世纪末的美国独立战争就是殖民起义的例子，其成功至少部分是因为外部介入。在美国独立战争中，彼此相邻的殖民地共同反击当时最强大的大英帝国。在 19 世纪及此后的许多年里，一直到 20 世纪中后期，在拉丁美洲、欧洲、亚洲和非洲爆发了许多其他的独立战争。我们有时会忘记，美国独立战争是现代反帝国主义战争的开端，也被许多后来的运动模仿。而且，正像距今很近的许多解放运动那样，美国独立战争也是世界范围内战争的一部分，涉及很多互相竞争的国家。3 万名操德语的雇佣兵为英国而战，法国的一支陆军和海军为美国而战。还有一些志愿兵来自欧洲其他国家，包括丹麦、荷兰、波兰和俄国。

其中一位志愿者是来自波兰的柯斯丘什科（Kosciusko），当时的波兰被普鲁士和俄国瓜分。柯斯丘什科协助美国人赢得了重要的胜利，而后管理西点要塞，那里后来成为美国训练军官的西点军校。战争结束后，柯斯丘什科返回波兰，领导了反对俄国的起义，但只取得了短暂的胜利。1808 年，他出版了《骑兵火炮军事演练手册》（*Manual on the Maneuvers of Horse Artillery*），这本书被美国军方使用了多年。他去世后，留下了大量金钱供美国奴隶赎回自由和获得教育之用。执行柯斯丘什科意愿的人正是托马斯·杰斐逊（Thomas Jefferson）。

像在许多革命中一样，那些激励革命的人被认为是"激进分子"。1775 年在弗吉尼亚州有一场如今已很著名的辩论，来自各殖民地的代表在大陆会议上碰面。帕特里克·亨利（Patrick Henry）提

革命领袖通常出身较高。图中描绘了 1775 年 3 月 23 日帕特里克·亨利在弗吉尼亚州议会向贵族地主发表演说的场景。他要说服弗吉尼亚人同英国人开战，表示"不自由，毋宁死"
（图片来源：
Currier & Ives, "Give Me Liberty or Give Me Death!", 1775. Lithograph, 1876. c. The Granger Collection, New York）

议就是否设立抵抗英军的防线做出表决。这项提议以 65 对 60 票勉强通过。亨利发表了一篇演说，如今已成为美国的民间传说。他认为不抵抗英军是极其愚蠢的，而且声明他不怕用殖民地的力量和大不列颠的力量较量一番。他说别人可以犹犹豫豫，但他主张"不自由，毋宁死"。支持亨利革命决议的"激进分子"中有许多贵族地主，其中两位是乔治·华盛顿（George Washington）和杰斐逊，后来分别成为美利坚合众国的第一任和第三任最高行政长官。[48]

并不是所有受到镇压、征服或殖民的族群最终都会对当局发起反抗。为什么会这样，以及为什么起义与叛乱并不总能带来文化变迁，这些都是有待进一步研究的问题。但有些人已提出了一些可能的解释。一位对历史上包括美国、法国和俄国革命在内的典型革命进行过考察的历史学家，提出了一些可能有助于叛乱或革命产生的条件：

1. 当局声望丧失。这往往是由于对外政策失败、经济困难、受人欢迎的大臣遭免职，或者深得人心

的政策被更改。18 世纪的法国在三场主要的国际冲突中失利，这给它的外交地位和国内财政带来了灾难性的后果。第一次世界大战开始 3 年后的 1917 年，俄国社会的军事和经济都濒于崩溃。

2. 近期经济状况的改善受到威胁。在法国和俄国，前不久其经济还在蒸蒸日上的那些人（职业阶层和城市工人），由于诸如食物价格暴涨和失业等出乎意料的挫折，而变得"激进"起来。美洲殖民地在反抗大不列颠统治的前夕可以说也是这样。

3. 政府优柔寡断。政策缺乏连贯性，就会给人以被事态控制而不是控制事态的印象。路易十六的统治方式轻浮傲慢，乔治三世的首相诺斯勋爵（Lord North）在处理美洲殖民地问题时笨手笨脚，这些都是政府优柔寡断的表现。

4. 失去知识分子阶层的支持。失去知识分子的

---

47. D. T. Campbell 1965. 另可参见 Boyd and Richerson 1996/1985 and Durham 1991。
48. 文中涉及的历史信息来自 Nevins 1927。美国革命的激进程度，可参见 G. Wood 1992。

支持，使革命前的法国和北美殖民地政府失去了公开宣称的任何哲学理论上的支持，这导致其在有文化的公众中不得人心。[49]

以上在历史上有典型性的革命都发生在工业化最多只是刚刚开始的国家。在多数情况下，近年来的叛乱和革命也是如此；它们多半爆发在我们所谓的"发展中"国家里。最近一项在世界范围内对发展中国家的考察表明，在统治阶级主要依赖来自土地的产品或收入的地方，往往会爆发叛乱，因为统治阶级对经营土地的农民阶级所提出的改革要求总是持抗拒的态度。在这种农业经济中，统治者不大可能放弃政治权力或给劳动者更多的经济报酬，因为如果那样做，就会使统治阶级失去财富和权力的基础（土地所有权）。[50]

最后，一个特别值得关注的问题是，革命为什么有时甚至通常达不到发起人的崇高希望呢？反抗成功推翻统治集团后，建立起来的却常常是一个比前政府更为严苛的军事专政体制。新的统治集团似乎仅仅是用一套新的镇压方式取代了旧的镇压方式，而并没给国家带来真正的变化。不过，也有一些革命确实给社会带来了相当彻底的变革。

不管是过去还是现在，革命思想都是许多群体的中心神话和激励来源。英、法等国建立殖民帝国的结果，在世界范围内形成了反抗几乎势在必行的态势。在大量技术欠发达国家中，列强对其自然资源和廉价劳动力的剥削引发了民众对外国统治阶级或本地精英的刻骨怨恨。统治阶级对这些感情不管不顾的时候，反叛就成了唯一的出路。这在很多地区已成为常态。

全球化：问题与机会

当今资本、人和观念在全球流动的速度比以往更快。[51] 现代交通让人和商品能够在数天之内就绕着地球转一圈，电信和互联网使信息可以在短短数秒内传遍全球。经济交换的跨国化和全球化程度有了极大提升。现在，全球化这个词通常用来指称"商品、人群、信息和资本跨越地球表面大片地区的大规模流动"。[52] 全球化过程让文化特征在全球扩散，特别是在经济和国际贸易领域。我们从同一家公司（其生产工厂遍布全球）购买产品，按照世界市场设置的价格出售我们的产品和服务。我们在大部分城市里都可以吃到比萨饼、汉堡包、咖喱或寿司。在某些方面，文化正朝同样的方向变化。文化变得更加商品化、城市化和国际化。由于人们到其他国家工作和旅行，隔一段时间才返回原乡，因此工作变得越来越重要，亲属关系则越来越不重要。关于民主、个人权利、替代医学、宗教信仰等的观念变得更为普遍；很多国家的人都在看同样的电视节目，穿类似的服饰，听相同或相似的歌曲。总之，人们与其他文化中的人共同的行为和理念越来越多，正如保罗·达伦伯杰（Paul Durrenberger）所言，世界各地文化的"边界"变得越来越模糊。[53]

全球化实际上始于公元 1500 年左右，当时西方社会热衷于探索和扩张。[54] 在最近几十年里，全球化的速度和规模空前，世界上鲜有全球化影响不到的地方。[55] 因此，现代世界的大部分文化变迁是由外部因素引发的，甚至是被迫发生的。这并不是说现在的文化变迁只是外部压力引起的，而是说人类学家和其他社会学家最经常研究那些由外部因素引发的变迁。大部分外部压力来自西方社会，但并非全部。在类似日本和中国的远东地区的社会，文化变迁也在不断上演。随着公元 8 世纪之后伊斯兰社会的扩张，近东、非洲、欧洲和亚洲社会也发生了大量文化变迁。

但是，某种文化特征的扩散，并不意味各地接受该特征的方式完全相同，某些产品和活动通过全球化扩散，并不意味着变迁在各处都按照同样的方

电视显著提升了全球的交流。我们几乎可以同时看到世界另一边发生的事情。图中为尼日尔人正在观看由太阳能电池板供应电能的电视
（图片来源：John Chiasson）

式发生。例如，类似麦当劳和肯德基这样的跨国快餐巨头的扩张，已经成了全球化的象征。但是，日本人在这些餐馆的行为与美国人的行为完全不同。或许最令人惊讶的不同之处，是日本人在麦当劳店内就餐时，会比在传统餐馆内与家人更亲近，也更多分享食物。麦当劳的建立本来是为了促进快速用餐。但是，日本人早就有了各种快餐，比如火车站的面馆、街头的排档和盒饭。在美国，点寿司往往是在比较正规的餐厅里，但在日本，在小餐吧里就能通过传送带点到寿司，人们只要在传送带将想要的食物送到面前时取走食物即可。观察日本的麦当劳，可以发现通常是母亲为家庭点餐，而父亲则与孩子们一起在餐桌等候，这样的场景在日本不容易见到，因为父亲经常会因为工作时间长而无法回家吃晚饭。薯条这样的食物通常会在家庭中分享。即使是汉堡包和饮料，一家人也可能会轮着尝一口。日本人在历史上采借过很多食物，比如现在称为拉面的中国汤面。在一项调查中，拉面还被列入了日本最具代表性的食物名单。汉堡包被列入的次数仅次于拉面。麦当劳已经日本化了，年轻人中有不少人甚至不知道麦当劳是外国公司，他们认为麦当劳是日本的餐饮品牌。[56]

全球化并非新鲜事物。从 16 世纪开始，世界就是全球性的，各地也相互依赖。[57] 我们现在所说的"全球化"本质上与我们从前用其他名称指代的事物，比如文化扩散、涵化、殖民主义、帝国主义或商品化，并没有什么不同，只是范围更广。现在的全球化规模更大，无数的国际投资刺激了世界贸易。与以往相比，世界市场的变化可能更深刻地影响某个国家的福祉。例如，巴基斯坦有 60% 的产业工人从事纺织和服装制造行业，而美国的限制进口政策和对印度与阿富汗战争的担心，就可能打击巴基斯坦国内的制造业，导致严重的失业问题。[58]

49. Brinton 1938.
50. Paige 1975.
51. Bestor 2001, 76.
52. Trouillot 2001, 128.
53. Durrenberger 2001a；另可参见 Hannerz 1996。
54. McNeill 1967, 283－287; Guest and Jones 2005, 4.
55. Guest and Jones 2005, 4.
56. Traphagan and Brown 2002.
57. Trouillot 2001, 128.
58. Bradsher 2002, 3.

正如本章讨论过的那样，殖民主义、帝国主义和全球化带来了很多负面影响。很多地方的本地居民在失去自己的土地之后，被迫到外国资本家拥有的工厂、种植园和矿山工作，领取微不足道的工资。营养不良甚至饥荒时有发生。另外，全球旅行促使诸如艾滋病和急性呼吸道综合征之类的疾病快速传播，而日益增加的森林砍伐已经导致了疟疾的肆虐。[59]

但是，全球化有没有积极的作用呢？联合国采集的"人类发展指数"表明全球化对人类生活有很大改善，大部分国家人口的预期寿命和读写能力都有所提高。预期寿命的提高，无疑在很大程度上要归功于在西方发达经济体中研发的医药的普及。由于一些殖民主义国家实行和解，殖民地后来也成为独立的国家，战争较少发生。或许，全球化最重要的影响是全球中产阶级的扩大，其生活依赖全球化商业。在很多国家，中产阶级已具有了相当的实力和规模，能推动政府实施改革、减少社会不公。

全球贸易是经济发展的主要引擎。依靠全球贸易，人均收入逐渐提高。20 世纪 60 年代，按照人均收入计算，亚洲大部分国家位列全球最贫穷的国家。不过，由于这些国家主动参与全球贸易，其国民收入已经有了大幅度提升。1960 年，韩国和印度一样贫穷；但是，现在韩国的人均收入高出印度的人均收入 20 倍。新加坡的例子更为突出。在 20 世纪 60 年代晚期，新加坡的经济还很差；但是现在，新加坡的人均收入已经高于英国。[60]墨西哥曾经是为北美市场生产服装而设立工厂的地方，但现在墨西哥的劳动力已经不像从前那么廉价。由于从墨西哥很容易进入北美市场，大量劳动力也逐渐获得了必备的技能，因此墨西哥已经发展出了高科技制造业，从业者的收入也比较体面。[61]

全球贸易也涉及劳动力的流通。很多国家向其他国家输出劳动力。墨西哥在很长时间内就是如此。

实际上，在孟加拉国的一个村庄，几乎每个家庭都要依赖在海外工作的家庭成员寄钱回来。没有这些侨汇，很多家庭就要面临饥饿。政府鼓励老百姓去海外工作。数百万来自孟加拉国的人都是政府支持的海外契约劳工。[62]

全球化带来的较高人均收入，是否意味着一个国家的民众生活的普遍改善呢？并不一定。正如我们在讨论社会分层时提到的，随着技术的改善，国内不平等程度可能会加深，因为富人往往从中受益最多。此外，经济财富逐渐集中于国内相对较少的人手里。尽管大部分国家的人均收入提升了，但收入差距拉大，阶级不平等程度加深，贫穷也更为普遍。

尽管富裕国家的政治和经济权力促成了与全球化相关的很多变迁，但观念、艺术、音乐和食物的流动是双向的进程。这个进程的大部分涉及移民带入的自身文化。正如我们将在本章的"移居者与移民"专题框里讨论的那样，人口流动对食物等文化特征进入美国起了很大的作用，美国人经常吃玉米片蘸莎莎酱、寿司和咖喱，听雷鬼音乐和拉丁美洲的各类舞曲，把玩非洲雕刻品，戴串珠项链。近来，也有很多人日益对获取土著知识感兴趣，比如当地植物、治疗疾病的传统和萨满实践等。由于土著知识被视为有价值的东西，萨满也经常在国家和国际问题上发声。例如，巴西的萨满就组织了一场针对"生物剽窃"——为商业目的而不合伦理地挪用生物知识——的公开抗议。在更加全球化的世界里，比以前更多的人能够听到这些土著活动分子的声音。尽管土著人口占巴西总人口的比例不到 1%，但有些社会活动群体能一直和国际环保人士保持联系，利用录音机和摄影机向其传达有关当地的信息。[63]

我们已经不可能重返那样的时代：社会互不依赖，不介入全球贸易，不依赖商品交换。即使那些最反对全球化的人也很难设想重回彼此没有关联的世界。不管怎样，全球是互联的，而且将会一直互联。现在的问题在于国家普遍的经济改善能否让大部分个体在经济上得到改善。

民族生成：新文化的出现

前面我们讨论的很多过程，比如西方和其他强权国家的扩张与主宰，人们难以再通过传统方式谋生的现象，学校教育或其他方式强加的涵化，改变人们宗教信仰的尝试，以及全球化，已经在文化方面引发了深刻的变化。现代世界的文化变迁让许多文化在某些方面看起来雷同，但实质上并没有减少文化的差异。实际上，即便是相邻地区的文化也可能差别很大。新的差异也可能出现。此外，在强权主导的人口减少、人口迁移、奴役、种族屠杀等事件过后，被剥夺权利的群体往往会通过"**民族生成**"（ethnogenesis）这个过程来创造新的文化。[64]

民族生成最引人注目的例子，发生在逃亡奴隶（被称为 Maroons）创造了新文化的地区。在过去几百年里，新大陆出现了许多逃亡奴隶社会，范围包括从美国到西印度群岛和南美洲北部的地区。其中一种新文化现在被称为阿鲁库（Aluku）文化，其出现的背景是一群奴隶从苏里南（Suriname）沿岸种植园逃到科蒂卡河（Cottica River）一带内陆乡村的沼泽区。在与荷兰殖民者作战之后，这一群体移居到了法属圭亚那。这些逃亡奴隶带着非洲多种多样的文化或在苏里南种植园里诞生的文化，依靠军事头人组成了自治社群。[65] 他们实行刀耕火种的耕作方式，让妇女承担大部分劳作。尽管阿鲁库定居点会为了躲避敌人而迁移，但共同居住在一个社群里、共有土地成了他们新生成的认同的重要内容。社群的名字是其首领最初逃离的种植园的名称。母系继承原则开始形成，成熟的母系氏族也成为各个村落的核心。每个村落都有自己的圣地"法卡提开"（faaka tiki），供民众在里面呼唤自己的部落祖先，还有一些特殊的房子，遗体被移至森林里下葬之前，会被放在房子里停放并供人祭拜。阿鲁库部族的人也认为，他们可以通过灵媒与复仇者的灵魂沟通。

阿鲁库的案例清楚体现了民族生成的过程，因为这种文化在三个半世纪以前并不存在。人们创造这种文化是为了适应并非自己创造的环境。与其他新出现的族群认同一样，阿鲁库人不仅有共同的新行为模式，而且认为大家有相同的祖先、相同的历史和共同的宗教信仰。[66]

美国佛罗里达州塞米诺尔人（Seminole）的出现是民族生成的另一个实例。早期移居到现在佛罗里达州一带的人，后来成了塞米诺尔人，他们主要来自低地克里克卡维塔（Lower Creek Kawita）酋邦。与其他东南部马斯科吉（Muskogean）酋邦一样，卡维塔酋邦是一个多族群复合式大型酋邦。统治者卡维塔依靠部属效忠和边远地区的贡物，实施仪式上和语言上的霸权。[67]

低地克里克群体内部分裂，佛罗里达州北部有无主空地，西班牙人对佛罗里达北部控制较松，这些因素可能让克里克群体中持不同意见的人远走佛罗里达，在那里的三个区域定居。三个新建立的酋邦，本质上很接近远走者离开的那些仍受卡维塔控制的酋邦。[68] 但是，三个酋邦在塔拉哈西（Talahassi）首领托乃比（Tonapi）的领导下开始一起行动。1780 年之后的 40 多年里，三个塞米诺尔酋邦正式

---

59. Guest and Jones 2005.
60. Yergin 2002, A29.
61. G. Thompson 2002, A3.
62. Sengupta 2002, A3.
63. Conklin 2002.
64. J. D. Hill 1996, 1.
65. Bilby 1996, 127–128，引用 Hoogbergen 1990, 23–51。
66. Bilby 1996, 128–137.
67. Sattler 1996, 42.
68. Ibid., 50–51.

奥西欧拉（Osceola），一位塞米诺尔酋长，其父亲为英国人，母亲是克里克人。他在塞米诺尔战争中领导民众反对殖民者，但在被捕后死在了美国南卡罗来纳州的莫尔特里（Moultrie）监狱（图片来源：© Hulton Archive/Getty Images Inc.）

和卡维塔断交。地理分隔是断交的因素之一，但克里克人与塞米诺尔人的政治与经济利益分歧是更为主要的原因。例如，克里克人在美国革命中保持中立，而塞米诺尔人则支持英国。在此期间，英国人鼓励奴隶逃到佛罗里达州，并承诺给他们自由。这些逃亡奴隶的社群与崛起的塞米诺尔人结成了联盟。在

1812 年战争和 1814 年的克里克战争之后，塞米诺尔人的人口组成再次急剧变化。[69] 首先，是一大批克里克难民成了塞米诺尔人，他们大部分是来自高地的塔拉普苏人（Talapusa），操着完全不同的马斯科吉语言。其次，当 1816 年美国人破坏英国设立的要塞时，大量逃亡的奴隶扩充了塞米诺尔人的

移居者与移民
世界各国内部文化多样性的增加

当今世界的文化多样性有两个方面。全球各地都有土著文化，大部分国家都有一些在相对晚近的时期迁入、来自不同文化背景的人。新近迁入的人可能是短期劳工、逃离迫害或种族灭绝的难民，也可能是自愿移居到新国家的移民。人类诞生之后，就有一部分人远离故乡。解剖学意义上的现代人类离开非洲仅仅是在 10 万年前。在那之后，人类一直不断迁徙。我们称为美洲印第安人的族群实际上是最先到达新大陆的，大部分人类学家认为他们来自东北亚。在过去 200 年里，大量移民涌入美国和加拿大。就像通常所说的，这两个国家成了移居者和移民的国度，来自欧洲、亚洲、拉丁美洲等地的移民及其后裔，在数量上已经

远超美洲印第安人。在北美，不仅有土著和区域亚文化，还有族群、宗教和职业的亚文化，每种亚文化都有其独特的文化特征。因此，北美文化既是文化"大熔炉"，也是文化多样性的马赛克。不只是人类学家，我们很多人都可能喜欢这种多样性。我们喜欢去有族群特色的餐馆吃饭。我们喜欢莎莎酱、寿司和意大利细面。我们会比较和欣赏来自不同产地的咖啡。我们喜欢来自其他国家的音乐和艺术。我们通常穿着在地球另一端生产的衣服。我们喜欢这些事情，不仅仅是因为自己负担得起，更可能是因为它们各不一样。

如同过去那样，当今世界的人口流动中，有很大一部分是由于迫害和战争。现在"离散"这个词

通常用来指称这类主要的分散群体。不管是过去还是现在，许多人的迁徙都是非自愿的，他们是为了逃离危险和死亡而迁徙。但情况并不总是这样。学者区分了不同种类的离散群体，包括"受害者""劳工""贸易""帝国"等群体。被卖为奴的非洲人，20 世纪早期逃离屠杀的亚美尼亚人，数世纪以来逃离不同地方迫害和屠杀的犹太人，20 世纪中期逃到约旦河西岸、加沙、约旦和黎巴嫩的巴勒斯坦人，以及 20 世纪末期逃离种族屠杀的卢旺达人，这些人大多是受害者。但是，许多中国人、意大利人和波兰人迁徙，主要是为了寻找更好的工作机会。许多黎巴嫩人迁徙是为了做生意，而英国人则是为了帝国的扩张。离散族群的类

别往往有所重叠，人口的流动经常是多种原因所致。由于经济和政治的全球化，离散族群正变得更加跨国化，而且全球通信的便利使得人们与家乡保持着社会、经济和政治的联系。有些离散社群在原乡的政治中发挥着重要的作用，有些民族国家开始认识到遥远的侨民也是重要的选举力量。

文化人类学家日益关注移出人群、难民和移入群体，并研究这些群体让文化适应新环境的方式、所保留的特征、与家乡的关系、发展出独特族群意识的过程，以及它们与其他少数群体及主流文化的关系。

（资料来源：
M. Ember et al. 2005;
Levinson and M. Ember
1997.）

队伍。更大规模的政治事件继续影响着塞米诺尔人的社会。美国人征服佛罗里达后，他们坚持要与一个统一的塞米诺尔人委员会谈判，他们将塞米诺尔人赶进佛罗里达的一处保留地，在第二次塞米诺尔战争之后，又将大部分塞米诺尔人赶到了俄克拉何马州。[70]

从这个实例及其他案例来看，文化认同可以被政治和经济过程塑造和重构。

---

69. Ibid., 54.
70. Ibid., 58 – 59.

未来的文化多样性

如果按照旅行时间来测算，当今的世界已经比以往小得多了。现在飞越半个地球所需的时间，可能少于100年前从美国的一个州到另一个州所用的时间。从通信的角度看，世界甚至还要小。我们和地球另一边的人谈话只要几分钟，（通过传真或互联网）给他们发送信息只要几秒钟，通过电视，我们还可以看到那人所在国家发生的事件的现场。越来越多的人被卷入世界市场经济之中，买卖着相似的物品，以至于生活模式发生了相似的改变。尽管现代交通和通信促进了全球各地文化特征的快速扩散，但全球各地的文化不可能变得都相同。文化必然保持某些原初的特征或发展出独特的适应方式。即使电视已经遍布全球，但如果能够看到地方节目，当地人仍会选择收看。即便全球各地的人看的是同样的电视节目，他们也可能会用不同的方式来加以解读。人们不仅吸收他们获得的信息，往往还会抵制和修正这些信息。[71]

直到最近，研究文化变迁的人还往往会假定不同文化的人之间的差异将会变小。但在过去30年左右的时间里，尽管很多差异消失了，但许多人开始主张族群身份，并在此过程中有意识地引入文化差异。[72] 尤金·罗森斯（Eugeen Roosens）描述了魁北克的休伦人（Huron）的情况，20世纪60年代，他们已经失去了独特的文化。休伦人的语言消失了，他们的生活方式和周边的法裔加拿大人也没有明显的不同。然而，在积极推动和他们一样的土著群体的权利时，休伦人发展出了一种新的认同。他们新的文化特征与过去休伦人的文化没有任何相似之处，但这无关紧要。

还有一种值得关注的可能性，就是族群的多样性和民族生成是更宏观过程的产物。伊丽莎白·卡什丹（Elizabeth Cashdan）发现族群多样性程度

似乎与环境的不可预测性有关，而离赤道越远，环境就越不可预测。[73] 更大的可预测性似乎会带来更大的族群多样性。与南北半球高纬度地区相比，赤道附近的文化群体似乎要多很多。卡什丹认为，南北半球高纬度地区环境的不可预测性，迫使社会群体之间建立更广泛的联系，以便在当地资源枯竭时通力合作。这或许会大大减少文化分歧乃至民族生成的可能性。因此，离赤道越远，文化多样性就越小。

未来对文化变迁的研究会增加我们对各类变迁为何及如何发生的理解。如果我们能更多理解当代的文化变迁，就能更好地理解过去的类似过程。通过在某种文化差异及其假定的原因之间已经发现大量的跨文化相关性，我们将努力去理解文化变迁。[74] 所有的文化都随着时间变迁，文化差异是变化的产物。因此，我们看到的差异是变迁过程的产物，而所发现的那些差异的预测因素可能可以说明变迁的原因和方式。判断出什么样的具体环境有利于产生什么样的具体模式，是一项更宏大和艰巨的任务。在接下来的章节里，我们希望传达人类学家在文化差异和文化变迁的一些方面的发现，以及他们尚未具备的知识。

小结

1. 尽管存在个体差异，但特定社会中的成员有很多共同的行为方式和理念，这些构成了他们的文化。

2. 文化可以定义为某一社会或其他社会群体特有的一组习得的行为和理念（包括信念、态度、价值观和理想）。

3. 具有共同文化特质的群体，可以是一个社会，也可以是社会的某个部分，还可以是跨越国界的群体。人类学家所说的文化，通常是特定社会的文化模式——所谓社会，指的是占有一定领土、具有共同语言的一群人，他们与附近的群体一般语言不通。

尽管其他动物也能展现某些文化特质，但是人类的不同之处在于能够将大量复杂的习得模式传给下一代。人类传递文化的方式也是独特的：通过口头和符号语言。

4. 族群中心主义（用自己的文化判断他人的文化）及其对立面（美化他人的文化）都会阻碍人类学研究。人类学的一个重要信条是文化相对主义：在其他社会文化的背景下理解并客观研究该社会的习俗和理念。当涉及对妇女实施暴力、采取酷刑、实行奴隶制或者施行种族灭绝等文化实践时，大部分人类学家可能不会再坚持文化相对主义的强立场，不会认为所有的文化行为都同样正当。

5. 人类学家寻求发现人们的风俗习惯和可接受行为的范围，这些组成了被研究社会的文化。在此过程中，人类学家关注一般或共有的行为模式，而不是个体的差异性。在处理那些高度可见的行为或几乎无异议的信仰时，研究者可以依靠观察或对少数有知识者的访谈。而对于不那么明显的行为或态度，人类学家就需要搜集个体样本的信息。文化模式可以用频率分布曲线来表示。

6. 文化具有模式或特征群。这些特征因为心理或适应的原因而整合在一起。

7. 文化总是在变化。由于文化由习得的行为和信念模式构成，随着人们需求的变化，人们可以抛弃某些特征或重新习得它们。

8. 尽管发明和发现是文化变迁的最终源头，但它们并不一定会带来文化变迁。只有在社会接受发明或发现并经常使用它们时，才谈得上文化变迁。有些发明可能是多年来无数细微或偶然的创造累积的结果。还有些发明是有意识的行为。为何有些人比别人更具有创新性，至今仍未得到完全的理解。有些证据表明，创造性和接受创新的意愿可能与人的社会经济地位有关。

9. 一个群体向另一个社会借取文化要素，将其融合进

自己的文化之中，这样的过程就叫作扩散。文化特征并不必然扩散，也就是说文化扩散是有选择性的，而不是自动的过程。社会接受某个外来文化特征后，可能会对其做出调整，使其与所在社会的传统和谐一致。

10. 当一个群体或社会接触更加强势的社会时，弱势的一方往往被迫接受占统治地位的群体的文化要素。这种在支配–从属关系的社会背景下广泛采借文化特征的过程，就叫作涵化。涵化过程很大程度上取决于强势社会的意愿、弱势社会的态度，以及是否有选择的余地。

11. 尽管习俗不能遗传，但文化适应与生物适应有一个重要的相似之处。随着时间的推移，更有可能得到复制的（文化或遗传）特征在群体中出现的频率会增加。当环境发生变化时，个体尤其可能会尝试不同于父母的行为或观念。

12. 文化变迁最剧烈、最迅速的方式，也许是革命——革命通常涉及用暴力手段改换社会的统治者。在有明确的统治精英的社会里，革命的主要形式是反叛。不过，并非所有受压迫、被镇压或被殖民的人群最终都能成功推翻已经建立的统治政权。

13. 全球化——人口、信息、技术和资本在全球的扩散——在某些方面极大减少了文化多样性，但并未将其消除。

14. 民族生成是创造新文化的过程。

71. Kottak 1996, 136; 153.
72. Roosens 1989, 9.
73. Cashdan 2001.
74. C. R. Ember and Levinson 1991.

第十五章
交流和语言

我们当中很少有人还能记得初次意识到言能指物是在何时。然而，不管是在我们的语言习得过程中，还是在我们认识构成我们文化的复杂行为的过程中，那一刻都是一个里程碑。若无语言，复杂的传统将极难得到传播，我们都将陷入纯粹私人化的感知世界。

一岁半就因病失去视力和听觉的海伦·凯勒（Helen Keller）动情地描述了她第一次通过言辞与另外一个人建立起联系的那个午后：

（我的老师）把我的帽子递给我，于是我知道我要外出沐浴阳光了。如果无言的感知只能算作念头的话，这个念头当时的确让我欢欣雀跃。

我们漫步在通往大房子的小径上，金银花的芬芳扑面而来，令人心旷神怡。有人当时正在抽水，而我的老师把我的手放在了水管口边。当奔涌而出的冷冽水流流过我的一只手掌时，她在我的另一只手掌上比画"水"这个字，起初轻缓，随后加速。蓦然之间，我感觉到了一种似乎曾经被遗忘了的朦胧意识——以及对于这种意识回归的震撼；神秘的语言世界以某种方式展现在我的面前。那一刻，我知道了在手上比画的那几笔（"水"）指的就是刚刚流过我手心的那个冰凉又奇妙的东西。这个具有生命力的字眼唤醒了我的灵魂，并给予它光明、希望、欢乐，让它重返自由。当然，前进之路还满布荆棘，但这些荆棘一定能被及时地清理干净！

我迫不及待地离开大房子前去学习。原来，万事万物都有其名，而每一个名字对我而言都意味着一个新想法的诞生。当我回到家里，碰触到的每一个物体都震颤了我的生命。这是因为我以一种撞进我生命的陌生又新奇的角度来审视这一切。[1]

---

1. Keller 1974/1902, 34.

交流

尽管有种种不利条件，海伦·凯勒还是领会到了语言在所有社会中所起的最本质的作用——交流。communication（交流）这个词源自拉丁文的 communicare，后者的意思是"传授""共享""使一致"。我们有意识或无意识地达成共识，用同样的词来指称一个物体、一个动作或一个抽象概念，并进行言语沟通。譬如，我们通常都会说草是绿色的，即便我们根本无法精确比较不同人所感知的草的颜色是否有异。我们所共有的是，同意用"绿色"来指代相似的感官知觉。任何语言系统都包含使用这个语言的人所普遍接受的公共符号，利用这些符号，个人就能分享他们私人的经历和想法。口头语言可能是文化最主要的传播介质，有了口头语言，我们就能把自己复杂的态度、信念、行为模式等分享出去并传递下去。

人类的非言语交际

我们从经验中得知，用口头语言中有限的词汇无法完整地表达我们从社会情境中感知到的一切。当人们说"很高兴见到你"的时候，我们通常能够辨别对方是不是真有这个意思。通过举止，我们也能判断出对方是不是难过，哪怕对方用了"我很好"来回答"你好吗？"这个问题。

显然，我们的交流不限于口头语言。我们可以通过面部表情、身体的站立姿势、手势和音调进行直接交流，也可以通过非言语的象征系统来进行非直接的交流，诸如著作、代数方程、乐谱、舞蹈、绘画、信号旗、道路标志等等。正如安东尼·威尔登（Anthony Wilden）所说："生活和社会系统中的行为、举止、间歇等都是信息，甚至连沉默也是一种交流。除非死去，否则生命体或人是不会停止交流的。"[2] 沉默如何变成交流呢？沉默可以反映情谊，比如两个人默默为了同一项目并肩努力；沉默也能传达不友好的意思。人类学家可以从一个社会中人们不会谈论的事情中获得大量的知识。例如，性在印度很少被人谈论。艾滋病在印度的传播速度很快，而人们不愿意谈论关于性的话题，这使医疗人类学家和健康专家在遏制艾滋病传播方面举步维艰。[3]

人类的非言语交际似乎具有普遍性。比如，这个世界上所有的人似乎都能以同样的方式理解一些共同的面部表情。也就是说，大家都能从面部表情识别出高兴、悲伤、惊奇、愤怒、厌恶、惊恐等情绪。此外，表情在艺术中的呈现方式似乎在许多不同的文化中也具有相似性。正如我们将在涉及艺术的一章里讨论的那样，旨在让人感到恐惧的面具通常具有尖锐、有棱角的五官，眼睛和眉毛内凹、下垂。

在不同文化中，非言语交际也有所不同。在讨论文化和文化变迁的那一章中，我们提及不同文化中人们站在一起时，彼此的距离有多么不同。在面部表情方面，不同文化中关于表达哪些情绪可以接受的规则各不相同。在一项比较日本人和美国人情绪表达方式的研究中，来自两个群体的个体都被安排在一个装着摄像头的小房间里，房间里播放着旨在引起恐惧和厌恶的电影。当被试独自观看影片的时候，两个群体的成员都会表露出同样的恐惧和厌恶的表情。但文化也在起作用。如果播放影片时，房间里还有一个权威人物，那么与来自美国的被试相比，来自日本的被试更有可能通过微笑来掩饰那些消极的感觉。[4] 许多手势在不同文化中可能有不同的意义。点头在一些文化里意味着"是"，而在另外一些文化中却意味着"否"。

体态语言学（kinesics）是研究包括姿势、举止、身体动作、面部表情和其他手势在内的非言语交流方式的学科。我们会把非言语交际称作"肢体语言"，这是不太正式的说法。正如前面所言，面部表情之类的身体语言可能是全人类共通的。特殊的手势和姿势在不同文化中可能有不同的意义，这也常常引起文化上的误会。非言语交际也可能涉及声音。有时候即使我们听到某人在说"我很好"，但通过辨识她说话的语气，我们也能知道她其实并不觉得很好。沮丧的人往往说话声音很小，有气无力。如果这个人原本想说一些很不如意的事，但又改了主意，那么她在说"我很好"之前就可能有一段时间的停顿。甚至光凭**口音**（发音的差异）就能知道一个人的许多背景信息，比如从哪里来，受过什么样的教育。此外，人们在交流过程中还有很多非言语（非言词）的声音——咕哝声、笑声、咯咯声、呻吟声和叹息声。

副语言（paralanguage）是指交流过程中除了语言之外的所有非言语特征或沉默。人们可以运用副语言进行互动。肢体语言和副语言的某些形式可以让人们不用口头语言就能交流，而若是没有体态语言和副语言，人类的口头语言可能就永远不会出现。[5]

非人类的交流

交流系统并不为人类所独有，也不是只有人类才能发声。其他动物也有各种各样的交流方式。其中一种方式就是通过声音进行交流。譬如，鸟能通过某种叫声来宣称"这是我的领地"，松鼠也能够发出一种叫声来引导其他的松鼠逃离危险。另一种动物交流的方式是气味。蚂蚁在死时会释放出一种化学物质，同伴们闻到这种化学物质的气味后就会把尸体运走。显然，这种交流极其有效，被涂上这种化学物质的健康蚂蚁会一次又一次地被同伴拖去弃尸堆。蜜蜂会用其他方式进行交流，比如通过身体舞动来传达食物源的具体位置。卡尔·冯·弗里希（Karl von Frisch）发现，一种奥地利黑蜜蜂可以通过圆舞、摇摆舞或笔直短距离飞行的方式，来告知同伴食物源的具体位置以及食物源和蜂房间的距离。[6]

非人类的动物（尤其是非人类灵长目动物）与人类之间的语言能力差异是一个重大的学术争论点。认为灵长目动物与人类不具有连续性的一些学者提出，人类一定是获得了一种特殊的语言遗传能力（可能是通过基因突变获得的）。而认为灵长目动物与人类具有连续性的学者则指出，一些研究表明灵长目动物拥有比我们之前想象的高得多的认知能力。他们还指出，那些持不连续观点的理论家总是不断提高语言所需的思维能力的标准。[7] 例如，在过去，

2. Wilden 1987, 124，转引自 Christensen et al. 2001。
3. Lambert 2001.
4. Ekman and Keltner 1997, 32.
5. Poyatos 2002, 103 – 105, 114 – 118.
6. von Frisch 1962.
7. King 1999a; Gibson and Jessee 1999, 189 – 190.

由于猿类缺乏人类的话语能力，研究者们关注黑猩猩和其他猿类通过手势交流的能力。上图是研究员乔伊斯·巴特勒（Joyce Butler）正在教一只叫尼姆（Nim）的黑猩猩比画"喝"的手势。下图为一个家庭使用手势语言和一个失聪的孩子交流（图片来源：上图 Susan Kuklin/Science Source/Photo Researchers, Inc.；下图 Ellen Senisi/The Image Works）

只有人类的交流被认为是符号化的。但是最近的研究表明，一些猴子和猿在荒山野地的叫声其实也是符号化的。

当我们说一种叫声、一个单词或一个句子是"符号化交流"时，至少有两层意思：其一，即便所指（指示的对象）并不在场，交流还是有其意义；其二，意义是武断的，信息接收者无法仅凭声音就猜测出意义，也并不能凭本能就知道声音的意义。换言之，符号必须习得。并没有令人信服的"自然"证据证明，"狗"这个词就应该指向一种体型较小、四条腿的杂食动物。

非洲的青腹绿猴（vervet monkey）与人类的联系虽然不如猿类近，但科学家们还是观察到，自然环境中的青腹绿猴至少有三种警示性叫声是符号化的，因为三种叫声指向了三种不同的天敌——鹰、蟒蛇、猎豹，猴子们对每种叫声的反应也是不一样的。譬如，当听到指示"鹰"的叫声时，它们会抬头向上看。在实验中，研究人员曾在叫声所指对象不在场的情况下，通过播放录音而引发了猴子的常规反应。另一种能够表示青腹绿猴的警示性叫声是符号化的情况是，刚出生的小青腹绿猴需要花费时间去学习每种叫声指向的是哪种对象。例如，非常幼小的青腹绿猴在看到飞过的小鸟时，往往也会发出代表"鹰"的叫声。 成年青腹绿猴可能会通过重复演示来让幼崽学会用叫声正确指示对象，渐渐地，幼崽就学会了只在看到鹰的时候发出代表"鹰"的叫声。也许这个过程与一个出生在说英语家庭的北美婴儿首次运用称谓词的过程并无太大不同，孩子起初可能会管所有的男性家庭成员都叫"dada"，随后渐渐地把这个称谓的对象限定为特定的一个人，即他或她的父亲。[8] 恩贝尔夫妇的女儿凯西（Kathy）在18个月大的时候把包括大象在内的所有四只脚的动物都称为"狗"，也是类似的情况。

目前为止我们讨论过的所有非人类的发声，都让动物个体能够传递信息。发送者给出一个信号，接收者接收信号并对其"解码"，往往随后会做出特定的行动或回应。人类的发声有何不同？因为猴子和猿类至少在某些时候会使用符号，所以强调符号化是人类语言的独有特征其实是不恰当的。然而，在对符号的运用方面，人类语言和其他灵长目的声音交流系统之间存在着显著的量的差异。人类的各种语言都包含了更大的符号系统。

在人类和非人类的发声之间，常被提到的另一个差异是：其他灵长目的发声系统是封闭的，也就是说，不同的叫声并不能结合而产生新的有意义的话语。相比之下，人类的语言则是开放的系统，它们在关于声音及声音序列的复杂规则的支配下，可

以产生出无限多样的意义体系。[9]例如，一个说英语的人可以通过结合"care"（关心）和"full"（充满）两个发音来表达另一层意思（careful，小心的），当然这两个元素中的任何一个通过结合其他一些元素又可以表达不一样的意思。由"care"可以生发出"carefree"（无忧无虑）、"careless"（疏忽大意）、"caretaker"（看管者）等词，由"full"可以生发出"powerful"（有力的）、"wonderful"（美妙的）等。此外，语言是共享的符号系统，因此能够整合出无限多样的表达，这些表达可以被所有共享这些符号的人理解。像这样，T. S. 艾略特（T. S. Eliot）可以写出前人从未写过的句子，比如"In the room the women come and go/talking of Michelangelo"（房间里的女人们来来回回 / 谈论着米开朗琪罗）[10]，而说英语的人们即便可能没法领会艾略特的用意，但还是一定能够理解句子表达的意思。

尽管没有灵长目动物学家会怀疑人类语言中由声音结合而产生出的复杂性和多样性，但是他们认为其他的灵长目动物（如绒顶柽柳猴、侏儒狨猴、卷尾猴、恒河猴等）也会按照一定的次序来组合叫声，[11]尽管在程度上不如人类。

人类被认为与众不同的另一个特征是，人类可以就过去和未来的事件进行交流。但是苏·萨维奇-鲁姆博曾观察到野生倭黑猩猩会为其他的倭黑猩猩留下可追踪的信息。它们会在道路分岔的地方折断树枝，用这些树枝指示行走的方向。

也许最有说服力的例子是，人们教会了猿类运用人类创造的符号去与人类或其他猿类交流。这些成功案例让许多学者对人类和其他动物之间的交流存在鸿沟这一传统假设提出了疑问。即便是一只脑容量极小的鹦鹉，也能被教会以一种之前认为绝不可能的方式与它的训导者进行交流。亚历克斯（一只鹦鹉）能够正确地用英语回答以下问题：某些物

8. Seyfarth and Cheney 1982, 242, 246.
9. Hockett and Ascher 1964.
10. T. S. Eliot 1963.
11. Snowdon 1999, 81.

体是用什么做的？某类物体有几个？两个物体有什么异同？[12] 当它不愿意继续训练时，就会说："对不起……我想回去。"[13]

黑猩猩瓦苏和尼姆，以及大猩猩可可（Koko）曾经被教导学习美国手语（ASL，美国听障人士使用的手语）。黑猩猩莎拉（Sarah）也曾被训导员用塑料符号训练过。之后，很多黑猩猩被训导员运用连接电脑的符号键盘进行训练。训练中表现最杰出的无疑是一只叫作坎兹的倭黑猩猩。与其他猿类不同，坎兹最初是在观看其母亲被训导的时候慢慢接触到符号的，随后它便很自然地运用这些电脑符号与人进行交流，甚至以此来表示它的有意识行动。坎兹并不需要奖励或者纠正就能明白大量对它所说的英文。譬如，在它五岁的时候，坎兹听到有人谈论要把一个球扔进河里，它转身就照做了。坎兹将它习得的符号连起来的时候，所用的方法很接近基本的英语语法。[14] 如果黑猩猩与其他的灵长目动物都有学习人类非口头甚至口头语言的能力，那么人类与非人类动物之间的差异就不像先前人们设想的那么大了。

这些猿类就真的只是在最小的程度上使用语言吗？许多研究者都同意的是，非人类灵长目动物拥有利用武断的"标签"（肢体或一系列声音）去指代特定事物或特定一类事物的"象征"能力。[15] 例如，瓦苏起初学习"脏"这个符号的时候是用它来指示脸或者其他地方弄脏了，随后它就渐渐开始用这个符号来进行侮辱。当它的训导员罗杰·福茨（Roger Fouts）拒绝给它想要的东西时，瓦苏就会用"卑鄙的（dirty）罗杰"来指责他。

在本章的后面部分，我们将讨论声音的结构（音系学），那时我们将看到，每一种人类语言都有声音组合或不组合的特定方式，而猿类则没有类似的语言规则。此外，人类还有各种各样讲话的方式，人类可以罗列、演讲、讲故事、辩论、吟诵诗歌等等，

这些都是猿类无法做到的。[16] 但是猿类至少拥有使用语言的一些能力，因此，理解它们的这些能力可以帮助我们更好地了解人类语言的进化过程。

语言的起源

人类使用口头语言的历史究竟有多长，我们并不知道。有人认为也许最早的智人就有了原始的语言。也有人认为，语言是在现代人类出现之后才形成的。但唯一没有争议的语言遗迹是留在书写板上的，已发现的最古老的石板年代距今仅 5 000 年，[17] 而语言究竟起源于何时，我们只能猜测。关于语言形成时间的理论建基于非语言信息，如脑容量大幅扩大的时间、复杂技术和象征性人工制品（如艺术）出现的时间、喉咙的解剖学结构接近现代人类的骨骼化石的年代等。

诺姆·乔姆斯基（Noam Chomsky）和其他许多语法理论家认为，人类大脑中有一种先天的语言获得机制（language-acquisition device），就好像其他动物先天具有叫声系统一样。[18] 如果只有人类具备先天的语言能力，那么在人类进化的过程中，应该有一些或一系列突变受到了青睐，其时间不早于人类脱离猿类独立进化的时间。不过，这种机制实际上是否存在尚不清楚。但我们知道的是，个体语言的实际发展并不完全是由生物因素决定的，因为如果是那样，所有人类说的就会是同一种由人类大脑产生的语言。而我们已经鉴别出了 4 000 至 5 000 种互不相通的语言，其中有超过 2 000 种语言直到近期仍是口头语言，使用者传统上并没有文字系统。

我们能否通过研究无文字和技术较为简单的社会来探究语言起源的问题？答案是否定的，因为此类语言的复杂及成熟程度并不比我们使用的语言低。使用较简单技术的人群所使用语言的声音系统、词

汇和语法，绝不比技术较复杂的人群所用的语言低等。[19] 当然，其他社会中的人们，甚至也包括我们自己社会中的某些人，可能根本无法说出我们社会中所使用的一些精密机器的名字。但是所有的语言都有这种制造不为外人所理解的词汇的潜力。正如我们将在本章后面部分看到的，所有的语言中都有大量符合使用者需求的词汇，所有语言为了应对文化变迁也都会扩大其词汇量。在一种缺乏指代我们社会中一些便利设施的术语的语言中，也许包含了大量用于描述对其所在社会至关重要的自然现象和事件的词汇。

如果这个世界上并不存在原始简陋的语言，如果最早期的语言没有留下任何能让我们加以重构的遗迹，这是否意味着我们无法调查语言的起源？一些语言学家认为，了解儿童习得语言的方式可以帮助我们理解语言的起源，对此我们很快会加以讨论。另一些语言学家则认为，我们可以通过了解克里奥尔语（Creole）的发展来获得关于语言起源的一些信息。

皮钦语和克里奥尔语

在许多一强一弱两个群体相互接触的情境中，弱势群体往往会改用强势群体的主导语言，其自身的本土语言则逐渐消亡（参见本章的专题"我们能让语言免于消亡吗？""'母语'为什么会保存下来，能保存多久？"）。然而，某些相互接触的情境会带来不同的结果——发展出一种与主导语言和先前的本土语言都不同的新语言。

一些语言在欧洲殖民势力建立的商业企业中发展出来，这些企业依赖输入的劳工（通常是奴隶）。一地的劳工通常来自许多不同的社会，在最初的时候，他们与雇主之间或他们自己之间会用某种简便的方式进行沟通，这些沟通会运用到一种或者几种语言的语言学特征。通常，大部分词汇来自雇主的

语言。[20] 这些皮钦语（pidgin languages）成了新的沟通方式。皮钦语是简化了的语言，它们缺少完整社会语言当中的很多成分，比如缺少介词和助动词等。如果一种皮钦语只是作为一种特定环境下的沟通系统而存在，那么它可能就不会发展为一种完备的语言形式。皮钦语也可能扩张并且在语法上变得更加复杂。[21] 许多皮钦语发展下去，被所谓的克里奥尔语（creole languages）取代，这类语言纳入了许多来自另一种语言（通常是雇主的语言）的词汇，但通常在语法上又与那种语言以及劳工的本土语言不同。[22]

德里克·比克顿（Derek Bickerton）认为，世界范围内所有在使用的克里奥尔语有着惊人的语法相似性。他认为这种相似性与"某些语法为所有人类共享"的观念是一致的。因此，克里奥尔语可能与人类的早期语言相近。所有的克里奥尔语都运用声调而不是词序的变化来提问。"Can you fix this？"（你能修好这个吗？）这个问题，用克里奥尔语来提问的话，相当于"You can fix this？"（你能修好这个？）。克里奥尔语问句的最后是声调上扬的。所有的克里奥尔语在表达未来和过去的时候都会用同样的语法形式，即在主语和动词之间加入小品词（相当于英语中的 shall），而且会用双重否定来表示否定。比如，"没有人喜欢我"在英属圭亚那克里奥尔语中是"Nobody no like me"。[23]

语言的其他方面也可能具有普遍性，所有语言

12. Pepperberg 1999.
13. Mukerjee 1996, 28.
14. Savage-Rumbaugh 1992, 138 – 141.
15. J. H. Hill 1978, 94; J. H. Hill 2009.
16. Ibid.
17. Senner 1989.
18. Chomsky 1975.
19. Southworth and Daswani 1974, 312. 另可参见 Boas 1911/1964, 121 – 123。
20. Akmajian et al. 2001, 296.
21. Ibid., 298.
22. Bickerton 1983.
23. Ibid., 122.

应用人类学
我们能让语言免于消亡吗？

不仅动物和植物物种可能濒危，许多族群及其语言都面临消亡。在过去的几百年间（当今的某些地方还有这样的情况），西方的扩张和殖民使许多土著社会人口剧减甚至消亡，其手段无非是疾病的引进和灭绝性屠杀的战役。因此，许多语言也随着使用族群的消亡而趋于消失。澳大利亚 200 种土著语言中的 50 多种，都随着大屠杀和疾病造成的人群灭绝而迅速消失了。

如今，土著语言濒临灭绝更多是由于"后继无人"。在政治和经济当中起主导作用的西方语言使用者无疑难辞其咎。首先，学校教育通常使用主导语言。其次，当其他的文化在某个社会中占据主导地位时，孩子们可能（往往在家长的鼓励下）更愿意说被认为具有更高威望的主导文化的语言。

澳大利亚几乎所有的土著语言如今都已消亡，这也是一个世界性的趋势。研究濒危语言的语言学家迈克尔·克劳斯（Michael Krauss）估计，世界上目前所使用的语言中，有 90% 估计在 21 世纪末时会趋于消亡。根据通常的估算，现存语言有约 6 000 种。如果其中 90%

的语言将会消亡，那么到了 21 世纪末，世界上只会剩下 600 种语言。

那么，我们能做什么呢？很长一段时间里，语言学家们都通过与濒危语言仅存的少数使用者相处，来描述这些语言。尽管描述对于语言的保存非常重要，但是如今越来越多的语言学家都开始参与复兴濒危语言的运动，他们参与社会活动，并且在语言保存的活动中发挥着积极的作用，比如整理濒危语言的数字化档案和语言录音等。毕竟，没有使用者和文字记录，语言才算真正消失。以下是几个"死"语言重获新生的案例。库纳语（Kaurna）是澳大利亚一种在近一个世纪里几乎无人使用的语言，如今又在歌曲、仪式事件、公共演讲和日常问候中被使用了。库纳语从无人使用变成了在有些场合下使用。就"死"语言复生而言，人们常常提起的一个例子是希伯来语，因为如今有超过 500 万人在使用希伯来语。不过，希伯来语同拉丁语一样，从没有像库纳语那样真正"死"过。希伯来语在宗教场合中的运用有将近 16 个世纪的历史，希伯来语书面文献也有很多。但是，希伯来语

这个例子告诉我们，要想成功复兴某种语言，非要有一群积极推动的人不可。语言人类学家也许能帮助设计和实施复兴计划，但如果没有社群的参与，他们就很难成功。

完全沉浸式的语言项目效果可能最好，但也是代价最大和最难执行的。一些学校从学前班阶段就在上学日采用完全沉浸式教学计划，这种做法在新西兰的毛利人、美国的夏威夷人和加拿大的莫霍克人中取得了相当大的成功。双语计划也许是最普遍的做法，但语言教学只能采用部分沉浸的方法。致力于保存阿拉斯加土著语言的克劳斯就在阿拉斯加州政府的帮助下，为双语教学项目设计了一些土著语言教学材料。联合国教科文组织（UNESCO）偏好的方式这是先教会成人，然后成人自然会将语言教给孩子。

计算机技术让复兴语言有了新的思路。H. 拉塞尔·伯纳德（H. Russell Bernard）认为，"要想让一门语言真正保持活力，就必须有使用这门语言的作者"。在计算机技术的协助下，我们可以制作出能输出特殊声音符号的键盘。伯纳德曾用这种方法教土著

人在电脑中输入土著语言，这些输入的文本则成为词典的基础。虽然这些作者可能在日常生活中并不会使用语言学家提供的这些标准化符号来代表语音，但是他们生产出了本可能永远消失的"书面"材料。这些文本同样也传达着他们有关如何治病、获取食物、养育孩子和处理争端的思想。在更宏观的层面上，网络让身处遥远地区的人们可以获得语言材料，听取语言教学方面的建议，甚至让使用同一语言的人更能体会到自己是这个"共同体"中的一分子。

我们并不确定人类何时发展出了口头语言，但是我们可以想象到，这个星球上的语言如此丰富多样，一定经历了一段足够长的发展时间。正如克劳斯所言，"每种语言都是一个独特的宝库，里面储存了有关世界的事实和知识，因而我们不敢失去它"。（转引自 Kolbert 2005）不幸的是，也许只需要很短的一段时间，如此程度的多样性就会成为过去式。

（资料来源：
Crystal 2000, 4, 142, 154; Holmes 2001, 65 – 71; Grenoble and Whaley 2006; Kolbert 2005; Shulman 1993.）

移居者与移民
"母语"为什么会保存下来，能保存多久？

像旧金山唐人街这样的地方有助于聚居的族群保留母语
（图片来源：Ellen Isaacs/age fotostock/Art Life Images）

一个移民群体在别国生活的世界越长，其文化就吸纳越多的别国文化。在有些情况下，移民群体甚至会完全失去对原有语言的了解。来自威尔士（英格兰西边的地区）的移民就是一个例子。在威尔士，直到差不多 100 年前，大部分人说的还是威尔士语。威尔士语与爱尔兰语、苏格兰盖尔语、布列塔尼语同属印欧语系的凯尔特语族。（英语则属于不同于凯尔曼语族的日耳曼语族。）1729 年，来自威尔士的移民在费城建立了威尔士会（Welsh Society），那是美国最古老的族群组织，其成员大多甚至全都会说威尔士语。然而，到了 20 世纪，他们的后代中会说威尔士语的人就少之又少了。

即便在许多甚至大多数国家，移民群体都会逐渐丢掉自己的"母语"，但这一过程在不同群体中展开的速度是不同的。为什么会这样？为什么有的移民群体会比其他群体更容易丢掉自己的语言？是因为其成员没有生活在紧密的群体内吗？是因为他们与族群外的人通婚？还是因为他们没有能代表独特身份的传统节日和庆典？罗伯特·施劳夫的一项比较研究揭示出了一些可能的原因。

首先，施劳夫评估了来到北美的各个移民群体随时间推移保留母语的程度。如果第三代（移入者的孙辈）还在使用母语，那么母语的保留程度就属于最高的一档。属于这一档的包括奇卡诺移民、波多黎各移民、古巴移民、海地移民。而在一些移民群体中，第三代除了个别词句外，已经不能理解该群体原有的语言了。甚至第二代（移入者的子女）也大多只说英语、只听得懂英语。属于这种情况的包括意大利移民、亚美尼亚移民、巴斯克移民。华人和韩国移民的情况则属于中间的那一档，有些证据表明，第三代已不太能理解群体原本的语言。而后，施劳夫衡量了 7 种可能影响母语保留时间长短的社会因素。这些因素包括：居住在联系紧密的社区里，保留故土的宗教仪式，有专门的学校，有特殊节日，回故土访问，只在族内通婚，与族群中的其他人一起工作。

施劳夫运用了人类关系区域档案收集的民族志中的 11 个北美族群的资料。这些民族志为更普遍的目的而编撰，并不以语言研究为目的，因此其中包含了丰富的社会文化信息。这也使得他能够检验不同因素对语言保存的影响。

我们可能会认为，施劳夫提出的 7 种因素都有利于母语（可能还有其他文化模式）的保存，但看上去并非如此。与母语保存至第三代有强相关性的，只有"居住在联系紧密的社区里"和"保留故土的宗教仪式"这两项。为什么？可能是由于族群社区内的生活和宗教仪式都是人们在幼年时经历的，而早期社会化可能比晚期经验（比如学校经验、回故土访问、婚姻和工作等）的影响力更持久。参与节日与庆典也许也很重要，但是它并没有非常强烈的影响，可能是由于节日与庆典并不是日常的经验吧。

和许多研究一样，这一研究会启发未来的探索。在北美之外的地区，这些因素会起一样的作用吗？对于身处北美的不同移民群体而言，这些因素的影响是否会有不同？经常回故土访问是否有助于母语的保留？一些移民群体居住在联系紧密的社区中，是由于受到了歧视，还是出于自己的选择？如果是选择，那么是不是有一些群体比另一些群体更乐于同化？如果真是如此，又是为什么呢？

（资料来源：Caulkins 1997; Schrauf 1999.）

在许多方面都有相似性，这是因为人类有与生俱来的共通之处，或者说各个社会中的人们都有相似的经验。例如，表示"蛙"的词通常包含有"r"的发音，这是因为蛙鸣声中有这个音。[24]

儿童的语言习得

孩子似乎从出生起就具备了模仿世界上任何语言的声音的能力，以及学习任何语法系统的能力。对6个月大的婴儿的研究发现，他们能够辨别大约600个辅音和200个元音——世界上所有语言的声音。然而，到了1岁左右，孩子们就变得更擅长辨别父母及看护者发出的语音和语音群，而不那么擅长分辨其他语言的语音了。[25]

孩子对语言的结构和意义的习得，被认为是一生中最难达成的智力成就。如果真是如此，好消息是获得这一成就的过程是相对轻松和非常愉快的。许多人认为，这一"难以达成的智力成就"实际上是对语言能力的自然反应，是人类的遗传特性之一。世界各地的孩子们开始学习语言的年龄都差不多，没有哪个文化中的儿童是要等到7岁或10岁才开始学习语言的。在12到13个月大的时候，孩子们能够叫出几个物品和动作的名称。到了18到20个月大的时候，他们能够用关键词来代表一句话的意思："出去！"表示"现在带我出去玩"，"果汁"表示"我现在想喝果汁"。证据表明，孩子们能习得把词当作整体的概念，会先学会得到强调的或是在词尾的音节［例如学习"giraffe"（长颈鹿）时会从"raffe"开始］。即便是听力受损的儿童，在学习美国手语时，也是用类似的方式习得和使用符号的。[26]

世界各地的小孩在18到24个月大的时候都可能会开始说包含两个词的句子。他们以"电报式"的句式进行表达，这种表达通常会采用名词形态和动词形态的单词而省去看起来不重要的单词，比如，用"脱鞋"表示"脱掉我的鞋"，用"要奶"表

示"请再给我一些牛奶"。[27]他们并不是随随便便就说出这两个词而不考虑它们之间的顺序。如果孩子们说"脱鞋"，那么他们之后也会说"脱衣"和"脱帽"。他们似乎会选择符合成人语言习惯的顺序，因此他们更可能说"爸爸吃"，而不是"吃爸爸"。换句话说，他们会像大人那样把主语放在前面。所以他们会用"妈妈衣"而不是"衣妈妈"来表示"妈妈的衣服"。[28]成人并不会说类似于"爸爸吃"这样的话，所以似乎孩子们并不需要看护者的多少指导，就能知道许多把单词放在一起的规则。一个五岁的说英语的孩子，在面对并不熟悉的歌词"Gloria in Excelsis"（来自《荣归主颂》，一首基督教圣歌）时，可能会很愉快地把它唱成"Gloria eats eggshells"（格洛丽亚吃蛋壳）。对孩子来说，让单词符合英语语法的结构显然比让单词符合圣诞大游行的意义更加重要。

如果人类心智中确实刻印有基础的语法，那么使用不同的语言的孩子，其早期和稍后的言语模式将具有相似性，儿童后期使用的语言结构也会和克里奥尔语有相似之处，而这正是德里克·比克顿的观点。[29]他认为，孩子们说话时所犯的"错误"与克里奥尔语的语法具有一致性。例如，三四岁的说英语的孩子在提问时往往只会声调上扬，也会使用双重否定来表示否定，譬如"我没看到没有狗"，即便他们周围的成人并不这么说话，也认为孩子们的这些说法是"错的"。

但是，也有一些语言学家认为支持天生语法这个观点的证据非常薄弱，因为世界各地的孩子并没有在相似的年纪发展出相同的语法特征。例如，英语当中的词序比土耳其语当中的词序对于意义更具有决定性，而土耳其语中单词的结尾比在英语中更重要。英语句子当中打头的那个单词往往是主语，而土耳其语句子中带有特定词尾的单词可能是主语。与这一差异相一致，说英语的孩子会比说土耳其语

维也纳蝙蝠卡巴莱酒吧的招牌上用了一些英文
（图片来源：Peter Wilson © Dorling Kindersley）

的孩子更早习得词序。[30]

　　关于儿童语言习得和克里奥尔语结构的进一步研究，可能有助于我们进一步了解人类语言起源的问题。但是，即便许多语法成分是普遍的，我们还是需要去了解世界上的数千种语言有何不同、为何不同，为此，语言学家发明了一些研究语言的概念工具。

描写语言学

　　在每一个社会中，儿童都不需要专门学习语法就能学会如何说话。他们并不需要直接指导，就能在非常小的年纪掌握语言当中的本质结构。如果你向一个说英语的小孩展示一幅画着"植物人"（gork）的图片，然后再举出一幅画着两个这种生物的图片，他们就会说图上有两个"gorks"。不知怎么，他们知道在一个名词后面加上一个"s"就意味着不止一个。但是，他们的这种知识并不是有意识地获得的，大人的也一样。人类语言众多特征中最不寻常的一点是，有意义的声音和声音序列根据一些规则组合在一起，而说话者通常意识不到这些规则。

　　这些规则并不是你在学校里学到的那种"正确"说话所需的"语法规则"。当语言学家们谈论规则时，他们指的是在实际言语中可以发现的说话模式。不用说，实际说话规则与学校中教的规则之间有一些重叠。但是还有一些规则是孩子们从来没有在课堂上听到过的，因为他们的老师不是语言学家，并没有意识到这些规则。语言学家口中的"语法"，并不是规定人们应该怎么说话的规则。对于语言学家来说，语法包括人们通常意识不到的实际存在的原则，这些原则可以预测大部分人会如何说话。正如前文提到的，幼儿可能会说符合语言学规则的两个词的句子，但是他们的言语很难被认为是"正确的"。

　　发现人们通常意识不到却在使用的语言规则，是项非常困难的任务。语言学家们不得不发明特殊的概念和转写方法，以描述：1）能预测语音如何发出及如何使用的规则或原则（略有不同的语音在词语中常能互换使用而不改变词语的意思——这方面研究被称为**音系学**，phonology）；2）语音序列（甚至个别的语音）如何传达意义，有意义的语音序列如何串在一起成为词语（相关研究被称为**词法学**，morphology）；3）词语是如何串在一起形成短语和句子的（这方面研究被称为**句法学**，syntax）。

24. B. Berlin 1992; Hays 1994.
25. G.Miller 2004.
26. Gleitman and Wanner 1982; Blount 1981.
27. R. Brown 1980, 93 – 94.
28. de Villiers and de Villiers 1979, 48; see also Wanner and Gleitman 1982.
29. Bickerton 1983, 122.
30. E. Bates and Marchman 1988 as referred to by Snowdon 1999, 88 – 91.

理解他者的语言对理解其文化而言是必不可少的。尽管有时候人们表现出来的行为与他们所说的是相悖的，但如果不了解他们的语言和语言用法的细微差别，无疑就很难理解他们的信仰、态度、价值观和世界观。就算是理论上不需要通过语言就可以观察到的行为，如果不经阐释，也很难被迅速理解。想象你看到了一群要经过某块岩石的人，他们为了避开这块岩石而开辟出了其他的道路。假设他们相信有一个恶魔栖居在这块岩石当中。那么你如何能在不询问他们的情况下获知他们的信仰呢？

音系学

我们中的大多数人都有过试图去学习另一门语言的经历，在学外语发音的过程中，我们会发现某些音特别难发。尽管人类发声的器官系统理论上可以发出繁复庞杂的各种声音——语言学家称之为"**音素**"（phone），但每种语言都只是在其中截取了一小部分。并不是我们不能发出我们不熟悉的声音；只是对于发出这些声音，我们还没有形成习惯。而且就算是某些我们习惯了的声音，也有很难发出来的音。

发现某些音很难发仅仅是我们认为学外语"麻烦"的诸多原因中的一个。另一个问题是我们可能还不习惯把某些音连在一起发，或者不习惯在单词的特定位置发这些音。就像说英语的人很难把 z 和 d 结合在一起发音，而说俄语的人就可以做到。而说俄语的人又会被许多英语常用词中的 th 这个发音困扰。音的位置也可能很有挑战性。说英语的人可能觉得萨摩亚语（一种南太平洋语言）中以 ng 开头的词发音很困难，即便英语中有很多常见词以 ng 为结尾，如 sing 和 hitting 等。

为了研究发音的模式，对音系学感兴趣的语言学家们不得不将言语用语音序列的形式记录下来。语言学家如果只用自己语言中的字母表（比如英语

字母表），是难以完成这项任务的，这是因为其他语言中的一些发音很难用英语字母来呈现，也是因为英语中会用不同的字母组合代表同样的语音（在书面英语中，f 这个音有时用 f 来代表，比如 food 中的 f，但有时会用 gh 和 ph 来代表，比如 tough 中的 gh 和 phone 中的 ph。）此外，在英语中，同一个字母可能会有不同的发音。英语有 26 个字母，但主要语音（能改变词义的语音）超过 40 种。[31] 为了克服采用现有书写系统表达语音的困难，语言学家们发展出了一套用特殊字母表进行转写的系统，在这些系统中每一个符号仅代表一个特定的发音。

语言学家们鉴别出语言中所使用的语音或音素后，就会尝试去辨别哪些语音会影响意义，哪些不会。一种方式就是从简单的词入手，比如"lake"，把第一个发音变成"r"之后就成了"rake"。语言学家会探讨，这种新的语音结合是否会产生新的意义。因为一个说英语的人会说"lake"与"rake"的意义相差甚远，我们就说在英语中以"l"开头的单词与以"r"开头的单词传达的意义完全不一样。这种微小的不同让语言学家能鉴别出语言中的**音位**（phoneme）——语言中能够使意义发生改变的一个或一串音素。[32] 也就是说，"lake"这个单词中的"l"在音位上与"rake"中的"r"有明显差异。当然，不同的语言中，音位的组成方式会有不同。我们都习惯了英语中的音位，因此很难相信在某些语言中，"r"和"l"互换不会影响意思。例如，在萨摩亚语中，"l"和"r"就可以互换使用而不影响意义（因此，这两个音在萨摩亚语中属于同一音位）。一个说萨摩亚语的人在称呼一个英语名字叫"Reuben"的人时，可能有时会叫他"Leupena"，有时叫他"Reupena"。

说英语的人可能会取笑那些把"l"和"r"混淆的人，但是他们却并没有意识到自己在其他发音上也有类似的"混淆"。譬如，在英语中，发"and"

开头那个"a"音时，一个人可能会发成"air"中"a"的那个发音，另一个人会发成"bat"中"a"的那个发音，但人们不会认为这两个人说的是不同的词。如果你仔细想想这两种 a 的发音，就会意识到它们是不一样的。说英语的人能辨别出这种差别，但不会加以注意，因为不管用哪种方式来发"and"中的"a"音, and 的意思都是一样的。现在再想想"l"和"r"。如果你尝试发这两个音，就会发现发音时舌头在上腭的位置不同，但区别并不大。在语言中，相近的发音往往会被认为属于同一音位，但为什么有些相近的发音被归入一个音位，而其他的相近发音不算同一音位，我们目前还没能完全理解。

一些最近的研究表示，婴儿可能很早就能学会忽略所听到的语言中没有意义的发音差异（那些归属于相同音位的发音）。事实证明，早在 6 个月大的时候，婴儿就能"忽略"自己语言中属于同一音位的发音差别，但是他们却能"听到"其他语言中音位内的发音差别。研究者们尚不能确定婴儿们是如何学会这种区分的，但是他们似乎很早就对自己语言中的音系学有了很多认识。[33]

了解语音如何被归为音位之后，语言学家就可以开始探索某种语言中被允许的语音序列，以及能够预测这些序列的人们通常意识不到的规则。例如，英语单词很少以三个连续的非元音开头。当出现这种情况的时候，第一个音总是"s"，比如"strike"和"scratch"。[34]（英语中的一些其他单词可能会以三个辅音开头，但实际上只涉及两个发音，譬如"chrome"中的"ch"代表的是"k"的发音。）语言学家对不同语言发音模式的描述（音系学），为他们探索不同语言有不同发音规则的原因奠定了基础。

譬如，为什么在某些语言中，经常是两个或更多的辅音串连在一起，而在另一些语言中辅音之间几乎都有元音？在如今的萨摩亚语中有一个借自英语的表示"圣诞节"（Christmas）的单词，但这个外来词已经根据萨摩亚语的规则做了变形，成了"Kerisimasi"，每个辅音后面有一个元音，或者说有 5 个由辅音和元音组成的音节。

为什么在萨摩亚语之类的语言中，辅音和元音往往交替出现？最近的跨文化研究提出了三个关于这方面差异的预测因素。第一个预测因素是较温暖的气候。生活在更温暖气候条件下的人群的语言，其典型音节更可能是"辅音–元音"音节。语言学家们发现，"辅音–元音"音节是言语中对比最明显的组合。也许当人们在户外进行远距离交谈的时候（通常在比较温暖的地方才有可能这么做），他们需要对比更鲜明的发音，以便于理解。第二种辅音元音交替出现的预测因素是读写能力。有文字的语言中，"辅音–元音"音节比较少。如果交流通常采用的是书面的方式，意义也就不会那么依赖于相邻两个语音的对照。第三种（实际上也是最强的一种）关于辅音–元音交替出现的预测因素是婴儿被大人抱着的时间。婴儿被抱得比较多的社会，其语言中"辅音–元音"音节更多。在本书关于艺术的章节里，你将读到关于抱婴儿与社会偏爱音乐节律的关系的研究成果。该理论认为，一天大部分时间里都被人抱着的婴儿倾向于把有规律的节奏（通常是照料者的心跳或有节奏的晃动）与愉快的经历联系起来。长大后，那种经历会让他们偏爱有规律的节奏，显然这也包括在成人言语中辅音和元音有规律交替出现的音节。比较一下萨摩亚语词 Kerisimasi 和英语词 Christmas，就可以看出节律的差别。[35]

31. Crystal 1971, 168.
32. Ibid., 100 – 101.
33. Barinaga 1992, 535.
34. Akmajian et al. 1984, 136.
35. R. L. Munroe et al. 1996; M. Ember and C. R. Ember 1999. 关于抱婴儿对辅音元音交替音节影响的理论，引申自这一理论：婴儿经常被抱着，有助于形成对音乐节律的偏好。

词法学

通常来说，一种语言中的一个音位本身没有意义。音位与其他音位相结合，才能形成有意义的声音序列。**词法学**（morphology）就是对有意义的声音序列的研究。通常就是这些有意义的声音序列组成了我们所说的**词语**，但一个词也可能由多个更小的有意义单元构成。我们对自己所用的词语太过熟悉，很难意识到要说清什么是词语有多复杂。人们在说话的时候通常不会在词与词之间停顿；在不懂相关语言的人听来，一句话就像是一条连续不断的声音之流。我们第一次听到别人用其他语言说话时就是这种感觉。只有当我们学会这种语言并写下我们所要说的话时，我们才会把声音（可能是用空格）切分成词语。但是，一个词语实际上是一个武断的有意义的声音序列；如果我们不懂所听见的语言，就无法把词语当作不同的单元区分出来。

由于语言人类学家传统上研究的是无文字的语言，他们有时需要在没有报道人帮助的情况下判定哪些声音序列传达了意义。由于许多语言中的词语能够拆分成承载意义的更小单元，语言学家们不得不去发明特殊的术语来指代那些单元。语言学家们把承载意义的最小语言单位叫作**词素形式**（morph）。正如一个音位（phoneme）可能包含一个或更多的音素（phone），一个或更多的有相同意义的词素形式可能构成一个词素（morpheme）。例如，"indefinite"的前缀"in-"和"unclear"中的前缀"un-"，就是同属于一个词素的两个词素形式，该词素的含义是否定。虽然英语中有些词是单词素形式或单词素的（如"for"和"giraffe"），但多数单词都结合了多个词素形式，通常包括前缀、词根和后缀。因此，"cow"是一个词，而"cows"这个词则包含了两个承载意义的单元——词根（cow）和表示复数的后缀（发音发作 z）。一门语言的**词汇**（lexicon）——词典收录了大部分——包括了词语、词素形式和它们的意义。

孩子对所使用语言之结构的直觉把握，可能也包含了对词法学的认识。英语环境中的孩子学会在名词形式的单词后面加上发音为"/-z/"的词素形式来表示不止一个之后，就会很自然地形成"mans""childs"这样的词；他们学会在动词后面加上发音为"/-t/"、"/-d/"或"/-ed/"的词素形式来表示过去发生的动作后，就会把这一规律运用到"runned"、"drinked"和"costed"上去。他们知道，说球滚得越来越近是用 nearer and nearer，于是在形容风筝越飞越高时，他们就会说 upper and upper。从他们错误和正确的说法中，我们可以看到孩子是能够理解词素的常规用法的。到了差不多 7 岁的时候，孩子已能掌握许多不规则的形式，也就是说，他们学会了词素中的词素形式应该在何时使用。

孩子能直观把握某些词素对其他词素的依赖性，这与语言学家对自由词素和黏着词素的认识一致。自由词素本身就有意义，也就是说，可以成为一个独立的单词。黏着词素只有当附着在另一个词素之上的时候才有意义。发音为"/-t/"的词素形式所属的黏着词素，只有当附着在词根上时，才能展现其表示过去式的意义，比如附着在词根"walk"上形成"walked"这个词；"/-t/"本身并不能单独表达意义。

在英语中，一个语句（包含主语、动词、宾语等等）的意义通常取决于单词的顺序。"The dog bit the child"（狗咬了孩子）与"The child bit the dog"（孩子咬了狗）的意义完全不同。但是在许多其他的语言中，语句的语法意义并不那么依赖（甚至完全不依赖）单词之间的顺序；在那些语言中，语句的意义是由词语中词素形式的顺序决定的。例如，在东非的卢奥语（Luo）中，同样的黏着词素既可以表示主语，也可以表示动词的宾语。如果词素是一个动词的前缀，那么它表示的就是主语；如果词素是一个动词的后缀，那它表示的就是宾语。另一种表达语法意义的方式是改变或增加黏着词素，来指示词语属于语句的哪个部分。例如，俄语表示"邮件"的词作为主语时，发音听起来像"pawchtah"，作为宾语（比如"我给她邮件"）时，词尾就会发生改变，发音听起来像"pawchtoo"。如果我想表达"邮件里有什么？"的意思，所用的词发音就像"pawchtyeh"。

某些语言中有很多黏着词素，因此可以用一个复合词来表达英语里需要用一句话来表示的意思。例如，"他将把它给你"这句话，在英语里是"He will give it to you"，在威什勒姆语［Wishram，美国太平洋西北地区哥伦比亚河流域的奇努克人（Chinookan）所说的一种方言］中，可以用一个词"acimluda"（"a-c-i-m-l-ud-a"，逐字译为英语就是"will-he-him-thee-to-give-will"）来表达。这里要注意，英语句子中的代词 it（它）是中性的，但相应的词素在威什勒姆语中需要有阴阳性，在这个例子中就是阳性。[36]

句法学

由于语言是一个开放的系统，我们可以编出之前从未听过的有意义的语句。我们不断创造出新的短语和句子。和面对词法时一样，语言的使用者们似乎对句法——关于短语和句子通常如何构成的规则——也有一种直觉上的把握。有些"规则"可能是在学校中学到的，但是孩子们在上学之前就知道了很多这方面的规则。成年后，我们对词法和句法仍有非常强的直觉，甚至可以理解胡说的句子，比如刘易斯·卡罗尔（Lewis Carroll）经典作品《爱丽丝镜中奇遇记》（*Through the Looking-Glass*）中的如下语句：

'Twas brillig, and the slithy toves
Did gyre and gimble in the wabe

仅从这个句子中单词的排列顺序，我们就能推测出某个单词是句子中的什么成分，有什么功能："brilling"是形容词；"slithy"也是形容词；"toves"是名词，而且是这个句子的主语；"gyre"和"gimble"都是动词；而"wabe"这个名词是一个介词短语的宾语。当然，词法对理解这个句子也有帮助。"slithy"的词尾"-y"表示它是一个形容词，而"toves"的词尾"-s"告诉我们它是一个复数名词。除了制造和理解无限多样的句子以外，语言的使用者还能够在不查语法书的情况下辨别出一个句子是否"正确"。例如，说英语的人能够轻易辨别出"Child the dog the hit"（儿童那狗那打）不能算是一个句子，"The child hit the dog"（那名儿童打了那条狗）才算句子。可见，在一种语言当中，短语和句子的构建应该有一系列潜在的规则。[37] 语言的使用者知道暗含的句法规则，但未必能意识到自己在遵循这些规则。语言学家在描述一种语言的句法时，就是在试图让这些规则更加明晰。

历史语言学

历史语言学这个领域关注的是语言如何随时间而发生变化。文字作品是探索这类变化的最好资料。乔叟的《坎特伯雷故事集》是在 14 世纪用英语写就的，我们从中选取了一段文字。乍看上去，这段话里有很多元素我们都认识，但与现代英语已经很不一样，需要翻译才能理解。

---

36. Sapir and Swadesh 1964, 103.
37. Akmajian et al. 2001, 149 – 154.

A Frere ther was, a wantowne and a merye,

A lymytour, a ful solempne man.

In alle the ordres foure is noon that kan

So muche of daliaunce and fair language.

He hadde maad ful many a mariage

Of yonge wommen at his owene cost.

现代英语翻译：

A Friar there was, wanton and merry,

A limiter [a friar limited to certain districts], a very important man.

In all the orders four there is none that knows

So much of dalliance [flirting] and fair [engaging] language.

He had made [arranged] many a marriage

Of young women at his own cost. [38]

从这段文字中，我们能看出一些变化。许多单词的拼写方式不同了，有的词意思也变了。比如，上文中的"full"一词，意思相当于今天的"very"（非常）。单词发音也有了变化，但没有那么明显。例如，"mariage"（现在写作"marriage"）中的"g"，在当时发"zh"的音，与法语发音一样，该词正是借自法语；但今天我们通常把这个"g"发成与"George"中的第一个或第二个"g"一样的音。

过去人们所说的语言如果没有形诸文字，就难以留下痕迹，而人类学所研究的大部分语言都没有被它们的使用者用文字记录下来，因此你可能会以为，历史语言学家只能通过研究像英语这样的书面语言来研究语言的变化。事实并非如此。语言学家能够通过比较彼此相似的当代语言，来重构发生过的语言变迁。由于这样的语言往往源自共同的祖

先语言，因此它们在音系、词法和句法方面都有相似性。例如，罗马尼亚语、意大利语、法语、西班牙语和葡萄牙语之间有许多相似之处。在相似性的基础上，语言学家们重构出祖先语言的样子，以及这个祖先语言是如何转变成如今我们所说的罗曼语言的。当然，这些重构很容易被验证和证实，因为我们可以从许多存留的著作中得知祖先语言——拉丁语——是什么样的。我们同样也能从文献记载中得知随着罗马帝国的扩张，拉丁语是如何变得多样化的。因此，共同的祖先语言往往可以解释为什么相邻地区甚至一些彼此相隔的地区的语言有相似的模式。

乔叟名著《坎特伯雷故事集》中的一页，
文本用装饰性字体写就，配有插图
（图片来源：Lebrecht Music & Arts 2/Lebrecht Music & Arts Photo Library）

但是，语言也有可能因为其他原因而变得相似。语言社群之间的接触（往往一个群体占主导地位）可能会让一门语言采借另一门语言中的某些成分。例如，英格兰1066年被说法语的诺曼人征服以后，英语就向法语采借了很多词。没有共同的祖先语言，互相之间也并没有接触与采借的语言，还是有可能呈现出一定的相似性。这些相似性可能反映了人类文化及／或人类智力的共同或普遍特征。（正如我们在这一章的前面所提到的，世界各地克里奥尔语呈现出来的语法相似性反映了人类大脑运作的某种普遍性。）最后，由于趋同现象，一些毫无关联的语言也可能有一些相似的特征。语言之所以相似，原因还可能是一些语言变迁过程只有几种可能的结果。

语系与文化史

我们从书面文献记录中得知拉丁语是罗曼语言的祖先语言。但如果一组相似语言的祖先语言并不能从书面记录中得出，语言学家还是能通过比较各种衍生语言来重构出祖先语言可能会有的许多特征。[这种重构出来的语言被称作**原始母语**（proto-language）。]也就是说，通过比较可能有关联的语言，语言学家能意识到它们共有的许多特征，而这些特征可能见于它们共有的祖先语言。衍生自同一种原始母语的语言被归为一个语系（language family）。我们如今所说的大多数语言能归入不到30个语系。英语所在的语系被称为"印欧语系"，因为它包含了欧洲的大部分和印度的一部分语言（伊朗地区使用的波斯语，以及库尔德语也属于这个语系）。世界上大约50%的人使用的是印欧语系中的语言。[39] 汉藏语系是另一个庞大的语系，有超过10亿人使用，该语系包括中国南方和北方的语言，也包括缅甸使用的语言。[40]

历史语言学这个研究领域始于1786年，当时，住在印度的英国学者威廉·琼斯（William Jones）爵士注意到了梵语（在古代印度使用的一门语言）和古希腊语、拉丁语，以及晚近的欧洲语言之间的相似性。[41] 1822年，雅各布·格林（《格林童话》的格林兄弟之一）系统阐述了不同印欧语言互相分化时语音变化的规则。例如，在英语和印欧语系日耳曼语族的其他语言中，原本的"d"通常变化成"t"（可以比较英语的"two"和"ten"与拉丁语的"duo"和"decem"），而"p"通常变化成"f"（比较英语的"father"和"foot"与拉丁语的"pater"和"pes"）。学者们一般认为，印欧语系中的语言起源于5000至6000年前的一门语言。[42] 印欧语系的祖先语言（其许多特征已被重构出来）被称为"原始印欧语"（proto-Indo-European，缩写为PIE）。

那么，原始印欧语源自哪里呢？一些语言学家认为，一种原始母语起源于何处，可以从其衍生语言中表示植物和动物的词汇中找到线索。更具体地说，在这些差异明显的衍生语言中，可能用于指代植物和动物的同源词（cognate）——在发音和含义上相似的词——能够指示原始母语最早起源于何处。所以，如果我们知道那些动植物在五六千年前是在什么地方，我们也就能猜出说原始印欧语的人当时生活在哪里。在印欧语系所有关于树的同源词当中，保罗·弗雷德里克（Paul Friedrich）鉴别出了18种他认为在公元前3000年左右生长在乌克兰东部地区的树，因此他认为乌克兰东部是原始印欧语的起源地。[43] 与他这个假说一致的是，与印欧语系的其他语族相比，波罗的-斯拉夫语族（包括大部分原来苏联及附近地区的语言）拥有更多与重构的原始印欧语相似的表示树名的词。[44]

---

38. Chaucer 1926, 8. 本书的现代英语翻译以该书的词汇表为基础。
39. Katzner 2002, 10.
40. Akmajian et al. 2001, 334.
41. Baldi 1983, 3.
42. Ibid., 12.
43. Friedrich 1970, 168.
44. Ibid., 166.

马丽亚·金布塔斯（Marija Gimbutas）甚至认为，我们可以在考古学上识别出原始印欧语。她认为说原始印欧语的可能就是与东欧库尔干文化（Kurgan culture，公元前 5000—公元前 2000 年）相关的那群人，该人群在公元前 3000 年前后从乌克兰散播开去。库尔干人是牧人，他们饲养马匹、牛、羊和猪。他们也狩猎和种植谷物。库尔干墓葬体现了男人财富和地位的差异。[45] 至于为什么库尔干人和说相似语言的人能够扩散到欧洲和近东的那么多地方，原因尚不明晰。一些人认为马、马车和在马背上骑行等能够为战争提供至关重要的便利条件。[46] 但无论如何，有一点很清楚，那就是库尔干文化的许多元素在公元前 3000 年后开始散布于旧大陆的广大地区。

科林·伦弗鲁（Colin Renfrew）不同意金布塔斯关于原始印欧语起源于乌克兰的观点。他认为原始印欧语比库尔干文化要早两三千年，那个时候使用原始印欧语的人住在其他地方。伦弗鲁把原始印欧语的起源地定在公元前 7000 至公元前 6000 年的安纳托利亚东部（今土耳其境内）。他在考古证据的基础上提出，印欧语是伴随着农业一起传入欧洲和如今伊朗、阿富汗和印度所在地的。[47]

一些历史语言学家和考古学家探究原始印欧语的起源时间、地点和传播方式，另一些则探究其他语系的文化历史。例如，非洲的班图语（大约 1 亿人使用）构成了尼日尔-刚果语系下的一个语族。使用班图语的人分布在非洲中部的大片地区，以及非洲南部的东西两侧。所有班图语族下的语言大概都源自使用原始班图语的人们。他们的起源地在哪里呢？

与原始印欧语的情况一样，不同的理论有不同的看法。但是，大多数历史语言学家如今都同意约瑟夫·格林伯格（Joseph Greenberg）的意见，他认为班图语起源于今尼日利亚东部的贝努埃河流域中部地区。[48] 起源地可能是相关联的语言和方言（一种语言的不同形式）最为多样的地方；据假定，起源地与后来才被相关语言占据的地方相比，有更长时间可以让语言多样性发展。例如，英格兰的方言多样性比新西兰和澳大利亚的要高。

为什么班图语能够在过去几千年里传播到如此广阔的地区？对此人类学家只能猜测。[49] 最初，班图人可能饲养山羊并从事某种形式的农业，他们因此得以扩张，取代了该地区的狩猎采集者。随着班图语使用者的扩张，他们开始种植特定的谷类作物并饲养牛羊。在这段时间里，也就是公元前 1000 年以后，他们又开始制造和使用铁制工具，这大大提高了他们的生产力。无论如何，到了大约 1 500 到 2 000 年前，班图语的使用者已经散布于整个非洲中部地区，并延伸到了非洲南部地区的北部边缘地带。但是，不使用班图语的人仍然生活在非洲的东部、南部和西南部。

语言分化的过程

对于语言的分化，历史语言学家或比较语言学家并不满足于记录语言分化和确定其年代。正如体质人类学家试图去解释人类的差异一样，语言学家也想调查语言差异的可能原因。其中一些分化毫无疑问是逐渐发生的。当原本使用相同语言的人群由于在地理或社会方面彼此相隔，不再相互沟通，渐渐地，不同人群所说的语言在音系、词法、句法上有了一些微小的变化（此类变化在任何语言中都会不断出现）。当音系、词法、句法的差异还没有大到不可理解的程度时，语言的这些变异形式都被当作方言。（方言不同于口音，口音差异只在发音上。）最后，如果人群之间继续维持分离状态，之前同一语言的方言就将会变成不同的语言；也就是说，语言之间是不通的，就像现在的德语和英语那样。正如文化变迁源于个体变化，语言的变迁也是源自个体的语言使用者，他们要么自发革新，要么从其他语言中采借。只有当革新的语言模式被其他人采纳的时候，语言变迁才算发生了。[50]

大范围的水域、荒漠和山脉等地理障碍无疑可以隔开原本使用同一种语言的人们，而距离本身就足以使语言分化。例如，如果我们比较不列颠群岛上的英语方言，就会发现彼此距离最远的地方，方言差别最大（比较苏格兰东北部与伦敦）。[51] 在印度北部，成百个半隔绝的村庄和地区发展出了数百种方言。如今，每个村庄的居民都能理解周边村庄的方言，但距离再远一些的村子的方言，理解起来就困难一些了。但是，在超过上千千米的地域范围内，方言细微的变化在一个又一个的村子里积累，看上去，地处这片地区两头的村子似乎说的是不同的语言。[52]

即便是地理区隔较小的地方，也可能由于社会区隔而在方言上有较大的区别。例如，语言特征的传播可能会被阻碍交流的宗教、阶级或其他社会差异打断。[53] 在印度北部一个叫卡哈拉普尔（Khalapur）的村子里，约翰·甘柏兹（John Gumperz）发现"不可接触者"与其他群体之间的语言差异很大。"不可接触者"在工作上会接触到其他群体的成员，但是他们之间没有友谊。[54] 在没有友谊和朋友之间轻松交流的环境下，很容易滋长方言的差异。

区隔会带来语言社群之间的日渐分化，接触则会带来更多的相似之处。这种效应明显体现在互不相通的语言相互接触并采借词汇的时候，采借而来的词通常用于命名来自其他文化的新事物，比如tomato（西红柿）、canoe（独木舟）、sushi（寿司）等等。一种文化中的双语群体也会引入一些外来词，尤其是在主流语言里没有能对应的词的时候。salsa（莎莎酱）就是这样引入了英语，le weekend（周末）的说法也被法语采纳了。

征服和殖民往往会带来大量迅速的采借，甚至导致语言更替。诺曼人对英格兰的征服使法语成为

新兴贵族阶层的语言。在那之后 300 年，受过教育的阶层才开始用英语写作。在此期间，英语向法语和拉丁语大量采借，这也使得英语和法语变得更像。大约 50% 的英语常规词汇来源于法语。这个例子也表明，不同的社会阶层对于语言接触的反应是不同的。例如，英国贵族最终把猪肉和牛肉称为"pork"和"beef"（来源于法语），但那些饲养猪和牛的人（至少在一段时间里）继续使用"pig"和"bull"，这是原本指代猪和牛的盎格鲁–撒克逊词。

在那 300 年的广泛接触期间，英语的语法相对稳定。英语丢掉了原有的大多数屈折形式或变格词尾，但基本没有采纳法语的语法。大体来说，英语从法语采借的词语，尤其是自由词素，[55] 要远多于采借的语法。[56] 可以想见，一种语言从另一种语言中采借后，会变得与它的同族语言（源于同一祖先语言的语言）更为不同。英语的词汇看起来与其在音系和语法上最为相似的德语、荷兰语和斯堪的纳维亚语有较大差异，部分原因就是来自法语的影响。

语言和文化之间的关系

一些试图解释语言多样性的学者，把重点放在了语言和文化其他方面的相互作用之上。一方面，如果可以证明一种文化能影响其语言的结构和内容，那么就能得出，语言的多样性至少部分来自文化的多样性。另一方面，文化和语言之间影响的方向也

45. Gimbutas 1974, 293 – 295. 参见 Skomal and Polomé 1987。
46. Anthony et al. 1991.
47. Renfrew 1987.
48. Greenberg 1972；另可参见 Phillipson 1976, 71。
49. Phillipson 1976, 79.
50. Holmes 2001, 194 – 195.
51. Trudgill 1983, 34.
52. Gumperz 1961, 976 – 988.
53. Trudgill 1983, 35.
54. Gumperz 1971, 45.
55. Weinreich 1968, 31.
56. 不过，Thomason and Kaufman 1988 提出，由接触产生的语法变化可能比之前人们认为的更加重要。

可能反过来：语言的特征和结构可能会影响文化的其他方面。

文化对语言的影响

一个社会的语言的词汇（lexical content）可以反映该社会的文化。哪些经历、事件或物体被挑出来并用特定的词来指代，可能会受到文化特征的影响。

关于颜色、植物和动物的基础词汇

20世纪早期，许多语言学家以表示颜色的词汇为例，阐述他们认为的事实：语言的差异是武断的，或者说没有明显的理由。不仅不同的语言中基本颜色词的数目不等（从2种到约12种不等，例如英语中的红、绿和蓝等），而且不同语言对色谱上颜色的分类或划分也不一致。但是，一项跨语言比较研究的发现反驳了关于基本颜色词数量和意义差异的传统看法。布伦特·伯林（Brent Berlin）和保罗·凯（Paul Kay）先研究了20种语言，后来又研究了超过100种语言，在此基础上他们提出，语言编码颜色的方式并不是完全武断的。[57]

尽管不同的语言拥有不同数量的基本颜色词，但不管是哪种语言，大多数使用者对于特定的颜色都很可能指出同一个色卡作为代表。比如，当被要求选出最"红"的颜色时，来自世界各地的人选出的色卡都差不多。此外，在不同的语言中，基本颜色词被加入的顺序几乎一致。[58]如果一门语言里只有两个基本颜色词，那么该语言的使用者就会说某物是"黑"（暗）色调的或"白"（亮）色调的。如果语言里只有三个基本颜色词，那么在"黑""白"之外加上的颜色词通常是"红"。再往上加的话，就是"黄"或"蓝绿"，然后是分别表示绿色和蓝色的词，等等。的确，我们通常见不到基本颜色词被加入一门语言的过程。而我们之所以能推断出这样的顺序，

是因为只要语言中有"黄"这个颜色词，就几乎总会有表示"红"的词，但有表示"红"的词的语言未必都有表示"黄"的词。

那么，**基本颜色词**究竟是什么？所有的语言，包括只有两个基本颜色词的语言，都能以多种方式来表达多样的颜色。例如，英语中有turquoise（青绿色）、blue-green（蓝绿色）、scarlet（绯红色）、crimson（深红色）和sky blue（天蓝）等表示颜色的词，但语言学家们并不认为它们是基本颜色词。英语中的基本颜色词是white（白色）、black（黑色）、red（红色）、green（绿色）、yellow（黄色）、blue（蓝色）、brown（褐色）、pink（粉色）、purple（紫色）、orange（橘色）和gray（灰色）。基本颜色词的一个特征是只包含一个词素，不能包含两个及以上的意义单位。这就剔除了blue-green和sky blue这样的组合词。基本颜色词的第二个特征是，它所代表的那种颜色通常并不被更高阶的颜色词包括。例如，人们通常认为，scarlet（绯红色）和crimson（深红色）只是red（红色）的变体，turquoise（青绿色）只是blue（蓝色）的变体。第三个特征是，基本颜色词往往是人们被问到颜色时最先想到的词。最后，一个词要想被认为是基本颜色词，使用这种语言的众多个体必须对该词（在色谱上）的主要意义达成一致。[59]

为什么不同的社会（语言）中基本颜色词的数量不同？伯林和凯认为，一门语言中基本颜色词的数量会随着技术专业化程度的提高而增加，因为这些技术使得颜色对于物品的装饰和辨别来说显得更加重要。[60]不同语言中基本颜色词数量的差异并不意味某些语言能区分的颜色比其他语言更多。每一门语言都能通过组合词语来做出颜色区分（比如用"嫩叶色"代表绿色）；对于某种颜色，一门语言并不是非得有与之对应的专门基本词。

还有证据表明，基本颜色词的数量可能会受到

某种生物因素的影响。[61]眼睛颜色较深（色素更多）的人比眼睛颜色较浅的人更难辨别色谱末端的暗色（蓝绿色）。据此可以推测，居住地距离赤道越近的人（这些人眼睛的颜色更深，可能是为了保护眼睛不受强烈紫外线辐射的伤害），语言中的基本颜色词越少。[62]此外，似乎文化和生物因素对解释基本颜色词数量在不同语言中的差异都是必不可少的。只有那些相对远离赤道，同时文化方面技术专业化程度更高的社会，才可能会有6个或以上的基础颜色词（表示蓝色和绿色用的是不同的词）。[63]正如在接下来的章节里我们将会看到的，技术的专业化是伴随着更大的社群、更集中的政府、更专门化的职业和更不平等的社会而来的。拥有这些特征的社会，简单说来就是那些虽然"更复杂"但未必"更好"的社会。

伯林和凯发现，基本颜色词的添加遵循较为普遍的添加顺序，与此相呼应，塞西尔·布朗（Cecil Brown）在其他的词汇领域也发现了类似的发展顺序。他发现有两个这样的领域，即关于植物和动物的统称或"生活型"（life-form）名称。生活型是高阶分类。所有的语言都包括表示具体植物和动物低阶词汇。比如，英语中有像 oak（橡树）、pine（松树）、sparrow（麻雀）、salmon（鲑鱼）这样的词；说英语的人还会做更精细的区分，比如 pin oak（针栎）、white pine（五针松）、white-throated sparrow（白喉带鹀）、red salmon（红鲑鱼）。但是，为什么在某些语言中，像"树""鸟""鱼"这样的统称词数量比较多呢？似乎这些统称也表现出一种普遍性的发展顺序。也就是说，统称似乎是依着一致的顺序加入语言的。在"植物"之后有"树"，然后是"草禾"（grerb，长绿叶的非木本小植物）接着是"灌木"（大小上居于树和草禾之间），而后是"草"，以及"藤"。[64]动物的生物名称也是有序添加的。"动物"之后有"鱼"，接着是"鸟"，然后是"蛇"，以及"虫类"（wug，除鱼、鸟和蛇以外的小生物，如蠕虫和臭虫），再就是"哺乳动物"。[65]

较复杂的社会比较简单的社会拥有更多关于动物和植物的统称或生活型名称，就好像复杂社会也拥有更多的基本颜色词一样。为什么？难道所有领域的词汇都会随着社会复杂程度的增加而扩大规模？如果我们说的是一门语言的总体词汇（能够从词典中数出来），那么更复杂的社会确实拥有更多的词汇。[66]但是我们不要忘了，复杂的社会中有各种各样的专家，而词典中包含了这些专家使用的术语。如果我们只关注非专家使用的**核心词汇**（core vocabulary），那么所有的语言的核心词汇量是差不多大的。[67]实际上，尽管某些领域的词汇在数量上会随着社会复杂程度的提高而增加，但是一些领域则会保持不变，有些领域的词汇还会随着社会复杂程度的增加而减少。在复杂社会中反而词汇量少的一个领域就是植物的专名。生活在北美城市里的人可能知道一些植物的统称，但对植物的专名就知道不多了。小规模社会中的人通常能够说出400到800个植物物种的名字，而在类似北美城市社会的社会里，人们通常只能说出40到80个植物物种的名字。[68]在普通人对具体动植物名称所知不多的社会里，生活型词语的数量会比较多。[69]

现有证据充分表明，一门语言的词汇反映了其所在社会中重要的日常区分。环境或文化中具有特殊重要性的方面将在相应的语言中获得更多的关注。

57. Berlin and Kay 1969.
58. Ibid.
59. Ibid., 5–6.
60. Ibid., 104; Witkowski and Brown 1978.
61. Bornstein 1973, 41–101.
62. M. Ember 1978, 364–367.
63. Ibid.
64. C. H. Brown 1977.
65. C. H. Brown 1979.
66. Witkowski and Burris 1981.
67. Ibid.
68. C. H. Brown and Witkowski 1980, 379.
69. C. H. Brown 1984, 106.

语法

目前我们能够搜集到的大部分实例都说明，文化对语言的影响会表现在生活环境中可见事物的名称上。至于文化对语法结构的影响，相关证据就不那么充分了。哈里·霍耶尔（Harry Hoijer）让人们开始关注纳瓦霍人语言中的动词范畴。这些范畴主要是报道事件的词，霍耶尔称之为"事件述语"（eventings）。霍耶尔指出："纳瓦霍人在报道行动和事件以及构成实质性概念的时候，会强调运动并极其详尽地说明运动的性质、方向和状态。"[70] 比如说，纳瓦霍人的语言中，有一类动词表示运动中的事件，还有一类表示运动已经停止的事件。霍耶尔得出结论，认为纳瓦霍人连续不断地强调发生过程中的事件，这反映了他们自己多个世纪以来的游牧生活经验，这些经验在他们的神话和民间故事中也有所体现。

在语言中强调事件未必是游牧民族的普遍特征，而迄今为止还没有人做过这方面的跨文化或比较性调查。但是有迹象表明，系统的比较研究将有助于发现与文化特性相关的其他语法特征。例如，许多语言缺少所有格及物动词，所有格及物动词如英语中"I have"（我有）的"have"（有）。作为替代，说这些语言的人可能会说"它对我来说是"（it is to me）。一项跨文化研究表明，一门语言可能在说这门语言的人发展出私有财产制度或个人对资源的所有权制度之后，才会发展出"有"这样的动词。[71] 我们将在之后讨论经济制度的章节看到，私有财产的概念绝不是各处都有的，这个概念只会出现在存在不平等现象的复杂社会之中。相比之下，许多社会有某种形式的共同所有权，财产为亲族或社群共同所有。人们如何谈论"所有权"，似乎反映了他们是如何"所有"的，因此那些没有私有财产概念的社会也没有关于"有"的动词。

语言对文化的影响：萨丕尔–沃尔夫假说

文化会影响语言，对此人们已有共识。但是在语言是否会影响文化的其他方面这个问题上，人们的意见并不一致。爱德华·萨丕尔和本杰明·李·沃尔夫（Benjamin Lee Whorf）认为语言就其本身来说是一种力量，它能够影响一个社会中个体理解和感知现实的方式。这一论断就是著名的萨丕尔–沃尔夫假说。[72] 通过比较英语和霍皮语（Hopi），沃尔夫指出英语的范畴表达了时间和空间的分离，而霍皮语则没有这种情况。在英语中，过去、现在和未来是分开的，事情发生在某段具体的时间之内。霍皮语表述事情时过程观念更强，不会把时间划分成固定的时段。根据罗纳德·沃德豪（Ronald Wardhaugh）的说法，沃尔夫认为这些语言差异会让霍皮语和英语的使用者们看到不同的世界。[73]

这一观点很有吸引力，相关的证据则比较复杂。当今的语言学家并没有普遍接受语言对思维有强制力这一观点，但有些人认为，语言的某些特征有可能促进特定思维模式的形成。[74] 这些影响在诗歌和隐喻中表现得最为清楚，因为在诗歌中单词和短语都被应用到了通常的主题之外，如"全世界是个舞台"（all the world's a stage）。[75] 研究者需要指出如何把语言的影响和文化其他方面的影响区分开来，这是检验萨丕尔–沃尔夫假说时需要面对的一个重要问题。

一种可能揭示语言和文化之间影响方向的方法是，研究不同文化中（说不同的语言）的儿童是如何在成长过程发展出概念的。如果语言影响了某个概念的形成，那么我们将会看到，在强调那个概念的社会中，孩子会更早地形成那个概念。例如，某些语言会比其他语言更强调性别差异。那么如果某种语言强调性别差异，说这一语言的儿童会不会更早地产生性别认同？（非常小的女孩和男孩似乎相信他们穿其他性别的衣服就能转换性别，这表明他们还没有发展出稳定的性别意识。）亚历山大·吉奥拉（Alexander Guiora）和他的同事研究了以色列说希伯来语的家庭、美国说英语的家庭和芬兰说芬兰语的家庭中儿童的成长过程。希伯来语是三种语言中最强调性别的一种语言，所有的名词不是阴性就是阳性，甚至第二人称和复数代词都区分了性别。英语对性别的强调较少，只有第三人称单数区分性别。而芬兰语是三者中最不强调性别的，尽管存在一些类似"男人""女人"这样表达性别的词，但芬兰语整体是缺乏性别区分的。与语言影响思维的观点相一致，平均而言，说希伯来语的孩子获得稳定性别认同概念的时间是最早的，而说芬兰语的孩子则是最晚的。[76]

另一种方法是从语言差异中去预测人们可能会如何在实验中表现。通过对比尤卡坦玛雅语和英语，约翰·露西（John Lucy）推测，说英语的人比说尤卡坦玛雅语的人更有可能回忆起曾放在他们面前的事物的**数量**。对于大部分类型的名词，英语都需要在语言上表达它是单数还是复数。用英语表示"我有狗"的意思时，你不能说"I have dog"（我有狗），而必须说"I have a dog"（我有一条狗）、"I have dogs"（我有多条狗）或"I have one (two, three, several, many) dog (s)"［我有一条（两条、三条、好几条、许多条）狗］。尤卡坦玛雅语和英语一样能够表示复数，但是名词不表示相关数量也可以。譬如，yàan pèek té' elo'的意思是"我有狗"，至于是一条还是多条，则可以不说。在英语中，也会有类似的模糊表达，"I saw deer over there"（我看到那里有鹿），但是英语中指代有生命物和无生命物的名词通常不会这样模糊。[77]在许许多多的实验中，说尤卡坦玛雅语的人和说英语的人都同样能够回忆起图片当中有些什么物品，但是，说英语的人比说尤卡坦玛雅语的人更能描述出图片中特定物品的数量。说尤卡坦玛雅语的人总是很难把握物品的数量，这跟

他们的语言缺少对于数量的表示和强调是一致的。[78]因此，被试关注数量的程度的差异可能是语言差异的结果。当然，对数量的关注和强调也可能是文化的其他特征造就的，比如在经济中对金钱的依赖程度等。

言语民族志

传统上，语言人类学家主要致力于理解一个社会语言的言说结构，即能够预测该社会的人会如何说话的规则，这些规则通常是无意识的。在最近的这些年，许多语言学家开始研究同一个社会中人们语言的差异。这类语言学研究就是社会语言学，它关注言语民族志，也就是关注不同社会语境中言语差异的文化和亚文化模式。[79]譬如，一个社会语言学家可能会问：人们和偶然遇见的陌生人随意交谈时会聊些什么？一个外国人可能很懂英语的词汇和语法，但可能不知道如何与陌生人聊天气如何、他们来自何方、那天吃了些什么、能挣多少钱。一个外国人可能很熟悉北美的城市文化，但如果他在别人问"你好吗？"的时候说出了自己真实的健康和情感状况，那么他可能还要多学学北美英语中的"闲谈"（small talks）。

同样，北美人面对其他问候方式时也会感到迷惑。在其他社会中，人们打招呼时可能会说"你去哪里？"或"你在做什么吃的？"，有些美国人会觉

---

70. Hoijer 1964, 146.
71. Webb 1977, 42 – 49；也可参见 Rudmin 1988。
72. Sapir 1931, 578；也可参见 J. B. Carroll 1956。
73. Wardhaugh 2002, 222.
74. Denny 1979, 97.
75. Friedrich 1986.
76. Guiora et al. 1982.
77. Lucy 1992, 46.
78. Ibid., 85 – 148.
79. Hymes 1974, 83 – 117.

陌生人相遇时握手，朋友见面时可能会热情接触。我们如何与他人交谈，取决于彼此之间友谊的程度

（图片来源：上图 Rhoda Sidney，下图 Renate Hiller）

得此类问题粗鲁；还有些美国人会尽量详细地回答，却没有意识到问话期待的只是模糊的回答，就好像北美人问候"你好吗？"的时候，并不期待对方认真详细地回答一样。

社会地位和言语

一门语言的外国使用者对于这门语言的闲谈可能知之甚少，这只是以下社会语言学原则的一个例子：我们说什么、怎么说，并不能完全通过我们语言的规则预测出来。

我们在社会上的地位以及我们谈话的对象会在很大程度上影响我们所要说的话和说话的方式。在一个对新英格兰小镇的儿童进行访谈的研究中，约

翰·费希尔（John Fischer）指出，儿童们在正式的访谈中会发出一些单词的尾音，如"singing"和"fishing"，但在非正式的对话中，他们只是说"singin'"和"fishin'"。并且，他还发现这一现象似乎与社会等级有关联，来自社会地位较高家庭的孩子不大可能把尾音甩掉，而来自社会地位较低家庭的孩子通常会这么做。随后在说英语地区所做的许多研究也支持了费希尔对这一言语模式的观察。当然，费希尔还发现了其他的言语模式。例如，在诺里奇和英格兰，社会地位较低的人倾向于把单词中的"h"甩掉，如"hammer"。但是在所有等级中，甩掉"h"的这个模式都能够增加言语交流情境的随意性。[80] 至于语法方面的差异，在底特律的旧城区，与中产阶级的非裔美国人相比，社会地位较低的非裔美国人更喜欢用双重否定来表示否定，比如在表达"这不关任何人的事"的意思时，中产阶级的非裔美国人会说"It isn't anybody's business"，而社会地位较低的非裔美国人则会说"It ain't nobody's business"。[81]

过去的研究表明，社会地位较高的英国人说的英语比较同质化，通常会遵守所谓标准英语（在电视上和广播中听到的那种英语）的规则。而社会地位较低的人使用的则是非常异质化的语言，他们的语言随来源地或方言的不同而不同。[82] 在某些社会，地位的差异可能与用词的显著差异有关。克利福德·格尔茨在对爪哇人的研究中指出，爪哇社会中，农民、市民、贵族这三个不同群体的用词是截然不同的。例如，表达"现在"这个概念时，农民会用"saiki"（被认为是对这个词语最低级和最简略的表达），市民用"saniki"（被认为是与农民相比更优雅的用法），贵族则会用"samenika"（被认为是最优雅的表达）。[83]

人们之间的地位关系也会影响他们彼此间说话的方式。称呼别人的方式就是一个很好的例子。在

英语中，称呼的形式较为简单，要么叫对方的名（不带姓），要么用头衔（如博士、教授、女士或先生）加上对方的姓来称呼。罗杰·布朗（Roger Brown）和玛格丽特·福特（Marguerite Ford）进行的一项研究表明，称呼用语在关系不同的说话者之间是不同的。[84] 彼此以名相称一般说明两个人之间的关系没有什么拘束或比较亲密。彼此以头衔加姓相称，则通常意味着地位基本平等的两个人之间有着更为拘谨或事务性的关联。在英语中，如果讲话双方意识到他们之间明显的地位差别，那么一方就会用名称呼另一方，另一方以头衔加姓相称，两者绝对不能互换。地位差异可能是由于年龄（比如，一个孩子称她妈妈的朋友为"米勒夫人"，而对方却称她为"萨莉"），也可能是由于工作中的上下级关系（比如，一个人用头衔加姓称呼他的老板，而老板的回称则是"约翰"）。在有些情况下（多半只存在于男孩或男人之间），只用姓来称呼表达的是一种介乎亲密和拘谨之间的关系。

言语中的性别差异

在许多社会中，男人的言语有别于女人的言语。在英语中，这种差异很小，但在西印度群岛小安的列斯群岛的加勒比印第安人社会中，语言的性别差异是极其明显的，那里的男人和女人对于同样的概念甚至用的都不是同一个词语。[85] 在日语中，男性和女性在许多概念上所用的都是完全不同的词语（例如，男性用"mizu"这个词表示水，女性所用的则是"ohiya"）。此外，女性通常会在单词前面加一个代表客气的前缀"o-"（女性会说"ohasi"来表示筷子，而男性则说的是"hasi"）。[86] 当然，在美国和其他西方社会中也存在语言的性别差异，但是它们表现得不像在加勒比社会和日本社会中那么引人注目。譬如，之前我们谈到过，在非正式场合或社会地位较低的人当中，人们会把单词最末尾的"g"

甩掉（如"singing"读作"singin'"），这一现象也存在性别差异。女性比男性更可能保留单词末尾"g"的发音，而男性则比女性更可能保留单词中的"h"的发音（如"happy"）。在加拿大的蒙特利尔市，对于像"il fait"（他做）这样的短语或像"il y a"（那里有）这样的惯用表达，女性通常会甩掉"l"的发音，男性则通常不会。[87] 而在底特律，在每一个社会等级当中，非裔美国女性都比男性较少使用双重否定来表示否定。[88]

此外，在语调和遣词造句上也存在性别差异。罗宾·莱考夫（Robin Lakoff）发现，在英语中，女性在回答问题时，句尾的语调更可能上扬，而不是语调下降表示坚定。并且，女性通常还会在回答中加入一个问句，就好比："他们昨晚抓到那个强盗了，不是吗？"（They caught the robber last week, didn't they？）[89]

对于性别差异（尤其是与发音有关的性别差异）的一种解释是，许多社会中的女性比男性更需要表现得"正确得体"。[90]（并不是语言学意义上的"正确"。要始终记得，语言学家们并不会认为某种言语要比另外一种言语更正确得体，就好像他们也并不会认为某种方言会比另外一种方言更高级一样。所有语言在表达复杂多样的想法和思想时的能力是同样的。）在有等级差异的社会中，那些与上层等级有关联的语言和行为就被一般人认为是正确得体的。而

80. Fischer 1958; Wardhaugh 2002, 160–188.
81. Chambers 2002, 352，引用了 Shuy 的研究。
82. Trudgill 1983, 41–42.
83. Geertz 1960, 248–260；另可参见 Errington 1985。
84. R. Brown and Ford 1961.
85. Wardhaugh 2002, 315.
86. Shibamoto 1987, 28.
87. Holmes 2001, 153.
88. Chambers 2002, 352，引用了 Shuy 的研究。
89. Lakoff 1973; Lakoff 1990.
90. Wardhaugh 2002, 328; Holmes 2001, 158–159; Trudgill 1983, 87–88.

在另一些社会，长者的所言所行会被认为更正确得体。例如，在曾经于路易斯安那州广泛使用的美国土著语言夸萨蒂语（Koasati）中，男性和女性在特定的动词中使用的是不同的尾音。这种差异似乎在对夸萨蒂语的研究完成之后的 20 世纪 30 年代趋于消失。从那以后，年轻的女孩开始使用男性的表达形式，而只有年长的女性还在继续使用女性的表达形式。说夸萨蒂语的男性认为女性的语言是一种"更好"的语言形式。[91] 言语中的性别差异与我们之前提到过的其他社会行为方面的性别差异是类似的：女孩在行为举止方面通常比男孩表现得更合成人的意。

目前还没有足够多的研究让我们了解女性在语言上表现得"正确得体"这一现象究竟有多普遍。我们倒是知道一些反例。例如，在马达加斯加岛说梅里纳语（Merina，一种马达加斯加语方言）的社群中，避免明确的指令在社交上被认为是正确的。所以，一个说梅里纳语的人总是试着绕着圈子去指示别人，而不是直接命令别人该如何做。同样，为了保持礼貌，他们要避免对别人进行消极评论，如冲他人发火等。然而，在这样的社区中，女性却比男性更经常地打破规矩，她们更经常直言直语以及表达愤怒。[92] 这种差异可能与女性更多参与市场的买卖这一社会事实有关。

一些研究者认为，关键问题可能并不在于"正确性"。我们更愿意从权力和声望不平等的角度来看待这类例子。女性总是试图通过更多遵守语言的标准用法来提高她们的地位。当她们用上扬的语调来回答问题时，实际上表现的是她们的不确定和缺乏权力。或者说，她们也许只是想要成为更配合的交谈者。以"更标准"的形式来说话是为了使对方更好地理解自己。用另一个问题来回答上一个提问则是想要把对话继续下去。[93]

通常而言，男性和女性在说什么和不说什么方面存在明显的差异。德博拉·坦嫩（Deborah Tannen）的研究给出了一些例子。例如，女性听到别人的困扰时，很可能会表示同情，男性则很可能会提供解决方法。男性不会去请求指导，而女性却会。女性会私下谈论很多，而男性则更多是在公众场合谈论。种种差异可能造成男女两性之间的摩擦和误解。女性表达自己的困扰时，男性却会提出解决措施，而女性会感到男性并不真正理解她，而男性又会因为女性没有把自己的解决措施当回事而沮丧。男性宁愿安安静静地坐在家里而不愿投入对话，但女性却把男性不愿意对话看作对她们的怠慢。为什么会有这些差异呢？坦嫩认为，男性和女性之间的误解之所以会产生，是因为女孩和男孩是在不同的文化中成长起来的。女孩通常是在小群体内玩耍，她们经常互相倾诉并且关系亲密。男孩子则通常一大群人一起玩，争夺地位和注意力是他们更关心的。在这样的群体中，地位高的人通常都是在指导别人，为别人提供解决方案，而不是反过来。因此，寻求指导就相当于承认自己地位比较低。由于大的游戏群体和生活中的公众场合比较接近，男孩长大后，比较习惯于在公开场合说话。而女性则可能更习惯在亲密的小群体中谈话。[94]

多语和语码转换

对很多人来说，说多种语言的能力是日常生活的一部分。一种语言可能在家里说，而另外一种语言则可能在学校、市场或政府机构中说。如果家庭成员来自不同的文化背景，那么在家里也可能说不止一种语言。一些国家明确提倡多语，如新加坡有英语、华语、马来语、泰米尔语四种官方语言。在贸易中一般都是用英语，华语是与大多数华人沟通的语言，马来语是一般地区使用的语言，而泰米尔语则是一个重要族群的语言。此外，很大一部分人会说另外一种中国话——闽南语。教育则主要是用

性别新视角
英语是否助长了性别偏见？

英语究竟是助长了性别偏见，还是仅仅反映了已经存在的性别不平等？对于那些想要促进性别平等的人来说，问题的答案至关重要，因为如果语言能够影响思维（根据萨丕尔和沃尔夫提出的思路），那么语言的改变必然会带来文化中性别观念的改变。而如果语言只是对不平等状况的反映，那么若想语言发生实质性的变化，就必须先有社会、经济、政治方面的变化。

把哪种变化先发生这个问题暂且放在一边，我们先来考虑：英语究竟是如何表现性别不平等的呢？本杰明·李·沃尔夫写了一句话："言语是人（man）最好的展示……语言对人（man）的帮助体现在他（his）的思维方面。"尽管理论上说，句中的"man"这个词是指所有的人类，"his"这个词指的是某个人的思维，不管那人是男是女，但是，经常在这种意义上使用"man""his"这样的词，可能传达出男性更重要的意思。用 chairman、

policeman、businessman、salesman 这样的词，意思是不是主席、警官、商人、销售员这样的职务应该由男性来担任？再想想用两个词来表达两种性别的情况，比如"actor"和"actress"（男女演员）、"hero"和"heroine"（男女英雄）。这种情况下，通常基础词是阳性的，阴性是加上后缀的结果。后缀是不是意味着阴性形式是后来添加的，或者说是不那么重要的？

并不是只有语言结构会传达性别不平等。为什么在像"sir/madam"（先生/女士或鸨母）、"master/mistress"（主人/女主人或情妇）、"wizard/witch"（男巫/女巫或巫婆）这样的成对词中，只有指代女性的词会获得消极的意涵？再回到我们刚开始的那个问题，我们如何知道究竟是语言助长了性别偏见，还是性别偏见影响了语言？寻找答案的一种方法是做实验，比如法蒂玛·克斯洛沙希（Fatemeh Khosroshashi）所做的研究。一些人被要求去读一

些用"man"、"he"和"his"来指代"people"的文本，而其他人则被要求去读一些用性别比较中立的词所写的文本。随后，这些人需要画一些与文本相匹配的画。那些读到了用男性术语所写的文本的人，他们所画出来的画也是男人，他们认为如果文本中用了像"man"、"he"和"his"这样的词，那么所指的就是男性，而不是女性。

与其他社会相比，在那些使用"男性导向"语言的社会中，男性是否更具有支配地位？我们目前尚没有这方面的比较研究。但是罗伯特（Robert）和露丝·门罗（Ruth Munroe）研究了10种（包括6种印欧语系的语言）在名词上有性别区分的语言中阳性和阴性名词所占的比例。两位研究者想要知道在较少偏向男性的那些社会中（比如所有的孩子都享有平等的继承财产的权利），阴性名词是否会比阳性名词所占的比例更高。最后得出的答案是肯定的。如果我们想要去发现语言差异是如何与文化的其他方面

联系起来的，那么这样的研究是非常重要的。假如"男性导向"的语言与男人的主导地位并不相关，那么性别偏见就不是受语言影响的。

基于语言可能影响思维的假设，许多人都在推动英语在用法甚至结构上的改变。让说英语的人去接受一个代替"he"的中性人称代词比较困难；这样的努力可以追溯到18世纪，人们提出了 tey、thon、per、s/he 等的种种建议。虽然这些尝试都没有成功，但是英语的书写和口语已经开始改变。人们开始用"chair/chairperson""police officer""sales assistant/salesperson"这样的词来表示主席、警官、销售员等职务。因此，沃尔夫那句话用现在的语言，应该写成："言语是人（humans）最好的展示……语言帮助人（people）思考。"

（资料来源：Holmes 2001, 305－316; Khosroshashi 1989; Lakoff 1973; Munroe and Munroe 1969; Romaine 1994, 105－16; Wardhaugh 2002, 317.）

英语和马来语。[95]

会两种或两种以上语言的人相互交流的时候，会发生什么呢？他们会经常进行语码转换，在交谈中

91. M. R. Haas 1944, 142－149.
92. Keenan 1989.
93. Holmes 2001, 289.
94. Tannen 1990, 49－83.
95. Wardhaugh 2002, 100.

使用不止一种语言。[96] 转换会发生在西班牙语和英语双语句子中的中间部分，就好比"No van a bring it up in the meeting"（"no van a"是西班牙语，"bring it up in the meeting"是英语，整句话的意思是"他们不会在会议上说这件事"）。[97] 转换也会发生在话题或情境改变的时候，比如从社交闲聊转到讨论学业的时候。为什么说不止一种语言的人有时候会进行语码转换呢？尽管说话者有各种各样不同的转换的原因，但有一点是明确的：转换并不是懒惰或无知造成的随意混合。语码转换涉及大量关于两种或更多语言的知识，以及关于在这个社区里说什么话合适的意识。例如，在纽约城的波多黎各社区，在同一个句子内进行语码转换在朋友间的对话中是非常普遍的，但当一个看起来像说西班牙语的陌生人靠近的时候，对话就整个都转换成西班牙语了。[98]

尽管每个社区对于语码转换都有各自的规则，但要解释实践中的差异，还需要看更宏观的政治和历史背景。例如，为什么在特兰西瓦尼亚，说德语的人很少与罗马尼亚语（这个地区的国民语言）进行语码转换？或许是因为在第二次世界大战结束前，该地区说德语的人一直拥有经济上的特权地位，看不起没有土地的罗马尼亚人和他们的语言。在社会主义时期，说德语的人虽然失去了经济特权，但仍会在他们自己人内部说德语。当地说德语的人也会用罗马尼亚语，但只是在唱下流歌曲之类的情况下。在说德语的奥地利的一个匈牙利人地区，情况则反了过来。这个农业地区于 1921 年并入奥地利，其人口都是相当贫穷的农民。"二战"后，大规模的商业扩张开始吸引农村地区的劳动力，于是许多匈牙利人渴望在工厂中谋得工作。年青一代把德语视作更高地位和向上流动的象征，因此他们在交谈中经常进行匈牙利语和德语之间的语码转换也不足为奇。事实上，对于第三代来说，他们更愿意说德语，除非他们需要与说匈牙利语的长辈对话。类似的模式

在世界上的其他地方也很常见，政治上占主导地位的群体，语言也会成为主流。[99]

文字和读写能力

我们非常依赖文字，很难想象没有文字的世界会是什么样子。然而，自有人类起到现在，大部分时间里人类是没有文字的，而且大量甚至大部分人类成就都早于书面语言的发明。父母和其他教导者通过口头指导和示范来传承知识。在还没有文字的时候，已经出现了大量故事、传奇和神话（我们称之为口头文献）。这并不是说文字不重要。有了文字，多得多的信息和文献才得以保存更长的时间。最早的文字系统是大约6 000 年前才出现的，与早期的城市和国家有关系。早期的文字主要是为了系统地做记录，比如记录和保存存货和交易的账单。在早期，可能只有精英才会读和写——实际上，全民的读写能力直到近代才成为许多

儿童不需要帮助就能学会家里人说的语言，但如果没人指导就无法学会读写。如今，大部分文化里的儿童都能在学校学会读写。图中这些特罗布里恩群岛的儿童，每周在学校可以穿一次传统服饰

国家的目标。但是，大部分国家远没有实现全民具备读写能力这一目标。就算是在那些奉行全民教育的国家，教育的质量和教育期限的长度也明显随着亚文化和性别的差异而不同。就好像某种说话的方式被认为要比其他方式高级一样，能读会写通常也被认为要优于文盲。[100] 但是，人们需要具备的是哪种或哪些语言的读写能力呢？正如我们在濒危语言的那个专题中所讲到的，最近有很多人努力去用文字记录那些以前只有口语的濒危语言。显然，这些语言较少有文本，而其他的语言却有大量的书面文本。随着越来越多的知识在书本、报刊和数据库中保留和存储，获取相关书面语言的读写能力对成功就越来越重要。而且，文本并不仅仅传达实用的知识，它们还能传达与书面文本相关联的这种语言中的态度、信仰和价值观等文化特征。

小结

1. 语言在各类社会中发挥的重要作用是交流。尽管人类交流的方式不限于口头语言，但这类语言极其重要，因为它是共享和传承文化的主要工具。

2. 并非只有人类才有交流系统。其他动物的交流方式多种多样，比如通过声音、气味、肢体运动等。黑猩猩和大猩猩学习和使用语言的能力表明，用符号交流的能力不是人类独有的。不过，人类语言作为一种交流系统的独特性，在于其口头表达和符号特征允许对意义的无限次组合和再组合。

3. 人类非口语的交流方式包括手势、特殊习惯、肢体运动、面部表情、标记和姿势。非口语的语言交流还包括音调、口音和非言语类声音，以及语言本身以外用来沟通的各种声音。

4. 描写（或结构）语言学家试图发现音系（语音模式）、词法（声音序列和词语的模式）和句法（短语和句子的模式）的规则，凭借这些规则能预测相关语言的大部分使用者的说话方式。

5. 通过对词源和语法的分析，历史语言学家对某些语言源自共同祖先语言的观念进行检验。其目标在于重构原始母语的特质，针对分支语言从原始母语中分化的方式提出假说，并判断大致的分化年代。

6. 说同一种语言的多个群体如果由于物理或社会区隔而失去交流，其语言就会逐渐在音系、词法和句法上积累起微小的变化，并由此形成方言。如果区隔持续下去，原本属于同一种语言的不同方言就有可能演化成彼此独立的语言——不同语言的使用者理解不了对方的语言。

7. 区隔会带来语言社群之间的日渐分化，接触则会带来更多的相似之处。这种效应明显体现在互不相通的语言相互接触并采借词汇的时候，采借而来的词通常用于命名来自其他文化的新事物。

8. 有人在解释语言的多样性时，重点关注语言和文化的其他方面之间可能的互动。一方面，如果可以表明文化会影响语言的结构和内容，那么语言的多样性就至少部分源自文化的多样性。另一方面，文化和语言之间影响的方向可能是反过来的，语言结构可能影响文化的其他方面。

9. 近年来，有些语言学家开始研究人们说话时实际使用语言方式的差异。这类语言研究被称为社会语言学，主要关注言语民族志——不同社会语境下人们说话的文化和亚文化模式。

10. 在使用双语或多种语言的人群中，语码转换（在交流过程中使用两种或两种以上的语言）变得越来越普遍。

11. 书面语言只能追溯到 6 000 年前，而书写和文字记录日益重要；如今，全民读写能力已成为大部分国家的重要目标。

96. Heller 1988, 1.
97. Pfaff 1979.
98. Wardhaugh 2002, 108.
99. Gal 1988, 249 – 255.
100. Collins and Blot 2003, 1 – 3.

第十六章

食物获取

在北美社会中，大部分人获取食物的方式都是去超市：在超市耗费一个小时，从货架上挑选够吃一周的食物，然后拿将其回家中冷藏。季节变换对我们获取食物没有什么影响。但是，我们不会考虑假如食物没有运送到超市将发生什么。如果那样，我们就没吃的了，而如果一段时间都不进食，我们就会死。尽管谚语道"人活着不是单靠食物"，但如果没有食物，我们将不可能生存。因而，对于生存而言，获取食物的活动远比其他所有活动都重要。繁衍、社会控制（保持群体内部的和平和秩序）、抵御外部威胁、将知识和技能传递给后代，如果没有从食物中获得的能量，所有这些都不可能实现。但是，生存和长期繁衍所需的不是只有能量。食物获取策略需要能在不同的季节和变化的环境中提供合适的营养组合。食物获取活动的重要性还在于，通过一个社会获得食物的方式，可以很好地预测该社会文化的其他方面，从社群规模、定居形式到经济类型、不平等程度和政治制度类型，甚至艺术风格以及宗教信仰和实践。

与北美社会和类似的社会不同，许多社会里都没有专门负责获取食物的人。在那样的社会里，几乎所有青壮年都参与食物获取活动，以满足他们自己和家庭成员的生存需要。我们可以将这类经济描述为自给型经济（subsistence economy）。在数百万年的时间里，人类通过采集野生植物、狩猎或食腐、捕鱼来获得生存所需的食物。农业是相对晚近才出现的现象，历史只有大约 1 万年。机械化或工业化农业只有 100 多年的历史。收割机械的使用历史稍微长一点点，但自力推进的机械直到内燃机和石油工业出现后才开始发展。

本章将讨论不同社会获取食物的不同方式，以及不同模式的一些特征。我们会探讨为什么不同社会的食物获取策略不同。我们会看到，一个社会的物理环境对其食物获取方式的影响或限制是有限的。为了进一步解释策略差异，我们在本章最后将讨论史前社会从采集野生食物资源到栽培植物和养殖动物的转变。

觅食

觅食或食物采集是人类通过采集、狩猎、食腐、捕捞等方式获取野生动植物资源的食物获取策略。尽管觅食是人类在历史上大部分时期中获取食物的方式，但到了今天，觅食者（也被称为"狩猎采集者"）已经为数不多，大部分生活在被视为"边远"的地区，比如沙漠、极地和热带雨林，在这样的地区，使用现代农业科技不太容易。在近几百年内，只有约 500 万人还保留觅食者的身份。[1]

人类学家对于研究少数依然可以观察到的食物采集社会很感兴趣，因为它们有助于我们理解人类过往生活（当时所有人都是觅食者）的某些方面。但是，通过对近现代觅食者的观察来对过去做出推论，是要小心的，原因有三点。第一，早期觅食者居住在几乎所有种类的环境中，包括一些物产丰富的地区。因此，我们所看到的那些居住于沙漠、北极和热带森林的近现代觅食者，其生活方式可能与从前居住在更有利环境中的觅食者并不一样。[2] 第二，当代的觅食社会并不是以前的遗存。就像所有当代社会那样，它们是历经发展而来的，而且还在持续发展。实际上，最近的研究显示，源自共同祖先的觅食社会，其经济行为和社会结构可能存在相当大的差异，这说明近来的觅食者对不同的地方性环境状况做出了不同的回应。[3] 第

三，近现代的觅食社会已经与直到 1 万年前才出现的各种社会发生了互动，包括农业社会、畜牧社会及强有力的国家社会。[4] 例如，来自南亚和东南亚的证据显示，与农业社会的贸易可能是觅食社会几千年来经济策略的重要组成部分。[5] 而且，在比较晚近的时期，觅食者除了依赖贸易，也越来越多地依赖农业和商业活动。总之，我们看到的晚近觅食者的生活状况，已经不同于遥远的过去，觅食还是唯一生计方式时的情形。

让我们讨论觅食者生活的两种迥异的环境：澳大利亚和北美的北极地区。

澳大利亚土著

在欧洲人抵达澳大利亚大陆之前，生活在那里的土著居民都以食物采集为生。尽管人们认为澳大利土著的生活方式已经发生了很大的改变，但我们认为 20 世纪 60 年代理查德·古尔德（Richard Gould）描述的澳大利亚西部吉布森沙漠（Gibson Desert）中的恩噶塔加拉人（Ngatatjara）值得研究，当时，他们还延续着以采集野生植物和捕猎野生动物为生的生活方式。[6]

恩噶塔加拉人所在的沙漠环境年平均降雨量不超过 20 厘米，夏天温度最高可达 48 摄氏度。唯有的几个永久性水井被数百平方千米的沙地、矮树和

岩石分隔开。即使在欧洲人到达澳大利亚之前，该地区的定居人口也很稀疏——人均居住面积在90到100平方千米。现在这里的人口更少了，因为土著人口由于疾病的侵入和殖民者的虐待而大幅下降。

恩噶塔加拉社会典型的一天是，在日出前营地就开始骚动了，那时天还很黑。孩子们被派出去找水，大人们用前一晚剩下的水和食物做早餐。趁着清晨的凉爽，成人们交谈并计划一天的活动。他们应该去哪里寻找食物——是最近去过的地方还是一个新的地方？有时候他们会考虑其他的问题。例如，一个女人可能想要寻找某种植物，用它的树皮来做新凉鞋。一旦女人们决定她们想要采集的植物和最可能找到它的地方，她们就会拿着掘土棒，将装满水的巨大木碗平置于头顶，然后出发。孩子们骑在她们臀上或走在旁边。与此同时，男人们可能决定去捕猎鸸鹋，这是一种约1.8米高的鸟，类似于鸵鸟，也不会飞。男人们走到小溪下游，他们将埋伏在这里以捕获任何可能经过的猎物。他们耐心地趴在搭建的灌木丛屏风之后，等待时机对准一只鸸鹋或甚至一头袋鼠投矛。他们只能投一次，因为如果没投中，猎物会马上逃跑。

中午，所有人回到营地，每个女人的木碗里装着多达7千克的水果或其他植物果实，可能还有蜥蜴，男人们常常只是带回一些野兔之类的小猎物。因为男人们往往无功而返，恩噶塔加拉人的日常饮食更多是植物类食物。下午，人们休息、闲聊，制作或修理工具，女人们准备晚饭，傍晚时分大家吃饭。

恩噶塔加拉社会传统上是流动社会，更换营地非常频繁。一般来说各个营地是孤立的，仅居住着数量很少的人口；有的营地是多个群体的聚集地，人口可多达80人。营地不会挨着有水的地方。因为如果营地太靠近水源，就会惊扰到猎物，还可能引起邻近游群的不满，其他游群也一样会守在稀缺的水源地等待猎物。

如今，许多土著居民都居住在小型的定居村庄中。例如，人类学家维多利亚·伯班克（Victoria Burbank）描述了澳大利亚北部的一个她称为"红树林"（Mangrove）的村庄，她于20世纪80年代在该地做田野调查。这个曾经流动的土著群体现在居住的小村庄，是在20世纪50年代围着一个新教传教站建立的，人口数量大约有600人。这些人居住在有火炉、冰箱、厕所、洗衣机甚至是电视机的房屋里。孩子们上全日制学校，还有一个卫生诊所满足村民的医疗需要。他们偶尔也觅食，但大部分食物来源于商店。一些人挣取工资，更多人依靠政府的福利支票生活。[7]

因纽特人

澳大利亚土著居民的饮食主要是野生的植物类食物。但是，对于一年到头都居住在北美北极圈的因纽特人而言，非常稀缺的植物不可能成为他们饮食中的主要部分。从东部的格陵兰和拉布拉多到西部的阿拉斯加，因纽特人几乎完全依赖鱼类与海洋及陆生哺乳动物。（许多西方人称因纽特人为"爱斯基摩人"，但这一区域内任何土著居民的语言中都没有这个词。北极圈的许多土著群体，尤其是居住在加拿大的土著居民，更愿意别人称他们为"因纽特人"。）我们可以按照埃内斯特·伯奇（Ernest Burch）的重构，来描述19世纪初期阿拉斯加北部伊努皮克人（Inupiaq）的传统生活。[8]阿拉斯加北部在同维度的地区算是相对"暖和"的，但没有大部分维度更低的地区那样温暖：冬日里一个月内只

1. Hitchcock and Beisele 2000, 5.
2. C. R. Ember 1978b.
3. Kent 1996.
4. Schrire 1984a; Myers 1988.
5. Morrison and Junker 2002.
6. 对澳大利亚土著居民的讨论基于 R. A. Gould 1969。
7. Burbank 1994, 23; Burbank 2009b.
8. Burch 2009; 1988.

伊努皮克猎人将两头驯鹿带回家（图片来源：© Staffan Widstrand/CORBIS, All Rights Reserved）

有很少的阳光和零下的气温，很难说是暖和。每年10月，河流和湖泊结冰，直到来年5月才能解冻。在冬天里的某些时候，甚至是海洋也会结冰。

　　伊努皮克人能获得什么样的食物，主要取决于季节，但他们最重要的食物来源是海洋里的哺乳动物（大到鲸鱼，小到海豹）、鱼类，以及北美驯鹿。猎杀海洋哺乳动物时，常常需要从皮筏上投掷捕鲸标枪。要杀死一头正在游动的海洋哺乳动物很难，所以猎手叉到猎物后，会放出线圈，线的另一端是海豹皮做成的浮漂，用于标记被叉中的海洋哺乳动物所在的地方。海洋哺乳动物拖着浮漂游动渐渐疲倦，等到它们游不动的时候，猎手们就用长矛将其刺死。一名男子自己就可以设法猎杀较小的海洋哺乳动物，但要捕杀鲸鱼则需要一群男子的力量。在冬季，当海上的冰块融化时，猎手们会使用一种不同的猎杀技巧。猎人们必须找到呼吸孔，然后在那里安静专注地守候几个小时或好几天，直到海豹爬上来呼吸新鲜空气。海豹爬出冰洞的瞬间，猎手们就用鱼叉精确地瞄准而将其捕杀。

　　妇女们负责宰杀动物，为烹饪或储存做准备，并处理动物的皮毛。女人们还要缝制皮衣。她们也会猎杀野兔之类的小型动物，并做很多捕鱼方面的工作。捕鱼要使用多种技巧，包括挂钩、拉线、用矛刺、用网或水坝拦截伏击。女人还会制作渔网，做一张渔网要花大半年时间。尽管植物不多，但妇女们还是会做采集植物的工作。

　　有亲戚关系的家庭通常住在一起，人们会用船只或雪橇搬迁营地，以便在最好的地方拦截到正在迁徙的哺乳动物和鱼类。例如，北美驯鹿会随着季节迁徙，伊努皮克人会在预计它们要经过的地方修

表 16-1 食物获取方面的差异和相关特征

	觅食者	园圃种植者	牧民	精耕细作者
人口密度	最低	低到中等	低	最高
群体规模的最大限度	小	小到中等	小	大（城镇和城市）
流动/定居生活方式	通常是流动或半流动	更倾向于定居，群体可能定居数年后才迁徙	通常是游牧或半游牧	永久性社区
食物贮存	罕见	罕见	常见	常见
贸易	极少量	极少量	非常重要	非常重要
全职技术专家	没有	没有或很少	一些	很多（专业化程度高）
个人间的财富差异	一般没有	一般很小	中等程度	相当大
政治领导阶层	非正式	一些兼职官员	兼职或全职官员	许多全职官员

建围栏。有亲戚关系的家庭组成一个网络，在数千平方千米的区域内移动，只有在和其他群体商讨好其他安排之后，才会迁出这个区域范围。

以上描述的是 19 世纪的情况，从那时以来，许多事都发生了变化。现在的伊努皮克人住在村子里或镇上，享受着现代的便利。在基瓦利纳（Kivalina）的村庄里，他们的永久性住房有电力供应，还有电话和电视机。适合全地形的车辆和雪地摩托车取代了狗拉雪橇。强有力的舷外发动机远胜皮筏。男女都有专职的有薪工作。尽管现在伊努皮克人的大部分食物是购买而来的，但他们仍然喜爱传统食物，因此在周末会去狩猎和捕鱼。

觅食者的一般特征

尽管居住在不同的地域和气候条件下，使用不同的食物采集技术，但澳大利亚土著、因纽特人以及多数其他近现代的觅食群体都有一些典型的文化模式（见表 16-1）。他们大多居住在地广人稀的地区，群体内人口不多，采用流动的生活方式，没有永久性的居住地。一般来说，他们并不认可个人的土地所有权。群体内一般不存在阶级区分，通常没有专门或全

职的官员。[9] 觅食社会中的劳动分工主要以年龄和性别为基础：男人们专门负责捕猎大型的海洋或陆生哺乳动物，往往承担大部分的捕鱼工作，女人们通常采集野生植物的果实。[10] 觅食者必须判断出哪些植物或动物可作为采集的目标。我们在下一章会讨论最优觅食理论（optimal foraging theory），它有助于我们理解觅食者做出的某些决策。

是否存在一个适用于所有觅食社会的典型食物获取模式？许多人类学家假定典型的觅食者更多地从采集而不是狩猎中获取食物，女人们在维持生存方面的贡献比男人们更多，因为女人们一般从事采集工作。[11] 尽管采集对于一些觅食社会而言是最重要的食物获取活动（比如恩噶塔加拉人和南非的昆人），但在我们所熟知的大多数食物采集社会中，这并不是事实。一项对 180 个类似社会的调查显示，在哪种食物获取活动更重要这个问题上，社会间存在许多差异。最重要的活动是采集的社会占 30%，是狩猎的占 25%，是捕鱼的占 38%。（这就是为什

---

9. 数据资料来自 Textor 1967 和 Service 1979。
10. Murdock and Provost 1973, 207.
11. R. B. Lee 1968; DeVore and Konner 1974.

么我们更喜欢用"觅食者"而不是人们通常用的"狩猎采集者","觅食者"这个词能让我们也意识到捕鱼的重要性。）无论如何，在近现代的觅食者人群中，因为男人们除了狩猎外也普遍从事捕鱼，所以男人在食物获取方面的贡献要大于女人。[12]

因为觅食者经常搬迁营地，行走很远的距离，所以看上去食物采集这种生活方式很艰难。尽管我们没有足够数量的研究来说明大多数觅食社会的典型特征，但是对两个澳大利亚土著群体[13]和一个昆人部落[14]的研究显示，这些觅食者并不需要花费很多时间来获得食物。比如，一个成年昆人每周大约花 17 个小时去采集食物。即使加上制作工具的时间（大约每周 6 小时）和做家务的时间（大约每周 19 小时），昆人也似乎比我们即将讨论的许多种植者拥有更多的闲暇时间。

复杂的觅食社会

当我们说觅食社会倾向于具有某些特征时，并不是说所有的觅食社会都具备这些特征。在以觅食为生的社会之间，差异可能很大。比起主要以狩猎和采集为生的社会，主要依靠捕鱼的觅食社会（比如美国和加拿大西北部的太平洋海岸或者新几内亚南部海岸的土著社会）更可能形成较大、较持久的群体以及更大程度的社会不平等。[15]太平洋沿岸和新几内亚海岸线的土著群体往往人口密度更高，还有食物储存、职业专门化、资源所有权、奴隶制和竞争等现象。[16]两个主要依赖每年大麻哈鱼洄游的觅食群体，美国阿拉斯加东南部的特林吉特人（Tlingit）和加拿大不列颠哥伦比亚省的宁普凯什人（Nimpkish），其社会分成三个等级：上层阶级、平民和奴隶。上层阶级的个人有义务举办精致的夸富宴并仪式性地分配贵重物品。[17]这些文化中的不平等和竞争程度要远高于一般的觅食社会，后者的社会分化程度非常低。在世界范围内对觅食社会的

研究中，那些更多依赖捕鱼的觅食社会，会比其他觅食社会更倾向于内部竞争。这可能是因为在一些捕鱼点比在别的地方更容易有渔获，由此引发了人们的竞争。[18]

在新几内亚，大约 40 个社会几乎完全依靠觅食为生。野生西米为这些觅食者提供了大部分的碳水化合物，但是觅食社会在蛋白质的获取方式上存在相当大的差异。保罗·罗斯科（Paul Roscoe）发现，对捕鱼的依赖程度与人口密度和社区规模密切相关。[19]比如，对捕鱼的依赖度高于 75% 的社会具有约 350 人的平均社区规模，与之相比，依赖度低于 25% 的社会仅具有约 50 人的社区规模。一些村庄可能还要大。一个阿斯玛特（Asmat）村庄有超过 1 400 人，一个渥欧盆（Waropen）村庄则有超过 1 700 人。

食物生产

大约从 1 万年前开始，居住地相当分散的不同人群中出现了革命性的变化，人们转向了食物生产，也就是说，他们开始驯化植物和动物。（被驯化的植物和动物不同于其野生祖先种。）随着对这些食物资源的驯化，人们能够控制某些自然进程，例如动物繁殖和植物播种。如今，世界上大多数人的食物有赖于一些经过驯化的植物和动物的组合。

人类学家一般将食物生产分为三种主要类型——园圃种植（horticulture）、精耕细作或集约型农业（intensive agriculture）和畜牧业（pastoralism）。

园圃种植

园圃种植一词可能唤起这样一幅图景：长有"绿拇指"的人们在温室中种植兰花和其他花朵。但对人类学家而言，该词意味着在没有永久性种植田地的情况下，用相对简单的工具和方法种植各种各样

的农作物。所用的工具通常是人力操作，比如掘土棒或锄头，而不是由动物或牵引机拉动的犁或其他设备。方法一般不包括施肥、灌溉或其他在种植季后保持土壤肥力的手段。

存在两种园圃种植。更普遍的一种依靠粗放耕作或迁徙耕作（extensive or shifting cultivation）。人们在一片土地上短期耕作后弃耕数年。在土地被弃耕的几年里，野生植物疯长；而后，人们再用刀耕火种技术清理这片土地，营养物质又回归土壤。另一种园圃种植依赖常年生的木本作物。两种园圃种植形式可能共存于同一个社会中，但不管是哪一种，都不是在固定的田地上耕作作物。

大多数园圃种植社会都不是只依赖农作物来获得食物。许多园圃种植社会中的人也打猎和捕鱼，还有一些在一年中的部分时间里是流动的。例如，巴西亚马孙平原的卡亚颇人会离开村庄 3 个月之久，艰苦跋涉穿过丛林去搜寻猎物。整个村庄的人都参与这样的跋涉，他们携带大量种植出来的食物，每天更换营地。[20] 还有一些园圃种植社会饲养驯化的动物，但不是像牛或骆驼那样的大型动物。[21] 园圃种植社会更多是饲养较小的动物，例如猪、鸡、山羊和绵羊。

现在让我们来关注两个园圃种植社会，巴西和委内瑞拉一带亚马孙平原的亚诺马米人和南太平洋的萨摩亚人。

亚诺马米人

亚诺马米人生活的区域大多被密集的热带丛林覆盖。从上空俯视，典型的亚诺马米村庄坐落在林间空地中，看起来像一座巨大的环形坡面屋，内里是中心广场。各个家庭居住在同一个屋檐下，每个家庭在坡面屋中有自己的一段。每个家庭有各自的背墙（是环形村庄建筑外部封闭背墙的一部分），但各个家庭的房屋既向中心广场敞开，也向彼此敞开。

亚诺马米人从园圃的产出中获得大部分热量，但雷蒙德·黑姆斯（Raymond Hames）认为，亚诺马米人实际上花费大量时间从事觅食活动。[22]

在种植之前，人们必须清理森林中的树木和灌木丛。和大部分迁徙耕作者一样，亚诺马米人使用一种混合技术：砍掉矮树丛、砍伐树木，控制用火来清出园地——换言之，刀耕火种的园圃种植。在 20 世纪 50 年代以前，亚诺马米人只有石斧，因而砍伐树木十分困难。现在他们拥有铁制大砍刀和斧头，由传教士赠送或与之交换而来。

耕作需要先清出园圃，因而亚诺马米人偏爱只有少量多刺灌木和大树的小片林地。[23] 清理出土地后，亚诺马米人种植大蕉、木薯、甘薯、芋头和各种各样用作医药、佐料和工艺材料的植物。男人从事繁重的清理工作来预备园圃，并和女人一起种植作物。女人通常每天都去园圃除草和播种。两三年之后，产量减少，林木重新生长，再耕作下去只会越来越困难，此时，他们就会弃耕，清理出一片新的园地。如果可能，他们会清理毗邻的森林，但如果园圃离村庄很远，他们就会把村庄迁到新的地点。由于园地的需要和战争，村庄大约每隔五年迁徙一次。村庄间的突袭很普遍，因此村庄经常被迫转移到另一个地方。

这种粗放型的耕作需要大量土地，因为只有在林木重新生长的情况下，人们才会去清理出新的园地。更换园地的重要性经常被误解。被火烧过的田

12. C. R. Ember 1978b.
13. McCarthy and McArthur 1960.
14. R B. Lee 1979, 256–258, 278–280.
15. Palsson 1988; Roscoe 2002.
16. Keeley 1991; R. L. Kelly 1995, 293–315.
17. Mitchell 2009; Tollefson 2009.
18. C. Ember 1975.
19. Roscoe 2002.
20. D. Werner 1978.
21. Textor 1967.
22. 本部分主要基于 Hames 2009 的研究结果。
23. Chagnon 1983, 60.

一个亚诺马米人在给木薯削皮
（图片来源：Victor Englebert/Photo Researchers, Inc.）

地不仅更容易种植，而且焚烧的有机物能为田地提供良好收成所必需的营养物质。如果园圃种植者太快回到植被覆盖率仍然很低的地方种植，就不可能获得好的产出。

亚诺马米人的农作物无法提供很多蛋白质，因此打猎和捕鱼对于他们的饮食至关重要。男人用弓和箭猎杀鸟类、西貒、猴子和貘。男人、女人和小孩都喜欢捕鱼。他们用小型的弓和箭以及在溪水中下毒来捉鱼。尽管常常爬到树上摇下坚果的是男人，但每个人都采集蜂蜜、棕榈芯、巴西栗和腰果。大多数的觅食活动在村庄范围内进行，但同卡亚颇人一样，亚诺马米人可能不时会艰苦跋涉去觅食。

萨摩亚人

1839 年，欧洲传教士抵达不久时，萨摩亚人还

有 5.6 万。[24] 夏威夷群岛以南约 3 700 千米的萨摩亚群岛最初是火山，中央的山峰高达 1 800 米。尽管山地非常陡峭，但岛上有苍翠的植被覆盖，年降雨量高达 5 米（是纽约市年降雨量的 5 倍）。降雨并不太妨碍户外活动，因为猛烈的阵雨不会持续太长时间，而且雨水在多孔的火山岩土壤中会迅速消失。气温相对稳定，很少会超出 21 摄氏度到 31 摄氏度这个范围。每年大部分时间都有来自东部或东南部的强冷空气，站在海滩边，你可以听到一种持续而低沉的隆隆声从太平洋传来，那是海浪涌入岸边珊瑚礁时发出的声音。

萨摩亚人在园圃中种植的主要是三类作物，除了收割季节，它们都只要耗费很少的工作量。面包树成活后，只要等待几年，就能每年连续收获两次，而且可以连续收获半个世纪之久。椰子树可以持续产出 100 年。香蕉植株不但会结出新的果实，每根茎秆上的果实重达 23 千克，而且可以持续产出多年；只需砍掉一根茎秆就能让香蕉植株再长出新的茎秆。年轻男子主要负责收获这三种作物。妇女们偶尔做些除草的工作。

萨摩亚人也会从事迁徙耕作；男子定期清理小块的土地种植芋头，这种植物是他们的主食。在休耕让灌木丛长出以恢复土壤肥力之前，芋头地可以出产好几茬的芋头。栽种芋头不需要耗费太多的劳力，即使是播种，也仅仅需要从收获的芋头上切下一片，铺上薄薄的一层土。年轻男子承担栽种和收割的工作。芋头地偶尔需要除草，这主要是妇女的工作。这种散漫的耕种方式引起了船员哗变的"邦蒂号"船长布莱（Bligh）的误解，他将塔希提人描述为懒人。[25] 显然，布莱船长持族群中心主义的态度。像萨摩亚人和塔希提人这样的南太平洋岛民，除草不能像欧洲农民那样频繁，否则就有可能造成土壤流失，因为较之于欧洲平整或偶尔有一些坡度的农田，萨摩亚和塔希提几乎到处是陡峭的农田。萨摩

美属萨摩亚群岛可耕的平地非常少。为了防止土壤流失，必须将庄稼间种在自然生长的灌木丛中。如果完全清除灌木而只种庄稼，
频繁而猛烈的大雨很快就会将疏松的火山岩土壤表层冲刷掉（图片来源：© Melvin Ember）

亚人和塔希提人不去给庄稼除草而让其自在地生长，这最大程度地减少了土壤的流失；各种深浅根部结构的植物生长在一起，让猛烈的阵雨不至于冲刷掉疏松的火山岩土壤。

　　萨摩亚人饲养鸡和猪，不过只是偶尔吃一下鸡肉和猪肉。萨摩亚人主要的动物蛋白来自鱼类，他们经常在珊瑚礁内外捕鱼。年轻的男子会游入珊瑚礁外的深海，用投掷器叉鱼；年长一些的男子则更可能站在珊瑚礁上，将四面锋利的长矛掷向在珊瑚礁内游动的鱼。多年来，萨摩亚的村民将晒干的椰子肉卖到世界市场制作成椰子油。在椰子成熟自行掉落地面之后，通常是男人们将椰子壳砍开。他们卖掉椰子拿到现金后，往往会购买一些进口的物品，比如弯刀、煤油和面粉。大多数村民仍在生产日常所需的大部分食物，但是很多人已经迁到更大

岛屿上的小镇和夏威夷及美国本土的城市，以便寻找有薪水的工作。

园圃种植者的一般特征

　　在大多数园圃种植社会中，人们可以利用简单的农耕技艺从特定区域收获比觅食者能找到的更多的食物。因此，园圃种植有能力支撑更大、人口更稠密的社区。尽管社区可能几年后就迁移到新的地点耕作，但园圃种植者的生活方式比觅食者的更为固定。（一些园圃种植者拥有永久性村庄，因为他们获取食物主要依赖持续产出果实等的树木。）比起近现代的大多数食物采集群体，园圃种植社会展现出

24. 本节主要基于梅尔文·恩贝尔 1955—1956 年在美属萨摩亚群岛的田野调研资料。
25. Oliver 1974, 252 – 253.

社会分化的端倪。例如，一些人可能是兼职的工匠或者兼职的官员，一个家族中的某些成员可能比该社会中其他个人的地位更高。

集约型农业

集约型农业采用的技术让人们能够在土地上长久耕种。为了让重要的营养物质回归土壤，人们会使用肥料，可能是有机肥料（最常见的是人类或其他动物的粪便），也可能是无机（化学）肥料。此外，还有其他恢复土壤肥力的方法。居住在肯尼亚西部的卢奥人在玉米作物周围种植豆类。在豆类作物根部生长的细菌弥补了土壤中失去的氮，而玉米作物正好能为豆类作物提供可缠绕的茎秆。一些精耕细作者从溪流中引水灌溉，以使土壤获得水中的营养物质。轮作和栽培已被犁掉的麦茬也有助于恢复土壤的肥力。

一般而言，集约型农业的技术要比园圃种植的更复杂。人们更普遍使用的是犁而不是掘土棒。但是，集约型农业在多大程度上依赖机械而非人力，不同社会间的差异很大。一些社会中，最复杂的工具是由动物牵引的犁；而在美国的玉米和小麦种植地带，巨大的拖拉机一次就能完成 12 行作物的犁地、播种和施肥工作。[26]

现在，让我们看看两个集约型农业群体的情况，它们分别位于希腊的乡村和越南的湄公河三角洲。

希腊的乡村

在皮奥夏（Boeotian）平原的帕纳塞斯山（Mount Parnassus）山脚，有一个叫瓦西里卡（Vasilika）村庄。根据欧内斯廷·费里德尔（Ernestine Friedl）在 20 世纪 50 年代的描述，当时这个村子里居住着大约 220 人。[27] 他们种植葡萄和小麦供日常食用。农事开始于每年 3 月，人们修剪葡萄藤和锄草，这些事情被视为男人的工作。人们收获谷物之后，从 9 月开始酿酒，酿酒就要发动全家参与了。男人、女人和儿童边说笑边捡拾葡萄，然后将它们投入巨大的篮子。男人们去掉葡萄串的叶子和茎之后，就开始踩葡萄，然后将压出的葡萄汁转移到桶里。农民在里面加入必要的白糖和酒精之后，还要加入松香，使红酒获得其特有的风味。

10 月，村民使用马给麦田犁地，到了 11 月就得手工播种。第二年夏天小麦成熟时，人们通常使用机器收割。麦子是村民的主食，经常被做成面包、谷类食品（当地人称为 trakhana）或面条。通常，麦子也会被用来交换其他物品，比如鱼、橄榄油和咖啡。

棉花和烟草是主要的经济作物，也就是种植的目的是出售的作物。在干旱的平原乡村，棉花如果要丰收，就需要良好的灌溉，村民们需要使用高效的内燃机调配水资源。在春季耕地和播种之后，棉花地里真正的工作才开始。棉花幼苗必须锄草并用薄膜覆盖，这通常是妇女的工作。棉花栽培的季节对妇女来说尤其艰辛，她们必须做饭和干其他家务，还要在棉花地里干活。7 月开始的灌溉主要是男人的工作。通常每个季节需要进行三次灌溉，工作包括清理灌溉渠里的杂物、装配水泵、通过沟渠引水入田。10 月是摘棉花的季节，这是女人的事情。在摘棉花、锄草和收割季节，一个拥有 2 公顷农田的农户往往需要从同村或邻近村庄雇用妇女，有时候甚至要去更远的镇上请人帮忙。轧棉通常是当地承包商去做，不过每个农户都需要当场支付其收成的 6% 给承包商作为报酬。轧棉时回收的棉籽可以用于下一年的播种。其他残余物被压成饼状，作为给产羊羔的母羊的补充食物。种植烟草的现金收入要高过棉花，而且烟草可以在其他作物的栽培淡季种植。

在村民的经济生活中，饲养动物相对不那么重要。每个农户有一两匹马用来干重活，还有一头骡子或驴子，以及二十来只羊和一些家禽。

湄公河三角洲的越南农民在灌溉后的稻田间劳作，三角洲的大部分地带原本是热带雨林
（图片来源：© KEREN SU/DanitaDelimont.com）

瓦西里卡的农户因应现代发展，准备做一些新的尝试，尤其是机械化。随着栽种面积的扩大，开支也增加了，农户需要使用拖拉机耕地。他们请专业人士完成收割、轧棉和类似的工作。实际上，这个希腊村庄里的农户对农民这个职业很满意，他们在维修屋顶、保养水泵、掌握使用机械收割庄稼的知识方面，则依靠他人的技术。

越南乡村：湄公河三角洲

根据杰拉尔德·希基（Gerald Hickey）在 20 世纪 50 年代晚期的描述，卡纳豪（Khanh Hau）村坐落在平坦的湄公河三角洲，当时有大约 600 个家户。[28] 湄公河三角洲地区属于热带气候，雨季从 5 月持续到 11 月。总体而言，该地区需要有广泛的排水系统才能适宜人类居住。

水稻栽培是卡纳豪村民的主要农业活动。这是复杂、专业化的任务，包括三个相互作用的组成部分：（1）复杂的灌溉和水分控制系统；（2）多种多样的专业设备，包括犁、水车、打谷锤和扬谷机；（3）一系列清晰明确的社会角色，包括地主、佃户、劳工、碾米工、米商等等。

在旱季，农民决定所要种植的水稻类型，是选择成熟期长的（120 天）还是成熟期短的（90 天），这取决于农民所能支配的资金、当前化肥的价格和预期的大米需求量。5 月的细雨软化土地后，农民就开始准备苗床了。土壤被翻过来(犁地)和打碎(耙掘)多达 6 次，两次之间有两天间隔期以"通风"。这段时间里，人们将水稻种子浸泡在水里至少两天以催芽。种植秧苗前，农民从稻田两个正对角度的方向再犁地和耙掘两次。

插秧是必须很快完成的精细、专业化的操作，很多时候是雇来的男性劳动力完成的。但是，有效率的插秧并不足以确保丰收，恰当的肥料和灌溉同样重要。灌溉时，必须采取措施确保水保持在刚刚盖过整个稻田的合适深度。人们通过舀取、车运和机械化抽水等方式分配水资源。从 9 月下旬到来年

26. S. S. King 1979.
27. Friedl 1962.
28. Hickey 1964, 135 – 165.

5月，一茬又一茬的稻米成熟，这时家庭中的所有成员可能都得参与收割。收割完一茬稻米后，人们就进行打谷、扬谷和晒干。通常，收割下来的稻米被分为三份：一份储藏起来以供家庭来年使用，一份用来支付雇佣劳动力和其他服务（例如从农业银行中借用的贷款），一份拿到市场上出售以换取现金。除收割外，妇女们很少参与田间劳动，她们大部分时间忙于家务。但是在一些土地很少的家户中，年轻的女儿会参与田作，而年长的女儿可能向其他家户出卖劳动力。

村民们也种植蔬菜，饲养猪、鸡等，并经常捕鱼。村庄经济通常可以供养三至四个工具制造者和更多数量的木匠。

集约型农业社会的一般特征

与园圃种植社会相比，集约型农业社会更可能拥有城镇和城市、高度专门化的行业、复杂的政治机构，以及财富、权力上的巨大差异。研究显示精耕细作者比园圃种植者的工作时间要更长。[29] 比如，在集约型农业社会中，男人们平均每天工作 9 小时，一周工作 7 天；妇女们平均每天工作将近 11 小时。妇女们的工作主要包括制作食物、在家内或附近劳作，但她们也花费大量的时间去田间劳作。在后面关于性、性别和文化的章节里，我们将讨论妇女工作模式的意义。

尽管一般而言，集约型农业社会比园圃种植社会更多产，但它们更容易面临饥荒和食物短缺的威胁。[30] 为什么单位面积食物产量更高的集约型农业社会，反而短缺的风险更大呢？因为劳动者往往以市场为导向种植农作物。市场促使农民栽培产量最高而不是抗旱性强或需要营养较少的作物。市场导向也让农民倾向于只种植一种作物，而作物多样化通常可以保证总体收成不受环境变化、植物疾病或害虫侵袭的太大影响，因为这些因素不可能同时影响到所有作物。市场需求也时常波动。如果某种作物的市场需求下降导致价格下跌，农民们可能就会没有足够的现金去购买他们所需的其他食物。

农业的商品化和机械化

一些精耕细作者很少出售粮食，他们收获的粮食大部分是供自己的家庭使用的。但在当今的世界潮流下，精耕细作者越来越多地为市场而生产。这一趋势被称为**商品化**（commercialization）。商品化可能涉及生活的各个方面，会让人越来越依赖出售和购买，买卖的交换媒介通常是金钱。商品化有时候是外部压力推动的，比如政府要求税赋必须用金钱缴纳。还有些时候，商品化是因为农民出于种种原因而选择种植经济作物来挣钱。例如，印度的马拉亚利（Malayali）农民栽培木薯这种经济作物，以应对难以预测的降雨。木薯抗旱性强，可以生长在贫瘠的土地上，也可以等到降雨比较规律以后再种下。[31]

农业商品化的趋势与其他一些趋势紧密相关。第一个趋势是伴随着人工劳动力稀缺而来的农业机械化，农业劳动力不足，可能是因为许多人到城镇或城市的工厂和其他服务性岗位工作，也可能是因为雇佣劳动变得十分昂贵。第二个趋势是农业综合企业（agribusiness）的兴起和传播，农业综合企业指的是企业所有的大型农场，其拥有者可能是跨国公司，这样的农场使用的全部是雇佣劳力，而不是家庭劳力。美国东南部棉花种植发生的变化就是一个例子。20 世纪 30 年代，人们用拖拉机取代了骡子和马来犁地。这一变化使得一些地主能够驱逐佃农并扩大耕地范围。第二次世界大战之后，机械化的摘棉机取代了大部分的收割劳动力。但是，农场主必须有足够的钱来购买这些每台要花费成千上万美元的机器。[32] 棉花农场的机械化使得很多乡村

流动的食物

生活在北美的人通常主要从商店购买食物。许多人并不知道食物是从哪里来的——不知道它们原本种在哪里或在哪里饲养。部分原因在于直接参与食物获取的人口相对少（这样的人在美国劳动人口中只占不到1%）。即使算上所有与食物获取有关的活动，比如营销和运输，也只有14%的美国劳动人口与食物的生产和分配有关。如今，美国人从市场购买的许多食物——墨西哥卷饼、莎莎酱、贝果、意大利面、比萨、香肠、酱油、照烧酱——已经成为主流的"北美"食物。这些食物来自哪里？起初，只有来到美国和加拿大的少数族裔和移民群体才食用它们。后来，其中一些食物开始流行并被广泛消费。简而言之，它们同苹果派一样变成了"美国的"。

这些食物的许多原料可以追溯到很早以前的人类活动。想想现在许多人喜爱的比萨中使用的原料吧。生面团是用小麦面粉做的，小麦最初生长在大约1万年前的中东。人类学家是如何知道这些的？考古学家已经在古老的中东遗址中发现了麦粒，他们也找到了当时用来将小麦磨成面粉的平坦石头和石头擀面杖（经由对石头上残渣进行显微镜分析确认）。那么比萨中使用的其他原料呢？奶酪最早也出现在中东，最晚5000年前就有了（一些那个时候的书提到了奶酪）。西红柿最初生长在几千年前的南美洲，它们被带到西红柿派（后来演变成比萨）的发源地意大利是在不到200年前。直到100年前，西红柿（一些人心目中比萨最重要的原料）在东欧人看来还非常新奇，以至于他们因害怕其叶子对人类和其他一些动物有毒而不敢食用西红柿。另一种意大利美食是意大利面，类似的面条（从中国）传到意大利是在不到500年前。所以，和意大利面一样，比萨中的主要原料都不是意大利本土的。

神奇的是，食物常常能去到很远的地方，通常被是喜爱它们的人带到世界各地。还有一些食物，在还没有被做成食物的时候，也能去到很远的地方。比如，北大西洋、地中海和加勒比海的蓝鳍金枪鱼（重量可能超过450千克）能够从聚食地游几千千米到繁殖地。这种鱼是日本寿司（由日本传播到全世界的佳肴）的重要原料，已经濒临灭绝。

（资料来源：Diament 2005, pp. A32 - 34; Revkin 2005, F1, F4.）

剩余劳动力迁移到北方城市找工作，农业部门越来越像一个大企业。第三个与农业商品化相关的趋势是从事包括动物饲养在内的食物生产的人口的比例下降。比如，在当今美国，只有占劳动人口不到1%的人在农场工作。[33] 第四个趋势是，如今人们生产的用于销售的大部分商品都是从其他国家进口来的或被用于出口。比如，夏天的时候，人们会用船将水果和蔬菜运送到本地不怎么出产这类新鲜产品的地方。各种食物的传播并不新奇（参见专题"流动的食物"），但如今传播加速了。在讨论经济的下一个章节里，我们将更详细地探讨全球朝向商品化或市场经济的转变的影响。

工业社会的"市场觅食"

在美国和加拿大这样的国家，食物主要来自少数人从事的集约型农业和动物饲养业。这些专事食物生产的人谋生，主要靠将动植物产品卖给市场商人、批发商和食品加工商。实际上，这些国家里的大部分人都不清楚如何种植庄稼或饲养动物。在市场或超市里的食品都已经被其他专业人士加工处理过。这些食品被装在纸袋或塑料袋里，看起来完全

---

29. C. R. Ember 1983, 289.
30. Textor 1967; Dirks 2009; Messer 1996, 244.
31. Finnis 2006.
32. Barlett 1989, 253 - 291.
33. U.S. Environmental Protection Agency 2009.

不同于原本在田地或饲养场里的样子。因此，我们大部分人都是"市场里的觅食者"，从商店采集我们需要的食物。正如我们在讨论文化和个体的章节里看到的，我们在某些方面很像采集野生动植物的觅食者。但我们和他们之间又有非常大的差异。如果我们的社会没有高产出的集约型农业和动物饲养业，我们将不会有集镇和城市，也不会有成千上万不同的全职岗位（几乎都不涉及食物获取），更不可能有集权的中央政府或其他诸多特征。

畜牧业

大多数农业生产者会饲养一些动物（动物饲养），但只有少数社会的生计主要依赖需要在天然草场放牧的驯化动物。[34] 我们将这种制度称为**畜牧业**（pastoralism）。我们也许以为牧民饲养动物是为了吃肉，但大多数情况下并非如此。牧民们获取蛋白质的主要途径是喝奶，一些牧民还经常把富含蛋白质的动物血混在其他食物里食用。牲畜通常以间接方式为牧民提供食物，许多牧民出售畜产品来获得农产品和其他必需品。实际上，牧民的大部分食物可能都来自与农耕群体的交易。[35] 例如，中东的一些畜牧群体会出售一种美国人称为"东方地毯"的商品来获得大部分生计所需，这种毯子的原料是绵羊毛，是用手工织布机制作而成的。接下来，我们看看伊朗南部的巴涉利人（Basseri）和斯堪的纳维亚半岛的拉普人的生活。

巴涉利人

20 世纪 60 年代，在弗雷德里克·巴斯（Fredrik Barth）笔下，巴涉利人是一个约有 1.6 万人、居住在帐篷里的游牧部落。[36] 尽管他们也会饲养驴和骆驼来牵拉负重，但他们饲养的畜群主要是绵羊和山羊，更富有的男子还会养马以便骑行。他们的居住地干旱贫瘠，平均年降水量不足 26 厘米。巴涉利

人的游牧生活是在他们自己的牧场范围内定期转场，这些牧场总计有近 4 万平方千米。到了冬季，北部的高山都被大雪覆盖，在平原和山脚以南的地方有广阔的牧场。在春季，在牧场中央附近的平原地带，牧草的质量最佳。到了夏季，大部分低洼地牧场已经干旱，畜群只有在大约海拔 1 800 米的高山上才能找到足够的食物。

对于巴涉利人和其他游牧社会的经济而言，每年的转场非常重要，因此他们发展出了"部落之路"（il-rah）的观念。像巴涉利人这样的大型游牧部落都有传统的迁徙路线和计划。迁徙路线包括会先后经过的各个地点，通常会沿着已有的关口和通信线路。迁徙计划则规定牧民在各个地点停留的时间，这取决于不同地点牧草成熟的时间和其他部落的迁徙状况。"部落之路"实际上被视为部落的财产。当地人及官方都认可部落沿着道路和耕地通过的权利，允许牧民从公共的水井里取水，牧群也可以在公共草场上吃草。

巴涉利人将绵羊与山羊一起放牧，一个牧羊人（男孩或未婚男子）负责管理一个规模为 300 至 400 头的畜群。男孩和女孩通常负责照看动物幼崽（羊羔）。羊奶及其副产品是最重要的商品，当然羊毛、羊皮和羊肉对巴涉利人的经济也很重要。羊毛和羊皮都可以卖，但在部落内部还有更多的用处。巴涉利人，尤其是妇女，是技巧熟练的纺织师和编织者，妇女们的大部分时间都花在这些活动上。她们在水平织机上把绵羊和山羊的毛编织成鞍袋和打包袋，以及地毯、毛毯，还有富有特色的黑毡帐篷。用山羊毛可以织成多用的布，冬天能保温和防水，夏天能隔热并通风。羔羊皮也有很多用途，将羔羊皮翻转过来缝制后，可以做成储物包来盛水、酪乳、酸乳和其他液体。

大部分巴涉利人必须购买生活必需品和一些他们自己无法生产的奢侈品。他们卖出的主要货品包括黄油、羊毛、羔羊皮、绳索，偶尔也有牲畜出售。

拉普人

拉普人（又称"萨米人"）放牧驯鹿，他们生活在斯堪的纳维亚半岛西北部芬兰、瑞典和挪威的交界地带。这是一个典型的北极地区：寒冷、大风，一年中有半年是极夜。近年来，他们的生活变化很大，我们先来讨论拉普人在 20 世纪 50 年代的食物获取策略，正如伊恩·惠特克（Ian Whitaker）和 T. I. 伊特科宁（T. I. Itkonen）描述的那样。[37]

拉普人有时采用集约型放牧，但更多时候是粗放型放牧。在集约型制度中，畜群整年都在有围栏的区域内活动，处于监控之下。这样放牧的鹿群和其他动物习惯于和人类接触，因此，夏天把母鹿赶入围栏挤奶和把公鹿驯服为役畜并不困难。粗放型放牧制度允许牲畜在大片区域内来回吃草，人们基本不需要看管就可以放牧大量牲畜。驯鹿在季节性饲养循环期内随意往来，只有一两个牧童看着。另一些拉普人只在夏天或冬天鹿群待在定居地时才同牲畜住一起。但是，粗放型放牧制度下的挤奶、驯化和围栏比集约型要困难，因为牲畜对人类不熟悉。

即使放牧制度理论上允许拉普人从事狩猎、捕鱼等辅助性经济活动，放牧驯鹿也是他们最基本的甚至唯一的收入来源。一个家庭可能拥有 1 000 头驯鹿，但通常家庭放牧的驯鹿只有这个数字的一半。调查显示，一个包含四到五个成年人的家庭至少需要 200 头驯鹿才能维持生存。过去，在集约型制度下，妇女们可能一起分担放牧任务，但在现在的粗放型放牧制度下，男人们主要放牧，女人们还是负责挤奶。拉普人吃公鹿肉，母鹿会被留下来用于繁殖。人们会在交配季后的秋天就宰杀公鹿。鹿肉和鹿皮经常被拿出去售卖或交换其他食物及必需品。

虽然现在拉普人依然放牧驯鹿，但放牧用的雪橇已经被机动雪橇、全地形车辆甚至直升机取代。人们用渡船运送鹿群转场，牧民们之间通过野外用电话联系。因为有了快速的交通工具，一些拉普人现在居住在永久性住房内，只要数小时就可到达牧场。拉普人的孩子大部分时间都待在学校里，因此

34. Salzman 1996.
35. Lees and Bates 1974; A. L. Johnson 2002.
36. Barth 1965.
37. Whitaker 1955; Itkonen 1951.

加拿大阿尔伯塔地区长时间实行灌溉的土壤开始盐碱化而不再适合农业（图片来源：Kaj R. Svensson/Photo Researchers, Inc.）

对放牧学得不多。挪威政府现在管理畜牧业，给牧民发放许可证并试图限制他们能放牧的驯鹿的数量。[38] 很多拉普人（他们通常自称"萨米人"）已经不再放牧了。

畜牧业的一般特征

在现当代，畜牧业主要盛行于草原和其他半干旱区，这些地区不适宜在没有重大技术投入（如灌溉）的情况下发展种植业。许多牧民过着游牧生活，他们相当频繁地迁移营地来为畜群寻找水源和新的草场。但是，一些牧民过着更定居一些的生活。他们可能在不同的季节间从一个定居地迁移到另一地，或者分派一些人出去跟随畜群移动。畜牧社群通常很小，只包含一些有亲戚关系的家庭。[39] 个人或家庭可能拥有自己的牲畜，但畜群迁移的时间和地点是由社群来决定的。

正如前文谈到的，畜牧群体和农业群体之间的相互依赖程度很深。也就是说，贸易对于维持畜牧群体的生存必不可少。和农业种植者一样，牧民比觅食者和园圃种植者更容易受到饥荒和食物短缺的威胁。牧民一般居住在比较干旱的地区，但现当代牧民可以进入的牧区锐减，政治压力让他们难以在大片区域间流动。流动性将过度放牧的危险降至最低，而在一个小的区域内过度放牧将增加土地沙漠化的风险。[40]

---

38. Paine 1994.
39. Textor 1967.
40. Dirks 2009.

应用人类学
食物获取对环境的影响

现在许多人都意识到了工业污染的问题，工业废料被倾倒在地下或河流中，化学物质通过烟囱喷涌到空气中，但是，我们往往意识不到人类采集和生产食物的方式给环境造成了多大的改变。以灌溉为例。灌溉使农业可以在干旱或降雨量不稳定的环境中仍然保持多产。获取灌溉用水的方法多种多样。人们可以通过水渠从河里引水；也可以在山坡上开垦梯田，收集雨水；在古代，人们可以从被称为"含水层"的巨大地下水库中抽水。但是，大部分灌溉用水是浪费的，在植物接触到水之前，大部分水都渗入了水渠或蒸发到空气中。植物吸收水分并留下盐分。但灌溉过程中水分的大量蒸发通常导致矿物质和盐的浓度更高。如果排水系统不好，如果地下水位上升，盐类物质就很难被冲走。通常，一块土地被灌溉得越多，土壤中的盐类物质就越多。最终，土壤的盐分会变得过高，农作物无法生长，人们不得不到其他地方种植作物。

一些考古学家认为，土壤中有害盐类的积累至少在一定程度上解释了过去各种群体的消亡或衰落。例如，土壤盐碱化可能导致了苏美尔这个美索不达米亚早期帝国的衰落，其他位于今伊拉克南部和伊朗西南部的早期国家的衰落可能也要归因于此。随着时间的推移，人口集中的地方从底格里斯河–幼发拉底河的下游转移到上游，因为下游地区的灌溉土地变得无法耕种。今天，那里的大部分土壤仍因盐分过高而不适合耕种。萨达姆·侯赛因（Saddam Hussein）时期的灌溉计划严重破坏了伊拉克下游的沼泽地。只有不到10%的沼泽湿地残存下来，使得60多种鸟类处于危险之中。此外，沼泽地面积缩小，减损了沼泽地在水到达波斯湾之前过滤水的能力，这导致沿海渔业生产力下降。人们认为，该地区退化的严重程度堪比遭受滥伐的亚马孙森林。

人们还没有吸取历史的教训。美国加利福尼亚州的圣华金山谷（San Joaquin Valley）也许是世界上最高产的农业区之一，但现在也面临着严重的盐碱化问题。在美洲大沙漠的许多地区，一个解决办法是从地下抽水。事实上，许多地方都有大量地下水。例如，位于内布拉斯加州、堪萨斯州、得克萨斯州、俄克拉何马州、科罗拉多州和新墨西哥州部分地区地下的奥加拉拉含水层，含有冰期遗留下来的水。但抽水这种解决方案，即便能够解决问题，也只是暂时的，因为巨大的奥加拉拉含水层也是消耗得最快的含水层，完全消失只是时间问题。

太多的人饲养太多的动物也会对环境产生严重的影响。我们可以很容易地想象，可能得到的利润会激励人们去饲养比土地所能养育的更多的动物。例如，300年前，美洲大沙漠是一片广阔的草原，它曾供养着一大群野牛。在接下来的200年里，由于过度捕猎，野牛几近灭绝。欧洲殖民者很快发现他们可以在这片草原上饲养牛羊，但很多地方都被过度放牧。直到20世纪30年代发生了沙尘暴，人们才意识到过度放牧和糟糕的耕作方式可能是灾难性的。这些问题不是最近才出现的。公元800年左右，挪威人向格陵兰岛和冰岛拓殖，但牧场的过度放牧无疑导致了土壤侵蚀，并在公元1500年前后导致了定居点的消失或衰落。

环境问题仅仅与食物生产有关吗？尽管食物生产者的影响可能是最大的，但我们有理由认为，觅食者有时也会过度捕捞、过度采集或过度狩猎。例如，一些学者认为人类向新大陆的迁徙是猛犸象消失的主要原因。可惜，几乎没有证据表明人类在过去能够很好地保护环境。这并不意味着人类不能在未来做得更好——但前提是人类必须想要做得更好。

（资料来源：*Los Angeles Times* 1994; Reisner 1993; Hillel 2000; Curtis et al. 2005; Dirks 2009.）

环境对食物获取的限制

为何不同社会有不同的食物获取方式,人类学家对此充满兴趣。考古学证据表明,食物获取方式的重要变化,比如动植物的驯化,至少是在全球多个区域内独立发生的。不过,尽管这些类似的发明又随着传播和移民扩散出去,但人们获取食物的方式仍然多种多样。

自然环境在多大程度上影响食物获取?人类学家的结论是,自然环境本身对生计类型起到的是限制作用,而不是决定作用。由于生长季节很短,寒冷地区并不适宜作物生长。据我们所知,还没有哪个社会可以在极地种植作物,居住在那里的人们主要以动物为食。但是觅食(如因纽特人)和食物生产(如拉普人)可以在寒冷地区实行。实际上,跨文化证据显示,无论是觅食还是食物生产,与生活环境类型都没有明确的关联。[41]

我们了解到觅食曾经在世界上几乎所有地方实行过。自然环境似乎确实会影响觅食方式,或者说,一定程度上影响了觅食者会依赖植物、兽类还是鱼类。距离赤道越远的地方,觅食者越少依赖植物性食物,而更多依赖兽类和鱼类。[42] 路易斯·宾福德认为,捕鱼在寒冷地区更重要,是因为觅食者在严寒的冬季需要固定居所取暖,因此他们无法捕猎在冬季需要长距离觅食的大型动物。与狩猎相比,捕鱼可以在小范围内进行,因此以捕鱼为生的觅食者可以在冬季待在固定住所内。[43]

有一种环境,在近代以前都是难以让觅食者生存的。如果不是因为靠近食物生产者,尤其是农民,像中非的姆布蒂人这样的近现代觅食者可能就无法在他们生活的热带雨林地区生存。[44] 热带雨林植物茂盛,但是人类可以采集来食用的水果、种子和花并不多;动物易于捕获,但是它们一般比较瘦小,无法为人类提供充足的碳水化合物或脂肪。就像在森林中狩猎和采集的姆布蒂部落,许多热带觅食者会通过交换获取农产品,还有一些采集者会在狩猎和采集之外种植一些农作物。可以说,如果没有从农民那里获得的碳水化合物,热带雨林中的觅食者将很难生存。

至于园圃种植和集约型农业的对比,自然环境似乎能解释一些差异。大约80%的园圃种植或简单农业社会位于热带,与之相对,75%的集约型农业社会不处于热带雨林的环境中。[45] 热带雨林有充沛的降雨。尽管热带雨林因为苍翠欲滴的植物和灿烂耀眼的颜色而富有吸引力,但它却无法为集约型农业提供有利的环境。或许强降雨会迅速刷洗掉清理出的土地中的某些矿物质。而且,热带雨林里的害虫和杂草很难控制,[46] 集约型农业产出较少。

但是,困难不代表不可能。在当今的一些地方,如越南的湄公河三角洲,热带雨林已经得到了清理,人们种上密集的水稻以防止森林再生。尽管干旱地区由于缺乏天然降雨来保证收成而一般不适宜耕作,但农业可以在绿洲(小块天然的有水区域,作物可以在简单技术下生长)或者在可实行灌溉的河流地区实行,灌溉是一种用于集约型农业的技术。

牧民饲养的动物主要以草料为食,因此畜牧业主要在草场地带实行也不足为奇。草场可能是草原(steppe,干旱,草长得较低)、高草草原(prairie,草长得较高,水源较好)或热带稀树草原(savanna,热带草场)。除了像美国、加拿大和乌克兰部分地区那样可以用机械技术从事集约型农业的地方之外,草场上的居民通常喜欢大型猎物,因而发展出了狩猎和游牧的技术。

同一地区在不同时期实行的食物获取策略可能很不一样。美国加利福尼亚州帝王谷(Imperial Valley)的历史就是一个生动的例证。如今,复杂的灌溉系统让那里的干旱地区能够获得很好的收成。

美国蒙大拿州现在是农耕区，但过去只有觅食者在那里生活（图片来源：ALEX S. MACLEAN/Peter Arnold, Inc.）

然而，在大约 400 年前，这些小山谷只能供狩猎采集群体居住，那些人以野生动植物为食。

帝王谷的例子和其他类似的例子说明，自然环境本身并不足以解释一个地区的食物获取方式。在极地的环境中也可以利用加热的温室来开展农业活动，尽管成本高昂。在灌溉、劳动力和设备上的技术进步与巨大的资本投入，使帝王谷的集约型农业成为可能。不过，那里的农业依然具有不确定性，需要依赖别处提供的电力和水资源。当旱季持续过久时，人们就很难获得必要的水资源或很难承担获取水资源的高昂费用。一旦农产品价格下跌，帝王谷的农业经营者就可能无法负担投入，要借钱才能维持下去。因此，在某一地区采取哪种食物获取方式，主要取决于技术、社会和政治因素，而不是环境的因素。

食物生产的起源、传播和集约化

若要理解为何当今大部分人是食物生产者而不是食物采集者，我们就需要考虑耕作和驯化在起源地出现的方式。本章讨论食物生产与定居生活的起源，并进一步分析一些有关食物生产发展的理论。目前的大部分理论认为，人类是被迫做出这样的改变的。可能的原因包括：

1. 野生资源丰富的地区人口增长过快，迫使人们迁移到边缘地区，在那里他们试图通过生产食物

41. 数据来自 Textor 1967。
42. L. R. Binford 1990；另可参见 Low 1990a, 242–243。
43. 寒冷地区主要依赖狩猎的少数觅食者拥有可以驮运移动性住房的动物（狗、马、驯鹿）。参见 L. R. Binford 1990。
44. Bailey et al. 1989。
45. 数据来自 Textor 1967。
46. Janzen 1973. 支持"杂草"解释的论证，见 Carneiro 1968。

来再度过上丰裕的生活。

2. 全球人口增长，人们占据了世界上大部分可居住区域，可能不得不去利用更广泛的野生资源，并驯化动植物。

3. 气候变化，夏季更热、更干燥，冬季更冷，这可能有利于人们定居在季节性野生谷物的生长地附近，这些地区的人口增长可能迫使人们种植农作物和饲养动物来养活自己。

无论是什么原因带来了朝向食物生产的转变，我们都需要解释为什么食物生产取代了觅食成为最基本的生计模式。我们不能假定一旦狩猎者和采集者理解了驯化的过程，就会自动认为食物生产是更优越的生活方式。毕竟，我们已经指出，与食物采集相比，驯化可能需要做更多的工作，生活保障却更少。

农业的传播可能与领地扩张的需要有关。当生产食物的定居人口增加时，一些人可能不得不迁移到新的地区。新地区也许居民不多，但觅食者可能已经占用了大部分地方。虽然食物生产不一定比采集更容易，但单位面积土地的产量会更高。高产量让给定区域可以承受更多的人口。在为快速扩张而争夺土地的竞赛中，食物生产者相对于觅食者的关键优势在于，在给定区域内，他们人口更多，因此觅食者更可能在争夺土地的过程中败下阵来。一些群体可能会放弃觅食这一生计方式，实行农耕；另一些坚持觅食生计方式的群体，可能被迫撤退到不宜耕作之地。正如我们所见，如今仅存的少数觅食者的居住地十分不适宜耕作，包括干旱地带、稠密的热带雨林和极地地区。

正如之前的人口增长可能解释驯化的起源，之后更进一步的人口增长和随之而来的资源压力也至少可以部分解释园圃种植体系朝向集约型农业体系的转变。埃斯特·博赛拉普认为农业的集约化以及随之而来单位面积产量的增长，不太可能自然地从园圃种植发展而来，因为集约型农业需要做更多的工作。[47] 她主张，人们只会在不得已时加大工作量。在迁移无法实现的地方，农业集约化的最初动力可能早于人口增长。向政治机构纳税或上贡的义务可能也刺激了集约化。

博赛拉普关于集约化的论点被广泛接受，但是她关于集约化农业需要更多工作的假设最近受到了质疑。对比园圃种植（临时性农田或移动的）生产出来的水稻与利用灌溉的永久性农田生产出来的水稻，罗伯特·亨特（Robert Hunt）发现，灌溉需要的劳动力是更少的而不是更多。[48] 不过，人口增长可能还是在总体上促进了生产的集约化，以增加产量来养活更多的人口。

集约型农业仍然没有传播到世界上的所有地方。一些热带地区依然坚持园圃种植，牧民和觅食者也还存在。一些环境因素可能多少使得采用某种生计方式更为困难。例如，在热带环境下，如果没有在化学肥料和杀虫剂上的巨大投入，更别说所需的额外劳动力，集约型农业就不可能取代园圃种植。[49] 可能还需要大量的水，原本生活于半干旱环境中的觅食者和牧民才有可能转变为农民。但困难不代表不可能。安娜·罗斯福（Anna Roosevelt）指出，尽管园圃种植在近现代的亚马孙地区成了普遍的食物获取策略，但考古证据显示，曾经有一些复杂社会在经过排水培高的田地上践行集约型农业。[50] 自然环境并不能完全控制我们的行动。

小结

1. 觅食——狩猎、采集和捕鱼——依赖野生植物和动物，是人类获取食物的最古老技术。以哪种食物获取活动为主，不同社会的差异很大。近现代的觅食社会主要依赖捕鱼，其次是采集和狩猎。如今，只有少部分社会主要依靠觅食活动，这些社会通常位于边缘地带。

2. 在各种自然环境里都有觅食者。大部分觅食群体并不定居，人口密度很小。通常，小型游群由有亲属关系的家庭构成，人们按照年龄和性别进行劳动分工。个人财产非常有限，个人的土地所有权很少得到认可，人们也没有阶层之分。

3. 大约从 1 万年前开始，居住地相当分散的不同人群中出现了革命性的变化，人们转向了食物生产，也就是说，他们开始驯化植物和动物。在数百年的时间里，食物采集作为人类主要生计模式的地位逐步被食物生产取代。

4. 园圃种植者使用相对简单的工具和方法从事农耕，而且不固定在一个地方种植。与觅食者相比，园圃种植者的社群一般更大，人口更稠密，他们更倾向于定居，不过社群可能在几年后迁移到一些新的地点耕种。

5. 集约型农业以施肥和灌溉等技术为特征，这些技术使人们能在一片土地上长久耕种。与园圃种植社会相对，集约型农业社会更可能拥有城镇和城市、高度专门化的行业、财富及权力上的巨大差异，以及更为复杂的政治组织。这样的社会也更可能面临食物短缺。在现代社会，集约型农业越来越机械化，也更适应为了市场的生产。

6. 畜牧业是主要涉及大量饲养动物的生计方式。这种生计方式一般盛行于降水量小的地区。牧民倾向于游牧，他们的社群较小，主要由有亲属关系的家庭组成。牧民不生产包括某些类型食物在内的必需品，因此对贸易的依赖程度较深。

7. 人类学家通常认为，自然环境本身并不能决定一个地区会采取哪种食物获取方式，技术、社会和政治方面的因素更为重要。

8. 朝向食物生产转变的最早证据来自约 1 万年前（公元前 8000 年左右）的近东地区。关于食物生产的起源，人们仍有争议，但大部分考古学家认为，一定的条件促使人们从采集食物转向生产食物。一些可能的因素包括：（1）野生资源丰富的地区人口增长过快，迫使人们迁移到边缘地区，在那里他们试图通过生产食物来再度过上丰裕的生活；（2）全球人口增长，人们占据了世界上大部分可居住区域，可能不得不去利用更广泛的野生资源，并驯化动植物；（3）气候变化，夏季更热、更干燥，冬季更冷，这可能有利于人们定居在季节性野生谷物的生长地附近，这些地区的人口增长可能迫使人们种植农作物和饲养动物来养活自己。

9. 食物生产者能在特定区域内比食物采集者养活更多的人口，因此可能具有更大的竞争优势。

47. Boserup 1993 [1965].
48. R. C. Hunt 2000.
49. Janzen 1973.
50. Roosevelt 1992.

第十七章

经济制度

谈到经济学，我们想到的是涉及金钱的事务和活动。我们会想到购买物品和服务的费用，比如买食物、租房、理发和看电影要花的钱。我们也可能想到工厂、农场以及生产我们需要或我们认为需要的物品和服务的其他企业。在工业社会中，工人们可能在流水线前工作 8 个小时，拧紧生产线上滑过来的每颗螺丝。他们如此工作，得到的是一些可以用来换取食物、住房以及其他物品和服务的纸张。然而，许多社会（实际上是人类学家所知社会中的大部分）直到相当晚近才有了金钱和相当于工厂工人的职业。当然，无论是否涉及金钱，所有社会都有经济制度。所有社会都有习俗来规定人们如何获取自然资源，都有一些人们习惯的方式，来将这些资源通过劳动转化成必需品以及人们想要的其他物品和服务，也都存在分配，也许还有交换物品和服务的习俗。

在人类学发展的早期，人类学家研究独立于其他社会的群体的经济制度还相对容易。但是，现在地球上几乎每个地方都受到全球政治和经济力量的影响，包括殖民主义、帝国主义和资本主义的扩散，以及世界市场体系。大部分人别无选择，只能成为世界市场的一部分，但对于如何改变和在多大程度上改变，人们接受或抵制的程度却有相当的差异。即使是那些抵制世界市场体系的人，其传统的经济制度在过去几百年中也已经发生了变化。在接下来的部分里，我们将先描述传统的经济制度，然后转向晚近的一些变化。

我们将在本章看到，经济制度的跨文化差异，在很大程度上与相关社会获取食物的主要方式有关。然而，文化的其他方面也会影响经济。我们会在后续的章节讨论其他的影响因素，包括社会（阶层和性别）不平等、家庭和亲属集团、政治制度等。

（左图图片来源：John D. Norman/CORBIS- NY）

资源配置

自然资源：土地

每个社会都可以使用土地、水、植物、动物、矿物等自然资源，每个社会也都有一套文化规则，规定谁有权使用特定的资源以及如何使用它们。在像美国这样的社会中，人们可以买卖土地和其他许多东西，土地被精确分割为可测量的单元，单元之间的界限有的可见，有的不可见。个人拥有的土地份额及附着于其上的资源通常较少。一般而言，大块的土地归集体所有。土地所有者可能是政府机构，例如美国国家公园管理局（National Park Service）就代表美国全体人口占有土地（称为公共所有权）。土地所有者也可能是公司——股东私人共同所有。在美国，财产所有权包括使用土地或其他资源的一定程度上专属的权利（称为"用益物权"），占有者可以在合法范围内随意使用土地和资源，包括抑制或阻止其他人使用。在包括美国在内的许多社会中，财产所有者也有权"转让"财产，即出售、捐赠、遗赠或破坏其所拥有的资源。这种由个人、家庭或私人企业占有财产的情况，通常被称为"私有财产制度"。

社会需要详细规定它们所认为的财产以及与财产相关的权利和义务。[1]财产观念本质上是社会性的，因而可能会随时间而变化。比如，法国政府将所有的城市海滩收归公有，宣布不允许任何个人拥有海滨。结果是，将最好的沙滩用栅栏围起来以供自己使用的旅馆和个人不得不移除这些栅栏。即使在美国这样拥有强大私有财产制度的国家，人们依然无法随心所欲地支配自己的财产。联邦、州和当地政府立法禁止财产所有人从事污染空气或水源的活动。这些规定比较新，但财产所有者的权利在美国受限却有一段时间了。例如，政府可能征收土地用于建设高速公路，虽有补偿，但个人不能抗拒土地充公。同样，人们不能烧毁自己的房子或者把自己的房子用作妓院或军械库。简而言之，即使是在采取私有财产制度的地方，财富也不完全是属于私人的东西。

不同社会利用土地和其他自然资源的规则是有差异的，这种差异部分与社会获取食物的方式有关。现在让我们来看看觅食者、园圃种植者、牧民和集约型农业生产者是如何以不同的方式来规定土地使用权利的。我们先关注传统模式。正如接下来我们将看到的，随着国家社会的扩张和对新大陆、非洲、亚洲土著社会的殖民，传统的土地权利受到了很大的影响。

觅食者

觅食社会中的个人一般没有土地。在土地为集体所有的情况下，土地所有人往往是有亲戚关系的人群(亲属集团)或同一区域内的群体(游群或村落)。土地不能买卖。

究其原因，可能是土地本身对于觅食者没有本质上的价值；他们认为有价值的东西是土地上出现的猎物和在其上生长的野生植物。如果猎物跑掉了，或者食物资源越来越匮乏，土地的价值就小了。因此，在野生食物供给不稳定的地方，集体共同占有一大片土地确实比个人独自占有小块土地更为明智。比如，坦桑尼亚的哈德扎觅食者认为，对于他们在其上狩猎的土地，他们并不享有独占的权利。群体中的成员可以在任何地方狩猎、采集或取水。[2] 当然，并不是说所有觅食社会里都没有私人所有权。在主要以捕鱼为生的觅食社会中，个人或家庭所有权更为普遍，[3] 也许是因为在河流中捕鱼比其他觅食方式更可预测。在一些觅食社会中，个人或家庭对树木享有私有权。[4] 尽管觅食者通常对重要的土地资源不享有私有权，但集体所有的程度存在相当大的差异。在类似哈德扎人的一些社会里，群体不能占有或防卫特定的区域。实际上，哈德扎人甚至不限制其他语言群体的成员使用他们的土地，但这并不是通常的做法。食物采集社会中更常见的情况是由一群人，一般是亲属，共同"占有"土地。当然，这种所有权通常不是排他的，一般来说，邻近游群的成员也在一定程度上可以使用土地。[5]

另一个极端是，当地群体试图维护对特定区域的排他权利。为何有些觅食群体比其他群体更在意领地？其中的一种解释是，在预期可以采集到丰富的动植物的地方，群体更可能定居下来并试图维持对该区域的排他控制权。与此相对，当动植物资源在地点和数量上不可预测时，人们的领地观念就会非常弱。[6] 有领地观念的觅食者似乎既拥有地点比较固定的资源，又有更永久的村庄，因此很难知道哪个因素在决定他们是否会保卫领地这个方面的作用更大。

园圃种植者

与觅食社会类似，在大多数园圃种植社会中，个人和家庭并不占有土地。这或许是因为土壤肥力会迅速枯竭，大多数园圃种植者必须休耕数年，或在种植几年后迁移到其他可耕种的土地上。考虑到他们拥有的技术，个人或家庭没有理由去永久性地占有他们无法长久使用的土地。但较之于觅食社会，园圃种植社会更可能将特定的小块土地分配给个人或家庭，尽管这些个人或家庭通常不占有我们认识上的那种潜在永久的所有权。

在巴西的蒙杜鲁库人（Mundurucú）社会中，村庄掌握土地使用权。社区中的人可以在任何想去的地方狩猎和捕鱼，有权清理任何一块属于社区但无人使用的园地。在土壤肥力耗尽前，人们只能在某一园圃种植两年，而后土地又转归集体所有。蒙杜鲁库人区分土地和土地上的产物，产物是属于种植者的。同样，无论是在哪里获得的，谁猎杀了动物或捕获了鱼，谁就占有它们。但是，所有的食物都是集体共享的，因而谁拥有实际上无关紧要。蒙杜鲁库人开始利用橡胶树并出售收获的胶乳后，土地权利就更多转向了个人。占有通向可利用橡胶树的林中特定道路的权利可以由儿子或女婿继承，但不能购买或出售。[7]

牧民

游牧社会占有的领地范围通常远远超过大多数园圃种植社会。由于他们的财富最终依靠流动的畜群、未耕植的放牧牧场和饮用水源，牧民往往融合了觅食者和园圃种植者的适应特征。像觅食者一样，

1. Hoebel 1968/1954, 46 – 63.
2. Woodburn 1968.
3. Pryor 2005, 36.
4. Ibid.
5. Leacock and Lee 1982, 8; Pryor 2005, 36.
6. R. Dyson-Hudson and Smith 1978, 121 – 141; E. Andrews 1994.
7. R. Murphy 1960, 69, 142 – 143.

亚马孙的一个名为苏瑞（Surui）的村庄里，人们清理出土地供园圃种植，这片土地在周边热带雨林的衬托下尤其醒目
（图片来源：
James P. Blair/National Geographic Image Collection）

牧民通常需要摸清一大片土地的潜力。比如，伊朗的巴涉利牧民会穿越三四万平方千米的土地寻找草原和水源。类似于园圃种植者，牧民必须在耗尽一种资源后继续前进（对牧民而言就是等到草重新生长出来）。他们和园圃种植者一样，利用自然资源维持生计，牧民利用的是动物，园圃种植者利用的是土地。

只有能提供充足牧场和水源的土地才是有用的，个人或家庭很可能面临所占有的土地缺乏草场和水源的风险。因此，像大部分的觅食者和园圃种植者一样，牧民群体的成员一般可以自由使用牧场。[8] 牧场通常是集体所有，而牲畜往往是牧民个人所有。[9] 弗雷德里克·巴斯认为，如果牲畜不是私人所有，那么整个群体就会陷入麻烦，因为在年景不好的时候，群体成员可能会忍不住吃掉他们的生产资本——牲畜。如果牲畜为私人所有，那么一个家庭在无法保留生存所需最低数量的牲畜时，就可以至少暂时退出游牧生活，去定居的农业社区做工获得薪酬。这样做并不会危害到其他牧民家庭。而如果幸运者必须与不幸者共享财富，那么所有人可能都会破产。因此，巴斯认为私人所有制适合牧民生活方式。[10]

约翰·道林（John Dowling）对这种解释提出了疑问。正如他指出的那样，游牧民并非唯一需要为未来生产储备"粮食"的群体。园圃种植者也必须为来年的耕种储备物品，比如种子或根茎。但是，园圃种植社会通常没有生产资料的私人所有权制度，因此为未来储备粮食的必要性无法解释游牧社会的牲畜私人所有权。道林认为，只有当游牧社会需要将产品卖给非游牧社会时，私人所有制才会得到发展。[11] 因此，出卖产品和劳动力的机会，既能解释为什么部分家庭可以暂时脱离游牧生活，也能解释为什么大部分牧民群体中都发展出了牲畜私人所有制。

与狩猎采集者一样，不同牧民群体对放牧的土

---

8. Salzman 1996.
9. 不是所有的牧民社群都有私人所有制，例如，西伯利亚西北部的通古斯人是亲属群体共同享有对驯鹿的所有权。参见 Dowling 1975, 422。
10. Barth 1965, 124.
11. Dowling 1975.

当前研究和问题
集体所有权会导致经济灾难吗？

在《公地悲剧》这篇文章中，加勒特·哈丁（Garrett Hardin）提出，在公地上放牧牲畜时，牲畜主人尽可能多地放牧牲畜是符合经济学理性的，但这么做会导致牧场的损失。按照哈丁的说法，过度放牧会导致牧场退化和生产力下降，悲剧由此产生。同样，海洋也算是一种公地，渔民也可能会尽可能多地从海中捕鱼而不考虑后果。而如果资源为私人所有，那么个体就会想办法保护资源，因为资源耗竭会导致产量下降，从长远看有损他们的利益。哈丁的理论认为，私产所有者的理性做法是保护自己拥有的资源，以尽可能减少成本和增加产出。

集体所有权往往导致资源过度开发和产量下降，私人所有权则有助于保护资源和提高产量，果真如此吗？这是经济人类学正在积极研究的领域。我们知道一些例子，在相似的气候条件下，放牧地为集体所有的群体比放牧地为私人所有的群体获得了更高的产出。例如，埃塞俄比亚的博拉纳人的放牧地是公有的，那里单位面积草场生产的动物蛋白要多

于澳大利亚的大牧场，而两地的气候条件是相似的。还有一些案例，比如美洲大沙漠的过度放牧（见前一章的专题"食物获取对环境的影响"），说明私有制导致了环境的退化。

就过度放牧或过度捕捞而言，商品化可能是比私人或集体所有制更重要的原因，至少在一开始是如此。在帕劳群岛的密克罗尼西亚人中，一直有保护资源的传统。直到人们开始将鱼卖给日本人以换取进口物品后，才开始出现严重的过度捕捞问题。他们换来的一些物品（渔网和马达）让捕捞更容易了。最终，过度捕捞导致收获减少和成本上升，帕劳人最后不得不大量购买鱼罐头。

可能还有一个原因是，保护可能需要政治机构一定程度上的监管。1995年以前，阿拉斯加的大比目鱼渔场面临崩溃。渔民争先恐后地出海捕鱼，而不管天气有多恶劣。因为渔民捕捞通常会超过产业配额，所以政府管理机构将捕鱼季节缩短到了几天。渔船在几天后带着一整年的渔获返回时，市场供给激增，大比目鱼价格下跌。

渔民往往对捕鱼地点具有集体所有权，比如图中刚果（金）的渔民（图片来源：GEORGE HOLTON/Photo Researchers, Inc.）

1995年，实行"捕捞配额"之后，生意好了起来，也变得安全了。每个渔民都有捕捞的配额，他们可以自己去捕捞，也可以将配额卖给别人。配额是在总体可捕捞数量中所占的比例，政府机构每年会给出定额。这种方案带来的结果是，船长可以计划好何时出海捕捞，而无须担忧天气等因素，监管者可以延长捕捞季，大比目鱼的价格也能因此攀升。新的监管系统是成功的。大比目鱼捕捞业得以持续，渔民的生活也日渐富裕。不过，监管措施并不总是运行良好，新英格兰海岸的"底栖鱼捕捞"（捕捞鳕鱼之类在海底觅食的鱼）就是如此。捕捞龙虾的渔民

接受了监管，但捕捞底栖鱼的渔民并没有接受。这或许是因为底栖鱼捕捞业没有参与监管规则的创设，也缺乏有凝聚力的社群来发挥自我约束的功能。

这些例子对于我们保护甚至改善自然资源有什么启示呢？集体所有和私人所有，哪种制度更有助于保护资源？目前我们还不能确定地说出答案，我们还需要更多的比较案例研究。一种可能是，只要参与其中的人们有动力去保护，那么两种制度都能培育出保护资源的理念。

（资料来源：Hardin1968; Johannes 1981; Dirks 2009; Stokstad 2008; Acheson 2006.）

地的所有权在程度上存在差异。巴涉利人有权穿越特定领地，包括农业区域甚至城市，但他们并不占有整个区域。而居住在伊朗、巴基斯坦和阿富汗的边界地带的牧民群体俾路支人（Baluch），就会宣称某块土地是"部落"的地盘，必要时他们会为保卫地盘而诉诸武力。[12]

集约型农业生产者

在集约型农业社会中，个人拥有对土地资源的所有权（包括使用资源的权利和购买或以其他方式处置它们的权利）是普遍现象。这种所有权得以发展，部分是因为人们可以年复一年地使用土地，土地具有了持久的价值。但是，个人所有权的概念也是政治和社会性的问题。比如，美国通过法律将边境土地的耕种及所有权转变为个人所有。1862年颁布的《宅地法》（Homestead Act）宣称，如果一个人清理了160英亩（约65公顷）的土地并连续耕作5年，联邦政府将承认这片土地属于此人所有。《宅地法》类似于一些社会中的风俗，即一个亲属群体、首领或社区有义务将一块土地分配给有意耕种的人。但有所不同的是，在美国，分得土地的人变成土地所有者之后，美国法律就赋予了他们随心处置土地的权利，他们可以将土地出售或者赠送。土地的个人所有权确立后，财产所有者就可以使用他们的经济和政治权力来促使有利于自己的法令通过。在早期美国，只有财产所有者才有权参加选举。

集约型农业与私人所有权有关系，但并不总是联系在一起。正如我们在前一章里提到的那样，集约型农业往往涉及复杂的政治体系，也和财富及权力的差异有关，因此我们要理解特定的土地配置制度，就得理解更宏观的政治和社会背景。一些社会主义国家曾通过农业集体来从事集约型农业。例如，"二战"后在保加利亚一个名为赞穆费罗夫（Zamfirovo）的村庄里，小型农场所有者就被合并到村集体合作社里。大部分村民作为劳工在新的合作社工作，但是合作社分给每个农户一小块土地，供他们种植自己所需的粮食、蔬菜和葡萄。这些小块的土地相当高产，虽然西方人经常将生产效率归功于私人所有制，但合作社为耕种这些小块的土地提供了大部分的劳动力，这些土地不能算是私有财产。1989年之后，保加利亚不再有集体合作社，合作社的土地重新分割后卖给了私人所有者。[13]

殖民主义、国家和土地权利

殖民征服者和定居者将土地从当地人或土著手中抢走，这在世界各地是比较普遍的情况。即使土著居民得到了其他土地作为交换，比如在巴西和美国的所谓保留地，这些土地也往往劣于原先的土地。（如果这些保留地不是质量更差，定居者就会自己占有它们了。）例如在19世纪，马赛（Masai）游牧民的土地从肯尼亚西北部的图尔卡纳湖地区延伸至坦桑尼亚西北部。英国人将马赛人驱赶到肯尼亚南部地区的一个保留地，位于蒙巴萨—乌干达铁路以南，还拿走了马赛人靠近内罗毕、奈瓦沙湖、纳库鲁湖的一些最好的牧场和水资源，将其交给欧洲人耕种和放牧。马赛人能使用的牧场的面积大约缩减了60%，马赛人还被禁止在英国人建来吸引游客的狩猎公园放牧。[14]占肯尼亚人口不到1%的英国人，占有或控制了20%的土地，这些土地大部分位于高地，是商业性生产茶叶和咖啡最具潜力的地方。[15]

除此之外，新的集权政府往往试图改变当地人拥有土地的方式，几乎总是想将其转变为个人所有或私有。如果土地属于亲属群体或更大一些的社会实体，新的定居者要迫使当地人放弃土地就更加困难，无论是以购买还是威胁的方式。剥夺个人所有者的权利则容易得多。[16]

从这些被动变迁中受益的新来者并不都是欧洲人，但他们通常都来自扩张中的国家社会。从15世

殖民政府经常从土著居民手里抢走土地建立种植园。图为危地马拉的一个家庭在咖啡种植园里劳动

（图片来源：Moises Castillo/AP Wide World Photos）

纪晚期开始，扩张的群体主要来自西欧。但在近期，以及公元前 1000 年到公元 1000 年的这段时期，许多征服者和定居者来自印度、中国、日本、阿拉伯半岛、斯堪的纳维亚半岛、俄国等地。这并不意味着非洲、亚洲和新大陆的土著居民在其土地上没有征服过其他群体。墨西哥和中美洲的阿兹特克人、距今约 800 年时兴起的西非土著王国，以及伊斯兰教兴起后的阿拉伯群体，都是西方扩张之前的扩张性国家社会。只要是有"文明"（城市）社会的地方，就有帝国和征服。在北美，英国人承认，没有收归英国王室所有的土地可以作为土著的狩猎地，但英国人及后来的美国人对土著权利的承认，只有在各个土著群体的人数多到足以对定居者构成威胁时才有效。例如，美国总统安德鲁·杰克逊（Andrew Jackson）要求东部的美洲土著群体搬迁到密西西比以西定居。有大约 9 万人搬迁了。但在他们迁居西部后，保留地的规模往往缩小很多。[17] 在受殖民统治的非洲大部分地区，政府将土地交给欧洲公司开发。大量土著人口被限制在保留地的范围内，他们随后成为强制劳工，在欧洲人拥有的种植园和矿井中劳动。[18]

国家权力控制土地的做法并不只伴随殖民主义和帝国主义出现。国内的革命运动有的使土地集体化，如俄国，有的结束了大规模私人土地所有制，如墨西哥。通常，国家机构不喜欢共有的土地利用制度，而且往往认为游牧的牧民不好控制。国家通常尽力使牧民定居，或将共用牧场分割为小单元。[19] 肯尼亚脱离英国统治独立后，马赛牧民仍然在失去可以放牧的领地。肯尼亚政府大力发展旅游业，而狩猎公园是吸引游客的关键，政府也希望发展，比如建造了大型温室，面向欧洲市场种植花卉。在国际发展机构的建议下，肯尼亚政府推动了牧场私有化。但是，在私人牧场上放牧，需要资金来种植或购买牲畜所需的食物、支付医药费用，并饲养牲畜直至出售。[20]

12. Salzman 2002.
13. Creed 2009.
14. Fratkin 2008.
15. Ibid., 86 – 89.
16. Bodley 2008, 77 – 93; Wilmsen 1989, 1 – 14.
17. Bodley 2008, 95 – 98.
18. Ibid., 106 – 108.
19. Salzman 1996, 904 – 905.
20. Fratkin 2008.

技术

每个社会都利用技术将资源转化为食物和其他物品，技术涉及工具、建造物（如鱼栅）及所需技能（如设置鱼栅的方式和地点）。不同的社会在技术及技术获取方面的差异很大。例如，觅食者和牧民的工具包通常比较小。他们必须限制工具和其他财物的数量，以便于迁徙。觅食者和园圃种植者在技术获取方面享有平等机会，在尚未专业化的情况下，大多数人都有能力做出自己需要的东西。但是，在美国这样的工业社会中，不是所有人都有获取或使用特定技术（可能非常昂贵和复杂）的机会。也许大多数人都有能力购买电钻或锤子，但是很少有人买得起生产电钻或锤子的工厂。

觅食者最需要的工具包括捕猎武器、掘土棒，以及采集与装运的容器。在所有觅食者群体中，因纽特人的武器可能是最先进的，包括鱼叉、复合弓和象牙鱼钩。而且，因纽特人还有方便交通运输的犬队、雪橇和相对固定的定居地点，里面有可用的存储空间。[21]

在觅食者群体中，制造工具的人被视为工具所有者。因为任何人都可以获得制造工具所需的资源，所以通过占有工具是无法获得超越其他人的优势的。此外，人们不仅共享工具，也共享食物。例如，伊丽莎白·托马斯（Elizabeth Thomas）在谈及昆人时讲道："布须曼人拥有的少数财物在群体内不断流通。"[22]

牧民的财产有限，因为他们与觅食者一样到处游走。但牧民可以利用牲畜来携带一些财物。每个家庭都拥有自己的工具、衣物、牲畜，也许还有一顶帐篷。牧民经常用畜牧产品与市民的产品交换，因此牲畜是其他所需物品的来源。园圃种植者比牧民更能自给自足。他们的主要农具是砍刀和用于挖掘的锄头或棍子。制作出工具的人通常有义务将工具借给他人。在楚克人（Chuuk）的社会中，独木

舟的主人有权第一个使用独木舟；农具也是如此。然而，如果近亲属需要使用未经主人使用的独木舟，那么他们无须经过主人同意便可拿走独木舟。远房亲戚或邻居必须经过同意才可借用工具，不过主人不得拒绝。主人如果拒绝，在日后需要借用工具时，就可能会遭到嘲笑和拒绝。

集约型农业社会和工业化社会的工具很可能是专业人士制作的，这意味着必须通过贸易或购买来获取工具。可能是因为复杂的工具花费了大量的金钱，与简单工具相比，这些工具不太可能与他人共享，除非那些人在购买工具时也出了钱。例如，柴油联合收割机的购买和维护需要大量资金。提供资金的人可能会将机器视为个人私有财产，并规范其使用和处置方法。然后，所有者需要使用机器来产生出足够的剩余价值，以负担其成本、维护以及更换费用。他们还可以在闲暇时将机器租给邻近的农民，以获得最大的投资回报。

然而，昂贵的设备并不是集约型农业社会或工业化经济体的独有产物。即使在资本主义国家，合作社也可能集体拥有机器或与邻居共同拥有。[23] 政府通常拥有极其昂贵的设备或设施，比如机场、高速公路和水坝。这些资源由整个社会共同拥有。它们的使用权取决于设施本身。任何人都可以使用高速公路，但只有做贡献的市政当局才可以利用大坝中的水。在工业社会中，诸如工厂或服务公司之类的其他生产资源，可能由股东共同拥有，股东购买部分公司资产，以换取其一定比例的收益。各级政府拥有技术和设施的比例，也反映了政治经济制度的类型——社会主义国家的公有化程度比资本主义国家更高。

资源转化

所有社会都通过劳动将资源转换或转化为食

物、工具以及其他物品。这些活动构成了经济学家所说的生产。我们在本节中先简要回顾不同类型的生产方式，然后探讨人们工作的驱动力、社会的分工和组织工作的方式。正如我们将要看到的那样，自然资源转化的某些方面具有普遍性，但也有很多的文化差异。

经济生产类型

人类学家所知道的大部分社会，在人类学家最初描述它们的那个时代，生产方式是以家庭（家庭或亲族）为主的。人们付出劳动，为自己和亲属采集食物、建造住房、制作工具。家庭一般有权利用生产性资源并控制劳动产出。甚至陶工等兼职专家，必要时也可以在不制作手工制品的情况下自己维持生计。与之相对的是工业社会，大部分工作基于机械化生产，比如在工厂的工作，但也包括与机械化农业相关的工作。由于机器和材料昂贵，只有极少数人（资本家）、企业或政府能够负担生产的花费。

因此，工业社会中的大部分人靠为他人劳动来赚取工资。尽管工资可以用来购买食物，但失业者失去工作能力之后就无法维持生计，除非他们能领到福利金或者有失业保险。还有一种朝贡性生产方式，主要见于非工业社会，大部分人依然生产自己的所需，但生产成果（包括专业化的手工艺品）的一部分是由一个精英或贵族阶层控制的。西欧中世纪的封建社会就是朝贡性生产方式的例子，实行农奴制的沙皇俄国也是。[24]

很多人常说美国和其他发达经济体正在从工业社会转向后工业社会。在许多领域中，计算机已经彻底改变了工作场所。由于计算机可以"驱动"机器和机器人，工厂中一大部分需要手工作业的工作消失了。企业现在更注重知识和服务。远程通信让

21. Service 1979, 10.
22. E. M. Thomas 1959, 22.
23. Gröger 1981.
24. Plattner 1989, 379 – 396.

获得信息更加容易，人们可以借助远程通信来在家中工作（赚取工资）。这一经济转变对家庭生活和工作场所都具有重要意义。有了廉价的家用电脑以及由手机和其他方式带来的快速数据传送后，越来越多的人能够在家中工作。另外，当信息和知识变得比资本更为重要时，更多的人可以占有和使用社会中的生产性资源。[25] 如果说"谁拥有什么"部分决定了谁有政治和其他的影响力，那么在后工业社会中，随着占有资源的人群的扩大，可能会出现新的民主政治形式和过程。

劳动的动机

人们为什么工作？或许我们大家都问过自己这个问题。我们的关注点可能不是为何其他人也在工作，而是为什么我们必须工作。显然，部分的答案在于工作对于生存是必要的。尽管总会有一部分青壮年没有像他们应该做的那样工作，而且依赖别人的劳动，但是如果大部分青壮年都像他们那样，那么将没有任何社会可以存续。实际上，大部分社会都能成功调动大部分人去想要做（甚至喜欢上）他们不得不做的事情。不过，劳动的动机在所有社会中都一样吗？人类学家认为没有统一的答案。人们工作的一个理由是他们必须工作。但是，为什么一些社会中的人似乎并不只是因为必须工作而工作？

我们可以相当确定的是，人们经常提起的动机——获利动机，或者说想用事物交换价值更大的事物的欲望——并不是普遍的或经常占主导地位的动机。在生产食物和其他物品主要供自己使用的人中，不存在获利动机，比如大多数觅食者、园圃种植者，甚至一些集约型农业生产者。这些社会的经济是自给自足的，而不是货币或商品经济。人类学家注意到，自给自足经济（伴随家庭生产方式）下的人通常比商品经济（伴随朝贡性或工业生产方式）下的人工作时间更短。实际上，觅食者和许多

园圃种植者似乎拥有大量闲暇时间。例如，据估计，巴西中部的园圃种植者库伊库卢人（Kuikuru）每天只劳动 3.5 个小时即可维持生存；如果他们每天多工作 30 分钟，似乎就能在主食木薯的生产上获得大量盈余。[26] 不过，他们和其他一些族群只生产够自己使用的量。为什么会这样？因为他们无法长期储存剩余的出产，因为木薯是会坏的；他们也没法把出产卖出去，因为附近没有市场；也没有哪个政治机构能把他们的出产收上去使用。虽然我们经常认为"越多越好"，但以多为目标的食物获取策略可能造成灾难性后果，特别是对觅食者而言。捕杀多于群体所需的猎物，可能会威胁到未来的食物供应，因为过度捕杀会妨碍猎物的繁衍。[27] 木薯园圃种植者稍微多种一些作物没有什么坏处，万一部分作物歉收还有些保障，但如果多种太多，就会浪费过多时间和精力。

有人认为，在资源转化主要是为了家庭消费的情况下，如果家里有更多的消费者，人们将会更加努力地工作。也就是说，如果劳动力比较少，消费者在人口中占比较高（也许是因为小孩和老人比较多），那么劳动者就需要更卖力地工作。但是，如果劳动者所占的比例更高，他们的工作量将会减少。这种观念被称为"恰亚诺夫法则"。[28] 亚历山大·恰亚诺夫（Alexander Chayanov）发现俄国十月革命之前的俄国乡村中存在这种关系。[29] 不过，其他地方似乎也是如此。保罗·达伦伯杰和妮古拉·坦嫩鲍姆（Nicola Tannenbaum）搜集了泰国一些村庄的资料，发现情况总体上符合恰亚诺夫法则。[30] 迈克尔·奇布尼克比较了全球 5 个地区 12 个社群的资料，发现它们均符合恰亚诺夫法则。这些社群里，简单的有新几内亚的园圃种植群体，复杂的有瑞士的商业农民群体。尽管恰亚诺夫认为，其理论适用于主要为自己消费而生产食物而且不雇劳工的农民，但奇布尼克的分析却表明恰亚

诺夫法则甚至可以适用于雇佣劳动力。[31] 然而，达伦伯杰和坦嫩鲍姆发现，政治和社会因素可以部分解释家庭生产的差异性。例如，在那些缺乏社会阶层的村庄里，劳动者与消费者之比较高的家庭生产得较少，看起来像是为了避免比其他家庭过得好太多。相比之下，在那些有阶层的村庄里，劳动者与消费者之比较高的家庭反而生产得更多，以从中获得声望。[32]

在很多社会中，有些人工作的努力程度超出了维持自己家庭基本生计所需的程度。什么驱动他们更努力地工作？食物和物品的分享及转化通常会超出家户的范围，有时候包括整个社群甚至多个社群。在这些社会里，那些慷慨大方给出物品的人会得到社会奖赏。因此，为了获得别人的尊敬和敬仰，人们会更加努力工作，而不是仅仅为了维持生计。[33] 正如后面章节里我们要谈到的那样，在很多社会中，额外的食品和物品有时需要用在特殊的目的和场合中；安排和举行婚礼、结盟、举行仪式和典礼（包括我们所说的运动会）都需要物品和服务。因此，文化定义的人们的工作目的和需要可能会超出生存必需品的范围。

在像美国社会这样的商品经济社会（食物、其他物品和服务得到买卖的社会）中，人们的动力之一似乎是为自己和家人挣得额外的收入。额外收入可以转化为更大的住房、更昂贵的家具和食物，以及维持"更高"生活水平的其他要件。但是，提高自己生活水平的欲望可能并不是他们唯一的动机。一些人工作可能部分是为了获得成就，[34] 也可能是因为他们享受工作。另外，就像在前商品社会中一样，一些人工作可能一定程度上是为了通过赠予来赢得尊重或影响力。向慈善机构捐赠不仅仅使慈善家和电影明星获得了尊重，社会也通过将其变为一种合法的税收扣除而鼓励这种捐赠。不过，商品社会比自给自足经济体更少强调给予。我们认为宗教信徒

和富人做慈善是合适的，甚至令人钦佩，但如果有人捐得太多而自己沦为穷人，就会成为众人的笑柄。

强迫劳动和必要劳动

至此，我们讨论的主要是自愿劳动——"自愿"指的是社会中没有正式的组织来强迫人们工作和惩罚那些不工作的人。社会训练和社会压力足以劝说个人承担一些实用性任务。在食物采集和园圃种植社会中，能忍受成为笑柄的懒人仍然能够获得食物。这样的人至多遭到群体中其他成员的忽视，但没有理由惩罚他们，也没有办法强制他们去做该做的工作。

更复杂的社会有办法强制人们为当权者工作，无论当权者是国王还是总统。强迫劳动的间接形式之一是征税。美国（地方、州和联邦政府）的平均税收大约占收入的33%，这意味着平均每人每年中有4个月是在为不同层级的政府工作。如果有人打算不缴税，此人的钱将会被强行拿走，或者此人可能会被关进监狱。

商品社会中，人们通常是用金钱纳税。在政治复杂程度高的非货币型社会中，人们以其他方式纳税，比如在一段时间里从事劳动或交出所生产产品的一定份额。徭役（corvée）是一种强制性的劳动制度，存在于西班牙征服前安第斯山脉中部地区的印加帝国中。每个男性平民都被要求到三块土地上

25. Hage and Powers 1992.
26. Carneiro 1968，转引自 Sahlins 1972, 68。
27. M. Harris 1975, 127 – 128.
28. Sahlins（1972, 87）将亚历山大·恰亚诺夫的观点介绍到了北美人类学界，发明了"恰亚诺夫法则"这个说法。可参见 Durrenberger and Tannenbaum 2002 的讨论。
29. Chayanov 1966, 78；关于恰亚诺夫分析的讨论，可以参见 Durrenberger 1980。
30. Durrenberger and Tannenbaum 2002.
31. Chibnik 1987.
32. Durrenberger and Tannenbaum 2002.
33. Sahlins 1972, 101 – 148.
34. McClelland 1961.

劳动，分别是神庙的、政府的和他自己的土地。大量的食物贮存流进政府仓库，提供给贵族、军队、工匠及其他政府雇员。即使在劳动力充足的情况下，劳工也有很多工作，据说有个统治者为了不让劳工闲下来，甚至驱使他们去移山。除了为政府的生计工作服务，印加平民还需要服兵役、给贵族当私人仆从，以及承担其他"公共性"服务。[35] 泰国清迈地区的年长村民这样描述那里的徭役："每个村民必须无偿为他们耕种 1 莱［约合 0.16 公顷］的土地，而且都得卖力。领主的部下可能拿来一根香蕉枝条，将它垂直地插在一片犁过的田地里。如果枝条倒了，就说明这块地被认真地犁过。否则，村民将被要求继续犁田，直到土壤变得松软为止。"[36]

征兵或强制兵役也是一种徭役形式，被征召者需要服务一段时间，否则就可能被投入监狱或驱逐流放。在古代中国，皇帝征兵以保卫其领土，修建长城等工程。奴隶制是强迫劳动的最极端形式，奴隶对自身劳动力几乎没有掌控权。在许多社会中，

奴隶组成了一类人群或一个阶层，对此我们将在探讨社会分层的章节进一步讨论。

劳动分工

所有社会都有一定程度的劳动分工，按照习俗，不同类型的工作会被分配给不同类型的人。通常，男性和女性、成人和小孩承担着不同种类的工作。在某种意义上，以性别和年龄来分工是一种普遍的劳动分工现象。人类学家所熟知的许多社会只按性别和年龄来分工，另一些社会的分工则更为复杂。

按照性别和年龄分工

所有社会的劳动分配习俗多少都利用了性别差异。在关于性、性别和文化的章节里，我们将详细讨论按照性别进行的劳动分工。

各个社会也普遍按照年龄来分工。显然，儿童无法承担需要大量体力的劳动。但在许多社会中，儿童在劳动上的贡献大于当代北美社会中的儿童。例如，

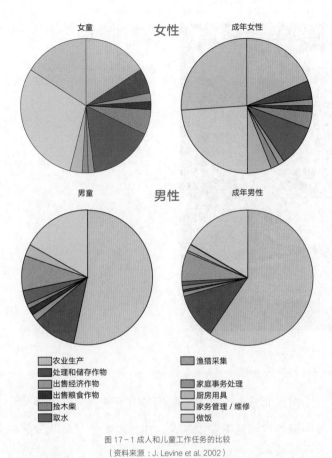

图 17-1 成人和儿童工作任务的比较
（资料来源：J. Levine et al. 2002）

图例：

农业生产
处理和储存作物
出售经济作物
出售粮食作物
捡木柴
取水

渔猎采集
家庭事务处理
厨房用具
家务管理／维修
做饭

他们会参与照料家养动物、除草、收割，还会承担各种家务劳动，如婴儿看护、取水、捡木柴、做饭和打扫卫生。在科特迪瓦的农业社会中，儿童的工作和同性别成年人的工作类似（见图 17-1）。在一些社会中，人们认为 6 岁的小孩已经大到能够在一天的大部分时间里照顾弟弟妹妹了。[37] 照顾家养动物往往也是儿童的重要工作。一些社会中的儿童在这项工作上耗费的时间比成年人还要多。[38]

为什么一些社会中的儿童要承担这么多工作？在大人尤其是母亲有很多工作要做的情况下，儿童的体力和心智如果足以承担工作，就可能会被分配去做大量工作。[39] 正如我们所看到的，食物生产者要做的工作可能多于觅食者，因此我们预计在畜牧和农业社会中，儿童会承担更多的工作。与该预测一致的是，帕特里夏·德雷珀（Patricia Draper）和伊丽莎白·卡什丹发现了在流动和定居昆人中儿

童工作量的差异。尽管近来定居的昆人并没有完全从觅食转向食物生产，但未成年人和成年人的活动还是发生了相当大的变化。生活在流动营地中的儿童几乎不用工作，成年人承担所有的采集和狩猎任务。定居营地中的儿童则被分配了大量家务，从参与照料家养动物、参与收割到参与食物生产。[40]

昆人的情况并不意味着觅食社会中的儿童工作量都小。例如，在坦桑尼亚的哈德扎社会中，5 至10 岁的小孩与母亲一道觅食时，可以采集到占所需热量三分之一甚至一半的果实。哈德扎群体中的儿童也比昆人更多。[41] 儿童的工作是否和生育孩子的数量有关？当一个社会中的儿童承担大量工作时，父母可能会更重视他们，并有意识地想要更多小孩。[42] 这也许是工作量很大的集约型农业社会中出生率也异常高的原因之一。[43]

性别和年龄之外

在技术相对简单的社会中，几乎没有基于性别和年龄之外的劳动分工。但在技术变得更为复杂，社会能够生产大量食物时，更多的人就能不再从事维持生计的工作，而成为其他领域的专家。

不同于觅食社会，园圃种植社会中存在一些兼职专家。一些人可能致力于在某种技能或工艺上精进，比如制陶、纺织、建房、医治，他们提供产品或服务，获得食物和其他礼物的回报。在一些园圃种植群体中，整个村庄可能都兼职生产某种产品，以便与邻近人群进行贸易。

随着集约型农业的发展，陶工、织布工、铁匠

35. Steward and Faron 1959, 122 – 125.
36. Bowie 2006, 251.
37. B. B. Whiting and Edwards 1988, 164.
38. Nag et al. 1978, 295 – 296.
39. B. B. Whiting and Edwards 1988, 97 – 107.
40. Draper and Cashdan 1988, 348.
41. N. B. Jones et al. 1996, 166 – 169.
42. Nag et al. 1978, 293；也可参见 Bradley 1984 – 1985, 160 – 164。
43. C. R. Ember 1983, 291 – 297.

图中的海地妇女专门制作和售卖竹篮
（图片来源：
Tony Savino/The Image Works）

等全职专家出现了。专门化的趋势在工业社会达到顶峰，工人们在经济体系中的某个狭小领域内发展技艺。专门化使得人们必须出卖其劳动或产品来谋生。在一些具有全职的专门化职业的社会中，不同工作通常与不同的地位、财富和权力相关，对此我们将在讨论社会分层的章节中详述。

劳动组织

在工业社会中，劳动组织的程度达到了巅峰，形成了大规模的职业分工和复杂的政治组织。在流水线上生产汽车显然需要协作，而从靠工资为生的劳动者那里收税也需要协作。

在很多食物采集和园圃种植社会中，并没有什么工作方面的正式组织。工作群体只有在生产性劳动需要时才会被组织起来，需求消失时就会解散。另外，在如此组织起来的群体中，成员和领头者经常变化，加入群体通常是自愿的个人行为。[44]之所以有这样的灵活性，也许是因为每个人要做的工作几乎是一样的，很少需要指示，可以说谁都可以领头。不过，有些种类的工作比其他工作需要更多的

组织。捕获大型猎物需要很多猎手通力合作，用大网捕鱼也可能需要很多人合作。例如，在太平洋上的斐济岛屿莫阿拉（Moala）上，用网捕鱼就是群体事务。一个群体有二三十名妇女，她们涉水走到暗礁之外，然后形成一个半圆形的网。部落首领的妻子富有经验，通常由她发出信号，其他妇女站在末端形成一个包围圈。鱼群进入渔网后，妇女们咬住鱼背后将其杀死，然后丢到竹篮里带到岸上。圣诞节前后，一个或多个村庄会一起举行盛大的捕鱼活动。活动前一天，100多人用椰子叶制作成一张长约1 500米的拖网。捕鱼活动开始后，男人、女人和小孩都参与其中，能够捕获数千条鱼。[45]

亲属关系是劳动组织的重要基础，尤其是在非工业社会里。例如，在新几内亚西部从事园圃种植的卡保库人（Kapauku）中，村里的男性成员是一个亲属集团，他们一起挖排水沟、建造大型的护栏和桥梁等。[46]技术复杂程度增加后，工作组织的基础开始转向组织形式更正式的群体。[47]在现代社会，组织的主要基础是契约——雇主和雇工之间达成协议，雇工在完成特定量的工作之后，可以获得一定

量的薪酬。尽管这种协议是自愿达成的，但法律和国家权力可以强制要求协议双方遵照合同履行义务。

关于工作的决策

在觅食者的生存环境里有很多种动植物，但他们只会选择其中一些作为狩猎采集的对象。为什么呢？有人可能会说其中一些是饮食禁忌，而另一些是美味的食物。但是，这种习俗理念源自何方？它们具有适应性吗？如果不存在对特定动植物的习俗偏好，我们该如何解释一些食物采集者在特定时节只追寻某类食物，而有意忽视其他食材呢？食物生产者也需要不断做出选择。例如，农户需要决定何时种植何种作物，还要决定种植的数量和收割的时机，以及储存和销售的数量。研究者试图解释为何某些经济决策会成为习俗，以及为何个人在日常生活里会做出某些经济选择。

关于选择，人们经常提起的一个理论源头是**最优觅食理论**，该理论最早是动物行为学学者提出的，被应用到了觅食者决策这个问题上。最优觅食理论假定个体在决定捕猎哪种动物或采集哪种植物时，试图获得热量和营养方面的最大回报。自然选择理论会比较符合最优觅食理论，因为"好的"决策可以增加生存和繁殖的机会。关于不同食物采集社会的研究成果也支持最优觅食的模型。[48] 例如，巴拉圭东部的阿切人（Aché）一直更愿意捕猎西貒（类似野猪的哺乳动物）而不是犰狳。尽管他们要花费更长时间去找西貒，而且杀死西貒比杀死犰狳难，但在捕猎西貒时，一天内平均每个工时可获得的热量为约 19 千焦，而捕猎犰狳一天内每个工时获得的能量只有约 7.5 千焦。[49] 除了热量产出之外，人们还会考虑资源稳定性等等其他因素，这会影响关于采集哪种食物的决策。比如，卡拉哈里沙漠的昆人主要采集一种名为"蒙刚果"（mongongo）的坚果，尽管采集这类坚果一天内每个工时获得的热量不如

肉类，但处于收获季节的蒙刚果远比猎物更靠得住。一群昆人远行采集蒙刚果时，他们知道只要坚果还没有被采光，就一定能够收获食物，但若一群人去搜寻猎物，就不敢如此有把握。[50] 同样道理，在密克罗尼西亚联邦的伊法利克（Ifaluk）环礁上，捕鱼是人们获取动物蛋白的主要方式，男人经常选择在那些一般而言回报率高的地方捕鱼，但不会总在那些地方捕鱼。如果头一天的回报率低于以往的平均值，他们就会选择去其他地方捕鱼。[51]

农民如何决定是否要种某种作物，以及种植多少、付出多少劳动？克里斯蒂娜·格拉德温（Christina Gladwin）和其他研究者认为，农民是一步一步做出决定的，他们在每个选择点上做出是与否的判断。例如，在危地马拉高海拔的地区，农民会选择种植 8 种左右的作物，或者将它们组合种植，比如将玉米和豆子间种在一起，这样农作物长势会更加喜人。农户在考虑以下问题后，会迅速地排除某些选择：我能负担得起种子和肥料吗？这种作物能否有足够的水来浇灌？海拔高度合适吗？等等。如果答案是否定的，那么农民就不会种植这种作物。通过进一步做出一系列是与否的选择，农民大致可以推定还剩下哪些作物可以种植。[52]

个人可能既不总是能清楚地阐述其决策的规则，也不完全了解多种可能性，尤其是在某些新的可能性出现时。不过，这并不表示研究者无法预测或解释经济选择。例如，奇布尼克发现中美洲伯利兹的两个村庄的男子说不清楚他们用于有薪工作和种植作物的时间哪个多哪个少。但他们的行为是可

44. Udy 1970, 35 – 37.
45. Sahlins 1962, 50 – 52.
46. Pospisil 1963, 43.
47. Udy 1970, 35 – 39.
48. E. A. Smith 1983, 626.
49. K. Hill et al. 1987, 17 – 18.
50. Sih and Milton 1985.
51. Sosis 2002.
52. Gladwin 1980, 45 – 85.

以预测的。年纪更大的男子种植作物，因为有薪劳动需要更多的体力；在村里的生活成本更高的男子，则更可能会外出劳动挣取工资。[53]

物品和服务的分配

不同社会中物品和服务的分配制度尽管千差万别，但可归纳为三种类型：互惠、再分配和市场或商品交换。[54]这三种制度往往共存于一个社会中，但一般有一种占主导地位。占主导的制度似乎与社会的食物获取技术相关，更确切地说是与经济发展水平有关系。

互惠

互惠包括不涉及金钱的赠送和获取，主要采取礼物赠送或广义互惠（generalized reciprocity）的形式。可能也存在等价物的交换（以物易物或非货币交易）或者平衡互惠（balanced reciprocity），但不涉及金钱的使用。[55]

广义互惠

在没有明显期待回报的情况下将物品和服务赠送给另一人，就是我们所说的"广义互惠"。任何社会中维持家庭的都是广义互惠。父母为孩子提供食物、衣服和劳动，是因为他们愿意或者感到必须这么做，他们通常不会去计算多年以后孩子将如何回报自己。这些给予是单向度的转移。在此意义上，任何社会都存在某种广义互惠。但有些社会几乎完全依靠广义互惠来分配物品和服务。

洛娜·马歇尔（Lorna Marshall）详述了昆人是如何将猎获的大角斑羚带回，并在总数超过100人的营地（包括5个游群和一些来访者）中分羚羊肉的。传统上，羚羊归最先用弓箭射中它的人所有。此人先将前半部分的肉分给协助他猎杀的两个猎手。

之后，分配所依据的是亲属关系：每个猎手与他妻子的父母、妻子、孩子、自己的父母和兄弟姐妹分享，这些人再与各自的亲属分享。作为礼物的63份生肉规定好后，才开始进一步分享生肉和熟肉。昆人对大型猎物的分配方式——显然是广义互惠——在觅食社会中很常见。但是，给出的东西不限于猎物。例如，1951年马歇尔离开曾经接待她的游群时，给了游群中每个妇女一串用足量玛瑙贝壳制成的项链作为礼物，每串项链包含一个大贝壳和20个小贝壳。1952年她重返这个游群时，几乎在游群里找不到玛瑙贝壳项链了，单独的贝壳也很难见到。反倒是在邻近游群的装饰物中，能零零落落地看到玛瑙贝壳。[56]

尽管广义互惠看似利他或无私，但研究者指出给予的一方实际上能够在多方面受益。比如，父母帮助自己的小孩，不仅有助于保存基因（在生物学上最大的利益），而且父母年迈时更可能得到已成年孩子的关爱。比起不付出的父母，舍得付出的父母可能会过得更愉快，更能享受生活。因此，无论是从短期还是长期来看，除了繁衍方面的好处外，给予者还可能获得经济和心理上的好处。

父母对孩子的给予模式可能更容易理解，但为什么一些社会比其他社会更依赖广义互惠，尤其是家庭之外的广义互惠？分享也许最可能发生在资源难以预测的情况下。一个昆人游群可能与其他游群分享水源，因为他们今天有水用，明天可能就没水用了。人们发现，卡拉哈里沙漠中一个与昆人相关的群体G//ana人[57]比其他群体更少分享。原来，G//ana人占有的资源可预测性更高，他们在狩猎和采集之外，还栽培作物和放牧山羊。他们栽培的甜瓜（富含水分）缓解了水资源的短缺，山羊缓解了猎物的匮乏。因此，昆人会在一次猎杀后立即分配食物，G//ana人则会将猎物风干并储存在家里。[58]

不可预测性有利于分享的观点可能也解释了为什么一些食物比其他食物更经常被人分享。例如，

分享在阶层社会中也可能出现，图为中国云南一个村落中的男子将牛肉分成 72 份给村民
（图片来源：
John Eastcott/Yva omatiuk/
Woodfin Camp & Associates, Inc.）

野外狩猎通常不可预测；猎手们外出打猎时，并不确保能够满载而归。相比之下，野生植物比较可以预测；采集者可以确保外出后至少可以收获一些植物性食物。无论如何，觅食者通常更倾向于分享猎物而不是野生植物。[59] 即使是在主要依赖园圃种植的人群中，如委内瑞拉和巴西的亚诺马米人，人们也更多分享可预测性低的食物（猎物和鱼类），而不是可预测性更高的园圃产出。[60] 尽管肉类比植物性食物更多地被人分享，但园圃种植者也经常分享觅食或耕种而来的植物。为什么？分享农作物可能对那些距离园圃较远的园圃种植者有利，他们不必经常跑出去采摘。另外，分享可以增强社会关系，这样其他家庭在紧急时刻就会施以援手，比如疾病或意外事故导致生活困难之时。[61] 食物分享是否增加了个人的食物供应？巴拉圭东部的阿切人的情况说明分享让每个人平均得到的食物更多了，阿切人采集食物主要依赖狩猎所得。甚至实际上从事打猎的男性也得到了更多，尽管参与觅食之旅的女人和孩子得到的好处更大。[62] 从计算上说，如果至少有 6 到 8 个成年人一起分享他们获得的食物，单个食物

采集者在某一天找不到足够食物的风险将大大降低。食物采集游群通常只包含 25 至 30 人，这样规模的群体内会有 6 到 8 个成年采集者。[63]

尽管某些社会普遍认为人们应该馈赠，但这并不代表社会中的每个人都愿意在不受社会压力的情况下做出馈赠行为。例如，昆人会说不愿意馈赠的人"心很远"，也会对这样的人公开表示谴责。

日常的不可预测是一回事，持续更长时间的稀缺是另外一回事。当资源由于干旱或其他灾害而匮乏时，广义互惠制度会受到什么影响？馈赠的伦理会遭到破坏吗？从几个社会得出的证据表明，在食物短缺时期，分享的程度实际上有所提升。[64] 例如，阿森·巴

53. Chibnik 1980.
54. Polanyi 1957.
55. Sahlins 1972, 188 – 196.
56. L. Marshall 1961, 239 – 241.
57. G//ana 人名称中的 "//" 符号表示一种咔嗒声，有点像我们想要马儿跑得更快时发出的声音。
58. Cashdan 1980, 116 – 120.
59. H. Kaplan and Hill 1985; H. Kaplan et al. 1990; Gurven et al. 2002, 114.
60. Hames 1990.
61. Gurven et al. 2002, 114.
62. H. Kaplan et al. 1990.
63. Winterhalder 1990.
64. Mooney 1978.

列克西（Asen Balikci）在描述内茨利克因纽特人（Netsilik Inuit）时写道："猎物充足的时候，他们避免在非亲属间分享，因为估计每个家庭都有能力获得必需的猎物。然而，在食物短缺的情况下，北美驯鹿的肉会在整个营地内更平均地分配。"[65] 分享在出现轻度匮乏的时候可能有所增加，这是因为人们可以将损失最小化，但是面对像饥荒这样极度匮乏的情况时，广义互惠可能就不那么理所当然了。[66]

研究者一般很难解释分享的行为，因为他们假定在其他条件相同时，个人倾向于自私。但是，实验证据表明分享可能发生在互不相识的人之间，赠送者也可能并不期望对方在未来有所回报。实验者设定了一些"博弈"，以便控制或排除某种回应。例如，一场博弈中，某个参与者得到了一定数目的钱，这人可以决定把多少钱分给第二个参与者，后者可以接受或拒绝。如果分配方案遭到拒绝，那么两人都拿不到钱；如果分配方案被接受，那么两人都能拿到方案分配的那部分钱。如果自私是常态，可以预见分钱的那个人给出的钱会尽可能少，而第二个参与者应该对方无论给多少都接受，否则就什么也得不到。令人惊讶的是，参与者通常会提出平均分配，低的出价往往会被认为不公平而遭到拒绝。认为出价不公平而拒绝的参与者似乎乐于去"惩罚"贪婪的个人。尽管这样的实验最初主要是在西方社会进行的，但现在已有在至少15个其他社会中进行的此类实验证实了早期的结论。[67] 当前有证据表明，合作甚至可能带来愉悦。调查者研究了一些女性的大脑活动，她们所处的博弈允许她们采取合作或是贪婪的策略，使调查者惊讶的是，合作可以点亮大脑中的特定区域，这些区域通常与（比如吃甜品时的）愉悦感有关系。因此，合作可能比一些人认为的要更"自然"。[68]

平衡互惠

平衡互惠明确地期待短期回报。与不期待回报的广义互惠或单向给予不同，平衡互惠涉及的要么是物品和服务的即时交换，要么是在双方同意的有限时间内进行的交换。对于这种物品和服务间的非货币交换形式，人们最常用的词是"以物易物"。例如，昆人同说茨瓦纳语的班图人（Tswana Bantu）进行贸易：一张大羚羊皮交换一堆烟草，五串鸵鸟蛋壳做的珠子换一支枪，或者三张小兽皮换一把大小正好的刀。[69] 17世纪，北美东北部的易洛魁人用鹿皮与欧洲人交换铜壶、铁链、钢斧、纺织品和枪支。[70] 昆人和易洛魁人通过平衡互惠获取贸易性商品，但这种交换对他们的经济而言并不是至关重要的。

相比之下，一些社会主要依赖平衡互惠。例如，在中非伊图里（Ituri）森林中狩猎和采集的埃夫人（Efe），其主要蛋白质来源是木薯、花生、大米和芭蕉，这些由另一个群体——从事农业的莱塞人（Lese）——种植。埃夫男性和女性为莱塞人提供劳动力，作为交换，他们得到一部分收成和金属罐子、标枪等商品。[71] 牧民同样很少能够自给自足。他们必须用畜产品同农民交换所需的谷物和其他物品。

平衡互惠主要涉及劳动。合作劳动的各方通常交换或平衡各自的劳动力。在利比里亚的克佩勒人（Kpelle）中，参与合作劳动的人数在6至40人之间，他们一般都是亲戚或朋友，合作劳动的团队被称为kuu。除了承诺会在特定时间给予劳动回报之外，每个农户都会在劳动队辛勤劳动日子里提供筵席，有时候还在他们劳动时伴以节奏感强的乐曲。[72] 当我们说某一交换是平衡的，意思并不是所交换的物品在价值上完全对等，或者交换纯粹是经济上的。在缺乏货币经济的社会，并没有判断物品价值的明确标准，也不存在客观评估价值的方法。关键之处在于平衡互惠的各方都自由向对方提供所需的物品和服务，没有人强迫他们这样做，所以不能认定他们的交换是非平衡性的。[73] 人们看重某些事物，可能是出于经济考虑之外的理由。交换可能

本身就很有趣、有冒险性、有美感，也许还能巩固社会关系。

交换有不同的动机，因此可能具备不同的意义。因此，有些经济人类学家希望将礼物和商品交换区分开来。礼物交换发生在个人之间，涉及人们和群体之间持久关系的创造和延续。在当代北美社会中，晚宴邀请或圣诞礼物的交换往往都出于社交考虑，我们感兴趣的不只是晚餐的食物和收到的礼物。相比之下，即使是不涉及金钱的商品交换，人们主要的关注点也是收到的物品或服务——交易本身就是动机。交易完成后，各方的关系经常随之结束。[74]

库拉圈

特罗布里恩群岛位于新几内亚岛以东，从事园圃种植的岛民们有一套精心设计的贸易方案，与邻近岛民交换装饰品、食物和其他生活必需品。对于那些相隔遥远的小岛而言，商品的交换非常重要，有些小岛面积很小而且岩石很多，无法生产足以供居民生存的食物，但岛民们擅长制作独木舟、陶器和其他工艺品。其他一些岛屿上的岛民能够生产超出自己所需的山药、芋头和猪。然而，贸易的实施过程往往隐藏在被称为"库拉圈"的复杂仪式性交换背后，相隔很远的岛上的人们交换有价值的贝壳装饰品。[75]

这种仪式性交换涉及两种装饰品——白色的贝壳臂镯（mwali）沿着逆时针方向流动，而红色的贝片项圈（soulava）则是沿着顺时针方向流动。一名男子如果占有这些装饰品中的一种或多种，就可以组织一次前往另一个岛屿的远行，与贸易伙伴会面。远行的高潮就是有价值的库拉装饰品的仪式

65. Balikci 1970，转引自 Mooney 1978, 392。
66. Mooney 1978, 392.
67. Fehr and Fischbacher 2003; Ensminger 2002; Henrich et al. 2004，转引自 Ensminger 2002。
68. Angier 2002, F1, F8.
69. Marshall 1961, 242.
70. Abler 2009.
71. N. Peacock and Bailey 2004.
72. Gibbs 1965, 223.
73. Humphrey and Hugh-Jones 1992.
74. Blanton 2009; Gregory 1982.
75. Uberoi 1962.

性赠予。在 2 至 3 天的访问期间，生活必需品的交易也在进行。有些交换在贸易伙伴之间以赠送礼物的形式进行。到了来访者要离开时，一年的交易已经完成，尽管表面上看不出来他们进行了交易。

库拉圈的实际好处不仅有收益，还有社交的好处，人们轻松愉悦地交换物品。贸易之旅除了做生意，还有冒险的性质。岛屿的传统保持着活泼的生机：神话、传说、仪式和历史都与装饰品的流通息息相关，尤其是那些质地优良的大件装饰品，人们会将其当作传家宝。一名男子在一生的时间里能够占有很多有价值的物品，每件物品他大约可以占有一年。每一次收到的物品都能以一种独特的方式唤起人们的激情，而若是他毕生都拥有这件物品就无法有这种体验。[76] 在巴布亚新几内亚成为独立国家之后，库拉圈仍然作为重要制度得以延续。例如，在 20 世纪六七十年代，积极参与库拉圈可以帮助候选人在国家议会选举中获胜。[77]

库拉只是特罗布里恩岛民生活中的交换形式之一。例如，在葬礼之后的两天里，死者亲属要将山药、芋头和有价值的物品赠予在死者临终前帮助照护的人，以及参加葬礼和前来悼念死者的人。在这些最初的交换之后，小村庄的村民开始哀悼。从其他村庄过来的妇女会带来食物给服丧的人，而正在服丧的妇女则要准备很多束的香蕉叶，并用香蕉叶纤维编织成草裙供随后分发。丈夫们帮助妻子收取有价值的物品，以便"购买"更多的香蕉叶。然后，妇女就要举行葬礼仪式。这个仪式富有竞争性——每位服丧的妇女都尽可能多地分发香蕉叶束和草裙。在一天的时间里，一位服丧的妇女最多可以分发出 5 000 束的香蕉叶和 30 条草裙。每次赠予都是平衡互惠的一环：赠予者是在回报别人曾赠予自己的物品和服务。妇女的兄弟在当年会送她山药和芋头，她会把香蕉叶束或裙子送给自己的兄嫂或弟媳，也会分给那些帮忙制作丧事草裙的人，以及在服丧期

间带来食物或帮忙做饭的人。[78]

有时候，广义互惠和平衡互惠之间的界限并不清晰。想想我们的圣诞礼物吧。尽管这种赠礼看上去是广义互惠，而且经常表现为父母送礼物给孩子，但其中可能含有强烈的平衡互惠的期待。朋友或亲戚之间可能会基于对上一年礼物成本的计算，尽力保证所交换的礼物价值相当。一个人如果送出了 25 美元的礼物而只换来 5 美元的礼物，就可能感到受伤或生气。而一个送出了 25 美元的礼物的人，如果得到了价值 500 美元的礼物，也可能会感到不快。但是，与特罗布里恩群岛的库拉圈一样，圣诞节的赠礼也表明交换不仅是出于经济目的，还涉及包括娱乐在内的很多其他目的。

亲属距离和互惠的类别

大部分食物采集和园圃种植社会都依赖一些分配商品与服务的互惠形式。萨林斯认为，采取哪种互惠形式主要取决于人们之间的亲属距离。广义互惠主要在家庭成员和较亲密的亲属之间实行。平衡互惠主要在亲属关系不太近的对等人群之间实行。认为与家庭成员做交易不合适的人，会和附近的群体进行交易。[79] 通常，互惠的重要性会随着经济的发展而逐渐减弱。[80] 在集约型农业社会以及特别是工业化社会中，互惠式分配仅占物品和服务的一小部分。

作为拉平手段的互惠

正如昆人的分享所表明的，互惠性馈赠不仅会使一个社群内的物品分配趋于平等，也能使两个社群之间的物品分配趋向平等。

在新几内亚岛及附近的许多美拉尼西亚社会中，人们举办宴席时要宰杀 50 至 100 头猪，有时候甚至会有 200 头。安德鲁·瓦达（Andrew Vayda）、安东尼·利兹（Anthony Leeds）和戴维·史密斯（David Smith）认为，这些盛大的宴席表面

上是浪费，实际上是一种非常有利的复杂文化实践。在这些社会中，人们无法准确预测当年能够生产多少食物。由于天气的变化波动，有些年他们能够丰收，而在另外一些年头会收成不好。为了防止歉收，明智的做法是多种植一些作物。但是，在普通年头或收成很好的年头，过度种植会带来超常的收成。这时该怎样处理多出来的食物呢？像山药和芋头这样的作物无法长时间保存，所以多余的食物都会被拿来喂猪，猪实际上就成了食物储备库。然而，猪在歉收的年头还是需要食物。如果连年丰收，猪的生长未必是一件好事情。猪要寻找食物，就会破坏山药和芋头的根茎。如果猪群太大，对作物造成威胁，村民就会邀请其他村的人前来，举行盛大的宴席，宰杀掉大量的猪，以确保田地免受其害。年复一年，杀猪宴保证了食物的平衡，尤其是保证了参与盛宴的所有村民的蛋白质摄入。[81] 因此，杀猪宴可能是村民储藏剩余食物的方式，他们与其他村民共同储存"社会信用"，并在随后的杀猪宴中返还信用。

在一些美拉尼西亚社会中，举办杀猪宴的男人们会相互竞争。"大人物"试图通过宴会的规模来彰显自己的声望与地位。要提升社会声望，不仅需要保有财富，还需要送出财富。同样的现象存在于太平洋西北地区的许多美洲土著群体之内，首领试图通过**夸富宴**（potlatch）来提升自己的地位。在夸富宴上，首领及其群体会送给客人毯子、铜片、独木舟、大量食物和其他物品。之后，此次做东的首领及其群体会被邀请去参加别人举行的夸富宴。

在与欧洲人接触之后，夸富宴的竞争性似乎更强了。毛皮贸易带来了更多贸易物品，在夸富宴上能够送出的物品也变多了。也许更重要的是，欧洲人带入了天花之类的疾病，导致美洲土著的人口数量锐减。没有直接继承人的首领的远亲可能会参与权力的角逐，每个人都想给出更多的物品。[82] 通过

夸富宴，首领们试图吸引人们搬到他那已经半空的村庄居住。[83] 那些被摧毁的村庄里的群体可能合并起来继续举办夸富宴。例如，20 世纪初期，特林吉特人的人口数量降至最低，亲属集团就合在一起筹措资源举办夸富宴。[84] 尽管夸富宴上的竞争似乎毁坏了物品，造成浪费，但这项制度实际上可能让彼此竞争的群体之间的物品分配趋于平等。

从分析的层面上看，美拉尼西亚的杀猪宴和太平洋西北地区的夸富宴，都是社群或村庄之间的互惠交换。但是，这些交换不仅仅是个体间互惠馈赠的群体间版本。由于组织这些宴会的人还得收集食物，这就牵涉到另外一种分配模式，人类学家称之为"再分配"。

再分配

在再分配过程中，物品或劳动力由特定的人或在特定的地方积累，积累的目的在于随后的分配。尽管再分配存在于所有社会中，但只有在具有政治等级制度——拥有酋长或其他专制官员和机构——的社会中，再分配才是重要机制。在所有社会中，至少在家庭内部，都有一定程度的再分配。家庭成员为了共同的利益而联合经营他们的劳动力、产品或收入。但是，许多社会在家庭之外很少有再分配。看起来，只有在有政治组织为某种公共目的来协调物品的聚集和分配或动员劳动力的情况下，基于地域的再分配才会出现。

例如，在位于今乌干达西部的布尼奥罗（Bunyoro）王国，穆卡玛（mukama，即国王）及其近亲属拥

76. Malinowski 1920; Uberoi 1962.
77. J. Leach 1983, 12, 16.
78. Weiner 1976, 77–117.
79. Sahlins 1972, 196–204.
80. Pryor 1977, 204, 276.
81. Vayda et al. 1962.
82. Drucker 1967.
83. M. Harris 1975, 120.
84. Tollefson 2009.

有大量财富。穆卡玛有权将土地及其他自然资源的使用权授予向他臣服的首领，而后者可以将其授予普通百姓。作为回报，人们必须将大量的食物、工艺品甚至劳动力服务送给穆卡玛。然后，至少在理论上，穆卡玛会将这些物品和服务再分配给百姓。人们赞美穆卡玛，并使用称号来强调他的慷慨大方，比如 Agutamba，意为给百姓减轻痛苦的人，还有 Mwebingwa，意思是可以给予百姓帮助的人。但很明显的是，国王再分配的大部分财富并没有回到生产大量物品的百姓手中。财富的再分配主要是依据国家的社会等级来进行的。[85]

另一种再分配制度更为平等。例如，在美拉尼西亚的布因人（Buin）中间，"首领与奴隶的吃穿住都完全一样"。[86] 虽然首领拥有最多的猪，但每个人在共享财富方面是平等的。通常，与生产力水平较高的社会一样，再分配越重要的地方，富人比穷人越能从再分配中受益。[87]

为什么会形成再分配制度？埃尔曼·瑟维斯认为，再分配制度形成于包含不同类型农作物和自然资源亚区的农业社会。觅食者可以通过迁移到不同的地方来利用多样的环境。在农业社会，进行那样的人口迁移比较困难，把不同的产品带到不同的地区则比较简单。[88] 当对不同资源或产品的需求非常大时，个人之间的互惠可能无法满足需要。这时，更有效的办法是由某个人——也许是一个首领——来协调这种交换。

马文·哈里斯也认为再分配更可能出现在农业社会，但其理由有所不同。他认为，像新几内亚的那种竞争性宴席具有适应性，因为它鼓励人们更努力地工作来生产多于他们所需的产品。为什么这一特征具有适应性？哈里斯主张，在农业社会中，人们确实需要生产超过自己所需的产品，以应对收成不好这类危机。举办宴会的群体可以借此在其他村庄那里积攒社会信用，那些村庄以后也会以宴会的

形式回馈它们，这样一来，它们就间接防范了危机。相比之下，对食物采集群体而言，积累超过所需的食物可能并不是好事，长远看来它们也许会因过度积累而受损。[89]

市场或商品交换

说到市场，我们一般会想到人们熙熙攘攘买卖各样商品的地方。在市场上发生的交换往往涉及金钱。在我们的社会中，人们在超市、股市，以及我们称之为店铺、商店和商场等的其他地方买进和卖出。当谈及市场或商品交换时，经济学家和经济人类学家指的是"价格"受供求关系影响的交换或交易，不管这种交易是否实际发生在集市上。[90] 市场交换不仅包含物品的交换（购买和出售），也包括劳动力、土地、租用物和信誉的交换。

表面上，很多市场交换都类似于平衡互惠。某人给出某些物品，也会相应地收到某些物品。那么，我们该如何区分市场交换和平衡互惠呢？当直接涉及金钱时，市场交换和平衡互惠比较容易区分，因为互惠并不牵扯到货币。但是，市场交换并不总是涉及货币。[91] 例如，地主将土地租赁给佃农并允许其使用土地，然后获得作物收成的一部分作为回报。因此，在判断交换是否属于市场交换时，我们需要知道价格是否由供求决定。如果佃农送给地主的只是象征性的礼物，我们就不能称之为市场交换，就好比圣诞节时给老师的礼物并不是付给老师的学费。然而，如果在土地紧缺时佃农要交出收成中的一大部分，或者在很少人想租种土地时地主降低要求，我们就可以称这种交易为市场或商品交换。对依赖货币来交换生活必需品的人而言，供求压力会带来相当大的风险。挣工资的人失去工作就无法获得食物或住宿，以种植经济作物为生的农民有可能卖不出足以养家糊口的价格。有货币交易的社会，通常在财富和权力方面会有很大的不平等。

货币的种类

尽管市场交换可以不涉及货币，但大多数特别是当今的商品交易，都涉及我们说的货币。一些人类学家依据当代北美和其他复杂社会中"通用货币"（general-purpose money）的功能和特征来定义货币，在这些复杂社会中，货币几乎可以与任何商品、资源和服务进行交换。据此定义，货币发挥着基础性作用，充当交换媒介、价值尺度和财富储备手段。作为交换媒介的货币可以用同样客观的方式来衡量所有商品及服务的价值，我们会说一样物品或一种服务值多少多少钱。而且，货币不易腐坏，可以储蓄或贮存，运输和分割也通常很容易，这样一来，人们在交易时就可以买卖价值不同的物品及服务。

尽管理论上说，货币可以是任何物品，但最早的货币体系使用了金银之类的贵金属。这些金属质地较软，可以按照标准化的尺寸与重量熔铸。据说，最早的标准化钱币是公元7世纪时的中国人和小亚细亚的吕底亚人（Lydians）铸造的。有必要认识到，货币本身并不具备多少固有价值，其价值是由社会决定的。在当今美国，纸币、支票、信用卡、借记卡都被充分接受为货币，货币也越来越向电子化转变。

通用货币既用于商品交易（买卖），也用于非商品交易（支付税款或罚金，用作个人赠予，进行宗教奉献和其他慈善捐献）。通用货币是一种凝结财富的方式：金粉或金块远比成斗的麦子容易携带，纸币、支票簿和塑料卡片也远比成群的山羊或绵羊好管理。

在许多社会中，金钱并不是通用的交换媒介。在人均食物产出不足以供养庞大的非食物生产人口的许多社会里，人们使用"特殊用途货币"（special-purpose money）。特殊用途货币包括只能用于某些物品和服务当场交换或平衡互惠交换的有价值物品。在美拉尼西亚的一些地方，猪的价值用贝壳货币来体现，贝壳货币是用细绳串起的贝壳，每串长度约等于成年男子的臂展。以10串为一个阶梯，人们依据猪的大小确定猪的价值，最大的猪能值100串贝壳货币。[92] 但是，贝壳货币无法用于交换一个人可能需要的所有物品和服务。同样，太平洋西北地区的土著居民可能会用食物交换毯子等"财富的礼物"，但其他大部分物品和服务都不能用食物交换。"财富的礼物"相当于收据，收到的人有资格在之后获得同等数量的食物，但不能换取其他东西。

商品化程度

当探险家、传教士和人类学家写下关于它们的最早的民族志记录时，大部分社会都完全没有商品化，或者只有极少的商业行为。也就是说，当时大部分社会并不依赖市场或商品交换来获取物品和服务。但是在现代世界，商品交换已经成了占主导地位的分配形式。以往民族志记载的大部分社会如今都已归入更大的民族国家；例如，特罗布里恩群岛及美拉尼西亚的其他社会现在都是巴布亚新几内亚的组成部分。如今，买卖已经超出了单一民族国家的范围。当今世界是一个多国市场。[93]

现今的社会依赖市场或商品经济，但在程度上有相当大的差异。很多社会并不通过购买来配置土地，主要靠互惠和再分配来分配食物和其他物品，只是附带参与一些市场交换。这些社会处于过渡之中，其传统的生计经济正日益商品化。以肯尼亚西部的卢奥人为例，大部分乡下家庭仍有通过亲属集团分配的土地，所吃的食物大部分是自产的。但是，很多人也在挣工资——有些人在附近，有些人会去

85. Beattie 1960.
86. Thurnwald 1934, 125.
87. Pryor 1977, 284–286.
88. Service 1962, 145–146.
89. M. Harris 1975, 118–121.
90. Plattner 1985, viii.
91. Pryor 1977, 31–33.
92. Thurnwald 1934, 122.
93. Plattner 1985, xii.

往更远的集镇和市区，而且要在那里待一两年的时间。他们挣取的工资往往要用于缴纳政府的税收、供孩子上学，以及购买商品化生产的物品，比如衣服、煤油灯、收音机、来自尼安扎湖（Lake Nyanza）的鱼、茶叶、糖和咖啡。偶尔，这些家庭会售卖多余的农产品或芦苇席之类的工艺品。像卢奥乡村社会这样的经济还没有彻底商品化，但是未来可能走向完全商品化。

人类学家所说的"小农经济"（peasant economy），要比卢奥人社会之类的过渡型生计经济更加商品化。尽管小农生产食物主要是为了自己使用，但他们也会定期将部分盈余（食物、其他商品或劳动力）出售给别人，土地也是可以买卖和租赁的商品之一。不过，尽管他们的生产在一定程度上商品化了，但小农还是不同于工业社会里完全商品化的农民，后者依赖市场，用全部或大部分农作物交换他们所需的全部或大部分物品和服务。

在像当代北美社会这样完全商品化的社会中，市场或商业交换主导着经济；供求关系的力量规定或至少在很大程度上影响了价格和工资。现代工业或后工业经济会牵涉到国内和国际市场，包括自然资源、劳动力、一般物品、服务、声望物品、宗教及仪式用品在内的一切都有价格，价格是用同样的货币方式标定的。在家庭成员和朋友之间，互惠得以保留，有的商品交易背后也有一些互惠的成分。然而，再分配是重要的机制。再分配以税收的形式和转移支付的公共财政及其他福利，让低收入家庭受益，使其享受福利、社会保障、医疗保障等。但是，商品交换是分配物品和服务的主要方式。

为何会发展出货币和市场交易？

大部分经济学家认为，当贸易量增加，以物易物的效率越来越低时，一个社会就会通过发明或模仿而开始使用货币。贸易越是频繁和重要，就越难

找到能提供你要的东西或想要你能给的东西的人。货币使得贸易容易开展。它是一种可以交换任何物品的有价物，当贸易变得重要时，货币就是一种有效的交换媒介。然而，很多人类学家并未将货币或市场交换的起源与贸易的必要性联系在一起。他们认为，货币的起源与各类非商业的"支付方式"有关，比如库拉之类的有价值物品和政治机构强迫人们缴纳的税收。现有的解释都指出，大部分经济发展水平较高的社会都有货币，事实的确如此。较简单的社会如果拥有货币，往往是由占优势地位的更复杂社会引入的。[94] 在接下来的章节里，我们将进一步讨论殖民主义和全球市场对那些不久前还是生计经济的社会的影响。

大部分关于货币及市场交易发展的理论都假定生产者经常会生产出可用于交换的多余物品。但是，人们最初为何要生产多余的东西呢？也许在他们想获得远方的物品，但由于不认识物品供应者而不太可能进行互惠交换的情况下，他们会想要生产多过自己所需的东西。因此，有些理论家认为市场交换始于外部或社会之间的贸易；这种交换不太可能在亲属之间进行，而是需要讨价还价，也就是进行市场交换。最后，还有些人主张，随着社会变得更加复杂，人口日益稠密，个人之间的社会联结中，亲情和友情的成分会越来越少，因此不太可能实行互惠。[95] 或许这可以说明为何发展中地区的贸易者往往是外来者或新近的移民。[96]

无论如何，弗里德里克·普赖尔（Frederic Pryor）的跨文化研究表明，物品、劳动力、土地、信用等各类市场交换更可能与较高的经济生产力水平有关。普赖尔也发现，经济发展水平较低的社会中，物品交换超过劳动力和信用的交换；土地的市场交换或许与私有财产（私人所有制）有关，大部分只出现在生产力水平最高的社会中。或许令人惊讶的是，一些更小规模的社会倾向于和其他社会发

宗教节日耗费大量的金钱用于饮食、音乐和舞蹈，图为墨西哥瓦哈卡一个宗教节日的盛况（图片来源：Dana Hyde/Photo Researchers, Inc.）

生更多的市场交易或贸易。这大概是由于较大规模的社会已经从社会内部获得了想要的东西；例如，在历史上很大一部分时间里，中国的对外贸易相对较少。[97]

商品经济的可能调节机制

正如我们将要在下一章里看到的，在严重依赖市场和商品交换的社会中，人们的财富具有明显的差异。尽管如此，还是有可以减少这种不平等性的机制，至少是作为一种拉平的手段在起作用。有些人类学家认为在拉丁美洲的高地印第安人社群中，一系列宗教节日可能是一种促进财富均衡的机制。[98]在这些小农村庄里，每年会举行宗教节日敬拜重要的村庄圣人。这个制度的重要特征是每个赞助的家庭必须奉献数额巨大的金钱并付出大量劳动。赞助人必须雇请仪式专家，支付仪式和音乐师的费用，购置舞蹈用的服装，而且要担负社区所有成员在此期间吃喝的全部开销。这个成本很容易达到相当于一年收入的水平。[99]

有些人类学家认为，尽管较富裕的印第安人赞助宗教节日时分发了大量财富给自己和其他社区中的穷人，但宗教庆典并不能真正拉平财富水平。第一，经济上真正的拉平需要重新分配土地、牲畜等重要的生产资源，而宗教节日只是暂时提高了消费的总体水准。第二，赞助者付出的资源往往是专为节日攒下的多余资源，正因如此，赞助者通常是提前指定好的。第三也是最为重要的，宗教节日似乎并不能缩小长时期的村庄财富差异。[100]

在类似美国这样的国家，所得税以及所得税支撑的社会福利、灾难救援等社会援助项目，能否被视为拉平手段？理论上讲，税收制度应该是一种拉

94. Pryor 1977, 153–83; Stodder（1995, 205）发现货币贸易更可能与资本密集型农业有关。

95. Pryor 1977, 109–111.

96. B. Foster 1974.

97. Pryor 1977, 125–148.

98. E. Wolf 1955, 452–471; Carrasco 1961.

99. W. R. Smith 1977; M. Harris 1964.

100. Ibid.

平手段，收入更高者的所得税税率应该更高，但实际上我们知道并非如此。高收入人群的可征税收入中，通常有相当大的免税额，因此他们缴纳的所得税的税率其实是相对较低的。这样的税收制度能帮助某些人避免陷入极度贫困，但也像宗教节日庆典制度那样，无法消除财富的明显差异。

全球商品化趋势

西方社会和资本主义制度扩张带来的最重要转变之一，是全球范围内对商品交换日益增强的依赖性。最初引入买卖风俗可能是为了补充一个社会中传统的物品分配方式。但是，随着新的商业风俗固定下来，接受这种风俗的社会的经济基础就发生了变化。这样的改变不可避免地在社会、政治乃至生理和心理方面造成了广泛影响。

然而，在探讨当代变迁模式时，我们应该记住在古代世界，很多地方已经发生了商品化。古代中国、波斯、希腊、罗马、阿拉伯、腓尼基和印度，这些早期的国家社会将商业活动扩展到了其他地区。我们在考虑以下问题后，或许更能理解早期文化如何以及为何发生了变迁：当时的某个社会如何以及为何要从生计经济向商品经济转变？文化变迁的结果是什么？它们为何会发生？

总的来说，能获取的有限证据表明，原本不事商业的人群开始买卖物品，也可能就是为了生存，而不仅仅是因为他们被那些只能从商品交换中获取的物品吸引。如果每个人在群体中能获取的资源锐减（因为群体被迫在一个小的"保留地"上定居或人口急剧增长），群体就可能利用任何能获得的商业机会，即使这种机会需要付出多得多的劳动、时间和精力。[101]

许多人类学家注意到，引入金钱后，分享的习俗似乎发生了戏剧性变化。这可能是因为金钱不易

腐坏也容易隐藏，易于使人产生不愿分享的感觉。新几内亚中部高地一名男子的困境很典型。他认为拒绝亲戚或同村朋友的请求是不礼貌的；尽管如此，为了确保他的收入不被"吃掉"，他试图隐瞒部分收入。隐瞒策略包括开设储蓄账户将工资存起来，购置半永久性房屋，或者加入轮转信贷协会。[102] 最近的一组实验显示，在金钱对经济制度起基础性作用的美国，仅仅是提到金钱，就能让人们表现得更为独立、更不愿意帮助别人。[103]

移徙劳工

商品化出现的一种方式是，一个社群中的一些成员移徙到能够提供更多有薪工作机会的地方。这发生在蒂科皮亚岛（Tikopia），它是南太平洋中靠近所罗门群岛的一个岛屿。1929 年，当雷蒙德·弗思（Raymond Firth）第一次研究该岛时，其经济在本质上仍然是非商品性的——简单、自给自足、基本独立。[104] 岛上的人能获得一些来自西方的物品，但除了一定数量的铁和钢之外，人们对西方商品兴趣不大。占有和使用这些物品的通常是欧洲人。这种状况随着第二次世界大战的爆发而发生了戏剧性变化。战争期间，军事力量占领了邻近岛屿，蒂科皮亚人迁移到其他岛屿寻找工作。在战后的年代里，一些大型商业公司将业务拓展到所罗门群岛，从而出现了对劳动力的持续性需求。因此，弗思在 1952 年重访蒂科皮亚岛时，发现那里的经济状况已然发生重大变化。先后有 100 多个岛民离开本岛外出工作。这些移徙者想要赚钱，因为他们向往那些从前被认为只属于欧洲人的生活方式。蒂科皮亚岛的生活状况已经发生改变。西式烹饪和盛水用具、蚊帐、煤油灯之类的东西被认为是岛民家庭的正常用品。

将金钱引入蒂科皮亚岛的经济不仅改变了经济制度，也改变了生活的其他领域。同 1929 年的情况相比，1952 年时，土地得到了更为集约化的耕作，

移居者与移民
国外工作寄钱回家

自有历史记载以来，一直有人到其他的地方谋生。他们这么做不仅是为了养活自己，也是为了供养留在家乡的家人。实际上，如果没有这些寄回家的钱（经济学家称之为"侨汇"），家乡的人的日子可能会很苦，甚至饿死。2003 年，暂时到其他国家工作的人产生了超过 1 000 亿美元的侨汇。19 世纪，中国人被征募去北美修筑横贯大陆的铁路，意大利人被征募去修筑纽约、新泽西、康涅狄格和马萨诸塞等州的铁路。第二次世界大战之后，由于大量人口在战争中死亡，西德公司劳动力紧缺，于是招募土耳其人到德国去填补空缺职位。三四十年以后，土耳其人已经在德国人口中占有相当大的比例。西欧（包括英国、法国、荷兰、瑞典、挪威、意大利和西班牙）劳动力缺乏的大多数甚至全部国家，近年来吸引了相当多的移民。实际上，像在其之前的美国一样，西欧国家在文化上已经变得相当多元。

我们可能认为，许多甚至大部分移居者都想留在他们迁入的国家，但不管是过去还是现在，情况并不总是如此。过去，许多人只想逗留几年，他们想要挣钱来帮助留在家乡的亲人，并且也许（如果他们很幸运）可以赚取足够的钱带回家，自己买个农场或做其他的小生意。他们通常不会成为迁入国家的公民，因为他们并不想留下。但直到最近，大多数移民始终未能返乡，而且这些移民的第二代和第三代往往已不会说原有的语言了。最近几十年中，迁移到其他国家工作的人经常返乡，而且是多次返乡。他们变成了"跨国者"，可以流利地说至少两种语言，交替在不同国家中自如地生活。许多甚至保有两个（或多个）公民身份。这与之前的情况相当不同，从前，许多移民都很希望自己能被看成移入社会的本地人。尚不清楚为什么现在有些人满足于不被看成本地人。难道是一些地方的族群中心主义程度有所降低？如果是这样，又是为什么？

并不是所有迁移到其他国家的移居者都有好结果。想想来自斯里兰卡的贫穷年轻女性吧，她们被招募到其他国家从事女佣工作。如果工作令雇主不满意，她们可能会被烧或被打，可能也攒不下什么积蓄回国。现在的斯里兰卡，每 19 个人中就有一个人在国外工作，大多数是从事女佣的工作。像斯里兰卡这样的国家，移徙劳工成了经济的一个安全阀。斯里兰卡经济可能从收到的汇款中获益，但一些移徙者也遭受了许多痛苦。

（资料来源：M. Ember et al. 2005; Waldman 2005.）

人们引入了木薯和甘薯来补充主要的传统作物芋头。食物供应的压力来自提高了的生活水平和增长的人口，大家族内的亲属纽带似乎削弱了。例如，核心家庭组成的扩展家庭（1929 年时拥有和使用土地的单元）到了 1952 年就不再像以往那样运作了。实际上在很多情况下，作为扩展家庭构成要素的核心家庭已经将土地分成了许多小份，土地权利也就变得更加个体化。人们不再乐意同扩展家庭的成员分享，尤其是涉及在所罗门群岛工作赚得的金钱和物品时。

在世界上的许多地方，寄回家乡的钱已经成为经济的一个主要因素（参见专题"国外工作寄钱回家"）。人们汇款回家，通常并不通过正式的银行系统，而是通过非正式的中间人网络。在中东和南亚，这一制度被称为哈瓦拉（hawala），其基础是一种荣誉制度。例如，阿富汗的第三大族群哈扎拉人（Hazara），在整个 20 世纪的时间里都前往阿富汗以及巴基斯坦和伊朗的城市工作。阿富汗的银行无法运转，哈扎拉

---

101. 例如参见 Gross et al. 1979。
102. Pollier 2000.
103. Vohs et al. 2006.
104. 对蒂科皮亚岛的描述基于 Firth 1959, 第 5、6、7、9 等章。

人往往也没有官方的身份证明文件，因此他们会通过哈瓦拉中间人来将钱送回国。[105] 汇款的数额通常远远超过发展项目投入的钱。[106] 但与通常由富裕国家支持的发展项目不同，通过汇款得到的钱可以用到家人需要的地方。移徙已成为家庭经济策略的一部分。当然，并不是所有的家庭都采用这种策略——最贫穷的家庭无法负担长距离移徙的费用。[107]

非农业的商品化生产

当一个自给自足的社会越来越多依赖贸易为生时，也可能出现商品化的趋势。这种转变的一个例子是生活在亚马孙河流域的蒙杜鲁库人，他们基本放弃了一般的园圃种植，转向了商品化橡胶生产。同样的转变发生在加拿大西北部的蒙塔格奈人（Montagnais）中，他们越来越多地依赖商品化的毛皮贸易，而较少为了生存而狩猎。罗伯特·墨菲（Robert Murphy）和朱利安·斯图尔德（Julian Steward）发现，当来自工业化地区的现代物品可以通过贸易获得时，蒙杜鲁库和蒙塔格奈人就把大量精力花在生产专门化的经济作物或其他贸易商品上。他们以这种方式来获得其他工业制成品。[108] 发生在蒙杜鲁库人和蒙塔格奈人中的这种基本社会经济变化，体现了从合作性劳动和社群自治到个体化经济活动和依赖外部市场的转变。

以蒙杜鲁库人为例，在与欧洲建立紧密的贸易联系之前，他们已经和欧洲人有了约80年的接触经验，在此期间蒙杜鲁库人的生活方式并没有发生显著改变。男人们的确不再独立进行军事活动，而是转为巴西雇佣兵，但是蒙杜鲁库人依然延续着园圃种植的经济形态。他们会与巴西人进行一些贸易活动，这些活动中，酋长是村庄的代理人。交换的方式是物物交换。商人先向蒙杜鲁库人分发货物，包括廉价的棉制品和铁制小斧、小装饰品等等。约3个月后，商人返回，从蒙杜鲁库人那里取得木薯、橡胶和大豆。然而，当时（1860年）橡胶只是一种附属贸易品。

19世纪60年代以后，对橡胶的需求迅速扩大，这让蒙杜鲁库人和商人的联系更加重要。商人开始公开指定代理人——卡皮托（capitoes），其工作就是鼓励扩大橡胶生产。卡皮托享有经济优待和特权，这些都开始削弱传统酋长的地位。除此之外，橡胶收集的过程本身就通过使人脱离依存于丛林的社区，而开始改变蒙杜鲁库人的社会模式。

只有沿河才能找到野生的橡胶树，橡胶树的生长地离蒙杜鲁库人在丛林里的栖息地往往有很长一段距离，而且只有旱季（5月底至12月份）才能割胶。因此，蒙杜鲁库人采集橡胶时不得不与家人分开大约半年时间。此外，割胶是一种个体活动。每

纳瓦霍妇女在编织供出售的地毯

位割胶者每天都需要在自己的地盘上工作，照看近150棵橡胶树，而且，要整日不停地工作，就得住在橡胶树的附近。因此，割胶人通常独自生活或与一小群人一起生活，只在雨季返回自己的村庄。

在商品化进程的这个阶段，蒙杜鲁库人开始越来越依赖商人提供的商品。如果没有定期提供的火药或铅弹，火枪就毫无用处；缝补衣物需要针和线。但是，这些物品只能通过增加橡胶产量来获取，蒙杜鲁库人对外界的依赖性因此更大了。他们使用传统材料工作的能力和延续传统工艺的愿望不可避免地消失了。金属锅取代了传统的黏土锅具，加工好的吊床取代了家庭制作的吊床。渐渐地，乡村里的人不再遵循农业周期，这是为了不影响橡胶生产。传统酋长的权威被削弱了，卡皮托则获得了更大的威望。

当大量蒙杜鲁库人抛弃村庄，转向在靠近橡胶树的地方长期定居时，想要回到原来已经不可能了。这些新的定居点缺乏以前村庄生活的统一性和社群感。核心家庭控制并谨慎维持着生产力带来的财产。

金矿被发现后，许多蒙杜鲁库年轻男性开始转向河流淘金。这项工作所需的装备很简单，而且与橡胶相比，金子更容易运输和交易。因为人们可以把金子卖掉换成现金，接着用现金买东西，贸易关系变得不像以前那么重要了。除了火器、金属壶和工具之外，现金还可以用来购买晶体管收音机、磁带录音机、手表、自行车和新款衣服。有了金钱作为交换媒介，传统上对互惠的强调就减弱了。即使是食物，现在也是可以出售给其他蒙杜鲁库人的，而这在20世纪50年代是不可想象的。[109]

补充性的经济作物

第三种商品化形式出现在人们收获的农作物多于他们生存所需的时候，此时剩余物品会被出售以换取现金。许多时候，这种现金收入要被用来支付

租金和税赋。这种情况下，可以说商品化与小农群体的形成有关。

五六千年前，小农伴随着城市文明和国家出现，在那之后便一直与文明联系在一起。[110] 说小农与城市社会有关联，或许还需要一些限制条件。当代高度工业化的城市社会并不需要小农；其生产规模很小，使用土地的方式也"不经济"。高度工业化、大量人口不从事食物生产的社会，需要的是机械化的农业。因此，小农主导的时代已经过去或正在过去，他们在工业国家里处于边缘。

小农的形成带来了哪些变化？在一些方面，种植者（现在是小农）从前的生活方式并没有多少改变。小农仍然必须生产足够多的食物来满足家庭所需，补充消耗掉的资源，承担一些仪式义务（例如子女婚礼、村庄节庆和葬礼）。但是在另一些方面，小农的处境发生了根本性变化。因为除了承担传统义务之外，农民现在必须生产额外的农作物来满足一部分外来者（地主或政府官员）的需求（这往往与传统义务相冲突）。这些外来者期望得到以农产品或货币形式支付的租金或税赋，他们控制着警察和军队，因此有能力强制实现期望。

商品化和工业化农业的引入

商品化过程可以通过引入商品化农业而发生，所谓商品化农业，指的是人们耕作是为了出售而不是个人消费。农业体系也可能趋于工业化。换言之，一些生产过程，如耕地、除草、灌溉和收获，可以使用机器完成。实际上，商品化农业往往和制造业工厂一样机械化。人们耕种土地，追求的是最大的产出，劳

105. Monsutti 2004.
106. Monsutti 2004; Eversole 2005.
107. Eversole 2005.
108. 大部分讨论都基于 R. F. Murphy and Steward 1956。
109. Burkhalter and Murphy 1989.
110. E. Wolf 1966, 3–4.

盛放在竹匾里的杏被喜马拉雅山的阳光晒干后卖到全球市场（图片来源：Dorling Kindersley © Jamie Marshall）

动力的雇佣和解雇都同工厂一样与个人无关。

E.J. 霍布斯鲍姆（E. J. Hobsbawm）注意到在18 世纪的英国和稍晚些时候的欧洲大陆，伴随着商品化农业的引入出现了一些新的发展。[111] 农场主和农场劳工之间近乎家人的亲近关系消失了，地主与佃农之间的个人关系也消失了。土地被视为能带来利润的资源，而不是一种生活方式。小片的田地被合并为单一的单元，大片土地被围了起来，损害了当地人放牧及类似的权利。劳动力在市场上明码标价并获得薪水。最终，随着大众市场越来越需要大规模生产，机器开始取代农民。

商品化农业的引入带来了一些重要的社会后果。阶层的两极化逐渐形成。农场主和地主与农场劳工和佃户的距离越来越远，就好像城镇里的雇员和雇主在社会方面彼此区隔一样。各种类型的制成品逐渐被引入乡村地区。劳动者迁移到城市中心以寻求工作机会，往往会遇到比在乡村更不利的情况。

朝向商品化农业的转变可能在短期及长远看来都改善了生活水准。但是，伴随这种转变而来的是，如果商品性作物的市场价格下跌，人们的生活水平也会下降。例如，巴西东北部干旱高林地区的农牧民在 1940 年后转为生产剑麻（一种植物，纤维可以用来制作细绳和绳索）似乎是一个进步，可以在干旱环境下提供更为安全的生活。但是，当剑麻在世界市场上的价格下跌、剑麻工人的工资下降时，许多工人不得不减少子女的热量摄入。更穷的人不得不牺牲子女的需要，将有限的食物省下来留给挣

---

111. Hobsbawm 1970.

应用人类学

世界体系的影响——亚马孙的森林砍伐

谈及人们的经济制度时，我们需要记住，几乎没有人群可以完全隔绝于外部的经济、政治、社会、环境事件。在现代世界，日益发展的世界市场经济带来不断扩大的需求和机会，即使是最能自给自足的群体也无法避免与外部世界的联系带来的影响。不妨看一下亚马孙河及支流流域的大片热带雨林。亚马孙森林覆盖面积超过400平方千米，不仅是许多基本自给自足的土著文化的家园，还供养了地球上大约20%的植物和动物物种。

亚马孙森林是地球生态系统极其重要的组成部分。广大的森林吸收二氧化碳，有助于缓解全球变暖。森林还通过蒸发向大气输入必要的水分——每年大约8兆吨的水。森林越少，进入大气的水蒸气就越少。气候的自然变化也会影响森林。例如，气候变暖会导致降水减少，给森林的生长或现存树木的存活施加压力。此外，干旱的气候会带来更多的自然性火灾。

人类的行为正在严重影响亚马孙森林的范围和全球天气系统。人类为了放牧和农耕而加快清理森林，亚马孙雨林和其他热带雨林正以惊人的速度消失。截至2001年，大约13%的亚马孙森林已经被清理干净。一些人认为世界对于木材、汉堡包和金子的需求是导致热带雨林缩减的主要原因。一种新的威胁是人们越来越多地使用土地来种植作物，以生产生物燃料。在砍掉大树之后清理土地的主要方法是烧掉森林，种植的作物在休耕之后得以生长。难以控制的火势和清理土地时燃烧产生的污染，直接导致温室气体的增加和全球变暖。

类似于许多热带雨林，亚马孙森林里有大量人们想要的硬木材。非洲和亚洲的森林已经被基本耗尽，因此对亚马孙木材的需求快速增长。除此之外，巴西的亚马孙发展机构为清理森林以放牧畜群提供了奖励，而畜群可以为快餐店提供汉堡包。他们并没有考虑到，经过几季的过度放牧，原本是森林的土地上可能连草都长不出来。大牧场又扩大了对大豆和草料的需求。

当地土著经常发现自己的土地受到挤压，伐木工、农场经营者和矿工试图蚕食他们的领地。随着土地减少，食物采集和传统经济实践处于危险境地。但是假设土著只想维持自己的传统经济是幼稚的。他们通常能接受经济发展的困境：他们也许失去了一些土地，但是向农场主和矿工出售土地权可以换得金钱，他们能用钱来购买自己需要和想要的东西。而且，土著人群虽然不是森林砍伐的主力，但卷入世界市场经济体系的程度越来越深，这意味着他们将来可能会在森林砍伐上起更大的作用。研究者研究了玻利维亚低地的提斯曼人（Tsimane），他们主要以觅食为生，也进行一些农耕，研究者发现，种植经济作物的人更有可能清理更多的森林。发展专家和应用人类学家正在寻找在不破坏环境的情况下实现发展的方法。例如，他们鼓励土著群体采集巴西坚果出售，这是一种野生但可再生的资源。另一些群体被鼓励收割乳胶（天然橡胶）和棕榈心。药用植物对多国制药和生物技术公司具有经济价值，这些公司发现保护生物多样性不仅对当地人和研究生物多样性的科学家有利，也对它们自己有好处。拥有大面积亚马孙森林的国家在鼓励发展上发挥了重要作用，也在国际压力下减少了森林砍伐。例如在巴西，由于政府干预，2004年以来每年森林清理的速度已经放缓。国际社会也致力于制订鼓励国家减少森林砍伐的计划，也许会以金融贷款的形式作为交换。

发展可以是可持续的吗？无论我们喜欢与否，经济发展和实现经济发展的愿望都不可能消失。但是，我们不应满足于为经济发展鼓掌或悲叹。我们需要更多的研究来揭示具体的变化对人、其他动物、植物和环境将产生什么样的影响。最重要的是，出于人权的考虑，我们不仅要了解发展者的需要，更要倾听那些生活将大受影响的人们的声音。

（资料来源：Holloway 1993; Moran 1993; Winterbottom 1995, 60–70; Betts et al. 2008; Nepstad et al. 2008; Vadez et al. 2008.）

钱养家的人。[112]

商品化出现的形式可以有很多。人们开始买卖，可能是因为他们开始在家附近或远处从事挣取工资的雇佣劳动，也可能是因为他们开始出售非农业性产品、剩余食物或经济作物（为了出售而耕种的作物）。商品化的不同类型间并不互斥，各种形式都可能在一个社会中出现。商品化无论是如何开始的，似乎都对传统经济产生了可预知的影响。广义互惠的精神不像从前那样受人认可，尤其是在涉及赠送金钱的时候。（也许是因为金钱不易腐坏且容易隐藏，与其他物品相比，人们更有可能把金钱留在直系亲属组成的家庭中，而不是与他人分享。）人们开始出售和购买后，财产权利会越来越集中到个体而非集体。即使在一个以前是平等主义的社会中，商品化也会扩大资源获取方面的不平等，从而导致更大程度的社会分层。

小结

1. 所有的社会都有经济制度，无论这些社会是否使用货币。每个社会都有规定如何获取自然资源的传统，有通过劳动力将资源转化为生活必需品和想要的物品及服务的惯常做法，以及分配，也许还有交换物品和服务的习俗。

2. 在各种经济制度中，对自然资源获取的管理都是基本要素。土地（包括使用其上资源和售卖或以其他方式处置土地的权利）的私人或个体所有的观念在集约型农业社会中比较普遍。相比之下，觅食、园圃种植和游牧社会往往没有个人占有土地的观念。不过，在游牧社会中，牲畜通常被认为是家庭的财产，不会与其他人共享。

3. 每个社会都会使用技术，包括工具、建造物和所需技能。即使是觅食者和园圃种植者也倾向于认为制造工具的个体"拥有"工具，但分享工具的情况很

普遍，因此个体所有的意义不大。在集约型农业社会中，制造工具往往是专业的活动。工具通常不会共享，只有合伙购买工具的人才会彼此共享工具。

4. 不同文化中劳动的驱动力是不一样的。许多社会的生产是为了家庭的消费；如果消费者增加，生产者就要更加卖力劳动。在某些生计经济中，人们努力工作，可能是为了生产可以赠送给他人的多余物品，以获得社会声望方面的回报。强迫劳动往往发生在复杂的社会中。

5. 按照性别进行劳动分工的做法很普遍。在很多非工业社会中，大型任务往往需要亲属集团的合作劳动才能完成。这种合作在工业化社会中并不常见。一般来说，技术越先进的社会，其生产的食物越是过剩，其成员也就越多从事专业化工作。

6. 在复杂社会中，劳动组织达到顶峰；劳工群体往往形成正式的组织，有时参与组织是一种义务。而在食物采集和园圃种植社会中，就很少有正式的劳工组织。

7. 在所有社会中，物品和服务的分配机制可以分成以下三大类：互惠、再分配和市场或商品交换。互惠制度不涉及金钱，包括广义互惠和平衡互惠。广义互惠是无须立即或在日后回报的馈赠。在平衡互惠中，个人之间立即或在短期内交换物品和服务。

8. 再分配是物品或劳动力由特定的人或在特定的地方积累，积累的目的在于随后的分配。再分配仅在拥有政治等级制度的社会中是重要机制。

9. 市场或商品交换的"价格"取决于供求关系，往往随着经济生产力水平的提高而出现。尤其是在今天，市场交换往往涉及通用的交换媒介——货币。如今，大多数社会已经至少部分商品化了，全球正在变成单一的市场体系。

10. 我们在现代社会中观察到的许多文化变迁，直接或间接来自西方社会的支配和扩张。西方文化的扩张带来的一种主要变迁是，世界上大部分地区越来越

依赖商品交换，也就是说，市场买卖行为激增，而且往往伴随着对货币这种交换媒介的使用。最初引入买卖风俗可能是为了补充一个社会中传统的商品分配方式。但是，随着新的商业风俗固定下来，接受这种风俗的社会的经济基础就发生了变化。这样的改变不可避免地在社会、政治乃至生理和心理方面造成了广泛影响。

商品化出现的一种方式是，一个社群中的一些成员移徙到能够提供有薪工作机会的地方。当一个自给自足的狩猎或农业社会越来越多依赖贸易为生时，也可能出现商品化的趋势。而当所耕种土地的产出超出生活必需时，同样可能出现商品化，人们将多余的产品出售以换取现金。许多时候，这种现金收入要被用来支付租金和税赋。这种情况下，可以说商品化与小农群体的形成有关。商品化出现的第四种方式是引入商品化农业，所谓商品化农业，指的是人们耕作是为了出售而不是个人消费。这种变化发生后，农业系统可能走向工业化，一些生产过程可以使用机器完成。

---

112. Gross and Underwood 1971.

社会分层：阶级、族群和种族主义

"人人生而平等"的信念长期存在于美国社会中。这句源自《独立宣言》的名言，意思并不是人人在财富或地位上平等，而是法律面前人人（包括女性）平等。法律面前的平等是这句话蕴含的理想，但理想并不等同于现实。一部分人在法律上会得到优待，他们在其他方面通常也有优势，包括经济上的优势。无一例外，像美国这样的近现代工业社会及后工业社会中存在社会分层，也就是说，社会中有家庭、阶级、族群等社会群体，这些群体在获取经济资源、权力、威望等重要优势的机会上是不平等的。

这样的不平等难道不是一直都有吗？基于对近现代社会的第一手观察，人类学家们也许会说，并非一直如此。当然，即便是（技术层面而言）最简单的社会，也会因为年龄、技术及性别的差异而存在优势的区别——成人的地位要高于儿童，技术熟练者的地位要高于技术生疏者，男性的地位高于女性（我们将在"性、性别与文化"一章中讨论这一话题）。但是，人类学家会认为，如果不同社会群体（比如家庭）获取权利或优势的机会大致相同，那么这个社会就是平等社会。我们在上一章中看到，许多食物采集社会和园圃种植社会的经济制度，是有助于该社群中的所有家庭拥有获取经济资源的同等机会的。这样的社会还注重食物和其他物品的共享，而这会缩小不同家庭所拥有的资源的差距。直至大约 1 万年前，所有人类社会都靠自己狩猎、采集或捕捞到的食物生存。因此我们能够猜想，平等是人类历史大部分时期的常态。而这也实际上得到了考古学家的支持。实质性的不平等通常只在恒久固定的社区、集中的政治体制、集约化的农业这些条件具备时出现，而这些文化特征是近 1 万年的产物。因此，在这个时间段之前，大多数人类社会也许都是平等主义的。在当今世界，平等社会因为受到两种进程的影响而消失——商品或市场交换的全球扩张，许多彼此不同的人群自愿或非自愿地被纳入集中的大型政治体系。在当代世界，部分群体要比其他群体更具优势。具优势的群体也可能是某一族群。在这种情况下，不同的族群在优势获取方面的机会是不同的。当族群多样性也与肤色等生理差异联系在一起时，社会分层也许就会牵涉到种族主义，种族主义者认为部分"种族"是劣等的。

社会分层体系与该社会经济资源的聚集、分配及将劳动力转化为物品和服务的通常方式有很强的关联。因此，如果所有人获取资源的机会都相对平等，社会就不至于太不平等。但是，分层不能只从经济资源的角度理解，还有声望、权力等其他的利益可能得到不平等的分配。我们先来审视不同社会不同的分层系统，接着再看为何这些分层系统存在差异。

社会不平等程度的差异

在不同社会中，不同群体及个人在优势获取方面的不平等程度有所不同。我们在本章中讨论三种优势在获取方面的不平等：(1) 财富或经济资源，(2) 权力，(3) 声望。**经济资源**是某一文化认为有价值的事物，包括土地、工具及其他技术、物品和金钱。**权力**是另一种优势，但与经济资源有联系，权力是让他人做自己不想做的事情的能力，是基于强力威胁的影响力。如果一个社会里有一些规则和习俗导致不同群体在财富或资源获取方面不平等，那么通常这些群体在获取权力方面也会是不平等的。例如，提到美国的"公司镇"时，我们指的是雇用镇子上大部分居民的公司通常会对居民有相当强的控制力。第三种优势是**声望**。我们所说的声望，指的是某个人或某个群体得到了特别的尊敬或荣誉。虽然个人（由于年龄、性别或能力等因素）在声望获取方面总

是不平等的，但根据民族志的记载，一些社会中并没有不同社会群体在声望获取方面不平等的现象。

人类学家通常依据不同社会群体在优势获取方面的不平等程度，将社会分为三种类型（见表18-1）：平等社会(egalitarian society)、等级社会(rank society)、阶级社会（class society）。民族志记录中的一些社会并不能轻易归为这三种类型中的任何一种；不管采取哪种分类方式，都会有一些例子兼具几种类型的特征。在**平等社会**中，不同社会群体在经济资源、权力、声望的获取方面并没有机会多少的区别。[1] 在**等级社会**中，不同社会群体在经济资源或权力的获取方面并不存在太大的不平等，但社会群体在声望获取方面是不平等的。等级社会存在一定程度的社会分层。在**阶级社会**中，不同社会群体在经济资源、权力、声望三种优势的获取方面都是不平等的。

表18-1 三类社会中的分层

社会类型	经济资源	权力	声望	实例
平等社会	否	否	否	昆人、姆布蒂人、澳大利亚土著、因纽特人、阿切人、亚诺马米人
等级社会	否	否	是	萨摩亚人、塔希提人、特罗布里恩岛民、伊法利克人
阶级或种姓社会	是	是	是	美国、加拿大、希腊、印度、印加

注：表中的"是"或"否"表示是否存在某些社会群体有更多机会获取优势的现象

平等社会

平等社会不仅存在于昆人、姆布蒂人、澳大利亚土著、因纽特人和阿切人等觅食群体中，也存在于亚诺马米人这样的园圃种植群体和拉普人这样的游牧群体中。有必要记住的是，"平等"并不意味着此类社会中的所有成员都一样。个体在年龄、性别，以及狩猎技巧、认知、健康状况、创造力、身体素质、吸引力、智力等能力或特质方面，都是有差异的。莫顿·弗里德（Morton Fried）认为，"平等"意味着在某个社会中，"任一年龄／性别组中声望位置的数量，与有能力填补这些位置的人的数量是一样多的"。[2] 比如，在一个平等的社会中，如果一个人能够通过制造优质的矛来获得较高的地位，而社会上有许多人可以制造优质的矛，那么这些人就都能通过制矛来获得较高的地位。如果制作骨雕制品也能让人获得较高的地位，而这个社会中只有 3 个人擅长骨雕，那么就只有这 3 个人能凭借骨雕获得较高的地位。但是在下一代人中，可能擅长制矛的人是 8 个，擅长骨雕的人是 20 个。在一个平等社会中，声望位置的数量是随着有能力者的数量而调整的。因此可以说，这样的社会中并不存在社会分层。

当然，也存在因能力不同而在地位和声望上不同的现象。即便在平等社会中，也有声望不同的情况。然而，虽然有些人更擅长狩猎，有些人更擅长手工艺，但他们有**平等机会获取**能力相同者的地位。一个人擅长狩猎而获得较高的地位，由此而来的声望是不能转让、不能继承的。擅长打猎者的儿子未必是好猎手。一些人可能比别人更有影响力，但这种影响力也不能继承，也没有哪个社会群体的影响力始终比别的群体大。平等社会将不平等控制在最小限度内。

平等社会中声望的差异与经济差异无关。平等社会很大程度上依赖共享，这就确保了人人都有获取经济资源的同等机会，而无论他们在所获得的声望上有什么不同。例如，在一些平等的社群中，某些成员会因为善于狩猎而获得较高的社会地位。但是在开始狩猎以前，人们就已经根据习俗确定好了猎物该如何分割、如何在游群成员之间分配。这样的文化将成员获得的地位（被认可为好猎手）和他们实际能占有的财富（在这个例子中是猎物）区分开来。

平等社会中，不同社会群体在获取经济资源方面没有不平等的情况，同样，它们在获取权力方面也没有不平等的情况。正如我们将在讨论政治生活的章节里看到的，似乎只有在国家社会中，不同社会群体在获取权力方面才会有不平等的情况，在国家社会中有政治官员，人们在财富上也有明显的差距。平等社会通过一系列习俗来防止首领支配其他人。嘲笑与批判可以成为十分有效的工具。中非的姆布蒂人就曾通过叫喊推翻了一名过于自大的首领。如果一个哈德扎人试图让别人为自己工作，其他人的哈德扎人就会报之以嘲笑。不服从是另一种策略，人们会忽视想要发号施令的首领。在极端情况下，跋扈的首领也许会在经过群体决议后被处死，这样的事在昆人和哈德扎人那里都出现过。最后，如果不喜欢某个首领，人们可以搬走，这在游群中更为常见。在许多平等社会中，人们会羞辱自命不凡的人，克里斯托弗·贝姆（Christopher Boehm）因此认为支配对人类而言是自然的。平等社会则试图遏制支配的趋势。[3] 姆布蒂人社会近乎完全平等："无论是在仪式、狩猎、亲属方面，还是在游群关系上，姆布蒂人都没有表现出任何地位或优势方面的不平等。"[4] 他们的狩猎游群中没有首领，对个人贡献的

---

1. 加里·法因曼（Gary Feinman）和吉尔·奈策尔（Jill Neitzel）基于对新大陆许多土著社会的分析，主张平等社会和等级社会（分别是"部落"和"酋邦"）很难系统区分开。见 Feinman and Neitzel (1984, 57)。
2. Fried 1967, 33.
3. Boehm 1993, 230 – 231; Boehm 1999.
4. M. G. Smith 1966, 152.

在平等社会，比如狩猎采集者姆布蒂人的社会中，房屋看起来都一样（图片来源：Wendy Stone/CORBIS- NY）

承认并不会带来任何形式的特权。食物等经济资源在社群内部是共享的，就连工具及武器都经常在不同人之间传递。只有在家庭内部才有权利和特权的区别。

与各家牲畜数量可能差异很大的畜牧社会相比，人们共享大量资源的觅食社会更可能被归为平等社会。我们能否认为牲畜分配并不均等的畜牧社会是平等社会？人们对此有争议。一个重要问题在于，不平等的所有权会不会延续下去，也就是能否继承。如果天气异常、牲畜遭偷窃、牲畜被赠送给亲属等情况会让牲畜的所有权不固定在一处，那么财富的差异就很可能是暂时的。第二个重要问题在于牲畜所有权方面的不平等是否会导致其他"益品"获取方面的差异，益品包括声望、政治权力等。如果人们只是暂时拥有牲畜，且拥有牲畜与获取声望、

权力的机会无关，那么一些人类学家会将这样的畜牧社会视为平等社会。[5] 很容易想象，与完全没有财富差异的社会相比，有一定财富差异的平等社会可能发展为等级社会或阶级社会。这样的发展所需的只是某种能让更多财富长期留在某些家庭中的机制。

等级社会

大部分存在社会等级的社会都是农业或畜牧业社会，但并非所有农业或畜牧社会都是等级社会。等级社会的特征是不同社会群体在声望或地位的获取方面不平等，但在获取经济资源或权力方面没有明显不平等的情况。声望获取方面的不平等常常体现在首领这个位置上，这一等级只有社会中某一群体的一部分成员可以达到。

19 世纪居住在美国西北海岸及加拿大西南岸的美洲土著群体在等级社会中比较不寻常。夸扣特尔人（Kwakiutl）的尼木普凯西（Nimpkish）群体就是一个例子。[6] 这些社会的不寻常之处在于其经济建立在食物采集的基础上。大量的鲑鱼捕获（鲑鱼会被保存下来供一年消耗）足以养活相当大型的定居村庄。这些社会与食物生产社会有许多相似的地方，社会等级只是其中之一。不过，证明较高地位的主要方式还是赠予财富。部落的首领通过举行夸富宴来庆祝重要节日，在夸富宴上，他们会向每位客人赠送礼物。[7]

在等级社会中，首领的地位至少部分是世袭的。例如，在波利尼西亚的一些社会中，上层等级是按照家系标准判定的。通常是长子继承首领的位置，不同的亲属集团按照与首领一支关系的远近而有不同的地位。在等级社会中，较低等级的人通常要向首领表示尊敬。比如在美拉尼西亚的特罗布里恩岛民当中，低等级者头部的位置必须比高等级者的低。因此，当首领站起来时，平民就必须躬身。平民不得不从坐着的首领身边走过时，首领可能会起身，而平民会弯腰。如果首领选择继续坐着，平民就得爬过去。[8]

毫无疑问，等级社会的首领有特殊的声望，但他们是不是真的在物质方面不存在优势尚有争议。有时候，首领们看起来比普通人更富有，因为他们也许会收到更多的礼物，也有更大的仓库。在某些群体中，首领被称为土地的"拥有者"。然而，马歇尔·萨林斯认为首领的仓库只是暂时存放节日用品或有待再分配的物品的地方。尽管首领可能被称为土地的"拥有者"，但其他人仍有使用土地的权利。萨林斯进一步指出，等级社会中的首领缺乏权力，因为他们无法命令他人赠予自己礼物，无法强制他人为公共项目工作。通常首领只能通过在自己的耕地上辛勤劳动来鼓励生产。[9]

等级社会中经济平等，这样的描述已开始遭到质疑。劳拉·贝齐格（Laura Betzig）研究伊法利克岛上人们的食物分享和劳作模式，伊法利克岛是加罗林群岛西部的一个小环礁。[10] 首领地位是沿着家系中女性一脉继承的，尽管大多数首领是男性。（在"性、性别与文化"一章中，我们将讨论为何政治领袖通常是男性，甚至在以女性为中心构成的社会中也是如此。）和其他首领社会一样，伊法利克人的首领也会受到尊敬。例如，在由女性岛民准备的聚餐中，首领会先得到食物，人们也会向首领躬身。据说伊法利克人的首领管控着渔场。但捕获的鱼是否会得到公正分配呢？贝齐格计算了每户所获鱼的数量。所有的普通家庭都是平均分配的，但是首领获得的鱼更多，首领家庭成员人均获得的鱼是其他家庭的两倍多。首领会在之后送出更多的鱼吗？

理论上，慷慨意味着将物品平均分出去，但贝齐格发现首领赠予他人的礼物和他从其他家庭那里得到的数量并不相等。另外，即使每个人都赠予首领礼物，首领也基本只向自己的近亲赠送礼物。在伊法利克，首领并不比其他人更勤劳，实际上他要比其他人工作得更少。在其他我们通常认为是等级社会的社会里，情况是否也是如此？我们不得而知。然而，我们需要知道，伊法利克人的首领过得并不比其他人好太多。假如首领们居住在有用人的居所，享用着精美的食物，或者穿着饰有珠宝的精美服饰，那我们就不必靠计算他们获得了多少食物来看首领获取经济资源的机会是否比别人更多了，因为那样的话，他们的财富是显而易见的。不过，等级社会也许并没有我们过去想象的那么经济平等。

5. Salzman 1999.
6. D. Mitchell 2009.
7. Drucker 1965, 56 – 64.
8. Service 1978, 249.
9. Sahlins 1958, 80 – 81.
10. Betzig 1988.

在具有等级和阶层的社会中，人们通常会对政治首领表示尊敬，就像图中非洲喀麦隆低地的丰人（Fon）酋长得到的待遇一样（图片来源：Wendy Stone/Odyssey/Chicago/Odyssey Productions, Inc.）

阶级社会

和等级社会一样，阶级社会中存在声望获取方面的不平等。但与等级社会不同的是，阶级社会中不同群体的人在获取经济资源和权力的机会上有很大差异。也就是说，并不是每个社会群体都有同等机会来取得土地、牲畜、金钱或其他经济利益，也不是每个群体都能像其他群体一样有运用权力的机会。完全分层的社会，或者说阶级社会，有的阶层相对开放，有的则近乎完全封闭，比如种姓社会。

开放的阶级体系

一个**阶级**中的所有成员获取经济资源、权力及声望的机会大致相同。不同阶级的机会是不同的。如果在阶级之间流动还有一定的可能性，那么我们就说这个阶级体系是"开放"的。20 世纪 20 年代以后，关于美国城镇阶级的研究层出不穷。研究者们为我们展现了不同社区的情况，包括他们起名为扬基城（Yankee City）、中镇（Middletown）、琼斯维尔（Jonesville）及旧城（Old City）的社区；

所有的这些案例都表明，美国有着清晰可辨但在一定程度上开放的社会阶级。W. 劳埃德·沃纳（W. Lloyd Warner）和保罗·伦特（Paul Lunt）的扬基城研究[11]及罗伯特·林德（Robert Lynd）和海伦·林德（Helen Lynd）的中镇研究[12]都发现，一个家庭的社会地位及优势与一家之主的职业和财富密切相关。阶层体系不仅存在于美国，也存在于当今世界的所有国家中。

虽然阶级地位在开放的阶级社会中并不全然由出生时的地位决定，但是大部分人的阶级都很有可能与出生时的阶级相近，也会嫁娶同阶级的人。阶级地位延续的一个重要方式就是财富的继承。约翰·布里顿（John Brittain）认为在美国，通过遗产转移的金钱是下一代财富的重要来源。可以预想，财富的等级越高，继承就越重要。也就是说，与不那么有钱的人相比，富人的财富更多来自继承。[13]

阶级延续的其他机制可能更为微妙，但依然强大。在美国，许多制度能让上层社会的人基本不与其他阶级的人接触。在私立的走读学校或寄宿制学校就读，让上层社会的孩子们主要与同阶级的孩子建立密切关系。在这样的学校中学习的学生更有可能进入好大学。社交舞会及专属的私人派对保证了年轻人能够遇到"正确的人"。乡村俱乐部、专属的城市俱乐部以及特殊慈善机构的服务，让他们继续保持有限联系。同一阶层的人们也更愿意互为邻居。在1948年以前，对居住范围有明确的限制，使得某些群体被排除在一些居住区之外，但美国最高法院宣布这样的区别对待违宪之后，人们发展出了更为隐蔽的手段。比如，分区制可以规定，某个城镇或住宅区之内不得出现多家庭住宅，一定面积以下的土地划块也是不允许的。[14]

对社会阶级的认同从童年就开始了。除了职业、财富、声望之外，不同社会阶级在其他许多方面也存在差异，包括宗教隶属、与亲属关系的远近、抚养孩子的理念、工作满意度、业余活动、服饰家具的风格，甚至包括说话的方式（在"交流和语言"一章中有所提及）。[15] 各个阶级的人通常都是与同阶级的人在一起更自在，他们说话的方式相近，更有可能有相近的兴趣和品味。

阶级的界限虽然比较模糊，但都是由习俗和传统确立的，有时法律实施会强化阶级界限。美国的许多法律都以保护财产为目的，因而倾向于上层及中上层阶级。穷人似乎在美国的法律体系中处于劣势。法庭对穷人最有可能犯下的罪行进行严厉处置，穷人也很难雇得起能起作用的法律顾问。

在开放的阶级体系中，具体有多少个阶级并不是总能确定。根据斯坦利·巴雷特（Stanley Barrett）对安大略社区"乐园"（Paradise）的研究，那里的一部分人认为过去只有两个阶级。有个人说"那里有一个阶级，然后剩余的是我们"。另一部分人认为存在三个阶级："拥有财富的人，一无所有的人，还有二者之间的人。"更多的人认为存在四个阶级："富有的商人、中产阶级、蓝领工人，还有仅仅是活着的人。"[16] 少数人说存在五个阶级。随着旧有的固定阶级结构的崩溃，更多人会处于两个阶级之间的位置。[17]

开放的程度

某些阶级体系要比其他更为开放，也就是说，在某些社会中跨阶级流动比在其他社会中更容易。社会科学家一般通过对比人们的阶级与他们的父母

同一社会阶级中的人往往与彼此社交，他们可能住得很近，去同样的地方度假，或是有一些共同的活动。图为美国新奥尔良四旬斋前最后一天，雷克斯的克鲁（Krewe of Rex）社交舞会上的女孩和她的陪伴者
（图片来源：© Philip Gould/CORBIS, All Rights Reserved）

11. W. L. Warner and Lunt 1941.
12. Lynd and Lynd 1929; and Lynd and Lynd 1937.
13. Brittain 1978.
14. Higley 1995, 1 – 47.
15. Argyle 1994.
16. S. R. Barrett 1994, 17 – 19, 34 – 35.
17. Ibid., 155.

一方或双方的阶级来衡量流动的程度。虽然大多数人都渴望向上流动，但流动也包括向下流动。在当代社会，获得更多的教育，尤其是大学教育，是向上流动的最有效方式之一。例如，在美国，拥有大学本科学历的个体要比只有高中学历的全职工作者平均工资高75%，拥有硕士以上学历的个体比本科学历的收入高119%。[18] 在许多国家中，通过受教育程度能够比通过其父母的职业更好地预测出一个人的社会阶层。[19]

美国及加拿大与其他国家相比，阶级流动的程度如何？加拿大、芬兰及瑞典的流动性要高于美国和英国。墨西哥及秘鲁的流动性要低于美国及巴西，哥伦比亚则更低。[20]

阶级的开放程度也会随着时间而变化。在安大略的社区"乐园"，巴雷特发现，新人进入社区后，20世纪50年代严格的分层体系放开了。谁在过去属于精英是毫无疑问的。他们有英国背景，住在宽敞的宅子中，开着新车，去佛罗里达度假。此外，他们控制着城镇中所有的领导位置。然而，到了20世纪80年代，那里的大部分领导者都来自中产及工薪阶层。[21]

不平等的程度

然而，阶级流动的程度与经济不平等的程度是两回事。比如，日本、意大利、德国的阶级流动程度低于美国，但不平等程度也低于美国（见后文）。不平等的程度也可能随着时间推移而发生很大变化。在美国，从20世纪初至今，不平等的程度发生了较大的波动。美国社会不平等程度最高时是在1929年股市崩溃之前，当时社会顶层占总人口1%的人拥有整个国家总财富的42.6%。美国社会不平等程度最低时是在20世纪70年代，股票价格下跌了42%之后，当时社会顶层的那1%的人控制着17.6%的国家总财富。

不同时期不平等程度的变化，有些时候是经济原因造成的；比如，1929年的大崩盘减少了富人的财富。但有些时候，不平等程度变化的原因在于公共政策的变化。美国20世纪30年代新政期间，税收的变化及工作项目给普通民众带来了更多的收入；20世纪80年代的富人减税法案则让富人更富。到了20世纪90年代，富人越来越富，而穷人则越来越穷。[22] 到了2006年，不平等程度超过了1929年大崩盘之前。只有在2007—2009年的经济严重衰退期间，富人才多少变穷了一点。[23] 衡量贫富差距的方法之一是计算最富有的20%的家庭和最贫穷的20%的家庭的收入比。比较而言，当今的美国比任何西欧国家都更加不平等，美国的这个比例是8.5∶1（见图18-1）。也就是说，最富有的20%的家庭所控制的财富，是最贫穷的20%的家庭的8.5倍。美国的不平等程度超过了印度。巴西是最不平等的国家，这方面的比例是32∶1。

承认阶级

在阶级系统开放的社会中，社会成员对阶级（尽管一定程度上开放）的承认程度有所不同。美国的情况比较不寻常，因为虽然客观证据表明美国社会存在多个阶级，但很多人拒绝承认美国社会有阶级。只要努力工作、意志坚强，任何人都能成功，这种强有力的意识形态掩盖了美国社会不平等的事实。[24] 最近的调查发现，在美国有更多的人相信向上流动的机会在近几十年里有所改善，但现实中流动性却是一直在减弱。[25] 在成长过程中，美国人总被告知"人人皆可能成为美国总统"。人们会拿少数出身卑微却获得高位的人当"证据"，但这种情况发生的概率有多大呢？有多少位美国总统出身贫寒家庭？有多少位总统没有欧洲的背景？有多少位不是新教徒？（而且就像我们将在"性、性别与文化"一章中讨论的，有多少位不是男性？）到目前为止，几乎所有的美国总统都有

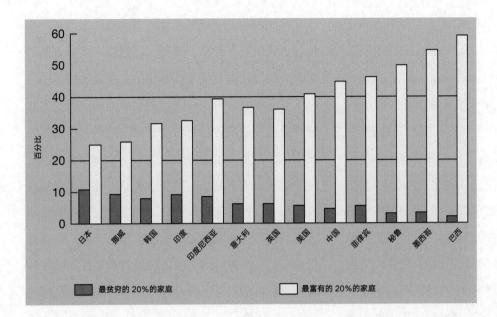

图18-1　最富有的20%的家庭与最贫穷的20%的家庭所获国民收入的比例：部分国家对比

排序依据广泛用于衡量收入不平等程度的基尼系数

（资料来源：数据取自World Bank 2004, 60-62）

欧洲的血缘背景，只有一位不是新教徒，所有都是男性。而且，只有少数几位出身贫寒。开放性阶级系统的矛盾在于，为了沿着社会的阶梯向上爬，人们似乎必须相信这是有可能实现的。然而，相信流动性是一回事，否认阶级的存在是另一回事。为什么人们要否认阶级的存在？

种姓制度

一些社会中的阶级基本是封闭的（这种阶级被称为"种姓"）。**种姓**是一种在出生时就决定成员身份的等级群体，只有同种姓的人可以通婚。出生在什么样的家庭里，决定了你属于哪个种姓；由于不能跨种姓通婚，你的孩子也不可能改变种姓。比如在印度，就有数千种世袭的种姓。虽然这几千个种姓群体的精确排名尚不清楚，但我们知道有四个主要的等级。人们通常认为，印度的种姓往往与不同的职业联系在一起，但这样说并不十分准确。大多数印度人都在乡村地区从事农业，但他们的种姓各异。[26]

种姓也许会与较开放的阶级体系共存。实际上，现今印度低种姓的成员能够获得挣工资的工作，他们主要居住在城市地区，与其他阶级的社会成员一样能够提高自己的社会地位。然而，总体而言他们仍然无法与较高种姓者通婚，种姓制度因此得以维系。

19世纪的英国评论家约翰·拉斯金（John Ruskin）针对所有分层社会，尤其是种姓社会提出了问题："我们当中，为其他人干脏活累活的是谁？他们得到了多少报酬？谁的工作又愉快又干净？他们又得到了多少报酬？"[27]在印度，这样的问题要用种姓制度来回答，该制度主要决定了物品与服务的交换方式，尤其是在乡村地区。[28]谁在为社会中的其他人干脏活累活非常明确：大量的"不可接触

18. U.S. Census Bureau 2002.
19. Treiman and Ganzeboom 1990, 117; Featherman and Hauser 1978, 4, 481.
20. Solon 2002; Behrman et al. 2001.
21. S. R. Barrett 1994, 17, 41.
22. K. Phillips 1990; U.S. Census Bureau 1993; *New York Times* 1997, A26; Johnston 1999, 16.
23. Leonhardt and Fabrikant 2009.
24. Durrenberger 2001b，引用了 Goldschmidt 1999 and Newman 1988; 1993。
25. Scott and Leonhardt 2005.
26. Klass 2009.
27. Ruskin 1963, 296-314.
28. O. Lewis 1958.

者"，他们位于等级制度的底层。"不可接触者"还分为许多亚种姓，比如卡玛尔（Camars）或皮匠，以及传统上做清洁工作的班吉（Bhangi）。等级制度的顶端是婆罗门，他们从事干净又愉快的祭司工作。在这两个极端中间是数以千计的种姓及亚种姓。[29]在典型的乡村中，制陶匠为全村人制作陶土水杯和大水罐。作为回报，当地主要的地主为他提供住所，并每年两次向他提供谷物。其他一些种姓的人则向制陶匠提供服务：理发师为他们剪发，清洁工为他们运送垃圾，浣衣匠为他们清洗衣物，婆罗门为他们的孩子主持婚礼。理发师为全村除不可接触者外的所有种姓提供服务，也接受其他种姓中半数的服务。他继承了他为之工作的家庭，沿袭了父亲的职业。所有的种姓都在收获季节及婚礼上提供有偿帮助，报酬有时也以金钱形式支付。

实际上，这幅图景描绘的是被理想化了的印度种姓制度。在现实生活中，这个制度是偏向于主要的地主种姓的——有时候是婆罗门，有时候是其他种姓。同时，人们对这一制度并非没有怨恨，不可接触者和其他较低种姓者已经显示出对统治阶层的仇恨迹象，但这些怨恨并没有表现为对种姓制度的过多抵制，较低种姓者怨恨的是自己的地位太低，他们会为实现更多的平等而努力。例如，卡玛尔种姓的传统服务之一是搬运死牛，他们可以得到肉和制皮所需的牛皮作为回报。因为处理动物尸体和吃牛肉被视为不洁的行为，所以一个村庄里的卡玛尔人开始拒绝提供这项服务。就这样，为了摆脱不洁的地位（其实是徒劳），他们失去了获得免费牛皮和食物的机会。

第二次世界大战之后，人们越来越多地用支付现金来回报服务，这削弱了印度种姓制度的经济基础。例如，理发师的儿子可以在工作日当领取薪水的教师，只在周末理发。但他依然属于理发师种姓奈（Nai），只能与同种姓的人结婚。

种姓制度主要通过高种姓者的权力来维持，高种姓者可以获得经济、声望、性这三个主要方面的优势。经济优势是最显而易见的。在社会惩罚的压力下，高种姓者可以获得足量供应的廉价劳动力和免费服务。较低种姓者可能会被收回所居住房屋的使用权，可能会被禁止使用村庄水井或公共牧场，甚至会被驱逐出村庄。声望也是通过社会惩罚来维持的，高种姓者期望低种姓者向自己表现出顺从和卑屈。性方面的优势表现得没有那么明显，但同样是真实的。高种姓的男性能接触到本种姓和较低种姓两类群体的女性。低种姓的男子不可接触高种姓的女子，以免后者"受污染"，他们只能接触低种姓的女子。此外，关于仪式不洁的提醒无处不在，这让低种姓者"安守本分"。种姓较高的人不能接受不可接触者提供的水，不可与他们坐在一起或同桌而食。

在日本的阶级社会中，也存在种姓。现在被称为部落民（burakumin，原本被蔑称为"贱民"，eta）的群体，其传统职业就被认为是不洁的。[30]与印度的不可接触者一样，部落民是实行族内婚、身份世代不变的群体。他们的传统职业包括农活、制皮及编篮，他们的生活标准非常低。部落民在生理上与其他日本人并没有区别。[31]尽管如此，部落民还是被一些人当作不同的"种族"达数个世纪。[32]日本政府于1871年废止了对部落民的歧视，但部落民直到20世纪才开始组织起来敦促变革。1995年，73%的部落民与非部落民通婚。民意调查表明，三分之二的部落民认为自己并未遭受歧视。然而，依旧有一部分部落民居住在被隔离的街区，在这些街区内失业率、犯罪率及酗酒率都非常高。[33]

在撒哈拉以南的许多非洲社会中，某些特殊的职业只为特定的种姓所操持。这些特殊职业通常涉及冶金、制陶、木工、制皮、音乐演奏及颂歌演唱。那里既存在一个种姓从事一种职业的情况，也存在

种姓在印度已经没那么重要，但并未消失。图为孟买的男洗衣工在洗衣服，他们属于 Dhobi 种姓（图片来源：© sinopictures/Peter Arnold, Inc.）

一个种姓从事多种职业的情况。在某些情况下，某个种姓聚集了过去从事狩猎采集的人。所有这些种姓都在群体内部通婚，社会地位也是代代相传的。这些种姓通常只占所在社会人口的极少数，而且并不是社会地位最低的群体；奴隶的社会地位更低。一部分种姓会承担额外的工作，比如做媒人、施行割礼和送信。在人们受到更多教育的现代社会中，种姓的职业分化被弱化了。[34]

在卢旺达，在胡图族（Hutu）与图西族（Tutsi）发生族群分裂之前很久（关于族群的部分会谈到这两个族群），只占人口比例 1% 的特瓦人（Twa）就遭到了严重的歧视。特瓦人的身体被视为不洁与危险的，其他人需要尽量避开。例如，在有特瓦人在场的宴席上，人们会让特瓦人用专门的器具。特瓦人传统的职业是觅食、制陶、娱乐或为卢旺达国王充当拷问者及刽子手。羊肉被认为是特瓦人的食物，其他卢旺达人不吃羊肉。[35]

在美国，非裔美国人一度被视为类似于种姓的群体，这部分是由于他们遗传的肤色特点。时至今日，依然有一些州在法律上禁止非裔美国人与欧裔美国人通婚。跨族群婚姻的后代往往被视为低欧裔美国人

的孩子一等，哪怕他们也是金发白肤。从前在美国南部，将非裔美国人视同种姓的做法更为常见，欧裔美国人拒绝与非裔美国人同桌而食，也不愿意在便餐馆、巴士、学校里和他们坐在一起。非裔美国人不能和欧裔美国人共用自动饮水器和厕所，这强化了他们在仪式上不洁的观念。欧裔美国人享有的经济优势和获得的声望，是有很多记录可以证明的。[36] 在接下来讨论奴隶制、种族主义和不平等的部分里，我们将更详细地探讨非裔美国人的社会地位。

奴隶制

奴隶是无法拥有自己劳动的人，因此他们被当作一个阶级。我们也许会将奴隶制与一些广为人知的例子联系在一起，例如古代埃及、希腊、罗马或美国南部，但是，对他人的奴役几乎在世界各地都

29. Ibid.
30. Kristof 1995, A18.
31. 更多关于日本种姓的信息，请参阅 Berreman 1973 and 1972, 403–414。
32. Takezawa 2006.
33. Kristof 1995; Kristof 1997.
34. Tamari 1991; 2005.
35. Taylor 2005.
36. Berreman 1960, 120–127.

当前研究和问题
富裕和贫穷国家及地区的差异

直到数千年前，人类中的大部分都还在靠自己采集和种植为生，当时的不同社会的生活标准是很难比较的，因为我们无法把人们的东西用市场或者金钱价值表示出来。只有在至少部分参与世界市场经济的地方，我们才能够用货币衡量生活的标准。如今，这样的比较对于世界的大部分地方而言成为可能。大多数社会中的大部分人都以买卖为生，依靠跨国交换的人越多，通过标准经济指标对他们进行比较的可能性就越大，我们现有的指标不能适用于世界上所有不同的社会，但适用于大多数国家。这些指标体现出当今世界的贫困国家与富裕国家之间存在差距，而且这种差距在近几十年里明显扩大了。

为了体现当今世界各地在经济上有多不平等，我们可以比较 1960 年、1978 年和 2000 年的经济数据。1960 年，在统计的126 个国家和地区中，有三分之一（41 个）被归为富裕，有 17% 在第二梯队，属于准富裕。到了 1978 年，曾经富裕的国家和地区中有约四分之一（11 个）滑入了准富裕的梯队，还有7%（3 个）被归入第三世界。到 2000 年，又有 5 个原本富裕的国家和地区跌出了富裕的梯队。在同一段时间里，只有 4 个国家和地区进入富裕的行列——新加坡、韩国，还有中国的香港及台湾。在同样的时间段内，几乎所有最贫穷的国家和地区都依然停留在底部，它们的排名要么不变，要么就是往下走。这段时间里，西方国家对全球财富的占有份额增加了。1960 年被算作富裕的41 个国家和地区里，有将近一半（19 个）是非西方国家和地区。到了 2000 年，富裕国家和地区的数量变少了，只剩下 31 个，而其中只有 30%（9 个）是非西方国家和地区。

如果世界整体上在技术及经济发展上都取得了进步，那么为何贫穷与富裕国家及地区之间的差距会拉大？就如我们在探讨文化和文化变迁的章节里看到的那样，通常是社会中的富人最能从新技术中受益，至少在最开始的时候是这样。不仅只有富裕阶层买得起技术，而且只有富裕阶层能够承受采用新技术的风险。对于国家和地区而言或许也是同样的道理。已经拥有资本的国家和地区也在技术进步中占有先机。此外，贫穷的国家和地区通常拥有最高的人口增长率。因此，如果人口增长的速度快于经济发展的速度，人均收入就会下降。经济学家告诉我们，至少在刚开始发展时，发展中国家或地区的不平等会加剧，但不平等的状况往往会逐渐缓和。随着世界经济的发展，未来国家及地区之间的不平等是否会减少呢？

尽管近年来富裕与贫困国家及地区之间的不平等有所增加，但这个世界在某些方面取得了真正的进步。联合国计算了 177 个国家的"人类发展指数"，综合考量了平均寿命、读写能力和人均购买力等。根据这一指数，包括发展中国家在内的大部分国家的情况都在 1990年至 2005 年之间有显著和改善。例如，从 1990 年到2005 年，孟加拉国、中国和乌干达的排名都上升了约20%。有些国家的情况比较不好，其中大部分是撒哈拉以南非洲的国家或苏联解体后分出的国家。在《联合国千年宣言》中，各国领袖承诺到 2015 年会将极度贫困和挨饿的人口比例降低一半。虽然这些目标已经实现，但若我们希望世界更平等，就还有很多事情要做。

（资料来源：United Nations Development Programme 2007; UN News Centre 2005; Milanovic 2005.）

一度存在，无论是较为简单的社会还是较为复杂的社会。很多时候，奴隶直接来自其他文化：他们被绑架而来，在战争中被俘，或被作为贡品呈献。有时，奴隶是交换或贸易而来。同一文化中的人也可能被当作奴隶，他们或是为了偿还债务，或是因犯罪受到惩罚，也可能因为贫穷而别无选择。在不同社会中，奴隶获得自由的可能性有很大的差异。[37] 奴隶制有时候是封闭的阶级或种姓体系，有时候是相对开放的阶级体系。在不同的有奴隶的社会中，奴隶拥有的法律权利不同，但多少都有一些。[38]

在古希腊，奴隶通常是被征服的敌人。因为城邦之间总在征服或复仇，所以任何人都有可能沦为奴隶。特洛伊战争之后，赫卡柏（Hecuba）从女王沦为奴隶，她叹道："无论一个人多么幸运，在他死之前，都别急着说他是幸福的。"[39] 然而，希腊的奴隶被当作人对待，他们甚至可以获得更高的社会地位和自由。赫卡柏的儿媳安德洛玛刻（Andromache）被一位希腊英雄当作奴隶和妾。那位希腊英雄的合法妻子没有生育，于是安德洛玛刻生下的奴隶儿子继承了父亲的王位。虽然奴隶没有法定权利，但奴隶一旦被释放，无论是出于主人的意志还是赎买的结果，他们自身或者后代就都可以被吸纳进统治阶层中。换句话说，古希腊人并不认为较低等的人就应当为奴，而是认为这是命运的安排，是运气让这个人落入了社会的最底层。

在尼日利亚中部的努佩人（Nupe）社会里，奴隶制完全是另一个样子。[40] 努佩人获取奴隶的方法——在战争中掠夺，以及后来通过购买——与欧洲人类似，但奴隶的地位却非常不同。虐待奴隶的现象十分罕见。男性奴隶被赋予与家户中其他独立男性（弟弟、儿子或其他亲属）同样的挣钱机会。奴隶也可能获得一小块可以自己种植的园地，如果他的主人是工匠或商人，他也许会被派活。奴隶可以获得地产、财富，甚至可以有自己的奴隶。但在奴隶去世以后，他所拥有的一切将归属于他的主人。

奴隶的解放（manumission）是努佩社会奴隶制度中固有的。如果一个男性奴隶能够支付与一个自由女性结婚的费用，那么这段婚姻关系中诞生的后代就是自由的，不过这个男人自身仍然是个奴隶。婚姻与纳妾制是女性奴隶摆脱奴隶身份的最简单方式。生下孩子后，她和孩子都将获得自由的身份。然而，这样的妇女只是象征性地获得自由，如果她是妾，就得继续一直做妾。可以预期的是，富贵之人的家谱中，也会有一些支脉源自为妾的奴隶。

在努佩人社会中，待遇最好的奴隶是家奴。他们可以获得有权力的位置，可以升至监督者及执行官，负责执行法律和履行审判职责。（《圣经·旧约》中的约瑟也是如此，他被自己的兄弟卖身为奴，成了家奴，后来获得了仅次于法老的地位。）甚至有一群努佩奴隶是有头衔的，也就是"法庭奴隶团"（Order of Court Slaves），他们是受国王与精英阶层信任的官员。然而总体而言，奴隶身份位于社会层级的底部。在努佩人的制度中，成为有头衔群体一员的奴隶很少，这样的奴隶大多是原本所在社会的王公。20 世纪初，努佩奴隶制被废除。

在美国，奴隶制原本是获取廉价劳动力的方式，但奴隶们很快就被视为继承了所谓的劣等性，天生低人一等。由于奴隶们来自非洲，而且肤色较深，某些欧裔美国人断章取义地引用《圣经》（他们要做"劈柴挑水的人"），为奴隶制和"黑人"劣等的观念辩护。奴隶不得结婚，不能订立合同，也无法拥有财产。除此之外，他们的孩子也是奴隶，主人拥有对女性奴隶的性权利。在当时的美国，由于奴隶的地位在出生时就决定了，奴隶实际上相当于一个种姓。因此，在奴隶制时期，美国既有种姓制度也有阶级体系。人们普遍以为，奴隶制当时只存在于美国南方，但美国北方也有奴隶制，只是规模不如南方大。美国内战前后，新泽西州是北方最后一个在法律上放弃奴隶制的州。[41]

正如前文提到的，在废止奴隶制之后，种姓制的某些元素还被保留了下来。有必要提出，这些种姓制度性质的元素不是只在曾经蓄奴的美国南方有。比如，虽然印第安纳州在 1816 年就宣布成为"自由"的州，但在其首部宪法中，"黑人"是没有投票权的，

37. O. Patterson 1982, vii – xiii, 105.
38. Pryor 1977, 219.
39. Euripides 1937, 52.
40. Nadel 1942.
41. Harper 2003.

他们也不能与"白人"通婚。在1851年的宪法中，印第安纳州不允许"黑人"进入该州内，也不允许已在州内居住的非裔美国人就读公立学校，尽管他们也需要缴纳教育税。[42] 在20世纪前半叶的印第安纳州的曼西市（Muncie），在剧场、餐馆及公园通常都有种族隔离的情况。直至20世纪50年代，公共泳池才开始解除隔离。[43]

至于为什么奴隶制一开始会出现，跨文化研究尚未得出决定性的答案。但我们知道的是，与一些人的假定不同，奴隶制并非经济发展中的必然阶段。换言之，在几种主要经济中并未发现奴隶制，例如依靠集约型农业的经济。与内战之前的美国不同，许多集约型农业社会并未发展出各式各样的奴隶制。同时，在资源丰富但缺乏劳动力的地方会发展出奴隶制的假说并未得到跨文化证据的支撑。我们能够确信的是，奴隶制不存在于发达经济或工业经济体中，在这样的经济体中，奴隶制要么已经消失，要么从未出现过。[44]

种族主义与不平等

种族主义认为某些"种族"要比另一些劣等。在一个由肤色等体质特征明显不同的人群构成的社会中，种族主义总是与社会分层联系在一起。那些被认为劣等的"种族"构成了社会较低阶层或种姓的大多数。即便是在各种背景的人都有机会获得较高地位的较开放阶级体系中，来自被视为劣等群体的个体，也可能在住房等方面遭到歧视，或者更有可能被警察截停询问。

在像美国这样的社会中，人们被分为不同"种族"的观念根深蒂固，甚至人口普查也会调查人们的"种族"。大多数美国人也许认为将人们归入"黑人""白人"等范畴，是反映了重要的生物学分类。但事实并非如此。现在我们从遗传研究中知道，实际上非洲大陆内部的遗传多样性远大于非洲与其他大陆之间。[45] 一种体质特征在哪里出现或消失，并没有明显的界限。比如，在埃及一带，尼罗河流域，从北到南人们的肤色渐渐变深。人们鼻子的形状在湿度不同的地区不同，但肤色的梯度变化并不与鼻子形状的梯度变化一致，因此肤色和鼻子的分布相当不同。可见，我们不可能基于肤色、鼻形之类的体质特征而在不同群体之间勾画出清晰的分界线。（在讨论人类变异的章节中，我们谈过"种族"概念不适用于人类这个问题。）非洲大陆内部的遗传多样性是有化石证据支持的，化石证据表明，非洲大陆是早期人类和现代人类的起源之处。这与前文提到的语言多样性有些相似——英语在英国发展出来，那里也有最多样的方言。现代人类最早出现于非洲，准确地说我们都是非洲人，是"人类种族"（human race）的一员。

你也许注意到我们给"种族"加了引号，这是因为如今大部分人类学家都认为，将作为生物学概念的"种族"应用于人类是不科学的。然而，作为社会概念的"种族"在一些社会里是重要的分类方式。

作为社会类别的种族

种族分类是个体自身或他人赋予个体的社会类别，为的是将"我们"的群体与其他群体区分开来。前文谈到，人们往往是"族群中心"的，认为自己的文化比其他的文化要好。种族分类也体现了将"我们"与"他们"区分开来的倾向，但种族区分号称是基于生物差异的。[46]"他们"总是被视为比"我们"劣等。

我们都知道，不管是过去还是现在，都有一些群体利用种族分类为歧视、剥削或屠杀辩护。据说，"雅利安种族"金发碧眼白肤，是阿道夫·希特勒认为应该统治世界的种族。为了达到这个目的，他及其他人试图尽可能多地消灭属于犹太"种族"的人。（估计有600万名犹太人和其他族群的人在大屠杀

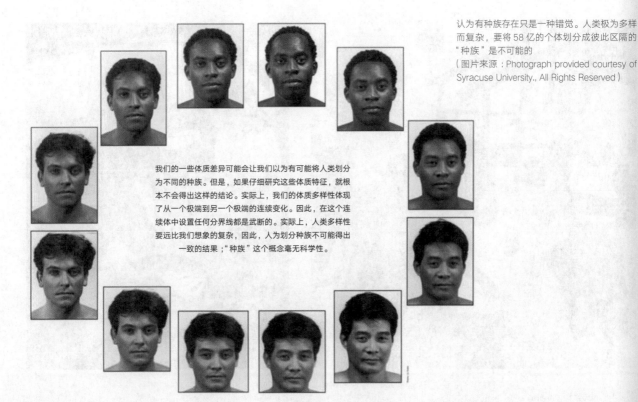

我们的一些体质差异可能会让我们以为有可能将人类划分为不同的种族。但是，如果仔细研究这些体质特征，就根本不会得出这样的结论。实际上，我们的体质多样性体现了从一个极端到另一个极端的连续变化。因此，在这个连续体中设置任何分界线都是武断的。实际上，人类多样性要远比我们想象的复杂，因此，人为划分种族不可能得出一致的结果；"种族"这个概念毫无科学性。

中被害。[47]）但谁是雅利安人？严格来讲，说印欧语系语言的人都可以是雅利安人，包括希特勒统治下说德语的犹太人。印欧语系包括了多种不同的现代语言，包括希腊语、西班牙语、印地语、波兰语、法语、冰岛语、德语、盖尔语和英语。说这些语言的许多雅利安人头发不是金色的，眼睛也不是蓝色的。同样，各种各样的人都可能是犹太人，他们未必是古代近东那些说希伯来语的人的后裔。在犹太人中既有肤色较浅的丹麦犹太人，也有肤色较深的阿拉伯犹太人。美国最正统的犹太群体之一生活在纽约市，其成员都是非裔美国人。

如果比较不同地方的不同种族分类，就能意识到大部分种族分类的武断性和社会基础。过去南非所谓的"种族"就是一个例子。在种族隔离制度之下，如果某人的祖先中有"黑人"也有"白人"，那么这人就属于"有色人种"。然而，当有非洲血统的重要人物（从其他国家）到访南非时，他们常常被当作"白人"。华人在南非被归为"亚洲人"，而对南非经济很重要的日本人则被当作"白人"。[48] 在美国的部分地区，直到 20 世纪 60 年代还在实行反对不同种族间通婚的法律。如果你有八分之一或更多的"黑人"血统（如果曾祖辈中有一位及以上的"黑人"），你就会被当作"黑人"。[49] 在某些州，"黑人"血统不到八分之一的人也可能被当作"黑人"。有人称之为"一滴血"规则——只要一点点的"黑人"血统，就能决定你的"种族"分类。[50] 只要祖上有"黑人"，哪怕只有一个，就能让一个人成为"黑人"。但少量的"白人"血统却无法让一个人成为"白人"。从生物学角度而言，这些完全没有道理，但在社会的层面则是另当别论。[51]

42. Lassiter et al. 2004, 49－50.
43. Ibid., 59－67.
44. Pryor 1977, 217－247.
45. Brooks et al. 1993; Tishkoff et al. 2009.
46. M. D. Williams 2004.
47. S. S. Friedman 1980, 206.
48. M. H. Ross 2009a.
49. Marks 1994, 32.
50. Fluehr-Lobban 2006, 12.
51. Marks 1994, 32.

少数族群的成员往往位于社会经济"阶梯"的底层，但也不总是这样，比如图中来自美国的例子

（图片来源：左图 © Kevin Fleming/CORBIS, All Rights Reserved ；右图 © Ghislain & Marie David de Lossy/Image Bank/Getty Images Inc. ）

在拉丁美洲和加勒比海的大部分地区，人们奉行的是相反的规则。只要有一点欧洲血统，你就是"白人"。来自多米尼加、海地或古巴的人进入美国之后，常常发现自己的"种族"发生了改变。他们在祖国也许是被认为是"白人"，但在美国他们被认为是"黑人"。与美国非"黑"即"白"的二分视野相反，拉丁美洲的种族概念更像是从浅到深的连续体，其中有重要的中间位置（例如"混血儿"）。财富也会让情况变得不同——如果你的肤色深，但你是个有钱人，那么人们可能就会认为你"比较白"。[52]

如果其他"种族"的人被视为劣等，那么他们更有可能在社会分层的阶梯中处于较低的位置。歧视会让他们难以获得薪酬好或地位高的工作，而且只能住在不那么富裕的街区。正如专题"不平等的死亡：非裔美国人与欧裔美国人的对比"所展示的，来自其他"种族"的人群获取卫生保健的机会可能更少，也可能有更多的健康问题。

族群与不平等

如果说"种族"这个分类并没有科学性，因为人们不能基于一系列体质特征而被明确归入不同的"种族"分类，那么，美国的"黑人""白人"等分类，应理解为**族群**分类更好。否则，我们就很难解释为什么一些在现在的美国被认为是"白人"的群体，早些时候却被归为劣等"种族"。例如，在 19 世纪下半叶，报纸上常常称来自爱尔兰的新移民为属于爱尔兰"种族"。在第二次世界大战之前，犹太人被认为是单独的"种族"群体，直到后来犹太人才被归为"白人"。[53] 如今爱尔兰人、意大利人、犹太人等等移民群体都被美国主流认可，我们很难不意识到，"种族"分类已经发生了变化。[54]

52. Fluehr-Lobban 2006, 12.
53. Armelagos and Goodman 1998, 365.
54. O. Patterson 2000.

应用人类学
不平等的死亡：非裔美国人与欧裔美国人的对比

人固有一死。但是，考虑到心血管疾病这个美国的主要死亡原因，研究结果表明，在控制了年龄及性别的因素之后，非裔美国人因该病死亡的概率要高于欧裔美国人。在其他主要死亡原因（包括癌症、肝硬化、肾病、糖尿病、外伤、婴儿死亡等）上，也有同样的差异。医学人类学学者及健康政策研究者希望探讨其中究竟。如果不能更好地理解这样的现象，就很难知晓如何缩小这样的差距。

其中一个原因也许是医疗行业本身不易察觉的歧视。例如，在美国，胸痛的欧裔美国人比非裔美国人更有可能去做血管造影检查，这种医疗程序将造影剂注入血管，以检查为心脏供血的冠状动脉的血流是否有问题。而即使通过血管造影检测到了冠心病，非裔美国人接受心脏搭桥手术的可能性也比较小。因此，非裔美国人的心血管疾病死亡率高于欧裔美国人的原因，可能在于医疗护理方面的不平等。面对面见到病人似乎能影响看病结果。有研究表明，心脏病专家在回顾案例来做导管插入之后的治疗决定时，若他们并不知道病人的"种族"，那么所给出的建议就不会有"种族"差别。

然而，虽然死亡率的一些差异也许源于医疗条件的不同，但医疗条件只是部分原因。非裔美国人更容易患上心脑血管疾病，因为他们得高血压的概率是欧裔美国人的两倍。但是，为何高血压的患病率不一样呢？研究文献中讨论了三种并不互相排斥的可能解释：一是遗传学上的差异，二是生活方式的不同，三是阶级的差异。

16—19世纪，来到美国的大部分非洲人都被迫为奴，他们主要来自西非。一项关于高血压的比较研究发现，非裔美国人的血压要远高于尼日利亚和喀麦隆的非洲人，甚至高于这些国家城市里的人；加勒比海地区有非洲血统的人群，其血压水平则处于中间。生活方式的差异也很大——西非人经常运动，比较瘦，饮食低盐低脂。任何基因差异的可能看上去都不显著。贾

雷德·戴蒙德认为，在将奴隶用船只送到新大陆的航行过程中，能够储存盐分的个体更有可能在恶劣的条件中幸存下来。在航行旅程中，很多人死于痢疾和脱水（缺盐性脱水），保留盐分就具备了遗传上的优势。但到了美国这种饮食高盐高脂的地方，这种优势就成了劣势。该理论的批评者认为，缺盐性疾病并不是航行过程中奴隶的首要致死因素，肺结核及暴力在更大程度上造成了奴隶的死亡。此外，批评者提出，根据奴隶船理论，在有高血压的非裔美国人群中遗传多样性会很小，但实际上，遗传多样性是很大的。

高血压也与生活方式及财富的差异相关。正如我们讨论种族主义与不平等时谈到的，非裔美国人的贫穷比例高于其在总人口中所占的比例。许多研究表明，更健康的生活习惯普遍与社会经济等级中更高的地位相关。此外，社会地位较高的个体更有可能享受医疗保险并进入更好的医院。但是，即使是在修正了诸如肥胖、锻

炼及社会阶级等因素之后，这样的健康差异依然存在——非裔美国人仍旧要比欧裔美国人患高血压的概率要大。

威廉·德雷斯勒（William Dressler）认为压力是另一个可能原因。尽管近年来经济流动性有所增加，美国社会对非裔美国人仍然有偏见，甚至在非裔美国人获得更高的收入后，也得经常面对压力。压力与较高的血压是相关的。在对肤色敏感的社会当中，如果一个肤色很深的人在夜晚行走在富人区，就有可能被人认为并不居住在那里，也有可能被警察截停询问。如果德雷斯勒的说法是正确的，那么从客观指标看社会地位较高但肤色较深的非裔美国人，血压应该会比根据他们的受教育情况、年龄、体重或社会阶级预测的要高。似乎的确如此。种族主义可能影响健康。

（资料来源：Smedley et al. 2003, 3; Geiger 2003; Dressler 1993; Cooper et al. 1999, 56–63; Diamond 1991.）

显然，**族群**与**族群认同**是作为社会及政治过程的一部分出现的。在族群定义的过程中，通常有一群人强调其拥有共同的起源及语言、共同的历史，以及特定的文化特征，比如宗教。定义族群的人可能来自族群内部或外部。族群内部和外部的人对族群的认知通常是不同的。在一个拥有人口占大多数的核心群体的国家，主流群体通常并不把自身当作一个族群，而是认为只有少数族群有族群身份。例如在美国，主流群体自称为欧裔美国人的情况并不普遍，但其他群体可能被称为非裔美国人、亚裔美国人或美洲土著。而少数族群的身份也可能有不同的名称。[55] 亚裔美国人也许会将自身细分为日裔美国人、韩裔美国人、华裔美国人或苗裔（Hmong）美国人。主流群体常用蔑称指代与自身不同的族群，往往也会把不同的少数族群混为一谈。为一个群体命名，相当于划定这个群体与其他族群的边界。[56]

有时候，族群的差异会随着阶级的差异而扩大。卢旺达就是典型的例子。直到 19 世纪末，卢旺达还属于一个有明显阶级差异的王国，但后来变得很重要的胡图族与图西族之间的差异，那时还不是很明显。[57] 当时，牛是重要的财富形式，同时，虽然许多人图西族人放牧，许多胡图族人农耕，但还有很多胡图族人与图西族人既放牧又耕地。[58] 殖民主义并没有创造图西族与胡图族之间的差异，但强调了这种差异。例如，比利时殖民当局试图加强"自然统治者"（图西族）的权力，在 20 世纪 30 年代推行了区分图西族、胡图族及特瓦族的身份体系（我们之前讨论种姓时提过特瓦族）。殖民时期，人们逐渐形成了这三个群体在生物学上有区别的观念。许多人认为，个头较高的图西族人原本属于不同的群体，他们前来征服了其他两个群体。[59]

1959 年，当胡图族团结一致为他们所付出的劳动要求更多的回报时，国王及许多图西族的统治精英都被驱逐出境。之后，胡图族人在 1962 年成立了共和政府，宣布从比利时独立。1990 年，图西族叛军从乌干达攻入，希望就成立多党政府进行协商。然而，内战一直持续不断，光是 1994 年一年，就有超过 100 万人被杀，其中大多数是图西族人。图西族人领导的叛军宣布成立新政府后，大约有 200 万名胡图族难民逃往扎伊尔。[60] 调停期间，卢旺达政府启动了唤回难民的相关程序，将制造大屠杀者带回审判，并将不同群体整合入政府。[61]

在不同的情况下，族群认同可能会被族群内外的人操纵。一个高压政权可能会分外强调民族主义及对国家的忠诚，这可能不仅会压制族群的主张，也可能减少本来可能认同同一个族群的人之间的沟通。[62] 宽松一些的政权可能允许人们更多地表达和强调族群差异。然而，对族群认同的操纵不单是自上而下的。在争取利益时，小的少数群体联合起来以较大族群的身份（比如"亚裔美国人"）去游说，可能会比用日裔、华裔、苗裔、菲裔、韩裔美国人等身份单独游说更有优势。同样，虽然美国有数百个原本使用不同语言的土著群体，但"美洲土著"这个联合身份在政治上更有好处。

在许多的多族群社会中，人们都为族群和多样性而自豪。具有相同族群认同的人在一起时相处会更愉快，他们也会产生更强烈的归属感。不过，多族群社会中的族群差异往往也与财富、权力、声望方面的不平等联系在一起。换言之，族群是社会分层体系的一部分。

即便有些人认为不平等理所当然，但族群刻板印象、偏见及歧视的源头，往往是一些让某些群体成为其他群体统治者的历史及政治事件。例如，尽管有很多故事讲述 17 世纪时，土著如何帮助英国人在当今被称为北美的地域定居，但这些英国人是入侵者，他们用对土著群体的负面刻板印象来为自己的掠夺和屠杀辩护。J. 弥尔顿·英格尔（J. Milton Yinger）如此形容针对美洲土著的负面刻板印象：

"我们简直要以为，是印第安人侵略了欧洲，是印第安人感染了欧洲的居民，将其人口减少到原来的三分之一，单方面改变了条约，通过烈酒和枪炮获得了可疑的荣誉。"[63]

同样，正如我们在讨论奴隶制时提到的，非洲奴隶最初被当作廉价劳动力，但其他人以这些奴隶低人一等为理由，非人地对待他们。不幸的是，这些刻板印象会成为自我实现的预言，尤其是被歧视的人也可能开始相信这样的刻板印象。很容易看到这一切是如何发生的。如果人们普遍认为某个群体低人一等，那么属于这个群体的人就只能去不好的学校上学，难以获得晋升的机会，也很难找到好的工作，群体的成员可能缺乏技术也不再努力。其结果往往是恶性循环。[64]

但也并不是全无希望，情况发生了变化。少数群体的族群认同有助于促成政治运动，例如 20 世纪 60 年代美国的非暴力公民权利运动。在优势群体部分成员的协助下，这次运动有助于突破许多法律障碍，并瓦解种族隔离主义者强加的不平等实践。

美国的传统障碍近年来几乎都已废止，但"种族界限"并未消失。所有社会阶层中都有非裔美国人，但他们在最富有者中所占的比例极低，在底层所占的比例超出了群体在总人口中的比例。歧视可能有所减轻，但并未消失。针对"黑人"与"白人"申请工作和寻找住房情况的研究表明，依然存在明显的歧视。[65] 因此，非裔美国人如果要获得晋升，就得比其他人表现得更优秀，也可能有人会说，他们之所以能够升职，就是因为他们的非裔美国人身份，他们当初得到工作也是因为有平权行动。欧裔美国人往往把非裔美国人当作"大使"，主要是向他们询问如何处理与其他非裔美国人有关的情况。非裔美国人也许会与其他族群的人共事，但下班后往往会回到主要是非裔美国人居住的住宅区。他们也有可能居住在混合社区中，却体验着相当大的孤独感。极少有非裔美国人能够完全避免种族主义的苦恼。[66]

分层的出现

人类学家不确定社会分层出现的原因。然而，他们有理由确信，人类历史到了比较晚近的时期才出现了较高程度的社会分层。在距今 8 000 年以前的考古遗址中，并未发现大量能体现不平等的证据。房屋在面积或其中的物品方面都没有太大的差别，同一文化中不同聚落的规模和其他方面都比较一致。不平等的迹象首先出现在近东区域，大致在该区域出现农业之后的 2 000 年。墓葬的不平等体现了死者生前的不平等，这尤其体现在儿童墓葬的不平等上。儿童不太可能通过自己的表现获得较高的地位。在伊拉克距今约 7 500 年的索万遗址中，[67] 考古学家只在部分儿童的坟墓中发现了雕像和装饰品，随葬品说明这些儿童属于层级更高的家庭或更高的阶级。

分层是在人类历史相对晚近的时期才形成的，另一个可以支持这种说法的现象是，与分层有关的某些文化特征也是在相对晚近的时期才出现的。例如，大部分以农业或畜牧业为基础的社会都存在社会分层。[68] 农业和畜牧业是在过去的 1 万年中发展起来的，我们也许可以推测在遥远的过去，食物采

55. M. Nash 1989, 2.
56. Ibid., 10.
57. Newbury 1998.
58. C. Taylor 2005.
59. Newbury 1998.
60. *Britannica Online* 1995.
61. 关于卢旺达的情况，可以参见在线大英百科年鉴：http://search.eb.com/search?query=rwanda&x=0& y= 0&ct=.
62. Barth 1994, 27.
63. Yinger 1994, 169.
64. Ibid., 169 – 171.
65. Ibid., 216 – 217.
66. Benjamin 1991；也可参见 M. D. Williams 2004。
67. Flannery 1972.
68. 数据来自 Textor 1967。

集社会都缺乏社会分层。其他晚近才发展出来的与社会分层相关的文化特征，包括定居、超越社群层面的政治整合、使用货币作为交换媒介，以及至少是部分全职的专业化的出现。[69]

1966 年，比较社会学家格哈德·伦斯基（Gerhard Lenski）提出，始于 8 000 年前的朝向不平等的趋势发生了逆转。他主张，工业社会中的特权及权力的不平等（按照政治权力集中度和收入分配测算）程度要低于复杂的前工业社会。在他看来，工业社会的技术非常复杂，如果系统要运转，掌权者就得将一些权威下放。除此之外，工业社会的出生率下降，对技术工人的需求增加，这使工人的平均工资远高于生存所需，从而让收入分配趋于平等。最后，伦斯基认为，民主意识形态的传播，尤其是精英阶层对民主意识的接受，显著扩大了下层阶级的政治权力。[70] 有些研究检验并支持了伦斯基的假说，即不平等程度随着工业化发展而降低。总体而言，与仅仅部分工业化的国家相比，高度工业化的国家表现出的不平等水平要更低。[71] 但是，正如我们所看到的那样，即便在工业化程度很高的社会里，也依然存在极大的不平等。

最初为何会发展出社会分层？基于对美拉尼西亚社会的研究，马歇尔·萨林斯认为农业生产力的提升带来了社会分层。[72] 按照萨林斯的说法，社会分层的程度与技术效率提升带来的剩余农产品直接相关。生产力水平越高，剩余农产品越多，分配系统的范围就越大，复杂程度也越高。作为再分配者的首领的地位也就因而提高。萨林斯认为，生产者和分配者的分化必然引起生活其他方面的分化：

> 首先，管理分配的人往往会对生产过程本身施加一定的权威——尤其是针对需要补贴的生产活动，比如集体劳动或专业劳动。控制生产的程度意味着对资源利用的控制程度，或者说换句话说，意味着更多控制财产权。而对这

些经济过程的管制，又需要在人际事务中的权威；社会权力的差异就此产生。[73]

萨林斯后来拒绝了剩余农产品会扩大首领权威的观点，而是假定两者的关系是反过来的——首领会鼓励人们生产剩余农产品，以便通过节日盛宴、夸富宴和其他的再分配事件来提升自身的声望。[74] 当然，二者有可能互相影响——剩余农产品带来了社会分层，而社会分层带来了更多剩余农产品；这并不互斥。

伦斯基关于社会分层原因的理论与萨林斯最初的观点相似。伦斯基也主张剩余产品刺激了社会分层的发展，但他认为重点在于旨在争夺对剩余产品控制的冲突。伦斯基的结论是，剩余产品的分配取决于权力。就这样，权力的不平等导致了经济资源获取方面的不平等，也引发了特权与声望的不平等。[75]

再分配者或首领为什么想要或为什么能够更多地控制资源？对此萨林斯与伦斯基的"剩余"理论并没有回答。毕竟，许多等级社会的再分配者与首领并不比其他成员拥有更多的财富，而且习俗似乎让情况一直保持如此。有人认为，只要追随者能够流动，他们就能够用脚投票，离开他们不喜欢的首领。但人们如果开始对土地或技术（例如灌溉系统或捕鱼的鱼栅）进行更长期的"投资"，就往往会忍受首领权力的扩张以换取保护。[76] 还有人认为，只有在等级社会或酋邦社会的人口对资源造成压力的情况下，才会出现经济资源获取方面的不平等。[77] 这样的压力会诱使再分配者将更多的土地和其他资源留给自己及家人。

C. K. 米克（C. K. Meek）提供了一个在尼日利亚北部的例子，说明人口压力如何导致经济分层。曾经，部落成员要获取使用土地的权利，只需要向首领发出请求，并送上象征性的礼物以表示对首领地位的认可。但到了 1921 年，可用土地数量的减少催生了一个制度，申请者需要向首领支付一大笔

款项，才能获得稀缺的土地。支付款项的结果是，农场逐渐被当作私有财产，获取这些财产的机会的差异也走向制度化。[78]

考古学家、社会学家、历史学家、人类学家未来的研究，将有助于更好地理解社会分层在人类社会的出现，以及不同社会中分层程度的差异及形成差异的原因。

小结

1. 近现代的工业社会以及像当代美国这样的后工业社会，无一例外都有社会分层，也就是说，这些社会中包括家庭、阶级或族群等社会群体，它们在获取经济资源、权力、声望等重要优势方面是不平等的。基于第一手的观察，一些人类学家可能说在他们研究的社会里，这种不平等并不总是存在。尽管就连在（技术层面上）最简单的社会中，也会有基于年龄、能力或性别的差异——成年人比儿童地位高，有技能的人比没技能的人地位高，男人比女人地位高（我们将在"性、性别与文化"一章里讨论性别分层）——人类学家仍旧认为平等社会是存在的，其中的社会群体（比如家庭）在获取权利或优势的机会方面是大致平等的。

2. 根据是否存在使特定群体不平等地获取经济资源、权力和声望的习俗或规则，我们可以区分出三种社会类型。在平等社会里，不同社会群体在获取经济资源、权力和声望方面没有不平等的情况。在等级社会中，不同社会群体获取经济资源或权力的机会不会非常不平等，但在声望获取方面是不平等的。因此，等级社会是部分分层的。在阶级社会中，不同社会群体在获取经济资源、权力和声望方面是不平等的。阶级社会比等级社会的分层更加彻底。

3. 分层社会包括不同类型，从一定程度上开放的阶级体系到最严格的种姓制度都有，种姓身份在出生时就决定了，而且永久不变。

4. 奴隶是不拥有自身劳动的人，他们代表了一个阶级，有时甚至代表一个种姓。在许多时期和许多地方，都存在过奴隶制的不同形式，无论"种族"和文化为何。有些情况下，奴隶制是严格、封闭的体系或种姓制度，有些情况下，奴隶制是相对开放的阶级体系。

5. 在由背景各异、肤色等体质特征不同的人群组成的社会中，种族主义几乎总是与社会分层联系在一起。那些被视为劣等的"种族"构成了较低社会阶级或种姓的大部分。在很多生物人类学家看来，"种族"不是用来对人类进行科学分类的工具。我们应当把"种族"分类主要视为社会类别，是个体自己或他人指定给个体的，基于所谓共同生物学特征的社会类别。

6. 在多族群的社会里，族群差异往往与财富、权力、声望的不平等联系在一起。换句话说，族群是分层体系的组成部分。

7. 在人类历史上，社会分层出现在相对晚近的约8 000年前。这个结论的依据是考古学证据，以及与社会分层相关的文化特征直到相对晚近才发展出来这一事实。

8. 一种理论认为社会分层是随着生产力增加、剩余产品产生而发展出来的。另一种理论认为，只有在人们"投资"了土地或技术，因而无法轻易离开他们不喜欢的首领的情况下，才能发展出社会分层。还有一种理论认为，只有在等级社会的人口对资源造成压力的情况下，才会发展出社会分层。

69. Ibid.
70. Lenski 1984/1966, 308 – 318.
71. Treiman and Ganzeboom 1990, 117; Cutright 1967, 564.
72. Sahlins 1958.
73. Ibid., 4.
74. Sahlins 1972.
75. Lenski 1984/1966.
76. Gilman 1990.
77. Fried 1967, 201ff; and Harner 1975.
78. Meek 1940, 149 – 150.

第十九章
文化与个体

以文化为中心的人类学似乎忽视了个体。诚然，个体提供了关于文化的信息，但他们的心理特征（心理学的核心关注点）往往被认为是无关紧要的。然而，也有人类学家认为了解个体和心理过程对人类学的理解是至关重要的。以文化变迁为例，正如我们在"文化和文化变迁"一章中所讨论的，个体是文化变迁的最终根源。他们发现和发明，他们接受他人的新行为或新想法，他们抵制或适应其他社会试图强加的改变。只有当足够多的个体改变他们的想法或行为模式时，文化才会改变。个体是变革的推动者。

研究文化与个体关系，认为有必要理解心理过程的人类学家自称为"心理人类学家"。研究两个或两个以上社会的心理学家自称为"跨文化心理学家"。心理人类学研究也许可以用四个主要问题来概括：（1）人类的心理发展在多大程度上相同？（2）如果存在差异，那么有哪些差异，是什么造成了差异？（3）不同社会的人们如何看待个体及其心理发展？（4）理解个体或心理过程如何帮助我们理解文化和文化变迁？本章讨论了研究者解答其中一些问题的尝试。

心理发展的共性

人类学家在 20 世纪初对心理学产生了兴趣，部分原因是他们并不认为人性像当时心理学家普遍认为的那样，在西方社会中已经完全得到了揭示。直到最近，才有许多心理学家加入人类学家的行列，对人类的心理在所有社会中都相同的假设提出疑问。例如，心理学家奥托·克林伯格曾在 1974 年批评他的心理学家同事："接触人类学让我有了类似宗教皈依的转变。如果心理学家只知道一种人类，他们怎么能谈论人类的属性和人类的行为呢？"[1]

在研究各种各样的人类之前，我们怎么能知道人类行为中哪些是普遍的，哪些是有差异的？因为世界各地的人类属于同一物种，基因中有很大比例是相同的，所以我们可能会认为，不同社会中的人们在从出生到成熟的心理发展方式或他们的思考、感觉和行为方式上有大量的相似之处。我们已经讨论了许多共性，包括文化、语言、婚姻、乱伦禁忌，但我们在本章中会讨论一些与心理学更为相关的内容。唐纳德·布朗（Donald Brown）编制了一份清单，列出了心理领域可能存在的人类共性。[2]清单中包括以下能力：创建分类、进行二元对比、整理现象、使用逻辑运算符、为未来做计划，以及理解世界及其内容。

在对他人的观念方面，人们似乎普遍具有对自我或对人的概念，能够识别个体的面孔，能通过面孔、语言、行为等可观察的线索尝试推断出他人的意图，也能想象他人在想什么。在情感方面，人们似乎普遍能够体会他人的感受，能通过面部表情交流，并识别、隐藏或模仿快乐、悲伤、愤怒、恐惧、惊讶、厌恶、轻蔑等情绪（参见"艺术"那一章里的专题"面具是否以普遍的方式表现情感？"），人们在友善时微笑，在痛苦或不快乐时哭泣，会为了开心而游戏，能表达并感受对他人的喜爱，人们还能感受到性吸引力、羡慕和嫉妒，有类似的童年恐惧（例如对陌生人的恐惧）。事实上，尽管爱情被认为是在不同文化中不同的神秘情感，但不同文化背景的人对爱情的设想似乎也大同小异。[3]

那么心理发展呢？我们在"交流和语言"一章中看到，语言习得的某些方面似乎是跨文化的普遍现象。世界各地人们的心理发展在哪些方面相同，在哪些方面有所不同？

情绪发展的早期研究

玛格丽特·米德在 20 世纪 20 年代中期前往美属萨摩亚，当时的心理学家认为，由于青春期会发生生理变化，人类在青春期普遍会有"躁动和紧张"。米德对萨摩亚少女进行观察和访谈后，对青春期必然躁动不安的观点产生了怀疑。萨摩亚女孩显然没有表现出多少情绪波动和叛逆的迹象，因此，青春期的心理发展是否在所有社会中都相同是值得怀疑的。[4]

另一位早期人类学家马林诺夫斯基质疑了一种关于情绪发展的假设的普遍性。这种假设由弗洛伊德提出，他认为年轻男孩都会无意识地将自己视为其父亲的性竞争对手，会与自己的父亲争夺母亲。弗洛伊德称这些感觉为"俄狄浦斯情结"。俄狄浦斯是希腊神话中的人物，他在不知情的情况下杀死了自己的父亲，娶了自己的母亲。弗洛伊德认为，所有7岁左右的男孩都会对他们的父亲表现出敌意，但马林诺夫斯基在对特罗布里恩群岛做了田野调查之后，提出了不同的观点。[5]

马林诺夫斯基认为，在以男性为主导的社会中，年轻男孩对父亲产生敌意，原因不在于性竞争，而在于父亲是执行纪律的人。马林诺夫斯基提出这一理论，是因为他认为在围绕女性组织的社会，例如母系的特罗布里恩社会中，俄狄浦斯情结的作用是不同的。在母系社会中，母亲的兄弟是母系亲属群体中比父亲更重要的权威人物。

德里克·弗里曼（Derek Freeman）批评米德关于萨摩亚的结论，[6]梅尔福德·斯皮罗（Melford Spiro）则对马林诺夫斯基关于特罗布里恩群岛居民的结论提出了疑问。[7]米德和马林诺夫斯基对他们所研究社会的看法未必正确，但他们提出的关于各个社会的心理发展是否相似的问题仍然至关重要。为了找到答案，我们需要研究许多社会，而不仅仅是少数几个社会。只有在广泛的跨文化研究的基础上，我们才能确定情绪发展阶段是否会受到文化差异的影响。

例如，直到近期，学者们才对青春期进行了跨文化的系统研究。艾丽斯·施莱格尔（Alice Schlegel）和赫伯特·巴里（Herbert Barry）报

在许多社会中，青春期是发展工作技能的阶段。图为新几内亚岛西部的一名阿斯玛特男孩在一名成年人的监督之下学习雕刻

［图片来源：BIOS (A. Compost)/Peter Arnold, Inc.］

告称，青春期通常不是明显叛逆的时期。他们认为，这是因为在大多数社会中，大多数人在长大前后都是和近亲生活在一起或接近（并依赖）近亲的。只有在像美国这样孩子长大后会离开家的社会里，青少年才会叛逆，这可能是为了在情感上做好离家的准备。[8]（参见"婚后居住与亲属关系"一章中的专题"新居与青春期叛逆是否相关？"）。

1. 转引自 Klineberg, "Foreword," in Segall 1979, v。
2. D. E. Brown 1991.
3. C. C. Moore 1997, 8 – 9；也可参见 C. C. Moore et al. 1999。
4. M. Mead 1961.
5. Malinowski 1927.
6. D. Freeman 1983. 对弗里曼的批评有所怀疑的理由，参见 M. Ember 1985, 906 – 909。
7. Spiro 1982.
8. Schlegel and Barry 1991, 44.

认知发展研究

有一天我们出去吃比萨。比萨师傅笑得很开心，我们问他什么事这么好笑。他告诉我们："我刚才问你们前面的那个人'想让我把比萨切成 6 片还是 8 片'，结果他说'6 片，我不是很饿'。"从瑞士著名心理学家让·皮亚杰（Jean Piaget）所提出的认知（智力）发展理论来看，那个"不是很饿"的家伙可能没有学会守恒（conservation）的概念，这个概念通常是西方社会 7 岁至 11 岁儿童的思维阶段的特征。[9] 我们前面的那位比萨顾客，就像许多非常年幼的孩子一样，似乎不明白一个物体的某些特性，如数量、重量和体积，即使被分割成小块，或者被移到一个不同形状的容器中，也会保持不变。他们还没有习得"可逆性"（reversibility）这个心理意象，即能够想象到无论把比萨切成 8 片还是 6 片，如果把它们重新拼到一起，总的大小都会是一样的。对于还没有习得可逆性的儿童或成人来说，8 片比萨可能比 6 片比萨多，因为 8 比 6 多。

皮亚杰的理论认为，人类思维的发展涉及一系列阶段，每个阶段都有不同的心智技能。为了达到更高的思维阶段，必须通过较低的阶段。因此，皮亚杰的理论会预测那位比萨顾客将无法系统地思考假设情境的可能结果——皮亚杰提出的"形式运算阶段"的典型特征，其原因在于，那位顾客还没有习得包括守恒性在内的"具体运算阶段"的心智技能，具体运算是形式运算之前的阶段。

关于皮亚杰提出的各个阶段的普遍性，证据怎么说？世界各地的人们是否会在同一年龄段进入相应的阶段？对于第一个发展阶段，即"感觉运动阶段"，学者们还没有在很多社会中进行调查，但目前为止的研究结果非常一致。这些研究支持皮亚杰的观点，即阶段发展是有可预测的顺序的。[10] 而且，从婴儿对相同条件的反应上看，不同地方的婴儿似乎也有相似的思维。例如，对法国婴儿和科特迪瓦共和国的巴乌莱（Baoulé）婴儿的比较研究显示，从未见过红色塑料管和回形针等物体的巴乌莱婴儿，也会像法国婴儿那样试图把回形针穿过管子。这两组婴儿甚至会犯同样的错误。[11] 尽管巴乌莱婴儿的玩具很少，但是他们在进行使用工具增加手臂伸展范围等任务时，表现超过了法国婴儿。但是，巴乌莱婴儿会被允许接触各种物体，包括欧洲人认为危险的东西。[12]

关于皮亚杰阶段理论的大多数跨文化研究都集中在第二阶段（前运算阶段）到第三阶段（具体运算阶段）的过渡期，尤其是守恒概念的形成。其中许多研究的结果有些令人费解。虽然年龄较大的儿童通常比年幼的儿童更有可能表现出对守恒的认知，但在许多非西方人群中，儿童形成守恒概念似乎要明显滞后，对此我们尚不清楚该如何解释。事实上，在一些地方，大多数接受测试的成年人似乎并不理解一个或多个守恒性质。

真的是这样吗？不同文化背景的人在心智技能上有那么大的差异吗？还是说，测量守恒概念的方式有问题？一个成年人用一个大水罐从河里取水，然后把水倒进五个小容器里，难道他不知道水的总量是不变的吗？我们也可能对形式运算阶段的研究结论持怀疑态度。大多数关于形式运算思维的研究发现，在非西方人群中几乎没有这种思维的证据。但是，在无文字的社会中，如果人们能够利用星星导航，记住如何在十几千米的长途跋涉后返回营地，或者识别出三代或三代以上的人之间的关系，那么他们肯定具有形式运算的思维能力。

对于研究发现的这类守恒概念和形式运算思维表面上的滞后，我们应该持怀疑态度，原因之一是大多数跨文化心理学家使用在欧美国家发展出来的测试方法去测量其他社会中人们的认知发展。[13] 在测试中，非西方人会处于相当不利的地位，因为他们不像西方人那样熟悉测试材料和整个测试情况。

例如，在守恒测试中，研究人员经常使用外观奇特的玻璃瓶和烧杯。一些使用当地人熟悉的材料的研究人员就得到了不同的结果。道格拉斯·普赖斯-威廉姆斯（Douglass Price-Williams）发现，西非的蒂夫人（Tiv）儿童和欧洲儿童在理解土地、坚果和数字的守恒方面并没有什么不同。[14] 此外，一些研究人员在短暂的训练项目后对儿童进行了重新测试，发现测试结果有了很大的改善。因此，任何地方的儿童如果有过初步的生活经历或适当的训练，似乎都能习得守恒的概念。[15]

在非西方地区进行的对形式运算思维的测试结果也可能有问题。这些测试提出的问题涉及科学和数学课程中讲授的内容。因此，受过教育的人在形式运算思维的测试中通常比未受过教育的人表现得更好，也就不足为奇了。在缺乏义务教育的地方，我们不应该期望人们在这样的思维测试中取得好成绩。[16]

在试图找出情绪和认知发展的普遍规律时，研究人员发现社会之间存在一些明显的差异。我们现在需要探讨和解释这些差异。

童年人类学

在所有人类社会中都有的一种情况是，在很长一段时间里，下一代都要依赖父母和其他看护人。这是人类最显著的特征之一，它将我们与同我们在生物学上最近的物种区分开来。父亲的养育角色和繁殖后较长的生命阶段也很不寻常。[17] 许多动物在繁殖后不久生命就会结束。人类女性通常比男性更早停止生育，但这让她们可以在很长一段时间里扮演祖母的角色，在孩子生育的事上帮助他们。究竟为什么会进化出长期依赖，这个问题还有争议，[18] 但这段我们笼统称为"童年"（包括婴儿期和青春期）的时期，对理解人类发展是至关重要的。童年让人们有很长一段时间来习得复杂的人类社会和文化生活。童年也是一个

向父母之外的人学习的时期，这可能带来观念和行为的快速变化。想想当今世界技术的变化。与父母相比，孩子们往往更喜欢使用新技术，用得也更熟练。孩子们经常成为父母的老师，向父母展示如何使用新技术。

对童年感兴趣的人类学家越来越多地将儿童视为能动者和行动者，而不仅仅是社会化的接受者。孩子们不仅有可以与我们谈论的他们自己的文化，而且有只有他们自己可以表达的意见、焦虑和恐惧。但他们的声音往往被忽视，正如女性的声音在过去经常被忽视一样。[19]

人们普遍认为，我们的个性是遗传与生活经历相互作用的结果。但是，一个人的生活经历以及基因的相当一部分是与他人共享的。父母无疑对我们成长的方式产生了重大影响。家庭成员有着相似的生活经历和基因，因此性格可能有些相似。但我们必须考虑为什么特定家庭会以特定方式养育孩子。父母养育孩子的方式在很大程度上受文化的影响——受文化中典型家庭生活模式和关于养育子女的共有观念的影响。

社会化是人类学家和心理学家都使用的一个术语，用来描述在父母和其他人的影响下，儿童形成符合文化期望的行为模式、态度和价值观的过程。[**文化熏染**（enculturation）这一术语也具有相似的含义。] 但是，尽管这些术语暗示了一种复制文化的机制（文化的"千篇一律"观点），但我们知道父母并不总是遵循社会的规定。此外，大多数父母有意或无意地随着时代的变化而改变，特别是在他们的

9. Piaget 1970, 703 – 732.
10. Berry et al. 1992, 40.
11. Ibid., 40 – 41.
12. Dasen and Heron 1981, 305 – 306.
13. C. R. Ember 1977; and Rogoff 1981.
14. Price-Williams 1961.
15. Segall et al. 1990, 149.
16. Rogoff 1981, 264 – 267.
17. Kaplan et al. 2000, 156.
18. Lancy 2008, 4 – 7.
19. A. James 2007.

孩子们擅长使用新技术，图中这个玩电子游戏的缅甸小和尚就是一个例子
（图片来源：© Keren Su/CORBIS, All Rights Reserved）

约一年后停止母乳喂养，这远远低于全球平均水平。在世界上 70% 的社会中，母亲通常以母乳喂养孩子至少两年；最后出生的孩子可能更晚断奶。在一些社会中，比如印度的琴楚人（Chenchu）社会，孩子通常要到五六岁才断奶。[21] 在加利福尼亚州的研究中，没有观察到任何父母一天里抱着婴儿的时间超过 25%，无论是传统的还是非传统的。但在许多前工业社会中，婴儿被父母抱着超过半天是很常见的。[22] 这里的重点是，尽管有些父母试图与众不同，而且确实与众不同，但在全球范围内进行比较时，他们在许多方面并没有太大的不同。但是，非传统的父母是否引发了文化变迁？父母抱孩子这种养育方式在美国文化中可能并不常见，但这样做的人已经比过去多了。因此，尽管新行为还没有成为习俗，但文化模式已经发生了变化。

解释童年及童年之后的差异

我们将在接下来的部分讨论儿童养育方式的差异，对此有两种常见的解释。第一种解释涉及关于儿童的普遍信念体系。社会不仅在养育孩子的具体方面有各自的观念，比如多久喂一次奶，喂多久，让孩子睡在哪里，而且各个社会也有自己关于童年的理论。这些理论揭示了社会的做法。在异质社会中，属于不同族群和不同阶级的人往往有不同的理论。但是，如何解释这些不同的信念体系呢？一些信念体系以及由此产生的育儿系统可能对生存产生影响。适应性解释也许可以说明为什么不同的育儿习俗适应不同的环境。最后，人格的某些方面可能可以从遗传或生理方面来解释。

父母的信念体系

在世界上大多数地方，父母不会去读那些讲如何养育孩子的书籍。事实上，他们可能根本不会特地去想自己是如何对待孩子的。但是，所有文化中

家庭环境发生变化时。如果一个家庭开始依靠雇佣劳动而不再依赖农业，那么家庭可能会改变对孩子的期望和对待方式。

要确定一个社会的成员在多大程度上对养育孩子有共同观念并不容易。我们发现，北美社会的家庭养育方式反映了不同的观念。有些父母似乎赞同养育孩子的"传统"观念，有些父母似乎决心以打破常规的方式养育孩子。尽管如此，在一项针对加利福尼亚州单亲妈妈、未婚夫妇或与他人共居的家庭的研究中，研究人员发现，与其他社会的父母相比，这些所谓的"非传统父母"实际上与"传统"父母（已婚，生活在核心家庭中）并没有太大差别。[20] 例如，尽管非传统的加利福尼亚母亲用母乳喂养孩子的时间明显长于传统母亲，但这两类母亲通常在大

的父母对于想要养育什么样的孩子以及如何对待孩子都有自己的观念。其中许多观念是符合文化模式的，它们被称为"民族理论"（ethnotheory）。[23]例如，研究荷兰父母和婴儿的萨拉·哈克尼斯（Sara Harkness）和查尔斯·苏佩尔（Charles Super）发现，荷兰父母相信他们所说的"3R"——rust（休息）、regelmaat（规律）和 reinheid（清洁）。父母给孩子一种平静而有规律的生活方式，尽量不给孩子看太多东西，以免过度刺激到孩子，以美国人的标准看，荷兰婴儿的睡眠时间很长。（6 个月大的时候，荷兰婴儿平均每天睡 15 个小时，而美国婴儿平均睡 13 个小时。）同样的表现，美国妈妈会觉得是孩子无聊了，应该给她再拿一个玩具，而荷兰妈妈会认为孩子是累了，会让她入睡。[24]

虽然理解育儿方面的民族理论很重要，但评估父母的行为是否符合他们的理论以及父母的行为是否会产生他们想要的效果也很重要。研究人员需要观察亲子行为，而不是仅仅了解父母们想要做什么，他们需要观察体现在孩子身上的结果。父母和其他看护人的一些行为可能达不到预期的效果。美国父母，特别是中产阶级父母，强调独立和自力更生，但行为观察表明，孩子们经常寻求父母的关注，而父母会奖励这种依赖。即使是反对许多中产阶级价值观的反主流文化父母也会以同样的方式对待孩子。[25]

适应性解释

文化人类学家不仅试图在育儿习俗和人格特质之间建立联系，而且还希望了解这些习俗最初为何不同。一些人类学家认为，育儿实践在很大程度上是适应性的，即一个社会将产生最适合从事该社会存续所需的活动的各种性格。正如约翰·怀廷和欧文·蔡尔德所说："一个社会的经济、政治和社会机构——围绕其成员的营养、庇护和保护的基本习俗……似乎是对儿童训练实践产生影响的一个可能

来源。"[26] 认为育儿实践具有适应性，并不意味着社会总能培养出所需要的人。就像在生物学领域，我们会看到一些物种和亚种的适应不良和灭绝，我们也可以预想，社会有时会产生不适应该社会生活要求的人格特质。因此我们不能仅仅因为一个特征存在就认为它一定具有适应性。在仔细研究这种特征是有益还是有害之前，我们无法得出结论。[27] 但我们可以推测，大多数幸存下来并留下记录的社会，都产生了在较大程度上具有适应性的人格特质。

育儿人类学涉及比较。只有在研究其他社会及其育儿模式的时候，我们自己的文化观念才变得明显起来。

可能的遗传和生理影响

一些研究人员认为，不同人群的遗传或生理差异使其倾向于不同的人格特征。丹尼尔·弗里德曼（Daniel Freedman）发现不同族群新生儿的"性情"存在差异；因为他观察的是新生儿，所以这样的差异被认为是遗传的。弗里德曼比较了华裔和欧裔的美国新生儿，他们的家庭在收入、生育子女数量等方面相当，他发现，欧裔新生儿更容易哭泣，更难安抚，更不愿意接受实验程序，华裔新生儿则看起来更平静，适应性更强。纳瓦霍新生儿与华裔新生儿相似，表现还更为平静。[28] 弗里德曼还指出，婴儿的行为会影响父母的反应。面对平静的婴儿，父母可能做出平静的反应，活跃的婴儿则可能引发活跃的反应。[29] 因此，在弗里德曼看来，婴儿由遗传

20. Weisner et al. 1983.
21. J. W. M. Whiting and Child 1953, 69 – 71.
22. Weisner et al. 1983, 291; Hewlett 2004.
23. 对育儿方面民族理论的概述，可参见 Super and Harkness 1997。
24. Harkness and Super 1997, in Small 1997, 45.
25. Weisner 2004.
26. J. W. M. Whiting and Child 1953, 310.
27. Edgerton 1992, 206.
28. D. G. Freedman 1979.
29. Ibid., 40 – 41. 遗传对社会环境的可能影响，相关讨论可参见 Scarr and McCartney 1983。

决定的行为可能会带来成人人格和照管方式的族群差异。但是，我们不能排除婴儿行为的非遗传性解释。例如，母亲的饮食或血压可能会影响婴儿的行为。也许胎儿甚至可以在子宫里学习。毕竟，子宫里的胎儿能够听到声音并对声音和其他刺激做出反应。因此，在孕妇心情比较平静的社会中，她们的孩子可能在出生之前就学会了平静。最后，我们仍然不知道在新生儿中观察到的最初差异是否会持续到成年并成为人格差异。

正如母亲的饮食，包括酒精和药物的摄入，可能会影响正在发育的胎儿，婴儿和儿童的饮食也可能影响他们的智力发展和行为。研究表明，营养不良与较低的活动水平、较低的注意力水平、主动性的缺乏和对挫折较低的容忍度有关。儿童的行为可以在短期的营养补充后改变。例如，研究发现，与没有服用营养补充剂的危地马拉儿童相比，服用营养补充剂的危地马拉儿童焦虑更少，更具探索性，能更好地参与游戏。[30] 营养不良问题不仅仅是营养问题。其他类型的看护也可能减少。例如，与健康儿童的看护人相比，营养不良儿童的看护人与儿童的互动可能会比较少。由于营养不良的儿童活动减少，看护人就不会那么频繁而热情地对孩子做出回应。这样，孩子与大人的互动可能就越来越少，形成恶性循环。[31] 我们之后会讨论低血糖症对成人攻击性的可能影响。

儿童养育的跨文化差异

接下来，我们将研究童年的一些跨文化差异。[32] 在可能的情况下，我们讨论对这些模式的可能解释。

父母对婴儿的回应与怀抱

不同社会中父母对婴儿需求的回应速度，或者说"宠孩子"的程度不同。像美国这样的工业社会，在很多方面，比如抱婴儿的时间、按需喂养、对哭泣做出反应等，都不像前工业社会那样"宠孩子"。与那些婴儿在一天时间里被抱着超过半天甚至是一整天的前工业社会相比，在美国、英国、荷兰等国家，婴儿可能会在诸如婴儿游戏围栏、摇篮、秋千或婴儿床之类的设备里度过一天中的大部分时间。据估计，在这些国家和日本，婴儿在白天只有12%到20%的时间被怀抱或抚摸。夜间的情况也类似。在大多数前工业社会中，婴儿和其他人更为亲近，通常与母亲在同一张床上或同一个房间里睡觉。在所有前工业社会中，婴儿在白天通常是按需母乳喂养的。在工业社会中，奶瓶喂养很常见，通常每隔几个小时喂一次；在一些前工业社会中，婴儿每天要母乳喂养20至40次。在许多前工业社会，人们对婴儿哭声的反应非常迅速。例如，在中非伊图里森林的埃夫人中，3个月大的婴儿啼哭时，75%的时候能在10秒内得到回应。在美国，有45%的情况下，看护者会故意不做出回应。[33]

上述跨文化差异似乎反映了人们对儿童养育的文化态度。美国的父母说，他们不希望自己的孩子依赖别人或黏人，他们想要培养独立和自力更生的孩子。孩子们是否会因为这种育儿方式而变得自立，这是有争议的，[34] 但美国人对育儿的态度肯定与他们的做法一致。

美国人认为父母对婴儿迅速做出回应是"宠孩子"，但尽管许多母亲对婴儿的身体需求回应得很快，但她们回应时未必会与婴儿互动，比如看着婴儿的眼睛、回应婴儿的咿咿呀呀、亲吻或拥抱婴儿。很多时候母亲哺乳时会做些别的事情。[35]

露丝和罗伯特·门罗研究了洛格利（Logoli）儿童在婴儿时期被母亲多抱和少抱的影响。[36] 他们搜集了关于婴儿被抱频率的观察资料，在5年后访谈了其中的许多人。他们想要研究那些经常被母亲

西方和非西方社会在养育孩子方面的一个主要区别是看护人在白天抱孩子的时间。在美国和其他西方国家，婴儿一天的大部分时间待在婴儿床上、婴儿游戏围栏里或婴儿车里。右图中来自中国云南的婴儿则有大量时间与母亲或其他看护人进行身体接触
（图片来源：左图 © Annie Griffiths Belt/CORBIS, All Rights Reserved；右图 © Tim Page/CORBIS, All Rights Reserved）

抱着的孩子是否更有安全感、更容易信任人、更乐观，因此设计了一系列适合小孩子的个性测量方式。他们向孩子们展示笑脸和非笑脸，询问他们更喜欢哪种，以此衡量他们是否乐观。他们观察孩子愿意和陌生人待在一个房间里多久或玩多久新玩具，以此衡量他们对人是否信任。

研究结果表明，婴儿时期经常被母亲抱着的儿童在大约 5 岁时比其他孩子更容易信任人、更乐观。让他们有些惊讶的是，虽然婴儿被其他看护人抱着的时间并不能预测他们长大后信任人和乐观的程度，但抱过某个婴儿的人的数量是能预测信任人和乐观的程度的。婴儿被母亲抱着是很重要的，但如果有很多其他人抱过婴儿，这个孩子长大后就更容易信任人。一种可能的解释是，一个很信任别人的母亲可能会允许其他人抱自己的婴儿；通过这样做，她向婴儿传递了信任。

罗伯特·莱文（Robert LeVine）提出了一种适应性的解释，解释了前工业社会中看护人为什么会经常怀抱婴儿和对婴儿迅速做出回应。[37] 在工业社会中，只有 1% 的婴儿在出生后的第一年内死亡，但在前工业社会中，通常有 20% 以上的婴儿在 1 岁前夭折。父母能做什么？前工业社会中的许多父母无法获得现代医疗服务，但如果婴儿和他们在一起，他们可以立即对婴儿烦躁的表现做出回应。此外，如果附近有灶火、危险的昆虫和蛇，那么抱着婴儿可能会更安全。莱文认为，当生存不太成问题的时候，父母可以更放心地让婴儿自己多待一会儿。

婴儿的高死亡率也可以解释为什么在许多这样的社会中，母亲与婴儿互动时情感的成分比较少——这可能有助于在婴儿万一夭折时在情绪上保护她们。

是否迅速对婴儿做出回应长期来看有什么影响，对此我们还知之甚少。只要婴儿有规律地进食，

30. 可参阅 Dasen et al. 1988，其中提到了许多研究，尤其是 Barrett 1984 的研究。
31. Dasen et al. 1988, 117 – 118, 126 – 128.
32. 可参阅 R. A. LeVine 2007，其中概述了关于童年的民族志研究。
33. 可参阅 Hewlett 2004 引用的研究；也可参见 Small 1997。
34. Ibid.
35. Lancy 2008, 113 – 114.
36. R. H. Munroe and Munroe 1980.
37. R. A. LeVine 1988, 4 – 6；也可参见 Hewlett 2004 中的讨论。

并有一定时间被抱着，最终结果可能差别不大。我们可以比较确定的是，如果一个婴儿的需求被严重忽视，这将会对其身体和社会产生负面后果。

亲子游戏

在西方社会，人们普遍认为"好"的父母应该从孩子出生开始到青春期，持续为孩子提供玩具并经常与他们一起玩。不这样做的父母会被别人视为有问题。然而，从跨文化角度看，在许多社会中亲子游戏相当罕见，也许觅食群体除外。这并不是说游戏是罕见的。全世界的孩子们要么自己玩，要么和同龄人一起玩。他们经常自己制作玩具或过家家的用品。成年人也玩，通常是玩游戏，但玩得比孩子少。孩子和大人都玩，但通常不会一起玩。[38]

天气恶劣时，因纽特人的母亲和孩子会在房子里长时间待在一起。在传统的条件下，孩子周围通常没有玩伴，也没有其他看护人，因此母亲和婴幼儿一起玩耍并为他们制作玩具也许并不奇怪。在许多小型觅食游群中，其他人也会与婴儿一起玩，但通常是在母亲身边。[39]

父母不与婴儿一起玩可能与对婴儿生理需求迅速做出反应有相同的原因——婴儿的高死亡率以及父母制造情感距离的心理需求。但是，一些社会的民族理论认为，父母少和孩子玩可能更好。尤卡坦玛雅人相信"安静的婴儿是健康的婴儿"，因此他们不会去刺激婴儿，只要有可能，就会哄婴儿睡觉。[40]他们认为婴儿"没有头脑"，所以互动没有意义。在加罗林群岛的伊法利克岛上，父母们说："两岁以下的孩子没有任何想法或感觉——nunuwan。他们没有nunuwan……所以跟两岁以下的孩子交谈是没用的……"[41]

接下来，我们讨论婴儿期之后的阶段。

父母对孩子的接受和拒绝

养育孩子的整体质量怎么样？父母对孩子表现出的爱、温情和喜爱会对孩子的性格有积极影响吗？父母对孩子的漠不关心或敌意会对孩子的性格有消极影响吗？对于这些问题，很难进行跨文化研究，因为不同文化表达情感的方式不同。如果表达爱和喜爱的方式不同，那么外人可能会误解父母的行为。尽管如此，罗纳德·罗纳（Ronald Rohner）和他的同事还是做了大量研究，试图发现父母的接受和拒绝对婴儿期后的孩子会有什么样的影响。在使用基于民族志材料的测量方法对101个社会进行的跨文化比较中，罗纳发现，受到忽视或没有得到父母亲切对待的孩子往往会表现出敌意和攻击性。在儿童往往会被拒绝的社会中，成年人似乎认为生活和世界是不友好、不确定和充满敌意的。[42] 大量其他研究比较了不同文化中的个体，以考察前述跨文化研究的结论是否能得到支持。这些结论大致可以得到支持。除了认为世界不友好、充满敌意之外，那些认为自己被拒绝的人更可能表现出敌意和攻击性，他们的情绪反应迟钝或不稳定，自我评价是负面的。[43]

父母在什么情况下会拒绝处于童年时期的孩子？罗纳的研究表明，当母亲无法摆脱照顾孩子的重担时，可能会拒绝孩子；如果父亲和祖父母能在照顾孩子方面发挥作用，拒绝的可能性就会降低。觅食社会（依赖野生食物资源的社会）中的父母倾向于对孩子表现出温情和喜爱。社会越复杂，父母对孩子显露的感情就越少。[44] 目前还不清楚为什么会这样，但父母的休闲时间越少，就越有可能拒绝孩子。休闲时间较少可能会使父母更加疲惫和易怒，因此对孩子的耐心更少。正如我们在"经济制度"一章中所提到的，休闲时间可能会随着文化复杂性的增加而减少。又正如我们在"食物获取"一章中所指出的那样，依赖集约化农业的更复杂的社会也往往具有更多的经济不确定性。这样的社会不仅更容易面临饥荒和粮食短缺的风险，而且往往也有社会不平等的倾向。在有社会阶级的社会中，许多家庭可能没有足够的食物和金钱来满足需求，而这个因素也会让父母感到沮丧。无论父母拒绝的原因是什么，拒绝似乎都会自我复制：被拒绝的孩子长大后往往会拒绝自己的孩子。

顺从或自信

针对儿童养育实践适应于社会经济要求的可能性，赫伯特·巴里、欧文·蔡尔德和玛格丽特·培根（Margaret Bacon）进行了跨文化调查。他们认为，社会的经济要求也许可以解释为什么有些社会努力培养"顺从"的孩子（负责任、服从、有教养），有些社会追求培养"自信"的孩子（独立、自力更生、有成就）。[45] 跨文化研究结果表明，农业社会和畜牧业社会可能更倾向于强调责任和服从，而狩猎和采集社会则倾向于强调自力更生和个体自信。研究者认为，农业和畜牧业社会无法承担偏离既定常规的后果，因为偏离常规可能会长期危害粮食供应。因此，这些社会可能会强调遵守传统。在狩猎采集社会中，偏离常规不会对几乎每天都要重新采集的食物供应造成太大破坏。因此，狩猎采集者可以强调个体的主动性。

虽然美国社会依赖食物生产并拥有大量的食物储备，但在强调个体主动性方面，更像是狩猎采集社会。那么，美国社会是巴里等人调查结果的例外吗？其实不是。绝大部分美国人不是农民（在美国，只有不到总人口2%的人口仍在务农），美国人差不多都认为几乎可以随时去超市或商店"觅食"。或许更重要的是，美国经济高度商品化，大多数人居住在城市或城市附近，这意味着人们需要为了谋生而努力获得工作。在美国这样的经济环境中，个体主

38. Lancy 2007.
39. Ibid., 274.
40. Ibid.,275，引用 Howrigan 1988, 41。
41. Lancy 2007, 275，引用 Le 2000, 216, 218。
42. Rohner 1975, 97–105.
43. 可参见 Rohner and Britner 2002, 16–47 引述的研究。
44. Rohner 1975, 112–116.
45. Barry et al. 1959. 对于 Barry et al. 的数据，略有不同的分析可参见 Hendrix 1985。

许多社会中的儿童除了接受指令，还会通过模仿来学习很多东西

动性也很重要。在一项关于八个国家的跨国比较研究中，研究人员询问父母最希望他们的学龄儿童拥有什么样的品质。在农村人口较多的国家（印度尼西亚、菲律宾和泰国），父母很少提及独立和自力更生，但在城市人口较多的国家（韩国、新加坡和美国），父母就很重视这些品质。[46]

对攻击性的态度

不同社会对儿童攻击性的态度也存在很大差异。一些社会积极鼓励孩子们变得争强好胜，不仅是对彼此，对父母也是如此。在非洲南部的科萨人中，人们会刺激两三岁的男孩去互相打对方的脸，女人们则在一旁笑着观看。巴布亚新几内亚的迦普恩人（Gapun）也有类似的行为，甚至孩子向哥哥姐姐举刀也会得到奖励。[47]委内瑞拉和巴西亚马孙地区

的亚诺马米男孩被鼓励要有攻击性，他们很少因为打父母或打村里的女孩而受到惩罚。例如，一位父亲让儿子阿里瓦里（Ariwari）

打自己的脸和头，以表达愤怒和脾气，这位父亲还笑着夸儿子够凶。虽然阿里瓦里只有4岁左右，但他已经知道对愤怒的恰当反应是用手或物体去打某个人，有什么事情让他不高兴时，他经常会狠狠地打父亲的脸。人们经常怂恿他去开玩笑地打他父亲，他母亲和家里的其他成年人则会用赞成的欢呼声给他鼓励。[48]

与此相反，马来半岛中部的塞迈人（Semai）则以温和闻名。根据罗伯特·登坦（Robert Dentan）的报道，塞迈人说自己是不会生气的。[49]其他一些

社会明显积极鼓励攻击性，但塞迈人以更微妙的方式传达非暴力的规范。事实上，他们说他们不教孩子。塞迈人认为孩子们应该是非暴力的，会为孩子的暴力行为而震惊。孩子发脾气时，大人只会把孩子带走。塞迈人不会对孩子的攻击行为进行体罚，而这种方法可能是最重要的教育手段之一。这种教育是榜样式的，孩子们基本不会看到具有攻击性的榜样，因此也就没有攻击性行为可以让他们模仿。[50] 相比之下，虽然几乎没有北美父母会鼓励孩子打他们的脸或打其他孩子，但许多人可能有时会使用体罚，而且许多人认为，如果另一个孩子挑起争斗，男孩尤其应该"为自己而战"。

关于攻击性，研究表明，那些做出攻击行为后受到体罚的儿童（因为父母试图减少攻击性），实际上比没有受到体罚的儿童表现出更多的攻击性。受到体罚的孩子可能学会了不去打父母和其他看护人，但是看护人表现出的攻击性似乎成了孩子攻击行为的榜样。如果孩子看到父母或其他看护人表现出攻击性，他们可能会推断，自己也可以实施攻击行为。[51]

正如我们将在"全球问题"一章中讨论的那样，一个社会参与跨文化战争的程度能预测父母对孩子特别是男孩攻击性的鼓励程度。在社会归于和平或被迫停止战斗后，攻击社会化的情况似乎会减少。[52]

任务分配

在北美社会中，人们不会指望年幼的孩子帮忙做太多家务。他们的家务无非是整理房间一类，不太可能影响家庭的福利或生存能力。相比之下，在人类学家调查过的一些社会中，人们认为年幼的孩子（甚至三四岁的孩子）应该帮忙准备食物、照顾动物、搬运水和柴火，以及打扫卫生。5岁到8岁的孩子甚至可能承担在一天中的大部分时间里照顾婴幼儿的责任，而母亲则在田里工作。[53] 这种任务分配对人格发展有什么影响？

现在有来自十几种文化的证据表明，经常照看小孩的儿童比其他儿童具有更多养育型（nuturant）的特质，也就是说，他们能为他人提供更多的帮助和支持，哪怕在不照看小孩时也是如此。其中一些证据来自名为"六文化研究"的项目，在该项目中，不同的研究团队观察了肯尼亚［尼扬松戈（Nyansongo）］、墨西哥、印度、菲律宾、日本（冲绳）和美国（新英格兰地区）的儿童行为。[54] 露丝和罗伯特·门罗搜集了其他四种文化中儿童行为的数据，这些数据体现了照看小孩和养育型特质之间的相同关系；门罗等人的数据来自肯尼亚（洛格利人）、尼泊尔、伯利兹和美属萨摩亚。[55] 显然，与不常照看小孩的儿童相比，经常照看小孩的儿童更能顾及他人的需要。

为什么任务分配会影响孩子的行为？一种可能性是，孩子们在执行任务的过程中学会了某些行为，而这些行为会成为习惯。例如，要照顾好小孩子，就需要提供帮助；母亲可能会直接要求帮助。但是，做好工作可能也会有一种内在的满足感。例如，看到婴儿微笑和大笑会让人心情愉快，但听到婴儿哭闹会让人不快。因此，被指派照顾小孩的儿童可能会明白，哄好婴儿本身就能带来回报。[56]

儿童所处的环境

被分配许多任务的孩子可能会在不同的环境中度过一天，而这些环境可能会间接地影响他们的

---

46. Hoffman 1988, 101－103.
47. Lancy 2008, 180－181，其中提及 Mayer and Mayer 1970, 165 以及 Kulick 1992, 119。
48. Chagnon 1983, 115.
49. Dentan 1968, 55－56.
50. Ibid., 61.
51. Straus 2001.
52. C.R. Ember and Ember 1994.
53. B. B. Whiting and Whiting 1975, 94；也可参见 R. H. Munroe et al. 1984。
54. B.B. Whiting and Edwards 1988, 265.
55. R.H. Munroe et al.1984, 374－376；也可参见 C.R. Ember 1973。
56. B.B. Whiting and Whiting 1975, 179.

行为。例如，被要求做许多家务的孩子往往待在大人和更小的孩子身边。被分配很少家务或没有家务的孩子可以更自由地和同龄的孩子玩耍。比阿特丽斯·怀廷认为，对孩子最强大的社交影响之一就是他们所处的环境以及环境中的各种"角色"。[57] 环境如何影响一个孩子的行为？如前文所述，和年龄较小的孩子在一起可能会使年龄较大的孩子有更多养育型特质。攻击行为似乎也受到孩子所处环境的影响。"六文化研究"项目的结果表明，儿童和年龄相近的儿童在一起的时间越长，攻击性就越强。当成年人在场时，孩子们往往会抑制攻击性。[58] 在讨论性、性别与文化的下一个章节中，我们会看到男孩通常比女孩表现出更多的攻击性。造成这种差异的原因之一可能是，女孩通常被分配更多需要在（有成年人的）家里和家附近做的任务，而男孩则更多与同龄人自由玩耍。父母可能不是刻意灌输某些行为，但他们可能通过安排孩子们的环境而引发某些行为。

学校教育

在一些社会中，儿童最重要的环境之一就是学校。大多数研究人员在研究孩子的成长过程时主要关注父母。但是，在美国社会和其他社会中，儿童可能从 3 岁左右开始便有很大一部分时间在学校里度过。通过测试来判断，学校对孩子的社会行为和他们的思维方式有什么影响呢？为了调查学校教育的影响，研究人员将没有上过学的儿童或成人与上过学的儿童或成人进行了比较。所有这些研究都是在没有义务教育制度的社会中进行的，否则这样的比较就无法进行。关于学校对社会行为的影响，我们知之甚少。相比之下，我们更了解学校教育如何影响孩子们在认知测试中的表现。

很明显，学校教育能让人们在认知测试中表现得"更好"，在同一个社会中，受过教育的人在这些测试中通常比没有受过教育的人表现得更好。例如，非西方社会中未受过教育的个体，可能不如受过教育的个体那样擅长在二维图片中感知深度，他们在记忆测试中表现不佳，也不太能以某种方式给物品分类，而且没有表现出形式运算思维的能力。[59] 但是，在推理测试中，受过学校教育者的表现并不总是更优越。[60]

为什么学校教育有这些影响？尽管学校教育可

在世界上许多地方，比如在科特迪瓦的巴乌莱人中间，上学已经成为习俗。学校教育似乎会影响认知发展，但我们还不清楚具体的原因或方式
（图片来源：
M & E Bernheim/Woodfin Camp & Associates, Inc.）

在许多社会中，儿童也要工作。伊拉克的库尔德男孩负责放牧家里的羊群（图片来源：AP Wide World Photos）

能在某些方面有助于形成更高层次的认知思维，但还有其他可能的解释。所观察到的差异可能是由于小学生因其在学校的经历而具有的优势，而这些优势与一般的认知能力无关。例如，有的研究会要求人们将放在一起的几何图形进行分类或分组。以三张卡片的测试为例，卡片上分别是一个红色圆圈、一个红色三角形和一个白色圆圈，被测试者要回答哪两张卡片最相似。人们可以选择根据颜色或形状进行分类。在美国，幼儿通常按颜色分类，随着年龄的增长，他们更经常按形状分类。许多心理学家认为，按颜色分类更"具体"，按形状或功能分类更"抽象"。在非洲的许多地方，未受教育的成年人是按颜色而不是形状分类的。这是否意味着他们的分类方式不那么抽象？不一定。那些没有受过教育的非洲人以不同的方式分类，可能只是因为他们不熟悉测

试材料（纸上的图、几何形状等）。

一个人如果没有见过或处理过画在纸上的二维形状，又怎么能"抽象地"（例如，通过形状）进行分类呢？如果他们从未见过三个角的直边图形，还能将事物归类为三角形吗？相比之下，想想美国老师花了多少时间训练孩子们掌握各种几何形状。仅仅因为这个原因，熟悉某些材料的人就可能在有这些材料的认知测试中表现得更好。[61]

对西非利比里亚稻农和美国大学生进行的一项比较研究也说明，材料的选择可能会影响研究结果。

---

57. B.B. Whiting and Edwards 1988, 35.
58. Ibid.,152 – 63; and C.R. Ember 1981, 560.
59. C.R. Ember 1977; Rogoff 1981.
60. Rogoff 1981, 285.
61. 学校经历可能改善某些认知技能，但不会总体提升认知能力，相关讨论可参见 Rogoff 1990, 46 – 49。

该比较研究使用一组稻农熟悉的材料（装在碗里的稻米）和一组大学生熟悉的材料（几何图形卡）。给稻米分类时，稻农的分类似乎比大学生更"抽象"，而给几何图形卡分类时，大学生的分类似乎比稻农更"抽象"。[62]

受过教育的人可能在许多认知测试中表现得更好，可能是因为他们熟悉测试以及测试要求他们思考新情况的方式。例如，一位试图测量逻辑思维能力的俄罗斯心理学家向一位在中亚地区未受过教育的人提出如下问题："在有雪的遥远的北方，所有的熊都是白色的。新地岛位于遥远的北方，而且那里总是下雪。那么，那里的熊是什么颜色？"心理学家得到的回答是："我们不谈论我们没有见过的东西。"这样的回答是未受过教育的人的典型表现，他们甚至不去尝试回答这个问题，因为这不是他们经历的一部分。[63] 显然，如果人们不想玩认知游戏，我们便无法判断他们的逻辑思维能力。

关于学校教育如何以及为何会影响认知，还需要做很多研究。学校教授的具体内容是否重要？被要求处理脱离背景的问题重要吗？识字是一个因素吗？一项在利比里亚瓦伊人（Vai）中的研究回应了最后一个问题。瓦伊人比较特殊，他们的学校教育和识字并不完全挂钩。瓦伊人有自己的文字，是他们在学校之外就掌握了的。因此，研究者西尔维娅·斯克里布纳（Sylvia Scribner）和迈克尔·科尔（Michael Cole）能够比较以下三类瓦伊人的认知测试结果：识字但没有接受正规教育的人，受过正规教育的识字的人，没有受过正规教育的不识字的人。他们发现识字本身有一些影响，但相对较小；受教育年数对认知测试表现的影响更大。针对安大略北部克里人（Cree）的一项研究也得出了类似的结论，克里人在学校之外掌握了自己的音节文字。[64] 这些比较研究表明，学校教育的其他方面比识字更能决定认知表现。

通过研究其他学校教育不普及的社会，我们也许能更好地理解学校教育在认知和其他发展中扮演的角色。学校教育对认知表现的影响如此之大，这引出了一个重要问题：在美国社会和其他西方社会中观察到的儿童发展情况，在多大程度上是学校教育的结果？毕竟，在这样的社会中长大的孩子每长一岁，就多受一年学校教育。学校不仅仅是学习特定课程的地方。孩子们还学会彼此互动，也学会与非父母和非家人的成年人互动。因此，我们可以认为学校不仅会塑造认知，还会传达重要的文化态度、价值观，以及对待他人的适当行为方式（参见专题"学校：价值观和期望"）。

学校教育似乎与我们所谓"耐心"的人格特质有关。你受的学校教育越多，你就越有耐心。对玻利维亚亚马孙地区的园圃种植人群提斯曼人进行的一项研究表明，耐心或延迟满足的忍耐力与多种优势相关，包括更高的收入、更多的财富和更好的健康状况。这些积极的结果可能部分来自学校所灌输的尊重权威、服从和从众。[65]

成年期的心理差异

到目前为止，我们一直关注童年人类学。但成年人（以及儿童）的特征似乎也有文化差异。其中一些观念，比如关于自我的观念，也可能影响对孩子的养育。

自我概念

人类学家已经开始研究关于人格或"自我"的不同文化观念。许多人得出结论：许多非西方社会中的自我概念与西方社会相当不同。克利福德·格尔茨将西方人的自我概念描述为"有界限的、独特的……充满活力的意识、情感、判断和行动的中心，组织成一个独特的整体"。[66] 他表示，基于在爪哇、巴厘岛和摩洛哥的田野调查，他发现那些社会对人的理解相当不同，不仅彼此不同，而且与西方的观念也大不相同。例如，格尔茨说，巴厘岛人会把一个人描述为有许多不同的角色，就像演员扮演不同的角色一样。他们不会强调人独一无二的特质，而是强调人们戴的"面具"和他们扮演的"角色"。

格尔茨关注的是不同文化中自我概念的差异和独特性。而一些学者认为，这方面的差异是有可识别和可预测的模式的。人们最常提到的是，西方文化强调自我是自治的个体，非西方文化则强调一个人与他人的关系。[67] 用来描述这种西方和非西方文化差异的标签包括"个人主义"与"整体主义"或"集体主义"，"自我中心主义"与"社会中心主义"，等等。[68] 例如，日本的自我概念通常被描述为"关系型"或"情境型"；人们生活在人际关系网络中，理想的人能够轻松地从一种社会情境转换到另一种社会情境。[69]

针对这种将西方与非西方自我概念对立起来的观点，有两种主要的反对意见。第一，对其他文化的研究表明，除了"个人主义"与"集体主义"，还有其他方面的差异。例如，因纽特人的传统观念 inummarik（真正的人），似乎包含了终生的生态参与过程——与动物、环境和人互动。[70] 因此，一种文化的自我概念可能包括除个人与集体之外的其他维度。对西方 / 非西方对比的第二种反对意见是，这种对比可能没有足够的证据。正如梅尔福德·斯皮罗所指出的，有必要弄清楚一个社会中的个体样本实际上是如何看待自己的。文化中的理想可能与现实不同。[71] 例如，即使在美国，个人也不只是把自己描述成自治的个体。当简·韦伦坎普（Jane Wellenkamp）和道格拉斯·霍兰（Douglas Hollan）采访美国人对亲人之死的感受时，他们得到的回答里既有自治个体立场的讲述（例如"我能自立"和"至少你还有自己"），也有能体现相互依赖的表述（"你意识到他们已经走了，而你的一部分

已经随他们一起走了"）。[72] 这并不是说个人的独立自主在美国不重要。它是重要的。但是个体也意识到他们是相互依赖的。美国人对自己的实际看法，可能与其他社会中的人们对自己的看法并没有太大的不同。

如果个人主义这样的文化主题很重要，社会就可能以多种方式表达或传递这一主题。这可能在婴儿出生后就开始了，比如把婴儿放在婴儿床或摇篮里独自睡觉，而不是和家人一起睡。幼儿可能得到属于"自己的"玩具。他们可以去幼儿园或日托，在那里他们被鼓励做出自己的选择（参见专题"学校：价值观和期望"）。大一些的孩子去的学校可能会强调个人而不是集体的成就。个人主义这个文化主题是被明确教授的吗？可能不是，因为它可以用很多不同的方式传达。

感知方式：场独立性或场依存性

环境是否会影响不同社会中人们的思考和感知方式（解释感官信息）？约翰·贝里（John Berry）认为，不同的感知和认知过程可以被选择和训练，以满足不同社会不同的适应需求。[73] 贝里特别关注心理学家所说的"场独立性"和"场依存性"。[74] 场

62. Irwin et al.1974.
63. Luria 1976,108，转引自 Rogoff 1981, 254。
64. Scribner and Cole 1981; Berry and Bennett 1989, 429 – 450，见于 Berry et al. 1992, 123 – 124。
65. Godoy et al. 2004; Bowles et al. 2001.
66. Geertz 1984,123 – 136.
67. 虽然梅尔福德·斯皮罗（Spiro 1993）认为这种西方 / 非西方模式并不存在，但他的论文里引用了很多认为该模式存在的学者的作品，读者可以参考。
68. 对比"个人主义"与"集体主义"的讨论，主要基于对工业化文化中受过教育的个体的研究，相关文献的综述可以参见 Triandis 1995。Carpenter（2000, 38 – 56）利用了人类学家从基本属于前工业社会的文化中搜集的资料，该研究支持了这样的观点：自我概念在个人本位和集体本位的文化中是不同的。
69. Bachnik 1992.
70. Stairs 1992.
71. Spiro 1993.
72. 可参见 Hollan 1992, 289 – 290 中提及的研究。
73. Berry 1976.
74. Witkin 1967, 233 – 250.

应用人类学
学校：价值观和期望

大多数人认为学校是传授阅读和写作这样的技能的，以及教授诸如历史、数学、生物或社会科学等科目的。但学校也传达了更多关于社会和个人在其中的位置的观念，而不是仅仅教授内容。我们在这里关注的是文化价值观和期望。

约瑟夫·托宾（Joseph Tobin）、吴燕和（David Wu）与达娜·戴维森（Dana Davidson）录下了日本、中国和美国的幼儿园教室场景。在每个国家，他们都请孩子、老师、家长和学校管理人员对这三个国家的场景发表评论。从他们的评论中，我们可以了解各个国家如何含蓄地传递不同的价值观。

当美国人观看日本录像带时，有两件事让他们困扰。一是日本的孩子们经常作为一个整体同时做同样的事情。例如，老师会展示怎么折纸鹤，然后孩子们跟着做。美国的家长和老师说，孩子们在做什么和怎么做方面应该有更多的选择。困扰美国人的第二件事也同样令中国人困扰，那就是日本老师似乎忽视了在我们看来孩子们"不守规矩"的行为。例如，当孩子们在集体作业活动中不耐烦时，他们会离开座位，和朋友们开玩笑，或者去洗手间。在录像中，一个特别淘气的男孩经常大声说话，有时故意伤害其他孩子，还乱扔东西，但老师似乎忽视了这些行为。美国人和中国人认为老师应该在这种情况下做点什么。然而，在日本，大多数老师不愿意去提醒或单独挑出一个麻烦的孩子。日本老师希望这样的孩子最终能表现得更得体，并鼓励其他孩子向这个方向施加社会压力。用洛伊斯·皮克（Lois Peak）的话说："在日本，上学主要是为了进行团体生活的训练。"

在录像中的那所中国幼儿园里，大多数活动都是高度结构化的。例如，孩子们每天的第一项任务是搭积木，但与日本幼儿园形成的对比是，中国的孩子们被要求靠自己完成任务，并安静地完成。如果他们说话，老师就批评他们。他们看图片来了解接下来该做什么。搭好积木后，老师会进行检查。孩子们如果搭对了，就把积木拆开重新搭；如果搭错了，老师会要求他们改正。接下来是算术课。算数课结束后，会有午餐送到教室给孩子们吃。老师们看着孩子吃饭，以确保他们吃完所有的食物并保持安静。午睡后，孩子们听一个爱国故事，然后进行接力赛，接着是15分钟的自由游戏。晚饭在下午5点供应，家长们在6点来接孩子。在观看录像带时，美国人和日本人都为老师对孩子的严格要求和"过度控制"，以及公共洗手间缺乏隐私而感到困扰。

录像中的美国幼儿园位于火奴鲁鲁，和在日本的幼儿园一样，家长在不同的时间把孩子送进幼儿园，但有些家长会和孩子再待一段时间，长的有半个小时。与其他幼儿园相比，这所美国幼儿园强调个人参与和个性化活动。例如，"展示说明"是自愿的，有时只有三个孩子决定站起来说话。在涉及毛毡板的活动中，老师会让每个孩子都往板子上添加一些东西。一天里剩下的大部分时间都是在各个"学习中心"度过的，老

独立性意味着能够将一部分情况从整体中抽离出来单独考虑。场依存性是与之相对的感知方式，意味着各个部分不能被单独感知，而是专注于整体情况。

如果我们看一下测量它们的一些方法，那么场独立性和场依存性之间的对比可能会变得清晰。在棒框测验中，坐在黑暗房间里的人被要求调整位于发光框内的倾斜的发光棒，使之与地面垂直。在发光框倾斜的情况下，如果被试将发光棒调整为与之对齐，那么我们就说被试具有场依存性；如果被试将发光棒调整到真正与地面垂直的位置，哪怕发光框是倾斜的，那么我们就说被试具有场独立性。场独立性也可以通过能看出被隐藏在更复杂图片中的简单图形的能力来衡量。

为什么有些社会要培养更具场独立性或场依存

师帮助孩子们决定他们想去哪个中心。孩子们选择活动项目后，如果改变主意，就可以换项目。就连午餐也更个性化一些。所有的孩子都把午餐盒拿到一张大桌子上吃，边吃边兴高采烈地交谈。与日本老师形成鲜明对比的是，如果有孩子行为不端，比如一个男孩抢了另一个男孩的积木，美国老师就会进行干预。老师还会用平时的音量让两个孩子跟对方说明分歧在哪里。如果谈话解决不了争执，老师就会采用"暂停隔离法"（time-out）。

即便没有明确传授，这些幼儿园也清楚传递了价值观。美国幼儿园似乎最强调个人的价值，在那里，大多数日常活动在一定程度上都是个人可以选择的。在日本和中国的幼儿园，集体活动占主导地位，尽管与中国幼儿园相比，日本幼儿园的上学时间更灵活，自由游戏时间更多，也允许更自由的交谈和走动。此外，控制的来源也不同。日本的老师非正式地通过集体来控制孩子们的行为。例如，9个月后，那个不守规矩的男孩吃午餐时只能独自坐着，因为其他孩子不想和他坐在一起。相比之下，中国的老师会直接干预孩子的行为，以确保让孩子们表现得和小组里的其他人一样。美国教师也对不守规矩的行为进行了干预。

文化价值观并非一成不变。例如，尽管许多日本教育管理人员认为那间日本幼儿园的风格相当"日本"，因此令人满意，但相当多的日本家长和教师对那所幼儿园持批评态度，并表示日本有更像美国幼儿园的"更好"的幼儿园。

一些日本人认为应该更多地关注问题儿童的个人需求。一些中国人看到那所中国幼儿园的录像时，则抱怨它太"过时"了。

最近的研究还表明了文化期望对在学校里的表现有多大影响。这方面的大部分研究都聚焦少数群体的学生。由于文化上的刻板印象，他们中的大多数人通常不会被老师和其他人看好。实际上，在学校的大多数测试中，这些学生表现得确实不好。重要的问题在于，究竟是刻板期望妨碍了表现，还是说表现与跟学校无关的因素有关。许多实验证实，即使在控制了家庭财富等因素之后，就连对文化刻板印象的微妙提醒，也会导致表现受到影响。实验中，这方面的提示有的很微妙，比如该测试是测量智力的（对照组则被告知评价不会基于他们的表现），有的很直接，比如询问被试的"种族"（对照组则不会被问这种问题）。

可以采取哪些措施来改善学校表现？可以告诉学生，人的能力和技能是能够改变的，而不是固定不变的，也可以给他们一些有挑战性的工作，让他们知道自己有能力。有一项很好的研究，研究的是贝拉克·奥巴马当选美国总统前后非裔美国学生和欧裔美国学生的表现。在选举之前，非裔美国学生虽然与欧裔美国学生能力相当，但在表现上却不如后者。奥巴马当选之后，差异几乎消失了。这项研究强有力地表明，宏观的社会环境会影响学校表现。

（资料来源：Tobin et al. 1989; Peak 1991; Lock 2009; Aronson 2002; Nisbett 2009.）

性的人？贝里认为，那些非常依赖狩猎的人必须具有场独立性才能获得成功，因为狩猎需要在视觉上将动物从背景中分离出来。猎人还必须学会想象自己与周围环境的精确关系，以便找到动物并回到家中。在一项对四个社会群体的比较研究中，贝里发现，对狩猎的依赖程度可以预测场独立性。一个群体对狩猎的依赖程度越高，个体在测试中表现出的场独立性就越强。

那些更依赖农业的社群在测试中显示出更多的场依存性。狩猎者是如何形成场独立性这种认知风格的？这可能涉及不同的儿童训练。在美国和其他一些社会中，人们已经发现，父母非常严厉的孩子比父母宽容的孩子更难发展出场独立性。[75] 似乎在情感上独立于

---

75. Dawson 1967, 115 – 128, 171 – 185; and Berry 1971, 324 – 336.

女性有不同的道德观吗？

人们普遍认为，儿童在成长过程中会形成一种使自己有别于他人的自我意识。但是他们发展出了什么样的自我意识呢？一些研究人员认为，不同的文化有不同的自我概念。具体说来，西方文化似乎强调每个人的独立性，其他文化则强调自我与他人的联系。

包括卡罗尔·吉利根（Carol Gilligan）在内的多位心理学家提出，与男性相比，女性更有可能形成一种涉及社交互动和联系的自我意识。吉利根提出，女性也倾向于有不同的道德感，这种道德感更倾向于考虑他人的感受和维持关系。她认为，男性更有可能强调能平等、公正地适用于个人的规则或原则。她所主张的道德方面的性别差异有什么实质性的证据吗？

一些研究对女性和男性做了访谈，并明确比较了他们对自我的陈述和对道德困境解决方案的陈述。研究者将这些陈述编码，以反映自我被描述为"独立的"或"关系的"的程度，以及道德困境解决方案被表述为"公正"或"关怀"的程度。"你必须考虑它是对还是错"，这样的陈述就是用"公正"观念来表述的一个例子；"我希望他们相处融洽……我不希望任何人起冲突"，这样的陈述就属于从"关怀"出发的表述。

到目前为止，这项主要在美国受过良好教育的人群中进行的研究表明，尽管女性比男性更倾向于把自己描述为"关系的"，更倾向于表现出"关怀"的道德观，但性别之间并没有绝对的区别。大多数人，无论性别，都将自我表述为"关系的"和"独立的"，大多数人在道德困境问题上都表达了"公正"和"关怀"。如果说在一种文化中道德观存在性别差异，那也只是倾向上的差异，而不是完全不同的道德观。

虽然在很多文化中都进行过对儿童道德发展的研究，但直接回应吉利根提出的问题的研究相对较少。戴维·斯廷普森（David Stimpson）和同事们对韩国、中国、泰国和美国受过教育的大学生进行了比较，发现与男性相比，女性更在意情感、同情心和对他人需求的敏感度。但这项研究并没有明确要求人们对道德困境做出回应。其他一些研究者认为，情况可能更为复杂，因为道德概念可能与吉利根所描述的两种类型有相当大的不同。例如，琼·米勒（Joan Miller）发现，与美国人相比，中产阶级的印度人普遍具有很强的人际道德感。但是，这些印度人的道德观并非基于个体对他人的关注，他们对道德困境的反应主要受到了社会责任考虑的影响。米勒在回应中没有发现性别差异。

到目前为止，我们所能得出的结论是，在某些文化中，男性和女性可能在道德观方面会有一些不同。我们还需要更多研究来探索道德的性别和文化差异。

（资料来源：Gilligan 1982; Lyons 1988; Gilligan and Attanucci 1988; Stimpson et al. 1992; J. G. Miller 1994.）

父母对于发展场独立性的感知方式是必要的。无论确切的机制是什么，我们从巴里等人 1959 年的研究中知道，狩猎采集者更有可能将孩子培养成个人本位和坚定自信的人，而农民和牧民更有可能将孩子培养成顺从的人。因此，狩猎采集者可能会通过强调儿童时期的情感独立来促使他们的孩子发展出场独立性。

调查显示，美国和其他（但不是所有）文化在场依存性与场独立性的程度上存在性别差异。[76] 也许这些差异反映的是，女孩往往被鼓励服从和负责任，男孩则被鼓励要独立和自力更生。或许，在场依存性与场独立性方面的性别差异也可能与这样一个事实有关：女孩在家中和家附近工作得更多，与他人更接近。如果是这样的话，我们可能会认为，更具场依存性的女孩也可能有一种强调人际关系的道德观（参见专题"女性有不同的道德观吗？"）

攻击性的展现

撇开我们将在"政治生活：社会秩序与失序"

一章中进一步探讨的战争期间的行为不谈，社会在成年人表达愤怒和对他人采取攻击性行为的程度上存在显著差异。毫不奇怪，在许多鼓励儿童发展攻击性的社会中，成年人似乎也更具攻击性。塞迈人和亚诺马米人就是很好的例子。塞迈人以温和闻名，从来没有被描述为充满敌意。[77] 相比之下，亚诺马米人经常在村庄内表现出攻击性行为。为达到目的而大喊大叫和发出威胁的情况时有发生，殴打妻子和用棍棒血腥打斗的事也屡见不鲜。[78] 从跨文化的角度看，各种各样的攻击性倾向于同时出现，以至于许多研究人员讨论起了"暴力文化"。[79] 是什么因素造成了这种模式尚有争议，但正如我们之前讨论过的，有一些证据表明，当战争结束时，攻击性的社会化就会停止。因此，在更和平时代长大的成年人可能在任何方面都表现出较少的攻击性。

成年人是否自由展现攻击性也可能与一个群体的经济状况有关。在对东非四个社会中牧民和农民之间性格差异的比较研究中，罗伯特·埃杰顿（Robert Edgerton）发现，牧民比农民更愿意公开展现攻击性。事实上，牧民似乎在表现包括悲伤和沮丧在内的各种情绪时都更自由。虽然农民们不愿意公开展现自己的攻击性，但他们非常愿意谈论他人实行的巫法和巫技。我们如何解释这些性格差异呢？埃杰顿提出，农民们一辈子都需要与一群固定的邻居合作，这种生活方式要求他们控制自己的情绪，特别是敌对情绪。（但这些感觉可能不会消失，因此农民们可能在其他人身上"看到它们"。）相比之下，牧民并不那么依赖固定的一群人，因此在冲突情况下更容易离开。牧民不仅能够更公开地展现攻击性，而且这种攻击性可能具有适应性。埃杰顿所研究的牧民经常加入与偷牛有关的突袭和反突袭活动，而最有攻击性的个体最有可能在小规模冲突后幸存下来。[80]

不同人群之间的生理（不一定是遗传）差异也可能导向成年后的一些性格差异。这种差异也可能对童年产生影响。拉尔夫·博尔顿（Ralph Bolton）的研究表明，一种被称为低血糖症的生理状况可能是秘鲁库拉（Qolla）村村民攻击性强的原因。[81]（低血糖症患者在摄取食物后血糖水平会大幅下降。）博尔顿发现，在他的研究测试的库拉村的男性中，约有55%的人患有低血糖症。此外，那些生活史最具攻击性的男性往往血糖过低。无论引起低血糖症的是遗传因素还是环境因素，或是两者都有，都可以通过改善饮食来缓解。

文化差异的心理学解释

心理人类学家和其他社会科学家都研究了心理差异的可能影响，特别是心理特征能如何帮助我们理解文化差异的某些方面。例如，戴维·麦克莱伦（David McClelland）的研究表明，在个人身上发展出高水平成就动机（一种人格特征）的社会，可能会经历高经济增长率。麦克莱伦认为，随着成就动机水平的下降，经济也会衰退。[82] 成就动机的差异甚至可能产生政治影响。例如，研究了三个尼日利亚族群成就动机的罗伯特·莱文指出，随着伊博人（Ibo）这个群体进入高等教育和许多新兴职业，传统上更有影响力的其他群体可能会产生憎恨。[83] 莱文的书出版后不久，敌对群体之间的摩擦升级为伊博人叛乱，叛乱者建立了名为比夫拉（Biafra）的分裂主义伊博国家，最终失败。

心理因素也有助于解释为什么文化的某些方面与其他方面在统计学上有相关性。艾布拉姆·卡丁

76. C. R. Ember 2009; Halpern 2000, 110 – 112.
77. Dentan 1968, 55 – 56.
78. Chagnon 1983.
79. C.R. Ember and M. Ember 1994.
80. Edgerton 1971.
81. Bolton 1973.
82. McClelland 1961.
83. LeVine 1966, 2.

图中这几个加纳孩子在玩非洲棋曼卡拉（mancala），这是一种策略游戏，现在北美的人也在玩

纳最早提出，文化模式通过儿童训练影响人格发展，而由此产生的人格特征反过来影响文化。他认为，像家庭组织和生存技能这样的**初级制度**（primary institutions）会产生某些人格特征。而人格一旦形成，就会对文化产生影响。在卡丁纳看来，社会的**次级制度**（secondary institutions），如宗教和艺术，是由普遍（他称之为"基本"）的人格特征塑造的。这些次级制度可能与社会的适应性需求关系不大。但它们可能反映和表达了社会中典型成员的动机、冲突和焦虑。[84] 因此，如果我们能够理解为什么某些典型的人格特征会发展出来，我们也许就能理解为什么某些类型的艺术与某些类型的社会系统相关联等问题（参见"艺术"一章）。

怀廷和蔡尔德用"文化的人格整合"这个短语来表示，对人格的理解可能有助于我们解释初级和次级制度之间的联系。[85] 对游戏的文化偏好和男性成年仪式习俗的一些建议性解释，可以作为人格如何整合文化的例子。

约翰·罗伯茨（John Roberts）和布赖恩·萨顿-史密斯（Brian Sutton-Smith）在一项跨文化研究中发现，人们对特定类型游戏的文化偏好与儿童养育的某些方面有关。研究人员认为，这些关联是社会中特定类型的儿童养育压力在许多人心里造成冲突的结果。例如，策略游戏与强调服从的儿童训练有关。罗伯茨和萨顿-史密斯提出，严格的服从训练会导致服从的需要和不服从的欲望之间产生冲突，这种冲突会引起焦虑。这种焦虑可能未必会指向引发焦虑的人。但是，冲突和攻击性本身可以在国际象棋、围棋等策略游戏的微型战场上展现。[86] 政治上复杂和存在分层的社会可能会特别强调服从，因此，这些社会里的人最有可能玩策略游戏也就不足为奇了。[87] 与此类似，碰运气的游戏可能代表着对顺从和责任等社会期望的蔑视。罗伯茨和萨顿-史密斯提出的一般性解释是，对于解决或表达了（但未必能解决）某些心理冲突的游戏，玩家（以及社会）会产生好奇心，而后学着玩，最后高度投入这些游戏。

针对男孩成年仪式的跨文化研究也说明了心理过程在连接文化不同方面的可能作用。在仪式上，男孩们要经受痛苦的男子气概测试，通常包括表明男孩们已经成年的生殖器手术。罗杰·伯顿（Roger Burton）和约翰·怀廷发现，成年仪式往往发生在男性主导的社会中，在这种社会中，男婴最初只和母亲睡在一起。他们认为，在这样的社会里，成年仪式旨在打破性别认同的冲突。据信，这种冲突之所以存在，是因为在这些社会中，男孩最初会认同他们的母亲，而母亲在婴儿时期几乎完全控制着他们。后来，当男孩们发现男性主宰社会时，他们会认同他们的父亲。这种性别角色冲突被认为是通过成年仪式来解决的，它显示了一个男孩的男子气概，从而加强了第二认同。[88]

在后面的章节中，我们将讨论宗教和艺术中的文化差异。在这样做时，我们参考了一些心理学上的解释。一些研究人员认为，这样的解释可以帮助我们理解为什么某些社会中的神被视为是不友好的，为什么某些社会中的艺术家更喜欢重复的图案，以及为什么某些社会中的陌生人往往是民间故事中的"坏人"。心理人类学家往往认为，神的概念和艺术创作不受任何客观现实的约束，因此人们可以随心所欲地创造。换句话说，人们可能倾向于把自己的个性——他们的情感、冲突或担忧——投射到这些领域。这种投射理念是心理学家所说的"投射测试"的基础。在这些可能揭示人格特征的测试中，被试得到的刺激是有意模糊的。因此，例如，在主题统觉测验（TAT）中，被试会看到一些意义隐晦的图片，并被问及他们认为这些图片中发生了什么，之前发生了什么，以及他们认为事情将会如何发展。由于测试材料中几乎没有相关的说明，因此人们假定被试将会通过投射他们自己的个性来解释这些材料。正如我们将在后续章节中看到的那样，宗教和艺术的某些方面可能与主题统觉测验相似，可能表达或反映了一个社会的共同人格特征。

作为文化变迁推动者的个体

我们谈论的许多过程都涉及文化变迁。例如，在关于攻击性展现的部分，我们提到了埃杰顿的研究，他认为牧民可能比农民更自由地表达攻击性和其他情绪，是因为他们可以在冲突的情况下离开。农民一生都必须住得离邻居很近。研究表明，如果牧民定居下来并开始耕种，就可能会发现有必要控制自己的一些情绪。但即使个体在定居下来后没有改变，改变也可能在下一代发生，因为如果较少展现攻击性的人能过得更好，其他人就会加以模仿。不管是哪种情况，都说明个体在推动文化变迁方面有重要作用。现在，民族志学者越来越明确地关注个体能动性如何带来变迁。

让我们来看几个女性在父权社会中促成变迁的例子。

自 1949 年以来，中国政府一直在推动大规模变革，包括实行新的婚姻法、批判父系意识形态、引入公有制。而研究中国北方农村女性的阎云翔指出，年轻女性自身的努力，特别是那些从女孩过渡到儿媳

84. Kardiner 1946/1939, 471.
85. J. W. M. Whiting and Child 1953, 32–38.
86. J. M. Roberts and Sutton-Smith 1962, 178.
87. J. M. Roberts et al.（1959, 597–605）最早提出了策略游戏与社会分层及政治复杂性之间的关系。Chick（1998）复制了这些发现。
88. R. V. Burton and Whiting 1961. 也可参见 R. L. Munroe, Munroe, and Whiting 1981。关于成年仪式的跨文化研究的概述，可参见 Burbank 2009a。

角色的年轻女性的努力，在很大程度上促成了改变。传统上，年轻女性很少谈论她们的结婚对象、婚前谈判，或者丈夫什么时候会从大家庭中分离出来组建小家庭。因为她们在结婚后要搬到夫家，所以传统上年轻女性在自己成长的家庭中几乎没有地位。在夫家，她们成了嫁过去的陌生人。从女人对女儿和儿媳的抱怨，以及男人对女人的抱怨中，阎云翔注意到年轻女性正在带来改变。20世纪50年代初期，法律已经规定妇女有权拒绝包办婚姻，但正是年轻女性对这种权利的行使（有的是反复行使）带来了变革。现在女性可以选择丈夫了。年轻女性在情感上变得更外显，也希望与潜在的配偶建立更热情、更亲密的关系。婚前性行为变得普遍。年轻女性也推动了聘礼习俗的转变。她们开始和新郎一起去挑选物品，要求把礼物换成现金送给新娘，她们还开始参与家庭之间的谈判。最后，年轻女性还会推动小家庭尽早从大家庭中分出来，这样她们就不用在丈夫家里待太长时间。[89] 但是，为什么有些女性比其他女性更积极地推动变革，这个问题仍有待研究。

在世界范围内，高等教育几乎总是与低生育率相关联。珍妮弗·约翰逊-汉克斯（Jennifer Johnson-Hanks）想要在个人层面上理解为什么会出现这种情况。她的研究是在喀麦隆南部的贝蒂人（Beti）中进行的。与中国一样，那里的社会组织以男性为中心。贝蒂人重视每个孩子潜能的开发，引入学校教育后，他们也很重视对孩子们的教育。学校教育不是免费的，因此父母不得不为了让孩子上学而做出牺牲。女学生们强调，学校教育给了她们更多的选择，她们不仅可以在未来获得一份薪水更高的工作，而且还可以获得更多的自由，不用那么依赖丈夫。女学生强调学校教育让她们有了光彩。荣誉带来了特权和声望，也让她们做出更加理性和可控的选择，包括对要交往的男性更加挑剔，在她们认为条件合适的时候才会生育。这并不是说年轻

女性认为要避免性行为（性行为被认为是自然且重要的），而是说年轻女性会使用策略来推迟生育。这些策略包括定期禁欲、终止妊娠，以及在没有准备好做母亲的情况下将生下的孩子交出去寄养。理性让她们知道，如果没有足够的资源，就不能要太多孩子。[90]

在独立后的塞内加尔，发展项目促进耕作农业并向户主发放种子，从而让男性受益。但是，从唐娜·佩里（Donna Perry）研究的沃洛夫（Wolof）花生农民的情况来看，男性的优势是短暂的。20世纪80年代中期，农业合作社解散，经济支持被取消。小农户的经济作物收成减少，农户的妻子在每周市场（loumas）上交易得越来越多，男人们似乎面临着男子气概的危机。男人这样表达他们的沮丧："现在早上醒来，你甚至不知道谁是一家之主！"[91] 很难提前知道这种焦虑会导向什么结果。一种可能是，随着男性权威的削弱，他们将变得更加保守，试图恢复从前的做法。另一种可能是，男性和女性可以向共享权威的目标迈进。冲突可能发生在个人层面，而这也可能带来文化变迁。

小结

1. 研究文化与个体的关系，认为有必要理解心理过程的人类学家自称为"心理人类学家"。心理人类学研究可以用四个主要问题来概括：（1）人类的心理发展在多大程度上相同？（2）如果存在差异，那么有哪些差异，是什么造成了差异？（3）不同社会的人们如何看待个体及其心理发展？（4）理解个体或心理过程如何帮助我们理解文化和文化变迁？

2. 心理人类学的早期研究主要关注文化差异可能如何影响情绪发展的普遍阶段。有人质疑青春期必然是"躁动和紧张"时期的观点，也有人质疑俄狄浦

斯情结（至少以弗洛伊德所说的形式）的普遍性。但人类在心理学领域似乎有一些共性，包括创建分类、为未来做计划、自我概念、试图辨别他人的意图、识别情绪和玩耍的能力，以及感受情感、性吸引力、羡慕和嫉妒的能力。

3. 近期关于心理发展共性的研究更多地关注认知或智力的发展。在寻找共性的过程中，许多研究人员发现了一些表面上的差异。研究中使用的大多数测试可能更有利于西方文化中的人和上过正规学校的人。

4. 为了理解心理特征的跨文化差异，许多研究者试图探索育儿习俗的差异能否解释所观察到的心理差异。

5. 人类幼年时依赖看护人的时间很长。"社会化"是人类学家和心理学家使用的一个术语，用来描述在父母和其他人的影响下，儿童形成符合文化期望的行为模式、态度和价值观的过程。但儿童本身也是行动者，而不仅仅是社会化的接受者。他们可以向他人学习，比如同龄人，这可能会带来行为上的快速变化。

6. 父母们养育孩子的许多观念，来自关于孩子和应该如何对待孩子的社会信念体系或"民族理论"。一些人类学家认为，社会将产生最适合从事该社会存续所需的活动的各种性格。

7. 不同社会在以下方面存在相当大的差异：对婴儿需求的反应速度，婴儿被抱着的时间，父母与婴幼儿玩耍的程度，父母对孩子表现出多少温暖和感情，父母希望孩子顺从或自信的程度，以及父母希望孩子具有攻击性的程度。在给儿童分配家务、责任和上学方面，不同社会也有相当大的差异。

8. 对认知思维影响最深的似乎是一个人的受教育程度。

9. 记录表明，不同社会中的成年人有一些心理特征上的差异。差异包括感知方式，即场独立性与场依存性的差异（可能与经济差异有关），以及攻击性展现方面的差异（可能也与经济差异以及参与战争有关）。

10. 心理人类学家不仅对社会之间心理差异的可能原因感兴趣，而且对心理差异的可能影响感兴趣，特别是心理特征如何帮助我们理解文化各方面之间的统计学关联。

11. 近来，人类学家探索了个体如何充当文化变迁的推动者。

89. Yan 2006.
90. Johnson-Hanks 2006.
91. Perry 2005, 217.

第二十章
性、性别与文化

本章内容

社会性别概念
体格与生理
社会性别角色
对工作的相对贡献
政治领导地位和战争
女性的相对地位
个性差异
性行为

人类可分为男女两性。两性拥有不同的生殖器官。两性差异是人类与大多数动物物种所共有的。但是，拥有不同的生殖器官不能解释男性和女性在其他生理方面的差异。有些动物物种，例如鸽子、海鸥和实验室大鼠，两性的外观差异不大。[1] 人类分为两性这个事实并不能解释为什么男女在样貌、行为、所受的社会待遇等方面的差异。在我们所知道的社会里，没有哪个对待男女的方式完全一样；实际上，男性通常会比女性有更多的优势。因此，我们在上一章中谨慎地谈到，在平等社会里，不同社会群体在获取经济资源、权力和声望方面没有不平等的情况；但是，即便在平等社会中，一些社会群体（比如家庭）的内部也允许男性拥有更多获得经济资源、权力和声望的机会。

因为两性之间的许多差异反映出文化的期望和经验，所以现在许多研究者更喜欢将此类差异称为"社会性别差异"（gender differences），而用"两性差异"（sex differences）来指代纯粹的生物学差异。[2] 遗憾的是，生物学和文化方面的影响并不总能清晰地区别开来，有时很难判断用哪个术语合适。只要社会对待男女的方式不同，我们可能就无法将生物学效应与文化效应截然分开，两者可能同时发挥作用。在讨论男女之间的异同时，我们需要记住，不是所有文化中的社会性别（gender）都只有男女两类。在有的社会中，"男性"和"女性"代表一个连续体的两端，或者可能有三种或三种以上的社会性别，如"男性"、"女性"和"其他"。[3]

在本章中，我们将从跨文化的角度，讨论我们现在所知的男女在生理、社会性别角色、个性方面的差异和产生差异的原因。我们也会探讨不同文化中性行为和关于性的态度的差异及其原因。我们先来关注不同文化里社会性别的概念有何不同。

---

1. Leibowitz 1978, 43–44.
2. Schlegel 1989, 266; Epstein 1988, 5–6; Chafetz 1990, 28.
3. Jacobs and Roberts 1989.

社会性别概念

在许多西方社会，只存在两种社会性别——男性和女性。我们出生的时候，性别就由外部的生物特征决定了。然而，并不是所有的个体都喜欢被指定的性别。"跨性别者"指的就是觉得自己被指定的性别不适合自己的人。

从跨文化的角度看，把性别划分为男女两类非常常见。但是，这种严格的二分法并不是普遍性的。例如，美国大平原地区的美洲土著夏延人（Cheyenne）就认为有三种性别，分别是男性、女性和"双灵"（two-spirit）。通常，双灵人在生物学上是男性。"双灵"这个性别地位经常被赋予在青春期前完成灵境追寻后的男孩。双灵人会穿着妇女的裙子从事很多女性的活动。双灵人甚至可以成为男人的第二个妻子，但是会不会与男人发生性行为就不得而知。成为双灵人不等于成为女性，因为双灵人在婚礼和生育方面扮演着独特的角色。欧洲人通常把双灵人称为 berdache。[4] 生物学上是女性的双灵人扮演男性的角色，关于这种情况的记录比较少，但是在北美的许多土著社会中确实存在，例如加拿大育空地区的卡斯卡人（Kaska），美国俄勒冈州的卡克拉马斯人（Klamath）和科罗拉多河流域的莫哈维人（Mohave）。这些生物学上是女性的双灵人可以和女性结婚，这种关系就是人们所知的女同性恋关系。[5]

在阿曼，有一种叫哈尼斯（xanith）的第三性别。哈尼斯人在生理上是男性，但自称为女人。然而，哈尼斯人有独特的装束，穿着既非男性也非女性的衣服。实际上，他们的装束似乎在男性和女性之间。阿曼男性一般穿白衣服，女性衣服上有鲜艳的图案，而哈尼斯人穿的是没有图案、颜色柔和的衣服。阿曼男性是短发，女性留长发，而哈尼斯人的头发不长不短。阿曼女性一般待在家里，出门要得到丈夫的许可，但哈尼斯人可以来去自由，可以做仆人和/或同性卖淫者。哈尼斯人并不需要终生保持这一性别角色。如果一个哈尼斯人决定结婚并可以与新娘发生性关系，他就成为一个"男人"。年纪大而失去吸引力的哈尼斯人也可能决定成为一个"老男人"。[6]

体格与生理

正如我们前面所提到的，许多动物是很难马上区分出雌雄的。虽然这些动物的雌性和雄性有不同的染色体结构和生殖器官，但它们在其他方面并没有什么不同。相比之下，人类是两性异形的——两性在体型和外貌上往往有明显差异。女性的骨盆比较大。男性通常比较高，骨骼较重。女性的脂肪

老挝赫蒙族（苗族）妇女背着一大袋柴火去市场
（图片来源：JORGEN SCHYTTE/ Peter Arnold, Inc.）

在体重中占的比例较大，男性的肌肉在体重中占有较大的比例。男性的握力一般比女性的大，心脏和肺也相应更大，肺活量也比较大（运动时吸入较多氧气）。

北美文化倾向于认为高个子和肌肉强壮比较好，这可能反映了对男性的偏向。但是，这些区别是怎么来的呢？自然选择可能倾向于让男性具备这些特征，让女性不具备这些特征。因为女性要生育，自然选择会倾向于让她们早点成熟并停止生长，最终的身高也不会太高，这样胎儿就不需要与母亲争抢成长所需的营养。[7]（女性在青春期后不久就达到最终身高，而男性在青春期后的好几年内还能继续长高。）与此类似，一些证据也指出女性比男性更能承受营养缺乏，这可能是因为她们个子较矮，按比例计算拥有更多的脂肪。[8] 自然选择可能也倾向于让女性拥有更高比例的脂肪，因为这有助于繁育后代。

运动员可以通过训练来增强肌肉、强化有氧工作能力。基于这个事实，一些文化因素会影响男性和女性的肌肉力量和有氧工作能力，比如一个社会

期待和允许男性和女性从事的力量型活动。类似的训练可以解释为何近来在马拉松、游泳等体育项目上，男性和女性的差异缩小了。即便是男性和女性的体格和生理机能差异，我们所看到也可能是文化和基因共同作用的结果。[9]

社会性别角色

生产和家务活动

在"经济制度"一章中，我们看到所有的社会分配或安排给男女两性的工作都有所不同。由于角色分配有明确的文化成分，我们称之为"社会性别角色"。在劳动的性别分工方面，我们主要感兴趣的并不是每个社会分配给男性和女性的工作都不同，而是为什么如此多的社会都按照相似的方式进行劳

---

4. Segal 2004; Segal 也引用了 W. Williams 1992 的内容。
5. Lang 1999, 93–94; Blackwood 1984b.
6. Wikan 1982, 168–186.
7. Stini 1971.
8. Frayer and Wolpoff 1985, 431–432.
9. 关于两性异形及其程度差异的基因及文化因素的理论和研究，相关综述可参见 Frayer and Wolpoff 1985 及 Gray 1985, 201–209, 217–225。

动分工。因此，问题在于：为什么会出现这种普遍或近乎普遍的分工模式？

表20-1总结了世界各地按照性别进行劳动分工的模式，列出了在所有或几乎所有社会中哪些活动是由哪种性别的人从事的，哪些活动通常由一种性别的人来从事，哪些活动通常被分配给某一性别或者两种性别的人。如果每个文化中的性别分工是任意的，那么这张表中就不会有模式。尽管许多任务分配给男女两性（中间列），但一些模式显然是在世界各地都有的。其中最引人注目的是主要生存活动；男性几乎总是打猎和诱捕动物，女性则通常采集野生植物。表中类似的活动分配是否能暗示男性和女性通常做不同的事情的原因？学者们提出了四种解释或理论，我们分别称之为力量理论（strength theory）、兼顾育儿理论（compatibility-with-child-care-theory）、节约投入理论（economy-of-effort theory）和消耗理论（expendability theory）。

根据力量理论，男性通常力气更大、爆发力更强（因为有氧工作能力更强）。因此，男性一般善于从事需要搬运重物的活动（狩猎大型动物、屠宰、开垦土地，或与石头、金属、木材打交道），以及投掷武器和快速奔跑等活动（如在狩猎中那样）。而在女性从事的活动中，可能除了收集燃料之外，没有一项需要同等的体力或爆发力。但是，力量理论并不完全令人信服，因为它不能很好地解释我们观察到的所有模式。例如，男性从事的诱捕小型动物、采集野生蜂蜜或制造乐器等活动，似乎并不需要很多体力。另外，我们很快会看到，女性在一些社会中也从事狩猎，这表明力量的差异不能发挥非常重要的作用。

兼顾育儿理论强调妇女从事的活动需要能让她们兼顾照料孩子。尽管男性有能力照顾婴儿，但大部分传统社会依赖母乳喂养，而这是男人做不了的事情。（在大多数社会中，母乳喂养的平均时间超过

表 20-1　世界各地的性别劳动分工模式

活动类型	几乎都由男性从事	通常由男性从事	两性之一从事或两性都从事	通常由女性从事	几乎都由女性从事
主要生计活动	狩猎或诱捕大小型动物	捕鱼 畜养大型动物 采集蜂蜜 清理、开垦土地准备种植	采集贝类 照料小动物 栽培农作物 管理农作物 收获农作物 挤奶	采集野生植物	
次要生计活动和家务劳动		屠宰动物	腌制肉或鱼	带孩子 做饭 加工蔬菜、饮料、奶制品 洗衣服 取水 收集燃料	照顾婴儿
其他活动	伐木 采矿和采石 造船 制作乐器 制作骨器、角器和贝壳物品 参与战争	建造房子 织网 搓绳	处理兽皮 做皮革制品、篮子、席子、衣物、陶器	纺线	

（资料来源：大部分源自 Murdock and Provost 1973, 203 – 225. 政治领袖和战争方面的资料源自 Whyte 1978a, 217. 有关照料儿童的资料源自 Weisner and Gallimore 1977, 169 – 180）

两年）。女性从事的工作不能离家太远和离家太久，如果带着孩子一起工作，那么工作环境不能对孩子有危险，她们需要那种随时能放下来，让她们处理好婴儿的需求后再继续的工作。[10]

兼顾育儿理论可以解释为什么在表20-1的最右列只有"照顾婴儿"这一项。也就是说，没有其他普遍或近乎普遍的女性专门从事的活动，因为直到近期，女性的大部分时间都花在喂养和照顾婴儿以及照看其他孩子上。这个理论也可以解释为什么男性通常从事诸如狩猎、诱捕、捕鱼、采集蜂蜜、伐木和采矿之类的工作，做这些工作时如果带着孩子会很危险，而且很难在工作时停下来照顾婴儿。[11]

最后，兼顾育儿理论还能解释在实行全职专业化的社会中，为何男性似乎包揽了某些手工业工作。尽管表20-1没有体现，但在非商品化社会中，是妇女从事制作篮子、席子和陶器等的手艺活动，而在拥有全职手艺专家的社会中，这些往往是男子从事的活动。[12]同样，纺织通常是女性的活动，但以贸易为目的的纺织除外。[13]全职从事专门工作和为贸易而生产的人可能无法兼顾照料孩子。我们社会中的做饭就是一个很好的例子。很多女性都是优秀的厨师，并且平时在家里是由妇女担任大部分烹调工作，但饭馆里的大厨和面包师却往往是男性。如果女性可以让别人照料她们的婴儿和年幼的孩子，或者大厨和面包师的工作时间不需要那么长，那么她们就可能从事厨师的工作。

但是，兼顾育儿理论并不能解释为什么通常是男子准备耕种的土地、造船、建房、制作乐器，或者制作骨器、角器和贝壳用品等。所有这些工作都可以为了照顾小孩而停下来，而且没有一件会比做饭更为危险。为什么男性倾向于从事这些工作呢？节约投入理论也许有助于解释力量理论和兼顾育儿理论都难以解释的问题。比如，男性经常伐木，这有利于他们用木头制造乐器。[14]伐木让他们更了解

不同材质的木头，因此也就更有可能懂得如何加工木头。根据节约投入理论，某一性别的人从事的工作离他们越近则越有利。也就是说，如果女性在家护理和照顾年幼的孩子，那么她们在家里或离家很近的地方做一些杂工就省事得多。

根据消耗理论，在一个社会中，男性比女性更倾向于从事危险的工作，因为就繁殖后代而言，失去男性的损失比失去女性的损失要小。如果部分男性在狩猎、深海捕捞、采矿、采石、伐木及相关的工作中失去了生命，只要大部分具有生育能力的女性还能与男性发生性接触（比如，有的社会允许两个或两个以上的女人嫁给同一个男人），人口再生产就不成问题。[15]为什么会有人（无论男女）愿意从事危险的活动呢？或许是因为社会赞许这种人物，并用声望或其他回报嘉奖这种行为。

虽然以上各个理论或理论的组合似乎能在很大程度上解释性别分工，但还是有一些未能解决的问题。力量理论的批评者指出，女性在某些社会中从事非常繁重的劳动。[16]他们认为，如果女性在一些社会中能够发展出做这些工作的力量，那么力量可能比我们传统上认为的在更大程度上是训练的结果。

兼顾育儿理论也有一些问题。该理论认为劳动分工是为了满足照顾孩子的需要。但在有些情况下是反过来的。例如，女性需要花大量时间在户外进行农业劳作而不能照顾自己的婴儿时，常常叫别人帮忙照看和喂养。[17]再比如，在尼泊尔山区，农业劳作和照顾孩子是无法兼顾的；人们需要带着很重

10. J. K. Brown 1970b, 1074.
11. 在巴拉圭的狩猎采集人群阿切人中，女人负责收集无刺蜂的蜂蜜（男人收集其他蜜蜂的蜂蜜）；这种分工符合兼顾育儿理论。可参见Hurtado et al. 1985, 23。
12. Murdock and Provost 1973, 213; Byrne 1994.
13. R. O'Brian 1999.
14. D. R. White et al. 1977, 1–24.
15. Mukhopadhyay and Higgins 1988, 473.
16. J. K. Brown 1970b, 1073–1078; and D. R. White et al. 1977.
17. Nerlove 1974.

的东西上下陡峭的斜坡，田地离家相当远，劳动会占用一天中大部分时间。但是，女性却去田里劳作，而把自己的婴儿长时间交给别人照料。[18]

另外，在一些社会中，女性也会狩猎，而狩猎是最无法兼顾育儿的活动，一般只由男性来完成。菲律宾的许多阿格塔（Agta）妇女经常捕猎野猪和鹿，在人们捕猎的大型动物中，妇女单独或集体猎杀的占了近三成。[19] 而这些妇女的狩猎活动似乎并没有与育儿冲突。她们会带着还在吃奶的婴儿去狩猎，而且狩猎妇女的生育率也没有低于不狩猎的妇女。阿格塔妇女可以去狩猎，可能是因为狩猎场离营地只有半个小时的距离，有猎狗陪伴、帮助她们狩猎并保护她们和她们的小孩，而且她们倾向于集体狩猎，其他人可以帮忙带孩子，还能一起搬运捕获的野兽的尸体。女性狩猎在中非共和国的森林觅食群体阿卡人（Aka）中间也非常普遍。阿卡女性参与并且有时领导合作网猎，网猎是把动物圈起来并用网捕捉的狩猎方式。阿卡妇女用大约 18% 的时间来狩猎，比阿卡男人花在狩猎上的时间要多。[20] 在加拿大的亚北极地区，奇珀怀恩（Chipewyan）妇女会组队捕猎小型动物，比如麝鼠或兔子，她们也常常加入丈夫的行列去捕猎驼鹿之类的大型动物。然而，妇女们会注意在怀孕四五个月后避免参与狩猎驼鹿，因此狩猎队中的妇女主要是刚刚结婚的或年纪较长的妇女。妇女也不会参与远距离的狩猎，[21] 这表明她们还是需要考虑能否兼顾育儿。

正如前面讨论的例子所揭示的，我们还需要更了解劳动的要求。更确切地说，我们需要知道每项活动需要多少力量，有多危险，是否可以中途停下来照顾小孩。迄今为止，我们还主要是靠猜测。如果能系统搜集到特定任务的各方面信息，我们就能更好地评估不同的理论。无论如何，没有现成的理论表明表 20−1 里显示的世界范围内的劳动分工模式会一直延续下去。就像我们从工业化社会所知的，

在很多农业社会里，妇女照料年幼孩童的同时也要干农活，比如图中的这位赞比亚母亲（图片来源：JORGEN SHYTTE/Peter Arnold, Inc.）

在出现了能取代人类力量的机器，女性生育的孩子更少，而且还可以委托别人照顾孩子的情况下，严格按照性别进行的劳动分工将不复存在。

对工作的相对贡献

在美国，有一种将"工作"和能赚钱的活计等同起来的趋势。直到最近，"家庭主妇"在美国才被视为一个职业。人类学家也倾向于忽视家庭内的工作；实际上，大部分关于性别劳动分工的研究关注的都是**主要生计活动**，如采集、狩猎、捕鱼、畜牧和农业，而较少去关注某一性别对食物加工、储藏等**次要生计活动**的贡献。在大多数情况下，食物都需要经过一定的加工才能食用。例如，如果猎物不能被运回家（切开运回或整头运回）并屠宰，狩猎就无法为食物做出贡献。如果猎物比较大，就需要

加工后进行分发和储存。动物的皮毛和其他部分常被用来制作衣服或工具,这些也需要加工。正如赫蒂·乔·布伦巴赫(Hetty Jo Brumbach)与罗伯特·加尔文帕(Robert Jarvenpa)所指出的那样,西方模式的狩猎主要关注"猎杀"(也许来源于运动狩猎的观念),而忽略了相关过程的复杂性。这样的视角可能会掩盖女人在狩猎中的角色,只强调男性的"猎人"角色。[22]

总体工作

我们也可以问:总体上看是男性还是女性做了更多的工作?我们现在还没有很多研究关注男性和女性如何分配自己的时间,但已有关于园圃种植和集约型农业社会的研究指出,如果我们把表 20-1 中所有的经济活动计算在内,女性平均每天工作的总小时数通常要多于男性。[23]我们还不知道是不是在各个文化中都如此。然而,我们知道的是在许多社会中,女性既要挣钱,也要承担大部分家务和带孩子的责任。

生计工作

就通常在离住所较远处进行的主要生计活动而言,男性和女性的贡献在不同文化中是有差异的。由于这种活动耗费的时间一般无法估算,大部分的比较研究都根据主要生计活动对食物中热量摄入的贡献来估计不同性别对工作的贡献。

在一些社会中,无论如何测算,传统上女人对经济的贡献都比男人多。例如,20 世纪 30 年代,在新几内亚的德昌布利人(Tchambuli)当中,所有的捕鱼工作都是女人干的——她们每天一大早乘独木舟去下鱼栅,太阳很大的时候就回来。捕到的鱼里有一部分被拿去换西米(一种淀粉植物)和甘蔗,而且也是女性乘着独木舟去远途交易。[24]

与此相对,在印度的托达人(Toda)中,男性负责几乎所有的生计工作。根据 20 世纪早期人们对托达人的描述,他们几乎完全以水牛的乳制品为生,包括直接食用和出卖之后换取粮食。只有男性能够照顾水牛和加工乳制品,女性不被允许从事这样的工作。妇女承担大部分的家务,包括烹煮买来的谷物、整理房间和装饰衣物。[25]

一项针对许多不同社会的调查显示,上述两种极端情况都不太常见。通常来说,男性和女性对采集食物的活动都有较大贡献,但是在多数社会里,男人往往贡献得更多。[26]女性经常要照顾婴幼儿,男人从事离家很远的大多数生计活动也就不足为奇了。

为什么在一些社会中,女性承担了和男性一样或更多的主要生计活动?那些社会中食物获取活动的类型可以解释一部分差异。在一些以狩猎、捕鱼和畜牧活动(通常由男性从事)为主要热量来源的社会中,男人在生计活动中的贡献通常比女人的大。[27]比如,在传统上主要依赖狩猎和捕鱼的因纽特人中,以及主要依赖畜牧的托达人中,大部分主要生计活动由男人承担。在以采集(一般由妇女从事)为主的社会中,大部分的食物获取工作都是妇女做的。[28]昆人便是一个例子。但是,并不总是能通过食物获取的类型来预测谁做了更多工作。在大多以捕鱼为生的特罗布里恩岛民中,妇女就做了大部分的工作。大多数社会主要依赖食物生产而非采集。除了清理土地、准备耕种、放牧大型动物这些属于男人的任务之外,男人和女人都参与种植、养护作物(除草、灌溉)

18. N. E. Levine 1988.
19. M. J. Goodman et al. 1985.
20. Noss and Hewlett 2001.
21. Brumbach and Jarvenpa 2006a; Jarvenpa and Brumbach 2006.
22. Brumbach and Jarvenpa 2006b.
23. C. R. Ember 1983, 288 – 289.
24. Mead 1950 [originally published 1935], 180 – 184.
25. Rivers 1967 [originally published 1906], 567.
26. M. Ember and Ember 1971, 573, Table 1.
27. Schlegel and Barry 1986.
28. Wood and Eagly 2002, 706,基于 H. Kaplan et al. 2000 的数据。

和收割（参见表 20-1）。我们需要解释为什么在某些社会中，妇女要做大部分农活，但在其他的社会中男人做得更多。在世界上不同的区域，不同的模式主导着不同的活动。在撒哈拉以南非洲，农活大部分由妇女承担。在亚洲和欧洲的大部分地区和地中海地区，男性做得更多。[29]

农业的类型有助于解释某些差异。很多人指出在集约型农业社会里，男性对主要生计活动的贡献远比女性大，尤其是犁耕农业社会。相比之下，园圃种植社会中的女性对主要生计活动的贡献较大，在有些地方超过男性很多。根据埃斯特·博赛拉普的研究，当人口增加而用地紧张时，农民就会开始犁地耕种和灌溉，男性就承担更多的工作。[30] 但是其中的具体原因不明。

为什么在使用犁之后，女性的贡献就少了？在试图回答这个问题时，大多数研究者转而去考虑男性和女性在不同农业活动上花费的时间，而不是去估计男性和女性对整体摄入的热量的贡献。之所以有这种转变，是因为人们发现，在农业生产的不同阶段，以及在种植不同作物时，男性和女性对农业活动的贡献有很大的差异。因此，根据男性和女性分别花费的时间来估算谁做了更多工作，比根据饮食中的热量估算要容易。例如，如果男人开垦、犁地，女人播种，然后男人和女人共同收获，该怎么判断男人和女人对热量的贡献呢？

犁地耕种可以增加男性对生计的贡献，也许是因为犁地用时更长，还可以大大缩短用于除草的时间。在许多文化中，清理土地的往往是男人。（这不意味着女人不能犁地，有例子表明当需要的时候女人也犁地。[31]）据估计，在尼日利亚的一个区域，用拖拉机犁 0.4 公顷的处女地需要 100 天，而在实行轮垦之前只需要 20 天的准备时间。除草和照料孩子可以兼顾，也许正因为如此，以往除草通常是妇女的工作。[32] 但是，在需要犁地的社会里，男性花

大量时间犁地的事实，并不能解释为什么女性做的包括播种在内的农活少了。[33]

另一种解释是，在集约型农业社会里，家务明显变多，妇女可以在田里干活的时间少了。集约型农业需要种植大量谷物（比如玉米、小麦和燕麦），这些谷物在储存之前需要干燥。在吃之前，需要把干燥的谷物用水煮熟，煮的时间会很长，如果想缩短时间，就需要先对谷物做一些加工。烹饪需要收集水和柴火，而水和柴火往往很难在近处找到，这些一般都是妇女的任务。烹饪时间越长，需要的柴火和水就越多。此外，炊具和餐具都需要清洗。浸泡、研磨或捣碎可以缩短坚硬谷物的烹饪时间，但是最能缩短烹饪时间的加工过程——研磨——本身需要很长时间，除非用机器来完成。[34] 此外，妇女还需要照顾孩子，孩子也会带来额外的家务。集约型农业社会中的家务活大量增加，也是因为这种社会中的妇女会比园圃种植社会中的生育更多的孩子。[35] 如果家务劳动由于这些原因增加，那么就很容易理解为什么在集约型农业社会中，女性贡献的时间无

研磨谷物是非常耗时的艰辛劳动，
图为危地马拉高地的妇女正在研磨玉米以便制作玉米饼（图片来源：©
Laurence Fordyce, Eye Ubiquitous/CORBIS, All Rights Reserved）

法和男性一样多或更多。女性在田地中的贡献虽然少于男性，但贡献也很大；她们平均一天在外工作四个半小时，一周七天都要外出劳动。[36]

我们还无法解释为何园圃种植社会中女性对生计的贡献如此之大。她们可能不像集约型农业社会中的女性一样有那么多的家务，但男性的家务也同样不多。为什么园圃种植社会里的男性不会多干一些活呢？园圃种植社会的男性常常脱离农业劳动去从事其他活动。最常见的是战争，所有身体健全的男性都要参与。有证据表明，如果男性在需要从事主要生计活动的情况下被要求参加战争，那么女性就会来做这些工作。[37]如果男性为了报酬不得不到较远的集镇和城市里工作，或者进行周期性的长途贸易，他们可能也得脱离主要生计活动。[38]

在女性对主要食物获取活动贡献很大的情况下，我们可能认为这会影响她们照顾孩子。许多跨文化研究指出，这个预想是正确的。比起女性贡献较少的社会，在女性对主要生计活动贡献较多的社会中（按照对热量的贡献计算），人们会更早使用固体食物喂养婴儿（以便于母亲之外的人喂养他们）。[39]这些社会中的女孩被训练得很勤劳（可能是为了帮助她们的母亲），人们也更重视女婴。[40]

政治领导地位和战争

在几乎所有已知的社会中，政治舞台上的领导者一般以男性居多。一项跨文化调查发现，在所调查的 88% 的社会里，领导者都是男性；大约 10% 的社会里有一些女性领导者，但她们或是人数少于男性领导者，或是权力不如男性领导者大；[41]在剩下的 2% 的社会里，领导层中的男性和女性相当。如果我们观察的是国家而不是文化，那么我们会看到平均而言女性只占有国会或立法机关 10% 的代表席位。[42]无论战争是否被视为政治的一部分，我们

都发现男性主导政治领域几乎是普遍现象。在世界上 87% 的社会里，女性从不主动参加战斗。[43]（关于剩下的 13% 社会中妇女参加战斗的情况，参见专题"为什么一些社会允许妇女参加战斗？"）。

即便在看似以妇女为中心的母系社会（参见"婚后居住与亲属关系"一章）中，正式的政治职位还是往往由男性来担任。在纽约州的母系易洛魁部落，女性控制资源，但掌握政治职位的是男人而不是女人。易洛魁最高的政治组织还是由 5 个部落的 50 名男性酋长组成。但是，女人对于政治事务有相当大的非正式影响力。她们可以推荐、选举和弹劾男性代表。女性也可以决定战俘的生死，禁止她们家中的男人参战，还会调停和平事宜。[44]

为什么男性（至少到目前为止）总是在政治中占主导地位？一些学者认为，男性在战争中的角色赋予了他们在政治上的领导力，尤其是因为他们控制武器这一重要的资源。[45]但有证据显示，暴力很少被用于获取领导地位；[46]更大的力量并不是决定因素。不过，战争还可能与政治领导地位有其他的联系。战争关系到生存，而在大部分社会中战争时有发生。因此在大多数社会中，关于战争的决策往往是最重要的政治问题。若是这样，就应该让最懂

29. Boserup 1970, 22 – 25；也可参见 Schlegel and Barry 1986, 144 – 145。
30. Boserup 1970, 22 – 25.
31. Bossen 2000.
32. Ibid., 31 – 34.
33. C. R. Ember 1983, 286 – 87；数据来自 Murdock and Provost 1973, 212; Bradley 1995。
34. C. R. Ember 1983.
35. Ibid.
36. Ibid., 287 – 293.
37. M. Ember and Ember 1971, 579 – 580.
38. Ibid., 581；另可参见 Sanday 1973, 1684。
39. Nerlove 1974.
40. Schlegel and Barry 1986.
41. Whyte 1978a, 217.
42. Nussbaum 1995, 2，基于来自 1993 年《人类发展报告》的数据。
43. Whyte 1978a; D. B. Adams 1983.
44. J. K. Brown 1970a.
45. Sanday 1974; and Divale and Harris 1976.
46. Quinn 1977, 189 – 190.

性别新视角
为什么一些社会允许妇女参加战斗？

美国妇女可以在军中服役，但没有单独编团直接参加战斗。有些妇女觉得这种排斥不公平，会减少她们在军中晋升的机会。包括一些妇女在内的其他人，则坚持认为妇女参加战斗会损害部队的作战能力，或者对于妇女本身也不合适。美国军队在伊拉克执行任务时，就有女兵遭受袭击，也有一些女兵死亡。当前，有些国家允许妇女参加战斗。在18世纪和19世纪的西非达荷美（Dahomey）王国，妇女在常备军队中是一支重要队伍，一度构成了1/3的武装力量。然而，大多数社会和国家还是不让女性参加战斗，而且一些国家不让女性参与任何军事活动或计划。

那么，为什么一些社会允许妇女成为战士？心理学家戴维·亚当斯（David Adams）比较了人类学家研究过的大约70个社会，试图回答这个问题。尽管大部分社会不让妇女参加战斗，但亚当斯还是发现在13%的样本社会中，妇女会积极参加战斗，至少是偶尔为之。在北美的土著社会中，科曼奇人（Comanche）、克劳人（Crow）、特拉华人（Delaware）、福克斯人（Fox）、格罗斯文特人（Gros Ventre）和纳瓦霍人都有女战士。在太平洋上，新西兰的毛利人（Maori）有女战士，在马绍尔群岛的马朱罗环礁（Majuro Atoll），以及巴布亚新几内亚的欧罗开瓦（Orokaiva）也有。在这些社会中，战士通常不是女性，但是如果妇女想去的话，会允许她们参加战斗。

允许妇女成为战士的社会和不允许妇女成为战士的社会有什么不同呢？允许妇女成为战士的社会，要么只和其他社会开战（所谓"纯粹外部"的战争），要么只在社群内部通婚。亚当斯主张，在这两种并不特别常见的情况下，战事发生时妻子和丈夫之间都不会有利益冲突，因此这样的社会是允许妇女参加战斗的，因为她们和丈夫的利益一致。由于大多数夫妻都来自同一个社会，当这个社会发生纯粹外部的战争时，夫妻会有同样的忠诚。即便同一社会中的两个社群或大型组织之间发生战争（"内部"战争），如果丈夫和妻子成长于同样的社群，那么他们之间也不会有利益冲突。相比之下，在大部分社会中，内部战争时有发生，妻子也往往是从其他社群嫁过来的。在这种情况下，丈夫和妻子之间就有利益冲突，如果参加战斗，她们就可能会对阵她们的父亲、叔伯和兄弟。如果丈夫计划发起袭击，难保妻子不会通风报信。实际上，男人对妻子可能不忠于己方的担忧，可以解释为何这样的社会禁止妇女制作或操纵武器，开会讨论战争计划时也不让她们接近。

现在许多国家只有纯粹外部的战争，因此在其他条件相同的情况下，应该不会有阻止妇女参战的利益冲突。因此，从亚当斯的研究结果推论，妇女参战的障碍将完全消失。但是，在女人和男人平等地参战之前，还有其他的条件。在亚当斯的研究里，并非所有只发生纯粹外部战争或只在社群内部通婚的社会都有女战士。所以我们可能需要考虑社会在多大程度上需要扩大生育（并为此保护女性免遭危险），以及社会在多大程度上需要女性在战时维持生计。

还有一些相关问题值得探讨：女性参战是否能提高她们的政治参与程度？战争的出现是减少还是增加了女性的政治参与？战争的性质会不会因为女性参政或者参战而发生变化？

（资料来源：D. B. Adams 1983; J. S. Goldstein 2001; 2004.）

战争的人来做出有关的决定。

要解释为何通常是男性而不是女性参与战斗，我们不妨参考关于世界范围内性别劳动分工模式的三种可能的解释。与狩猎一样，战争需要力量（比如投掷武器）和快速爆发力（比如跑步）。而且可以想象得到，搏斗一定非常危险，也不能中断，不可能兼顾照料小孩。即使是在战时没有小孩的妇女，一般也不会参加战斗，因为较之于她们在战争中可能发挥的作用，她们潜在的生育能力对于群体的繁殖和生存更为重要。[47] 所以，力量理论、兼顾育儿

某些社会中的妇女也会参加战斗，比如图中这位以色列的直升机枪手
（图片来源：© Eldad Rafaeli/CORBIS, All Rights Reserved）

理论和消耗理论都能用来解释为何男人在战争中占据主导地位。

其他两个因素也可能与男性的政治主导地位有关。一个是男性普遍身材较高。为什么身高是领导地位的一个因素尚不清楚，但一些研究显示个子高的人更有可能成为领导者。[48] 此外，男人主导政治也可能是因为他们在外部世界中的时间比女人更多。男性从事的活动往往需要离家比较远，而女性的活动常在家附近进行。如果社会选择领导者的标准之一是对更大的世界有所了解，那么男性往往会有一些优势。帕特里夏·德雷珀发现，在定居的昆人群体中，女性不再需要从事远距离的采集，她们似乎也丧失了许多之前拥有的决策影响力，这一现象可以支持前述推断。[49] 参与照顾孩子亦会降低她们对

决策的影响力。在一项针对巴西卡亚颇人村子领导者的研究中，丹尼斯·沃纳（Dennis Werner）发现，照顾孩子负担很重的妇女，影响力不如那些不需要太多照顾孩子的妇女；他指出，需要更多照顾孩子的妇女没有太多朋友，对村里发生的事情的细节也知之甚少。[50]

这些不同的解释说明了为什么男性通常主导政治，但是我们仍然需要解释为什么一些社会中的女性要比另外一些社会中的女性更多参与政治。马克·罗斯（Marc Ross）在针对 90 个社会的跨文化研究中探讨了这个问题。[51] 在那 90 个社会中，女性参与政治的程度有相当大的差异。比如，在塞拉利昂的门德人（Mende）中，女性通常有很高的职位，但是在扎伊尔共和国时期的阿赞德人（Azande）中，女性完全不参与公共生活。如果一个社群以男性亲属为中心的组织，就可以预测女性会被排斥在政治之外。就像我们之后将看到的那样，妇女在婚后往往会离开自己的社群，搬去与丈夫同住。如果女性在由许多有亲属关系的男性组成的社群中是"外来者"，那么男性就会因为了解社群成员与过往事件而具有更大的政治优势。

女性的相对地位

有多少研究者对地位这个话题感兴趣，对"地位"的定义恐怕就有多少种。有些人认为，两性的相对地位体现了社会对男女两性的重视程度。而在另一些人看来，两性的相对地位指的是男人和女人相对于彼此的权力和权威有多大。还有一些人认为，

47. Graham 1979.
48. D. Werner 1982; and Stogdill 1974, cited in ibid.；也可参见 Handwerker and Crosbie 1982。
49. Draper 1975, 103.
50. D. Werner 1984.
51. M. H. Ross 1986.

两性的相对地位是指男女两性对于他们想要做的事情各自拥有什么样的权利。不管采用哪种定义，很多社会科学家都在探究为何不同社会中妇女的地位是不同的。为什么在某些社会中妇女的权利很少，影响力也小，但在另一些社会中，妇女的权利比较多，影响力也比较大？换句话说，为什么不同社会的**性别分层**程度有差异？

在伊拉克小镇达哈拉（Daghara），男人和女人过着截然不同的生活。[52] 在许多方面，女人似乎都没有什么地位。她们通常与外界隔绝，待在家里或内院。女人如果必须外出，就要先经过男人的同意，而且要用长长的黑袍把脸和身体都包裹起来。在男女混杂的场合，甚至在家中，女人都必须裹着黑袍。女人基本上被排除在政治活动之外。在法律上，女人处于父亲和丈夫的权威之下。女人的性行为也要受到控制。婚前保持童贞受到极端重视。因为规定女人不得与陌生男子随意交谈，所以婚外甚至是婚前性关系存在的可能性微乎其微。相比之下，男人在性方面几乎不受限制。

但是，在像姆布蒂这样的社会中，男人和女人的地位似乎趋于平等。和大多数食物采集者一样，姆布蒂人没有进行决策和解决纠纷的正式政治组织。发生公共纠纷时，男男女女都参加骚乱。女性不仅使人们认识到她们的地位，而且她们的意见还常常受到重视。即使是两口子争吵和打架，无论谁先打谁，旁人都会干预并阻止他们。[53] 女人控制着住宅的使用，在处置自己或男人采集的资源、抚养他们的孩子以及孩子该同谁结婚等问题上，她们通常拥有和男人同等的发言权。不平等的少数迹象之一，是妇女在婚外性生活上受到的限制比男子稍微严格一些。[54]

许多理论谈及为何女性的地位较高或较低。一种比较常见的理论是，当女性为基本生计活动做出大量贡献时，她们的地位就会很高。根据这种理论，在食物获取主要依靠狩猎、畜牧或者集约型农业的情况下，女性的地位就会比较低。第二种理论认为，在战争特别重要的地方，男性会比女性得到更大的重视和尊崇。第三种理论提出，在权力集中的政治等级制度下，男性的地位比女性高。这种理论与战争理论的推理一致：因为男性通常在政治行为上发挥主导作用，所以在政治行为更为重要和频繁的地方，男人的社会地位就会更高。最后一种理论认为，在亲属集团及夫妻婚后居住地以妇女为中心的社会里，女性享有较高地位。

在评价这些理论时遇到的问题之一，就是必须确定"地位"的含义。地位是价值、权利，还是影响力？地位发生变化时，这些方面是否会一起变化？马丁·怀特（Martin Whyte）进行的跨文化研究表明，地位的不同方面并不是一起变化的。怀特基于52个可能与两性地位有关的项目来给他研究的各个社会评分。这些项目包括哪个性别的人能够继承财产，谁在约束未结婚的子女方面有最终的权威，社会中人们崇拜的神灵是男性还是女性，还是男女都有。这项研究的结果显示，只有极少数的项目是互相联系的。因此怀特总结道，我们不能将地位当作一个单独的概念来讨论。我们应该谈论的是生活不同领域内的妇女相对地位。[55]

尽管怀特没有发现地位的各个方面之间存在必然联系，他还是决定去研究，一些理论能否解释为什么在一些社会中，妇女在许多方面的地位都很高。我们先来看看那些不受已有跨文化证据支持的说法。很多人认为，较高的地位主要来源于在基础生计活动中对热量的更大贡献，但这种普遍看法并未得到证据支持。[56] 例如，一个社会对狩猎的依赖程度越高，女性似乎就能拥有更高的地位，但妇女在狩猎社会的基础生计活动中只做了很少的工作。另外，通常认为战争能够提升男性的地位，但并没有一致的证据表明高频率的战争会普遍降低生活各个领域中女性的地位。[57]

　　能预测女性在许多生活领域拥有较高的地位的因素是什么？在亲属群体及婚后居住地围绕女性组织的地方，女性地位较高，这个理论在怀特的研究中获得了一定的支持，尽管证据不是很充分。（"婚后居住与亲属关系"一章对社会的这些特征有更为详尽的讨论。）易洛魁人是一个极佳的案例。虽然易洛魁妇女没有正式的政治职位，但她们在家庭内外都相当有权威。有亲属关系的妇女和她们来自其他亲属群体的丈夫一起居住在长屋里。妇女在长屋中的权威是显而易见的，她们可以要求她们不喜欢的男人离开。妇女控制着对她们生产出的食物的分配。食物的分配会影响战争的时间，因为男人如果没有食物供应就不能发起袭击。妇女也参与宗教领袖的遴选，选出的宗教领袖中有一半为女性。在政治上，虽然妇女无法在议事会中发言或任职，但她们在很大程度上控制着议事会成员的选举，也能够发起对她们所反对之人的弹劾程序。[58]

　　在前工业化社会中，女性在政治等级制度比较森严的社会中通常地位较低。[59]女性地位较低也与文化复杂性的其他指标——社会分化、犁耕和灌溉农业、大型聚落、私有财产、工艺专业化——联系在一起。女性随文化复杂程度增加而增加的影响力只有一种，那就是非正式影响力。但是，非正式影响力也许正说明女性缺乏**真正的**影响力。[60]与前工业化社会的文化复杂性关联在一起的，是妇女在家庭中的权威较少，对财产的控制力弱，性生活受到更为严格的约束，产生这种关联的具体原因尚不清楚。然而，文化复杂性与性别平等之间的联系，似乎延续到了工业化社会及后工业化社会。一项在61个国家及地区进行的性别态度比较研究显示，似乎主要依靠农业的国家，比如尼日利亚和秘鲁，对性别平等持最负面的态度；工业化国家，例如俄罗斯，对性别平等的态度还算积极；后工业化国家，诸如瑞典及美国，则对性别平等的态度最为积极。[61]能够解释这一转变的关键差异，也许是正式教育在工业及后工业化社会中扮演的角色。教育总是能够提高地位，女孩及年轻女性获得的教育越多，她们地位获得提升的可能性就越大。此外，虽然其中的机制尚未得到充分理解，但教育通常会导致生育率降低，这使得女性能够自由地追求其他的兴趣。正如我们之前讨论过的，一项在卡亚颇人中进行的研究表明拥有更多孩子的女性被认为更不具有影响力。[62]

　　西方殖民主义通常会降低女性的地位。虽然在欧洲人到达之前男性与女性的相对地位未必平等，但殖民主义似乎总是会降低女性的地位。许多例子显示，欧洲人改变了土地所有权的结构，使其以男性为中心，欧洲人还将现代农业技术教给男人们，甚至在原本主要由妇女从事农业的地方也是如此。此外，男性要比女性更容易通过雇佣劳动或向欧洲人出售物品（例如皮毛）获取收入。[63]目前，我们对提升或降低女性地位的一些条件已有所了解。如果我们能够理解哪些是最为重要的条件，那么希望减少性别不平等的社会就有望实现目标。[64]

个性差异

　　关于男女个性差异的许多研究是在美国等西方

52. 此处描述基于 Elizabeth and Robert Fearnea (1956–1958) 的田野工作，录于 M. K. Martin and Voorhies 1975, 304–331。
53. Begler 1978.
54. Ibid. 另可参见 Whyte 1978a, 229–232。
55. Whyte 1978b, 95–120；另可参见 Quinn 1977。
56. Whyte 1978b, 124–129, 145；另可参见 Sanday 1973。
57. Whyte 1978b, 129–130.
58. J. K. Brown 1970a.
59. Whyte 1978b, 135–136.
60. Ibid., 135.
61. Doyle 2005.
62. D. Werner 1984.
63. Quinn 1977, 85；另可参见 Etienne and Leacock 1980, 19–20。
64. Chafetz 1990, 11–19.

性别新视角
西北海岸妇女在选举中的成功

与欧洲人接触之后，大部分美洲土著群体的政治生活都发生了巨大变化，比如美国华盛顿州和加拿大不列颠哥伦比亚省西部的海岸萨利什人（Coast Salish）。在美国和加拿大政府的推动下，每个受认可的海岸萨利什人群体现在都有了选举出来的议事会。但是，当选的都有谁呢？尽管女人在传统政治中没有太多的作用，但在如今的萨利什人群体中，有许多女人被选入议事会。从20世纪60年代到80年代，妇女在华盛顿州12个群体的议事会中占有40%的席位。20世纪90年代，女性在不列颠哥伦比亚的50个群体的议事会中占有28%的席位。女性成员在议事会中的比例，从图莱利普（Tulalip）的6%到斯蒂拉瓜米什（Stillaguamish）的62%不等。女性在选举中获得成功的原因是什么？为什么女性成功的程度在不同的群体中不同，哪怕这些群体在文化上关系密切？

布鲁斯·米勒（Bruce Miller）做了一项关于海岸萨利什女性选举成功的比较研究，发现女性在政治上发挥更大作用，也许是因为在服务和技术方面的新的经济机会，能让女性能在家庭经济中贡献更多。但是，为什么女性在一些群体中占有的议事会席位比例更高呢？米勒发现，群体的收入越少，群体收入对渔业的依赖程度越小，群体的人口越少，女性在议事会中所占的席位比例就越高。为什么更低的家庭收入会让妇女获得更高比例的议会席位？米勒认为，这和收入总量本身关系不大，关键在于女人（相对于男人）对家庭收入的贡献。在经济困难的群体中，妇女可以获得的工作对家庭而言至关重要。"向贫困宣战"（War on Poverty）之类由联邦政府资助的项目，帮助女人获得了新的技能和工作。与此同时，在一些社群中，许多男人失去了伐木和农业的工作。

但是，对渔业收入的高度依赖会让男性获得更高的政治地位。在海上撒网捕鱼的家庭，每年可以获得数十万美元的收入。以这种方式捕鱼的主要是男人，在通过这种捕鱼获得大量收入的群体中，主导议事会的就是男人。就算女人也有工作，她们的收入也远远不如擅长捕鱼的男人。

为什么小社群中的女性在政治上更成功？米勒指出，小社群中的女性更有可能与他人熟识，即便在外从事技术或服务类工作会压缩她们参与部落仪式及其他公共事务的时间。

女性相对于男性的收入和社群大小，是否有助于解释其他地区女性在政治上的相对成功？我们尚不得而知，但后续研究会帮助我们探索这个问题。

（资料来源：B. G. Miller 1992.）

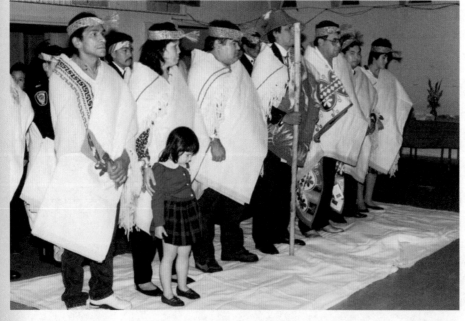

在许多海岸萨利什人社群中，议事会里有男性也有女性。图为不列颠哥伦比亚省萨迪斯（Sardis）一个特殊酋长议事会的宣誓就职仪式（图片来源：Ann Mohs/Bruce Miller）

应用人类学
经济发展与女性地位

基于埃斯特·博赛拉普以及后续学者对发展中国家女性的研究成果，主流的意见认为发展会让女性的处境变糟。发展机构通常是把新技术传授给男人们，教男人们如何生产用于销售的经济作物。现在，发展中国家的女性仍在很大程度上被排除在外，她们仍然面临许多困境，但最近的研究记录了妇女如何通过创造性方式参与商业活动。许多例子表明，加入商业活动会改善女性的生活，至少从物质和地位来判断，她们从中受益了。为市场而生产的活动，可以简单到像中国西南部的一些妇女那样多养几头猪，也可以复杂到如肯尼亚为出口而进行的合约农业，或者加纳的市场贸易。

在肯尼亚，一些女性使用创造性策略回避她们的结构性劣势，包括利用她们的收益购买或租赁土地，她们聚集小片的土地以达到经济种植所需的最低限度，加入女性合会，借助私营部门获得与合约农业有关的训练和资料。

在发展中国家几乎所有地方，妇女使用她们从商业中获得的收入购买家居用品。她们会先用收入购买食物和日用品，并供小孩上学。如果她们的收入及结余增加，她们也许会购买大件的电器、家具、农用机械以及交通工具。较之于男性，妇女倾向于将她们所有的收入投到家庭开支中去。

近期许多研究表明，将金钱带入家庭通常会给妇女地位带来持久的改变，包括受教育机会增加，在家庭决策中有更多的话语权，以及在社群中获得更高的社会地位。

男性转向其他领域也给女性提供了更多的机会，例如，在加纳的阿散蒂人中，许多男人从市场贸易转向了利益更为可观的可可生产。女人原本就一直和男人一起从事贸易，男人们离开后，女人补上了男人此前在市场中占据的许多位置，她们开始进行远距离的贸易。在肯尼亚，随着男性移民增多，管理农场和家庭的女性也越来越多。

迄今为止，我们讨论的大部分是农业社会。妇女的工作主要在家里或者是家庭附近。加入商业活动让妇女更多地进入公共领域。但是，在只有一部分人从事农业的工业化社会中，女性状况如何？一项针对 61 个国家及地区的调查显示，处于工业化进程中的国家和地区比农业社会更关注性别平等。伴随着工业化，婴幼儿死亡率下降，从而缓解了女性面临的生育压力。也许这使得她们能够在家庭之外追求教育与事业。后工业化国家的生育率甚至还要低，对性别平等的接受程度更高。随着女性得到更多的教育，更多地与外界接触，性别不平等似乎在减少。

（资料来源：Anita Spring 2000a; 2000b; 2000c; Bossen 2000; G. Clark 2000; Doyle 2005.）

国家进行的，心理学在这些国家中是一个主要的研究领域。虽然这样的研究十分有益，但它们并没有告诉我们在与西方国家文化差异极大的文化当中，所观察到的这些差异是否依然存在。幸运的是，我们现在有了针对不同非西方社会的系统观察研究。这些研究详细记录了大量男性和女性行为的细节。以男女在攻击性方面的差异为例，研究得出的结论都是基于在给定的观察时间内，特定个体试图伤害或损害另一个人的具体次数。研究发现的几乎所有差异都不算大，而且只是程度上的差异，并没有哪种行为是男性有而女性没有，或女性有而男性没有的。

这些系统研究发现了哪些个性差异呢？大部分研究观察了不同文化背景中的儿童。最一致的差异是攻击性方面的差异：男孩要比女孩更经常地伤害他人。在对儿童行为进行了大量比较研究的"六文化研究"项目中，这一差异在 3 至 6 岁的这个年龄段就体现出来了。[65] 六个不同的研究团队在肯尼亚、

---

65. B. B. Whiting and Edwards 1973.

墨西哥、印度、菲律宾、日本及美国观察儿童的行为。一项近期的跨文化研究对比了四种不同的文化（肯尼亚、尼泊尔、伯利兹以及美属萨摩亚），证实了攻击性的性别差异。[66] 在美国的研究也与跨文化研究的结果一致：大量的观察与经验研究表明，男孩展现出比女孩更强的攻击性。[67]

男性与女性之间的其他差异也表现出相当大的一致性，但我们在接受它们时要十分谨慎，因为它们既未被证实，也还存在许多例外。似乎女孩更倾向于展现更负责任的行为，包括养育型的特质（试图帮助他人）。女孩看上去更愿意顺从大人们的愿望及要求。男孩更经常要求别人听自己的。玩耍的时候，男孩和女孩都更愿意跟同性别的孩子玩。男孩似乎总是一大群人一起玩，而女孩则倾向于小群体。而且，男孩之间的距离要比女孩之间远。[68]

假定这些性别差异在不同文化中都存在，我们应当如何解释呢？许多作者和研究者认为，既然某些男女差异在不同文化中都一致存在，那么它们可能源自两性的生物学差异。攻击性是最常被认为与生物学差异有关的特质之一，尤其是因为这一行为的性别差异在生命的早期阶段就已经显露出来。[69] 但另一种论点是，社会按照不同的方式养育男孩和

女孩，因为几乎所有社会都要求成年男性及女性扮演不同类型的角色。如果大部分社会都希望成年男性成为战士或做好成为战士的准备，那么可以想见，大多数社会将鼓励男性具有攻击性或将其理想化。而如果看护婴儿的几乎总是女性，那么社会可能就会鼓励女性的养育型行为。

研究者们往往或者采用生物学视角，或者采用社会视角，但实际上在性别差异的形成过程中，生物学和社会因素可能同样重要。例如，父母也许会对男孩和女孩采取非常不同的社会化方式，从而将细微的遗传差异扩大为明显的性别差异。

对于研究者们来说，很难分辨什么是受到基因及其他生物条件的影响，什么是由社会化造成的。有研究表明，在生命伊始父母就用不同的方式对待男婴和女婴。[70] 尽管客观的观察者看不出男婴与女婴有什么明显的"个性"差异，但父母们往往坚持认为这种差异是存在的。[71] 不过，父母们也许会不自觉地希望看到差异，并因此在社会化的过程中制造出差异。即便是生命早期的差异也有可能是习得的，而不是遗传差异。另外，我们还需谨记研究者们不能利用人来做实验，例如，不能控制父母们的行为来看如果男婴与女婴受到同样对待时会发生

从跨文化角度看，女孩通常是关系亲密的一小群人一起玩，男孩则是一大群人一起玩

（图片来源：左图 © Kevin Cozad/O'Brien Productions/CORBIS, All Rights Reserved；右图 © Michael Newman/PhotoEdit, Inc.）

什么。

然而，存在大量针对非人类动物的攻击性的实验。这些实验表明雄激素与较高的攻击性水平有一定关系。例如，一些实验在雌性动物性器官形成时期（在出生之前或刚出生时）给它们注射雄激素，这些雌性动物长大后的攻击性就比没有被注射雄激素的同类雌性动物更强。诚然，这样的结论未必适用于人类，但一些研究者对一些在母亲子宫中时"用过雄激素"（她们的母亲为防止流产而使用了相关药物）的女性进行了调查。总体而言，这些研究的结果与前述实验的结果相似——"用过雄激素"的女性表现出相似的高攻击性模式。[72] 一些学者认为，这些结果表明两性的生物学差异可以解释两性在攻击性方面的差异；[73] 但另一些学者认为前述结果并不是决定性的，因为用过较多雄激素的女性或雌性通常有代谢系统紊乱的情况，而这本身也会增加攻击性。不仅如此，注射了雄激素的雌性也许因为形成了更像雄性的生殖器而表现得更像雄性，因此这些雌性应该被当作雄性对待。[74]

两性社会化过程的差异带来了攻击性方面的差异，这种说法是否有证据？虽然一项基于对 101 个社会的民族志报道的调查显示，鼓励男孩而非女孩发展出攻击性的社会比较多，但大多数社会在男女的攻击性训练方面并没有显示出差异。[75] 极少数社会中存在的攻击性训练差异，不能解释攻击性方面广泛存在的性别差异。但这项研究并不意味着在男孩和女孩的攻击性训练中不存在一贯的差异。研究表明的只是没有**明显**的差异。据我们所知，男孩习得的攻击性及其他"男子气概"的特质，可以通过微妙的社会化方式产生。

一种可能产生性别差异的微妙社会化方式，是孩子们被指派的家务活。也许小男孩和小女孩学会的行为方式不同，是因为父母让他们做的家务活种类不同。比阿特丽斯·怀廷和约翰·怀廷基于"六

文化研究"项目表示，在孩子被要求做大量工作的社会中，孩子们表现出更多的责任感和养育型行为。大人通常会要求女孩比男孩做更多的工作，仅仅是因为这个原因，女孩就可能表现出更多的责任感和养育型行为。[76] 如果这个说法成立，我们就会看到，被要求做很多女孩工作的男孩，在行为上会表现得更像女孩。

恩贝尔在肯尼亚对卢奥人儿童的研究结果支持上述观点。[77] 女孩通常被要求照顾婴儿、做饭和打扫卫生，还要去取水和寻找柴火。因为男孩传统的工作是放牛，而在被研究的社区中大部分家庭只有少量的牛，所以男孩往往很少有事情要干。不过因为某些原因，当地出生的男孩超过女孩，许多没有女儿的母亲也会让她们的儿子干点女孩的家务活。系统的行为观察显示，那些会做女孩家务活的男孩的行为方式，介于女孩与其他男孩的行为方式之间。做女孩家务活的男孩更像女孩，因为他们较少具有攻击性，更少盛气凌人，比其他男孩的责任心更强，即使他们不再做这些家务活的时候亦是如此。因此，任务指派可能对男孩和女孩的行为习得方式有重要的影响。这些和其他微妙的社会化方式，还需要更为彻底的调查研究。

对行为差异的误解

在结束行为差异这个话题之前，我们应该注意

---

66. R. L. Munroe et al. 2000, 8 – 9.

67. Maccoby and Jacklin 1974.

68. 关于行为差异及其可能原因的更详细讨论，可参见 C. R. Ember 1981.

69. B. B. Whiting and Edwards 1973.

70. 该研究的文献，可参见 C. R. Ember 1981, 559。

71. Rubin et al. 1974.

72. 对相关证据的讨论，可以参见 Ellis 1986, 525 – 527; C. R. Ember 1981.

73. 例如，Ellis（1986）认为，攻击性的生物学解释的证据是"无可置疑"的。

74. 对其他可能性的讨论，可以参见 C. R. Ember 1981。

75. Rohner 1976.

76. B. B. Whiting and Whiting 1975；也可参见 B. B. Whiting and Edwards 1988, 273。

77. C. R. Ember 1973, 424 – 439.

到，一些广泛流传的相关信念，其实并不受研究结果的支持。常见的错误观念包括女孩比男孩的依赖性更强，更愿意社交，也更为被动。"六文化研究"项目的结果对这些观念提出了疑问。[78] 首先，如果我们将依赖性定义为向他人寻求帮助及情感安慰，那么女孩并不比男孩表现出更多的依赖行为。当然，研究结果表明男孩与女孩的依赖风格有所不同。女孩更经常寻求帮助，喜欢与人接触；而男孩则寻求关注及赞许。若将"社交性"定义为寻求和付出友谊，那么"六文化研究"的结果并没有体现出可靠的性别差异。当然，因为男孩通常在较大的群体中玩耍，所以男孩与女孩通过不同的方式进行社交。而对于女孩比较被动这个说法，也没有特别令人信服的证据。在"六文化研究"项目中，女孩并不总是在面对攻击时退却，也不总是顺从无理的要求。性别差异的唯一表现，是年龄较大的女孩以牙还牙抵制攻击的可能性要低于同龄的男孩。但这一发现与其说是证实了女孩的被动性，不如说再一次验证了我们之前已经知道的现象：女孩的攻击性要低于男孩。

因此，对两性差异的一些通常看法是没有事实依据的。而其他一些看法，比如在攻击性和责任心方面的两性差异，则不可轻易排除，而应该进一步研究。

正如前文所述，男女在攻击性方面的差异并不意味着男性有攻击性而女性没有。也许是因为男性通常更具攻击性，所以女性的攻击性较少得到研究。出于这个原因，维多利亚·伯班克主要关注被称为"红树林"的澳大利亚土著社区中女性的攻击性行为。在她停留的 18 个月里，她几乎每隔一天都能观察到一些攻击性行为。与跨文化的证据一致，男性比女性更常发起攻击性行为，但有 43% 的攻击性行为由女性发起。红树林的女性会实施男性实施的几乎所有攻击性行为，包括打斗，只是她们的攻击并不像男性的暴力行为那样致命。男性更常使用致命性武

器；女性在打斗时通常使用的武器是棍棒，而不是箭、枪或者刀。伯班克指出，与西方文化不同，当地人并不认为女性的攻击性行为不自然或不正常，而是视其为愤怒的一种正常宣泄。[79]

性行为

鉴于人类的繁衍方式，将性视为人类天性的一部分不足为奇。但在我们所知的所有社会当中，没有哪一个是让性行为放任自流的；所有的社会都至少存在一些规定何为"合适"性行为的规范。不同社会对婚前、婚外甚至婚内的性行为的宽容及鼓励程度各不相同。不同社会对同性恋的容忍程度更是大相径庭。

性行为的文化规则：宽容与限制

所有社会都试图在不同程度上规范性活动，但不同文化的差异很大。一些社会允许婚前性行为，另一些则不允许。对于婚外性行为也是如此。除此之外，一个社会对性的控制程度对处于不同人生阶段的人是不同的，在性行为的不同方面也并不总是一致。比如，许多社会对青春期性行为的控制没有那么严格，而对成年时期的性行为则严加限制。[80] 另外，社会是随着时代变迁的。美国社会传统上严格控制性行为，但在艾滋病流行之前，人们已逐渐接受更为宽容的态度。

婚前性行为

不同社会对婚前性行为赞同或反对的程度千差万别。例如，特罗布里恩岛民赞成并且鼓励婚前性行为，他们将其视为婚姻之前的重要准备阶段。男孩和女孩们在青春期开始时，会被传授各种表达性的方式，他们也有充分的机会来表达亲密。部分社会不仅允许偶尔的婚前性行为，而且还特别鼓励青

少年试婚。在非洲中部的讲伊拉语（Ila）的群体中，人们会在收获的季节给年轻的姑娘们准备单独居住的房屋，让她们与中意的小伙子一起扮演夫妇。[81]

与此相对，许多社会不鼓励婚前性行为。例如，在墨西哥特波兹特兰（Tepoztlan）的印第安人当中，从月经初潮开始，少女的生活就"被恼人的疑惑和恐惧包围拘束"（crabbed, cribbed, confined）。她不能跟任何男孩说话，更不能表现出一丝鼓励之意。如果有姑娘这样做了，就会为自身招致耻辱，周围的人甚至会认为她疯了。对有一个或多个已达婚龄的女儿的母亲来说，保卫她们的贞洁与名誉常常成为一项沉重的负担。一位母亲说，希望15岁的女儿赶紧出嫁，因为随时随地"监视"她太不方便。[82]在许多社会当中，姑娘婚前的贞操要在婚后受到检验。在新婚之夜的第二天，染血的床单要向众人展示，以证明新娘的贞洁。

文化并非一成不变；人们的态度和实践可能发生显著的变化，美国就是一个例子。过去，美国社会中的性行为通常延迟到结婚之后；20世纪90年代之后，大多数美国人都已接受甚至赞许婚前性行为。[83]

婚内性行为

自然，已婚夫妇的性关系有许多共同特征，但在不同文化中也有差异。在大多数社会当中，某种形式的面对面性交是常见的模式，大多数人都喜欢让女性在下和男性在上的体位。大多数文化中的夫妇都希望有隐私。隐私在拥有单一家庭住所或分开居住的社会中比较容易获得，但在居住不分户和多个家庭合住的社会当中，隐私常常难以保障。比如，玻利维亚的西里奥诺人（Siriono）居住在包含有50张吊床的小屋之中，吊床之间的距离不过3米。自然，这类社会中的夫妇宁愿在野外的隐蔽处进行性生活。[84]

许多文化中的人都更愿意在晚上进行性生活，但有些文化中的人更喜欢白天。比如，印度的琴楚人认为，在夜里怀上的孩子出生后可能是盲人。在部分社会中，夫妇们很快就会开始性交，前戏很少或者完全没有；而在另一些社会当中，前戏可能有数小时之久。[85]对于婚内性行为及其频率的态度，不同文化之间的差异非常大。一项跨文化调查显示，频繁的婚内性行为通常被视为一件好事，但在被研究的9%的社会当中，人们认为频繁的性生活是不可取的，会导致虚弱、疾病甚至死亡。[86]在大多数社会中，人们在妇女月经期间、怀孕后期以及产后的一段时期内都会节制性生活。部分社会要求在特定活动之前禁止性生活，比如狩猎、搏斗、种植、酿酒、炼铁等。美国社会对婚后性行为的限制属于最少的一类，只在居丧、月经、怀孕期间才有一些相当宽松的限制。[87]

婚外性行为

婚外性行为在许多社会中并不罕见。在世界上69%的社会当中，男性经常有婚外性行为，在大约57%的社会中，女性也是如此。考虑到只有稍过半数的社会允许男性的婚外性行为，只有小部分（11%）的社会允许女性的婚外性行为，实际的婚外性行为的频率可能要高于我们的预期。[88]

在许多社会中，严格的规范与实际行为之间存在巨大的差异。20世纪40年代，据说纳瓦霍人禁止私通，但实际上，30岁以下的已婚男子有1/4的

78. B. B. Whiting and Edwards 1973, 175–179；也可参见 Maccoby and Jacklin 1974。
79. Burbank 1994.
80. Heise 1967.
81. C. S. Ford and Beach 1951, 191.
82. O. Lewis 1951, 397.
83. Farley 1996, 60.
84. C. S. Ford and Beach 1951, 23–25, 68–71.
85. Ibid., 40–41, 73.
86. Broude 2009.
87. C. S. Ford and Beach 1951, 82–83.
88. Broude and Greene 1976.

异性性行为是和妻子之外的女性发生的。[89] 在 20 世纪 70 年代的美国，虽然反婚外性行为的人占压倒性多数，但仍有 41% 的已婚男性和大约 18% 的已婚女性有过婚外性行为。20 世纪 90 年代，更高比例的男性和女性声称忠于自己的伴侣。[90] 从跨文化角度看，大多数社会对男性和女性持有双重标准，对女性的限制要严格得多。[91] 相当一部分社会公开接受婚外性关系。西伯利亚的楚克奇人（Chukchee）经常需要长途跋涉，他们允许已婚男子与投宿其家的主人的妻子发生性关系，并且双方心照不宣，因为他知道当这家的主人访问自己家时，也将受到同样友好的接待。[92]

尽管一个社会可能允许婚外性行为，但最近一项关于个体对婚外性行为反应的跨文化研究发现，男人和女人试图通过各种策略来减少婚外性行为。男性比女性更有可能对配偶使用暴力，女性更有可能采取远离丈夫的策略。流言蜚语可能被用来羞辱婚外性关系，在更复杂的社会中，人们可能会要求更高的权威介入。研究者的结论是，已婚男女普遍认为婚外性行为是不合适的，即使在一些偶尔允许

婚外性行为的社会中也是如此。[93]

同性恋

大多数人类学家讨论同性恋时，通常指的是男性之间或女性之间的性行为。尽管生物学上的男女二分法与西方社会中的社会性别男女二分法是对应的，但其他一些社会中的性别概念有所不同，因此在不同社会中同性恋的内涵可能不同。比如，美国西南部的纳瓦霍人传统上认可四种社会性别。在纳瓦霍人中，只有社会性别相同的人之间发生的性关系才会被认为是同性恋，他们认为这种关系是不合适的。[94] 社会性别不同的纳瓦霍人的生理性别可能相同，因此，一种关系在纳瓦霍人看来可能属于不同性别的人之间发生的关系，而在西方视角看来就是同性恋关系。目前大多数研究采用的都是生物学观点，即同性恋关系是生物性别相同的人之间发生的关系。

世界各地对同性恋关系的许可或限制程度的差异，与对其他类型性行为许可或限制程度的差异一样大。在喜马拉雅山区的雷布查人（Lepcha）中，

有些文化对性的态度比其他文化更宽松。这是否体现在公共雕塑上？图为挪威奥斯陆的古斯塔夫·维格兰（Gustav Vigeland）雕塑公园
（图片来源：© Paul A. Souders/CORBIS, All Rights Reserved）

如果一个人吃了未被阉割的猪的肉，就会被认为要变成同性恋者。但是，雷布查人说并没有听说他们中间有同性恋行为，也对此表示厌恶。[95] 或许因为很多社会否认同性恋存在，所以在限制严格的社会中，同性恋行为很少被外界知道。在允许同性恋的社会中，同性恋的类型和普遍程度也是各不相同。一些社会接受同性恋，但将其限制在特定的时间段和特定的人群中。比如，美国西南部的帕帕戈人（Papago）有"农神节的夜晚"，人们在这样的情境下可以表达同性恋的倾向。帕帕戈人中还有很多男性异装者，他们穿着女人的衣服，做女人做的家务，如果不结婚，可能接受男性拜访。[96] 女性就没有同样的表达自由。她们可以参加农神节宴会，但是要经过丈夫的允许，女性异装者也不存在。

其他一些社会中的同性恋行为要更普遍些。非洲北部操柏柏尔语（Berber）的希万人（Siwans）认为所有男子都应该有同性恋关系。实际上，父亲会为没结婚的儿子安排更年长的同性恋同伴。希万人的习俗限制一个男人只能跟一个男孩保持同性恋关系。由于担心埃及政府干涉，希万人已将这样的安排转为秘密进行，但在 1909 年以前，这种安排都是公开的。据报道，几乎所有的希万男人都在还是男孩的时候有过同性恋关系；他们会在 16 岁到 20 岁这段时间里与女孩结婚。[97] 这种被规定的不同年龄的人之间的同性恋关系是同性恋的常见形式之一。[98] 也有很支持同性恋的社会，巴布亚新几内亚的埃托罗人（Etoro）与异性恋相比更倾向于同性恋。异性性行为在一年中的 260 天里是被禁止的，在家和园圃及其附近也是被禁止的。相比之下，男性之间的同性性行为在任何时候都不受限制，人们认为这种行为可以使农作物茂盛，使男孩变健壮。[99] 不过，即便是埃托罗人，也认为男人在一定年龄后就应该娶一个女人。[100]

直到最近，研究者才开始注意女性之间的性关系。尽管早期研究发现的存在女性之间性关系的社会还比较少，但伊夫琳·布莱克伍德（Evelyn Blackwood）报道 95 个社会有这种行为，可见这种行为比以前人们认为的更普遍。[101] 像男同性恋关系一样，一些社会也使女同性恋关系制度化——坦桑尼亚的卡古鲁人（Kaguru）中，就有年长和年轻女人之间的女同性恋关系，她们视其为启蒙仪式，这令人回想起古希腊男性对男性的"指导"关系。

从跨文化的角度看，一个文化中只有男同性恋者或女同性恋者的情况是极少的。多数社会都认为男人和女人应该结婚，在容忍或认可同性恋行为的社会中，同性恋也只在人生的某个阶段发生，或与异性恋一起发生。[102]

性限制的原因

在讨论为什么一些社会比其他社会的限制更加严格之前，我们必须先问不同的限制是否相互协调。迄今为止的研究表明，在异性性行为的某个方面限制严格的社会，也倾向于在其他方面有更多的限制。因此，不赞成儿童性表达的社会，也会惩罚婚前和婚外性行为。[103] 此外，这样的社会往往强调穿着稳重，也会约束关于性的谈话。[104] 但是，对异性恋限制通常较多的社会未必限制同性恋。例如，限制婚前性行为的社会并不会更多或更少地限制同性恋。

89. Kluckhohn 1948, 101.
90. M. Hunt 1974, 254 – 257; Lewin 1994.
91. Broude 1980, 184.
92. C. S. Ford and Beach 1951, 114.
93. Jankowiak et al. 2002.
94. Lang 1999, 97，引用 Thomas 1993。
95. J. Morris 1938, 191.
96. Underhill 1938, 117, 186.
97. 'Abd Allah 1917, 7, 20.
98. Cardoso and Werner 2004.
99. R. C. Kelly 1974.
100. Cardoso and Werner 2004.
101. Blackwood and Wieringa 1999, 49; Blackwood 1984a.
102. Cardoso and Werner 2004, 207.
103. Data from Textor 1967.
104. W. N. Stephens 1972, 1 – 28.

婚外性行为的情况就有点不同了。男同性恋行为比较多的社会，倾向于反对男人的婚外异性关系。[105]因此，如果要对限制现象做出解释，我们就需要将对异性恋的约束和对同性恋的约束分开讨论。

让我们先来讨论对同性恋的限制。为何某些社会的同性恋行为比其他社会更多，为何有些社会不能容忍同性性关系？某些人对同性性关系感兴趣的原因，有很多心理学的解释，其中一些阐述涉及早期的亲子关系。迄今为止的研究尚未得出明确的结论，尽管有些涉及男同性恋的跨文化预测因素值得注意。

一项发现是，禁止已婚妇女堕胎和杀婴的社会（大多数社会允许非婚生育的行为），更有可能不容忍男同性恋。[106]该发现和其他发现与以下观点一致：希望人口增长的社会不太容忍同性恋。这样的社会可能不会容忍任何不利于人口增长的行为。如果我们假定同性恋关系的高发生率与异性恋关系的低发生率有联系，那么同性恋关系就可能有碍于人口的增长。异性性关系发生得越少，怀孕的次数可能就越少。可以表明对人口增长的希望与不容忍同性恋有关的另一种迹象是，存在饥荒和食物供应不足的社会更倾向于允许同性恋。饥荒和食物短缺表明人口对资源产生了压力；在这样的情况下，社会就可能容忍甚至鼓励同性恋和其他能减缓人口增长的行为。[107]

苏俄和苏联的历史上有一些相关的证据。在1917年革命后，禁止流产和同性恋的法律被废除，生育不受鼓励。但在1934年至1936年间，政策颠倒过来了。流产和同性恋再次被宣布为非法行为，而且同性恋者会被逮捕。与此同时，生育更多孩子的母亲获得了奖励。[108]人口压力可能也能解释为什么美国近期倾向于容忍同性恋。当然，人口压力不能解释为什么某些个体会变成同性恋者，或者为什么一些社会中有更多个体参与这种行为，但这也许

可以解释社会对这种行为的态度。

现在让我们转向异性性行为。什么样的社会对异性性行为更加宽容？虽然我们还不知道原因，但我们知道对婚前性行为限制较多的往往是更复杂的社会——这样的社会里有不同级别的政治官员，兼职或全职的手工艺专家，城市和城镇，还存在阶级分层。[109]这可能是因为随着社会不平等的增加，不同群体拥有的财富数量不同，父母更不希望孩子"下嫁"或"下娶"。放任婚前性关系可能导致一个人与不理想的对象结婚。更糟糕的是，从家庭的角度看，"不合适"的性行为可能导致怀孕，这样女孩就很难"嫁得好"了。因此，控制性行为可能是试图控制贫困的手段之一。与这个观点一致的发现是，等级和分层社会强调童贞，在这样的社会里，家庭间在安排婚姻的过程中会交换食物和金钱。[110]

人类依靠性行为来繁殖的生物学事实，本身无法解释为什么不同文化中的男性和女性有那么多不同，也无法解释为什么不同社会对男性和女性角色的看法各不相同。我们才刚开始探索这些问题。我们如果能更多理解男性和女性在角色、个性、性行为等方面的异同及其原因，也许就能更好地决定我们希望生物学上的性别在多大程度上塑造我们的生活。

小结

1. 人类通过性来繁衍并不能解释男性和女性为何往往在外貌和行为上有差异，而且在所有社会中都会被区别对待。

2. 所有或近乎所有社会都会给女性分配某些活动，而给男性分配其他的活动。男女在力量上的差异、任务能否兼顾育儿、节约投入的考虑和/或消耗的情况，可以解释世界范围内依据性别进行的劳动分工模式。

3.   也许因为妇女都要照料婴幼儿，所以按照对热量的贡献计算，大部分社会都是男子承担更多的主要生计活动。但在那些非常依赖采集和园圃种植的社会中，以及发生战争需要妇女承担主要生计活动时，妇女对主要生计活动也有很大的贡献。若是主要和次要生计活动一起计算，那么女人的工作时长通常会超过男人。在大部分社会中，政治领域的领导者是男人，而且战争几乎是男人专有的活动。

4.   在不同的生活领域，妇女相对于男人的地位有所不同。妇女在一个领域内具有相对高的地位，并不表明她们在另一个领域也有较高的地位。然而在较不复杂的社会中，男女在很多生活领域内的地位似乎趋于平等。

5.   近期的田野研究表明，个性方面存在一些具有一致性的性别差异：男孩比女孩更具攻击性，而女孩似乎比男孩更有责任心，也更乐于助人。

6.   尽管所有社会都在某种程度上规范性行为，但不同社会允许各种性行为的程度有很大的不同。有的社会允许婚前性行为，有的社会禁止婚前性行为。有的社会允许在特定情况下的婚外性行为，另一些社会基本上禁止婚外性关系。

7.   限制异性恋行为的某一方面的社会，可能也会限制异性恋行为的其他方面。比起较不复杂的社会，更为复杂的社会倾向于对婚前的异性性关系施加更多限制。

8.   社会对同性恋的态度与对异性性关系的态度并不一致。社会对同性恋的容忍可能与对堕胎、杀婴的容忍，以及饥荒和食物短缺有关联。

---

105. Broude 1976, 243.
106. D. Werner 1979; D. Werner 1975.
107. D. Werner 1979, 345 – 362；也可参见 D. Werner 1975, 36。
108. D. Werner 1979, 358.
109. Data from Textor 1967.
110. Schlegel 1991.

第二十一章
婚姻与家庭

本章内容	人类学家所知的几乎所有社会都有婚姻的习俗。为何在我们所知道的每个社会中都有婚姻习俗，这是个经典而复杂的问题，本章中我们将加以解释。
婚姻	
为何婚姻是近乎 　普遍的？	婚姻习俗的普遍性并不意味着社会中的每个人都要结婚。另外，当我们说婚姻近乎普遍时，我们的意思并不是所有社会中的婚姻和家庭习俗都一样。相反，
人们如何结婚？	一个人如何结婚、与谁结婚，甚至能同时与多少人结成婚姻关系，不同社会之
对婚姻的限制： 　普遍存在的乱伦禁忌	间的差异极大。实际上，尽管每段婚姻通常每次只涉及两个人，但近现代的大多数社会允许一个男人同时与多个女人结合。
应该跟谁结婚？	
一个人可以和多少人 　结婚？	家庭是普遍存在的，所有社会都有亲子群体，但家庭的形式及规模在不同社会中可能是不同的。一些社会中有由两个或两个以上亲子群体组成的扩展家庭，
家庭	另一些社会则以更小的独立家庭为主。当今，婚姻并不总是家庭生活的基础。在美国社会和其他社会中，单亲家庭都越来越常见。婚姻在这些社会中并没有消失，结婚依旧是习俗，但更多的个体选择在不结婚的情况下养育孩子。

左图为中亚乌兹别克斯坦尤里尔干（Yorilgan）村里一场婚礼上的新郎新娘和宾客
（图片来源：David Beatty/Robert Harding World Imagery）

婚姻

当人类学家谈及婚姻时，他们的意思并不是任何地方的夫妇都需要像美国夫妇那样登记结婚或举办婚礼。**婚姻**指的只是社会认可的性结合及经济联盟，通常是在一个男人与一个女人之间。无论是这对夫妇还是其他人，都会假定婚姻在一定程度上是持久的，它包含了婚姻双方之间、婚姻双方与未来的子女之间的权利和义务。[1]正如后文会谈到的，一个人一次与多个人结婚也相当常见。

婚姻是社会许可的性结合，婚姻双方没有必要隐藏他们关系中涉及性的部分。一个女人也许会说"我希望你能见见我丈夫"，但在大多数社会中，如果她说"我希望你见见我的情人"，就难免导致尴尬的场面。尽管这一结合可能最终因为离婚而解散，但所有社会中的婚姻双方在进入婚姻时都期待长期的承诺。婚姻也暗含着双方对彼此的权利与义务。在财产、资金和抚养孩子等事务上，婚姻双方的权利和义务是比较具体、正式的。

婚姻既是性的结合，也是经济的结合，正如乔治·彼得·默多克（George Peter Murdock）所言："性的关系在没有经济合作的情况下也能产生，男人和女人之间没有性也能进行劳动分工。但婚姻统一了性与经济。"[2]

正如我们将要看到的那样，在不同的社会中，标志婚姻开始的事件是不同的。例如，北美的温尼贝戈人（Winnebago）结婚时就没有结婚典礼之类的仪式。新娘随新郎到他的父母家，脱下"婚礼"服饰，将其交给婆婆并收下其回赠的一套便服，婚姻关系就这样确立了。[3]

摩梭人的特例

居于中国西南部云南省的摩梭人，人口在 3 万左右，他们并没有结婚后与伴侣居住在一起的习俗。一部分男性和女性终其一生都与他们各自的母系亲属居住在一起。这样的群体就是他们的家庭，家庭成员在经济上合作，共同养育后代。他们的性结合比较隐蔽。[4]男人通常在午夜之后到访女人家，在被人发现前离开。在情人之间不存在其他的关系，也不鼓励建立长期的关系。只有少数男性和女性会选择居住在一起（摩梭人没有关于结婚的词汇），但他们通常属于贵族阶层。1959 年之后，政府试图在摩梭人中间推行一夫一妻制度，但都不太成功。然而，年轻人的态度正在发生转变，其主要原因在于他们接受的教育，课本上经常提及结婚的夫妇。

19 世纪，印度的亚种姓纳亚尔（Nayar）也没有婚姻习俗。[5]摩梭人和纳亚尔人的生活都是男人缺席。纳亚尔男人经常受雇于印度各地的王公，为其作战。20世纪20年代至50年代，摩梭男子饲养骡马在整个云南西部结队运输货物。当然，男人的缺席并不是这些群体缺乏婚姻习俗的唯一理由；一些有婚姻习俗的族群中，也有男子远行的情况。

罕见的婚姻类别

除了常见的男女结合的婚姻之外，部分社会还承认生理性别相同的人之间的婚姻。这种婚姻在任何已知的社会中都不常见。此类同性婚姻可能是社会认可的结合，以常见的婚姻形式为模板，通常包含婚姻双方对彼此相当多的权利与义务。在有些情况下，结婚的是被人认为是"男人"或"女人"的个体，尽管他们的生理性别和人们认为的并不一致。正如我们在前一章提到的那样，夏延人允许已婚的男性再娶一个生理上是男性而在社会性别上属于第三性的双灵人作为妻子。[6]

尽管夏延人的男男婚姻是否涉及同性恋关系尚无定论，但在非洲的阿赞德人中间曾短暂出现同性婚姻。在今天苏丹共和国一带，英国人控制那片地区之前，无法承担娶妻费用的阿赞德战士通常与"男妻子"结婚，以满足自身的性需求。就像在传统婚姻中那样，丈夫会将礼物（但没有传统婚姻中给的那么多）赠予男妻子的父母。丈夫为男妻子的父母提供服务，如果男妻子有了情人，丈夫是能够以通奸罪名起诉他们的。男妻子不仅要和他们的丈夫发生性关系，而且要像传统妻子那样承担很多家务活。[7]

据报道，许多非洲社会中有女女婚姻，但并没有证据表明伴侣之间存在任何的性关系。女女婚姻更像是一种社会认可的方式，由女性承担父亲及丈夫的法律及社会角色。[8]例如，在肯尼亚从事畜牧业和农业的南迪人（Nandi）社会中，大约有3%的婚姻是女女婚姻。在传统婚姻无法产生男性继承人的情况下，女女婚姻似乎是南迪人解决问题的方法。南迪人的解决方案是让一名妇女（哪怕她自己的丈夫还活着）成为年轻女子的"丈夫"和年轻女子所生孩子的"父亲"。女丈夫会下聘礼，不再做女人做的工作，并承担起丈夫的职责。在女丈夫与新妻子之间（或者是女丈夫与她自己的丈夫之间）不允许有性关系，女丈夫会给新妻子安排一个男性配偶，以便让其生儿育女。然而，那些孩子都认女丈夫为父亲，因为她（更确切的性别角色为"他"）是社会认可的父亲。在这样的婚姻中产生的后代，会被认为是女丈夫的后代。[9]

为何婚姻是近乎普遍的？

因为几乎所有社会中都有男女之间的婚姻，所以我们可以认为婚姻习俗具有适应性。但这并没有说明婚姻习俗具体具有怎样的适应性。对于为何所有人类社会都有婚姻习俗这个问题，传统上有几种解释。每一种都指出婚姻解决了所有社会中都有的问题——如何分配性别劳动分工产生的产品，如何照顾依赖期很长的婴儿，如何最大限度减少性竞争。为了评估这些解释的合理性，我们要考虑的是，婚姻是否为每个问题提供了最好或唯一合理的解决方案。毕竟，我们正在解释一项几乎普遍的习俗。在一些动物中间，也有与婚姻类似的组织，对其他动物的比较研究或许有助于我们评估这些解释。

1. W. N. Stephens 1963, 5.
2. Murdock 1949, 8.
3. Stephens 1963, 170 – 171.
4. Hua 2001.
5. Gough 1959; Unnithan 2009.
6. Hoebel 1960, 77.
7. Evans-Pritchard 1970, 1428 – 1434.
8. D. O'Brien 1977; Oboler 1980.
9. Oboler 2009.

在亚利桑那州霍皮人的传统订婚仪式上，新娘的亲戚带着礼物和玉米薄饼来到新郎家里（图片来源：David McLain/Aurora Photos, Inc.）

性别劳动分工

我们在前一章中提到，人类学家已知的所有社会中都有按照性别进行的劳动分工。每个社会中的男性和女性都从事不同的经济活动。性别劳动分工常被认为是促成婚姻的原因。[10] 只要以性别为基础的劳动分工存在，社会就必须有一些机制，让男性和女性分享他们的劳动产品。婚姻可能是解决这个问题的方法之一，但婚姻似乎并非唯一的解决方法。狩猎采集者的分享原则可以扩展应用于男人和女人产生的所有产品。或者，一小群的男人和女人，例如兄弟姐妹，也许会承诺在经济方面合作。因此，即便婚姻能够解决性别分工的成果分配问题，它显然也不是唯一的解决方法。

依赖期很长的婴幼儿

在所有灵长目动物当中，人类婴幼儿的依赖期是最长的。孩子需要长期依赖大人，这给母亲带来了沉重的负担，在大多数社会中母亲都是主要的照料者。女性需要长时间照料儿童，这限制了她们所能从事的工作。某些类型的工作，比如狩猎，也许需要男人来做，因为狩猎时很难兼顾照料儿童。有人认为，儿童的长期依赖让婚姻成为必要。[11] 但这个论点与关于性别劳动分工的论点本质上是一样的，也有同样的逻辑缺陷。一群男人和女人，比如狩猎采集游群，在不结婚的情况下，未必不能合作照料需要依赖大人的儿童。

性竞争

与其他雌性灵长目动物不同，人类女性在一年中的任何时间都可以性交。一些学者认为女性在一定程度上持续的性行为可能带来一个严重的问题：男性之间会为女性而进行大量性竞争。他们主张，社会如果要延续下去，就要阻止这样的竞争，因此必须最大程度减少男性群体内为了女性而进行的竞争，以减少致死与恶性冲突的可能性。[12]

这个论点有好几个问题。首先，为何女性持续的性活动会带来更多的性竞争？反过来也可能是成立的。如果女性对性有兴趣的时间更少，那么竞争可能会更激烈，因为资源更稀缺了。其次，在许多动物物种中，甚至包括一些雌性性活动比较频繁的物种（比如我们的许多灵长目近亲），雄性并没有为了争夺雌性而表现出过多的进攻性。再次，性竞争即便存在，为什么不能被婚姻之外的文化规则规范呢？例如，社会可以规定，男人和女人可以来往于本群体的异性之间，每个人与各自的伴侣在特定时段内共处。这样的系统大概也能解决性竞争的问题。不过，如果人们对特定个体产生了特别的感情，这种系统也许就无法很好发挥功效了。此类感情会引发嫉妒，也许会带来更多的竞争。

"我的确爱你。但老实讲，哪只小鸟出现在我面前我都会爱。"
（图片来源：© Punch/Rothco）

其他哺乳动物及鸟类：产后需求

上述理论都没能令人信服地解释，为何婚姻是解决特定问题的最佳方法。此外，一些对其他哺乳动物及鸟类的比较研究的证据，对上述理论提出了挑战。[13] 来自其他动物的证据能如何帮助我们评价关于人类婚姻的理论？通过观察与人类一样具有异性固定伴侣行为（而不是完全混交）的动物，我们也许能看出哪些因素能预测温血动物中的异性结合。在大多数鸟类及部分哺乳动物（如狼和海狸）中，都存在某种形式的"婚姻"。在40种哺乳动物和鸟类中，前面提到的三种因素（劳动分工、幼崽或雏鸟长期依赖、雌性持续的性能力）都无法预测异性结合，与之也没有很强的相关性。就性别劳动分工而言，大部分其他动物并没有像人类那样的分工，但异性结合却相当稳定。基于其他两个因素——幼崽或雏鸟长期依赖、雌性持续的性能力——的预测则与我们的期待完全相反。幼崽或雏鸟依赖期较长及雌性拥有持续性能力的哺乳动物和鸟类，拥有稳定配偶的可能性更小。

存在能预测动物异性结合的因素吗？在哺乳动物及鸟类中，有一种因素可以，而这也可能有助于解释人类的婚姻。结果显示，雌性能在产后同时喂饱自己和幼崽或雏鸟的物种，往往没有稳定的配偶；而雌性在产后无法同时喂饱自己和幼崽或雏鸟的物种，通常会有稳定的配偶。一般而言，雌鸟很难同时喂饱自己和雏鸟。雏鸟在一段时间内无法飞行，需要被保护在鸟巢里，如果雌鸟飞离鸟巢觅食，就可能失去雏鸟。而如果雌鸟有固定的雄性配偶（大部分鸟类都是这样），那么雄鸟就可以去觅食，也可以和雌鸟轮流看护鸟巢。在没有产后喂养问题的动物中，幼崽几乎在出生后就能活动，能与母亲一起四处觅食（马之类的食草动物就是如此），或者母亲可以带着幼崽去觅食（例如狒狒和袋鼠）。我们认为，人类女性是要面临产后喂养的问题的。人类失去大部分体毛之后，婴儿无法挂在母亲的皮毛上稳妥地行进。而在人类开始依靠（打猎之类的）危险方式获取食物后，母亲也无法带着婴儿一起进行这样的活动。[14]

近期关于坦桑尼亚的觅食者哈德扎人的研究似乎支持上述观点。弗兰克·马洛（Frank Marlowe）发现，父亲和母亲对热量的贡献取决于他们是否需

10. Murdock 1949, 7 – 8.
11. Ibid., 9 – 10.
12. 比如，可以参见 Linton 1936, 135 – 136。
13. M. Ember and C. R. Ember 1979.
14. Ibid.

2008 年，一对年轻的伊拉克夫妇在挑选要用作嫁妆的黄金首饰。无论婚姻中会发生什么，这些嫁妆都将是她个人的财产
（图片来源：© Faleh Kheiber/CORBIS, All Rights Reserved）

要抚育婴儿。女性对家庭饮食热量的贡献一般而言比男性多，但需要养育婴儿的已婚妇女贡献的热量明显少于其他已婚妇女。婴儿的父亲会补足母亲在养育婴儿时少贡献的那部分热量。实际上，孩子还在哺乳期的哈德扎父亲，对家庭食物热量的贡献要明显超过孩子年龄更大的父亲。[15]

即便我们假定人类母亲要面临产后养育的问题，我们还是得问：婚姻是不是这一问题的最佳解决方案？我们认为是的，因为可以想到的其他解决方法效果不如婚姻。例如，假如两位母亲轮流照顾孩子，他们很难为自己和仍依赖她们的孩子采集到足够的食物。但如果是父母共同养育自己的孩子，他们喂饱自己和孩子会更容易。另一个可能的解决方案是不进行对偶结合，而是男男女女共同生活在混交的群体中。我们认为，在这样的群体中，母亲在需要别人照看孩子以便外出寻找食物，或是需要别人帮她和孩子带回食物的时候，未必能找到可靠

的男性帮忙。因此，解决产后抚养问题的需要，也许有助于解释为何包括人类在内的某些动物有相对稳定的对偶结合。[16] 当然，关于其他动物的研究是否可以用于人类，仍然是一个问题。

人们如何结婚？

我们说婚姻是社会认可的性结合及经济联盟时，指的是在所有的社会中都有一些标志婚姻开始的方式，但不同社会中的做法有很大不同。出于某些我们并未充分理解的原因，一些文化通过精心策划的仪式和庆典来宣告婚姻开始，而另一些则采取比较非正式的形式。大部分社会在婚姻缔结之前、之中、之后都有经济交换。

婚姻开始的标志

许多社会用庆典标志婚姻的开始。但另一些社

会则用其他社会标志来代表婚姻缔结，例如塔拉缪特（Taramiut）因纽特人、南太平洋上的特罗布里恩岛民，以及新几内亚的卡卧玛人（Kwoma）。塔拉缪特因纽特人非常看重订婚，父母在孩子青春期或青春期以前就会为他们安排好。年轻的男子准备好以后，就会搬入未婚妻家中，开始一段试婚期。如果一切顺利，也就是这位年轻女子在差不多一年内生下孩子，那么这对伴侣即被视为结婚。这时，妻子就会跟随丈夫回到丈夫的营地。[17]

特罗布里恩人对性的态度比较开放，在特罗布里恩社会中，情侣可以通过"经常睡在一起，在公共场合同时出现，长时间待在一起"等行为来表明结婚的愿望。[18]如果女孩接受一个男孩的礼物，就表示她的父母喜欢这个男孩。不久之后，她会带着粮食搬到男孩的家里，整天伴随自己的丈夫。然后，周围的人就会说他们结婚了。[19]

新几内亚的卡卧玛人则在试婚之后才举办结婚仪式。女孩在男孩家中居住一段时间。如果男孩的母亲对这样的结合感到满意，也知道自己儿子满意，她就会等一个男孩离家的日子。在那之前，女孩只做自己的那份饭，男孩的食物由他的女性亲属准备。而在那一天，男孩的母亲会让女孩来准备餐食。男孩回家后开始喝汤，第一碗将尽时，他的母亲会告诉他，这餐饭是女孩烹饪的，他吃了即表示他们已经结婚。听闻这个消息后，按习俗男孩会冲出房门，吐出汤汁，同时大喊："呸！这实在是太难吃了，做得太糟糕了。"随后，人们就会举办宣告二人正式结婚的仪式。[20]

近30年来，"同居"在美国等西方国家才成为一种选项。对于大多数人而言，同居是婚姻的前奏或某种试婚形式。对一部分人而言，同居则成为婚姻的替代。美国的统计数据显示，在45岁以下的已婚妇女中，至少有三分之一曾与男性同居过一段时间。[21]

在那些用仪式来标志婚姻开始的社会中，宴席

是一个常见要素。通过婚宴，人们公开表明两个家庭通过婚姻联合在一起。西伯利亚的驯鹿通古斯人在定下婚礼日期之前，要经过两个家庭及其所在更大亲属群体之间漫长的谈判。媒人会负责大部分的谈判工作。婚礼那天，先出场的是两个亲属群体，人数可能多达150人，他们在不同的区域住宿，摆设盛大的宴席。在新郎呈送礼物之后，新娘的嫁妆用驯鹿载来，送到新郎的住所。此时，婚礼的高潮开启了。新娘坐到了妻子的位置上，也就是小屋入口的右侧，双方家庭的成员坐成一个圆圈。新郎进门并随着新娘绕一圈，逐个问候宾客，而宾客们则亲吻新娘的嘴和手。最后，媒人向新娘的手上吐三次口水，新郎新娘就算正式结婚了。之后是更大的宴席和狂欢，直到这天结束。[22]

在很多文化中，人们在结婚时会仪式性地表达敌意。许多社会都有假装战斗的戏码。偶尔，这种敌意里也会有真正的攻击意味，就像肯尼亚的古西伊人（Gusii）那样：

> 新郎所在部落的五个年轻人前来接新娘，其中两人很快发现了女孩，他们贴在女孩两侧防止她逃跑，其他三人则去获取女孩父母的最终许可。女孩父母许可后，新娘会抱住屋里的柱子，年轻男子就会将她拖拽出去。最后，新娘只得把手放在头上，哭着和他们一起走。[23]

但是战斗还没有结束。新郎和新娘之间的斗争会持续到婚床，甚至是性交时也还有争执。新郎

15. Marlowe 2003, 221 – 223.
16. M. Ember and C. R. Ember 1979.
17. Graburn 1969, 188 – 200.
18. Malinowski 1932, 77.
19. Ibid., 88.
20. W. M. Whiting 1941, 125.
21. Doyle 2004.
22. Service 1978.
23. LeVine and LeVine 1963, 65.

下定决心要展示他的男人气概，新娘同样想测试一下新郎。罗伯特·莱文与芭芭拉·莱文（Barbara LeVine）评论道："新娘以拖住配偶的时长为傲"。男人也可以赢得喝彩。如果新娘在第二天难以下床行走，人们就会认为新郎是"真男人"。[24] 这种敌意的表达经常发生在两个亲属集团是实际或潜在竞争对手或敌手的社会。在很多社会中，从"敌对"村庄娶妻是很普遍的。

正如这个案例所示，婚礼仪式往往象征着文化的重要元素。古西伊人的婚礼仪式可能象征了两个家庭的敌意，但其他社会中的婚礼仪式可能促进家庭之间的和谐。例如，在波利尼西亚的罗图马（Rotuma）岛上，女性小丑是婚礼上的重要人物。她负责制造快乐而搞笑的气氛，以促进双方互动。[25]

婚姻的经济维度

"并非男人娶女人为妻，而是土地与土地结合，葡萄园与葡萄园结合，牲畜与牲畜结合。"这则德国农谚很实在地表明，许多社会中的婚姻还涉及经济考量。在北美文化中，经济考量未必会明确表现出来。但在人类学家所知的社会中，有 75%[26] 是在新人结婚前后有一次或多次明确的经济交易的。经济交易可以有多种形式，包括聘礼、新郎为新娘家提供的新婚劳务、女性的交换、礼物的交换、嫁妆或间接嫁妆。图 21-1 列出了在存在婚姻经济交易的社会中这些形式的分布情况。

聘礼

聘礼或聘金是新郎及其亲属赠予新娘亲属的财物。这些礼物通常赋予新郎与新娘结婚并成为新娘后代父亲的权利。在婚姻涉及的所有经济交易形式中，聘礼是最常见的。在一个跨文化研究的样本中，44%存在婚姻经济交易的社会都实行聘礼制度；几乎在所有这些社会中，聘礼都相当可观。[27] 世界各地都存在聘礼，但在非洲和大洋洲尤为普遍。聘礼有不同的形式，其中比较常见的是家畜和食物。随着商业交换越来越重要，金钱也越来越多地成为聘礼的一部分。在南迪人的社会中，聘礼包括 5 至 7 头牛、1 或 2 只绵羊或山羊、玛瑙贝壳，以及与一头奶牛等值的现金。即使在不寻常的女女婚姻中，女"丈夫"也必须送出聘礼，这样才能与妻子结婚，被视为"父亲"。[28]

菲律宾苏巴农人（Subanun）的聘礼价格很高，相当于新郎家庭年收入的数倍，外加三到五年的新婚劳务（下一节讨论）。[29] 在巴布亚新几内亚阿德默勒尔蒂群岛（Admiralty Islands）的马努斯人（Manus）当中，新郎需要一名经济赞助人，通常是他的哥哥或叔叔，他在婚后需要花费数年才能向赞助人还清债务。依据最终的聘礼情况，聘礼可以在结婚时一次性付清，也可以在婚后数年内持续支付。[30]

聘礼并不会将妇女的地位降低为奴隶，尽管正如后文讨论的，聘礼的确与妇女相对较低的地位有

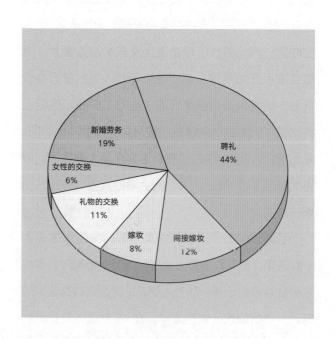

图 21-1　婚姻经济交易形式在存在婚姻经济交易的社会中的分布比例。请注意在有民族志记录的社会中，有 25%在人们结婚时并没有发生实质性经济交易（资料来源：基于 Schlegel and Eloul 1988, 291-309 的数据）

关。聘礼可能对妇女及其家庭都很重要。实际上，他们获得的费用起到了保障作用。如果婚姻失败而妻子没有过失，在她回到自己的亲属集团后，她的家族并不会将聘礼还给新郎家。而如果她的亲属不想返还聘礼或根本还不起，就会给她施压，要她违背自己的意愿而继续和丈夫在一起。可以说，聘礼越多，离婚就越困难。[31]

哪些类型的社会更可能有聘礼习俗？从跨文化角度看，拥有聘礼习俗的社会更可能是没有社会分层的园圃种植社会。聘礼也可能存在于女性对主要生计活动贡献很大的社会中，[32] 以及女性在各种经济活动中的贡献都要比男性更大的社会。[33] 虽然这些发现可能说明女性在这些社会中受到重视，但我们也要记住，在女性对主要生计活动贡献很多的社会里，女性相对于男性的地位并不会更高。实际上，聘礼更常见于男性负责家庭中大部分决策的社会，[34] 而男性做决定是女性地位较低的一个指标。

新婚劳务

新婚劳务是婚姻经济交易中第二普遍的形式，在存在婚姻经济交易的社会中，约19%有新婚劳务的习俗。新婚劳务要求新郎为新娘家庭服务，有时是结婚前，有时是结婚后。不同社会中新婚劳务的时长不同。部分社会的新婚劳务只有几个月，而有些社会中的新婚劳务可能长达数年。例如在北阿拉斯加因纽特人中，男孩在婚姻安排好之后就要为姻亲干活。为姻亲捕到一头海豹，也能算是履行义务。在新婚劳务期间，新人可以随时结合。[35] 在某些社会中，新婚劳务代替了聘礼。新郎可以通过新婚劳务来减少被要求的聘礼的数量。南北美洲的土著社会都实行新婚劳务，尤其是平等的食物采集社会。[36]

女性的交换

在存在婚姻经济交易的社会中，约6%有以新

郎的姐妹或女性亲属来交换新娘的习俗。实行女性交换的社会包括西非的蒂夫人、巴西和委内瑞拉的亚诺马米人。这样的社会往往是平等的园圃种植社会，妇女对主要生计活动的贡献很大。[37]

礼物的交换

礼物交换（通过婚姻联系在一起的两个亲属群体交换价值相等的礼物）比女性交换要常见一些（在存在婚姻经济交易的社会中占约11%）。[38] 例如，在安达曼群岛的岛民中间，男孩和女孩表达结婚意愿后，双方父母就会停止一切直接交流，开始通过第三方交换食物和其他礼物。礼物的交换持续到双方结合，两个亲属群体就此联合到一起。[39]

嫁妆

嫁妆通常是新娘家庭赠予新娘、新郎或夫妻双方的大笔财物。[40] 在存在婚姻经济交易的社会中，约8%有嫁妆的习俗。不同于此前讨论的几种经济交易，嫁妆通常不是新娘亲属与新郎亲属之间的经济交易。赠予嫁妆的家庭必须拥有可以作为嫁妆的财富，而由于嫁妆流向的是新建立的家庭，财富并不会回流至出嫁妆的家庭。在中世纪及文艺复兴时

24. Ibid.
25. 对罗图马岛婚礼象征意义的详尽讨论，可参见 A. Howard and Rensel 2009。
26. Schlegel and Eloul 1987, 119.
27. Schlegel and Eloul 1988, 295, Table 1. 我们使用这些数据来计算世界各地样本 186 个样本社会中不同类型经济交易发生的频率。
28. Oboler 2009.
29. Frake 1960.
30. Mead 1931, 206 – 208.
31. Borgerhoff Mulder et al. 2001.
32. Schlegel and Eloul 1988, 298 – 299.
33. Pryor 1977, 363 – 364.
34. Ibid.
35. Spencer 1968, 136.
36. Schlegel and Eloul 1988, 296 – 297.
37. Ibid.
38. Ibid.
39. Radcliffe-Brown 1922, 73.
40. Murdock 1967; Goody 1973, 17 – 21.

期的欧洲，嫁妆是很普遍的，当时嫁妆的多少往往能决定女儿的吸引力。在东欧的部分地区，以及意大利南部和法国的某些地区，今天仍在实行这样的习俗，而土地是新娘家庭提供的主要嫁妆。印度的部分地区也有嫁妆习俗。

与有聘礼习俗的社会不同，在有嫁妆习俗的社会中，女性对主要生计活动的贡献相对较少，社会分层的程度较高，一名男子不能同时与两名及以上的女子结婚。[41] 为何嫁妆习俗容易出现在这些类型的社会中呢？一种理论认为，嫁妆是为了让女子及其儿女将来的生活有保障，哪怕她不会从事太多主要生计活动。另一种理论认为，在社会不平等程度较高的一夫一妻制社会中，嫁妆是为了让女儿吸引到更好的新郎。嫁妆的策略有可能增加女儿及其子女在繁衍后代方面成功的可能性。最近的跨文化研究支持前述两种理论，尤其是第二种。[42] 但在很多男人和女人一次只能有一个配偶的分层社会（包括美国）中，并没有嫁妆的习俗。个中缘由尚未得到解释。

间接嫁妆

嫁妆是由新娘的家庭赠予新娘、新郎或夫妻双方的。但有些情况下，赠予新娘的嫁妆原本来自新郎的家庭。因为这些财物有时先交给新娘的父亲，新娘的父亲再将其中大部分乃至全部赠予新娘，所以这一类交易被称为"间接嫁妆"。[43] 在存在婚姻经济交易的社会中，约12%有间接嫁妆习俗。例如，在伊朗南部的巴涉利人中间，新郎的父亲需要承担新人安置新家的费用。他会把现金交给新娘的父亲，新娘的父亲用至少部分现金为女儿的家庭购买日用器具、地毯和毛毯。[44]

对婚姻的限制：普遍存在的乱伦禁忌

跟好莱坞电影中表现的不同，即将成为生活伴侣的两个人各自发现并向对方表达的爱意，并不足以成为婚姻的基础。当然，婚姻也不是仅仅基于性或财富。除了爱、性和经济的因素以外，还有一些规定谁能和谁结婚的规范。在**所有**的文化中都有的最严格的规范也许是乱伦禁忌，也就是禁止某几类亲属之间的性交与婚姻。

乱伦禁忌最为普遍的方面是禁止母子、父女及兄弟姐妹之间的性交与婚姻。当今没有任何社会允许这样组合的性交或婚姻。然而在过去，部分社会却允许乱伦，但通常仅限于王室及贵族。例如，印加及夏威夷的王室允许家族内部的婚姻。最为人熟知的允许乱伦的例子可能是埃及的克娄巴特拉（Cleopatra of Egypt）。

埃及的贵族及王室似乎明显纵容父女及兄弟姐妹之间的婚姻。克娄巴特拉就在不同时期分别嫁给了自己的两个弟弟。[45] 之所以如此，似乎有一部分宗教原因，法老家族的成员被视为神，不能与"普通"人类结合；经济可能也是部分原因，家族内部婚可以保证王室财产不被分割。在公元前30年至公元324年的古代埃及，不仅王室内部允许乱伦，民间的也得到了允许，大约有8%的民间婚姻是兄妹或姐弟婚。[46] 除了这些特例，我们今天所知道的文化无一允许或接受核心家庭之内的乱伦。为何家族内部的乱伦禁忌如此普遍？目前有好几种解释。

童年亲密理论

爱德华·韦斯特马克（Edward Westermarck）提出的童年亲密理论，在20世纪20年代就已经声名远播。韦斯特马克认为，那些从童年时期就亲密地联系在一起的人，比如兄弟姐妹，彼此之间没有性吸引力，因而会回避相互之间的婚姻。[47] 后来，这种理论遭到反对，因为有些儿童对父母和兄弟姐妹是有性方面的兴趣的。然而，许多研究表明韦斯特马克的理论确实有一定道理。

在以色列基布兹幼儿屋厨房里用餐的小孩
（图片来源：ASAP/Sarit Uzieli/Photo Researchers, Inc.）

尤尼娜·塔尔蒙（Yonina Talmon）调查了以色列三个基布兹（集体农庄）社区中第二代人的婚姻模式。在这些社区中，儿童和许多同龄伙伴一起生活在家庭之外的住处。从出生后到发育成熟的这段时间里，他们一直和这些同伴互动。这项研究揭示，在125对夫妇中，"没有一对的夫妇双方均来自同一个同龄群体"，[48] 尽管父母其实是鼓励同龄群体中的伙伴结婚的。在同龄群体中玩耍的儿童长大后不仅会避免相互结婚，而且内部成员之间不会发生性关系。

塔尔蒙表示，这些一起长大的人坚定认为，彼此太过熟悉的话就不会产生性方面的兴趣。就像其中一个人对她说的那样，"我们对彼此来说就像打开的书。我们反反复复阅读过书中的故事，互相之间

已经完全了解"。[49] 塔尔蒙的证据显示，在同龄群体中一起长大的伙伴对彼此不会有性方面的兴趣，甚至会产生排斥，但他们会对新来的人或外人特别感兴趣，尤其为他们的"神秘性"着迷。

武雅士（Arthur Wolf）关于中国台湾北部村庄的研究，也多少支持这一观念：一起长大的同龄伙伴不会对彼此产生性方面的兴趣。武雅士关注的村庄仍在实行"童养媳"制度：

> 当穷人家生了女孩……就会在几星期或几个月之后将其送人或卖掉，也有可能是在其一两岁的时候，把她送给那些有幼子尚未订婚的亲戚或朋友家，将来给他们的儿子做老婆……她被称为"小媳妇"，在养育她的家庭里和她未来的丈夫一起长大。[50]

武雅士的研究表明，这种安排往往导致这样的"夫妇"长大结婚后出现性事方面的困难。报道人暗示熟悉导致他们对彼此没有性方面的兴趣。可以说明他们对彼此没有性方面兴趣的，是这类夫妇生育的后代数量少于那些不在一起长大的夫妇，他们更容易寻找婚外的性关系，而且更可能离婚。[51]

塔尔蒙与武雅士的研究表明，一起长大的孩童在成年后不太可能对彼此有性方面的兴趣。这种情况符合韦斯特马克的观念——乱伦禁忌可能更多是

---

41. Pryor 1977, 363 – 365; Schlegel and Eloul 1988, 296 – 299.
42. 研究录于 Gaulin and Boster 1990, 994 – 1005。此处讨论的第一个理论与 Boserup 1970 有关。第二个理论是 Gaulin 和 Boster 提出的。
43. Schlegel and Eloul 1988，参考 Goody 1973, 20。
44. Barth 1965, 18 – 19；录于（并编码为"间接嫁妆"）Schlegel and Eloul 1987, 131。
45. Middleton 1962, 606.
46. Durham 1991, 293 – 294，其中引用了 Hopkins 1980。
47. Westermarck 1894.
48. Talmon 1964, 492.
49. Ibid., 504.
50. A. Wolf 1968, 864.
51. A. Wolf and Chieh-shan Huang 1980, 159, 170, 185.

为了避免某种交配，而不仅仅是一种禁令。还有另一种证据符合这种对乱伦禁忌的解释。希尔达·帕克（Hilda Parker）与西摩·帕克（Seymour Parker）比较了两组父亲的样本：一组对女儿实施过性侵犯，另外一组可能没有。[52] 为了将两组样本的相似性最大化，帕克从同样的监狱和精神病院选择了两组样本。他发现与参照样本相比，对女儿干过乱伦事情的父亲，几乎没有参与过对女儿的养育，他们在女儿 3 岁前不在家或很少在家。换句话说，那些不乱伦的父亲在女儿孩童时期与其有更密切的联系。这个结果与韦斯特马克的说法一致，即乱伦禁忌是孩童时期彼此熟悉的结果。

尽管韦斯特马克谈论的是童年早期性反感的发展，有些研究者想要知道童年亲密理论如何解释一级堂表亲之间的乱伦禁忌。根据童年亲密理论，在同一个社群里长大的一级堂表亲之间的婚姻应该会被禁止。但事实并非如此。这些社会禁止一级堂表亲婚姻的可能性并不更大。[53]

即使童年亲密通常导致对彼此缺乏性方面的兴趣，[54] 我们还是要问：为什么对于人们原本就会因性反感而自愿避免的婚姻，社会要加以禁止？为什么很多夫妇在结婚多年之后仍然对彼此有性方面的兴趣？

弗洛伊德精神分析理论

西格蒙德·弗洛伊德提出，乱伦禁忌是对无意识的不可接受的欲望的反应。[55] 他认为母亲对儿子具有吸引力（父亲对女儿也有吸引力），因此儿子会对父亲产生嫉妒和敌意。但是，儿子知道这些感觉不能继续下去，因为这可能让父亲揍他一顿；因此，他要放弃或者压制住这些感觉。通常，这些感觉会被压抑并进入无意识。但是，想要占有母亲的愿望会继续存在于无意识中，按照弗洛伊德的说法，对乱伦的憎恶是对被禁止的无意识冲动的反应或防护。

尽管弗洛伊德的理论可以解释人们对乱伦的厌恶，或至少是对亲子之间乱伦的反感，但该理论无法解释为何社会需要一种明确的禁忌，尤其是对兄弟姐妹之间乱伦的禁忌。弗洛伊德的理论也无法解释我们在讨论韦斯特马克假说时提到的那些对彼此没有性方面兴趣的人的情况。

家庭分裂理论

人们通常将马林诺夫斯基与家庭分裂理论联系在一起，[56] 该理论可以概括为以下内容：家庭成员之间的性竞争会产生很大的对抗和紧张，导致家庭无法作为有效的单元来实现功能。因为社会如果要存续，家庭就必须有效运转，所以社会需要减少家庭内部的竞争。因此，社会执行家族内部的乱伦禁忌，以保证家庭的完整性。

但是，这种推理路径也有矛盾之处。社会也可以形成规范家庭成员之间性接触的其他规则，那些规则同样能消除潜在的分裂性竞争。此外，兄弟姐妹之间的乱伦怎么就具有如此大的破坏力？就像前文提到的，这种婚姻的确一度存在于古埃及。允许子女长大后互相结婚，兄弟姐妹之间的乱伦也不会瓦解父母亲的权威。因此，家庭分裂理论无法解释乱伦禁忌的起源。

合作理论

合作理论由早期人类学家爱德华·B. 泰勒提出，并经莱斯利·A. 怀特与克劳德·列维-斯特劳斯进一步阐发。该理论强调，乱伦禁忌有助于促进家庭群体之间的合作，并因此有利于社群的存续。泰勒认为，某些对社群福祉必不可少的合作需要很多人的力量才能实现。为了化解家庭群体之间的怀疑和敌意，让此类合作成为可能，早期的人类发展出了乱伦禁忌，以确保个体和其他家庭群体的成员婚配。联姻创造的关系有助于将社群团结在一起。因此，泰勒认为，乱伦禁忌是对"是和外人结婚还是被外人杀掉"这个问题的回答。[57]

通过与其他群体的人结婚来促进合作的说法听起来颇有道理，但有证据支持吗？毕竟，在古西伊人之类的社会中，联姻经常发生在敌对的群体之间。这种社会是例外吗？婚姻真能促进合作吗？由于在所有的现当代社会中，人们都在家庭之外选择结婚对象，我们无法验证这种婚姻是不是比家庭内部的婚姻更能促进合作。不过，我们能够研究的是，与之类似的外部结亲，比如与其他社群通婚，是否能促进这些社群之间的合作。关于这个问题的证据并不能支持合作理论。禁止内部通婚、只与其他社群通婚的社群，并不比其他社群更平和。[58]

即使家族之外的婚姻能促进与其他群体的合作，为什么人们要禁止家族内部的各种婚姻呢？家族为什么不能在需要维持所需的联盟时规定一些成员必须与家族外的人结婚，而在不再需要这样的联盟时允许家族内部的乱伦呢？尽管乱伦禁忌可能促进家族之间的合作，但合作的需要并不能充分解释乱伦禁忌在所有社会中存在的原因，毕竟其他习俗也能促进结盟。另外，合作理论并不能解释乱伦禁忌的性方面。社会也有可能在允许发生乱伦性关系的同时，要求家族中的子女在家族之外婚配。

近亲交配理论

对乱伦禁忌最早的解释之一是近亲交配理论。它关注家族内婚或近亲交配带来的潜在有害结果。同一家族中的人可能携带同样的有害隐性基因。因此，较之于没有亲属关系的夫妇所生的后代，近亲交配产生的后代更可能早早就死于遗传缺陷。最近的证据表明，近亲交配倾向于增加罹患影响晚年生活的疾病的可能性，比如心脏病和糖尿病。[59]在很长一段时间里，近亲交配理论一直遭受抵制，因为人们基于狗近亲交配的情况，认为近亲交配并不一定有害。然而，为繁殖出获奖犬只而进行的近亲配种，实际上并不能说明近亲交配是否有害；配种者在试图繁殖能获奖的犬只时，并不会计算他们剔除了多少条狗。目前已有大量从人类到其他动物的证据表明，近亲交配的亲缘越近，遗传影响的有害性就越大。[60]

基因突变经常发生。尽管很多基因突变对携带单个隐性基因的个体无害，但当两个携带同种隐性基因的个体交配后生育后代时，就会出现有害或致命的情况。较之于那些没有亲缘关系的个体，亲缘关系越近的个体越有可能携带同种有害的隐性基因。因此较之于无亲缘关系的夫妇所生的后代，近亲属结婚生育的后代，继承有害特征的可能性会大得多。

一项研究比较了同一母亲乱伦和非乱伦所生的小孩。乱伦所生的孩子有大约40%患有严重的畸形，而非乱伦所生的孩子只有5%。[61]与近亲属之外的其他亲属交配也显示出有害性，不过其后果没有近亲交配那么严重。这些结果与近亲交配理论一致。父母的亲缘关系越远，所生小孩继承双倍有害隐性基因的可能性越小。有叔侄或舅甥关系的人结婚（这在某些社会中还允许）所生后代的畸形率要比堂表婚所生的后代高，这个事实与近亲交配理论也一致，因为叔侄或舅甥婚所生后代继承双倍有害隐性基因的概率，是一级堂表婚所生后代的两倍。[62]

尽管大部分学者承认近亲交配的有害后果，但有些人怀疑，从前的人是不是真的知道近亲交配在

---

52. H. Parker and S. Parker 1986.
53. M. Ember 1975; Durham 1991, 341–357.
54. 关于导致性反感的机制的讨论，参见 S. Parker 1976; 1984。
55. Freud 1943.
56. Malinowski 1927.
57. 转引自 L. A. White 1949, 313。
58. Kang 1979, 85–99.
59. Rudan and Campbell 2004.
60. Stern 1973, 494–495, 转引自 M. Ember 1975, 256。对该理论及证据的回顾，可参见 Durham 1991。
61. Seemanova 1971, 108–128, 转引自 Durham 1991, 305–309。
62. Durham 1991, 305–309.

生物学上是有害的，才有意发明或采借了乱伦禁忌。威廉·德拉姆的跨文化调研表明的确如此。民族志学者并不经常记录乱伦可感知的后果，但在德拉姆发现的记录中，有50%提及近亲交配在生物学上的害处。[63]例如，弗思报道了生活在南太平洋岛屿上的蒂科皮亚人的情况：

> 他们坚定相信近亲结合会给自己带来厄运，也就是mara……mara这个概念主要和无后有关……乱伦结合的问题不在于无法生下孩子，而在于所生下的孩子会遭遇疾病、死亡或其他灾祸……近亲结婚生育的后代身体虚弱，而且可能夭折，这种观念被土著们牢记于心，并且有很多例子可以证明。[64]

因此，若是人们广泛认识到近亲交配的害处，就可能会有意发明或采借乱伦禁忌。[65]但无论人们实际上有没有认识到近亲交配的危害，乱伦禁忌的人口影响就能解释其普遍性，因为实行乱伦禁忌的群体能累积起繁殖优势以及由此而来的竞争优势。因此，虽然对于家庭分裂理论与合作理论假定乱伦禁忌能解决的那些问题，用其他的文化手段也能解决，但对于近亲交配的问题，只有乱伦禁忌这个手段能够解决。

正如下一节要讨论的那样，有的社会将乱伦禁忌扩展到一级堂表亲，有的社会则没有。这种差异也可以用近亲交配理论来解释，而这也进一步说明，社会发明或采借乱伦禁忌是为了避免近亲交配的有害后果。

应该跟谁结婚？

大家都知道灰姑娘的故事——穷困的美丽姑娘遇到了王子，两人坠入爱河，最终结婚。这是个令人陶醉的故事，但它不能体现我们社会的配偶选择方式。不管是哪个社会，大部分婚姻都不是按照如此自由和巧合的方式产生的。除了乱伦禁忌之外，社会通常有一些限制人们可以和谁结婚的规则，对于什么样的人是理想配偶也有一些偏好。

即使在美国这样人们理论上能自由选择配偶的现代城市社会中，人们也倾向于和本阶级、本地区的人结婚。例如，对美国婚姻的许多研究都表明，人们更有可能与住得离自己近的人结婚。[66]邻居通常是来自同一阶级的人，因此这样的婚姻结合里不太可能出现灰姑娘的故事。

包办婚姻

很多社会中的婚姻是包办的，直接由家人或媒人处理协调相关事宜。有时，双方还是孩子的时候就订下了未来将成为伴侣的婚约。印度、中国、日本，以及欧洲的东部和南部都曾存在这种习俗。包办婚姻习俗暗含着这样的信念：两个不同的亲属群体建立新的社会和经济纽带非常重要，因此不能任凭自由选择和浪漫爱情来决定。

克莱伦·福特（Clellan Ford）对英属哥伦比亚的夸扣特尔人的研究展示了出于声望考虑而包办婚姻的例子。福特的报道人描述了他自己的婚姻：

> 当我长大到可以娶妻时，当时我大约25岁，我的兄弟找到一个跟我们兄弟社会地位相同的女孩。未经我的同意，他们就替我选了妻子——拉吉斯（Lagius）的女儿。我喜欢的女孩比他们为我选的这个漂亮，但其社会地位比我低，所以他们不同意我和那个女孩结婚。[67]

在许多地方，包办婚姻都变得越来越不常见，人们在选择婚配对象时拥有越来越多的自主权。但在太平洋岛屿罗图马岛上，婚姻在20世纪60年代

这些在英国的年轻印度人正在进行"闪电约会"。他们与每位有可能成为伴侣的人交谈三分钟。传统上，印度人的婚姻是由父母安排的
（图片来源：Jonathan Player/Redux Pictures）

依旧是包办婚姻，有些情况下，新郎与新娘直至婚礼当天才见面。如今，当地的婚礼与过去的差别并不大，但现在伴侣们可以"一起出去"，在与谁结婚的事上有一定的发言权。[68] 在摩洛哥的一个小镇上，包办婚姻依然很普遍，不过年轻男子可以让母亲去向某个他中意的女孩的父母求婚，他们会问女孩是否愿意接受男孩的求婚。但是约会仍然不被允许，所以他们很难在一起混得熟络。[69]

族外婚与族内婚

族外婚（exogamy）的原则是，结婚对象通常必须来自个体所在的亲属群体或社群之外。族外婚可以有多种形式。它可以意味着与特定亲属群体、特定村庄或特定村庄集群之外的人通婚。配偶往往来自较远的地方。例如，在印度的一个村庄莱尼凯拉（Rani Khera），266 名已婚妇女来自 200 个不同的村庄，那些村庄与莱尼凯拉的距离一般在 20 到 40 千米之间；而当地的 220 名妇女嫁到了另外 200 个村庄。就这样，族外婚让莱尼凯拉这个只有 150 户人家的村庄与附近 400 个村庄联系在了一起。[70] 在实行族外婚的地方，人们认为违反规则会带来伤害。在密克罗西尼亚的雅浦岛（Yap）上，通过女性关

63. Ibid., 346 – 352.
64. Firth 1957, 287 – 288，转引自（略有改动）Durham 1991, 349 – 350。
65. 关于早期婚配制度的一个数学模型表明，农业生产带来人口扩张后，人们可能已经注意到了近亲交配的害处，因此，人们有意发明或采借乱伦禁忌来解决近亲交配的问题。参见 M. Ember 1975。类似的看法，可参见 Durham 1991, 331 – 339。
66. Goode 1982, 61 – 62.
67. C. S. Ford 1941, 149.
68. A. Howard and Rensel 2004.
69. S. S. Davis 2009.
70. Goode 1970, 210.

移居者与移民
流散人口中的包办婚姻

当人们从实行包办婚姻的地方迁移到婚姻基于自由选择及浪漫爱情缔结的地方时，会发生什么？世界各地的许多人或他们的父母都来自反对恋爱结婚、认为这种婚姻最终会失败的地方。他们认为，爱情不足以成为婚姻的基础。因此，父母及其他亲属或雇来的媒人为你选择结婚的对象，选择的对象往往来自同样的社会经济背景。直到最近，在南亚的许多地区，人们还是认为一个人应当跟来自相同种姓或阶级的人结婚。许多移民父母仍然坚持要为他们孩子的婚姻做安排。但是，这样的情况有所改变。一些在英国的南亚年轻人"安排"自己婚姻的方式就能说明问题。

媒人渐渐被网站、聊天室以及网络上的个人广告所取代。通过网络相识的人可

能会安排一次面对面的见面，这被称为"南亚闪电约会"；他们同意在餐厅或酒吧会面交谈，但只跟一个人聊三分钟，之后就会去与下一个人交谈。这类约会的参与者年龄都是二十几岁，出身中产阶级，他们认为这种做法很时髦。他们很自然地把东西方的行为方式混合到了一起。但是，在英国的南亚人里，还是有很多婚姻是亲戚或媒人包办的。这会不会是因为南亚人遭到歧视，因此很难在其他群体中认识合适的人并结婚？对于在美国的南亚人而言，情况也是如此吗？

美国对有色人种的歧视已经有很长的历史，南亚人的肤色通常比较深。因此，他们也可能遭遇社会壁垒。在过去和现在，大部分移民与不同族群和阶级背景的人约会和结婚的机会一直受到限制。穷人不属于乡村俱乐部。来自

某些族群的人很少被常春藤名校录取。诚然，有些人能够在经济上"向上流动"，有机会接触来自其他背景的人。但是，婚姻对象往往还是来自他们原来的阶级、宗教和地域。直到今天，很大程度上依然如此。因此，我们可以预计，来自南亚的移民会继续实行包办婚姻。很多南亚移民也是这样做的。年轻人可能会说他们更喜欢恋爱结婚。但是，他们不会梦想和与他们不同的人结婚。因此，他们的父母会雇来媒人为他们寻找配偶。

拉科希（Rakhi）是纽约的一名律师。她的父母是从印度旁遮普移民而来的锡克教教徒。她还是个小女孩时，曾在自己的卧室里为一个美国电影明星建了一个"圣坛"。但在 27 岁那年，她决定要嫁给与自身相似的人。因

为她专注于事业，没有时间约会，所以她母亲找了一个锡克教媒人帮忙。这个媒人受一个名为兰吉特（Ranjeet）的男子的母亲所托，要为兰吉特寻找妻子。兰吉特也认为自己应当为爱结婚。"但当我看到不同文化家庭观念的差异时，我意识到有必要找到正确的伴侣。"媒人组织了一个聚会，邀请了拉科希与兰吉特（及他们的母亲），拉科希的母亲低声耳语说道："我觉得就是他了。"在两个年轻人悄悄地约会两个月之后，媒人再次召集会面，这次是协商婚礼的安排。一段时间之后，拉科希和兰吉特在纽约郊区的一座锡克教庙宇中完婚。

（资料来源：Alvarez 2003, Section 1, p. 3; Henderson 2002, Section 9, p. 2.）

联在一起的人被称为"一个肚皮上的人"。年长的人说，如果来自同一亲属群体的两个人结婚，他们就无法生出女儿，这个群体也会逐渐消失。[71]

在人口密度很小的社会中，人们通常不得不远行以寻找配偶。一项对觅食者及园圃种植者的研究，发现了人口密度与夫妻双方原属社群距离之间的清晰关系：人口密度越低，联姻的距离越远。因为觅

食社会的人口密度往往低于园圃种植社会，所以觅食社会中的人通常需要行走更远的距离去寻找配偶。例如在昆人当中，结婚前夫妻各自住所的平均距离为 65 千米。[72]

族内婚（endogamy）的规则要求一个人在某个群体之内寻找配偶。印度的种姓群体在传统上是族内通婚的。较高种姓者认为与较低种姓者通婚会

"污染"自己，因而禁止这样的结合。非洲部分地区也有种姓族内婚的现象。在东非，马赛勇士决不会让女儿下嫁给铁匠；在中非，卢旺达以前处于统治地位的图西人也不会考虑与狩猎的特瓦人结婚。

堂表婚

大部分美国人所用的亲属关系称谓并不区分不同类型的堂表亲。在其他一些社会当中，相关的区分，尤其是对一级堂表亲的区分，是很重要的；对一级堂表亲的不同称谓能区分出哪些是适合（甚至是受青睐）的结婚对象，哪些不是。虽然大部分社会禁止一级堂表亲之间的通婚，[73] 但部分社会依然允许甚至青睐某些类型的堂表亲通婚。

异性亲兄弟姐妹的后代称为**交表**（cross-cousins），也就是说，一个人的交表兄弟姐妹是其父亲姐妹的子女和其母亲兄弟的子女。同性亲兄弟姐妹的后代称为**平表**（parallel-cousins），也就是说，一个人的平表兄弟姐妹是其父亲兄弟的子女和其母亲姐妹的子女。奇佩瓦（Chippewa）印第安人过去实行交表婚，也会开交表亲的玩笑。奇佩瓦男子与交表姐妹在一起时，往往会交换许多近乎猥亵的笑话，但他不会与自己的平表姐妹开这样的玩笑，与平表姐妹在一起时，严肃的礼节才符合规矩。总的来说，在允许交表婚而不允许平表婚的社会中，男性与他们的交表姐妹之间都存在一种玩笑关系。与此相对，男性与他们的平表姐妹之间的关系是正式而严肃的。玩笑关系代表了婚姻的可能性，而严肃关系则表示乱伦禁忌扩展到了平表亲之间。

得到允许或青睐的一级堂表亲之间的婚姻，通常是某种类型的交表婚。平表婚很少见，但一些伊斯兰社会更青睐平表婚，同时也允许其他类型的堂表婚。库尔德人大部分是逊尼派穆斯林，他们倾向于让男子娶他父亲的兄弟的女儿（对女方而言，男方是她父亲的兄弟的儿子）。因为女方的父亲通常

与兄弟住得很近，所以在这样的婚姻中，女方结婚后将依然居住在原本的家庭附近。因为新郎与新娘来自同一个亲属群体，所以这样的婚姻也是一种族内婚。[74]

什么样的社会允许或青睐一级堂表亲之间的婚姻？跨文化研究表明，堂表亲婚出现在相对大型且人口密集的社会的可能性比较大。也许是因为在这样的社会中，堂表亲通婚的可能性，以及由此产生的近亲交配的风险是最小的。然而，很多人口稀少的小型社会也允许甚至青睐堂表婚。这又是为什么呢？按理说，人口稀少的小型社会应该禁止堂表婚才对，因为人们更有可能偶然与近亲属结婚，近亲交配的风险也很大。后来人们发现，大部分允许堂表婚的小型社会，都是人口因传染病而大量减少的社会。世界上很多地方，尤其是太平洋地区、北美洲和南美洲的许多人群，在接触欧洲人之后的第一二代出现了严重的人口下降，因为欧洲人将疾病（比如麻疹、肺炎和天花）带给了没有或只有一点点抵抗力的土著人群。在适婚人口锐减的情况下，这类社会不得不允许堂表婚，以保障婚配可能性。[75]

收继婚与妻姐妹婚

在很多社会中，文化规则会要求个人与自己过世亲属的配偶结婚。**收继婚**（levirate）指的是要求男子娶自己死去兄弟的妻子的习俗。**妻姐妹婚**（sororate）这种习俗要求女子嫁给其死去的姐妹的丈夫。这两种习俗都很常见，在人类学家已知的大多数社会中是再婚的强制形式。[76]

在西伯利亚的楚克奇人中，收继婚俗要求死者

---

71. Lingenfelter 2009.
72. MacDonald and Hewlett 1999, 504－506.
73. M. Ember 1975, 262, Table 3.
74. Busby 2009.
75. M. Ember 1975, 260－269；也可参见 Durham 1991, 341－357。
76. Murdock 1949, 29.

最年长的弟弟成为其寡嫂的丈夫。他将照顾寡妇及其子女，获得丈夫的性特权，还要把死者的驯鹿群与自己的合在一起，以兄长子女的名义放牧。如果死者没有兄弟，他的遗孀就要嫁给他的亲戚。楚克奇人认为这个习俗与其说是权利，不如说是义务。最近的亲属有义务照顾寡妇及其子女和死者留下的鹿群。[77]

一个人可以和多少人结婚？

我们习惯于认为婚姻是**一夫一妻**或**单偶婚**（monogamy），一个男人在同一时间段只能和一个女人结婚，但人类学家所知道的大多数社会都允许一个男子同时娶多个女子为妻——**一夫多妻**（polygyny）。然而，在允许一夫多妻的社会中，不管是什么时候，大多数男性仍按照一夫一妻制来婚配；几乎没有哪个社会的妇女数量多到能让大多数男子娶至少两个妻子。与一夫多妻相对的是**一妻多夫**（polyandry），即一名女子同时与多名男子结合，实行一妻多夫制的社会很少。一夫多妻与一妻多夫是**多偶婚**（polygamy）的两种类型。**群婚**（group marriage）是多名男性同时与多名女性结合的婚姻，这样的现象虽然存在，但在任何已知社会中都没有成为习俗。

一夫多妻制

《圣经·旧约》中多次提到一些男人有不止一个妻子：大卫王和他的儿子所罗门王只是一夫多妻的两个例子。和《圣经·旧约》中描述的社会一样，在许多社会中，一夫多妻被视为财富及地位的标志。在这些社会里，只有十分富有的男人能够拥有多名妻子，人们也认为富人应该娶多个妻子。一些阿拉伯社会仍然如此看待一夫多妻。但是，男人未必都得富有才能娶多名妻子；实际上，在一些女性对经济有重要贡献的社会中，男性似乎是通过娶多名妻子来致富的。

在南太平洋的塞瓦（Siwai）社会中，个人通过设宴获得社会地位。猪肉是这些宴席上的主要菜肴，因此塞瓦人将养猪与声望联系在一起。因为在塞瓦社会中是女性负责种植养猪所需的作物，所以重视养猪的塞瓦人也很看重妻子。虽然拥有多名妻子本身并不会提升男人在塞瓦社会中的地位，但多名妻子带来的养猪规模扩大，则可能成为男人声望的来源。[78]

一夫多妻的塞瓦男性看上去声望更高，但他们也抱怨拥有多名妻子的家庭生活十分艰难。一个名叫西努（Sinu）的塞瓦人这样描述自己的困境：

> 一夫多妻的家庭永远不会有长久的平静。如果丈夫在其中一个妻子的屋子里睡了觉，另一个妻子在第二天就会生一整天的气。如果一个男人蠢到连续两天都在同一个妻子的住处过夜，那么另一个妻子就会拒绝为他做饭，她会说，某某人是你的妻子，你到她那里吃饭就好了，因为我不配跟你同床共枕，我做的食物也不值得你一尝。妻子们经常吵架。我舅舅之前一度有五个老婆，最年轻的那个老婆经常发火打人。有一次她把我舅舅最年长的老婆打得失去知觉，逃跑之后又被强行带回来。[79]

共有丈夫的几个妻子之间的冲突，在某些社会中似乎并未出现。例如，玛格丽特·米德报告了新几内亚岛阿拉培赤人（Arapech）的婚姻生活，据说，虽然是一夫多妻，但他们的婚姻生活"平衡满足到没有什么可写的"。[80]为何在这个社会中，共有丈夫的几个妻子之间很少或没有明显的嫉妒呢？一种可能性是，男子娶的妻子是姐妹，即姐妹共夫（sororal polygyny）；共夫的姐妹可能因为是一起长大的，所以比起非姐妹共夫（nonsororal polygyny）的情况，更有可能融洽相处并合作。实际上，一项最

尽管美国的法律禁止一夫多妻，但仍有一些人在实行
（图片来源：© Nik Wheeler/Bettmann/CORBIS, All Rights Reserved）

近的跨文化研究证明，在非姐妹共夫的一夫多妻制社会中，持续的冲突与怨恨十分普遍。[81]怨恨与冲突最常见的理由是妻子无法从丈夫那里获得足够的性及情感支持。

也许正是因为共夫妻子之间的冲突太过常见，一夫多妻制社会才发明了一些旨在减少共夫妻子之间冲突和嫉妒的习俗：

1. 共夫的姐妹总是生活在同一屋檐下，非姐妹的共夫妻子则倾向于分开居住。在实行非姐妹共夫制的非洲高地通加人（Plateau Tonga）中，妻子们分开居住，丈夫按照严格的平等原则，将其个人物品和爱意分给妻子们。克劳印第安人实行姐妹共夫制，妻子们通常在锥形帐篷中共同生活。

2. 共夫妻子之间在性事、经济及个人财产方面享有明确界定的平等权利。例如，马达加斯加的塔纳拉人（Tanala）要求丈夫和每个妻子轮流过一天。丈夫若没有这样做，被怠慢的妻子就有权起诉离婚，获得的离婚扶养费最高可达丈夫财产的三分之一。另外，所有的妻子平等地享有土地，可以在丈夫前来看她们时让他帮忙耕种。

3. 年长的妻子通常享有特殊声望。例如，波利尼西亚的汤加人会将"主妻"（chief wife）的地位授予第一个妻子。她的住所位于丈夫房屋的右侧，被称为"父亲的房屋"。其他妻子被称为"小妻"（small wives），她们的房子位于丈夫房屋的左侧。在征求意见时，主妻有权排在小妻前面，丈夫出远门之前和旅行回来，都要到主妻的屋里过夜。尽管这个规则似乎会加剧其他妻子的嫉妒，但后来娶进的妻子往往因为更年轻和更有吸引力而受宠。这个习俗也许能够用更多的声望来弥补第一位妻子逐渐失去的吸引力。[82]

我们要记住的是，虽然人们经常提到一夫多妻婚姻里的嫉妒与冲突，但嫉妒与冲突并非无时不在。实行一夫多妻制的人群可能认为这种制度有很大的好处。由菲利浦·基尔布赖德（Philip Kilbride）和珍妮特·基尔布赖德（Janet Kilbride）开展的一项研究表明，肯尼亚的已婚男女都认为一夫多妻制具有经济及政治上的优势。一夫多妻制家庭通常规模比较大，农业劳动力比较充足，能生产出可在市场上售卖的额外食物。这样的家庭在本社群中影响力也更大，也许能培养出成为政府官员的个体。[83]康妮·安德森（Connie Anderson）发现，在南非，一些妇女选择与已有其他妻子的男子结婚，是因为其他妻子能帮助照顾孩子、做家务并提供陪伴，还允许她来去自由。部分女性说他们选择一夫多妻制婚姻，是因为缺乏适合结婚的男性。[84]

77. Bogoras 1909，转引自 W. Stephens 1963, 195。
78. Oliver 1955, 352–353。
79. Ibid., 223–224，转引自 W. Stephens 1963, 58。
80. Mead 1950, 101。
81. Jankowiak et al. 2005。
82. 对这些习俗的讨论基于 W. Stephens 1963, 63–67。
83. Kilbride and Kilbride 1990, 202–206。
84. C. Anderson 2000, 102–103。

人类学家已知的社会中，大部分允许甚至倾向于一夫多妻制，我们该如何理解这个事实呢？拉尔夫·林顿认为一夫多妻制源于雄性灵长目动物收集雌性的冲动。[85] 但如果真的如此，为什么不是所有社会都允许一夫多妻？也有人提出对一夫多妻制的其他解释。我们在此只讨论在世界范围内的样本中能从统计学上强力预测一夫多妻制的那些因素。

一种理论认为，产后性禁忌时间长的社会将允许一夫多妻制。[86] 在这样的社会中，夫妇在孩子一岁之前会避免性交。约翰·怀廷认为夫妇在孩子出生后长期避免性交是出于健康考虑。一名豪萨（Hausa）妇女表示：

> 母亲在给孩子哺乳期间不应该和丈夫同房。如果她这样做了，孩子就会变瘦，断奶后就长不壮实，就会不健康。如果她在孩子两岁之后和丈夫同房就没事，因为孩子已经发育健壮，两年之后她再怀孕也不会有什么事。[87]

这个妇女所说的病症似乎是夸希奥科病。这种病常见于热带地区，是一种在有肠道寄生虫及患有痢疾的儿童身上特别容易发生的蛋白质缺乏病。通过在较长时间内遵守产后性禁忌，孩子的出生间隔拉长了，妇女给每个孩子哺乳的时间就可以更长。如果一个孩子在出生后的一年多的时间里都能从母乳中获取蛋白质，那么患上夸希奥科病的可能性将会大大降低。与怀廷的解释一致，主食蛋白质含量低（主食是芋头、甘薯、香蕉、面包果等根茎类作物或木本作物果实）的社会，产后性禁忌的时间较长。产后性禁忌时间较长的社会也更倾向于一夫多妻制。也许，一名男性拥有一位以上的妻子，是对这种禁忌的文化适应。就像一名约鲁巴（Yoruba）妇女所说：

> 在不与丈夫性交的两年里，我们给孩子喂

奶，我们知道丈夫会去找别的女人。我们宁可那样的女人成为跟我们共夫的妻子，这样丈夫就不会把钱花到家庭之外。[88]

即使我们也认为在长期产后性禁忌期间，男人会去寻求其他的性关系，一夫多妻制恐怕也不是这个问题唯一的解决办法。毕竟，一名男子的所有妻子也可能在同一时间都处于产后性禁忌期。而且，在婚姻之外也许存在性宣泄的渠道。

对一夫多妻制的另一种解释是认为它是对女人多于男人这种现象的回应。性别比例失衡可能是战争频发的结果。因为战斗人员通常是男性而非女性，所以，战争几乎总是导致更多男人死亡。鉴于非商品化社会中的大部分成年人都结婚了，一夫多妻制也许是为剩余女性提供伴侣的方法。实际上，有证据显示，性别比例失衡的社会更倾向于实行一夫多妻制，在这样的社会中男性在战争中的死亡率较高。相比之下，性别比例平衡的社会倾向于实行一夫一妻制，男性在战争中的死亡率也较低。[89]

第三种解释认为当男性的结婚年龄晚于女性时，社会将允许一夫多妻制。该观点与基于性别比例的解释类似。男性结婚年龄的推迟将人为地造成适婚女性多于男性的情况。男性推迟结婚的原因尚不清楚，但结婚推迟这个因素确实能预测一夫多妻制。[90]

在上述解释中，是某一个比其他两个更好，还是说，三个要素——长期产后性禁忌、女性多于男性的性别比例失衡、男性结婚年龄的推迟——对解释一夫多妻制都重要？要判断哪种解释更好，可以采用统计控制分析法（statistical-control analysis），这种方法能让我们看到，在排除其他可能因素的影响之后，某个因素是否还有预测力。就我们讨论的问题而言，排除性别比例的可能影响这一因素之后，长期产后性禁忌就不再能预测一夫多

妻制，因此长期产后性禁忌很可能不是一夫多妻制的原因。[91] 但无论是实际上的女性相对于男性过多，还是男性结婚年龄的推迟，似乎都能有效预测一夫多妻制。两个因素加起来，对一夫多妻制的影响更为显著。[92]

行为生态学者也提出，男人和女人倾向于一夫多妻制有生态学的原因。在资源充足的情况下，男人可能倾向于一夫多妻的婚姻，因为拥有多名妻子就可能拥有更多的后代。如果资源占有高度分化，又都掌握在男人手中，那么女人也许会愿意嫁给拥有许多资源的男人，哪怕这个男人已经有了妻子。近期一项针对觅食者的研究认为，男性控制渔猎的觅食者社会更有可能实行一夫多妻制。这一发现与前述理论一致，但令研究者感到惊讶的是，男性控制食物采集点这一因素不能预测一夫多妻制。[93] 就关于资源占有分化及其对婚姻影响的理论而言，主要问题是许多社会尤其是"现代"社会虽然财富差异很大，但极少实行一夫多妻制。对此，行为生态学者只能主张不实行一夫多妻制是社会约束的结果。但是，这些社会为何施加这样的约束呢？性别比例理论能够解释大多数商品化现代社会不实行一夫多妻制的原因。第一，高度复杂的社会拥有常备军队，就比例而言，复杂社会中男性的战争死亡率很少像简单社会中那么高。第二，伴随着商品化，个体更有可能不借助婚姻而养活自己。在环境中患病的情况也有可能是影响因素之一。

博比·洛认为，一种疾病的高发将使"健康"男性变得比较少见。在这样的情况下，女人嫁给哪怕已有妻子的健康男人可能会更有利，而男人与多个没有亲属关系的女人结婚会更有利，因为其后代更有可能出现遗传变异（以及对疾病的抵抗能力）。实际上，存在许多病原体的社会更有可能实行一夫多妻制。[94] 近期的一项跨文化研究比较了疾病程度和性别比例失衡这两种对一夫多妻制的解释。两者都

得到了支持。在人口更稠密的复杂社会中，病原体数量能更好地预测一夫多妻制。在人口稀少的非国家社会中，性别比例对一夫多妻制的预测力更强。[95] 奈杰尔·巴伯（Nigel Barber）使用现代国家的数据来检验这样的说法。他发现性别比例和病原体压力也能预测现代国家中的一夫多妻制。[96]

一妻多夫制

乔治·彼得·默多克的"世界民族志样本"中包含了 4 个一妻多夫制社会（少于总数的 1%）。[97] 当丈夫们彼此是兄弟时，我们称之为兄弟共妻（fraternal polyandry），如果他们并非兄弟，则称为非兄弟共妻（nonfraternal polyandry）。部分藏族人、托达人、僧伽罗人（Sinhalese）实行兄弟共妻制。一些实行兄弟共妻制的藏族人似乎并不特别关注生物学意义上的父亲身份，他们并不试图判断子女的生物学父亲是兄弟中的哪一个，而是对所有的孩子一视同仁。[98]

对一妻多夫制习俗的一种可能解释是女性不足。托达人有杀女婴的行为，[99] 而僧伽罗人中女性不足，但他们否认存在杀女婴的行为。[100] 女性不足与一妻多夫制之间的联系，可以说明为何一妻多夫制鲜见于民族志记录；从跨文化角度看，男性过多的情况是很少见的。

---

85. Linton 1936, 183.
86. J. W. M. Whiting 1964.
87. Ibid., 518.
88. Ibid., 516-517.
89. M. Ember 1974b.
90. M. Ember 1984-1985. 男性晚婚与一夫多妻制的统计学关联最早是 Witkowski 1975 报告的。
91. M. Ember 1974b, 202-205.
92. M. Ember 1984-1985. 一夫多妻制的其他预测因素，可参见 D. R. White and Burton 1988。
93. Sellen and Hruschka 2004.
94. Low 1990b.
95. M. Ember et al. 2007.
96. Barber 2008.
97. Coult and Habenstein 1965; Murdock 1957.
98. M. C. Goldstein 1987, 39.
99. Stephens 1963, 45.
100. Hiatt 1980.

当前研究和问题
夫妻关系：爱情、亲密和性嫉妒方面的差异

美国人认为爱情是婚姻的基础。大多数社会中的人都这么认为吗？我们知道答案是否定的。实际上，在许多地方，人们认为以浪漫爱情为基础的婚姻是脆弱的，并不值得鼓励。不过，浪漫的爱情虽然并不是所有地方的婚姻基础，但几乎随处可见。近期的一项跨文化研究表明，世界上大约89%的社会中，有能体现浪漫爱情存在的迹象——对个人渴望的描写、爱情歌曲或民间故事中对爱情的描述、出于激情的私奔，以及在民族志中引用的报道人描述的热情奔放的爱。如果

爱情是近乎普遍的，那么为何许多社会不鼓励把爱情当作婚姻的基础呢？

三种条件似乎能够预测这种不鼓励。其一是丈夫和妻子生活在扩展家庭中。在这样的情形下，家庭更关注的是因结婚而成为家庭一员的新人如何与其他成员相处，而不那么关心丈夫与妻子是否恩爱。其二是配偶之一担负了大部分的生计工作，或挣得大部分的收入。第三，当男性比女性拥有更多的性自由时，浪漫的爱情更不可能存在。总而言之，在不平等的情况下，浪漫爱情比较不会被当作婚姻的

基础，不平等的情况包括配偶中一方对另一方或另一方的亲属高度依赖，或者女性拥有的性权利少于男性。

亲密不同于浪漫爱情。它代表着夫妻与对方的亲近程度——一起吃饭，睡在同一张床上，共度他们的休闲时间，以及频繁的性生活。在某些社会中，夫妻经常在一起；而在另一些社会中，夫妻在一起的时间很少。较之于更复杂的畜牧业及农业社会，觅食社会中婚姻的亲密程度似乎更高，但具体原因尚不明确。此外，参与战争程度深的社会，夫妻的

亲密度可能会降低。

就性嫉妒而言，男性的暴力倾向远远高于女性。顺带说一句，在丈夫提出与妻子离婚时给出的原因里，最常见的是不忠。倾向于生物学解释的人类学家指出，父亲不能完全确定孩子是不是自己的，光是这个原因，就能让男人尽力提防与之竞争的其他男人。但是，我们如何看待不同社会在性嫉妒方面的差异呢？看起来，一个社会越是强调婚姻的重要性，越是将性限制在婚姻关系之内，越是强调财产所有权，男性表现出的性嫉妒就越强烈。

婚姻的以上几个方面彼此有什么关联？作为婚姻基础的浪漫爱情，是增加还是减少了性嫉妒呢？浪漫的爱情是否预示着亲密？还是说，夫妻之间接触不那么频繁的时候，浪漫爱情反而更深？我们对婚姻各方面之间的关联仍然不够了解。我们所知道的是，对爱情和亲密的强调，并不能排除婚姻中的暴力或防止婚姻解体。

（资料来源：Hendrix 2009;
Betzig 1989; Jankowiak and
Fischer 1992; de Munck
and Korotayev 1999.）

在这张19世纪的英国卡片中，情人节象征着浪漫的爱情
（图片来源：Fine Art Photographic Library, London/Art Resource, NY）

另一种解释认为，一妻多夫制是对极度有限资源的适应性反应。梅尔文·戈尔斯坦（Melvyn Goldstein）研究了住在尼泊尔西北部的藏族人，他们居住在海拔超过 3 600 千米的地方。那里的可耕种土地极度匮乏，大多数家庭的可耕种土地都不到 0.4 公顷。当地人说他们实行兄弟共妻制是为了防止分割家庭牧场及牲畜。兄弟共娶一名妻子就能保留家庭农场，而不会因各自娶妻导致有限的土地被分割开。一妻多夫制还抑制了人口的增长。当地适婚女性的人数与适婚男性一样多。但有将近 30% 的女性没有结婚，即便这些女性有孩子，她们孩子的数量也远少于已婚女性。因此，一妻多夫制的实行减少了需要养活的人口数量，也提升了一妻多夫制家庭的生活标准。相比之下，如果实行一夫一妻制，几乎所有成年女性都结婚，那么人口的出生率将大大提高，人们就不得不用极其有限的资源去供养更多的人口。[101]

某些藏族社区如今仍有一妻多夫的习俗，但一夫一妻家庭的数量已经超过了一妻多夫家庭。这是因为兄弟共娶一名女子后，比较年轻的兄弟之后可能会选择另外结婚而单独成家。有些家庭只有一个儿子或女儿，也就不可能实行一妻多夫了。财富增加了年轻兄弟分家出去生活的可能性，但大部分一夫多妻制家庭缺乏农田、畜群和贸易机会。[102] 实际上，在一夫多妻制社会中，一夫一妻婚姻的数量在任何时候也都是超过一夫多妻婚姻的。不过，一夫多妻制社会中出现这种情况的原因不同。在大部分一夫多妻制社会中，一夫多妻的婚姻以非姐妹共夫为主，一个男子第一次结婚时是一夫一妻。他如果想再娶一个妻子，就需要更多的资源（聘礼是很常见的），因此再娶往往发生在之后的人生阶段。

家庭

不同社会的家庭形式各异，同一社会中也有不同形式的家庭，但所有的社会都有家庭。**家庭**是至少由父母（或父母的替代者）中的一位及孩子组成的社会及经济单元。家庭成员之间有一定的权利和义务，特别是经济方面的权利和义务。家庭成员通常居住在同一家户中，但共同居住并非家庭的定义性特征。在美国社会中，孩子们上大学以后会搬出去住。一个家庭中的部分成员可能会建立单独的家户去各自经营，但家庭在经济上仍是一体的。[103] 在简单社会中，家庭（family）与家户（household）不易分辨；只有在更为复杂的社会以及依赖经济交换的社会中，一些家庭成员才会到别处居住。[104]

收养

在许多社会中，核心家庭或扩展家庭没有足够的亲属。他们需要增加新的成员，以完成必要的家务活或继承家庭的财产。缺少家庭成员，可能是由于疾病及飓风之类的自然灾害导致家庭成员（尤其是小孩子）死亡，也可能是由于成年人之间难以相处，无法按照传统方式合作。在许多社会中，人们收养儿童都是为了解决前述问题中的一个或多个。也有的家庭收养一个或多个有亲戚关系的儿童，以缓解"送出"儿童的家庭的资源压力。梅尔文·恩贝尔在美属萨摩亚群岛最初开始田野调查时所住的家庭，就是出于最后这个原因收养儿童的。

当时，那个家庭已经有了 6 个孩子。最年长的孩子塔维塔（Tavita）11 岁，跟家里的另外 3 个孩子一样，一天当中的大多数时间都在学校里。塔维塔是通过非正式的途径收养的。他的生母住在同一个村子里，是塔维塔养母的姐妹。将塔维塔"送出

101. M. Goldstein 1987. 从前在农奴制下，拥有一小块土地的农奴也是一妻多夫的。戈尔斯坦认为土地的短缺也可以解释一妻多夫制。参见 M. C. Goldstein 1971。
102. Haddix 2001.
103. 例如，参见 M. L. Cohen 1976。
104. Pasternak 1976, 96.

去"给人养育后，这个已有 9 个孩子的家庭抚养孩子的负担轻了一些。减轻养育负担是当时萨摩亚村庄中人们送养孩子的常见动机，在一些因人口减少和飓风而面临困境的太平洋岛屿上也是如此。[105] 在美属萨摩亚，更多的工作机会（在村里教书、为主岛的罐头厂和中央政府工作）和医疗条件的改善（主岛上有医院，每个村子都有诊所）使人口出现了不寻常的增长。许多人搬到夏威夷和美国本土去寻找工作。美属萨摩亚人只需要付一张机票的费用，就可以很容易地迁移到美国。在海外生活和工作挣取的侨汇，是他们仍留在美属萨摩亚的家庭成员收入的主要来源。[106]

收养并不是只存在于发展中社会。在工业化社会中也有收养现象。20 世纪 90 年代（可用的最新数据），美国每年有超过 10 万例的正式（法律认可的）收养。其中大约 50% 收养的都是亲戚的孩子，通常是近亲；很大一部分收养是为了解决孩子生父母家庭面临的资源问题。每年有超过 1 万名来自国外、与收养者没有亲属关系的儿童被收养。大部分已知的收养，无论收养的儿童来自国内还是国外，收养者通常来自中产阶级或者更为富有的阶层。收养，尤其是跨国收养，需要花费大量金钱。大部分被收养的孩子，无论来自国内还是国外，过得都好像是养父母亲生的孩子一样。[107]

家庭形式的差异

最小的家庭只有父母（或父母的替代者）中的一位。单亲家庭（通常由母亲和子女组成）在某些社会中十分普遍，但大部分社会中的家庭要大一些。这些更大的家庭单元通常至少包含一个**核心家庭**（一对已婚夫妇和他们的孩子），但在实行多偶婚的地方，家庭中会有不止一个配偶和这些配偶所生的孩子。如果单亲家庭、核心家庭、一妻多夫制和一夫多妻制的家庭各自居住，则每个都是**独立家庭**。然而，在人类学家已知的社会中，有半数以上的社会都以**扩展家庭**为普遍家庭形式。[108] 扩展家庭可能包括两个或两个以上通过血缘关系联系在一起的单亲家庭、一夫一妻家庭、一夫多妻家庭或一妻多夫家庭。最为常见的扩展家庭由一对已婚夫妇和他们的一对或多对已婚子女组成，他们都居住在同一个房屋或家户内。构成扩展家庭的核心家庭一般通过亲子纽带联系在一起。然而有的时候，扩展家庭也可能是通过兄弟姐妹的纽带联系在一起的。比如，由两个已婚的兄弟，加上他们各自的妻子和孩子，就能构成这样一个扩展家庭。扩展家庭的规模也可能很大，包含许多亲属以及三四代人。图 21-2 展现了不同类型的家庭。

扩展家庭的家户

在美国，夫妇结婚后通常需要搬迁至新的居所组成独立的家庭单元，而在一个由扩展家庭组成的社会中，婚姻并不像在美国文化中那样给生活方式带来显著的变化。在扩展家庭中，新婚夫妇会被纳入原有的家庭单元。玛格丽特·米德笔下的萨摩亚社会就是如此：

> 对大部分婚姻而言，建一个新的独立居所没有意义。丈夫或妻子改变居所，或两个家庭之间形成的相互关系，都能带来感觉的变化。但是，大家庭中的年轻夫妇，只收到一个竹枕、一顶蚊帐及一叠垫子来铺床……妻子与家户中的所有妇女一起工作，一起等候所有的男性。丈夫与其他的男人和男孩一起共享财产。无论是从他们给予的服务还是从接受的服务上看，夫妻二人都不像是一个单元。[109]

105. Silk 1980; Damas 1983.
106. Melvin Ember 个人通信。
107. K. Gibson 2009.
108. Coult and Habenstein 1965.
109. Mead 1961/1928，转引自 Stephens 1963, 134–135。

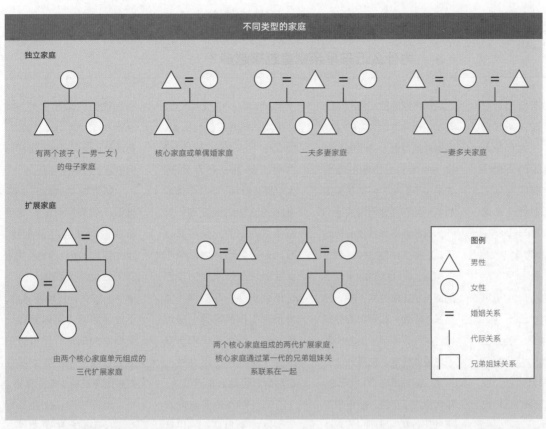

不同类型的家庭

独立家庭

有两个孩子（一男一女）的母子家庭

核心家庭或单偶婚家庭

一夫多妻家庭

一妻多夫家庭

扩展家庭

由两个核心家庭单元组成的三代扩展家庭

两个核心家庭组成的两代扩展家庭，核心家庭通过第一代的兄弟姐妹关系联系在一起

图例

△ 男性

○ 女性

＝ 婚姻关系

｜ 代际关系

⊔ 兄弟姐妹关系

图 21-2　人类学家常用示意图表示家庭结构。上部是四类独立家庭，示意图只画出了两个孩子（一男一女），多偶婚家庭的示意图里只画出了两个配偶。下部是两类扩展家庭。示意图只展示了小型的扩展家庭，在有许多子女及多偶制婚姻的情况下，扩展家庭可以由许多家庭单元构成

密克罗尼西亚加罗林群岛的撒塔瓦尔（Satawal）岛上一个扩展家庭的传统居所（图片来源：Anders Ryman/CORBIS, All Rights Reserved）

当前研究和问题
为什么近来单亲家庭越来越多？

婚姻习俗不仅是近乎普遍的，而且在人类学家已知的社会中，大部分人都会结婚。离婚的人也往往会再婚。这意味着除了配偶死亡或暂时处于离婚状态的情况，单亲家庭在大多数社会中相对罕见。

然而，在很多西方社会中，单亲家庭的比例近来大幅上升，其中大部分（约90%）户主为女性。例如在美国，20世纪60年代约有9%的家庭是单亲家庭，但单亲家庭的比例到20世纪80年代一下上升至24%，2004年则达到28%。在单亲家庭的比例方面，瑞典一度是西方国家中最高的，在20世纪70年代为13%，而现在单亲家庭比例最高的是美国。

在分析单亲家庭比例增长的原因之前，我们需要先考虑单亲家庭形成的多种方式。首先，很多单亲家庭是双亲家庭中的父母离婚或分居所致。其次，很多单亲家庭是婚外生子的结果。此外，有些单亲家庭是配偶一方死亡的结果，还有一些产生自单身生育的决定。

很多研究者认为，单亲家庭增多的主要原因是离婚容易了。这种解释表面上看有道理，但实际上存在瑕疵。20世纪60年代晚期和70年代早期，很多国家的法律变化使离婚更加容易，在那

之后单亲家庭的比例的确上升了。但为何这么多的国家同时放松对离婚的限制呢？是不是人们对婚姻的态度先发生了变化？只有在离婚后的个体不迅速再婚的情况下，高离婚率本身才会导向更高的单亲家庭比例。例如在美国，20世纪60年代中期的再婚比例急剧下降，尤其是在年轻人和受到更好教育者中间，单亲家庭的比例可能因此升高。在其他很多国家，离婚率在20世纪80年代稳定了下来，但单亲家庭的比例仍在增加。因此，离婚更容易并不足以解释单亲家庭数量的增长。

尽管有些父母明确选择单身，但很多人在能找到合适配偶的情况下，还是更愿意结婚。在一些国家或一些国家的某些群体中，男性数量远少于女性，而且很多男性的经济前景不佳。在曾经的苏联，女性多于男性，因为男子更可能死于战争、酗酒和意外事故。美国的性别比例没有那么失衡，但在某些居住区，尤其是贫民区，年轻男性的死亡率也很高。这些社区中的男子往往没有工作。丹尼尔·利希特尔（Daniel Lichter）及其同事开展的一项研究，估算出每100名年龄在21至28岁的非裔美国妇女，对应的非裔美国男子只有

不到80名。如果我们只计算全职或兼职工作的人，那么每100名非裔美国妇女对应的男子还不到50人。最近一项对85个国家进行的比较研究发现，当男子未就业的比例更高以及同一年龄组中男性少于女性时，单亲家庭的比例可能会更高。在配偶（尤其是有工作的配偶）很难找到时，更可能出现单亲家庭（通常户主是女性），这种解释可能很有道理。

另一种对单亲家庭数量增加的常见解释，是认为与过去相比，妇女因为有政府的支持而无须丈夫就可以过活。这种解释似乎很适合瑞典的情况，那里的未婚和离异母亲得到了很多社会支持，也有充足的产假和教育假。不过，冰岛政府对单亲家庭的社会支持很少，但在斯堪的纳维亚语系的国家中，冰岛的婚外生育率是最高的。在美国，福利理论无法预测到随时间发生的变化。有一个名为"有子女家庭补助计划"（Aid to Families with Dependent Children）的项目，其主要帮助对象是单身母亲。若是有关政府援助的理论正确，这类援助的增加将意味着女户主家庭比例的增长。但事实上在20世纪70年代，接受帮助的家庭的比例和援助的价值在下降，而女户主

家庭的比例却在上升。20世纪80年代，"获得救济"更难了，但女户主家庭的比例总体上还是在增加。

如果妇女就业能够获得很高的薪酬，她们就更愿意选择独自经营家庭，因此我们可以认为随着更多的妇女进入职场，会有更多的妇女选择单亲家庭。不过，尽管这可以解释一些妇女的选择，但最近的研究发现受雇的妇女往往更多而不是更少选择结婚。

无论如何，在商品经济与单亲家庭的可能性之间，似乎有某种联系。生计经济中是不是有某些能够促进婚姻的因素，商品经济中是不是有一些因素会让人不愿结婚？尽管婚姻并非普遍基于爱情或陪伴，但婚姻会让双方在经济和其他方面有很深的相互依赖，尤其在不那么商品化的经济中。市场经济带来了其他的可能性；物品和服务可以买卖，政府接管了通常由亲属与家庭承担的功能。因此，对一些人而言，单亲家庭还是一个选项——无论是自主选择还是形势所迫。

（资料来源：Burns and Scott 1994; Lichter et al. 1992; Whitehead and Popenoe 2005; Barber 2003.）

应用人类学

扩展家庭和社会保障：20 世纪五六十年代的日本模式

多年来，美国（政府内外的）人一直在警告说社会保障体系会有麻烦，不久的将来就要被迫减少支付。考虑到需要社会保障服务的不断增长的人口，一般而言有两种解决问题的方式。政府可以通过延迟退休而减少支付，或者要求纳税人在工作期间多缴税，但在改变制度时会遭遇无数的抵制。人们不想让自己的医疗保险和补助金减少，他们担心自己失业时会失去医疗保障。此外，很多人都不想延迟退休。还能怎么办呢？我们还有其他办法来修复社会保障体系吗？

日本在 20 世纪五六十年代的做法可能是一种解决之道。当时的日本处于工业化进程中。人们离开农村前往城市，在产业中就业。那时的日本仍有许多扩展家庭，尤其是在农村；很多人与父母和小孩一起居住，分享收入、分担支出。扩展家庭继续存在，是因为当时日本的经济还缺乏西方工业化社会共有的一些特征。（那时，后来蓬勃发展的日本相机、汽车等出口行业尚未起步。）第一，日本社会的地理流动性（为"追逐工作"而搬家）没有西方工业经济中那么强，工人乃至专业人员都很少会换工作。第二，日本政府没有接管扩展家庭在健康和福利方面的大部分职能；实际上，政府仍在强调亲属照料老弱的义务。第三，先赋或继承的地位仍是个人在经济上发展的重要基础，在获得第一份工作时，可能和成就的标志（比如大学文凭）一样有用。理解扩展家庭在日本持续存在的关键在于，日本在整个工业化过程中，都有剩余的可雇佣劳动力。在标志劳动力市场紧张的失业与竞争出现时，扩展家庭会继续存在，因为没有其他机构可以提供经济和社会保障。

严重衰退的工业经济可能会让一些已成年的年轻人考虑和父母亲住在一起。2008 年和 2009 年美国经济崩溃时，很多年轻人失业，又找不到新的工作。他们不得不放弃独立性，转而在扩展家庭中生活。当你连与人合住的公寓租金都负担不起时，你能怎么办？只能搬回父母家中居住。至少开销会小一些。年长者会给予回到家中居住的年轻人一部分支持，如果税法能有所改变，给这些年长者多减一些税的话，也许就能缓解社会保障体系的压力。通过搬回父母家中居住，年轻人可以省下钱来以便日后购买公寓或房屋。而如果年长者能获得额外的税款减免，就没必要去修补社会保障体系了。很多年轻人推迟结婚。（更多人直到二十八九岁或三十几岁才结婚。）国会可以调整税法，允许至少部分人选择在扩展家庭中生活，那就能让年长者接受更少的养老金。我们可能需要改变儿童社会化的方向，不要过于强调他们需要独立生活。这些是有可能办到的。毕竟，需求是发明之母。税法可以向扩展家庭倾斜，这样或许能减轻社会保障系统的财政压力。

（资料来源：M. Ember 1983; Long 2000.）

像在其他以扩展家庭为主的社会中一样，萨摩亚的年轻夫妇对家庭管理通常没有什么决定权。一般来说，是年长的男性负责管理家庭。新建立的家庭也不能积累自己的财产而变得独立，它是更大的合作组织中的一部分：

所以年轻人需要忍耐。老年人去世或退休后，他们最终将拥有这个家庭，可以自己说了算。他们的儿子长大结婚后，也会建立新的附属家庭，和他们一起生活，为他们的扩展家庭的更多荣誉而工作，等他们去世后接班。[110]

扩展家庭比独立的核心家庭更倾向于作为社会单元存续。独立的核心家庭会在年长成员（父母）去世后解体，相比之下，扩展家庭会不断吸纳年轻家庭（单偶家庭或多偶家庭，或二者都有），最终，

110. Ibid., 135.

年轻家庭的成员会在原本的长者去世后成为扩展家庭中的长者。

扩展家庭存在的可能原因

为何人类学家已知的大多数社会中都有扩展家庭？扩展家庭在定居的农业社会中最为常见，可见经济因素对家庭类型可能会有影响。M. F. 尼姆科夫（M. F. Nimkoff）与拉塞尔·米德尔顿（Russell Middleton）认为，农耕生计可能比狩猎采集生活更倾向于扩展家庭。扩展家庭也许是一种在财产极为重要的社会中保护家庭财产免遭分割的社会机制。相比之下，狩猎采集社会需要流动，因而扩展家庭难以维持。在某些季节中，狩猎采集者需要分成核心家庭，四散进入其他地区。[111]

但是，农业生活方式对扩展家庭的预测力有限。许多农业社会缺乏扩展家庭，许多非农业社会却有扩展家庭。一种不同的理论认为，扩展家庭在具有不相容的活动要求的社会中比较常见。所谓不相容的要求，指的是单家庭家户中的父亲或母亲只靠自己无法实现的要求。换言之，母亲不得不在家庭之外从事工作（耕地或远行采集食物），而难以照料孩子和完成其他的家务活，在这样的社会中，扩展家庭会得到青睐。同理，在父亲需要外出活动（战争、商贸、远距离外出务工），因而难以完成必须由男性承担的生计活动的社会中，扩展家庭也会受到青睐。已有的跨文化证据显示，比起活动要求相容的社会，活动要求不相容的社会更倾向于拥有扩展家庭，无论这个社会是不是农业社会。然而，在有商品及金钱交换的社会中，即便存在活动要求不相容的情况，也可能不会有扩展家庭。在商品社会当中，家庭或许能够通过"购买"特定的服务，来获得必要的帮助。[112]

当然，即使是在货币经济社会中，也不是每个人都能买到所需的服务。穷人可能还是需要生活在扩展家庭中，当经济不景气时，即使是中产阶级，也往往要在扩展家庭中生活。就像一本流行杂志中提到的：

> 典型的美式核心家庭——妈妈、爸爸和两个孩子，伴着一条可爱的小狗，依偎在一间舒适的按揭房里——现在怎么样了？经济正在缩紧：裁员，年轻人的工作越来越少，需要出门工作的母亲越来越多，人们负担得起的房子越来越少，生活成本越来越高。这些因素，加上离婚率攀升、结婚年龄推迟，以及65岁以上的老人增加，在全社会一起爆发，正迫使成千上万的美国人进入多代人生活的家庭。[113]

在很多社会中，亲属群体比扩展家庭还大。下一章将讨论亲属群体的差异。

小结

1. 迄今为止已知的社会中都有婚姻习俗。婚姻是社会认可的性结合及经济联盟，通常是在一个男人与一个女人之间。无论是这对夫妇还是其他人，都会假定婚姻在一定程度上是持久的，它包含了婚姻双方之间、婚姻双方与未来的子女之间的权利和义务。

2. 社会认可婚姻的方式多种多样，可能是一场精心策划的仪式，也可能什么仪式都没有。社会认可的方式包括童年订婚、试婚期、婚宴、孩子出生等。

3. 婚姻安排往往涉及经济要素。最常见的形式是聘礼，即新郎或其家庭将事先商定好数量的金钱或物品送给新娘家。新婚劳务就是新郎在特定期限内为新娘家工作。在一些社会里，新郎家会用一名女性亲属来交换新娘。在另一些社会中，两家会交换礼物。新娘家赠予新娘的金钱或物品通常称为嫁妆。间接嫁妆由新郎家提供给新娘，有时候是通过新娘的父亲。

4. 在现当代，已经没有社会允许兄弟姐妹、母子或父女之间发生性关系或结婚了。

5. 每个社会都会告诉人们不能和谁结婚，可以和谁结婚，有时甚至是他们该和谁结婚。在不少社会中，婚姻是夫妻双方的亲属群体安排的。包办婚姻习俗暗含着这样的信念：两个不同的亲属群体建立新的社会和经济纽带非常重要，因此不能任凭自由选择和浪漫爱情来决定。有些社会实行族外婚，要求人们和自己的亲属群体或社群之外的人结婚；有些社会实行族内婚，要求人们和自己群体内的人结婚。尽管大部分社会禁止一级堂表亲之间的婚姻，但有些社会允许或更喜欢交表婚（婚姻双方是异性亲兄弟姐妹的后代）和平表婚（婚姻双方是同性亲兄弟姐妹的后代）。很多社会都有为丧偶者安排再婚的习俗。收继婚是男子与其兄弟的遗孀结婚的习俗。妻姐妹婚是女子嫁给她死去姐妹的丈夫的习俗。

6. 我们通常认为一个男人在同一时间段只能和一个女人结婚（单偶制），但大部分社会允许一个男子同时娶多个女子为妻（一夫多妻制）。一妻多夫，即一名女子同时与多名男子结合，是比较少见的。

7. 在大部分社会中，最普遍的家庭形式是扩展家庭。扩展家庭可以包括两个或以上的单亲家庭、单偶家庭（核心家庭）、一夫多妻家庭或一妻多夫家庭，这些家庭通过血缘联系在一起。

---

111. Nimkoff and Middleton 1960.
112. Pasternak et al. 1976, 109 – 123.
113. Block 1983.

第二十二章
婚后居住与亲属关系

在美国、加拿大等工业化社会中，年轻男女婚后会另找住处，不再与父母和其他亲戚同住，有的甚至在婚前就搬出去了。美国社会倾向于婚后新居的居住模式，将其视为理所当然。有些高收入家庭比其他家庭更早训练他们的孩子离家生活，在孩子十三四岁时就将其送到寄宿制学校或参加外出宿营的夏令营。各个收入水平的青年如果参军或进入远离家乡的大学学习，就需要在一年的大部分时间里学习离家生活。无论如何，他们组建自己的家庭以后，都要与父母分开居住。

我们对新居这种居住模式非常熟悉，因此往往想当然地认为所有的社会都遵循着同样的实践。但是，在默多克"世界民族志样本"收录的 565 个社会中，只有 5% 左右社会中的新婚夫妇遵循婚后新居的模式。[1] 大约 95% 的社会采用其他的婚后居住模式，新婚夫妇与其中一方的父母或近亲一起居住或住在附近。当一对新婚夫妇住在亲属附近时，有理由推测亲属关系会在社会生活中发挥重要的作用。通过婚后居住模式，基本能预测一个社会中亲属群体的类型，以及人们对亲戚的称谓和分类。

我们会看到，许多社会中有包含多个家庭、成百上千人的亲属群体，这样的亲属群体塑造了社会生活的方方面面。亲属群体具有重要的经济、社会、政治和宗教功能。

左图为马来西亚的一个伊班人
（Iban）家庭在长屋里吃饭
（图片来源：Dean Conger/
CORBIS- NY）

1. Coult and Habenstein 1965; Murdock 1957.

婚后居住模式

在新婚夫妇通常和亲属同住或比邻而居的社会中，有不同的居住模式。由于乱伦禁忌，所有社会中的年轻人都需要在核心家庭之外寻找配偶，除了极少数的例外，几乎所有社会中的夫妇在结婚后都共同居住。因此，一些子女在结婚后肯定会离开家。但是，哪些已婚的子女依然住在家里而哪些另择居处呢？不同社会处理这个问题的方式各异，但并没有很多不同的模式。一个社会中的主要婚后居住模式可能是以下几种之一（由于取整等原因，各项占比加起来不是100%）

1. 从夫居（patrilocal residence）。儿子婚后留在家中，女儿婚后离开本家，因此已婚夫妇与丈夫的父母同住或比邻而居（67%的社会如此）。

2. 从妻居（matrilocal residence）。女儿婚后留在家中，儿子婚后离开本家，因此已婚夫妇与妻子的父母同住或比邻而居（15%的社会如此）。

3. 双居制（bilocal residence）。儿子或女儿婚后都有可能离开本家，因此已婚夫妇可以与丈夫或妻子的父母同住或比邻而居（7%的社会如此）。

4. 从舅居（avunculocal residence）。通常儿子和女儿婚后都离开本家，但已婚夫妇与丈夫的母亲的兄弟同住或比邻而居（4%的社会如此）。[2]

在上述定义中，我们使用了"已婚夫妇与（某些姻亲）同住或比邻而居"这样的语句。已婚夫妇与其中一方的亲属同住或比邻而居时，可能是与这些亲属住在同一处居所，形成扩展家庭，也可能在附近单独居住，形成独立家庭。（从妻居、从夫居和从舅居分别只涉及一种居住模式，因此通常被称为无选择的或**单居制**模式。）

第五种居住模式是婚后新居，新婚夫妇不与亲属同住或比邻而居。

5. 新居。女儿和儿子婚后都离开本家，新婚妇与双方的亲属都分开居住（5%的社会如此）。

图22-1显示了民族志记录中采取以上五种婚后居住模式的社会各自所占的比例。

居住的地方如何影响夫妻的社会生活？居住模式规定了他们与谁同住或住在谁附近，因此在很大程度上决定了他们会与谁交往、会依赖哪些人。比方说，如果新婚夫妇与丈夫的亲属住得近，那么这些亲属就更有可能对这对夫妇的未来产生影响。新婚夫妇是住在丈夫还是妻子的亲属附近，可想而知对丈夫或妻子的地位是有影响的。如果新婚夫妇像在大多数社会中那样从夫居住，妻子可能会远离她自己的亲属。这样，妻子成了共同成长的男方亲属中的外人。如果妻子移居进入的是从夫居的扩展家庭，她作为局外人的感觉将分外强烈。

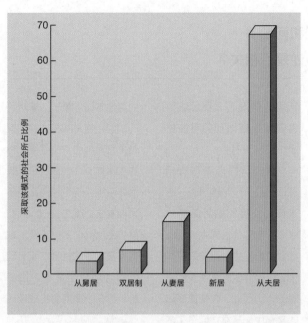

图 22-1　民族志记录中采取不同婚后居住模式的社会所占的比例

在人类学家已知的很多社会中，新娘前往丈夫家中共同居住或比邻而居。
因为在一场韩国传统婚礼的再现仪式上，新娘坐轿前往新郎家
（图片来源：Porterfield/Chickering/Photo Researchers, Inc.）

在尼日利亚中部的蒂夫人中，[3] 从夫居的扩展家庭包括一家之主"大父亲"、他的弟弟、儿子以及他弟弟的儿子，还包括嫁进来的女子和所有未结婚的孩子。（一家之主的姐妹及女儿在婚后都要去与丈夫一起生活。）权威基本属于男性世系，特别是家户中最年长的男性。"一家之主"有权决定聘礼、化解争端、执行惩罚、规划新屋。

丈夫与妻子的父母同住或比邻而居的情况有所不同。妻子和她的亲属变得更为重要，丈夫成了局外人。然而，正如我们将看到的，从妻居并不是从夫居的翻转，因为在实行从妻居的社会中，丈夫的亲属住得离这对夫妇也不远。此外，即使是从妻居，女人在决策时也不如她们的兄弟有发言权。

如果夫妇婚后不和各自的父母或近亲属同住或比邻而居，情形就会不同。可想而知，在婚后新居的模式下，亲属和亲属关系不会对新婚夫妇的日常生活有太大影响。

婚后居住模式决定了哪些亲属会与新婚夫妇住得近，哪些不会。我们将在本章后面部分讨论可能解释婚后居住模式差异的因素，这些因素可能也有助于解释由此发展出的亲属群体的类型。

亲属关系结构

在非商品化社会中，亲属关系塑造了社会生活的诸多领域，包括个体能获得什么样的生产资源，社群和更大的区域集团间能形成怎样的政治联盟，等等。实际上在某些社会中，亲属关系能在生死问题上发挥重要作用。

不妨回想一下莎士比亚戏剧《罗密欧与朱丽叶》中描述的社会制度。凯普莱特和蒙太古这两个亲属群体是死对头，由此导致了罗密欧与朱丽叶的爱情悲剧。尽管罗密欧与朱丽叶所在的社会存在商品经济（当然，还不是工业化经济），但他们居住的城市所实行的政治制度体现了亲属关系结构。具有共同祖先的一组亲属住在一起，而各种亲属群体相互竞争，有时候还会发生争斗，目的是在城邦的政治等级中获得显赫或至少安全的位置。

如果亲属关系对前工业化的商品社会有这么大的影响，我们就可以想象亲属群体和亲属关系在很

2. 比例计算来自 Coult and Habenstein 1965。
3. L. Bohannan and P. Bohannan 1953.

当前研究和问题
新居与青春期叛逆是否相关？

在美国社会中，人们认为青春期叛逆和亲子冲突是理所应当的。青少年、父母和教育工作者都期望减少冲突。但美国社会中很少有人会问为什么冲突会发生。青春期叛逆是"自然"的吗？所有文化中都有这种现象吗？如果不是，为什么美国社会里会有呢？

玛格丽特·米德首先提出了这个问题。在她的畅销书《萨摩亚人的成年》（初版于1928年）中，她说萨摩亚人基本没有青春期叛逆。一些学者最近批评了她的分析（见"文化与个体"一章中的讨论），但人类学家的许多田野调查和比较研究发现，青春期在不同社会中并不相同。例如，在对青春期的系统性跨文化研究中，艾丽斯·施莱格尔和赫伯特·巴里得出结论：青少年与他们的家庭之间的关系在世界范围内基本上是和谐的。他们认为，当家庭成员终生相互需要时，用青春期叛逆之类的行为表达独立就是不理智的。事实上他们发现青少年很可能只在美国这样的社会——实行婚后新居，工作和地域流动性相当大——中才会叛逆。

为什么会这样呢？我们推测，青春期叛逆是一出精心设计的心理剧，表示的是父母和孩子都在努力为分离做准备。孩子们在相当长的时间里依赖父母，但是他们知道必须离开，而这可能引起焦虑。孩子们想要独立，但又害怕独立。依赖父母在某些方面是好的，至少可以使生活更轻松（如有人为你做饭等），但也让人成长缓慢。是什么促使孩子离开？也许冲突本身推动了这一转变。青少年要求他们想要的东西，但他们可能至少在潜意识中知道父母会拒绝。父母经常拒绝使得青少年生气而迫不及待要依靠自己。父母也很矛盾，他们希望自己的孩子长大，但孩子离开后又会想念他们。经过一段时间的冲突，当父母和孩子最终分开时，对双方来说可能都是一种解脱。

如果社会结构不同，情况会如何？如果父母和孩子知道有些孩子将在父母身边或附近度过余生，又会如何？甚至那些搬走的孩子，如从妻居、从夫居、从舅居、双居制社会中的人，都知道他们余生将和姻亲一起度过。非新居社会的青少年是否会有青春期叛逆？父母是否会与将来结婚后会留下来一起居住的青少年子女发生冲突？我们认为答案是否定的。青春期叛逆在非新居社会中是非常不利的，因此在婚后居住模式不是新居的情况下，我们认为青春期叛逆出现的可能性很小甚至没有。

叛逆与婚后新居有相关性的另一个可能原因，在于商品交换和婚后新居的联系。在现代世界中，商品社会可能催生大量的职业分化，包容许多具有不同价值观的人。因此，在快速变化的文化中，子女被赋予了多种选择。想想飞速变化的科技的影响。如果子女必须去了解和做父母并不了解的事情，我们怎么能指望他们跟随父母的脚步？

但是，文化的快速变化并不一定伴随着亲子冲突。如摩洛哥城镇的案例所揭示的，要产生冲突可能还需要其他条件。作为青春期比较研究项目的一部分，苏珊·戴维斯（Susan Davis）和道格拉斯·戴维斯（Douglas Davis）在摩洛哥的一个小镇采访了年轻人。那里的文化在近期发生了很大的变化。父母大多从事与农业相关的工作，子女们则渴望成为白领；祖父母一代很少见到车，青少年则乘火车到首都；只有少数父母上过学，青少年中入学率则极高。然而，尽管文化发生了变化，他们却发现亲子之间的冲突并不严重。例如，40%的青少年表示他们从未反对过母亲。也许我们需要考虑文化的其他方面。第一，摩洛哥的政治结构是威权式的，有君主和明确的官员层级，也许在这样一个强调服从的政治体系中，亲子冲突比较不可能发生。第二，在摩洛哥，群体生活比个人更重要。家庭是最重要的社会单元，因此青春期叛逆是不可接受的。第三，摩洛哥的成年人可能认为应当避免公开冲突。戴维斯的研究表明，青春期叛逆很可能只发生在像美国这样强调个性、个人自主和个人成就的社会中。

我们需要能理清各种因果可能性的研究。为了发现新居、快速变化、强调个人自主的文化或威权政治体系可能带来的影响，我们需要研究具有不同特征组合的文化样本。以上因素可能都有影响，也可能有些比其他更重要，还有可能其中一些因素是其他因素的原因。无论将来发现因果关系是怎样的，我们都已经知道，青春期叛逆并非不可避免，也不是自然的，它可能与文化差异的其他方面有关——一如米德多年前所说的。

（资料来源：
Mead 1961/1928;
Schlegel and Barry 1991;
M. Ember 1967; S. S.
Davis 1993; 2009.）

多非商品社会中有多重要，那些社会中并没有王公贵族这样的政治机制来维持和平并以群体的名义发起其他活动。难怪人类学家常说，在非商品社会中，亲属网络搭建了社会活动的主要结构。

就算亲属关系很重要，我们还是需要知道某个人依附和依赖的是哪些亲属。毕竟，如果每个亲戚都同等重要，那么一个人的亲属网络中就会有不计其数的人。因此，在亲属关系很重要的大部分社会中，都有一套规则将每个人安排在具体的亲属关系中。

亲属关系的类型

我们区分出三种主要的亲属关系类型：单系继嗣（unilineal descent）、两可继嗣（ambilineal descent）、双边亲属制度（bilateral kinship）。前两种类型（单系继嗣及两可继嗣）都是基于继嗣法则（rules of descent），继嗣法则基于已知或假定的共同祖先，将个体与特定的亲属联系在一起。根据他们所在社会的继嗣法则，个人可以很快知道应该向哪类亲属寻求支持和帮助。正如我们将看到的，双边亲属制度的基础并不是继嗣法则，由此形成的群体比较模糊。

单系继嗣指只通过男系或女系来判断一个人所处的继嗣群体。单系继嗣分为父系继嗣和母系继嗣两种。

1. 父系继嗣只通过男系将个体与男性和女性亲属联系在一起。如图 22-2 所示，父系继嗣制度中每一代的后代都属于他们父亲所在的亲属群体；他们的父亲则属于他的父亲的群体，以此类推。虽然一个男人的儿子和女儿都属于同一继嗣群体，但与该群体的联系只通过儿子传递给儿子的孩子。就像从夫居比从妻居更普遍一样，父系继嗣也比母系继嗣更为常见。

2. 母系继嗣只通过女系将个体与男性和女性亲

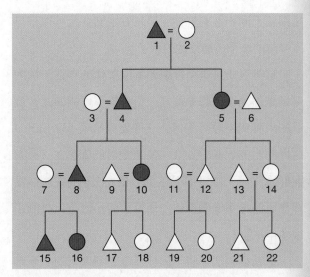

图 22-2　父系继嗣

4 和 5 是 1 与 2 所生的孩子，属于他们父亲所在的父系继嗣群体，在图中用红色表示。到了下一代，3 和 4 所生的孩子也属于这个用红色表示的亲属群体，因为他们的父亲属于这个群体。然而，5 和 6 所生的孩子却不属于这个父系继嗣群体，因为他们的父亲属于其他群体。同样道理，尽管 12 和 14 的母亲属于用红色表示的父系继嗣群体，但她无法将继嗣关系传递给自己的孩子，她的丈夫并不属于她自己的父系继嗣群体，因此她的孩子（12 和 14）只能归属于他们父亲（6）的亲属群体。在第四代中，只有 15 和 16 属于用红色表示的父系继嗣群体，因为他们的父亲是上一代中红色父系继嗣群体的唯一男性成员。图中，1、4、5、8、10、15 和 16 都属于用红色表示的父系继嗣群体；其他个体属于其他的父系群体

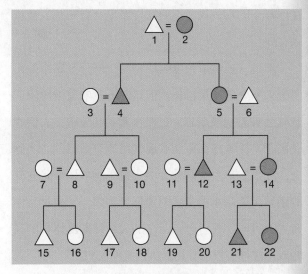

图 22-3　母系继嗣

4 和 5 是 1 与 2 所生的孩子，属于他们母亲所在的亲属群体，在图中用绿色表示。到了下一代，5 和 6 所生的孩子也属于用绿色表示的亲属群体，因为他们的母亲属于这个群体。然而，3 和 4 所生的孩子却不属于这个母系继嗣群体，因为他们的母亲（3）属于其他群体；尽管他们的父亲是用绿色表示的母系继嗣群体的成员，但根据母系继嗣法则，他无法将自己的继嗣关系传递给孩子。在第四代，只有 21 和 22 属于用绿色表示的母系继嗣群体，因为他们的母亲是上一代中绿色继嗣群体唯一的女性成员。因此，图中的 2、4、5、12、14、21 和 22 属于同一母系群体

属联系在一起。每一代的后代都属于其母亲所在的亲属群体（见图 22-3）。虽然一个女人的儿子和女

儿都属于同一继嗣群体，但只有她的女儿可以把与该群体的联系传递给她的孩子。

有些人质疑单系继嗣和继嗣群体的存在，认为那只是理论家的想象而已。但事实不可能如此。最近的人种史学分析确定，在像奥马哈人（Omaha）这样的北美土著社会中，19世纪时的确存在父系继嗣群体，[4]而（太平洋地区的）楚克人仍有在继续发挥作用的母系继嗣群体，尽管他们和西方人接触了很多年。[5]

单系继嗣法则将个体与从过去到未来的一个亲属世系联系到了一起。这条继嗣世系不管是沿父系还是母系扩展，都会将一部分非常亲近的亲属排除在外。例如，在父系继嗣的体系中，你的母亲及母亲的父母不属于你所在的父系群体，但你的父亲和祖父（及他们的姐妹）却属于。在你的这一代，父系或母系继嗣制度会将你的一些堂表亲排除在外，在你孩子的那一代，你的甥侄辈里会有一些人被排除在外。

不过，虽然单系继嗣法则将一部分亲属排除出了个人所在的亲属群体，但这并不意味着被排除的亲属会被忽视或遗忘，正如在北美社会中，人们也会出于实际考虑而限制亲属网络的有效范围。实际上，在很多单系继嗣社会中，被继嗣群体排除在外的亲属可能会承担重要的责任。例如，父系社会中有人去世时，死者母亲所在的父系继嗣群体中的某些成员往往有权在葬礼上执行某种仪式。

单系继嗣法则能够产生边界明确的亲属群体，而这些群体能够也通常作为单独的单元进行活动，甚至在个体死亡之后亦是如此。从图22-2和图22-3中，我们可以看到用亮色表示的个体明确属于同样的父系或母系继嗣群体，第四代中有谁属于这个群体，与在第一代中同样明确。比方说，有个名为霍克斯（Hawks）的父系继嗣群体。个体知道自己是不是霍克斯人。如果不是，他们就属于其他群体，

因为每个人只能属于一个继嗣世系。如果亲属群体要作为独立而不重叠的单元发挥作用，那么这种清晰的界定就非常重要。如果不能准确地知道应该和谁在一起，人们就很难一起行动。如果每个人都只属于一个群体或继嗣世系，个体就会比较容易一起行动。

与单系继嗣不同，**两可继嗣**通过男系**或**女系将个体与男性和女性亲属联系在一起。换言之，社会中的一部分人通过他们的父亲与某个亲属群体产生联系，另一部分人通过他们的母亲与亲属群体联系在一起。因此，这些继嗣群体既体现了男性谱系的联系，又体现了女性谱系的联系，正如图22-4中所示。

三种继嗣法则（父系、母系、两可）通常彼此排斥，但并不总是如此。大多数社会只有一种继嗣法则，但人们有时候会用两种法则将个体与不同的亲属出于不同的目的而联系在一起。部分社会有所谓的**双重继嗣**或**双重单系继嗣**，其中个体出于某些目的与父系亲属群体联系在一起，而出于另一些目

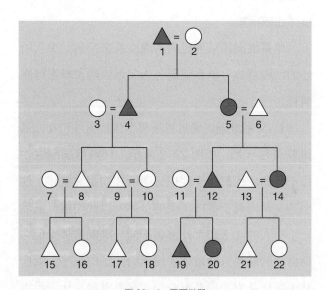

图22-4　两可继嗣

图中蓝色用来表示一个假定的两可继嗣群体。4和5因为他们父亲1的男性联系而属于这个群体；12和14因为他们母亲5的女性联系而属于这个群体；19和20因为他们的父亲12的男性联系而属于这个群体。这是个假设的案例，因为在两可继嗣群体中，任何组合的继嗣联系都有可能

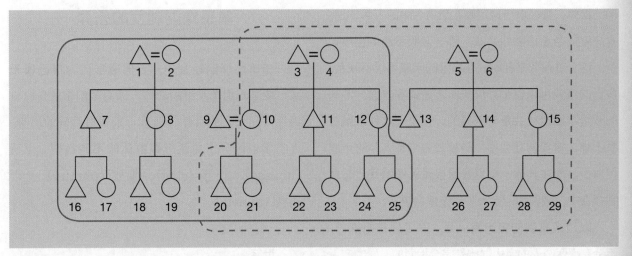

图 22-5 双边亲属制度

在双边亲属制度中，亲属关系以自我为中心；因此，参考点不同（兄弟姐妹除外）就会有很大差异。在所有双边亲属制社会中，"亲人"都至少包括父母、祖父母、姑姨、叔伯舅和一级堂表亲。所以，20 和 21 这对兄弟姐妹的亲人（用实线框起来的部分）将包括他们的父母（9 和 10）、姑姨和叔伯舅（7、8、11 和 12）、祖父母和外祖父母（1、2、3、4）、一级堂表亲（16—19 和 22—25）。但是，24 和 25 这对兄弟姐妹的亲人（虚线框以内）与 20 和 21 的亲人只有部分重合（3、4、10—12、22、23）；24 和 25 的一些亲人（5、6、13—15、26—29）并不算是 20 和 21 的亲人

的与母系亲属联系在一起。这样，两种只沿一种性别追溯的继嗣法则可以同时发挥作用。比方说，在既有父系又有母系继嗣制度的地方，个体在出生时就会属于两个群体：母亲的母系继嗣群体和父亲的父系继嗣群体。这就好像把图 22-2 和图 22-3 合并到一起。个体 4 和 5 既属于父亲所在的父系继嗣群体（图 22-2 中的红色），又属于母亲所在的母系继嗣群体（图 22-3 中的绿色）。

一个社会的起名方式并不一定能反映继嗣法则。在北美社会中，孩子通常有一个"家族"名——通常是他们父亲的最后一个名字（last name，或姓）。最后一个名字相同的人并不会认为他们都是同一个祖先的后裔，姓"史密斯"的人不是都有亲戚关系。这些人也不会为了特定目的而一起行动。而在很多具有继嗣法则的社会里，人们并不会用亲属群体或父母的名字给个人起名。例如，在实行父系继嗣的肯尼亚卢奥人社会中，传统上人们会给婴儿取描述他们出生时情景的名字（比如有个名字的含义是"出生在早上"）；他们的名字中并不包含父亲

或亲属群体的名字。直到英国人在肯尼亚建立殖民统治后，卢奥人才开始用父亲的名字给孩子取名，将其作为孩子的家族名，肯尼亚独立之后依然如此。

包括美国在内的许多社会并没有直系（父系、母系或两可）的继嗣群体，即认为自己是同一祖先后代的亲属群体。这样的社会实行的是**双边亲属制度**。在此"双边"指的是一个人父亲一方与母亲一方的亲属同等重要，或更常见的情况是同样不重要。在双边亲属制社会中，亲属关系一般不会向上追溯到共同祖先，而是横向的，从关系近的亲属追溯到关系较远的亲属（见图 22-5）。

"亲人"（kindred）这一术语指代的是一个人能在需要时求助的双边亲属。大多数双边亲属制社会中都存在群体身份都可能有所重叠的亲人。在北美，我们认为亲人包括了我们会邀请参加婚礼、葬礼或其他仪式场合的人；然而，"亲人"并非边界明

---

4. J. H. Moore and Campbell 2002; Ensor 2003.
5. Lowe 2002.

确的群体。曾经参与拟定婚礼邀请名单的人都知道，要决定应当邀请哪些亲戚，哪些亲戚不邀请也没关系，这个过程非常耗时。在多远的亲戚可以不联系、多远的亲戚可以在举办仪式时不邀请等方面，不同的双边亲属制社会是有差异的。在美国这种亲属关系不那么重要的社会中，能被归为"亲人"的亲戚相对少。而在其他一些更看重亲属关系的双边亲属制社会中，被归为"亲人"的亲戚会更多。

双边亲属制的突出特点是，除了兄弟姐妹外，不会有哪两个人的亲人群体是完全相同的。你的亲人包括父母两边比较近的亲戚，但你的亲人们之间之所以有关系，只是因为他们与你(自我，或者说焦点人物)有联系。因此，"亲人"是以自我为中心的亲属群体。因为不同的人(兄弟姐妹除外)有不同的父母，所以你的一级堂表亲的亲人，甚至你孩子的亲人，都和你的亲人群体有所不同。亲人群体以自我为中心的本质，使其很难成为持续、永久的群体。这种群体当中的人唯一的共同点，就是将他们聚合在一起的自我或焦点人物。亲人群体通常没有名称，没有共同的目标，只是围绕自我而暂时相聚。[6]此外，由于每个人都属于许多不同而有所重叠的亲人群体，这样的社会不会被划分为界限清晰的群体。

虽然在双边亲属制社会中，亲人不会像在单系继嗣社会中那样形成明确的群体，但这并不意味着人们不能向亲人群体寻求帮助。在双边亲属制社会中，亲人群体也许能在面对不幸事件时提供社会保障。例如，在加拿大亚北极地区的奇珀怀恩印第安人中，人们会向亲人借渔网，或让亲人代为照顾父母生病的孩子。但近来，加拿大政府提供了住房及医疗补贴等资源，雇佣劳动机会也更多了，亲人群体不再是有需要之人求助的主要对象。来自国家的援助弱化了亲属的作用。[7]

单系继嗣制度的差异

在单系继嗣社会中，人们通常认为自己属于某一或某一组单系继嗣群体，因为他们相信自己与男性(父系)或女性(母系)亲属有共同的出身。人类学家区分了单系继嗣群体的不同类型：世系(lineage)、氏族(clan)、胞族(phratry)及半偶族(moiety)。

世系

世系是其成员通过已知联系追溯到一个共同祖先的亲属集团。取决于是只通过男性追溯还是只通过女性追溯，世系可分为父系世系(patrilineage)和母系世系(matrilineage)。世系通常以共同的男性或女性祖先的名字来命名。在一些社会中，人们归属于一个分等级的世系体系。也就是他们先追溯至次级世系的祖先，再追溯到更大、包含更多世系的主要世系，以此类推。

氏族

氏族(有时被称为 sib，亲族)是其成员相信自己拥有共同祖先，但回溯至祖先的纽带并不明确的亲属集团。实际上，共同祖先的身份甚至可能无人知晓。父系继嗣的氏族被称为父系氏族，母系继嗣的氏族被称为母系氏族。氏族往往以动物(熊、狼等)命名，该动物被称为**图腾**，图腾对氏族而言具有特殊意义，至少是族群认同的一种形式。"图腾"(totem)一词源于奥吉布瓦(Ojibwa)印第安人语言中的词"ototeman"一词，意为"我的亲戚"。在部分社会中，人们需要遵守与氏族图腾动物有关的禁忌。例如，氏族成员不得杀死或食用他们的图腾动物。

尽管将植物或动物作为亲属群体的象征看起来不太寻常，但在美国文化中，用动物来象征群体的做法其实很常见。例如，很多橄榄球队和棒球队是用动物命名的（底特律老虎队、巴尔的摩乌鸦队、费城老鹰队、芝加哥小熊队）。有些男子俱乐部之类的自愿社团也会用动物来命名（麋鹿、驼鹿、狮子）。动物也可以代表整个国家，比如我们会说美国鹰和英国狮。[8] 人们为何选择动物名称来代表群体？对于这个有趣的问题，我们还没有找到经得起检验的答案。

胞族

胞族是由可能有关系的氏族或亲族组成的单系继嗣群体。和氏族一样，胞族的继嗣脉络并不明确。

半偶族

有的社会是划分为两个单系继嗣群体的，每个

图腾柱往往象征一个继嗣群体的历史。图为阿拉斯加凯奇坎人（Ketchikan）的图腾柱（图片来源：© Harvey Lloyd/ Taxi/Getty Images, Inc.）

这样的群体就是一个半偶族。（moiety 一词源自意为"一半"的法语词。）半偶族的成员们认为自己有共同的祖先，尽管他们难以说明是如何与祖先产生联系的。实行半偶族制度的社会通常人口规模较小（少于 9 000 人）。拥有胞族及氏族的社会往往规模较大。[9]

组合

虽然我们区分了几种不同类型的单系继嗣群体，但这并不意味着所有单系社会中都只有一种继嗣群体。许多社会有两种或两种以上的继嗣群体。例如，一些社会中有世系和氏族；另一些社会里有氏族和胞族，但没有世系；还有的社会中有氏族和半偶族，但没有胞族和世系。除了有胞族的社会必然有氏族之外（因为胞族是氏族的集合），几种继嗣群体的其他各种组合都可能出现在某个社会中。即便社会里有一种以上的单系继嗣群体，比如既有世系也有氏族，也不会出现成员身份模糊的情况。小的群体只是较大单元的组成部分，较大的单元会将声称自己与群体中其他人的单系关系可以追溯到更久远世代的人包括在内。

父系组织

父系组织是继嗣制度中最常见的类型。居住在新几内亚岛西部中央高地的卡保库社会，就是存在不同继嗣群体的父系社会的例子。[10] 根据父系继嗣制度，卡保库人所属的群体是分等级的，这些群体在他们生活中的作用极为重要。所有的卡保库人都属于某个父系世系，也属于这个父系世系所属的父系氏族，还属于这个父系氏族所属的父系胞族。

6. J. D. Freeman 1961.
7. Jarvenpa 2004.
8. Murdock 1949, 49 – 50.
9. C. R. Ember et al. 1974, 84 – 89.
10. Pospisil 1963.

移居者与移民
血浓于水

随着货币经济的扩散，许多社会不再拥有像世系、氏族、胞族、半偶族这样的亲属群体，也就是比家庭大，甚至大很多的亲属群体（可能有数百甚至数千名成员）。但是，即便现代世界中的大型亲属群体越来越少，也并不意味着这样的群体已经完全消失。对于许多中国人以及非洲各地和太平洋岛屿上的人来说，世系仍然很重要。一些地方的世系和氏族仍然"拥有"可耕土地和其他有价值的财产。在迁至其他国家时，亲属关系可能特别有用。每年都有数百万人移居，这时俗话所说的"血浓于水"就会发挥作用了。移民通常希望至少在刚到新地方时与亲戚同住或比邻而居。这样的亲戚可能在血缘关系上很近，比如亲兄弟姐妹或叔叔阿姨，也可能是比较远的亲戚，比如同一个世系或氏族的成员。移民依靠亲属关系最常见的原因可能是，他们至少在一段时间内需要帮助，才能在新的国家谋生。

在找宗亲或族人帮忙时，你可能并不知道自己与他们的确切关系。你可能只知道他们和你是一个世系或一个氏族的，因为他们和你一样姓"李"、姓"朴"，或者都是"熊"（某些社会中的氏族被认为有动物祖先）。这就好像你一到新地方就自然有了朋友，如果你在新地方没有近亲，这样的朋友可能会非常有帮助。实际上，如果你来自一个存在世系的地区，你要拜访的第一个人（甚至在你离开家之前）可能就是属于同一世系的成员。

来自中国香港地区的华人出国谋生时，常常就是如此。在 20 世纪 60 年代以前主导香港新界政治生活的五大家族之一的文家就是一个例子。人类学家华琛（James L. Watson）在香港及该家族迁居的世界其他地区研究这一家族已超过 35 年，他特别追踪了来自新田村的人群。

新田村的移民始于 20 世纪 50 年代末，那时他们的钱和资产都很少。到 20 世纪 70 年代中期，这些移民成功地在英国和欧洲其他地区开了一系列中餐馆。如今，第一代移民的大多数孙辈都是富有的专业人士，有些还是百万富翁。现在他们中的许多人已经不会说粤语，而是说英语、荷兰语或德语。

认为自己属于文氏家族的人将其祖先追溯到 14 世纪在新田附近定居的文世歌。今天，生活在 20 多个国家的约 4 000 人声称是文世歌的后裔，确切的人数只有族长和管理祖产（土地和其他资产）的长者才知道。在近 600 年的时间里，文氏家族靠在深圳河沿岸的盐碱地种水稻生存下来，1898 年，该河成为深港之间的界河。新田农民在 20 世纪 50 年代初曾遭遇危机，他们所种的大米要卖到河对岸，但当时他们过河有了困难。与该地区的其他家族不同，

文家的人无法改种蔬菜或白米（盐碱地条件不允许）。因此他们只有两个选择：要么去香港蓬勃发展的工厂工作，要么去英国的中餐馆打工。就在英国当局于 1962 年限制移民之前，85% 至 90% 的新田壮丁前往英国，他们跟着同世系的人，到工厂、酒店及餐馆工作。

新田成了一个侨汇经济体，男人的妻子、子女和老人留守，靠移民寄回家的钱生活。这些移民隔几年返回新田一次，然后回到欧洲继续工作。许多人在退休后决定加入孩子的移民家庭，再也没有回到新田。

新田及其村民的历史说明，世系这种人们可能认为属于前现代的亲属关系形式，在现代世界中仍然能发挥作用。

（资料来源：Brettell 1996, 793 - 797; McKeown 2005, 65 - 76; J. L. Watson 2004, 893 - 910.）

父系世系的男性成员（能通过父系实际追溯至共同祖先的所有在世的男性）组成了单个村庄或一系列相邻村庄的男性人口。换句话说，这种世系是领地单元（territorial unit）。根据从夫居的居住规则，世系中的男性成员住在一起，形成了相当稳定的居住模式。儿子待在父母身边，将妻子带来和父母一起居住或者在他们附近生活；女儿离家与丈夫生活在一起。如果群体在一个地方居住很长时间，

那么一名男子的男性后裔将在同一地域内生活。当世系变得比较大的时候，还可以分成支系，支系成员可将祖先追溯至世系祖先的儿子。在世系领地上，支系的男性成员生活在彼此相邻的地块之内。

同一个父系世系的成员亲密相处，群体中有一个头人来维持秩序和法律。世系内部的杀戮被视为严重的犯罪，人们打斗时，只会使用棍棒，而不会用矛之类的致命性武器。如果支系内发生冲突，支系的头人会尽量在支系内部尽快和平解决问题。如果哪个支系成员对外人犯了罪，所有的支系成员就都得承担责任、交出财产，在一些情况下，某个支系成员还可能被受害者亲属杀死。

卡保库人还属于更大、包含更多群体的父系继嗣群体——氏族和胞族。同一氏族内部的人都认为他们通过父系彼此联系在一起，但他们无法说清他们是如何联系在一起的。如果父系氏族内部有人食用了作为氏族图腾的植物或动物，大家就认为这个人将会变聋。卡保库人禁止氏族内部通婚。换句话说，氏族实行的是族外婚制。

与父系世系的成员不同，父系氏族的男性成员并不住在一起。因此，世系是居于一地的最大的父系亲属群体。世系也是政治上一起行动的最大亲属群体。在氏族成员内部，没有解决争端的机制，属于同一父系氏族（但属于不同世系）的成员之间甚至可能发生战争。

在卡保库人中，包含最多群体的父系继嗣群体是胞族，每个胞族都由两个或两个以上的氏族组成。卡保库人相信胞族原本是一个氏族，但开基家族的兄弟之间发生了冲突，弟弟被赶出后建立了一个新的氏族。结果形成的这两个氏族被认为有父系关联，因为其建立者据说是兄弟。胞族的成员会遵守胞族内所有氏族的图腾禁忌。氏族内部通婚是不允许的，不过，属于同一胞族但不属于同一氏族的人之间可以通婚。

可见，卡保库社会中既有亲属关系明确的世系，也有继嗣脉络不清晰的其他两种继嗣群体（氏族和胞族）。

母系组织

尽管采用母系继嗣制度的社会在很多方面就像父系继嗣社会的镜像，但两种社会有一个很重要的区别，与权力由谁执掌有关。在父系继嗣制度中，继嗣关系通过男性传递，权力也由男性执掌。因此在父系继嗣制度中，继嗣和权力的脉络是重合的。然而在母系继嗣的社会中，即便继嗣关系通过女性传递，女性也很少在亲属群体中执掌权力，执掌权力的通常是男性。在这种情况下，继嗣和权力的脉络并不重合。[11] 人类学家并未完全理解其中缘由，但这是民族志事实。由于在亲属群体中执掌权力的是男性，一个人母亲的兄弟就成了重要的权威人物，因为他是这个人在父母一代中最近的男性母系亲属。这个人的父亲并不属于他所在的母系亲属群体，因此在亲属群体的事务中没有发言权。

母系继嗣制度中权力与继嗣的分离，对社群组织及婚姻有一定的影响。大多数母系继嗣的社会实行从妻居。女儿婚后住在娘家，将丈夫带来同住；儿子婚后离开本家，跟妻子住在一起。但是，被要求离开的儿子，将最终成为亲属群体中行使权力的人，这样的情况带来了一个问题。这个问题的解决办法似乎已为大多数母系继嗣社会所知，也就是说，尽管男性搬出去与妻子同住，但他们通常不会搬得太远；实际上，他们通常与居住在同一村落的女性结合。因此，在母系继嗣社会中，人们通常与村落内部的人结婚——而父系继嗣社会中的人通常与本地之外的人结婚。[12]

11. Schneider 1961a.
12. M. Ember and Ember 1971, 581.

太平洋楚克群岛上的母系组织，体现了母系继嗣制度中的一般权力模式。[13] 楚克人既有母系世系又有母系氏族。母系世系拥有财产，其成员可以通过母系追溯到已知的共同祖先。母系世系的女性成员及她们的丈夫支配着母系世系土地上的诸多房屋。世系群体的财产由群体中最年长的兄弟负责掌管，他分配世系内部的生产资料，指导成员工作。他也代表这个世系与地区首领及外人打交道，对群体有影响的事务也都要向他咨询。世系内部还有一位年长女性，她能行使部分权力，但仅限于女性相关的事务。她也许会监督女性之间的合作工作（她们通常与男性分开工作）及管理家务。

在核心家庭内部，父母在抚养及管教后代方面承担主要责任。但是，孩子进入青春期后，父亲就失去了管教孩子的权利和对孩子的权力。母亲仍然有权管教孩子，但她的兄弟也许会干涉。在孩子青春期之前，母亲的兄弟极少干涉，但在孩子青春期后他也许会行使部分权利，尤其是在他在孩子的母系世系中属于年长者的情况下。在楚克人中，男性极少远离自己的出生地。正如沃德·古迪纳夫（Ward Goodenough）指出的那样，"从妻居要求男人婚后离开原有的世系，于是大部分男人都与世系房屋距离他们只有几分钟路程的女人结婚"。[14]

父系和母系继嗣制度之间存在一些差异，但也有很多相似性。在两种制度下，都有世系、氏族、胞族、半偶族或这几种群体的组合。不管是在父系还是母系继嗣社会中，这些亲属群体都可能承担多种功能。这些群体可能负责管理婚姻，在经济或政治上互相支援，还可能一起完成仪式。

单系继嗣群体的功能

单系继嗣群体存在于文化复杂程度不同的社会中。[15] 然而，与食物采集社会相比，单系继嗣群体似乎在非商品化的食物生产社会中更为常见。[16] 单系继嗣群体通常在社会、经济、政治及宗教生活领域具有重要的功能。

规范婚姻

在单系社会中，单系继嗣群体内部的通婚一般是不允许的。不过，一些社会允许在较大的亲属群体内部通婚，而禁止在较小的亲属群体内部通婚。少数社会实际上更倾向于亲属群体内部的通婚。

但是，一般来说，单系继嗣社会中的乱伦禁忌通常会扩展至所有在单系继嗣群体之内的亲属。例如，在既有母系世系又有母系氏族的楚克人社会，按照继嗣群体族外婚的规则，母系氏族内部的通婚是被禁止的。母系世系包含在母系氏族之内，因此继嗣群体族外婚的规则也适用于母系世系。在有父系胞族、父系氏族、父系世系的卡保库人中，实行族外婚的最大继嗣群体是父系氏族。胞族可能曾经实行过族外婚，但后来族外婚的规则就不再适用于胞族了。有些人类学家认为，之所以会形成继嗣群体族外婚的规则，是因为在大部分单系社会面临的生活条件下，依族外婚规则产生的继嗣群体间的联盟具有选择优势。

经济功能

世系或氏族的成员通常会被要求在某些成员陷入争端和诉讼时站在他们一边，在经济上给予帮助，协助成员筹措聘礼或罚金，支持遭遇生活危机的成员。互助经常扩展为常规的经济合作。单系继嗣群体可能成为共同拥有土地的单元。例如在楚克人和卡保库人中，世系拥有房屋和农田。继嗣群体成员也可能互相支持，一起开垦林地，为宴席、夸富宴、

---

13. Schneider 1961b.
14. Goodenough 1951, 145.
15. Coult and Habenstein 1965.
16. 资料来自 Textor 1967。

性别新视角
居住和亲属关系的差异：对女性有何影响？

当我们说居住和亲属关系对人们的生活有深远影响时，究竟是什么意思？可以想象，在从夫居的社会中，女人婚后搬到丈夫的村庄居住会很难，因为在那里，她丈夫的亲戚很多，她自己的亲戚却很少。但是，我们有证据吗？大多数民族志通常不会提供有关人们感受的细节，但也有例外。利·明特恩（Leigh Minturn）展示了一封信，是一名拉其普特新娘［她在印度卡拉普尔（Khalapur）村长大］在嫁到丈夫的村庄后不久给她母亲写的。这封信写于新娘婚后六周，她一再询问她的父母和姑姑是否忘了她，恳求他们让她回家，并说她的行李已经打包了。她形容自己是"笼中鹦鹉"，还抱怨她的婆家。新娘的母亲并没有太担忧，她知道这种抱怨是正常的，反映了女儿对分离的焦虑。7年后，明特恩又回到印度，那位新娘的母亲说女儿过得很好。不过，其他一些新娘确实表现出了更严重的症状：鬼魂附身、整天昏迷、严重抑郁甚至自杀。研究没有告诉我们的是，这些严重的症状是否在实行从夫居的父系社会中比在其他社会（特别是实行从妻居的母系社会）中更常出现。反过来看，在实行从妻居的母系社会中，男性是否也会有类似的症状呢？我们不得而知。

女性的地位如何？一些研究表明，从妻居和母系继嗣在某些方面提高了女性地位，但作用可能没有我们想象的那么大。即使在母系社会中，政治领袖通常也是男性。从妻居和母系继嗣的主要影响似乎是女性得以控制财产，其他的影响包括女性往往在家中拥有更多的权威，男女在性方面受到的限制比较平等，社会也更看重女性。艾丽斯·施莱格尔指出，在母系社会中，女性的地位并不总是相对较高，因为她们可能会被丈夫或兄弟支配（因为兄弟在她们的亲属群体中扮演重要角色）。只有当丈夫和兄弟都不占主导地位时，女性才能对自己的生活有主要的控制权。当然，就地位来说，从妻居和母系继嗣比从夫居和父系继嗣对女性更有好处。从妻居和母系继嗣未必能提高女性的地位，因为母系亲族的男性成员也可能占支配地位，但是，从夫居和父系继嗣则几乎肯定降低女性的地位。戴瑙玛（Norma Diamond）表示，尽管中国共产党改革废除了父系继承的地主制，让妇女能够受教育并走出家庭工作，

男性仍然占据着支配地位。生产方式和劳动力发生了变化，但是从夫居并没有改变，大部分妇女仍是嫁到夫家的外人，而父系家庭成员组成了集体农场的劳动小队。她还指出，少数成为当地领导者的女性，很有可能有着非常规婚姻，因此能够生活在自己出生的村庄里。

通过居住方式和继嗣方式，能够推测出社会控制生育的情况。苏珊·弗雷瑟（Suzanne Frayser）认为，父系社会在性和生育上面临多个困境。其中一个是男性在亲属关系中的重要性和女性在生育中的重要性之间的矛盾。如果父系社会过度贬低女性，女性可能会试图减少生育；如果父系社会过分赞扬女性，则可能损害男性的地位。第二个困境与父亲身份有关，生身父亲对父系继嗣异常重要，但比生身母亲更难确定。弗雷瑟强调，因为亲属关系是通过父系社会中的男性确定的，所以他们会采取更多措施来确保孩子的父亲就是孩子母亲的丈夫。因此她认为，父系社会对女性的性行为会有更多限制。事实上，根据她的跨文化研究，父系社会比其他社会更有可能禁止女性的婚前和婚外性行为，而且更有可能

为女性与丈夫离婚设置重重阻碍。

当然我们也要知道，不同的从夫居/父系社会，以及不同的从妻居/母系社会，其实差异很大。奥德丽·斯梅德利（Audrey Smedley）研究的是尼日利亚乔斯高原（Jos Plateau）的比罗姆人（Birom），在这个父系社会中，根据规定，女性不得拥有财产，不能担任政治职务，也不能做重大决策。然而斯梅德利的实地调查表明，比罗姆妇女在日常的个人生活中拥有相当大的自主权，还有拥有情人的合法权利。实际上，她们能在很大程度上间接影响决策，而且是父系制度的坚定支持者。斯梅德利推测，女性在某些环境下支持父系制度，是因为这符合她们自己和孩子的利益。例如，社会公认男性要去种田，但这些作物生长在更危险的平原上，男性要冒遭到其他群体袭击而死亡的风险。食物很少，所以对包括妇女在内的每个人来说，将特殊地位赋予在危险地方种庄稼的男人们，都是一种适应行为。

（资料来源：Minturn 1993, 54-71；M. K. Whyte 1978b, 132-134；Schlegel 2009；N. Diamond 1975；Smedley 2004；Frayser 1985, 338-347.）

治疗仪式，以及治疗、出生、成年、婚礼、丧葬等场合准备食物和其他用品。

有的继嗣群体认为，赚得的金钱（包括收获经济作物和短暂离开社群从事雇佣劳动赚的钱）是属于所有人的。然而，近来一些地方的年轻人已经开始不愿意分享他们赚的钱，认为这不同于其他类型的经济援助。

政治功能

工业化社会成员使用的"政治"这个词，并不适合描述世系或氏族头人或长老受托的模糊权力。但这些人可能有权将土地分配给世系或氏族成员使用。头人或长老可能也有权解决世系内部两个成员之间的争端，不过他们缺乏促成解决的力量。他们也可能去调停本氏族成员与敌对亲属群体成员之间的争端。

当然，单系继嗣群体最重要的政治功能是在战斗中的作用，战斗是人们通过暴力行为解决社会内外争端的尝试。在没有市镇的社会中，组织战斗的通常是继嗣群体。例如，尼日利亚的蒂夫人非常清楚自己在某个时候要和哪些世系战斗，战斗时要与哪些世系联合，与哪些世系打斗的时候只能用棍棒，对付哪些世系可以使用弓箭。

宗教功能

氏族或世系也许会有自己的宗教信仰与实践，崇拜他们自己的神灵及祖先。西非的塔伦西人（Tallensi）敬畏并尽力安抚他们的祖先。他们认为，我们所知的生命只是人类存在的一部分；在他们看来，生命在出生之前就已存在，死后还会继续。塔伦西人相信，他们继嗣群体的祖先已经改变了生命形式，但仍然关心他们社会中发生的事。祖先不快时，会突然降下灾害或引发一些小的不幸事件，祖先高兴的时候，会给他们意想不到的好运气。但是，人们无法知道哪些事情会让祖先高兴，说到底，祖先是不可预测的。塔伦西人试图将无法说明的事件归为始终在看着他们的祖先的作为。祖先始终临在的信念也让他们安心；如果祖先在离开世界后仍然存在，那他们也会如此。因此，塔伦西人的宗教是他们所在继嗣群体的宗教。塔伦西人不关心其他人的祖先，他们相信只有自己的祖先才会折磨或保护自己。[17]

在一些文化中，人们崇拜祖先，给祖先上供（图片来源：Reed Kaestner/CORBIS-NY）

两可继嗣制度

有两可继嗣群体的社会，远少于实行单系继嗣甚至双边亲属制的社会。然而，两可继嗣社会与单系继嗣社会有许多相似之处。例如，两可继嗣群体的成员都认为自己源自共同的祖先，尽管通常无法指明所有的世系联系。继嗣群体通常有名称，也许还有认同象征甚至图腾；继嗣群体可能拥有土地和其他生产资料；神话与宗教实践也经常与继嗣群体联系在一起。婚姻规范往往和群体成员的身份有关，就像在单系继嗣制度中那样，不过，两可继嗣制度中亲属群体的族外婚，不如在单系继嗣制度中普遍。此外，两可继嗣社会和单系继嗣社会一样，有多级或多个类型的继嗣群体。两可继嗣社会中也可能有世系和更高阶的继嗣群体，世系和更大群体之间的区别在于追溯到所谓共同祖先的世系脉络是否清晰（和在单系继嗣社会中一样）。[18]

南太平洋的萨摩亚社会是两可继嗣社会的一个例子。[19] 萨摩亚人有两种两可继嗣群体，分别对应于单系继嗣社会中的氏族和氏族分支。两种群体都实行族外婚。每个两可氏族都有一个或多个首领。群体用最年长首领的名字命名；一个氏族下的氏族分支至少有两个，分支的名称来自年纪轻一些的首领。

与单系继嗣制度相比，萨摩亚两可继嗣制度的特殊性在于，个体可以属于多个两可继嗣群体，因为人们可以通过父亲或母亲（父母又可以通过他们的父亲或母亲而与其所在群体产生联系）与两可继嗣群体产生联系。萨摩亚人的继嗣群体身份有一定的随意性，理论上人们可以属于和他们有关联的任何两可继嗣群体。但实际上，人们主要只和一个群体联系在一起，也就是拥有他们实际上居住和栽种的土地的两可继嗣群体，不过，他们可能会参与多个群体的活动（比如建房子）。因为一个人可能属于

不止一个两可继嗣群体，所以这种社会不像单系继嗣社会那样被分成独立的亲属集团。因此，一个两可继嗣群体的核心成员无法像在单系继嗣社会中那样生活在一起，因为每个人都属于不止一个群体，不能同时在多个地方生活。

并非所有两可继嗣社会都像萨摩亚那样，每个人都同时是多个继嗣群体的成员。在一些两可继嗣社会中，一个人在任何时候都只属于一个群体，这样社会就可以被分成独立的非重叠亲属群体。

对居住模式差异的解释

不同社会为何有不同的婚后居住模式？如果大多数社会中的已婚夫妇都与亲属同住或比邻而居，比如采取从夫居、从妻居、双居制、从舅居等居住模式，那么为何在部分社会（比如美国社会）中，夫妇通常与亲属分开居住？此外，在夫妇与亲属同住或比邻而居的社会中，为何大多数都采用从夫居而不是从妻居？为何在非新居社会中，有一部分允许已婚夫妇选择与丈夫或妻子的亲属共同居住（双居制），但大多数非新居社会不允许这样的选择？

新居

许多人类学家认为新居模式与货币或商品经济的出现相关。他们认为，如果人们能够出售自己的劳动和产品以换取金钱，他们就能够自己购买生活必需品，而不需要依靠亲属。世界上很多地方都缺乏冷藏条件，金钱不像农作物和其他食品那样容易腐坏，可以储存下来留待日后交易使用。因此，在家庭成员失业或无能力挣钱时，有金钱收入的家庭

---

17. Fortes 1949.
18. Davenport 1959.
19. 对萨摩亚继嗣制度的描述基于梅尔文·恩贝尔在 1955 年到 1956 年的田野工作。也可参见 M. Ember 1959, 573 – 577; and Davenport 1959。

可以靠之前的储蓄度日，或者像在美国社会中那样，依靠政府的金钱援助。在非货币经济中就不可能采取这种策略，人们如果因为某些原因无法自己养活自己，就只能依赖亲属获取食物和其他生活必需品。

跨文化证据支持这种解释。新居模式倾向于出现在有货币和商品交易的社会中，在没有货币的社会中，夫妇则更多与亲属同住或比邻而居。[20] 因此，货币可以在一定程度上解释新居模式：货币似乎能让夫妇自己养活自己。然而，这还不能很好地解释他们为何如此选择。

商品社会中的夫妇自己住能够过得更好的原因之一，也许是这种社会中的工作需要身体流动性和社会流动性。或者，夫妇更愿意远离亲属居住，也许是因为希望避免一部分与亲属同住或比邻而居而产生的人际压力和要求。但是，对于夫妇在拥有金钱之后更愿意独立居住的原因，我们还没能完全了解。

从妻居与从夫居的比较

传统上认为，在子女婚后仍与亲属同住或比邻而居的社会中，如果男性对经济的贡献更大，则倾向于从夫居住，如果女性对经济的贡献更大，则倾向于采取从妻居的模式。无论这个假设看上去多么有道理，跨文化的证据都不支持这种说法。在男性负责大部分主要生计活动的地方，采取从夫居的可能性并不更大。在女性承担与男性相当或更多生计活动的地方，采取从妻居的可能性也不会大于从夫居。[21] 如果我们计算家庭内外的所有工作，那么大部分社会应当都是从妻居住的，因为女性做的工作通常更多。但这也不成立，大多数社会都不是从妻居住的。

然而，我们能通过一个社会中的冲突类型预测从夫居或从妻居的居住模式。在人类学家所知的多数社会中，相邻的社群或区域都是彼此为敌的。这样的群体间不时爆发的冲突被称为"内部战争"，因为这种冲突发生在操同种语言的群体之间。在另一些社会中，操同种语言的群体内部不会发生战争，人们只会与其他语言群体战斗。这种战争模式被称为"纯粹外部的战争"。跨文化证据表明，在至少有时会发生内部战争的社会中，居住模式几乎都是从夫居，而非从妻居。而在只进行外部战争的社会中，居住模式通常是从妻居。[22]

我们应当如何解释战争类型与从夫居及从妻居之间的关系呢？一种理论认为，在会发生内部战争的社会中，人们倾向于从夫居，也许是为了将儿子留在家中或附近以协助防御。因为在任何社会中，女性都很少是战斗的主要力量，所以在儿子婚后将其安置在身边，就相当于有了在面临突袭时能迅速动员的忠诚的战斗力量。而如果一个社会只进行纯粹外部的战争，人们可能就不会那么重视将儿子留在身边，因为家庭不必担心来自邻近社群或地域的袭击。

因此，在社会只进行纯粹外部战争的情况下，居住模式也许会由其他的考量来决定，尤其是经济因素。在只发生外部战争的社会中，如果女性承担主要的生计工作，那么家庭也许会希望女儿在婚后留在家中，因此居住模式可能是从妻居。而在只发生外部战争的社会中，如果仍是男性承担主要的生计活动，那么居住模式可能仍是从夫居。因此，当存在内部战争时将婚后的儿子留在身边的需要，也许超过了基于劳动力视角的考量。也许只有在不存在内部战争的情况下，女性为主的劳动分工才会增加从妻居的可能性。[23]

如果男性由于远距离贸易或在遥远地方务工的需要而经常不在家，那么即便战争停止，人们也有动机实行从妻居。例如，在中美洲东部的米斯基托人中，男人有些时候需要长期离家从事伐木、采矿及摆渡之类的工作，从妻居就使得家庭及村庄内部的生活能够

从跨文化研究到考古学：重建美国西南部史前的婚后居住模式

应用人类学使用人类学知识来解决问题，经常还是人类学之外的实际问题。例如，法医人类学运用生物人类学知识来帮助侦破谋杀案和其他犯罪案件。但有些时候，人们运用人类学一个子领域的知识来解决另一个子领域的问题。

使用民族志数据的跨文化研究表明，从妻居社会中，姐妹很可能住在同一个家里，家庭规模可能更大，因此（除仓库外的）居住面积也可能会更大。与平均居住面积小于 60 平方米的从夫居社会形成对比的是，从妻居社会的居住面积往往大于 100 平方米。看起来，姐妹们比其他人更容易生活在一起，也许是因为她们是一起长大的。

大多数人类学家认为，通过前工业化社会的比较民族志构建出的关系也适用于史前时期的人类行为。如果的确如此（尚没有充分理由怀疑），那么那些居住面积超过 100 平方米的考古遗址可能就是采用从妻居模式的住所。这一预测已被应用于理解美国西南部从地穴屋到大屋的转变。公元 500 年至 700 年之间的地穴屋，平均居住面积为 15 平方米；而公元 900 年至 1100 年的多室房屋（如新墨西哥州查科峡谷的普韦布洛博尼托），居住面积则从 70 平方米至 300 平方米不等，曾居住在这些房屋中的家庭可能是从妻居。考古学家是从相邻家庭房屋之间的双层墙得知家庭房屋内部有多个房间的。

多年前，一些考古学家提出，在从妻居的母系社会，有亲属关系的女性会长时间住在一个地方，与其他遗址相比，这样的遗址出土的陶器会有独特的设计。毕竟，母亲们可能教导自己的女儿，女儿又会教导她们的女儿。也许是由于他们的计算和测量不是简单计算找到的陶器碎片的数量等，这些考古学家开拓性的工作不是被拒绝就是被忽视。基于跨文化研究结果对亲属关系进行考古学研究仍颇有可为，尤其是对接受过统计学方法训练的学者而言。

（资料来源：Peregrine 2001; M. Ember 1973; Divale 1977; Hill 1970; Longacre 1970.）

不受男人离家的影响而延续下去。近来，由于国际经济对龙虾的需求旺盛，许多男人都要外出从事深海捕捞龙虾的工作。这样的工作并非总能获得，但每当有这样的工作，男性都要外出赚钱。虽然一部分男性经常不在家，但米斯基托人仍然按照他们传统的方式，通过农业种植（大部分由女性完成）和渔猎（大部分是男性的工作）获取食物。[24]

双居制

在实行双居制的社会当中，已婚夫妇既可以跟丈夫的父母一起居住，也可以跟妻子的父母同住。尽管这一模式看起来是已婚夫妇的选择，但理论与研究认为，双居制可能是迫于需要的产物。埃尔曼·瑟维斯认为双居制可能出现在近来因为新的传染病而人口急剧下降的社会中。[25] 在过去的 400 年中，由于非欧洲社会缺乏对欧洲疾病的抵抗能力，世界上许多地方的人群在与欧洲人接触的过程中都遭遇了严重的人口下降。非商品化社会中的夫妇会为了生活需要而与某些亲属同住，在人口减少的非商品化社会中，夫妇似乎会与仍健在的父母和亲属（不管是哪一方）一起生活。这一阐释得到了跨文化证据的证实。近期经历了人口减少的社会更倾向于采取

---

20. M. Ember 1967.
21. M. Ember and C. R. Ember 1971；也可参见 Divale 1974。
22. M. Ember and Ember 1971, 583 – 585; Divale 1974.
23. M. Ember and Ember 1971. 另一种理论认为，从妻居早于而非晚于纯粹外部战争，参见 Divale 1974。
24. Helms 2009; Herlihy 2007；也可参见 M. Ember and Ember 1971。
25. Service 1962, 137.

双居制或经常舍弃单边居住，而近期人口并未下降的社会，则倾向于某种模式的单边居住。[26]

在狩猎采集社会中，还有一些情况能促成双居制。双居制往往出现在游群很小、降雨量小或不稳定的狩猎采集社会中。在这些情况下，夫妻的居住"选择"考虑的可能主要是与谁同住更有利于生存，或者是否能与近亲属一起生活和工作。[27] 图 22-6 展示了各类婚后居住模式的主要影响因素。

从舅居

了解母系继嗣制度后，从舅居的婚后居住模式就比较容易理解了。从舅居指的是已婚夫妇与丈夫母亲的兄弟同住或比邻而居。从舅居相对少见，几乎所有实行从舅居的社会都是母系的。正如前文谈到的，在大多数母系社会中，母亲的兄弟在决策时发挥着举足轻重的作用。除了兄弟之外，一个男孩最近的男性母系亲属是谁？当然是他母亲的兄弟。

与母亲的兄弟同住，能让**母系**的男性亲属集中在一个地方居住。但是，为什么部分母系社会要采用这样的居住模式？答案也许涉及社会的主要战争类型。

与从妻居社会不同，从舅居社会的主要战争类型是内部战争。正如从夫居是父系社会将男子在婚后留在家中的一种办法，从舅居也是将（有母系关联的）男子在婚后留在家中的办法，为的是能在邻近的敌人发起突袭时，迅速动员起战斗力量。面对邻近群体的袭击威胁时，已有强大母系继嗣群体的社会可能会首先将婚后居住模式转为从舅居而非从夫居。这可能是因为邻近群体的战斗会导致男性中的高死亡率，而这会让父系继嗣溯源比母系继嗣溯源更加困难。因此，这样的社会将采取从舅居，而不是从夫居。与从夫居相比，从舅居可能将更多有亲属关系的已婚男子聚在一起，因为如果战争会导致许多相对年轻的男子死亡，通过女性联系在一起的亲属，就会比通过男性联系在一起的亲属要多。[28]

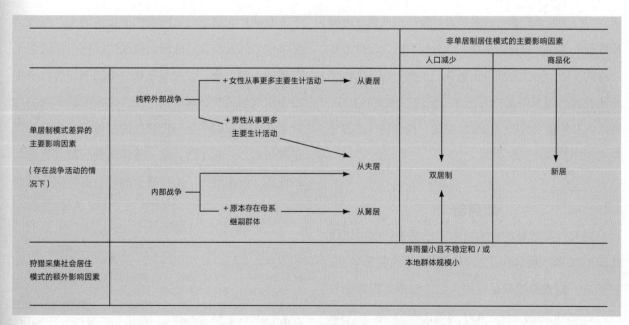

图 22-6　影响婚后居住模式的主要因素。箭头表明可能因果关系的方向（资料来源：M. Ember and C. R. Ember 1983）

单系继嗣制度的产生

单系继嗣亲属群体在许多社会的组织方面扮演着不可或缺的角色，但并非所有社会都有这样的群体。在拥有庞大复杂的政治组织体系的社会中，官僚机构取代亲属群体行使许多职能，譬如组织劳动、备战、分配土地。但并不是所有缺少复杂政治组织的社会都有单系继嗣制度。那么，为何一些社会有单系继嗣制度，另一些没有呢？

一般认为，单居制，包括从夫居和从妻居，对于单系继嗣的发展是必要的。从夫居在一个社会中实行一段时间后，彼此有父系亲属关系的一组男性就会聚在一地居住。实行一段短时间的从妻居后，彼此有母系亲属关系的一组女性也会聚在一起居住。难怪从跨文化角度看，从妻居和从夫居分别与母系继嗣及父系继嗣相关。[29]

尽管单居制对单系继嗣群体的形成而言是必要

的，但单居制显然不是所需的唯一条件。其一，许多单居制社会并没有单系继嗣群体。其二，有亲属关系的男性或女性根据从夫居或从妻居原则生活在一起，并不代表他们会自视为一个继嗣群体并作为群体行动。可见，要形成单系继嗣群体，可能还需要其他条件。

证据表明，比起没有战争活动的单居制社会，有战争活动的单居制社会更有可能形成单系继嗣群体。[30] 对于缺少复杂政治组织的社会而言，战争活动的存在可能会促进其形成单系继嗣群体。单系继嗣群体让个体明确知道，战事发生时自己可以与谁一起结盟战斗。[31] 一个人的群体身份并无模糊之处。

---

26. C. R. Ember and M. Ember 1972.
27. C. R. Ember 1975.
28. M. Ember 1974a.
29. 资料来自 Textor 1967。
30. C. R. Ember et al. 1974.
31. 战争与竞争是形成单系继嗣群体的重要因素，Service 1962 和 Sahlins 1961, 332–345 也持这种观点。

某人是否属于某个氏族、胞族或半偶族也很明确。单系继嗣群体的这种特征，使其能够作为独立而明确的单元而行动——大多数时候是在战争中。

解释两可继嗣和双边亲属制

为何部分社会中有两可继嗣群体？尽管证据并不十分明确，但有一种可能性，就是一些原本是单系继嗣的社会，在特殊条件下，尤其是人口减少的情形下，转为了两可继嗣。前文已经谈到，人口减少可能会让原本实行单居制的社会改为实行双居制。如果那个原本实行单居制的社会有单系继嗣群体，那么在转变为双居制后，这些单系继嗣的群体也可能转变为两可继嗣群体。比方说，一个社会过去是父系继嗣的从夫居社会，但有一些夫妇开始实行从妻居，那么这些夫妇的孩子就可能通过母亲与他们居住地原本是父系继嗣的群体联系在一起。如果这样的情况经常发生，那么单系继嗣原则也许会转变为两可继嗣原则。[32] 因此，两可继嗣制度可能是在近代欧洲疾病传入导致人口减少后，才发展出来的。

有利于形成双边亲属制的条件，与有利于形成单系继嗣制度的条件基本是相反的。如前文所述，单系继嗣制度似乎形成于实行单居制、有战争活动的非国家社会。如果一个人需要的是身份明确的盟友，那么这是双边亲属制无法提供的。前文谈过，双边亲属制是以自我为中心的。除了兄弟姐妹外，每个人可以依靠的亲人群体都有所不同。因此在双边亲属制社会中，人们往往并不清楚自己可以依靠谁，也不知道谁有帮助他人的义务。不过，这样的模糊性在没有战争的社会中也许不是个问题。政治制度复杂的社会通常有常备军，可以代表广大人口战斗，依靠亲属群体进行的动员也就不那么重要了。也许是因为战争在觅食社会中不太可能发生，[33] 所

以觅食社会往往会发展出双边亲属制；而在更复杂的社会中，由于打仗不需要依靠继嗣群体，双边亲属制也更有可能形成。在商品化与市场交换过程中越来越常见的婚后新居模式，也不利于单系继嗣，因此这样的社会更有可能实行双边亲属制。

亲属称谓

与其他社会一样，美国的社会通过相同的**分类性称谓**（classificatory term）来指代许多不同的亲属。大多数人可能从未想过我们为什么以现有的方式称呼亲戚。例如，美国人用同一个词 uncle 来称呼舅舅、伯伯、叔叔，很多时候称呼姨夫、姑父的也是 uncle。并不是说美国人无法区分母亲的兄弟和父亲的兄弟，美国人也不是不知道**血亲**（consanguineal kin）和**姻亲**（affinal kin）之间的区别。只不过在美国社会中，人们似乎认为没有必要区分不同类型的 uncle。

然而，无论这种分类系统在美国人看来有多么正常，人类学家进行的众多田野研究都表明，社会在如何分组或区分亲属方面存在显著差异。一个社会中使用的亲属称谓可能反映了其主要的家庭类型、居住规则、继嗣规则，以及社会组织的其他方面。如果像许多人类学家所认为的那样，一个社会的亲属称谓相对不易改变，[34] 那么亲属称谓就能为社会系统的先前特征提供线索。亲属称谓的主要系统有奥马哈系统、克劳系统、易洛魁系统、苏丹系统、夏威夷系统和因纽特系统。

我们先来看看美国和其他许多商品社会中使用的亲属称谓系统。使用这种系统的绝不是只有商品社会，事实上，许多因纽特社会使用的都是这个系统。

因纽特系统

因纽特系统（见图 22-7）的显著特征是对所有

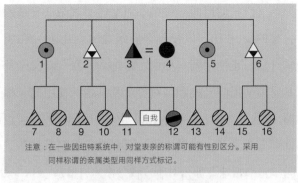

注意：在一些因纽特系统中，对堂表亲的称谓可能有性别区分。采用同样称谓的亲属类型用同样方式标记。

图 22-7 因纽特亲属称谓系统

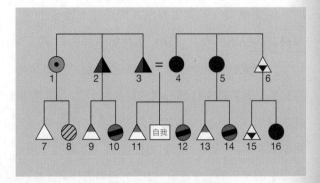

图 22-8 奥马哈亲属称谓系统

堂表亲用同一个称谓，该称谓与对兄弟姐妹的称谓不同；对父母辈除母亲外的女性亲属（aunts）都使用同一个不同于对母亲称谓的称谓；对父母辈除父亲外的男性亲属（uncles）都使用同一个不同于对父亲称谓的称谓。在图 22-7 和之后的图中，由相同称谓指代的亲属类型以相同的方式着色和标记，例如在因纽特系统中，亲属类型 2（父亲的兄弟）和 6（母亲的兄弟）的称谓相同（英语中称为 uncle）。注意在这个系统中（与我们将考察的其他系统不同），对其他亲属通常不会使用对核心家庭成员的称谓，即母亲、父亲和兄弟姐妹。

在单系或两可继嗣的群体中，通常不会见到因纽特亲属称谓系统；这种系统似乎只见于双边亲属制社会。[35] 我们知道，双边亲属制中的亲人是以自我为中心的群体。虽然母亲那边和父亲那边的亲戚同样重要，但最重要的亲属通常是和自己最近的人。在美国社会中尤其如此，除了仪式场合外，核心家庭通常独自生活，与其他亲属分开居住，联系也不太紧密。既然核心家庭是最重要的，那么可以预见，对核心家庭中亲属的称谓会不同于对所有其他亲属的称谓。因为母亲那边和父亲那边的亲戚同样重要（或同样不重要），所以美国人对两边的亲戚使用同一套称谓（aunt、uncle 和 cousin）是有道理的。

奥马哈系统

奥马哈亲属称谓系统得名于北美的奥马哈人，但该系统存在于世界各地的许多社会中，通常是有父系继嗣的社会。[36] 根据图 22-8，我们可以看到哪些类型的亲属在奥马哈系统中是用同样的称谓称呼的。首先，对父亲及其兄弟（图中的 3 和 2）的称谓相同。这种亲属分类方式与因纽特系统的明显不同，在因纽特系统中，对核心家庭成员（父亲、母亲和兄弟姐妹）的称谓是不会用于其他亲属的。如何解释奥马哈称谓系统中的这种合并现象呢？一种解释是，父亲及其兄弟被归为一类，因为采取该系统的大多数社会中有父系亲属群体。父亲及其兄弟都是"我"所在的父系亲属群体中的上一代，与"我"的关系可能也类似。"我"父亲的兄弟也可能在"我"小时候住在附近，因为父系社会通常是从夫居。因此，对父亲和父亲的兄弟的称谓可以翻译成"我所在的父系亲属群体中我父亲那一代的男性成员"。

另一种合并是对母亲与母亲的姐妹使用同一称谓（4 和 5），乍一看这与对父亲和父亲的兄弟使用

32. C. R. Ember and Ember 1972.
33. C. R. Ember and Ember 1997.
34. 例子可以参见 Murdock 1949, 199 – 222。
35. 记录于 Textor 1967。
36. Ibid.

同一称谓类似，但其实有所不同。令人惊讶的是，对母亲的兄弟的女儿（16）也使用同样的称谓。为什么？如果我们认为这个称谓的意思是"我母亲所在父系亲属群体中**任何一代**的女性成员"，这种称谓就说得通了。与此一致的是，对"我"母亲所在父系亲属群体中任何一代的男性成员（母亲的兄弟6和母亲的兄弟的儿子15）也使用同样的称谓。

显然，父亲那边和母亲那边的亲戚在这个系统中的分组方式不同。对于"我"母亲所在的父系亲属群体的成员，不管是哪一代，"我"都用同一个称谓称呼所有的男性，用另一个称谓称呼所有的女性。然而，对于父亲所在的父系亲属群体的成员，"我"对不同世代的男性和女性成员有不同的称谓。乔治·彼得·默多克认为，当不同类型亲属的相似之处多于差异时，社会就可能把这些类型的亲属合并到一起。[37]

根据这个原则，考虑到使用奥马哈系统的社会通常是父系的，可以得出，"我"认识到父亲所在的父系亲属群体是"我"所属的群体，"我"在其中有很多权利和义务。因此，"我"所在父系亲属群体中父亲那一代的人对"我"的行为可能与"我"这一代的人不同。父亲那一代的成员可能对"我"展现权威，而"我"必须向他们表示尊重。父系亲属群体中和"我"同一代的成员则可能是"我"从小一起玩耍并成为朋友的人。因此，在父系制度中，父系亲属中属于不同世代的人可能会被区分开来。相比之下，"我"母亲的父系亲属对"我"来说没那么重要（因为"我"的继嗣来自父亲）。而且由于"我"住在父亲一边，母亲那边的亲属可能并不住在"我"附近。因此，在这样的系统中，"我"母亲的父系亲属相对没那么重要，这些亲属之间的相似性足以让"我"使用同样的称谓来称呼他们。

最后，在奥马哈系统中，"我"对男性平表亲（父亲的兄弟的儿子9，以及母亲的姐妹的儿子13）和

兄弟（11）使用同一称谓；对女性平表亲（父亲的兄弟的女儿10，以及母亲的姐妹的女儿14）和姐妹（12）也使用同一称谓。考虑到"我"对父亲及其兄弟使用同一称谓，对母亲及其姐妹使用同一称谓，"我"对平表亲和亲兄弟姐妹使用同样的称谓也就顺理成章了。如果"我"管我亲父母的其他孩子叫"兄弟姐妹"，那么对于"我"称为"母亲"和"父亲"的其他人的孩子，"我"也应该同样称他们为"兄弟姐妹"。

克劳系统

以另一种北美文化命名的克劳系统被称为奥马哈系统的镜像。两种系统合并亲属类型的方式相似，只是克劳系统是和母系继嗣关联在一起的，[38] 也就是说，对于"我"母亲所在母系亲属群体（也是"我"所在的群体）中不同世代的成员，"我"的称谓是不同的，而对于"我"父亲所在母系亲属群体中不同世代的成员，"我"的称谓相同。将图22-8与图22-9进行比较，可以发现两种系统的合并和区分方式大致相同，只是克劳系统中跨世代合并亲属称谓的情况出现在父亲一系而不是母亲一系。换句话说，在克劳系统中，"我"用同一称谓来称呼母亲及其姐妹（因为她们都是"我"母亲所在母系继嗣群体中母亲那一代的女性成员），用同一称谓称呼父亲、父

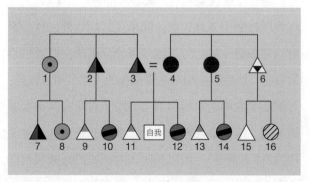

图 22-9　克劳亲属称谓系统

易洛魁长屋可以容纳 80 余人。母系亲属群体中的女性成员与入赘的丈夫传统上一起住在长屋中（图片来源：Stock Montage, Inc./Historical Pictures Collection）

亲的兄弟、父亲姐妹的儿子（"我"父亲所在母系亲属群体中任何一代的男性成员）。"我"对父亲的姐妹和父亲姐妹的女儿（她们都是"我"父亲所在母系亲属群体中的女性成员）使用同样的称谓。对于平表亲，"我"使用的称谓和对亲兄弟姐妹的称谓相同。

易洛魁系统

易洛魁系统得名于北美的易洛魁人，该系统中对父母那一代亲属的称谓（见图 22-10）类似于奥马哈和克劳系统。也就是说，"我"对父亲及其兄弟（3 和 2）的称谓相同，对母亲及其姐妹（4 和 5）

的称谓相同。易洛魁系统与奥马哈和克劳系统的不同之处在于对同代人的称谓。在奥马哈和克劳系统中，对一类交表亲的称谓与对上一代的亲属称谓合并到了一起。在易洛魁系统中，对舅表和姑表两类交表亲（母亲的兄弟的孩子 15 和 16，父亲的姐妹的孩子 7 和 8）称谓相同，但有性别区分。也就是说，对母亲兄弟的女儿和对父亲姐妹的女儿的称谓是同一个，对母亲兄弟的儿子和对父亲姐妹的儿子则采用另一个相同的称谓。对平表亲的称谓与对交表亲的不同，在有些情况下，人们会用对亲兄弟姐妹的称谓来称呼平表亲，但并不总是如此。

与奥马哈和克劳系统类似，易洛魁系统对父亲那边和母亲那边的亲属有不同的称谓。这种区分往往与单系继嗣有关，这并不意外，因为单系继嗣涉及与母亲或父亲那边亲属的单边关系。一个单系继嗣社会为什么会采用易洛魁系统，而不是奥马哈或克劳系统呢？一种可能的解释是，奥马哈或克劳系统往往见于比较发达的单系继嗣社会，而较少出现在发展中或衰落中的单系继嗣社会。[39] 另一种可能

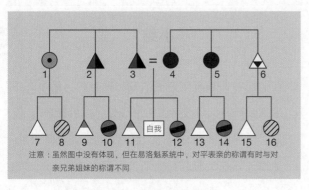

注意：虽然图中没有体现，但在易洛魁系统中，对平表亲的称谓有时与对亲兄弟姐妹的称谓不同

图 22-10 易洛魁亲属称谓系统

37. Murdock 1949, 125.
38. Textor 1967.
39. L. A. White 1939.

性是，易洛魁称谓系统出现在倾向于姑表亲和舅表亲两类交表亲通婚的社会中，[40] 易洛魁系统能将交表亲与其他亲属区分开来。

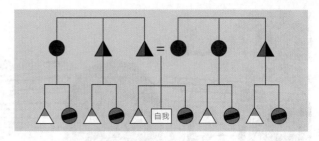

图 22-12　夏威夷亲属称谓系统

苏丹系统

与奥马哈、克劳和易洛魁系统不同，苏丹系统通常不会合并父母辈或同辈的亲属称谓。也就是说，苏丹系统通常是描述性系统，对每个亲属使用不同的**描述性称谓**（descriptive term），如图 22-11 所示。什么样的社会可能采用这种系统？尽管采用苏丹系统的较可能是父系社会，但这类社会可能与大多数采用奥马哈或易洛魁系统的父系社会不同。苏丹系统与较大的政治复杂性、阶级分层和职业专业化相关。有人认为，在这些条件下，亲属制度可能反映出人们仔细区分继嗣群体中在职业或阶级制度里拥有不同机会和特权的成员的需要。[41]

尽管奥马哈、克劳、易洛魁和苏丹系统各有不同，也受不同因素的影响，但它们有一个相同的重要特征：对母亲那边和父亲那边的亲属使用的称谓并不相同。如果将亲属称谓图对折，就会发现两半并不相同。而在因纽特系统里，母亲那边和父亲那边的亲属称谓是完全相同的，这个特征表明两边的家庭同样重要或同样不重要。我们接下来讨论的夏威夷系统，父亲那边和母亲那边的亲属称谓是相同的，但在该系统中，核心家庭之外的亲属更为重要。

夏威夷系统

夏威夷系统中的亲属称谓最不复杂，因为其中称谓的数量最少。在该系统中，对同一代中同性别的所有亲属都使用相同的称谓（见图 22-12）。也就是说，对所有女性堂表亲的称谓都与对姐妹的称谓相同，对所有男性堂表亲的称谓都与对兄弟的称谓相同。对于在父母那一代与"我"有亲属关系的人，女性（包括母亲）共用同一称谓，男性（包括父亲）则共用另一称谓。

采用夏威夷亲属称谓系统的社会往往没有单系继嗣群体，[42] 这有助于解释为什么对父母两边的亲属的称谓相同。为什么对母亲、父亲、姐妹和兄弟的称谓也用于称呼其他亲属？也许是因为使用夏威夷系统的社会中可能有大型的扩展家庭，[43] 图 22-12 中的每种类型的亲属都可能因为可选的居住模式（双居制）而属于这种扩展家庭。[44] 因此，与美国社会不同，扩展家庭中的这些亲属非常重要，这也体现在对他们的亲属称谓与对核心家庭成员的亲属称谓相同这一点上。

小结

1. 在美国社会和其他许多工业化社会中，新婚夫妇通常会离开父母或亲戚另寻住处（婚后新居）。但是，世界上大约 95％ 的社会遵循的居住模式是，新婚夫妇在父母或其他亲戚家庭内或非常近的地方居住。

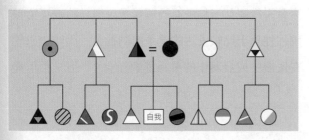

图 22-11　苏丹亲属称谓系统

2. 已婚夫妇与亲属同住或比邻而居的四种主要模式
   如下：
   （1）从夫居：夫妻与丈夫的父母同住或比邻而居
   　　（67%）；
   （2）从妻居：夫妻与妻子的父母同住或比邻而居
   　　（15%）；
   （3）双居制：夫妻与丈夫的父母或妻子的父母同住
   　　或比邻而居（7%）；
   （4）从舅居：夫妻与丈夫的母亲的兄弟同住或比邻
   　　而居（4%）。

3. 在亲属关系重要的大多数社会中，隶属关系规则规
   定了每个人的亲属具体包括哪些人，亲属群体的边
   界是明确的。三种主要的亲属关系类型是单系继
   嗣、两可继嗣和双边亲属制。

4. 单系继嗣和两可继嗣都是基于继嗣法则，继嗣法则
   基于已知或假定的共同祖先，将个体与特定的亲属
   联系在一起。单系继嗣指的是只通过男系或女系将
   个体与一群亲属联系在一起，可以是父系继嗣或母
   系继嗣。
   （1）父系继嗣只通过男系将个体与男性和女性亲属
   　　联系在一起。在每一代中，子女都属于他们父
   　　亲所在的亲属群体。
   （2）母系继嗣只通过女系将个体与男性和女性亲属
   　　联系在一起。在每一代中，子女都属于他们母
   　　亲所在的亲属群体。

5. 两可继嗣通过男系或女系将个体与亲属联系在一
   起。因此，两可继嗣群体会体现女性和男性的世系
   联系。

6. 没有直系继嗣群体的社会是双边亲属制社会。母亲
   那边和父亲那边的亲属同样重要，或者说同样不重
   要。双边亲属制中的亲人是以自我为中心的亲属集
   合，可以为了某种目的而临时聚在一起。

7. 在单系继嗣社会中，人们通常认为自己属于某一或
   某一组单系继嗣群体，因为他们相信自己与男性

（父系）或女性（母系）亲属有共同的出身。这些
人形成了所谓的单系继嗣群体，有如下几种类型，
同一社会可能包括不止一种类型：
（1）世系是其成员通过已知联系追溯到一个共同祖
　　先的亲属集团。
（2）氏族是其成员相信自己拥有共同祖先，但回溯
　　至祖先的纽带并不明确的亲属集团。
（3）胞族是由可能有关系的氏族组成的单系继嗣
　　群体。
（4）有的社会是划分为两个单系继嗣群体的，每个
　　这样的群体就是一个半偶族，每个半偶族回溯
　　至共同祖先的纽带都不明确。

8. 单系继嗣群体最常见于文化复杂程度中等的社会，
   也就是非商品化的食物生产社会，而非食物采集社
   会。在这样的社会中，单系继嗣群体往往在社会、
   经济、政治和宗教领域发挥重要作用。

9. 在如何根据相同或不同的亲属称谓归类或区分亲
   属方面，不同社会存在明显差异。主要的亲属称谓
   系统有因纽特系统、奥马哈系统、克劳系统、易洛
   魁系统、苏丹系统和夏威夷系统。

40. Goody 1970.
41. Pasternak 1976, 142.
42. Textor 1967.
43. Ibid.
44. 这一推测基于恩贝尔夫妇未发表的跨文化研究。

第二十三章
社团与利益集团

本章内容

非自愿社团
自愿社团
对社团差异的解释

18 世纪英国作家塞缪尔·约翰逊（Samuel Johnson）曾被要求描述他的同伴、传记作者家詹姆斯·博斯韦尔（James Boswell）。约翰逊是这么说的："博斯韦尔是个很有俱乐部精神（clubable）的人。"约翰逊并不是说博斯韦尔应该被棍子（club 的另一个词义）打一打，而是说，博斯韦尔喜欢各种各样的俱乐部和社团，他的许多同时代人也是如此。结社的倾向并不是 18 世纪的英国人所独有的。

说到俱乐部或社团，我们可能会联想到一些不太重要的课外活动，而实际上，结社在许多社会的经济和政治生活中发挥着非常重要的作用。我们称之为非政府组织（NGO）的社团在现代社会中具有很大的影响力（参见关于非政府组织的专题）。在本章中，我们将研究在不同社会中形成的各种社团，研究这些社团是如何运作的，以及它们服务的一般目的是什么。当我们说到**社团**（associations）时，我们指的是不同种类的群体，这些群体既不像上一章中讨论的群体那样基于亲属关系，也不像下一章中讨论的群体那样基于领土关系。换句话说，社团是非亲属和非地域性的群体。社团虽然各不相同，但也有几个共同的特点：（1）存在某种正式的制度化结构，（2）将一些人排除在外，（3）其成员有共同的利益或目标，（4）其成员有明显的自豪感和归属感。当代美国社会有大量利益集团（interest groups，政治学术语），这些利益集团具有社团的一般特征。不同利益集团的规模和社会影响力各不相同，既有民主党和共和党这样的全国性组织，也有大学女生联谊会和兄弟会这样的地方性组织。

但是，不同社会拥有社团的程度和种类差别很大。为了使我们的讨论更容易一些，我们将重点放在两个方面，来看社团如何因社会而异。一个是加入社团是不是自愿的。在美国社会，除了政府征兵入伍之外，几乎所有的社团都是自愿的——

人们可以选择加入或不加入。但在许多社会中，特别是在倾向于平等的社会中，成员资格是非自愿的：属于某一类别的所有人都必须属于某个社团。

社团差异的第二个方面在于成为社团成员的条件。加入社团的条件可能有两种，即先赋的（ascribed）和自致的（achieved）。**自致特征**是人们在一生中习得的，比如某项运动的卓越技巧，或成为电工所需的技能。**先赋特征**是指那些出生时便被决定的特性，决定因素可能是遗传构成（例如性别），也可能是家庭背景（种族、出生地、宗教、社会阶级）。我们会讨论两种先赋特征：普遍先赋特征（universally ascribed qualities），即在所有社会中都存在的特征，如年龄和性别；以及可变先赋特征（variably ascribed qualities），即只在某些社会中有的特征，如种族、宗教或社会阶级差异。

表 23-1 列出了社团差异的这两个维度——自愿或非自愿招募和成员资格——以及符合分类的一些社团。有些社团并不完全符合分类——例如，加入女童子军的条件包括加入的兴趣、一种自致特征，以及生物学上的性别这一先赋特征。

表 23-1　社团的一些例子

成员资格	招募	
	自愿	非自愿
普遍先赋特征		年龄组 大多数单性别社团
可变先赋特征	族群社团 地域社团	被征召的军队
自致特征	职业社团 政党 特殊利益集团	

非政府组织：现代世界中强大的国家和国际利益集团

本章所讨论的社团大多是地方组织。它们的活动和影响并不作用于整个社会，对世界的经济和政治状况几乎也没有影响。即使是像政党、工会和职业团体这样在美国社会中势力强大的大型现代自愿社团，也不会直接影响国际关系和其他社会的命运。但是，一种相对较新的利益集团可以，即我们所说的非政府组织。许多人类学家为非政府组织工作，运用人类学的发现和理解来解决实际问题。世界银行和国际货币基金组织就是雇用人类学家和其他社会科学家来促进国家和国际经济发展的两个著名例子。

本章的要点之一是，作为非亲属和非地域性的组织，社团之所以形成，似乎是为了满足用其他方式难以满足的社会需要。比方说，如果你的亲属住得比较分散，你在遭遇袭击时无法求助于他们，你也许可以向你的同龄人求助，他们中的一些人总会在附近，可以更快地来帮助你。如果你不能对你的雇主施加足够的压力让其支付体面的工资，你可以和工会中的其他人一起与雇主谈判。国际组织（如联合国，以及北约等军事联盟）可以在世界和平面临威胁时尝试组织国际社会应对。此外，在不同国家运营的非政府组织似乎也降低了这些国家之间发生战争的可能性。非政府组织的存在似乎有助于实现国家间的和平及经济上的相互依赖。

非政府组织在现代世界是强大的利益集团，这可能是因为世界各国并不总能就解决争端和纾解全球问题的措施达成一致。国家也可能难以筹措必要的资金。而一些能够私下筹款或从有兴趣参与的商业组织可以发挥作用，（通常在幕后）完成工作。它们可以像世界银行那样，直接投资于新的活动。想想北美殖民地最初是如何组织起来抵抗英国统治的。《独立宣言》标志着一个大规模社团的出现，该社团既不是亲属群体，也不是（至少一开始不是）地域组织。当时，也尚未形成"美利坚合众国"这个统一的国家。

20 世纪 90 年代，非政府组织的数量从 6 000 个增加到 2.5 万个以上。现在又增加了数千个。一些非政府组织将其活动范围限制在本国，另一些则是国际性的。这些组织吸引的注意力，以及它们所施加的影响，意味着它们正在做一些只有它们能够完成的事情。尽管有时应受批评，但越来越多的非政府组织可能有助于世界走向统一。

（资料来源：Fisher 1997; Russett and Oneal 2001.）

非自愿社团

尽管复杂社会中也可能有非自愿社团，但非自愿社团更常见于社会分层程度较低或比较平等的社会。在分层程度较低的社会中，社团往往基于年龄、性别等普遍先赋特征形成。此类社团有两种形式：年龄组和单性别社团。

年龄组

所有社会中都有年龄术语，就像所有社会中都有亲属称谓一样。例如，我们会区分兄弟、叔伯、堂表亲等，也会区分婴儿、青少年和成年人。年龄术语（age terms）是基于年龄或年龄等级的类别。**年龄等级**（age-grade）指恰好处于文化规定的某一年龄范围的一类人。相比之下，**年龄组**（age-set）指的是一群年龄相近且性别相同的人，他们一起经历某些或所有生命阶段。例如，在某个地区，处于一定年龄范围内的所有男孩可能会同时在仪式上成为"成年人"。在以后的生活中，这个群体可能会成为"长老"，再后来就是"退休的长老"。进入年龄组系统通常是非自愿的，其基础是性别、年龄等普遍先赋特征。

亲属关系构成了大多数非商品社会组织和管理的基础。然而，在一些非商品社会中，年龄组跨越了亲属关系纽带，并形成强大的附属纽带。东非的卡利莫琼人（Karimojong）和巴西的沙万特人（Shavante）是两个这样的社会。

卡利莫琼年龄组

卡利莫琼人大约有 6 万人。他们主要是牧牛人，居住在乌干达东北部约 16 平方千米的半干旱土地上。卡利莫琼社会特别值得关注，因为该社会是通过年龄组和世代组来组织的。这些分组是"政治权威的来源和行使权威的主要领域"。[1]

卡利莫琼年龄组包括所有经历过成人仪式的男性，以 5 到 6 年为一组。一个世代组由 5 个年龄组的结合组成，涵盖 25 到 30 年。每一个世代组都被视为"产生"了之后的那个世代，任何时候都同时存在两个世代组。年长的世代单元是封闭的，其成员履行行政、司法和祭司职能。年青的世代单元不断有新人进入，其成员负责打仗和治安。年青世代组纳入 5 个年龄组之后，就准备好（实际上是迫不及待）取代前一个世代组的地位了。最后，带着抱怨但很现实的长老们会同意举行一个继承仪式，让那些曾经处于服从地位的人获得权威地位。

成人仪式之后，一个男孩就会成为男人，他的地位明确，而且最终肯定会和同一个世代组的伙伴们一起行使全权。实际上，卡利莫琼人认为，没有经历过成人仪式的人不应该结婚，更不能生孩子。成人仪式本身就体现了年龄组制度的基本政治和社会特征。没有长老的授权，仪式就不能举行；在仪式的整个过程中，长老的权威都是明确的。相邻世代组的父子关系会得到强调，因为父亲是将儿子接纳为成人的人。

卡利莫琼年龄系统由 4 个世代组构成，这 4 个世代组以既定的延续关系形成循环。退休世代组由

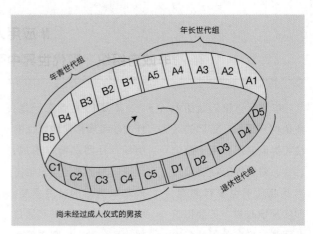

图 23-1　卡利莫琼年龄系统由 4 个不同的世代组构成（在此图中分别标记为 A、B、C、D），它们构成了继承的循环。而每个世代组又被分为 5 个年龄组或潜在的年龄组。年长世代组（A）行使权力。年青世代组（B）负责打仗和治安，不断有新人加入。世代组 D 由退休年龄组组成。未经过成人仪式的男孩和尚未出生的男孩构成了潜在年龄组 C1 至 C5

已将权力传给下一代的长老们组成，该世代组中 5 个年龄组的成员要么日渐衰老，要么已经去世。年长世代组包含 5 个积极行使权力的年龄组。年青世代组不断有新成员加入，虽然他们要服从于长老，但仍有一定的管理权力。尚未经过成人仪式的人构成了逐渐成形的世代组。图 23-1 展示了卡利莫琼年龄系统。

沙万特年龄组

沙万特人居住在巴西的马托格罗索（Mato Grosso）地区。20 世纪中叶以前，他们对试图进入其领土的欧洲裔巴西人怀有敌意。20 世纪 50 年代，外来者才得以与大约 2 000 名沙万特人和平相处。虽然沙万特人从事一些农业，但他们主要依靠食物采集为生。野生的根茎、坚果和水果是他们的主食，打猎是他们的爱好。[2] 沙万特人有自己的村庄，但他们很少在村庄里一次待几周以上。他们会频繁地进行为期 6 至 24 周的集体徒步狩猎或采集。他们每年花在园圃种植上的时间不超过 4 周，这些园圃距离村庄至少有一天的路程。

年龄组是沙万特社会极其重要的组成部分，特

虽然情况发生了一些变化，但是肯尼亚南迪人的年龄组仍然很重要。图中这位传统宗教领袖（披毛皮斗篷者）告诉年轻的南迪男子（穿西装者）："过去，我们年轻的战士第一次外出时，我们会给他们长矛和盾牌，并告诉他们把财富带回社区。今天，我们给你一支笔和一张纸，并提出同样的要求。"
（图片来源：Leon Oboler/Regina Smith Oboler）

别是对男性而言。当男孩们被正式纳入一个有名称的年龄组，并在"单身小屋"（bachelor hut）中居住时，他们便不再是儿童。沙万特人每 5 年举行一次入会仪式，7 岁至 12 岁的男孩在同一时间入会。在单身小屋中居住的 5 年期间，男孩们不承担什么责任。男孩们的家庭为他们提供食物，他们会在想去的时候出去打猎和采集食物。但在小屋居住期间，男孩们会得到狩猎、武器制造和礼仪技能方面的教导。5 年后，一系列精心设计的入会仪式标志着男孩们进入了新的阶段，获得了"年轻男人"的地位。在入会仪式的最后阶段，他们最后一次走出单身小屋，整个年龄组的人都会与父母选择的年轻女孩结婚，这些女孩通常还不成熟。婚姻在当时还无法缔结，因为年轻的男人必须等到他们的妻子更成熟。仪式结束后，这些年轻人会制造打仗用的棍棒，因为现

在他们被认为是群体的战士了，他们获得了列席晚上的村务议事会的特权。但他们在这个阶段没有权力，要承担的责任也很少。

下一个阶段是"成熟男人"的阶段，一个年龄组被纳入这个阶段后，成员开始体验一些权力。在成熟男性组成的议事会中，重要的社区决策被做出。拥有"成熟男人"地位的群体实际上由 5 个连续的年龄组构成，因为每 5 年就会形成一个新的年龄组，每个年龄组都会持续存在，直到其成员去世。在成熟男人这个群体中，年长一些的年龄组被认为比年青一些的年龄组资深。成熟男人中年纪最轻的年龄组的成员很少在议事会上发言；他们在系统中越来

---

1. 本部分内容基于 N. Dyson-Hudson 1966, 155。
2. 本部分内容基于 Maybury-Lewis 1967。

越资深后，便会更有自信。

与只有男性年龄组的卡利莫琼人不同的是，沙万特人也有女性的年龄组。当相应年龄的男孩进入单身小屋时，同龄的沙万特女孩也会被纳入一个年龄组，但她们只在名义上属于这个年龄组。她们不参加单身小屋的活动，也没有相当于单身小屋的设施，她们没有入会仪式，也不能参加村务议事会。年龄组能给予女孩的，仅仅是让她们能偶尔和男性一起参加一些仪式。因此，对于沙万特女性来说，年龄组制度并不具有实际功能。

单性别社团

unisex association（单性别社团）中的 unisex，在当代美国的用法中表示"男女皆宜"的意思，但在我们这里，其含义是"单性别的"。我们用"单性别社团"这个词来描述其成员只有一种性别（通常是男性）的社团。把性别当作资格条件，与单性别社团的目的有直接的关系。对许多男性社团而言，这样做的目的是强化男尊女卑的观念，并为男性提供一个躲避女性的场所。在非商品社会中，男性社团与年龄组相似，只是一般只有两组或两个阶段——成熟的男性（社团成员）和未成熟的男性（非社团成员）。与拥有年龄组的社会一样，拥有男性社团的社会很可能会有创伤性和戏剧性的男性通过仪式，以此为正式进入"成熟"男性群体的标志。我们在"文化与个体"一章中对这些仪式做过讨论。

在大多数非商品社会中，女性社团非常少，可能是因为在这样的社会中，男性在亲属关系、财产和政治领域占据主导地位。（也有可能是因为民族志学者对女性社团的关注少于男性社团，因为大多数学者是男性。）在一些部分商品化的经济体中，例如在西非，女性社团较为普遍。[3] 单性别社团或俱乐部在工业化程度很高的社会中相当常见。童子军和吉瓦尼斯俱乐部、女童子军和妇女选民联盟就是例子，

不过，加入这些俱乐部是自愿的；而在非商品化和不太复杂的社会中，成员加入社团往往不是自愿的。

梅-恩加的单身男子社团

梅-恩加人（Mae Enga）是恩加人的一个分支，他们是居住在新几内亚高地的定居园圃种植者，人口大约 3 万。人类学家对梅-恩加社会给予了极大关注，因为该社会实行性别隔离——事实上，对女性的高度敌意贯穿着整个社会的文化。[4] 该社会的习俗是男人居住在独立的公共房屋里。男孩可以在母亲的房子里住到 5 岁，但他们已能多少察觉到父母之间的"距离"。随着年龄增长，父亲和年长的族人会把他们察觉到的这种情况明确表达出来。他们会对男孩说，不应该总和女人待在一起，男孩最好要住到男人们的房屋里，加入男人们的活动。男孩在成长过程中会得到明确的提醒，要他们避免与女性接触。人们告诉男孩，如果没有巫术仪式的反击，接触经血或处于经期的女人会"污染"一个男人。那会"腐蚀他的生命汁液，使他的皮肤变黑、皱纹增多、肌肉萎缩，使他的智力永远迟钝，最终导致缓慢的衰老和死亡"。[5]

梅-恩加人的文化将女性视为至少是潜在不洁的，因此有一套严格的男女行为准则。这些准则旨在保护男性的正直、力量以及对农作物和其他财产的占有。规定严格到许多年轻人不愿意结婚。但是，长老们会想办法让年轻人牢记他们结婚生子的责任。男性社团试图管控男性的性关系。据说男性社团有几个目的：使其成员更洁净、更强健，促进他们的成长，使他们对女性有吸引力，最重要的是，监督两性之间的接触，以便最终让男性娶到"最好的"妻子，为氏族生下"最好的"孩子。

梅-恩加的年轻男子长到 15 或 16 岁时，就加入村里的单身男子社团。他们同意谨慎行事，既不与女性发生性关系，也不接受女性手中的食物。作

为社团成员，他们将参加一种叫 sanggai 的仪式。单身男子在社团中资深成员的监督下，闭关在森林深处的社团小屋里，进行"净化"。在为期四天的"锻炼"中（这种"锻炼"与宗教静修的目的相似），每个年轻人都遵守额外的禁令，以保护自己免受各种形式的性行为和不洁行为的伤害。例如，他们被禁止吃猪肉（因为养猪的是女性），他们在森林里短途旅行时也不可以看地面，以免看到女性的脚印或猪的粪便。他们的身体将被用力擦洗，他们的梦将被讨论和解释。最后，这些年轻人恢复洁净，至少在一段时间内能免受污染，他们将和社团中的其他成员一起参加有组织的舞会，并与他们所选择的女性伴侣共享盛宴。

sanggai 这个仪式为整个氏族提供了一个向有

时会与之作战的敌人展示其规模、团结和力量的机会。男人的妻子和母亲来自与本氏族敌对的邻近氏族（该氏族村庄实行族外婚），因此他们对女性的敌意也许有一定道理。男女之间的敌意似乎反映了更广泛的氏族间的敌意。梅-恩加人对此概括道："我们和与我们战斗的人结婚。"[6]

在美拉尼西亚、波利尼西亚、非洲和南美洲，许多族群中有男人屋，有的也有女人屋。男性社团通常由单身男子组成，不过年长的已婚男性经常会来指导年轻人，向他们传授经验。在战斗多的年代，男人屋充当堡垒和军火库，甚至逃亡者的避难所。总的来说，它们有助于加强，当然也象征着男性的权力和团结。与年龄组一样，男性社团经常提供跨越和补充亲属关系的纽带。男性社团让特定社会中的特定男性群体可以一起行动，以实现相互商定的目标，而不考虑亲属关系。

波路会社和桑德会社

所有社团都有一些秘密，社交生活也是如此。在我们讨论过的例子中，男性入会仪式的许多细节通常是保密的。但是西非的波路（Poro）会社和桑德（Sande）会社似乎更需要保密。波路和桑德这两种会社存在于几个讲曼德语（Mande）的文化群体中，它们位于现在的利比里亚、塞拉利昂、科特迪瓦和几内亚。在几内亚，波路会社和桑德会社被宣布为非法，但在其他国家，它们不仅合法，还是当地政治结构的重要组成部分。它们的成员资格是公开的、非自愿的；社群中所有的男人都必须加入波路会社，所有的女人都必须加入桑德会社。[7]

许多社会都有男性社团。图为新几内亚阿贝拉姆人的男人屋
（图片来源：Photo Courtesy of Anthony Forge, 1962. From George A. Corgin, "Native Arts of North America, Africa and the South Pacific: An Introduction". New York. Harper & Row, Publishers, Inc., 1988）

3. Leis 1974.
4. Meggitt 1964.
5. Ibid., 207. 一些社会中的男人害怕与女人性交的原因，参见 C. R. Ember 1978a.
6. Meggitt 1964, 218.
7. Bellman 1984, 8, 25 - 28, 33.

在波路会社和桑德会社合法的地方，社群中有两种政治体系——"世俗的"和"神圣的"。世俗体系由镇长、邻里、家族首领和长老组成。神圣体系，或称Zo，由波路会社和桑德会社中的"祭司"阶层组成。例如，在利比里亚的克佩勒人（Kpelle）中，波路和桑德会社中的祭司轮流负责处理镇子内部的打斗、谋杀、强奸、乱伦和土地纠纷等问题。

那么，为什么说波路和桑德是秘密会社呢？如果所有的成年人都必须加入这两个会社，那么会社的成员身份和他们所做的事情就很难保密。此外，人类学家不仅写过这些会社，有些人类学家甚至加入了会社。曾加入克佩勒人波路会社[8]的贝利尔·贝尔曼（Beryl Bellman）认为，会社的"秘密"之处在于成员必须学会保守秘密，特别是关于人们入会过程的秘密。只有学会了保守秘密的人，才会被认为在政治生活中值得信赖。

波路会社的首领会为入会者找一个供他们经受划刻并隐居一年左右（以前是三年或四年）的地方。准备入会的男孩们被带出城镇，与一个ngamu（伪装成森林魔鬼的波路会社成员）进行一场模拟战斗，ngamu在他们的脖子、胸部和背部划刻标记。这些标记象征着他们被魔鬼杀死并吃掉，在那之后，入会者将获得"重生"。在城镇外面的入会"村庄"中，男孩学习手工艺、打猎和基本药物的使用。祭司阶层的孩子们被给予特别指导，这样他们就可以接过父亲的仪式工作。有些人被训练去扮演"魔鬼"。到了年底，新入会者会被授予在波路会社中使用的名字，此后人们就会用新名字称呼他们。与入会有关的事件是保密的；每个人都知道，这些男孩并没有被魔鬼杀死和吃掉，但只有一些人能讨论这样的事。例如，女人必须说男孩们在魔鬼的肚子里；如果她们不这样说，就可能遭到处死。[9]

女性进入桑德会社的入会仪式（每七年左右一次）也包括将入会者带入森林一年（以前是三年）。

女孩们不仅要忍受划刻，还要经受阴蒂切除术。和男孩一样，女孩们要接受成年人活动的训练。在桑德会社入会仪式之前和入会期间，妇女们要对社区的道德行为负责。犯罪的人首先被带到妇女面前。如果一名男子被指控，他将由波路会社的祭司审讯，但任何罚款的一部分都将交给妇女。[10]

波路会社和桑德会社的祭司很受人们尊重，而恶魔则因所拥有的力量而被人敬畏。一些作者认为，对波路会社和桑德会社的恐惧强化了世俗政治权威，因为首领和土地所有者在会社中占据主导地位。[11]

秘密会社在世界上许多地区，包括太平洋、北美、南美以及非洲各地，都很常见，尽管在某些地方秘密会社可能是自愿社团。根据最近的一项跨文化研究，在非洲，秘密会社通常参与政治活动，波路会社和桑德会社也是如此。秘密会社会惩罚在会社看来犯了错的人。而受惩罚的人似乎从来都不是当地精英或外来统治者，由此可见，波路会社和桑德会社往往会强化掌权者的政治权威。[12]

伊乔妇女会

在尼日利亚南部的伊乔人（Ijaw）社会中，只有北部地区的妇女被组织成社团。在北部的一个伊乔人村庄，有7个妇女会。[13]一旦一个已婚妇女通过从事市场营销和贸易，来表现出自己有能力独立于婆婆而养活一个家庭，她就必须加入与她丈夫的父系血统有关的妇女会。此类组织的成员资格是非自愿的；所有符合条件的女性都必须参加，而且，如果成员不参加会议或迟到，就会被罚款。

妇女会在争端中负责调解，甚至在已上法庭的案件中也施加惩罚。例如，妇女会可能会对诸如诽谤妇女的人格或通奸的"罪行"处以罚款。妇女会也可以设立关于适当行为的规则。判决和规则是由全体女性成员协商一致达成的。如果一个被惩罚的成员不接受判决，其他成员可能会聚集在一起嘲笑

加蓬恩杰姆贝人（N'jembe）的妇女会接纳年轻妇女入会（图片来源：Sylvain Grandadam/Photo Researchers, Inc.）

这个女人，或者从她家里拿走一些重要的东西，拒绝和她有任何关系。

一些规模较大的妇女会还充当借贷机构，将收缴罚款所得的现金储备，以50%或更高的利率贷款给会员或非会员。即使是男性，如果欠了妇女会的债，也可能被囚禁在房子里，直到还清债务为止。因此，很少有人长期抗拒妇女会的判决也就不足为奇了。虽然不清楚为什么像伊乔妇女会这样的社团在西非很常见，但其中一个可能重要的因素是妇女参与买卖和贸易，从而在经济上独立于男性。我们将在下一节中看到，越来越多的妇女组成自愿自助小组，以便改善经济条件。

自愿社团

自愿社团，比如北美夏延人的军事会社，也见于一些相对简单的社会。但是，自愿社团在有社会分层的复杂社会中更为常见，这大概是因为分层社会由具有许多不同且往往有冲突的利益的人组成。我们在这里讨论一些在北美经验中不常见的自愿社团。

8. Ibid., 8.
9. Ibid., 8, 80 – 88.
10. Ibid., 33, 80；也可参见 Bledsoe 1980, 67。
11. K. Little 1965/1966; Bledsoe 1980, 68 – 70.
12. Ericksen 1989.
13. Leis 1974.

单独的妇女社团是否有助于妇女获得地位和权力？

据报道，一些妇女社团，如尼日利亚南部伊乔人的妇女会，拥有相当大的权力。在妇女能创建和加入她们自己的社团的地方，妇女是否通常拥有更多的权力？我们可能会认为，这些组织的存在将在整体上提高妇女的地位，或至少会促进男女平等。但也可以反过来说，"单独"（separate）未必带来更多的平等，而可能只会增加分离感（separateness）。据我们所知，研究人员尚未从跨文化角度评估妇女社团在生活的各个领域对女性地位的影响，但是有一项跨文化研究试图判断妇女社团的存在是否会影响妇女参与政治进程的各方面情况。

马克·霍华德·罗斯（Marc Howard Ross）研究了女性政治参与的四个方面：（1）女性和男性参与公共或社群决策的不平等程度有多大；（2）妇女私下参与政治的程度有多深；（3）在多大程度上，妇女有机会获得权力职位；（4）妇女在多大程度上拥有只由她们控制的单独社团。最后一个方面与本专题有关。单独妇女社团的存在是让妇女有更多机会参与公共决策和获得权力职位？罗斯的跨文化数据表明答案是否定的。单独的妇女社团的存在通常不会增加妇女参与公共决策、获得权力职位的机会，甚至她们私下参与政治的程度也不会

因此增加。这并不是说妇女社团中的女性没有影响力。她们是有影响力的，但可能仅限于或主要在她们的社团内部。妇女在妇女组织中的影响力并没有延伸到其他政治领域。

当然，我们可能需要在未来的研究中考虑其他可能的因素。如果女性组织控制重要的经济资源，妇女参与政治的可能性也许更大。这样的资源可以让女性拥有更大的政治影响力。此外，某些类型的女性组织可能比其他组织拥有更多的权力；例如，独立的女性组织可能比那些与男性组织关联在一起的女性组织拥有更多权力。但是，这些附加条件也有

可能不会改变基本的发现：单独的女性组织——也许正因为它们是与其他组织分开的——对妇女参与其他领域的政治活动没有任何影响。

最近，美国人开始讨论一个相关的问题，即将女性"分开"对女性成功的可能影响。例如，为女性开设单独的数学和科学课程，是否会让男女在学习成绩、获得数学和科学高等学位以及在这些领域获得高薪职位方面更加平等？众所周知，在美国，女性在数学和自然科学领域的代表比例非常低。尽管百分比一直在上升，但在 2006 年，在获得工程学博士学位的人中，女性

军事会社

非商品社会中的军事会社有点像美国退伍军人协会或海外作战退伍军人协会。它们的存在似乎都是为了通过作为战士的共同经历来团结成员，美化战争活动，并为社会提供某些服务。这种会社的成员通常是自愿加入的，成员资格的基础是参加过战争这一自致条件。在北美平原印第安人中，军事会社很普遍。夏延人就有军事会社，会社中并不按年龄排名，而是对任何准备好参加战争的男孩或男人都开放。[14]

在 19 世纪初，夏延人有 5 个军事会社，以狐狸、狗、盾牌、麋鹿（Elk，或称 Hoof Rattle，即蹄铃）、弓弦（Bowstring，或称 Contrary，即反骑）命名。弓弦社在 19 世纪中叶被波尼人（Pawnee）消灭了。后来建立了两个新的会社，即狼社和北方疯狗社。虽然不同的会社可能有不同的服装、歌曲和舞蹈，但它们的内部组织是相似的，每个会社都有 4 名领导者，他们是最重要的战争领袖。

各个平原部落被限制在保留区后，军事会社失去了许多原有的功能，但并没有完全消失。例如，在拉科塔人（Lakota）当中，战士会社仍旧是社会生活的重要组成部分，因为许多男人和女人曾在两

仅占20%，自然科学博士学位是28%，数学和计算机科学博士学位是25%；相比之下，在当年获得人类学博士学位的人中，女性占57%，心理学博士学位是71%。

这些差异可能主要是由于社会环境不鼓励女性从事某些学科和职业。研究人员发现，数学和科学老师更关注男孩。当男孩给出错误答案时，老师倾向于批评他们；当女孩回答错误时，老师往往表示同情。男孩更愿意操作科学设备，女孩更愿意记笔记。在七年级，女孩在数学和科学方面的成绩与男孩相似，但女孩对自己的能力表现出较低的信心。

到了从高中毕业时，女孩选修的数学和科学课程会比男孩少，因此她们如果想在这些领域深造，就会处于不利地位。

如果对女性的抑制作用是社会性的，或者主要是社会性的，那么我们可以做些什么呢？因为目前的研究表明，在没有男孩的情况下，女孩在学习科学和数学方面做得最好，所以一些研究人员提倡为女孩单独准备数学和科学活动（课程和俱乐部）。例如，SMART 行动（Operation SMART，SMART 指科学、数学和相关技术）在 240 个地点为女孩设立了自愿加入的俱乐部，以增进中小学女生对科学的兴趣。

这些学校的大多数女孩都自愿加入俱乐部。而且，她们中的许多人都表示自己想进入科学领域。她们是否会留在科学领域，或者如果留在科学领域，她们的表现如何，目前尚不清楚。但如果这些项目奏效，我们将不得不得出这样的结论："分开"比"在一起"更加平等。

本专题描述的两种情况对妇女地位的影响似乎并不相同。单独的妇女组织本身并不能促进政治参与中的性别平等。但是，在数学和科学方面对女孩进行单独培训可能有助于促成平等。这两种情况有什么不同？至少有一件事是不同的。单独的妇女组

织通常是非自愿的；女性在某种程度上都必须加入，因为这是社会塑造女性行为的方式。对女生在数学和科学方面的单独培训通常是自愿的；女孩们可以选择单独接受这些训练，以获得进入对两性开放的领域所需的技能和信心。换句话说，当成就而不是性别决定了你可以走多远时，女性在一段时间里单独受训，也许能增加在目前尚未实现性别平等的职业中实现性别平等的可能性。

（资料来源：Ross 1986；"Women in Science"1993；S. T. Hill 2000；National Science Foundation 2006.）

次世界大战中，以及朝鲜、越南、波斯湾的战场上加入美国军队战斗。返回的士兵仍会得到传统荣誉歌曲和胜利舞蹈的欢迎。[15]

地域社团

地域社团将来自共同地理背景的移居者聚集在一起。很多这样的社团位于城市中心，那里是传统上吸引来自农村地区的定居者的地方。例如，在美国，来自阿巴拉契亚乡村的移居者在芝加哥和底特律成立了社团。这些社团中有许多已成为在市政府里有发言权的政治力量。即使移居者来自相当远的地方，

也可以形成地域社团。例如，在美国和加拿大的唐人街，有许多以在中国的起源地和姓氏为基础的社团。地域社团和家庭社团又被纳入包含更多社团的族群社团，我们将在本章后面加以讨论。[16]

威廉·曼金（William Mangin）描述了地域社团在帮助农村移居者适应秘鲁利马城市生活方面的作用。[17] 20 世纪 50 年代，曼金研究了一群来自

---

14. Hoebel 1960.
15. W. K. Powers and Powers 2004.
16. R.H. Thompson 2009.
17. Mangin 1965, 311–323.

当前研究和问题
为什么会形成街头帮派，为什么帮派经常是暴力的？

我们经常读到和听说的由年轻人组成的街头帮派，属于自愿社团。它们有点像年龄组，因为成员的年龄都差不多，但与年龄组不同的是，帮派是自愿加入的，帮派成员也不会一起经历各个人生阶段。没有人必须加入，尽管可能会有很大的社会压力促使人加入邻里帮派。帮派有一套清晰的价值观、目标、角色、群体功能、符号和入会仪式。街头帮派也经常像军事会社一样，采用暴力行为来维护帮派利益。

美国许多城市都有暴力街头帮派，特别是在贫困社区。但贫穷不足以解释帮派的存在。例如，墨西哥有很多贫困人口，但帮派并没有在那里发展。在墨西哥，有 palomilla（同龄人）的传统；同龄人一起玩耍，友谊一直延续到成年，但那里没有我们所知道的帮派。墨西哥裔美国人的帮派的确在洛杉矶等城市的贫民区发展了起来。认识到贫困社区的大多数年轻人并不加入帮派

后，我们就能明显看出，社区的贫困无法解释帮派的形成。据估计，只有3%到10%的墨西哥裔美国年轻人加入帮派。

为什么有些年轻人会加入帮派而另一些不会加入？加入帮派的似乎是那些受家庭压力最大的孩子。加入帮派的人很可能来自贫困家庭，有几个兄弟姐妹，家里没有父亲。他们似乎在学校遇到了困难，并且很早就陷入了困境。那么帮派对他们有什么吸引力呢？美国的大多数青少年都难以确定自己是谁，以及他们想成为什么样的人，但是加入帮派的年轻人似乎有更多的身份认同问题。一名18岁的年轻人说，他"加入帮派是为了让自我价值感更高"，这反映出低自尊的情况。那些在以女性为中心的家庭中长大的人似乎在寻找能展示自己多么有"男子气概"的方式。他们向往强硬的男性街头帮派成员，并希望表现得像他们一样。但

加入帮派需要入会仪式。大多数帮派都有自己程式化的仪式；例如，墨西哥裔美国人帮派殴打新成员，新成员必须表现出勇气和胆量。就像在大多数入会仪式中所发生的那样，帮派新成员在入会仪式后会更加强烈地认同这个团体。因此，加入一个帮派可能会让一些年轻人觉得自己属于某个重要的群体。这是一种心理调适，但它是否具有适应性？在一个经常有年轻人被杀的社区里，加入帮派是否有助于年轻人的生存？还是说，帮派成员更容易死亡？我们还不知道这些问题的答案。

为什么帮派在美国而不是在墨西哥形成？墨西哥裔美国人在美国城市的生活有什么不同吗？在美国的生活有几个方面更加困难。第一，许多墨西哥移民不得不接受非常低的工资，并住在城市的边缘地区。第二，他们在社会和工作上遭受许多歧视。第三，他们所在的新文化

中，有许多方面与他们自己的文化不同。那些最无力应对这些压力的年轻人最有可能加入帮派。但是，如何解释这些帮派的暴力文化呢？一些学者认为，表现出夸张"男子气概"的需要是对家里缺乏男性榜样的一种回应。许多有同样需要的年轻人聚在一起，这可以解释帮派的暴力行为。如果攻击性是男性角色的一部分（例如，一直到比较晚近的时候，还只有男性才能参加军事战斗），那么一个想要表现自己男子气概的年轻人可能会表现出很强的攻击性。

我们需要更多的研究来揭示为什么帮派在某些社会中比在其他社会中更经常形成，以及为什么帮派往往是暴力的。是否存在这样的地方：攻击性并不是男性角色的一部分，而且那里不太可能出现暴力帮派？

（资料来源：Vigil 1988, 2009; C. R. Ember and Ember 1994.）

农村山区的移居者，即来自安卡什（Ancash）的塞拉诺人（serranos）。这些塞拉诺人通常住在被称为 barriada 的城市贫民区，人口在1.2万左右。国家政府和市政当局都没有正式承认这个贫民区，因

此，那里缺乏供水、垃圾清运、警察保护等通常的城市服务。这些人离开农村出生地的原因和各地发生人口流动的原因差不多，包括社会和经济方面的原因。很多时候，人口流动与人口和土地压力有关，

但与大城市相关的更高期望——更好的教育、社会流动性和雇佣劳动——也是重要的考虑因素。

来自安卡什的塞拉诺人也成立了地域社团，男性和女性都可以加入。男性通常控制着行政职位，社团的领导者往往是在家乡掌握政治权力的男性。妇女的经济和社会自由相对较少，但她们在社团活动中发挥了重要作用。

塞拉诺地域社团为其成员提供了三项主要服务。首先，它就重要的社区事务游说中央政府——例如，提供下水道、诊所和类似的公共服务。社团成员需要通过政府渠道跟进法规，以确保其不会被遗忘或被抛弃。其次，塞拉诺社团协助新来的塞拉诺人适应利马的城市生活。最明显的农村特征——嚼古柯叶、农村发型和服装——是最早消失的，男性通常比女性适应得更快。塞拉诺社团还让新人有更多的机会接触国家文化。最后，塞拉诺社团还会组织宗教节日之类的社会活动，为来往于家乡和城市的信息传输提供交流平台，并提供一系列其他服务，以帮助移居者在适应新环境的同时与家乡保持联系。

随着社会条件的改变，地域社团的功能可能逐渐发生变化。例如，在夏威夷的种植园时期，许多菲律宾移民加入了互助社团性质的家乡社团。不过，随着去夏威夷的菲律宾人越来越多，很多人都有了可以投靠的亲属。家乡社团仍保留了一些经济功能，比如在发生突发事件、重大疾病或死亡时提供援助，还提供一些奖学金资助，但社团的会议很少，大多数成员不参加。那些活跃的成员似乎想要通过在家乡社团的领导职位获得认可和声望，这比他们在更广阔的夏威夷舞台上所能获得的要多得多。[18]

虽然地域社团可以帮助其成员融入更复杂的城市环境或不断变化的环境，但许多这类社团的存在可能会加剧群体之间的分裂和竞争。在一些地区，较小的社团联合起来，变得相当强大。例如，

图中这个位于旧金山的族群社团（协胜堂）成立于 1870 年
（图片来源：Bernard Wong）

在美国或加拿大主要城市的各个唐人街内，不同的地域社团和家庭社团组成了中华会馆（Chinese Benevolent Association）。[19] 由此，地域社团和家族社团联合起来形成了族群社团（参见关于唐人街的专题）。

族群社团

世界各地的城市都有各种类型的族群社团或利益集团。这类社团主要基于族群渊源吸纳成员。族群社团在西非的城市中心特别普遍。在那里，体现于经济格局变化、技术进步和新的城市生活条件的加速的文化变迁，削弱了亲属关系和其他支持和团结的传统来源。[20] 有时很难判断某个社团是族群社团还是地域社团，也可能两者都是。

部落联合会（tribal unions）多见于尼日利亚和加纳。这类社团通常是域外的，也就是说其成员是离开部落所在地的部落成员；部落联合会有正式的章程，其成立是为了满足因城市生活条件而产生的某些需求。需求之一是让成员与他们的传统文

18. Okamura 1983.
19. R. H. Thompson 2009.
20. K. Little 1965; and Meillassoux 1968.

＃移居者与移民＃
"唐人街"的族群社团

移民来到新国家后，往往先住在居民与自己相似的城市社区里，那里的居民大多和他们来自相同的地区，甚至来自相同的城镇和村庄。这样的社区被称为"唐人街""韩国城"等等。这些族群社区通常有一些非亲属和非地域性的社团，以各种方式保护其成员，这很可能是移民一开始想要住在该社区的原因。R. H. 汤普森（R. H. Thompson）指出，根据加拿大不列颠哥伦比亚省维多利亚市（从温哥华乘渡轮可达）中华会馆的章程，该组织成立是为了"联络众情，施行善举，凡解息争讼、扶助贫病、禁除内患、杜御外侮，皆会馆内应办之事"。

自19世纪中叶以来，美国和加拿大出现了许多唐人街。中国移民最初可能是作为铁路工人被招募到北美，然后定居在旧金山或温哥华的。他们往往加入姓氏相同的人组成的社团。这些人认为彼此间有含糊的亲属关系（毕竟他们的姓氏相同），但他们通常无法追溯他们之间是如何相关的，甚至不知道是不是真的有关系。有些时候，社区里住着的是来自中国同一个地区、说同样方言的人。一些人向东迁移到纽约、波士顿、费城、蒙特利尔和多伦多的城市中心。哪怕移民后代离开，大多数甚至全部"唐人街"仍然存在。住在郊区的华裔美国人经常在周末到唐人街拜访亲戚，购买传统食品。他们在这方面与其他移民没有什么不同，大多数移民世世代代都保持着原先对食物的偏好。

最早的中国移民靠各种各样的小生意站稳了脚跟，比如手洗洗衣店、餐馆和杂货店。这样的生意起步成本很低，而且不需要给作为家庭成员的员工支付太多工资就能留住他们。随着移民及其后代的繁荣发展，随着许多普通民众开始在家里或附近的"自助洗衣店"用机器洗衣服，手洗洗衣店是最早消失的。现在，曾经住在唐人街的移民后代往往去上大学，成为医生和其他专业人士，而不是在传统的家族企业工作。他们的工作可以在任何地方。向上流动往往意味着地理上的流动：人们如果想要获得更高的收入，往往就要跟着工作跑，而不是待在家里。不只是"唐人街"的人，许多移民群体都是如此。人们搬离旧社区后，族群社团就失去了其吸引力和价值。在一两代人的时间里，这样的社团可能就会消失。就好像你搬走后就可能没什么机会见到堂表兄弟姐妹和其他亲戚一样，当你的工作要求你搬到新地方时，你也不太可能参加你祖先的族群社团。流动既有好处也有代价。

（资料来源：R. H. Thompson 1996; 2009; Brettell and Kemper 2002.）

化保持联系。例如，伊博国家联合会（Ibo State Union）除了在失业、疾病或死亡的情况下提供互助和财政支持外，还致力于"培养和保持对部落歌曲、历史、语言和道德观念的兴趣，维持一个人对故乡或村庄的依恋"。[21] 一些部落联合会筹集资金来改善他们祖屋的条件。教育也是很受关注的领域。还有一些联合会发布通讯，报道会员的活动。大多数联合会的成员都比较年轻，他们在部落议事会中发挥着强大的民主化影响力，这些组织为那些有国家政治抱负的人提供了跳板。

西非的职业社团也属于族群社团。非洲版本的工会是按照部落和手工艺行业组织的，它们主要关心的是其成员作为工人的地位和报酬。加纳凯塔（Keta）的汽车司机联合会成立的目的是为成员的保险和诉讼提供资金，为意外或疾病时的医疗护理做出贡献，并帮助支付丧葬费用。

互助组织与部落联合会的不同之处在于，互助组织的目标基本限于相互援助。塞拉利昂弗里敦的克鲁人（Kru）移民的妻子就成立了一个互助会。克鲁男人经常出海，这仍然是个危险的职业。这个互助会中分三个等级。缴纳入会费后就进入了最低等级。能够升到哪个等级取决于捐赠的数量。在一名成员或其丈夫去世后，该家庭将收到一笔与其在互助会中地位相称的一次性总付的款项。[22]

轮转信贷协会

一种常见的互助会是轮转信贷协会（rotating credit association，或称"合会"等）。基本原则是每个成员同意以金钱或实物形式向基金定期捐赠，然后由该基金将财物轮流移交给每一个成员。[23]定期捐赠促进每个成员的储蓄，一次性的款项分配让接受者能够用这笔钱做一些有意义的事情。东亚、南亚、东南亚、非洲（特别是西非）和西印度群岛的许多地区都有这样的组织。[24]其成员通常不多，可能在 10 到 30 个人之间，因此轮转周期不会太长。这种组织通常是非正式的，可能在一次轮转之后就会解散。

这些系统是如何运作的？是什么阻止人们在得到一次性款项后退出协会？民族志证据表明，违约的情况非常少见，以至于参与者认为这是不可想象的。一个人一旦加入轮转信贷协会，就会有强大的社会压力促使其定期付款。加入的人不必像在银行那样填表，所需要的只是值得信赖的声誉。这种协会通常有社交成分。一些协会有定期的会议，供成员社交和娱乐。[25]轮转信贷协会可以采取三种分配方式之一。一种是由一名首领决定轮转的顺序，判断通常基于所看到的需求。第二种是通过随机抽取或掷骰子来决定分配方式。第三种是基于谁愿意支付最高的利息来分配。[26]

轮转信贷协会的原则通常源自传统的共享体系。例如，在基库尤人（Kikuyu）中，有亲属关系的妇女会一起工作，轮流给彼此的田地除草或收割。当一个人有特殊的花费，比如葬礼时，就会有一个捐款团队，每个来的人都会捐款。尼西·纳尔逊（Nici Nelson）描述了一个非常成功的轮转信贷协会，它是在内罗毕的一个棚屋区发展起来的。创始妇女组织了一群来自肯尼亚基安布（Kiambu）地区的经济地位相近的妇女。1971 年初，该协会约有 20 名成员，后来扩大到 30 名左右。几年后，创始人还成立了一个土地购买合作社。虽然轮转信贷协会仍然是合作社的一部分，但随着成员们变得富有，都拥有了自己的银行账户，轮转信贷协会最终失去了实用性，并在 20 世纪 90 年代解散。有些男人一度试图加入合作社，但女人们拒绝了。一位妇女说："他们会接管合作社，不让我们在自己的合作社里发言。"[27]

在加纳，国家银行机构建立 30 年后，大多数人仍然采用非正式的储蓄方法。1991 年，该国估计有 55% 的钱是非正式储蓄的。轮转信贷协会蓬勃发展。与男性相比，女性更有可能加入轮转信贷协会，这样的社团往往是性别隔离的。不少协会的名称反映出对互助的重视。在加纳首都阿克拉的马科拉（Makola）市场上，一个协会的名称翻译过来就是"我们的福祉有赖于他人"。[28]大部分储蓄被用作贸易活动的资金。

在依赖共享的社会中，存钱是困难的。其他人可能会向你要钱，而你有义务给他们。而如果有一个轮转信贷协会，你就可以说你不得不为你的捐款存钱，人们也会理解。当人们很难延迟满足时，轮转信贷协会似乎也能很好地发挥作用。该组织的社会压力足以迫使人们为自己的定期捐款存下足够的钱，而且当轮到你时，你也能获得可观的意外之财。[29]

人们远离家乡时，可能会更多地利用这种协会。例如，朝鲜半岛上的轮转信贷协会可以追溯到 1633

---

21. K. Little 1957, 582.
22. Ibid., 583.
23. Ardener 1995b/1964, 1.
24. Ardener 1995a/1964, Appendix.
25. 例子参见 Ardener and Burman 1995/1964 中的多个章节。
26. Fessler 2002.
27. N. Nelson 1995/1964, 58.
28. Bortei-Doku and Aryeetey 1995/1964, 77－94.
29. Fessler 2002.

年。在洛杉矶地区，韩国人甚至更有可能利用轮转信贷协会，主要是为生意积累资金。[30]

多族群社团

虽然许多自愿社团的成员来自相同的地区或族群背景，但现代世界的自愿社团越来越多地吸收来自许多不同背景的成员。例如，巴布亚新几内亚的储蓄和信贷组织卡菲纳（Kafaina）或 Wok Meri（"妇女的工作"），就将来自不同部落地区的数千名妇女联系在一起。[31] 最初，各个地区有当地的小规模储蓄社团，但一些嫁到村外的妇女会鼓励家乡的或另一个村庄里的亲戚成立一个"女儿"社团，不同地区的社团就联系到了一起。社团之间的"母女"访问可以持续三天，一个社团接待另一个社团，社团之间可以交换金钱。所有从另一个社团收到的钱都被放到一个网袋里藏起来，任何人都不能碰，就这样，存款渐渐地越来越多。当一个社团的存款积累到一定的数量时，社团成员就会建造一座男人屋大小的房子，并举行非常盛大的仪式。

这些妇女社团的发展是否能让妇女在传统上男性主导的社会中获得更多的权力？还不能（参见专题"单独的妇女社团是否有助于妇女获得地位和权力？"）。妇女们显然不满自己被排除在当地政治之外，她们越来越多地参与卡菲纳运动。她们可能有

新几内亚的妇女储蓄和信贷组织卡菲纳经常鼓励亲戚们成立"女儿"组织。图为在为新组织举办的仪式上，人们拿出了一个"女儿"玩偶
（图片来源：Wayne Warry）

社团间的交流，现在也可以进行公开演讲，但到目前为止，她们与男人的舞台仍然是分开的。

正如卡菲纳妇女社团可能是对感知到的剥夺的一种反应，在殖民主义或其他政治支配被认为是普遍问题的地方，成立包含来自多族群或多区域的成员的社团并不罕见。例如，在 20 世纪 60 年代的美国阿拉斯加州，美洲土著感到了经济发展计划的威胁，他们认为这些计划会危及他们的生存资源。这次危机期间，形成了许多地域和族群社团，但从获得大量补偿和土地所有权的角度来看，也许更重要的是成立了一个名为"阿拉斯加土著联合会"的泛阿拉斯加社团。是什么使联合成为可能？和许多地方多族群运动的领导者一样，联合会最高层的领导者似乎有很多共同点。他们都是受过教育的城市居民，从事着专业性职业。也许最重要的是，他们中的许多人曾在同一所学校就读。[32]

多族群和多地域社团经常参与世界各地的独立运动。很多时候，革命政党会从这种社团中发展出来并领导争取独立的活动。为什么独立运动在一些地方发生，而在另一些地方却没有发生，原因还有待探究。

其他利益集团

像美国这样由许多来自不同族群背景的人组成的社会，通常有自愿的族群和地域社团。但是，在美国社会和其他复杂社会中，大多数自愿社团的成员都出于共同的自致利益而加入社团。共同利益包括职业（所以有工会和职业团体）、政治立场（如国家政党和政治行动团体）、娱乐（体育和游戏俱乐部、粉丝俱乐部、音乐和戏剧社团）、慈善机构和社交。社会越大、越多样化，不同种类的社团就越多。它们将具有共同兴趣、志向或资格的人聚集在一起，让他们有机会一起追求社会事业、自我完善或满足对新鲜刺激体验的需要。我们加入俱乐部和其他利益集团，是因为我们希望实现特定的目标。这些目标中最重要的是认同一个"集体"，并通过它获得地位和影响力。

在某些社会中，加入俱乐部比在其他社会中重要得多。挪威就是一个组织生活丰富的社会。即使在很小的社区里，也有许多不同的俱乐部。例如，道格拉斯·考尔金斯（Douglas Caulkins）发现，在只有约 7 000 人的沃尔达（Volda）市，就有 197 个社团。人们被期望至少在几个社团中活跃，这些社团还会组织定期会面。事实上，会议多到各个组织需要协调日程表，以免相互干扰。[33] 为什么像挪威这样的社会里有如此多的人参与自愿社团，我们还没能完全理解。我们也不了解这种参与会产生什么样的影响。挪威的犯罪率特别低，而且在其他社会经济健康指标上的得分很高。[34] 组织生活的复杂性及其多重叠的参与是否在社会健康方面发挥了作用？我们不知道，因为测试这种可能性的跨文化研究还没有完成。

对社团差异的解释

人类学家不满足于仅仅描述人类社团的结构和运作。他们还试图理解为什么会发展出不同类型的社团。例如，什么因素可以解释年龄组制度的形成？基于对非洲年龄组的比较研究，S. N. 艾森施塔特（S. N. Eisenstadt）提出这样的假说：当亲属群体未能履行社会整合所需的职能时（比如政治、教育和经济职能），年龄组制度就会出现，以填补这一空白。年龄组制度可以为社会成员之间的职能分工提

30. Light and Deng 1995/1964, 217 – 240.
31. Warry 1986.
32. Ervin 1987.
33. Caulkins 2009.
34. Naroll 1983, 74 – 75.

供切实可行的解决方案，因为年龄是可以在角色分配中应用于社会所有成员的标准。[35]但是，为什么会用年龄组制度来填补由于缺乏亲属组织而留下的空白，这一点还不是很明确。许多社会的亲属结构在范围上很有限，但其中大多数社会并没有采用年龄组制度。

B. 贝尔纳迪（B. Bernardi）在他对尼罗河流域含语族群体（Nilo-Hamitic）年龄组制度的重要评价中也提出，年龄组制度的出现是为了弥补社会组织的缺陷。[36]但是，与艾森施塔特不同的是，贝尔纳迪明确提出了为什么需要更多的社会组织，以及先前的组织形式中的哪些缺陷有利于年龄组的发展。他假设，年龄组制度出现在有领土争夺历史、缺乏中央权威、只有分散的亲属群体的社会中。他认为，当所有这三个因素都存在时，对领土整合机制的需求就会由年龄组制度来满足。

一项跨文化研究表明，领土争夺可能有利于年龄组制度的发展，但这项研究没有发现可以支持年龄组在缺乏中央权威、只有分散的亲属群体的社会中发展这一假说的证据。[37]年龄组社会似乎并不缺乏政治或亲属组织。另一种与跨文化证据相一致的解释是，年龄组制度出现在既频繁发生战争，当地社团的规模和构成又全年都在变化的社会中。在这样的情况下，人们在战争中并不总能依赖亲属合作，因为亲属并不总是在附近。而无论你身在何处，年龄组都能提供盟友。[38]这种解释说明，年龄组制度的出现是对基于亲属和基于政治的整合形式的补充，而不是替代。[39]

对于其成员资格基于可变先赋条件（在出生时已经确定，而且不是某个年龄性别组别的人都有的条件）的自愿组织，很难准确地说明它们出现的原因。如前文所述，随着拥有自愿组织的社会在技术、复杂性和规模上的进步，各种类型的自愿组织变得越来越多，也越来越重要。目前还没有确切的证据支持这种解释，但下列趋势已经比较确定，值得考虑。

首先是城市化。发展中的社会日益走向城市化，随着城市的发展，脱离传统亲属关系和当地习俗的人也在增多。因此，早期的自愿组织是互助会也就不足为奇了，它们成立，最初是为了在成员死亡的情况下代其亲属履行义务，后来互助会的功能又拓展到其他方面。就此而言，发展中的非洲社会近来出现的社团与早期的英国劳工阶级社团非常相似。那些社团也有助于维系移居城市者与以前的传统和文化的联系。拉丁美洲的地域社团类似于当初在美国的欧洲移民成立的地域社团。这样的社团似乎是为了回应移居者和移民在新地方的需求而产生的。

其次是经济因素。移居者和移民试图适应新的经济条件，因而需要在新环境中组织、促进和保护群体利益。

那么，为什么在高度工业化的社会中，基于可变先赋条件的社团往往会被基于自致条件的社团取代？也许，工业化社会对专门化的重视体现在了专业社团的形成中。工业化社会对成就的强调可能是另一个促进因素。也许，大众营销和大众传媒所鼓励的统一趋势也逐渐削弱了地域和族群差异的重要性。结果似乎是，基础更广泛的社团逐渐被更专门的社团取代，后者能更积极地回应无法被大众社会机构满足的特殊需求。

35. Eisenstadt 1954, 102.
36. Bernardi 1952.
37. Ritter 1980.
38. Ibid.
39. 对北美平原印第安人年龄组的一种解释，参见 Hanson 1988。

小结

1. 社团或利益集团具有以下共同特点 : (1) 存在某种正式的制度化结构, (2) 将一些人排除在外, (3) 其成员有共同的利益或目标, (4) 其成员有明显的自豪感和归属感。不同社团的差异在于加入是不是自愿, 以及成员的特征是普遍先赋的、可变先赋的, 还是自致的。

2. 年龄组属于非自愿社团, 其成员资格基于一些普遍先赋特征——年龄相近、性别相同的一群人一起经历生命的各个阶段。人们一般通过入会仪式进入这个系统。过渡到新阶段通常以继承仪式为标志。单性别社团只接纳一种性别的成员。在非商品社会中, 单性别社团(通常是男性社团)的成员一般不是自愿加入的。

3. 地域社团和族群社团属于自愿社团, 其成员资格基于可变先赋特征。这两种社团往往出现在技术进步加速、经济和社会复杂性增加的社会中。尽管种类繁多, 但地域社团和族群社团都强调 : (1) 帮助成员适应新的环境, (2) 让成员与家乡地区的传统保持联系, (3) 帮助那些最近移居到城市地区的成员改善生活条件。

4. 在高度工业化的社会中, 基于可变先赋条件的社团往往会被基于自致条件的社团取代。

NORMAN JOHN II

第二十四章

政治生活：社会秩序与失序

对美国人来说，"政治生活"这个词有很多内涵。人们可能会想到政府的各个分支机构：从国家层面的总统到州一级的州长再到地方市长的行政官员，从国会到地方议会的立法机构，以及从联邦政府到地方部门的行政机构。

"政治生活"这个词也可能让人想到政党、利益集团、游说、竞选和投票。换句话说，生活在美国的人们想到政治生活时，首先想到的或许会是涉及（影响未必明显）谁将被选举或任命到某个政治职位、确立什么样的公共政策、如何确立公共政策、谁会从中得到好处等问题的政治活动。

但是，无论是在美国还是在许多其他国家中，政治生活涉及的都远不限于政府及政治。政治生活也包括对社会内外危机及争端的防范及处理。从内部来说，一个像美国这样复杂的社会可能要运用调解和仲裁的方法来解决产业纠纷，运用警察机关的力量去阻止犯罪或追踪罪犯，以及运用法院和刑法制度来对付违法者及处理一般的社会冲突。从外部来说，这样的一个社会可能需要在其他国家设立大使馆，并发展和使用武装力量，既作为维护安全的手段，又作为维持国内外利益的措施。

通过所有这些正式和非正式的政治机制，复杂社会得以建立社会秩序，并最大限度地遏制或至少可以应对社会失序。

过去的一百年里，正式政府在世界范围内越来越普遍，这或是因为殖民列强将政治体系强加于其他群体，或是因为原本并未被正式组织起来的群体意识到自己需要政府机制来应对更大的世界。但是，人类学家已知的许多社会中并没有政治官员、政党、法院或军队。事实上，在民族志记载的社会中，有 50％在最初被记录时是以游群或村庄为最大的自治政治单元的。而且，这样的单元只是非正式组织；也就是说，并没有哪些个人或机构获得正式授权去制定和实施政策或解决争端。这样的社会中有政治生活吗？如果是美国社会意义上的政治生活，那么可能没有。但是，如果超越正式机构和机制去看，去询问这些机构和机制的功用是什么，那么我们就会发现所有的社会都有政治活动和信念，以便创造和维持社会秩序并应对社会的失序状态。

我们在前面三章中所讨论的许多类型的群体，比如家庭、继嗣群体和社团等，都具有政治功能。但是，人类学家谈论政治组织或政治生活时，尤其关注的是地域群体的政治活动和信念。有政治活动的地域群体的规模有大有小，小的有游群、村庄这样的小社群，大一些的有城镇、城市这样的大社群，再大的有地区或区域、整个国家或国家群体这样的多区域群体。

我们将会看到，不同类型的政治组织，以及人们参与政治、应对冲突的方式，往往与食物获取方式、经济及社会分层的差异密切相关。

不同的政治组织类型

民族志记录中的各个社会有不同的政治整合层级（指人们为其组织政治活动的最大地域群体），政治权威在这个整合群体内的集中程度也有所不同。当我们描述特定社会的政治整合时，我们会关注这些社会中传统的政治体系。在人类学家所知的很多社会中，小社群（游群或村庄）传统上是人们为其组织政治活动的最大地域群体。在这样的社会中，权力结构不涉及集权问题，因为并不存在管辖范围超过一个社群的政治权威。在其他一些社会中，政治活动有时是为多区域群体组织的，但这类群体中并没有位于顶层的永久性权威机构。还有一些社会，政治活动传统上为多区域的地域群体组织，而且群体顶层存在一个中央集权或最高权威机构。不过，在现代世界中，每个社会都被纳入了更大的中央集权的政治体系中。

埃尔曼·瑟维斯认为，大多数社会可以按照四种主要的政治组织类型划分为游群、部落、酋邦和国家。[1] 尽管瑟维斯的分类系统并不适用于所有社会，但它有助于我们认识到不同社会创造及维护社会秩序的不同方式。我们在讨论中常常使用现在时，因为这是民族志书写的一个惯例，但读者应该记住，大多数过去组织成游群、部落及酋邦的社会，如今已被纳入更大的政治实体。除了极少数例外，世界上再也没有政治自治的游群、部落或酋邦了。

游群组织

有些社会由规模相当小并经常流动的群体组成。我们在传统上称这样的群体为游群，游群在政治上是自治的。也就是说，在游群组织中，本地的群体或社群是最大的政治单元。因为大多数近现代的觅食者都有游群组织，所以一些人类学家认为，大约一万年前或发展出农业以前，几乎所有社会都

有游群这种政治组织。但我们需要知道，民族志描述的几乎所有觅食社会现在或过去都处于比较边缘的环境中，而且几乎都受到附近更占优势地位的社会的影响。[2] 因此，我们称为"游群"的组织，可能在遥远过去或史前的觅食社会中并不常见。

游群的规模一般很小，不到100人，许多游群的人数还要少许多。每一个小的游群都占据一片较大的地盘，人口密度比较低。游群的规模常常随季节的变化而变化，根据在特定时间和地点可获得的食物资源，游群可以解散或重组。例如因纽特人的游群组织，在食物匮乏的冬季规模较小，在食物充足的夏季规模较大。

游群内的政治决策一般都是非正式的。我们可以从做出影响群体的决策的过程中看到，游群中存在"适度的非正式政治权威"。[3] 由于一般没有正式的永久性领导机构，像营地何时迁移或怎样组织狩猎等问题，要么由所有成员一起决定，要么由最有资格的某个成员来决定。当某个人能够领导这些活动的时候，并不是因为他以领袖自居或以势压人。每个游群都有非正式的首领，他要么是优秀的猎人，要么是在仪式上最有经验的人。领袖可以是集这些品质于一身的同一个人，也可以是好几个人，但是他或他们是由于社群对其技能、判断力和谦逊的认可而获得这个地位的。换句话说，领导权产生于影响力而不是产生于权力，产生于受人钦慕的人格特征而不是产生于职位。

在因纽特的游群组织中，每个聚落可能都有自己的首领，首领之所以具有影响力，是因为社群中的其他人认为其判断力和技能超群。首领对部落迁移和其他社群事务提出建议，但他们没有永久的权

---

1. Service 1962.
2. Schrire 1984b；也可参见 Leacock and Lee 1982, 8。
3. Service 1962, 109.

威，也无权颁布任何禁令。游群组织的首领一般是男性，但是男人们私下里会请教他们的妻子，而且狩猎社会中的女人似乎比其他社会中的女人有更多的影响力。[4] 无论如何，首领的权力都相当有限，就好像在伊格卢利克（Iglulik）因纽特人中那样：

> 每个聚落内部通常都有这么一位老人，他受人尊敬，有权决定什么时候迁到另一个狩猎中心，什么时候开始狩猎，如何分配猎获物，什么时候喂狗，等等……人们称他为 isumaitoq（意思是深思熟虑的人），这个人并不总是年纪最大的老人，但通常是擅长打猎的长者，或是一个大家庭的一家之主。我们不能称他为首领，人们没有义务去遵循他的意见，但是大多数情况下，人们都会接受他的意见，部分原因是人们依赖他的经验，部分原因是同他保持友好关系是件好事。[5]

表 24-1 概括了游群组织的一般特征，不过也有例外。例如，并不是所有已知的觅食者群体都在游群这个层级上组织或具备游群社会的全部特征。一个经典的特例就是美国太平洋西北地区岛屿的美洲土著社会，这些社会拥有丰富的鲑鱼及其他鱼类资源和相对较大的永久村庄，其政治组织水平超过

了民族志记录中的典型游群社会。

部落组织

如果本地社群基本自治，但同时存在有可能将多个群体整合为一个更大单元（部落）的亲属群体（如氏族或世系）或社团（如年龄组），那么我们就说这个社会有部落组织。不巧的是，"部落"这个词有时被用来指整个社会，一个完整的语言群体也可能被称作一个部落。但是，部落类型的政治系统通常不允许整个社会作为一个单元行动；一个部落社会中的所有社群可能只是偶然为了某些政治目的（通常是军事目的）而联系到一起。因此，部落与游群两种政治组织的区别在于，部落组织中存在多个区域，但通常不是社会范围内的整合。这种多区域的整合不是永久性的，而且也是非正式的，因为整合并不由政治官员领导。整合通常在出现外来威胁时才会发挥作用；威胁消除以后，地方群体又回到自给自足的状态。[6] 部落组织似乎很脆弱（当然通常确实脆弱），但是，能够将当地群体通过社会方式整合为更大的政治实体，光是这一点，就意味着具有部落组织的社会在军事力量方面要比只有游群组织的社会强大得多。

具有部落政治组织的社会倾向于平等，这一点与游群社会相似（见表 24-1）。地方层面的非正式

表 24-1　政治组织和其他社会特征的可能发展趋势

组织类型	政治整合的最高层级	政治官员的专业化	主要的生计模式	社群规模和人口密度	社会分化	主要的分配形式
游群	地方群体或游群	官员极少或没有，非正式领导	觅食或食物采集	社群很小，人口密度很低	平等	互惠
部落	有时为多区域群体	官员极少或没有，非正式领导	粗放型（迁徙）农业和／或畜牧业	社群小，人口密度低	平等	互惠
酋邦	多区域群体	有一些专门政治官员	粗放型或集约型农业和／或畜牧业	社群大，人口密度中等	阶层	互惠和再分配
国家	多区域群体，往往是整个语言群体	有很多专门政治官员	集约型农业和畜牧业	城市和集镇，人口密度高	阶级和种姓	市场交换

首领也是部落社会的特征。在部落社会中，亲属关系构成了社会组织的基本框架，地方亲属团体的长者往往具有相当大的影响力；年龄组在部落社会中也很重要，人们会将某个年龄组视为领导者。但是，与游群社会不同，有部落组织的社会一般是食物生产者。由于种植业和畜牧业通常比狩猎和采集的效率更高，部落社会的人口密度一般更高，地方群体规模更大，其生活方式比狩猎采集的游群社会更倾向于定居。

亲属纽带

很多时候，社群联系在一起是因为属于同一个亲属群体，通常是世系或氏族等单系继嗣群体。分

在像巴西卡亚颇这样的部落社会中，领袖地位通常不是世袭的，而是基于领导者的品质。不存在领导范围超过一个社群的永久性首领。图为抽烟斗的卡亚颇部落首领（图片来源：© Arnold Newman/Peter Arnold Inc.）

支世系制度（segmentary lineage system）是一类以亲属关系为基础的部落整合方式。这种社会由多个分支或部分构成，各个分支的结构和功能都很类似。每个地方支系都属于一系列可以向遥远的祖先追溯的世系。这样一来，一系列等级不同的世系就把各个支系结合成越来越大的世系群。两个群体在谱系上越接近，关系就越紧密。不同支系的成员之间发生纠纷时，人们和谁的亲属关系最近，就站在谁的一方。

尼日利亚北部的蒂夫人社会就是分支世系制度的典型例子，该制度正好把所有的蒂夫人都纳入了同一个家系组织或部落。蒂夫人的社会很大，人口有80多万。图24-1是保罗·博安南（Paul Bohannan）绘制的蒂夫人世系结构图。图中有四个等级的世系。等级最低的世系用a到h的字母标注，这个等级的世系又属于包含更多世系的世系。在图中，等级最低的世系a和b都属于世系1。世系1和2结合在一起就形成了世系A。地域组织遵循世系群等级体系。正如图的底部所显示的那样，关系最密切的世系的领地彼此接近。等级最低的世系a和b的领地相邻；它们的领地结合在一起就成了高一个等级的世系1的领地。世系A又有不同于世系B的领地。据说所有的蒂夫人都出自同一个祖先，在图中用I来表示。[7]

蒂夫人的世系组织是蒂夫人政治组织的基石。图24-1有助于解释其运作方式。世系（和领地）a和b的纠纷属于小纠纷，因为涉及的仅仅是"兄弟"支系。但是a和c之间的纠纷就牵扯到了世系1和世系2，这就要求b站在a的一边而d站在c的一边。这种相互支持的过程被称为互补对立（comple-

4. Briggs 1974.
5. Mathiassen 1928, 213.
6. Service 1962, 114 – 115.
7. Bohannan 1954, 3.

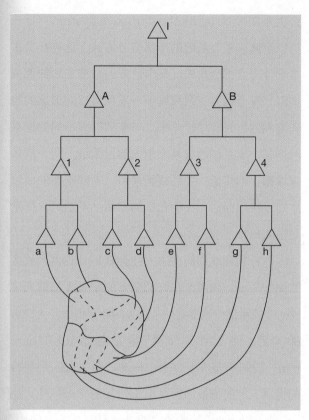

图 24－1　蒂夫人的世系分支和领地
（资料来源：改编自 P. Bohannan 1954）

mentary opposition），它意味着各支系只有在与其他群体发生对抗时才会联合起来。彼此间有小纠纷的群体，可能会在需要对抗某个更大的群体时联合起来。

如果蒂夫人想要侵占新的领地，或是从继嗣群体较小的其他部落夺走土地，那么分支世系制度应该会非常有效。单个世系分支遇到边界纠纷时，可以向关系密切的世系求助。社会内部（支系之间）的冲突，尤其是在边界地区发生的冲突，经常会转化为对外的冲突，"在对其他族群的猛烈攻击中缓解了内部压力"。[8]

分支世系制度即便不能把整个社会联合成一个单元，也具有军事方面的优势。尼罗河上游地区的努尔人（Nuer）就是典型的例子，由于分支世系制度的存在，努尔人拥有非全社会范围内的部落组织。19 世纪初，努尔人拥有大约 2.3 万平方千米的领地，

邻近的丁卡人（Dinka）的领地面积是努尔人的 10 倍。但是到了 1890 年，努尔人的领地已经深入丁卡人领地 160 千米，其领地面积增加到了 9 万平方千米。虽然努尔人与丁卡人在文化上非常相似，但是努尔人的分支世系组织让他们在侵占丁卡人的领地时更具军事优势。[9]

分支世系制度可能产生强大的军事力量，但是这种人力的结合只是暂时的，其形成和解体都是出于特定的需要。[10] 部落政治组织并不会导向一定程度上永久性整合多个社群的政治体系。

年龄组制度

我们在前一章中讨论过年龄组制度。这里我们要探讨年龄组如何作为一种部落型政治组织的基础发挥作用，以乌干达东北部的卡利莫琼人为例。[11]

卡利莫琼人的年龄组制度对部落的日常生活意义重大。成年的卡利莫琼人常常离开平时的居住地外出放牛。放牛人彼此遇见后会暂时相聚，然后各走各的路，但是每个人不管走到哪里，都可以向他的年龄组成员求助。卡利莫琼人的年龄组制度之所以重要，是因为它给每个人都规定了在制度中的位置，让人们知道应该采取什么样的反应模式。营地内的争吵要由在场的年长年龄组的代表来解决，而不管他们属于部落的哪个部分。

在卡利莫琼社会中，政治领导者不是从某个年龄组的长者中选举产生的，也不是指定的；成为政治领导者的过程是非正式的。通常，如果一个男子拥有一定的背景，并在一段时期内的公开辩论中表现出较高的能力，那么邻居们就会把他视为自己的代言人。他的作用在于，宣布人们在某种情境下应该采取什么样的行动，发起这个行动，并在行动开始后加以协调。

卡利莫琼人的群体驻地分散，常常从一个牧场转移到另一个牧场，其经济的游动性使大多数政治领

导者只能在本地区范围内行使权威。长者时常获得先知的地位，并在部落范围内受到尊敬与服从。人们会请他去主持祭祀（为了避免灾祸的降临）、求雨（以带来丰收）等等仪式。然而，即使是先知的声望或权威，也不能保证他获得统治者或首领的地位。[12]

酋邦组织

部落拥有把一个以上的社群整合起来的非正式机制，而酋邦则有把一个以上的社群整合成一个政治单元的**正式**结构。这种正式结构中有一个议事会，未必有酋长，但是大多数情况下总有一个人——酋长——比其他人拥有更高的地位和权威。处于酋邦这个组织层次的大多数社会，都包含一个以上的多社群政治单元或酋邦，每个酋邦都受一个酋长或议事会领导。在社群的酋长之外，可能还有多个层级的酋长，比如地区酋长和更高层级的酋长。同部落社会相比，有酋邦的社会人口密度一般较高，社群更为稳定，原因之一可能是酋邦社会的社会经济生产力一般比较高（见表24–1）。

酋长的地位有时可以继承，而且一般都是终身制的，享有酋长称号的人地位很高。大多数酋邦中都存在社会等级，让酋长及其家人有更多的机会获取声望。酋长可能会对物品进行重新分配，对公共劳动力的使用进行规划和指导，管理宗教仪式，代表酋邦指挥军事活动。在南太平洋的酋邦中，酋长承担了前述的大部分职责。比如，在斐济的酋邦中，酋长负责物品的再分配及劳动力的协调工作：

（酋长）可以为自己，也可以为提出要求的其他人，或者为一般目的而召集社群中的劳动力……除了有权召集劳动力之外，他能从山药作物的首批收成中获得很大一部分……还能从其他形式的食物奉献中获得好处，或者在村庄的一般分配中得到特殊的一份……因此，最高

掌权者(酋长)可以获得社群中的大量剩余产品，然后再以普遍的福利形式进行再分配。[13]

不同于一般通过个人品质获得特权的部落社会的首领，世袭酋长被认为在"血统"中拥有首领品质。波利尼西亚（南太平洋的一个巨大三角形区域中的群岛）的一位高等级的酋长，就继承了被称为"马纳"的特殊宗教力量。据说，"马纳"让他的统治获得了神圣性，也能保护他。[14] 波利尼西亚酋长们的宗教权力很大，因此基督教传教士如果想让人改信基督教，就得先让他们的酋长改信才可以。[15]

在大多数的酋邦中，酋长没有权力强迫人们服从他们；人们会遵从酋长的意愿，因为酋长受人尊敬并具有宗教权威。但在最复杂的最高酋邦中，比如夏威夷和塔希提岛的酋邦，酋长似乎拥有比受人尊敬的权力或"马纳"更不可抗拒的权威。酋长收集大量的物品与服务，用于供养下属，酋长的下属包括大祭司、政治特使、可以被派去平息叛乱的战士等专职人员。[16] 当再分配不能惠及每一个人（首领们获准把物品留给自己），而且首领开始使用武装力量时，政治体系就逐渐转向了我们所说的国家。

国家组织

根据一种比较标准的定义，国家是"自治的政治单元，其领土内包含很多社群，拥有中央集权的政府，政府有征税、征召人员从事劳动或战争、颁布并执行法律等权力"。[17] 照这个定义看，国家有复

8. Sahlins 1961, 342.
9. R. C. Kelly 1985, 1.
10. Sahlins 1961, 345.
11. N. Dyson-Hudson 1966, Chapters 5 and 6.
12. Ibid.
13. Sahlins 1962, 293 – 294.
14. Sahlins 1963, 295.
15. Sahlins 1983, 519.
16. Sahlins 1963, 297.
17. Carneiro 1970, 733.

萨摩亚的酋长在一个露天会议室为新酋长授权仪式而集会
（图片来源：Anders Ryman/CORBIS, All Rights Reserved）

杂、中央集权的政治结构，这个结构里包含具备立法、行政、司法功能的一系列永久性机构和庞大的官僚体系。该定义的核心在于能够在国内外贯彻政策的合法力量。在国家社会里，政府力图保持对武力使用的垄断。[18]这种垄断可以体现于正式、专业化的社会控制机构，比如警察、民兵或常备军。

正如某个社会可能包含一个以上的游群、部落或酋邦，某个社会也可能包含一个以上的国家。使用同一种语言的连续分布的人口在政治上可能统一也可能不统一于一个单一的国家。古希腊就由许多城邦组成，19 世纪 70 年代的意大利也是如此。讲德语的人在政治上也没有统一于一个国家；奥地利和德国是独立的国家，德国本身也是直到 19 世纪 70 年代才实现政治上的统一。当一个社会中包含了一个或多个国家政治单元时，我们就说这个社会拥有**国家组织**。

一个国家中可能包含一个以上的社会。多社会的国家很多时候是征服或殖民控制的结果，占支配地位的政治权威（其本身也是国家）将一个中央集权政府强加给一片拥有不同社会和文化的区域，就像英国对尼日利亚和肯尼亚所做的那样。

殖民是国家社会的常见特征。但并不是所有的殖民都一样。考古学家和历史学家让我们知道，有

各种各样的殖民类型。扩张中的国家社会可能会派人去其他地方建立新的帝国殖民地，以进行贸易或保护贸易通道，英国、西班牙等国就是这么做的。殖民势力也可能会将部分原住人口驱赶出去，如印加帝国所做的那样。[19]我们所知道的大多数扩张型的国家社会通常被称为"帝国"。它们试图吞并其他社会和国家。比如，现代美国就通过说服其他国家让美国建立军事基地来进行权力扩张，一些评论家因此称美国为帝国，尽管美国并不总是建立其拥有经济和政治控制权的殖民地。[20]

第二次世界大战后出现的多社会国家几乎都是成功的反殖民独立运动的结果。[21]尽管这些国家仍然包括许多不同的社会，但是大多数还是保持了政治上的统一。例如，经历了内战的尼日利亚仍然保持统一；被称为比夫拉的东部地区（主要居民是伊博人）曾在 20 世纪六七十年代试图脱离尼日利亚，但没有成功，此后在尼日利亚内部的各个社会中，仍发生了一些严重的冲突。

多社会或多族群国家也可能是为了应对外部威胁而自愿形成的。瑞士由州组成，有的州主要讲法语，有的主要讲德语、意大利语或罗曼什语；各个州最初联合起来，是为了摆脱神圣罗马帝国的控制。但是，有些多族群国家就没能保持统一，比如苏联和南斯拉夫。

除了政治特征外，拥有国家组织的社会通常依靠集约农业。高生产力的农业有利于城市、经济等方面的高度专业化，以及市场或商业交换的出现。此外，国家社会通常有阶级分层（见表 24-1），城市在过去的 100 年里出现了突飞猛进的增长，很大程度上是移居和移民的结果。（参见移居者与移民专

---

18. Weber 1947, 154.
19. Lightfoot 2005.
20. Ferguson 2004.
21. Wiberg 1983.

移居者与移民
城市的增长

人类是社交的动物。他们通常居住在群体或社群中。群体小到游群到村落，大到集镇和城市。每个群体都可能具有政治实体的功能；头人、市长、议员等"政治"官员和团体为群体组织活动。现在，世界人口中有近一半居住在城市里，在城市社群里，很少有人直接参与获取食物的活动。更高比例的人在未来30年里将会成为城市居民。

过去一个世纪里，城市出现了爆炸性增长，其原因并不在于城市的出生人口数量高于死亡人口数量。城市的增长主要是本国及其他国家乡村地区人口迁入的结果。过去，大批爱尔兰人曾因"马铃薯饥荒"而迁往英国和美国；19世纪和20世纪，德国、意大利和希腊村庄发生了大规模的人口迁移；过去50年中，墨西哥和中国乡村地区有许多人口迁往城市。可以放心地说若是能够移民，世界各地会有数百万人移民到美国、加拿大和西欧。贫穷是一个"推动"人口迁移的因素。逃离迫害是另一个因素。世界上的许多地区并不安全，对穷人们来说更是如此。其他地方也可能更有发展前景。以美国的加利福尼亚州为例，当地大部分居民都不是出生于本地的。的确，在现代世界中，哪怕相隔半个地球，一些移民也可以"回家"去看看。但是对于近代和现在的许多移民来说，迁移是单向的。因为许多移民离开家乡可能是为了逃离贫困、迫害和战争，所以他们不可能（或者不愿意）回去。

越来越多的人类学家自称为"都市人类学家"。他们研究人们为何迁徙，以及到了新的地方如何适应。他们研究这些，是因为有很多人在迁徙。西班牙和法国的一些乡村在工作日时是空的。村里房屋的主人平时在巴塞罗那或巴黎工作和生活，几乎不"回家"。实际上，他们在村里的房子自己也很难住得上，因为他们通常会将房屋租给观光客——那些观光客最近的也是来自大西洋彼岸。

即使是在最发达的国家里，城市也有各种问题。为城市中也许数以百万计的人口提供水、电、卫生及其他服务并不容易，也很昂贵。但是，在每一个国家，人们都出于各种各样的原因离开乡村前往城市。一些是政治难民，如来自老挝、现在居住在明尼苏达州圣保罗的赫蒙人。一些来自刚果、苏丹、科索沃、北爱尔兰的人也为了逃离内战而迁徙。还有因为其他原因而离开家乡的人。技术进步可能会减少对农村劳动力的需求，20世纪30年代以后的美国南部就是如此。也可能农村的机会太少，不足以养活不断增长的人口。人们能去哪里呢？人们通常不会搬到其他的乡村地区，而是会前往有工作机会的城市，往往还是其他国家的城市。在城市化程度更高的国家，城市有"郊区"，大城市里的许多人可能实际上住在郊区。留在农场的人很少——在比较发达的国家里，只有占比很小的一部分人口留下。

20世纪下半叶，伴随着郊区的建设，许多国家里的人似乎有了离开城市的趋势。为了更大的居住空间和花园，为了让孩子上"更好"的学校，或者为了逃离暴力的威胁，一部分人口离开了城市。但是最近，这种从城市迁移到乡村的浪潮在北美和其他地区出现了逆转。郊区的人正在向城市回流，或许是因为人们对需要长距离通勤才能去工作和娱乐感到厌倦。这样的人包括一些孩子已经长大离家的富人，许多年纪比较大的人更愿意搬到离他们大部分时间待的场所更近的地方。虽然城市中存在不平等和暴力，但城市仍是人们工作和进行其他活动的地方。音乐厅、剧院、餐馆、博物馆、游乐场、医院和专业体育场馆一般都位于城市或城市附近。

尽管城市生活存在着相当多的政治问题，但是人们还是很难抗拒乡村地区的"推力"与城市的"拉力"。正如一首老歌所感叹的："在他们见过巴黎以后，还能让他们留在农场吗？"

（资料来源：M. Ember and Ember 2002.）

题"城市的增长"。)

国家出现后，人们获取稀缺资源的机会发生了重大变化。同样发生剧变的还有人们不听命于领导者的能力：一般来说，你不能拒绝纳税、劳役或征兵而不受惩罚。当然，一个国家的统治者并不是单靠武力来维持社会秩序的。至少在某种程度上人民必须相信，那些掌握权力的人有合法的治理权利。如果人民没有这种信念，那么如历史所证明的，当权者可能最终会失去控制国家的能力。

因此，武力和威胁使用武力并不足以解释权力的合法性，也不足以解释国家社会中常见的不公平现象。但什么能够解释呢？对此有各种各样的理论。早期国家的统治者常常声称自己具有神圣血统，因此统治国家是合法的，但现在很少有人这么说了。另一种理论是，如果父母教导孩子要服从所有的权威，那么孩子可能会将这样的教导推广到接受政治权威。一些分析者认为，人们接受国家权威并没有充分的理由，统治者只是有办法愚弄他们而已。最后，一些理论家认为，国家必须为人民提供真正的或合理的好处，否则，人民不会认为统治者应当行使权力。合法性不是一个全有或全无的现象，而是有程度之分。[22]

一个国家社会可以长时间维持其合法性，或至少维持其权力。例如，罗马帝国这个复杂的国家社会，曾在数百年的时间里主导地中海和近东地区。其一开始是个城邦，靠发动战争获得了额外领土。在鼎盛时期，罗马帝国的人口超过了 5 500 万，[23] 首都罗马的人口超过了 100 万。[24] 罗马帝国的领土包括现在的英国、法国、西班牙、葡萄牙、德国、罗马尼亚、土耳其、希腊、亚美尼亚、埃及、以色列和叙利亚的部分地区。

国家社会的另一个例子是非洲西部的努佩王国，它现在是民族国家尼日利亚的一部分。努佩社会等级森严。社会体系的顶端是国王或 etsu。国王

之下的王室成员形成最高贵族阶级。再往下是另外两个贵族阶级，即地方首领和军官。最底层的就是普通百姓，他们既无威望又无权力，也不能分享任何政治权威。

努佩国王在许多司法事务中都拥有最终权威。当地村议会处理较小的争端和民事案件，审理严重刑事案件则是国王的特权。这类案件被称为"国王审理的犯罪案"，由国王的地方代表送到王室法庭。审判和定罪都是由国王和他的顾问们进行。

国家对努佩人影响最大的领域是税收。国王有权对每家每户征收各种各样的税赋。人们要么用货币（从前用的贝壳，后来就用英国货币），要么用某种贡礼来纳税，比如布匹、毯子和奴隶。国王持有征集来的大部分税赋，剩余部分则分给他的地方代表和领主。作为对税收的回报，人民得到了安全——国家负责抵御外来入侵和防止国内动乱。[25]

尽管所有的国家社会都会使用强制力或威胁使用强制力，但是有些国家比其他国家更专制。不仅今天如此，近代如此，遥远的过去也是如此。专制程度较低的国家通常有更多的"集体行动"，会生产更多的公共益品，如交通系统和再分配系统。统治者不夸大自己的势力，不过奢侈的生活。而且，统治者必须有限度地进行管理，还要回应人民的不满。他们对国家和人民负有责任。南非中部的洛奇人（Lozi）国家比前面描述的努佩人国家有更多的集体行动。洛奇人建立了庞大的排水沟渠系统，使得交通更加便利。在饥荒年代，王室牧群和"国家"园圃常常被用来供养贫穷村庄的人口。统治者的生活标准也不比普通人高。相比之下，努佩人国家资助的公共工程很少，几乎没有再分配系统，统治者住在精美的宫殿中。[26] 集体行动的程度是一个连续体，集体行动程度高的并不是只有世界上的几个地区或特定的时间段内的国家。集体行动的理论表明，当国家更多地依赖来自纳税人的资源时，统治者就必

须给予公众更多的回报，否则他们将面临不服从和叛乱。理查德·布兰顿（Richard Blanton）和莱恩·法格尔（Lane Fargher）对前现代国家的比较研究支持了集体行动理论。[27]

与政治组织差异有关的因素

我们所说的游群、部落、酋邦和国家这四种类型的政治组织，位于政治整合或统一程度的连续体上的不同位置，连续体的两端分别是小规模的地方自治和大规模的地域性联合组织。在政治权威方面也存在着差异，从少数临时的非正式领导者，到大量永久性的专业化政治官员，从不存在强制性政治权力到由集中的权威垄断公共力量。政治组织这些方面的差异，通常是与人类从觅食社会向更加集约的食物生产社会，从小社群到大社群，从低人口密度到高人口密度，从强调互惠到强调市场交换再到强调再分配，以及从平等社会到等级社会再到完全分层的社会的转变联系在一起的。

以上概述的联系已经在表24-1中总结了，这些联系似乎获得了已有跨文化证据的支持。关于生计技术水平与政治复杂性之间的关系，对小型社会随机抽样的跨文化研究发现，一个社会中的农业越重要，政治统一体之内的人口就越多，政治官员的数量和类型也越多。[28] 更大范围的跨文化调查记录了类似的趋势：农业的集约化程度越高，国家组织产生的可能性就越大；只有仅限于当地的政治机构的社会，可能依靠狩猎、采集和捕鱼来维持生计。[29]

就社群规模而言，一些早期的研究发现，主要社群的规模越大，社会中政治官员的范围就越大。[30] 罗伯特·特克斯特（Robert Textor）提出了类似的发现：具有国家组织的社会往往拥有城市和集镇，而在只有地方政治组织的社会中，社群的平均人口很可能在200人以下。[31] 跨文化研究也证实，政治整合程

22. 对关于合法性的种种理论的详细回顾，可参见 R. Cohen 1988, 1 – 3。
23. Finley 1983.
24. Carcopino 1940, 18 – 20.
25. 我们对努佩社会的讨论基于 S. F. Nadel 1935, 257 – 303。
26. Blanton and Fargher 2008.
27. Ibid.
28. M. Ember 1963.
29. Textor 1967.
30. M. Ember 1963.
31. Textor 1967.

度更高的社会更有可能出现社会分化，主要是表现为阶级差别。[32]

这样的证据是不是对政治组织差异的一种解释？这些数据显然表明，有好几个因素与政治发展相关，但我们还不太清楚政治组织变迁的确切原因。尽管经济发展可能是政治发展的一个必要条件，[33]但是它们之间的关联无法解释，为什么只是因为经济能够支持，政治组织就会变得更为复杂。一些理论家认为，群体之间的竞争可能是政治团结的更重要原因。例如，埃尔曼·瑟维斯指出，竞争可能是一个社会的政治组织从游群发展到部落的原因之一。游群社会一般是狩猎采集社会。随着生计方式转向农业，人口密度和群体之间的竞争可能会增加。瑟维斯认为，这种竞争将促进某种超越社群的非正式组织——部落组织——的产生，以进行进攻和防御。[34]实际上，正如我们在"婚后居住与亲属关系""社团与利益集团"这两章中看到的，单系继嗣亲属群体和年龄组制度似乎与战争联系在一起。

在农业生产者中间，防御的需求可能也是促使非正式的多村庄政治组织转向更正式的酋邦组织的主要原因。具有正式组织的地区在战争中更有可能战胜自治村庄，甚至战胜实行分支世系制度的群体。[35]另外，经济方面的原因也可能促进政治发展。就酋邦而言，瑟维斯认为，当社群之间的再分配变得重要或者需要大规模的协作群体时，酋邦就会出现。这些活动越重要，活动的组织者及其家人可能就变得越重要。[36]但是，再分配远非酋长的普遍活动。[37]

政治发展方面的人类学理论和研究主要集中于政治复杂程度最高的一端，特别集中于世界上最早的国家社会的起源。最早的一批国家可能是各自独立产生的，在公元前3500年之后，国家出现在如今的伊拉克北部、埃及、印度北部、中国北部和墨西哥中部。人们提出了不少理论来解释国家的产生，

但没有一种理论似乎能够适用于考古学发现的导向早期国家形成的一系列发展。也许在不同地区，不同的条件有利于中央集权政府的出现。按照定义，国家拥有为了集体目的而组织大量人口的权力。在某些地区，促使国家产生的可能是组织必要的地方和/或长距离贸易的需要。在另外一些地区，国家的出现可能是为了控制不能逃跑的战败群体。还有一些地区，国家的发展可能来自其他因素或因素的组合。究竟是什么催生了早期中心的各个国家，目前尚不清楚。[38]

国家社会的扩散

国家层次的政治发展在当今世界取得了主导地位。与游群、部落和酋邦社会相比，具有国家体制的社会规模更大，人口密度更高。这些社会也有随时准备战斗的军队。国家社会在对酋邦和部落社会的战斗中往往能取胜，而且结果通常是对战败者的政治吞并。例如，英国和后来的美国对北美大部分地区的殖民，就导致许多美洲土著社会遭到吞并。

美洲土著社会的战败与被吞并，至少有部分原因在于它们遭遇了灾难性的人口减少，而这是由欧洲殖民者带来的诸如天花和麻疹之类的传染病引起的。灾难性的人口减少通常是欧洲人与南北美洲土著及遥远太平洋岛屿上的土著第一次接触的结果。新大陆和太平洋地区的人们没有接触过那些病菌，因而无法抵抗欧洲人开始在世界殖民时随身携带的病菌。在欧洲扩张之前，新大陆和太平洋地区的人们已经同地理上连续的大陆上的人们和疾病分离很长一段时间了，地理上连续的大陆指的是我们所说的欧洲、非洲和亚洲。从前在欧洲肆虐的天花、麻疹等疾病，后来基本成了儿童期疾病，大多数欧洲裔的人得病后都能存活下来。[39]

在过去的3000年中，尤其是在最近的200年

欧盟包括许多民族国家，图为欧盟成员国在罗马举行的政府首脑会议（图片来源：© Enrico Para/ANSA /epa/CORBIS, All Rights Reserved）

中，要么是通过人口减少，要么是通过征服，要么是通过恐吓，世界上的独立政治单元的数量在急剧减少。据罗伯特·卡内罗的估算，公元前 1000 年时，世界上可能有 10 万到 100 万个独立的政治单元，而在今天却只有不到 200 个了。[40] 在民族志记录过去 150 年内描述过的大约 2 000 个社会中，有约 50% 的社会只有地方层级的政治整合。也就是说，在相当晚近的社会中，约有一半的最高政治整合层级是社群。[41] 这样看来，独立政治单元在数量上的减少主要发生在近现代。

但是，苏联和南斯拉夫的解体，以及世界各地的分裂主义运动，表明族群间的斗争可能导向对政治单元越来越大的趋势的偏离。多族群国家中被其他族群主导的族群，可能希望在至少一段时间内实现政治自治。相比之下，西欧的独立国家正在政治和经济上日益统一。因此，政治单元越来越大的趋势可能会继续下去，即使不时出现偏离这些趋势的事件。

从历史推断，许多研究者认为或许近在 23 世纪，

最晚也不会晚于公元 4850 年，整个世界就会最终在政治上整合起来。[42] 这个预言会不会成真，只有未来才能揭示。而且，也只有未来才能揭示，将来世界的政治整合是会在各方一致同意下和平进行，还是会像过去经常发生的那样要通过武力或威胁使用武力才能实现。

政治过程的差异

人类学家越来越关注他们所研究社会的政治或

---

32. Naroll 1961. 也可参见 Ross 1981。
33. M. Ember 1963, 244 – 246.
34. Service 1962；也可参见 Braun and Plog 1982; Haas 1990。
35. A. Johnson and Earle 1987, 158; Carneiro 1990.
36. Service 1962, 112, 145.
37. Feinman and Nietzel 1984.
38. 对已有理论的更详细讨论和评价，可参见 C. Ember et al. 2007 第 12 章中的内容。也可参见 Cohen and Service 1978。更多内容可参见关于国家起源的章节。
39. McNeill 1976.
40. Carneiro 1978, 215.
41. Textor 1967.
42. Carneiro 1978; Hart 1948; Naroll 1967; Marano 1973, 35 – 40 (cf. Peregrine, Ember, and Ember 2004 and other articles in Graber 2004).

政治过程：谁会获得影响力或权力，他们是如何获得的，政治决策是如何产生的，等等。但是，即使我们已经对许多社会的政治进行了描述性的说明，对于政治差异产生的可能原因，相关的比较研究或跨文化研究还是很少。[43]

成为领袖

在一些社会中，领导者是世袭的，这在等级社会和有君主的国家社会是普遍存在的情况，在这些社会中，通常会有继任规则规定领导地位的继承方式。这样的领导者一般能通过一些显而易见的方式辨认出来：领导者可能会有永久性的标记或文身，比如波利尼西亚的酋长；或者，领导者可能身着精心制作的礼服并佩戴徽章，比如在阶级分层的社会中（参阅"艺术"一章中关于人体装饰的讨论）。但是，在其他一些社会中，领导者（不管是非正式的领导者还是官员）是选出来的，对于这样的社会，我们还需要做更多研究，以便理解为什么有些人而不是其他人会被选中。

一些研究考察了部落社会中领导者的个人品质。一项对巴西中部的美卡拉诺蒂-卡亚颇（Mekranoti-Kayapo）社会进行的研究发现，那里的领导者与追随者相比，往往被同辈认为具有比较高的才能和丰富的知识，他们慷慨大方，积极进取，抱负不凡。领导者往往更加高大和年长。尽管美卡拉诺蒂-卡亚颇社会本质上是平等的（至少共享资源），但领导者的儿子比其他人更有可能成为领导者。[44]

另一项针对巴西亚马孙地区的卡格瓦希夫人（Kagwahiv）的研究，揭示了领导者的另一种个人品质：他们似乎对自己的父母怀有积极的情感。[45]研究者对美国领导者研究的结果表示，在许多方面，美国与巴西的领导者都没有什么不同。但是二者有一个最大的不同：美卡拉诺蒂-卡亚颇人与卡格瓦希夫人的领导者不比其他人富有；事实上，他们会将财富分给追随者自己的人。而美国领导者通常比其他人更富有。[46]

"大男人"

在一些平等的部落社会中，成为领导者的过程似乎相当具有竞争性。在新几内亚和南美洲的部分地区，"大男人"与其他有抱负的人相互竞争，以吸引追随者。那些想要与"大男人"竞争的人，必须显示出自己具有神奇的力量、娴熟的园圃种植技术和战争中的勇猛精神。但最重要的是，他们必须收集足够的物品去举办大型的聚会，并在聚会中把这些物品分发给众人。大男人必须努力工作去吸引和留住他们的追随者，因为对他们不满意的追随者可以加入其他有抱负者的团队。[47]在卡格瓦希夫社会中，大男人的妻子通常是社群中妇女的领导者；她负责为宴会做许多安排和准备，并经常在宴会上分配肉。[48]

尽管在新几内亚普遍存在大男人领导者的现象，但研究者开始看到新几内亚不同地区"大男人领导者"的类型和权力范围的差异。例如在南部高地，男人群体（不仅仅是大男人）可能会大规模地赠送礼物，因此大男人同普通男人没有什么不一样。而在西北高地，大男人则明显与其他人不同。他们为群体制定政策，组织集体活动，他们能在交易中获得大量的猪或者贵重物品，也控制了大量的劳动力（不止一个妻子和朋友亲属）。[49]

我们知道某些大男人比其他人"更大"，但是一个男人如何才能成为大男人呢？在中部高地的一个群体昆蒂-恩加莫伊人（Kumdi-Engamoi）中，一个人要想成为瓦纽（wua nium，字面意思是伟大、重要而富有的人），就需要有许多妻子和女儿，因为一个男人控制的土地数量和这些土地产出的数量，取决于他家庭中妇女的数量。他拥有的妻子越多，他能够种植的土地就越多。他也必须是一个好的演讲者。每个人都有权说话和演讲，但是要成为一个大男人需要演讲得好，演讲得有力，并且知道什么时候对共识做出总结。通常一个男人到了三四十岁才能拥有一个以上的妻子，并通过交换获得名声。一个男人如果想要开始一次交换，就需要从自己的家人和亲戚那里获得贝壳和猪。获得作为瓦纽的声望后，他必须继续表现良好才能保有作为领导者的声望，也就是说，他需要继续公平地分配，做出明智的决策，演讲得好并且进行交换。[50]

"大女人"

与新几内亚本岛的大多数社会不同，新几内亚岛东南方的岛屿是母系继嗣社会。但就像新几内亚其他地区一样，这些岛屿上也有领导权转移体系，人们会为"大"的声望展开竞争。不过，这里的女人能和男人一样进行竞争，并且像"大男人"那样，会有"大女人"。比如在瓦纳提奈（Vanatinai）岛，女人和男人彼此竞争去交换有价物品。女人带领独木舟远征，去遥远的岛屿拜访男性或女性的交易伙伴，女人动员亲戚和交易伙伴准备大型宴会，并且女人至少在一段时间内保持仪式性的贵重物品的交换。[51]

瓦纳提奈岛妇女的地位可能与战争的消失——殖民强权通过所谓"平定"强加的和平——有关。在 20 世纪初，战争变得罕见，岛与岛之间的交易就频繁起来，男人和女人都有了更多的旅行自由。战争为男人而不是女人提供了一条成为领导者的道路，获胜的勇士将获得巨大的荣誉和影响力。这并不是说女人不参与战争；尽管从跨文化角度看女人参加战斗并不寻常，她们也会参战，但是，女人不能成为战争的领导者。在没有战争的情况下，女性就有机会通过交易成为领导者，或者"大女人"。

然而，女性在某一方面获得影响力的机会比较少。如今，当地设立了地方政治委员会，但委员们全是男性。为什么会这样？曾有一些女人被提名去

在许多平等社会中，领导权非正式地从一个人手中转到另一个人手中。在新几内亚的许多社会中，要获得"大"的声望有许多竞争。瓦纳提奈岛上的女人和男人一样参与竞争，所以这儿不仅有"大男人"，还有"大女人"。图中的"大女人"在纪念一个过世男人的宴会上给表亲遗孀的脸部绘画（图片来源：Maria Lepowsky）

担任某个职务，但她们不会讲英语，因而尴尬地退出了。这些新职位并不会自动对大男人或大女人开放，成为委员的基本上是懂英语的年轻男性。但这种情况可能会改变。1984 年政府小学开设后，女孩和男孩都能学习英语，因此未来女性更有可能通过成为委员来获得领导地位。

研究人员继续探索在领导权不世袭的社会中，能够增强一个人的能力并使其成为领导者的其他特征。在美国一个值得注意的新发现，是在控制了年龄和可感知的吸引力之后，在选举之前被认为面部照片

43. 对 20 世纪 70 年代之前描述性文献的回顾，请参见 Vincent 1978。
44. D. Werner 1982.
45. Kracke 1979, 232.
46. D. Werner 1982.
47. Sahlins 1963.
48. Kracke 1979, 41.
49. Lederman 1990.
50. Brandewie 1991.
51. Lepowsky 1990.

显得更"能干"的人更有可能在国会选举中获胜。[52] 什么样的面孔显得更"能干"呢？通常，这种面孔的"幼稚"特征比较少，不会太圆，下巴比较大，眼睛和额头都比较小。[53] 这些面部特征在不同文化中是否都能预测领导者的人选，目前还未可知。

政治参与

政治科学家马克·罗斯围绕政治参与程度差异进行了跨文化研究。罗斯是这么表达他的研究问题的："为什么在一些政治体中，有相当大的一部分人会参与政治生活，然而在另一些政治体中，政治行动只是少数人的领域？"[54]

在不同的前工业化社会中，政治参与的程度不同，其范围从广泛到低或没有。在罗斯调查的社会中，有16%是政治参与广泛的，所有成年人都可以参与决策讨论。决策讨论会可能是正式的（理事会和其他管理机构）或非正式的。在政治参与程度低一些的社会（占比37%）中，一部分成年人广泛参与，但不是所有人都参与（男人参与而女人不参与，某些阶级参与而其他阶级不参与）。政治参与程度更低的社会（占比29%）中，少部分人通过社群参与政治。剩下的18%的社会政治参与程度很低或基本没有，也就是说决策大部分由领导者做出，普通人的参与非常有限。

在小规模的社会以及现代民主国家中，政治参与的程度似乎比较高，但介于两者之间的社会（封建国家和前工业化帝国）却不是这样。为什么会如此？在小规模社会中，领导者无权强迫他人做事；因此，较高的政治参与程度可能是让人们接受决策的唯一方法。在现代民主国家，政府之外还有许多有势力的群体，例如企业、工会和其他团体，中央政府可能只在理论上有权力迫使人们接受决策；在现实中，政府基本依靠人们自愿服从。例如，美国政府曾试图使用强制力（禁酒令，1920—1933年）去阻止人们制造、运输以及销售酒精饮料，但是失败了。

另一个因素可能是早期的家庭经历。最近一些学者认为，通过人们成长起来的家庭的类型，能预测社会的政治参与程度。多代人同住的大型扩展家庭往往有等级体系，老一辈人拥有更大的权力。孩子们会学着去服从和遵从长辈的意愿。有一夫多妻制度的社会，政治参与的程度似乎也比较低。人们可能会把在家庭中互动的方式带到政治领域。[55]

高度的政治参与似乎有重要的影响。在现代社会，民主统治的国家很少互相开战。[56] 例如，从1980年到1993年，美国入侵了3个国家，即格林纳达、巴拿马和伊拉克，但并没有入侵其他民主国家。同样，在民族志记录的社会中，政治参与程度较高，即较"民主"的政治单元，彼此间发生战事的频率要远低于参与程度低的政治单元之间发生战事的频率，这和现代民主国家间的情况一样。[57] 这是否意味着民主社会总体上更和平？对此有很多的争议。从战争的频率判断，现代民主国家同专制国家在开战的倾向方面没有什么不同。然而，如果从战争伤亡率的严重性来判断，民主社会看起来不那么好战。[58] 究竟为什么更多的政治参与和更多的民主可能导向和平，还是一个需要讨论的问题。但这种关系是有政策影响的，对此我们将在"全球问题"一章中进一步讨论。

冲突的解决

冲突可能通过避让、社群行动、调解或谈判妥协、道歉、诉诸超自然力量、由第三方裁决等方式得到和平解决。正如我们将要看到的，复杂程度不同的社会通常采用不同的方式；等级社会更可能借助第三方裁决来解决冲突。[59] 但是，和平解决方案并不是总能实现，也可能会爆发暴力冲突和争端。当暴力发生在一个通常采用和平方式处理争端的政治单元中时，特别是暴力由个体犯下时，我们称这种暴力为犯罪。当暴力发生在属于不同政治单元的随着人们越来越多地为市场生产物品、提供服务，人类学家传统上研究的生计经济正在趋于商品化。随着经济日益融入世界体系，许多地方，尤其是近代之前都没有产业雇佣劳动的地方，经济发展的步伐都加快了。经济发展对政治参与会产生影响吗？我们能在比较研究的基础上对未来做出推测吗？

大多数关于经济发展和政治参与之间关系的比较研究，属于对不同国家资料的跨国性比较。我们说一些国家比其他国家更民主，因为它们具有一些特点，比如进行有竞争的选举、通过选举产生国家首脑和立法机构、保护公民自由等。在资本主义国家，更高的民主程度通常与更高的经济发展水平（通过人均产量等指标来衡量）联系在一起；而在工业化程度不深的国家，国家层面上几乎没有民主。为什么更高的民主程度会与更高的经济发展水平联系在一起？

人们普遍认为，经济发展增加了国家的社会平等程度；利益集团之间越平等，它们参与政治进程的需求就越高，并因此会更民主。或者将这种理论换一个说法，经济越发展，我们称为中产阶级和劳动阶级的人要求得到的奖励和权力越多，精英阶层能够保留的权力就越少。

人类学家通常研究的社会，也就是跨文化或民族志记录中的那些社会，情况如何？我们知道，部分复杂程度最低的社会有最高的政治参与程度，比如觅食社会。在这样的社会中，许多成年人有参与决策的机会，领导权是非正式的，只有在人民自愿接受时，领导者才能保留他们的角色。同游群和部落社会相比，酋邦和国家更有可能出现权力集中的现象，政治参与程度也较低。等级更森严的酋邦和国家通常依靠农业来维持，特别是依靠集约农业。因为比起采集经济，集约农业能够生产更多的人均产品和服务。因此，民族志记录中的经济发展与政治参与之间的关系，与我们在跨国研究中发现的是相反的。也就是说，在人类学家研究的社会中，经济越发达，政治参与程度就越低。为什么会如此？似乎是因为在民族志记录中的社会中（许多发达工业化社会不在其中），随着经济发展，社会公平会减少。在民族志记录中，一个经济发达的社会可能具有一些特征，如耕作、施肥和灌溉，这使永久性的土地耕作与永久性的社群成为可能。这样的集约农业活动比狩猎采集生计模式或游耕（园圃种植）更有利于集中财富。因此，在民族志记录中，经济越发达的社会，社会不公平现象越多，因而也就越不民主。

跨国与跨文化这两类调查研究的结果不难调和，社会和经济的不平等似乎不利于民主和更广泛的政治参与。随着人类由觅食社会转向农业社会，社会不平等加剧。但是，人类由前工业的农业社会转向经济发展（工业化）程度高的社会后，社会不平等现象有所减少。政治参与程度在第一个转折点是降低的，而在第二个转折点是提升的，因为社会不平等程度先是上升，然后才下降。

那么，关于未来，比较研究能告诉我们什么呢？如果中产阶级和劳动阶级觉得他们没有从自己的劳动中得到公平的回报，他们的要求就会增多。精英可能愿意去满足这些的要求；他们如果这样做了，权力就会减少。不管是否愿意，除非精英阶层不惜任何代价也要保住权力，否则至少从长远来看，社会的政治参与和民主程度是会提高的。

（资料来源：Bollen 1993; Muller 1997; M. Ember, Ember, and Russett 1997; Ross 2009b.）

人群之间，而这些群体之间缺乏解决冲突的程序时，我们就称这种暴力为战争。当暴力发生在统一政治体中的次级政治单元之间时，我们称其为内战。

冲突的和平解决

大多数现代工业化国家都有处理小争端和更严

52. Todorov et al. 2005.
53. Zebrowitz and Montepare 2005.
54. Ross 1988, 73. 本部分的讨论大部分基于 Zebrowitz and Montepare 2005, 73–89, 以及 Ross 2009b 中的内容。
55. Bondarenko and Korotayev 2000; Korotayev and Bondarenko 2000.
56. 能支持这些结论的国际关系研究，可参见 C. R. Ember, Ember 的脚注 2 和 3, 以及 Russett 1992; 也可见 Russett and Oneal 2001 的第 3 章。
57. C. R. Ember, Ember, and Russett 1992.
58. Rummel 2002b.
59. Scaglion 2009b.

重冲突的正式机构和部门，比如警察、地方检察官、法院和刑罚系统等。一般说来，所有这些机构都根据成文法律行事，成文法律就是一套规定准许什么和不准许什么的书面规则。个人违反了法律，国家就有权对其采取行动。在社会中，国家垄断了对武力的合法使用，因为只有国家才有权强制个体遵从规则、习俗、政令和履行法律程序。

很多社会并没有这种解决冲突的专业化部门和机构。然而，由于所有社会都有和平处理至少某些纠纷的常规方法，因此有些人类学家认为法律是具有普遍性的。比如，E. 亚当森·霍贝尔（E. Adamson Hoebel）这样论述法律的普遍性：

> 每个群体都有其社会控制系统。除少数最贫困的群体外，大多数群体的控制系统中，都有一套复杂的行为模式和制度机制，我们视其为法律也是合适的。因为，"从人类学角度来看，法律仅仅是文化的一个方面——这个方面运用组织起来的社会力量，调节个人和群体的行为，进行预防纠正，并惩处偏离既定社会规范的人"。[60]

无论是简单社会中的非正式法律，还是更复杂社会中的正式法律，都是和平解决冲突的一种方式。这并不意味着冲突总能和平解决，但也不意味着人们不能学会和平解决他们的冲突。一些社会很少有或没有暴力冲突，它们的经验可能可以学习；我们也有可能发现避免冲突导致暴力后果的方法。南非是如何相对和平地从欧洲人主导的社会转变为所有群体共享政府和公民权利的社会的？相比之下波斯尼亚和黑塞哥维那各族群之间有很严重的暴力冲突，需要外部各方进行干预才能让处于战争中的各方分开。[61]

避免冲突

如果纠纷的当事各方自愿避让，或在情绪稳定之前被分离开来，那么冲突经常是可以避免的。人类学家经常提及，觅食者尤其会使用这种技巧。人们可能会搬到其他游群，也可能把住所搬到营地的另一头。当冲突变得激烈时，游耕的园圃种植者也可能分开。在像游群这样的游牧或半游牧社会中，避让显然比较容易，因为人们的住所是临时的。当人们独立生活、自给自足（例如在城市和郊区的人）时，避让是可行的。[62] 但是，在更容易避免冲突的社会条件下，我们仍然需要研究为什么一些社会比其他社会更愿意使用避让而非对抗来解决冲突。

社群行动

社会和平解决冲突的方法多种多样。方法之一是群体或社群整体一起采取行动；在缺乏强大的专制领导者的较简单社会中，集体行动是普遍存在的。[63] 例如，许多因纽特人社会经常通过社群行动来解决争端。一个人如果不遵守禁忌或不遵从萨满的建议，就会被所在的群体驱逐。因为社群不能接受威胁其生计方式的风险。如果有人不愿同大家共享财物，其财产就会被没收并在社群中进行分配，而他们在这个过程中还可能被处死。社群对单个的谋杀案（通常是由诱拐妻子所引起的，或者是血亲复仇的一部分）并不给予关注，但对反复发生的谋杀是要过问的，博厄斯举了这样一个例子：

> 帕德利（Padli）当地有个叫帕德鲁（Padlu）的人，他诱骗坎伯兰湾（Cumberland Sound）一个人的妻子抛下丈夫跟他跑。被抛弃的丈夫策划进行报复……走访他在帕德利的朋友，但他还没实现计划就被帕德鲁杀了……被害者的一名兄弟前往帕德利为死者复仇，但他也被帕德鲁杀死。第三个坎伯兰湾人想为他的亲属报仇，但也被帕德鲁杀死。

考虑到帕德鲁的这些暴行，当地人想要除

调解在相对平等的社会中比较常见，这种手段也被运用在法院和其他正式审判程序解决小冲突的过程中。图为美国的一名教师正试图调解两个小男孩之间的纠纷（图片来源：Bill Aron/PhotoEdit Inc.）

掉他，但是他们却不敢对他发起进攻。阿库德米尔缪特（Akudmurmuit）的头人得知这些事件后，便向南行进，向帕德利的每个人询问该不该处死帕德鲁，人们一致表示同意。于是，这位头人就与帕德鲁一起去猎鹿……从背后射杀了他。[64]

处死一个人是一个社群所能采取的最极端的行为——我们称其为死刑。社群整体、政治官员或法庭都可能决定做出这样的惩罚，但死刑似乎存在于几乎所有社会中，无论社会的复杂程度如何。[65] 通常认为，死刑能阻止犯罪。如果真是这样的话，那么在废除死刑后，凶杀率应该会升高。但是情况似乎并非如此。一项跨国研究表明废除死刑后凶杀率还有可能降低。[66]

谈判和调解

在许多冲突中，当事各方可能通过**谈判**来解决纠纷。对于如何谈判并没有一定的规矩，只要能够恢复和平，任何解决方案都是"好的"。[67] 有时，外人或第三方会来帮助解决纠纷。外人试图帮助带来和解

时，我们称之为**调解**，但第三方没有正式权力去强迫和解。当社会相对平等，人们和平相处变得更重要时，人们就有可能使用谈判和调解这两种手段。[68]

东非的努尔人是游牧民和园圃种植者，社群内部的争端可以在被称为"豹皮酋长"的非正式调停人的帮助下解决。这个职位是世袭的，豹皮酋长需要对地区的福祉负责。像偷牛这样的事件很少引起豹皮酋长的关注。但如果发生了凶杀一类的事，杀人者就会立即跑到豹皮酋长家。酋长立刻割破杀人者的臂膀使血流出来，在臂膀被割破之前杀人者不能吃喝。如果杀人者害怕遭到被害者家属的报复，他就会待在豹皮酋长的家中，那里被视为避难所。然后，在接下来的几个月里，豹皮酋长会想办法在当事双方之间进行调解。酋长先劝说杀人者的亲属

60. Hoebel 1968/1954, 4，引用 S. P. Simpson and Field 1946, 858。
61. Fry and Björkqvist 1997.
62. D. Black 1993, 79 – 83.
63. Ross 1988.
64. Boas 1888, 668.
65. Otterbein 1986, 107.
66. Archer and Gartner 1984, 118 – 139.
67. Scaglion 2004b; D. Black 1993, 83 – 86.
68. Ibid.

赔偿，以免两边结成世仇，然后再劝说死者亲属接受赔偿，通常赔偿的是牛。接着，酋长把（四五十头）牛赶到一起，将牛带到死者家中，举行各种洁净和赎罪的仪式。[69] 酋长在整个过程中都充当调解人。他无权强迫任何一方来进行谈判，也无权强制执行解决方案。不过，争端的双方都希望避免结成世仇，这对酋长的调解而言是有利的。

仪式性和解——道歉

希望恢复和谐关系也可能是做出仪式性道歉的原因。道歉的基础是尊重——犯错的一方表达敬意并请求宽恕。这样的仪式常见于近现代的酋邦。[70] 例如，在南太平洋的斐济人中，一个人冒犯地位更高的人之后，被冒犯的人和其他村民就会避开这个冒犯者，并对其说长道短。冒犯者如果能敏感地觉察到村民们的意见，就会举行叫作 i soro 的道歉仪式。soro 的含义之一是"屈服"，在仪式上，冒犯者需要在中间人讲话时低着头并保持沉默，还要向被冒犯者赠送有象征意义的礼物，请求原谅。这样的道歉极少被人拒绝。[71]

发誓和神判

和平解决争端，还可以通过发誓和神判，这两种方法都诉诸超自然力量。**发誓**就是请求神灵为某人所说的话的真实性做证。**神判**就是让受指控者经受据信受超自然力量控制的危险或痛苦的检验，以确定其是有罪还是无辜。[72]

常见的一种神判是灼烫，世界各地几乎都有这类审判。在马达加斯加的塔纳拉人中，人们先仔细检查受指控者的双手，以防其戴有保护物，然后，受指控者必须把手伸进装满沸腾开水的大锅中，从锅底抓起石块。然后，受指控者把手伸进冷水中，手被包扎起来后，此人将在监视中度过一夜。第二天早上，人们打开绷带进行检查，如果手上有水疱，就说明这个人有罪。

西欧社会也曾实行发誓和神判。这两种方法在中世纪的欧洲都很常见。即使是在今天的美国社会，也能见到发誓的残余痕迹。我们会听到孩子们说"我发誓，否则不得好死"。法庭上的证人也要发誓不说假话。

为什么有些社会要使用发誓和神判呢？约翰·罗伯茨指出，使用发誓和神判的社会通常比较复杂，其政治官员没有足够的权力去做出和执行裁决，如果他们硬要这样做，就很容易受到责难。因此，官员们就使用发誓和神判的方法，让神明来决定相关人等是有罪还是无罪。[73] 相比之下，规模较小、较简单的社会可能不需要法院、发誓、神判这样复杂的定罪机制。在小规模的简单社会中，每个人都知道犯了什么罪以及罪犯可能是谁。

裁决、法院和成文法

第三方以审判者身份做出纠纷各方都必须接受的决定，我们称这个过程为**裁决**（adjudication）。做出裁决的可能是一个人（一名法官）、一组法官、一个陪审团，也可能是一个政治代理人或政治机构（酋长、王室成员、委员会）。法官和法院可能依据成文法进行处罚，但是成文法并不是做出裁决的必要条件。成文法和法院并不是西方社会才有。比如，从 17 世纪晚期到 20 世纪早期，西非的阿散蒂人就拥有具备复杂法律调解机制的复杂政治制度。阿散蒂人的国家是以军事力量为基础的帝国，它拥有与很多古代文明的法律相类似的法律条文。[74] 阿散蒂人的法律是以他们的一个自然法观念为基础的，根据这一观念，宇宙间存在一种秩序，立法者们做出的决定和立下的法规都应该符合宇宙秩序的规则。在阿散蒂人的法庭审理程序中，长者们不但会盘问纠纷的当事各方，也会对证人进行审问和反复盘问。阿散蒂人社会中还有半职业性的律师，人们对判决不服时，也可以直接向首领上诉。特别值得一提的是在评判罪行时，阿散蒂人会着重考虑犯罪意图。对于除谋杀和咒骂首领之外的一切罪行，醉酒都能构成有效的抗辩，如果能证明当事人精神错乱，就能以此为理由对任何罪行进行有效的抗辩。阿散蒂人的处罚可以是很严厉的。他们经常采用摧残肢体的刑罚，比如割鼻子或割耳朵，甚至阉割性犯罪者。然而，更常见的处罚方式还是罚款，死刑也常常可以减轻为放逐和没收财产。

为什么有的社会有成文法而有的社会却没有呢？E. 亚当森·霍贝尔、A. R. 拉德克利夫-布朗和其他一些学者提出的一种解释是，规模小而结合紧密的社会不大需要正式的法律准则，因为利益冲突的情况极少。也就是说，简单社会不怎么需要成文法。与复杂社会相比，值得争吵的事情并不多，群体的共同意志均为人们熟知并经常得到表现，这一切就足以对违法的人起到威慑作用了。

理查德·施瓦茨（Richard Schwartz）对两个以色列居民点的研究呼应了上述观点。在一个基布兹中，一名年轻人因为接受了一个别人送他的电水壶而引起了公愤。人们普遍认为他违背了不能拥有个人财产的原则，并将这个意见告诉了他。于是，年轻人就把电水壶送给了集体医务室。施瓦茨对此评论道："这一决定并不是在有组织的威胁下做出的，但如果他不理睬社群对其表达的意愿，那么在充满敌意的环境里，他的日子会很不好过。"[75]

在这个社群中，人们同吃同劳动，不仅每个人都知道发生了哪些违法事件，而且做错事的人都逃避不了公众的指责。因此，舆论就是一种有效的制裁。然而，在另一个以色列社群中，人们生活在相当分散的房舍之中，劳动和吃饭都是分开的，舆论在那里就不太起作用。社群成员不仅不太了解出现了什么问题，而且也没法很快让别人知道他们的看法。因此，那个社群设立了一个司法机关来处理纠纷案件。

在规模大、成分复杂的分层社会中，纷争可能更为频繁，也更不为公众所知。分层社会中个体的福祉通常并不取决于社群成员，因此，个体对其他人的意见了解较少，可能也并不关心。在这样的社会中，解决纠纷的成文法和正式权威得到发展，这也许是为了使纷争能以尽量不涉及个人感情的方式得到解决，从而使当事各方接受判决，社会秩序得到恢复。

美国西部淘金热时期城镇的经验是一个好例证，足以说明更为正式的法律制度是怎样产生的。这些城镇中涌进了大量完全陌生的人。当地居民对这些外来者施加不了任何控制（权威），因为外来者在当地没有任何纽带，因此，当地居民需要想办法处理不断爆发的纠纷案件。他们先尝试雇了一些带枪的人（他们也是陌生人），让他们维护治安。但这种策略基本失败了。最终，这些城镇说服联邦政府委派了有联邦权力支持的警察局长，才解决了问题。

只有在规模较大、较为复杂的社会中，成文法才必不可少，这样的说法有证据支持吗？世界范围内大量社会的抽样数据表明，成文法与地区层次以上的政治整合相关。比如，在只有地方性政治组织的社会中，人们用非正式的方式处理凶杀案件。在包含多地区政治单元的社会中，凶杀案件一般由专业化的政治机构裁决或判决。[76] 还有一些跨文化证据表明，存在有权惩处杀人者的正式机构（酋长、法庭）的社会，其内部的暴力事件往往不太频繁。[77] 一般来说，通过

69. Evans-Pritchard 1940, 291. 关于努尔人的讨论基于这一著作。
70. Hickson 1986.
71. Ibid.; and Koch et al. 1977, 279.
72. J. M. Roberts 1967, 169.
73. Ibid., 192.
74. Hoebel 1968/1954, Chapter 9.
75. Schwartz 1954, 475.
76. Textor 1967.
77. Masumura 1977, 388 – 399.

性别新视角

巴布亚新几内亚的新法院允许女性解决纠纷

在新几内亚的大多数社会中，女性传统上没有参与解决纠纷的权利。她们也不能控告男性。但是，引入乡村法院后，女性开始走进法庭，为自己所受的侵害索赔。

在殖民时代，当地引入的西式法院遵循西方法律，主要是澳大利亚和英国的普通法，而不遵循当地土著的习惯法。巴布亚新几内亚成为一个独立国家后，这些法院仍然存在。最低层级的地方法院位于镇中心，通常远离村庄，因此村民很少打官司。但是，1973 年，人们创设了一种新型法院——乡村法院。设立乡村法院主要是为了解决当地乡村中的纠纷，它结合了习惯法（依靠妥协）和西方法律。同地方法院相比，乡村法院中的法官不是外人，而是从传统的当地领导者中选出的，他们了解当地人。

理查德·斯格里昂研究了阿贝拉姆人乡村法院从 1977 年到 1987 年的变化，他注意到一个变化：女性越来越多地来到乡村法院。1977 年，大多数原告是男性，但是到 1987 年时，大多数原告是女性。斯格里昂和罗丝·惠廷厄姆（Rose Whittingham）进一步研究了巴布亚新几内亚许多地区的法律案件，发现女性是原告的大多数的案件，都是试图纠正与性有关的男性犯罪（性猜忌、强奸、乱伦和家庭纠纷）。在巴布亚新几内亚的乡村中，大多数纠纷是通过自助或诉诸"大男人"而通过非正式途径解决的；去法院起诉是最后的手段。与性相关的严重案件不太可能通过非正式途径解决，而是需要到乡村法院解决。看起来，女性不相信非正式途径的解决方案能让她们满意。因此，她们去往乡村法院，在乡村法院 60% 的案件中她们能够获胜，使被告受到惩罚，这和男性作为原告时的胜诉率基本持平。

从外部引入的文化变迁往往对本地居民不利。但是，巴布亚新几内亚的女性从新型的乡村法院体系中获得了好处，尤其是在纠正男性带来的不公平方面。解决纠纷的传统体系很大程度上由男性主导（女性不能是原告），把纠纷带到新法院的可能性让女性获得了一些与男性在法律上平等的手段。

（资料来源：Scaglion 1990; Scaglion and Whittingham 1985.）

外部权威机构裁定或执行决策的情况，倾向于出现在有社会阶级和中央集权的分层社会中。[78]

冲突的暴力解决

在无法通过常规途径有效解决冲突时，人们常常诉诸暴力。个体间不合法的暴力通常被称为**犯罪**。在不同的社会中，人们眼中的合法行为可能会有很大的不同。就如我们在"全球问题"一章中要讨论的那样，研究犯罪问题的人主要关注袭击和故意杀人之类可观察的行为。当暴力发生在社群、区域、国家等地区性实体之间时，我们称之为**战争**。不同社会中战争的范围和复杂性可能不同。有时，人们会在仇斗、突袭和大规模对抗之间做出区分。[79]

一些学者对暴力的文化模式进行了讨论。通常，存在某种类型暴力的社会还会有其他类型的暴力。发生战争更多的社会，往往也会有对抗性强的运动、恶毒的巫术、对罪犯的严厉惩罚、高凶杀率、仇斗及家庭暴力。[80]

一些社会要更和平一些。这些社会中并非没有冲突，但人们会尝试用非暴力方式去解决冲突。就像塞迈人那样，他们通过不给孩子树立好斗的榜样来遏制攻击性。如何解释这些更和平的文化模式呢？跨文化证据表明，频繁的战争是理解各种各样暴力的关键。战争不但与其他类型的攻击性具有相关性，而且，迫于更强大社会的压力而停止战斗的社会，似乎较少鼓励孩子发展攻击性。这样看来，如果战争频繁，社会就会鼓励男孩子更有攻击性，这样他们长大后就会成为勇猛的战士。而攻击性的社会化也可能影响生活的其他领域；鼓励发展攻击性，可能会无意中导致高犯罪率和其他暴力频发。[81] 在经常发生战争的社会中，战士的地位很高。战士们通常会为自己勇猛的成就而骄傲。[82]

个人暴力

虽然看起来有些矛盾，但暴力行为本身常常被用于控制行为。在一些社会中，人们认为父母有必要在孩子行为不端时打孩子。他们不认为这是犯罪行为或虐待儿童，而认为这是惩罚（参阅"全球问题"一章里关于家庭暴力的讨论）。相似的观点可以联系到成年人之间的交往行为。如果一个人侵犯了你的财产或者伤害了你的家人，一些社会认为，把侵犯者杀死或致残是适当的或合理的。那么，这是社会控制还是社会失控呢？

个人自助系统是平等社会的特征。[83] 这与我们在讨论和平解决冲突时提到的"社群行动"如何区分？社群行动以明确达成的共识为基础，因此有可能结束纷争。而个人行动或自助，尤其是在涉及暴力的时候，就不太可能促成纷争结束。

仇斗

仇斗是个人自助可能无法和平解决冲突的例子。仇斗是家庭或亲属群体之间反复出现的敌对状态，其动机通常是对涉及群体成员的冒犯（侮辱、伤害、剥夺或致死）进行报复。仇斗的最大特点，是亲属群体的全体成员都负有复仇的责任。杀死冒犯者所在群体的任何成员，都被看成正当的复仇行动，因为整个亲属群体都被认为对冒犯负有责任。尼古拉斯·古布泽（Nicholas Gubser）提到，在一个努纳缪特（Nunamiut）因纽特人社群中，一名丈夫杀死妻子的情人，引发了延续几十年的仇斗。

像其他很多社会一样，努纳缪特社会严肃对待仇斗，在出现杀人事件时尤其如此。与被杀者关系近的亲属会尽可能招募更多的亲属，试图杀死凶手或其近亲属。于是，杀人者的亲属被卷入了仇斗。这两个亲属群体可能会在多年里持续相互攻击。[84]

仇斗不限于小规模的社会，它们频繁出现于有高水平政治组织的社会中。[85]

袭击

袭击是为实现有限目标而有计划组织的短期武力行动。袭击的目的通常是获得属于另一个社群（通常是邻近社群）的物品、牲畜或其他形式的财富。

袭击在游牧社会特别盛行，游牧社会看重牛、马、骆驼等牲畜，而且个人可以通过偷窃来扩大自己的畜群。袭击通常由临时性的领导者或协调者组织，他们的权威在计划和执行袭击行动后就不复存在了。组织袭击的目的也可能是抓人，比如常见的抢女人来做妻子或小妾，或把人抢来当奴隶。[86] 世界上已知的社会中，有33%实行奴隶制，战争是获取奴隶的一种方式，抢来的奴隶要么被留下来，要么被卖掉换取其他物品。[87] 袭击和仇斗一样，往往能自我持续：今天袭击的受害者可能成为明天的劫掠者。[88]

大规模对抗

单次的仇斗和袭击涉及的人通常比较少，而且一般都有突然的成分。因为通常是在毫无预警的情

78. Scaglion 2009b; Black 1993; Newman 1983, 131.
79. Otterbein and Otterbein 1965 和 Fry 2006, 88 并不认为仇斗属于战争。
80. 对证据的概述，可参见 C. R. Ember and Ember 1994；也可参见 Fry 2006。
81. C. R. Ember and Ember 1994.
82. Chacon and Mendoza 2007.
83. Newman 1983, 131; Ericksen and Horton 1992.
84. Gubser 1965, 151.
85. Otterbein and Otterbein 1965, 1476.
86. D. R. White 1988.
87. Patterson 1982, 345 – 352.
88. Gat 1999, 373，转引自 Wadley 2003。

况下受到攻击，受害者常常无法召集人员进行及时防御。相比之下，大规模对抗涉及的人数更多，而且是在交战双方都有攻守战略计划的情况下进行。大规模对抗通常发生在从事集约农业或工业的社会之间。只有这些社会才拥有足够先进的技术，以支撑专业化军队、军事领袖、战略家等。但是，大规模对抗不限于国家社会；比如，新几内亚中部的杜干达尼（Dugum Dani）园圃种植社会中也发生过大规模对抗。

达尼人的军事史让人联想起欧洲，达尼人的同盟也很多变，只不过他们投入战斗的战士较少，武器也不那么复杂精良。一方向另一方提出挑战，宣告战争正式开始，这是达尼人旷日持久的仪式性战争的特点。如果对方接受了挑战，双方就在约定的战场摆开阵势。他们用矛、棍棒和弓箭进行战斗，从上午10点左右开始一直持续到黄昏，或直到因下雨被打断为止。在中午炎热的时候也可能会稍事休整，交战双方在这段时间内要么相互辱骂，要么各自休息交谈。

在战斗第一线的是十几名敏捷的战士和少数领导者，他们后面是第二线，这是由刚刚退离第一线或正准备加入第一线的人组成，第二线仍处在弓箭的射程之内。弓箭射程之外的是第三线，由非战斗人员组成，非战斗人员包括因年龄太老或太小而无法参加战斗的男性和退下来的伤员。第三线只是观看在长满野草的平地上展开的战斗。在远离第一线的山坡上，一些老年男子在地上凿出指向战场方向的线，目的是把祖先的魂灵引入战斗。[89]

然而，虽然大规模对抗的总体性很强，但这样的战争也受文化规则的约束。比如，达尼人的战斗从不在晚上进行，武器也只限于矛和弓箭。同样，在国家社会中，各国政府也会签订"克己"的条约，对使用毒气、进行细菌战等等做出限制。非官方的私下协定很普遍。我们只要翻阅两次世界大战期间国家领导人的回忆录，就可以看到关于局部停战、双方互相到阵地访问、交换战俘等等的描写。

对战争的解释

人类学家记录的大部分社会都发生过社群之间或更大的地域群体之间的战争。一项近期的跨文化

大规模对抗通常发生在有军队的社会之间，但无国家社会也可能发生大规模对抗。在2008年有争议的选举之后，肯尼亚的马赛人（图中）与卡伦津人（Kalenjin，不在图中）为土地纠纷而对抗（图片来源：© Yasuyoshi Chiba/AFP/Getty Images, Inc.）

研究表明，研究涉及的绝大多数社会在最初得到描述的那个时候，都至少存在偶发的战争，除非它们被更具支配性的社会平定或整合。[90] 然而，对于战争的可能原因，以及造成战争类型和频率差异的原因，研究还比较少。例如，为什么有的族群常常打仗，而有些族群只是偶尔才打仗呢？为什么有些社会的战争爆发在内部，即只是在社会或语言群体的内部呢？

在跨文化研究的基础上，一些问题已经有了答案。有证据表明，前工业化社会的人们进行战争的主要原因是恐惧，特别是对可能摧毁食物资源的可预料但不可预测的自然灾害（如干旱、洪水、蝗灾）的恐惧。人们可能认为，提前打败敌人就能使自己免遭此类灾难。无论如何，发生战争频率更高的前工业化社会更有可能曾遭遇不可预知的灾难。长期（每年都发生但可以预测）的食物短缺这个因素并不能预测更高的战争频率，这说明人们试图通过战争来减缓未来可能发生但不可预测的灾难的影响。与这一初步结论相符的事实，是战争中的胜利者总会从失败者手中夺过土地或其他资源。这样的结论对于较简单和较复杂的前工业化社会同样适用。[91] 在现代世界中，是否有类似的动机影响着关于战争与和平的决策？

我们知道，复杂的或政治权力集中的社会，更有可能拥有职业化的军队、军事权威等级制和先进的武器。[92] 但出人意料的是，复杂社会的战争频率似乎并不比简单的游群社会或部落社会高。[93] 一些证据表明，如果社会规模小（2.1万人或更少一些），就不大可能发生（社会或区域）内部的战争；在规模更大的社会中，社会内部、社群之间或更大的领土区划之间爆发战争的可能性也更大。[94] 事实上，即使在政治上统一的复杂社会中，发生内部战争的可能性也不比简单社会小。[95]

89. Heider 1970, 105 – 11; Heider 1979, 88 – 99.
90. M. Ember and Ember 1992, 188 – 189.
91. C. R. Ember and Ember 1992; M. Ember 1982. 关于达尼人战争可能主要由经济考虑驱动的讨论，参见 Shankman 1991。B. W. Kang（2000, 878 – 879）发现在朝鲜历史上，环境压力和战争频率之间有很强的相关性。
92. Otterbein 1970.
93. C. R. Ember and Ember 1992；也可参见 Otterbein 1970 and Loftin 1971。
94. C. R. Ember 1974.
95. Otterbein 1968, 283; Ross 1985.

在游群和部落社会中，参战的基本是男性而非女性，这个观点能给我们什么启发？[96] 如果这个观点成立，那么频繁发生战争的游群和部落社会应该会缺少女性，而那些很少或根本没有战争——10 年中最多发生一次战争或不发生战争——的游群和部落社会，男女的数量应该更接近。但是，跨文化证据显然不支持这一理论。在有更多战争的游群和部落社会中，女性并不会更少。[97]

我们对近代民族国家之间的战争有什么了解呢？尽管许多人认为，军事同盟会减少战争爆发的可能性，但事实证明，与别国结成正式联盟的国家，参加战争的频率并不比没有正式联盟的国家低。当然，结成同盟的国家彼此间不太可能开战；然而，同盟可能将依赖同盟的盟友拖入其不想参加的战争中。[98] 经济上相互依赖而必须进行贸易的国家，比较不可能对彼此开战。[99] 最后，国家之间的军事平等，特别是快速扩军后形成的军事平等，似乎增加而非减少了这些国家间开战的可能性。[100]

显然，这些发现否定了一些关于如何避免战争的传统信念。扩军并不能减少发生战争的可能性，但贸易可以。还有哪些因素可能起作用？前文提到，与采用威权政治体制的国家相比，采用参与式（"民主"）政治体制的国家之间发生战争的可能性比较小。稍后，我们将在"全球问题"一章中，讨论跨文化和跨国研究的结果能如何转化为尽可能降低战争风险的政策。尽管战争可能在世界上很常见，但战争不是不可避免的。社会是随着时间而变化的。维京人非常尚武，但今天的挪威是一个和平的国家。对波利尼西亚社会的比较研究表明，虽然这些社会有共同的文化遗产，但人们所定居岛屿的大小对人际暴力和战争模式有很大的影响。最小的岛屿暴力程度最低，战争也最少。在人们能够"面对面"的小规模社会里，似乎合作与和谐比暴力更有可能存在。[101]

政治和社会变迁

除了西方国家及其他国家带来的商品化和宗教变化，强加外来的政府制度也经常带来政治变迁。但是，正如发生在苏联和南非的事件表明的，政治体制的戏剧性变化也可能有一定的自愿成分。或许近年来政治体制最引人注目的变化就是参与式政府形式——"民主"——的扩散。

政治科学家通常将民主定义为有相当比例的公民投票，通过有竞争的定期选举产生政府，首脑通过普选产生或对选举产生的立法机关负责，通常还有诸如言论自由之类的公民自由。根据不同的标准，在 20 世纪初，只有 12 到 15 个国家算得上民主国家。民主国家的数量在第一次世界大战后下降了，因为在意大利、德国等地出现了取代当地民主机构的独裁政权。第二次世界大战之后，虽然围绕联合国成立有许多溢美之词，但民主国家减少的局面同之前没有太大的区别。新成立的北大西洋公约组织里，有一些成员并不是民主国家，西方同盟体系中的许多拉丁美洲、中东和亚洲国家也不是。

20 世纪 70 年代和 80 年代，不仅仅是政治科学家，还有许多人开始注意到，民主在世界范围内变得越来越普遍。20 世纪 90 年代早期，美国总统乔治·H. W. 布什和当时还是候选人的比尔·克林顿谈到了"民主和平"的传播。到 1992 年，世界上大约一半的国家有了一定程度上民主的政府，其他一些国家也在向民主过渡。[102] 社会科学家仍然没有理解为什么会发生这种变化，但这可能与全球性交流有很大的关系。当然，思想的传播不足以解释为什么这些思想会被人接受。我们既需要解释为什么民主扩散到了更多的国家，也需要解释为什么有些国家对此不感兴趣。

小结

1. 所有的社会都有一些为地域群体组织起来的习俗或规程，其目的是制定决策和解决冲突。确立并维护社会秩序、处理社会失序的方式，在不同的社会中各有差异。

2. 具有游群这个类型的政治组织的社会，通常由小规模的群体组成。各个游群在政治上自治，游群是作为政治单元发挥作用的最大群体。游群内部的权威通常是非正式的。具有游群组织的社会通常是平等的狩猎采集社会。但在遥远的过去，游群组织未必是觅食社会中典型的组织形式。

3. 具有部落组织的社会与具有游群组织的社会一样，比较平等。但不同于游群社会，具有部落组织的社会通常是食物生产者，人口密度和定居程度都比较高。部落组织可根据群组来定义，比如氏族和年龄组，这些群组可以将一个以上的当地群体整合到更大的群体中。

4. 在部落社会中，领导者的个人品质似乎与美国领导者的品质相近，但二者有一个最大的不同：美国的领导者通常要比社会中的其他人更富有。

5. 酋邦组织区别于部落组织的地方在于它有正式的权力结构，可以整合多社群的政治单元。较之于那些具有部落组织的社会，酋邦社会的人口密度更高，社群也更具有永久性。部落社会的"大男人"往往依靠个人品质获得特权，而酋邦社会的酋长通常可以永久占据这个位置。大部分酋邦社会都有社会等级。

6. 国家是由很多社群组成的政治单元，有中央集权的政府，可以制定和执行法律、收税并征兵。在国家社会中，政府试图维持对武力使用的垄断权。此外，国家通常有阶级分层、集约型农业（高生产力可能是城市出现的条件）、商品交易、经济和其他领域的高度专业化、大量的对外贸易。国家的统治者并不能永远依靠武力或威胁使用武力来维持权力，人民必须相信统治者具有合法性，或是有权利施行统治。

7. 在人类学家研究的社会中，政治参与的程度有很大差别，在现代民族国家中也是如此。在小规模社会中，政治参与程度似乎比较高，现代民主国家也是如此；但介于这两种社会之间的社会，比如封建国家和前工业帝国，政治参与的程度就比较低了。

8. 很多社会并没有解决冲突的专业化部门和机构。不过，所有社会都有和平处理至少某些纠纷的常规方法。避让、社群行动、谈判和调解在简单社会中更为普遍。在酋邦社会，人们经常采用仪式性道歉的手段。发誓和神判的手段往往出现在政治官员没有足够的权力去做出和执行裁决的复杂社会中。裁决更可能出现在更为复杂的分层社会中。从最简单的社会到最复杂的社会，几乎所有社会中都有死刑。

9. 在无法通过常规途径有效解决冲突时，人们常常诉诸暴力。暴力可以发生在个体之间、社群内部和社群之间。发生在社群、区域、国家等政治实体之间的暴力通常被称为战争。不同社会中战争的范围和复杂性可能不同。发生战争频率更高的前工业化社会更有可能曾遭遇不可预知的灾难，这些灾难破坏了食物供应。存在某种类型暴力的社会还会有其他类型的暴力。

10. 近年来一种引人注目的政治变迁是参与式政府形式——"民主"——的扩散。

---

96. Divale and Harris 1976, 521–538；也可参见 Gibbons 1993。
97. C. R. Ember and Ember 1992, 251–252.
98. Singer 1980.
99. Russett and Oneal 2001, 89.
100. Ibid., 145–148.
101. Younger 2008.
102. Russett 1993, 10–11, 14, 138.

第二十五章

宗教与巫术

据我们所知，所有社会中都有能归入"宗教"这个术语之下的信念。在不同的时代和不同的文化中，这样的信念是不同的。然而，尽管有种种差异，我们还是可以将宗教定义为与**超自然力量**相关的一套态度、信念和实践，无论涉及的超自然力量是神、灵、鬼还是恶魔。

在美国社会中，人们将现象划分为自然现象和超自然现象，但并非所有语言或文化都会做出如此明晰的区分。此外，对于何为"超自然"，即被人们认为既不属于人类又不遵循自然法则的力量，不同社会有不同的标准。有些差异源自某个社会中什么被视为自然。例如，美国人认为社会中的一些常见病是细菌及病毒自然作用的结果。但在其他一些社会中，甚至在美国社会中的一部分人那里，疾病被认为是超自然力作用的结果，这种信念也成为其宗教信仰的一部分。

同一社会内部，在不同群体中或不同的时间段内，人们对什么属于超自然现象的看法也有所不同。比如，在犹太-基督教传统里，洪水、地震、火山喷发、彗星及传染病都一度被认为是超自然力干预人类事务的例证。现在人们则普遍认为这些是纯粹的自然现象——即便仍有许多人认为有超自然力牵涉其中。因此，在一个社会当中，自然与超自然之间的界限，似乎会随着人们对可见世界内事物和事件发生原因的观念的变化而变化。同样，在一个社会当中被当作神圣的事物在另一个社会中未必如此。

在许多文化中，在我们看来属于宗教的因素也植根于日常生活的其他方面。也就是说，往往很难将宗教、经济、政治等与文化的其他方面区分开来。在这样的文化中，专业化程度极低或几乎没有；其中不存在全职的神职人员，也没有纯粹的宗教活动。因此，在许多社会中，我们所区分的文化的各个方面（例如本书中的各章标题）并不像在美国这样的复杂社会中一样易于区别和辨认。然而，有时候就连美国人自己也很难确定某个习俗是否属于宗教。毕竟，将信念划分为宗教信念、政治信念或社会信念，是相对晚近的做法。例如，古希腊人就没有表示"宗教"这个意思的词，但他们有许多关于他们神灵的行为以及他们对神灵的责任的观念。

当人们将对神灵的义务与他们对王公贵族的义务联系在一起时，我们就很难区分开宗教观念和政治观念了。在美国社会中，也有很难判断某类行为是宗教行为还是社会行为的情况，人们对穿衣的态度就是一个例子。人们认为，至少在不是伴侣的人面前，有必要穿着衣服，这属于宗教观念吗？在《圣经·创世记》中，穿上衣物或以无花果树的叶子蔽体，是直接与失去纯真联系在一起的：亚当和夏娃偷食禁果后，便遮蔽了自己裸露的身体。因此，当基督教的传教士在19世纪第一次造访太平洋上的岛屿时，他们强制要求当地的女性穿上更多的衣物，尤其要遮蔽她们的性器官。这些传教士关于性的观念属于宗教观念还是社会观念，抑或两者兼而有之？

宗教的普遍性

宗教信仰及宗教实践存在于当今已知的所有社会中，考古学家认为他们发现了生活在 6 万年以前的智人有宗教信仰的迹象。那时的人慎重地埋葬死者，许多墓葬中有食物、工具及其他可能被认为在死后生活中有用的物品的遗存。生活在大约 3 万年前的现代人类制作的艺术品，有一部分也许被用于宗教目的。例如，第二性征极为突出的女性雕塑也许是求生育的物件。洞穴壁画以关于猎物的图像为主，这也许反映出当时的人认为图像具有影响事件的威力。也许早期的人类相信，如果他们描绘出成功捕猎的场景，狩猎成功的可能性会更大。遥远过去的宗教实践细节已无法还原。然而，与围绕死者的仪式有关的证据表明，早期人类相信超自然灵魂的存在，试图与灵魂进行交流，也许还希望影响它们。

我们有理由相信史前宗教的存在，也有各个历史时期普遍存在宗教的证据，因此我们就不难理解为何宗教这一主题始终被置于思索、研究及理论化的中心。早在公元前 5 世纪，希罗多德就对从家乡希腊出发经过的 50 余个社会中的宗教进行了相当客观的比较。他注意到这些社会所信仰的神灵有许多相似之处，也指出了宗教崇拜传播的证据。希罗多德时代之后的大约 2 500 年间，学者、神学家、历史学家及哲学家都对宗教进行过探索。有的人宣扬自己信仰之宗教的优越性，有的嘲笑其他信仰的幼稚无知，还有一些人则表达了对所有信仰的怀疑。

妄断哪种宗教更为优越并不是人类学关心的问题。人类学家关注的是为什么所有的社会都有宗教，以及不同社会中的宗教有何不同、为何不同。许多社会科学家（尤其是人类学家、社会学家、心理学家）提出过试图解释宗教普遍性的理论。大部分社会科学家认为宗教是人类创造的，是对普遍存在的某些需求或状况的回应。在此，我们主要考虑 4 种需求或状况：（1）理智上理解的需要，（2）向童年感受的回归，（3）焦虑与不确定性，（4）对群体的需要。

理解的需要

爱德华·泰勒是最早提出关于宗教起源的主要理论的社会科学家之一。在泰勒看来，宗教起源于人们对梦、出神及死亡等情境的思索。死者、远方的亲人、邻居及动物——这一切在梦境和出神状态中都显得如此真实。泰勒认为这些栩栩如生的想象中的人和动物，表明所有事物的存在都具有双重性——有形、可见的肉体和精神、隐逸的灵魂。在睡梦中，灵魂能够离开躯体呈现在其他人面前;死亡，则是灵魂永远地离开了这具躯壳。因为逝者出现在梦境之中，所以人们开始相信逝者的灵魂依然存在。

泰勒认为对灵魂的信仰是最早的宗教形式，他使用**泛灵论**（animism）这一术语来指代对灵魂的信仰。[1] 但许多学者批评泰勒的理论，认为其局限于理智，而没有论及宗教的情感成分。泰勒的弟子之一 R. R. 马雷特（R. R. Marett）认为泰勒所说的泛灵论观念过于复杂，不可能是宗教的起源。马雷特认为**物活论**（animatism）——对非人格化的超自然力量（例如兔足的力量）的信仰——要先于灵魂观念。[2] 还有一种类似的观念认为当人们信仰神灵时，他们是在将神灵拟人化——将人类的特点及动机赋予非人类，尤其是超自然的事件。[3] 拟人化也许是为了理解一些难以理解、让人不安的事。

向童年感受的回归

西格蒙德·弗洛伊德认为，早期的人类成群居住，每个人类群体都由一个专横的男性领导，他将

---

1. Tylor 1979.
2. Marett 1909.
3. Guthrie 1993.

群体内的所有女性据为己有。[4]弗洛伊德假设，这个群体内所有的儿子在成熟之后都会被逐出群体。然后，他们聚集在一起杀害并吃掉了他们所憎恨的父亲。但儿子们随即感到无比内疚及懊悔，于是他们通过禁止杀害一种图腾动物（父亲的代替品）来表达（投射）自身的感情。其后，在仪式场合中，自相残杀的情景通过图腾宴的形式重现。弗洛伊德认为这样的早期经验最终转化为崇拜以父亲为原型的神明或神灵。

今天的大多数社会科学家都不接受弗洛伊德关于宗教起源的阐释。但他关于幼儿时期会对成年之后生活中的信仰及实践产生持续而强烈的影响的观念则被广泛接受。在无助地依靠父母多年之后，婴幼儿不可避免地在无意识中将父母视为全知全能。当成年人感到失去控制或需要帮助时，他们也许会无意识地回归孩提时期的感受。他们也许会请求神灵或诉诸巫术来为他们完成自己无法完成的事情，就像他们期望父母来满足自己的需要一样。正如我们将看到的，有证据表明，对超自然世界的感受类似于我们对日常生活的感受。

焦虑与不确定性

弗洛伊德认为人们在不确定的时期会转向宗教，但他对宗教的看法并不积极，他相信人类终有一日会成熟到不再需要宗教。其他一些学者对宗教的看法则较为积极。马林诺夫斯基指出，所有社会中的人们都面临着焦虑和不确定性。他们也许拥有满足自身需求的各种技能与知识，但知识不足以防止疾病、意外及自然灾害。最为可怕的景象便是死亡本身。因此，人们产生了对永生的强烈渴望。正如马林诺夫斯基所见，宗教产生于在不可避免的压力时期寻求慰藉的普遍需求。通过宗教，人们确信死亡既非真实，也非终结，人被赋予了在死亡之后仍然存在的人格。在宗教庆典中，人们可以纪念逝者并与逝者进行沟通，同时通过这些方式获得某种程度的安慰。[5]

威廉·詹姆斯（William James）、卡尔·荣格（Carl Jung）、埃里希·弗洛姆（Erich Fromm）、亚伯拉罕·马斯洛（Abraham Maslow）等理论家对宗教的看法更为积极。他们认为，宗教不仅是缓解焦虑的途径，还具有疗愈功能。詹姆斯认为宗教为人类提供了与比自身更广阔的事物相联结的感受，[6]荣格认为宗教有助于人们解决内心的矛盾并逐渐达到成熟。[7]弗洛姆主张宗教为人们提供了价值框架，[8]马斯洛则声称宗教提供了对这个世界的超越性理解。[9]

宗教可以在人承受更大压力的时期释放焦虑，一项针对渔民的比较研究支持了这一观点。约翰·博杰（John Poggie）和理查德·波尔纳克（Richard Pollnac）访谈了新英格兰港口的商业渔民，了解他们的仪式信仰和实践。他们最常提到的禁忌是"别把舱口盖反过来盖着""别在船上吹口哨""别在甲板上说'猪'这个词"。当渔民被问及这些禁忌的内涵时，他们会谈论个人的安全和阻止坏运气的经历。那些一次打鱼只在外待一天，只在海岸线附近捕鱼，或是只在岸边收集甲壳类动物的渔民，则很少提及禁忌，这与他们较少面临大浪、风暴、船坏了无法修复等风险的事实一致。[10]

对群体的需要

上述关于宗教的理论都认为，无论信仰或仪式如何，宗教能满足所有人的共同心理需求。但是，一些社会科学家认为，宗教源于社会并更多地服务于社会而非心理层面的需要。法国社会学家埃米尔·涂尔干指出，人们生活在社会中，会感到被强大的力量推拉着。这些力量左右着他们的行为，推动他们去抵制被认为是错误的行为，拉着他们做出正确的行为。这些就是舆论、习俗、法律的力量。因为它们多是无声无形并且无法言喻的，人们会感

波涛汹涌的大海上，渔民在渔船的甲板上工作。捕鱼过程越危险，渔民的禁忌就越多（图片来源：Tom Stewart/CORBIS- NY）

觉它们像是神秘的力量，因而开始信仰神和灵。涂尔干认为，宗教兴起于在社会群体中生活的经验，宗教的信仰及实践确认了一个人在社会中的位置，增强了团结的感觉，也给人自信。他提出，社会是宗教崇拜的实际对象。

早期的宗教理论家们常常讨论涂尔干如何解释图腾制度。涂尔干认为，在蜥蜴、老鼠或青蛙（部分澳大利亚土著群体的图腾动物）本身固有的属性当中，并没有什么神圣之处。因而，这些图腾动物只是一个象征。所象征的是什么呢？涂尔干提出，在由氏族组成的社会当中，每个氏族都有自己的图腾动物，各个氏族的图腾各不相同。因此，图腾是氏族宗教仪式的焦点，它既象征着氏族又象征着氏族的精神。仪式要彰显的是氏族。[11]

盖伊·斯旺森（Guy Swanson）接受涂尔干的观点，认为社会的某些方面或环境催生了我们称之为宗教的回应方式，但他认为，涂尔干没有说清楚社会中究竟是什么催生了对神灵的信仰。究竟是什么呢？斯旺森提出，对神灵的信仰源自社会中主权集团的存在。这些集团——家庭、氏族、村庄、国

家——对生活的某些领域拥有独立的管辖权（决策权）。这些集团是不会消亡的，它们在个体成员生命终结之后会继续存在下去。因此斯旺森认为，人们发明的神灵实际上是社会中这些强大的决策集团的化身。就像社会中的主权集团那样，神灵是永生的，其目的和目标取代了个体的目的和目标。[12]

宗教信仰的差异

对于人们为何需要宗教，或灵魂、神明及其他超自然的存在是如何出现的，学者们似乎一直未能达成共识。（我们讨论过的所有需要中的任何一种，无论是心理的还是社会的，都有可能促成宗教的信

4. Freud 1967/1939; Badcock 1988, 126 - 127, 133 - 136.
5. Malinowski 1939, 959; Malinowski 1954, 50 - 51.
6. W. James 1902.
7. Jung 1938.
8. Fromm 1950.
9. Maslow 1964.
10. Poggie et al. 1976; Poggie and Pollnac 1988.
11. Durkheim 1961/1912.
12. Swanson 1969, 1 - 31.

仰及实践。）不过，学者们都认同在宗教信仰和习俗方面存在着诸多差异。不同社会中人们信仰的超自然存在或超自然力量的种类不同，特点也不同。对于超自然存在的结构、等级，它们的所作所为，以及人们死后会发生什么，不同社会有不同的看法。人们所相信的超自然存在与人类之间的互动方式也因社会而异。

超自然力量与超自然存在的种类

超自然力量

一些超自然力量并不具备类似于人类的特性。前文提过，马雷特称这样的宗教信仰为"物活论"。例如，一种被称为马纳（这是马来-波利尼西亚语名称）的超自然非人格力量，据信会附着于特定的人或物，而不附着在另一些人或物上。波利尼西亚的农民在田地周围放置石头，如果作物丰收了，那么他就认为这些石头具有马纳。第二年，这些石头也许会失去马纳，作物收成也就不好了。人也可能拥有马纳，据说波利尼西亚的酋长就是如此。然而，人不会永久拥有这样的力量；在战争或其他活动中失利的酋长就被认为失去了马纳。

"马纳"是马来-波利尼西亚语词，但是，在美国社会中也有类似的观念。高尔夫球手认为自己的某些（但可惜不是全部）高尔夫球棒是有威力的，这种威力就有点像马纳。球员也可能认为某件运动衫或运动裤具有超自然的威力或力量，穿上它们就能得更多分。四叶草具有马纳，而三叶草就没有。

一些人、物体或地点可能被视为禁忌。安东尼·华莱士（Anthony Wallace）这样区分马纳与禁忌：具备马纳的事物应该被触碰，而禁忌则不可触碰，因为它们的威力会给人带来伤害。[13] 触碰禁忌的人自身也可能变为禁忌。禁忌所涉及的食物不可食用，地点不可进入，动物不可被杀，一些人不能与他人

有性接触，一些人甚至连触碰都不可以，等等。澳大利亚土著不能杀死并食用图腾动物，希伯来部落的男子不得触碰正处于月经期和月经干净后七天内的女性。

超自然存在

超自然存在可以分为两大类：源于非人类的，比如神和灵；源于人类的，比如鬼魂和祖灵。在源于非人类的超自然存在中，神是主要的，神有名字、有位格。神通常是拟人的，也就是说，人们将神想象成人的形象，不过有些时候，神也会被赋予其他动物和太阳、月亮等天体的形象。基本上，人们认为神是自己创造了自己，但随后有的神又创造或生下了其他的神。虽然有些神被视为造物神，但并非所有族群都认为创造世界是他们所信仰神灵的行为。

许多造物神在完成了造物任务之后就隐退了。它们使世界开始运转之后，便不再关心世界的日常运行。其他一些造物神依然对人类的日常事务感兴趣，尤其关心被选中的一小部分人的生活。无论一个社会是否相信存在造物神，管理创造物的工作通常都交给比较小的神。例如，新西兰的毛利人信仰三位重要的神：海洋之神、森林之神和农业之神。他们轮流向这三位神祈求，并希望这三位神都将宇宙运转的知识告诉他们。相比之下，古罗马的神是高度专业化的，包括三位犁神、一位播种神、一位除草神、一位收获神、一位贮藏神和一位施肥神等等。[14]

声望比神低一些，通常离人比较近的，是许许多多无名的灵。有些是人们的守护灵；有些因为非常灵验而为众人所知，便有可能被升等为有名字的神；有些灵虽然为人所知，但人们从来不会向它们祈求，因为它们属于妖怪。妖怪喜欢恶作剧，人们认为小灾小祸是它们造成的；也有一些妖怪专门以害人为乐。

许多美洲土著群体相信有守护灵，守护灵通常

危地马拉的玛雅家庭在亡灵节那一天前往墓地，他们相信逝者的灵魂会在那天返回（图片来源：© Jorge Silva/Reuters/CORBIS, All Rights Reserved）

在童年时期就必须找出来。例如，在美国华盛顿州东北部的桑波伊尔（Sanpoil）部落中，男孩，有时还有女孩，会被要求外出，整夜守候并召唤他们的守护灵。最常见的守护灵是动物，但守护灵也可能是形状奇特的石头、湖泊、山岭、旋风或云彩。这样的守夜未必都能成功。成功的话，守护灵会出现在异象或梦境之中，并且最开始都是以人形出现。与守护灵之间的对话会揭示它的真实身份。[15]

鬼魂是曾经为人的超自然存在，祖灵是已经去世的亲属的鬼魂。认为活人能够看到鬼和鬼的活动的信念普遍存在。[16] 鬼魂信仰的普遍性并不难解释。日常生活中有许多可以与所爱之人联系在一起的迹象，即便在他们去世之后也一样，这样的迹象依然让人们感觉到死者生活在身边。开门的声响、烟草或香水的气味都会让人觉得那个人还在，尽管可能

只是暂时。此外，所爱之人也会出现在梦境之中。因此，大多数社会都相信鬼魂的存在也就不足为奇。如果鬼魂的观念是由人们熟悉的联想产生的，那么可以预计大多数社会中的鬼魂都是亲近的朋友和亲戚，而不是陌生人——事实也的确如此。[17]

虽然鬼魂信仰普遍存在，但死者的灵魂并不是在所有社会的生活中都发挥作用。斯旺森基于对超过 50 个社会的跨文化研究，发现在继嗣群体是重要决策单元的地方，人们更倾向于相信祖灵的作用。继嗣群体是跨越时间存在的实体，尽管个体成员会

13. A. Wallace 1966, 60－61.
14. Malefijt 1968, 153.
15. Ray 1954, 172－189.
16. Rosenblatt et al. 1976, 51.
17. Ibid., 55.

死亡，但继嗣群体仍然会从过去延续到未来。[18] 人们认为，逝者会像生者一样关心自己所在继嗣群体的兴旺、荣誉及延续。正如一位卢格巴拉（Lugbara，他们居住在非洲乌干达北部）长者所说："我们的祖先难道不是我们世系内部的人吗？他们是我们的父辈，我们都是他们所生的孩子。逝者仍然在我们的家园附近活动，我们供养并尊重它们。一个人能在父亲老去之后不帮助他吗？"[19]

超自然存在的特质

无论它们属于哪一种类型，特定文化尊崇的神灵往往具有某种个性或特质。它们可能是变幻莫测的，也可能是可以预测的，对人类的事务也许关心，也许不关心，可能乐于助人，也可能喜欢加罪于人。为何特定文化中的神灵偏偏具有某些而非其他特质呢？

来自跨文化研究的一些证据表明，超自然存在的特质也许与培养儿童的做法有关。梅尔福德·斯皮罗及罗伊·德安德拉德（Roy D'Andrade）认为，神人关系是亲子关系的投射，在这样的情况下，与儿童训练有关的一些实践也许会在人与超自然存在的交往中再现。[20] 例如，如果一个孩子在哭闹或手挠脚踢时会立即得到父母的关注爱抚，那么她成年之后，可能就会期望通过奉神仪式来得到神的关怀照顾。与之相对，如果她的父母经常惩罚她，她在长大之后，也会认为假如自己不顺从神祇，就会遭到惩罚。威廉·兰伯特（William Lambert）、利·明特恩·特里安迪斯（Leigh Minturn Triandis）和卢蕙馨（Margery Wolf）在另一项跨文化研究中发现，采取伤害性及惩罚性手段培养儿童的社会，更倾向于认为神是具有攻击性的、恶毒的；而较少使用惩罚性手段培养儿童的社会，则更可能相信神是仁慈的。[21] 这些结果与弗洛伊德关于超自然世界与自然世界平行的观念一致。值得一提的是，一些人

会称神为父亲，称自己为神的儿女。

超自然存在的结构或等级

在人类社会中，存在着从平等到高度分层的不同社会结构，在超自然世界中亦可发现对应的结构。一些社会的神灵之间不分等级，神灵的权力都差不多。而在其他一些社会中，神灵的威望和权力是分层的。例如在太平洋的帕劳群岛上，社会是等级社会，神与人一样分等级。每个氏族都尊崇一位男神和一位女神，它们的名称或头衔与氏族的名称或头衔相似。虽然每个氏族的神只对那个氏族的成员具有重要性，但人们认为同一村落中各个氏族的神是分等级的，其等级与相应氏族的等级一致。因此，等级最高的氏族尊崇的神，将会受到全村所有氏族的共同敬仰。它的神祠被安置在村落中心最为尊贵的位置，空间比其他神祠更大，装饰也为精巧。[22]

虽然帕劳人并不相信有一位在所有其他神之上的最高神或至高存在，但一些社会是有这种信念的。犹太教、基督教、伊斯兰教等我们称为一神教（monotheistic religion）的宗教就是如此。虽然一神论意味着"只有一神"，但大多数一神教实际上都有多个超自然存在（比如恶魔、天使及魔王）。但至高存在或最高神，作为创世者或万物的主宰（或两者都是），被认为是万事万物最终的主宰者。[23] 多神教（polytheistic religion）承认许多重要的神祇，但其中没有哪一个是至高无上的。

为什么有些社会信仰至高神而其他社会没有这种信仰？我们可以回想一下斯旺森的说法，即人们发明了神，将其当作社会中重要决策集团的化身。因此他提出的假说是，有等级政治体系的社会更有可能信仰至高神。在对 50 个社会（其中没有任何一个信仰主要的世界宗教）进行的跨文化研究中，他发现至高神信仰与 3 个或更多层级的"主权"（决策）集团有很强的相关性。在 20 个拥有 3 个或更多分

等级的主权集团（如家庭、氏族、酋邦）的样本社会中，有 17 个有关于至高神的观念。在 19 个拥有少于 3 个层级的决策团体的社会中，只有两个社会有至高神信仰。[24] 与斯旺森的发现一致的是，依赖食物生产的社会，比食物采集社会更有可能信仰至高神。[25] 这些结果充分说明，神明的世界可能模拟和反映了日常的社会和政治世界。过去，许多国家社会有国教，国家的政治官员也是神职官员（比如埃及的法老）。近代以来，大多数国家社会实行了政教分离，美国和加拿大就是如此。

神对人类事务的干预

按照克利福德·格尔茨的观点，人类在无知、痛苦、生活不平等的状态下，会用神对人类事务的干预来解释事件。[26] 在希腊宗教中，海神波塞冬的直接干预使奥德修斯 10 年无法归家。在《圣经·旧约》中，耶和华的直接干预使洪水泛滥，淹死了挪亚时代的大部分人类。在其他社会中，人们也许会在记忆当中搜寻因为违反禁忌而招致超自然存在惩罚的例子。

除了未经要求的从天而降的干预之外，还有许多主动请求神明干预的例子，人们要么是为朋友及自身祈福，要么是祈求神明降祸给其他人。人们会请求神明干预天气并促进作物生长，保佑捕鱼者和捕猎者满载而归，帮助人们寻回丢失的物品，陪伴在行者左右使其免遭意外。人们还会请求神明让熔岩不再沿火山坡流下，求它们制止战争和治愈疾病。

并非所有社会中的人都认为神会干预人类事务。在某些社会中，神明干预人类事务；在另一些社会中，它们对人类事务丝毫不感兴趣；在其余的社会当中，它们只是偶尔干预。为何只有一部分社会相信神明的干预，而另一些不相信，我们对这一问题研究得较少。然而，我们有一些证据可以说明在什么样的社会中，人们相信神明会关注人们的道德或不道德行为。斯旺森的研究表明，神明喜欢在贫富悬殊的社会中对人们的不道德行为进行惩戒。[27] 他对此给出的阐释是，超自然力量对道德的支持在不平等社会中特别有用，因为在这样的社会中，不平等会削弱政治体系维持社会秩序、防止社会失序的能力。嫉妒其他人的特权也许会激发一部分人做出不道德的行为，而对神明会惩罚不道德行为的信仰也许会让人们打消这样的念头。通常，复杂的大型社会中的人们更有可能相信神明会关注道德行为。（参见专题"宗教：促进和谐与合作的力量？"）。

死后的生活

在许多社会中，人们对来世的观念很模糊，似乎也认为这并不重要，但还有许多群体对死后会发生什么有具体的观念。乌干达的卢格巴拉人认为，逝者加入了生者祖先的行列，继续留在家园附近。逝者仍然关心生者的行为，会对生者进行奖惩。美国西南部的祖尼人（Zuni）认为，逝者会加入之前去世的人——被称为卡奇纳（katcina）——的行列，居住在附近湖底的卡奇纳村庄之中，在那里过着歌舞升平的生活，并为活着的祖尼人带来雨水。卡奇纳会惩罚失职的祭司，也会惩罚那些在节日舞会上戴着面具却没有好好扮演卡奇纳的人。[28]

查穆拉人（Chamula）将古玛雅人对日月的崇拜与西班牙征服者对耶稣和圣母马利亚的崇拜融合在一起。他们对于死后生活的看法结合了两种文化。

18. Swanson 1969, 97–108；也可参见 Sheils 1975。
19. Middleton 1971, 488.
20. Spiro and D'Andrade 1958.
21. Lambert et al. 1959; Rohner 1975, 108.
22. H. G. Barnett 1960, 79–85.
23. Swanson 1969, 56.
24. Ibid., 55–81；也可参见 W. D. Davis 1971。Peregrine（1996, 84–112）在北美社会中重复了 Swanson 的发现。
25. Textor 1967; R. Underhill 1975.
26. Geertz 1966.
27. Swanson 1969, 153–174.
28. Bunzel 1971.

应用人类学
宗教：促进和谐与合作的力量？

大多数关于宗教的社会科学理论都认为，宗教信仰及仪式能够增强群体内部的凝聚力并促进相互合作。包括现代世界中的主要宗教（佛教、基督教、伊斯兰教、印度教和犹太教）在内的一部分宗教，比其他宗教更明确直接关注道德行为。道德化的宗教相信神灵会奖励符合道德规范的行为，惩戒不道德的行为，这样的宗教常见于大型的复杂社会。这样的社会通常有集镇或城市，人们不太能依靠亲属关系和互惠来提倡道德行为。邻居们可能对彼此并不了解，即便社会中有成文的法律及法庭，这些机制也不足以有效维持社会秩序。复杂社会中还可能存在大量不平等，与财产相关的犯罪的可能性因此增加。以道德为基础的宗教及集体仪式，会减少无亲属关系的个体组成的群体中反社会的行为，跨文化的证据与这个理论一致。也许是为了增强没有亲属

关系的人之间的凝聚力，复杂社会中的宗教通常会将亲属称谓用于宗教社群的成员，彼此之间称呼"兄弟""姐妹"，或者有时称为"神的孩子"。实验证据表明当人们的宗教感情被唤起时，他们对陌生人会更为慷慨。宗教社群存续的可能性是世俗社群的 4 倍左右。

这些研究提出了一些重要问题：道德化宗教究竟为何存在？从何时开始存在？这些宗教的传播是否与它们可以带来的适应性有关？此外，还有一些关于机制的问题。例如，与世俗社群相比，宗教社群会对成员有更多的要求，比如食物禁忌、禁食、对性及财产的限制等等。一项针对社群的比较研究表明，宗教的元素远比承诺本身重要。然而，实验研究也发现了一些非宗教条件让人们更团结的迹象。在实验中，向被试提起世俗道德与提起上帝产生了同样的效果。此外，也有

一些现代社会的例子，特别是在北欧，那里的人乐于合作，但并不怎么虔诚。

然而，即使宗教信仰及仪式会促进内群体（in-group）的信任与合作，但过于强烈的宗教信仰亦有阴暗的一面——外群体（out-group）冲突的可能性会更大。历史上，人们借宗教之名伤害他人的例子有很多。11 世纪至 13 世纪的基督教十字军试图"解放"被穆斯林控制的圣地。乌萨马·本·拉登以美国在沙特阿拉伯建立的基地"污染"圣地为理由，发动恐怖袭击。宗教，更确切地说是宗教团体，未必会促进暴力。毕竟，许多宗教的创立者都宣扬和谐及非暴力。导致宗教团体实施暴力的确切原因是什么，目前尚不得而知。可能有五个警示信号：第一，领导者表现得似乎只有他们知晓真理；第二，号召对某个宗教领袖的盲目服从；第三，人们相信有可能创造一个"理想世

界"；第四，按照"只要目的正确，可以不择手段"的原则行动；最后，也许是最为明显的，是对"圣战"的号召。

在当今的全球化世界中，混合的情况越来越多——异质化的城市充满了肤色、穿着、种族、宗教不同的人。这种情形有两种可能的结果：不同群体可能和平共处；或者，可能性更大的是发生暴力。主要宗教能否适应新的全球化环境，形成新的道德规范，目前仍需观望。研究还没能充分揭示促进不同宗教或不同族群间和谐的方法。我们只能希望，更多地了解他人和其他群体——他们的希望、梦想、期待，他们如何适应周遭的环境——能够促进宽容。

（资料来源：Winkelman and Baker 2010, 259－265; 314－318; Norenzayan and Shariff 2008; Sosis and Bressler 2003; Stark 2001; Roes and Raymond 2003.）

泰国的鬼节。实际上各个文化基本都有对鬼的信仰
（图片来源：© Peter Arnold, Inc.）

所有的灵魂都去往地下世界，除了不能性交之外，过着与人类几乎相同的生活。太阳在世界运行一周后便去往地下世界，这样逝去的人也能看到阳光。只有杀人者与自杀者受到惩罚，在他们的旅途中受到基督烈日的炙烤。[29]

许多基督徒相信，逝者分为得救的和没有得救的两类，没有得救的将遭到永远的惩罚，得救的将获得永恒的奖励。虽然对地狱的描述各不相同，但地狱通常是与烈焰的折磨联系在一起的，而天堂则与雄伟的宫殿相关。许多社会认为死者会重生回到这个世界。印度人用这种轮回模式来证明一个人今生种姓的合理性，并许诺通过涅槃而从生活的痛苦中获得最终解脱。

近期的一项跨文化研究关注为什么一些社会总会评判人死后去往哪里，另一些则不会。目前发现了一些证据，说明评判性信仰可能与社会的经济实践有关联。部分社会的劳动力投入与食物产出之间存在较长的迟滞。例如，集约型农业劳动者需要投入相当多的劳动力，耕地、施肥或修建灌溉系统，但还需要等待好几个月作物才能成熟。如不提前计划，就要面临严重的长期后果。相比之下，狩猎采集者犯下的错误能很快被发现并及时纠正。宣扬当下的行动将在死后受到审判的宗教，强调了做出长期计划的需要。与此相一致，拥有集约型农业的社会中的人更有可能相信，他们今生的行为将会影响他们死后灵魂的去向。这一发现呼应了我们之前讨论过的斯旺森的结论，即在贫富悬殊的社会中，神灵更有可能惩罚人们的不道德行为。集约型农业社会更有可能出现贫富悬殊的现象。

许多宗教描绘的死后世界，与日常生活有诸多相似，但目前还只有少数的比较研究在讨论两者之间究竟如何相似。

宗教实践的差异

信仰并不是在不同社会中不同的唯一宗教元素。不同社会中有不同种类的宗教从业者。人们与

---

29. Gossen 1979.

超自然存在的互动方式也有差异。接近超自然存在的方式多种多样，从祈愿（呼请、祈祷等）到操纵都有。这些互动中有许多是高度仪式化的。**仪式**是一系列具有重复性的行为，每次都以基本相同的模式发生。宗教仪式以某种方式涉及超自然存在。[30]宗教仪式通常是集体性的，遵循传统的模式，被认为可以强化信仰。[31]

与超自然存在互动的方式

如何与超自然存在进行互动是个普遍存在的问题。华莱士指出了世界各地人们采用的一些方式(不过未必会同时全部采用)，包括但不限于祈祷(向超自然存在寻求帮助)、生理体验(对身体及心灵造成影响)、模拟(操纵对事物的模仿)、宴席和献祭。[32]祈祷包括即兴的和背诵的，私下的和公开的，默祷和出声祷告。卢格巴拉人不会出声祷告，他们认为这样做的话能量太强；他们只是在心里想着烦扰自己的事情。他们相信神明通晓所有的语言。

影响身体和心灵的做法可能涉及药物(致幻的佩奥特仙人掌或鸦片)或酒精，社会隔离或感官剥夺，跳舞或跑步至力竭，剥夺食物、饮水、睡眠，聆听鼓声之类的重复性声响。这些做法都可能使人陷入出神状态或改变人的意识状态。[33]埃丽卡·布吉尼翁(Erika Bourguignon)发现，在世界上90%的社会中，宗教实践里都涉及这种她称为"出神"(trance)的意识改变。[34]在一些社会中，出神状态被认为是灵力附体并改变或取代出神者人格或灵魂的结果。我们称之为附体型出神。其他的出神类型可能涉及灵魂之旅、经历异象和为神灵传递信息。在以农业为基础，存在社会分化、奴隶制及更为复杂的政治等级的社会中，更有可能出现附体型出神。非附体型出神则更倾向于出现在食物采集社会中。复杂程度中等的社会，则可能既有附体型出神，又有非附体型出神。[35]

为什么被认为附体的多数是女性，这是个谜团。艾丽斯·基欧(Alice Kehoe)和多迪·吉莱蒂(Dody Giletti)认为，由于女性怀孕、哺乳以及男性获取食物的优势等缘故，女性比男性更容易营养不良。尤其是钙缺乏会引起肌肉痉挛、抽搐及昏迷，所有的这些症状都可能让这个人显得是被附体了。[36]道格拉斯·雷贝克(Douglas Raybeck)及其同事认为，即便在与男性有同等饮食的情况下，女性的生理机能也让她们更容易缺钙。女性承受更多的压力，因为她们通常比较难控制自己的生活。他们认为，较高的压力水平会减少体内的钙储备。[37]埃丽卡·布吉尼翁则提出了更偏心理学角度的解释。她认为，在许多社会中，女性自小被培养为逆来顺受。但被附体之后，女人可以不必为自己的言行负责——她们可以在无意识的状态下做一些有意识状态下做不了的事。[38]这些说法很有意思，但还是需要在实际环境中的个人身上得到验证。

伏都教采取模拟法或模仿事物的方法。伏都教徒会制作与敌人相似的玩偶娃娃，他们希望通过虐待这样的娃娃让敌人感受到痛苦甚至死亡。

通过**占卜**，人们向超自然存在寻求解决麻烦事(需要做的决定、人际问题、疾病等)的方法。(我们将在涉及医学人类学的章节中讨论占卜者在疾病治疗中的角色。)占卜者通过各式各样的方法进行占卜，其中包括改变意识状态或通过通灵板及塔罗牌等物件来进行模拟。[39]

奥马尔·穆尔(Omar Moore)认为在拉布拉多的纳斯卡皮狩猎者中，占卜是成功狩猎的适应性策略。纳斯卡皮人狩猎运气不佳时，会每隔两三天就向占卜者咨询。占卜者将驯鹿的骨头放在火上烤，仿佛骨头是一张地图，烤出来的痕迹和裂纹会告诉人们该到哪里捕猎。穆尔不像纳斯卡皮人一样相信占卜者真的能够知道猎物的去向。骨头上的裂纹为寻找狩猎之地提供了一种近乎随机的方式。因为人

一名妇女带着贡品在巴厘岛的印度教神庙里
（图片来源：© Reinhard Dirscherl/WaterFrame.de/Peter Arnold）

神供奉的食物中沾光，也是婚丧礼仪中必不可少的一部分。

有些社会向神献祭是为了影响神的行动，要么是为了转移神的愤怒，要么是为了赢得神的欢心。所有献祭的共同特点，是将具有价值的某种事物奉献给神，无论是食物、饮品、性、家用器具，还是动物或人的生命。有的社会认为，如果人们献上了合适的祭物，神就有义务替他们办事。而在另外一些社会中，人们献祭是为了说服神明，但他们的内心清楚并不能确保成功。

我们也许会认为，剥夺人的生命是所有牺牲献祭中最极端的形式。然而，人祭在民族志及历史记录中并不罕见。为何会有部分社会实行这样的习俗呢？最近一项跨文化研究表明，在前工业化社会中，有专职的手工业从业人员、奴隶和徭役的社会更有可能实行人祭。对此的解释是，祭物反映出一个社会看重什么：主要依靠人力（而非依靠畜力及机器）的社会，在希望得到某样非常重要的东西时，可能会认为人的生命是向神献祭的最恰当的祭品。[41] 其后的研究发现，实行人祭的社会政治复杂程度中等，它们虽然与其他政治体之间结成了联盟，但政治整合度很低。这样的社会常常面临人口压力，也经常因为土地及其他资源爆发战争。将来自外部群体的人作为祭品，也许是意在恫吓来自其他政治体的人。[42]

类极易形成习惯性的行为模式，所以他们很可能按照某种计划去寻找猎物。但猎物也有可能学会避开按照计划行动的猎人。因此，任何能让他们跳出模式化或可预测计划的方法——任何随机的策略——对狩猎而言都是有利的。通过解读骨头裂纹进行的占卜，可被视为随机的策略。同时，它也减轻了决定狩猎方向的人的责任，否则的话，按照这个人决定的方向捕猎却空手而归的人们，就会把怒气发泄在决定者身上。[40]

许多宗教都有吃圣餐的习俗。比如，基督教的圣餐就是对最后的晚餐的模仿。澳大利亚土著被禁止食用代表本群体的图腾动物，但他们每年都会举行一次吃图腾动物的图腾宴。宴席不仅能让人从向

30. Dickson et al. 2005.
31. Stark and Finke 2000, 107 – 108.
32. A. Wallace 1966, 52 – 67.
33. Winkelman 1986b, 178 – 183.
34. Bourguignon 1973.
35. Bourguignon and Evascu 1977; Winkelman 1986b, 196 – 198.
36. Kehoe and Giletti 1981.
37. Raybeck 1998, referring to Raybeck et al. 1989.
38. Bourguignon 2004, 572.
39. Winkleman and Peck 2004.
40. O. K. Moore 1957.
41. Sheils 1980.
42. Winkelman and Baker 2010, 293 – 296 及其中的引文。

巫术

这些与超自然存在沟通的方式，可以用不同的方法分类。一种分类的维度是看一个社会究竟是靠祈求、请求来试图说服超自然存在为自己办事，还是认为可以强迫超自然力量采取某种行动。比如，祈祷属于请求，施巫毒巫术应该就属于强迫。一些人相信通过自身的行为能强迫超自然存在以某种他们期望的方式行动，人类学家将这样的信念及相关实践称为**巫术**。

巫术对超自然存在的操纵可能出于善意也可能出于恶意。许多社会进行巫术仪式，是希望粮食丰收、猎物丰盛、家畜兴旺及身体康泰。我们常常将巫术与比较简单的社会联系在一起，但复杂社会中的一部分人亦笃信巫术，其中许多人都进行巫术实践。

从事危险活动的人常携带或佩戴护身符。他们相信护身符能够通过唤起超自然存在或力量的帮助，来保护自己的安全。我们也相信能够通过不做某些事情来保护自己。例如，在这场比赛中连胜的棒球运动员，也许会选择在下一场比赛中还穿同样的球衫或袜子，以延续好运气。在美国社会中，巫术只对一部分人有吸引力而对另一部分人没有的原因，也许能够解释为何在许多社会中巫术是宗教行为的重要部分。

正如我们将谈到的，巫医与萨满常常通过施展巫术治病。但是，人们最感兴趣的也许还是施展巫术以引起灾祸。

巫法与巫技

巫法（sorcery）与巫技（witchcraft）试图通过召唤灵体来加害于人。虽然 sorcery 和 witchcraft 经常被互换使用，但二者通常是有区别的。巫法包括使用材料、物品及药物来唤起超自然的害人力量。巫技据说只需要通过思想和感情就能作恶。巫技的证据无处可寻。由于缺乏可见的证据，对巫技的指控既难以证实也难以推翻。

对于非洲中部的阿赞德人而言，巫技是日常生活的一部分。人们不会用巫技解释已知起因为何的事件，比如因为粗心大意或触犯了某个禁忌，而是用它来解释无法找到原因的事件。一名男子被大象伤了，那么他一定是被施了巫技，因为他之前从未被其他大象伤过。一个人在夜晚来到他的啤酒屋中，点燃一把干草并高高举起想看看自己的酒。结果棚顶被引燃，整座小屋都被焚毁。那么这个人也一定是被施了巫技，因为在过去成千上万个夜晚中，他和其他人都做过同样的事情，但是小屋都没有起火。一位技艺娴熟的制陶匠制作的一部分陶罐破裂了，技艺精湛的雕塑家制作的碗出现了裂缝——这些都是巫技的作用，因为之前按照同样方式制作的陶罐和碗都没有破损。[43]

出现在 16 世纪和 17 世纪欧洲的猎巫狂热，以及 1692 年发生在马萨诸塞的萨勒姆女巫审判都提醒我们，在一个社会中，对他人的恐惧（表现为相信巫技）能在相对短的时间内增加和减少。许多学者试图解释这些猎巫行为。人们经常提到的一个因素是政治动荡，这极有可能引发社会上大范围的互不信任及寻找替罪羊的行为。在 16 世纪和 17 世纪的欧洲，小规模的地方性政治单元正在合并为民族国家，人们在政治归属问题上举棋不定。除此之外，正如斯旺森所指出的，商业革命及一系列相关变革不仅催生了中产阶级这个新的社会阶级，而且"促进了从罗马教廷中分离出来的新教及其他异端的发展"。[44] 在萨勒姆的案例中，马萨诸塞殖民地政府极不稳定，而且内部倾轧频繁。1692 年猎巫狂热爆发时，马萨诸塞已没有英国殖民官员，司法机制完全瘫痪。在这样的极端情况下，对一个人使用巫技的指控演变为对数百人的指控，其中的 20 人被执行了死刑。斯旺森认为，也许正是正常政治程序的崩坏，才导致了这场对女巫的广泛恐惧。[45]

还有一种可能，就是萨勒姆及新英格兰以及欧洲各地巫技指控的蔓延，其实是传染病蔓延的结果。当时萨勒姆等地正流行一种被称为麦角病（ergot）的真菌性疾病，这种真菌能够在黑麦植株上生长。（萨勒姆人吃的黑麦面包里可能也有麦角菌。）现在我们已经了解到，人食用染上麦角菌的面包之后，会出现惊厥、幻觉，以及皮肤瘙痒等症状。我们还认识到，麦角菌含有 LSD（麦角酸二乙基酰胺），这是一种会使人产生类似于严重精神错乱时经历的幻觉的致幻剂。

在萨勒姆等地出现的被认为是受巫技之害的人，其症状与今天患麦角病的病人症状相似。他们四肢抽搐，同时有被刺、被掐、被咬的感觉。他们出现幻觉，感觉到自己正在天空中飞翔。但我们无法确定麦角病肆虐的时期是否就是巫技指控盛行之时。当然，我们没有直接的证据，因为当时那些"中了巫技"的人并没有得到医学检查。但我们已经拥有的某些证据似乎符合麦角病理论。我们知道，麦角菌会在特定气候条件下在黑麦植株上生长，尤其是在冬季异常寒冷，随后的春季和夏季又阴冷、潮湿的情况下。树木年轮的记录显示，新英格兰东部在 17 世纪 90 年代早期非常寒冷，而欧洲的巫技指控在冬季寒冷的时候达到顶峰。[46] 同样值得注意的是，欧洲猎巫狂热最盛的时候，欧洲人正在使用一种含有能渗透皮肤的物质的油膏，现在人们已经知道，这种物质会致幻，并让人产生逼真的飞翔感。[47] 因此，我们所熟悉的女巫形象是骑着扫帚飞过天际的人，也就不足为奇了。

无论引发猎巫狂热的是麦角菌还是政治动荡，我们还是需要弄明白为何在民族志记录里如此多的社会中存在巫法和巫技信仰。为何有如此多的社会相信召唤灵体以加害于人的做法？比阿特丽斯·怀廷给出的一种解释，是巫法和巫技常常出现在缺乏处理犯罪及其过错行为的公正司法程序及权威的社会中。她的理论是，所有社会都需要某种形式的社会控制——既能够防止大多数潜在的犯罪，又能够处理真正的罪犯的方法。在缺乏相关司法官员对反社会行为进行预防和处理的情况下，巫术不失为一种有效的社会控制机制。如果你做了失当之事，那么你加害的人就有可能让你生病或死亡。跨文化的证据似乎证实了这一理论：在缺乏司法权威的社会中，巫术显得更为重要。[48]

宗教从业者的类型

人们也许相信他们能够直接与超自然存在接触，但几乎所有的社会都存在兼职或全职的宗教或巫术从业者。研究发现从业者主要有四种类型：萨满、巫师、灵媒和神职人员。后文会谈到，不同社会中宗教从业者类型的数量似乎和不同的文化复杂程度有关。[49]

萨满

"萨满"一词也许来源于西伯利亚东部的人群使用的一种语言。萨满通常是兼职的男性专家，他们在社群中享有较高的地位，经常为人治疗。[50] 我们将在"应用、实践与医学人类学"一章中探讨萨满作为治疗者的角色。更一般地说，萨满与灵界打交道，以获得灵界的帮助或防止其伤害人。[51] 在这里我们主要关注萨满用哪些方法帮助其他人。

萨满进入出神或其他改变的意识状态，接着进

43. Evans-Pritchard 1979, 362 – 366.
44. Swanson 1969, 150；也可参见 H. R. Trevor-Roper 1971, 444 – 449。
45. Swanson 1969, 150 – 151.
46. Caporael 1976; Matossian 1982; and Matossian 1989, 70 – 80. 驳斥麦角病理论的几个可能理由，参见 Spanos 1983。
47. Harner 1972.
48. B. B. Whiting 1950, 36 – 37；也可参见 Swanson 1969, 137 – 152, 240 – 241。
49. Winkelman 1986a.
50. Ibid., 28 – 29.
51. Knecht 2003, 11.

萨满通常是男性，图为韩国的女性萨满正在进行治疗仪式（图片来源：© Catherine Karnow/CORBIS, All Rights Reserved）

入另外的世界，向守护灵或其他灵体寻求帮助。梦被萨满视为获得启示或与灵界交流的方式。人们常常因为日常的实际事务来寻求帮助，这些事务包括如何寻找食物来源或是否要迁居，但萨满的主要职责是解决健康问题。[52] 萨满也会向人们传递灵界的信息，比如对即将发生的灾难的预警。[53]

一个人可能在病愈过程、灵境或梦境中得到"启示"去成为萨满。准萨满可能会通过使用致幻剂，实施睡眠或饮食剥夺，进行跳舞之类的剧烈身体活动等方法，来增强他们幻象的鲜活度。成为萨满的过程中一个重要的部分，就是学会控制幻象和灵力。萨满的训练需要在师傅的指导下持续数年之久。[54]

巫师

与拥有较高地位的萨满不同，巫师无论男女，社会和经济地位都很低。[55] 周围的人通常都怀疑巫师，因为人们认为他们知道如何召唤超自然力量导致疾病、伤害或死亡。巫法师在实施巫术时会使用各种材料，因此能够发现巫法的证据，很多时候，被怀疑是从事恶毒的活动的巫法师的人会被杀死。因为据说巫技只需要通过思想和感情就能作恶，所以比较难证明某人是巫技师，但证明巫技的困难并不妨碍人们指控并以行巫的罪名处死巫师。

灵媒

灵媒多由女性充当。这些兼职的从业者常被要求在附体型出神（被认为是神灵附体）的状态下治病或占卜。据描述，灵媒会颤抖、昏厥、痉挛、间歇性失忆。[56]

神职人员

　　神职人员通常是在公共事务中负责主持的男性专职人员。他们的地位很高，被认为能与常人无法控制的至高神明沟通。在多数有神职人员的社会中，神职人员都是通过继承或政治任命确定的。有些时候，神职人员会通过特殊服饰或发型来区别于常人。神职人员的训练过程严格而漫长，包括禁食、祈祷和体力劳动，他们还要学习自身宗教的规条及仪式。美国的神职人员一般要先完成四年的神学专业学习，有时还需要在资深的神职人员手下当学徒。神职人员的服务一般不收费，但他们能够从教区居民或信众那里获得捐款。神职人员常常能因其职位而获得一些政治权力，有些情况下，首席神职人员是国家元首或者国家元首的亲密顾问，他们的物质丰裕程度直接反映了他们在神职人员等级中的位置。

　　依靠记住的仪式程序行事，这既是神职人员的标志，也是对他们的保护。如果一个萨满多次治病无效，那么他可能会失去信徒，因为在人们看来，他失去了灵界的支持。然而，在神职人员完美地完成仪式而神明没有回应的情况下，神职人员的地位和仪式的有效性不会受到影响。神明的不回应会被解释为人们不配获得超自然力量的帮助。

宗教从业者与社会复杂程度

　　更复杂的社会拥有更多类型的宗教及巫术从业者。如果一个社会只有一类宗教从业者，那往往就是萨满；这样的社会通常是流动或半流动的食物采集者社会。有两类宗教从业者（通常是萨满治疗师和神职人员）的社会往往是农业社会。拥有三种类型的宗教从业者的社会，是政治整合层级高于社群的农耕或畜牧社会（在萨满和神职人员之外的第三类从业者可能是巫师或灵媒）。最后，拥有四种类型宗教从业者的社会，不仅有农业，政治整合层级高于社群，而且还存在社会阶级。[57]

宗教与适应

　　许多人类学家认同马林诺夫斯基的说法，将宗教视为一种适应，因为宗教帮助人们缓解了焦虑和不确定性。我们并不知道宗教是不是缓解焦虑和不确定性的唯一方式，或者个体和社会是否非得缓解焦虑和不确定性。不过，某些宗教信仰和实践似乎产生了具有适应性的结果。例如，许多人认为印度教对圣牛的信仰是一种无用或不具有适应性的习俗。这种信仰不允许印度教徒杀牛。为何印度教徒一直保持这样的信仰？为何他们允许牛自由地四处闲逛觅食，到处排泄粪便而不宰杀它们？相比之下，美国人对于牛的利用可谓十分彻底。

　　然而，马文·哈里斯认为，印度教对待牛的方式，可能产生其他方式达不到的有利效果。哈里斯指出在印度不杀牛可能有充分的经济理由。母牛及其生下的公牛为人们提供了通过其他途径不容易获得的资源。同时，它们四处闲逛寻找食物，并不会给食物生产经济增加任何负担。

　　母牛为人们提供了各种资源。第一，对印度的许多小农场而言，一群阉牛和一架犁是必不可少的。印度人也可以养少一些的母牛，让母牛生产公牛犊，但如果要那样做，就不得不把一部分粮食供给这些母牛。而在现行的体系中，他们并不用饲养母牛，即便营养不良会让母牛的生育能力下降，也能在不增加经济代价的前提下不断有公牛犊出生，公牛在阉割之后就成了阉牛。第二，母牛的粪便是不可或缺的烹饪燃料及肥料。根据印度国家应用经济研究委员会的估算，每年燃烧牛粪所提供的热量相当于

---

52. Harner and Doore 1987, 3, 8 – 9; Noll 1987, 49; Krippner 1987, 128.
53. De Laguna 1972, 701C.
54. 参见 Krippner 1987, 126 – 127; Noll 1987, 49 – 50。
55. Winkelman 1986a, 27 – 28.
56. Ibid., 27.
57. Ibid., 35 – 37.

4 500 万吨煤。此外，无须花费任何费用便会有牛粪送上门来。其他诸如木材之类的能量来源稀少又昂贵。除此之外，每年大约有 3.4 亿吨牛粪被用作肥料——对于一个需要在精耕细作的土地上一年三收的国家而言，这是至关重要的。第三，虽然印度教徒不吃牛肉，但那些自然死亡或被非印度教徒宰杀的牛的肉，较低种姓的人也会食用，如果没有较高种姓禁食牛肉的禁忌，这些低种姓者也许就无法获得这种身体所需的蛋白质。第四，死牛的牛皮及牛角为印度的庞大皮革工厂提供了原料。由于牛本身并不耗费为人们所需的资源，人们也不可能通过其他方式来获得更廉价的牵引力、燃料和肥料，因此禁止杀牛的做法是极具适应性的。[58]

宗教变迁

在许多社会中，宗教信仰及实践都会逐渐发生变迁，但有些变迁十分剧烈。也许其中最为激烈的是改宗，尤其是当大量人口在传教士或其他宗教劝导者的劝说下信仰一个全新的宗教时。如此戏剧性地改变宗教信仰，让许多研究宗教的学者十分困惑，因为在他们看来宗教信仰与一个人的认同感、家庭、社群及世界观紧密地联系在一起。[59] 在过去的数个世纪中，一些改宗是在西方的地理大发现与扩张之后发生的。与西方人和其他外来者的接触也间接造成了宗教变迁。在一部分土著社会中，这样的接触导致了社会结构的崩溃，使得民众的无助感及道德沦丧感日益增加。宗教复兴运动的兴起，显然是为了恢复这些社会昔日的自信与繁荣。近年来，宗教激进主义运动日益兴起。部分学者认为这样的运动也是在回应快速社会变迁产生的压力。

后文会谈到，宗教变迁，尤其是剧烈的变迁，并不是在真空中发生的，而是往往与经济、政治、人口等其他方面的剧烈变迁联系在一起。

改宗

目前最积极劝导改宗的两种世界宗教是基督教和伊斯兰教。基督教传教士得到祖国教会的支持，成为许多内陆及偏远地区最早的一批西方定居者。商人则是伊斯兰教主要的劝导者。改信某个世界宗教的行为往往与国家社会的扩张及殖民有关（参见专题"殖民主义与宗教归属"）。有信仰其他宗教的人到来，并不意味着人们就会改变宗教信仰。例如，传教士并没有在世界各地都获得同样的成功。在部分地区，大部分当地人怀着极大的热情改信新的宗教。而在另一些地区，传教士被忽视、驱赶甚至被杀。传教士在部分地区能够取得成功，在另一些地区则不行，其中的原因我们尚未了解透彻。

乌干达卡利莫琼人参加由天主教传教士主持的露天弥撒
（图片来源：© Joerg Boethling/Peter Arnold, Inc.）

接下来，我们将分析波利尼西亚蒂科皮亚岛上的改宗过程，这是产生于与传教士直接接触的宗教变迁的例子。

蒂科皮亚的基督教

蒂科皮亚是波利尼西亚极少数在 20 世纪初期仍保持自身传统宗教体系的社会之一。1911 年，圣公会先在岛上建立了传教站。当时教会派遣一名执事，为岛上近 200 名学童建立了两所学校。到 1929 年，近半数的人改信了基督教，至 20 世纪 60 年代早期，几乎所有的蒂科皮亚人都至少在名义上宣称自己信奉基督教。[60]

传统的蒂科皮亚人信仰为数众多的神灵，它们等级不同，居住在天空中、海洋里和陆地上。其中一位神——蒂科皮亚文化的创造者和塑造者——被赋予了极为重要的地位，但其地位无法与基督教中全知全能的上帝相提并论。与基督教不同的是，蒂科皮亚的宗教并不宣称具有普世性。蒂科皮亚的神灵并不管理世间万物，它们只负责管理蒂科皮亚岛。岛民们认为如果一个人离开了蒂科皮亚岛，就离开了神灵。

蒂科皮亚人与神灵互动，主要是通过宗教领袖，宗教领袖同时也是继嗣群体的首领。氏族首领主持与岛上日常生活各个方面相关的仪式，例如建房、捕鱼、种植和收获。人们期望首领能够在神灵面前为自己说话，说服它们给这个群体带来幸福与兴旺。在日子比较好的时候，人们会认为是首领的工作称职；灾难袭来时，首领的声誉往往会相应下降。为何蒂科皮亚人会改信基督教？弗思认为存在许多影响因素。

首先，传教团给了人们获得新工具和消费品的希望。虽然仅仅改变信仰并不能为他们带来这些好处，但与传教团的接触让他们获得这些利益的可能性大大增加。后来，人们认识到，教育，尤其是英语的读写能力，能帮助他们在外面的世界获得成功。

人们越来越看重传教士提供的学校教育，这也成了人们接受基督教的又一个动机。

其次，改宗过程可能因首领而更加顺利，这些首领是宗教和政治领袖，能够让整个继嗣群体都改信基督教。如果一位首领决定改信基督教，那么他所在亲属群体的成员也会追随他。1923 年，蒂科皮亚岛上菲尔（Faea）地区的首领塔夫亚（Tafua）改信了基督教，他的整个族群——岛上将近一半的人——随他一起改变了信仰。然而，对传教士的努力而言，首领对亲属群体的影响力既可能是益处也可能是阻碍，因为部分首领坚决不肯改变信仰。

对蒂科皮亚岛传统宗教的最后一击发生于 1955 年，一场严重的流行病导致至少 200 人死亡，而当时的总人口只有大约 1 700 人。据弗思说，"这场流行病被许多人解释为神辨别的迹象"，因为三位显赫的非基督教首领在这场流行病中去世了。[61] 随后，剩下的非基督教首领都自愿改信了基督教，他们的追随者也一样。到 1966 年，除了一位老妇人之外，所有的蒂科皮亚岛民都改信了基督教。

即便许多蒂科皮亚岛民感觉自己改信基督教是统一、复兴的动力，但从一种宗教改信另一种宗教并非毫无问题。蒂科皮亚岛上的传教士成功废除了蒂科皮亚人堕胎、杀婴、男子不婚等传统的人口控制机制。这极有可能增加人口压力。由于人口承载能力的限制，这座小岛也许无法承受这样的结果。弗思总结了蒂科皮亚社会面临的情况：

> 在蒂科皮亚岛民彻底改信基督教的历史过程中，他们认为基督教是解决他们问题的方法；但他们现在逐渐意识到，采用并实践基督教本

58. M. Harris 1966.
59. Buckser and Glazier 2003; Rambo 2003.
60. 讨论基于 Firth 1970。
61. Ibid., 387.

殖民主义与宗教归属

我们当中的许多人都愿意相信自己归属于某一宗教群体,是因为我们更喜欢它的信仰与实践。对于选择更改自己的宗教归属的人来说可能确实如此。但许多有宗教信仰的人都归属于自己在成长过程中接触的宗教或与之非常相似的宗教。

显然,宗教归属是个复杂的问题。但有一点很明确:你不可能选择去归属于一个你从未接触过的宗教。对信仰和不信仰宗教的人来说都是如此。大多数北美人都说自己是基督徒,但这种情况是怎么来的呢?

如果欧洲人(大多数是基督徒)没有在过去的 5 个世纪里到北美及其他地区殖民,北美还会有

如此之多的人信仰基督教吗?如果 7 世纪之后的阿拉伯诸王国没有到印度尼西亚、菲律宾、北非殖民,这些地方还会有这么多的穆斯林吗?如果南亚人没有在公元前迁往苏门答腊岛并建立三佛齐王国,当地还会有这么多的印度教徒吗?如果 2 000 多年以前所罗门王没有在示巴(Sheba)女王的领土上殖民,他们还会有(在 20 世纪中叶迁往以色列的)犹太人吗?一个国家社会的扩张,会直接或间接地促使人们改变宗教信仰。新的宗教归属往往与占主导地位的社会的宗教相符,这并非偶然。

所有文化中可能都有某种形式的宗教。人们会

尊崇超自然存在,向它们祈求帮助和庇佑,甚至试图控制它们(通过护身符或其他的巫术)。但正如本章中的例子所示,宗教并非在任何地方都一样。我们还没有完全弄清楚人们为什么会改信由扩张的国家社会推行的主要宗教。在有些情况下,人们不会改信,或者不会马上改信。人类学家伊丽莎白·布鲁斯科(Elizabeth Brusco)写道,人们改信的一个主要动机是尽可能获得好处的愿望,这也早已为学者们所认可。近来,传教士向人们介绍可能很有吸引力的新信仰和新实践,但他们也向人们提供(如布鲁斯科所说)"保护、获取食物及其他有用物品的途

径、医疗、教育、技术、地位,有时还有政治权力"。过去是否也在一定程度上是这样?接受新宗教是在面临殖民主义及其后果时生存下来的最佳方式吗?

人们接受一种宗教后,往往还会改变其中的重要部分。例如,中国西南部的拉祜族曾接受佛教,但佛陀在他们的信仰中成了雌雄同体而非男性。从前,拉祜族是非常注重性别平等的无国家社会。在拉祜族的起源故事中,厄莎神是一对龙凤胎。他们结合并繁衍产生了人类。人们将佛陀与他们原本崇拜的厄莎神等同起来,佛陀的形象于是发生了变化。

(资料来源:Brusco 1996; Stevens 1996; Du 2003。)

身代表着其他一系列问题。正如蒂科皮亚岛民自己开始发现的那样,在技术及工业主导的现代社会中,甚至只是在所罗门群岛,信仰基督教的波利尼西亚人这一身份带来的问题要远多于其提供的答案。[62]

不幸的是,并非所有土著群体的改信过程都像蒂科皮亚人的那样没有痛苦。实际上,许多历史记录中的案例非常凄惨。很多时候,传教士的活动摧毁了社会的文化与自尊。人们改信后,得到的仅仅是一个外来的压迫性价值体系,这个价值体系根本

不能满足他们真正的需要和期望。批评非洲基督教传教活动的菲利普·梅森(Phillip Mason)指出,传教活动造成了种种心理伤害。[63] 传教士不断地强调罪与罪愆;他们用黑色代表恶,用白色代表善;他们对非基督教的活动满怀敌意。最具有破坏性的是他们对非洲人民承诺,只要他们接受欧洲的方式,就既能进入欧洲人的天堂,又能进入欧洲人的社会。然而无论非洲人多么努力地遵循传教士的训言,多么勤奋地攀登社会经济的阶梯,他们都会很快发现,自己被拒绝进入欧洲人的家庭、俱乐部,甚至连教堂和神学院也进不去。

对改宗的解释

人类学家最近开始试图理解改宗。正如"殖民主义与宗教归属"这一专题与蒂科皮亚岛的案例所显示的那样,改信新宗教的部分原因与归属新宗教之后的政治经济优势有关。对于近期伊斯兰教在非洲的传播,琼·恩斯明格(Jean Ensminger)认为伊斯兰教为希望参与贸易的人们提供了机会:"伊斯兰教为贸易带来了共同的语言(阿拉伯语),一套货币系统,一套会计制度,一系列判定财务合约及争议的法条。"[64] 不同的族群共享这些制度,远距离贸易因此成为可能。是什么增加了伊斯兰教对贸易的魅力?恩斯明格对肯尼亚一个名为奥玛(Orma)的游牧群体的研究极具启发性。尽管这个群体接触伊斯兰教已有300年,但以前他们对伊斯兰教并没有兴趣。奥玛人的首领也进行贸易,但大多数奥玛人自给自足,对贸易的需求极低。然而,在19世纪初期被马赛人和索马里人成功入侵之后,奥玛人陷入了严重的危机,他们的人口骤减,牲畜也大量减少。1920年以后,奥玛人的人口数量有所恢复,牲畜也多了起来,此时,大量奥玛人改信伊斯兰教,其中主要是年轻人,他们也许也是受到了经济机会的吸引。[65]

人口的减少以及随之而来的道德堕落,可能对改宗起了重要的作用。罗马帝国在公元150年之后和墨西哥北部在公元1593年之后,都出现了大规模改信基督教的现象,丹尼尔·雷夫(Daniel Reff)在比较基础上指出了二者的相似之处。两地当时都暴发了破坏性的流行病,都有基督教人员随时准备帮助治疗疾病。在欧洲,大约8%的人死于直到公元190年才趋于平息的天花流行,欧洲人口到中世纪还在持续下降,也许下降到只有之前的一半。墨西哥的人口减少可能更为极端。在墨西哥北部,估计有75%的当地人死于流行病。在欧洲,基督徒为病人们提供了赈济、食物和住所,无论病人的地位如何。墨西哥的耶稣会使团没有很多人手,但他

们仍尽其所能地提供食物、水及"医药"。[66] 流行病是否也在其他地方起了作用?一项探究性的跨文化研究显示,通常由引入性疾病造成的人口迅速减少,是改宗的一个预测因素,尤其是在人们相信传统的神灵有能力帮助他们的时候。[67] 神灵本可以帮助人们却没有出手,人们在死亡的数量超常之时,也许会认为是神灵"失效了"。在这样的情况下,人们会改信宗教也就不足为奇了,尤其是当这种宗教的布道者是在疾病流行时没有死亡的传教士时。

复兴

在宗教漫长的历史中,既有人们强烈抵制变革的时期,也有剧烈变革的时期。人类学家对于新宗教或新教派的建立尤为感兴趣。新宗教是文化在受占主导地位的社会侵扰时可能出现的事物之一。人们用各式各样的术语称呼这类宗教运动——船货崇拜、本土主义运动、救世主运动、千禧年教派等等。华莱士认为这些都是**宗教复兴运动**的实例,这样的复兴运动致力于向文化注入新的目的及生命,以挽救文化。[68] 接下来,我们看看来自北美和美拉尼西亚的宗教复兴运动的案例。

塞内卡人与雷克的宗教

在1799年以前,纽约州阿勒格尼河(Allegheny)河畔的易洛魁塞内卡人(Seneca)保留地还是"贫穷耻辱"之地。[69] 塞内卡人因为酗酒而消沉,失去了传统上拥有的土地,因为不识字和缺乏训练而无法在新技术的环境中参与竞争。他们陷入了困境。

62. Ibid., 418.
63. Mason 1962.
64. Ensminger 1997, 7.
65. Ibid.
66. Reff 2005;也可参见 McNeill 1998 and Stark 1996。
67. C. R. Ember 1982.
68. A. Wallace 1966, 30.
69. A. Wallace 1970, 239.

19 世纪 70 年代到 90 年代，一场后来被称为"鬼舞"（Ghost Dance）的复兴运动从美国西北部向东部蔓延。人们普遍相信，如果舞步正确，鬼魂将会复活，为人们带来恢复原有生活方式的各种资源，而且在某些劫难之后，白人将会消失。图为奥加拉苏人在南达科他州的松岭印第安保留地跳鬼舞（图片来源：Frederic Remington, 1890. The Granger Collection）

在如此境况中，汉德桑姆·雷克（Handsome Lake）——一名酋长 50 岁的兄弟——看到了一系列异象。在异象中，雷克见到了创世者的使者，使者向他展示天堂和地狱，并赋予他复兴塞内卡宗教及社会的使命。在接下来的 15 年中，他为这个使命奋斗。他所建立的宗教的主要文本是《福音》（Gaiwiio），其中陈述了宗教和永恒的本质，还包括一些关于正确行为的法则。值得注意的是，《福音》既明显受到基督教贵格会的影响，[70] 又将新材料融入了传统易洛魁宗教。

《福音》的第一部分有三大主题，其中之一涉及天启的概念。汉德桑姆·雷克列出了许多迹象，信徒可以通过这些迹象看出宇宙即将毁灭。天空中将降下火雨，浓雾将笼罩大地。假先知会出现，女巫将公然施咒，来自地下世界的有毒生物将抓住并杀死拒绝《福音》者。此外，《福音》强调罪。最严重的罪包括不相信"良善之道"、酗酒、行巫术和堕胎。人们必须坦白承认并忏悔自己的罪恶。最后，《福音》能提供拯救。人若想获得拯救，就需要遵循一套行为准则，还要进行公开忏悔。

《福音》的第二部分列出了行为准则。这些准则似乎是在敦促塞内卡人学习欧裔美国人的有益做法，同时不脱离自身的文化。准则包括五个主要部分：

1. 戒酒。所有的塞内卡领袖都深知滥用酒精会导致社会失序。汉德桑姆·雷克不遗余力地向人们展现和解释酒精的危害。

2. 和平及社会团结。塞内卡的领袖们都应当搁置无意义的争论，团结为更大的社会。

3. 保护部落土地。汉德桑姆·雷克担心塞内卡人的土地会被蚕食，很有前瞻性地要求停止将土地出售给非塞内卡人。

4. 支持文化适应。虽然禁止个人拥有财产和为获利而进行贸易，但他鼓励人们学习英语，这样人们就能够阅读、理解条约，避免被骗。

5. 家庭道德。儿子应当遵从父亲，母亲则应当避免干涉女儿的婚姻，丈夫和妻子应当尊重他们婚姻誓约的圣洁。

汉德桑姆·雷克的教导似乎带领塞内卡人走向了复兴。人们戒了酒，接受教育，学习新的农耕方式。到1801年，玉米产量增加了10倍，人们引进了燕麦、马铃薯、亚麻等新作物，公共健康及卫生状况都得到很大改善。汉德桑姆·雷克在他的人民当中获得了极大的声望。他将余生贡献给了他的使命，管理行政事务，成为易洛魁人在华盛顿的代表，向邻近的部落传播他的福音。到汉德桑姆·雷克1815年去世时，塞内卡人显然已经重获新生，新宗教至少做了一部分贡献。此后不久，汉德桑姆·雷克的一些门徒以他的名义建立了教会，虽然经历了一些挫折和政治争议，但它一直留存到今天。

虽然许多学者认为，是文化压力催生了新兴宗教运动，但我们仍有必要探究具体的文化压力是什么，需要多大的文化压力才会催生新的运动。不同种类的压力会催生不同种类的运动吗？运动的性质是否取决于已经存在的文化元素？接下来，我们来看看关于1885年以后出现在美拉尼西亚的千禧年船货崇拜起因的理论及研究。

船货崇拜

船货崇拜（cargo cult）之所以被认为是宗教运动，是因为信徒"对超自然的极乐时期的来临有着期待和准备"。[71] 因此船货崇拜的一个明确信念是，某种具有解放作用的力量，将带来人们所期望的所有西方货品（"西方货品"在皮钦英语中是cargo）。例如，在1932年左右所罗门群岛的布卡岛（Buka）上，一个船货崇拜教派的领袖预言，大潮将把村庄冲走，同时会驶来一艘满载着铁、斧子、食物、烟草、汽车及武器的货船。于是人们停止了在园地中的劳动，开始为期待中的货船建造船坞及码头。[72]

什么可以解释这种狂热的崇拜呢？彼得·沃斯利（Peter Worsley）认为，存在压迫是催生船货崇拜及一般的千禧年运动的重要因素——美拉尼西亚人面临的主要是殖民压迫。他认为，美拉尼西亚人对压迫的反应之所以是宗教形式而非政治形式的，是因为这是将原本没有政治凝聚力的人团结到一起的方法，当地人原本生活在相互隔离的小型社群中。[73] 还有一些学者，比如戴维·阿伯利（David Aberle）认为，要解释船货崇拜的起源，相对剥夺感是比压迫更为重要的因素；当人们认为自己能够获得更多，但所获得的却比过去少，或者比其他人少时，他们也许就会被新的教派吸引。[74] 与阿伯利的总体阐释相一致，布鲁斯·克瑙夫特（Bruce Knauft）对船货崇拜的比较研究显示，船货崇拜在那些此类崇拜出现的前一年里与西方文化接触越来越少——可以预想能接触到的有价值货物也越来越少——的美拉尼西亚社会中十分重要。[75]

宗教激进主义

一些学者认为，宗教激进主义的一个主要属性是对经文采取字面阐释。但近来的学者提出，宗教激进主义运动需要被理解为更广泛的宗教或政治运动，这样的运动是在回应现代世界迅速变化的环境。基于这种更广的视角，我们看到许多宗教中都发生了宗教激进主义运动，包括基督教、犹太教、伊斯兰教、锡克教、佛教及印度教。尽管每个运动的内容各不相同，但理查德·安东（Richard Antoun）认为宗教激进主义运动有以下共同点：选择性地使用经文作为某种确定性的证明或证据；在被视为不纯洁的世界中追求纯洁及传统价值观；积极反对被

---

70. 贵格会成员长期与塞内卡人比邻而居，也是他们信赖的顾问，贵格会成员费了很大力气，希望影响塞内卡人的宗教、原则和态度。
71. Worsley 1957, 12.
72. Ibid., 11, 115.
73. Ibid., 122.
74. Aberle 1971.
75. Knauft 1978.

视为放纵的世俗社会，反对政教分离的民族国家；利用某些现代元素，比如电视，来宣扬运动的目标。[76]

看起来，宗教激进主义运动确实与文化变迁特别是全球化带来的焦虑和不确定有关。很多国家中的许多人反感新的行为及态度，因此用提倡原有习俗的方式进行反击。如朱迪斯·纳格塔（Judith Nagata）所言，宗教激进主义试图"在不确定的世界中寻找确定性"。[77] 在 19 世纪末的美国，国家的工业化和城镇化程度日益提升时，移民群体大量涌入国门，新教激进主义（基要主义）也日益兴盛。基要主义者大力抨击外来影响，批评人们不再将《圣经》当作道德行为准则的现象，也反对进化论，他们还说服国家禁止销售酒精饮品。现代的一些宗教激进主义运动似乎是在回应另一种对社会秩序的挑战——西化程度增加。西化最早可能是伴随着殖民统治出现的。随后，接受西方教育的本土精英可能进一步推进西化。[78] 安东认为，宗教激进主义运动会特意推行某些实践，因为知道这会激怒世俗的反对者。[79] 不幸的是，在当下的语境中，西方人往往将宗教激进主义等同于伊斯兰教。但从历史上看，在文化发生迅速变迁的时期，所有的宗教都发生过激进主义运动。

如果不久前的历史和更久远的过去能有一定的指导意义，那么可以预计，宗教信仰及实践会定期经历复兴，尤其是在压力重重的时期。与全球化有关的变迁似乎会与激进主义运动的兴起相伴。有些矛盾的是，全球化促进了世界宗教的传播，也在世界各地激发了人们对萨满等不同于主流宗教的宗教的兴趣。因此，我们的世界应该仍然能保持宗教多样性。

小结

1. 宗教是与超自然力量相关的态度、信仰与实践。同一文化内部可能有不同的信仰，不同社会和不同时期的信仰也可能不同。

2. 所有已知的文化显然都有宗教信仰，从与生活在至少 6 万年前的智人有关的人工制品推测，当时的人类也有宗教信仰。

3. 解释宗教普遍性的理论认为，宗教是人类创造的，是对普遍存在的某些需求或状况的回应，包括理解的需要、向童年感受的回归、焦虑与不确定性、对群体的需要。

4. 宗教信仰多种多样。不同社会中的人们相信的超自然存在的数量和种类各不相同。有些是非个人的超自然力量（如马纳和禁忌），有些是源于非人类的超自然存在（神和灵），还有些是源于人类的超自然存在（鬼魂和祖灵）。一个社会的宗教信仰体系可能包括这些超自然存在的某部分或全部。

5. 神和灵可能可以预测，也可能无法预测，它们可能不关心人类事务，也可能很关心人类事务，它们可能帮助人，也可能惩罚人。在某些社会，所有的神都是平等的；在另外一些社会，神的威望和权力存在等级，就像那些社会里的人一样。

6. 一神论的宗教有一位至高神，是创世者或万物的主宰（或两者都是）；其他超自然存在要么从属于这个神灵，要么是最高神显灵时的替身。对最高神的信仰常见于政治发展程度较高的社会。

7. 人们在无知、痛苦、生活不平等的状态下，常常会用神对人类事务的干预来解释事件。人们寻求神的干预，也可能是希望借助神的力量达到自己的目标。在财富很不平等的社会中，人们更有可能相信神明会惩罚不道德的行为。

8. 人们使用各种方法试图与超自存在沟通，包括祈祷、服用药物或用其他方法对身体及心灵造成影响、模拟、宴席和献祭。

9. 一些人相信通过自身的行为能强迫超自然存在以某种他们期望的方式行动，人类学家将这样的信念

对更美好世界的渴望可能是宗教的吸引力之一

当今美国有很多宗教，而且会定期出现常被戏称为膜拜团体（cult）的新教派（sect）。我们很少有人认识到，当今世界的主要宗教在最初时几乎都是占少数的教派。实际上，一些确立已久、声望很好的新教教会，最初被认定为激进的社会运动。例如，我们现在知道的联合基督教会（United Church of Christ），包括了最初在英格兰由激进分子创立的公理会（Congregational Church），他们希望由地方会众掌握教会的管理权。很多这类激进分子成了我们所说的清教徒，逃到了新大陆。他们的信仰是激进主义的。例如，直到 19

世纪 20 年代，美国康涅狄格州公理会主导的城镇，仍然禁止在教堂之外庆祝圣诞，因为《圣经》中没有提到这种庆祝方式。如今，公理会已经是最自由的新教教派之一。

今天的大部分新教教派，包括一些非常保守的教派，在刚建立时都是旨在让世界更美好的激进教派，对此我们不应该惊讶。毕竟，Protestant（抗罗宗信徒、新教教徒）正是因此得名。起初，他们只是反对罗马和天主教会。之后，发展出了反对教会和政府的等级制度的教派。需要记住的是，基督教本身就是从罗马帝国腹地的一个激进群体发展起来的。所

以，新的教派或膜拜团体不仅是宗教运动，也很可能是政治、社会运动。我们在讨论宗教运动时提到过"千禧年"（millennium），这个词指的就是一个人们渴望或期待的未来，那时人类生活和社会都将变得完美，没有烦恼，世界将变得繁荣、幸福、和平。今天，让世界变好的愿望未必是在宗教的启发下产生的。一些希望世界更好的人相信，只靠人类自己就能实现这个愿望。

我们要如何给这种希望世界更好的愿望归类呢？其想象的世界可能是过去曾经存在的，我们是否要因此称其为"保守"？如果想象的世界尚未来到，

相信能够实现那样的世界是不是属于"激进"？或许，对更美好世界的渴求，既不是保守的，也不是激进的。也可能只是人们不满意现状，希望能够在神明的帮助下或只靠人类自己做些什么来改善现实。人们相信，无论"千禧年"会怎样到来，它都将和现在不同，而且比现在更好。

因此，千禧年观念，以及新教派和新宗教的产生，都可以理解为人们的愿望。人们有哪些愿望？在不同的文化中，人们的愿望是否不同，为什么？这些愿望是普遍的吗？它们怎样才能实现？

（资料来源：Stark 1985; Trompf 1990.）

及相关实践称为巫术。巫法和巫技都试图操纵灵去害人。

10. 几乎所有社会都有兼职或全职的宗教或巫术从业者。最近的跨文化研究表明，宗教从业者主要包含四种类型：萨满、巫师、灵媒和神职人员。在文化复杂程度不同的社会中，宗教从业者类型的数量可能不同：复杂的社会拥有更多类型的宗教从业者。

11. 在宗教的历史中，既有强烈抵制变革的时期，也有剧烈变革的时期。也许最为激烈的变化是改宗，尤其是当大量人口在传教士或其他宗教劝导者的劝说下信仰一个全新的宗教时。在一些土著社会，文

化接触导致原有社会结构瓦解，人们的无助感增加，精神日益颓废。宗教复兴运动试图让这些社会恢复之前的信心和繁荣。近来，宗教激进主义运动盛行。宗教变迁，尤其是剧烈的变迁，并不是在真空中发生的，而是往往与经济、政治、人口等其他方面的剧烈变迁联系在一起。

76. Antoun 2001.
77. Nagata 2001.
78. Antoun 2001, 17 – 18.
79. Ibid., 45.

第二十六章

艺术

很多社会并没有一个专门的词来指代艺术。[1] 这也许是因为艺术往往是宗教、社会、政治生活中密不可分的一部分，尤其是在专门化程度较低的社会中。实际上，我们讨论过的文化的其他方面——经济、亲属关系、政治、宗教——也无法轻易与社会生活的其他方面分离开。[2]

迄今为止发现的最古老艺术来自南非的洞穴。那里发现了距今超过 7.7 万年的雕刻的红赭石。在澳大利亚，7 万年前到 6 万年前的人们在岩棚和悬崖壁上绘画。而在南非、西班牙和法国，2.8 万年前的人们岩石板上绘画（参阅专题"岩石艺术：保留一扇窥探过去的窗户"）。显然，艺术是人类文化的古老组成部分。我们说那些最早的绘画是艺术，但"艺术"到底是什么意思呢？用石头制作矛头、用骨头制作鱼钩，显然都需要技术和创造力。但我们并不称它们为艺术。为什么我们会觉得一些东西是艺术而另一些不是呢？

艺术的某些定义强调其激发作用。从艺术创作者的角度来讲，艺术表达了他们的情感和思想；从艺术观赏者或参与者的角度来讲，艺术能引起情感和思想上的共鸣。创作者和观赏者的情感和思想可能相同，也可能不同。情感和思想可以通过各式各样的方法来表达——素描、绘画、雕刻、编织、人体装饰、音乐、舞蹈或者故事。艺术作品或艺术表演意在激发感官，搅动观看者或参与者的情感。它会激发各种情绪，比如愉快、敬畏、厌恶或者恐惧，但通常不会引起冷漠。[3]

1. Maquet 1986, 9.
2. R. L. Anderson 1989, 21.
3. R. P. Armstrong 1981, 11.

但是，光强调艺术的激发作用，我们会很难比较不同文化中的艺术，因为在这个文化里有激发作用的艺术，在另一个文化中可能就不起作用。比如说，一个文化里的幽默故事，在另一个文化中可能不那么好笑。因此，大部分人类学家都认同，艺术不单单是个体表达或传递情感和思想的尝试。艺术中还有一些文化的模式或意义，不同社会有不同的代表性艺术种类和风格。[4]

艺术活动部分是文化活动，涉及共享的和习得的行为模式、信念和情感。美国文化是怎么定义艺术的呢？美国人倾向于认为任何有实际作用的东西都不是艺术。如果一个篮子有一个未必有实用功能的设计，美国人就可能认为它是艺术，尤其是当它放置在一个架子上的时候；但当这个篮子装上面包后放在桌子上时，美国人可能就不觉得它是艺术了。实际上，其他许多社会并不会做这种区分，可见美国人对艺术的观念也是有文化成分的。居住在太平洋西北地区的美洲土著精心雕刻的图腾柱，不仅是房屋居住者世系的标志，而且也是房屋本身的重要支柱。[5]艺术活动在一定程度上是文化的，这一点在比较不同社会文化的人如何对待外屋装饰的时候尤其明显。大多数北美人都认同，可以用画来装饰在房屋内部——将画作、印刷的图片或照片挂在墙上。但他们并不认同在房屋外墙上作画，而太平洋西北地区的美洲土著经常这样做。

在美国社会，人们仍旧认为作品必须是独一无二的才能被称为艺术。这显然与美国人强调个人是相一致的。然而，不管多么强调艺术家的独特性和创造性，他们创造的艺术作品仍然在一个合理的变化范围内。艺术家们和我们沟通，需要通过一种我们能接受或至少能试着接受的方式。很多时候，如果艺术家希望社会大众能接受他们的艺术，那他们创作时就需要遵循某些通用的表达风格，这些表达风格是其他艺术家或评论家已经确立的。艺术家需要有独创性，这样的观念是一种文化观念；在一些社会里，比起独创性，人们更看重能复刻传统模式的能力。

因此，艺术可能有以下几个特征：艺术既是沟通也是表达；艺术能刺激人们的感官，影响他们的情绪，激发他们的想法；艺术的产生需要遵循一定的文化模式和风格；艺术具有文化含义。另外，部分人被认为比其他人更擅长艺术。[6]艺术并不要求艺术创作者是全职的艺术专家；民族志记载中的很多社会都没有全职的专家，不管是哪种专家。虽然在一些社会里，每个人都或多或少地参与一些艺术行为（如跳舞、唱歌、人体装饰），但通常人们还是会认为，一部分人拥有高于常人的艺术技巧。

为了展现艺术表达的跨文化差异，我们先来讨论人体装饰和装饰品。

人体装饰和装饰品

在所有的社会里，人们都会修饰或装饰他们的身体。有些装饰是永久性的——疤痕、文身或者改变人体某部分的形状。有些装饰是暂时性的，如各种彩绘或者增加诸如羽毛、珠宝、皮草和衣服等实用意义不很大的物件。许多这种装饰都有审美动机，当然，不同文化的审美观会有一定的差异。装饰形式取决于文化传统。人体装饰形式多样，包括印度某些妇女刺穿鼻子的装饰、中非地区芒格贝图人（Mangebetu）拉长的脖子、北美男女的刺青、南美地区卡杜浮人（Baduveo）的身体彩绘，以及在几乎每种文化里都能发现的各种装饰。

除了满足审美需求，人体装饰还能用于在社会内部表明社会地位、社会阶层、性别、职业、地方和族群身份、宗教信仰等信息。伴随着社会分层，出现了宣示地位的视觉手段。国王头上的象征性光环（王冠），英国绅士身上的猩红色猎装，美洲土著酋长羽毛头饰上的鹰羽，印度王公身上的绣花金衣，在他们各自的社会里，这些都是得到认可的崇高身份的象征。十字架或大卫之星形状的珠宝，表示佩戴者可能是基督徒或犹太人。服装能将神父、修女或某个教派的成员（比如阿米什人）与其他人区分开来。

有些人体装饰带有明显的性爱意味。女性通过装饰身体上的性感带来吸引别人的注意力，如涂上口红或戴饰品——耳环、耳后的鲜花、项链、手镯、脚镯或腰带。男性也会想办法获得关注，方法如蓄须、文身、戴上朝上的阴茎护套（在一些裸体社会里）等。只要看看过去300年里欧洲和北美洲的女性审美时尚趋势，就能认识到人体装饰的性挑逗意味，比如对紧箍的细腰、肥硕的臀部、宽大的裙撑、丰满的胸部、精致的妆容和露胸衣裙等的追求。为什么有些社会看重女性的性感装饰，而另一些社会看重男

性的性感装饰，对此我们还不能很好地解释。

人体装饰的类型可能有政治意义。波利尼西亚人用永久性的文身装饰身体。例如，在美属萨摩亚群岛，根据文身的不同能区分出掌权阶级和平民。带状和条纹状的图案只有地位很高的人能用，地位低的人只能用实心黑色图案来文身，而且文身的范围只能是在腰至膝盖之间。在统治阶级内部，男性腿上的倒三角文身的数量，明示了他在等级中的位置。因为文身是永久性的，所以文身这种人体装饰形式适合有世袭社会阶层的社会。相比之下，在美拉尼西亚，通常社会中领导者"大人物"的身份是可以流动的，美拉尼西亚人用彩绘来装饰身体，这些彩绘并不持久，在很短的一段时间内或洗澡一次后就会消失。[7]

人们对身体装饰的热衷似乎是非常普遍的。我们注意到不同社会的人对如何装饰他们的身体有不同的想法。我们同样意识到各种人体装饰的做法给我们带来很多疑问，而这些疑问我们目前都解答不了。为什么人们会在身体上留下永久性的标志，如划破皮肤留疤、缠足、拉长耳朵和脖子、改变头颅的形状、刺穿耳朵和鼻中隔、将牙齿挫平？为什么不同社会的人为了性感或其他原因，那么热衷于用装饰、彩绘或其他方法来装饰身体的不同部位？为什么有些人也热衷于装饰自己宠物的身体呢？比如给长卷毛狗做发型，给马鬃编辫子，给他们的宠物带宝石项圈、涂指甲油、穿衣服、戴帽子，甚至是穿靴子。

解释艺术的差异

在美国社会里，人们强调艺术家的自由，并因

---

4. R. L. Anderson 1990, 278; R. L. Anderson 1992.
5. Malin 1986, 27.
6. R. L. Anderson 1989, 11.
7. Steiner 1990.

应用人类学

岩石艺术：保留一扇窥探过去的窗户

如果说古老文化或祖先文化中的艺术能反映该文化关注的事物和思想，如果我们试图理解当时的艺术创作者的想法，那么从前的艺术及其周围的环境就需要尽可能地保持原貌。有一种古老的艺术形式经常被人发现，人类学家称之为"岩石艺术"，它主要是在露天悬崖和洞窟里发现的线刻和彩画作品。最著名一些的岩画作品在欧洲，距今大约 3 万年，还有很大一部分岩石艺术遗址处境非常危险，需要得到保护。

不同于一幅油画或一件装饰品这种单体艺术，岩石艺术是周围环境的一部分，周围的环境和岩石艺术本身一样重要，都需要被保护起来。对这些地区的发掘能获取很多信息，它能让我们得知这些线刻和彩画作品的创作时间，还能告诉我们当时人们是怎么创作它们的，以及为什么要创作它们。例如，在一个法国的洞窟里，通过对上面木炭痕迹的分析，人们发现当时的艺术家们先是生火制作木炭，再用它们来画画。在蒙大拿州的另一个洞窟里，人们发现彩画痕迹下面有一些植物的花粉。所发现的大部分植物都具有药用价值，这些花粉表明了萨满的医药包里可能有些什么。对那些岩石艺术的创造者的后代们进行访谈也非常重要。人类学家经常从他们身上学到很多令人惊讶的知识。例如，在澳大利亚的爱丽斯泉（Alice Springs）附近，一些树木枝干伸到了岩石艺术作品附近，对其的保存造成一定威胁，岩石艺术保护者因此想对树枝进行修剪。当地土著中的长者为此感到十分惊恐，因为在当地的信仰中，这些树木被认为是亡者灵魂的栖居之所，修剪它们会带来灾难。

虽然一些自然力可能会对岩石艺术构成威胁，但最大的威胁还是来自人类。与欧洲人接触引发的宗教变迁，导致土著居民对古老的神圣遗址越来越不关心，因此针对发展计划的抗议也少了。对一些原本与世隔绝的遗址进行旅游开发，将带来更多的破坏，包括游客们的随手涂鸦，或是非法的复制和拍照等。虽然有些讽刺，但以岩石艺术为中心建立公园可能有助于保护它们。

增进公众对岩石艺术的了解，是促进自然环境中岩石艺术保护的重要手段。虽然在岩石艺术原始的自然环境中，我们只能用肉眼来观察它们，但是借助现代科技手段（全息图、激光记录、三维成像等）和计算机辅助设备，制作实物大小的复制品成为可能，比起去往难以进入的洞窟，公众能看到更多作品。这些复制品和图像也给人类学家和其他社会学家提供了欣赏和研究学习的素材。在公共设施（博物馆、公园）里，能让游客们见识到岩石艺术的展览越多，人们就会越重视岩石艺术。不管是不是人类学家，我们都会被这些古老的艺术作品深深吸引。我们会去试图想象这些艺术家的创作动机。如果我们能重建这些创作动机，它们或许能给我们自己的艺术创作一些启示，比如我们为什么会选择那些主题和技巧，为什么会画出那样的"涂鸦"。

岩石艺术的考古学背景能帮助我们更好地理解它们。我们通过应用人类学，告诉人们如何更好地保护岩石艺术，岩石艺术是无价的遗产，也是关于过去人类的重要的知识来源。

（资料来源：Clottes, 2008.）

此认为艺术形式是可以完全自由地变换的。但这种对艺术唯一性的强调模糊了一个事实：不同的文化不单是使用或强调不同的材质，拥有不同的审美观，还有不同的代表性风格和主题。当我们见到不同于自己文化中的艺术的艺术时，我们能很轻松地分辨出它们的不同之处；而当我们关注自己文化中的艺术时，就比较难发现它们的相似之处。以舞蹈风格为例，美国人会认为 20 世纪 40 年代的舞蹈风格与现代的舞蹈风格完全不同。也许局外人才能看清，在美国文化中，跳舞的形式是成双成对的，而不是像"民间舞蹈"那样一大群人排成一队或围成一个圈来跳。还有，在美国文化里，男性和女性跳舞时是一起的，而不是各自分开的。此外，美国的流行音乐仍有节拍或节拍的组合，仍在使用很多种过去使用的乐器。

但是，这些形式和风格的相似之处从何而来？最近很多关于艺术差异的研究都支持这样的观点：视觉艺术、音乐、舞蹈、民间文学的形式和风格多是受到该文化其他方面的影响。一些心理人类学家走得更远，他们认为艺术就像宗教一样，表达了所在文化中人们典型的感受、焦虑和经验。而典型的感受和焦虑又受到儿童养育、经济、社会组织和政治等基本制度的影响。

一个社会偏好的艺术物质形态可能反映了这个社会的生活方式。例如，理查德·安德森（Richard Anderson）指出，有流动传统的族群，比如昆人、因纽特人和澳大利亚土著居民，其艺术通常是可以携带的。[8] 歌曲、舞蹈和口头文学在这些社会里都很重要，它们都非常易于携带。这些社会中的人只会精心装饰那些他们能带走的有用的物件——如因纽特人的鱼叉，澳大利亚土著居民的回旋镖，昆人用作"餐具"的鸵鸟蛋。但他们并没有像雕塑这样的大件艺术作品，也没有精心制作的服饰。那么，他们的社会里有没有艺术家或艺术评论家呢？虽然在小规模社会中，也有一些人比其他人的艺术能力更高，但专职艺术家，以及艺术评论家或理论家，往往只存在于劳动分工明确的复杂社会里。

视觉艺术

也许艺术作品反映我们生活方式的最简单手段是模仿环境——文化能利用的材料和技术。岩石、木材、骨头、树皮、黏土、沙子、木炭和用来染色的浆果，以及一些矿物赭石，都是常见的可获得的材料。另外，根据各自所在的地理位置，各个文化也能获得其他资源，如贝壳、犄角、象牙、金、银、铜等。人类学家对各个社会使用这些材料的不同方式很感兴趣，例如，人类学家可能会问，当黏土和铜都能获得的时候，为什么某个社会选择使用黏土而不是铜。虽然我们对此还没有非常肯定的答案，但探讨类似问题意义重大。一个社会对其自身生存的环境的态度，经常会体现在对艺术作品材料的选择和使用中。例如，某些金属会被用来制作具有重要意义的仪式用具。或者，相信某块岩石或某棵树木具有超自然能力，能让一个雕塑家面对这些材料时更有灵感。[9]

非洲传统的政治制度多种多样，从最为复杂的中央集权的王国，到以村落或分支世系为基础、领导权短暂或秘密（与秘密会社有关联）的制度都有。能隐藏身份的面具多见于非集权的社会，能体现崇高地位的王冠或其他头饰在王国中很常见。在尼日利亚东部非集权制的伊博人社会里，村庄里的男青年批评长者的行为时，通常会戴上面具。在非洲中部曾经的恩戈约（Ngoyo）王国里，标志国王身份的是他的特殊帽子，以及特制的三腿凳。

对人类学家来说，一个很有意义的认识是，虽然可用的材料在一定程度上限制或影响了艺术创作，但材料并不能起决定作用。为什么日本社会的艺术家把沙子耙成各种图案，纳瓦霍社会的艺术家在沙上涂上颜色来作画，而罗马社会的艺术家则将沙子熔化制成玻璃呢？此外，即使不同社会用同样的方法使用相同的材料，不同文化的艺术作品还是从形式到风格都有巨大的差异。

一个社会可能会选择去表现那些对民众或精英有重要意义的物品或现象。从中世纪的艺术中，我们能看到中世纪的人们对神学教义的重视。除了反映社会最关注的事物，一个社会的艺术作品的内容还可能反映该文化的社会分层情况。艺术作品往往

8. R. L. Anderson 1990, 225 – 226.
9. Sweeney 1952, 335.

同样的材料在艺术上有不同的使用方式。在日本（左图），沙子多被艺术家用耙子堆塑成各种图案。在澳大利亚的北领地（右图），延杜穆人（Yuendumu）将沙子染色绘画（图片来源：左图 Jack Fields/Photo Researchers, Inc.; 右图 © Charles & Josette Lenars/CORBIS, All Rights Reserved）

突出表现权威人物。在古代的苏美尔社会的艺术作品中，最高统治者的形象明显比随从们要高大，最有威望的神明会有极大的眼睛。此外，不同的着装和珠宝样式也会反映社会的不同等级。

艺术史学家一直认为，一个社会的艺术可能与文化的其他方面存在着某种关联。由于欧洲艺术长时间以来都是具象风格，因此人们的注意力往往集中在艺术的内容。但艺术的风格可能反映了文化的其他方面。例如，约翰·费希尔（John Fischer）考察了艺术的风格特征，其目的是发现"在某些艺术特征和某些社会情境之间的某种有规律的联系"。[10] 他认为艺术家们表达的是对社会的美好想象。换句话说，在一个稳定的社会里，艺术家们会对社会中能给人和社会带来安全感或愉悦感的情境做出反应。

费希尔假定"图案设计中的形象化成分从一个心理层面上说是抽象的，主要是对社会中的人们的无意识表现"，[11] 他推断说，平等社会往往拥有与分层社会不同的风格要素。平等社会多由自给自足的小规模群体组成，这些群体结构相似，人与人之间差异很小。相比之下，分层社会多由规模较大、相互依赖程度较深、差异性更大的群体组成，不同的人在声望、权力和获得经济资源的机会方面差异很大。费希尔从一项跨文化研究入手，提出了关于哪些设计元素与社会等级强相关的假说。表 26-1 总结了他的研究结果。

例如，简单元素的重复多见于平等社会的艺术，这些社会的政治组织程度很低，没有什么权威人士。如果每个元素都是对社会中个体的无意识表现，那

表 26-1　平等社会和分层社会的艺术差异

平等社会	分层社会
简单元素的重复	不同元素的整合
有不相关或空白的空间	很少空白的空间
对称设计	不对称设计
不封闭的图形	封闭的图形

（资料来源：基于 Fischer 1961）

么重复的设计元素可能就是对彼此相似的人们的表现。相比之下，不同设计元素组合成的复杂图案多见于分层社会的艺术，这种图案可能反映了此类社会中高度社会分化的情况。[12]

按照费希尔的理论，平等社会中图案的空白部分是对该社会相对孤立状态的表现。平等社会通常是小规模和自给自足的，因此更倾向于与外部世界隔绝，人们喜欢在群体内部寻找安全感。相比之下，分层社会中的图案往往没有什么空白。等级社会并不希望内部的个体或社群相互隔离，因为这种社会内部的个体或社群应该相互依赖，理想状态下，每个社会层级都应该服务于更高的社会层级，同时帮助在其以下的社会层级。就如费希尔所说，在不靠避免陌生人来获得安全感，而靠"通过支配或臣服（视力量对比情况而定）将陌生人纳入等级体系"来产生安全感的社会中，一般而言，其艺术作品图案上的空白部分很少。[13]

对称是与社会类型有关的第三种风格特征。与第一种风格特征和社会类型的联系相似，对称表现的可能是相似性或近乎平等，非对称表现的可能是差异性，也许还有社会分层。第四个值得关注的风格特征是封闭或不封闭的图形，也就是艺术作品中的"框架"。是否存在封闭图形或边界，也许能体现社会中是否存在等级制度强加的限制个人行为的规则。不封闭的图形可能反映出人们可以自由获取大多数财产；在平等社会里，人们并不知道将一块土地用栅栏围起来只供一人使用的做法。在分层社会的艺术里，边界或封闭图形可能体现了私有财产观，也可能是对不同阶级的人在衣着、职业、允许食用的食物种类、礼仪规矩等方面差异的象征性表现。

有些古代社会只留下了一些陶器残片、少数工具或绘画作品，费希尔等人的研究为人类学家提供了考察评估这类社会的新工具。如果艺术真的能反映文化的某些方面，那么研究某个人群留下的艺术作品，可能有助于验证我们基于更普通的考古材料做出的猜测是否准确。例如，即使我们无法从古典希腊作品中得知古希腊在公元前750年至公元前600年间社会分化程度加深了，我们也应该能从不同时期雅典陶瓶装饰风格的变化推断出社会的这种变化。与费希尔的跨文化研究结论一致，雅典社会的分层程度加深时，陶瓶的图案也变得更加复杂、紧凑、封闭。[14]

音乐

第一次听到其他文化的音乐时，我们常常不知道怎么理解。我们可能会说，它对我们没有任何"意义"，却意识不到我们对音乐"意义"的认识是带有文化预设的。我们能接受的变化范围，我们认为什么样的音乐对我们有"意义"，主要是由文化决定的，其他艺术也是如此。即使是受过专业训练的音乐学家，在第一次听到来自不同文化的音乐时，也很难辨别出其中音调和节奏的微妙不同，而该文化的成员却能轻易地辨识出来。这个困境和语言学家遇到的困境很相似，刚接触一种外国语言时，语言学家也很难一下子区别出该语言中的音位、词素和其他言语模式。

在不同社会中，不单是用于演奏的乐器不同，音乐本身的风格也有很多差异。例如，在一些社会里，人们喜欢节拍始终如一的音乐；但在另一些社会里，人们喜欢节拍变化的音乐。歌唱风格也各有特点。在一些地方，不同人唱不同声部是惯例；在另一些地方，人们则习惯所有人用同样的方式齐唱。

10. Fischer 1961, 80.
11. Ibid., 81.
12. Peregrine 2007b 也发现复杂社会中的陶器往往采用非重复性的复杂纹样。
13. Ibid., 83.
14. Dressler and Robbins 1975, 427 – 434.

古希腊陶瓶纹饰的变化，体现出社会分层程度加深与不同元素的整合、更紧凑繁复的设计有关。左边陶瓶的年代大概是公元前1000年，当时的社会分层还不明显。右边陶瓶的年代估计在公元前750年至公元前600年之间，当时是希腊社会分层程度最深的时期（图片来源：左图 © The Trustees of the British Museum, London, United Kingdom；右图 © Araldo de Luca/CORBIS, All Rights Reserved）

　　音乐的差异是否和其他艺术形式的差异一样，能反映出文化的其他方面？通过对来自全世界各社会超过 3 500 首民歌的跨文化研究，艾伦·洛马克斯（Alan Lomax）和他的合作研究者发现，歌曲的风格似乎随着文化的复杂程度不同而不同。下文将谈到，洛马克斯等人的发现与费希尔关于艺术差异的发现很相似。

　　洛马克斯和他的合作研究者发现，歌曲风格的一些特征可能与文化的复杂程度相关。（被归类为复杂程度较高的社会往往有更高的食物生产技术水平，有社会分层，政治整合程度也更高。）例如，歌词多，歌唱时发音清晰，往往是复杂社会的特征。这种相关性是符合常理的：一个社会越依赖言语信息，比如需要给工作下达复杂的指令或解释法律中的不同要点，用清晰的吐字发音来传递信息就越有可能是该文化的特征。而在狩猎采集者的游群中，人们很清楚自己在生产中的角色，不需要复杂指令就能完成任务，他们的歌曲可能会以无歌词的乐句为主，比如"特—啦—啦—啦—啦"之类。他们的歌曲没有明确的信息，使用本身能带来愉悦感的声音，有很多重复，吐字发音比较含糊放松。[15]

　　在美国社会中，也能发现从重复或无歌词乐句发展到包含大量词句的歌曲的例子。完全由重复构成的歌曲，最容易想到也最普遍的例子是随意吟唱的摇篮曲，母亲可能会以即兴的曲调，对着婴儿重复吟唱一些能让人感到放松的音节。但这种类型的歌曲不是美国社会的典型音乐。在美国人常唱的歌曲中，虽然有些乐句没有歌词，但很少有整首歌都没有歌词的。通常，无歌词的乐句都是穿插在有信息的乐句之间作为间歇，比如：

> Deck the halls with boughs of holly,
> Fa la la la la,
> La la la la.

　　（我们用冬青枝装饰厅堂／发啦啦啦啦／啦啦啦啦。）[16]

　　在研究音乐差异与文化复杂程度的相关性时，洛马克斯还发现，歌曲声部的复杂程度与社会的复杂程度一致。在领导权是非正式的和暂时的社会中，作为社会平等的象征，人们可能会采用"连锁式"（interlocked）的歌唱风格。在一个群体里，每个人都独立地唱，彼此间没有什么不同。而在领导者有声望但没有实权的等级社会里，歌曲的风格往往是一开始有"领唱"，但很快其他人的声音就会盖过领唱。在领导者握有实权的分层社会中，人们在合唱时，会有一个明确的领唱角色，其他人的角色则是"响应"。分层复杂的社会的合唱，各个声部是区别开来的，其他歌唱者要听从独唱者。

洛马克斯还发现，**复调音乐**（两个或两个以上的旋律同时进行）和女性高度参与食物获取的情形有关。在女性对食物的贡献达到或超过一半的社会里，歌曲更有可能包括两个或多个同时进行的旋律，唱高声部通常是女性。此外，

> 对位（counterpoint）一度被认为是欧洲高雅文化的发明。但是，在我们的研究样本中，对位最常见于简单生产者特别是采集者社会中，在这样的社会里，妇女提供了大部分食物。对位乃至复调音乐，可能是很久以前女性的发明。……在采集者、早期园圃种植者和园圃种植者中，妇女为生计做出了很大的贡献。我们发现这样的社会最常发展出复调式的歌唱。[17]

在妇女对食物生产贡献不大的社会里，歌曲通常只有一个旋律，而且多由男性歌唱。[18]

在一些社会里，人们的生存和社会福利有赖于整个群体一致的努力，在这样的文化里，歌唱方式更趋向于有凝聚力。也就是说，紧密的工作小组、采集或收获小队，以及自愿为家庭或社群工作的亲属团体，似乎会在唱歌时把音调和节奏都协调到一起，以表达他们的凝聚力。

音乐上的另一些差异也许可以用儿童养育方面的差异来解释。例如，研究者开始探索，是不是可以用儿童养育来解释，为什么一些社会中的人喜欢并创作节拍有规律的音乐，另一些社会中的人更喜欢没有固定节拍的自由节奏音乐。一个假说是，音乐中规律的节拍是对心脏有规律跳动的模仿。胎儿在子宫里待了9个多月，感受着母亲每分钟大约80次的心脏跳动。此外，母亲经常用有节奏的方式来安抚哭闹的婴儿，比如轻拍婴儿的背部或轻轻摇晃婴儿。但是，儿童对规律的节奏有积极的反应，并不意味着他们对节奏的感觉完全来自规律的心跳声。事实上，假如在子宫里的那几个月就足以让人建立起对心跳的节奏的偏爱，那么每个孩子都会同样受到规律节奏的影响，所有社会中的音乐里都会有一样的节奏。

芭芭拉·艾尔斯（Barbara Ayres）认为，一种文化的音乐中规律节奏的重要性，主要在于这种节奏的习得奖励价值（acquired reward value），也就是这种节奏与安全感或放松感之间的联系。在关于这种可能性的跨文化研究中，艾尔斯发现，一个社会带孩子的方式与该社会创造的音乐节奏类型有很强的相关性。在一些社会里，母亲或姐姐会用背巾、背带或披巾将小孩背在身上，有时持续两三年，于是，在一天的大部分时间里，小孩与她们保持身体接触，也会习惯她们有规律的步行节奏。艾尔斯发现这种社会中的歌曲节奏一般比较有规律。如果一个社会通常是将小孩放在摇篮里或用皮带固定在摇篮板上，那么该社会的音乐就会有更多的不规律的节奏或完全自由的节奏。[19]

为什么有些社会的音乐音域很广，另一些社会则并非如此？艾尔斯也研究了这个问题，她推测这

15. Lomax 1968, 117 – 128.
16. Words from "Deck the Halls", printed in the Franklin Square Song Collection, 1881.
17. Lomax 1968, 166 – 167.
18. Ibid., 167 – 169.
19. Ayres 1973.

当前研究和问题
面具是否以普遍的方式表现情感？

人类学家记录了不同文化中艺术风格和形式的差异。但尽管有这些差异，某些艺术形式似乎能在不同的文化中以相似的方式表现情感。例如，对不同文化中面具的研究就支持这样的结论：面具和脸一样倾向于按照同样的方式表现某些情感。面具多用在宗教仪式和表演里。戴面具不仅是为了遮住戴面具者的面容，更主要的是为了引发观众强烈的情感，包括愤怒、恐惧、悲伤、欢乐等。你可能会想，既然不同文化的很多事情都有差异，那么在面部表现情感和辨识表现在面部的情感的方法可能也会有所不同。但最近的研究表明，差异没有想象中那么大。

这项关于面具的研究主要基于保罗·埃克曼（Paul Ekman）和卡罗尔·伊泽德（Carroll Izard）的工作，他们在研究中使用了个人经历各类情感或演员模仿各类情感时的照片。他们把相同的照片给不同文化群体的成员看，让他们辨识出照片想要表达的情绪。不管这些观察者的本土文化是什么，特定的情绪总能被大多数观察者辨识出来。来自西方化程度较低的文化的观察者给出的结果，与那些文化更为西方化的观察者给出的结果是相近的。研究者采用编码方案来仔细比较表现不同情绪时面部不同区域（如眉毛、嘴唇等）的位置。我们怎么表现怒气？我们会皱眉和撇嘴；从几何角度说，就是我们会在脸上表现出棱角和斜线。当我们微笑时，我们扬起嘴角，也就是表现出弧线。

心理学家乔尔·阿罗诺夫（Joel Aronoff）和他的同事对比了许多不同社会中的两类木头面具，一类是有威胁性的（例如，设计的初衷是吓跑恶灵），另一类是功能不具威胁性的（例如用于求爱舞蹈的面具）。和预想的一样，两类面具上某些面部元素的比例非常不同。威胁性面具的眉毛和眼睛向上挑，嘴角向下，此外，这类面具的头部、下巴、胡须和耳朵通常比较尖，还有一些从脸部突出来的部位，比如犄角。用比较抽象的话来说，威胁性面具的面部经常是有棱角和斜线的，而非威胁性面具的面部经常有弧线或圆形。有尖胡须的脸具有威胁性，婴儿的脸就不会。相关的理论（最早由达尔文提出）是，因为人类脸庞在骨骼和肌肉上都十分相似，所以人类用统一的方式表达和认知基本情感。

但是，传达威胁的意思的，究竟是面部特征本身，还是有棱角和斜线等元素的设计？为了帮助回答这个问题，研究者邀请了一些美国学生来表述不同的抽象形状（如 V 形和 U 形）能让他们联想到哪些情绪。即使是抽象的形状，与有弧线的形状相比，有棱角的形状也会被认为更"有力量"、更"强大"，而不是很"友好"。在随后的研究中，学生们在所有形状中能更快地辨识出 V 形，而且这个形状在与威胁有关的大脑区域激发了更多的反应。

发现全世界的人在以同样方式使用脸和面具表达情感，我们不应感到惊讶。我们不都是同一物种的成员吗？我们的肤色有深有浅。我们的头发有直的，有波浪状的，也有卷曲的——有的人头发还很稀疏。在许多特征的占比上，我们各有差异。但那些是我们看到的特征。我们不太可能注意到彼此之间的共同之处（实际上我们在大部分方面都相同），比如我们如何在脸上表现情感。这就是为什么在好莱坞和在北京制作的电影，都能激发不同地方观众的同样情感。当我们看到其他地方的脸（和面具）以我们确定无疑的方式展示情感时，我们就会意识到面部表达的人类情感有多么普遍。

可以说，我们认识到（面具和其他文化事物的）共性的方式，和我们认识到差异性的方式是相同的——通过阅读和亲身经历，来体会文化的相同与不同。

（资料来源：Aronoff et al. 1988; Aronoff et al. 1992; Larson et al. 2007; Larson et al. 2009.）

带有 V 形的面具代表威胁。右图的巴拿马面具上就有很多 V 形——头上的角，面具外围眼睛上方和耳后的绿色尖刺、尖下巴，以及尖利的牙齿。
左图为不具威胁性的易洛魁面具，其上有很多弧线，基本没有棱角

（图片来源：左图 Lynton Gardiner © Dorling Kindersley, Courtesy of The American Museum of Natural History；右图 © Peter Arnold, Inc.）

个不同之处和育儿实践有关系。艾尔斯的理论是，断奶前的婴儿如果受到过疼痛刺激，就可能在成年后有更大胆的探索行为，而这也会反映在文化的音乐类型上。她是基于动物实验提出这个假说的。与预期的相反，那些在断奶之前受过电击或触摸的动物，表现出了超常的身体发育，成年后在新环境中有更多的探索行为。艾尔斯将音域（从低到高）与动物的探索范围，音乐中强有力的重音与动物大胆的行为对应了起来。

艾尔斯在民族志报告中寻找施加于所有儿童或某一性别儿童的压力，比如刻划痕，在鼻子、嘴唇或耳朵上穿孔，对双脚、头部、耳朵或四肢进行缠裹、塑形或拉伸，接种，烧灼。结果显示，两岁以前的婴幼儿会承受这些压力的社会，音乐的音域会更广，而那些婴儿没遭受过或在年龄大一些时才承受这些

的社会，其音乐的音域会窄些。此外，比起儿童没受过这些痛楚的社会，在那些儿童承受过这些痛楚的社会中，其音乐里的重音更多。[20]

或许能解释音乐差异的另一个变量是，文化强调培养的是孩子顺从的性格还是独立的性格。着重培养孩子顺从的社会，歌唱形式会倾向于所有人一致；而那些强调孩子要自信独立的社会，歌唱形式更具有个人特色。而且，对儿童的自信训练和粗哑的声音或豪迈的唱法有关。粗哑的声音多被认为是自信的表现，也被认为是男性声音的一个特征。更有趣的是，在妇女的工作在主要生计活动中占主导地位的社会中，女性会用更粗哑的声音唱歌。

20. Ayres 1968.

与艺术品和歌曲类似，舞蹈形式也可能反映出社会的复杂程度。在较不复杂的社会中，参与跳舞的人跳舞的方式都差不多，就像上图中巴布亚新几内亚的胡立人（Huli）一样。更复杂的社会往往有领舞和辅助的角色，比如下图中的日本艺伎（图片来源：上图 © Lightstone/CORBIS；下图 Susan McCartney/Photo Researchers, Inc.）

音乐是一种本能直觉的艺术。你能用本能来感受它。听到动听的音乐能让你的身体颤抖，浑身起鸡皮疙瘩。你不会忘记那种感觉。你能理解一首歌曲表达的观念，但你更多是被声音触动。你能感受到它。音乐能让你振奋，也能使你悲伤。

如果没有迁徙，我们就不可能知道很多种类的音乐。如果在 20 世纪时没有那么多人搬离美国南方，美国还会有"乡村音乐"电台吗？乡村音乐本身是一种混合音乐，以阿巴拉契亚山脉民间音乐为主，同时吸收不列颠群岛的音乐和非洲音乐的大量元素。乡村音乐家广泛使用的班卓琴（banjo），就是非裔美国人模仿非洲的弦乐器班加尔（banjar）改造而成的。乡村音乐中还有一件重要乐器是民俗小提琴（fiddle），尽管它起源于欧洲，但在美国南方也多是由非裔美国人演奏的，乡村音乐纳入了非洲音乐的节奏风格和即兴创作。当然乡村音乐还受到了其他文化的影响——来自西班牙的吉他和来自瑞士的约德尔唱法。非裔美国人的音乐当然也给美国流行音乐带来了影响——拉格泰姆乐、蓝调音乐、爵士乐、节奏与布鲁斯音乐、摇滚乐、迪斯科、说唱乐，这还仅仅是一小部分。非洲音乐的魅力通过美国影响到加勒比海地区和南美洲，来自不同文化的人创造了一种克里奥尔式的音乐。如果没有外来移民，美国人还有可能接触到来自古巴黑人的萨尔萨舞和来自牙买加的瑞格舞和街舞吗？我想答案是否定的。如果没有迁徙，很多的音乐风格就不可能为我们所知。了解音乐需要用耳朵听，需要亲身接触。当然，现在我们就算听不到移居者或移民演奏的音乐，也可以通过音乐会、唱片、电台、互联网等接触到那些音乐。但是，大部分人并不会什么都听，他们在进一步欣赏之前需要知道有关这些音乐的事情。

应该没有哪个地方会输入或接受所有种类的音乐。流行音乐未必能传播开来。例如，虽然在美国和加拿大有华裔和印度裔的移民，但中国和印度音乐并没有大范围流行开来。当然，将来有可能流行。目前我们还没能完全理解，为什么有些移居者与移民的音乐能被接受和吸收，而另一些地区的音乐则不能。音乐的传播完全不同于技术的扩散。随着人们收入增加，买得起更多的东西，电脑和汽车与其他技术一样可以广泛传播，也确实得到了广泛传播。技术的有用性是很容易测试的，比如钢斧肯定优于石斧（因此现在已经没有人去制作石斧了）。音乐则无法以有用还是没用来衡量——音乐传达的思想和情感能回应我们的需求。即使是年轻人——流行音乐最主要的客户群，也经常会去寻找一些"新"的东西，而最新风格的音乐也并不是与之前的风格完全不同。文化是有自身的音乐偏好的，那些与文化有根本差异的音乐风格并不那么容易被接受。有些人依然喜欢他们的"老歌金曲"。

现代世界中的移居者和移民很多，对新的流行音乐的市场需求还可能继续扩大。很快，适合各个群体的音乐可能就都能通过互联网听到了。这该有多好！

（资料来源：Nicholls 1998; D. R. Hill 2005, 363 – 373.）

声音的其他特征可能也与文化的其他方面相关。例如，一个社会对性行为的限制也与对声音的限制相关，尤其是带鼻音或紧张的音色。这样的音色与焦虑有关，人们在痛苦、匮乏或悲伤时常会发出这类声音。对性行为的限制可能就是痛苦和焦虑的来源，而歌曲中的鼻音也是在表达这些情绪。[21]

对音乐的跨文化研究应该既能解释社会内部的差异，也能解释不同时期的差异。在文化各异的社会里进行更深入的研究，可能有助于我们检验洛马克斯和艾尔斯的理论是否正确。[22]

21. E. Erickson 1968.
22. 一项关于印度内部音乐差异的研究并不支持洛马克斯的一些发现，参见 E. O. Henry 1976。

民间文学

民间文学是一个宽泛的类别，包括一个文化群体的所有神话、传说、民间故事、歌谣、谜语、谚语和迷信等等。[23] 民间文学的内容多是口口相传的，但有的也有文字记录。有时游戏也可以算是民间文学，尽管游戏不仅通过口头传递，也通过模仿传承。所有的社会都会有一些世代流传的故事，用来给大家的生活增加乐趣和教育后代。美国的民间文学就包括童话和民间英雄的传说，比如乔治·华盛顿砍樱桃树后主动认错的故事。民间文学与其他艺术形式，尤其是音乐和舞蹈，并不能截然分开；故事经常需要借助音乐和舞蹈来传递。

尽管一些研究民间文学的学者强调民间文学传统的方面，以及从过去到现在的连续性，但现在有更多的学者开始关注民间文学创新和突创的方面。根据这种观点，有共同经验的社会群体会不断地创造出民间文学。比如，程序员有自己的笑话和谚语（如"垃圾进垃圾出"）。[24] 简·布伦万（Jan Brunvand）汇编了一系列"都市传说"。其中一个都市传说是"铁钩手"。这个故事有很多版本，但主要是讲一对年轻情侣将车停在路边亲热，听到广播里说有一个装有假手的杀人犯在逃，女孩感到害怕，建议他们赶紧离开回家。于是男孩发动车子把女孩送回家。男孩下车为女孩开车门时，发现有个带血的钩子挂在门把上。[25] 大学校园里也有很多传说。教授上课迟到，学生应该等多长时间？学生们给出的答案在 10 到 20 分钟。这是个不成文的规定，还是只是一个传说？布伦万说，在这种说法流传的各个校园里，他都没发现任何一条关于需要等待迟到的教授多长时间的规定。[26]

有些研究民间文学的学者关注普遍的或重复的主题。克莱德·克拉克洪（Clyde Kluckhohn）认为有五个主题出现在所有社会的神话和民间故事里：大灾难，通常是洪水；杀死怪物；乱伦；手足之争，通常是发生在兄弟之间；阉割，有时是真的，但大多数时候是象征性的。[27] 爱德华·泰勒主张宗教信仰产生于人类解释梦境和死亡的需求，他发现世界各地的英雄神话都有相同的模式——主人公一出生就遭受磨难，之后被其他人或动物所救，然后长大成人变成英雄。[28] 约瑟夫·坎贝尔（Joseph Campbell）认为英雄神话类似于成年仪式（initiation）——英雄脱离平凡的世界，勇敢地走向一个新的世界（在此指超自然世界），击败强大的势力，然后获得特殊的力量回到平凡世界帮助世人。[29]

神话可能确实存在普遍的主题，但由于很少有学者研究世界各地社会中有代表性的样本，因此我们不能确定目前关于普遍性的结论是否正确。实际上，大多数研究民间文学的学者并不关心普遍主题，而是关注在某个社会或地区流传的具体民间故事。举个例子，一些学者研究"星星丈夫"，这是一个美洲土著社会中常见的故事。斯蒂斯·汤普森（Stith Thompson）列举出了这个故事的 84 个版本；他的目标是重建最初的版本和找出故事的发源地。通过辨识出现频率最高的共同要素，汤普森认为故事的基本概要（可能是最初的版本）如下：

> 两个女孩在房外睡觉，希望星星能成为她们的丈夫。在梦中她们被带上了天空，觉得自己与两颗星星结了婚，一个是小伙子，另一个是老头。星星告诫她们不要挖掘，但她们不听警告，一不小心把天挖了个洞。在无人帮助的情况下，她们抓着绳子从洞里降下来，安全地回到家中。[30]

汤普森认为，这个故事可能起源于平原地区，然后流传到北美的其他地区。

阿兰·邓迪斯（Alan Dundes）更关注民间故事的结构；他认为美洲土著的民间故事，包括"星星丈夫"在内,都有典型的结构。一种结构是纠正不均衡。均衡是一种可取的状态;任何事物太多或太少,都属于需要尽快纠正的状况。在"星星丈夫"的故事中,不均衡——邓迪斯称之为"缺少"(lack)——体现在女孩们没有丈夫这件事上。然后,这种缺少得到了纠正,女孩们嫁给了星星。邓迪斯认为,这个故事里还有另一个美洲土著故事中常见的结构——禁令、阻止、违反、结果的发展过程。女孩们被警告说不要挖掘,可她们不听,仍然在挖掘——结果就是从空中又回到了家里。[31] 我们应该注意到,不是所有的民间故事都有美好的结局。伊甸园的故事就是一个例子。两夫妻被警告说不能吃树上的果子,他们吃了果子,然后就被逐出了乐园。类似的情况还有希腊神话故事中的伊卡洛斯,他被警告说不能飞得太高或太低,他飞得太高,太阳烤化了支撑他羽毛翅膀的蜡,结果他掉下来淹死了。

虽然找出某些故事的发源地或辨认出故事的共同结构很有用,但还有许多问题没有得到解答。这些故事有什么寓意?为什么一开始会有这样的故事?为什么美洲土著的故事有这些共同结构?我们还要做很多的研究,才能回答这些很难回答的问题。如何去试着理解一个故事的寓意呢?

不同的人读同一个神话故事可能会有不同的理解。以希伯来人的神话故事为例:乐园里一开始只有一个男人,直到出现了第一个女人夏娃,她偷吃了知识树的果子,那是禁果。听了这个故事,有的人会认为那个社会中的男人对女人有所不满。如果解释者是心理分析专家,他或(尤其是)她会认为这个神话反映了男性的内心深处对女性性魅力的恐惧。也可能有一个历史学家相信这个神话反映了真实的历史,男人们原本生活在幸福的无知状态中,直到女人发明了农业——夏娃的"智慧"让人们过上了耕种的生活,而不是采集。

显然,光是提出一种解释还远远不够。为什么我们要相信这种解释呢?要我们把它当真,除非有可能支持这种解释的系统性验证。举个例子,迈克尔·卡罗尔(Michael Carroll)认为可以用弗洛伊德的学说来解释"星星丈夫"的故事,也就是说,这个故事表达了社会中被压抑的情绪。具体说,他认为这个神话故事实际上是关于乱伦性交的,尤其是女儿想和自己父亲性交的愿望。他提出,星星象征着父亲。在孩子的心目中,父亲像星星那样高不可攀。他预测说,如果"星星丈夫"的故事起源于平原地区,如果这个故事象征着性交,那么平原地区的故事版本会比其他地区的版本有更多代表性交的意象。似乎确实如此。分析"星星丈夫"的故事的 84 个版本后,卡罗尔发现平原地区美洲土著社会的故事版本里有更多暗示性交的意象,包括放下绳索或梯子——象征阴茎,穿过天空中的洞——象征阴道。[32]

很少有研究探讨民间故事中一些元素出现的频率为何在不同的文化中有所不同。已有跨文化研究的民间故事元素之一是攻击性。乔治·赖特(George Wright)发现,从儿童养育模式的差异,可以预测民间故事表达攻击性的一些方式。在儿童会因为攻击行为而受到严厉惩罚的社会里,民间故事表达的攻击性也会更强。而在这种社会的民间故事里,攻击者多是陌生人,而不是主角或主角的朋友。看起来,在孩子会害怕因为对父母或亲友表现出攻击性而受到惩罚的社会里,民间故事中的主角或主角的朋友通常不会有攻击性。[33]

23. Dundes 1989.
24. Bauman 1992.
25. Brunvand 1993, 14.
26. Ibid., 296.
27. Kluckhohn 1965.
28. 如 Robert A. Segal 1987, 1 – 2 的讨论。
29. J. Campbell 1949, 30, 转引自 Segal 1987, 4。
30. S. Thompson 1965, 449.
31. Dundes 1965a, 录于 F. W. Young 1970。
32. Carroll 1979.
33. G. O. Wright 1954.

其他形式的恐惧也可能反映在民间故事中。亚历克斯·科恩（Alex Cohen）在一项跨文化研究中发现，在可能遭遇不可预测的食物短缺的社会里，民间故事中更可能会有无缘无故遭到攻击的情节。为什么？一种可能性是，民间故事是对现实的反映；毕竟，严重的干旱可能突然而至，它不可能是由人类的活动引起的，只能是神灵或大自然"心血来潮"降下的。不过，奇怪的是，在有过突如其来食物短缺的历史的社会中，民间故事里很少提到自然灾害，也许因为灾害过于可怕。无论如何，在民间故事里，不可预测的灾害似乎转化为了故事角色毫无缘由的进攻。[34]

像其他艺术形式一样，民间文学可能至少部分反映了成长于该文化的人们的情感、需要和冲突。

看待其他文化的艺术

萨利·普赖斯（Sally Price）质疑了西方博物馆和艺术评论家看待较不复杂文化的视觉艺术的方式。为什么西方或东方文明的艺术作品展陈在博物馆时，会标上艺术家的名字，而来自较不复杂的社会的艺术作品（常常被打上"原始艺术"的标签），就不会展示艺术家的名字？展览反倒会详细描述它来自哪里，是如何制作的，以及是用来做什么的。对于不熟悉的艺术的展陈，我们会用更多的词来解释。普赖斯认为，我们认为最有价值的艺术作品是最不需要标签的，其中蕴含的信息是：参观者不需要任何帮助，就能判断真正艺术作品的价值。[35]此外，来自较不复杂的文化的艺术，往往还会被标注上西方收藏者的名字。这似乎是在表达，决定这件艺术品价值的是收藏者的声望，而不是艺术本身。[36]

来自较不复杂的文化的艺术往往被认为不但没有名字，还没有时期归属。我们都认为西方艺术和来自古老文明的艺术形式会随时代而变化，正因如此，我们需要知道那些艺术作品的年代，而来自其他地区的艺术，却被人们认为是不受时间影响的文化传统的代表。[37]我们是真的知道技术较简单社会中的艺术不怎么随时间变化，还是说这只是我们族群中心主义的臆断？通过研究苏里南萨拉马卡人（Saramakas）的艺术，普赖斯指出，虽然西方人认为萨拉马卡人的艺术表现的仍是他们非洲祖先的传统，但萨拉马卡人却能说出艺术随着时间流逝而发生的变化。例如，他们会说，葫芦一开始是装饰在房屋外面的，后来变成装饰房屋里面。他们也知道哪些葫芦是哪些艺术家雕刻的，以及谁在图案和技术上有所创新。[38]

当西方人关注较不复杂社会的艺术随时间发生的变化时，他们似乎关心的是这些艺术是能代表传统形式还是"旅游艺术品"。旅游艺术品通常被认为价值不高，因为它往往与金钱联系在一起。但是，著名的西方艺术家也经常为钱而工作，或者接受精英赞助人的支持，但西方艺术家获取收入这件事，似乎并不影响人们对其艺术作品的评估。[39]

尽管艺术家个体似乎在任何社群中都能得到承认，但有些社会的艺术风格确实显得比其他社会更有"团体意识"。我们可以比较美国西南部的普韦布洛人与北美大平原土著的艺术风格。传统上，普韦布洛的女性陶工一般不在她们制作的陶器上签名，她们的作品基本遵循普韦布洛的典型风格。相比之下，平原地区的每个战士都会强调个人成就，通常会在自己的兽皮上绘制能表现自己成就的图案。战士们会亲自绘制或请别人帮忙绘制。这些兽皮会穿在战士的身上，或者在他们的帐篷外面展示出来。[40]

34. A. Cohen 1990.
35. S. Price 1989, 82 – 85.
36. Ibid., 102 – 103.
37. Ibid., 56 – 67.
38. Ibid., 112.
39. S. Price 1989, 77 – 81.
40. J. A. Warner 1986, 172 – 175.

纳瓦霍人的毯子随时代而变化。上图的毯子是 1905 年制作的，下图是一个现代贸易点展示的毯子

艺术变化与文化接触

毫无疑问，与西方接触后，很多文化的艺术风格都有所改变，但这并不意味着其艺术风格在此之前从未改变过。文化接触究竟造成了怎样的变化？在一些地方，艺术家在作品中表现了与欧洲人的接触。例如在澳大利亚，许多岩画描绘了帆船、带着手枪的军事独裁者，甚至还有牛的烙印。在欧洲人的鼓励下，土著艺术家也开始在树皮、画布和纤维板上绘画，将其卖给欧洲人。值得注意的是，那些用于售卖的艺术作品主要表现欧洲人到来之前的主题，而不会表现船舰和枪炮。[41] 由于欧洲文明的强势入侵，土著人口大量死亡，很多传统的艺术形式消失了，尤其是那些与各部落神圣之地有关的传说和岩画。那些传说主要描述神圣之地的形成，神圣之地则以绘有人类英雄或动物英雄的艺术主题为标志。[42]

在北美，早在欧洲人到来之前，各个土著部落之间就已经存在文化接触，并在艺术上互相影响。铜、鲨鱼牙和海贝早在他们与欧洲人接触之前就已经被广泛交易，它们经常出现在当地不产这些材料的内陆地区的艺术作品中。不同群体也会互相借取仪式，新仪式的引入也会改变艺术传统。欧洲人到来之后，仪式借取仍在土著群体之间存在。纳瓦霍人以毛毯编织闻名，但 17 世纪以前他们还没有编织技术。他们很可能是从霍皮人那里获得了编织技术，然后开始用羊毛编织并养殖绵羊。与欧洲人的接触让艺术创作的材料发生了变化。人们引入了新材料，包括珠子、毛织布料和银。诸如细针和剪刀之类的金属工具，现在都被用来裁剪制作和装饰皮制衣服。西北地区可获得的金属工具更多，那里的土著得以建造更大的图腾柱和房屋柱。[43]

被安置在保留区后，基本上所有的美洲土著都为了生存而不得不改变自己的生活方式。出售工艺品能让他们获得额外的收入。大多数工艺品使用传统的技术和设计理念，再略加改变以满足欧洲人的审美。外来者在推动工艺品变化方面发挥了重要作用。一些零售店的店主开始赞助一些艺术家，让他们能全身心地创造工艺品。贸易商经常鼓励改变，比如让他们制作新的物品，如陶制的烟灰缸和杯子。学者们也起了重要的作用。很多学者帮助工匠学习一些失传的工艺和艺术风格。例如在圣菲（Santa Fe）地区，在人类学家和其他学者的鼓励下，圣伊尔德丰索普韦布洛人（San Ildefonso Pueblo）玛丽亚·马丁内斯（Maria Martinez）和胡利安·马丁内斯（Julian Martinez）恢复了当地失传已久的黑陶工艺。[44]

与西方的接触会带来一些艺术上的变化，基于对艺术差异的跨文化研究，此类变化在一定程度上是可以预见到的。前文提到，费希尔发现，比起分层社会，平等社会里的图案较为简单，更有对称性。在不再能以传统方式谋生后，加入雇佣劳动和商业企业的人逐渐增多，很多美洲土著群体的社会分层更加明显。将费希尔的结论进一步延伸，我们能预测，当社会分层不断增加，视觉艺术的图案会变得更加复杂和不对称。确实，如果我们比较爱达荷东南地区的肖松尼-班诺克人（Shoshone-Bannock）早期（1870—1901）的保留艺术与他们近期（1973—1983）的艺术，就会发现随着社会分层的加深，他们的艺术似乎也变得更加复杂。[45] 还有一种可能性，就是艺术之所以发生这样的变化，是因为艺术家们认识到艺术收藏者更喜欢不对称和复杂的图案。

小结

1. 并非所有社会都有专门指代艺术的词，但普遍来说，艺术具有几个特征。艺术既是沟通也是表达；艺术能刺激人们的感官，影响他们的情绪，激发他们的想法；艺术的产生需要遵循一定的文化模式和风格；艺术具有文化含义。另外，部分人被认为比其他人更擅长艺术。

2. 所有社会中的人都会临时或永久地修饰或装饰自己的身体。但在修饰和装饰的部位和方式上，存在极大的文化差异。人体装饰可以体现社会地位、性别或职业。一些人体装饰也带有性爱意味，比如吸引人们注意身体的性感带。

3. 生产视觉艺术所需的材料、材料的使用方式、艺术家想要表现的自然事物，在不同社会中是不同的，这也在很大程度上揭示了某个社会与其生存环境之间的关系。有些研究发现，在艺术图案设计和社会分层之间有相关性。

4. 与视觉艺术一样，不同社会中音乐的差异也很大。有些研究发现，音乐风格与文化复杂性之间有相关性。还有一些研究显示，育儿实践关系到社会对某种节奏模式、音域和声音特质的喜爱程度。

5. 民间文学是一个宽泛的类别，包括一个文化群体的所有神话、传说、民间故事、歌谣、谜语、谚语和迷信等等。民间文学的内容多是口口相传的，但有的也有文字记录。一些人类学家认为，神话有几个基本主题，包括大灾难、杀死怪物、乱伦、手足之争、阉割。神话可能反映了一个社会最深层的关注。

6. 艺术总是在变化，但近现代的文化接触对全球各地的艺术产生了深刻的影响。大量土著人口被杀后，很多地区的一些艺术传统已经失传。而在个人开始售卖艺术品和工艺品之后，艺术也会发生变化。

41. Layton 1992, 93 – 94.
42. Ibid., 31, 109.
43. J. C. H. King 1986.
44. J. A. Warner 1986, 178 – 186.
45. Merrill 1987.

第二十七章

应用、实践与医学人类学

人类学已经不仅仅是一个学术科目了。在美国，人类学家中有很大一部分是应用和实践人类学家。有些人估计，在拥有人类学研究生学位的人中间，有半数以上在高校之外工作。[1] 事实上，许多组织聘用人类学家，说明人们越来越意识到人类学的用处，认识到人类学已经发现的和将来可能发现的关于人类的知识是有用的。自称实践人类学家或应用人类学家的学者们工作在各种各样的机构组织中，如政府机构、国际发展机构、私人咨询公司、公共卫生组织、医学院、公益律师事务所、社区发展机构、慈善机构和营利性公司等（参见专题"人类学与企业"）。

在美国国际开发署资助的一项研究中，来自美国的人类学家、工程师和农业专家组成了一个多学科团队，左图为他们和塞内加尔的村民一起评估马南塔利（Manantali）大坝对当地人的影响（图片来源：Michael Horowitz）

1. Nolan 2003, 2.

实践人类学或应用人类学的明确意图是让人类学知识变得更有用。实践人类学家或应用人类学家可能介入项目的一个或多个阶段：整合相关知识，形成计划和政策，评估可能的社会和环境影响，实施项目，评价项目及其影响。[2] 比起制定政策或执行，人类学家更多是在搜集信息。[3] 很多组织喜欢聘用应用人类学家来制定方案目标，让专业团队来执行项目。但是现在越来越多的人类学家参与到政策的制定和实施之中。应用人类学或实践人类学的领域非常广泛。在本章中，我们先聚焦普遍性问题：应用人类学的伦理、评估计划中变革的影响、实施所计划变革的困难。在讨论过程中，我们将谈到很多项目，大部分是发展项目。然后，我们转向其他的应用领域，比如文化资源管理、许多政府和私人工程都需要的"社会影响"研究，以及法医人类学——利用体质人类学帮助鉴定人类遗骸和协助破案。本章结尾处将详细讨论人类学知识在健康和疾病的研究方面的应用。在下一章里，我们将讨论人类学曾为或能为解决全球问题做出怎样的贡献。

应用人类学的伦理

人类学家经常研究弱势群体，即遭受帝国主义、殖民主义和其他剥削形式压迫的人，也自然会关心与我们自己所在群体中人们的生活。但仅仅关心还不足以改善其他人的生活。我们可能需要做一些基础的研究，才能理解所面临的情况可能用什么方法来处理。以"改善"为目标的项目未必能带来改善，善意的努力有时会导致有害的后果。即使我们知道某种改变能带来改善，如何让这种改变发生也是个问题。会受影响的人可能并不希望改变。劝说他们改变符合伦理吗？还是说，符合伦理的做法应该是不劝说他们改变？应用人类学家需要将这些因素都纳入考虑范围，以决定是否要针对某个需求做出行动，行动的话又如何行动。

作为一种职业，人类学采用了某些责任原则。最重要的是，人类学家要对研究对象负责，尽可能保护他们的福祉和尊严。人类学家还要对阅读他们研究的人负责，研究成果要公开、诚实地报道出来。[4] 但是，由于应用人类学多用于规划和实施某些人群中的变革，伦理责任可能变得很复杂。或许最重要的伦理问题是：那些变革真的能有益于可能受到影响的人群吗？

---

2. Kushner 1991.

3. Van Willigen 2002, 10.

4. Appendix C: Statements on Ethics . . . 2002; and "Appendix I: Revised Principles . . . 2002.

应用人类学

人类学与企业

直到比较晚近的时候，商界人士才意识到人类学知识对他们的用处，尤其是在全球贸易、国际投资与合资企业增长、跨国企业扩张等方面。人类学能提供什么呢？人类学最重要的贡献之一是理解文化可以在多大程度上影响来自不同文化的人之间的关系。例如，人类学家知道，沟通远不只是对另一种语言的正式理解。一些国家的人，比如美国人，期望其他人能明确、直白地把话说出来，但另一些国家的人说话则比较委婉。例如，在日本和中国，比起负面的话，人们更经常说一些能表示礼貌和谐的话。很多东方文化都有不说"不"字而表示拒绝的方法。

理解不同文化具有不同的价值观，这一点非常重要。美国人非常看重个人，但就像我们在"文化与个体"一章中讨论过的那样，在其他一些地方，人们可能会把人与人之间的关系看得比个人需求更重。美国人强调未来、青春活力、不拘礼节和竞争，但很多社会刚好相反。在商业安排中，最明显的差异可能就是不同文化对时间的看法了。美国人说"时间就是金钱"，如果安排好一个会议后，有的人迟到了 45 分钟，美国人就会认为这种行为很无礼；但是，很多南美洲国家的人会觉得这种程度的迟到还在可以接受的范围内。

人类学家也帮助企业意识到自己的"文化"（有人称之为"组织文化"）。一个企业的组织文化可能会影响对新类型员工的接受度，也可能影响商业需求。如果组织文化需要被改变，那就先要明白这种文化是以怎样的方式发展到现在的，为什么这么发展。人类学家知道如何在系统观察和个体访谈的基础上辨识出文化模式。

人类学家吉尔·克莱因伯格（Jill Kleinberg）研究了美国的六家日资公司，以理解工作场所组织文化和更大范围的文化的影响。这六家公司都有美国雇员和日本雇员，但管理岗位上主要是日本人。研究的主要目标是找出这六家公司内部张力很大的原因。克莱因伯格研究的第一步是访谈公司员工，问他们对工作和自己职位的看法。她发现日本员工和美国员工的看法非常不同，这似乎反映了更大范围的文化的差异。美国员工希望对工作和工作职责有明确的定义，也希望他们的职务、职权、权利、薪酬都与之匹配。而日本员工则强调职责和任务的灵活性，他们认为帮助同事完成工作也是职责之一。（参见"文化与个体"一章中的专题"学校：价值观和期望"，里面讨论了日本的学前教育和他们对群体利益的强调）。美国人感觉不舒服，是因为日本主管并没有明确界定员工需要做些什么；即使有职位描述，主管似乎也不予关注。美国雇员获得的信息很少，被排除在决策过程之外，因为缺乏升职机会而感到挫败。日本主管则认为美国人太难管理，太关注薪酬和职权，过于在意自己的利益。

任何公司里都会有不满。员工的旷工、高离职率和缺乏工作动力都会影响工作绩效和商业能力。克莱因伯格建议这些公司向所有员工提供更多关于公司的信息，在企业文化培训中讲解更多关于跨文化差异的知识。她还建议公司在招聘过程中把日本的管理理念表达得更清楚些，这样公司才有可能找到能接受其理念的美国人。同时她也建议，公司的管理架构可以更"美国化"，这样美国员工可以感到更舒适。最后，她建议让更多的美国员工进入管理岗位，也让美国员工与他们在海外的日本同事建立更多联系。这些建议也许不能解决所有问题，但它们可以增进相互理解和信任。

然而，在某种程度上，正如安德鲁·米勒克尔（Andrew Miracle）所说，实践人类学家的工作类似于传统社会中的萨满。向萨满寻求帮助的人相信萨满有能力帮助自己，而萨满则要尽量找出办法帮助前来的人积极思考。当然，应用人类学家与萨满之间的差异还是很大的。或许最主要的差别在于，应用人类学家用研究，而不是出神或巫术，去解决一个组织的问题。然而与萨满一样，应用人类学家必须做出对方能够理解的诊断，帮助客户找到恢复健康和力量的方法。

（资料来源：Ferraro 2002; Klineberg 1944; Miracle 2009.）

1946 年 5 月，应用人类学学会组织了一个委员会，起草了职业应用人类学家的伦理规范。在经过多次的会议和修正后，学会终于在 1948 年通过了一项伦理责任声明，1983 年，该声明又做了修正。[5] 根据伦理规范，目标社群应该尽可能多地参与政策制定，让社群中的人提前知道项目对他们会有怎样的影响。规范中最重要的一条可能是保证不会有建议做出或做出任何可能伤害该社群利益的事。美国人类学实践协会（National Association for the Practice of Anthropology）的规定更进一步：如果工作时雇主要求雇员违反职业伦理道德，那么受雇的人类学家有义务去改变相关的做法，如果改变不了，就应该退出工作。[6]

伦理议题经常很复杂。塞耶·斯卡德（Thayer Scudder）曾描述过格温贝通加（Gwembe Tonga）村民的状况，因为赞比亚河流域修建了一个巨大的水坝，他们被迫迁移。他们的经济状况在 20 世纪 60 年代至 70 年代早期有了改善，人们越来越多地生产商品和出售服务。但之后情况开始恶化。到了 1980 年，村民的生活状况已经非常恶劣：死亡、酗酒、盗窃、暴动、谋杀等的发生率均在上升。为什么？其中一个原因是他们减少了供应自身的食物生产，而更多地为世界市场而生产。当世界市场价格较高时，这个策略很好；但当价格下降时，人们的生活水平也会随之降低。[7] 斯卡德描述的这种状况体现了很多应用人类学家会面临的伦理困境。如他所说："我如何才能证明我为投资这些项目的机构工作是正确的？"他指出，很多大规模的项目基本上不可能停下来。人类学家能做的就是要么站在一旁抱怨，要么努力影响项目，为受其影响的人群尽可能多地争取利益。[8]

之所以会出现斯卡德描述的这种问题，部分原因在于人类学家常常是在与变革计划相关的决定做出之后才参与进来。如今，应用人类学家可能更多地

参与项目规划的早期阶段，因此情况有所改变。也有更多的受项目影响的群体邀请人类学家在项目启动初期提供帮助，这类要求涵盖的范围从帮助在合作组织中解决问题，到帮助美洲土著索回土地。因为项目与受影响方的愿望一致，所以项目结果就不太可能将人类学家推入伦理的两难境地。

体质人类学家和考古学家处置骨骼和化石材料时，有可能面临非常复杂的伦理问题。不妨看一下"肯纳威克人"的案例，这是 1996 年 7 月华盛顿州哥伦比亚河沿岸发现的一具约 9 300 年前的骨骼。在人类学家开展研究之前，美国陆军工程兵团决定将这具遗骸转交给尤马蒂拉人（Umatilla），因为发现这具骨骼的兵团的所在地属于他们的保留地。体质人类学家和考古学家要研究这具古老的骨骼，就得面临伦理的窘境：声称与该个体有关系的群体不希望开展研究，但如果不开展研究，就无法确定该群体声称的关系。[9] 1990 年颁布的《美洲土著人墓葬保护与归偿法》（Native American Graves Protection and Repatriation Act）给联邦土地上的美洲土著坟墓提供了绝对的保护，如果没有获得相关文化成员的许可，任何人收集、占有或转移与现存美洲土著文化有已知关联的人类遗存，都会被判重罪。考古学家和体质人类学家根据该法案提出了诉讼。[10]

这个法律案件的核心问题是：这具骨骼究竟属于谁？就算骨骼的主人是与当代美洲土著有关系的个体，距今也有 9 000 多年了，尤马蒂拉人是否有资格代表所有美洲土著群体说话？这具骨骼的主人或其所在群体中的其他人也可能是其他美洲土著群体的祖先，那样的话，其他土著群体是不是也应该有发言权？如果这个人和当代美洲土著没有关系，那么是不是应该由美国政府来决定骨骼的归属？隐藏在这些问题下面的是人类学家和美洲土著关于历史保护的争执，以及关于谁的想法和愿望更重要的争论。面对人类遗存，考古学家和体质人类学家可

能面临相互冲突的伦理责任。考古学家和体质人类学家有伦理责任去保护和保存人类遗存，那是考古记录的一部分。身为人类学家，他们也有伦理责任去询问和尊重与他们一起工作的当地群体的愿望。"肯纳威克人"的案例凸显了这种伦理冲突，而且似乎不太容易找到破解之道。

评估计划中变革的影响

所提议的变革是否有利于受影响的人群，有时候是很难确认的。某些情况，比如医疗护理水平提高，对于目标人群来说毫无疑问是有利的——我们所有人都确定健康比生病要好。然而，它产生的长期效应是什么呢？以公共卫生革新技术，比如接种疫苗为例说明。一旦这项革新技术开始实施，新生婴儿的存活率可能会大大增加。但我们有足够的食物提供给新增加的人口吗？从相关人群目前的技术水平、资本和土地资源看，未必有足够的资源来养活更多的人。那样的话，由于饥饿，死亡率可能会上升到以前的水平，甚至有可能会超过它。若是没有其他措施来增加食物供应，长期来看，接种疫苗的计划可能仅仅是改变了死亡的原因。这个案例揭示了一个事实：即使规划中的变革项目在短期能带来有益的结果，我们也需要对它的长期影响做更多的思考和调查研究。

巴西全国印第安人基金会（FUNAI）有一个使用机械技术生产水稻的项目，德布拉·皮基（Debra Picchi）对其给当地巴凯里人（Bakairí）带来的长期影响提出了疑问。[11] 马托格罗索地区的巴凯里人主要在沿河的森林长条地带从事刀耕火种的园圃种植，以及养牛、打渔和狩猎。20 世纪早期，他们的人口降至 150 人，给他们的保留地面积较小，而且多属于干旱、不肥沃的塞拉多（cerrado，巴西热带稀树草原）。巴凯里人口开始增长后，巴西全国印第安人

企业和咨询公司在民族志研究方面的投入越来越多。在美国家庭中开展的相关研究表明，在早晨这个时段，由于需要应付家庭里的各种时间安排，还要给孩子们准备合适的食物，"早餐"的形式已经变成了大家断断续续地吃点心（图片来源：© Hallgerd/Shutterstock）

基金会引进了一个项目：在以前没有人耕种过的塞拉多地区种植水稻，并使用机械、杀虫剂和肥料。巴西全国印第安人基金会提供第一年的费用，希望这个项目在第三年就能不需补贴而运转。但这个项目没达到预期效果，因为巴西全国印第安人基金会没有提供所需的全部设备，也没有给出合适的建议。水稻产量只

5. Appendix A: Report of the Committee on Ethics . . . 2002; and Appendix F: Professional and Ethical Responsibilities . . .2002.
6. Appendix H: National Association of Practicing Anthropologists' Ethical Guidelines . . . 2002.
7. Scudder 1978.
8. Ibid., 204ff.
9. Slayman 1997 很好地概述了这一特殊案例。
10. Public Law 101 – 601 (25 U.S.C. 3001 – 3013).
11. Picchi 1991, 26 – 38；更宽泛的讨论参见 Picchi 2009。

有预期的一半。尽管如此，该项目为巴凯里人提供了比以往更多的食物，对他们还是有利的。

但是，这个项目也带来了意料之外的消极影响。使用塞拉多地区的土地进行农业耕种，牛的放牧区域就少了，而牛是高质量蛋白质的重要来源。机械化也导致巴凯里人更依赖现金来购买燃料、杀虫剂、肥料和进行维修。但现金很难获得。只有少部分人能够受雇——通常是有过外出打工经验而且具备机械知识的男性。因此，在已经机械化的农业中，只有少部分人才能获得现金，这也导致了新的收入不均衡现象。

项目收益或应用效果有时非常显著。例如，海地滥伐森林的现象非常严重。滥伐森林早在殖民时期就开始了，当时西班牙人出口木材，法国人清理森林来种植甘蔗、咖啡和木蓝属植物。海地独立以后，外国的木材公司继续砍伐和出售硬木。当地人也需要木头来做燃料和建造房屋，而随着人口高速增长，对燃料和木材的需求大大增加，这直接导致森林面积迅速缩小。森林覆盖率的降低导致表层土壤侵蚀加速。林业专家、环保人士和人类学家都认为有必要遏制这样的趋势。但促成应有的改变并不容易。人们越是贫困，就越有可能砍伐树木去出售。[12]

这些失败不是人类学家的过错——实际上，大多数由政府和其他机构主导的变革计划，一开始都没有人类学家的参与。对于这类未能评估长期影响的项目，应用人类学家在指出问题方面发挥着重要作用。而要说服政府和其他机构相信应该向人类学家寻求帮助，对长期影响的评估是重要的一环。失败的经验都是我们要学习的经验：研究之前失败案例的应用人类学家，往往能总结出关于长期来看什么有益、什么无益的经验。

实施所计划变革的困难

许多在海地重新造林的计划失败后，人类学家杰拉尔德·默里（Gerald Murray）受邀协助设计一个可行的项目。[13] 对默里来说，要设计一个行之有效的项目，第一步就是弄清之前项目失败的原因。之前项目的一个问题在于都是由海地农业部主导的。分发下去的小树苗被认为是"国家的树木"而被保护起来。因此，当项目工作人员告诉农民为了保护环境不能砍伐这些树苗时，农民将这个声明理解为那些种有小树苗的土地是国家所有的，因此对这些土地很不用心照料。在默里设计的这个项目里，私人志愿组织代替海地政府来分发树苗，农民则被告知他们是树苗的拥有者。所有权包括砍伐树木和出售木材，就像他们出售农作物一样。在以前的项目里，农民拿到的是一些很难搬运、生长速度很慢的树苗。而且他们被告知要在范围很大的公共林地内种植，这与海地比较注重个人的土地所有制度是相悖的。在新的计划里，那些分发下去的树苗都是速生的，大概只要4年的时间就可以成熟。此外，新树苗很小，能够快速种植。也许最重要的是，新树苗可以种在田地边界上或其他作物之间，不会妨碍传统的作物种植模式。让默里非常意外的是，两年以后，2 500个海地家庭种下了300万株树苗。20多年后，估计有超过1亿株树苗被种下，超过35万个农场家庭参与了这个计划，其中超过40%是农村家庭。[14] 而且，农民也不是一味地砍伐树木。因为生长中的树木是不会腐坏的，所以农民们不必急着砍伐，只有在需要现金时才会砍伐树木出售。因此，即使农民们被告知可以砍伐树木（这与之前的重新造林计划传达的信息完全相反），土地上仍然会留有大量树木。

默里长期的参与式观察和访谈，有助于他预测怎么做才能克服之前的计划遇到的困难，并使新计划符合海地农民的需求。树木是可以出售的重要经济作物，这种观念更符合农民已有的行为——他们需要现金时就会卖出经济作物。现在的不同之处是，

他们就像种其他经济作物一样种植树木，而不再去砍伐自然生长的树木。

一个计划变革的项目能否成功实施，很大程度取决于人们是否需要所提议的变化、是否喜欢这个提议的项目。在尝试推进文化创新之前，创新者必须明确相关人群是否了解所提议的变革将带来的收益。缺乏认知可能暂时妨碍手头问题的解决。例如，卫生工作者经常难以说服人们接受供水系统有问题会导致生病的观点。很多人都不相信疾病能够通过水传播。而在另一些情况下，相关人群能很清楚地意识到问题。20 世纪 60 年代初期中国台湾地区的"家庭计划"就是一个例子。参与计划的妇女意识到她们生的孩子可能比预想的要多，或者可能给家庭带来过重的负担，她们也希望控制出生率。她们没有抵制这个计划——只是给她们一些合适的设备和指导，出生率就迅速下降到了更加合理和便于管理的水平。[15]

克服抵制

许多变革项目都会遭遇抵制，很多时候，实施项目的机构都希望找到克服抵制的方法。但是，并非所有计划变革的项目都能给项目受助方带来利益。有时抵制是合情合理的。应用人类学家提出了一些案例，其中，受项目影响的人群的判断要优于项目实施机构。委内瑞拉政府资助的一个奶粉项目就是第一个例子。即使奶粉免费，母亲们也拒绝领取，因为此举暗示母乳不好。[16] 但是，这种凭直觉的抵制其实不无道理，它反映出人们认为，奶粉项目并不能给儿童带来好处。目前的医学研究清楚表明，母乳远优于奶粉或配方奶。首先，母乳可以最好地满足孩子生长的营养需要。其次，现在我们知道，母亲可通过乳汁将抗体传给婴儿。再次，喂奶会推迟排卵，通常能拉长生育间隔。[17]

在很多欠发达地区，用奶粉和配方奶替代母乳无异于灾难，导致了营养不良与不幸事件的增加。

---

12. Murray 1997, 131.
13. Wulff and Fiste 1987; Murray and Bannister 2004.
14. Ibid.
15. Niehoff 1966, 255 – 267.
16. G. M. Foster 1969, 8 – 9.
17. Jelliffe and Jelliffe 1975.

首先，奶粉必须用水冲泡，但如果水和奶瓶都没有消毒，就会导致更多的疾病。其次，若是奶粉需要花钱购买，母亲又没有现金，就不得不稀释奶粉以延长使用期。即使母亲只是短期内给婴儿喂奶粉或配方奶，这个过程也是不可逆转的，因为不喂母乳一段时间后，母乳就会停止分泌，即便母亲想再给婴儿喂母乳也做不到了。

正如委内瑞拉的例子所示，个人可能有办法抵制所提议的医疗或健康项目，因为是否接受项目最终是个人的事情。强势的政府或机构推动的发展项目很少能停下来，但也有被成功抵制的例子。巴西欣古河（Xingu River）流域的卡亚颇人，就曾让巴西政府主导的一个项目被叫停，该项目原本计划在河上游修建水坝以进行水力发电。卡亚颇人的反对在国际上获得了关注，他们的一些领导人去北美和欧洲的电视台宣讲，并于 1989 年成功组织了数个部落群体的联合抗议。他们成功的部分原因是他们能够在国际社会面前以热带雨林保护者的形象示人——这样的形象能够引起国际环保组织的共鸣，使其支持他们的诉求。虽然外界的人认为卡亚颇人希望保留自己的传统生活方式，但卡亚颇人并不是排斥所有变化。事实上，他们希望获得更多的医疗保健和其他政府服务，也希望得到从外部输入的工业制品。[18]

即使某个项目对一个群体有利，也可能会遭遇抵制，就像海地的重新造林项目那样。人们接受项目的障碍可以大致分成三类（可能有一定重叠）：文化的、社会的和心理的。

文化障碍指的是倾向于阻碍人们接受创新的共同的行为、态度和信念。例如，不同社会的成员可能对礼物馈赠有不同的看法。尤其在商品化社会中，能免费得到的事物通常被视为没有价值。哥伦比亚政府启动给农民赠送果树幼苗以提高水果产量的项目时，农民对果树幼苗几乎没有兴趣，他们对其不

管不顾，很多幼苗因此没有存活下来。政府意识到实验可能失败后，就开始向收到幼苗的农民收取一些象征性的费用。很快，果树幼苗变得极受欢迎，水果产量也增长了。[19] 在讨论医学人类学时，我们将分析变革项目遭遇文化抵制的其他案例，有些情况下，性观念让人难以遵照医生对更安全性生活的指导。

对于主导计划变革的项目的机构而言，理解项目受众共享的信念和态度非常重要。首先，有些时候，可以利用当地人的文化观念或知识来提升教育项目的效果。例如，海地一个以防止儿童因腹泻而死去为宗旨的项目，就借用了当地传统草药茶的名称 rafrechi（清凉茶），来给新的口服补液疗法命名，

梅达·帕特卡（Medha Patkar）在新德里领导抗议集会反对讷尔默达（Narmada）水坝（图片来源：© Joerg Boethling/Peter Arnold, Inc.）

这是一种很有效的疗法。按照当地人的观念，腹泻是一种"热"疾病，需要用属性比较凉的药物来治疗。[20] 其次，尽管当地人的观念对项目未必有帮助，但若不注意那些与项目相悖的观念，项目就有可能遭到破坏。不过，发现哪些观念与项目相悖并非易事，特别是在日常交谈不涉及这些观念的情况下。

要让人们接受所计划的变革，也需要考虑社会因素。研究表明，如果项目主导机构和受众或潜在的接受者在社会方面相近，项目就更可能获得接受。但是，项目主导方可能要比其试图影响的人群具有更高的社会地位和受教育程度。因此，主导机构可以多与社会地位更高的个体一起工作，因为他们更可能接受新观念。若是要让项目触及社会地位较低的个体，可能就要雇一些社会地位比较低的项目雇员。[21]

最后，是否接受计划变革的项目，可能还取决于心理因素，也就是个体对项目的创新举措和主导机构的看法。在鼓励美国东南部妇女采用母乳喂养而非人工喂养的过程中，研究者发现了妇女不愿意母乳喂养的多个原因，哪怕她们听说过母乳喂养更健康。很多妇女没有信心能产出足够的乳汁喂养她们的小孩，有些妇女觉得在公共场合哺乳会很尴尬，有些妇女的家人和朋友对母乳喂养持消极态度。[22] 在设计教育项目时，计划变革项目的主导机构需要处理好人们的心理担忧。

发现和利用当地的影响渠道

在规划涉及文化变迁的项目时，项目管理者应该找出项目受众群体中通常的影响渠道。大部分社群中都存在既有的沟通网络，也有一些声望高或影响力大的人，人们在需要引导时会向他们求助。在决定如何引入变革项目时，了解这类影响渠道极为有用。此外，也有必要知道在什么样的时机、什么样的情况下，哪些影响渠道在传播信息和获得认可方面是最有效的。

有效利用当地影响渠道的一个例子，发生在印度奥里萨邦（Orissa）卡拉汉迪（Kalahandi）地区暴发天花传染病时。卫生工作者帮助村民接种疫苗的尝试一直遭到抵制。村民天性多疑，害怕那些携带奇怪医疗器具的陌生人，他们不愿意拿自己和自己的孩子当这些人的实验品。村民们害怕传染病，因此求助于他们所信任的当地祭司。祭司进入出神状态之后，告诉村民这是村民惹怒了女神泰勒拉尼（Thalerani）的结果。他解释说只有通过大规模宴席、贡品和其他祭祀物品祭拜女神，才能让女神喜悦。受挫的医护人员意识到祭司是村中最主要的舆论领袖（至少在医疗方面如此）后，就想办法让祭司去劝说村民接种疫苗。起初，祭司拒绝与这些陌生人合作，但他最喜欢的侄儿病倒以后，他决定尝试任何可能治好他的办法。于是，祭司再次进入出神状态，告诉村民，女神希望所有的崇拜者都能接种疫苗。幸运的是人们同意了，这场疫病大体上得到了控制。[23]

如果影响渠道不太稳定，那么在推行项目时利用有影响力的人就可能事与愿违。在海地提倡使用口服补液的教育运动中，当时的海地第一夫人杜瓦利埃夫人同意以她的名义来推进项目。因为推广口服补液并没有严重的社会或文化障碍，使用过补液的母亲也说孩子们接受得很好，所以人们预计这场运动将获得成功。但是，海地突然发生政治骚乱，第一夫人的丈夫被推翻了。有些民众就认为口服补液项目是杜瓦利埃试图给儿童绝育的阴谋，这种怀疑燃起了抵触之火。[24] 前面提到的海地重新造林计划也表明，海地人民对政府主导的项目均持怀疑态度。

18. W. H. Fisher 1994.
19. G. M. Foster 1969, 122 – 123.
20. Coreil 1989, 149 – 150.
21. Rogers 1983, 321 – 331.
22. Bryant and Bailey 1990.
23. Niehoff 1966, 219 – 224.
24. Coreil 1989, 155.

应用人类学家经常提倡将当地的治疗者整合到医疗变革项目中。许多医疗专业人士及政府官员反对这种观点，他们对当地的治疗者持负面看法。但这种策略在更加闭塞的地区就比较有效，在这样的地区，只有当地的治疗者能提供卫生保健服务。如果当地治疗者介入医疗变革项目，他们就有可能在感到自己无法处理疾病时让病人去医院就医，而医院有时候也会推荐病人去找当地的治疗者。[25]

应用人类学需要更多参与协作

大规模的计划变革项目多由政府、国际援助组织或其他机构发起。尽管这些项目的出发点是善意的，也会进行恰当的评估以确保受影响的人群不受伤害，但项目的目标人群通常并不参与决策。韦恩·瓦里（Wayne Warry）等人类学家认为，应用人类学应该更多参与协作。瓦里说，曾有位加拿大土著长者问他，假如瓦里也是土著，是否能够容忍他（瓦里）自己使用的方法和解释。[26] 这个问题促使他加入了一个由玛玛维文（Mamaweswen）部落议事会主导的加拿大土著合作者项目。这个项目主要是评估各个群体的医疗需求，制订改善当地社群卫生保健条件的发展计划。资金由加拿大政府提供，作为改善第一民族的卫生保健项目的一部分。土著研究员负责指导调查和研讨会，以确保各个社群都了解这个项目。部落议事会也审查各类出版物，并从出版物中取得利润分成。

应用人类学家也越来越多地受邀为土著草根组织工作。在发展中国家，这类群体迅速壮大。一些小型组织或组织网络开始自己雇用技术支持专家。[27] 如此，这些组织就能掌握决策权。越来越多的证据表明，草根组织是项目有效发展的关键。例如，在肯尼亚一些属于草根组织的农民，比那些不属于草根组织的农民的农业生产量要高，即使后者接触的农业指导员更多。[28] 很多时候，在政府或其他外界主导的项目失败的地方，草根组织却能成功。人们有效抵制了项目的实例有很多。受影响人群希望变革的意愿，以及他们在重要决策中的参与，可能是一个变革项目成功的最重要因素。

另一种协作也越发重要。很多项目强调团队合作，往往是来自不同学科的人一起工作。现在，人类学家更需要去熟悉其他领域的理论和方法，以便与团队中的其他成员沟通和协商。早期人类学家更偏向于独自工作，现在人类学家独自工作已经不太可能了。[29]

文化资源管理

本章前面讨论过的那种大规模的计划变革项目，不但会影响现在生活着的人，还会影响他们的祖先留下的考古遗存。在计划变革项目打扰或毁坏它们之前恢复和保留考古学遗存的工作被称为**文化资源管理**（CRM）。文化资源管理的工作主要由考古学家主导，他们经常被称为"合同考古学家"，因为他们一般与政府机构、私人开发商或当地团体签订合同后工作。

计划变革的项目会对考古遗存会造成什么类型的影响呢？20 世纪 60 年代，兴起了一大批坝式水

图中的通勤者正在参观 4 世纪的遗址，那是在与雅典地铁系统建设有关的大型文化资源管理项目中发掘出来的

电站建造项目，其目的是控制洪水和为国家的发展提供稳定的电力资源。在埃及，人们计划在尼罗河流域的阿斯旺（Aswan）建一座大坝。考古学家意识到一旦水坝建成，就会形成一个巨大的湖泊，将数以千计的考古遗址淹没，包括拉美西斯二世（Rameses Ⅱ）的巨大神庙。必须有所行动，考古遗存必须被抢救出来或保护起来。用文化资源管理的术语来说，有必要执行"缓解计划"（mitigation plan）。人们也这么做了。在阿斯旺水坝的建设过程中，考古学家努力发掘那些即将被淹没的遗址。考古学家和工程师设计了一个方案，将拉美西斯二世神庙进行拆卸，然后在不会被淹到的海拔更高的地方，将其一点一点地重建起来。到水坝建成时，已有数以百计的遗址得到了发掘研究，还有两个完整的神庙建筑群得到了搬迁。

不是只有大型发展项目才需要文化资源管理考古学家。在包括美国和加拿大在内的很多国家，历史保护方面的法律规定，任何接受联邦资金支持的项目，都要确保考古资源得到保护或减轻其受破坏的程度。在美国，文化资源管理考古学家经常参与公路建设项目。几乎所有的公路项目都依赖联邦资金，在获准修建公路之前，需要提交针对待修建公路的地点的完整考古学调查报告。如果相关地点发现了考古遗址，就需要减轻其可能遭受的破坏。文化资源管理考古学家将和建筑公司、州里的考古学家，也许还有联邦派遣的考古学家共事，以决定最佳的行动步骤。一些情况下，考古遗址会得到发掘；另一些情况下，原定的路线可能要改线；还有一些情况下是允许破坏考古遗址的，这或是因为发掘成本太高，或是因为遗址的价值不高而不需要发掘。不管决定如何，文化资源管理考古学家在评估和保护考古学遗存方面都发挥着非常重要的作用。

文化资源管理考古学家不单是为州政府或联邦机构工作。如今在很多国家，文化资源管理考古学家同样为土著群体工作，帮助他们保护、维护和管理考古材料。考古学家约翰·拉韦思路特（John Ravesloot）表示，"美国考古学的未来在于，印第安人社群能主动而非被动地参与解释、管理和保护他们丰富的文化遗产"。[30] 祖尼遗产和历史保护办公室（Zuni Heritage and Historic Preservation Office）就是这种关系的一个例子。20 世纪 70 年代，普韦布洛祖尼人决定对部落成员进行考古学知识培训，以确保能合理地管理祖尼的文化资源和文化财产。他们雇了 3 名专业的考古学家，并在美国国家公园管理局和亚利桑那州立博物馆的帮助下，启动了一个训练和雇用部落成员进行文化资源管理的项目。通过与这些非祖尼人的考古学家一起工作，祖尼人建立了自己的历史保护办公室，现在这个办公室主要组织和协调在祖尼保留地的所有历史保护事务，而在 1992 年以前，这是联邦政府负责的工作。祖尼人也成立了祖尼文化资源企业（Zuni Cultural Resource Enterprise），这是为祖尼人所有的文化资源管理企业，企业雇用祖尼人和非祖尼人考古学家，承接祖尼保留地内外的合同考古项目。[31]

在美国，文化资源管理是考古学工作的一大方向。[32] 只要发展和建设项目仍然可能影响考古遗存，对训练有素的文化资源管理考古学家的需求就会持续存在。

法医人类学

我们很多人都喜欢侦探小说。我们对犯罪和犯

25. Warren 1989.
26. Warry 1990, 61–62；也可参见 Lassiter 2008。
27. J. Fisher 1996, 57.
28. Ibid., 91；来自肯尼亚的数据引自 Oxby 1983。
29. Kedia 2008.
30. Ravesloot 1997, 174.
31. Anyon and Ferguson 1995.
32. Society for American Archaeology 2009.

罪发生的原因都感兴趣，也喜欢读犯罪故事，不管是虚构的还是真实的。**法医人类学**是人类学的一个专门分支，致力于帮助破案和识别人类残骸，通常是应用体质人类学的知识。[33] 法医人类学获得大众的高度关注，也吸引了越来越多的从业人员。一位法医人类学家说她被执法机关的同事笑称是"骨头女士"。[34] 就像其他同行一样，她被要求发掘或检测人类骨骸以帮助破案。缩小范围以辨识身份是第一要务，但这并不像电视剧里那么简单。骨骸是男人的还是女人的？这个人多大了？法医人类学家能否准确回答这些看似简单的问题，取决于残骸是否较为完整。如果成人骨骸中残存有盆骨，那么可以辨识出性别，但如果是未成年人的骨骸，那么靠骨骼进行性别辨认就不那么可靠。[35] 年龄的辨识有所不同，通过骨骼进行成年人的年龄鉴定，只能得出一个宽泛的范围，但对于未成年人的残骸，其年龄范围可以估算得更精确。法医人类学家通常需要辨识出"种族"。正如我们在前面的章节里讨论过的，应用于人类的"种族"并不是有用的生物学范畴，而更多是一种社会类别。法医人类学家能比较准确地辨识出这个人的祖先是来自亚洲、欧洲还是非洲，但他们无法辨识出肤色。[36] 如果警方档案提到一个亚洲血统的成年男性在五年前失踪，那么法医人类学家会认为残骸属于一个亚裔成年男性的可能性很高。通过牙科记录、手术治疗或住院记录等信息，可以推断出一些独特的特征，匹配后能更精确地确定身份范围。有时候，执法人员的调查陷入僵局时，法医人类学家会对死因提出推测。

一些文化人类学家也会做法庭工作，这经常与涉及美洲土著的法律案件有关。例如在 1978 年，有人请芭芭拉·琼斯（Barbara Joans）为一场审讯的被告提建议，被告是 6 名来自霍尔堡（Fort Hall）印第安保留区的肖松尼-班诺克年长女性，她们被控欺诈。她们领取了补充保障金（supplemental security income, SSI），而社会服务机构称她们没有资格领取，因为她们从拥有的土地上取得了租金收入而没有上报。琼斯提供的证据表明，那些妇女虽然会说一些英语，但她们还没有对英语精通到能理解 SSI 工作人员话里细微的含义差别。法官同意了这个辩护并做出裁决，将来 SSI 去保留区解释项目的要求时，必须配一个懂得肖松尼-班诺克语的翻译。[37]

近年来，克莱德·斯诺（Clyde Snow）和其他法医人类学家受邀鉴定违反人权的滥杀。有的政府对民众有系统地遭到杀害负有责任，法医人类学家则协助将作恶者绳之以法。例如，斯诺等法医人类学家确定，20 世纪七八十年代的阿根廷军政府造成了许多阿根廷平民的"失踪"。法医人类学家也协助确认了危地马拉乱葬岗的位置和受害者的身份。除

一位法医人类学家发掘出一具遗骸，可能是 1976 年至 1983 年间阿根廷政权支持下的暴力的受害者（图片来源：© Horacio Villalobos/Corbis）

了将作恶者依法惩治，法医人类学家还能协助识别受害者的身份，以帮助那些有"失踪"人口的家庭暂时放下自己的痛苦。在2000年11月的美国人类学协会的年会上，举行了一个特别会议（叫作"揭秘'失踪'：克莱德·斯诺和法医人类学家为正义工作"）[38]，斯诺和其他法医人类学家受到表彰。

医学人类学

疾病和死亡对世界各地的人来说都是重要事件，没有例外。可想而知，人们如何理解疾病和死亡的原因，如何应对，利用什么资源来处理这些事情，都是文化中极为重要的方面。有人认为，如果不理解文化行为、态度、价值观和人们所处的更大范围的社会政治环境，就不可能完全理解应当怎样有效治疗疾病。另一些人则主张，社会和文化很难改变疾病的结果——造成人们不必要死亡的原因是他们没有得到恰当的医学治疗。

但是，人类学家，尤其是积极从事健康和疾病研究的医学人类学家逐渐意识到，如果想减轻人类遭受的痛苦，我们就要更多地考虑生物因素**和**社会因素。例如，一些人群中因腹泻导致的婴儿死亡率极高。这种情况的起因多是生物学方面的，即细菌感染导致了死亡。但为什么有那么多的婴儿接触到那些细菌呢？这通常就要归结到社会原因了。受感染的婴儿的家庭可能比较贫穷。因为家庭经济条件不好，他们喝的是受污染的水。同样，营养不良在生物学上可能是缺乏蛋白质的饮食导致的，但这种饮食习惯通常也是文化现象，反映出社会中不同阶级的人获取生活必需品的机会有很大的不同。因此，从许多方面看，医学人类学和其他人类学分支一样，都朝着"生物文化综合体"的方向发展。[39]

医学人类学就是这个发展中的综合体的组成部分。实际上，在当代人类学中，医学人类学的发展取得了瞩目的成就。医学人类学已经成为极受欢迎的专业，而且在美国人类学协会中，医学人类学学会是第二大的组织。[40]

用医学的方法治疗疾病，可能有时候很有效果，但其本身无法告诉我们为何某些群体比其他群体更容易染病，或者为何不同群体的治疗效果不一样。我们将讨论疾病和健康观念的文化差异、不同文化在疾病治疗方面的共性和差异，以及医学人类学对某些疾病及健康状况研究及治疗的贡献。

对健康和疾病的文化理解

在美国等西方社会里，医学研究人员和医学从业者并不生活在社会真空里。他们很多的观点和实践都受到所在社会文化的影响。我们可能认为医学纯粹是基于"事实"，但只要仔细想想，就能意识到很多观念其实源自研究者所在的文化。近来对新生儿态度的转变就是一个例子。在不太久以前的美国，父亲不能接近刚出生的婴儿，医院也不允许母亲太亲近新生儿，很少把孩子抱到母亲面前，访客抱婴儿时必须戴上口罩（但负责的护士和医生不用）。对于这些措施，人们提出了一些理由，但回过头看，它们似乎缺乏科学依据。许多医学人类学家现在认为，生物医学范式（biomedical paradigm，医生受训的系统）本身就需要被理解为文化的一部分。

发现一个文化群体中与健康相关的信念、知识和行动，即该群体的**民族医学**（ethnomedicine），是医学人类学的目标之一。文化是怎样看待健康和

33. Komar and Buikstra 2008, 11 – 12.
34. Manhein 1999.
35. Komar and Buikstra 2008, 126 – 145.
36. Brace 1995.
37. Joans 1997.
38. "Association Business: Clyde Snow . . . " 2000.
39. A. H. Goodman and Leatherman 1998; Kleinman et al. 1997.
40. Baer et al. 1997, viii.

疾病的？文化对疾病的成因有哪些理论？这些理论如何影响人们对疾病的态度？治疗疾病的过程是怎样的？有专业的医学从业者吗？他们如何治疗疾病？他们有专门的药物吗？如何管理这些药物？这些仅仅是人类学家研究民族医学时会遇到的一部分问题。

在中国等地，人们认为练太极能带来和谐与平衡
（图片来源：© Tibor Bognar/Alamy）

平衡或均衡的观念

很多文化都认为身体应当保持均衡或平衡。可能是冷热之间的平衡，也可能是干湿之间的平衡，拉丁美洲和加勒比海地区的许多文化都有这样的观念。[41] 平衡的概念不是局限在两个对立面之间。例如，在古希腊起源于希波克拉底的医学系统中，人体内有四种"体液"，即血液、黏液、黄胆汁和黑胆汁，它们之间的平衡是需要保持的。这些体液有热和冷、湿和干等属性。古希腊医学系统对欧洲影响很大，也传播到伊斯兰世界的部分地区。在欧洲，体液理论的医学系统占统治地位，直到在 20 世纪初被微生物理论取代。[42] 在印度阿育吠陀（Ayurvedic）医学系统中，人体有三种体液（黏液、胆汁和气），保持身体的冷热平衡也非常重要。[43] 阿育吠陀医学实践早在 4 000 年前就在今天印度北部、巴基斯坦、孟加拉国、斯里兰卡的所在地和阿拉伯世界有强大的影响力。起源于 3 500 年以前的中医系统，最初是强调身体内部阴阳的平衡，之后增加了体液的概念，发展出六种体质的理论。[44]

芮马丁（Emily Ahern）对中国台湾村庄医学系统的民族志记录体现了冷、热、阴、阳等观念。[45] 人体需要有热性和凉性的物质；如果失去平衡，就可以通过饮食来补充缺乏的物质。所以，当芮马丁因为热气而身体衰弱时，当地人告诉她要喝些竹笋汤，因为竹笋是凉性的。人体在冬天需要更多热的物质，在夏天需要的少一些。一些人比其他人更能忍受身体物质的失衡，而年长的人比年轻的人更难忍受失衡。失血的人也会失去热的物质。因此，在孩子出生后的一个月内，产妇通常会吃麻油鸡，麻油鸡用鸡肉、酒和芝麻油做成，这些都是热性的食材。热性的食物通常是油性的、黏性的或来自动物的，凉性的食物则多是汤汁的、水样的或来自植物的。

身体也有阴阳。村民认为，阳的部分是生者看得见的，阴的部分存在于阴间，是与身体对应的房屋和树木。房屋的屋顶对应人的头部，墙壁对应皮肤；在与女人身体对应的树上，花对应女人的生殖器官，树根对应女人的腿，等等。萨满可以让村民在进入出神状态之后去阴间看看。如果一个人的健康有问题，萨满就会派人去看此人在阴间的房屋或树木出了什么问题。加固阴间的房屋或树木，可以修复身体的阳间部分的健康。阴间也是孤魂居住的地方，它们有时候会引起疾病。此时，人们需要向居住在阳间的有力量的神明寻求帮助。

超自然力量

芮马丁研究的台湾村民相信大多数疾病有其自然或生理的原因，但在世界上的许多地方，人们认为疾病是由超自然力量导致的。事实上，在一项涵盖 139 个社会的跨文化研究中，乔治·彼得·默多克发现只有两个社会不相信疾病是神灵造成的；可以说，相信神灵导致疾病的观念相当普遍。在他研究的样本社会中，有56%认为神或灵是造成疾病的主要原因。[46] 就如我们在"宗教与巫术"一章中讨论的，巫法和巫技在世界各地的社会中很常见。虽然人们使用巫法和巫技的目的有好有坏，但巫法和巫技最常见的用途是让人生病。人们也可能认为，导致疾病的是失魂、命中注定、违反禁忌，或与污秽或禁忌的东西的接触。在各个大陆上的大多数社会中，巫法被认为是疾病产生的主要原因；而认为疾病是违反禁忌招致的报应，则是除一个地区外的世界各地普遍存在的观点。失魂会导致疾病这种观念，在地中海沿岸的社会中没有，在非洲比较少见，在新大陆和太平洋群岛不太常见，而在欧亚大陆则最为多见。[47]

在太平洋中央的楚克岛上，人们认为严重的疾病和死亡主要是魂灵导致的。人们偶尔会责怪亲属的魂灵，尽管它们通常不会导致严重的伤害。在大多数情况下，疾病是某个地方的灵或夜晚小道上的鬼魂导致的。[48] 现在，当地人治疗疾病有两个选项，去医院治疗或用楚克人的方法治疗，可以只用一种，也可以两种都用。楚克疗法要求病人和病人家属准确描述病症，因为据信不同的精灵会造成不同的病症。如果病症能清楚匹配，那么病人多数会选择合适的楚克疗法来治疗疾病。病人也可能会问自己是否做了错事，如果真做了错事，对应的精灵是哪位，可以抵御的疗法又是什么。例如，在出海之前有不能发生性关系的禁忌。如果有人违反这个禁忌导致生病，那么暗礁的精灵会被怀疑是起因。楚克疗法被认为能快速、神奇地治愈疾病。因此，如果情况没有快速好转，楚克病人会要求出院。如果治疗失败，楚克人就会认为还需要重新评估诊断，有时还要借助占卜师的帮助。[49] 与美国人相信的病原微生物理论相反，楚克人指出，他们能看到鬼魂，但他们从来没有见过美国人所说的微生物。使用两种方法，有些人能够痊愈而有些人不能，所以终极原因还是信仰的问题。[50]

奥吉布瓦人认为，普通疗法无效的最严重的疾病，应该是对其他动物、精灵或人做错了什么事情的报应。为了治疗此类疾病，病人或病人的父母需要反思自己的行为，看看做错了什么。做错的事是不能对医生或棚屋中的其他人隐瞒的。只有在坦白之后才能寻求药物的帮助。[51] 霍皮人同样相信病人要对自己的疾病负责，但是病因可能不仅仅是不当的行为，还有可能是消极的想法和焦虑。巫师也会导致疾病，但巫师作法对那些沮丧或忧虑的人最为有效；因此积极的想法也能防止疾病。[52]

生物医学范式

在大多数社会里，人们朴素地相信自己对健康和疾病的观念是正确的。在接触另一套医疗系统之前，人们往往意识不到还有看待事物的其他方式。西方医疗实践的传播范围很广。其他医疗系统的人们开始意识到，自己对健康和疾病的看法在西方实践者眼中是不全面的，因此他们经常需要决定采用哪种方法(西方的还是非西方的)来治疗疾病。然而，改变不是单向的。例如，在很长一段时间里，西方的职业医疗人员不认同中国的针灸方法，但现在越来越多的职业医师意识到，针灸对于一些身体状况可能有积极的作用。

41. Rubel and Haas 1996, 120; Loustaunau and Sobo 1997, 80–81.
42. Loustaunau and Sobo 1997, 82–83，引用 Magner 1992, 93。
43. Loustaunau and Sobo 1997，引用 Gesler 1991, 16。
44. Loustaunau and Sobo 1997，引用 L. C. Leslie 1976, 4; and G. Foster 1994, 11。
45. Ahern 1975, 92–97，录于 eHRAF World Cultures, 2000。
46. Murdock 1980, 20.
47. C. C. Moore 1988.
48. T. Gladwin and Sarason 1953, 64–66.
49. Mahony 1971, 34–38，录于 eHRAF World Cultures, 2000。
50. Gladwin and Sarason 1953, 65.
51. Hallowell 1976.
52. J. E. Levy 1994, 318.

大多数医学人类学家使用**生物医学**（biomedicine）这个术语来指代今天西方文化中的主流医学范式，其中"生物"体现的是这种医疗体系对生物的重视。罗伯特·哈恩（Robert Hahn）指出，生物医学似乎把重点放在了具体的疾病及其疗法上。健康不是重点，因为健康被视为不存在疾病的状态。疾病被认为是纯粹自然的现象，很少有人关注病人本身或社会和文化系统等大环境。医生通常不会治疗身体的所有问题，而是各有自己的专攻方向，他们将人的身体分成数个区域，每个区域都归属不同的专攻方向。死亡被认为是一种失败，生物医学实践者竭尽全力延长患者寿命，无论病人的生活环境可能是怎样的。[53]

路易·巴斯德（Louis Pasteur）关于人体的某些器官与某些主要传染疾病有关的最重要发现，深刻地改变了西方医学的进程。巴斯德的发现促使人们用科学方法去寻找其他的病原微生物。但是，病原微生物理论虽然很有效用，但也可能导致研究者较少关注病人及病人周边的社会与文化环境。[54] 关于人类学家为恢复这方面平衡而做出的努力，本章的专题"探讨应用项目失败的原因"讨论了一个案例。

疾病的治疗

在这种或那种文化中研究疾病的人类学家，大致可以分为两类。第一类学者（更倾向于相对主义观点）认为文化对疾病的症状、发病率和治疗方式有很大的影响，因此疾病的文化共性少之又少。如果每种文化都是独一无二的，那么其对某种疾病的观念和治疗方法也应该是独一无二的，与其他文化的观念和做法都不同。第二类学者（更倾向于普遍主义观点）则认为，不同文化对疾病的观念和治疗方法是有相通之处的，即使每种文化有各自独有的特质（尤其是信念系统）。例如，一些土著疗法使用的一些化学物质，可能是西方生物医学疗法也在使用的，或者与后者具有相似的疗效。[55] 读者应该能注意到，我们这里对医学人类学的分类是非常粗糙的；很多医学人类学家并不明确属于两类中的某一类。事实是，特定的文化可能在一些方面与其他文化很相像，但在另一些方面有自己的独特之处。

在广泛研究了玛雅民族医学后，埃洛伊斯·安·伯林（Elois Ann Berlin）和布伦特·伯林（Brent Berlin）基于充分论据主张，尽管玛雅人强调超自然力量是疾病的成因，但玛雅人的民族医学其实很重视自然原因引起的病症、体征和症状，以及相关的治疗方法。关于胃肠疾病，伯林夫妇发现玛雅人对胃肠道的构造、生理机能和疾病症状都有广泛而准确的理解。而且他们使用的治疗方法，包括推荐食用的食物、饮品和草药，都和生物医学从业者建议的没有太大差异。[56]

卡罗尔·布朗纳（Carole Browner）也提出，研究者过度强调了拉丁美洲的"热-寒"疾病理论，因而忽略了其他可能影响人们在生殖健康和女性健康问题上选择的因素。在关于一个高地瓦哈卡社群医疗系统的研究中，布朗纳发现某些植物被用来帮助排出子宫里的物质——多用于足月催产、堕胎或者促进月经到来，还有一些植物则用于留住子宫里的物质——在月经期间防止大出血，在产后帮助恢复，防止流产。大多数植物疗法似乎是有效的。[57]

主流的生物医学从业者已经越来越多地认识到研究世界各地人们发明或发现的"传统"医药的价值。在研究尼日利亚的豪萨人民间医药时，尼娜·埃

53. Hahn 1995, 133–139.
54. Loustaunau and Sobo 1997, 115.
55. 关于这种更倾向于普遍主义的观点的详尽讨论，可参见 E. A. Berlin and Berlin 1996；也可参见 Browner 1985, 13–32，以及 Rubel et al. 1984。
56. E. A. Berlin 1996.
57. Browner 1985; Ortiz de Montellano and Browner 1985.

应用人类学
探讨应用项目失败的原因

应用项目没能成功时，研究者有必要去找出失败的原因。部分问题可能在于目标群体对世界运转方式的看法与研究者的完全不同。以下就是一个例子。

在危地马拉，村里的卫生保健工作者不仅提供疟疾检测，还提供免费的抗疟药。然而令人惊讶的是，对一个社区的调查发现，只有20％的疟疾患者使用了免费药物。更令人惊讶的是，大部分有疟疾症状的人会花费差不多一天的工资，去购买并没有什么疗效的注射剂！为什么会这样呢？究竟怎么了？

要找到答案并不容易。研究人员先是设计了访谈环节，以了解民间对疾病的观念。有哪些种类的疾病？得病的原因是什么？它们的症状是什么？如何治疗不同的疾病？然后，他们访谈了随机抽样的家庭，询问人们得了什么病以及采取了哪些措施。他们要求人们考虑不同的假定场景（小片段），即不同类别的人和不同严重程度

的疾病，看他们会选择哪些治疗方式。所有这些方法都考虑得很细致，但答案还是无法预测人们在患上疟疾后实际所做的事情。最后，研究者仔细比较了卫生保健工作者分发的各类药片和药店出售的药片及注射剂。他们区分不同的剂量与品牌，每次比较两份。人们认为剂量越大越有效，实际上确实如此。但他们认为药店里包装得五颜六色出售的药片，要比医疗站里没有包装的免费白色药片更有效，尽管事实并非如此。他们还认为耗费一天的工资购买一针药店里的注射剂，要比任何类别的四个药片都管用。而实际上，一针注射剂只相当于一个药片。

应用研究者经常使用这种试错的方法来找出自己需要的信息。在一个田野点奏效的方法，放到另外的田野点并不总是有效。为了获取所需的信息，研究者有时候得让受访者自己去构建答案。还有一些时候，就像在这个案例中一样，他们不得不进行很

具体的比较，才能获得有预测力的答案。危地马拉的那些民众不相信免费药片足以治疗疟疾，所以他们不去使用。要了解他们为何不相信免费药片具有疗效，还需要开展更多的研究。是因为药片免费吗？还是因为药店出售的药片的外包装比较吸引人？或者说，人们有认为注射液比药片更有效的观念？研究过程就是这样，总是会产生新的问题，特别是需要进行更广泛的比较研究的更普遍问题。

例如，关于危地马拉项目的研究揭示了某个项目在某个地区为何失败。但是，阻碍项目成功的观念有多普遍？危地马拉各地的人都有这样的观念吗？它们会妨碍其他药物的引进吗？我们讨论的问题在中南美洲的其他地区是否存在？尽管对于这些更普遍的问题我们还没有答案，但人类学家已经发展出了行之有效的方法，去评估文化内部和不同文化之间的观念差异。

我们已经知道，如果

只向一两个报道人询问，是不能认定所得到的答案具有文化属性的。但这并不意味着我们要去向成百上千个报道人询问。如果一种观念属于文化观念，是该文化中的人普遍具有的，那么只要向10到20个人问同样的问题，就足以让研究者相信，所得到的答案很有可能具有文化属性。（调查对象看法的一致性被称为"文化共识"。）例如，对于哪些疾病具有传染性，危地马拉的调查对象的看法基本一致，但对于具体疾病是该采用"热"还是"冷"的治疗手段，他们的看法就不一致了。研究者采用文化共识的方法，可以比较农村与城市居民的观念，也可以对不同文化中的调查对象进行比较。有了更多这样的系统性比较研究以后，医学人类学家和医疗从业人员就能对如何提供医疗护理有更好的理解。

（资料来源：
Weller 2009; Romney
et al. 1986.）

特金（Nina Etkin）和保罗·罗斯（Paul Ross）发现，当地人能描述出超过 600 种植物的物理属性和可能的药用价值，超过 800 种疾病和症状，以及超过 5 000 种可配制的药物。虽然很多药物被用来对付巫法、灵界侵略或巫技，但大多数药物是用于治疗豪萨人眼中由自然原因引起的疾病的。在豪萨人居住的地区，和在非洲许多其他地区一样，疟疾是严重的地方病。豪萨人使用大约 72 种植物来治疗和疟疾有关的症状，包括贫血、间歇热和黄疸等等。研究者在实验室用动物试验了豪萨人治疗疟疾的方法，发现许多治疗方法是有效的。但在埃特金和罗斯的发现中，最重要的可能是饮食的作用。虽然大多数医学研究并不关注人们食用的食物可能具有的医学效用，但食物的消耗量明显比药物用量要大得多，食用次数也更加频繁。因此，值得注意的是豪萨人经常食用很多有抗疟疾功效的植物；事实上，在一年中疟疾最高发的时期里，这些被食用的植物在控制疟疾感染上发挥了非常重要的作用。近期的研究也发现，大蒜、洋葱、肉桂、姜、胡椒等食物和香料，都有抗病毒或抗菌的成分。[58]

医疗从业者

在美国这样的社会里，人们习惯于（在身体情况没有很快好转时）咨询全职的医学专家，因此往往认为生物医学的方法是唯一有效的治疗方法。拿到医生开的药之后，我们会期望它有恰当的医学效果并能让我们感觉好些。因此，处于生物医学系统里的许多人，包括医师和患者，在看到其他医疗系统的治疗方法似乎也能奏效时会感到困惑，那些医疗系统的疗法是部分基于象征或仪式治疗的。正如前文提到的，很多本土的植物被证明有医疗效用，但人们使用它们的时候，多是伴随着唱歌、跳舞、噪声或仪式。我们很难理解那些治疗方式，根源可能在于从生物医学的角度看，身心是截然不同的。现在，越来越多的证据表明，治疗的**形式**与疗法的**内容**同等重要。[59]

那些不单医治身体的医疗从业者，有时被称为人格主义（personalistic）的医疗从业者。从人格主义的角度看，疾病可能是一个人的社会生活出问题的结果。疾病可能是自身不好的行为或想法招致的报应，也可能是被怀恨在心的人用巫技或巫法作

马来西亚的一位达雅克（Dayak）妇女在采集草药
（图片来源：© Nigel Dickinson/
Peter Arnold, Inc.）

法的结果。社交状况恶劣或关系恶劣，也可能激发焦虑或压力，从而引发症状。在职业专门化的社会里，人们可能会请求神职人员（经过正式训练的全职宗教从业者）将信息或治疗的请求传达给更高的力量。[60] 在人们相信巫技和巫法会导致疾病的社会里，通常有被认为能反向使用巫术的医疗从业者，人们认为他们能解除巫技和巫法造成的伤害。有时候，巫技师或巫法师会被要求去解除由其他巫技师或巫法师造成的疾病。但是，人们可能较少寻求巫技师或巫法师的帮助，因为人们通常惧怕他们，他们的社会地位也比较低。[61] 在缺乏职业专门化的社会中，萨满也许是最重要的医疗从业者。

纳瓦霍的巫医在地上画蛇，举行仪式治疗疾病
（图片来源：Martha Cooper/Peter Arnold, Inc.）

萨满

萨满一般是非全职的男性专家，经常从事疾病治疗。[62] 西方人经常称呼萨满为"巫医"，因为他们不相信萨满可以有效地医治患者。萨满真的能够医治患者吗？实际上，对此持怀疑态度的不是只有西方人。在太平洋西北地区的夸扣特尔人中间，有一个名为奎萨利德（Quesalid）的美洲土著也不相信萨满能够奏效。因此，他开始和萨满联系以便暗中侦察，后来被萨满带进了他们的群体。他接受了最初的训练后，学会了：

> 一套奇怪而复杂的手势、戏法和经验知识，包括模拟不省人事和发作的技术……宗教歌曲，引发呕吐的方法，相当精确的听诊方法，通过听体内的声音来发现疾病和进行产前检查，以及利用"做梦者"的方法，"做梦者"会偷听私人谈话，将与不同人患病后的症状及与病因有关的信息私下告诉萨满。他还学会了最重要的技艺（ars magna）……萨满将一团绒毛藏在口中，咬破舌头或牙龈让绒毛沾血，在恰当的时候把绒毛吐出去，然后严肃地将其拿给患者与

旁观者看，以表明经过他的吮吸与作法，患者身体内的病根已经取出来了。[63]

奎萨利德的怀疑得到了确认，但他的第一次治疗取得了成功。患者听说奎萨利德加入了萨满的群体，相信只有他才能让自己康复。奎萨利德做了四年的萨满学徒，期间不能收取任何报酬，他逐渐意识到自己的方法是有效的。他去其他村庄访问，在医治那些无希望的患者时与其他萨满斗法并取得了胜利，最终人们似乎确信他的治疗远比其他萨满更加有效。他继续以知名萨满的身份行医，而没有去

58. Etkin and Ross 1997.
59. Moerman 1997, 240 – 241.
60. Loustaunau and Sobo 1997, 98 – 101.
61. Winkelman 1986a.
62. Ibid., 28 – 29.
63. Levi-Strauss 1963a, 169.

揭穿其他萨满。[64]

在与非洲的萨满共事之后，既是精神科医生也是人类学家的 E. 富勒·托里（E. Fuller Torrey）推断，萨满和精神科医生使用相同的机制和技术来治疗患者并达到了同样的效果。他将全世界治疗者使用的手段分成四类：

1. 命名过程。如果一种疾病有名称，如"神经衰弱症"、"恐惧症"或"被祖灵缠身"，那么它就是可以治疗的；患者会认为医生理解自己的病状。

2. 医生的人格。那些对患者表现出同情心、非占有性的温暖和真实的兴趣等情绪的医生能获得想要的结果。

3. 患者的期望。一种提升患者被治愈期望的方法是拉长去看医生的路程；（去梅奥诊所、门宁格诊所、德尔菲神庙或卢尔德朝圣地的）路途越长，治愈越容易。令人印象深刻的环境（医疗中心）和新设备（听诊器、沙发、穿制服的服务人员、慌乱的声音、鸣笛声、鼓声、面具等）也能提高患者的期望值。治疗者的训练非常重要。高昂的费用同样能提升患者的期望。［派尤特（Paiute）医生总是在开始治疗之前先收取费用；据说如果他们不这么做，他们就会生病。］

4. 治疗技术。药物、休克疗法、调节技术，以及诸如此类的治疗手段，在世界各地都被长期使用。[65]

生物医学研究并没有意识到心理对治疗的积极作用。事实上，有相当多证据表明心理因素对疾病治疗非常重要。那些坚信药物能帮助自己的患者经常恢复得很快，即使他们吃的药只是糖片或是并不符合他们病情的药品。这样的积极效果被称为安慰剂效应。[66]安慰剂不是只有心理影响。尽管我们还没有彻底理解其运作机制，但安慰剂可能改变身体的化学反应并加强免疫系统。[67]

萨满是有可能与医生共存的。唐安东尼奥（Don Antonio）是墨西哥中部奥托米（Otomi）印第安人中一位受人尊敬的萨满，他有很多患者，现在的患者可能没有现代医学到来之前多了，但还是不少。他认为自己一出生的时候，天神就赐予他治愈的力量，但他的力量只能用来治疗"罪恶的"疾病（由巫师引起的疾病）。"善行的"疾病能用药草和药品治愈，他会将得这类病的患者介绍给医生治疗；他相信，医生比他更擅长治疗这类疾病。但是，医生们似乎不会转介患者给唐安东尼奥或其他萨满。[68]

医生

在生物医学系统中，最重要的全职医疗从业者是医生，医患关系在该系统内居于核心。在理想情况下，医生虽然有局限，但有能力治疗疾病、减轻痛苦和延长患者的生命，也会为患者保密并尊重其隐私；患者则依赖医生的知识、技术和伦理道德。与生物医学范式一致，医生更倾向于将患者视为有"状况"而不是完全健康的人。医生依靠科学获得权威的知识，但他们认为自身的临床经验也非常重要。医生经常认为自己对患者的观察比患者自述的症状更有价值。因为患者去看医生，经常是想解决一种特殊的状况或疾病，所以即便有不确定性，医生往往也会尽量做些什么。医生倾向于依赖诊断与治疗的技术，认为与患者交谈相对而言没有那么重要。事实上，医生给患者的信息通常不太详细，他们也不太重视倾听患者的自述。[69]

尽管医生在生物医学中有如此重要的地位，但患者并不总是寻求他们的帮助。实际上，在美国大约有三分之一的人会定期咨询另类医疗从业者，如针灸师或按摩师，而很少会去找医生。有些意外的是，受教育程度更高的人更有可能寻求另类疗法。[70]

政治和经济对健康的影响

在一个社会中，拥有更多社会、经济和政治权力的人通常健康状况更好。[71] 在分层社会中，健康状况的不平等在意料之中。贫穷的人生活环境很拥挤，更容易接触到病菌，他们也缺乏资源，很难得到有质量的照顾。很多疾病、健康问题和死亡的发生率与相对频率，是直接与社会阶级相关的。例如在英国，上层社会的人患偏头痛、支气管炎、肺炎、心脏病、关节炎，以及受伤和罹患精神疾病的概率比较小，这还只是一小部分的差异。[72] 从族群差异也能预测健康方面的不平等。在种族隔离制度下的南非，占总人口14%的少数群体（被称为"白人"）控制着大部分收入和高质量的土地，"黑人"则被限制在住房短缺、居住条件不佳的区域内，工作机会很少。为了找工作，"黑人"的家庭往往要被拆散，通常是丈夫要去外地工作。1985年时，"黑人"的平均寿命比"白人"要短9年，"黑人"的婴儿死亡率是"白人"婴儿的差不多7倍。在美国，非裔美国人和欧裔美国人在健康卫生方面的待遇差距没有南非那么大，但欧裔美国人仍然得到很多的优待。1987年时，非裔和欧裔美国人的平均寿命相差7年，非裔美国人的婴儿死亡率大约是欧裔美国人的2倍。罗伯特·哈恩估计在美国，有19%的死亡是贫困导致的。[73]

阶级和族群差异导致的不平等不限于社会内部。不同社会之间的权力和经济差异，也对健康状况有深远的影响。在欧洲扩张的过程中，数量庞大的土著人口死于新引入的疾病、战争和征服；他们拥有的土地遭到攫取，留给他们的只有面积缩水的低质量土地。被并入殖民地范围或殖民国家之后，土著居民往往成为少数群体，而且始终贫穷。这样的生活条件不单影响疾病的发病率，还会导致更严重的药物滥用、暴力、抑郁和其他精神疾病。[74]

健康状况和疾病

医学人类学家研究了各种各样的病症。下面列举的只是其中的一小部分。

艾滋病

在人类有记录的历史上，传染病流行曾多次在短时期内导致大量人口死亡。14世纪，黑死病（腺鼠疫）的蔓延导致欧洲人口减少了四分之一到一半，也许有7 500万人死亡；6世纪，在中东、亚洲和欧洲爆发的传染病估计导致了1亿人死亡。从16世纪开始，随着欧洲向新大陆和太平洋地区扩张，这些地区遭遇了极大的人口损失，这一点很少在美国的教科书中提到，却是灾难性的事实。欧洲征服者不仅杀死当地人，他们带去的疾病还杀死了成千上万的土著，对于天花和麻疹之类的疾病，土著很少或根本没有抗体，而欧洲殖民者却不再会死于这些疾病。

医学科学和技术的发展现状或许会让我们以为流行病已经是过去的事情了。其实不然，艾滋病（AIDS，获得性免疫缺陷综合征）就提醒我们，新的疾病或原有疾病的新变种会随时出现。像其他的生命体一样，会导致疾病的生命体也在进化。导致艾滋病的HIV（人类免疫缺陷病毒）是很晚才出现的。病毒和细菌一直都在变化，新毒株出现后，会在一段时间内挑战我们的遗传抗性，以及遏制其发

64. Boas 1930, 1 – 41，录于 Lévi-Strauss 1963b, 169 – 173。
65. Torrey 1972.
66. Loustaunau and Sobo 1997, 101 – 102; and Moerman 1997.
67. Loustaunau and Sobo 1997, 102.
68. Dow 1986, 6 – 9, 125.
69. Hahn 1995, 131 – 172.
70. Ibid., 165.
71. 对一些相关研究的讨论，可参见 Hahn 1995, 80 – 82。
72. Mascie-Taylor 1990, 118 – 121.
73. 参见 Hahn 1995, 82 – 87 中引用的文献。
74. A. Cohen 1999.

展的医学努力。

全世界有数百万人有艾滋病的症状，可能还有数百万人已经感染 HIV，但还不知道自己感染。2007 年 12 月，全世界有 3 300 万成年人和儿童携带 HIV/AIDS。[75] 2001 年之后，出现了一些改善的迹象。全球受感染的患者比例已处在稳定状态；一些国家和地区已经增加预防措施，而且每年新增的艾滋病死亡案例已经在下降。然而在撒哈拉以南非洲，艾滋病仍是死亡的重要原因，而且也是全球死亡的主要原因。[76] 目前还没有办法治愈这种疾病。艾滋病是一种令人恐惧的传染病，不仅是因为它导致的死亡率高，还因为它的潜伏期长，从受感染到临床症状出现之间有很长一段时间（平均是 4 年）。这意味着很多感染了 HIV 却不自知的人会无意中将病毒传染给其他人。[77]

该病毒的主要传播渠道之一是性接触，通过精子和血液传播。吸毒者也可能通过受污染的针头感染上 HIV。通过对血液供给进行医学筛查，目前在一些社会里已经比较少有通过输血被感染的情况了。然而在一些国家，医学输血之前仍然没有常规的筛查措施。孕妇的 HIV 病毒可能通过胎盘或者生产后通过母乳传染给她的小孩。母婴传播的比例从 20% 上升到了 40%。儿童还面临很大的风险，因为他们有可能因为父母亲死于艾滋病而变成孤儿。21 世纪初，大约有 1 400 万儿童因为艾滋病而失去父母。[78]

很多人认为艾滋病仅仅是一个医学问题，只要求一个医学的解决办法，而没有意识到相关的行为、文化、政治等议题同样需要提上日程。确实，研发出疫苗或药物来预防人们感染艾滋病，以及为已感染的患者找到根治的方法，是能够最终解决问题的。但由于诸多原因，可以预见到，单凭医学的解决方法是远远不够的，至少目前来说是这样。首先，如果要在世界范围内，甚至只在一个国家内取得显著效果，那么疫苗就必须便宜，大批量生产也需要相

对容易；其他医学治疗方法也是如此。其次，世界各地的政府需要有意愿且有财力雇用所需的专业人员来管理行之有效的项目。[79] 再次，即便将来出现了有效的疫苗和治疗手段，面临风险的人群也得愿意接种或接受治疗才行，但很多人并不愿意。今天美国麻疹的发病率上升，就是因为很多人不愿意让孩子接种疫苗。

现在已有价格高昂的药物能有效降低 HIV 感染的程度，但我们不知是否很快能有便宜有效的疫苗或疗法问世。同时，只有通过改变社交行为，尤其是性行为，才能大大降低感染艾滋病的风险。但想要说服人们改变他们的性行为，就必须弄清楚他们在性方面做了什么，以及为什么要这么做。

目前为止，研究人员发现，在世界的不同地方，艾滋病传播的主要性模式是不同的。在美国、英国、北欧、澳大利亚和拉丁美洲，肛交的接受者，尤其是男性，是最容易感染 HIV 的个体；阴道性交也可能导致 HIV 感染，通常是男性传染给女性。共用针头也有可能传播。在非洲，最普遍的传播模式是阴道性交，因此在非洲的女性比其他地方的女性更容易受到感染。[80] 事实上，在非洲，较之于男性，女性感染 HIV 的病例要略多一些。[81]

有些研究者提出，尽管感染 HIV 的直接原因可能与性行为最为相关，但诸如贫穷和性别不平等之类的更大的政治与社会问题，增加了感染 HIV 的可能性。例如，性传播疾病会使感染 HIV 的风险增加 3 至 5 倍，但穷人不太可能得到合适的治疗。而且在发展中国家，居住在乡村和贫穷地区的人更有可能在输血时感染上病毒。性别不平等会增加女性屈服于不安全性行为的可能性，而且女性比男性更难得到合适的治疗。[82]

目前据我们所知，只有两种方法能降低因性接触传播 HIV 的可能性。一种方法是放弃性交，另一种方法是使用安全套。包皮环切术现在被认为能降

撒哈拉以南非洲有数百万的儿童因为艾滋病而成为孤儿。图中的孩子住在乌干达的艾滋病孤儿救助中心，当时的英国女王伊丽莎白访问该中心时，这些孩子在一旁观看
（图片来源：© Jon Hursa/Pool/epa/CORBIS，All Rights Reserved）

低 HIV 感染的风险，但研究还没能评估其长期的影响。[83] 教导艾滋病传播及应对方式的教育项目也能减少其传播，但这种教育项目在人们对性抱有不相容的信念或态度的地方可能不起作用。例如，在中非地区一些社会中，人们相信怀孕之后的精液沉积能让怀孕过程顺利，促进妇女的健康并提高她的生育能力。那么可以想见，抱有这种信念的人会选择不使用安全套；毕竟在他们的观念里，安全套是对他们公共健康的威胁。[84] 教育项目可能还会强调错误的信息。乱交会增加 HIV 传播的危险，因此很少有人会质疑宣传减少性伴侣数量的广告的智慧。而且至少在美国的同性恋群体中，个体报告的性伴侣数量比过去少了。然而，人们没有预料到的是，在一夫一妻制度下的夫妻可能因为很有安全感而很少使用安全套，也不太会去避免高风险性行为。但可以肯定的是，与已经感染 HIV 的固定伴侣性交是不安全的！[85] 听起来有些矛盾，但联合国表示，对当今世界的大多数妇女来说，感染 HIV 的一个主要风险因素是已婚。[86] 这并不是说结婚本身增加了感染 HIV 的风险，而是说，她们更可能感染 HIV 的直接原因是，已婚夫妇之间使用安全套和节欲的可能性都比较小。

与艾滋病有关的污名也阻碍了人们遏制其传播的努力。在某些社会中，许多人认为同性恋男子尤其容易感染艾滋病。[87] 在另一些社会中，人们认为艾滋病主要是乱交导致的。如果女人要求男人使用

---

75. UNAIDS 2007, 1.

76. Ibid., 4 – 6.

77. Bolton 1989.

78. 录于 Carey et al. 2004, 462。

79. Bolton 1989.

80. Carrier and Bolton 1991；Schoepf 1988, 625，转引自 Carrier and Bolton 1991。

81. Simmons et al. 1996, 64.

82. Ibid., 39 – 57.

83. L. K. Altman 2008.

84. Schoepf 1988, 637 – 638.

85. Bolton 1992.

86. Farmer 1997, 414；泰国的一些已婚男子会逐渐离开商业性行为，转向与他们认为比较安全的已婚女子的婚外情；可参见 Lyttleton 2000, 299。

87. Feldman and Johnson 1986, 2.

安全套，她就会被人认为是妓女。此外，很多人会错误地害怕接近艾滋病患者，仿佛任何接触都可能导致感染。

为了解决艾滋病的问题，我们可能会希望医药科学能发展出一种所有人都能负担得起的有效且便宜的疫苗或疗法。现在有一种疫苗似乎能降低猴子的 HIV 感染程度，让其达到难以检测的水平。[88] 也许很快就会有相似的疫苗应用于人类。同时，我们可以尽量去理解为何人们会进行某些有风险的性行为。这些理解可以帮助我们去设计教育项目和其他项目，以便帮助遏制艾滋病的传播。

精神障碍和情绪障碍

在一种文化中诊断出精神障碍或情绪障碍已经够难的了，在其他文化中诊断就更加困难。许多研究者一开始使用的是西方关于精神疾病的范畴，在尚未了解当地人对精神障碍的观念时就急于推广这些范畴。此外，"精神"障碍和"身体"障碍很难截然区分开。例如，许多疾病都会让人感到缺乏能量，有些人会将这种情况视为抑郁；惊恐或愤怒也可能导致生理症状，比如心脏病发作。[89]

西方人类学家最初描述非西方社会的精神疾病时，似乎不同的文化都有各自独特的疾病。这些被称为"文化相关综合征"（culture-bound syndromes）。例如，被称为"北极癔症"（pibloktoq）的精神障碍发生在格陵兰岛的因纽特成年人身上，而且通常是妇女。她们会忘掉周围的环境，并表现出焦虑、古怪的行为。她们可能会将身上的衣服脱光，然后在冰层和丘陵上走来走去，直到力竭。杀人狂（amok）是另一种精神障碍，通常见于马来半岛、印度尼西亚群岛和新几内亚岛，患者往往是男性。约翰·霍尼希曼（John Honigmann）将其描述为"具有毁灭性的狂躁兴奋……一开始是抑郁，接着是一段时间的沉思和后退，最后是调动大量能量，'野人'

不同的文化对美有不同的理想标准，标准也会随着时间而变化。
在美国，20 世纪 50 年代时"略显丰满"是理想身材，
但从 20 世纪 60 年代开始，人们就开始崇尚纤瘦了
（图片来源：© Tony Anderson/CORBIS, All Rights Reserved）

表现出毁灭性的狂暴"。[90] 神经性厌食（anorexia nervosa）可能是少数崇尚苗条的社会中特有的疾病。[91]（参见专题"进食障碍、生物学与美的文化建构"。）

一些学者认为，应该从各个社会本身的角度去理解其关于人格和精神障碍的观念。西方文化的认识和观念不应该应用于其他文化。例如，凯瑟琳·卢茨（Catherine Lutz）认为，西方的抑郁概念在太平洋地区的伊法利克岛上就不适用。那里的人有很多可用于表达"失落和无助"的想法和感受的词，但他们所用的词都与某个人的具体需求相关，比如

---

88. Shen and Siliciano 2000.
89. A. Cohen 2004.
90. Honigmann 1967, 406.
91. Kleinman 1988, 3.

应用人类学
进食障碍、生物学与美的文化建构

不同文化都有自己对美的标准。在许多文化中，丰满的人被认为比瘦小的人更美。梅尔文·恩贝尔多年前在美属萨摩亚群岛做田野调查。他在群岛的一个偏远小岛待了三个月之后回到主岛上时，一个有威望的酋长对他说："你看起来气色很好。你的体重增加了。"实际上，他轻了将近14千克！酋长可能忘了这位人类学家之前有多重，但他显然是认为胖点要比瘦点好。尼日尔的阿扎瓦格阿拉伯人（Azawagh arabs）认为胖比较好，而且比较美；他们会悉心照顾年轻女孩，以确保她们能变胖，比如要求甚至强迫她们喝下大量牛奶粥。

在世界各地，人们大多认为胖点比瘦点好，特别是女人。这些文化崇尚胖一些的身材，不仅是因为人们认为胖比较美，也是因为人们认为胖是健康、生育力强、（在分层社会中）社会地位高的标志。这与美国和其他许多西方国家的审美观念截然相反，那些西方人认为肥胖是没有

魅力的，反映出此人懒惰、缺乏自我控制能力、健康状况不佳。尤其是在上层阶级，精瘦被认为是美丽的。我们如何解释这些对美的截然不同的看法呢？

近期的跨文化研究发现，情况还要复杂一些。很多资源不稳定的社会也以瘦为美，尤其是那些没有食物储藏技术的社会。乍看起来这很难理解。面临挨饿时难道不是身体储藏有热量的个体比瘦弱的个体更好吗？可能吧。但十个瘦小的个体通常消耗的能量会少于十个肥胖的个体，所以瘦小个体可能具有群体优势。实际上，许多经常遭受饥荒的社会是鼓励禁食或食用更少的食物的，埃塞俄比亚的古拉格人（Gurage）就是如此。关于以妇女体胖为美的观念，最有说服力的跨文化预测因素是"男子气概"或"对抗性男子气概"。非常强调男性进攻性、力量和性欲的社会，最有可能以妇女体胖为美；那些较少强调男子气概的社会可能更喜欢瘦弱。男子气概与以妇女体胖为美之间

为什么会有关联，目前尚不明确。一种说法是，强调男子气概实际上反映了男性面对女性时的惧怕和不安全感。这样的男性可能并不追求和妻子的亲近或亲密，但他们又想通过拥有很多孩子来展示自己的力量。如果体胖意味着生育能力强，那么男性就会希望找到体胖的妻子。与这种说法一致的是，20世纪20年代和60年代末的妇女运动兴起之后，北美地区以妇女体瘦为美的观念就越来越普遍。比如，玛丽莲·梦露（Marilyn Monroe）被称为20世纪50年代美丽的代表，她是丰满的，并不瘦。瘦变得更为流行，是因为妇女开始质疑早婚和多产的行为。在那些时期，与男子气概相关的行为都变得不可接受。

关于什么样的身体为美的文化信念，给女性施加了很大的压力，让她们希望获得完美的身材——不管文化看重的是胖还是瘦。在美国和其他西方国家，对瘦的追求可能会走向极端，容易导致进食障

碍，比如厌食、暴食。这样的进食障碍可能是致命的，患者吃得很少，还会强迫自己呕吐，这样，变得越来越瘦的身体就会失去营养。而对美国和其他西方国家以"瘦"为完美身材的反讽，是那些国家的肥胖人口越来越多。2001年，美国人口的肥胖发病率上升至31%，医学研究人员担心肥胖导致的心脏病和糖尿病也会随之增加。肥胖是不是（心理上的）进食障碍导致的，还存在争议。研究人员发现了一些导致肥胖的生物学原因，如对控制食欲的瘦素的抗性，这说明肥胖的"流行"可能有生物学方面的原因。此外，快餐、久坐和夸张的食物分量都可能是导致肥胖的因素。

（资料来源：
P. J. Brown 1997,
100; Loustaunau and
Sobo 1997, 85; N. Wolf
1991; R. Popenoe 2004;
C. R. Ember et al. 2005; J.
L. Anderson et al. 1992; J.
M. Friedman 2003.）

在有人去世或离开岛屿的时候。他们认为在这些情况下，有失落的想法和感受非常正常，但他们的词汇中并没有哪个词可以表达一般性的绝望或"抑郁"。[92]因此，卢茨对西方的抑郁概念及其他西方精神疾病类别的适用性提出了疑问。

另一些研究者并没有完全否定普遍性精神病类别可能存在。有些人认为，精神疾病的概念有相当程度的跨文化一致性。简·墨菲（Jane Murphy）研究了因纽特人和尼日利亚的约鲁巴人关于严重精神失常者的描述。她发现他们的描述不仅彼此相似，而且与北美人对精神分裂症的描述也很一致。因纽特人语言中表示"疯狂"的词是 nuthkavihak。他们经常用这个词来形容一个人内心的混乱。据说，nuthkavihak 的人会自言自语，认为自己是动物，做出奇怪的表情，变得暴力，等等。约鲁巴人形容"精神失常"者的词是 were。被描述为 were 的人有时会听见别人听不到的声音，在不该笑的时候大笑，会突然拿起武器攻击别人。[93]

罗伯特·埃杰顿发现，四个东非社会关于精神疾病的观念存在相似性。他注意到，这四个群体中的人不仅对精神病的症状有共识，而且他们描述的症状与在美国被认为属于精神病的症状是一样的。[94]埃杰顿认为，卢茨在关于伊法利克岛的研究中指出的那种不同文化的词语难以精准翻译的情况，并不意味着我们不能做比较研究。如果研究者能够理解另一种文化的人格观，而且能够设法将这样的观念传达给其他文化中的人，那么我们就能比较这些描述出来的案例，并尽量发现哪些是共性，哪些是某些文化独有的。[95]

一些精神疾病似乎广泛存在，例如精神分裂症和抑郁症，因此很多研究者认为它们很可能是各个文化中都有的。与这个想法相符的事实是，不同文化中的精神分裂症患者似乎有相同的眼动模式。[96]不过，文化因素会影响此类疾病发展的风险、疾病的具体症状，以及不同类型疗法的效果。[97]可能确实存在一些文化相关（几乎是文化独有）的综合征，但还有一些一度被认为是某种文化独有的症状，实际上是广泛存在的疾病在不同文化中的表现。比如，北极癔症其实可能就是癔症的一个种类。[98]

生物学上的因素，但不一定是遗传因素，可能是解释一些广泛分布的精神障碍（如精神分裂症）的成因的关键。[99]就癔症而言，安东尼·华莱士提出，缺钙等营养方面的问题可能引发癔症，而 19 世纪以来西方世界饮食的改善，可能是癔症发病率降低的原因。[100]20 世纪早期，人们发现了营养均衡的价值，社会条件也有所改善，许多人因此能喝上牛奶，吃上维生素含量更丰富的食物，也有更多的时间晒太阳（虽然长时间晒太阳有患上皮肤癌的危险，因而现在不再被推荐）。饮食和活动方面的这些改变，增加了人体摄取的维生素 D，并让钙摄入维持恰当的水平。因此，癔症病例减少了。

至于北极癔症，华莱士认为其可能是一系列彼此相关的因素导致的。因纽特人的生活环境只能提供极少量的钙。低钙饮食可能导致两种结果。一种结果是佝偻病，在因纽特人狩猎经济的环境中，这可能是致命的残疾。有易患佝偻病基因的人将被自然选择从群体中淘汰。另一种结果是，低血钙会导致肌肉痉挛，也就是手足抽搐。手足抽搐又会导致情绪和精神错乱，其症状与北极癔症非常相似。癔症发作并不会持续很久，也不致命，因此那些因低钙饮食而患有北极癔症的人，在北极圈成功生存的概率比患有佝偻病的人要大得多。

对于不同文化中精神疾病的可比性，尽管研究者并未达成一致，但大部分研究者认为如果希望治疗有效，就需要了解关于精神疾病的文化观念——人们认为疾病为何发生，采取哪些措施才有效，家庭成员和其他人对患者有何反应。[101]

惊骇症

惊骇症（susto）通常被描述为一种"民间疾病"或文化相关综合征，因为似乎找不到能与之对应的生物医学术语。在拉丁美洲的很多地方，人们认为，如果一个人在睡梦中或受到惊吓时魂魄脱离了身体，就会患上惊骇症。患者的魂魄或是被超自然力量掌握，或是在身体之外游荡。[102] 据描述，惊骇症患者在睡觉时焦躁不安，整天都无精打采、情绪低落、疲惫不堪，而且对食物和个人卫生毫无兴趣。有些研究者认为，被打上惊骇症标签的人实际上可能患有精神疾病。阿瑟·鲁贝尔（Arthur Rubel）、卡尔·奥尼尔（Carl O'Nell）和罗兰多·科利亚多-阿尔东（Rolando Collado-Ardón）认为这样的说法不够完整也比较草率，于是设计了一项针对三种文化的比较研究，以评估惊骇症患者是否遭遇了社会、心理或器官方面的问题。他们按照文化、性别和年龄，比较了惊骇症患者和其他前来诊所时自称"患病"（但并没有说自己患有惊骇症）的人。研究涉及的三种文化是奇奇梅克人（Chichimec）、萨波特克人（Zapotec）和操西班牙语的混血社群。[103]

基于此前对惊骇症患者的研究，鲁贝尔和同事们提出假说：在所处社会环境里面临较大压力，认为自己不能胜任角色的人身上，惊骇症更有可能发作。例如，有两名患有惊骇症的妇女，她们都很想要更多的孩子，但是两人都有过不止一次流产（一个 7 次，另一个 2 次）。除了测量社会压力，研究者还根据世界卫生组织的《国际疾病分类》，请医生评估患者的器官问题。基于其他研究者之前开发的问卷，研究人员在访谈中判断患者心理缺陷的程度。在研究开展 7 年之后，研究人员会调查是否有受访者去世，如果有的话是哪些。

研究结果支持关于社会压力的假说：与其他人相比，惊骇症患者更有可能感到自己不能胜任社会角色。研究人员本来不指望发现惊骇症患者有更多

的心理缺陷或器官疾病，但出乎他们意料的是，惊骇症患者也更可能有严重的身体健康问题。实际上，在接受研究后的 7 年内，惊骇症患者更有可能已经去世。很难说惊骇症患者患有更多的疾病是因为受惊后疲惫不堪，还是他们因为体质更弱而更容易患上惊骇症。研究者推测，因为产生社会角色障碍的很多情境是长期的（比如多次流产），所以惊骇症患者本身患上身体疾病的风险可能也比较高。[104]

抑郁症

正如某种类型的压力可能与民间疾病惊骇症有关，研究者也探讨了其他类型的压力在造成其他精神疾病方面的作用。一个很重要的压力源是经济剥夺。很多研究发现，在分层社会中的较低阶级中，各种精神疾病的发病率都比较高。所爱之人死亡、离婚、失业、自然灾害等严重的压力源，在社会各阶级都会导致精神疾病的高发病率，但这些事件的破坏性在下层阶级的家庭里更大。[105]

在美国南部城市的一个非裔美国人的社区中，威廉·德雷斯勒设计了一项旨在评估各种压力源对抑郁症发病率影响的研究，他结合田野调查和假说检验的方法，试图更好地理解抑郁症。[106] 虽然很多研究都依赖治疗或住院治疗的比例，但德雷斯勒认为这样会大大低估抑郁症的发病率，因为有很多人

92. Lutz 1985, 63 – 100.
93. J. Murphy 1981, 813.
94. Edgerton 1966.
95. Edgerton 1992, 16 – 45.
96. J. S. Allen et al. 1996.
97. Kleinman 1988, 34 – 52; Berry et al. 1992, 357 – 364.
98. Honigmann 1967, 401.
99. Kleinman 1988, 19.
100. A. Wallace 1972.
101. Kleinman 1988, 167 – 185.
102. Rubel et al. 1984, 8 – 9.
103. Ibid., 15 – 29, 49 – 69.
104. Ibid., 71 – 111.
105. Dressler 1991, 11 – 16.
106. Ibid., 66 – 94.

都没有寻求治疗。他决定使用一种症状自评量表，主要询问一些问题，比如在上周是否经常会想哭、感到孤独或对未来感到绝望。此类量表虽然不能明确区分出一个人抑郁的严重程度，但已足以让研究人员比较受访者的相对状况。

德雷斯勒测量了可能导致抑郁症的各种压力源，包括生命危机、经济担忧、感知到的种族不平等和社会角色的问题，他发现，一些客观的压力源，如生命危机和失业，对抑郁症的预期影响只体现在下层阶级中。也就是说，在下层阶级的非裔美国人中，失业和其他生命危机将导致更多的抑郁，但这种结果在中产阶级和上层阶级的人群中少有发现。这些结果和之前发现的情况一致，很多压力源在贫穷的人中会有更大的作用。相比之下，更主观的经济压力源，比如感觉自己没有挣到足够的钱，对抑郁症的影响则在不同阶级中都有体现。"社会角色"的压力也是如此，比如认为自己错失升职的机会只因为自己是非裔美国人，或者认为配偶对自己期望太高了。[107]

营养不良

人们所吃的食物与他们的生存和繁衍息息相关，因此我们可以认为，人们获取、分配和消耗食物的方式一般而言具有适应性。[108] 例如，有 8 种氨基酸是人体内无法合成的。肉类能提供人体所需的所有这些氨基酸，特定植物组合同样能够提供所需的蛋白质。许多美洲土著的传统菜单中玉米和豆类的组合，或者墨西哥玉米饼和菜豆的组合，都能提供人体所需的氨基酸。在一些地方，小麦（经常用来制作面包）是主食，乳制品与小麦的组合同样能提供足够的蛋白质。[109] 人们还有对抗食物不足的方法，如分散成游群，种植耐旱的农作物，储存食物以应对饥荒，这些可能都是具有适应性的手段，能应对不可预知的环境变化。遗传学家提出，生活在饥荒频发地区的人经过遗传选择可能拥有"节俭基

因"——那些基因让个体只需消耗少量食物，将额外的热量以脂肪组织的形式储存起来，以应对严峻的食物短缺时期。[110] 常规的饮食习惯和遗传变化，可能是长期自然选择的结果，但现在很多严重的营养问题源于快速的文化变迁。例如，尽管"节俭基因"可能在饥荒时期具有适应性，但食物非常充足时，这种基因可能就适应不良了。现今社会中糖尿病和肥胖的高发可能与这种基因有关。

很多时候，转向种植商品或经济作物会产生另一个方向的有害影响，即导致营养不良。例如，巴西东北部干旱地区的农牧民开始种植剑麻（一种可以用来制作麻线和绳子的抗旱植物）后，很多人抛弃了生计农业。小块土地的拥有者在自己的大部分土地上种植剑麻，如果剑麻的价格下跌，他们就得去给其他人做工以试图让收支相抵。这样，他们的大部分食物都需要购买，但如果做工的人或种植剑麻的人挣不到足够的钱，整个家庭可能就不会有足够的食物。

丹尼尔·格罗斯（Daniel Gross）和芭芭拉·安德伍德（Barbara Underwood）通过分析一些家庭的食物分配情况，发现做工的人及其妻子通常能获得所需的营养，但他们的小孩往往无法获得足够的营养。营养不足会导致儿童体重和身高发育迟缓。在不平等程度较深的社会中，低收入群体中儿童的体重，明显要低于高收入群体中儿童的体重。尽管在人们开始种植剑麻以前，就已经存在一些经济上的差异，但那对营养摄入的影响并不大，其根据就是在剑麻引入之前是儿童的人，长大成人后不管社会经济地位高低，体重差异都不大，甚至基本没有差异。但种植剑麻以后，低收入群体中的儿童有45%出现了营养不良的情况，相比之下，高收入群体中的儿童仅有23%营养不良。[111]

这并不是说商品化对合理营养的摄取一直都有害。例如，有证据表明，新几内亚高地的家庭开始

巴西巴伊亚（Bahia）的一株剑麻。
改种剑麻导致儿童营养不良
（图片来源：Michael J. Balick/
Peter Arnold, Inc.）

种植以销售为目的咖啡后，儿童的营养状况得到了改善。但在这个案例中，各家庭仍留有一些土地用于种植农作物供自家食用。售卖咖啡获得的额外收入让他们有足够的现金去购买鱼罐头和大米，而这能比他们平时食用的主食甘薯给儿童提供更多的蛋白质。[112]

女性营养不均衡对生殖和她们生养的婴儿的健康有深远的影响。在一些文化中，社会地位较低的妇女在食物获取方面很受影响。众所周知，很多社会里有要先喂饱男性的习俗，但很少人意识到这样做的结果是女性能获得的营养密集食物（如肉类）就少了。食物剥夺有时候从婴儿时期就开始了，例如在印度，女婴要比男婴更早断奶。[113] 父母们可能没有意识到断奶行为可能直接减少了女婴能获得的

107. Ibid., 165 – 208.
108. Quandt 1996, 272 – 289.
109. McElroy and Townsend 2002.
110. 参见 Leslie Lieberman 2004 中的讨论。
111. Gross and Underwood 1971.
112. McElroy and Townsend 2002, 187，引用Harvey and Heywood 1983, 27 – 35。
113. Quandt 1996, 277.

高质量蛋白质。实际上，劳里斯·麦基（Lauris McKee）在厄瓜多尔发现，父母认为女婴更早断奶对她们有好处。他们认为母乳会将性欲和攻击性传给婴儿，而这两个都是男性的理想特质，因此女婴更早断奶是非常重要的。母亲一般在女婴 11 个月的时候给她断奶，而给男婴哺乳的时间则长达 20 个月，两者有 9 个月的差别。麦基发现，出生后第二年女婴的死亡率要远高于男婴，麦基认为这可能和女婴断奶较早和营养不良有关。[114]

营养不良和艾滋病既是生物学问题，也是社会问题。在下一章，我们将转向其他全球性的社会问题，并分析人类学和其他社会科学能如何协助解决这些问题。

小结

1. 作为职业的应用人类学或实践人类学，其明确意图是让人类学知识变得更有用。实践人类学家或应用人类学家可能介入项目的一个或多个阶段：整合相关知识，形成计划和政策，评估可能的社会和环境影响，实施项目，评价项目及其影响。

2. 应用人类学家或实践人类学家工作在各种各样的机构组织中，如政府机构、国际发展机构、私人咨询公司、公共卫生组织、医学院、公益律师事务所、社区发展机构、慈善机构和营利性公司等。

3. 职业应用人类学家的伦理规范要求，目标社群应该尽可能多地参与政策制定，让社群中的人提前知道项目对他们会有怎样的影响。规范中可能最重要的一条是，保证不会有建议做出或做出任何可能伤害该社群利益的事。通常很难评估计划中变革的影响。短期内有益的变革可能在长期造成不良后果。

4. 即便一个计划变革项目被证明对目标人群有好处，人们也不一定会接受。如果所提出的创新不能为目标群体所用，就不能说这个项目成功了。受影响的群体因为文化、社会或心理原因，可能会抵制或拒绝创新项目。理解其中的原因很重要。有时，人们抵制计划中的变革，是因为他们无意识或有意识地感到项目对他们没有什么好处。

5. 变革项目的管理者可能需要发现和利用传统的影响渠道，才能让项目推介有效。

6. 文化资源管理通常采用"合同考古"的方式，以记录和 / 或保护建筑地点的考古遗存。

7. 法医人类学是人类学的一个专门分支，致力于帮助破案和识别人类残骸，通常是应用体质人类学的知识。

8. 医学人类学表明，如果我们要理解如何有效治疗疾病和减少人类生活的苦难，就必须考虑生物和社会的因素。

9. 医疗从业人员的很多观念与行为，都受到他们所在文化的影响。理解民族医学——社会或文化群体的医疗观念和实践——是医学人类学的目标之一。

10. 很多文化都认为身体应当保持均衡或平衡。可能是冷热之间的平衡，也可能是干湿或其他需要平衡的特性之间的平衡。

11. 神灵会导致疾病，这是一种近乎普遍的观念。将巫法或巫技视为病因的观念也很普遍。

12. 一些人类学家认为不同文化对疾病或其疗法的观念很少有共性，但是另一些研究者发现的证据表明，土著居民使用的很多植物疗法所包含的化学物质，与西方生物医学疗法使用的药物中的化学成分相同或相似。

13. 在生物医学体系内，医疗从业者强调疾病及其治疗，关注的是患者的身体，而不是患者的心理或社会状况。在某些社会中，治疗者更倾向于"人格主义"，疾病可能被视为患者社会生活失序的结果。在缺乏全职专业医生的社会中，萨满或许是最重要的医疗从业者。生物医学从业者越发注意到治疗过程中的心理因素。

14. 在一个社会中，拥有更多社会、经济和政治权力的人通常健康状况更好。在分层社会中，穷人通常更容易患病，因为他们生活在拥挤和不安全的环境中，很少能得到高质量的照料。不同社会之间的权力与经济差异，也会产生深刻的健康后果。

15. 艾滋病在很多国家中是成年人的主要死亡原因，如果医学科学能开发出有效而廉价的药物治疗艾滋病患者，并有疫苗能防止个体染上艾滋病，那么艾滋病造成的死亡就能减少。与此同时，要减少艾滋病造成的死亡人数，还需要改变与性活动有关的态度、信念和行为。

16. 不同文化中的精神障碍和情绪障碍有多少可比性，人类学家对此仍有争议。一些精神疾病似乎广泛存在，例如精神分裂症和抑郁症，因此很多研究者认为它们很可能是各个文化中都有的。但其他一些障碍，比如惊骇症或厌食症，就可能是文化相关综合征。

17. 人们获取、分配和消费食物的方式通常具有适应性。遗传学家认为在容易发生饥荒的地区，人口中可能有"节俭基因"。在获得稳定的食物供应之后，带有这种基因的人就容易患上糖尿病和肥胖症。当今很多严重的营养问题是文化快速变迁造成的，尤其是那些使社会不平等程度加深的变革。

---

114. McKee 1984, 96.

第二十八章

全球问题

每天的新闻报道都能让我们意识到，各种严重的社会问题威胁着世界各地的人们。战争、犯罪、家庭暴力、自然灾害、贫穷、饥荒——在世界上的许多地区，成百上千万的人们遭受着这些苦难。近来，恐怖主义成为新的威胁。人类学和其他学科的调查能为解决这些全球性的社会问题做些什么吗？许多人类学家和其他社会科学家认为可以。

高科技通信手段让我们更多地意识到世界各地面临的问题，我们似乎也越来越多地认识到自身社会中的问题并为之困扰。因此，或许也因为我们对人类行为有了比从前更多的了解，现在我们更有动力去解决那些问题。我们把它们称为"社会问题"，不仅是因为社会上很多人都对此表示担忧，而且是因为其产生有社会原因，这些问题也会带来社会后果，处理或解决它们都有赖于社会行为的改变。即使是我们在前一章讨论过的艾滋病，也在某种程度上是一个社会问题。艾滋病是病毒引起的，但其传播主要通过社会接触（性接触）。遏制艾滋病传播的主要方式——节欲和"安全"性行为——要求社会行为的变化。

我们能解决社会问题，即使是那些庞大和涉及面广的社会问题，例如战争、家庭暴力等，这种观念主要基于两个假设。第一个假设是，我们能找出问题产生的原因。第二个假设是，发现原因后，我们能针对原因采取一些行动，以消除或减少问题。不是所有人都认同这两个假设。有人会说，我们对一个社会问题的理解，远不足以让我们提出保证能够奏效的解决方案。当然，在科学上没有哪种理解是完美或绝对正确的，哪怕是有充分证据的解释，也有可能是错误或不完整的。但是，知识的不确定性并不排除其在实际应用上的可行性。就社会问题而言，即使是不够完整的理解，也可能有助于让世界变得更好、更安全。这种可能性是许多学者研究社会问题的动力。毕竟，各个学科的历史强有力地说明，在很多情况下，科学理解都能帮助人类控制自然，而不仅仅是预测和解释自然。在人类行为方面，应该也不会有什么不同。

那么，对于一些全球性的社会问题，我们有多少了解？基于我们所知的信息，应该采取哪些政策和解决办法？

自然灾害和饥荒

洪水、干旱、地震、虫害之类的自然事件往往超出人类的控制范围（尽管并不总是如此），但它们带来的影响是人类可以在一定程度上控制的。[1] 如果受影响的只有少部分人，我们就称这样的自然事件为意外事故或紧急事件；如果大量人口或大片地区受到影响，我们就称之为自然灾害。造成的伤害有多大，不单取决于自然事件的烈度。在日本，1960年至1980年间发生了43次自然灾害，平均每次灾害造成63人死亡。同期在尼加拉瓜发生了17次自然灾害，平均每次灾害造成6 235人死亡。而在1960年和1976年间的美国，洪灾和其他环境灾害平均每次造成1人死亡，十几人受伤，遭到破坏的建筑物不到5座。这些对比数据表明，自然环境中的气候和其他事件，会因为社会环境中的事件或条件而变成灾害。

如果人们住在具有抗震能力的屋子里，如果政府部门要求房屋有相关的结构，经济的发展程度能负担得起抗震房屋，那么地震的影响就能减到最小。如果穷人不得不住在森林被毁的泛滥平原上以耕种土地（比如在孟加拉国沿海地区），或是只能住在危险山坡上的棚屋里（比如在里约热内卢），那么飓风和暴雨之后的洪水和滑坡就有可能导致数千人甚至数十万人死亡。

可见，在不同的社会条件下，自然灾害给人类生活带来的影响是不同的。因此，灾害也属于社会问题，其形成有社会原因，也可能有社会的解决方法。

尽管人们无法阻止地震，但通过建造抗震的房屋可以抵御大部分的地震。2003年发生在伊朗巴姆（Bam）的地震导致2 000人死亡，大部分房屋倒塌。图为一名妇女坐在自己房屋的废墟上

（图片来源：© Shamil Zhumatov/Reuters/CORBIS, All Rights Reserved）

通过立法来规定房屋要有安全结构就是一种社会解决方案。

有人认为洪水在所有自然灾害中是受社会因素影响最小的。毕竟，如果没有暴雨或雪水消融形成巨大的水流，就不会有洪水。但是，如果大河流域的居民为了取得燃料和耕地而大肆砍伐河岸周围的森林，就有可能导致大量泥沙被冲刷进河中，抬高河床，甚至导致决堤。

饥荒往往由自然事件引发，比如严重干旱或毁坏粮食作物的飓风。但是，这样的事件未必都会引发饥荒。社会条件有可能避免饥荒发生或增加饥荒发生的可能性。以一场飓风后的萨摩亚为例。[2] 整个村庄的人都失去了他们的椰子树、面包树和芋头园，村民不得已要搬到别村的亲戚朋友那里住上一段时间。他们在亲戚朋友家借住，接受亲友提供的食物，等到他们种植的果树和作物再次收获的时候，才回到家园。这种村与村之间的互助互惠模式，大概只能存在于财富相对平等的社会里。如今，中央政府或国际组织也可能提供食物和其他应急物品以帮助灾区民众。

研究者指出，饥荒很少是一次歉收导致的。在收成不好的时节，人们经常可以从亲戚、朋友、邻居那里获得帮助，或者改为食用差一些的食物。1974年发生在非洲萨赫勒地区（Sahel）的饥荒，是连续8年遭遇恶劣天气的结果。1983年到1984年的干旱、洪水加上内战，导致了萨赫勒地区、埃塞俄比亚和苏丹的饥荒。[3] 饥荒的发生几乎都涉及社会因素。谁有权获得食物，拥有较多食物的人是否会将食物分给食物较少的人？跨文化的研究表明，财产私有的社会比财产共有的社会更容易遭遇饥荒。[4] 不过，政府援助能降低拥有私有财产的社会遭遇饥荒的风险。

但是，政府的救济未必能发放到最有需要的人手中。例如在印度，中央政府在发生旱情时会向村庄提供物资，以降低发生饥荒的风险。但是，由于社会分层和性别分层，食物和救灾物资经常分配不公。当地精英能设法成为分配者，他们有办法操纵救灾工作，从中获得好处。下层阶级和低种姓家庭承受着最多的苦难。在家庭内部，对女性尤其是年幼和年长女性的歧视，会导致她们拿到的食物更少。可想而知，在食物短缺和饥荒的时候，贫苦民众和社会上的其他弱势群体尤其容易死亡。[5]

因此，灾害发生时，不是每个人面临的风险都相同。在分层社会中，贫穷者承受的苦难更多。迫于生存压力，他们不得不过度耕种、过度放牧和砍伐森林，这样，他们的生存环境就会越来越恶劣。一个社会更多帮助的是在社会上受重视的人。

从前，甚至还有在近现代的一些地方，人们认为自然灾害是神对人们不道德行为的惩罚。例如，《圣经·旧约》将大洪水描述为上帝对人类的惩罚。但现在的科学研究让我们更清楚地了解到灾害形成的自然原因，以及决定灾害影响程度的社会因素。为了减小自然灾害的杀伤力，我们必须减少可能扩大灾害影响的社会条件。如果社会条件是人类造成的，就要改变它们。如果地震会破坏结构脆弱的房屋，我们就应该建造更加结实的房屋。如果过度耕作和放牧导致的洪水泛滥会直接致人死亡（或通过冲掉土壤而间接导致人们死亡），我们就应该努力增加森林覆盖面积，给泛滥平原上的农民提供新的工作机会。在面临可能导致饥荒的长期自然灾害或战争时，社会分配体系有可能降低饥荒发生的风险。总之，我们可能没有办法改变天气或导致灾害的其他自然因素，但我们还可以做很多事情（如果我们想做的话）来改变造成灾害的社会条件。

---

1. 本部分的讨论大量参考 Aptekar 1994。
2. 信息采自梅尔文·恩贝尔于 1955—1956 年在美属萨摩亚开展的田野工作。
3. Mellor and Gavian 1987.
4. Dirks 1993.
5. Torry 1986.

当前研究和问题
全球变暖、空气污染和我们对石油的依赖

科学家越发确定全球正在变暖，他们担忧全球变暖的后果。温度升高得越多，格陵兰岛与北极的冰川就越快融化。结果将是海平面升高，淹没沿海的许多低洼地区，包括很多城市。暴风、洪水和干旱将加剧。高海拔地区的降雨和降雪将会增加；低海拔地区的降水可能减少，面临更多干旱。

全球变暖可能有多个原因。其中之一是化石燃料尤其是石油使用量的增加。我们利用化石燃料发电、驱动汽车（用从石油中提炼出的汽油）、取暖和烹饪食物。燃烧后的排放物促进了"温室效应"：大气吸收地球表面产生的热量，导致温度升高。此外，这也会导致空气污染加剧，产生其他有害的后果，比如更高的呼吸道疾病发生率。

对于全球变暖和空气污染，人们能做些什么吗？当然可以。如果这些问题中至少有一部分的根源在于人类自身，那么我们可以通过改变自己的行为来至少解决一部分问题。一种方法是减少对石油燃料的使用。但是我们怎样才能做到呢？

2000年，美国第一批混合动力汽车上市。这些汽车装有电动马达和小型燃油发动机。这种组合减少了燃油的消耗量，因为大部分时间是电动马达在运转。在制动和燃油发动机工作时，驱动电动马达的蓄电池可以充电，燃油发动机工作的时候并不多。（例如在等红绿灯时，燃油发动机就会停止运转。）因此，用同样多的汽油，混合动力车可以比燃油车跑更远的路。如果大部分汽车都采用混合动力，那我们需要使用的汽油就会少得多。

据估计，混合动力的汽车可以将温室气体的排放量减少一半，这将有助于缓解甚至扭转全球变暖和空气污染的局面。那么，面对这种美好的未来，是什么阻碍了世界各地的人改用混合动力汽车呢？

答案可能在于经济和政治。许多人可以从对石油的依赖中获利，尤其是在石油供应短缺时。石油供应缺口越大，海外的生产商和国内的提炼商就可以向消费者索要越多的钱。石油进口越多，美国和其他一些国家的政府越会感到需要去取悦海外的石油生产商。这会反作用于外交政策。如果石油企业能从石油依赖中获得金钱，我们可以指望它们不依赖外国供应商吗？很难。

市场经济为解决这种困境提供了出路。如果减少燃油需求的混合动力汽车和其他方式能更加经济，市场就会扭转趋势。具有讽刺意味的是，资本主义的供需法则有可能减少石油企业对政治的影响，帮助我们解决全球变暖和空气污染的问题。即使汽车生产商想继续像往常一样做生意，他们也无法抗拒生产更省油的汽车。正如美国近期的旧车补贴计划所显示的那样，消费者想要减少他们的燃油支出。没有汽车公司可以忽视市场的压力。人们将有更多兴趣去制造和购买混合动力汽车，也有可能将有机垃圾转化成石油。解决对外国石油依赖性的其他办法也在测试之中。在不久的将来，美国对石油的消费有望显著下降。

（资料来源：Oerlemans 2005; M. L. Wald 2000; Ambient Corporation 2000; Duane 2003; Baer and Singer 2009.）

居住条件不良和无家可归

在大部分国家，穷人的居住条件不良，往往生活在被称为"贫民窟"的地方。在很多发展中国家，城市迅速发展，出现了棚户区，人们在棚户区建的房子（很多时候是临时住处）通常被视为不合法，这或是因为土地是非法占有的，或是因为房屋不符合建筑规范。棚户区多位于环境较差的地方，易遭受洪水和泥石流冲击，或者是饮用水资源不足或被污染。从一些统计数据中，可以看出这个问题有多严重。20世纪80年代，肯尼亚内罗毕约有40%的人口居住在违章住房中，萨尔瓦多的5个主要城市

里有 67% 的人口住在不合法的居所内。[6] 2001 年，全球估计有 32% 的城市居民生活在贫民窟。整体情况依然没有得到改善。[7]

但是，与一些人以为的不同，不是所有住在不合法居住区的人都是穷人；在这样的居住区也能见到一些收入比较高的精英。[8] 另外，虽然这些临时住处有很多问题，但它们并不是混乱不堪和充满犯罪的无组织区域。很多居住者有工作且渴望出人头地，他们住在完整的核心家庭里并互相帮助。[9] 他们住在这样的地方，是因为他们找不到负担得起的住房，这样的地方已经是他们能找到的最好的住处了。很多研究者认为，有必要通过改善住房条件来推动这种自助的发展趋势，因为很多发展中国家的政府都负担不起昂贵的公共住房项目。政府可以投资建设城市公共基础设施，包括下水道、生活用水供应、道路等，并为愿意出力改善自己住处的人提供建筑材料。[10]

虽然条件恶劣，但居住在贫民窟或棚户区里的人起码有地方可住。世界上很多地方的很多人根本就无家可归。即使在像美国这样富裕的国家里，也有很大一部分人无家可归。他们睡在公园里、蒸汽通风口上、过道旁、地铁里和纸箱子里。无家可归者的数量很难统计。1987 年，美国估计有超过 100 万人无家可归。[11] 在此后的几十年里，无家可归的人越来越多。2000 年，美国约有 350 万人无家可归，其中接近四成是儿童。[12]

无家可归的是哪些人，为什么他们会变得无家可归？关于这两个问题的研究不多，但我们可以提出在世界上不同地方导致人们无家可归的一些可能因素。在美国，失业率的增加和合适的低价格房源的短缺，起码是大量人口无家可归的部分原因。[13] 但还有另外一个因素：为减少因精神疾病和其他障碍住院的人数而刻意设计的政策。例如，从 20 世纪 60 年代中期到 90 年代中期，纽约州让数千名患者从精神病院出院。许多曾经住在医院里的患者现在不得不住进廉价的旅店，或者没有监测设备、几乎没有支持网络的地方。他们收入微薄，难以应付所处的社会环境。研究纽约市无家可归现象的埃伦·巴克斯特（Ellen Baxter）和金·霍珀（Kim Hopper）发现，单独一个不幸事件一般不至于让一个人成为无家可归者。是贫穷和（精神或身体上的）残障让他们不断遭遇不幸，最后沦为无家可归者。[14]

很多人无法理解为什么无家可归的人不愿意去市政当局建立的庇护所。但是，对无家可归者的观察和访谈发现，市政当局建立的庇护所里充满了暴力，尤其是男性的庇护所。很多人感到在街上更安全。有些私人慈善机构能够提供安全的庇护所和富有同情心的环境。但这些庇护所一位难求，相对于庞大的无家可归的人群，容纳量还是太小了。[15] 即使是单间旅馆，条件也好不到哪里去。许多这样的旅馆虫害泛滥，公共浴室脏乱不堪，而且和庇护所差不多危险。[16]

一些穷人可能是被社会孤立的，他们只有少量亲友，有的人甚至没有，他们的社会交往很少或者完全没有。但是，有许多这样的个体的社会，未必都有很多无家可归的人。澳大利亚墨尔本的经验表明，被社会孤立的个体，即使是有精神疾病的个体，也可以有住所。澳大利亚有全民医疗保险，能为受孤立者和病患支付费用，包括医疗费用和医疗从业者上门的费用，不管他们住在哪里。残障人士可以

6. Hardoy and Satterthwaite 1987.
7. United Nations Human Settlements Programme 2003, 16.
8. Rodwin and Sanyal 1987.
9. Mangin 1967.
10. Rodwin and Sanyal 1987；对自助项目的评判，可参见 Ward 1982。
11. A. Cohen and Koegel 2009.
12. National Coalition for the Homeless 2008.
13. A. Cohen and Koegel 2009.
14. Baxter and Hopper 1981, 30 – 33, 50 – 74.
15. Ibid.
16. A. Cohen and Koegel 2009.

印度加尔各答一个无家可归的小男孩带着所有的家当（图片来源：© Sucheta Das/Reuters/CORBIS, All Rights Reserved）

得到津贴或疾病补助费，足够让他们租住一个房间或公寓。墨尔本的廉价住房也相当充足。对墨尔本的研究表明，许多人在住进边缘的住宅区（市政庇护所、商业庇护所和廉价单间）之前，就已经患有严重的精神病。住在这些地方的人大约有50%曾被诊断为患有某种精神疾病，这个比例可能和美国无家可归者及住在边缘住宅区的人的情况比较接近。

美国和澳大利亚的对比表明，无家可归是社会和政策原因导致的。分别生活在澳大利亚和美国的情况相似的个体，在美国会有更大比例的人成为无家可归者。[17]

因为如果人人都能住在负担得起的房屋中，就不会有无家可归的人，所以有人提出，只有在收入极

端分化的社会中才会有无家可归的现象。美国有关收入结构的数据清楚地表明，自20世纪70年代以来，富者愈富、穷者愈穷，贫富差距逐渐增大。[18]美国的收入不平等情况比所有西欧国家都严重，也比大部分高收入国家严重。事实上，美国收入不平等的程度更接近于一些发展中国家的情形，比如柬埔寨和摩洛哥。[19]（参见关于社会分层的章节中的讨论）。

在美国和其他许多国家中，大多数无家可归者是成年人。美国公众见到成年人无家可归尚可以"接受"，但如果看到儿童住在街头，就会非常愤怒；当局发现无家可归的儿童后，会试图帮助儿童找到住处或收养家庭。但是，很多国家都有"街头儿童"。20世纪80年代末，世界上有8000万儿童住在街头，其中

4 000 万在拉丁美洲，2 000 万在亚洲，1 000 万在非洲和中东，还有 1 000 万在其他地方。[20] 21 世纪初，全世界"街头儿童"的数量估计已有 1.5 亿。[21]

研究哥伦比亚卡利（Cali）市街头儿童的路易斯·阿帕特科（Lewis Aptekar），有一些令人惊讶的发现。[22] 美国和澳大利亚的很多无家可归者都有一些精神障碍，而卡利那些年龄从 7 岁到 16 岁不等的街头儿童很少有精神问题；总体来说，这些儿童在智力测试上的数据是正常的。此外，虽然很多街头儿童曾受到家人的虐待或从未有过家，但他们通常看上去很快乐，而且享受来自其他街头儿童的支持和友谊。他们用聪明的和有创造性的方法来挣钱，比如给过路者提供娱乐。

虽然观察者可能会认为那些街头儿童一定是被家庭抛弃的，但事实上他们大多数都至少和父母亲中的一位保持联系。街头生活是逐渐开始的，不是突然发生的；他们在 13 岁以前通常不会完全住在街头。虽然卡利市的街头儿童的身体状态和精神状态看起来比他们在家的兄弟姐妹们更好，但他们还是常常被人当作"瘟疫"。街头儿童来自贫穷的家庭，他们尽自己所能地生活，那么为什么别人不对他们抱有同情和怜悯呢？阿帕特科认为富裕的家庭将街头儿童视为威胁，是因为人们认为不依赖家庭的生活可能对小孩很有吸引力，即使是富裕家庭中的儿童，也会希望摆脱来自父母的约束和权威。

人们能否摆脱无家可归或住在棚屋里的状况，似乎取决于社会是否愿意和有需要的人分享财富和爱心。卡利市的街头儿童提醒我们，儿童和成年人一样需要友谊和关爱。只解决物质需要而不回应情感需要，也许能让人离开街头，但不能让他们"回家"。

家庭暴力和虐待

在美国社会里，我们经常能听到关于虐待配偶和孩子的新闻，这让我们认为这种虐待现象正在逐渐增多——但这是事实吗？问题看起来简单，但回答并不容易。我们先要定义什么是"虐待"。

因小孩犯错误而对其进行体罚是虐待儿童吗？不太久以前，美国公立学校的老师还被允许用戒尺或板子来处罚学生，很多父母还会用鞭子或皮带。很多人认为这些行为已经属于虐待儿童，但如果这些行为是大多数人都接受的，还算是虐待吗？有人主张，虐待是超出文化能够接受的范围的行为。另一些人不同意，他们认为重点是父母或老师的暴力和过激行为，而不是文化上的合适标准。而且虐待不单是指对身体的暴力。有人主张，言语攻击和忽视与身体攻击具有同样的伤害性。如何定义忽视也是个问题。来自其他文化的人可能会认为，美国人让婴儿或儿童独自在房间里睡觉是一种虐待。[23] 对于造成儿童或配偶死亡或需要就医的伤害，绝大部分人都会认为属于虐待，但一些管教性的行为算不算虐待，就比较难判断了。

为了避免定义哪些行为是虐待而哪些不是，很多研究者将研究重点放在具体行为发生频率的差异上。例如，他们会问有哪些社会体罚儿童而不认为体罚是虐待。

根据 1975 年至 1995 年间在美国展开的 4 次针对已婚夫妇或同居伴侣的全国问卷调查，人们发现随着社会的发展，针对儿童的身体暴力越来越少，丈夫对妻子严重家暴的情况也有所减少。但是，妻子对丈夫实施严重家暴的情况并没有减少。[24] 虐待率下降很可能是因为人们对自己行为的描述变了：

17. Herrman 1990.
18. Barak 1991, 63 – 65.
19. World Bank 2004.
20. Aptekar 1991, 326.
21. UN Works n.d.
22. Aptekar 1991, 326 – 349; Aptekar 1988.
23. Korbin 1981, 4.
24. Straus 2001, 195 – 196.

打妻子和打孩子越来越不被接受。例如，说自己会打妻子的男人少了很多，但说自己会打丈夫的妻子只少了一点点。[25] 然而，美国社会的家庭暴力问题仍然很严重。仅 1992 年一年，10 对伴侣中就有 1 对发生过伴侣间的暴力殴打，10 个孩子里有 1 个被父母严重攻击过。[26] 20 世纪 90 年代中期开展的一项调查发现，女性遭受的暴力中，大约 75% 来自男性亲密伙伴，比如丈夫。相比之下，男性遭受的暴力多来自陌生人和不那么熟悉的人。和女性一样，儿童面临的暴力威胁通常来自亲近之人。儿童遭受暴力对待时，施暴者往往是他们的生母。[27]

从跨文化研究可知，如果发生一种形式的家庭暴力，其他形式的暴力也可能会发生。比方说，妻子被打、丈夫被打、儿童体罚、兄弟姐妹之间斗殴等现象都有明显的关联。但这些形式的家庭暴力的关系并不是非常紧密，这意味着不能认为它们是同一种现象的不同侧面。实际上，不同形式的家庭暴力可以用不同的因素来解释。[28] 我们在此关注在不同文化中普遍存在的两种暴力形式：针对儿童的暴力和针对妻子的暴力。

针对儿童的暴力

从跨文化的角度看，很多社会都允许和实施杀婴的行为。杀婴的原因通常包括私生、婴儿畸形、双胞胎、孩子太多，或者不想要这个婴儿。实施杀婴的多是母亲，原因可能是她无法提供足够的食物或精力来养活婴儿，或是婴儿活下去的可能性太低了。杀婴的理由和堕胎的理由相似。因此，杀婴似乎是在堕胎失败或婴儿有了意外状况（如畸形）时采取的做法。[29]

体罚儿童在全世界超过 70% 的社会中至少有时有发生。[30] 在世界上 40% 的社会里，体罚是常见的行为。跨文化研究发现，在具有阶级分层和政治等级的社会（包括土著社会和殖民社会）中，儿童很有

可能遭受体罚，[31] 这表明父母可能是有意或无意地让孩子适应权力不平等的生活环境。在美国进行的研究也印证了这个跨文化研究的发现：比起处于社会经济等级制度高层的人，处于底层的人更有可能对小孩施加体罚。[32] 可惜的是，父母们可能没有意识到体罚或许会导致他们的小孩产生更多的暴力行为，这是他们不想要或想不到的结果（参见专题"体罚儿童：如何减少这种行为？"）。

针对妻子的暴力

从跨文化角度看，殴打妻子是最常见的家庭暴力形式，在世界上 85% 的社会中至少偶尔出现。在大概一半的社会里，殴打妻子有时候严重到足以造成永久性伤害或死亡。[33] 不少人假设，殴打妻子主要存在于那些男性掌控经济和政治资源的社会里。在检验这个假设的跨文化研究中，戴维·莱文森（David Levinson）发现，并不是所有标志男性主导的迹象都是殴打妻子的预测因素，但其中有许多是。尤其是在有以下情况的社会中，殴打妻子的现象最为普遍：男人掌控家庭劳动的产品，男人在家里有最终的决定权，女性很难提出离婚的要求，寡妇能否再婚由丈夫的亲戚决定，妇女没有任何女性工作群体可以一起工作。[34] 同样，在美国，配偶中的一方在家庭里越是有决定权和威望，就越容易发生家庭暴力。在丈夫在外工作并掌控家庭收支的情况下，殴打妻子的现象更容易发生。[35]

殴打妻子的现象似乎与更广泛的暴力模式有关。那些使用暴力方法解决社群内部冲突、对犯罪者施行身体刑罚、战事频仍、对敌人残酷的社会，殴打妻子的现象通常更普遍。[36] 体罚儿童可能与殴打妻子也有关联。青少年阶段受到体罚的人（无论男女）更可能认同婚姻暴力并更可能去实施暴力，在美国的研究结果支持这种观点。[37]

应用人类学
体罚儿童：如何减少这种行为？

老话说，孩子不打不成器。1995年，美国有四分之一的父母不但用手，也用物体打孩子。其中，几乎95%打的是四五岁的孩童。近年来，人们对体罚的态度有了变化，美国等地有更多人要求父母停止打孩子。他们指出，打孩子和其他体罚会导致孩子成年后殴打妻子和实施其他暴力。因此，若是我们想要减少针对家庭成员的暴力，可以做的一件事就是减少那些可能导致体罚儿童的条件。在不同的国家中，体罚的频率没有太大差异，而且大部分人认可这些行为。在跨文化记录中有更多的差异，我们可以使用这些记录来预测体罚的差异。

在民族志或跨文化记录中，能够预测体罚的两个因素是在全世界的民族国家中近乎普遍存在的条件：货币经济和分层的社会体系。在权力不平等的世界中，如果父母希望孩子成长后过得更好，就可能会实施体罚，以向孩子传达某些人（尤其是雇主）比别人拥有更多权力的观念。对儿童而言，父母显然是有权力的。父母更高、更强壮，而且能够控制和分配重要的资源（食物和爱）。父母或许有意识或无意识地认为，若是孩子害怕那些拥有更多权力的人，他们就不太容易惹麻烦，也更可能获得或保住工作。唐娜·戈尔斯坦（Donna Goldstein）深刻地描述了里约热内卢附近贫民窟里一名妇女的生活，她要养活住在一个单间棚屋里的十多个孩子。她对孩子很严厉，但正如戈尔斯坦指出的，这是为了确保孩子们"拥有技术和服从、谦虚、奉承的态度，这些是贫穷黑人在巴西城市生活所必备的"。

这些发现能否告诉我们该如何减少体罚儿童的做法？从一个层面上说，很难。使用货币和拥有社会阶层的社会不可能成为平等社会。但是，这些社会可以转向不强调经济和权力的不平等。当父母打孩子时，他们通常不是想要自己的孩子变得暴力。他们想要孩子行为举止得当。如果理解了父母暴力与孩子暴力之间的关联性，父母或许就会改变自己的行为。

有些国家已经没有那么高的体罚率了，那些国家较为民主——有允许人们和平更换领导人的竞争性选举，还有保护表达异议等公民权利的法律。（认可不同意见的存在和保护公民权利，意味着你不用担心在不同意雇主意见时会失业。）在瑞典和其他斯堪的纳维亚国家，人们赞成体罚的比例还要低。这是因为斯堪的纳维亚国家更民主吗？这些国家允许人们（包括工厂里的工人）更多参与工作场所的决策，而不仅仅是在选举中投票。我们认为是这样。如果社会更民主，顺从对工作者而言不再是必备的品质，那么儿童社会化过程中的暴力是不是会减少？只有时间才能告诉我们答案。

（资料来源：Straus 2001; 2009; C. R. Ember and Ember 2005; D. Goldstein 1998, 411.）

降低风险

我们能做些什么来尽可能减少家庭暴力呢？首先我们必须认识到，如果社会里的人不承认存在这个问题，那么我们可能什么事都做不了。如果一个社会里几乎每个人都能接受对孩子进行严厉的惩罚和殴打妻子，人们可能就不会认为这是需要解决的社会问题。在美国社会里，很多项目都旨在让受虐待的儿童或妻子离开那种家庭环境或惩罚施暴者。（当然，在这些状况下，暴力行为已经发生并严重到

25. Straus and Kantor 1994.
26. Straus 1995, 30 – 33; Straus and Kantor 1995.
27. U.S. Department of Justice 2000; U.S. Department of Justice 1994; U.S. Department of Justice 1998; and Straus 1991.
28. Levinson 1989, 11 – 12, 44.
29. Minturn and Stashak 1982. Daly and Wilson（1988, 43 – 59）从社会生物学角度进行的研究也表明，杀婴在很大程度上与很难养活婴儿有关。
30. Levinson 1989, 26 – 28.
31. C. R. Ember and Ember 2005；也可参见 Petersen et al. 1982，转引自 Levinson 1989, 63。
32. Lareau 2003, 230.
33. Levinson 1989, 31.
34. Ibid., 71.
35. Gelles and Straus 1988, 78 – 88.
36. Erchak 2009; Levinson 1989, 44 – 45.
37. Straus and Yodanis 1996.

引起别人的注意了。）从跨文化角度看，至少就殴打妻子的行为而言，由介入者进行的调停只有在暴行变严重之前才有可能成功。然而可想而知，最容易发生殴打妻子行为的社会，最不可能在事情刚发生时就立刻介入。也许更有帮助的是创造与家庭暴力发生率低相关的生活条件，但得承认这么做难度比较大。目前研究者认为，促进男女平等，强调共同承担抚养孩子的责任，可能有助于减少家庭暴力。[38] 减少对儿童的体罚可能会降低在他们有家庭之后使用暴力的风险。

犯罪

在一个社会中被认为是犯罪的行为，在另一个社会中未必属于犯罪。正如什么构成虐待不容易界定，我们也很难界定什么是犯罪。在一个社会中，未经主人允许就从其拥有的土地上走过，就有可能被认为是犯罪；而在没有个人所有权概念的另一个社会中，非法入侵这个概念就不会成立。为了理解不同文化中犯罪的差异，很多研究者倾向于比较那些普遍被认为是犯罪，又有可靠报道的行为。例如，在对时间跨度超过 70 年的 110 个国家中犯罪的大规模比较研究中，戴恩·阿彻（Dane Archer）和罗斯玛丽·加特纳（Rosemary Gartner）把重点放在凶杀率上。他们认为与其他犯罪相比，凶杀更难向公众隐瞒，也很难被官员无视。他们比较了关于犯罪的访谈和警方记录，发现在官方记录中，关于凶杀这种犯罪的记录是最可靠的。[39]

在某个时间点，不同国家的凶杀率可能有很大的不同；不仅如此，同一个国家内，不同时间段的凶杀率也会有差异。在过去 600 年里，西方社会的凶杀率一般而言是下降了。在数百年来凶杀率记录一直比较完整的英国，13—14 世纪的凶杀率可能比现在高 10 倍。但是，从 20 世纪 60 年代开始，很多西方国家中的凶杀率和其他犯罪率陡然上升。[40] 1970 年前后，凶杀率很低的国家包括伊朗、达荷美共和国（今贝宁共和国）、新西兰、挪威、英国和法国等；凶杀率高的国家包括伊拉克、哥伦比亚、缅甸、泰国、斯威士兰和乌干达。比起其他国家，美国的凶杀率相当高；被调查的国家中有近四分之三的凶杀率低于美国。[41]

对犯罪的比较研究明确揭示，战争与更高的凶杀率有相关性。阿彻和加特纳比较了国家在主要战争发生之前和之后的凶杀率，发现不管这个国家是战败国还是战胜国，凶杀率在战后都会上升。与这一结果相一致的观念是：一个社会或国家在战争时期会把暴力合法化。也就是说，在战争时期，社会是支持将敌人杀死的；在那之后，由于对杀人的约束放松了，凶杀率会升高。[42] 特德·格尔（Ted Gurr）认为，西方国家凶杀率下降的长期趋势，与对人道主义价值观和通过非暴力手段实现目标的强调是一致的。但是，这样的价值观在战争时期可能会被暂时搁置。例如在美国，暴力犯罪率陡增的几个时期是 19 世纪六七十年代（美国内战期间和战后）、第一次世界大战之后、第二次世界大战之后和越南战争期间。[43] 但近来美国的凶杀率有所下降。[44]

在人类学家通常研究的那些类型的社会中，往往没有关于凶杀率的统计数据，因此，关于凶杀的跨文化研究测量凶杀率的方法，通常是对民族志中关于凶杀频率的表述进行比较和排序。例如，如果关于凶杀的表述是"几乎没有听说过"，那么就可以认为这个地方的凶杀率比报告说"凶杀并不少见"的地方要低。尽管关于文化中凶杀率的数据并不是量化数据，但跨文化研究的结果是与跨国研究的结果一致的：更多的战争与更多的凶杀和攻击相关，也与社会认可攻击行为（比如带有攻击性的游戏）和对犯错者实施严厉体罚相关。[45] 一项跨文化研究表明，一个社会的战争行为越多，就越会朝着攻击性的方向来培养男孩，而这样的社会化方式与更高的凶杀率和施暴率有很强的相关性。[46]

死刑是对犯罪者实行的严厉身体惩罚。通常认为，死刑的存在可以震慑可能想要杀人的人。然而，一项跨国研究的结论并不是这样。取消死刑后，更多国家的凶杀率是下降而不是上升了。[47] 死刑可能更多是将暴力合法化了，而不是阻止暴力。

在美国进行的一项研究发现，青少年犯罪者（多数是男孩）更有可能来自破碎的家庭，父亲在他们成长过程中的大部分时间里是缺位的。该研究的结论是，父亲缺位会在一定程度上增加青少年犯罪和成年后实施身体暴力的可能性。但是，其他可能导致青少年犯罪的因素也与破碎家庭有关，比如因为没有"正常"家庭而产生的耻辱感、较低的生活水平（破碎家庭通常生活水平不高）等。因此，有必要在父亲缺位并不与其他这些因素相关的社会中进行研究，以探索父亲缺位本身是否与身体暴力有关。

例如，在很多一夫多妻制社会里，儿童们都是在只有母亲和孩子的家庭环境中长大的，父亲单独居住，很少出现在孩子面前。父亲缺位导致青少年犯罪和暴力的解释是否适用于这样的社会？看起来，答案是肯定的：比起父亲陪伴孩子的社会，在孩子在只有母亲的家庭中长大或父亲很少照顾孩子的社会中，男性实施身体暴力会更多。[48] 在女性多于男性的社会中，暴力犯罪的发生率更高，这也符合父亲缺位导致暴力增加的理论。[49]

我们还需要更多的研究，才能发现形成这些关联的真正原因。有可能像部分学者认为的那样，由于男孩在成长过程中没有父亲的参与，他们习惯用"超级男子气概"来显示他们有多么"男人"。但是，也有可能是独自抚养孩子的母亲更容易沮丧和发怒，从而成为攻击性较强的行为榜样。另外，正如我们在"婚姻与家庭"一章中看到的，男性在战争中的高死亡率是一夫多妻制的预测因素；因此，一夫多妻制社会中的男孩更有可能接触尚武的传统。[50]

然而，只有在认为攻击性是男性角色的重要组成部分的社会中，试图表现超级男子气概的行为才会包含暴力攻击。如果社会预期男性是敏感、有关爱心和非暴力的，那么成长过程中没有父亲参与的男性，可能会表现得更加敏感和体贴。因此，社会对男性的期望可能会塑造母子家庭模式影响男性青春期和之后行为的方式。[51] 媒体同样会影响男性对自身的期望。在美国的大量研究表明，即使在控制了父母忽视、家庭收入和精神疾病等其他因素之后，在儿童和青少年时期看电视更多，也是长大后表现出明显攻击性的预测因素。据估计，在黄金时段播出的电视节目中，每小时有 3～5 个暴力行为，而儿童节目中每小时会出现 20～25 个暴力行为。[52]

人们普遍认为，经济条件差会增加犯罪的可能性，但二者之间的关系并没有那么密切。此外，对于不同类型的犯罪，研究发现的关系是不同的。例如，在美国和其他国家进行的数百个研究，都没有发现在经济状况（以失业率测量）变化和暴力犯罪（以凶杀率测量）变化之间存在明确的关系。凶杀率在经济不好的时候似乎没有升高。然而，在失业率升高时，财产犯罪确实显著增多了。暴力犯罪可能与一种经济特征有关：在收入不平等严重的国家

38. Levinson 1989, 104–107.
39. Archer and Gartner 1984, 35.
40. Gurr 1989b, 11–12.
41. 此处讨论的比较基于恩贝尔夫妇从 Archer and Gartner 1984 的详尽附录中取得的数据。
42. Archer and Gartner 1984, 63–97.
43. Gurr 1989a, 47–48.
44. U.S. Department of Justice n.d.
45. Russell 1972; Eckhardt 1975; Sipes 1973.
46. C. R. Ember and Ember 1994.
47. Archer and Gartner 1984, 118–139.
48. Bacon et al. 1963; B. B. Whiting 1965; Barry 2007.
49. Barber 2000.
50. C. R. Ember and Ember 1994, 625.
51. C. R. Ember and Ember 1993, 227.
52. C. A. Anderson and Bushman 2002, 2377; J. G. Johnson et al. 2002.

在社会不平等、失业率较高的情况下，偷盗行为会更普遍。图为一名美国男子在一家音乐商店里偷唱片（图片来源：Lon C. Diehl/PhotoEdit Inc.）

或社会中，凶杀率通常很高。[53] 为什么收入不平等是凶杀率上升的预测因素而经济下行不是，这个问题仍有待解答。[54]

财产犯罪与失业率紧密相关的事实，与跨文化研究的发现是一致的。跨文化研究发现，与分层社会相比，平等社会中较少发生盗窃（但并不会较少发生暴力犯罪）。在人们获取资源的机会比较平等的社会中，通常会有能避免产生财富差异的分配机制。这样，人们就不会那么想去盗窃，因此平等社会里的盗窃行为较少。盗窃在分层社会中的发生率更高，尽管分层社会比平等社会更有可能拥有惩治犯罪的警察和法院。当财产犯罪和其他犯罪的发生率上升时，社会经常会采取一些措施来控制它们，但我们很难确定这些措施是否真的降低了犯罪发生率。

那么，根据现有的研究，有什么方法能减少犯

罪吗？目前为止的研究结果显示，提倡男孩在社会化过程中发展出攻击性的社会，凶杀率是最高的。这种社会化方式与战争和社会许可的其他暴力形式——死刑、电视电影中英雄实施的暴力、运动中的暴力等——有关。统计数据显示，战争会鼓励攻击性的社会化，而这在无意中导致的结果是暴力高发。这些研究结果对政策的启发意义在于，如果我们能降低战争的风险，减少培养战士的需要，从而减少社会化过程中的攻击性，如果我们能减少社会允许的其他暴力形式，也许就能降低暴力犯罪的发生率。努力缩小贫富差距同样有助于减少犯罪，尤其是盗窃。另外，虽然我们还不太清楚原因，但在男孩成长过程中如果有一个男性的行为榜样，就能减少他在成年后实施暴力行为的可能性。

证据显示，电视上的暴力镜头会鼓励现实生活中的暴力行为
（图片来源：© Edourd Berne/Stone/Getty Images, Inc.）

战争

根据我们在"政治生活：社会秩序与失序"一章里提到的跨文化研究，战争在人类学家已知的大部分社会中都是难以改变的现实。在首次被人类学家描述时，大部分社会都有至少偶然性的战争，除非这个社会已经被（主要是西方殖民力量）平定。[55] 自美国内战之后，美国领土内没有发生过战争，但这是不寻常的。我们从民族志记录中可以发现，在被平定之前，大部分社会在讲相同语言的社群或大型部落之间经常发生武装斗争。也就是说，大多数的战争发生在社会内部或同一语言群体内部。即使到了现代，也有一些战争发生在同一语言群体内部；统一之前的意大利各邦，以及过去两百年中的许多"内战"就是如此。虽然一些社会的人也会和另一些社会的人对抗，但这些"外部"战争通常不被认为是代表了整体社会利益，甚至不代表主要社会阶层的利益。[56] 也就是说，民族志记录中的战争一般不涉及在政治上统一的社会。非工业化社会的战争中，死亡的绝对人数可能很少，但这并不意味着战争是小事。实际上，比起现代战争，非工业化社会中的战争按比例来说造成了更大的伤亡，从数据上看，一些非工业化社会的战争中，男性死亡率在25%至30%之间。[57]

在"政治生活：社会秩序与失序"一章中，我们谈到在非工业化社会里，很多时候人们打仗是出于恐惧，特别是害怕那些可能破坏食物供应，能预料但不可预测的自然灾害（干旱、洪水、飓风等等）。[58] 历史上经历的这类灾害越多，群体就越可能发生战争。人们打仗似乎是为了在灾害到来之前保护自己，因为战争中的胜利者总会夺取一些资源（土地、牲畜等等），即使他们当时并不面临任何资源危机。另一个因素似乎也会导致更多的战争，那就是教导小孩不要相信他人。那些从小就被教导不要相信他人的人更倾向于发动战争，而不是向"敌人"寻求谈判或和解。对他人的不信任或害怕可能部分源于对灾害的恐惧。[59]

那么，解释非工业化社会战争的理论是否适用于解释发生在现代国家内部或国家之间的战争？即便能够解释，也肯定是有限定条件的，因为工业化社会的实际情况意味着需要扩展灾害的概念。在现代世界里，国家之间存在复杂的经济和政治相互依

---

53. 在前工业化社会中，凶杀和袭击的预测因素也包括当地对货币的使用，而且几乎总是与财富集中有关——参见 Barry 2007。
54. Loftin et al. 1989; Krahn et al. 1986, 转引自 Daly and Wilson 1988, 287－288; Gartner 2009。
55. C. R. Ember and Ember 1997.
56. 本节的大部分讨论出自 M. Ember and Ember 1992, 204－206。
57. Meggitt 1977, 201; Gat 1999, 563－583.
58. 来自朝鲜半岛的数据与这种对战争的解释相符：在公元前1世纪到公元8世纪的朝鲜半岛上，更大的环境压力是更频繁战争的有效预测因素。参见 B. W. Kang 2000, 878。
59. 支持此处提到的战争理论的跨文化研究结果，可参见 C. R. Ember and M. Ember 1992。

存关系，我们要担心的可能不仅仅是气候或虫灾引起的食物供应减少。其他资源的缩减，尤其是石油，也有可能吓得我们进入战争状态。按照某些评论家的说法，伊拉克入侵科威特后，美国在 1991 年发动对伊拉克的战争，就符合这个理论。

但是，即使"资源威胁论"成立，人们也可能（在冷战结束以后）意识到，战争不是确保资源获取的唯一方式。现代世界中还有更好的方式，成本更低、更能维护人类生活的方式。如果战争在人们害怕种种不可预测的灾害时最有可能发生，那么，当人们意识到通过国际合作可以防止或减少灾害的不良后果时，战争就可能减少。正如美国有救灾保障那样，全世界都应该有救灾保障。也就是说，如果能提前

尽管战争在复杂程度不同的社会中都常常发生，但历时性变化告诉我们战争并非不可避免。例如，挪威目前是世界上最和平的国家之一，但在图中表现的维京时代，那里的人是崇尚武力的

（图片来源：© Helen Harrison/E&E Image Library/H/age fotostock）

得到若灾难发生则可以获得全球援助的保障，人们就不会那么恐惧不可预测的灾难，不会那么恐惧他人，战争的风险也能随之降低。我们可以通过达成分担机制而取得和平，而不是因为恐惧去发动战争。国际合作的确定性也能弥补资源的不确定性。

我们可以参考德国和日本在第二次世界大战"无条件投降"之后的情况。两国被禁止参加国际性的军事竞赛，只能依赖其他国家来保护它们，尤其是依赖美国。没有庞大的军备费用负担，德国和日本开始繁荣。但那些进行军事对抗的国家，尤其是在冷战达到顶峰时的美国和苏联，开始出现经济危机。这种情形难道不是已经表明了国际合作的智慧所在，尤其表明需要国际条约以确保世界范围的灾难援助吗？较之于发动战争和战争的巨大代价，和平更划算！

近来的政治学和人类学研究提出了另一种可能降低战争风险的方法。在人类学家已知的社会中，相关研究表明，实行允许人们更多参与的政治制度（更"民主"）的社会，彼此很少发生战争。[60] 因此，如果能减少对军事独裁的支持，世界就可能变得更加和平。

尽管民主国家之间很少发生战争，但从前人们认为，这些国家未必更爱好和平，往往和采用其他政治制度的国家一样好战，只是彼此之间很少打仗而已。例如，美国曾入侵格林纳达、巴拿马和伊拉克，但没有向与美国也有争端的加拿大开战。不过，现在的政治学者开始达成一个共识，即民主国家不但不会对彼此开战，而且一般而言没有那么好战。[61] 多项跨国和跨文化研究发现，政治体系内部民主的冲突解决方式，会推广到用民主方式解决政治体系之间的冲突，特别是在冲突双方都采用民主体制的情况下。如果参与式制度和民主观念有助于和平解决内外争端，那么有相似政府架构的国家和人群可能也会倾向于用和平方法解决问题。

理解采用参与式政治制度的国家为什么很少对彼此发动战争，对当今世界而言有重要的政策意义。

当前研究和问题
族群冲突：是否源自古老的仇恨？

族群冲突似乎在增加。近年来，暴力冲突在各族群间突然爆发，欧洲的巴尔干半岛、俄罗斯和西班牙，非洲的卢旺达、塞拉利昂和苏丹，亚洲的斯里兰卡和印度尼西亚，都发生了族群冲突，这还仅仅是众多冲突中的几个例子。此类冲突经常被认为是棘手的和不可避免的，因为据信其根源是古老的仇恨。但事实真是这样吗？

社会科学家还没能完全理解导致族群冲突发生的条件，但他们知道，族群冲突未必自古就有，也并非不可避免。例如，20世纪80年代在当时的南斯拉夫做过田野调查的人类学家描述说，当时不同的族群比邻而居了很长一段时间，并没有任何不和谐和困难。族群间的不同之处也没有人强调。玛丽·凯·吉利兰（Mary Kay Gilliland）曾在克罗地亚斯拉夫地区的中型城镇斯拉沃尼亚布罗德（Slavonski Brod）工作，当时它还是南斯拉夫

的一部分。镇上的居民都认为自己是斯拉沃尼亚人，而不是克罗地亚人、塞尔维亚人、匈牙利人、捷克人、穆斯林（来自波斯尼亚或阿尔巴尼亚）、罗姆人（吉卜赛人）等。族群之间的通婚很普遍，人们谈到自己背景的差异时也不会带着愤怒情绪。但等到吉利兰在1991年回到那里，她发现人们都在抱怨塞尔维亚人对南斯拉夫政府的控制，也有人讨论如何让克罗地亚脱离南斯拉夫。克罗地亚民族主义的象征——新的地名、新的旗帜——开始出现，克罗地亚人更愿意说克罗地亚语，而不是他们和塞尔维亚人都说的语言（塞尔维亚-克罗地亚语或克罗地亚-塞尔维亚语）。1991年，暴力在塞尔维亚人和克罗地亚人之间爆发，两边都实施了暴行。族群划分成为关乎生死的问题，之后，克罗地亚脱离了南斯拉夫。当时，在波斯尼亚（当时仍是南斯拉夫的一个地区）工作

的挪威人类学家托内·布林加（Tone Bringa）报道说，那里的人仍然不是很在意族群划分。然而数年过后，族群暴力在波黑塞族、穆斯林和克罗地亚人之间爆发，直到联合国介入调停，那里才实现了暂时平静。

族群冲突往往与分离主义运动有关。也就是说，族群冲突之后经常发生分裂。还记得美国革命吗？脱离英国的地区宣告独立，成为美国。当然，美国人和英国人的族群差异并不大。毕竟，离英国殖民者最初来到北美还没有过去太久。但是，分离主义运动还是出现了，也发生了暴力。族群差异并不总是导致暴力。有时候，应该说在大部分情况下，不同族群背景的人是和平共处的。因此，基本的问题是：暴力冲突为什么在一些而不是所有具有族群差异的地方爆发？为何有些地方的不同族群能够和睦相处？

我们需要研究才能回答

这个问题。伴随着全球范围内自愿和非自愿的移民，很多国家渐渐成为多族群或多文化的国家。族群暴力的可能性已经成为全球性的社会问题。吉利兰认为，对经济和政治权力的不满（在资源获取和机会方面的不平等）是促使克罗地亚人诉诸暴力和分离的原因之一。对于族群关系未必会演变成族群冲突和暴力的原因，其他学者提出了一些答案。在各方缺乏强大的共同利益（交叉关系）的情况下，可能爆发暴力。另一个可能因素是缺乏解决冲突的章程。我们现在需要的是跨文化、跨国家和跨历史时期的研究，以测量每一种可能的解释因素，在控制其他因素的影响后，比较各个因素预测世界各地族群冲突的能力。如果我们知道哪种因素通常能预测族群暴力，我们就可以想办法来切断因果链条或削弱其影响。

（资料来源：

Gilliland 1995; Bringa 1995; M. H. Ross 2009a.）

理解了这一点，人们可能就不会那么相信政府必须扩军备战，也不会那么愿意为此付出高昂的代价。鼓励各国加深经济上的相互依赖，鼓励国际非政府组织（如职业团体和行业协会）的普及，能够为国家提供其他方式来解决冲突，也能降低战争的风险，

这是政治学者根据近期的研究得出的结论。[62]

---

60. 民族志记录中的政治参与及和平，可参见 C. R. Ember, Ember, and Russett 1992。现代世界的政治参与及和平,可参考论文中引用的文献。
61. Russett and Oneal 2001, 49.
62. Ibid., 125ff.

恐怖主义

2001 年 9 月 11 日，恐怖分子劫持客机撞击纽约的世贸中心和弗吉尼亚的五角大楼之后，人们意识到恐怖主义已经成为一个全球性的社会问题。人们痛苦地认识到，有恐怖组织可以训练他们的成员，对半个地球之外的数千人发动自杀式袭击，其方式不仅有胁持大型客机撞向摩天大楼，还有携带简易爆炸装置和生化武器。社会科学家努力理解恐怖主义，以期找出新的方法来减小将来受攻击的可能性。但是，需要解答的问题有很多。什么是恐怖主义，应该怎样定义它？恐怖主义活动已经存在多久了？是什么导致了恐怖主义？什么类型的人有可能成为恐怖分子？恐怖主义会导致什么后果？

要回答这些问题并不容易。大部分人都能举出一些定性为恐怖主义不会有什么争议的例子，比如在日本地铁上释放神经毒气，三 K 党成员对非裔美国人施以私刑。[63] 而明确恐怖主义、犯罪、政治迫害和战争之间的界限就比较困难了。[64] 大多数学者认为恐怖主义包括针对平民的暴力或暴力威胁。与由个体根据其自由意志实施的大多数犯罪不同的是，恐怖主义活动通常有政治或社会组织。（当然，有些犯罪也是有社会组织的，例如我们通常所说的"集团犯罪"。）大多数犯罪和恐怖主义之间最大的差别，是一般的罪犯很少公开宣扬自己的罪行，他们通常行事低调以避免被抓。但是，恐怖分子通常会宣称对自己的行为负责。此外，恐怖主义暴力通常直接指向手无寸铁的人，包括妇女和儿童在内。这是为了恐吓"敌人"，使他们感到恐惧，并在惊吓中做出一些恐怖分子希望他们做的事情。因此，**恐怖主义**可以定义为使用暴力或暴力威胁，来给其他人制造恐怖氛围，通常是出于政治目的。[65] 一些人主张把恐怖主义定义为正式政治实体之外的群体实施的犯罪。然而，这个标准会面临一些困难。如果某个政

印度孟买泰姬陵酒店 2008 年遭遇恐怖袭击之后的烛光守夜（图片来源：© epa/CORBIS All Rights Reserved）

移居者与移民
难民是一个全球性的社会问题

许多国家的持续动荡，带来了史上最大的难民潮。难民人数众多，已经成为全球性的社会问题。在过去，数以千计的人们会因为迫害和战争而逃难。现在，每年有数百万的难民逃到国家内的其他地区、邻国，甚至地球另外一边的国家。20世纪的难民数量估计高达1.4亿。例如，索马里内战之后，索马里人口中有10%生活在索马里以外的地方，可能加起来超过100万。

可以想象的是，如果各国都愿意接收难民，那难民问题就不会太棘手。如果难民不被接收就会死亡，那政府应该仅仅出于人道主义考虑就接收难民吗？是不是只有在国家感到需要廉价劳动力的时候才应该接收难民？有些人

移民是为了过上更好或更安全的生活，有些人移民是因为如果不逃跑就会被杀，这两类移民之间的界限并不分明。难民是一个问题，不仅仅因为他们正在承受痛苦，世界应该有所行动，还因为有些国家可能会因为难民过多而拒绝接收。政府和慈善机构还需要为难民提供支持，帮助他们获得足以谋生的技术。

我们对来自不同地方的难民的态度是不同的。有些难民会被接受（虽然很勉强），另一些难民则不被接受。美国并不是真心实意地在阻止贫穷的墨西哥人进入美国；但来自非洲的那些遭受种族灭绝威胁的难民，却往往被美国拒之门外。为什么？是因为墨西哥人和其他来自拉

丁美洲的人有美国人需要的技术，他们也愿意干那些报酬低、没人愿意干的工作吗？那么，谁从这种状况中受益了呢？太多人了。比如，雇他们的人可以使用廉价劳工，也不必花钱购买节省劳动力的机器了。当年被带到美国修建贯通东西部的铁路的中国"苦力"也是如此。难民劳工也能从中获得一些好处，如果他们不穿过"边境线"去寻找工作，他们留在家中的孩子就可能因为营养不良而受苦甚至死亡，并承受贫穷导致的其他后果。

那么，国家可以做什么呢？是敞开大门欢迎每一个想来的人吗？人道主义者可能会说是。但这将产生更多的问题。有些人会说在国内已有大量穷人的情况下，不

应该接收和支持难民。我们对本国穷人的亏欠，不是比对其他国家穷人的更多吗？我们的税收不是用来改善现有居民的生活的吗？否则要税收干什么呢？

如何帮助难民显然是一个复杂的问题。但什么都不做是道德的吗？难民是社会不平等和迫害的后果。世界上只要有政府迫害自己的公民或允许某些群体迫害其他人，难民就是无法绕开的全球性社会问题。如果不能指望政府改变行为，那么我们可能就得依靠国际组织（比如联合国和慈善基金会），来应对或解决全球性的难民问题了。

（资料来源：Harrell-Bond 1996; Van Hear 2004.）

府支持杀人小队镇压反对政府的平民并实施种族灭绝措施，我们应该怎么定义其行为？一些学者称之为"国家恐怖主义"。[66] 一国政府秘密支持或实施造成另一国内乱纠纷的行为（通常被称为"国家资助的恐怖主义"），这种行为我们又该如何称呼？最后，尽管一些国家参与战争的公开目的是减少平民伤亡，战斗也主要针对战士（有武装的士兵）、武器装备，以及工厂、机场跑道、燃料库等资源或"资产"，但在历史上，战争时期发动的许多攻击都是有意针对

平民的。

关于恐怖主义，有一点是非常确定的：恐怖主义不是新事物。英语中现在用来称呼恐怖分子的一些词，比如"zealots"（狂热分子，奋锐党人）和"assassins"（暗杀者，阿萨辛派），其实源自古老

---

63. 其中一些例子来自 Henderson 2001。
64. 参见 Ibid., 3－9，以及 S. K. Anderson and Sloan 2002, 1－5 中的讨论。
65. S. K. Anderson and Sloan 2002, 465.
66. 该定义借鉴自 Chomsky，转引自 Henderson 2001, 5。

的活动。奋锐党人是 1 世纪的犹太民族主义者，他们反对罗马人占领犹太地区（Judea），会藏在人群中伺机刺杀政府官员、神职人员和士兵。11 世纪至 12 世纪在亚洲的西南地区，一群阿拉伯突击者从事暗杀活动，哪怕这肯定会让他们失去自由或生命，他们自称"阿萨辛派"，英语中表示"暗杀"的词 assassin 就起源于此。[67] 20 世纪 30 年代至 40 年代，600 万犹太人和数百万无辜人士死于德意志第三帝国的屠杀。[68] 而 20 世纪七八十年代拉丁美洲的一些政权，也制造恐怖气氛，公开杀死异议者。[69] 现在人们担心，恐怖分子也许能接触到大规模杀伤性武器。全球运输系统、手机和互联网让世界变得更小，恐怖主义也变得比之前更具威胁性。

目前，能解释恐怖主义成因和恐怖分子动机的系统研究还不够。但是，已经有了关于国家恐怖主义的大量调查研究。政治科学家 R. J. 拉梅尔（R. J. Rummel）估算，国家恐怖主义造成的死亡人数，可能是 20 世纪发生的所有战争造成的死亡人数的 4 倍。[70] 国家恐怖主义的预测因素是什么？如拉梅尔所说，"权力会杀人，绝对的权力绝对会杀人"。[71] 民主国家实施的国家恐怖主义活动较少，多是发生在一场叛乱或战争期间或之后。[72]

到目前为止，我们还不太清楚成为恐怖分子的预测因素有哪些。我们现在知道的是，恐怖分子往往社会地位比较高，受教育水平也比一般人高。[73] 如果说国家恐怖主义多发生在专权的国家，那么恐怖分子和恐怖分子集团应该也多是出现在这种社会。若果真如此，参与式政治制度的传播就有可能降低世界范围内的恐怖主义风险，也可能减少国家间发生战争的可能性。

让世界变得更美好

除了本章讨论的问题外，还有许多社会问题困扰着世人。[74] 我们没有机会讨论国际毒品贸易及其导致的暴力、死亡和腐败。我们也没有谈及环境恶化的后果，比如水污染、臭氧层损耗、森林与湿地的破坏。还有人口过剩、能源危机，以及其他种种问题，都是关系到世界能不能变得更安全的重要问题。虽然很多问题我们没有谈到，但在这一章里，我们希望鼓励大家用积极的心态来看待这些全球性的社会问题，我们已经展示出，应用过去和未来的科学研究的结论，能如何帮助我们找到解决这些问题的方法。

我们现在知道了自己能做的一些事，未来的研究还将告诉我们更多。大部分社会问题都是人类行为造成的，因此也可以由人类来解决。解决问题的路上可能会有重重障碍，但我们坚信，如果我们愿意就能克服它们。所以，让我们行动起来吧！

小结

1. 现在我们更有动力去解决社会问题，是因为全球通信促使我们更多关注其他地方的社会问题，也是因为我们越来越多地看到了自己社会中的问题，还因为对于世界各地的种种社会问题，我们的了解比过去更多。

2. 我们有可能解决全球问题，这种观念主要基于两个假设。第一个假设是，我们能找出问题产生的原因。第二个假设是，发现原因后，我们能针对原因采取一些行动，以消除或减少问题。

3. 在不同的社会条件下，地震、洪水和干旱之类的灾害造成的影响是不同的。因此，灾害在某种程度上也是社会问题，其产生有一部分是社会原因，也有从社会角度出发的应对措施。

4. 人们能否摆脱无家可归或住在棚屋里的状况，似乎取决于社会是否愿意和有需要的人分享财富和爱心。

5. 促进男女平等和分担儿童养育责任可以减少家庭暴力。

6. 若是我们能够在儿童社会化的过程中减少对攻击性的训练，或许就能降低暴力犯罪率。要实现这一点，我们需要降低战争发生的可能性，因为发生战争的可能性高，社会化过程就会注重培养攻击性，社会也会允许其他攻击形式。缩小财富不平等可能有助于减少犯罪，尤其是盗窃。男孩成长过程中如果有男性的行为榜样，成年后实施暴力的可能性就可能减少。

7. 当人们害怕可能破坏食物等供应的不可预测的灾害时，似乎就有可能走向战争。更具参与性（更加"民主"）的政治体系之间的争端，不太可能导向战争。因此，如果更多国家采用参与式制度，更多的人能获得国际组织的救灾保障，人们就更有可能走向和平，而不是用战争解决问题。

67. S. K. Anderson and Sloan 2002, 6 – 7.
68. Ibid., 6 – 8.
69. Suárez-Orozco 1992.
70. R. J. Rummel 2002a.
71. R. J. Rummel 2002c.
72. R. J. Rummel 2002d.
73. S. K. Anderson and Sloan 2002, 422.
74. Crossroads for Planet Earth 2005.

附录

参考书目

A

'Abd Allah, Mahmud M. 1917. Siwan customs. *Harvard African Studies* 1:1 – 28.

Aberle, David. 1971. A note on relative deprivation theory as applied to millenarian and other cult movements. In *Reader in comparative religion*. 3rd ed., eds. W. A. Lessa and E. Z. Vogt. New York: Harper & Row.

Abler, Thomas S. 2009. Iroquois: The tree of peace and the war kettle. In MyAnthroLibrary, eds. C. R. Ember, M. Ember, and P. N. Peregrine. MyAnthroLibrary. com. Pearson. *Academic American Encyclopedia*. 1980. Paper. Princeton, NJ: Areté.

Acheson, James M. 2006. Lobster and groundfish management in the Gulf of Maine: A rational choice perspective. *Human Organization* 65:240 – 52.

Adams, David B. 1983. Why there are so few women warriors. *Behavior Science Research* 18:196 – 212.

Adams, Robert McCormick. 1960. The origin of cities. *Scientific American* (September):153 – 68.

Adams, Robert McCormick. 1981. *Heartland of cities: Surveys of ancient settlement and land use on the central floodplain of the Euphrates*. Chicago: University of Chicago Press.

Ahern, Emily M. 1975. Sacred and secular medicine in a Taiwan village: A study of cosmological disorders. In *Medicine in Chinese cultures: Comparative studies of health care in Chinese and other societies*, eds. A. Kleinman et al. Washington, DC: U.S. Department of Health, Education, and Welfare, National Institutes of Health.

Aiello, Leslie C. 1992. Body size and energy requirements. In *The Cambridge encyclopedia of human evolution*, eds. S. Jones, R. Martin, and D. Pilbeam. New York: Cambridge University Press.

Aiello, Leslie C. 1993. The origin of the New World monkeys. In *The Africa-South America connection*, eds. W. George and R. Lavocat, 100 – 18. Oxford: Clarendon Press.

Aiello, Leslie C., and Mark Collard, 2001. Our newest oldest ancestor? *Nature* 410 (November 29):526 – 27.

Aiello, Leslie C., and Christopher Dean. 1990. *An introduction to human evolutionary anatomy*, 268 – 74. London: Academic Press.

Akmajian, Adrian, Richard A. Demers, Ann K. Farmer, and Robert M. Harnish. 2001. *Linguistics: An introduction to language and communication*. Cambridge, MA: The MIT Press.

Akmajian, Adrian, Richard A. Demers, and Robert M. Harnish. 1984. *Linguistics: An introduction to language and communication*. 2nd ed. Cambridge, MA: MIT Press.

Albert, Steven M., and Maria G. Cattell. 1994. *Old age in global perspective: Cross-cultural and cross-national views*. New York: G. K. Hall/Macmillan.

Alberts, Bruce, president of the National Academy of Sciences, November 9, 2000. " Setting the record straight regarding *Darkness in El Dorado*," which can be found at the Web address: http://www4.nationalacademies.org/nas/nashome.nsf.

Alexander, John P. 1992. Alas, poor *Notharctus*. *Natural History* (August):55 – 59.

Algaze, Guillermo. 1993. *The Uruk world system: The dynamics of expansion of early Mesopotamian civilization*. Chicago: University of Chicago Press.

Allen, John S., and Susan M. Cheer. 1996. The non-thrifty genotype. *Current Anthropology* 37:831 – 42.

Allen, John S., A. J. Lambert, F. Y. Attah Johnson, K. Schmidt, and K. L. Nero. 1996. Antisaccadic eye movements and attentional asymmetry in schizophrenia in three Pacific populations. *Acta Psychiatrica Scandinavia* 94:258 – 65.

Alroy, John. 2001. A multispecies overkill simulation of the End-Pleistocene megafaunal mass extinction. *Science* 292 (June 8):1893 – 96.

Altman, Lawrence K. 2008. Protective effects of circumcision are shown to continue after trials' end. *New York Times*, August 12. http://www.nytimes.com.

Alvarez, Lizette. 2003. Arranged marriages get a little rearranging. *The New York Times*, June 22, p. 1.3.

Ambient Corporation. 2000. Energy: Investing for a new century. *New York Times*, October 30, EN1 – EN8. A special advertisement produced by energy companies.

American Anthropological Association. 1991. Revised principles of professional responsibility, 1990. In *Ethics and the profession of anthropology: Dialogue for a new era*, ed. Carolyn Fluehr-Lobban, 274 – 79. Philadelphia: University of Pennsylvania Press.

Anderson, Connie M. 2000. The persistence of polygyny as an adaptive response to poverty and oppression in apartheid South Africa. *Cross-Cultural Research* 34:99 – 112.

Anderson, Craig A., and Brad J. Bushman. 2002. The effects of media violence on society. *Science* 295 (March 29): 2377 – 79.

Anderson, J. L., C. B. Crawford, J. Nadeau, and T. Lindberg. 1992. Was the Duchess of Windsor right? A cross-cultural review of the socioecology of ideal female body shape. *Ethnology and Sociobiology* 13:197 – 227.

Anderson, Richard L. 1989. *Art in small-scale societies*. 2nd ed. Englewood Cliffs, NJ: Prentice Hall.

Anderson, Richard L. 1990. *Calliope's sisters: A comparative study of philosophies of art*. Upper Saddle River, NJ: Prentice Hall.

Anderson, Richard L. 1992. Do other cultures have "art"? *American Anthropologist* 94:926 – 29.

Anderson, Sean K., and Stephen Sloan. 2002. *Historical dictionary of terrorism*. 2nd ed. Lanham, MD: Scarecrow Press.

Andrefsky, William. 1998. *Lithics: Macroscopic approaches to analysis*. New York : Cambridge University Press.

Andrews, Elizabeth. 1994. Territoriality and land use among the Akulmiut of western Alaska. In *Key issues in hunter gatherer research*, eds. E. S. Burch Jr., and L. J. Ellanna. Oxford: Berg.

Andrews, Peter. 2000a. *Propliopithecidae*. In *Encyclopedia of human evolution and prehistory*, eds. I. Tattersall, E. Delson, and J. van Couvering. New York, Garland.

Andrews, Peter. 2000b. Proconsul. In *Encyclopedia of human evolution and prehistory*, eds. I. Tattersall, E. Delson, and J. van Couvering. New York: Garland.

Angier, Natalie. 2002. Why we're so nice: We're wired to cooperate. *New York Times*, Science Times, July 23, pp. F1, F8.

Anthony, David, Dimitri Y. Telegin, and Dorcas Brown. 1991. The origin of horseback riding. *Scientific American* (December): 94 – 100.

Antoun, Richard T. 2001. *Understanding fundamentalism: Christian, Islamic, and Jewish movements*. Walnut Creek, CA: AltaMira Press.

Anyon, Roger, and T. J. Ferguson. 1995. Cultural resources management at the Pueblo of Zuni, New Mexico, USA. *Antiquity* 69:913 – 30.

Aporta, Claudio, and Eric Higgs. 2005. Satellite culture:

Global positioning systems, Inuit wayfinding, and the need for a new account of technology. *Current Anthropology* 46: 729 – 46.

Appendix A: Report of the Committee on Ethics, Society for Applied Anthropology. 2002. In *Ethics and the profession of anthropology*, ed. C. Fluehr-Lobban. Philadelphia: University of Pennsylvania Press.

Appendix C: Statements on Ethics: Principles of Professional Responsibility, Adopted by the Council of the American Anthropological Association, May 1971. 1991. In *Ethics and the profession of anthropology*, ed. C. Fluehr-Lobban. Philadelphia: University of Pennsylvania Press.

Appendix F: Professional and Ethical Responsibilities, SfAA. 2002. In *Ethics and the profession of anthropology*, ed. C. Fluehr-Lobban. Philadelphia: University of Pennsylvania Press.

Appendix H: National Association of Practicing Anthropologists' Ethical Guidelines for Practitioners, 1988. 1991. In *Ethics and the profession of anthropology*, ed. C. FluehrLobban. Philadelphia: University of Pennsylvania Press.

Appendix I: Revised Principles of Professional Responsibility, 1990. 1991. In *Ethics and the profession of anthropology*, ed. C. Fluehr-Lobban. Philadelphia: University of Pennsylvania Press.

Aptekar, Lewis. 1988. *Street children of Cali*. Durham, NC: Duke University Press.

Aptekar, Lewis. 1991. Are Colombian street children neglected? The contributions of ethnographic and ethnohistorical approaches to the study of children. *Anthropology and Education Quarterly* 22:326 – 49.

Aptekar, Lewis. 1994. *Environmental disasters in global perspective*. New York: G. K. Hall/Macmillan.

Archer, Dane, and Rosemary Gartner. 1984. *Violence and crime in cross-national perspective*. New Haven, CT: Yale University Press.

Ardener, Shirley. 1995a/1964. The comparative study of rotating credit associations. In *Money-go-rounds*, eds. S. Ardener and S. Burman. Oxford: Berg.

Ardener, Shirley. 1995b/1964. Women making money go round: ROSCAs revisited. " In *Money-go-rounds* eds. S. Ardener and S. Burman. Oxford: Berg.

Ardener, Shirley, and Sandra Burman, eds. 1995/1964. *Money-go-rounds: The importance of rotating savings and credit associations for women*. Oxford: Berg.

Argyle, Michael. 1994. *The psychology of social class*. New York: Routledge.

Armelagos, George J., and Alan H. Goodman. 1998. Race, racism, and anthropology. In *Building a new biocultural synthesis: Political-economic perspectives on human biology*, eds. A. H. Goodman and T. L. Leatherman. Ann Arbor: University of Michigan Press.

Armstrong, Robert P. 1981. *The powers of presence*. Philadelphia: University of Pennsylvania Press.

Aronoff, Joel, Andrew M. Barclay, and Linda A. Stevenson. 1988. The recognition of threatening facial stimuli. *Journal of Personality and Social Psychology* 54:647 – 55.

Aronoff, Joel, Barbara A. Woike, and Lester M. Hyman. 1992. Which are the stimuli in facial displays of anger and happiness? Configurational bases of emotion recognition. *Journal of Personality and Social Psychology* 62:1050 – 66.

Aronson, Joshua. 2002. Stereotype threat: Contending and coping with unnerving expectations. In *Improving academic performance*, ed. Joshua Aronson, 279 – 96. San Francisco: Academic Press.

Asch, Nancy B., and David L. Asch. 1978. The economic potential of *Iva annua* and its prehistoric importance in the Lower Illinois Valley. In *The nature and status of ethnobotany*, ed. R. Ford. Anthropological Papers No 67, Museum of Anthropology. Ann Arbor: University of Michigan.

Asch, Solomon. 1956. Studies of independence and conformity: A minority of one against a unanimous majority. *Psychological Monographs* 70:1 – 70.

Ascher, Robert. 1961. Analogy in archaeological interpretation. *Southwestern Journal of Anthropology* 17:317 – 25.

Asfaw, Berhane, Tim White, Owen Lovejoy, Bruce Latimer, Scott Simpson, and Glen Suwa. 1999. *Australopithecus garhi:* A new species of early hominid from Ethiopia. *Science* 284 (April 23):629 – 36.

Association business: Clyde Snow, forensic anthropologist, works for justice. *Anthropology News* (October 2000):12.

Ayala, Francisco J. 1995. The myth of Eve: Molecular biology and human origins. *Science* 270 (December 22):1930 – 36.

Ayala, Francisco J. 1996. Communication. *Science* 274 (November 29):1354.

Ayres, Barbara C. 1968. Effects of infantile stimulation on musical behavior. In *Folk song style and culture*, ed. A. Lomax. Washington, DC.

Ayres, Barbara C. 1973. Effects of infant carrying practices on rhythm in music. *Ethos* 1:387 – 404.

B

Bachnik, Jane M. 1992. The two "faces" of self and society in Japan. *Ethos* 20:3 – 32.

Bacon, Margaret, Irvin L. Child, and Herbert Barry III. 1963. A cross-cultural study of correlates of crime. *Journal of Abnormal and Social Psychology* 66:291 – 300.

Badcock, Christopher. 1988. *Essential Freud*. Oxford: Blackwell.

Badcock, C. R. 2000. *Evolutionary psychology: A critical introduction*. Cambridge: Blackwell.

Baer, Hans A., and Merrill Singer. 2009. *Global warming and the political ecology of health: Emerging crises and systemic solutions*. Walnut Creek, CA: Left Coast Press.

Baer, Hans A., Merrill Singer, and Ida Susser. 1997. *Medical anthropology and the world system: A critical perspective*. Westport, CT: Bergin & Garvey.

Bahn, Paul. 1998. Neanderthals emancipated. *Nature* 394 (August 20):719 – 20.

Bailey, Robert C., Genevieve Head, Mark Jenike, Bruce Owen, Robert Rectman, and Elzbieta Zechenter. 1989. Hunting and gathering in tropical rain forest: Is it possible? *American Anthropologist* 91:59 – 82.

Baldi, Philip. 1983. *An introduction to the Indo-European languages*. Carbondale: Southern Illinois University Press.

Balikci, Asen. 1970. *The Netsilik Eskimo*. Garden City, NY: Natural History Press.

Balter, Michael. 2001. In search of the first Europeans. *Science* 291 (March 2):1722 – 25.

Balter, Michael. 2007. Seeking agriculture's ancient roots. *Science* 316 (June 29):1830 – 35.

Balter, Michael, and Ann Gibbons. 2000. A glimpse of humans' first journey out of Africa. *Science* 288 (May 12):948 – 50.

Barak, Gregg. 1991. *Gimme shelter: A social history of homelessness in contemporary America*. New York: Praeger.

Barash, David P. 1977. *Sociobiology and behavior*. New York: Elsevier.

Barber, Nigel. 2000. The sex ratio as a predictor of cross-national variation in violent crime. *Cross-Cultural Research* 34:264 – 82.

Barber, Nigel. 2003. Paternal investment prospects and cross-national differences in single parenthood. *Cross-Cultural Research* 37:163 – 77.

Barber, Nigel. 2008. Explaining cross-national differences in polygyny intensity: Resource-defense, sex-ratio, and infectious diseases. *Cross-Cultural Research* 42:103 – 17.

Barinaga, Maria. 1992. Priming the brain's language pump. *Science* 255 (January 31):535.

Barlett, Peggy F. 1989. Industrial agriculture. In *Economic anthropology*, ed. S. Plattner. Stanford, CA: Stanford University Press.

Barnett, H. G. 1960. *Being a Palauan*. New York: Holt, Rinehart & Winston.

Barnosky, Anthony, Paul Koch, Robert Feranec, Scott Wing, and Alan Shabel. 2004. Assessing the causes of Late Pleistocene extinctions on the continents. *Science* 306 (October 1):70 – 75.

Barrett, D. E. 1984. Malnutrition and child behavior:

Conceptualization, assessment and an empirical study of social-emotional functioning. In *Malnutrition and behavior: Critical assessment of key issues*, eds. J. Brozek and B. Schürch, 280 – 306. Lausanne, Switzerland: Nestlé Foundation.

Barrett, Stanley R. 1994. *Paradise: Class, commuters, and ethnicity in rural Ontario*. Toronto: University of Toronto Press.

Barry, Herbert III. 2007. Wealth concentration associated with frequent violent crime in diverse communities. *Social Evolution & History* 6:29 – 38.

Barry, Herbert III, Irvin L. Child, and Margaret K. Bacon. 1959. Relation of child training to subsistence economy. *American Anthropologist* 61:51 – 63.

Barth, Fredrik. 1965. *Nomads of South Persia*. New York: Humanities Press.

Barth, Fredrik. 1994. Enduring and emerging issues in the analysis of ethnicity. In *The anthropology of ethnicity*, eds. H. Vermeulen and C. Govers. Amsterdam: Het Spinhuis.

Bates, Daniel G., and Susan H. Lees, eds. 1996. *Case studies in human ecology*. New York: Plenum Press.

Bates, E. and V. A. Marchman, 1988. What is and is not universal in language acquisition. In *Language, communication, and the brain*, ed. F. Plum, 19 – 38. New York: Raven Press.

Bauman, Richard. 1992. Folklore. In *Folklore, cultural performances, and popular entertainments*, ed. R. Bauman. New York: Oxford University Press.

Baxter, Ellen, and Kim Hopper. 1981. *Private lives/public spaces: Homeless adults on the streets of New York City*. New York: Community Service Society of New York.

Beadle, George, and Muriel Beadle. 1966. *The language of life*. Garden City, NY: Doubleday.

Bearder, Simon K. 1987. Lorises, bushbabies, and tarsiers: Diverse societies in solitary foragers. In *Primate societies*, eds. B. Smuts et al. Chicago: University of Chicago Press.

Beattie, John. 1960. *Bunyoro: An African kingdom*. New York: Holt, Rinehart & Winston.

Begler, Elsie B. 1978. Sex, status, and authority in egalitarian society. *American Anthropologist* 80:571 – 88.

Begun, David. 2002. Miocene apes. In *Physical anthropology: Original readings in method and practice*, eds. P. N. Peregrine, C. R. Ember, and M. Ember. Upper Saddle River, NJ: Prentice Hall.

Behar, Ruth, and Deborah Gordon, eds. 1995. *Women writing culture*. Berkeley: University of California Press.

Behrman, Jere R., Alejandro Gaviria, and Miguel Székely. 2001. Intergenerational mobility in Latin America. InterAmerican Development Bank, Working Paper #45. http://www.iadb.org/res/publications/pubfiles/pubWP-452.pdf (accessed June 2009).

Bellman, Beryl L. 1984. *The language of secrecy: Symbols and metaphors in Poro ritual*. New Brunswick, NJ: Rutgers University Press.

Benjamin, Lois. 1991. *The black elite: Facing the color line in the twilight of the twentieth century*. Chicago: NelsonHall.

Berggren, William A., Dennis V. Kent, John D. Obradovich, and Carl C. Swisher III. 1992. Toward a revised paleogene geochronology. In *Eocene-Oliocene climatic and biotic evolution*, eds. D. R. Prothero and W. A. Berggren. Princeton, NJ: Princeton University Press.

Berlin, Brent. 1992. *Ethnobiological classification: Principles of categorization of plants and animals in traditional societies*. Princeton, NJ: Princeton University Press.

Berlin, Brent, and Paul Kay. 1969. *Basic color terms: Their universality and evolution*. Berkeley: University of California Press.

Berlin, E. A. 1996. General overview of Maya ethnomedicine. In *Medical ethnobiology of the highland Maya of Chiapas, Mexico*, eds. E. A. Berlin and B. Berlin, 52 – 53. Princeton, NJ: Princeton University Press.

Berlin, Elois Ann, and Brent Berlin. 1996. *Medical ethnobiology of the highland Maya of Chiapas, Mexico: The gastrointestinal diseases*. Princeton, NJ: Princeton University Press.

Bernard, H. Russell. 2001. *Research methods in cultural*

anthropology: Qualitative and quantitative approaches. 3rd ed. Walnut Creek, CA: AltaMira Press.

Bernardi, B. 1952. The age-system of the Nilo-Hamitic peoples. *Africa* 22:316 – 32.

Berns, G., J. Chappelow, C. Zink, G. Pagnoni, M. Martin Skurski, and J. Richards. 2005. Neurobiological correlates of social conformity and independence during mental rotation. *Biological Psychiatry* 58: 245 – 53.

Berreman, Gerald D. 1960. Caste in India and the United States. *American Journal of Sociology* 66:120 – 27.

Berreman, Gerald D. 1972. Race, caste and other invidious distinctions in social stratification. *Race* 13:403 – 14.

Berreman, Gerald D. 1973. *Caste in the modern world*. Morristown, NJ: General Learning Press.

Berry, John W. 1971. Ecological and cultural factors in spatial perceptual development. *Canadian Journal of Behavioural Science* 3:324 – 36.

Berry, John W. 1976. *Human ecology and cognitive style*. New York: Wiley.

Berry, John W., and J. Bennett. 1989. Syllabic literacy and cognitive performance among the Cree. *International Journal of Psychology* 24:429 – 50.

Berry, John W., Ype H. Poortinga, Marshall H. Segall, and Pierre R. Dasen. 1992. *Cross-cultural psychology: Research and applications*. New York: Cambridge University Press.

Bestor, Theodore C. 2001. Supply-side sushi: Commodity, market, and the global city. *American Anthropologist* 103:76 – 95.

Betts, Richard A., Yadvinder Malhi, and J. Timmons Roberts. 2008. The future of the Amazon: New perspectives from climate, ecosystem, and social sciences. *Philosophical Transactions of the Royal Society* B, 363:1729 – 35.

Betzig, Laura. 1988. Redistribution: Equity or exploitation? In *Human reproductive behavior*, eds. L. Betzig, M. B. Mulder, and P. Turke, 49 – 63. Cambridge: Cambridge University Press.

Betzig, Laura. 1989. Causes of conjugal dissolution: A crosscultural study. *Current Anthropology* 30:654 – 676.

Bickerton, Derek. 1983. Creole languages. *Scientific American* (July):116 – 22.

Bilby, Kenneth. 1996. Ethnogenesis in the Guianas and Jamaica: Two Maroon cases. In *Ethnogenesis in the Americas*, ed. J. D. Hill, 119 – 41. Iowa City: University of Iowa Press.

Bilsborough, Alan. 1992. *Human evolution*. New York: Blackie Academic & Professional.

Bindon, James R., and Douglas E. Crews. 1993. Changes in some health status characteristics of American Samoan men: Preliminary observations from a 12-year follow-up study. *American Journal of Human Biology* 5:31 – 37.

Bindon, James R., Amy Knight, William W. Dressler, and Douglas E. Crews. 1997. Social context and psychosocial influences on blood pressure among American Samoans. *American Journal of Physical Anthropology* 103:7 – 18.

Binford, Lewis R. 1971. Post-Pleistocene adaptations. In *Prehistoric agriculture*, ed. S. Struever. Garden City, NY: Natural History Press.

Binford, Lewis R. 1973. Interassemblage variability: The Mousterian and the "functional" argument. In *The explanation of culture change*, ed. C. Renfrew. Pittsburgh: University of Pittsburgh Press.

Binford, Lewis R. 1984. *Faunal remains from Klasies River mouth*. Orlando, FL: Academic Press.

Binford, Lewis R. 1987. Were there elephant hunters at Torralba? In *The evolution of human hunting*, eds. M. Nitecki and D. Nitecki. New York: Plenum.

Binford, Lewis R. 1990. Mobility, housing, and environment: A comparative study. *Journal of Anthropological Research* 46:119 – 52.

Binford, Lewis R., and Chuan Kun Ho. 1985. Taphonomy at a distance: Zhoukoudian, 'The cave home of Beijing Man'?" *Current Anthropology* 26:413 – 42.

Binford, Sally R., and Lewis R. Binford. 1969. Stone

tools and human behavior. *Scientific American* (April):70 – 84.

Bishop, Ryan. 1996. Postmodernism. In *Encyclopedia of cultural anthropology*, eds. David Levinson and Melvin Ember, vol 3, 993 – 98. New York: Henry Holt.

Black, Donald. 1993. *The social structure of right and wrong*. San Diego: Academic Press.

Black, Francis L. 1992. Why did they die? *Science* 258 (December 11): 1739 – 40.

Blackwood, Evelyn. 1984a. *Cross-cultural dimensions of lesbian relations*. Master's Thesis. San Francisco State University. As referred to in Blackwood and Wieringa 1999.

Blackwood, Evelyn. 1984b. Sexuality and gender in certain Native American tribes: The case of cross-gender females. *Signs* 10:27 – 42.

Blackwood, Evelyn, and Saskia E. Wieringa. 1999. Sapphic shadows: Challenging the silence in the study of sexuality. In *Female desires: Same-sex relations and transgender practices across cultures*, eds. Evelyn Blackwood and Saskia E.

Weiringa, 39 – 63. New York: Columbia University Press.

Blalock, Hubert M. 1972. *Social statistics*. 2nd ed. New York: McGraw-Hill.

Blanton, Richard E. 1976. The origins of Monte Albán. In *Cultural continuity and change*, ed. C.E. Cleland. New York: Academic Press.

Blanton, Richard E. 1978. *Monte Albán: Settlement patterns at the ancient Zapotec capital*. New York: Academic Press.

Blanton, Richard E. 1981. The rise of cities. In *Supplement to the handbook of Middle American Indians*, vol. 1., ed. J. Sabloff. Austin: University of Texas Press.

Blanton, Richard E. 2009. Variation in economy. In MyAnthroLibrary, eds. C. R. Ember, M. Ember, and P. N. Peregrine. MyAnthroLibrary.com. Pearson.

Blanton, Richard E., and Lane Fargher. 2008. *Collective action in the formation of pre-modern states*. New York: Springer.

Blanton, Richard E., Stephen A. Kowalewski, Gary Feinman, and Jill Appel. 1981. *Ancient Mesoamerica: A comparison of change in three regions*. New York: Cambridge University Press.

Bledsoe, Caroline H. 1980. *Women and marriage in Kpelle society*. Stanford, CA: Stanford University Press.

Block, Jean L. 1983. Help! They've all moved back home! *Woman's Day* (April 26):72 – 76.

Block, Jonathan I., and Doug M. Boyer. 2002. Grasping primate origins. *Science* 298 (November 22):1606 – 10.

Blount, Ben G. 1981. The development of language in children. In *Handbook of cross-cultural human development*, eds. R. H. Munroe, R. L. Munroe, and B. B. Whiting. New York: Garland.

Bluebond-Langner, Myra. 2007. Challenges and opportunities in the anthropology of childhoods: An introduction to " children, childhoods, and childhood studies. " *American Anthropologist* 109:241 – 46.

Blumenschine, Robert J., Charles R. Peters, Fidelis T. Masao, Ronald J. Clarke, Alan L. Deino, Richard L. Hay, Carl C. Swisher, Ian G. Stanistreet, Gail M. Ashley, Lindsay J. McHenry, Nancy E. Sikes, Nikolaas J. van der Merwe, Joanne C. Tactikos, Amy E. Cushing, Daniel M. Deocampo, Jackson K. Njau, and James I. Ebert. 2003. Late Pliocene *Homo* and hominid land use from western Olduvai Gorge, Tanzania. *Science* 299 (February 21): 1217 – 21.

Blumler, Mark A., and Roger Byrne. 1991. The ecological genetics of domestication and the origins of agriculture. *Current Anthropology* 32:23 – 35.

Boas, Franz. 1888. *Central Eskimos*. Bureau of American Ethnology Annual Report No. 6. Washington, DC.

Boas, Franz. 1930. The religion of the Kwakiutl. *Columbia University contributions to Anthropology*, vol. 10, pt. 2. New York: Columbia University.

Boas, Franz. 1940. *Race, language, and culture*. New York: Macmillan.

Boas, Franz. 1964/1911. On grammatical categories. In *Language in culture and society*, ed. D. Hymes. New York: Harper & Row.

Boaz, Noel T., and Alan J. Almquist. 1997. *Biological anthropology: A synthetic approach to human evolution*. Upper Saddle River, NJ: Prentice Hall.

Boaz, Noel T., and Alan J. Almquist. 1999. *Essentials of biological anthropology*. Upper Saddle River, NJ: Prentice Hall.

Boaz, Noel T., and Alan J. Almquist. 2002. *Biological Anthropology: A Synthetic Approach to Human Evolution*. 2nd ed. Upper Saddle River, NJ: Prentice Hall.

Bock, Philip K. 1980. *Continuities in psychological anthropology: A historical introduction*. San Francisco: W. H. Freeman and Company.

Bock, Philip K. 1996. Psychological anthropology. In *Encyclopedia of cultural anthropology*, eds. David Levinson and Melvin Ember, vol 3, 1042–45. New York: Henry Holt.

Bodley, John H. 2008. *Victims of progress*. 5th ed. Lanham, MD: AltaMira Press.

Boehm, Christopher. 1993. Egalitarian behavior and reverse dominance hierarchy. *Current Anthropology* 34:230–31.

Boehm, Christopher. 1999. *Hierarchy in the forest: The evolution of egalitarian behavior*. Cambridge, MA: Harvard University Press.

Boesche, C., P. Marchesi, N. Marchesi, B. Fruth, and F. Joulian.1994. Is nut cracking in wild chimpanzees a cultural behavior? *Journal of Human Evolution* 26:325–38.

Bogin, Barry. 1988. *Patterns of human growth*. Cambridge: Cambridge University Press.

Bogoras, Waldemar. 1909. The Chukchee. Part 3. *Memoirs of the American Museum of Natural History*, 2.

Bohannan, Laura, and Paul Bohannan. 1953. *The Tiv of central Nigeria*. London: International African Institute.

Bohannan, Paul. 1954. The migration and expansion of the Tiv. *Africa* 24:2–16.

Bollen, Kenneth A. 1993. Liberal democracy: Validity and method factors in cross-national measures. *American Journal of Political Science* 37:1207–30.

Bolton, Ralph. 1973. Aggression and hypoglycemia among the Qolla: A Study in psychobiological anthropology. *Ethnology* 12:227–57.

Bolton, Ralph. 1989. Introduction: The AIDS pandemic, a global emergency. *Medical Anthropology* 10:93–104.

Bolton, Ralph. 1992. AIDS and promiscuity: Muddled in the models of HIV prevention. *Medical Anthropology* 14:145–223.

Bond, Rod, and Peter B. Smith. 1996. Culture and conformity: A meta-analysis of studies using Asch's (1952b, 1956) line judgment task. *Psychological Bulletin* 11:111–37.

Bondarenko, Dmitri, and Andrey Korotayev. 2000. Family size and community organization: A cross-cultural comparison. *Cross-Cultural Research* 34:152–89.

Bordaz, Jacques. 1970. *Tools of the Old and New Stone Age*. Garden City, NY: Natural History Press.

Bordes, Fran ois. 1961. Mousterian cultures in France. *Science* 134 (September 22):803–10.

Bordes, Fran ois. 1968. *The Old Stone Age*. New York: McGraw-Hill, 51–97.

Borgerhoff Mulder, Monique, Margaret George-Cramer, Jason Eshleman, and Alessia Ortolani. 2001. A study of East African kinship and marriage using a phylogenetically based comparative method. *American Anthropologist* 103:1059–82.

Bornstein, Marc H. 1973. The psychophysiological component of cultural difference in color naming and illusion susceptibility. *Behavior Science Notes* 8:41–101.

Bortei-Doku, Ellen, and Ernest Aryeetey. 1995/1964. Mobilizing cash for business: Women in rotating Susu clubs in Ghana. In *Money-go-rounds*, eds. S. Ardener and S. Burman, 77–94. Oxford: Berg.

Boserup, Ester. 1970. *Woman's role in economic development*. New York: St. Martin's Press.

Boserup, Ester. 1993/1965. *The conditions of agricultural growth: The economics of agrarian change under population pressure*. Toronto: Earthscan Publishers.

Bossen, Laurel. 2000. Women farmers, small plots, and changing markets in China. In *Women farmers and* commercial ventures: Increasing food security in developing countries, ed. Anita Spring, 171 – 89. Boulder, CO: Lynne Rienner Press.

Bourguignon, Erika. 1973. Introduction: A framework for the comparative study of altered states of consciousness. In *Religion, altered states of consciousness, and social change*, ed. E. Bourguignon. Columbus: Ohio State University Press.

Bourguignon, Erika. 2004. Suffering and healing, subordination and power: Women and possession trance. *Ethos* 32:557 – 74.

Bourguignon, Erika, and Thomas L. Evascu. 1977. Altered states of consciousness within a general evolutionary perspective: A holocultural analysis. *Behavior Science Research* 12:197 – 216.

Bowen, Gabriel J., et al. 2002. Mammalian dispersal at the Paleocene/Eocene boundary. *Science* 295 (March 15): 2062 – 64.

Bowie, Katherine A. 2006. Of corvée and slavery: Historical intricacies of the division of labor and state power in northern Thailand. In *Labor in cross-cultural perspective*, eds. E. Paul Durrenberger and Judith E. Martí , 245 – 64. Lanham: Roman & Littlefield.

Bowles, S., H. Gintis, and M. Osborne. 2001. The determinants of earnings: A behavioral approach. *Journal of Economic Literature* 39:1137 – 76, as referred to in Godoy et al. 2004.

Boyd, Robert, and Peter J. Richerson. 1996/1985. *Culture and the evolutionary process*. Chicago: University of Chicago Press.

Boyd, Robert, and Peter J. Richerson. 2005. *The origin and evolution of cultures*. New York: Oxford University Press.

Boyd, Robert, and Joan Silk. 2000. *How humans evolved*. 2nd ed. New York: Norton.

Brace, C. Loring. 1995. Region does not mean 'race'— reality versus convention in forensic anthropology. *Journal of Forensic Sciences* 40:171 – 75.

Brace, C. Loring. 1996. A four-letter word called race. In *Race and other misadventures: Essays in honor of Ashley Montague in his ninetieth year*, eds. Larry T. Reynolds and Leonard Leiberman. New York: General Hall.

Brace, C. Loring. 2005. *"Race" is a four-letter word*. New York: Oxford University Press.

Brace, C. Loring, David P. Tracer, Lucia Allen Yaroch, John Robb, Kari Brandt, and A. Russell Nelson. 1993. Clines and clusters versus 'race': A test in ancient Egypt and the case of a death on the Nile. *Yearbook of Physical Anthropology* 36: 1 – 31.

Bradley, Candice. 1984 – 1985. The sexual division of labor and the value of children. *Behavior Science Research* 19:159 – 85.

Bradley, Candice. 1995. Keeping the soil in good heart: Weeding, women and ecofeminism. In *Ecofeminism*, ed. K. Warren. Bloomington: Indiana University Press.

Bradsher, Keith. 2002. Pakistanis fume as clothing sales to U.S. tumble. *New York Times*, June 23, p. 3.

Braidwood, Robert J. 1960. The agricultural revolution. *Scientific American* (September):130 – 48.

Braidwood, Robert J., and Gordon R. Willey. 1962. Conclusions and afterthoughts. In *Courses toward urban life*, eds. R. Braidwood and G. Willey. Chicago: Aldine.

Brain, C. K., and A. Sillen. 1988. Evidence from the Swartkrans Cave for the earliest use of fire. *Nature*, 336 (December 1):464 – 66.

Branda, Richard F., and John W. Eaton. 1978. Skin color and nutrient photolysis: An evolutionary hypothesis. *Science* 201 (August 18): 625 – 26.

Brandewie, Ernest. 1991. The place of the big man in traditional Hagen society in the central highlands of New Guinea. In *Anthropological approaches to political behavior*, eds. F. McGlynn and A. Tuden. Pittsburgh, PA: University of Pittsburgh Press.

Brandon, Robert N. 1990. *Adaptation and environment*. Princeton, NJ: Princeton University Press.

Bräuer, Günter. 1984. A craniological approach to the origin of anatomically modern *Homo sapiens* in Africa and implications for the appearance of modern Europeans. In *The origins of modern humans*, eds. F.

Smith and F Spencer. New York: Alan R. Liss.

Braun, David P., and Stephen Plog. 1982. Evolution of "tribal" social networks: Theory and prehistoric North American evidence. *American Antiquity* 47:504 – 25.

Brettell, Caroline B. 1996. Migration. In *Encyclopedia of cultural anthropology*, vol. 3, 4 vols., eds. D. Levinson and M. Ember, 793 – 97. New York: Henry Holt.

Brettell, Caroline, and Robert V. Kemper. 2002. Migration and cities. In *Encyclopedia of urban cultures: Cities and cultures around the world*, vol. 1, 4 vols., eds. M. Ember and C. R. Ember, 30 – 38. Danbury, CT: Grolier/Scholastic.

Briggs, Jean L. 1974. Eskimo women: Makers of men. In *Many sisters: Women in cross-cultural perspective*, ed. C. J. Matthiasson. New York: Free Press.

Bringa, Tone. 1995. *Being Muslim the Bosnian way: Identity and community in a central Bosnian village*. Princeton, NJ: Princeton University Press, as examined in the eHRAF Collection of Ethnography on the Web.

Brinton, Crane. 1938. *The anatomy of revolution*. Upper Saddle River, NJ: Prentice Hall.

Brittain, John A. 1978. *Inheritance and the inequality of material wealth*. Washington, DC: Brookings Institution.

Britannica Online. 1995. Book of the year (1995): World affairs: Rwanda; and Book of the year (1995): Race and ethnic relations: Rwanda's complex ethnic history. *Britannica Online*, December.

Britannica Online. 1998 (February). Printing, typography, and photoengraving; History of prints: Origins in China: Transmission of paper to Europe (12th century).

Brodey, Jane E. 1971. Effects of milk on blacks noted. *New York Times* October 15, p. 15.

Brodwin, Paul E. 1996. Disease and culture. In *Encyclopedia of cultural anthropology*, vol. 1, eds. D. Levinson and M. Ember, 355 – 59. New York: Henry Holt.

Bromage, Timothy G., and M. Christopher Dean. 1985. Reevaluation of the age at death of immature fossil hominids. *Nature* 317(October 10):525 – 27.

Brooks, Alison S., Fatimah Linda Collier Jackson, and R. Richard Grinker. 1993. Race and ethnicity in America. *Anthro Notes* (National Museum of Natural History Bulletin for Teachers), 15, no. 3 (Fall): 1 – 3, 11 – 15.

Broom, Robert. 1950. *Finding the missing link*. London: Watts. Broude, Gwen J. 1976. Cross-cultural patterning of some sexual attitudes and practices. *Behavior Science Research* 11:227 – 62.

Broude, Gwen J. 1980. Extramarital sex norms in cross-cultural perspective. *Behavior Science Research* 15: 181 – 218.

Broude, Gwen J. 2004. Sexual attitudes and practices. In *Encyclopedia of sex and gender: Men and women in the world's cultures*, vol. 1, eds. C. Ember and M. Ember, 177 – 86. New York: Kluwer Academic/Plenum Publishers.

Broude, Gwen J. 2009. Variations in sexual attitudes, norms, and practices. In MyAnthroLibrary, eds. C. R. Ember, M. Ember, and P. N. Peregrine. MyAnthroLibrary.com. Pearson Broude, Gwen J., and Sarah J. Greene. 1976. Cross-cultural codes on twenty sexual attitudes and practices. *Ethnology* 15:409 – 29.

Brown, Cecil H. 1977. Folk botanical life-forms: Their universality and growth. *American Anthropologist* 79:317 – 42.

Brown, Cecil H. 1979. Folk zoological life-forms: Their universality and growth. *American Anthropologist* 81: 791 – 817.

Brown, Cecil H. 1984. World view and lexical uniformities. *Reviews in Anthropology* 11:99 – 112.

Brown, Cecil H., and Stanley R. Witkowski. 1980. Language universals. In *Toward explaining human culture*, eds. D. Levinson and M. J. Malone, Appendix B. New Haven, CT: HRAF Press.

Brown, Donald E. 1991. *Human universals*. Philadelphia: Temple University Press.

Brown, Frank H. 1992. Methods of dating. In *The Cambridge encyclopedia of human evolution*, eds. S. Jones, R. Martin, and D. Pilbeam. New York: Cambridge University Press.

Brown, Frank H. 2000. Geochronometry. In *Encyclopedia*

of human evolution and prehistory, eds. I. Tattersall, G. Delson, and J. van Couvering. New York: Garland.

Brown, James A. 1983. Summary. In Archaic hunters and gatherers in the American Midwest, eds. J. L. Phillips and J. A. Brown, 5 – 10. New York: Academic Press.

Brown, James A. 1985. Long-term trends to sedentism and the emergence of complexity in the American Midwest. In Prehistoric hunter-gatherers, eds. T. Price and J. Brown, 201 – 31. Orlando, FL: Academic Press.

Brown, James A., and T. Douglas Price. 1985. Complex hunter-gatherers: Retrospect and prospect. In Prehistoric hunter-gatherers, eds. T. Price and J. Brown. Orlando, FL: Academic Press.

Brown, Judith K. 1970a. Economic organization and the position of women among the Iroquois.Ethnohistory 17:151 – 67.

Brown, Judith K. 1970b. A note on the division of labor by sex. American Anthropologist 72:1073 – 78.

Brown, Michael F. 2008. Cultural relativism 2.0. Current Anthropology 49:363 – 83.

Brown, Peter J. 1997. Culture and the evolution of obesity. In Applying cultural anthropology, eds. A. Podolefsky and P. J.

Brown. Mountain View, CA: Mayfield.

Brown, Roger. 1965. Social psychology. New York: Free Press.

Brown, Roger. 1980. The first sentence of child and chimpanzee. In Speaking of apes, eds. T. A. Sebeok and J. Umiker-Sebeok. New York: Plenum Press.

Brown, Roger, and Marguerite Ford. 1961. Address in American English. Journal of Abnormal and Social Psychology 62:375 – 85.

Browner, C. H. 1985. Criteria for selecting herbal remedies. Ethnology 24:13 – 32.

Brues, Alice. 1992. Forensic diagnosis of race—General race versus specific populations. Social Science and Medicine 34:125 – 28.

Brumbach, Hetty Jo, and Robert Jarvenpa. 2006a. Chipewyan society and gender relations. In Circum-

polar lives and livelihood: A comparative ethnoarchaeology of gender and subsistence, eds. R. Jarvenpa and H. J. Brumbach, 24 – 53. Lincoln, Nebraska: University of Nebraska Press.

Brumbach, Hetty Jo, and Robert Jarvenpa. 2006b. Conclusion: Toward a comparative ethnoarchaeology of gender. In Circumpolar lives and livelihood: A comparative ethnoarchaeology of gender and subsistence, ed. R. Jarvenpa and H. J. Brumbach, 287 – 323. Lincoln, Nebraska: University of Nebraska Press.

Brumfiel, Elizabeth M. 1976. Regional growth in the eastern Valley of Mexico: A test of the "population pressure" hypothesis. In The early Mesoamerican village, ed. K. Flannery. New York: Academic Press.

Brumfiel, Elizabeth M. 1983. Aztec state making: Ecology, structure, and the origin of the state. American Anthropologist 85:261 – 84.

Brumfiel, Elizabeth M. 1992. Distinguished lecture in archeology: Breaking and entering the ecosystem—gender, class, and faction steal the show. American Anthropologist 94: 551 – 67.

Brumfiel, Elizabeth M. 2009. Origins of social inequality. In MyAnthroLibrary, eds. C. R. Ember, M. Ember, and P. N. Peregrine. MyAnthroLibrary.com. Pearson.

Brunet, Michel, Alain Beauvilain, Yves Coppens, Elile Heintz, Aladji H. E. Moutaye, and David Pilbeam. 1995. The first australopithecine 2,500 kilometers west of the Rift Valley (Chad). Nature 378:273 – 75.

Brunet, Michel, Franck Guy, David Pilbeam, Hassane Taisso Mackaye, Andossa Likius, Djimdoumalbaye Ahounta, Alain Beauvilain, Cécile Blondel, Hervé Bocherens, JeanRenaud Boisserie, Louis De Bonis, Yves Coppens, Jean Dejax, Christiane Denys, Philippe Duringer, Véra Eisenmann, Gongdibé Fanone, Pierre Fronty, Denis Geraads, Thomas Lehmann, Fabrice Lihoreau, Antoine Louchart, Adoum Mahamat, Gildas Merceron, Guy Mouchelin, Olga Otero, Pablo Pelaez Campomanes, Marcia Ponce De Leon, Jean-Claude Rage, Michel Sapanet,

Mathieu Schuster, Jean Sudre, Pascal Tassy, Xavier Valentin, Patrick Vignaud, Laurent Viriot, Antoine Zazzo and Christoph Zollikofer. 2002. A new hominid from the upper Miocene of Chad, Central Africa. *Nature* 418 (July 11):145 – 51.

Brunvand, Jan Harold. 1993. *The baby train: And other lusty urban legends*. New York: Norton.

Brusco, Elizabeth E. 1996. Religious conversion. In *Encyclopedia of cultural anthropology*, vol. 3, eds. D. Levinson and M. Ember, 1100 – 04. New York: Henry Holt.

Bryant, Carol A.,and Doraine F.C. Bailey. 1990. The use of focus group research in program development. In *Soundings*, eds. J. van Willigen and T. L. Finan. NAPA Bulletin No. 10. Washington, DC: American Anthropological Association.

Buckser, Andrew, and Stephen D. Glazier, eds. 2003. Preface. In *The anthropology of religious conversion*, eds. Andrew Buckser and Stephen D. Glazier. Lanham, MD: Roman & Littlefield.

Budiansky, Stephen. 1992. *The covenant of the wild: Why animals chose domestication*. New York: Morrow.

Buettner-Janusch, John. 1973. *Physical anthropology: A perspective*. New York: Wiley.

Bunzel, Ruth. 1971. The nature of katcinas. In *Reader in comparative religion*, 3rd ed., eds. W. A. Lessa and E. Z. Vogt. New York: Harper & Row.

Burbank, Victoria K. 1994. *Fighting women: Anger and aggression in aboriginal Australia*. Berkeley: University of California Press.

Burbank, Victoria K. 2009a. Adolescent socialization and initiation ceremonies. In MyAnthroLibrary, eds. C. R. Ember, M. Ember, and P. N. Peregrine. MyAnthroLibrary.com. Pearson.

Burbank, Victoria K. 2009b. Australian Aborigines: An adolescent mother and her family. In MyAnthroLibrary, eds. C. R. Ember, M. Ember, and P. N. Peregrine. MyAnthroLibrary.com. Pearson.

Burch, Ernest S., Jr. 2009. North Alaskan Eskimos: A changing way of life. In MyAnthroLibrary, eds. C. R. Ember, M. Ember, and P. N. Peregrine. MyAnthroLibrary.com. Pearson.

Burch, Ernest S., Jr. 1988. *The Eskimos*. Norman: University of Oklahoma Press.

Burkhalter, S. Brian, and Robert F. Murphy. 1989. Tappers and sappers: Rubber, gold and money among the Munduruc ú. *American Ethnologist* 16:100 – 16.

Burns, Alisa, and Cath Scott. 1994. *Mother-headed families and why they have increased*. Hillsdale, NJ: Lawrence Erlbaum Associates.

Burton, Roger V., and John W. M. Whiting. 1961. The absent father and cross-sex identity. *Merrill-Palmer Quarterly Of Behavior And Development* 7(2):85 – 95.

Busby, Annette. 2009. Kurds: A culture straddling national borders. In MyAnthroLibrary, eds. C. R. Ember, M. Ember, and P. N. Peregrine. MyAnthroLibrary.com. Pearson.

Butzer, Karl W. 1982. Geomorphology and sediment stratigraphy. In *The Middle Stone Age at Klasies River Mouth in South Africa*, eds. R. Singer and J. Wymer. Chicago: University of Chicago Press.

Byrne, Bryan. 1994. Access to subsistence resources and the sexual division of labor among potters. *Cross-Cultural Research* 28:225 – 50.

Byrne, Roger. 1987. Climatic change and the origins of agriculture. In *Studies in the Neolithic and urban revolutions*, ed. L. Manzanilla. British Archaeological Reports International Series 349. Oxford.

C

Calvin, William H. 1983. *The throwing Madonna: Essays on the brain*. New York: McGraw-Hill.

Campbell, Donald T. 1965. Variation and selective retention in socio-cultural evolution. In *Social change in developing areas*, eds. H. Barringer, G. Blankstein, and R. Mack. Cambridge, MA: Schenkman.

Campbell, Joseph. 1949. *The hero with a thousand faces*. New York: Pantheon.

Cancian, Frank. 1980. Risk and uncertainty in agricultural decision making. In *Agricultural decision making*, ed. P. F. Barlett. New York: Academic Press.

Cann, Rebecca. 1988. DNA and human origins. *Annual Review of Anthropology* 17:127 – 43.

Cann, Rebecca, M. Stoneking, and A. C. Wilson. 1987. Mitochondrial DNA and human evolution. *Nature* 325 (January 1):31 – 36.

Caporael, Linnda R. 1976. Ergotism: The Satan loosed in Salem? *Science* (April 2):21 – 26.

Carbonell, Eudald, José M. Bermúdez de Castro, Josep M. Parés, Alfredo Pérez-González, Gloria Cuenca-Bescós, Andreu Ollé,Marina Mosquera, Rosa Huguet,Jan van der Made,Antonio Rosas, Robert Sala, JosepVallverdú, Nuria García, Darryl E. Granger, María Martinón-Torres, Xosé P. Rodríguez, Greg M. Stock, Josep M. Vergès, Ethel Allué, Francesc Burjachs, Isabel Cáceres, Antoni Canals, Alfonso Benito, Carlos Díez, Marina Lozano, Ana Mateos, Marta Navazo, Jesús Rodríguez, Jordi Rosell, Juan L. Arsuaga. 2008. The first hominin of Europe.*Nature* 452 (March 27): 465 – 69.

Cardoso, Fernando Luis and Dennis Werner. 2004. Homosexuality. In *Encyclopedia of sex and gender: Men and women in the world's cultures*, vol 1., eds. C. Ember and M. Ember, 204 – 15. New York: Kluwer Academic/Plenum Publishers.

Carey, James W., Erin Picone-DeCaro, Mary Spink Neumann, Devorah Schwartz, Delia Easton, and Daphne Cobb St. John. 2004. HIV/AIDS research and prevention. In *Encyclopedia of medical anthropology: Health and illness in the world's cultures*, vol. 1, eds. C. R. Ember and M. Ember, 462 – 79. New York: Kluwer Academic/ Plenum. Carcopino, Jerome. 1940. *Daily life in ancient Rome: The people and the city at the height of the empire*. Edited with bibliography and notes by Henry T. Rowell. Translated from the French by E. O. Lorimer. New Haven, CT: Yale University Press.

Carneiro, Robert L. 1968. Slash-and-burn cultivation among the Kuikuru and its implications for settlement patterns. In *Man in adaptation*, ed. Y. Cohen. Chicago, Aldine.

Carneiro, Robert L. 1970. A theory of the origin of the state. *Science* 169 (August 21):733 – 38.

Carneiro, Robert L. 1978. Political expansion as an expression of the principle of competitive exclusion. In *Origins of the state*, eds. R. Cohen and E. R. Service. Philadelphia: Institute for the Study of Human Issues.

Carneiro, Robert L. 1988. The circumscription theory: Challenge and response. *American Behavioral Scientist* 31: 497 – 511.

Carneiro, Robert L. 1990. Chiefdom-level warfare as exemplified in Fiji and the Cauca Valley. In *The anthropology of war*, ed. J. Haas. New York: Cambridge University Press.

Carpenter, C. R. 1940. A field study in Siam of the behavior and social relations of the gibbon (*Hylobates lar*). *Comparative Psychology Monographs* 16(5): 1 – 212.

Carpenter, Sandra. 2000. Effects of cultural tightness and collectivism on self-concept and causal attributions. *CrossCultural Research* 34:38 – 56.

Carrasco, Pedro. 1961. The civil-religious hierarchy in Mesoamerican communities: Pre-Spanish background and colonial development. *American Anthropologist* 63: 483 – 97.

Carrier, Joseph, and Ralph Bolton. 1991. Anthropological perspectives on sexuality and HIV prevention. *Annual Review of Sex Research* 2:49 – 75.

Carroll, John B., ed. 1956. *Language, thought, and reality: Selected writings of Benjamin Lee Whorf*. New York: Wiley.

Carroll, Michael. 1979. A new look at Freud on myth. *Ethos* 7:189 – 205.

Cartmill, Matt. 1974. Rethinking primate origins. *Science* (April 26):436 – 37.

Cartmill, Matt. 1992a. New views on primate origins. *Evolutionary Anthropology* 1: 105 – 11.

Cartmill, Matt. 1992b. Non-human primates. In *The Cambridge encyclopedia of human evolution*, eds. S. Jones, R. Martin, and D. Pilbeam. New York: Cambridge University Press.

Cartmill, Matt. 2009. Explaining primate origins. In MyAnthroLibrary, eds. C. R. Ember, M. Ember, and P. N. Peregrine. MyAnthroLibrary.com. Pearson.

Cashdan, Elizabeth A. 1980. Egalitarianism among hunters and gatherers. *American Anthropologist* 82:116 – 20.

Cashdan, Elizabeth. 2001. Ethnic diversity and its environmental determinants: Effects of climate, pathogens, and habitat diversity. *American Anthropologist* 103:968 – 91.

Caulkins, D. Douglas. 1997. Welsh. In *American immigrant cultures: Builders of a nation*, vol. 2, eds. D. Levinson and M. Ember, 935 – 41. New York: Macmillan Reference.

Caulkins, D. Douglas. 2009. Norwegians: Cooperative individualists. In MyAnthroLibrary, eds. C. R. Ember, M. Ember, and P. N. Peregrine. MyAnthroLibrary.com. Pearson.

Cavalli-Sforza, L. Luca, and Marcus W. Feldman. 1981. *Cultural transmission and evolution: A quantitative approach*. Princeton, NJ: Princeton University Press.

Cavalli-Sforza, L. Luca, and Marcus W. Feldman. 2003. The application of molecular genetic approaches to the study of human evolution. *Nature Genetics Supplement* 33: 266 – 75.

Caws, Peter. 1969. The structure of discovery. *Science* 166 (December 12): 1375 – 80.

Ceci, Stephen, and Wendy M. Williams. 2009. YES: The scientific truth must be pursued. *Nature* 457 (February 12): 788 – 789.

Center for Renewal of Science and Culture. 2001. The wedge strategy, cited in Barbara Forrest, " The wedge at work. " In *Intelligent design creationism and its critics*. ed. Robert Pennock, 16. Boston, IT Press.

Cernea, Michael M., ed. 1991. *Putting people first: Sociological variables in development*. 2nd ed. New York: Oxford University Press.

Chacon, Richard J., and Rubén G. Mendoza. 2007. Ethical considerations and conclusions regarding indigenous warfare and ritual violence in Latin Amer-

ica. In *Latin American indigenous warfare and ritual violence*, eds. Richard J. Chacon and Rubén G. Mendoza. Tucson: University of Arizona Press.

Chafetz, Janet Saltzman. 1990. *Gender equity: An integrated theory of stability and change*. Sage Library of Social Research No. 176. Newbury Park, CA: Sage.

Chagnon, Napoleon. 1983. *Yanomamö: The fierce people*. 3rd ed. New York: Holt, Rinehardt, and Winston.

Chambers, J. K. 2002. Patterns of variation including change. In *The handbook of language variation and change*, eds. J. K. Chambers, Peter Trudgill, and Natalie Schilling-Estes. Malden, MA: Blackwell Publishers.

Chang, Kwang-Chih. 1968. *The archaeology of ancient China*. New Haven, CT: Yale University Press.

Chang, Kwang-Chih. 1970. The beginnings of agriculture in the Far East. *Antiquity* 44:175 – 85.

Chang, Kwang-Chih. 1981. In search of China's beginnings: New light on an old civilization. *American Scientist* 69:148 – 60.

Chang, Kwang-Chih. 1986. *Archaeology of ancient China*. 4th ed. New Haven, CT: Yale University Press, 234 – 94.

Chapais, Bernard. 2008. *Primeval kinship: How pair-bonding gave birth to human society*. Cambridge, MA: Harvard University Press.

Chard, Chester S. 1969. *Man in prehistory*. New York: McGraw-Hill.

Charles-Dominique, Pierre. 1977. *Ecology and behaviour of nocturnal primates*, trans. R. D. Martin. New York: Columbia University Press.

Charanis, Peter. 1953. Economic factors in the decline of the Roman Empire. *Journal of Economic History* 13: 412 – 24.

Chase, Philip, and Harold Dibble. 1987. Middle Paleolithic symbolism: A review of current evidence and interpretations. *Journal of Anthropological Archaeology* 6:263 – 69.

Chatterjee, Sankar. 1997. *The rise of birds: 225 million years of evolution*. Baltimore: Johns Hopkins.

Chatty, Dawn. 1996. *Mobile pastoralists: Development*

planning and social change in Oman. New York: Columbia University Press.

Chaucer, Geoffrey. 1926. *The prologue to the Canterbury Tales, the Knights Tale, the Nonnes Prestes Tale*, ed. Mark H. Liddell. New York: Macmillan.

Chayanov, Alexander V. 1966. *The theory of peasant economy*, eds. Daniel Thorner, Basile Kerblay, and R. E. F. Smith. Homewood, IL: Richard D. Irwin.

Cheney, Dorothy, L., and Richard W. Wrangham. 1987. Predation. In *Primate societies*, eds. B. Smuts et al. Chicago: University of Chicago Press.

Chessa, Bernardo, Filipe Pereira, Frederick Arnaud, Antonio Amorim, Félix Goyache, Ingrid Mainland, Rowland R. Kao, Josephine M. Pemberton, Dario Beraldi, Michael J. Stear, Alberto Alberti, Marco Pittau, Leopoldo Iannuzzi, Mohammad H. Banabazi, Rudovick R. Kazwala, Ya-ping Zhang, Juan J. Arranz, Bahy A. Ali, Zhiliang Wang, Metehan Uzun, Michel M. Dione, Ingrid Olsaker, Lars-Erik Holm, Urmas Saarma, Sohail Ahmad, Nurbiy Marzanov, Emma Eythorsdottir, Martin J. Holland, Paolo Ajmone Marsan, Michael W. Bruford, Juha Kantanen, Thomas E. Spencer, and Massimo Palmarini. 2009. Revealing the history of sheep domestication using retrovirus integrations. *Science* 324 (April 24):532 – 36.

Chibnik, Michael. 1980. The statistical behavior approach: The choice between wage labor and cash cropping in rural Belize. In *Agricultural decision making*, ed. P. F. Barlett. New York: Academic Press.

Chibnik, Michael. 1981. The evolution of cultural rules. *Journal of Anthropological Research* 37:256 – 68.

Chibnik, Michael. 1987. The economic effects of household demography: A cross-cultural assessment of Chayanov's theory. In *Household economies and their transformations*, ed. M. D. MacLachlan. Monographs in Economic Anthropology, No 3. Lanham, MD: University Press of America.

Chick, Garry. 1998. Games in culture revisited: A replication and extension of Roberts, Arth, and Bush [1959]. *CrossCultural Research* 32:185 – 206.

Childe, V. Gordon. 1950. The urban revolution. *Town Planning Review* 21:3 – 17.

Chimpanzee Sequencing and Analysis Consortium. 2005. Initial sequence of the chimpanzee genome and comparison with the human genome. *Nature* 437 (Sept. 1):69 – 87.

Chivers, David J. 1974. *The siamang in Malaya*. Basel, Switzerland: Karger.

Chomsky, Noam. 1975. *Reflections on language*. New York: Pantheon.

Christensen, Pia, Jenny Hockey, and Allison James, 2001. Talk, silence and the material world: Patterns of indirect communication among agricultural farmers in northern England. In *An anthropology of indirect communication*, eds. J. Hendry and C. W. Watson, 68 – 82. London: Routledge.

Ciochon, Russell L., and Dennis A. Etler. 1994. Reinterpreting past primate diversity. In *Integrative paths to the past*, eds. R. Corruccini and R. Ciochon. Upper Saddle River, NJ: Prentice Hall.

Ciochon, Russell L., and John G. Fleagle, eds. 1993. *The human evolution source book*. Upper Saddle River, NJ: Prentice Hall.

Ciochon, Russell, John Olsen, and Jamie James. 1990. *Other origins: The search for the giant ape in human prehistory*. New York: Bantam.

Claassen, Cheryl. 1991. Gender, shellfishing, and the Shell Mound Archaic. In *Engendering Archaeology*, eds. J. Gero and M. Conkey. Oxford: Blackwell.

Claassen, Cheryl. 2009. Gender and archaeology. In MyAnthroLibrary, eds. C. R. Ember, M. Ember, and P. N. Peregrine. MyAnthroLibrary.com. Pearson.

Clark, J. Desmond. 1970. *The prehistory of Africa*. New York: Praeger.

Clark, J. Desmond. 1977. Interpretations of prehistoric technology from ancient Egyptian and other sources. Pt. II: Prehistoric arrow forms in Africa as shown by surviving examples of the traditional arrows of the San Bushmen. *Paleorient* 3:127 – 50.

Clark, Gracia. 2000. Small-scale traders' key role in stabilizing and diversifying Ghana's rural communities and livelihoods. In *Women farmers and commercial ventures: Increasing food security in developing countries*, ed. Anita Spring, 253 – 70. Boulder, CO: Lynne Rienner Publishers, Inc.

Clark, Grahame. 1975. *The Earlier Stone Age settlement of Scandinavia*. Cambridge: Cambridge University Press.

Clark, Grahame, and Stuart Piggott. 1965. *Prehistoric societies*. New York: Knopf.

Clark, W. E. Le Gros. 1964. *The fossil evidence for human evolution*, 184. Chicago: University of Chicago Press.

Clarke, Ronald J., and P. V. Tobias. 1995. Sterkfontein member 2 foot bones of the oldest South African hominid. *Science* 269(July 28):521 – 24.

Clayman, Charles B., ed. 1989. *American Medical Association encyclopedia of medicine*. New York: Random House, 857 – 58.

Clifford, James. 1986. Introduction: Partial truths. In *Writing culture: The poetics and politics of ethnography*, eds. J. Clifford and G. E. Marcus. Berkeley: University of California Press.

Clottes, Jean. 2008. Rock art: An endangered heritage worldwide. *Journal of Anthropological Research* 64:1 – 18.

Clutton-Brock, Juliet. 1984. Dog. In *Evolution of domesticated animals*, ed. I. Mason. New York: Longman.

Clutton-Brock, Juliet. 1992. Domestication of animals. In *The Cambridge encyclopedia of human evolution*, eds. S. Jones, R. Martin, and D. Pilbeam. New York: Cambridge University Press.

Clutton-Brock, T. H., and Paul H. Harvey. 1977. Primate ecology and social organization. *Journal of Zoology* 183: 1 – 39.

Clutton-Brock, T. H., and Paul H. Harvey. 1980. Primates, brains and ecology. *Journal of Zoology* 190: 309 – 23.

Coale, Ansley J. 1974. The history of the human population. *Scientific American* (September):41 – 51.

Coe, Michael D. 1966. *The Maya*. New York: Praeger.

Cohen, Alex. 1990. A cross-cultural study of the effects of environmental unpredictability on aggression in folktales. *American Anthropologist* 92:474 – 79.

Cohen, Alex. 1999. *The mental health of indigenous peoples: An international overview*. Geneva: Department of Mental Health, World Health Organization.

Cohen, Alex. 2004. Mental disorders. In *Encyclopedia of medical anthropology: Health and illness in the world's cultures*, vol. 1, eds. C. R. Ember and M. Ember, 486 – 93. New York: Kluwer Academic/Plenum.

Cohen, Alex, and Paul Koegel. 2009. Homelessness. In MyAnthroLibrary, eds. C. R. Ember, M. Ember, and P. N. Peregrine. MyAnthroLibrary.com. Pearson.

Cohen, Mark N. 1977a. *The food crisis in prehistory: Overpopulation and the origins of agriculture*. New Haven, CT: Yale University Press.

Cohen, Mark N. 1977b. Population pressure and the origins of agriculture. In *Origins of agriculture*, ed. C. A. Reed. The Hague: Monton.

Cohen, Mark N. 1987. The significance of long-term changes in human diet and food economy. In *Food and evolution*, eds. M. Harris and E Ross. Philadelphia: Temple University Press.

Cohen, Mark. 1989. *Health and the rise of civilization*. New Haven, CT: Yale University Press.

Cohen, Mark N. 2009. Were early agriculturalists less healthy than food collectors? In MyAnthroLibrary, eds. C. R. Ember, M. Ember, and P. N. Peregrine. MyAnthroLibrary. com. Pearson.

Cohen, Mark Nathan, and George J. Armelagos. 1984b. Paleopathology at the origins of agriculture: Editors' summation. In *Paleopathology at the origins of agriculture*, eds. M. N. Cohen and G. J. Armelagos. Orlando, FL: Academic Press.

Cohen, Myron L. 1976. *House united, house divided: The Chinese family in Taiwan*. New York: Columbia University Press.

Cohen, Ronald. 1988. Introduction. In *State formation and political legitimacy*, vol. 6: *Political anthropology*, eds. R. Cohen and J. D. Toland. New Brunswick, NJ:

Transaction Books.

Cohen, Ronald, and Elman R. Service, eds. 1978. *Origins of the state: The anthropology of political evolution*. Philadelphia: Institute for the Study of Human Issues.

Cohen, Wesley. 1995. Empirical studies of innovative activity. In *Handbook of the economics of innovation and technological change*, ed. P. Stoneman. Oxford: Blackwell.

COHMAP (Cooperative Holocene Mapping Project) Personnel. 1988. Climatic changes of the last 18,000 years. *Science* 241 (August 26):1043 – 52.

Colby, Benjamin N. 1996. Cognitive anthropology. In *Encyclopedia of cultural anthropology*, eds. David Levinson and Melvin Ember, vol. 1, 209 – 15. New York: Henry Holt.

Collier, Stephen, and J. Peter White. 1976. Get them young? Age and sex inferences on animal domestication in archaeology. *American Antiquity* 41:96 – 102.

Collins, Desmond. 1976. Later hunters in Europe. In *The origins of Europe*, ed. D. Collins. New York: Thomas Y. Crowell.

Collins, James, and Richard Blot. 2003. *Literacy and literacies*. Cambridge: Cambridge University Press.

Conklin, Beth A. 2002. Shamans versus pirates in the Amazonian treasure chest. *American Anthropologist* 104: 1050 – 61.

Connah, Graham. 1987. *African civilizations: Precolonial cities and states in tropical Africa*. Cambridge: Cambridge University Press.

Conroy, Glenn C. 1990. *Primate evolution*. New York: Norton.

Cooper, Richard S., Charles N. Rotimi, and Ryk Ward. 1999. The puzzle of hypertension in African Americans. *Scientific American* (February):56 – 63.

Coreil, Jeannine. 1989. Lessons from a community study of oral rehydration therapy in Haiti. In *Making our research useful*, eds. J. van Willigen, B. Rylko-Bauer, and A. McElroy. Boulder, CO: Westview.

Coreil, Jeannine. 2004. Malaria and other major insect vector diseases. In *Encyclopedia of medical anthropology: Health and illness in the world's cultures*, vol. 1, eds. C. R. Ember and M. Ember, 479 – 85. New York: Kluwer Academic/ Plenum.

Costin, Cathy Lynne. 2009. Cloth production and gender relations in the Inka Empire. In MyAnthroLibrary, eds. C. R. Ember, M. Ember, and P. N. Peregrine. MyAnthroLibrary. com. Pearson.

Coult, Allan D., and Robert W. Habenstein. 1965. *Cross tabulations of Murdock's "World ethnographic sample."* Columbia: University of Missouri Press.

Crawford, Gary W. 1992. Prehistoric plant domestication in East Asia. In *The origins of agriculture*, eds. C. Cowan and P. Watson. Washington, DC: Smithsonian Institution Press.

Crawford, R. D. 1984. Turkey. In *Evolution of domesticated animals*, ed. I. Mason. New York: Longman.

Creed, Gerald W. 2009. Bulgaria: Anthropological corrections to Cold War stereotypes. In MyAnthroLibrary, eds. C. R. Ember, M. Ember, and P. N. Peregrine. MyAnthroLibrary. com. Pearson.

Crockett, Carolyn, and John F. Eisenberg. 1987. Howlers: Variations in group size and demography. In *Primate societies*. eds. B. Smuts et al. Chicago: University of Chicago Press.

Crystal, David. 1971. *Linguistics*. Middlesex, UK: Penguin.

Crystal, David. 2000. *Language death*. Cambridge: Cambridge University Press.

Culotta, Elizabeth. 1995. New hominid crowds the field. *Science* 269 (August 18):918.

Culotta, Elizabeth. 2005. Calorie count reveals Neandertals out-ate hardiest modern humans. *Science* 307 (February 11):840.

Curtin, Philip D. 1984. *Cross-cultural trade in world history*. Cambridge: Cambridge University Press.

Cutright, Phillips. 1967. Inequality: A cross-national analysis. *American Sociological Review* 32:562 – 78.

D

Daiger, Stephen. 2005. Was the human genome project worth the effort? *Science* 308 (April 15):362 – 64.

Daly, Martin, and Margo Wilson. 1988. *Homicide*. New York: Aldine.

Damas, David. 1983. Demography and kinship as variables of adoption in the Carolines. *American Ethnologist* 10: 328 – 44.

Daniel, I. Randolph. 2001. Early Eastern Archaic. In *Encyclopedia of prehistory*, vol. 6: North America, eds. P. N. Peregrine and M. Ember. Kluwer: cademic/Plenum.

Dart, Raymond. 1925. *Australopithecus africanus:* The manape of South Africa. *Nature* 115:195.

Darwin, Charles. 1970/1859. The origin of species. In *Evolution of man*, ed. L. B. Young. New York: Oxford University Press.

Dasen, Pierre R., John W. Berry, and N. Sartorius, eds. 1988. *Health and cross-cultural psychology: Toward applications*. Newbury Park, CA: Sage.

Dasen, Pierre R., and Alastair Heron. 1981. Cross-cultural tests of Piaget's theory. In *Handbook of cross-cultural psychology*, vol. 4: *Developmental psychology*, eds. H. C. Triandis and A. Heron. Boston: Allyn & Bacon.

Davenport, William. 1959. Nonunilinear descent and descent groups. *American Anthropologist* 61:557 – 72.

Davis, Deborah, and Stevan Harrell, eds. 1993. *Chinese families in the post-Mao era*. Berkeley: University of California Press.

Davis, Susan Schaefer. 1993. Rebellious teens? A Moroccan instance. Paper presented at MESA, November.

Davis, Susan Schaefer. 2009. Morocco: Adolescents in a small town. In MyAnthroLibrary, eds. C. R. Ember, M. Ember, and P. N. Peregrine. MyAnthroLibrary.com. Pearson

Davis, William D. 1971. Societal complexity and the nature of primitive man's conception of the supernatural. Ph.D. dissertation; University of North Carolina, Chapel Hill.

Dawson, Alistair. 1992. *Ice age earth*. London: Routledge: 24 – 71.

Dawson, J. L. M. 1967. Cultural and physiological influences upon spatial-perceptual processes in West Africa. *International Journal of Psychology* 2:115 – 28, 171 – 85.

Day, Michael. 1986. *Guide to fossil man*. 4th ed. Chicago: University of Chicago Press.

De Laguna, Frederica. 1972. *Under Mount Saint Elias: The history and culture of the Yakutat Tlingit*. Washington, DC: Smithsonian Institution Press, as seen in the eHRAF Collection of Ethnography on the Web, 2000.

De Lumley, Henry. 1969. A Paleolithic camp at Nice. *Scientific American* (May):42 – 50.

DeMenocal, Peter. 2001. Cultural responses to climate change during the late Holocene. *Science* 292 (April 27):667 – 73.

de Munck, Victor. 2000. *Culture, self, and meaning*. Prospect Heights, IL: Waveland Press.

De Munck, Victor C., and Andrey Korotayev. 1999. Sexual equality and romantic love: A reanalysis of Rosenblatt's study on the function of romantic love. *Cross-Cultural Research* 33:265 – 273.

De Villiers, Peter A., and Jill G. De Villiers. 1979. *Early language*. Cambridge, MA: Harvard University Press.

De Waal, Frans. 2001. *The ape and the sushi master: Cultural reflections of a primatologist*. New York: Basic Books.

De Waal, Frans, and Frans Lanting. 1997. *Bonobo: The forgotten ape*. Berkeley: University of California Press.

Deacon, Terrence. 1992. Primate brains and senses. In *The Cambridge encyclopedia of human evolution*, eds. S. Jones, R. Martin, and D. Pilbeam. New York: Cambridge University Press.

Denham, T. P., S. G. Haberle, C. Lentfer, R. Fullagar, J. Field, M. Therin, N. Porch, and B. Winsborough. 2003. Origins of agriculture at Kuk Swamp in the highlands of New Guinea. *Science* 301 (July 11):189 – 93.

Denny, J. Peter. 1979. The " extendedness " variable in classifier semantics: Universal features and cultural variation. In *Ethnolinguistics*, ed. M. Mathiot. The Hague: Mouton.

Dentan, Robert K. 1968. *The Semai: A nonviolent people of Malaya*. New York: Holt, Rinehart & Winston.

Devillers, Charles, and Jean Chaline. 1993. *Evolution: An evolving theory*. New York: Springer Verlag.

DeVore, Irven, and Melvin J. Konner. 1974. Infancy in huntergatherer life: An ethological perspective. In *Ethology and psychiatry*, ed. N. F. White. Toronto: Ontario Mental Health Foundation and University of Toronto Press.

Diament, Michelle. 2005. Diversifying their crops: Agriculture schools, focusing on job prospects, reach out to potential students from cities and suburbs. *The Chronicle of Higher Education* May 6, pp. A32 – 34.

Diamond, Jared. 1989. The accidental conqueror. *Discover* (December):71 – 76.

Diamond, Jared. 1991. The saltshaker's curse—Physiological adaptations that helped American Blacks survive slavery may now be predisposing their descendants to hypertension. *Natural History* (October):20 – 27.

Diamond, Jared. 1993. Who are the Jews? *Natural History* (November): 12 – 9.

Diamond, Jared. 1997a. *Guns, germs, and steel*. New York: Norton: 205 – 07.

Diamond, Jared. 1997b. Location, location, location: The first farmers. *Science* 278 (November 14):1243 – 44.

Diamond, Jared. 2004. The astonishing micropygmies. *Science* 306 (December 17):2047 – 48.

Diamond, Norma. 1975. Collectivization, kinship, and the status of women in rural China. In R. R. Reiter, *Toward an anthropology of women*. New York: Monthly Review Press.

Diamond, Stanley. 1974. *In search of the primitive: A critique of civilization*. New Brunswick, NJ: Transaction Books.

Dickson, D. Bruce. 1990. *The dawn of belief*. Tucson: University of Arizona Press, 42 – 44.

Dickson, D. Bruce, Jeffrey Olsen, P. Fred Dahm, and Mitchell S. Wachtel. 2005. Where do you go when you die? A crosscultural test of the hypothesis that infrastructure predicts individual eschatology. *Journal of Anthropological Research* 1:53 – 79.

Dillehay, Thomas. 2000. *The settlement of the Americas*. New York: Basic Books.

Dirks, Robert. 1993. Starvation and famine. *Cross-Cultural Research* 27:28 – 69.

Dirks, Robert. 2009. Hunger and famine. In MyAnthroLibrary, eds. C. R. Ember, M. Ember, and P. N. Peregrine. MyAnthroLibrary.com. Pearson.

Divale, William T. 1974. Migration, external warfare, and matrilocal residence. *Behavior Science Research* 9:75 – 133.

Divale, William T. 1977. Living floor area and marital residence: A replication. *Behavior Science Research* 2:109 – 15.

Divale, William T., and Marvin Harris. 1976. Population, warfare, and the male supremacist complex. *American Anthropologist* 78:521 – 38.

Dobres, Marcia-Anne. 1998. Venus figurines. In *Oxford companion to archaeology*, ed. B. Fagan, 740 – 41. Oxford: Oxford University Press.

Dobzhansky, Theodosius. 1962. *Mankind evolving: The evolution of the human species*. New Haven, CT: Yale University Press.

Dobzhansky, Theodosius, 1973. *Genetic diversity and human equality*. New York: Basic Books.

Dohlinow, Phyllis Jay, and Naomi Bishop. 1972. The development of motor skills and social relationships among primates through play. In *Primate patterns*, ed. Phyllis Jay Dohlinow. New York: Holt, Rinehart & Winston.

Douglas, Mary. 1975. *Implicit meanings: Essays in anthropology*. London: Routledge and Kegan Paul.

Dow, James. 1986. *The shaman's touch: Otomi Indian symbolic healing*. Salt Lake City: University of Utah Press.

Dowling, John H. 1975. Property relations and productive strategies in pastoral societies. *American Ethnologist* 2: 419 – 26.

Doyle, Rodger. 2004. Living together: In the U.S. cohabitation is here to stay. *Scientific American* (January):28.

Doyle, Rodger. 2005. Leveling the playing field: Economic development helps women pull even with men. *Scientific American* (June):32.

Doyle, G. A., and R. D. Martin, eds. 1979. *The study of prosimian behavior*. New York: Academic Press.

Draper, Patricia. 1975. !Kung women: Contrasts in sexual egalitarianism in foraging and sedentary contexts. In *Toward an anthropology of women*, ed. R. R. Reiter. New York: Monthly Review Press.

Draper, Patricia, and Elizabeth Cashdan. 1988. Technological change and child behavior among the !Kung. *Ethnology* 27:339 – 65.

Dressler, William W. 1991. *Stress and adaptation in the context of culture*. Albany: State University of New York Press.

Dressler, William W. 1993. Health in the African American community: Accounting for health inequalities. *Medical Anthropology Quarterly* 7:325 – 45.

Dressler, William W., and Michael C. Robbins. 1975. Art styles, social stratification, and cognition: An analysis of Greek vase painting. *American Ethnologist* 2:427 – 34.

Driscoll, Carlos A., Juliet Clutton-Brock, Andrew Kitchener, and Stephen O'Brien. 2009. The taming of the cat. *Scientific American* (June):68 – 75.

Driscoll, Carlos A., Marilyn Menotti-Raymond, Alfred L. Roca, Karsten Hupe, Warren E. Johnson, Eli Geffen, Eric H. Harley, Miguel Delibes, Dominique Pontier, Andrew C. Kitchener, Nobuyuki Yamaguchi, Stephen J. O'Brien, and David W. Macdonald. 2007. The Near Eastern origin of cat domestication. *Science* (July 27):519 – 23.

Drucker, Philip. 1965. *Cultures of the north Pacific Coast*. San Francisco: Chandler.

Drucker, Philip. 1967. The potlatch. In *Tribal and peasant economies*, ed. G. Dalton. Garden City, NY: Natural History Press.

Duane, Daniel. 2003. Turning garbage into oil. *New York Times Magazine*, December 14, p. 100.

Du, Shanshan. 2003. Is Buddha a couple: Gender-Unitary perspectives from the Lahu of southwest China. *Ethnology* 42:253 – 71.

Duarte, Cidalia, J. Mauricio, P. B. Pettitt, P. Souto, E. Trinkaus, H. van der Plicht, and J. Zilhao. 1999. The early Upper Paleolithic human skeleton from the Abrigo do Lagar Velho (Portugal) and modern human emergence in Iberia. *Proceedings of the National Academy of Sciences of the United States* 96:7604 – 09.

Duhard, Jean-Pierre. 1993. Upper Paleolithic figures as a reflection of human morphology and social organization. *Antiquity* 67:83 – 91.

Dunbar, Robin, and Susanne Shultz. 2007. Evolution of the social brain. *Science* 317 (September 7): 1344 – 47.

Dundes, Alan. 1965. Structural typology in North American Indian folktales. In *The study of folklore*, ed. A. Dundes. Upper Saddle River, NJ: Prentice Hall.

Dundes, Alan. 1989. *Folklore matters*. Knoxville: University of Tennessee Press.

Durham, William H. 1991. *Coevolution: Genes, culture and human diversity*. Stanford, CA: Stanford University Press.

Durkheim, Émile. 1938/1895. *The rules of sociological method*. 8th ed. Trans. Sarah A. Soloway and John H. Mueller. Ed. George E. Catlin. New York: Free Press.

Durkheim, Émile. 1961/1912. *The elementary forms of the religious life*. Trans. Joseph W. Swain. New York: Collier Books.

Durrenberger, E. Paul. 1980. Chayanov's economic analysis in anthropology. *Journal of Anthropological Research* 36: 133 – 48.

Durrenberger, E. Paul. 2001a. Anthropology and globalization. *American Anthropologist* 103:531 – 35.

Durrenberger, E. Paul. 2001b. Explorations of class and consciousness in the U.S. *Journal of Anthropological Research* 57:41 – 60.

Durrenberger, E. Paul, and Nicola Tannenbaum. 2002. Chayanov and theory in economic anthropology. In *Theory in economic anthropology*, ed. Jean Ensminger, 137 – 53. Walnut Creek, CA: AltaMira Press.

Dyson-Hudson, Neville. 1966. *Karimojong politics*. Oxford: Clarendon Press.

Dyson-Hudson, Rada, and Eric Alden Smith. 1978. Human territoriality: An ecological reassessment. *American Anthropologist* 80:21 – 41.

E

Eckhardt, William. 1975. Primitive militarism. *Journal of Peace Research* 12:55 – 62.

Eddy, Elizabeth M., and William L. Partridge, eds. 1987. *Applied anthropology in America*. 2nd ed. New York: Columbia University Press.

Edgerton, Robert B. 1966. Conceptions of psychosis in four East African societies. *American Anthropologist* 68:408 – 25.

Edgerton, Robert B. 1971. *The individual in cultural adaptation: A study of four East African peoples*. Berkeley: University of California Press.

Edgerton, Robert B. 1992. *Sick societies: Challenging the myth of primitive harmony*. New York: Free Press.

Eiseley, Loren C. 1958. The dawn of evolutionary theory. In *Darwin's century: Evolution and the men who discovered it*, ed. L. C. Eiseley, Garden City, NY: Doubleday.

Eisenberg, John F. 1977. Comparative ecology and reproduction of New World monkeys. In *The biology and conservation of the Callitrichidae*. ed. Devra Kleinman. Washington, DC: Smithsonian Institution.

Eisenstadt, S. N. 1954. African age groups. *Africa* 24:100 – 111.

Ekman, Paul, and Dachner Keltner. 1997. Universal facial expressions of emotion: An old controversy and new findings. In *Nonverbal communication: Where nature meets culture*, eds. U. Segerstrale and P. Molnar. Mahwah, NJ: Lawrence Erlbaum.

Eldredge, Niles, and Ian Tattersall. 1982. *The myths of human evolution*. New York: Columbia University Press.

Eliot, T. S. 1963. The love song of J. Alfred Prufrock. In *Collected poems, 1909 – 1962*. New York: Harcourt, Brace & World.

Ellis, Lee. 1986. Evidence of neuroandrogenic etiology of sex roles from a combined analysis of human, nonhuman primate and nonprimate mammalian studies. *Personality and Individual Differences* 7:519 – 52.

Ember, Carol R. 1973. Feminine task assignment and the social behavior of boys. *Ethos* 1:424 – 39.

Ember, Carol R. 1974. An evaluation of alternative theories of matrilocal versus patrilocal residence. *Behavior Science Research* 9:135 – 49.

Ember, Carol R. 1975. Residential variation among huntergatherers. *Behavior Science Research* 9:135 – 49.

Ember, Carol R. 1977. Cross-cultural cognitive studies. *Annual Review of Anthropology* 6:33 – 56.

Ember, Carol R. 1978a. Men's fear of sex with women: A cross-cultural study. *Sex Roles* 4:657 – 78.

Ember, Carol R. 1978b. Myths about hunter-gatherers. *Ethnology* 17:439 – 48.

Ember, Carol R. 1981. A cross-cultural perspective on sex differences. In *Handbook of cross-cultural human development*, eds. R. H. Munroe, R. L. Munroe, and B. B. Whiting. New York, Garland.

Ember, Carol R. 1982. The conditions favoring religious conversion. Paper presented at the annual meeting of the Society for Cross-Cultural Research, February. Minneapolis, Minnesota.

Ember, Carol R. 1983. The relative decline in women's contribution to agriculture with intensification. *American Anthropologist* 85:285 – 304.

Ember, Carol R. 2009. Universal and variable patterns of gender difference. In MyAnthroLibrary, eds. C. R. Ember, M. Ember, and P. N. Peregrine. MyAnthroLibrary.com. Pearson.

Ember, Carol R., and Melvin Ember. 1972. The conditions favoring multilocal residence. *Southwestern Journal of Anthropology* 28:382 – 400.

Ember, Carol R., and Melvin Ember. 1984. The evolution of human female sexuality: A cross-species perspective. *Journal of Anthropological Research* 40:202 – 10.

Ember, Carol R., and Melvin Ember. 1992. Resource unpredictability, mistrust, and war: A cross-cultural study. *Journal of Conflict Resolution* 36:242 – 62.

Ember, Carol R., and Melvin Ember. 1993. Issues in cross-cultural studies of interpersonal violence. *Violence and Victims* 8:217 – 33.

Ember, Carol R., and Melvin Ember. 1994. War, socialization, and interpersonal violence: A cross-cultural study. *Journal of Conflict Resolution* 38:620 – 46.

Ember, Carol R., and Melvin Ember. 1997. Violence in the ethnographic record: Results of cross-cultural research on war and aggression. In *Troubled times*, eds. D. Martin and D. Frayer. Langhorn, PA: Gordon and Breach.

Ember, Carol R., and Melvin Ember. 2005. Explaining corporal punishment of children: A cross-cultural study. *American Anthropologist* 107:609 – 619.

Ember, Carol R., and Melvin Ember. 2009. *Cross-cultural research methods*. 2nd ed. Lanham, CA: AltaMira Press.

Ember, Carol R., Melvin Ember, Andrey Korotayev, Victor de Munck. 2005. Valuing thinness or fatness in women: Reevaluating the effect of resource scarcity. *Evolution and Human Behavior* 26:257 – 70.

Ember, Carol R., Melvin Ember, and Burton Pasternak. 1974.

On the development of unilineal descent. *Journal of Anthropological Research* 30:69 – 94.

Ember, Carol R., Melvin Ember, and Peter N. Peregrine. 2007. *Anthropology*. 13th ed. Upper Saddle River, NJ: Prentice Hall.

Ember, Carol R., Melvin Ember, and Bruce Russett. 1992. Peace between participatory polities: A cross-cultural test of the "democracies rarely fight each other" hypothesis. *World Politics* 44:573 – 99.

Ember, Carol R., and David Levinson. 1991. The substantive contributions of worldwide cross-cultural studies using secondary data. *Behavior Science Research* (special issue, Cross-cultural and comparative research: Theory and method), 25:79 – 140.

Ember, Melvin. 1959. The nonunilinear descent groups of Samoa. *American Anthropologist* 61:573 – 77.

Ember, Melvin. 1963. The relationship between economic and political development in nonindustrialized societies. *Ethnology* 2:228 – 48.

Ember, Melvin. 1967. The emergence of neolocal residence. *Transactions of the New York Academy of Sciences* 30: 291 – 302.

Ember, Melvin. 1970. Taxonomy in comparative studies. In *A handbook of method in cultural anthropology*, eds. R. Naroll and R. Cohen. Garden City, NY: Natural History Press.

Ember, Melvin. 1973. An archaelogical indicator of matrilocal versus patrilocal residence. *American Antiquity* 38: 177 – 82.

Ember, Melvin. 1974a. The conditions that may favor avunculocal residence. *Behavior Science Research* 9:203 – 9.

Ember, Melvin. 1974b. Warfare, sex ratio, and polygyny. *Ethnology* 13:197 – 206.

Ember, Melvin. 1975. On the origin and extension of the incest taboo. *Behavior Science Research* 10:249 – 81.

Ember, Melvin. 1978. Size of color lexicon: Interaction of cultural and biological factors. *American Anthropologist* 80:364 – 67.

Ember, Melvin. 1982. Statistical evidence for an ecological explanation of warfare. *American Anthropologist* 84:645 – 49.

Ember, Melvin 1983. The emergence of neolocal residence. In *Marriage, family, and kinship: Comparative studies of social organization*, eds. Melvin Ember and Carol R. Ember, 333 – 57. New Haven, CT: HRAF Press.

Ember, Melvin. 1984 – 1985. Alternative predictors of polygyny. *Behavior Science Research* 19:1 – 23.

Ember, Melvin. 1985. Evidence and science in ethnography: Reflections on the Freeman-Mead controversy. *American Anthropologist* 87:906 – 9.

Ember, Melvin, and Carol R. Ember. 1971. The conditions favoring matrilocal versus patrilocal residence. *American Anthropologist* 73:571 – 94.

Ember, Melvin, and Carol R. Ember. 1979. Male-Female bonding: A cross-species study of mammals and birds. *Behavior Science Research* 14:37 – 56.

Ember, Melvin, and Carol R. Ember. 1983. *Marriage, family, and kinship: Comparative studies of social organization*. New Haven, CT: HRAF Press.

Ember, Melvin, and Carol R. Ember. 1992. Cross-cultural studies of war and peace: Recent achievements and future possibilities. In *Studying war*, eds. S. P. Reyna and R. E. Downs. New York: Gordon and Breach.

Ember, Melvin, and Carol R. Ember. 1999. Cross-language predictors of consonant-vowel syllables. *American Anthropologist* 101:730 – 42.

Ember, Melvin, and Carol R. Ember, eds. 2002. *Encyclopedia of urban cultures: Cities and cultures around the world*, 4 vols. Danbury, CT: Grolier/Scholastic.

Ember, Melvin, Carol R. Ember, and Bobbi S. Low. 2007. Comparing explanations of polygyny. *Cross-Cultural Research* 41:428 – 40.

Ember, Melvin, Carol R. Ember, and Bruce Russett. 1997. Inequality and democracy in the anthropological record. In *Inequality, democracy, and economic development*, ed. M. I. Midlarsky. Cambridge: Cambridge University Press.

Ember, Melvin, Carol R. Ember, and Ian Skoggard, eds. 2005. *Encyclopedia of diasporas: Immigrant and refugee cultures around the world*, 2 vols. New York: Kluwer Academic/ Plenum.

Ensminger, Jean. 1997. Transaction costs and Islam: Explaining conversion in Africa. *Journal of Institutional and Theoretical Economics* 153:4 – 29.

Ensminger, Jean. 2002. Experimental economics: A powerful new method for theory testing in anthropology. In *Theory in economic anthropology*, ed. J. Ensminger, 59 – 78. Walnut Creek, CA: AltaMira Press.

Ensor, Bradley E. 2003. Kinship and marriage among the Omaha, 1886 – 1902. *Ethnology* 42:1 – 14.

Epstein, Cynthia Fuchs. 1988. *Deceptive distinctions: Sex, gender, and the social order*. New York: Russell Sage Foundation.

Erchak, Gerald M. 2009. Family violence. In MyAnthroLibrary, eds. C. R. Ember, M. Ember, and P. N. Peregrine. MyAnthroLibrary.com. Pearson.

Ericksen, Karen Paige. 1989. Male and female age organizations and secret societies in Africa. *Behavior Science Research* 23:234 – 64.

Ericksen, Karen Paige, and Heather Horton. 1992. " Blood feuds " : Cross-cultural variations in kin group vengeance. *Behavior Science Research* 26:57 – 85.

Erickson, Clark. 1988. Raised field agriculture in the Lake Titicaca basin. *Expedition* 30(1):8 – 16.

Erickson, Clark. 1989. Raised fields and sustainable agriculture in the Lake Titicaca basin of Peru. In *Fragile lands of Latin America*, ed. John Browder, 230 – 48. Boulder: Westview.

Erickson, Clark. 1998. Applied archaeology and rural development. In *Crossing currents: Continuity and change in Latin America*, eds. Michael Whiteford and Scott Whiteford, 34 – 45. Upper Saddle River, NJ: Prentice Hall.

Erickson, Edwin. 1968. Self-assertion, sex role, and vocal rasp. In *Folk song style and culture*, ed. A. Lomax. Washington, DC.

Errington, J. Joseph. 1985. On the nature of the sociolinguistic sign: Describing the Javanese speech levels. In *Semiotic mediation*, eds. E. Mertz and R. J. Parmentier. Orlando, FL: Academic Press.

Ervin, Alexander M. 1987. Styles and strategies of leadership during the Alaskan Native land claims movement: 1959 – 71. *Anthropologica* 29:21 – 38.

Eswaran, Vinayak. 2002. A diffusion wave out of Africa. *Current Anthropology* 43:749 – 74.

Etienne, Mona, and Eleanor Leacock, eds. 1980. *Women and colonization: Anthropological perspectives*. New York: Praeger.

Etienne, Robert. 1992. *Pompeii: The day a city died*. New York: Abrams.

Etkin, Nina L., and Paul J. Ross. 1997. Malaria, medicine, and meals: A biobehavioral perspective. In *The anthropology of medicine*, eds. L. Romanucci-Ross, D. E. Moerman, and L. R. Tancredi, 169 – 209. Westport, CT: Bergin & Garvey.

Euripides. 1937. The Trojan women. In *Three Greek plays*, trans. E. Hamilton, 52. New York: Norton.

Evans-Pritchard, E. E. 1940. The Nuer of the Southern Sudan. In *African political systems*, eds. M. Fortes and E. E. Evans-Pritchard. New York: Oxford University Press.

Evans-Pritchard, E. E. 1970. Sexual inversion among the Azande. *American Anthropologist* 72:1428 – 34.

Evans-Pritchard, E. E. 1979. Witchcraft explains unfortunate events. In *Reader in comparative religion*, 3rd ed., eds. W. A. Lessa and E. Z. Vogt. New York: Harper & Row.

Eveleth, Phyllis B., and James M. Tanner. 1990. *Worldwide variation in human growth*. 2nd ed. Cambridge: Cambridge University Press.

Everett, Margaret. 2007. The " I " in gene: Divided property, fragmented personhood, and the making of a genetic privacy law. *American Ethnologist* 34(2): 375 – 86.

Eversole, Robyn. 2005. " Direct to the poor " : Revisited: Migrant remittances and development assistance. In *Migration and economy: Global and local dynamics*, ed. Lillian Trager, 289 – 322. Walnut Creek, CA: AltaMira Press.

F

Fagan, Brian M. 1972. *In the beginning*. Boston: Little, Brown.

Fagan, Brian M. 1989. *People of the earth: An introduction to world prehistory*. 6th ed. Glenview, IL: Scott, Foresman.

Fagan, Brian M. 1991. *Ancient North America: The archaeology of a continent*. London: Thames and Hudson.

Falk, Dean. 1987. Hominid paleoneurology. *Annual Review of Anthropology* 16:13 – 30.

Falk, Dean. 1988. Enlarged occipital/marginal sinuses and emissary foramina: Their significance in hominid evolution. In *Evolutionary history of the " robust " australopithecines*, ed. F. E. Grine. New York: Aldine.

Falk, Dean, C. Hildebolt, K. Smith, M. J. Morwood, T. Sutikna, P. Brown, Jatmiko, E. W. Saptomo, B. Brunsden, F. Prior. 2005. The brain of LBI, *Homo floresiensis. Science* 308 (April 8):242 – 45.

Farley, Reynolds. 1996. *The new American reality: Who we are, how we got here, where we are going*. New York: Russell Sage Foundation.

Farmer, Paul. 1997. Ethnography, social analysis, and the prevention of sexually transmitted HIV infection among poor women in Haiti. In *The anthropology of infectious disease*, eds. M. C. Inhorn and P. J. Brown, 413 – 38. Amsterdam: Gordon and Breach.

Featherman, David L., and Robert M. Hauser. 1978. *Opportunity and change*. New York: Academic Press.

Feder, Kenneth. 2000. *Past in perspective*. 2d ed. Mountain View, CA: Mayfield Publishing Company.

Fedigan, Linda Marie. 1982. *Primate paradigms: Sex roles and social bonds*. Montreal: Eden Press.

Fedoroff, Nina. 2003. Prehistoric GM corn. *Science* 302 (November 14):1158 – 59.

Fehr, Ernst and Urs Fischbacher. 2003. The nature of human altruism. *Nature* (October 23):785 – 91.

Feibel, Craig S., and Francis H. Brown. 1993. Microstratigraphy and paleoenvironments. In *The Narioko-tome Homo erectus Skeleton*, eds. A. Walker and R. Leakey. Cambridge, MA: Harvard University Press.

Feinman, Gary, and Jill Neitzel. 1984. Too many types: An overview of sedentary prestate societies in the Americas. In *Advances in archaeological methods and theory*, ed. M. B. Schiffer, vol. 7. Orlando, FL: Academic Press.

Feinman, Gary M., Stephen A. Kowalewski, Laura Finsten, Richard E. Blanton, and Linda Nicholas. 1985. Long-term demographic change: A perspective from the Valley of Oaxaca, Mexico. *Journal of Field Archaeology* 12:333 – 62.

Feldman, Douglas A., and Thomas M. Johnson. 1986. Introduction. In *The social dimensions of AIDS*, eds. D. A. Feldman and T. M. Johnson. New York: Praeger.

Ferguson, R. Brian, and Neil L. Whitehead. 1992. Violent edge of empire. In *War in the tribal zone*, eds. R. B. Ferguson and N. Whitehead, 1 – 30. Santa Fe, NM: School of American Research Press.

Ferguson, Niall. 2004. *Colossus: The price of America's empire*. New York: Penguin Press.

Fernea, Elizabeth, and Robert Fernea, as reported in M. Kay Martin and Barbara Voorhies, 1975. *Female of the species*. New York: Columbia University Press.

Ferraro, Gary P. 2002. *The cultural dimension of international business*. 4th ed. Upper Saddle River, NJ: Prentice Hall.

Fessler, Daniel M. T. 2002. Windfall and socially distributed willpower: The psychocultural dynamics of rotating savings and credit associations in a Bengkulu village. *Ethos* 30:25 – 48.

Finley, M. I. 1983. *Politics in the ancient world*. Cambridge: Cambridge University Press.

Finnis, Elizabeth. 2006. Why grow cash crops? Subsistence farming and crop commercialization in the Kolli Hills, South India. *American Anthropologist* 108:363 – 69.

Firth, Raymond. 1957. *We, the Tikopia*. Boston: Beacon Press.

Firth, Raymond. 1959. *Social change in Tikopia*. New York: Macmillan.

Firth, Raymond. 1970. *Rank and religion in Tikopia*. Boston: Beacon Press.

Fischer, John L. 1958. Social influences on the choice of a linguistic variant. *Word* 14:47 – 56.

Fischer, John. 1961. Art styles as cultural cognitive maps. *American Anthropologist* 63:80 – 83.

Fish, Paul R. 1981. Beyond tools: Middle Paleolithic debitage analysis and cultural inference. *Journal of Anthropological Research* 37:374 – 86.

Fisher, Julie. 1996. Grassroots organizations and grassroots support organizations: Patterns of interaction. In *Transforming societies, transforming anthropology*, ed. E. F. Moran. Ann Arbor: University of Michigan Press.

Fisher, William F. 1997. Doing good? The politics and antipolitics of NGO practices. *Annual Review of Anthropology* 26:439 – 64.

Fisher, William H. 1994. Megadevelopment, environmentalism, and resistance: The institutional context of Kayapo indigenous politics in central Brazil." *Human Organization* 53:220 – 32.

Flannery, Kent V. 1965. The ecology of early food production in Mesopotamia. *Science* 147 (March 12):1247 – 56.

Flannery, Kent V. 1971. The origins and ecological effects of early domestication in Iran and the Near East. In *Prehistoric agriculture*, ed. S. Struever. Garden City, NY: Natural History Press.

Flannery, Kent V. 1972. The cultural evolution of civilizations. *Annual Review of Ecology and Systematics* 3:399 – 426.

Flannery, Kent V. 1973a. The origins of agriculture. *Annual Review of Anthropology* 2:271 – 310.

Flannery, Kent V. 1973b. The origins of the village as a settlement type in Mesoamerica and the Near East: A comparative study. In *Territoriality and proxemics*, ed. R. Tringham. Andover, MA: Warner.

Flannery, Kent V., ed. 1986. *Guila Naquitz: Archaic foraging and early agriculture in Oaxaca, Mexico*. Orlando, FL: Academic Press.

Fleagle, John G. 1994. Anthropoid origins. In *Integrative paths to the past*, eds. R. Corruccini and R. Ciochon. Upper Saddle River, NJ: Prentice Hall.

Fleagle, John G. 1999. *Primate adaptation and evolution*. 2nd ed. San Diego: Academic Press.

Fleagle, John G., and Richard F. Kay. 1983. New interpretations of the phyletic position of Oligocene hominoids. In *New interpretations of ape and human ancestry*, eds. R. Ciochon and R. Corruccini. New York: Plenum.

Fleagle, John G., and Richard F. Kay. 1985. The paleobiology of catarrhines. In *Ancestors*, ed. E. Delson.

New York: Alan R. Liss.

Fleagle, John G., and Richard F. Kay, 1987. The phyletic position of the *Parapithecidae. Journal of Human Evolution* 16:483 – 531.

Fluehr-Lobban, Carolyn. 2006. *Race and racism: An introduction*. Lanham,: AltaMira Press.

Ford, Clellan S. 1941. *Smoke from their fires*. New Haven, CT: Yale University Press.

Ford, Clellan S., and Frank A. Beach. 1951. *Patterns of sexual behavior*. New York: Harper.

Forrest, Barbara, 2001. The wedge at work. In *Intelligent design creationism and its critics*. ed. Robert Pennock. Boston: MIT Press.

Fortes, Meyer. 1949. *The web of kinship among the Tallensi*. New York: Oxford University Press.

Fossey, Dian. 1983. *Gorillas in the mist*. Boston: Houghton Mifflin.

Foster, Brian L. 1974. Ethnicity and commerce. *American Ethnologist* 1:437 – 47.

Foster, George M. 1962. *Traditional cultures and the impact of technological change*. New York: Harper & Row.

Foster, George M. 1969. *Applied anthropology*. Boston: Little, Brown.

Foster, George M. 1994. *Hippocrates' Latin American legacy: Humoral medicine in the New World*. Amsterdam: Gordon and Breach.

Foucault, Michel. 1970. *The order of things: An archaeology of the human sciences*. New York: Random House.

Fowler, Melvin L. 1975. A pre-Columbian urban center on the Mississippi. *Scientific American* (August):92 – 101.

Frake, Charles O. 1960. The Eastern Subanun of Mindanao. In *Social Structure in Southeast Asia*, ed. G. P. Murdock. Chicago: Quadrangle.

Franciscus, Robert G., and Erik Trinkaus. 1988. Nasal morphology and the emergence of *Homo erectus. American Journal of Physical Anthropology* 75:517 – 27.

Frank, André Gunder. 1967. *Capitalism and underdevelopment in Latin America: Historical studies of Chile and Brazil*. New York: Monthly Review Press.

Fratkin, Elliot. 2008. Pastures lost: The decline of mobile pastoralism among Maasai and Rendille in Kenya, East Africa. In *Economies and the transformation of landscape*, eds. Lisa Cliggett and Christopher A. Pool, 149 – 68. Lanham, AltaMira Press.

Frayer, David W. 1981. Body size, weapon use, and natural selection in the European Upper Paleolithic and Mesolithic. *American Anthropologist* 83:57 – 73.

Frayer, David W., and Milford H. Wolpoff. 1985. Sexual dimorphism. *Annual Review of Anthropology* 14:429 – 73.

Frayer, David W., M. Wolpoff, A. Thorne, F. Smith, and G. Pope. 1993. Theories of modern human origins: The paleontological test. *American Anthropologist* 95:24 – 27.

Frayser, Suzanne G. 1985. *Varieties of sexual experience*. New Haven, CT: HRAF Press.

Freedman, Daniel G. 1979. Ethnic differences in babies. *Human Nature* (January):36 – 43.

Freeman, Derek. 1983. *Margaret Mead and Samoa: The making and unmaking of an anthropological myth*. Cambridge, MA: Harvard University Press.

Freeman, J. D. 1961. On the concept of the kindred. *Journal of the Royal Anthropological Institute* 91:192 – 220.

Freeman, Leslie G. 1994 Torralba and Ambrona: A review of discoveries. In *Integrative paths to the past*, eds. R. Corruccini and R. Ciochon. Upper Saddle River, NJ: Prentice Hall.

Freud, Sigmund. 1943/1917. *A general introduction to psychoanalysis*. Garden City, NY: Garden City Publishing. (Originally published in German)

Freud, Sigmund. 1967/1939. *Moses and monotheism*. Katherine Jones, trans. New York: Vintage Books.

Freyman, R. 1987. The first technology. *Scientific American* (April): 112.

Fried, Morton H. 1967. *The evolution of political society: An essay in political anthropology*. New York: Random House.

Friedl, Ernestine. 1962. *Vasilika: A village in modern Greece*. New York: Holt, Rinehart & Winston.

Friedman, Jeffrey M. 2003. A war on obesity, not the obese. *Science* 299 (February 7):856 – 58.

Friedrich, Paul. 1970. *Proto-Indo-European trees: The arboreal system of a prehistoric people*. Chicago: University of Chicago Press.

Friedrich, Paul. 1986. *The language parallax*. Austin: University of Texas Press.

Friedman, Saul S. 1980. Holocaust. In *Academic American* [now Grolier] *Encyclopedia*, vol. 10. Princeton, NJ: Areté.

Frisancho, A. Roberto, and Lawrence P. Greksa. 1989. Development responses in the acquisition of functional adaptation to high altitude. In *Human population biology*, eds. M. Little and J. Haas. New York: Oxford University Press.

Frisch, Rose. E. 1980. Fatness, puberty, and fertility. *Natural History* (October):16 – 27.

Fromm, Erich. 1950. *Psychoanalysis and religion*. New Haven, CT: Yale University Press.

Fry, Douglas P. 2006. *The human potential for peace: An anthropological challenge to assumptions about war and violence*. New York: Oxford University Press.

Fry, Douglas P., and Kaj Bjrkqvist, eds. 1997. *Cultural variation in conflict resolution: Alternatives to violence*. Mahwah, NJ: Lawrence Erlbaum Associates.

Futuyma, Douglas. 1982. *Science on trial*. New York: Pantheon. Gabunia, Leo, A. Vekua, D. Lordkipanidze, et al. 2000. Earliest Pleistocene hominid cranial remains from Dmanisi, Republic of Georgia: Taxonomy, geological setting, and age. *Science* 288 (May 12):1019 – 25.

G

Gal, Susan. 1988. The political economy of code choice. In *Codeswitching*, ed. M. Heller. Berlin: Mouton de Gruyter, 245 – 64.

Galdikas, Biruté M. F. 1979. Orangutan adaptation at Tanjung Puting Reserve: Mating and ecology. " In *The great apes*. eds. D. Hamburg and E. McCown. Menlo Park, CA: Benjamin/Cummings.

Gardner, Beatrice T., and R. Allen Gardner. 1980. Two comparative psychologists look at language acquisition. In *Children's language*, vol. 2, ed. K. Nelson. New York: Halsted Press.

Gardner, R. Allen, and Beatrice T. Gardner. 1969. Teaching sign language to a chimpanzee. *Science* 165 (August 15): 664 – 72.

Garn, Stanley M. 1971. *Human races*. 3rd ed. Springfield, IL: Charles C Thomas.

Gartner, Rosemary. 2009. Crime variations across cultures and nations. In MyAnthroLibrary, eds. C. R. Ember, M. Ember, and P. N. Peregrine. MyAnthroLibrary.com. Pearson.

Gat, Azar. 1999. The pattern of fighting in simple, small-scale, prestate societies. *Journal of Anthropological Research* 55:563 – 83.

Gaulin, Steven J. C., and James S. Boster. 1990. Dowry as female competition. *American Anthropologist* 92:994 – 1005.

Gay, Kathlyn. 1986. *Ergonomics: Making products and places fit people*. Hillside, New Jersey: Enslow.

Geertz, Clifford. 1960. *The religion of Java*. New York: Free Press.

Geertz, Clifford. 1966. Religion as a cultural system. In *Anthropological approaches to the study of religion*, ed. M. Banton. New York: Praeger.

Geertz, Clifford. 1973a. " Deep play: Notes on the Balinese cockfight." In *The interpretation of cultures*, ed. C. Geertz. New York: Basic Books.

Geertz, Clifford. 1973b. Thick description: Toward an interpretative theory of culture. In *The interpretation of cultures*, ed. C. Geertz. New York: Basic Books.

Geertz, Clifford. 1984. " From the native's point of view " : On the nature of anthropological understanding. In *Culture theory*, eds. R. A. Shweder and R. A. LeVine. New York: Cambridge University Press.

Geiger, H. Jack. 2003. Racial and ethnic disparities in diagnosis and treatment: A review of the evidence and a consideration of causes. In *Unequal treatment: confronting racial and ethnic disparities in health care*, eds. Brian D. Smedley, Adrienne Y. Stith, and Alan R. Nelson, 417 – 54. Washington, DC: National Academy Press.

Gelles, Richard J., and Murray A. Straus. 1988. *Intimate violence*. New York: Simon & Schuster.

Gentner, W., and H. J. Lippolt. 1963. The potassium-argon dating of upper tertiary and Pleistocene deposits. In *Science in archaeology*, eds. D. Brothwell and E. Higgs. New York: Basic Books.

Gero, Joan M., and Margaret W. Conkey, eds. 1991. *Engendering archaeology: An introduction to women and prehistory*. Oxford: Blackwell.

Gesler, W. 1991. *The cultural geography of health care*. Pittsburgh, PA: University of Pittsburgh Press.

Gibbons, Ann. 1993. Warring over women. *Science* 261 (August 20):987 – 88.

Gibbons, Ann. 1995. First Americans: Not mammoth hunters, but forest dwellers? *Science* 268 (April 19): 346 – 47.

Gibbons, Ann. 2001. The riddle of co-existence. *Science* 291 (March 2):1725 – 29.

Gibbons, Ann. 2002. One scientist's quest for the origin of our species. *Science* 298 (November 29):1708 – 11.

Gibbons, Ann. 2003. Oldest members of *Homo sapiens* discovered in Africa. *Science* 300 (June 13):1641.

Gibbons, Ann. 2008. The birth of childhood. *Science* 322 (November 14): 1040 – 43.

Gibbs, James L., Jr. 1965. The Kpelle of Liberia. In *Peoples of Africa*, ed. J. L. Gibbs, Jr. New York: Holt, Rinehart & Wintson.

Gibson, Kathleen R., and Stephen Jessee. 1999. Language evolution and expansions of multiple neurological processing areas. In *The origins of language*, ed. B. J. King, 189 – 227.

Santa Fe, NM: School of American Research Press. Gibson, Kyle. 2009. Differential parental investment in families with both adopted and genetic children. *Evolution and Human Behavior* 30:184 – 89.

Gilbert, M. Thomas P., Dennis L. Jenkins, Anders Götherstrom, Nuria Naveran, Juan J. Sanchez, Michael Hofreiter, Philip Francis Thomsen, Jonas Binladen, Thomas F. G. Higham, Robert M. Yohe, II, Robert Parr, Linda Scott Cummings, and Eske Willerslev. 2008. DNA from preClovis human coprolites in Oregon, North America. *Science* 320 (May 9):786 – 89.

Gilligan, Carol. 1982. *In a different voice: Psychological theory and women's development*. Cambridge, MA: Harvard University Press.

Gilligan, Carol, and Jane Attanucci. 1988. Two moral orientations. In *Mapping the moral domain*, eds. C. Gilligan, J. V. Ward, and J. M. Taylor. Cambridge, MA: Harvard University Press.

Gilliland, Mary Kay. 1995. Nationalism and ethnogenesis in the former Yugoslavia. In *Ethnic identity: Creation, conflict, and accommodation*, 3rd ed., eds. L. Romanucci-Ross and G. A. De Vos, 197 – 221. Walnut Creek, CA: Alta Mira Press.

Gilman, Antonio. 1990. The development of social stratification in Bronze Age Europe. *Current Anthropology* 22:1 – 23.

Gimbutas, Marija. 1974. An archaeologist's view of PIE* in 1975. *Journal of Indo-European Studies* 2:289 – 307.

Gingerich, P. D. 1986. *Pleisiadipis* and the delineation of the order primates. In *Major topics in primate evolution*, eds. B. Wood, L. Martin, and P. Andrews, 32 – 46. Cambridge: Cambridge University Press.

Gladwin, Christina H. 1980. A theory of real-life choice: Applications to agricultural decisions. In *Agricultural decision making*, ed. P. F. Barlett. New York: Academic Press.

Gladwin, Thomas, and Seymour B. Sarason. 1953. *Truk: Man in paradise*. New York: Wenner-Gren Foundation for Anthropological Research.

Gleitman, Lila R., and Eric Wanner. 1982. Language acquisition: The state of the state of the art. In *Language acquisition*, eds. E. Wanner and L. R. Gleitman. Cambridge: Cambridge University Press.

Godoy, Ricardo, Elizabeth Byron, Victoria Reyes-Garcia,

William R. Leonard, Karishma Patel, Lilian Apaza, Eddy Pérez, Vincent Vadez, and David Wilke. 2004. Patience in a foraging-horticultural society: A test of competing hypotheses. *Journal of Anthropological Research* 60:179 – 202.

Goebel, Ted, Michael Waters, and Dennis O'Rourke. 2008. The late Pleistocene dispersal of modern humans in the Americas. *Science* 319 (March 14):1479 – 1502.

Golden, Frederic, Michael Lemonick, and Dick Thompson. 2000. The race is over. *Time* (July 3): 18 – 23.

Goldizen, Anne Wilson. 1987. Tamarins and marmosets: Communal care of offspring. In *Primate Societies*, eds. B. Smuts et al. Chicago: University of Chicago Press.

Goldschmidt, Walter. 1999. Dynamics and status in America. *Anthropology Newsletter* 40(5):62, 64.

Goldstein, Donna. 1998. Nothing bad intended: Child discipline, punishment, and survival in a shantytown in Rio de Janeiro. In *Small wars: The cultural politics of childhood*, eds. Nancy Scheper-Hughes and Carolyn Sargeant, 389 – 415. Berkeley: University of California-Berkeley Press.

Goldstein, Joshua S. 2001. *War and gender: How gender shapes the war system and vice versa*. New York: Cambridge University Press.

Goldstein, Joshua S. 2004. War and gender. In *Encyclopedia of sex and gender: Men and women in the world's cultures*, vol. 1, eds. C. R. Ember and M. Ember, 107 – 116. New York: Kluwer Academic/Plenum Publishers.

Goldstein, Melvyn C. 1971. Stratification, polyandry, and family structure in central Tibet. *Southwestern Journal of Anthropology* 27:65 – 74.

Goldstein, Melvyn C. 1987. When brothers share a wife. *Natural History* (March):39 – 48.

Goodall, Jane. 1963. My life among wild chimpanzees. *National Geographic* (August): 272 – 308.

Goode, William J. 1970. *World revolution and family patterns*. New York: Free Press.

Goode, William J. 1982. *The family*. 2nd ed. Upper Saddle River, NJ: Prentice Hall.

Goodenough, Ward H. 1951. *Property, kin, and community on Truk*. New Haven, CT: Yale University Press.

Goodman, Alan H., and George J. Armelagos. 1985. Disease and death at Dr. Dickson's Mounds. *Natural History* (September):12 – 19.

Goodman, Alan H., John Lallo, George J. Armelagos, and Jerome C. Rose. 1984. Health changes at Dickson Mounds, Illinois (A.D. 950 – 1300). In *Paleopathology at the origins of agriculture*, eds. M. N. Cohen and G. J. Armelagos. Orlando, FL: Academic Press.

Goodman, Alan H., and Thomas L. Leatherman, eds. 1998. *Building a new biocultural synthesis: Political-economic perspectives on human biology*. Ann Arbor: University of Michigan Press.

Goodman, Madeleine J., P. Bion Griffin, Agnes A. Estioko Griffin, and John S. Grove. 1985. The compatibility of hunting and mothering among the Agta hunter-gatherers of the Philippines. *Sex Roles* 12:1199 – 209.

Goodman, Morris. 1992. Reconstructing human evolution from proteins. In *The Cambridge encyclopedia of human evolution*. eds. S. Jones, R. Martin, and D. Pilbeam. New York: Cambridge University Press.

Goodrich, L. Carrington. 1959. *A short history of the Chinese people*. 3rd ed. New York: Harper & Row.

Goody, Jack. 1970. Cousin terms. *Southwestern Journal of Anthropology* 26:125 – 42.

Goody, Jack. 1973. Bridewealth and dowry in Africa and Eurasia. In *Bridewealth and dowry*, eds. J. Goody and S. H. Tambiah. Cambridge: Cambridge University Press.

Gordon, C. G., and K. E. Friedl. 1994. Anthropometry in the U.S. armed forces. In *Anthropometry: The individual and the population*, eds. S. J. Ulijaszek and C. G. N. Mascie Taylor, 178 – 210. Cambridge, Cambridge University Press.

Gore, Rick. 2002. The first pioneer? *National Geographic* (August).

Goren-Inbar, Naama, N. Alperson, M. Kislev, O. Simchoni, Y. Melamed, A. Ben-Nun, and E. Werker. 2004. Evidence of hominid control of fire at Gesher Benot Ya'aqov, Israel. *Science* 304 (April 30):725 – 27.

Gorman, Chester. 1970. The Hoabinhian and after: Subsistence patterns in Southeast Asia during the Late Pleistocene and early recent periods. *World Archaeology* 2:315 – 19.

Gossen, Gary H. 1979. Temporal and spatial equivalents in Chamula ritual symbolism. In *Reader in comparative religion*, 4th ed., eds. W. A. Lessa and E. Z. Vogt. New York: Harper & Row.

Gough, Kathleen. 1959. The Nayars and the definition of marriage. *Journal of the Royal Anthropological Institute* 89:23 – 34.

Gould, Richard A. 1969. *Yiwara: Foragers of the Australian desert*. New York: Scribner's.

Gowlett, John A. J. 2008. Deep roots of kin: Developing the evolutionary perspective from prehistory. In *Early human kinship: From sex to social reproduction*, eds. Nicholas Allen, Hilary Callan, Robin Dunbar, and Wendy James, 41 – 57. Oxford: Blackwell.

Graber, Robert, ed. 2004. Special issue. The future state of the world: An anthropological symposium. *Cross-Cultural Research* 38:95 – 207.

Graburn, Nelson H. 1969. *Eskimos without igloos*. Boston: Little, Brown.

Graham, Susan Brandt. 1979. Biology and human social behavior: A response to van den Berghe and Barash. *American Anthropologist* 81:357 – 60.

Grant, Bruce S. 2002. Sour grapes of wrath. *Science* 297 (August 9): 940 – 41.

Grant, Peter R. 1991. Natural selection and Darwin's finches. *Scientific American* (October): 82 – 87.

Grant, Peter R., and Rosemary Grant. 2002. Unpredictable evolution in a 30-year study of Darwin's finches. *Science* 296 (April 26):707 – 11.

Gravlee, Clarence C., H. R. Bernard, and W. R. Leonard. 2003. Heredity, environment, and cranial form: A reanalysis of Boas's immigrant data. *American Anthropologist* 105: 125 – 38.

Gray, J. Patrick. 1996. Sociobiology. In *Encyclopedia of cultural anthropology*, eds. David Levinson and Melvin Ember, vol. 4, 1212 – 19. New York: Henry Holt.

Gray, J. Patrick. 1985. *Primate sociobiology*. New Haven, CT: HRAF Press.

Gray, J. Patrick, and Linda D. Wolfe. 1980. Height and sexual dimorphism of stature among human societies. *American Journal of Physical Anthropology* 53: 446 – 52.

Gray, J. Patrick, and Linda Wolfe. 2009. What accounts for population variation in height? In MyAnthroLibrary, eds. C. R. Ember, M. Ember, and P. N. Peregrine. MyAnthroLibrary.com. Pearson.

Grayson, Donald K. 1977. Pleistocene avifaunas and the overkill hypothesis. *Science* 195 (February 18):691 – 92.

Grayson, Donald K. 1984. Explaining Pleistocene extinctions: Thoughts on the structure of a debate. In *Quaternary extinctions*, eds. P. S. Martin and R. Klein. Tucson: University of Arizona Press.

Green, Richard E., Anna-Sapfo Malaspinas, Johannes Krause, Adrian W. Briggs, Philip L.F. Johnson, Caroline Uhler, Matthias Meyer, Jeffrey M. Good, Tomislav Maricic, Udo Stenzel, Kay Prüfer, Michael Siebauer, Hernán A. Burbano, Michael Ronan, Jonathan M. Rothberg, Michael Egholm, Pavao Rudan, Dejana Brajković, Željko Kućan, Ivan Gušić, Mårten Wikström, Liisa Laakkonen, Janet Kelso, Montgomery Slatkin, and Svante Pääbo. 2008. A complete Neandertal mitochondrial genome sequence determined by high-throughput sequencing. *Cell* 134: 416 – 26.

Greenberg, Joseph H. 1972. Linguistic evidence regarding Bantu origins. *Journal of African History* 13:189 – 216.

Greenberg, Joseph H., and Merritt Ruhlen. 1992. Linguistic origins of Native Americans. *Scientific American* (November):94 – 99.

Greenfield, Patricia M., Ashley E. Maynard, and Carla P. Childs. 2000. History, culture, learning, and development. *Cross-Cultural Research* 34:351 – 74.

Greenfield, Patricia Marks, and E. Sue Savage-Rumbaugh. 1990. Grammatical combination in *Pan paniscus:* Processes of learning and invention in the evolution and development of language. In *"Language" and intelligence in monkeys and apes*, eds. S. Parker and K. Gibson. New York: Cambridge University Press.

Gregor, Thomas A., Daniel R. Gross., 2004. Guilt by association: The culture of accusation and the American Anthropological Association's investigation of *Darkness in El Dorado*. *American Anthropologist* 106: 687 – 98.

Gregory, C. A. 1982. *Gifts and commodities*. New York: Academic Press.

Greksa, Lawrence P., and Cynthia M. Beall. 1989. Development of chest size and lung function at high altitude. In *Human population biology*, eds. M. Little and J. Haas. New York: Oxford University Press.

Grenoble, Lenore A., and Lindsay J. Whaley. 2006. *Saving languages: An introduction to language revitalization*. Cambridge: Cambridge University Press.

Grine, Frederick E. 1988a. Evolutionary history of the 'robust' australopithecines: A summary and historical perspective. In *Evolutionary history of the "robust" australopithecines*, ed. F. E. Grine. New York: Aldine.

Grine, Frederick E., ed. 1988b. *Evolutionary history of the "robust" australopithecines*. New York: Aldine.

Grine, Frederick E. 1993. Australopithecine taxonomy and phylogeny: Historical background and recent interpretation. In *The Human evolution source book*, eds. R. Ciochon and J. Fleagle. Upper Saddle River, NJ: Prentice Hall.

Gröger, B. Lisa. 1981. Of men and machines: Cooperation among French family farmers. *Ethnology* 20:163 – 75.

Gross, Daniel R., George Eiten, Nancy M. Flowers, Francisca M. Leoi, Madeline Latiman Ritter, and Dennis W. Werner. 1979. Ecology and acculturation among native peoples of central Brazil. *Science* 206 (November 30):1043 – 50.

Gross, Daniel R., and Barbara A. Underwood. 1971. Technological change and caloric costs: Sisal agriculture in northeastern Brazil. *American Anthropologist* 73:725 – 40.

Grossman, Daniel. 2002. Parched turf battle. *Scientific American* (December):32 – 33.

Grubb, Henry J. 1987. Intelligence at the low end of the curve: Where are the racial differences? *Journal of Black Psychology* 14: 25 – 34.

Gubser, Nicholas J. 1965. *The Nunamiut Eskimos: Hunters of caribou*. New Haven, CT: Yale University Press.

Guest, Greg, and Eric C. Jones. 2005. Globalization, health, and the environment: An introduction. In *Globalization, health, and the environment: An integrated perspective*, ed. Greg Guest, 3 – 26. Lanham, MD: Roman & Littlefield.

Guiora, Alexander Z., Benjamin Beit-Hallahmi, Risto Fried, and Cecelia Yoder. 1982. Language environment and gender identity attainment. *Language Learning* 32:289 – 304.

Gumperz, John J. 1961. Speech variation and the study of Indian civilization. *American Anthropologist* 63:976 – 88.

Gumperz, John J. 1971. Dialect differences and social stratification in a North Indian village. In *Language in social groups: Essays by John J. Gumperz*, selected and introduced by Anwar S. Dil. Stanford, CA: Stanford University Press.

Gunders, S., and J. W. M. Whiting. 1968. Mother-infant separation and physical growth. *Ethnology* 7: 196 – 206.

Gurr, Ted Robert. 1989a. Historical trends in violent crime: Europe and the United States. In *Violence in America*, vol. 1: *The history of crime*, ed. T. R. Gurr. Newbury Park, CA: Sage.

Gurr, Ted Robert. 1989b. The history of violent crime in America: An overview. In *Violence in America*, vol. 1: *The history of crime*, ed. T. R. Gurr. Newbury Park, CA: Sage.

Gurven, Michael, Kim Hill, and Hillard Kaplan. 2002.

From forest to reservation: Transitions in food-sharing behavior among the Ache of Paraguay. *Journal of Anthropological Research* 58:93 – 120.

Guthrie, Dale R., 1984. Mosaics, allelochemics, and nutrients: An ecological theory of Late Pleistocene megafaunal extinctions. In *Quaternary extinctions*, eds. P. S. Martin and R. Klein. Tucson: University of Arizona Press.

Guthrie, Stewart Elliott. 1993. *Faces in the clouds: A new theory of religion*. New York: Oxford University Press.

H

Haas, Jonathan. 1990. Warfare and the evolution of tribal polities in the prehistoric Southwest. In *The anthropology of war*, ed. J. Haas. New York: Cambridge University Press.

Haas, Jonathan, Winifred Creamer, and Alvaro Ruiz. 2004. Dating the late Archaic occupation of the Norte Chico region in Peru. *Nature* 432 (December 23):1020 – 23.

Haas, Mary R. 1944. Men's and women's speech in Koasati. *Language* 20:142 – 49.

Habicht, J. K. A. 1979. *Paleoclimate, paleomagnetism, and continental drift*. Tulsa, OK: American Association of Petroleum Geologists.

Haddix, Kimber A. 2001. Leaving your wife and your brothers: When polyandrous marriages fall apart. *Evolution and Human Behavior* 22:47 – 60.

Hage, Jerald, and Charles H. Powers. 1992. *Post-industrial lives: Roles and relationships in the 21st century*. Newbury Park, CA: Sage.

Hahn, Robert A. 1995. *Sickness and healing: An anthropological perspective*. New Haven, CT: Yale University Press.

Hailie-Selassie, Yohannes. 2001. Late Miocene hominids from the Middle Awash, Ethiopia. *Nature* 412 (July 12):178 – 81.

Haldane, J. B. S. 1963. Human evolution: Past and future. In *Genetics, paleontology, and evolution*, eds. G. Jepsen, E. Mayr, and G. Simpson. New York: Atheneum.

Hall, Edward T. 1966. *The hidden dimension*. Garden City, NY: Doubleday.

Hallowell, A. Irving. 1976. Ojibwa world view and disease. In *Contributions to anthropology: Selected papers of A. Irving Hallowell*. Chicago: University of Chicago Press, 410 – 13.

Halpern, Diane F. 2000. *Sex differences in cognitive abilities*. 3rd ed. Mahwah, NJ: Lawrence Erlbaum Associates.

Hames, Raymond. 1990. Sharing among the Yanomamö. Part I. The effects of risk. In *Risk and uncertainty in tribal and peasant economies*, ed. E. Cashdan. Boulder, CO: Westview.

Hames, Raymond. 2009. Yanomamö: Varying adaptations of foraging horticulturalists. In MyAnthroLibrary, eds. C. R. Ember, M. Ember, and P. N. Peregrine. MyAnthroLibrary. com. Pearson.

Hammer, Michael F., and Stephen L. Zegura. 1996. The role of the Y chromosome in human evolutionary studies. *Evolutionary Anthropology* 5:116 – 34.

Hammer, Michael F., and Stephen L. Zegura. 2002. The human Y chromosome haplogroup tree. *Annual Review of Anthropology* 31:303 – 21.

Handwerker, W. Penn, and Paul V. Crosbie. 1982. Sex and dominance. *American Anthropologist* 84:97 – 104.

Hanna, Joel M., Michael A. Little, and Donald M. Austin. 1989. Climatic physiology. In *Human population biology*, eds. M. Little and J. Haas. New York: Oxford University Press.

Hannah, Alison C., and W. C. McGrew. 1987. Chimpanzees using stones to crack open oil palm nuts in Liberia. *Primates* 28: 31 – 46.

Hannerz, Ulf. 1996. *Transnational connections: Culture, people, places*. London: Routledge.

Hanotte, Olivier, et al. 2002. African pastoralism: Genetic imprints of origins and migrations. *Science* 296 (April 12): 336 – 43.

Hanson, Jeffery R. 1988. Age-set theory and Plains Indian age-grading: A critical review and revision.

American Ethnologist 15:349 – 64.

Harcourt, A. H. 1979. The social relations and group structure of wild mountain gorillas. In *The great apes*. eds. D. Hamburg and E. McCown. Menlo Park, CA: Benjamin/ Cummings.

Hardin, Garrett. 1968. The tragedy of the commons. *Science* 162 (December 13):1243 – 48.

Hardoy, Jorge, and David Satterthwaite. 1987. The legal and the illegal city. In *Shelter, settlement, and development*, ed. L. Rodwin. Boston: Allen & Unwin. Hare, Brian, Michelle Brown, Christina Williamson, and Michael Tomasello. 2002. The domestication of social cognition in dogs. *Science*, 298 (November 22): 1634 – 36.

Harkness, Sara, and Charles M. Super. 1997. An infant's three Rs. A box in M. Small, Our babies, ourselves, *Natural History* (October):45.

Harlan, Jack R. 1967. A wild wheat harvest in Turkey. *Archaeology* 20:197 – 201.

Harlow, Harry F., et al. 1966. Maternal behavior of rhesus monkeys deprived of mothering and peer association in infancy. *Proceedings of the American Philosophical Society* 110: 58 – 66.

Harner, Michael. 1972. The role of hallucinogenic plants in European witchcraft. In *Hallucinogens and shamanism*, ed. M. Harner. New York: Oxford University Press.

Harner, Michael J. 1975. Scarcity, the factors of production, and social evolution. In *Population, ecology, and social evolution*, ed. S. Polgar. The Hague: Mouton.

Harner, Michael, and Gary Doore. 1987. The ancient wisdom in shamanic cultures. In *Shamanism*, comp. S. Nicholson. Wheaton, IL: Theosophical Publishing House.

Harper, Douglas. 2003. Slavery in the North. http://www.slavenorth.com/ (accessed June, 2009).

Harrell-Bond, Barbara. 1996. Refugees. In *Encyclopedia of cultural anthropology*, vol. 3, eds. D. Levinson and M. Ember, 1076 – 81. New York: Henry Holt.

Harris, David R. 1977. Settling down: An evolutionary model for the transformation of mobile bands into sedentary communities. In *The evolution of social systems*, eds. J. Friedman and M. Rowlands. London: Duckworth.

Harris, Marvin. 1964. *Patterns of race in the Americas*. New York: Walker.

Harris, Marvin. 1966. The cultural ecology of India's sacred cattle. *Current Anthropology* 7:51 – 63.

Harris, Marvin. 1968. *The rise of anthropological theory: A history of theories of culture*. New York: Thomas Y. Crowell.

Harris, Marvin. 1975. *Cows, pigs, wars and witches: The riddles of culture*. New York: Random House, Vintage.

Harris, Marvin. 1979. *Cultural materialism: The struggle for a science of culture*. New York: Random House.

Harrison, G. A., James M. Tanner, David R. Pilbeam, and P. T. Baker. 1988. *Human biology: An introduction to human evolution, variation, growth, and adaptability*. 3rd ed. Oxford: Oxford University Press.

Harrison, Gail G. 1975. Primary adult lactase deficiency: A problem in anthropological genetics. *American Anthropologist* 77: 812 – 35.

Harrison, Peter D., and B. L. Turner, II, eds. 1978. *Pre-Hispanic Maya agriculture*. Albuquerque: University of New Mexico Press.

Harrison, T. 1986. A reassessment of the phylogenetic relationships of *Oreopithecus bamboli*. *Journal of Human Evolution* 15:541 – 84.

Harrison, T., and L. Rook. 1997. Enigmatic anthropoid or misunderstood ape? The phylogenetic status of *Oreopithecus bamboli* reconsidered. In *Function, phylogeny and fossils: Miocene hominoid evolution and adaptation*, eds. D. R. Begun, C. V. Ward, and M. D. Rose, 327 – 62. New York: Plenum.

Hart, Hornell. 1948. The logistic growth of political areas. *Social Forces* 26:396 – 408.

Hartwig, W. C. 1994. Pattern, puzzles and perspectives on platyrrhine origins. In *Integrative paths to the past*, eds. R. Corruccini and R. Ciochon, 69 – 93. Upper Saddle River, NJ: Prentice Hall.

Harvey, Philip W., and Peter F. Heywood. 1983. Twenty-five years of dietary change in Simbu Province, Papua New Guinea. *Ecology of Food and Nutrition* 13:27 – 35.

Hassan, Fekri A. 1981. *Demographic archaeology*. New York: Academic Press.

Hatch, Elvin. 1997. The good side of relativism. *Journal of Anthropological Research* 53:371 – 81.

Haug, Gerald, et al. 2003. Climate and the collapse of Maya civilization. *Science* 299 (March 14):1731 – 35.

Hausfater, Glenn, Jeanne Altmann, and Stuart Altmann. 1982. Long-term consistency of dominance relations among female baboons. *Science* 217 (August 20): 752 – 54.

Hawkins, Alicia, and M. Kleindienst. 2001. Aterian. In *Encyclopedia of prehistory*, vol. 1: *Africa*, eds. P. N. Peregrine and M. Ember. New York: Kluwer Academic/ Plenum, 23 – 45.

Hayden, Thomas. 2000. A genome milestone. *Newsweek* (July 3):51 – 52. Haynes, Vance. 1973. The Calico site: Artifacts or geofacts? *Science* 181 (July 27):305 – 10.

Hays, Terence E. 1994. Sound symbolism, onomatopoeia, and New Guinea frog names. *Journal of Linguistic Anthropology* 4:153 – 74.

Hays, Terence E. 2009. From ethnographer to comparativist and back again. In MyAnthroLibrary, eds. C. R. Ember, M. Ember, and P. N. Peregrine. MyAnthroLibrary.com. Pearson. Heider, Karl. 1970. *The Dugum Dani*. Chicago: Aldine.

Heider, Karl. 1979. *Grand Valley Dani: Peaceful warriors*. New York: Holt, Rinehart & Winston. Heise, David R. 1967. Cultural patterning of sexual socialization. *American Sociological Review* 32:726 – 39.

Heller, Monica, ed. 1988. *Codeswitching: Anthropological and sociolinguistic perspectives*. Berlin: Mouton de Gruyter. Helms, Mary W. 1975. *Middle America*. Upper Saddle River, NJ: Prentice Hall.

Helms, Mary W. 2009. Miskito: Adaptations to colonial empires, past and present. In MyAnthroLibrary, eds. C. R. Ember, M. Ember, and P. N. Peregrine. MyAn-

throLibrary.com. Pearson.

Henderson, Harry. 2001. *Global terrorism: The complete reference guide*. New York: Checkmark Books.

Henderson, Stephen. 2002. Weddings: Vows; Rakhi Dhanoa and Ranjeet Purewal. *The New York Times*, August 18, p. 9.2.

Hendrix, Llewellyn. 1985. Economy and child training reexamined. *Ethos* 13:246 – 61.

Hendrix, Llewellyn. 2009. Varieties of marital relationships. In MyAnthroLibrary, eds. C. R. Ember, M. Ember, and P. N. Peregrine. MyAnthroLibrary.com. Pearson.

Henrich, Joseph, Robert Boyd, Samuel Bowles, Colin Camerer, Ernst Fehr, and Herbert Gintis, eds. 2004. *Foundations of human sociality: Economic experiments and ethnographic evidence from fifteen small-scale societies*. Oxford: Oxford University Press.

Henry, Donald O. 1989. *From foraging to agriculture: The Levant at the end of the ice age*. Philadelphia: University of Pennsylvania Press.

Henry, Donald O. 1991. Foraging, sedentism, and adaptive vigor in the Natufian: Rethinking the linkages.In *Perspectives on the past*, ed. G. A. Clark. Philadelphia: University of Pennsylvania Press.

Henry, Edward O. 1976. The variety of music in a North Indian village: Reassessing cantometrics. *Ethnomusicology* 20:49 – 66.

Henshilwood, Christopher, et al. 2002. Emergence of modern human behavior: Middle Stone Age engravings from South Africa. *Science*. 295 (February 15):1278 – 80.

Herlihy, Laura Hobson. 2007. Matrifocality and women's power on the Miskito Coast. *Ethnology* 46:133 – 49.

Herrmann, Esther, Joseph Call, Maria Victoria Herandez-Lloreda, Brain Hare, and Michael Tomasello. 2007. Humans have evolved specialized skills in social cognition: The cultural intelligence hypothesis. *Science* 317 (September 7): 1360 – 65.

Herrman, Helen. 1990. A survey of homeless mentally ill people in Melbourne, Australia. *Hospital and Community Psychiatry* 41:1291 – 92.

Herrnstein, Richard J., and Charles Murray. 1994. *The bell curve: Intelligence and class structure in American life*. New York: Free Press.

Hewes, Gordon W. 1961. Food transport and the origin of hominid bipedalism. *American Anthropologist* 63: 687 – 710.

Hewlett, Barry. 2004. Diverse contexts of human infancy. In MyAnthroLibrary, eds. C. R. Ember, M. Ember, and P. N. Peregrine. MyAnthroLibrary.com. Pearson.

Hewlett, Barry S., and L. L. Cavalli-Sforza. 1986. Cultural transmission among Aka Pygmies. *American Anthropologist* 88:922 – 34.

Hiatt, L. R. 1980. Polyandry in Sri Lanka: A test case for parental investment theory. *Man* 15:583 – 98.

Hickey, Gerald Cannon. 1964. *Village in Vietnam*. New Haven, CT: Yale University Press.

Hickson, Letitia. 1986. The social contexts of apology in dispute settlement: A cross-cultural study. *Ethnology* 25: 283 – 94.

Higley, Stephen Richard. 1995. *Privilege, power, and place: The geography of the American upper class*, 1 – 47. Lanham, MD: Rowman & Littlefield.

Hill, Carole. 2000. Strategic issues for rebuilding a theory and practice synthesis, *NAPA Bulletin* 18:1 – 16.

Hill, Donald R. 2005. Music of the African diaspora in the Americas. In *Encyclopedia of diasporas: Immigrant and refugee cultures around the world*, eds. M. Ember, C. R. Ember, and I. Skoggard, 363 – 73. New York: Kluwer Academic/Plenum.

Hill, James N. 1970. *Broken K Pueblo: Prehistoric social organization in the American Southwest. Anthropological Papers of the University of Arizona*, Number 18. Tucson: University of Arizona Press.

Hill, Jane H. 1978. Apes and language. *Annual Review of Anthropology* 7:89 – 112.

Hill, Jane H. 2009. Do apes have language? In MyAnthroLibrary, eds. C. R. Ember, M. Ember, and P. N. Peregrine. MyAnthroLibrary.com. Pearson.

Hill, Jonathan D. 1996. Introduction: Ethnogenesis in the Americas. 1492 – 1992. In *Ethnogenesis in the Americas*, ed. J. D. Hill, 1 – 19. Iowa City: University of Iowa Press.

Hill, Kim, and A. Magdalena Hurtado. 2004. The ethics of anthropological research with remote tribal populations. In *Lost paradises and the ethics of research and publication*, eds. F. M. Salzano and A. M. Hurtado, 193 – 210. Oxford: Oxford University Press.

Hill, Kim, Hillard Kaplan, Kristen Hawkes, and A. Magdalena Hurtado. 1987. Foraging decisions among Aché huntergatherers: New data and implications for optimal foraging models. *Ethology and Sociobiology* 8:1 – 36.

Hill, Susan T. 2001. *Science and engineering doctorate awards: 2000*, NSF 02-305. National Science Foundation, Division of Science Resources Statistics. VA: Arlington.

Hillel, Daniel. 2000. *Salinity management for sustainable irrigation: Integrating science, environment, and economics*. Washington, DC. The World Bank.

Himmelgreen, David A., and Deborah L. Crooks. 2005. Nutritional anthropology and its application to nutritional issues and problems. In *Applied anthropology: Domains of application*, eds. Satish Kedia and John van Willigen, 149 – 88. Westport, CT: Praeger.

Hinkes, Madeleine. 1993. Race, ethnicity, and forensic anthropology. *National Association for Applied Anthropology Bulletin* 13:48 – 54.

Hitchcock, Robert K. and Megan Beisele. 2000. Introduction. In *Hunters and gatherers in the modern world: Conflict, resistance, and self-determinations*, eds. P. P. Schweitzer, M. Biesele, and R. K. Hitchcock, 1 – 27. New York: Berghahn Books.

Hobsbawm, E. J. 1970. *Age of revolution*. New York: Praeger.

Hockett, C. F., and R. Ascher. 1964. The human revolution. *Current Anthropology* 5:135 – 68.

Hodgson, Jason, and Todd Driscoll. 2008. No evidence of a Neandertal contribution to modern human diversity. *Genome Biology* 9:206.1 – 206.7.

Hoebel, E. Adamson. 1960. *The Cheyennes: Indians of the Great Plains*. New York: Holt, Rinehart & Winston.

Hoebel, E. Adamson. 1968/1954. *The law of primitive man*. New York: Atheneum.

Hoffecker, John F., W. Roger Powers, and Ted Goebel. 1993. The colonization of Beringia and the peopling of the New World. *Science* 259 (January 1):46 – 53.

Hoffman, Lois Wladis. 1988. Cross-cultural differences in child-rearing goals. In *Parental behavior in diverse societies*, eds. R. A. LeVine, P. M. Miller, and M. M. West. San Francisco: Jossey-Bass.

Hoijer, Harry. 1964. Cultural implications of some Navaho linguistic categories. In *Language in culture and society*, ed. D. Hymes. New York: Harper & Row.

Holdaway, R. N., and C. Jacomb. 2000. Rapid extinction of the moas (*Aves: Dinornithiformes*): Model, test, and implications. *Science* 287 (March 24):2250 – 57.

Holden, Constance. 2000. Selective power of UV. *Science* 289 (September 1): 1461.

Hole, Frank. 1992. Origins of agriculture. In *The Cambridge encyclopedia of human evolution*, eds. S. Jones, R. Martin, and D. Pilbeam. New York: Cambridge University Press.

Hole, Frank. 1994. Environmental shock and urban origins. In *Chiefdoms and early states in the Near East*, eds. G. Stein and M. Rothman. Madison, WI: Prehistory Press.

Hole, Frank, Kent V. Flannery, and James A. Neely. 1969. *Prehistory and human ecology of the Deh Luran Plain. Memoirs of the Museum of Anthropology*, No. 1. Ann Arbor: University of Michigan.

Hollan, Douglas. 1992. Cross-cultural differences in the self. *Journal of Anthropological Research* 48:289 – 90.

Holloway, Marguerite. 1993. Sustaining the Amazon. *Scientific American* (July):91 – 99.

Holloway, Ralph L. 1974. The casts of fossil hominid brains. *Scientific American* (July):106 – 15.

Holmes, Janet. 2001. *An introduction to sociolinguistics*. 2nd ed. London: Longman.

Honigmann, John J. 1967. *Personality in culture*. New York: Harper & Row.

Hoogbergen, Wim. 1990. *The Boni Maroon Wars in Suriname*. Leiden: E. J. Brill.

Hooper, Judith. 2002. *Of moths and men: The untold story of science and the peppered moth*. New York: W. W. Norton.

Hopkins, K. 1980. Brother-sister marriage in Roman Egypt. *Comparative Studies in Society and History* 22:303 – 54.

Houston, Stephen D. 1988. The phonetic decipherment of Mayan glyphs. *Antiquity* 62:126 – 35.

Howard, Alan, and Jan Rensel. 2009. Rotuma: Interpreting a wedding. In MyAnthroLibrary, eds. C. R. Ember, M. Ember, and P. N. Peregrine. MyAnthroLibrary. com. Pearson.

Howell, F. Clark. 1966. Observations on the earlier phases of the European Lower Paleolithic. In *Recent studies in paleoanthropology. American anthropologist*. Special publication, April, 88 – 200.

Howell, Nancy. 1979. *Demography of the Dobe !Kung*. New York: Academic Press.

Howrigan, Gail A. 1988. Fertility, infant feeding, and change in Yucatan. *New Directions for Child Development* 40:37 – 50.

Hrdy, Sarah Blaffer. 1977. *The langurs of Abu: Female and male strategies of reproduction*. Cambridge, MA: Harvard University Press.

Hua, Cai. 2001. *A society without fathers or husbands: the Na of China*, trans. Asti Hustvedt. New York: Zone Books.

Huang, H. T. 2002. Hypolactasia and the Chinese diet. *Current Anthropology* 43: 809 – 19.

Human Development Report 1993. 1993. Published for the United Nations Development Programme. New York: Oxford University Press, 9 – 25.

Human Development Report 2001. 2001. Published for the United Nations Development Programme. New York: Oxford University Press, 9 – 25.

Humphrey, Caroline, and Stephen Hugh-Jones. 1992. Introduction: Barter, exchange and value. In *Barter, exchange and value*, eds. C. Humphrey and S. Hugh-Jones. New York: Cambridge University Press.

Hunt, Morton. 1974. *Sexual behavior in the 1970s*. Chicago: Playboy Press.

Hunt, Robert C. 2000. Labor productivity and agricultural development: Boserup revisited. *Human Ecology* 28: 251 – 77.

Hurtado, Ana M., Kristen Hawkes, Kim Hill, and Hillard Kaplan. 1985. Female subsistence strategies among the Aché hunter-gatherers of eastern Paraguay. *Human Ecology* 13:1 – 28.

Huss-Ashmore, Rebecca, and Francis E. Johnston. 1985. Bioanthropological research in developing countries. *Annual Review of Anthropology* 14:475 – 527.

Huxley, Thomas H. 1970. Man's place in nature. In *Evolution of man*, ed. L. Young. New York: Oxford University Press.

Hymes, Dell. 1974. *Foundations in sociolinguistics: An ethnographic approach*. Philadelphia: University of Pennsylvania Press.

I

Irons, William. 1979. Natural selection, adaptation, and human social behavior. In *Evolutionary Biology and Human Social Behavior*, eds. N. Chagnon and W. Irons. North Scituate, MA: Duxbury.

Irwin, Marc H., Gary N. Schafer, and Cynthia P. Feiden. 1974. Emic and unfamiliar category sorting of Mano farmers and U.S. undergraduates. *Journal of Cross-Cultural Psychology* 5:407 – 23.

Isaac, Glynn. 1971. The diet of early man: Aspects of archaeological evidence from Lower and Middle Pleistocene sites in Africa. *World Archaeology* 2:277 – 99.

Isaac, Glynn. 1984. The archaeology of human origins: Studies of the Lower Pleistocene in East Africa, 1971 – 1981. In *Advances in world archaeology*, eds. F. Wendorf and A. Close. Orlando, FL: Academic Press.

Isaac, Glynn, ed., assisted by Barbara Isaac. 1997. *Plio-Pleistocene archaeology*. Oxford: Clarendon Press.

Itkonen, T. I. 1951. The Lapps of Finland. *Southwestern Journal of Anthropology* 7:32 – 68.

J

Jablonski, Nina G., and George Chaplin. 2000. The evolution of human skin color. *Journal of Human Evolution* 39:57 – 106.

Jacobs, Sue-Ellen, and Christine Roberts. 1989. Sex, sexuality, gender and gender variance. In *Gender and anthropology*, ed. S. Morgen. Washington, DC: American Anthropological Association.

Jaeger, J., T. Thein, M. Benammi, Y. Chaimanee, A. N. Soe, T. Lwin, T. Tun, S. Wai, and S. Ducrocq. 1999. A new primate from the middle Eocene of Myanmar and the Asian early origins of anthropoids. *Science* 286 (October 15):528 – 30.

James, Allison. 2007. Giving voice to children's voices: Practices and problems, pitfalls and potentials. *American Anthropologist* 109:261 – 72.

James, William. 1902. *The varieties of religious experience: A study in human nature*. New York: Modern Library.

Jankowiak, William R. 2009. Urban Mongols: Ethnicity in communist China. In MyAnthroLibrary, eds. C. R. Ember, M. Ember, and P. N. Peregrine. MyAnthroLibrary.com. Pearson.

Jankowiak, William R., and Edward F. Fischer. 1992. A crosscultural perspective on romantic love. *Ethnology* 31:149 – 55.

Jankowiak, William, M. Diane Nell, and Ann Buckmaster. 2002. Managing infidelity: A cross-cultural perspective. *Ethnology* 41:85 – 101.

Jankowiak, William, Monica Sudakov, and Benjamin C. Wilreker. 2005. Co-wife conflict and co-operation. *Ethnology* 44:81 – 98.

Janzen, Daniel H. 1973. Tropical agroecosystems. *Science* 182 (December 21):1212 – 19.

Jarvenpa, Robert. 2004. *Silot'ine:* An insurance perspective on Northern Dene kinship networks in recent history. *Journal of Anthropological Research* 60:153 – 78.

Jarvenpa, Robert, and Hetty Jo Brumbach. 2006. Chipewyan hunters: A task differentiation analysis. In *Circumpolar lives and livelihood: A comparative ethnoarchaeology of gender and subsistence*, eds. Robert Jarvenpa and Hetty Jo Brumbach, 54 – 78. Lincoln, Nebraska: University of Nebraska Press.

Jayaswal, Vidula. 2002. South Asian Upper Paleolithic. In *Encyclopedia of prehistory*, vol. 8: *South and Southwest Asia*, eds. P. N. Peregrine and M. Ember. New York: Kluwer Academic/Plenum.

Jelliffe, Derrick B., and E. F. Patrice Jelliffe. 1975. Human milk, nutrition, and the world resource crisis. *Science* 188 (May 9):557 – 61.

Jennings, J. D. 1968. *Prehistory of North America*. New York: McGraw-Hill.

Jensen, Arthur. 1969. How much can we boost IQ and scholastic achievement? *Harvard Educational Review* 29:1 – 123.

Joans, Barbara. 1997. Problems in Pocatello: A study in linguistic misunderstanding. In *Applying cultural anthropology: An introductory reader*, 3rd ed., eds. A. Podolefsky and P. J. Brown, 51 – 54. Mountain View: CA: Mayfield.

Johannes, R. E. 1981. *Words of the lagoon: Fishing and marine lore in the Palau District of Micronesia*. Berkeley: University of California Press.

Johanson, Donald C., and Maitland Edey. 1981. *Lucy: The beginnings of humankind*. New York: Simon & Schuster.

Johanson, Donald C., and Tim D. White. 1979. A systematic assessment of early African hominids. *Science* 203 (January 26):321 – 30.

Johnson, Allen, and Timothy Earle. 1987. *The evolution of human societies: From foraging group to agrarian state*. Stanford, CA: Stanford University Press.

Johnson, Amber Lynn. 2002. Cross-cultural analysis of pastoral adaptations and organizational states: A preliminary study. *Cross-Cultural Research* 36:151 – 80.

Johnson, Gregory A. 1977. Aspects of regional analysis in archaeology. *Annual Review of Anthropology* 6:479 – 508.

Johnson, Gregory A. 1987. The changing organization of Uruk administration on the Susiana Plain. In *Archaeology of western Iran*, ed. F. Hole. Washington, DC: Smithsonian Institution Press.

Johnson-Hanks, Jennifer. 2006. *Uncertain honor: Modern motherhood in an African crisis*. Chicago: University of Chicago Press.

Johnson, Jeffrey G., Patricia Cohen, Elizabeth M. Smailies, Stephanie Kasen, and Judith S. Brook. 2002. Television viewing and aggressive behavior during adolescence and adulthood. *Science* 295 (March 29):2468 – 70.

Johnston, David Cay. 1999. Gap between rich and poor found substantially wider. *New York Times*, National, September 5, p. 16.

Jolly, Alison. 1985. *The evolution of primate behavior*. 2nd ed. New York: Macmillan.

Jolly, Clifford. 1970. The seed-eaters: A new model of hominid differentiation based on a baboon analogy. *Man* 5:5 – 28.

Jones, Martin, and Xinyi Liu. 2009. Origins of agriculture in East Asia. *Science* 324 (May 8):730 – 31.

Jones, Nicholas Blurton, Kristen Hawkes, and James F. O'Connell. 1996. The global process and local ecology: How should we explain differences between the Hadza and the !Kung? In *Cultural diversity among twentieth-century foragers*, ed. S. Kent. Cambridge: Cambridge University Press.

Jones, Steve, Robert Martin, and David Pilbeam, eds. 1992. *The Cambridge encyclopedia of human evolution*. New York: Cambridge University Press.

Judge, W. James, and Jerry Dawson. 1972. Paleo-Indian settlement technology in New Mexico. *Science* 176 (June 16): 1210 – 16.

Jung, Carl G. 1938. *Psychology and religion*. New Haven, CT: Yale University Press.

Jungers, William L. 1988a. Relative joint size and hominoid locomotor adaptations with implications for the evolution of hominid bipedalism. *Journal of Human*

Evolution 17:247 – 65.

Jungers, William L. 1988b. New estimates of body size in australopithecines. In *Evolutionary history of the "robust" australopithecines*, ed. F. Grine. New York: Aldine.

Jungers, William L., W. E. H. Harcourt-Smith, R. E. Wunderlich, M. W. Tocheri, S. G. Larson, T. Sutikna, Rokus Awe Due, and M. J. Morwood. 2009. The foot of *Homo floresiensis*. *Nature* 459 (May 7):81 – 84.

K

Kamin, Leon J. 1995. Behind the curve. *Scientific American* (February): 99 – 103.

Kang, Bong W. 2000. A reconsideration of population pressure and warfare: A protohistoric Korean case. *Current Anthropology* 41:873 – 81.

Kang, Gay Elizabeth. 1979. Exogamy and peace relations of social units: A cross-cultural test. *Ethnology* 18:85 – 99.

Kaplan, Hillard, and Kim Hill. 1985. Food sharing among Aché foragers: Tests of explanatory hypotheses. *Current Anthropology* 26:223 – 46.

Kaplan, Hillard, Kim Hill, and A. Magdalena Hurtado. 1990. Risk, foraging and food sharing among the Aché. In *Risk and uncertainty in tribal and peasant economies*, ed. E. Cashdan. Boulder, CO: Westview.

Kaplan, Hillard, Kim Hill, Jane Lancaster, and A. Magdalena Hurtado. 2000. A theory of human life history evolution, diet, intelligence, and longevity. *Evolutionary Anthropology* 9:156 – 84.

Kardiner, Abram, with Ralph Linton. 1946/1939. *The individual and his society*. New York: Golden Press. (Originally published 1939 by Columbia University Press.)

Kasarda, John D. 1971. Economic structure and fertility: A comparative analysis. *Demography* 8, no. 3 (August): 307 – 18.

Katzner, Kenneth. 2002. *Languages of the world*. Routledge. Kay, Richard F. 2000a. *Parapithecidae*. In *Encyclopedia of human evolution and prehistory*, eds. I. Tattersall, E. Delson, and J. van Couvering. New

York: Garland.

Kay, Richard F. 2000b. Teeth. In *Encyclopedia of human evolution and prehistory*, eds. I. Tattersall, E. Delson, and J. van Couvering. New York: Garland.

Kay, Richard F., C. Ross, and B. A. Williams. 1997. Anthropoid origins. *Science* 275 (February 7):797 – 804.

Kedia, Satish. 2008. Recent changes and trends in the practice of anthropology. *NAPA Bulletin* 29:14 – 28.

Kedia, Satish, and John van Willigen, eds. 2005. Applied anthropology: Domains of application. Wesport, CT: Praeger.

Keeley, Lawrence H. 1980. *Experimental determination of stone tool uses: A microwear analysis*. Chicago: University of Chicago Press.

Keeley, Lawrence H. 1991. Ethnographic models for late glacial hunter-gatherers. In *The late glacial in north-west Europe: Human adaptation and environmental change at the end of the Pleistocene*, eds. N. Barton, A. J. Roberts, and D. A. Roe. London: Council for British Archaeology. *CBA Research Report* 77:179 – 90.

Keenan, Elinor. 1989. Norm-makers, norm-breakers: Uses of speech by men and women in a Malagasy community. In *Explorations in the ethnography of speaking*, 2nd ed., eds. R. Bauman and J. Sherzer. New York: Cambridge University Press.

Kehoe, Alice B., and Dody H. Giletti. 1981. Women's preponderance in possession cults: The calcium-deficiency hypothesis extended. *American Anthropologist* 83:549 – 61.

Keller, Helen. 1974/1902. *The story of my life*. New York: Dell.

Kelley, Jay. 1992. The evolution of apes. In *The Cambridge encyclopedia of human evolution*, eds. S. Jones, R. Martin, and D. Pilbeam. New York: Cambridge University Press.

Kelly, Raymond C. 1974. Witchcraft and sexual relations: An exploration in the social and semantic implications of the structure of belief. Paper presented at the annual meeting of the American Anthropological

Association, Mexico City.

Kelly, Raymond C. 1985. *The Nuer conquest: The structure and development of an expansionist system*. Ann Arbor: University of Michigan Press.

Kelly, Robert L. 1995. *The foraging spectrum: Diversity in hunter-gatherer lifeways*. Washington, DC: Smithsonian Institution Press.

Kent, Susan, ed. 1996. *Cultural diversity among twentieth century foragers: An African perspective*. Cambridge: Cambridge University Press.

Kerr, Richard A. 1998. Sea-floor dust shows drought felled Akkadian empire. *Science* 299 (January 16):325 – 26.

Khosroshashi, Fatemeh. 1989. Penguins don't care, but women do: A social identity analysis of a Whorfian problem. *Language in Society* 18:505 – 25.

Kilbride, Philip L., and Janet C. Kilbride. 1990. Polygyny: A modern contradiction? In P. L. Kilbride and J. C. Kilbride, *Changing family life in East Africa: Women and children at risk*. University Park: Pennsylvania State University Press.

Kimbel, William H., T. D. White, and D. C. Johansen. 1984. Cranial morphology of *Australopithecus afarensis*: A comparative study based on composite reconstruction of the adult skull. *American Journal of Physical Anthropology* 64:337 – 88.

King, Barbara J. 1999a. Introduction. In *The origins of language*, ed. B. J. King, 3 – 19. Santa Fe, NM: School of American Research Press.

King, Barbara. 1999b. *The origins of language: What nonhuman primates can tell us*. Santa Fe: School of American Research Press.

King, J. C. H. 1986. Tradition in Native American art. In *The arts of the North American Indian*, ed. E. L. Wade. New York: Hudson Hills Press.

King, Marie-Claire, and Arno Motulsky. 2002. Mapping human history. *Science* 298 (December 20): 2,342 – 43.

King, Seth S. 1979. Some farm machinery seems less than human. *New York Times* April 8, p. E9.

Kingston, John D., Bruno D. Marino, and Andrew Hill. 1994. Isotopic evidence for Neogene hominid paleoenvironments in the Kenya Rift Valley. *Science* 264 (May 13):955 – 59.

Kitchen, Andrew, Michael Miyamoto, and Connie Mulligan. 2008. A three-stage colonization model for the peopling of the Americas. *PLoS ONE* 3(2):e1596.

Klass, Morton. 2009. Is there " caste " outside of India? In MyAnthroLibrary, eds. C. R. Ember, M. Ember, and P. N. Peregrine. MyAnthroLibrary.com. Pearson.

Klein, Richard G. 1974. Ice-Age hunters of the Ukraine. *Scientific American* (June):96 – 105.

Klein, Richard G. 1977. The ecology of early man in Southern Africa. *Science* 197 (July 8):115 – 26.

Klein, Richard G. 1983. The Stone Age prehistory of Southern Africa. *Annual Review of Anthropology* 12:25 – 48.

Klein, Richard G. 1987. Reconstructing how early people exploited animals: Problems and prospects. In *The evolution of human hunting*, eds. M. Nitecki and D. Nitecki. New York: Plenum.

Klein, Richard G. 1989. *The human career: Human biological and cultural origins*. Chicago: University of Chicago Press.

Klein, Richard G. 1994. Southern Africa before the ice age. In *Integrative paths to the past*, eds. R. Corruccini and R. Ciochon. Upper Saddle River, NJ: Prentice Hall.

Klein, Richard G. 2003. Whither the Neanderthals. *Science* 299 (March 7):1525 – 28.

Klein, Richard, and Blake Edgar. 2002. *The dawn of human culture*. New York: John Wiley and Sons.

Kleinberg, Jill. 1994. Practical implications of organizational culture where Americans and Japanese work together. In *Practicing anthropology in corporate America*, ed. A. T. Jordan. Arlington, VA: American Anthropological Association.

Kleinman, Arthur. 1988. *Rethinking psychiatry: From cultural category to personal experience*. New York: Macmillan.

Kleinman, Arthur, Veena Das, and Margaret Lock, eds. 1997. *Social suffering*. Berkeley: University of California Press.

Klima, Bohuslav. 1962. The first ground-plan of an Upper Paleolithic loess settlement in Middle Europe and its meaning. In *Courses toward urban life*, eds. R. Braidwood and G. Willey. Chicago: Aldine.

Klineberg, Otto. 1935. *Negro intelligence and selective migration*. New York: Columbia University Press.

Klineberg, Otto, ed. 1944. *Characteristics of the American Negro*. New York: Harper & Brothers.

Klineberg, Otto. 1979. Foreword. In M. H. Segall, *Cross-cultural psychology*. Monterey, CA: Brooks/Cole.

Kluckhohn, Clyde. 1948. As an anthropologist views it. In *Sex habits of American men*, ed. A. Deutsch. Upper Saddle River, NJ: Prentice Hall.

Kluckhohn, Clyde. 1965. Recurrent themes in myths and mythmaking. In *The study of folklore*, ed. A. Dundes. Upper Saddle River, NJ: Prentice Hall.

Knauft, Bruce M. 1978. Cargo cults and relational separation. *Behavior Science Research* 13:185 – 240.

Knecht, Peter. 2003. Aspects of shamanism: An introduction. In *Shamans in Asia*, eds. C. Chilson and P. Knecht, 1 – 30. London: RoutledgeCurzon.

Koch, Klaus-Friedrich, Soraya Altorki, Andrew Arno, and Letitia Hickson. 1977. Ritual reconciliation and the obviation of grievances: A comparative study in the ethnography of law. *Ethnology* 16:269 – 84.

Kolbert, Elizabeth. 2005. Last words. *The New Yorker* (June 6):46 – 59.

Komar, Debra A., and Jane E. Buikstra. 2008. *Forensic anthropology: Contemporary theory and practice*. New York: Oxford University Press.

Konner, Melvin, and Carol Worthman. 1980. Nursing frequency, gonadal function, and birth spacing among !Kung hunter-gatherers. *Science* 267 (February 15):788 – 91.

Korbin, Jill E. 1981. Introduction. In *Child abuse and neglect*, ed. J. E. Korbin. Berkeley: University of California Press.

Korotayev, Andrey and Dmitri Bondarenko. 2000. Polygyny and democracy: A cross-cultural comparison. *Cross Cultural Research* 34:190 – 208.

Kottak, Conrad Phillip. 1996. The media, development, and social change. In *Transforming societies, transforming anthropology*, ed. E. F. Moran. Ann Arbor: University of Michigan Press.

Kottak, Conrad P. 1999. The new ecological anthropology. *Current Anthropology* 101: 23 – 35.

Kracke, Waud H. 1979. *Force and persuasion: Leadership in an Amazonian society*. Chicago: University of Chicago Press.

Krahn, H., T. F. Hartnagel, and J. W. Gartrell. 1986. Income inequality and homicide rates: Cross-national data and criminological theories. *Criminology* 24:269 – 95.

Kramer, Andrew. 2009. The natural history and evolutionary fate of *Homo erectus*. In MyAnthroLibrary, eds. C. R. Ember, M. Ember, and P. N. Peregrine. MyAnthroLibrary. com. Pearson.

Kramer, Samuel Noel. 1963. *The Sumerians: Their history, culture, and character*. Chicago: University of Chicago Press.

Krause, Johannes, Carles Lalueza-Fox, Ludovic Orlando, Wolfgang Enard, Richard E. Green, Hernn A. Burbano, Jean-Jacques Hublin, Catherine Hänni, Javier Fortea, Marco de la Rasilla, Jaume Bertranpetit, Antonio Rosas, and Svante Pääbo. 2007. The derived FOXP2 variant of modern humans was shared with Neandertals. *Current Biology* 17(21):1908 – 12.

Krebs, J. R., and N. B. Davies, eds. 1984. *Behavioural ecology: An evolutionary approach*. 2nd ed. Sunderland, MA: Sinauer.

Krebs, J. R., and N. B. Davies. 1987. *An introduction to behavioural ecology*. 2nd ed. Sunderland, MA: Sinauer.

Krings, Matthias, A. Stone, R. W. Schmitz, H. Krainitzki, M. Stoneking, and S. Paabo. 1997. Neandertal DNA sequences and the origin of modern humans. *Cell* 90:19 – 30.

Krippner, Stanley. 1987. Dreams and shamanism. In

Shamanism, comp. S. Nicholson, 125 – 32. Wheaton, IL: Theosophical Publishing House.

Kristof, Nicholas D. 1997. Japan's invisible minority: Burakumin. *Britannica Online*, December.

Kristof, Nicholas D. 1995. Japan's invisible minority: Better off than in past, but still outcasts. *New York Times*, International, November 30, A18.

Kroeber, Theodora. 1967. *Ishi in two worlds*. Berkeley: University of California Press.

Kuehn, Steven. 1998. New evidence for Late Paleoindian – early Archaic subsistence behavior in the western Great Lakes. *American Antiquity* 63:457 – 76.

Kulick, Don. 1992. *Language shift and cultural reproduction*. Cambridge: Cambridge University Press.

Kushner, Gilbert. 1991. Applied anthropology. In *Career explorations in human services*, eds. W. G. Emener and M. Darrow. Springfield, IL: Charles C Thomas.

L

Lakoff, Robin. 1973. Language and woman's place. *Language in Society* 2:45 – 80.

Lakoff, Robin. 1990. Why can't a woman be less like a man? In *Talking power*, ed. R. Lakoff. New York: Basic Books.

Lalueza-Fox, Carles, Holger Römpler, David Caramelli, Claudia Stäubert, Giulio Catalano, David Hughes, Nadin Rohland, Elena Pilli, Laura Longo, Silvana Condemi, Marco de la Rasilla, Javier Fortea, Antonio Rosas, Mark Stoneking, Torsten Schöneberg, Jaume Bertranpetit, and Michael Hofreiter. 2007. A Melanocortin 1 Receptor Allele suggests varying pigmentation among Neanderthals. *Science* 318 (November 30):1453 – 55.

Lambert, Helen. 2001. Not talking about sex in India: Indirection and the communication of bodily intention. In *An anthropology of indirect communication*, eds. J. Hendry and C. W. Watson, 51 – 67. London: Routledge.

Lambert, Patricia M., Banks L. Leonard, Brian R. Billman, Richard A. Marlar, Margaret E. Newman, and Karl J.

Reinhard. 2000. Response to critique of the claim of cannibalism at Cowboy Wash. *American Antiquity* 65(2):397 – 406.

Lambert, William W., Leigh Minturn Triandis, and Margery Wolf. 1959. Some correlates of beliefs in the malevolence and benevolence of supernatural beings: A cross-societal study. *Journal of Abnormal and Social Psychology* 58: 162 – 69.

Lamphere, Louise. 2006. Foreward: Taking stock—The transformation of feminist theorizing in anthropology. In *Feminist anthropology: Past, present, and future*, eds. Pamela L. Geller and Miranda K. Stockett, ix – xvi. Philadelphia: University of Pennsylvania Press.

Lancy, David F. 2007. Accounting for variability in mother-child play. *American Anthropologist* 109:273 – 84.

Lancy, David F. 2008. *The anthropology of childhood: Cherubs, chattel, changelings*. Cambridge: Cambridge University Press.

Landauer, Thomas K. 1973. Infantile vaccination and the secular trend in stature. *Ethos* 1: 499 – 503.

Landauer, Thomas K., and John W. M. Whiting. 1964. Infantile stimulation and adult stature of human males. *American Anthropologist* 66:1007 – 28.

Landauer, Thomas K., and John W. M. Whiting. 1981. Correlates and consequences of stress in infancy. In *Handbook of cross-cultural human development*. eds. R. H. Munroe, R. Munroe, and B. Whiting. New York: Garland.

Landecker, Hannah. 2000. Immortality, in vitro: A history of the HeLa Cell Line. In *Biotechnology and culture: Bodies, anxieties, ethics*, ed. Paul Brodwin, 53 – 74. Bloomington: Indiana University Press.

Lang, Sabine. 1999. Lesbians, men-women and two-spirits: Homosexuality and gender in Native American cultures. In *Female desires: Same-sex relations and transgender practices across cultures*, eds. Evelyn Blackwood and Saskia E. Weiringa, 91 – 116. New York: Columbia University Press.

Langness, Lewis L. 1974. *The study of culture*. San Francisco: Chandler and Sharp.

Lareau, Annette. 2003. *Unequal childhoods: Class, race, and family life*. Berkeley, CA: University of California Press.

Larsen, Clark Spenser. 2009. Bare bones anthropology: The bioarchaeology of human remains. In MyAnthroLibrary, eds. C. R. Ember, M. Ember, and P. N. Peregrine. MyAnthroLibrary.com. Pearson.

Larsen, Clark Spenser. 1997. *Bioarchaeology: Interpreting behavior from the human skeleton*. Cambridge, Cambridge University Press.

Larson, C. L., J. Aronoff, I. C. Sarinopoulos, and D. C. Zhu. 2009. Recognizing threat: A simple geometric shape activates neural circuitry for threat detection. *Journal of Cognitive Neuroscience* 21:1523 – 35.

Larson, C. L., J. Aronoff, and J. Stearns. 2007. The shape of threat: Simple geometric forms evoke rapid and sustained capture of attention. *Emotion* 7:526 – 34.

Lassiter, Luke. 2008. Moving past public anthropology and doing collaborative research. *NAPA Bulletin* 29:70 – 86.

Lassiter, Luke Eric, Hurley Goodall, Elizabeth Campbell, and Michelle Natasya Johnson, eds., 2004. *The other side of Middletown: Exploring Muncie's African American community*. Walnut Creek, CA: AltaMira Press.

Lawless, Robert, Vinson H. Sutlive, Jr., and Mario D. Zamora, eds. 1983. *Fieldwork: The human experience*. New York: Gordon and Breach.

Layton, Robert. 1992. *Australian rock art: A new synthesis*. Cambridge: Cambridge University Press.

Le, Huynh-Nhu. 2000. Never leave your little one alone: Raising an Ifaluk child. In *A world of babies: Imagined child care guides for seven societies*, eds. Judy DeLoache and Alma Gottlieb, 199 – 220. Cambridge: Cambridge University Press.

Leach, Jerry W. 1983. Introduction. In *The kula*, eds. J. W. Leach and E. Leach. Cambridge: Cambridge University Press.

Leacock, Eleanor. 1954. The Montagnais 'hunting territory' and the fur trade. *American Anthropological Association Memoir* 78:1 – 59.

Leacock, Eleanor, and Richard Lee. 1982. Introduction. In *Politics and history in band societies*, eds. E. Leacock and R. Lee. Cambridge: Cambridge University Press.

Leakey, Louis S. B. 1960. Finding the world's earliest man. *National Geographic* (September): 420 – 35.

Leakey, Louis S. B. 1965. *Olduvai Gorge, 1951 – 1961*, vol. I: *A preliminary report on the geology and fauna*. Cambridge: Cambridge University Press.

Leakey, Maeve, C. S. Feibel, I. McDougall, and A. Walker. 1995. New four-million-year-old hominid species from Kanapoi and Allia Bay, Kenya. *Nature* 376 (August 17):565 – 71.

Leakey, Maeve, Fred Spoor, Frank Brown, Patrick Gathogo, Christopher Kiarie, Louise Leakey, Ian McDougall. 2001. New Hominin genus from Eastern Africa shows diverse middle Pliocene lineages. *Nature* 410 (March 22):433 – 51.

Leakey, Mary. 1971. *Olduvai Gorge: Excavations in Beds I and II*. Cambridge: Cambridge University Press.

Leakey, Mary. 1979. *Olduvai Gorge: My search for early man*. London: Collins.

Lederman, Rena. 1990. Big men, large and small? Towards a comparative perspective. *Ethnology* 29:3 – 15.

Lee, Phyllis C. 1983. Home range, territory and intergroup encounters. In *Primate social relationship: An integrated approach*. ed. R. A. Hinde. Sunderland, MA: Sinauer.

Lee, Richard B. 1968. What hunters do for a living, or, how to make out on scarce resources. In *Man the hunter*, eds. R. B. Lee and I. DeVore. Chicago: Aldine.

Lee, Richard B. 1972. Population growth and the beginnings of sedentary life among the !Kung bushmen. In *Population growth*, ed. B. Spooner. Cambridge, MA: MIT Press.

Lee, Richard B. 1979. *The !Kung San: Men, women, and work in a foraging society*. Cambridge: Cambridge University Press.

Lees, Susan H., and Daniel G. Bates. 1974. The origins

of specialized nomadic pastoralism: A systemic model. *American Antiquity* 39:187 – 93.

Leibowitz, Lila. 1978. *Females, males, families: A biosocial approach*. North Scituate, MA: Duxbury.

Leis, Nancy B. 1974. Women in groups: Ijaw women's associations. In *Woman, culture, and society*, eds. M. Z. Rosaldo and L. Lamphere. Stanford, CA: Stanford University Press.

Lenski, Gerhard. 1984/1966. *Power and privilege: A theory of social stratification*. Chapel Hill: University of North Carolina Press.

Leonard, William R. 2002. Food for thought: Dietary change was a driving force in human evolution. *Scientific American* (December): 108 – 15.

Leonhardt, David, and Geraldine Fabrikant. 2009. Rise of the super-rich hits a sobering wall. *New York Times*, August 20, p. A1 of the New York Edition.

Lepowsky, Maria. 1990. Big men, big women and cultural autonomy. *Ethnology* 29:35 – 50.

Leslie, C. 1976. Introduction. In *Asian medical systems: A comparative study*, ed. C. Leslie. Los Angeles: University of California Press.

Levine, James A., Robert Weisell, Simon Chevassus, Claudio D. Martinez, and Barbara Burlingame. 2002. The distribution of work tasks for male and female children and adults separated by gender. In *Science* 296 (May 10):1025.

Levine, Nancy E. 1988. Women's work and infant feeding: A case from rural Nepal. *Ethnology* 27:231 – 51.

LeVine, Robert A. 1966. *Dreams and deeds: Achievement motivation in Nigeria*. Chicago: University of Chicago Press.

LeVine, Robert A. 1988. Human parental care: Universal goals, cultural strategies, individual behavior. In *Parental behavior in diverse societies*, eds. R. A. LeVine, P. M. Miller, and M. M. West. San Francisco: Jossey-Bass.

LeVine, Robert A. 2007. Ethnographic studies of childhood: A historical overview. *American Anthropologist* 109: 247 – 60.

LeVine, Robert A., and Barbara B. LeVine. 1963. Nyansongo: A Gusii Community in Kenya. In *Six cultures*, ed. B. B. Whiting. New York: Wiley.

Levinson, David. 1989. *Family violence in cross-cultural perspective*. Newbury Park, CA: Sage.

Levinson, David, and Melvin Ember, eds., 1997. *American immigrant cultures: Builders of a nation,* 2 vols. New York: Macmillan Reference.

Lévi-Strauss, Claude. 1963a. The sorcerer and his magic. In C. Lévi-Strauss, *Structural anthropology*. New York: Basic Books.

Lévi-Strauss, Claude. 1963b. *Structural anthropology*. Trans. Claire Jacobson and Brooke Grundfest Schoepf. New York: Basic Books.

Lévi-Strauss, Claude. 1966. *The savage mind*, trans. George Weidenfeld and Nicolson, Ltd. Chicago: University of Chicago Press. [First published in French 1962.]

Lévi-Strauss, Claude. 1969a. *The elementary structures of kinship*, rev. ed., trans. James H. Bell and J. R. von Sturmer, ed. Rodney Needham. Boston: Beacon Press. [First published in French 1949.]

Lévi-Strauss, Claude. 1969b. *The raw and the cooked*, trans. John Weightman and Doreen Weightman. New York: Harper & Row [First published in French 1964.]

Levy, Jerrold E. 1994. Hopi shamanism: A reappraisal. In *North American Indian anthropology: Essays on society and culture*, eds. R. J. DeMallie and A. Ortiz, 307 – 27. Norman: University of Oklahoma Press.

Lewontin, Richard. 1972. The apportionment of human diversity. *Evolutionary Biology* 6(1):381 – 98.

Lewin, Roger. 1983a. Is the orangutan a living fossil? *Science* 222 (December 16):1222 – 23.

Lewin, Roger. 1983b. Fossil Lucy grows younger, again. *Science* 219(January 7):43 – 44.

Lewin, Tamar. 1994. Sex in America: Faithfulness in marriage is overwhelming. *New York Times*, National, October 7, A1, A18.

Lewis, Oscar. 1951. *Life in a Mexican village: Tepoztlan*

revisited. Urbana: University of Illinois Press.

Lewis, Oscar (with the assistance of Victor Barnouw). 1958. *Village life in northern India*. Urbana: University of Illinois Press.

Lichter, Daniel T., Diane K. McLaughlin, George Kephart, and David J. Landry. 1992. Race and the retreat from marriage: A shortage of marriageable men? *American Sociological Review* 57:781 – 99.

Lieberman, Daniel E. 1995. Testing hypotheses about recent human evolution from skulls: Integrating morphology, function, development, and phylogeny. *Current Anthropology* 36:159 – 97.

Lieberman, Leonard. 1999. Scientific insignificance. *Anthropology Newsletter* 40: 11 – 12.

Lieberman, Leonard, Rodney Kirk, and Alice Littlefield. 2003. Perishing paradigm: Race 1931 – 99. *American Anthropologist* 105: 110 – 13.

Lieberman, Leslie Sue. 2004. Diabetes mellitus and medical anthropology. In *Encyclopedia of medical anthropology: Health and illness in the world's cultures*, vol. I, eds. Carol R. Ember and Melvin Ember, 335 – 53. New York: Kluwer Academic Press/Plenum Publishers.

Light, Ivan, and Zhong Deng. 1995/1964. Gender differences in ROSCA participation within Korean business households in Los Angeles. In *Money-go-rounds: The importance of rotating savings and credit associations for women*, eds. S. Ardener and S. Burman, 217 – 40. Oxford: Berg.

Lightfoot, Kent G. 2005. The archaeology of colonialism: California in cross-cultural perspective. In *The archaeology of colonial encounters: Comparative perspectives*, ed. G. J. Stein, 207 – 35. Santa Fe, NM: School of American Research.

Lingenfelter, Sherwood G. 2009.Yap: Changing roles of men and women. In MyAnthroLibrary, eds. C. R. Ember, M. Ember, and P. N. Peregrine. MyAnthroLibrary.com. Pearson.

Linton, Ralph. 1936. *The study of man*. New York: Appleton-Century-Crofts.

Linton, Ralph. 1945. *The cultural background of personality*. New York: Appleton-Century-Crofts.

Little, Kenneth. 1965/1966. The political function of the Poro. *Africa* 35:349 – 65; 36: 62 – 71.

Little, Kenneth. 1957. The role of voluntary associations in West African urbanization. *American Anthropologist* 59:582 – 93.

Little, Kenneth. 1965. *West African urbanization*. New York: Cambridge University Press.

Lock, Margaret. 2009. Japan: Glimpses of everyday life. In MyAnthroLibrary, eds. C. R. Ember, M. Ember, and P. N. Peregrine. MyAnthroLibrary.com. Pearson.

Loftin, Colin K. 1971. *Warfare and societal complexity: A cross-cultural study of organized fighting in pre-industrial societies*. PhD dissertation, University of North Carolina at Chapel Hill.

Loftin, Colin, David McDowall, and James Boudouris. 1989. Economic change and homicide in Detroit, 1926 – 1979. In *Violence in America*, vol. 1: *The history of crime*, ed. T. R. Gurr. Newbury Park, CA: Sage.

Lomax, Alan, ed. 1968. *Folk song style and culture*. American Association for the Advancement of Science Publication No. 88. Washington, DC.

Long, Susan Orpett. 2000. Introduction. In *Caring for the elderly in Japan and the U.S.*, ed. Susan Orpett Long, 6 – 7. London: Routledge.

Longacre, William. 1970. *Archaeology as anthropology: A case study*. Anthropological papers of the University of Arizona, Number 17. Tucson: University of Arizona Press.

Loomis, W. Farnsworth. 1967. Skin-pigment regulation of vitamin-D biosynthesis in man. *Science* 157 (August 4): 501 – 06.

Los Angeles Times 1994. Plundering earth is nothing new. News Service, as reported in the *New Haven Register*, June 12, pp. A18 – A19.

Loustaunau, Martha O., and Elisa J. Sobo. 1997. *The cultural context of health, illness, and medicine*. Westport, CT: Bergin & Garvey.

Lovejoy, Arthur O. 1964. *The great chain of being: A*

study of the history of an idea. Cambridge, MA: Harvard University Press.

Lovejoy, C. Owen. 1981. The origin of man. *Science* 211 (January 23):341 – 50.

Lovejoy, C. Owen. 1988. Evolution of human walking. *Scientific American* (November):118 – 25.

Low, Bobbi. 1990a. Human responses to environmental extremeness and uncertainty. In *Risk and uncertainty in tribal and peasant economies*, ed. E. Cashdan. Boulder, CO: Westview.

Low, Bobbi. 1990b. Marriage systems and pathogen stress in human societies. *American Zoologist* 30:325 – 39.

Low, Bobbi S. 2009. Behavioral ecology, "sociobiology" and human behavior. In MyAnthroLibrary, eds. C. R. Ember, M. Ember, and P. N. Peregrine. MyAnthroLibrary.com. Pearson.

Lowe, Edward D. 2002. A widow, a child, and two lineages: Exploring kinship and attachment in Chuuk. *American Anthropologist* 104:123 – 37.

Lucy, John A. 1992. *Grammatical categories and cognition: A case study of the linguistic relativity hypothesis*. Cambridge: Cambridge University Press.

Lumbreras, Luis. 1974. *The peoples and cultures of ancient Peru*. Washington, DC: Smithsonian Institution Press.

Luria, A. R. 1976. *Cognitive development: Its cultural and social foundations*. Cambridge, MA: Harvard University Press.

Lutz, Catherine. 1985. Depression and the translations of emotional worlds. In *Culture and depression*, eds. A. Kleinman and B. Good. Berkeley: University of California Press.

Lynd, Robert S., and Helen Merrell Lynd. 1929. *Middletown*. New York: Harcourt, Brace.

Lynd, Robert S., and Helen Merrell Lynd. 1937. *Middletown in transition*. New York: Harcourt, Brace.

Lyons, Nona Plessner. 1988. Two perspectives: On self, relationships, and morality. In *Mapping the moral domain*, eds. C. Gilligan, J. V. Ward, and J. M. Taylor.

Cambridge, MA: Harvard University Press.

Lyttleton, Chris. 2000. *Endangered relations: Negotiating sex and AIDS in Thailand*. Bangkok: White Lotus Press.

M

MacArthur, R. H., and E. O. Wilson. 1967. *Theory of island biogeography*. Princeton, NJ: Princeton University Press.

Maccoby, Eleanor E., and Carol N. Jacklin. 1974. *The psychology of sex differences*. Stanford, CA: Stanford University Press.

Macdonald, Douglas H., and Barry S. Hewlett. 1999. Reproductive interests and forager mobility. *Current Anthropology* 40:501 – 23.

MacKinnon, John, and Kathy MacKinnon. 1980. The behavior of wild spectral tarsiers. *International Journal of Primatology* 1: 361 – 79.

MacNeish, Richard S. 1991. *The origins of agriculture and settled life*. Norman: University of Oklahoma Press.

Madrigal, Lorena. 1989. Hemoglobin genotype, fertility, and the malaria hypothesis. *Human Biology* 61:311 – 25.

Magner, L. 1992. *A history of medicine*. New York: Marcel Dekker.

Mahony, Frank Joseph. 1971. *A Trukese theory of medicine*. Ann Arbor, MI: University Microfilms.

Malefijt, Annemarie De Waal. 1968. *Religion and culture: An introduction to anthropology of religion*. New York: Macmillan.

Malin, Edward. 1986. *Totem poles of the Pacific Northwest coast*. Portland, OR: Timber Press.

Malinowski, Bronislaw. 1920. Kula: The circulating exchange of valuables in the Archipelagoes of eastern New Guinea. *Man* 51(2):97 – 105.

Malinowski, Bronislaw. 1927. *Sex and repression in savage society*. London: Kegan Paul, Trench, Trubner.

Malinowski, Bronislaw. 1932. *The sexual life of savages in northwestern Melanesia*. New York: Halcyon House.

Malinowski, Bronislaw. 1939. The group and the individual in functional analysis. *American Journal of Sociology* 44:938 – 64.

Malinowski, Bronislaw. 1954. Magic, science, and religion. In B. Malinowski, *Magic, science, and religion and other essays*. Garden City, NY: Doubleday.

Mangin, William P. 1965. The role of regional associations in the adaptation of rural migrants to cities in Peru. In *Contemporary cultures and societies of Latin America*, eds. D. B. Health and R. N. Adams. New York: Random House.

Mangin, William. 1967. Latin American squatter settlements: A problem and a solution. *Latin American Research Review* 2:65 – 98.

Manhein, Mary H. 1999. *The bone lady: Life as a forensic anthropologist*. Baton Rouge: Louisiana State University Press.

Maquet, Jacques. 1986. *The aesthetic experience: An anthropologist looks at the visual arts*. New Haven, CT: Yale University Press.

Marano, Louis A. 1973. A macrohistoric trend toward world government. *Behavior Science Notes* 8:35 – 40.

Marcus, George E., and Michael M. J. Fischer. 1986. *Anthropology as cultural critique: An experimental moment in the human sciences*. Chicago: University of Chicago Press.

Marcus, Joyce. 1983. On the nature of the Mesoamerican city. In *Prehistoric settlement patterns*, eds. E. Vogt and R. Leventhal. Albuquerque: University of New Mexico Press.

Marcus, Joyce. 2009. Maya hieroglyphs: History or propaganda? " In MyAnthroLibrary, eds. C. R. Ember, M. Ember, and P. N. Peregrine. MyAnthroLibrary.com. Pearson. Marcus, Joyce, and Kent V. Flannery. 1996. *Zapotec civilization*. London: Thames and Hudson.

Marett, R. R. 1909. *The thresholds of religion*. London: Methuen.

Marks, Jonathan. 1994. Black, white, other: Racial categories are cultural constructs masquerading as biology. *Natural History* (December): 32 – 35.

Marks, Jonathan. 2002. Genes, bodies, and species. In *Physical anthropology: Original reading in method and practice*, eds. P. N. Peregrine, C. R. Ember, and M. Ember. Upper Saddle River, NJ: Prentice Hall.

Marks, Jonathan. 2009. Genes, bodies, and species. In MyAnthroLibrary, eds. C. R. Ember, M. Ember, and P. N. Peregrine. MyAnthroLibrary.com. Pearson.

Marlowe, Frank W. 2003. A critical period for provisioning by Hadza men: Implications for pair bonding. *Evolution and Human Behavior* 24:217 – 29.

Marshack, Alexander. 1972. *The roots of civilization*. New York: McGraw-Hill.

Marshall, Eliot. 2000. Rival genome sequencers celebrate a milestone together. *Science* 288 (June 30):2294 – 95.

Marshall, Larry G. 1984. Who killed cock robin? An investigation of the extinction controversy. In *Quaternary extinctions*, eds. P. Martin and R. Klein. Tucson: University of Arizona Press.

Marshall, Lorna. 1961. Sharing, talking and giving: Relief of social tensions among !Kung Bushmen.*Africa* 31:239 – 42.

Martin, M. Kay, and Barbara Voorhies. 1975. *Female of the species*. New York: Columbia University Press.

Martin, Paul S. 1973. The discovery of America. *Science* 179 (March 9):969 – 74.

Martin, Paul S., and H. E. Wright, eds. 1967. *Pleistocene extinctions: The search for a cause*. New Haven, CT: Yale University Press.

Martin, Robert D. 1975. Strategies of reproduction. *Natural History* (November): 48 – 57.

Martin, Robert D. 1990. *Primate origins and evolution: A phylogenetic reconstruction*. Princeton, NJ: Princeton University Press.

Martin, Robert D. 1992. Classification and evolutionary relationships. In *The Cambridge encyclopedia of human evolution*. eds. S. Jones, R. Martin, and D. Pilbeam. New York: Cambridge University Press.

Martin, Robert D., and Simon K. Bearder. 1979. Radio bush baby. *Natural History* (October): 77 – 81.

Martorell, Reynaldo. 1980. Interrelationships between diet, infectious disease and nutritional status. In *Social and biological predictors of nutritional status, physical growth and neurological development*, eds. L. Greene and F. Johnston. New York: Academic Press.

Martorell, Reynaldo, Juan Rivera, Haley Kaplowitz, and Ernesto Pollitt. 1991. Long-term consequences of growth retardation during early childhood. Paper presented at the Sixth International Congress of Auxology, September 15 – 19, Madrid.

Mascie-Taylor, C. G. Nicholas. 1990. The biology of social class. In *Biosocial aspects of social class*, ed. C. G. N. MascieTaylor, 117 – 42. Oxford: Oxford University Press.

Maslow, Abraham H. 1964. *Religions, values, and peak-experiences*. Columbus: Ohio State University Press. Mason, Philip. 1962. *Prospero's magic*. London: Oxford University Press.

Masumura, Wilfred T. 1977. Law and violence: A cross-cultural study. *Journal of Anthropological Research* 33: 388 – 99.

Mathiassen, Therkel. 1928. *Material culture of Iglulik Eskimos*. Copenhagen: Glydendalske.

Matossian, Mary K. 1982. Ergot and the Salem witchcraft affair. *American Scientist* 70:355 – 57.

Matossian, Mary K. 1989. *Poisons of the past: Molds, epidemics, and history*. New Haven, CT: Yale University Press.

Maybury-Lewis, David. 1967. *Akwe-Shavante society*. Oxford: Clarendon Press.

Mayer, Philip, and Iona Mayer. 1970. Socialization by peers: The youth organization of the Red Xhosa. In *Socialization: The approach from social anthropology*, ed. Philip Mayer, 159 – 89. London: Tavistock.

Mayr, Ernst. 1982. *The growth of biological thought: Diversity, evolution, and inheritance*. Cambridge, MA: Belknap Press of Harvard University Press.

Mazess, Richard B. 1975. Human adaptation to high altitude. In *Physiological Anthropology*, ed. A. Damon. New York: Oxford University Press.

McCain, Garvin, and Erwin M. Segal. 1988. *The game of science*. 5th ed. Monterey, CA: Brooks/Cole.

McCarthy, Frederick D., and Margaret McArthur. 1960. The food quest and the time factor in Aboriginal economic life. In *Records of the Australian-American scientific expedition to Arnhem Land*, ed. C. P. Mountford, vol. 2: *Anthropology and Nutrition*. Melbourne: Melbourne University Press.

McClelland, David C. 1961 *The achieving society*. New York: Van Nostrand.

McCorriston, Joy, and Frank Hole. 1991. The ecology of seasonal stress and the origins of agriculture in the Near East. *American Anthropologist* 93:46 – 69.

McCracken, Robert D. 1971. Lactase deficiency: An example of dietary evolution. *Current Anthropology* 12: 479 – 500.

McDermott, LeRoy. 1996. Self-representation in female figurines. *Current Anthropology* 37:227 – 75.

McDonald, Kim A. 1998. New evidence challenges traditional model of how the New World was settled. *Chronicle of Higher Education* (March 13):A22.

McElreath, Richard, and Pontus Strimling. 2008. When natural selection favors imitation of parents. *Current Anthropology* 49:307 – 16.

McElroy, Ann, and Patricia Townsend. 2002. *Medical anthropology in ecological perspective*. 3rd ed. Boulder, CO: Westview.

McHenry, Henry M. 1982. The pattern of human evolution: Studies on bipedalism, mastication, and encephalization. *Annual Review of Anthropology* 11:151 – 73.

McHenry, Henry M. 1988. New estimates of body weight in early hominids and their significance to encephalization and megadontia in "robust" australopithecines. In *Evolutionary history of the "robust" australopithecines*, ed. F. E. Grine. New York: Aldine.

McHenry, Henry M. 2009. Robust australopithecines. Our family tree, and homoplasy. In MyAnthroLibrary, eds. C. R. Ember, M. Ember, and P. N. Peregrine. MyAnthroLibrary.com. Pearson.

McKee, Lauris. 1984. Sex differentials in survivorship and the customary treatment of infants and children. *Medical Anthropology* 8:91 – 108.

McKeown, Adam. 2005. Chinese diaspora. In *Encyclopedia of diasporas: Immigrant and refugee cultures around the world*, vol. 1, eds. M. Ember, C. R. Ember, and I. Skoggard, 65 – 76. New York: Kluwer Academic/Plenum.

McMullin, Ernan. 2001. Plantinga's defense of special creation. In *Intelligent design creationism and its critics*, ed. R. Pennock, 174. Boston: MIT Press.

McNeill, William H. 1967. *A world history*. New York: Oxford University Press.

McNeill, William H. 1976. *Plagues and peoples*. Garden City, NY: Doubleday/Anchor.

McNeill, William H. 1998. *Plagues and peoples*. New York: Anchor Books/Doubleday.

Mead, Margaret. 1931. *Growing up in New Guinea*. London: Routledge & Kegan Paul.

Mead, Margaret. 1950/1935. *Sex and temperament in three primitive societies*. New York: Mentor.

Mead, Margaret. 1961/1928. *Coming of age in Samoa*. 3rd ed. New York: Morrow.

Meek, C. K. 1940. *Land law and custom in the colonies*. London: Oxford University Press.

Meggitt, Mervyn J. 1964. Male-female relationships in the highlands of Australian New Guinea. *American Anthropologist* 66:204 – 24.

Meggitt, Mervyn J. 1977. *Blood is their argument: Warfare among the Mae Enga tribesmen of the New Guinea highlands*. Palo Alto, CA: Mayfield.

Meillassoux, Claude. 1968. *Urbanization of an African community*. Seattle: University of Washington Press.

Mellaart, James. 1961. Roots in the soil. In *The dawn of civilization*, ed. S. Piggott. London: Thomas & Hudson.

Mellaart, James. 1964. A Neolithic city in Turkey. *Scientific American* (April):94 – 104.

Mellars, Paul. 1994. The Upper Paleolithic revolution. In *The Oxford illustrated prehistory of Europe*, ed. B. Cunliffe, 42 – 78. Oxford: Oxford University Press.

Mellars, Paul. 1996. *The Neanderthal legacy*. Princeton, NJ: Princeton University Press, 405 – 19.

Mellars, Paul. 1998. The fate of the Neaderthals. *Nature* 395(October 8):539 – 40.

Mellor, John W., and Sarah Gavian. 1987. Famine: Causes, prevention, and relief. *Science* 235 (January 30):539 – 44.

Meltzer, David J. 1993. Pleistocene peopling of the Americas. *Evolutionary Anthropology* 1 (1):157 – 69.

Merbs, Charles F. 1992. A new world of infectious disease. *Yearbook of Physical Anthropology* 35:3 – 42.

Merrill, Elizabeth Bryant. 1987. Art styles as reflections of sociopolitical complexity. *Ethnology* 26:221 – 30.

Messer, Ellen. 1996. Hunger vulnerability from an anthropologist's food system perspective. In *Transforming societies, transforming anthropology*, ed. E. F. Moran. Ann Arbor: University of Michigan Press.

Middleton, John. 1971. The cult of the dead: Ancestors and ghosts. In *Reader in comparative religion*, 3rd ed., eds. W. A. Lessa and E. Z. Vogt. New York: Harper & Row.

Middleton, Russell. 1962. Brother-sister and father-daughter marriage in ancient Egypt. *American Sociological Review* 27:603 – 11.

Milanovic, Branko. 2005. *World's apart: Measuring international and global inequality*. Princeton: Princeton University Press.

Miller, Bruce G. 1992. Women and politics: Comparative evidence from the Northwest Coast. *Ethnology* 31:367 – 82.

Miller, Greg. 2004. Listen, baby. *Science* 306 (November 12): 1127.

Miller, Joan G. 1994. Cultural diversity in the morality of caring: Individually oriented versus duty-based interpersonal moral codes. *Cross-Cultural Research* 28:3 – 39.

Millon, René. 1967. Teotihuacán. *Scientific American* (June):38 – 48.

Millon, René. 1976. Social relations in ancient Teotihuacán. In *The valley of Mexico*, ed. E. Wolf. Albuquerque: University of New Mexico Press.

Milton, Katharine. 1981. Distribution patterns of tropical plant foods as an evolutionary stimulus to primate mental development. *American Anthropologist* 83: 534 – 48.

Milton, Katharine. 1988. Foraging behaviour and the evolution of primate intelligence. In *Machiavellian intelligence: Social expertise and the evolution of intellect in monkeys, apes, and humans*, eds. Richard W. Bryne and Andrew Whiten, 285 – 305. Oxford: Clarendon Press.

Milton, Katharine. 2009. The evolution of a physical anthropologist. In MyAnthroLibrary, eds. C. R. Ember, M. Ember, and P. N. Peregrine. MyAnthroLibrary.com. Pearson.

Miner, Horace. 1956. Body rituals among the Nacirema. *American Anthropologist* 58:504 – 05.

Minturn, Leigh. 1993. *Sita's daughters: Coming out of Purdah: The Rajput women of Khalapur revisited.* New York: Oxford University Press.

Minturn, Leigh, and Jerry Stashak. 1982. Infanticide as a terminal abortion procedure. *Behavior Science Research* 17:70 – 85.

Mintz, Sidney W. 1956. Canamelar: The subculture of a rural sugar plantation proletariat. In *The people of Puerto Rico*, J. H. Steward et al. Urbana: University of Illinois Press.

Minugh-Purvis, Nancy. 2009. Neandertal growth: Examining developmental adaptations in earlier *Homo sapiens*. In MyAnthroLibrary, eds. C. R. Ember, M. Ember, and P. N. Peregrine. MyAnthroLibrary.com. Pearson.

Miracle, Andrew W. 2009. A shaman to organizations. In MyAnthroLibrary, eds. C. R. Ember, M. Ember, and P. N. Peregrine. MyAnthroLibrary.com. Pearson.

Mitchell, Donald. 2009. Nimpkish: Complex foragers on the northwest coast of North America. In MyAnthroLibrary, eds. C. R. Ember, M. Ember, and P. N. Peregrine. MyAnthroLibrary.com. Pearson.

Mittermeier, Russell A., and Eleanor J. Sterling. 1992. Conservation of primates. In *The Cambridge encyclopedia of human evolution*. eds. S. Jones, R. Martin, and D. Pilbeam. New York: Cambridge University Press.

Moerman, Daniel E. 1997. Physiology and symbols: The anthropological implications of the placebo effect. In *The anthropology of medicine*, 3rd ed., eds. L. Romanucci-Ross, D. E. Moerman, and L. R. Tancredi, 240 – 53. Westport, CT: Bergin & Garvey.

Molnar, Stephen. 1998. *Human variation: Races, types, and ethnic groups.* 4th ed. Upper Saddle River, NJ: Prentice Hall.

Monot, Marc, et al. 2005. On the origin of leprosy. *Science* 308 (May 13):1040 – 42.

Monsutti, Alessandro. 2004. Cooperation, remittances, and kinship among the Hazaras. *Iranian Studies* 37:219 – 40.

Mooney, Kathleen A. 1978. The effects of rank and wealth on exchange among the coast Salish. *Ethnology* 17:391 – 406.

Moore, Carmella Caracci. 1988. An optimal scaling of Murdock's theories of illness data—An approach to the problem of interdependence. *Behavior Science Research* 22:161 – 79.

Moore, Carmella C. 1997. Is love always love? *Anthropology Newsletter* (November):8 – 9.

Moore, Carmella C., A. Kimball Romney, Ti-Lien Hsia, Craig D. Rusch. 1999. The universality of the semantic structure of emotion terms: Methods for the study of inter- and intracultural variability. *American Anthropologist* 101:529 – 46.

Moore, John H., and Janis E. Campbell. 2002. Confirming unilocal residence in Native North America. *Ethnology* 41:175 – 88.

Moore, Omar Khayyam. 1957. Divination: A new perspective. *American Anthropologist* 59:69 – 74.

Moran, Emilio F. 1993. *Through Amazon eyes: The human ecology of Amazonian populations.* Iowa City: University of Iowa Press.

Moran, Emilio F., ed. 1996. *Transforming societies, transforming anthropology.* Ann Arbor: University of

Michigan Press.

Moran, Emilio F. 2000. *Human adaptability: An introduction to ecological anthropology*. 2nd ed. Boulder, CO: Westview.

Morell, Virginia. 1995. The Earliest Art Becomes Older—And More Common." *Science*, 267 (March 31): 1908 – 09.

Morgan, Lewis H. 1964/1877. *Ancient society*. Cambridge, MA: Harvard University Press.

Morris, John. 1938. *Living with Lepchas: A book about the Sikkim Himalayas*. London: Heinemann.

Morrison, Kathleen D., and Laura L. Junker. 2002. *Foragertraders in South and Southeast Asia: Long-term histories*. Cambridge: Cambridge University Press.

Morwood, M. J., R. Soejono, R. Roberts, T. Sutikna, C. Turney, K. Westaway, W. Rink, J. Zhao, G. van den Bergh, R. Due, D. Hobbs, M. Moore, M. Bird, and L. Fiffeld. 2004.

Archaeology and age of a new hominin from Flores in Eastern Indonesia. *Nature* 431 (October 28):1087 – 91.

Moser, Stephanie. 1998. *Ancestral images: The iconography of human origins*. Ithaca, NY: Cornell University Press.

Motulsky, Arno. 1971. Metabolic polymorphisms and the role of infectious diseases in human evolution. In *Human populations, genetic variation, and evolution*, ed. L. N. Morris. San Francisco: Chandler.

Moyá-solá, Salvador, et al. 2004. *Pierolapithecus catalaunicus*. A new middle Miocene great ape from Spain. *Science* 306 (November 19):1339 – 44.

Mukerjee, Madhusree. 1996. Field notes: Interview with a parrot. *Scientific American* (April):28.

Mukhopadhyay, Carol C., and Patricia J. Higgins. 1988. Anthropological studies of women's status revisited: 1977 – 1987. *Annual Review of Anthropology* 17:461 – 95.

Muller, Edward N. 1997. Economic determinants of democracy. In *Inequality, democracy, and economic development*, ed. M. Midlarsky, 133 – 55. Cambridge: Cambridge University Press.

Müller-Haye, B. 1984. Guinea pig or cuy. In *Evolution of domesticated animals*, ed. I. Mason. New York: Longman.

Munroe, Robert L., Robert Hulefeld, James M. Rodgers, Damon L. Tomeo, Steven K. Yamazaki. 2000. Aggression among children in four cultures. *Cross-Cultural Research* 34:3 – 25.

Munroe, Robert L., and Ruth H. Munroe. 1969. A cross-cultural study of sex, gender, and social structure. *Ethnology* 8:206 – 11.

Munroe, Robert L., Ruth H. Munroe, and John W. M. Whiting. 1981. Male sex-role resolutions. In *Handbook of crosscultural human development*, eds. R. H. Munroe, R. L. Munroe, and B. B. Whiting. New York: Garland.

Munroe, Robert L., Ruth H. Munroe, and Stephen Winters. 1996. Cross-cultural correlates of the consonant-vowel (cv) syllable. *Cross-Cultural Research* 30:60 – 83.

Munroe, Ruth H., and Robert L. Munroe. 1980. Infant experience and childhood affect among the Logoli: A longitudinal study. *Ethos* 8:295 – 315.

Munroe, Ruth H., Robert L. Munroe, and Harold S. Shimmin. 1984. Children's work in four cultures: Determinants and consequences. *American Anthropologist* 86:369 – 79.

Murdock, George P. 1949. *Social structure*. New York: Macmillan.

Murdock, George P. 1957. World ethnographic sample. *American Anthropologist* 59:664 – 87.

Murdock, George P. 1967. Ethnographic atlas: A summary. *Ethnology* 6:109 – 236.

Murdock, George P. 1980. *Theories of illness: A world survey*. Pittsburgh: University of Pittsburgh Press.

Murdock, George P., and Caterina Provost. 1973. Factors in the division of labor by sex: A cross-cultural analysis. *Ethnology* 12:203 – 25.

Murdock, George P., and Douglas R. White. 1969. Standard cross-cultural sample. *Ethnology* 8:329 – 69.

Murphy, Jane. 1981. Abnormal behavior in traditional

societies: Labels, explanations, and social reactions. In *Handbook of cross-cultural human development*, eds. R. H. Munroe, R. L. Munroe, and B. B. Whiting. New York: Garland.

Murphy, Robert F. 1960. *Headhunter's heritage: Social and economic change among the Mundurucú*. Berkeley: University of California Press.

Murphy, Robert F., and Julian H. Steward. 1956. Tappers and trappers: Parallel process in acculturation. *Economic Development and Cultural Change* 4 (July):335 – 55.

Murray, Gerald F. 1997. The domestication of wood in Haiti: A case study in applied evolution. In *Applying cultural anthropology: An introductory reader*, eds. A. Podolefsky and P. J. Brown. Mountain View CA: Mayfield.

Murray, G. F., and M. E. Bannister. 2004. Peasants, agroforesters, and anthropologists: A 20-year venture in income-generating trees and hedgerows in Haiti. *Agroforestry Systems* 61:383 – 97.

Musgrave, Jonathan H., R. A. H. Neave, and A. J. N. W. Prag. 1984. The skull from Tomb II at Vergina: King Philip II of Macedon. *Journal of Hellenistic Studies* 104:60 – 78.

Myers, Fred R. 1988. Critical trends in the study of huntergatherers. *Annual Review of Anthropology* 17:261 – 82.

N

Nadel, S. F. 1935. Nupe state and community. *Africa* 8:257 – 303.

Nadel, S. F. 1942. *A black Byzantium: The kingdom of Nupe in Nigeria*. London: Oxford University Press.

Nag, Moni, Benjamin N. F. White, and R. Creighton Peet. 1978. An anthropological approach to the study of the economic value of children in Java and Nepal. *Current Anthropology* 19:293 – 301.

Nagata, Judith. 2001. Beyond theology: Toward an anthropology of "fundamentalism." *American Anthropologist* 103:481 – 98.

Nagel, Ernest. 1961. *The structure of science: Problems in the logic of scientific explanation*. New York: Harcourt, Brace & World.

Napier, J. R. 1970. Paleoecology and catarrhine evolution. In *Old World monkeys: Evolution, systematics, and behavior*. eds. J. R. Napier and P. H. Napier. New York: Academic Press.

Napier, J. R., and P. H. Napier. 1967. *A handbook of living primates*. New York: Academic Press.

Naroll, Raoul. 1961. Two solutions for Galton's problem. In *Readings in cross-cultural methodology*, ed. Frank Moore, 221 – 45. New Haven, CT: HRAF Press.

Naroll, Raoul. 1967. Imperial cycles and world order. *Peace Research Society: Papers* 7:83 – 101.

Naroll, Raoul. 1983. *The moral order: An introduction to the human situation*. Beverly Hills, CA: Sage.

Nash, Manning. 1989. *The cauldron of ethnicity in the modern world*. Chicago: University of Chicago Press.

National Coalition for the Homeless. 2008 (June). How many people experience homelessness? NCH Fact Sheet #2. http://www.nationalhomeless.org/factsheets/How_Many.html (accessed September 3, 2009).

National Science Foundation, Division of Science Resources Statistics. 2008. *Science and engineering doctorate awards: 2006*. Detailed Statistical Tables NSF 09-311. Arlington, VA. Available at http://www.nsf.gov/statistics/nsf09311/ (accessed August 14, 2009).

Neel, James V., Willard R. Centerwall, Napoleon A. Chagnon, and Helen L. Casey. 1970. Notes on the effect of measles and measles vaccine in a virgin-soil population of South American Indians. *American Journal of Epidemiology* 91:418 – 29.

Nelson, Nici. 1995/1964. The Kiambu group: A successful women's ROSCA in Mathare Valley, Nairobi (1971 to 1990). In *Money-go-rounds: The importance of rotating savings and credit associations for women*, eds. S. Ardener and S. Burman, 49 – 69. Oxford: Berg.

Nepstead, Daniel C., Claudia M. Stickler, Britaldo Soares-Filho, and Frank Merry. 2008. Interactions among Amazon land use, forests, and climate: Prospects for a near-term forest tipping point. *Philosophical Transactions of the Royal Society* B, 363:1737 – 46.

Nerlove, Sara B. 1974. Women's workload and infant feeding practices: A relationship with demographic implications. *Ethnology* 13:207 – 14.

Neumann, Katharina. 2003. New Guinea: A cradle of agriculture. *Science* 301 (July 11):180 – 81.

Nevins, Allan. 1927. *The American states during and after the revolution*. New York: Macmillan.

Newbury, Catherine. 1988. *The cohesion of oppression: Clientship and ethnicity in Rwanda, 1860 – 1960*. New York: Columbia University.

Newman, Katherine S. 1983. *Law and economic organization: A Comparative study of preindustrial societies*. Cambridge, MA: Cambridge University Press.

Newman, K. S. 1988. *Falling from grace: The experience of downward mobility in the American middle class*. New York: The Free Press.

Newman, K. S. 1993. *Declining fortunes: The withering of the American dream*. New York: Basic Books.

Newsweek. 1973. The first dentist. *Newsweek*, March 5, 73.

Nicholls, David, ed. 1998. *The Cambridge history of American music*. Cambridge. Cambridge University Press.

Nicolson, Nancy A. 1987. Infants, mothers, and other females. In *Primate Societies*, eds. B. Smuts et al. Chicago: University of Chicago Press.

Niehoff, Arthur H. 1966. *A casebook of social change*. Chicago: Aldine.

Nimkoff, M. F., and Russell Middleton. 1960. Types of family and types of economy. *American Journal of Sociology* 66:215 – 25.

Nisbett, Richard E. 2009. Education is all in your mind. *New York Times*. Sunday Opinion, February 8, p. 12.

Nishida, Toshisada. 1992. Introduction to the conservation symposium. In Naosuke Itoigawa, Yukimaru Sugiyama, Gene P. Sackett, and Roger K. R. Thompson, *Topics in primatology*, vol. 2. Tokyo: University of Tokyo Press.

Nissen, Henry W. 1958. Axes of behavioral comparison. In *Behavior and evolution*, eds. A. Roe and G. G. Simpson. New Haven, CT: Yale University Press.

Nolan, Riall W. 2003. Anthropology in practice: Building a career outside the academy. Boulder: Lynne Rienner Publishers.

Noll, Richard. 1987. The presence of spirits in magic and madness. In *Shamanism*, comp. S. Nicholson, 47 – 61. Wheaton, IL: Theosophical Publishing House.

Norenzayan, Ara, and Azim F. Shariff. 2008. The origin and evolution of religious prosociality. *Science* 322 (October 3): 58 – 62.

Normile, Dennis. 1998. Habitat seen playing larger role in shaping behavior. *Science* 279 (March 6): 1454 – 55.

Noss, Andrew J., and Barry S. Hewlett. 2001. The contexts of female hunting in central Africa. *American Anthropologist* 103:1024 – 40.

Nussbaum, Martha C. 1995. Introduction. In M. C. Nussbaum and J. Glover, *Women, culture, and development: A study of human capabilities*. Oxford: Clarendon Press.

O

Oakley, Kenneth. 1964. On man's use of fire, with comments on tool-making and hunting. In *Social life of early man*, ed. S. L. Washburn. Chicago: Aldine.

Oboler, Regina Smith. 1980. Is the female husband a man? Woman/woman marriage among the Nandi of Kenya. *Ethnology* 19:69 – 88.

Oboler, Regina Smith. 2009. Nandi: From cattle-keepers to cashcrop farmers. In MyAnthroLibrary, eds. C. R. Ember, M. Ember, and P. N. Peregrine. MyAnthroLibrary.com. Pearson.

O'Brian, Robin. 1999. Who weaves and why? Weaving, loom complexity, and trade. *Cross-Cultural Research* 33:30 – 42.

O'Brien, Denise. 1977. Female husbands in southern Bantu societies. In *Sexual stratification*, ed. A. Schlegel. New York: Columbia University Press.

Oerlemans, J. 2005. Extracting a climate signal from 169 glacial records. *Science* 38 (April 28):675 – 77.

Ogburn, William F. 1922. *Social change*. New York: Huebsch.

Okamura, Jonathan Y. 1983. Filipino hometown associations in Hawaii. *Ethnology* 22:341 – 53.

Oliver, Douglas L. 1955. *A Solomon Island society*. Cambridge, MA: Harvard University Press.

Oliver, Douglas L. 1974. *Ancient Tahitian society*, vol. 1: *Ethnography*. Honolulu: University of Hawaii Press.

Olsen, Steve. 2002. Seeking the signs of selection. *Science* 298 (November 15): 1324 – 25.

Olszewski, Deborah I. 1991. Social complexity in the Natufian? Assessing the relationship of ideas and data. In *Perspectives on the past*, ed. G. Clark. Philadelphia: University of Pennsylvania Press.

Orlove, Benjamin, and Stephen Brush. 1996. Anthropology and the conservation of biodiversity. *Annual Review of Anthropology* 25:329 – 52.

Ortiz de Montellano, B. R., and C. H. Browner. 1985. Chemical bases for medicinal plant use in Oaxaca, Mexico. *Journal of Ethnopharmacology* 13:57 – 88.

Ortner, Sherry B. 1984. Theory in anthropology since the sixties. *Comparative Studies in Society and History* 26:126 – 66.

Osti, Roberto. 1994. The eloquent bones of Abu Hureyra. *Scientific American* (August):1.

Otterbein, Keith. 1968. Internal war: A cross-cultural study. *American Anthropologist* 70:277 – 89.

Otterbein, Keith. 1970. *The evolution of war*. New Haven, CT: HRAF Press.

Otterbein, Keith. 1986. *The ultimate coercive sanction: A crosscultural study of capital punishment*. New Haven, CT: HRAF Press.

Otterbein, Keith, and Charlotte Swanson Otterbein. 1965. An eye for an eye, a tooth for a tooth: A cross-cultural study of feuding. *American Anthropologist* 67:1470 – 82.

Ovchinnikov, Igor V., et al. 2000. Molecular analysis of Neanderthal DNA from the Northern Caucasus. *Nature* 404 (March 30):490 – 94.

Oxby, Clare. 1983. Farmer groups in rural areas of the third world. *Community Development Journal* 18:50 – 59.

P

Paige, Jeffery M. 1975. *Agrarian revolution: Social movements and export agriculture in the underdeveloped world*. New York: Free Press.

Paine, Robert. 1994. *Herds of the tundra*. Washington, DC: Smithsonian Institution Press.

Paley, William. 1810. *Natural theology*. Boston: Joshua Belcher.

Palsson, Gisli. 1988. Hunters and gatherers of the sea. In *Hunters and gatherers. 1. History, evolution and social change*, eds. T. Ingold, D. Riches, and J. Woodburn. New York: St. Martin's Press.

Parfit, Michael. 2000. Who were the first Americans? *National Geographic* (December): 41 – 67.

Parker, Seymour. 1976. The precultural basis of the incest taboo: Toward a biosocial theory. *American Anthropologist* 78:285 – 305.

Parker, Seymour. 1984. Cultural rules, rituals, and behavior regulation. *American Anthropologist* 86:584 – 600.

Parker, Hilda, and Seymour Parker. 1986. Father-daughter sexual abuse: An emerging perspective. *American Journal of Orthopsychiatry* 56:531 – 49.

Parker, Sue Taylor. 1990. Why big brains are so rare. In "*Language*" *and intelligence in monkeys and apes*, eds. S. Parker and K. Gibson. New York: Cambridge University Press.

Pasternak, Burton. 1976. *Introduction to kinship and social organization*. Upper Saddle River, NJ: Prentice Hall.

Pasternak, Burton. 2009. Han: Pastoralists and farmers on a Chinese frontier. In MyAnthroLibrary, eds. C. R. Ember, M. Ember, and P. N. Peregrine. MyAnthroLibrary.com. Pearson.

Pasternak, Burton, Carol R. Ember, and Melvin Ember. 1976. On the conditions favoring extended family households. *Journal of Anthropological Research* 32:109 – 23.

Patterson, Leland. 1983. Criteria for determining the attributes of man-made lithics. *Journal of Field Archaeology* 10:297 – 307.

Patterson, Orlando. 1982. *Slavery and social death: A comparative study*. Cambridge, MA: Harvard University Press.

Patterson, Orlando. 2000. Review of *One drop of blood: The American misadventure of race*, by Scott L. Malcomson. *New York Times Book Review*, October 22, pp. 15 – 16.

Patterson, Thomas C. 1971. Central Peru: Its population and economy. *Archaeology* 24:316 – 21.

Patterson, Thomas C. 1981. *The evolution of ancient societies: A world archaeology*. Upper Saddle River, NJ: Prentice Hall.

Peacock, James L. 1986. *The anthropological lens: Harsh light, soft focus*. Cambridge: Cambridge University Press.

Peacock, Nadine, and Robert Bailey. 2009. Efe: Investigating food and fertility in the Ituri rain forest. " In MyAnthroLibrary, eds. C. R. Ember, M. Ember, and P. N. Peregrine. MyAnthroLibrary.com. Pearson.

Peak, Lois. 1991. *Learning to go to school in Japan: The transition from home to preschool*. Berkeley: University of California Press.

Pearsall, Deborah. 1992. The origins of plant cultivation in South America. In *The origins of agriculture*, eds. C. Cowan and P. Watson. Washington, DC: Smithsonian Institution Press.

Pelto, Gretel H., Alan H. Goodman, and Darna L. Dufour. 2000. The biocultural perspective in nutritional anthropology. In *Nutritional anthropology: Biocultural perspectives on food and nutrition*, eds. Alan H. Goodman, Darna L. Dufour, and Gretel H. Pelto, 1 – 9. Mountain View, CA: Mayfield Publishing.

Pelto, Pertti J., and Ludger Müller-Wille. 1987. Snowmobiles: Technological revolution in the Arctic. In *Technology and social change*, 2nd ed., eds. H. R. Bernard and P. J. Pelto. Prospect Heights, IL: Waveland Press.

Pelto, Pertti J., and Gretel H. Pelto. 1975. Intra-cultural diversity: Some theoretical issues. *American Ethnologist* 2:1 – 18.

Pennisi, Elizabeth. 2000. Finally, the book of life and instructions for navigating it. *Science* 288 (June 30):2304 – 07.

Pennisi, Elizabeth. 2001a. Malaria's beginnings: On the heels of hoes? *Science* 293 (July 20):416 – 17.

Pennisi, Elizabeth. 2001b. Genetic change wards off malaria. *Science* 294 (November 16):1,439.

Pennisi, Elizabeth. 2007. Genomicists tackle the primate tree. *Science* 316 (April 13):218 – 21.

Pennisi, Elizabeth. 2009. Tales of a prehistoric human genome. *Science* 323 (February 13):866 – 71.

Pepperberg, Irene Maxine. 1999. *The Alex studies: Cognitive and communicative abilities of grey parrots*. Cambridge, MA: Harvard University Press.

Peregrine, Peter N. 1996. The birth of the gods revisited: A partial replication of Guy Swanson's (1960) cross-cultural study of religion. *Cross-Cultural Research* 30:84 – 112.

Peregrine, Peter N. 2001a. Southern and Eastern Africa Later Stone Age. In *Encyclopedia of prehistory*, vol. 1, *Africa*, eds. P. N. Peregrine and M. Ember, 272 – 73. New York: Kluwer Academic/Plenum.

Peregrine, Peter N. 2001b. Cross-cultural approaches in archaeology. *Annual Review of Anthropology* 30:1 – 18.

Peregrine, Peter N. 2007a. Racial hierarchy: I. Overview. In *Encyclopedia of race and racism*, ed. John H. Moore, 461 – 62. New York, Macmillian Reference.

Peregrine, Peter N. 2007b. Cultural correlates of ceramic styles. *Cross-Cultural Research* 41:223 – 35.

Peregrine, Peter N., and Peter Bellwood. 2001. Southeast Asia Upper Paleolithic. In *Encyclopedia of pre-*

history, vol. 3: *East Asia and Oceania*, eds. P. N. Peregrine and M. Ember, 307 – 09. New York: Kluwer Academic/Plenum.

Peregrine, Peter N., Carol R. Ember, and Melvin Ember. 2000. Teaching critical evaluation of Rushton. *Anthropology Newsletter* 41 (February): 29 – 30.

Peregrine, Peter N., Carol R. Ember, and Melvin Ember. 2003. Cross-cultural evaluation of predicted associations between race and behavior. *Evolution and Human Behavior* 24: 357 – 64.

Peregrine, Peter N., Melvin Ember, and Carol R. Ember. 2004.

Predicting the future state of the world using archaeological data: An exercise in archaeomancy. *Cross-Cultural Research* 38:133 – 46.

Perry, Donna L. 2005. Wolof women, economic liberalization, and the crisis of masculinity in rural Senegal. *Ethnology* 44:207 – 26.

Petersen, Erik B. 1973. A survey of the Late Paleolithic and the Mesolithic of Denmark. In *The Mesolithic in Europe*, ed. S. K. Kozlowski. Warsaw: Warsaw University Press.

Petersen, L. R., G. R. Lee, and G. J. Ellis. 1982. Social structure, socialization values, and disciplinary techniques: A crosscultural analysis. *Journal of Marriage and the Family* 44:131 – 42.

Pfaff, C. 1979. Constraints on language mixing. *Language* 55:291 – 318, as cited in *An introduction to sociolinguistics*, 2nd ed., ed. R. Wardhaugh. Oxford: Blackwell.

Pfeiffer, John E. 1978. *The emergence of man*. 3rd ed. New York: Harper & Row.

Phillips, Kevin. 1990. *The politics of rich and poor: Wealth and the American electorate in the Reagan aftermath*. New York: Random House.

Phillipson, D. W. 1976. Archaeology and Bantu linguistics. *World Archaeology* 8:65 – 82.

Phillipson, David W. 1993. *African archaeology*. 2nd ed. New York: Cambridge University Press.

Piaget, Jean. 1970. Piaget's theory. In *Carmichael's*

manual of child psychology, vol. 1, 3rd ed., ed. P. Mussen. New York: Wiley.

Picchi, Debra. 1991. The impact of an industrial agricultural project on the Bakairí Indians of central Brazil. *Human Organization* 50:26 – 38.

Picchi, Debra. 2009. Bakairí : The death of an Indian. In MyAnthroLibrary, eds. C. R. Ember, M. Ember, and P. N. Peregrine. MyAnthroLibrary.com. Pearson.

Pickford, Martin, Brigette Senut, Dominique Gommercy, and Jacques Treil. 2002. Bipedalism in *Orrorin tugenensis* revealed by its femora. *Comptes Rendu de l'Académie des Science des Paris*, Palevol 1, 1 – 13.

Pilbeam, David. 1972. *The ascent of man*. New York: Macmillan.

Pilbeam, David, and Stephen Jay Gould. 1974. Size and Scaling in Human Evolution. *Science* 186 (December 6): 892 – 900.

Piperno, Dolores, and Karen Stothert. 2003. Phytolith evidence for early holocene cucurbita domestication in southwest Ecuador. *Science* 299 (February, 14):1054 – 57.

Plattner, Stuart, ed. 1985. *Markets and marketing*. Monographs in Economic Anthropology, No. 4. Lanham, MD: University Press of America.

Plattner, Stuart. 1989. Marxism. In *Economic anthropology*, ed. S. Plattner. Stanford, CA: Stanford University Press.

Poggie, John J., Jr., and Richard B. Pollnac. 1988. Danger and rituals of avoidance among New England fishermen. *MAST: Maritime Anthropological Studies* 1:66 – 78.

Poggie, John J., Jr., Richard B. Pollnac, and Carl Gersuny. 1976. Risk as a basis for taboos among fishermen in southern New England. *Journal for the Scientific Study of Religion* 15:257 – 62.

Polanyi, Karl. 1957. The economy as instituted process. In *Trade and market in the early empires*, eds. K. Polanyi, C. M. Arensberg, and H. W. Pearson. New York: Free Press.

Polanyi, Karl, Conrad M. Arensberg, and Harry W. Pearson, eds. 1957. *Trade and market in the early empires*. New York: Free Press.

Polednak, Anthony P. 1974. Connective tissue responses in negroes in relation to disease. *American Journal of Physical Anthropology* 41:49 – 57.

Pollier, Nicole. 2000. Commoditization, cash, and kinship in postcolonial Papua New Guinea. In *Commodities and globalization: Anthropological perspectives*, eds. Angelique Haugerud, M. Priscilla Stone, and Peter D. Little, 197 – 217. Lanham, MD: Rowman & Littlefield.

Pope, Geoffrey G. 1989. Bamboo and human evolution. *Natural History* (October):49 – 57.

Popenoe, Rebecca. 2004. *Feeding desire: Fatness, beauty, and sexuality among a Saharan people*. London: Routledge.

Pospisil, Leopold. 1963. *The Kapauku Papuans of West New Guinea*. New York: Holt, Rinehart & Winston.

Post, Peter W., Farrington Daniels, Jr., and Robert T. Binford, Jr. 1975. Cold injury and the evolution of "white" skin. *Human Biology* 47:65 – 80.

Potts, Richard. 1984. Home bases and early hominids. *American Scientist* 72:338 – 47.

Potts, Richard. 1988. *Early hominid activities at Olduvai*. New York: Aldine.

Powell, Joseph. 2005. *The first Americans*. New York: Cambridge University Press.

Powers, William K., and Marla N. Powers. 2009. Lakota: A study in cultural continuity. In MyAnthroLibrary, eds. C. R. Ember, M. Ember, and P. N. Peregrine. MyAnthroLibrary.com. Pearson.

Poyatos, Fernando. 2002. *Nonverbal communication across disciplines*, vol. 1. Philadelphia: John Benjamins Publishing Company.

Prag, A. J. N. W. 1990. Reconstructing Phillip II of Macedon: The "nice" version. *American Journal of Archaeology* 94:237 – 47.

Prag, John, and Richard Neave. 1997. *Making faces: Using forensic and archaeological evidence*. College Station: Texas A&M University Press.

Preuschoft, Holger, David J. Chivers, Warren Y. Brock-elman, and Norman Creel, eds. 1984. *The lesser apes: Evolutionary and behavioural biology*. Edinburgh: Edinburgh University Press.

Price, Sally. 1989. *Primitive art in civilized places*. Chicago: University of Chicago Press.

Price-Williams, Douglass. 1961. A study concerning concepts of conservation of quantities among primitive children. *Acta Psychologica* 18:297 – 305.

Pringle, Heather. 1998. The slow birth of agriculture. *Science* 282 (November 20):1446 – 50.

Pryor, Frederic L. 1977. *The origins of the economy: A comparative study of distribution in primitive and peasant economies*. New York: Academic Press.

Pryor, Frederic L. 2005. *Economic systems of foraging, agricultural, and industrial societies*. Cambridge: Cambridge University Press.

Public Law 101-601 (25 U.S.C. 3001 – 3013).

Q

Quandt, Sara A. 1996. Nutrition in anthropology. In *Handbook of medical anthropology*, rev. ed., eds. C. F. Sargent and T. M. Johnson, 272 – 89. Westport, CT: Greenwood Press.

Quinn, Naomi. 1977. Anthropological studies on women's status. *Annual Review of Anthropology* 6:181 – 225.

R

Radcliffe-Brown, A. R. 1922. *The Andaman Islanders: A study in social anthropology*. Cambridge: Cambridge University Press.

Radcliffe-Brown, A. R. 1952. *Structure and function in primitive society*. London: Cohen & West.

Radinsky, Leonard. 1967. The oldest primate endocast. *American Journal of Physical Anthropology* 27:358 – 88.

Rambo, Lewis R. 2003. Anthropology and the study of conversion. In *The anthropology of religious conversion*, eds. Andrew Buckser and Stephen D. Glazier, 211 – 22. Lanham, MD: Roman & Littlefield.

Rappaport, Roy A. 1967. Ritual regulation of environmental relations among a New Guinea people. *Ethnology* 6: 17 – 30.

Rasmussen, D. Tab. 1990. Primate origins: Lessons from a neotropical marsupial. *American Journal of Primatology* 22:263 – 77.

Rathje,William L. 1971. The origin and development of lowland classic Maya civilization.*American Antiquity* 36:275 – 85.

Ravesloot, John. 1997. Changing Native American perceptions of archaeology and archaeologists. In *Native Americans and archaeologists*, eds. N. Swidler et al. Walnut Creek, CA: AltaMira Press.

Ray, Verne F. 1954. *The Sanpoil and Nespelem: Salishan peoples of northeastern Washington*. New Haven, CT: Human Relations Area Files.

Raybeck, Douglas. 1998. Toward more holistic explanations: Cross-cultural research and cross-level analysis. *Cross-Cultural Research* 32:123 – 42.

Raybeck, Douglas, J. Shoobe, and J. Grauberger. 1989. Women, stress and participation in possession cults: A reexamination of the calcium deficiency hypothesis. *Medical Anthropology Quarterly* 3:139 – 61.

Redman, Charles L. 1978. *The rise of civilization: From early farmers to urban society in the ancient Near East*. San Francisco: W. H. Freeman.

Redman, Charles. 1999. *Human impact on ancient environments*. Tucson: University of Arizona Press.

Reed, David, V. Smith, S. Hammond, A. Rogers, and D. Clayton. 2004. Genetic analysis of lice supports direct contact between modern and archaic humans. *PLoS Biology* 2 (November):1972 – 83.

Reff, Daniel T. 2005. *Plagues, priests, and demons: Sacred narratives and the rise of Christianity in the Old World and the New*. Cambridge: Cambridge University Press.

Reisner, Marc. 1993. *Cadillac desert: The American West and its disappearing water*. Rev. ed. New York: Penguin.

Relethford, John. 1990. *The human species: An introduction to biological anthropology*. Mountain View, CA: Mayfield.

Renfrew, Colin. 1969. Trade and culture process in European history. *Current Anthropology* 10:156 – 69.

Renfrew, Colin. 1987. *Archaeology and language: The puzzle of Indo-European origins*. London: Jonathan Cape.

Rennie, John. 2002. 15 answers to creationist nonsense. *Scientific American* (July): 78 – 85.

Revkin, Andrew C. 2005. Tracking the imperiled bluefin from ocean to sushi platter.*The New York Times*, May 3, pp. F1, F4.

Rhine, Stanley. 1993. Skeletal criteria for racial attribution. *National Association for Applied Anthropology Bulletin* 13:54 – 67.

Rice, Patricia C. 1981. Prehistoric Venuses: Symbols of motherhood or womanhood? *Journal of Anthropological Research* 37:402 – 14.

Rice, Patricia C., and Ann L. Paterson. 1986. Validating the cave art—Archeofaunal relationship in Cantabrian Spain. *American Anthropologist* 88:658 – 67.

Rice, Patricia C., and Ann L. Paterson. 1985. Cave art and bones: Exploring the interrelationships. *American Anthropologist* 87:94 – 100.

Richard, Alison F. 1985. *Primates in nature*. New York: W. H. Freeman.

Richard, Alison F. 1987. Malagasy prosimians: Female dominance. In *Primate societies*, eds. B. Smuts et al. Chicago: University of Chicago Press.

Richardson, Curtis J., Peter Reiss, Najah A. Hussain, Azzam J. Alwash, and Douglas J. Pool. 2005. The restoration potential of the Mesopotamian marshes of Iraq. *Science* 307(February 25):1307 – 11.

Richerson, Peter J., and Robert Boyd. 2005. *Not by genes alone: How culture transformed human evolution*. Chicago: University of Chicago Press.

Richmond, Brian G., and William L. Jungers. *Orrorin tugenensis* femoral morphology and the evolution of human bipedalism. *Science* 319 (21, March 2008):1662 – 65.

Riesenfeld, Alphonse. 1973. The effect of extreme temperatures and starvation on the body proportions of the rat. *American Journal of Physical Anthropology* 39:427 – 59.

Rightmire, G. Philip. 1984. *Homo sapiens* in sub-Saharan Africa. In *The origins of modern humans*, eds. F. H. Smith and F. Spencer. New York: Alan R. Liss.

Rightmire, G. Philip. 1990. *The evolution of* Homo erectus: *Comparative anatomical studies of an extinct human species*. Cambridge: Cambridge University Press.

Rightmire, G. Philip. 1997. Human evolution in the Middle Pleistocene: The role of *Homo heidelbergensis. Evolutionary Anthropology* 6:218 – 27.

Rightmire, G. Philip. 2000. *Homo erectus*. In *Encyclopedia of human evolution and prehistory*, eds. I. Tattersall, E. Delson, and J. van Couvering. New York: Garland.

Rijksen, H. D. 1978. *A field study on Sumatran Orang Utans* (Pongo Pygmaeus Abelii Lesson 1827): *Ecology, Behaviour and Conservation*. Wageningen, The Netherlands: H. Veenman and Zonen.

Ritter, Madeline Lattman. 1980. The conditions favoring ageset organization. *Journal of Anthropological Research* 36:87 – 104.

Rivers, W. H. R. 1967/1906. *The Todas*. Oosterhout, N.B., The Netherlands: Anthropological Publications.

Roberts, D. F. 1953. Body weight, race, and climate. *American Journal of Physical Anthropology*, 533 – 58.

Roberts, D. F. 1978. *Climate and human variability*. 2nd ed. Menlo Park, CA: Cummings.

Roberts, John M. 1967. Oaths, autonomic ordeals, and power. In *Cross-cultural approaches*, ed. C. S. Ford. New Haven, CT: HRAF Press.

Roberts, John M., and Brian Sutton-Smith. 1962. Child training and game involvement. *Ethnology* 1:166 – 85.

Roberts, John M., Malcolm J. Arth, and Robert R. Bush. 1959. Games in culture. *American Anthropologist* 61:597 – 605.

Robins, Ashley H. 1991. *Biological perspectives on human pigmentation*. New York: Cambridge University Press.

Robinson, John G., and Charles H. Janson. 1987. Capuchins, squirrel monkeys, and atelines: Socioecological convergence with Old World primates. In *Primate societies*. eds. B. Smuts et al. Chicago: University of Chicago Press.

Robinson, John G., Patricia C. Wright, and Warren G. Kinzey. 1987. Monogamous cebids and their relatives: Intergroup calls and spacing. In *Primate societies*, eds. B. Smuts et al. Chicago: University of Chicago Press.

Robinson, Roy. 1984. Cat. In *Evolution of domesticated animals*, ed. I. Mason. New York: Longman.

Rodwin, Lloyd, and Bishwapriya Sanyal. 1987. Shelter, settlement, and development: An overview. In *Shelter, settlement, and development*, ed. L. Rodwin. Boston: Allen & Unwin.

Roes, Frans L., and Michel Raymond. 2003. Belief in moralizing gods. *Evolution and Human Behavior* 24:126 – 35.

Rogers, Alan, D. Iltis, and S. Wooding. 2004. Genetic variation at the MCIR locus and the time since loss of human body hair. *Current Anthropology* 45:105 – 08.

Rogers, Everett M. 1983. *Diffusion of innovations*. 3rd ed. New York: Free Press.

Rogoff, Barbara. 1990. *Apprenticeship in thinking: Cognitive development in social context*. New York: Oxford University Press.

Rogoff, Barbara. 1981. Schooling and the development of cognitive skills. In *Handbook of cross-cultural psychology*, vol. 4: *Developmental psychology*, eds. H. C. Triandis and A. Heron. Boston: Allyn & Bacon.

Rohner, Ronald P. 1975. *They love me, they love me not: A worldwide study of the effects of parental acceptance and rejection*. New Haven, CT: HRAF Press.

Rohner, Ronald P. 1976. Sex differences in aggression: Phylogenetic and enculturation perspectives. *Ethos* 4:57 – 72.

Rohner, Ronald P., and Preston A. Britner. 2002. Worldwide mental health correlates of parental acceptance-rejection: Review of cross-cultural research and intracultural evidence. *Cross-Cultural Research* 36:16 – 47.

Romaine, Suzanne. 1994. *Language in society: An introduction to sociolinguistics*. Oxford: Oxford University Press.

Romanucci-Ross, Lola, and George A. De Vos, eds. 1995. *Ethnic identity: Creation, conflict, and accommodation*. 3rd ed. Walnut Creek, CA: AltaMira Press.

Romanucci-Ross, Lola, Daniel E. Moerman, and Laurence R. Tancredi, eds. 1997. *The anthropology of medicine: From culture to method*. 3rd ed. Westport, CT: Bergin & Garvey.

Romney, A. Kimball, Carmella C. Moore, and Craig D. Rusch. 1997. Cultural universals: Measuring the semantic structure of emotion terms in English and Japanese. *Proceedings of the National Academy of Sciences, U.S.A.*, 94:5489 – 94.

Romney, A. Kimball, Susan C. Weller, and William H. Batchelder. 1986. Culture as consensus: A theory of culture and informant accuracy.*American Anthropologist* 88:313 – 38.

Roosens, Eugeen E. 1989. *Creating ethnicity: The process of ethnogenesis*. Newbury Park, CA: Sage Publications.

Roosevelt, Anna Curtenius. 1984. Population, health, and the evolution of subsistence: Conclusions from the conference. In *Paleopathology at the origins of agriculture*, eds. M. Cohen and G. Armelagos. Orlando, FL: Academic Press.

Roosevelt, Anna Curtenius. 1992. Secrets of the forest. *The Sciences* (November/December):22 – 28.

Roosevelt, Anna Curtenius, et al. 1996. Paleoindian cave dwellers in the Amazon: The peopling of the Americas. *Science* 272 (April 19):373 – 84.

Roscoe, Paul. 2002. The hunters and gatherers of New Guinea. *Current Anthropology* 43:153 – 62.

Rose, M. D. 1984. Food acquisition and the evolution of positional behaviour: The case of bipedalism. In *Food acquisition and processing in primates*, eds. D. Chivers, B. Wood, and A. Bilsborough. New York: Plenum.

Roseberry, William. 1988. Political economy. *Annual Review of Anthropology* 17:161 – 259.

Rosenberger, A. L. 1979. Cranial anatomy and implications of *Dolichocebus*, a late Oligocene ceboid primate. *Nature* 279 (May 31):416 – 18.

Rosenblatt, Paul C. 2009. Human rights violations. In MyAnthroLibrary, eds. C. R. Ember, M. Ember, and P. N. Peregrine. MyAnthroLibrary.com. Pearson.

Rosenblatt, Paul C., R. Patricia Walsh, and Douglas A. Jackson. 1976. *Grief and mourning in cross-cultural perspective*. New Haven, CT: HRAF Press.

Ross, Marc Howard. 1981. Socioeconomic complexity, socialization, and political differentiation: A cross-cultural study. *Ethos* 9:217 – 47.

Ross, Marc Howard. 1985. Internal and external conflict and violence. *Journal of Conflict Resolution* 29:547 – 79.

Ross, Marc Howard. 1986. Female political participation: A cross-cultural explanation. *American Anthropologist* 88:843 – 58.

Ross, Marc Howard. 1988. Political organization and political participation: Exit, voice, and loyalty in preindustrial societies. *Comparative Politics* 21:73 – 89.

Ross, Marc Howard. 2009a. Ethnocentrism and ethnic conflict. In MyAnthroLibrary, eds. C. R. Ember, M. Ember, and P. N. Peregrine. MyAnthroLibrary.com. Pearson.

Ross, Marc Howard. 2009b. Political participation. In MyAnthroLibrary, eds. C. R. Ember, M. Ember, and P. N. Peregrine. MyAnthroLibrary.com. Pearson.

Roth, Eric Abella. 2001. Demise of the sepaade tradition: Cultural and biological explanations. *American Anthropologist* 103:1014 – 23.

Rubel, Arthur J., and Michael R. Hass. 1996. Ethnomedicine. In *Medical anthropology*, rev. ed., eds. C. F. Sargent and T. M. Johnson. Westport, CT: Praeger.

Rubel, Arthur J., Carl O'Nell, and Rolando Collado-Ardón

(with the assistance of John Krejci and Jean Krejci). 1984.

Susto: A folk illness. Berkeley: University of California Press.

Rubel, Paula, and Abraham Rosman. 1996. Structuralism and poststructuralism. In *Encyclopedia of cultural anthropology*, eds. David Levinson and Melvin Ember, vol. 4, 1263 – 72. New York: Henry Holt.

Rubin, J. Z., F. J. Provenzano, and R. F. Haskett. 1974. The eye of the beholder: Parents' views on the sex of new borns. *American Journal of Orthopsychiatry* 44:512 – 19.

Rudan, Igor, and Harry Campbell. 2004. Five reasons why inbreeding may have considerable effect on post-reproductive human health. *Collegium Antropologicum* 28:943 – 50.

Rudmin, Floyd Webster. 1988. Dominance, social control, and ownership: A history and a cross-cultural study of motivations for private property. *Behavior Science Research* 22:130 – 60.

Ruff, Christopher B., and Alan Walker. 1993. Body size and body shape. In *The Nariokotome* Homo erectus *skeleton*, eds. A. Walker and R. Leakey. Cambridge, MA: Harvard University Press.

Rumbaugh, Duane M. 1970. Learning skills of anthropoids. In *Primate behavior*, vol. 1., ed. L. Rosenblum. New York: Academic Press.

Rummel, R. J. 2002a. "Death by Government." Chapter 1. Accessed at http://www.hawaii.edu/powerkills/DBG.CHAP1.HTM.

Rummel, R. J. 2002b. Democracies are less warlike than other regimes. Accessed at http://www.hawaii.edu/powerkills/DP95.htm.

Rummel, R. J. 2002c. Statistics of democide. Chapter 17. Accessed at http://www.hawaii.edu/powerkills/SOD.CHAP17.HTM.

Rummel, R. J. 2002d. Statistics of democide. Chapter 21. Accessed at http://www.hawaii.edu/powerkills/SOD.CHAP21.HTM.

Rummel. R. J. 2009. 20th century democide. http://www.hawaii.edu/powerkills/20th.htm (accessed September 5, 2009).

Ruskin, John. 1963. Of king's treasures. In *The genius of John Ruskin*, ed. J. D. Rosenberg. New York: Braziller.

Russell, Elbert W. 1972. Factors of human aggression. *Behavior Science Notes* 7:275 – 312.

Russett, Bruce (with the collaboration of William Antholis, Carol R. Ember, Melvin Ember, and Zeev Maoz). 1993. *Grasping the democratic peace: Principles for a post – cold war world*. Princeton, NJ: Princeton University Press.

Russett, Bruce, and John R. Oneal. 2001. *Triangulating peace: Democracy, interdependence, and international organizations*. New York: Norton.

Russon, Anne E. 1990. The development of peer social interaction in infant chimpanzees: Comparative social, Piagetian, and brain perspectives. In *"Language" and intelligence in monkeys and apes*, eds. S. Parker and K. Gibson. New York: Cambridge University Press.

Ruvolo, Maryellen. 1997. Genetic diversity in Hominoid primates. *Annual Review of Anthropology* 26: 515 – 40.

S

Sade, D. S. 1965. Some aspects of parent-offspring and sibling relationships in a group of rhesus monkeys, with a discussion of grooming. *American Journal of Physical Anthropology* 23:1 – 17.

Sagan, Carl. 1975. A cosmic calendar. *Natural History* (December): 70 – 73.

Sahlins, Marshall D. 1958. *Social stratification in Polynesia*. Seattle: University of Washington Press.

Sahlins, Marshall D. 1961. The segmentary lineage: An organization of predatory expansion. *American Anthropologist* 63:332 – 45.

Sahlins, Marshall D. 1962. *Moala: Culture and nature on a Fijian island*. Ann Arbor: University of Michigan Press.

Sahlins, Marshall D. 1963. Poor man, rich man, bigman, chief: Political types in Melanesia and Polynesia. *Comparative Studies in Society and History* 5:285 – 303.

Sahlins, Marshall D. 1972. *Stone Age economics*. Chicago: Aldine.

Sahlins, Marshall. 1983. Other times, other customs: The anthropology of history. *American Anthropologist* 85:517 – 44.

Sahlins, Marshall, and Elman Service. 1960. *Evolution and culture*. Ann Arbor: University of Michigan Press.

Salzman, Philip Carl. 1996. Pastoralism. In *Encyclopedia of cultural anthropology*, vol. 3., eds. D. Levinson and M. Ember, 899 – 905. New York: Henry Holt.

Salzman, Philip Carl. 1999. Is inequality universal? *Current Anthropology* 40:31 – 61.

Salzman, Philip Carl. 2001. *Understanding culture: An introduction to anthropological theory*, 135. Long Grove, IL: Waveland.

Salzman, Philip Carl. 2002. Pastoral nomads: Some general observations based on research in Iran. *Journal of Anthropological Research* 58:245 – 64.

Sanday, Peggy R. 1973. Toward a theory of the status of women. *American Anthropologist* 75:1682 – 700.

Sanday, Peggy R. 1974. Female status in the public domain. In *Woman, culture, and society*, eds. M. Z. Rosaldo and L. Lamphere. Stanford, CA: Stanford University Press.

Sanders, William T. 1968. Hydraulic agriculture, economic symbiosis, and the evolution of states in central Mexico. In *Anthropological archaeology in the Americas*, ed. B. Meggers. Washington, DC: Anthropological Society of Washington.

Sanders, William T., and Barbara J. Price. 1968. *Mesoamerica*. New York: Random House.

Sanders, William T., Jeffrey R. Parsons, and Robert S. Santley. 1979. *The basin of Mexico: Ecological processes in the evolution of a civilization*. New York: Academic Press.

Sanderson, Stephen K. 1995. Expanding world commercialization: The link between world-systems and civilizations. In *Civilizations and world systems: Studying worldhistorical change*, ed. S. K. Sanderson. Walnut Creek, CA: AltaMira Press.

Sapir, Edward. 1931. Conceptual categories in primitive languages. Paper presented at the autumn meeting of the National Academy of Sciences, New Haven, CT. Published in *Science* 74.

Sapir, Edward. 1938. Why cultural anthropology needs the psychiatrist. *Psychiatry* 1:7 – 12.

Sapir, Edward, and M. Swadesh. 1964. American Indian grammatical categories. In *Language in culture and society*, ed. D. Hymes. New York: Harper & Row.

Sarich, Vincent M. 1968. The origin of hominids: An immunological approach. In *Perspectives on human evolution*, vol. 1., eds. S. L. Washburn and P. C. Jay. New York: Holt, Rinehart & Winston.

Sarich, Vincent M., and Allan C. Wilson. 1966. Quantitative immunochemistry and the evolution of primate albumins: Micro-component fixations. *Science* 154 (December 23):1563 – 66.

Sassaman, Kenneth. 1996. Early Archaic settlement in the South Carolina coastal plain. In *The Paleoindian and early Archaic Southeast*, eds. D. G. Anderson and K. E. Sassaman, 58 – 83. Tuscaloosa: University of Alabama Press.

Sattler, Richard A. 1996. Remnants, renegades, and runaways: Seminole ethnogenesis reconsidered. In *Ethnogenesis in the Americas*, ed. J. D. Hill, 36 – 69. Iowa City: University of Iowa Press.

Savage-Rumbaugh, E. S. 1992. Language training of apes. In *The Cambridge encyclopedia of human evolution*, eds. S. Jones, R. Martin, and D. Pilbeam. New York: Cambridge University Press.

Savage-Rumbaugh, E. S. 1994. Hominid evolution: Looking to modern apes for clues. In *Hominid culture in primate perspective*, eds. D. Quiatt and J. Itani. Niwot: University Press of Colorado.

Savolainen, Peter, J. Luo, J. Lunderberg, and T. Leitner. 2002. Genetic evidence for an East Asian origin of domestic dogs. *Science* 296 (November 22):1610 – 14.

Scaglion, Richard. 1990. Legal adaptation in a Papua New Guinea village court. *Ethnology* 29:17 – 33.

Scaglion, Richard. 2009a. Abelam: Giant yams and cycles of sex, warfare and ritual. In MyAnthroLibrary, eds. C. R. Ember, M. Ember, and P. N. Peregrine. MyAnthroLibrary. com. Pearson.

Scaglion, Richard. 2009b. Law and society. In MyAnthroLibrary, eds. C. R. Ember, M. Ember, and P. N. Peregrine. MyAnthroLibrary.com. Pearson.

Scaglion, Richard, and Rose Whittingham. 1985. Female plaintiffs and sex-related disputes in rural Papua New Guinea. In *Domestic violence in Papua New Guinea*, ed. S. Toft. New Guinea; Law Reform Commission.

Scarr, Sandra, and Kathleen McCartney. 1983. How people make their own environments: A theory of genotype – environment effects. *Child Development*, 54:424 – 35.

Schaller, George. 1963. *The mountain gorilla: Ecology and behavior*. Chicago: University of Chicago Press.

Schaller, George. 1964. *The year of the gorilla*. Chicago: University of Chicago Press.

Schaller, George. 1972. *The Serengeti lion: A study of predatorprey relations*. Chicago: University of Chicago Press.

Schick, Kathy D., and Nicholas Toth. 1993. *Making silent stones speak*. New York: Simon & Schuster.

Schlegel, Alice. 1989. Gender issues and cross-cultural research. *Behavior Science Research* 23:265 – 80.

Schlegel, Alice. 1991. Status, property, and the value on virginity. *American Ethnologist* 18:719 – 34.

Schlegel, Alice. 2009. The status of women. In MyAnthroLibrary, eds. C. R. Ember, M. Ember, and P. N. Peregrine. MyAnthroLibrary.com. Pearson.

Schlegel, Alice, and Herbert Barry, III. 1986. The cultural consequences of female contribution to subsistence. *American Anthropologist* 88:142 – 50.

Schlegel, Alice, and Herbert Barry III. 1991. *Adolescence: An anthropological inquiry*. New York: Free Press.

Schlegel, Alice, and Rohn Eloul. 1987. A new coding of marriage transactions. *Behavior Science Research* 21:118 – 40.

Schlegel, Alice, and Rohn Eloul. 1988. Marriage transactions: Labor, property, and status. *American Anthropologist* 90:291 – 309.

Schneider, David M. 1961a. Introduction: The distinctive features of matrilineal descent groups. In *Matrilineal kinship*, eds. D. M. Schneider and K. Gough, 1 – 29. Berkeley: University of California Press.

Schneider, David M. 1961b. Truk. In *Matrilineal kinship*, eds. D. M. Schneider and K. Gough, 202 – 33. Berkeley: University of California Press.

Schoepf, B. 1988. Women, AIDS and economic crisis in central Africa. *Canadian Journal of African Studies* 22:625 – 44.

Schrauf, Robert W. 1999. Mother tongue maintenance among North American ethnic groups. *Cross-Cultural Research* 33:175 – 92.

Schrire, Carmel, ed. 1984a. *Past and present in hunter-gatherer studies*. Orlando, FL: Academic Press.

Schrire, Carmel. 1984b. Wild surmises on savage thoughts. In *Past and present in hunter-gatherer studies*, ed. C. Schrire. Orlando, FL: Academic Press.

Schwartz, Richard D. 1954. Social factors in the development of legal control: A case study of two Israeli settlements. *Yale Law Journal* 63 (February):471 – 91.

Scientific American. 2005. Crossroads for Planet Earth. *Scientific American*. Special Issue, September.

Scott, Janny, and David Leonhardt. 2005. Class in America: Shadowy lines that still divide. *New York Times*, National, May 15, pp. 1, 26.

Scribner, Sylvia, and Michael Cole. 1981. *The psychology of literacy*. Cambridge, MA: Harvard University Press.

Scudder, Thayer. 1978. Opportunities, issues and achievements in development anthropology since the mid-1960s: A personal view. In *Applied anthropology in America*, 2nd ed., eds. E. M. Eddy and W. L. Partridge. New York: Columbia University Press.

Seemanová, Eva. 1971. A study of children of incestuous matings. *Human Heredity* 21:108 – 28.

Segal, Edwin S. 2004. Cultural constructions of gender. In *Encyclopedia of sex and gender: Men and women in the world's cultures*, vol. 1, eds. C. Ember and M. Ember, 3 – 10. New York: Kluwer Academic/Plenum Publishers.

Segal, Robert A. 1987. *Joseph Campbell: An introduction*. New York: Garland.

Segall, Marshall H. 1979. *Cross-cultural psychology: Human behavior in global perspective*. Monterey, CA: Brooks/Cole.

Segall, Marshall, Pierre R. Dasen, John W. Berry, and Ype H. Poortinga. 1990. *Human behavior in global perspective: An introduction to cross-cultural psychology*. New York: Pergamon.

Sellen, Daniel W., and Daniel J. Hruschka. 2004. Extractedfood resource-defense polygyny in Native Western North American societies at contact. *Current Anthropology* 45:707 – 14.

Semenov, S. A. 1970. *Prehistoric technology*. Trans. M. W. Thompson. Bath, England: Adams & Dart.

Sengupta, Somini. 2002. Money from kin abroad helps Bengalis get by. *New York Times*, June 24, A3.

Senner, Wayne M. 1989. Theories and myths on the origins of writing: A historical overview. In *The origins of writing*, ed. W. M. Senner. Lincoln: University of Nebraska Press.

Serre, David, André Langaney, Mario Chech, Maria Teschler-Nicola, Maja Paunovic, Philippe Mennecier, Michael

Hofreiter, Göran Possnert, and Svante Pääbo. 2004. No evidence of Neandertal mtDNA contribution to early modern humans. *PLoS Biology* 2:313 – 17.

Service, Elman R. 1962. *Primitive social organization: An evolutionary perspective*. New York: Random House.

Service, Elman R. 1975. *Origins of the state and civilization: The process of cultural evolution*. New York: Norton.

Service, Elman R. 1978. *Profiles in ethnology*. 3rd ed. New York: Harper & Row.

Service, Elman R. 1979. *The hunters*. 2nd ed. Upper Saddle River, NJ: Prentice Hall.

Seyfarth, Robert M., and Dorothy L. Cheney., 1982. How monkeys see the world: A review of recent research on East African vervet monkeys. In *Primate communication*, eds. C. T. Snowdon, C. H. Brown, and M. R. Petersen. New York: Cambridge University Press.

Seyfarth, Robert M., Dorothy L. Cheney, and Peter Marler. 1980. Monkey response to three different alarm calls: Evidence of predator classification and semantic communication. *Science* 210 (November 14):801 – 03.

Shanklin, Eugenia. 1993. *Anthropology and race*. Belmont, CA: Wadsworth.

Shankman, Paul. 1991. Culture contact, cultural ecology, and Dani warfare. *Man* 26:299 – 321.

Shankman, Paul. 2009. Sex, lies, and anthropologists: Margaret Mead, Derek Freeman, and Samoa. In MyAnthroLibrary, eds. C. R. Ember, M. Ember, and P. N. Peregrine. MyAnthroLibrary.com. Pearson.

Sheils, Dean. 1975. Toward a unified theory of ancestor worship: A cross-cultural study. *Social Forces* 54:427 – 40.

Sheils, Dean. 1980. A comparative study of human sacrifice. *Behavior Science Research* 15:245 – 62.

Shen, Xuefei, and Robert F. Siliciano. 2000. Preventing AIDS but not HIV-1 infection with a DNA vaccine. *Science* 290 (October 20):463 – 65.

Shibamoto, Janet S. 1987. The womanly woman: Japanese female speech. In *Language, gender, and sex in comparative perspective*, eds. S. U. Philips, S. Steele, and C. Tanz. Cambridge: Cambridge University Press.

Shipman, Pat. 1986. Scavenging or hunting in early hominids: Theoretical framework and tests. *American Anthropologist* 88:27 – 43.

Shulman, Seth. 1993. Nurturing native tongues. *Technology Review* (May/June):16.

Shuy, Roger. 1960. Sociolinguistic research at the Center for Applied Linguistics: The correlation of language and sex. *Giornata Internazionale di Sociolinguistica*. Rome: Palazzo Baldassini.

Sih, Andrew, and Katharine A. Milton. 1985. Optimal diet theory: Should the !Kung eat mongongos? *American Anthropologist* 87:395 – 401.

Silk, Joan. 1980. Adoption and kinship in Oceania. *American Anthropologist* 82:799 – 820.

Silk, Joan. 2007. Social components of fitness in primate groups. *Science* 317 (September 7):1347 – 51.

Silver, Harry R. 1981. Calculating risks: The socioeconomic foundations of aesthetic innovation in an Ashanti carving community. *Ethnology* 20:101 – 14.

Simcha Lev-Yadun, Avi Gopher, and Shahal Abbo, 2000. The cradle of agriculture. *Science* 288 (June 2):1602 – 03.

Simmons, Alan H., Ilse K hler-Rollefson, Gary O. Rollefson, Rolfe Mandel, and Zeidan Kafafi. 1988. Ain Ghazal: A major Neolithic settlement in central Jordan. *Science* 240 (April 1):35 – 39.

Simmons, Janie, Paul Farmer, and Brooke G. Schoepf. 1996. A global perspective. In *Women, poverty, and AIDS: Sex, drugs, and structural violence*, eds. P. Farmer, M. Connors, and J. Simmons, 39 – 90. Monroe, ME: Common Courage Press.

Simons, Elwyn L. 1992. The primate fossil record. In *The Cambridge encyclopedia of human evolution*, eds. S. Jones, R. Martin, and D. Pilbeam. New York: Cambridge University Press.

Simons, Elwyn L. 1995. Skulls and anterior teeth of *Catopithecus* (Primates: Anthropoidea) from the Eocene shed light on anthropoidean origins. *Science* 268 (June 30):1885 – 88.

Simons, Elwyn L., and D. T. Rassmussen. 1996. Skull of *Catopithecus browni*, an early tertiary catarrhine. *American Journal of Physical Anthropology* 100:261 – 92.

Simpson, George Gaylord. 1971. *The meaning of evolution*. New York: Bantam.

Simpson, S. P., and Ruth Field. 1946. Law and the social sciences. *Virginia Law Review* 32:858.

Simpson, Scott W. 2009. *Australopithecus afarensis* and human evolution. In MyAnthroLibrary, eds. C. R. Ember, M. Ember, and P. N. Peregrine. MyAnthroLibrary.com. Pearson.

Simpson, Scott W., Jay Quade, Naomi Levin, Robert Butler, Guillaume Dupont-Nivet, Melanie Everett, Sileshi Semaw. 2008. A female *Homo erectus* pelvis from Gona, Ethiopia. *Science* 322 (November 14):1089 – 91.

Singer, J. David. 1980. Accounting for international war: The state of the discipline. *Annual Review of Sociology* 6:349 – 67.

Singer, Ronald, and John Wymer. 1982. *The Middle Stone Age at Klasies River mouth in South Africa*. Chicago: University of Chicago Press.

Sipes, Richard G. 1973. War, sports, and aggression: An Empirical test of two rival theories. *American Anthropologist* 75:64 – 86.

Skomal, Susan N., and Edgar C. Polomé, eds. 1987. *ProtoIndo-European: The archaeology of a linguistic problem*. Washington, DC: Washington Institute for the Study of Man.

Slayman, Andrew. 1997. A battle over old bones. *Archaeology* 50:16 – 23.

Slocum, Sally. 1975. Woman the gatherer: Male bias in anthropology. In *Toward an anthropology of women*, ed. Rayna Reiter. New York: Monthly Review Press.

Small, Meredith. 1997. Our babies, ourselves. *Natural History* (October):42 – 51.

Smay, Diana, and George Armelagos. 2000. Galileo wept: A critical assessment of the use of race in forensic anthropology. *Transforming Anthropology* 9 (2):19 – 29.

Smedley, Audrey. 2004. *Women creating patrilyny*. Walnut Creek, CA: AltaMira.

Smedley, Brian D., Adrienne Y. Stith, and Alan R. Nelson, eds. 2003. *Unequal treatment: confronting racial and ethnic disparities in health care*. Washington,

DC: National Academy Press.

Smith, B. Holly. 1986. Dental development in *Australopithecus* and early *Homo*. *Nature* 323 (September 25):327 – 30.

Smith, Bruce D. 1992a. Prehistoric plant husbandry in eastern North America. In *The origins of agriculture*, eds. C. Cowan and P. Watson. Washington, DC: Smithsonian Institution Press.

Smith, Bruce D. 1992b. *Rivers of change*. Washington, DC: Smithsonian Institution Press.

Smith, Eric A. 1983. Anthropological applications of optimal foraging theory: A critical review. *Current Anthropology* 24:625 – 40.

Smith, Fred H. 1984. Fossil hominids from the Upper Pleistocene of central Europe and the origin of modern humans. In *The origins of modern humans*, eds. F. H. Smith and F. Spencer. New York: Alan R. Liss.

Smith, Fred H., and Frank Spencer, eds. 1984. *The origins of modern humans: A world survey of the fossil evidence*. New York: Alan R. Liss.

Smith, John Maynard. 1989. *Evolutionary genetics*. New York: Oxford University Press.

Smith, Michael G. 1966. Preindustrial stratification systems. In *Social structure and mobility in economic development*, eds. N. J. Smelser and S. M. Lipset. Chicago: Aldine.

Smith, M. W. 1974. Alfred Binet's remarkable questions: A cross-national and cross-temporal analysis of the cultural biases built into the Stanford-Binet Intelligence Scale and other Binet Tests. *Genetic Psychology Monographs* 89:307 – 34.

Smith, Waldemar R. 1977. *The fiesta system and economic change*. New York: Columbia University Press.

Smuts, Barbara B., Dorothy L. Cheney, Robert M. Seyfarth, Richard W. Wrangham, and Thomas T. Struhsaker, eds. 1987. *Primate societies*. Chicago: University of Chicago Press.

Snowdon, Charles T. 1999. An empiricist view of language evolution and development. In *The origins of language*, ed. B. J. King, 79 – 114. Santa Fe, NM:

School of American Research Press.

Society for American Archaeology. 2009. FAQs for students. http://www.saa.org/ForthePublic/FAQs/ForStudents/tabid/101/Default.aspx (accessed August 26, 2009).

Soffer, Olga. 1993. Upper Paleolithic adaptations in central and eastern Europe and man-mammoth interactions. In *From Kostenki to Clovis*, eds. O. Soffer and N. D. Praslov. New York: Plenum.

Soffer, Olga, J. M. Adovasio, and D. C. Hyland. 2000. The "Venus" figurines: Textiles, basketry, gender, and status in the Upper Paleolithic. *Current Anthropology* 41: 511 – 37.

Solis, Ruth Shady, Jonathan Haas, and Winifred Creamer. 2001. Dating Caral, a preceramic site in the Supe Valley of the central coast of Peru. *Science* 292 (April 27):723 – 26.

Solon, Gary. 2002. Cross-country differences in intergenerational earnings mobility. *Journal of Economic Perspectives* 16:59 – 66.

Sosis, Richard. 2002. Patch choice decisions among Ifaluk fishers. *American Anthropologist* 104:583 – 98.

Sosis, Richard, and Eric R. Bressler. 2003. Cooperation and commune longevity: A test of the costly signaling theory of religion. *Cross-Cultural Research* 37:211 – 39.

Southworth, Franklin C., and Chandler J. Daswani. 1974. *Foundations of linguistics*. New York: Free Press.

Spanos, Nicholas P. 1983. Ergotism and the Salem witch panic: A critical analysis and an alternative conceptualization. *Journal of the History of the Behavioral Sciences* 19:358 – 69.

Sparks, Corey, and R. L. Jantz. 2003. Changing times, changing faces: Franz Boas's immigrant study in modern perspective. *American Anthropologist* 105: 333 – 37.

Spencer, Frank. 1984. The Neandertals and their evolutionary significance: A brief historical survey. In *The origins of modern humans*, eds. F. H. Smith and F.

Spencer. New York: Alan R. Liss.

Spencer, Robert F. 1968. Spouse-exchange among the North Alaskan Eskimo. In *Marriage, family and residence*, eds. P. Bohannan and J. Middleton. Garden City, NY: Natural History Press.

Sperber, Dan. 1985. *On Anthropological Knowledge: Three Essays*. Cambridge: Cambridge University Press.

Speth, John D. 2009. Were our ancestors hunters or scavengers? In MyAnthroLibrary, eds. C. R. Ember, M. Ember, and P. N. Peregrine. MyAnthroLibrary.com. Pearson.

Speth, John D., and Dave D. Davis. 1976. Seasonal variability in early hominid predation. *Science* 192 (April 30): 441 – 45.

Speth, John D., and Katherine A. Spielmann. 1983. Energy source, protein metabolism, and hunter-gatherer subsistence strategies. *Journal of nthropological Archaeology* 2:1 – 31.

Spiro, Melford E. 1982. *Oedipus in the Trobriands*. Chicago: University of Chicago Press.

Spiro, Melford. 1993. Is the Western conception of the self "peculiar" within the context of the world cultures?" *Ethos* 21:107 – 53.

Spiro, Melford E., and Roy G. D'Andrade. 1958. A crosscultural study of some supernatural beliefs. *American Anthropologist* 60:456 – 66.

Spring, Anita. 1995. *Agricultural development and gender issues in Malawi*. Lanham, MD: University Press of America.

Spring, Anita. 2000a. Agricultural commercialization and women farmers in Kenya. In *Women farmers and commercial ventures: Increasing food security in developing countries*, ed. Anita Spring, 317 – 41. Boulder, CO: Lynne Rienner Publishers.

Spring, Anita. 2000b. Commercialization and women farmers: Old paradigms and new themes. In *Women farmers and commercial ventures: Increasing food security in developing countries*, ed. Anita Spring, 1 – 37. Boulder, CO: Lynne Rienner Publishers.

Spring, Anita, ed., 2000c. *Women farmers and commercial ventures: Increasing food security in developing countries*. Boulder, CO, Lynne Rienner Publishers.

Stairs, Arlene. 1992. Self-image, world-image: Speculations on identity from experiences with Inuit. *Ethos* 20:116 – 26.

Stanford, Craig. 2009. Chimpanzee hunting behavior and human evolution. In MyAnthroLibrary, eds. C. R. Ember, M. Ember, and P. N. Peregrine. MyAnthroLibrary.com. Pearson.

Stark, Rodney. 1985. *The future of religion: Secularization, revival and cult formation*. Berkeley: University of California Press.

Stark, Rodney. 1996. *The rise of Christianity: A sociologist reconsiders history*. Princeton, NJ: Princeton University Press.

Stark, Rodney. 2001. Gods, rituals and the moral order. *Journal for the Scientific Study of Religion* 40:619 – 36.

Stark, Rodney, and Roger Finke. 2000. *Acts of faith: explaining the human side of religion*. Berkeley: University of California Press.

Starling, Anne, and Jay Stock. 2007. Dental indicators of health and stress in early Egyptian and Nubian agriculturalists: A difficult transition and gradual recovery. *American Journal of Physical Anthropology* 134(4):520 – 28.

Stedman, Hansell, B. Kozyak, A. Nelson, D. Thesier, L. Su, D. Low, C. Bridges, J. Shrager, N. Minugh-Purvis, and M. Mitchell. 2004. Myosin gene mutation correlates with anatomical changes in the human lineage. *Nature* 428 (March 25):415 – 18.

Steegman, A. T., Jr. 1975. Human adaptation to cold. In *Physiological anthropology*, ed. A. Damon. New York: Oxford University Press.

Stein, P., and B. Rowe. 2000. *Physical anthropology*. 7th ed. Boston: McGraw Hill.

Steiner, Christopher B. 1990. Body personal and body politic: Adornment and leadership in cross-cultural perspective. *Anthropos* 85:431 – 45.

Stephens, William N. 1963. *The family in cross-cultural perspective*. New York: Holt, Rinehart & Winston.

Stephens, William N. 1972. A cross-cultural study of modesty. *Behavior Science Research* 7:1 – 28.

Stern, Curt. 1973. *Principles of human genetics*. 3rd ed. San Francisco: W. H. Freeman.

Stevens, Phillips, Jr. 1996. Religion. In *Encyclopedia of cultural anthropology*, vol. 3, eds. D. Levinson and M. Ember, 1088 – 100. New York: Henry Holt.

Steward, Julian H. 1955a. The concept and method of cultural ecology. In *Theory of Culture Change*, ed. J. H. Steward. Urbana: University of Illinois Press.

Steward, Julian H. 1955b. *Theory of culture change*. Urbana: University of Illinois Press.

Steward, Julian H., and Louis C. Faron. 1959. *Native peoples of South America*. New York: McGraw-Hill.

Stewart, T. D. 1950. Deformity, trephanating, and mutilation in South American Indian skeletal remains. In *Handbook of South American Indians*, vol. 6, ed. J. A. Steward, *Physical Anthropology, Linguistics, and Cultural Geography*. Bureau of American Ethnology Bulletin 143. Washington, DC: Smithsonian Institution.

Stimpson, David, Larry Jensen, and Wayne Neff. 1992. Cross-cultural gender differences in preference for a caring morality. *Journal of Social Psychology* 132:317 – 22.

Stini, William A. 1971. Evolutionary implications of changing nutritional patterns in human populations. *American Anthropologist* 73:1019 – 30.

Stini, William A. 1975. *Ecology and human adaptation*. Dubuque, IA: Wm. C. Brown.

Stockett, Miranda K., and Pamela L. Geller. 2006. Introduction. In *Feminist anthropology: Past, present, and future*, eds. Pamela L. Geller and Miranda K. Stockett, 1 – 19. Philadelphia: University of Pennsylvania Press.

Stodder, James. 1995. The evolution of complexity in primitive exchange. *Journal of Comparative Economics* 20:205.

Stogdill, Ralph M. 1974. *Handbook of leadership: A survey of theory and research*. New York: Macmillan.

Stokstad, Erik. 2008. Privatization prevents collapse of fish stocks, global analysis shows. *Science* 321:1619.

Stoneking, Mark. 1997. Recent African origin of human mitochondrial DNA. In *Progress in population genetics and human evolution*, eds. P. Donnelly and S. Tavaré, 1 – 13. New York: Springer.

Straus, Murray A. 1991. Physical violence in American families: Incidence rates, causes, and trends. In *Abused and battered*, eds. D. D. Knudsen and J. L. Miller. New York: Aldine.

Straus, Murray A. 1995. Trends in cultural norms and rates of partner violence: An update to 1992. In *Understanding partner violence: Prevalence, causes, consequences, and solutions*, eds. S. M. Stith and M. A. Straus, 30 – 33. Minneapolis, MN: National Council on Family Relations. http://pubpages.unh.edu/~mas2/v56.pdf/ (accessed August 2002).

Straus, Murray A. 2001. Physical aggression in the family: Prevalence rates, links to non-family violence, and implications for primary prevention of societal violence. In *Prevention and control of aggression and the impact on its victims*, ed. M. Martinez, 181 – 200. New York: Kluwer Academic/Plenum.

Straus, Murray A. 2009. Prevalence and social causes of corporal punishment by parents in world perspective. Paper presented at the annual meeting of the Society for Cross-Cultural Research, Las Vegas, Nevada, February 20, 2009.

Straus, Murray A., and Carrie L. Yodanis. 1996. Corporal punishment in adolescence and physical assaults on spouses in later life: What accounts for the link? *Journal of Marriage and the Family* 58:825 – 41.

Straus, Murray A., and Glenda Kaufman Kantor. 1994 (July). Change in Spouse assault rates from 1975 to 1992: A comparison of three national surveys in the United States. Paper presented at the 13th World

Congress of Sociology, Bielefeld, Germany. http:// pubpages.unh.edu/~mas2/v55. pdf/ (accessed August 2002).

Straus, Murray A., and Glenda Kaufman Kantor. 1995. Trends in physical abuse by parents from 1975 to 1992: A comparison of three national surveys. Paper presented at the annual meeting of the American Society of Criminology, Boston, November 18. http:// pubpages.unh.edu/~mas2/V57.pdf/ (accessed August 2002).

Strauss, Lawrence Guy. 1982. Comment on White. *Current Anthropology* 23:185 – 86.

Strauss, Lawrence Guy. 1989. On early hominid use of fire. *Current Anthropology* 30:488 – 91.

Stringer, Christopher B. 1985. Evolution of a species. *Geographical Magazine* 57:601 – 07.

Stringer, Christopher B. 2000. Neandertals. In *Encyclopedia of human evolution and prehistory*, eds. I. Tattersall, E. Delson, and J. van Couvering. New York: Garland.

Stringer, Christopher. B. 2003. Out of Ethiopia. *Nature* 423 (June 12):692 – 95.

Stringer, Christopher B, and Clive Gamble. 1993. *In search of the Neandertals*. New York: Thames and Hudson.

Stringer, Christopher B., J. J. Hublin, and B. Vandermeersch. 1984. The origin of anatomically modern humans in western Europe. In *The origins of modern humans*, eds. F. H. Smith and F. Spencer. New York: Alan R. Liss.

Suárez-Orozco, Marcelo. 1992. A grammar of terror: Psychocultural responses to state terrorism in dirty war and postdirty war Argentina. In *The paths to domination, resistance, and terror*, eds. C. Nordstrom and J. Martin, 219 – 59. Berkeley, CA: University of California Press.

Super, Charles M., and Sara Harkness. 1997. The cultural structuring of child development. In *Handbook of cross-cultural psychology*, vol. 2, 2nd ed., eds. J. W. Berry, P. R. Dasen, and T. S. Saraswathi, 1 – 39.

Boston: Allyn & Bacon.

Susman, Randall L., ed. 1984. *The pygmy chimpanzee: Evolutionary biology and behavior*. New York: Plenum.

Susman, Randall L. 1994. Fossil evidence for early hominid tool use. *Science* 265(September 9):1570 – 73.

Susman, Randall L., Jack T. Stern, Jr., and William L. Jungers. 1985. Locomotor adaptations in the Hadar hominids. In *Ancestors: The hard evidence*, ed. E. Delson, 184 – 92. New York: Alan R. Liss.

Sussman, Robert W. 1972. Child transport, family size, and the increase in human population size during the Neolithic. *Current Anthropology* 13:258 – 67.

Sussman, Robert W. 1991. Primate origins and the evolution of angiosperms. *American Journal of Primatology* 23: 209 – 23.

Sussman, Robert W., and W. G. Kinzey. 1984. The ecological role of the callitrichidae: A review. *American Journal of Physical Anthropology* 64:419 – 49.

Sussman, Robert W., and Peter H. Raven. 1978. Pollination by lemurs and marsupials: An archaic coevolutionary system. *Science* 200 (May 19):734 – 35.

Swanson, Guy E. 1969. *The birth of the gods: The origin of primitive beliefs*. Ann Arbor: University of Michigan Press.

Sweeney, James J. 1952. African negro culture. In *African folktales and sculpture*, ed. P. Radin. New York: Pantheon.

Swisher, C. C., III, G. H. Curtis, T. Jacob, A. G. Getty, A. Suprijo, and Widiasmoro. 1994. Age of the earliest known hominids in Java, Indonesia. *Science* 263 (February 25): 1118 – 21.

Szalay, Frederick S. 1968. The beginnings of primates. *Evolution* 22:32 – 33.

Szalay, Frederick S. 1972. Paleobiology of the earliest primates. In *The functional and evolutionary biology of the primates*, ed. R. Tuttle, 3 – 35. Chicago: University of Chicago Press.

Szalay, Frederick S. 1975. Hunting-scavenging protohominids: A model for hominid origins. *Man* 10:420 – 29.

Szalay, Frederick S., and Eric Delson. 1979. *Evolutionary history of the primates*. New York: Academic Press.

Szalay, Frederick S., I. Tattersall, and R. Decker. 1975. Phylogenetic relationships of *Plesiadipis*—Postcranial evidence. *Contributions to Primatology* 5:136 – 66.

Szklut, Jay, and Reed, Robert Roy. 1991. Community anonymity in anthropological research: A reassessment. In *Ethics and the profession of anthropology: Dialogue for a new era*, ed. Carolyn Fluehr-Lobban, 97 – 116. Philadelphia: University of Pennsylvania Press.

T

Tainter, Joseph. 1988. *The collapse of complex societies*. Cambridge: Cambridge University Press, 128 – 52.

Takahata, Naoyuki, and Yoko Satta. 1997. Evolution of the primate lineage leading to modern humans: Phylogenetic and demographic inferences from DNA sequences. *Publications of the National Academy of Sciences* 94 (April 29):4811 – 15.

Takezawa, Yasuko. 2006. Race should be discussed and understood across the globe. *Anthropology News* (February/March).

Talmon, Yonina. 1964. Mate selection in collective settlements. *American Sociological Review* 29:491 – 508.

Tamari, Tal. 1991. The development of caste systems in West Africa. *Journal of African History* 32:221 – 50.

Tamari, Tal. 2005. Kingship and caste in Africa: History, diffusion and evolution. In *The character of kingship*, ed. Declan Quigley, 141 – 70. Oxford: Berg Publishers.

Tannenbaum, Nicola. 1984. The misuse of Chayanov: 'Chayanov's Rule' and empiricist bias in anthropology. *American Anthropologist* 86:927 – 42.

Tannen, Deborah. 1990. *You just don't understand: Women and men in conversation*. New York: William Morrow and Company.

Tattersall, Ian. 1982. *The primates of Madagascar*. New York: Columbia University Press.

Tattersall, Ian. 1997 (April). Out of Africa again . . . and again? *Scientific American* 276:60 – 68.

Tattersall, Ian. 1999. *The Last Neanderthal*. Boulder, CO: Westview, 115 – 16.

Tattersall, Ian. 2002. Paleoanthropology and evolutionary theory. In *Physical anthropology: Original readings in method and practice*, eds. P. N. Peregrine, C. R. Ember, and M. Ember. Upper Saddle River, NJ: Prentice Hall.

Tattersall, Ian. 2009. Paleoanthropology and evolutionary theory. In MyAnthroLibrary, eds. C. R. Ember, M. Ember, and P. N. Peregrine. MyAnthroLibrary.com. Pearson.

Tattersall, Ian, and Jeffrey Schwartz. 2000. *Extinct humans*. Boulder, CO: Westview.

Tattersall, Ian, Eric Delson, and John Van Couvering, eds. 2000. *Encyclopedia of Human Evolution and Prehistory*. New York: Garland.

Taylor, Christopher C. 2005. Mutton, mud, and runny noses: A hierarchy of distaste in early Rwanda. *Social Analysis* 49:213 – 30.

Taylor, R. E., and M. J. Aitken, eds. 1997. *Chronometric Dating in Archaeology*. New York: Plenum.

Teleki, Geza. 1973. The omnivorous chimpanzee. *Scientific American* (January): 32 – 42.

Templeton, Alan R. 1993. The "Eve" hypotheses: A genetic critique and reanalysis. *American Anthropologist* 95:51 – 72.

Templeton, Alan R. 1996. Gene lineages and human evolution. *Science* 272 (May 31):1363.

Terborgh, John. 1983. *Five new world primates: A study in comparative ecology*. Princeton, NJ: Princeton University Press.

Textor, Robert B., comp. 1967. *A cross-cultural summary*. New Haven, CT: HRAF Press.

Thomas, David Hurst. 1986. *Refiguring anthropology: First principles of probability and statistics*. Prospect Heights, IL: Waveland.

Thomas, David Hurst. 2000. *Skull wars*. New York: Basic Books.

Thomas, Elizabeth Marshall. 1959. *The harmless peo-*

ple. New York: Knopf.

Thomas, Wesley. 1993. *A traditional Navajo's perspectives on the cultural construction of gender in the Navajo world*. Paper presented at the University of Frankfurt, Germany. As referred to in Lang 1999.

Thomason, Sarah Grey, and Terrence Kaufman. 1988. *Language contact, creolization, and genetic linguistics*. Berkeley: University of California Press.

Thompson, Elizabeth Bartlett. 1966. *Africa, past and present*. Boston: Houghton Mifflin.

Thompson, Ginger. 2002. Mexico is attracting a better class of factory in its south. *New York Times*, June 29, p. A3.

Thompson, Richard H. 2009. Chinatowns: Immigrant communities in transition. In MyAnthroLibrary, eds. C. R. Ember, M. Ember, and P. N. Peregrine. MyAnthroLibrary. com. Pearson.

Thompson, Richard H. 1996. Assimilation. In *Encyclopedia of cultural anthropology*, vol. 1, 4 vols., eds. D. Levinson and M. Ember, 112 – 16. New York: Henry Holt.

Thompson, Stith. 1965. Star Husband Tale. In *The study of folklore*, ed. A. Dundes. Upper Saddle River, NJ: Prentice Hall.

Thompson-Handler, Nancy, Richard K. Malenky, and Noel Badrian. 1984. Sexual behavior of *Pan paniscus* under natural conditions in the Lomako Forest, Equateur, Zaire." In *The pygmy chimpanzee*, ed. R. Susman. New York: Plenum.

Thorpe, S. K. S, R. L. Holder, and R. H. Compton. Origin of human bipedalism as an adaptation for locomotion on flexible branches. *Science* 316 (June 2007):1328 – 31.

Thurnwald, R. C. 1934. Pigs and currency in Buin: Observations about primitive standards of value and economics. *Oceania* 5:119 – 41.

Tierney, Patrick. 2000. *Darkness in El Dorado*. New York: Norton.

Tishkoff, Sarah A., et al. 2009. The genetic structure and history of Africans and African Americans. *Science Express* 22 (May 2009), 324(5930):1035 – 44.

Tobias, Philip V. 1994. The craniocerebral interface in early hominids: Cerebral impressions, cranial thickening, paleoneurobiology, and a new hypothesis on encephalization. In *Integrative paths to the past*, eds. R. Corruccini and R. Ciochon. Upper Saddle River, NJ: Prentice Hall.

Tobin, Joseph J., David Y. H. Wu, and Dana H. Davidson. 1989. *Preschool in three cultures: Japan, China, and the United States*. New Haven, CT: Yale University Press.

Tocheri, Matthew, Caley Orr, Susan Larson, Thomas Sutikna, Jatmiko, E. Wahyu Saptomo, Rokus Awe Due, Tony Djubiantono, Michael J. Morwood, William L. Jungers. 2007. The primitive wrist of *Homo floresiensis* and its implications for hominin evolution. *Science* 317 (September 21):1743 – 45.

Todorov, Alexander, Anesu N. Mandisodza, Amir Goren, and Crystal C. Hall. 2005. Inference of competence from faces predict election outcomes. *Science* 308 (June 10):1623 – 26.

Tollefson, Kenneth D. 2009. Tlingit: Chiefs past and present. In MyAnthroLibrary, eds. C. R. Ember, M. Ember, and P. N. Peregrine. MyAnthroLibrary.com. Pearson.

Tomasello, Michael. 1990. Cultural transmission in the tool use and communicatory signaling of chimpanzees.In *"Language" and intelligence in monkeys and apes*,eds.S.Parker and K.Gibson. New York: Cambridge University Press.

Torrey, E. Fuller. 1972. *The mind game: Witchdoctors and psychiatrists*. New York: Emerson Hall.

Torry, William I. 1986. Morality and harm: Hindu peasant adjustments to famines. *Social Science Information* 25:125 – 60.

Traphagan, John W., and L. Keith Brown. 2002. Fast food and intergenerational commensality in Japan: New styles and old patterns. *Ethnology* 41:119 – 34.

Travis, John. 2000. Human genome work reaches milestone. *Science News* (July 1): 4 – 5.

Treiman, Donald J., and Harry B. G. Ganzeboom. 1990. Cross-national comparative status-attainment research. *Research in Social Stratification and Mobility* 9:117.

Trevor-Roper, H. R. 1971. The European witch-craze of the sixteenth and seventeenth centuries. In *Reader in comparative religion*, 3rd ed., eds. W. A. Lessa and E. Z. Vogt. New York: Harper & Row.

Triandis, Harry C. 1995. *Individualism and collectivism*. Boulder, CO: Westview.

Trigger, Bruce G. 1989. *A history of archaeological thought*. Cambridge: Cambridge University Press.

Trinkaus, Erik. 1984. Western Asia. In *The origins of modern humans*, eds. F. H. Smith and F. Spencer. New York: Alan R. Liss.

Trinkaus, Erik. 1985. Pathology and the posture of the La Chapelle-aux-Saints Neandertal. *American Journal of Physical Anthropology* 67:19 – 41.

Trinkaus, Erik. 1986. The Neandertals and modern human origins. *Annual Review of Anthropology* 15:193 – 218.

Trinkaus, Erik. 1987a. Bodies, brawn, brains and noses: Human ancestors and human predation. In *The evolution of human hunting*, eds. M. Nitecki and D. Nitecki. New York: Plenum.

Trinkaus, Erik. 1987b. "The Neandertal Face: Evolutionary and Functional Perspectives on a Recent Hominid Face." *Journal of Human Evolution*, 16: 429 – 43.

Trinkaus, Erik, and William W. Howells. 1979. The Neanderthals. *Scientific American* (December):118 – 33.

Trinkaus, Erik, and Pat Shipman. 1993a. *The Neandertals: Changing the image of mankind*. New York: Knopf.

Trinkaus, Erik, and Pat Shipman. 1993b. Neandertals: Images of ourselves. *Evolutionary Anthropology* 1:194 – 201.

Trompf, G. W., ed. 1990. *Cargo cults and millenarian movements: Transoceanic comparisons of new religious movements*. Berlin: Mouton de Gruyter.

Trouillot, Michel-Rolph. 2001. The anthropology of the state in the age of globalization: Close encounters of the deceptive kind. *Current Anthropology* 42:125 – 38.

Trudgill, Peter. 1983. *Sociolinguistics: An introduction to language and society*. Rev. ed. New York: Penguin.

Turner, B. L. 1970. Population density in the classic Maya lowlands: New evidence for old approaches. *Geographical Review* 66 (January):72 – 82.

Turner, Christy G., II. 1987. Telltale teeth. *Natural History* (January):6 – 9.

Turner, Christy G., II. 1989. Teeth and prehistory in Asia. *Scientific American* (February):88 – 95.

Turner, C. G. 2005. A synoptic history of physical anthropological studies on the peopling of Alaska and the Americas. *Alaska Journal of Anthropology* 3:157 – 70.

Turner, Terence. 1993. The role of indigenous peoples in the environmental crisis: The example of the Kayapo of the Brazilian Amazon. *Perspectives in Biology and Medicine* 36(3):526 – 45.

Turner, Terence. 1995. An indigenous people's struggle for socially equitable and ecologically sustainable production: The Kayapo revolt against extractivism. *Journal of Latin American Anthropology* 1:98 – 121.

Tuttle, Russell H. 1986. *Apes of the world: Their social behavior, communication, mentality, and ecology*. Park Ridge, NJ: Noyes.

Tylor, Edward B. 1971/1958. *Primitive culture*. New York: Harper Torchbooks.

Tylor, Edward B. 1979. Animism. In *Reader in comparative religion*, 4th ed., eds. W. A. Lessa and E. Z. Vogt. New York: Harper & Row.

U

Uberoi, J. P. Singh. 1962. *The politics of the Kula Ring: An analysis of the findings of Bronislaw Malinowski*. Manchester, UK: University of Manchester Press.

Ucko, Peter J., and Andrée Rosenfeld. 1967. *Paleolithic cave art*. New York: McGraw-Hill.

Udy, Stanley H., Jr. 1970. *Work in traditional and mod-*

ern society. Upper Saddle River, NJ: Prentice Hall.

UNAIDS. 2007 (December). *AIDS epidemic update*. Retrieved from http://data.unaids.org/pub/EPIS-lides/2007/2007_epiupdate_en.pdf

UN News Centre. 2005. Norway at top, Niger at bottom of UN's 2005 human development index. http://www.un.org/apps/news/story.asp?News-ID=15707&Cr=human&Cr1=development (accessed June, 20, 2009).

UN Works. n.d. Retrieved from http://www.un.org/works/goingon/mongolia/lessonplan_homelessness.html.

Underhill, Ralph. 1975. Economic and political antecedents of monotheism: A cross-cultural study. *American Journal of Sociology* 80:841 – 61.

Underhill, Ruth M. 1938. *Social organization of the Papago Indians*. New York: Columbia University Press.

United Nation's Development Programme. 2007. *Human Development Report 2007/2008: Fighting climate change: Human solidarity in a divided world*. http://hdr.undp.org/en/media/HDR_20072008_EN_Complete.pdf (accessed June, 20, 2009).

United Nations Human Settlements Programme. 2003. The challenge of slums: global report on human settlements, 2003. Nairobi, Kenya.

Unnithan, N. Prabha. 2009. Nayars: Tradition and change in marriage and family. In MyAnthroLibrary, eds. C. R. Ember, M. Ember, and P. N. Peregrine. MyAnthroLibrary.com. Pearson.

U.S. Census Bureau. 2002. The big payoff: Educational entertainment and synthetic estimates of work-life earnings. *Statistical abstract of the United States: 1993*. 113th ed. Washington, DC: U.S. Government Printing Office.

U.S. Department of Justice. 1988 (November). Prevalence, incidence, and consequences of violence against women: Findings from the National Violence against Women Survey. Washington, DC.

U.S. Department of Justice. 1994 (April). Violent crime. NCJ-147486. Washington, DC.

U.S. Department of Justice. 2000. Children as victims. *Juvenile Justice Bulletin 1999*. National Report Series. Washington, DC.

U.S. Department of Justice. n.d. Bureau of Justice statistics homicide trends in the U.S: Long-term trends and patterns. http://www.ojp.gov/bjs/homicide/hmrt.htm (accessed Sept. 5, 2009).

U.S. Environmental Protection Agency. 2009. http://epa.gov/oecaagct/ag101/demographics.html (accessed October 15, 2009).

V

Vadez, Vincent, Victoria Reyes-Garcia, Tomás Huanca, William R. Leonard. 2008. Cash cropping, farm technologies, and deforestation: What are the connections? A model with empirical data from the Bolivian Amazon. *Human Organization* 67:384 – 96.

Valente, Thomas W. 1995. *Network models of the diffusion of innovations*. Cresskill, NJ: Hampton Press.

Valladas, H., J. L. Joron, G. Valladas, O. Bar-Yosef, and B. Vandermeersch. 1988. Thermoluminescence dating of Mousterian "Proto-Cro-Magnon" remains from Israel and the origin of modern man. *Nature* 337 (February 18):614 – 16.

Van der Leeuw, Sander. 1999. *The Archaeomedes Project: Understanding the natural and anthropogenic causes of desertification and land degradation*. Luxembourg: European Union.

Van der Leeuw, Sander, Franois Favory, and Jean Jacques Girardot. 2002. The archaeological study of environmental degradation: An example from southeastern France. In *The archaeology of global change*, eds. C. Redman, S. R. James, P. Fish, and J. D. Rogers, 112 – 29. Washington, DC: Smithsonian.

Van der Merwe, N. J. 1992. Reconstructing prehistoric diet. In *The Cambridge encyclopedia of human evolution*, eds. S. Jones, R. Martin, and D. Pilbeam. New York: Cambridge University Press.

Van Hear, Nicholas. 2004. Refugee diasporas or refugees in diaspora. In *Encyclopedia of diasporas: Immigrant and refugee cultures around the world*, vol. 1, eds. M. Ember, C. R. Ember, and I. Skoggard, 580 – 89. New York: Kluwer Academic/Plenum.

Van Lawick-Goodall, Jane. 1971. *In the shadow of man*. Boston: Houghton Mifflin.

Van Schaik, C. P. M. Ancrenaz, G. Borgen, B. Galdikas, C. D. Knott, I. Singleton, A. Suzuki, S. S. Utami, and M. Merrill. 2003. Orangutan cultures and the evolution of material culture. *Science* 299 (January 3):102 – 05.

Van Willigen, John. 2002. *Applied anthropology: An introduction*. 3rd ed. Westport, CT: Bergin and Garvey.

Vayda, Andrew P., and Roy A. Rappaport. 1968. Ecology: Cultural and noncultural. " In *Introduction to cultural anthropology*, ed. J. H. Clifton. Boston: Houghton Mifflin.

Vayda, Andrew P., Anthony Leeds, and David B. Smith. 1962. The place of pigs in Melanesian subsistence. In *Symposium*, ed. V. E. Garfield. Seattle: University of Washington Press.

Vekua, Abesalom, David Lordkipanidze, G. Philip Rightmire, Jordi Agusti, Reid Ferring, Givi Maisuradze, Alexander Mouskhelishvili, Medea Nioradze, Marcia Ponce de Leon, Martha Tappen, Merab Tvalchrelidze, and Christoph Zollikofer. 2002. A new skull of early *Homo* from Dmanisi, Georgia. *Science* 297 (July 5):85 – 89.

Vigil, James Diego. 1988. Group processes and street identity: Adolescent Chicano gang members. *Ethos* 16:421 – 45.

Vigil, James Diego. 2009. Mexican Americans: Growing up on the streets of Los Angeles. In MyAnthroLibrary, eds. C. R. Ember, M. Ember, and P. N. Peregrine. MyAnthroLibrary.com. Pearson.

Vigilant, Linda, Mark Stoneking, Henry Harpending, Kristen Hawkes, and Allan C. Wilson. 1991. African populations and the evolution of human mitochrondrial DNA. *Science* 253 (September 27):1503 – 07.

Vincent, Joan. 1978. Political anthropology: Manipulative strategies. *Annual Review of Anthropology* 7:175 – 94.

Visaberghi, Elisabetta, and Dorothy Munkenbeck Fragaszy. 1990. Do monkeys ape? In *"Language" and

intelligence in monkeys and apes*, eds. S. Parker and K. Gibson. New York: Cambridge University Press.

Vogel, Joseph O. 2009. De-mystifying the past: Great Zimbabwe, King Solomon's mines, and other tales of Old Africa. In MyAnthroLibrary, eds. C. R. Ember, M. Ember, and P. N. Peregrine. MyAnthroLibrary.com. Pearson.

Vohs, Kathleen D., Nicole L. Mead, and Miranda R. Goode. 2006. The psychological consequences of money. *Science* 314 (November 17):1154 – 56.

von Frisch, Karl. 1962. Dialects in the language of the bees. *Scientific American* (August):78 – 87.

Vrba, Elizabeth S. 1995. On the connection between paleoclimate and evolution. In *Paleoclimate and evolution*, eds. E. S. Vrba, G. H. Denton, T. C. Partridge, and L. H. Burckle, 24 – 45. New Haven, CT: Yale University Press.

W

Wadley, Reed L. 2003. Lethal treachery and the imbalance of power in warfare and feuding. *Journal of Anthropological Research* 59:531 – 54.

Wagley, Charles. 1974. Cultural influences on population: A comparison of two Tupi tribes. In *Native South Americans*, ed. P. J. Lyon. Boston: Little, Brown.

Wald, Matthew L. 2000. Hybrid cars show up in M.I.T.'s crystal ball. *New York Times* November 3, Fl.

Waldbaum, Jane C. 2005. Helping hand for China. *Archaeology* 58:6.

Waldman, Amy. 2005. Sri Lankan maids' high price for foreign jobs. *The New York Times*, May 8, pp. 1, 20.

Walker, Alan, and R. Leakey. 1988. The evolution of *Australopithecus boisei*. In *Evolutionary history of the "robust" australopithecines*, ed. F. Grine, 247 – 58. New York: Aldine.

Wallace, Alfred Russell. 1970/1858. On the tendency of varieties to depart indefinitely from the original type. (Originally published in 1858.) In *Evolution of Man*, ed. L. B. Young. New York: Oxford University Press.

Wallace, Anthony. 1966. *Religion: An anthropological

view. New York: Random House.

Wallace, Anthony. 1972. Mental illness, biology and culture. In *Psychological anthropology*, 2nd ed., ed. F. L. K. Hsu. Cambridge, MA: Schenkman.

Wallerstein, Immanuel. 1974. *The modern world-system*. New York: Academic Press.

Wanner, Eric, and Lila R. Gleitman, eds. 1982. *Language acquisition: The state of the art*. Cambridge: Cambridge University Press.

Ward, Peter M. 1982. Introduction and purpose. In *Self-help housing*, ed. P. M. Ward. London: Mansell.

Ward, Steve. 1997. The taxonomy and phylogenetic relationships of *Sivapithecus* revisited. In *Function, phylogeny and fossils: Miocene hominoid evolution and adaptation*, eds. D. R. Begun, C. V. Ward, and M. D. Rose, 269 – 90. New York: Plenum.

Ward, Steve, B. Brown, A. Hill, J. Kelley, and W. Downs. 1999. *Equatorius:* A new hominoid genus from the middle Miocene of Kenya. *Science* 285 (August 27):1382 – 86.

Wardhaugh, Ronald. 2002. *An introduction to sociolinguistics*. 4th ed. Oxford: Blackwell.

Warner, John Anson. 1986. The individual in Native American art: A sociological view. In *The arts of the North American Indian*, ed. E. L. Wade. New York: Hudson Hills Press.

Warner, W. Lloyd, and Paul S. Lunt. 1941. *The social life of a modern community*. New Haven, CT: Yale University Press.

Warren, Dennis M. 1989. Utilizing indigenous healers in national health delivery systems: The Ghanaian experiment. In *Making our research useful*, eds. J. van Willigen, B. Rylko-Bauer, and A. McElroy. Boulder, CO: Westview.

Warry, Wayne. 1986. Kafaina: Female wealth and power in Chuave, Papua New Guinea. *Oceania* 57:4 – 21.

Warry, Wayne. 1990. Doing unto others: Applied anthropology, collaborative research and native self-determination. *Culture* 10:61 – 62.

Washburn, Sherwood. 1960. Tools and human evolution. *Scientific American* (September):62 – 75.

Watson, James L. 2004. Presidential address: Virtual kinship, real estate, and diaspora formation—the Man lineage revisited. *Journal of Asian Studies* 63:893 – 910.

Weaver, Muriel Porter. 1993. *The Aztecs, Maya, and their predecessors*. 3rd ed. San Diego: Academic Press.

Webb, Karen E. 1977. An evolutionary aspect of social structure and a verb " have." *American Anthropologist* 79:42 – 49.

Weber, Max. 1947. *The theory of social and economic organization*. Trans. A. M. Henderson and Talcott Parsons. New York: Oxford University Press.

Weiner, Annette B. 1976. *Women of value, men of renown: New perspectives in Trobriand exchange*. Austin: University of Texas Press.

Weiner, Annette B. 1987. *The Trobrianders of Papua New Guinea*. New York: Holt, Rinehart and Winston.

Weiner, J. S. 1954. Nose shape and climate. *Journal of Physical Anthropology* 4:615 – 18.

Weiner, Jonathan. 1994. *Beak of the finch*. New York: Vintage.

Weiner, Steve, Q. Xi, P. Goldberg, J. Liu, and O. Bar-Yousef. 1998. Evidence for the use of fire at Zhoukoudian, China. *Science*, 281 (July 10):251 – 53.

Weinreich, Uriel. 1968. *Languages in contact*. The Hague: Mouton.

Weisner, Thomas S. 2004. The American dependency conflict. *Ethos* 29:271 – 95.

Weisner, Thomas S., and Ronald Gallimore. 1977. My brother's keeper: Child and sibling caretaking. *Current Anthropology* 18:169 – 90.

Weisner, Thomas S., Mary Bausano, and Madeleine Kornfein. 1983. Putting family ideals into practice: Pronaturalism in conventional and nonconventional California families. *Ethos* 11:278 – 304.

Weiss, Harvey, and Raymond S. Bradley. 2001. What drives societal collapse? *Science* 291 (January 26):609 – 10.

Weiss, Harvey, M. A. Courty, W. Wetterstrom, F. Guichard, L. Senior, R. Meadow, and A. Curnow. 1993. The genesis and collapse of third millennium north Mesopotamian civilization. *Science* 261 (August 20):995 – 1004.

Weller, Susan C. 2009. The research process. In MyAnthroLibrary, eds. C. R. Ember, M. Ember, and P. N. Peregrine. MyAnthroLibrary.com. Pearson.

Wenke, Robert J. 1984. *Patterns in prehistory: Humankind's first three million years*. 2nd ed. New York: Oxford University Press.

Wenke, Robert. 1990. *Patterns in prehistory: Humankind's first three million years*.3rd ed.NewYork: Oxford University Press.

Werner, Dennis. 1975. *On the societal acceptance or rejection of male homosexuality*. Master's thesis, Hunter College of the City University of New York.

Werner, Dennis. 1978. Trekking in the Amazon forest. *Natural History* (November):42 – 54.

Werner, Dennis. 1979. A cross-cultural perspective on theory and research on male homosexuality. *Journal of Homosexuality* 4:345 – 62.

Werner, Dennis. 1982. Chiefs and presidents: A comparison of leadership traits in the United States and among the Mekranoti-Kayapo of central Brazil. *Ethos* 10:136 – 48.

Werner, Dennis. 1984. Child care and influence among the Mekranoti of central Brazil. *Sex Roles* 10:395 – 404.

Westermarck, Edward. 1894. *The history of human marriage*. London: Macmillan.

Weston, Eleanor, and Adrian Lister. 2009. Insular dwarfism in hippos and a model for brain size reduction in *Homo floresiensis*. *Nature* 459 (May 7):85 – 88.

Wheat, Joe B. 1967. A Paleo-Indian bison kill. *Scientific American* (January):44 – 52.

Wheatley, Paul. 1971. *The pivot of the four quarters*. Chicago: Aldine.

Wheeler, Peter. 1984. The evolution of bipedality and loss of functional body hair in hominids. *Journal of Human Evolution* 13:91 – 98.

Wheeler, Peter. 1991. The influence of bipedalism in the energy and water budgets of early hominids. *Journal of Human Evolution* 23:379 – 88.

Whitaker, Ian. 1955. *Social relations in a nomadic Lappish community*. Oslo: Utgitt av Norsk Folksmuseum.

White, Benjamin. 1973. Demand for labor and population growth in colonial Java. *Human Ecology* 1, no. 3 (March): 217 – 36.

White, Douglas R. 1988. Rethinking polygyny: Co-wives, codes, and cultural systems. *Current Anthropology* 29:529 – 88.

White, Douglas R., and Michael L. Burton. 1988. Causes of polygyny: Ecology, economy, kinship, and warfare. *American Anthropologist* 90:871 – 87.

White, Douglas R., Michael L. Burton, and Lilyan A. Brudner. 1977. Entailment theory and method: A cross-cultural analysis of the sexual division of labor. *Behavior Science Research* 12:1 – 24.

White, Frances. J. 1996. *Pan paniscus* 1973 to 1996: Twentythree years of field research. *Evolutionary Anthropology* 5: 11 – 17.

White, Leslie A. 1939. A problem in kinship terminology. *American Anthropologist* 41:569 – 70.

White, Leslie A. 1949. *The science of culture: A study of man and civilization*. New York: Farrar, Straus & Cudahy.

White, Leslie A. 1968. The expansion of the scope of science. In *Readings in anthropology*, ed. M. H. Fried, vol. 1, 2nd ed. New York: Thomas Y. Crowell.

White, Randall. 1982. Rethinking the Middle/Upper Paleolithic transition. *Current Anthropology* 23:169 – 75.

White, Tim D. 2003. Early hominids—Diversity or distortion? *Science* 299 (March 28):1994 – 97.

White, Tim D., and Pieter Arend Folkens. 2000. *Human osteology*. 2nd ed. San Diego: Academic Press.

White, Tim D., Donald C. Johanson, and William H. Kimbel. 1981. *Australopithecus africanus:* Its phyletic position reconsidered. *South African Journal of Science* 77:445 – 70.

White, Timothy D., G. Suwa, and B. Asfaw. 1994. *Aus-*

tralopithecus ramidus, a new species of early hominid from Aramis, Ethiopia. *Nature* 371 (September 22): 306 – 33.

White, Timothy D., G. Suwa, and B. Asfaw. 1995. Corrigendum: *Australopithecus ramidus*, a new species of early hominid from Aramis, Ethiopia. *Nature* 375 (May 4):88.

Whitehead, Barbara Defoe, and David Popenoe. 2005. *The state of our unions: Marriage and family: What does the Scandinavian experience tell us?* National Marriage Project: Rutgers University.

Whiten, A., J. Goodall, W. McGrew, T. Nishida, V. Reynolds, Y. Yugiyama, Yugiyama, C. Yugiyama, R. Wrangham, and C. Boesch. 1999. Cultures in chimpanzees. *Nature* 399 (June 17): 682 – 85.

Whiting, Beatrice Blyth. 1950. *Paiute sorcery*. Viking Fund Publications in Anthropology No. 15. New York: Wenner-Gren Foundation.

Whiting, Beatrice B. 1965. Sex identity conflict and physical violence. *American Anthropologist* 67:123 – 40.

Whiting, Beatrice B., and Carolyn Pope Edwards. 1973. A cross-cultural analysis of sex differences in the behavior of children aged three through eleven. *Journal of Social Psychology* 91:171 – 88.

Whiting, Beatrice Blyth, and Carolyn Pope Edwards (in collaboration with Carol R. Ember, Gerald M. Erchak, Sara Harkness, Robert L. Munroe, Ruth H. Munroe, Sara B. Nerlove, Susan Seymour, Charles M. Super, Thomas S. Weisner, and Martha Wenger). 1988. *Children of different worlds: The formation of social behavior*. Cambridge, MA: Harvard University Press.

Whiting, Beatrice B., and John W. M. Whiting (in collaboration with Richard Longabaugh). 1975. *Children of six cultures: A psycho-cultural analysis*. Cambridge, MA: Harvard University Press.

Whiting, John W. M. 1941. *Becoming a Kwoma*. New Haven, CT: Yale University Press.

Whiting, John W. M. 1964. Effects of climate on certain cultural practices. In *Explorations in cultural anthropology*, ed. W. Goodenough. New York: McGraw-Hill.

Whiting, John W. M., and Irvin L. Child. 1953. *Child training and personality: A cross-cultural study*. New Haven, CT: Yale University Press.

Whittaker, John C. 1994. *Flintknapping: Making and understanding stone tools*. Austin: University of Texas Press.

Whyte, Martin K. 1978a. Cross-cultural codes dealing with the relative status of women. *Ethnology* 17:211 – 37.

Whyte, Martin K. 1978b. *The status of women in preindustrial societies*. Princeton, NJ: Princeton University Press.

Wiberg, Hakan. 1983. Self-determination as an international issue. In *Nationalism and self-determination in the Horn of Africa*, ed. I. M. Lewis. London: Ithaca Press.

Wilden, Anthony. 1987. *The rules are no game: The strategy of communication*. London: Routledge and Kegan Paul.

Wikan, Unni. 1982. *Beyond the veil in Arabia*. Baltimore: The Johns Hopkins University Press.

Wilford, John Noble. 1995. The transforming leap, from 4 legs to 2. *New York Times* September 5, p. C1ff.

Wilford, John Noble. 1997. Ancient German spears tell of mighty hunters of Stone Age. *New York Times*, March 4, p. C6.

Wilkinson, Robert L. 1995. Yellow fever: Ecology, epidemiology, and role in the collapse of the classic lowland Maya civilization. *Medical Anthropology* 16:269 – 94.

Williams, George C. 1992. *Natural selection: Domains, levels, and challenges*. New York: Oxford University Press.

Williams, Melvin D. 2009. Racism: The production, reproduction, and obsolescence of social inferiority. In MyAnthroLibrary, eds. C. R. Ember, M. Ember, and P. N. Peregrine. MyAnthroLibrary.com. Pearson.

Williams, Walter L. 1992. *The spirit and the flesh*. Boston: Beacon Press.

Wilmsen, Edwin N., ed. 1989. *We are here: Politics of Aboriginal land tenure*. Berkeley: University of California Press.

Wilson, Edward O. 1975. *Sociobiology: The new synthesis*. Cambridge, MA: Belknap Press of Harvard University Press.

Wilson, Monica. 1963/1951. *Good company: A study of Nyakyusa age villages*. Boston: Beacon Press.

Winkelman, Michael 1986a. Magico-religious practitioner types and socioeconomic conditions. *Behavior Science Research* 20:17 – 46.

Winkelman, Michael. 1986b. Trance states: A theoretical model and cross-cultural analysis. *Ethos* 14:174 – 203.

Winkelman, Michael, and John R. Baker. 2010. *Supernatural as natural: A biocultural approach to religion*. Upper Saddle River, NJ: Pearson Prentice Hall.

Winkleman, Michael, and Philip M. Peck, eds. 2004. *Divination and healing: Potent vision*. Tucson: University of Arizona Press.

Winterbottom, Robert. 1995. The tropical forestry plan: Is it working? In *Global ecosystems: Creating options through anthropological perspectives*, ed. P. J. Puntenney. *NAPA Bulletin* 15.

Winterhalder, Bruce. 1990. Open field, common pot: Harvest variability and risk avoidance in agricultural and foraging societies. In *Risk and uncertainty in tribal and peasant economies*, ed. E. Cashdan. Boulder, CO: Westview.

Witkin, Herman A. 1967. A cognitive style approach to crosscultural research. *International Journal of Psychology* 2:233 – 50.

Witkowski, Stanley R. 1975. *Polygyny, age of marriage, and female status*. Paper presented at the annual meeting of the American Anthropological Association, San Francisco.

Witkowski, Stanley R., and Cecil H. Brown. 1978. Lexical universals. *Annual Review of Anthropology* 7:427 – 51.

Witkowski, Stanley R., and Harold W. Burris. 1981. Societal complexity and lexical growth. *Behavior Science Research* 16:143 – 59.

Wittfogel, Karl. 1957. *Oriental despotism: A comparative study of total power*. New Haven, CT: Yale University Press.

Wolf, Arthur. 1968. Adopt a daughter-in-law, marry a sister: A Chinese solution to the problem of the incest taboo. *American Anthropologist* 70:864 – 74.

Wolf, Arthur P., and Chieh-Shan Huang. 1980. *Marriage and adoption in China, 1845 – 1945*. Stanford, CA: Stanford University Press.

Wolf, Eric. 1955. Types of Latin American peasantry: A preliminary discussion. *American Anthropologist* 57:452 – 71.

Wolf, Eric R. 1956. San José: Subcultures of a "traditional" coffee municipality. In *The people of Puerto Rico*, J. H. Steward et al. Urbana: University of Illinois Press.

Wolf, Eric. 1966. *Peasants*. Upper Saddle River, NJ: Prentice Hall.

Wolf, Eric. 1984. Culture: Panacea or problem. *American Antiquity* 49:393 – 400.

Wolf, Naomi. 1991. *The beauty myth: How images of beauty are used against women*. New York: Morrow.

Wolff, Ronald G. 1991. *Functional chordate anatomy*. Lexington, MA: D. C. Heath.

Wolpoff, Milford H. 1971. Competitive exclusion among lower Pleistocene hominids: The single species hypothesis. *Man* 6:601 – 13.

Wolpoff, Milford H. 1983. *Ramapithecus* and human origins: An anthropologist's perspective of changing interpretations. In *New interpretations of ape and human ancestry*, eds. R. Ciochon and R. Corruccini. New York: Plenum.

Wolpoff, Milford H. 1999. *Paleoanthropology*. 2nd ed. Boston: McGraw-Hill, 501 – 04, 727 – 31.

Wolpoff, Milford H., and Abel Nkini. 1985. Early and Early Middle Pleistocene hominids from Asia and Africa. In *Ancestors*, ed. E. Delson. New York: Alan R. Liss.

Wolpoff, Milford H. A. G. Thorne, J. Jelinek, and Zhang Yinyun. 1993. The case for sinking *Homo erectus*: 100 years of *Pithecanthropus* is enough! In *100* years of Pithecanthropus: *The* Homo Erectus *problem*, ed. J. L. Franzen. *Courier Forshungsinstitut Senckenberg* 171:341 – 61.

Women in science '93: Gender and the culture of science. 1993. *Science* 260 (April 16):383 – 430.

Wong, Kate. 2003. An ancestor to call our own. *Scientific American* (January):54 – 63.

Wong, Kate, 2005. The littlest human. *Scientific American* (February): 56 – 65.

Wood, Bernard A. 1992. Evolution of australopithecines. In *The Cambridge encyclopedia of human evolution*, eds. S. Jones, R. Martin, and D. Pilbeam. New York: Cambridge University Press.

Wood, Bernard A. 1994. Hominid paleobiology: Recent achievements and challenges. In *Integrative paths to the past*, eds. R. Corruccini and R. Ciochon. Upper Saddle River, NJ: Prentice Hall.

Wood, Gordon S. 1992. *The radicalism of the American Revolution*. New York: Knopf.

Wood, James W., George R. Milner, Henry C. Harpending, and Kenneth M. Weiss. 1992. The osteological paradox: Problems of inferring prehistoric health from skeletal samples. *Current Anthropology* 33:343 – 70.

Wood, Wendy, and Alice H. Eagly. 2002. A cross-cultural analysis of the behavior of women and men: Implications for the origins of sex differences. *Psychological Bulletin* 128:699 – 727.

Woodburn, James. 1968. An introduction to Hadza ecology. In *Man the hunter*, eds. R. B. Lee and I. DeVore. Chicago: Aldine.

World Bank. 2004. *World development indicators 2004*. Washington, DC: World Bank Publications.

Worsley, Peter. 1957. *The trumpet shall sound: A study of "cargo" cults in Melanesia*. London: MacGibbon & Kee.

Wrangham, Richard W. 1980. An ecological model of femalebonded primate groups. *Behaviour* 75:262 – 300.

Wright, Gary A. 1971. Origins of food production in Southwestern Asia: A survey of ideas. *Current Anthropology* 12:447 – 78.

Wright, George O. 1954. Projection and displacement: A cross-cultural study of folktale aggression. *Journal of Abnormal and Social Psychology* 49:523 – 28.

Wright, Henry T. 1986. The evolution of civilizations. In *American archaeology past and future*, ed. D. Meltzer, D. Fowler, and J. Sabloff. Washington, DC: Smithsonian Institution Press.

Wright, Henry T., and Gregory A. Johnson. 1975. Population, exchange, and early state formation in southwestern Iran. *American Anthropologist* 77:267 – 77.

Wulff, Robert, and Shirley Fiste. 1987. The domestication of wood in Haiti. In R. M. Wulff and S. J. Fiste, *Anthropological praxis*. Boulder, CO: Westview.

Y

Yamei, Hou, R. Potts, Y. Baoyin, et al. 2000. Mid-Pleistocene Acheulean-like stone technology of the Bose Basin, South China. *Science* 287 (March 3):1622 – 26.

Yan, Yunxiang. 2006. Girl power: Young women and the waning of patriarchy in rural North China. *Ethnology* 45:105 – 23.

Yergin, Daniel. 2002. Giving aid to world trade. *New York Times*, June 27, p. A29.

Yinger, J. Milton. 1994. *Ethnicity: Source of strength? Source of conflict?* Albany: State University Press.

Young, Frank W. 1970. A fifth analysis of the Star Husband Tale. *Ethnology* 9:389 – 413.

Young, T. Cuyler, Jr. 1972. Population densities and early Mesopotamian urbanism. In *Man, settlement and urbanism*, eds. P. J. Ucko, R. Tringham, and G. W. Dimbley. Cambridge, MA: Scherkmn.

Younger, Stephen M. 2008. Conditions and mechanisms for peace in precontact Polynesia. *Current Anthropology* 49:927 – 34.

Z

Zebrowitz, Leslie A., and Joann M. Montepare. 2005. Appearance *does* matter. *Science* 308 (June 10):1565 – 66.

Zechenter, Elizabeth M. 1997. In the name of culture: Cultural relativism and the abuse of the individual. *Journal of Anthropological Research* 53:319 – 47.

Zeder, Melinda A. 1991. *Feeding cities: Specialized animal economy in the ancient Near East.* Washington, DC: Smithsonian Institution Press.

Zeder, Melinda A. 1994. After the revolution: Post-Neolithic subsistence in northern Mesopotamia. " *American Anthropologist* 96:97 – 126.

Zihlman, Adrienne L. 1992. The emergence of human locomotion: The evolutionary background and environmental context. In *Topics in primatology*, vol. 1, eds. T. Nishida, et al.

Zimmer, Carl. 1999. Kenyan skeleton shakes ape family tree. *Science* 285 (August 27):1335 – 37.

Zimmer, Carl. 2004. Faster than a hyena? Running may make humans special. *Science* 306 (November 19):1283.

Zohary, Daniel. 1969. The progenitors of wheat and barley in relation to domestication and agriculture dispersal in the Old World. In *The domestication and exploitation of plants and animals*, eds. P. J. Ucko and G. W. Dimbleby. Chicago: Aldine.

部分图表及专题框出处

表 3 - 1 : Based on John W. M. Whiting, "Effects of Climate on Certain Cultural Practices," in Ward H. Goodenough, ed., *Explorations in Cultural Anthropology* (New York: McGraw-Hill, 1964), p. 520.

表 3 - 2 : Reprinted with the permission of Cambridge University Press; Page 47: Springer/Kluwer Academic/Plenum Publishers, "The Carbon-14 Cycle, "Radiocarbon Dating," by R. E. Taylor, From *Chronmetric Dating in Archaeology* by R. E. Taylor and M. J. Aitken, eds. With kind permission from Springer Science and Business Media.

图 4 - 5 : Boaz, Noel T., Almquist, Alan J., *Biological Anthropology: A Synthetic Approach To Human Evolution*, 1st, © 1997. Electronically reproduced by permission of Pearson Education, Inc., Upper Saddle River, New Jersey.

图 5 - 1 : From D. F. Roberts, "Body Weight, Race, and Climate," *American Journal of Physical Anthropology*, 11 (1953), Reprinted with permission of John Wiley & Sons, Inc..

图 6 - 1 : (A) From Ronald G. Wolff, Functional Chordate Anatomy (Lexington, MA: D.C. Heath and Company, 1991), p. 255. Reprinted with permission of Lilia C. Koo, (B and C) From Terrence Deacon, "Primate Brains and Senses," in Stephen Jones, Robert Martin, and David Pilbeam, eds., *The Cambridge Encyclopedia of Human Evolution* (New York: Cambridge University Press, 1992), p. 110. Reprinted with the permission of Cambridge University Press, (D) from Matt Cartmill, "Non-Human Primates," in Stephen Jones, Robert Martin, and David Pilbeam, eds., *The Cambridge Encyclopedia of Human Evolution* (New York: Cambridge University Press, 1992), p. 25. Reprinted with the permission of Cambridge University Press, (E and F) from Matt Cartmill, Non-Human Primates," in Stephen Jones, Robert Martin, and David Pilbeam, eds., *The Cambridge Encyclopedia of Human Evolution* (New York: Cambridge University Press, 1992), p. 24. Reprinted with the permission of Cambridge University Press.

图 6 - 4 : From Noel Boaz and Alan J. Almquist, *Biological Anthropology*. © 1997. Reprinted by permission of Pearson Education.

图 6 - 5 : Difference in Dentition between an Old World Monkey and an Ape. From Noel Boaz and Alan J. Almquist, *Biological Anthropology*. © 1997. Reprinted by permission of Pearson Education.

图 6 - 6 : From Terrence Deacon, "Primate Brains and Senses," in Stephen Jones, Robert Martin, and David Pilbeam, eds., *The Cambridge Encyclopedia of Human Evolution* (New York: Cambridge University Press, 1992), p. 111. Reprinted with the permision of Cambridge University Press.

图 8 - 2 : Skeletal Evidence of Bipedalism, SOURCE: Stephen Jones, Robert Martin, and David Pilbeam, eds.,*The Cambridge Encyclopedia of Human Evolution*. (New York: Cambridge University Press, 1992), p. 78. Reprinted with permission of Cambridge University Press.

图 8 - 3 : Adapted from *The New York Times*, September 5, 1995, p. C9.

图 9 - 2 : From "The First Technology" by R. Freyman in *Scientific American*. Reprinted by permission of the artist, Ed. Hanson.

图 9 - 4 : Estimated cranial capacities from Tattersall, Delson, and van Couvering, eds., 2000. Reproduced by permission of Routledge, Inc., part of the Taylor and Francis Group.

图 10 - 3 : This was published in Differences in mtDNA Sequences Among Humans, the Neandertal, and Chimpanzees, *Cell,* 90 (1997): Elsevier Science.

图 11 - 2 : From Brian M. Fagan, *In the Beginning* (Boston: Little, Brown, 1972), p. 195. Used with permission of Brian M. Fagan.

图 12 - 1 : Dates for animal domestication are from Juliet Clutton-Brock, "Domestication of Animals," in Stephen Jones, Robert Martin, and David Pilbeam, eds., The Cambridge Encyclopedia of Human Evolution (New York: Cambridge University Press, 1992), p. 384. Reprinted with the perimion of Cambridge University Press.

图 12 - 2 : Figure adapted from *Demographic Archaeology* by F. A. Hassan. (New York: Academic Press, 1981).

图 12 - 3、 图 12 - 4 : From *Past in Perspective*, 2nd ed., by K. Feder. (Mountain View, CA: Mayfield, 2000).

图 12 - 5 : Adapted from Ansley J. Coale, *The History of the Human Population*. Copyright © 1974 by Scientific American Inc..

图 17 - 1 : From James A. Levine, Robert Weisell, Simon Chevassus, Claudio D. Martinez, and Barbara Burlingame. "The Distribution of Work Tasks for Male and Female Children and Adults Separated by Gender" in "Looking at Child Labor," *Science* 296 (10 May 2002): 1025.

图 18 - 1 : These data are abstracted from Proportion of National Income Earned by the Richest 20 Percent of Households. From World Bank. 2004. World Development Indicators 2004. Washington, DC: World Bank Publications. ISBN/ISSN: 01635085.

图 21 - 1 : Based on data from Alice Schlegel and Rohn Eloul, "Marriage Transactions: Labor, Property, and Status," *American Anthropologist* 90 (1988): 291 - 309.

图 22 - 6 : Adapted from Melvin Ember and Carol R. Ember, *Marriage, Family, and Kinship: Comparative Studies of Social Organization* (New Haven, CT: HRAF Press, 1983).

图 24 - 1 : Adapted from Paul Bohannan, "The Migration and Expansion of the Tiv," *Africa,* 24 (1954): 3; Page 429: Based on Ember and Ember 2002.

第 456 页专题框 "西北海岸妇女在选举中的成功": B. G. Miller 1992. "Women and Politics: Comparative Evidence from the Northwest Coast," *Ethnology* 32(4): 367 - 82. © 1992 by University of Pittsburgh.

第 600 页专题框 "岩石艺术 :保留一扇窥探过去的窗户": Jean Clottes, "Rock Art: An Endangered Heritage Worldwide," *Journal of Anthropological Research* 64 (2008): 1 - 18.

译后记

人类文化无所不在，没有超脱于文化网络的真正意义上的人，自然也没有可以离开人类的文化。人类与文化正是人类学的精要之所在，恩贝尔夫妇早在 20 世纪 70 年代就已开始编写美国高校人类学专业的教材。如果翻阅他们在 30 多年前出版的《文化人类学》第一版[1]以及之后连续不断修订的版本[2]，我们会发现美国人类学研究一脉相承的学术训练和学科规范。新修订的第 13 版《人类学》对原有篇幅进行了调整和删减，除了讨论人类学的定义和范围、文化与文化变迁以及理解和解释文化之外，还将焦点拓展至人类学的应用方面，关注当今人类社会的全球问题[3]，以及人类学的实践与应用，乃至全球化的关键概念[4]，切合了当今人类命运共同体的构想。本书的主体依然是传统的人类学四个分支学科讨论的范围，作者不仅讨论交流与语言、经济、社会分层、阶级、种族和种族主义、性与性别，还对婚姻、家庭和亲属关系、社会秩序和失序、宗教与巫术、艺术和全球问题进行了深入探讨。

在全球化的脉络里，多岔道的文化变迁是一个必然的过程。全球化必然反射性地带来地方化或者"再地方化"，以及地方文化认同的张扬。跨国主义浪潮推动了移民在移入国形成离散社区。[5]在此背景下，人类学家的任务出现了极大的分化和交叉。

恩贝尔夫妇最新修订的这个版本，旨在展示跨国移民对地方文化变异的影响，以及从社会性别视角分析国际移民文化的可能性。经济的发展加快了全球化和地方化的互动。一方面，全球化促使信息和资本流动，使地方文化在主动参与或被动卷入中迅速变迁；另一方面，地方发展对谋求自身文化特色化的需求促使文化在地化。因此在族群研究中，地域特色文化的探索弥足珍贵。

全球化促进了跨文化沟通，因为人们掌握着多种不同的自我标签和认同，所以才有异彩纷呈的文化多样性。[6]无论人类学的外延如何扩展，其内涵始终不会脱离对人类的个体发展及社会变迁的关注。[7]譬如，人类的进化历程、两性关系和家庭结构，乃至社会群体的对立、冲突与和平共处，

1. 中文版为《文化变异：现代文化人类学通论》，杜杉杉译，刘钦审校，沈阳：辽宁人民出版社，1988 年。
2. 最新修订的中文版为卡罗尔·恩贝尔、梅尔文·恩贝尔：《人类文化与现代生活：文化人类学精要》（第 3 版），周云水等译，北京：电子工业出版社，2016 年。
3. 另一位美国人类学家博德利曾经有专著予以讨论，参见约翰·博德利：《人类学与当今人类问题》，周云水等译，北京：北京大学出版社，2010 年。
4. 挪威社会学家埃里克森对此问题做了专题研究，参见托马斯·许兰德·埃里克森：《全球化的关键概念》，周云水等译，南京：译林出版社，2012 年。
5. 范可：《他我之间：人类学语境里的异与同》，北京：中国社会科学出版社，2012 年，第 168—171 页。
6. 康拉德·菲利普·科塔克：《文化人类学：欣赏文化差异》，周云水译，北京：中国人民大学出版社，2012 年，第 418—423 页。
7. 美国人类学家哈维兰重点分析过人类学与当今世界的必然联系，参见威廉·A. 哈维兰：《人类学：人类的挑战》（第 14 版），周云水等译，北京：电子工业出版社，2018 年。

无不隐藏和渗透着人类学的研究话题。对世俗的两性关系与神圣的宗教信仰之间关系的研究[8]，亦闪耀着人类学整体观和文化相对主义的思想光芒。自工业革命以来，现代科技引发的社会变革和文化创新层出不穷，近十年来中国"新四大发明"带来的时空错位[9]，尤其是5G网络的普及，让人类文化更为复杂多样。遗憾的是，在以往积极倡导文化多样性的美国，抱持冷战思维的政府却推行单边主义和霸权政治，业已形成了众叛亲离的局面。此时，翻阅这本大部头的人类学著作，我们更能感觉到文化多样性观念的珍贵。人类是生物进化及社会文化演变的结果，经济发展是人类社会的永恒命题，作为人类生活与生态环境互动的成果，文化多样性既体现着人类独特的创新能力，更是族群互动交流的坚实基础及个人幸福感的不尽源泉。不同文化群体相互尊重与公平博弈，才是生态平衡、社会和谐繁荣的保障。

在本书付梓之际，译者首先要感谢中信出版集团的诸多编辑老师，他们在本书外文版权引进和书稿编辑、统筹等诸多方面，以超常的耐力持续数载，付出了辛勤的劳动。其次要感谢南京大学社会学院人类学系的杨秋月博士和厦门大学社会与人类学院的李天静博士，她们出色的翻译和热情的帮助，为本书中文版的顺利问世奠定了基础，尤其是她们一丝不苟的学术探究精神，更值得我向她们致以诚挚的谢意！再次，我要特别感谢内蒙古师范大学的纳日碧力戈教授，作为学术前辈的他用通俗易懂和简明扼要的序言，为本书增添了最为绚丽的色彩。最后，感谢广东嘉应学院客家研究院领导及同事的热情帮助与支持！在整理多年来的人类学教材时，每每发现过去翻译作品中存在的理解偏差，内心总感惭愧和不安，也就平添了几分认真钻研的紧迫感。本书译稿由几位译者共同完成，难免存在理解偏差和翻译错误，本着不断学习才能进步的态度，我愿个人承担责任，恭请读者不吝指正！

周云水

2019年盛夏于世界客都梅州·嘉应学院

电子邮箱：zhouyunshui@126.com

---

8. 挪威社会学家恩德斯鸠对此话题进行过深入探讨，参见达格·埃恩腾·恩德斯鸠：《性与宗教——世界信仰史上的信条与禁忌》，周云水等译，北京：中国社会科学出版社，2014年。

9. 挪威社会人类学家埃里克森有专著对此进行分析，参见托马斯·H.埃里克森：《时间，快与慢》，周云水等译，北京：北京联合出版公司，2013年。